U0232846

中国食品药品检验检测技术系列丛书

食品检验操作技术规范（理化检验）

中国食品药品检定研究院　组织编写

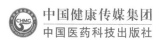

中国健康传媒集团
中国医药科技出版社

内容提要

　　本书是《中国食品药品检验检测技术系列丛书》之一。全书包括食品检验通用部分、食品分类检测、食品化学成分检测三部分，分别介绍了食品检验通用的采样、样品制备、方法证实、质量控制、原始记录、检验报告书等要求；各食品品种主要检测风险指标和现行检验方法；每种检测方法的关键控制点以及色谱分离、基质效应影响、污染防控、过程质控等操作关键点和难点等内容。

　　本书是食品检验检测专业技术人员实验操作的技术结晶，具有很强的实用性及可操作性，不仅适用于食品检测单位，也同样适用于食品企业、大专院校以及科研单位。

图书在版编目（CIP）数据

　　食品检验操作技术规范.理化检验/中国食品药品检定研究院组织编写. —北京：中国医药科技出版社, 2019.8

　　（中国食品药品检验检测技术系列丛书）

　　ISBN 978-7-5214-1170-6

　　Ⅰ.①食…　　Ⅱ.①中…　　Ⅲ.①食品检验-微生物检定-技术规范　Ⅳ.①TS207-65

　　中国版本图书馆CIP数据核字(2019)第185122号

中国食品药品检验检测技术系列丛书

食品检验操作技术规范(理化检验）

美术编辑　　陈君杞
版式设计　　易维鑫

出版　　**中国健康传媒集团** | 中国医药科技出版社
地址　　北京市海淀区文慧园北路甲 22 号
邮编　　100082
电话　　发行：010-62227427　　邮购：010-62236938
网址　　www.cmstp.com
规格　　787×1092mm $^1/_{16}$
印张　　60 $^1/_4$
字数　　1352 千字
版次　　2019 年 8 月第 1 版
印次　　2019 年 8 月第 1 次印刷
印刷　　三河市万龙印装有限公司
经销　　全国各地新华书店
书号　　ISBN 978-7-5214-1170-6
定价　　**496.00 元**

获取新书信息、投稿、为图书纠错，请扫码联系我们。

《食品检验操作技术规范（理化检验）》

参加编写单位

（按行政区划排列）

山西省食品药品检验所

山东省食品药品检验研究院

四川省食品药品检验检测院

前言
Foreword

自1996年开始,中国食品药品检定研究院(原中国药品生物制品检定所)为配合《中国药典》等国家药品标准实施,组织全国药品检验系统专家连续四次编撰出版《中国药品检验标准操作规范》(1996年、2000年、2005年和2010年)及《药品检验仪器操作规程》(2005年和2010年),旨在推动全国药品检验系统检验方法和仪器操作的规范化。

党中央、国务院和地方各级政府历来高度重视食品药品监管工作。作为监管的重要技术支撑,检验机构在产品上市前和上市后的监管中发挥着越来越重要的作用。随着我国药品、医疗器械、食品、化妆品产品质量要求的不断提高,检验技术的不断进步,检验领域的不断扩大,检验检测操作的进一步规范更显迫切。在既往工作的基础上,中国食品药品检定研究院组织全国药品、医疗器械、食品、化妆品检验检测机构的专家编撰《中国食品药品检验检测技术系列丛书》。

本套《丛书》涵盖药品、医疗器械、食品、化妆品检验检测操作规范、仪器操作规程及疑难问题解析等内容,并介绍了检验检测新技术、新方法、新设备的应用,具有较强的实用性和可操作性。将为促进医药产业发展,发挥技术支撑功能,提升药品监管水平起到重要作用。

《食品检验操作技术规范(理化检验)》是系列丛书之一。

本书包括食品检验通则、食品的分类检测及食品化学成分检测三部分。全书以描述详细的检测方法为主,对每一种检测方法的原理进行了简单描述,对所用试剂以及环境也有明确的要求,细化了具体的操作细节、结果计算以及结果判断,使其具有较强的可操作性。本书还针对食品基质复杂、检验检测过程中存在的复杂情况梳理并汇总了食品检测的各项规范,为食品生产以及食品检验行业提供详细的检测方法,保障方法的准确性和一致性,更好地为食品安全和质量把关。

本书的编写人员均为中国食品药品检定研究院食品化妆品检定所及兄弟单位长期从事食品检验检测的业务骨干,具有丰富的实际操作以及复杂问题的处理经验,而且在编写本书过程中,编者反复多次讨论修改使之更加完善。因此本书是编者们多年实验操作积累的结晶，具有很强的实用性、可操作性，不仅可作为食品检验机构、生产企业、科研单位有关专业技术人员检验操作指导工具书及检验检测技术人员培训教材，也可供大专院校教学参考。

　　本书的编写出版，得到了多家食品药品检验机构的大力支持。按照丛书编委会的要求，经全体编委和编写人员辛勤工作和不懈努力，顺利完成了本书的编撰任务。在此一并表示感谢！

　　由于时间仓促，加之编者水平有限，本书难免存在疏漏和不足之处，还请广大读者批评指正，以便进一步修订完善。

编委会

2019 年 6 月

目录
Contents

第一篇　食品检验通则

第二篇 食品的分类检测

第三篇　食品中化学成分检测

第一篇
食品检验通则

第一章
样品抽取

食品样品抽取（即抽样）是食品安全检验检测工作的一个重要组成部分，在生产经营过程中的原辅料把控、出厂检验、进货检验、相关质量安全控制或风险监控等环节，以及食品安全监管工作中的监督抽检、风险监测、评价性抽检、日常检查、核查处置、案件稽查等工作都需要进行抽样。

抽样工作首先关注的应该是样品的代表性和操作的科学性，食品安全监管抽样还可能影响后续行政处置、信息公开等多个环节，此类抽样还应重点关注其合法合规性。本着涵盖更广泛、要求更全面的原则，本章主要按照食品安全监督抽检工作的相关规定，逐步说明抽样工作可能涉及的具体流程和要求。

第一节　样品抽取前的准备

1　抽样方案制定

1.1　制定依据

在开展抽样工作前，抽样单位应根据《食品安全抽样检验管理办法》（以下简称《管理办法》）、《食品安全监督抽检和风险监测工作规范》（以下简称《工作规范》）及其他法律法规和相关标准要求等制定具体的抽样方案（参考示例见本章附件）。

1.2　方案内容

抽样方案应包括抽样区域、抽样环节、抽样时限、抽样品种、批次及抽样量、样品运输保存等要求，并对抽样人员进行合理的分组安排。抽样单位可与检验单位提前沟通，确认是否存在影响后续检验或需要注意的地方，并写入方案。必要时，还应做好路线规划，获取抽样区域监管部门联系方式。

2　抽样人员的确定

抽样单位应根据实际情况合理安排具体的抽样人员，一般2人一组（不计专职司机或其他辅助人员）。

2.1　素质要求

抽样工作涉及多方面的知识，抽样人员需要具备统计学、统筹学、法律法规、标准、人际沟通、计算机、公文写作等诸多技能，同时要求其具备足够的责任心、细心、耐心和注意持续学习等素质。

2.2 持证上岗、抽检分离

抽样人应该经过考核合格，持证上岗；同时抽样检验工作实施抽检分离，抽样人员与检验人员不得为同一人。

2.3 网络抽样人员备案

开展网络抽样时，抽样人员信息，以及其在拟抽样网络交易平台的注册账号、收货地址、付款账户、联系方式等信息，应按要求报送相关部门备案。

3 抽样前培训

抽样单位应注意对抽样人员的日常培训工作。每次开展抽样前，抽样单位均应对抽样人员进行培训，并做好相关培训记录。培训内容应包括相关的法律法规、标准知识、产品知识、文书填报、封样等。

3.1 法律法规培训

包括所抽样品涉及的标准知识和相关法律法规，例如《食品安全法》《管理办法》《工作规范》等，下达抽样任务的监管部门的要求，以及抽样工作方案等。

3.2 产品知识培训

包括品种、生产工艺、质量等级、储运要求，以及生产许可知识等。

抽样人员首先应熟悉所抽样品的外观形态、类别、名称等，防止抽错产品。尤其需要注意的是某些容易混淆的品种，例如蔬菜中的大白菜与普通白菜，甘蓝（结球甘蓝）与紫甘蓝（赤球甘蓝），水果制品中的蜜饯、果脯、果糕等。

3.3 抽样文书填写培训

抽样时，抽样人需要填写的文书包括：《食品安全抽样检验告知书》（以下简称告知书）、《食品安全抽样检验任务委托书》（以下简称委托书）、封条、抽样单等。

填写抽样文书的具体要求见本章第二节相关内容。为避免抽样文书填写错误，建议抽样人员之间相互检查核对。

3.4 抽样方法培训

抽样单位应根据相关规定，针对拟抽检品种进行相应的抽样方法培训。抽样方法相关内容见本章第四节相关内容。

3.5 其他内容培训

网络抽样人员应提前学习拟抽样网络平台的商品购买流程，熟悉用于网络信息采集的辅助工具，如截图工具、屏幕录像工具等。

采用移动终端抽样时，抽样单位应对抽样人员在移动终端操作及其注意事项等方面进行培训。

抽样单位还可以根据以往抽样工作中遇到的问题、应对经验和技巧进行培训，并着重强调工作纪律性和安全性。如有条件，可以专门进行典型案例或沟通技巧方面的培训。

4　工具、物资准备

抽样前应提前准备好所需的各项工具、物资，抽样单位可以制定专门的抽样工具需求表，方便检查，防止遗漏。

4.1　证件、文书

抽样人员应提前准备好本人的工作证、身份证或执法证等证件。同时需准备好告知书、封条、抽样单等文书，抽样单位无行政管理或执法权限时（如检验机构），还应准备加盖组织抽样工作的食品安全监管部门公章的委托书。

4.2　采样工具

抽样人应准备好样品袋（瓶）或其他容器，取样器、分样器等采样工具，车载冰箱（冰柜）、冷藏箱及冰袋、遮光布，拍照或录像器材，签字笔、胶带等。为方便做到随机抽样的要求，还可以提前准备好骰子或类似用具。

抽样需要使用信息系统时应准备并调试好移动抽样终端、打印机等设备。

4.3　运输工具

抽样人应根据路途远近及抽取样品情况，合理选择交通工具，并注意保持交通工具的清洁卫生，避免其对样品造成污染。如自行驾车抽样，还需要提前检查车辆情况，做好保养维护，充分保证其安全性。

4.4　通信设备

抽样人应提前检查随身携带的手机、充电器或其他通信设备的状态，保证通信畅通。

4.5　资金准备

抽样人员应根据抽样计划需要准备足够资金，用于购样、交通、食宿等所需费用。

4.6　其他

采用移动终端抽样的还应提前准备并检查好相关设备状态。

起草人：明双喜（山东省食品药品检验研究院）
复核人：杨　颖（山东省食品药品检验研究院）

第二节　样品抽取具体流程

程序规范、抽样品种准确、填报信息完整无误，是抽样工作的核心要求，抽样人员必须严格按照相关规定将每一个细节做到位。

1　出示证件，告知说明

抽样工作不得预先通知被抽样的食品生产经营者，且抽样人员不得少于2名。

1.1　实体环节抽样

实体环节抽样时，抽样人员应主动向被抽样单位出示告知书及其有效身份证件，告知被抽样单位相关事项，包括抽样工作的性质、抽样食品范围，以及其具有的权利和应尽义务等相关信息。抽样单位无行政管理或执法权限时（如检验机构），还应向被抽样单位出示委托书。

1.2 网络抽样

网络抽样时，不必履行实体环节的告知程序。

2 查验证照，核对资质

抽样人员应查验被抽样单位的合法证照，包括营业执照、食品生产或经营许可证等，确认其具有合法生产经营的资质，拟抽样品种属于其生产经营的资质范围。

3 按要求抽取样品

3.1 实体环节抽样

抽样人员应当按照相关要求，从食品生产者的成品库、原辅料库、生产车间等区域抽取待销成品、原辅料或半成品，或者从食品经营者的仓库、货架中抽取其用于经营的食品。

抽样时至少有2名抽样人员同时现场抽取，不得由被抽样单位自行提供。务必保证样品数量满足检验和复检的需要，包括重量和包装数的要求。

3.2 网络抽样

开展网络抽样时，抽样人员使用已备案账号登录网络交易平台，根据抽样工作要求检索拟抽样食品，选择符合要求的食品，按照平台交易规则进行网购。

可通过适当加大抽样量或其他必要方式，尽量保证抽取的样品为同一批次，并满足检验工作的需要。

4 留取影像资料

为保证抽样过程客观、公正、规范、可追溯，抽样人员可通过拍照或录像等方式对被抽食品状态、库存及其他可能影响抽样检验结果的情形进行现场信息采集。

4.1 实体环节抽样的信息采集

实体环节抽样时应该采集的信息见表1-1-1。

表1-1-1 抽样信息采集表（实体环节）

序号	信息分类	具体内容
1	被抽样单位信息	若被抽样单位悬挂厂牌的，应包含在照片内
2	法定证书	被抽样单位营业执照、许可证等法定资质证书
3	抽样现场	抽样人员从样品堆中的取样照片，应包含抽样人员和样品堆信息（可大致反映抽样基数）
4	样品外观	从不同部位抽取的含有外包装的样品照片
5	封样后状态	封样完毕后，所封样品码放整齐后的外观照片和封条近照
6	合影	同时包含所封样品、抽样人员和被抽样单位人员的照片
7	文书、单据	填写完毕的抽样单、购物票据等在一起的照片
8	其他	其他需要采集的信息

4.2 网络抽样的信息采集

网络操作时的信息采集可通过截图、录像等方式采集，采集信息见表1-1-2。

表1-1-2 抽样信息采集表（网络环节）

序号	信息分类	具体内容
1	被抽样网店及样品信息	样品展示页；网页显示的食品信息，包括采集平台及商品所在页面的网址信息、食品名称、型号规格、单价、商品编号等文字描述
2	订单信息	成功下单后订单信息，包括订单编号、下订单日期、收货人信息等
3	法定证书	网页上显示的被抽检单位营业执照、食品经营许可证等法定资质信息
4	支付记录	支付记录信息
5	样品外观	拆包后的样品状态，应能体现样品的数量、外包装等信息
6	封样后状态	封样后，对检验样品和备份样品拍照记录，照片应能显示封条上抽样单编号，抽样人员签名
7	文书、单据	拆包前样品的外包装及物流单据；包装中提供的商品清单（如有）
8	其他	其他需要采集的信息

5 抽样单填写

应当使用符合相关规定的抽样单，详细完整记录抽样信息。抽样信息主要内容见表1-1-3。

表1-1-3 抽样信息主要内容

序号	信息分类	主要内容
1	被抽样单位信息	被抽样单位名称、地址、社会信用代码或营业执照号码、食品经营许可证号码或食品生产许可证号码、法人或负责人、联系人、联系电话等
2	样品信息	样品名称、商标、规格型号、生产日期（或进货日期、购进日期）、生产批号、执行标准、食品生产许可证号码、质量等级、保质期、单价、抽样基数、抽样数量、备样数量等
3	标识生产企业信息	标识生产企业名称、地址、联系人、联系电话等
4	抽样单位信息	抽样单位名称、地址、联系人、联系电话等
5	备注信息	其他需要备注说明的内容

5.1 基础要求

抽样文书应当字迹工整、清楚，容易辨认，不得随意更改。如需要更改信息应当由被抽样单位签字或盖章确认。

5.2 被抽样单位信息

抽样单上被抽样单位名称应严格按照营业执照或其他相关法定资质证书填写。被抽样单位地址按照被抽样单位的实际地址填写，若在批发市场等食品经营单位抽样时，应记录被抽样单位摊位号。被抽样单位名称、地址与营业执照或其他相关法定资质证书上名称、地址不一致时，应在抽样单备注栏中注明。

网络抽样时，还应按要求记录网购平台的名称、地址、网址、营业执照、入网许可证或互联网信息服务业务经营许可证（即ICP经营许可证）等信息；网店的名称、地址、网址、营业执照或其他法定资质证书等信息。

5.3　样品名称

抽样单上样品名称应按照食品标示信息填写，并注意与商标的区分。若无食品标示的，可根据被抽样单位提供的食品名称填写，需在备注栏中注明"样品名称由被抽样单位提供"，并由被抽样单位签字确认。

若标注的食品名称无法反映其真实属性，或使用俗名、简称时，应同时注明食品的"标称名称"和"（标准名称或真实属性名称）"。

5.4　生产者信息

5.4.1 经营单位抽样时　生产者信息按照食品标签标注填写。如发现其标注信息有明显错误的，可通过查询其在相关网站公布的信用信息或生产经营许可信息进行核实，根据查询核实后的信息填报，并在抽样单中备注说明。

5.4.2 生产单位抽样时　生产者名称、地址等信息参照"5.2 被抽样单位信息"的要求填写。

5.4.3 委托加工及进口食品　被抽样品为委托加工的，抽样单上应分别填写标称的被委托方信息、委托方信息；被抽样样品为进口食品的，生产者信息填写国外实际生产企业信息，进口商、代理商、经销商等按委托方信息填写。

5.5　其他信息

必要时，抽样单备注栏或相应位置还应注明食品加工工艺、具体品种，以及其他可能影响后续检验、核查处置等工作的信息。

5.6　检查确认

抽样单填写完毕后，两名抽样人员应相互核对其中内容。

实体环节抽样时应交由被抽样单位人员检查并签字或盖章确认，可提醒其对单位名称、样品名称、商标、生产日期、规格型号、抽样基数、单价等重要信息着重检查。如被抽样单位无法及时提供公章，可以由签字人员加按指模。

网络抽样时，被抽样单位不必签字或盖章确认。

5.7　其他

在生产企业抽样时，如遇所抽样品执行企业标准的，抽样人员应索要食品执行的企业标准文本复印件，或拍照记录其相关内容，并与样品一同移交检验机构。

6　封样

封样是为了防止样品被擅自拆封、动用及调换，其基本原则是不破坏外包装或封条就无法接触到实物样品。

6.1 封样基本要求

样品一经抽取，抽样人员应尽快填写抽样单，现场以妥善的方式进行封样。封样应贴上盖有抽样单位公章的指定格式的封条，封条上应由被抽样单位和抽样人员双方签字或盖章确认（网络抽样除外），注明抽样日期。封条上的抽样单号必须与抽样单一致。

6.2 封样注意事项

6.2.1 保证防拆封　所抽样品的所有封口处均应加贴封条，样品不便于封样时，可先将样品置于塑料袋或其他容器内，再用封条封存。加贴封条时应选择合适方式和加贴位置，并用透明胶带加以保护，避免搬运过程中损坏封条。采用多个封条时，可以在抽样单上备注封条数量和加贴位置。

6.2.2 区分检、备样　所抽样品分为检验样品和复检备份样品，并于封条上注明"检"、"备"字样以示区分；复检备份样品应单独封样，交由检验机构保存。

6.2.3 避免遮挡关键信息　加贴封条时尽量不要遮盖住产品名称、企业名称、生产日期、规格型号、质量等级等关键信息，以便检验机构核对样品信息。

7　付费买样，索证索票

抽样人员应向被抽样单位支付样品购置费，索取发票（或相关购物凭证）、所购样品明细。

7.1　实体环节抽样付费

抽样人员现场支付费用。不便于现场付费时，抽样人员可在取得被抽样单位同意后，出具费用告知文书，告知被抽样单位填写相应信息，与发票、样品明细一并寄送指定的付款单位，付款单位收悉后及时支付样品费用。

7.2　网络抽样付费

对于网络抽样，抽样人员应使用符合要求的支付方式，支付样品购置费以及物流等相关费用。要求被抽样的网店提供发票或收据，将其与网络支付截图一起作为购样凭证。购样发票（或收据）的抬头允许使用已备案抽样人员姓名。

8　文书交付

实体环节抽样完毕后，应将抽样单、告知书等相关抽样文书交付被抽样单位，并提醒其妥善保存备查。

9　妥善运输，及时移交

9.1　基本要求

实体环节抽取的样品应由抽样人员携带或寄送至检验机构，不得由被抽样单位自行寄、送样品。被抽样品应在规定时限内送至检验机构，尤其注意保质期短的食品应尽快移交。移交样品时应同时交付相关抽样文书。

9.2 注意特殊储运条件

对于易碎品、冷藏、冷冻或其他特殊贮运条件等要求的食品样品，抽样人员应当采取适当措施，保证样品运输过程符合标准或样品标示要求的运输条件。

9.3 拒收样品时的处置

样品移交过程中，如检验机构发现样品的外观、状态、封条存在异常，样品与抽样文书的记录不相符，或者存在其他对检验或结论产生影响的情况，检验机可以拒收样品。此时抽样人员应与检验机构认真核实。

对于样品包装或封条破损、腐败变质、品种抽错、样品数量不足等情形，抽样单位应及时组织重新抽样。对于抽样文书瑕疵，并且不影响后续检验及核查处置等工作的情况，抽样人员可与检验机构沟通后采取相应补救措施。

检验机构拒收样品的情况均应在相关文件上如实记录，并要求抽样人员与检验机构签字确认。

起草人：明双喜（山东省食品药品检验研究院）

复核人：吴裕健（山东省食品药品检验研究院）

第三节 样品抽取中特殊情况

1 不予抽样的情形

遇有下列情况之一且能提供有效证明的，包括：

（1）食品标签、包装、说明书标有"试制"或者"样品"等字样的。

（2）食品为全部用于出口的。

（3）食品已经由被抽样单位自行停止生产经营并单独存放、明确标注进行封存待处置。

（4）食品已超过保质期或已腐败变质。

（5）被抽样单位存在明显不符合有关法律法规和部门规章要求。

（6）法律、法规和规章规定的其他情形。

2 拒绝抽样

如果被抽样单位拒绝或阻挠食品安全抽样工作的，有相应行政执法权的抽样人员应依法进行处置。如抽样人员没有相应行政执法权，应告知被抽样单位拒绝抽样的后果，认真取证，在相应文书中如实做好情况记录，报告有管辖权的监管部门进行处理，并及时报组织抽样工作的监管部门。

3 发现违法违规

如发现被抽样单位存在无营业执照、无许可证等法定资质或超许可范围生产经营等行为的，应立即停止抽样，并及时报组织抽检工作的监管部门。如抽样人具有行政执法权，应及时依法处置；如抽样人无相应行政执法权，应及时报告有管辖权的监管部门进行处理。

4　简化程序

风险监测、案件稽查、事故调查、应急处置等工作的食品抽样，不受抽样数量、抽样地点、被抽样单位是否具备合法资质等条件的限制，并可简化告知被抽样单位抽样性质、现场信息采集等行政执法相关的程序。本节第一条中所列不予抽样的情形，可根据抽样工作性质和相关要求决定是否遵照执行。

起草人：张　然（山东省食品药品检验研究院）
复核人：明双喜（山东省食品药品检验研究院）

第四节　样品抽取方法

1　预包装食品抽样

预包装食品是指预先定量包装或制作在包装材料和容器中的食品。对预包装食品的抽样可能涉及生产、流通、餐饮三个环节。

1.1　生产环节抽样

1.1.1 抽样品种及区域　在生产企业的成品库房抽取近期生产的同一批次，并经企业检验合格或以任何形式标明合格的食品中抽取。有的抽样工作也可能需要从原辅料库抽取原辅料，或从生产车间及其他区域抽取半成品、待检品等。

1.1.2 随机抽样　抽样时应随机从同一批次样品堆的不同部位（原则上不应少于 4 个部位）抽取相应数量的样品，如果有外包装箱，应从抽取的外包装箱中再分别抽取相应的独立包装的食品。

为实现抽样的随机性，可以采用类似掷骰子的方式，来确定样品应从哪一层、哪一列或哪一码堆抽取样品。

1.1.3 分装抽样　抽取大包装食品（净含量一般不小于 10 kg 或 10 L）时可进行分装，从同一批次的 2 个或 2 个以上的大包装食品中扦取足够量的样品，并将扦取的样品混合均匀，按照四分法取所需的样品量。务必保证分装用具及容器的清洁卫生，不能影响检验分析结果。

必要时，分装后应向被抽样单位索要大包装标签，如不便索取可拍照记录。相关分装情况应在抽样单中备注说明。

1.1.4 四分法要点　扦取足够量样品，置于洁净容器中充分混合，然后放置于洁净器具上并平铺成圆形，十字均分成四等分，取相对的两份充分混合，重复前述步骤，直到达到抽样所需数量。

1.2　流通环节抽样

1.2.1 实体环节抽样　在被抽样单位货架、柜台、库房随机抽取同一批次待销食品，抽样方法原则上同生产环节。

1.2.2 网络抽样　按照相关网络平台流程购买样品。

1.3　餐饮环节抽样

抽取同一批次待销产品或原辅料，应尽量抽取完整包装产品，如条件不允许，可分装取样，抽取方法原则上同生产环节。

1.4　微生物项目对抽样的要求

如所抽样品要求检验微生物项目，在生产环节分装取样时可交由生产企业，由其工作人员在清洁作业区无菌操作。在流通环节或餐饮环节分装取样时，如无法保证无菌操作，应告知检验机构无需检验微生物项目。对于执行二级或三级采样方案的，应从5个大包装中分别取出样品用于微生物检验。

2　计量销售食品抽样

很多具有生产许可证的食品虽然有外包装，但未预先定量，需计量销售，常见的此类食品包括：糖果、果冻、蜜饯、饼干、豆腐干、肉干、坚果、炒货等。

对于计量销售食品，应首先确认品种、等级、生产企业、生产日期等是否相同，确定属于同一批次后，再从不同码堆、不同位置、不同深度或层次，抽取或扦取足够量的样品。对于个体较小的样品，还需要使用塑料袋、塑料瓶等合适器具充分混匀后，按照四分法取所需的样品量。

3　裸装食品抽样

此处所指的裸装食品，很多具有生产许可证，出厂时通常会用较大的塑料袋、塑料瓶（罐）、纸箱、金属瓶（罐）等进行包装，进入流通或餐饮环节后，会被除去外包装后零散销售。常见的此类食品包括：蜜饯、腐竹、酱卤肉、酱腌菜、速冻畜禽肉、速冻水产品、干制食用菌、饼干、糕点等。

对于裸装食品的抽样，可参考计量销售食品的抽样方法。如需检测微生物项目，则应保证抽样全过程无菌操作。

4　食用农产品抽样

食用农产品一般包括：畜禽肉及其副产品、蔬菜、水果、水产品、鲜蛋、豆类、生干坚果与籽类等。

4.1　样品信息填写

食用农产品多为农户种植、养殖或者经过简单加工而来，相关上游单位或个人一般没有生产许可证，多数也没有信息详细的标签标识。填写抽样单时，对相关信息有不同于预包装食品的要求：生产日期不明确时，相应位置可填写购进日期（经营环节抽样）或填"/"；畜禽肉的生产日期可以填检疫票中写明的日期；被抽样单位无法提供样品的生产者信息时，"标称生产者"信息栏可填写样品来源信息，并在备注中写明"生产者信息为样品来源信息，由被抽样单位提供"等类似字样。

对被抽样单位提供的检疫票、进货票等可追溯信息，绿色食品、有机农产品等认证信息，无抗猪肉等标识信息，应拍照取证。

4.2 抽样基本要求

同一货架或摊位中，同一产地、同一生产商（供应商）、同一种类、同一生产日期（进货日期）、同一等级、单价相同的视为同一批次，视情况分层、分方向抽取样品。

从同一批次中抽取无明显腐烂、瘀伤、长菌或其他表面损伤的样品，并除去可能存在的泥土、黏附物或萎蔫部分。抽样全过程所有器具应保证不会对样品造成二次污染。抽取的样品数量一般按照可食用部分掌握，将所抽样品分为检、备两份。

4.3 抽样方式

农产品的抽样包括三种不同的方式：原始状态取样法、现场匀浆法和实验室匀浆法，抽样时应根据样品特性和相关要求合理选择抽样方式。

以蔬菜为例，原始状态取样法即保持所抽蔬菜的自然状况进行抽样。

现场匀浆法，一般要求抽样现场匀浆制样，制样后均分成两份，装入洁净的容器内，密封并做好标记，置于于−18℃冷冻条件下储运。

实验室匀浆法则是原始状态取样后，将样品带入实验室匀浆制样，随后对样品加贴封条，并于−18℃冷冻保存。

4.4 样品分切

对于个体较大的产品，可分切为两份，分别作为检样、备样。有外包装的应保留原包装或拍照记录。分切时应注意保证检、备样的一致性：有对称轴的按照对称轴分切，例如较大的鱼类，可取一个或多个个体沿脊背纵剖分割为两部分；无对称轴的，应尽可能保证分切的两部分性状一致，例如畜禽肉附带的脂肪、筋膜、肉皮等，其占样品的比例应大体一致。对于个体较小的产品如鸡心、田螺、草莓、圣女果等，可不分切，直接按四分法取样。

5 餐饮食品抽样

5.1 餐饮食品抽样对包装的要求

抽取的餐饮食品可采用餐饮单位用于盛装食品的包装。盛装液体的包装，可用带塞玻璃瓶或塑料瓶等；盛装固体、半固体样品的包装，可用玻璃瓶或塑料袋等。

5.2 不同形态样品的抽样要求

采集餐饮食品时，预先对包装内食品充分混合，然后从不同部位采集分样混合成一份样品。

固体从盛放样品包装的上、中、下不同的部位多点采样，混合后按四分法对角采样，再进行混合，最后取有代表性样品放入采样包装中；对于不易充分混匀的较黏稠的散装半固体，打开包装后用采样器分上、中、下三层分别取出检样，将样品混合均匀。

固体、半固体可使用小勺或镊子采样；散装液体（如饮料等）样品应先充分混合后，再取中间部位的样品，采样时可使用玻璃吸管或倾倒方式。

5.3 特殊样品的采样要求

5.3.1 熟肉制品　以餐饮店内同一销售容器所盛放的同一品种熟肉制品（以熟畜禽肉为主

要原料）为同一批次。

5.3.2 餐饮具　餐饮环节抽样时经常需要对餐饮具进行抽样检验。餐饮具样品用密封袋无菌操作，除筷子外的品种每个批次至少采样6份（每份一个独立包装或一个散装餐具），筷子每次取样不少于7双（14根）。

起草人：明双喜（山东省食品药品检验研究院）

复核人：刘　伟（山东省食品药品检验研究院）

第五节　几种特定情况

1　检验项目对抽样有专门要求的情况

部分项目的检验方法标准对样品量或者抽样方式有明确规定，需要写入抽样方案，抽样人员应予以注意。

1.1　生物毒素项目检测要求

GB 5009.22–2016《食品安全国家标准　食品中黄曲霉毒素B族和G族的测定》明确规定，采样量需大于1 L或1kg，对于瓶装或袋装的液体、半流体样品至少采集3个包装。玉米面、小麦粉等谷物及其制品，花生油、玉米油等食用植物油，酱油、食醋、酿造酱等调味品，豆类及其制品，坚果及籽类、特殊膳食用食品等食品均需要检测黄曲霉毒素B_1，这就要求抽样时应满足标准要求的抽样量和保证数。

GB 5009.212–2016《食品安全国家标准　贝类中腹泻性贝类毒素的测定》、GB 5009.213–2016《食品安全国家标准　贝类中麻痹性贝类毒素的测定》也有类似要求，检测两种贝类毒素时需保证贝肉分别达400g、200g以上。

1.2　致病菌项目检测要求

GB 29921–2013《食品安全国家标准　食品中致病菌限量》明确规定了沙门菌、金黄色葡萄球菌、单核细胞增生李斯特菌、副溶血性弧菌、大肠埃希菌O157：H7等致病菌需采样件数为5个。这就要求在抽取检测致病菌项目的食品时，其检样包装数不得少于5个。需检测致病菌项目的食品种类非常广泛，涵盖了绝大部分即食食品。

1.3　罐头（商业无菌工艺）食品

以罐头工艺加工或经商业无菌生产的食品，其微生物项目一般仅检测商业无菌，检测该项目时需要两个包装，包装数量的要求少于沙门菌、金黄色葡萄球菌等致病菌项目，抽样方案中应对此予以明确，防止因过多的包装数量要求影响抽样。食品安全标准中另有规定的，如番茄酱罐头、番茄酱与番茄汁婴幼儿罐装辅助食品等应按其食品安全标准规定执行。

1.4　酸价（酸值）、过氧化值检测要求

除了食用油脂外，还有饼干、糕点、膨化食品、方便面、炒货坚果等食品，需要提取油脂后再测定酸价（酸值）、过氧化值，这就需保证所抽样品能够提取到足够检验用的油脂。GB 5009.227–2016《食品安全国家标准　食品中过氧化值的测定》、GB 5009.229–2016《食品安全

国家标准　食品中酸价的测定》均对检验需要称取的油脂量进行了规定，尤其是酸价较低时单独一次测定需要油脂20g，平行测定则可能需要油脂40g。抽样人员应结合标准要求和样品状况确定符合要求的样品量。

1.5　生物胺检测要求

水产品、肉类样品经常需检验组胺（判定新鲜程度），其检验标准GB 5009.208–2016《食品安全国家标准　食品中生物胺的测定》规定，试样制备需要取可食部分500g左右，对于单个检验项目而言，其样品需求量比较大。

上述对样品数量有要求的情况，除了微生物项目外，抽样时应注意检、备样同时满足要求，避免影响后续的复检或核查处置等工作。

2　易混淆食品品种

有些食品品种容易混淆，有的是因为分类比较繁杂或者外观相似，有的是因为标签或说明书等不规范甚至有误导性，抽样时应予以重点关注，必要时在抽样单中注明样品真实属性。

2.1　易混淆加工食品

易混淆加工食品包括饮料、速冻食品、调味品、豆类、蜂产品等，容易产生混淆的原因包括以下几个方面。

2.1.1 标准、工艺原因　因标准分类、生产工艺，甚至命名或称呼习惯的复杂，可能导致品种区分困难。例如，果汁、果汁饮料、水果饮料、果味饮料等，其标准分类比较复杂，前三者的果汁含量标准要求分别为100%、大于等于10%、5%~10%，果味饮料则完全不含果汁。

有的豆制品，原料以大豆蛋白为主，按照豆干的工艺来生产，其终产品外观、名称与普通豆干并无二致，但应属于其他豆制品。

蜜饯凉果和月饼也存在类似问题。蜜饯凉果细分种类包括蜜饯类、果脯类、凉果类、果糕类、话化类等，其食品添加剂使用规则不尽一致；月饼分为京式、广式、苏式、潮式、滇式、晋式等，其理化指标大多不一致。

2.1.2 标签标识原因　有的食品标签标识不规范，展示的信息可能存在误导性，从而导致品种混淆。例如：部分蜂蜜膏或其他蜂蜜制品，其产品标签往往突出"蜂蜜"二字，如不注意配料表可能会将其作为蜂蜜进行抽样；有的含乳饮料标签会突出"奶"或"乳"的字样，可能将其误认为属于液体乳；少数白酒实际上是配制酒或固液法白酒，但其标签突出显示"浓香型"等字样；某些调和油标签可能突出显示"花生""香油"或"芝麻"等字样，不注意的话可能将其作为其他单一品种的植物油进行抽取；还有的速冻混合肉卷也可能由于相同原因，被当作牛肉卷或羊肉卷进行抽样。

2.1.3 概念、定义原因　有些食品品种涵盖范围可能有重叠，或者其定义可能产生不同理解，从而引起抽错品种。例如，干制水产品中的海带、紫菜、裙带菜等藻类干制品，可能被当作蔬菜制品来抽样；鱼体油、鱼肝油等水生动物油脂及制品，被当作食用动物油脂或食用油脂制品来抽样。

实际产销情况与相关文件指明的品种不尽一致也会导致混淆。例如速冻食品中的速冻玉米、速冻薯类，可能会被当作速冻蔬菜制品抽取，但这两种食品又可以分别对应相关文件中的速冻谷物制品、薯类和膨化食品中的冷冻薯类；还有速冻调制食品，抽样人员可能因为相关文件中没有准确对应的品种，错误地将其按照原料或外观归为其他种类。

2.2　易混淆农产品

农产品相比加工食品更容易发生品种混淆的问题。

2.2.1 蔬菜　蔬菜的检验项目多为农药残留，区分其品种主要应根据 GB 2763《国家食品安全标准 食品中农药最大残留限量》。经常出现混淆的蔬菜，除了前文提到的大白菜与普通白菜（指小油菜、小白菜等），甘蓝（结球甘蓝）与紫甘蓝（赤球甘蓝），还有油麦菜与叶用莴苣，西蓝花（青花菜）与花椰菜，菜心（薹）与芥蓝等。

2.2.2 水产品　水产品种类很繁杂，抽样时也经常遇到品种困扰。很多水产品外观相似，例如青鱼和草鱼，金枪鱼与东方鲔、东方狐鲣、裸狐鲣等。抽水产品经常还需要区分淡水鱼、海水鱼，因为二者很多检验项目的限量要求不同，尤其要注意区分在海水、淡水中都可以生活的品种，例如鲈鱼。

2.3.3 畜禽肉及其副产品　畜禽肉及其副产品应注意区分具体的畜禽品种，例如，里脊是猪肉还是牛肉，肝脏是猪肝还是羊肝，琵琶腿是鸡腿还是鸭腿等。

准确区分食品品种，减少或防止品种抽错，主要还是在于提前对抽样人员做好培训，使其掌握相关知识，同时在抽样方案中予以提示，在抽样现场还需要与被抽样单位认真核实。

起草人：明双喜（山东省食品药品检验研究院）

复核人：杨　颖（山东省食品药品检验研究院）

附件　抽样方案样例

2019年XXX抽样方案

1　任务名称

XXX

2　任务来源

国家市场监督管理总局

3　抽检产品

样品种类、生产企业及批次数见下表。

食品种类	抽样企业	所在省份	样品批次
调味品	XXX	北京	X
肉制品	XXX	河南	X
特殊膳食食品	XXX	江西	X
合计	X		

4 工作时限

2019 年 X 月 X 日前完成全部抽样任务。

5 人员分组

抽样人员分组见下表。

分组	抽样人员	抽样区域	抽样区域监管人员及联系方式
1	XXX，XXX	北京	XXX，XXX
2	XXX，XXX	河南	XXX，XXX
3	XXX，XXX	江西	XXX，XXX

6 抽样要求

6.1 基本要求

6.1.1 依法依规 抽样工作中各环节严格按照《食品安全抽样检验管理办法》《食品安全监督抽检和风险监测工作规范》《国家食品安全监督抽检实施细则》（2019 年版）、相关标准、任务安排等规定要求执行。

6.1.2 抽样场所 以大型连锁超市、大中型商场、大型批发市场等流通场所为主。如拟抽检生产企业只生产大包装产品，并且流通市场上没有其预包装产品销售，可以在生产企业抽样，但抽样前应及时汇报任务下达部门。抽样时请相关企业出具加盖公章的情况说明。

6.1.3 时限要求 抽样工作应于规定时限内完成，在保证工作质量的同时尽可能提前完成。

6.2 样品要求

6.2.1 样品种类 产自同一生产企业的样品应尽量抽取不同品种（指不同原料、不同质量等级或不同工艺等），所抽品种不应超出附件所列范围。

6.2.2 生产时间 所抽样品应优先抽取新近生产的产品。为满足检验周期和后续工作需要，原则上抽样日期至保质期结束应在 1 个月以上（保质期较短的除外）。

6.2.3 检备样分隔 抽样时检、备样应分别封样，并于封条上标明检、备字样。

6.2.4 抽样数量 具体要求见下表。

样品品种	国抽细则规定抽样量	检验所需最少抽样量
婴幼儿谷类辅助食品	抽样数量不少于 10 个独立销售包装；样品量不少于 2.5kg。其中至少 7 个包装为检验样品，至少 3 个包装为复检的备份样品（备份样品不少于 1kg）	固体类样品的总量不少于 2kg，不少于 6 个独立包装：其中检样不少于 1kg，不少于 5 个独立包装；备样不少于 1kg，不少于 1 个独立包装。非固体类样品总量不少于 2kg，不少于 8 个独立包装：其中检样不少于 1kg，不少于 5 个独立包装，备样不少于 1kg，不少于 3 个独立包装

续表

样品品种	国抽细则规定抽样量	检验所需最少抽样量
营养补充品	抽样数量不少于 10 个独立销售包装；样品量不少于 2.5kg。其中至少 7 个包装为检验样品，至少 3 个包装为复检的备份样品（备份样品不少于 1kg）	抽样数量不少于 8 个独立销售包装；样品量不少于 2kg。其中至少 5 个包装为检验样品，至少 3 个包装为复检的备份样品（备份样品不少于 1kg）
酿造酱油、配制酱油	抽取样品量不少于 11 个独立包装，总量不得少于 3L，所抽取样品分成 2 份，约 8 个包装作为检验样品，约 3 个包装作为复检备份样品（备份样品不少于 1L，封存在承检机构）	抽样数量不少于 3kg（L），不少于 9 个独立销售包装。所抽样品 2/3 作为检验样品，1/3 用于复检备份样品，备样不少于 3 个包装，且不少于 1L
酿造食醋、配制食醋	抽取样品量不少于 8 个独立包装，总量不得少于 2L。所抽取样品分为 2 份，约 5 个包装作为检验样品，约 3 个包装为复检备份样品（备份样品不少于 1L，封存在承检机构）	抽样数量不少于 2kg（L），不少于 6 个独立销售包装。所抽样品 1/2 作为检验样品，1/2 用于复检备份样品
味精（谷氨酸钠）、加盐味精、增鲜味精	总量不得少于 500g。抽取大包装食品（净含量≥ 5 kg）时，从大包装食品中分装成相应小包装样品，不少于 2 个包装，总量不得少于 500g。所抽取样品分为 2 份，约 1/2 作为检验样品，约 1/2 为复检备份样品	抽样数量不少于 500g，不少于 2 个独立销售包装。所抽样品 1/2 作为检验样品，1/2 用于复检备份样品
酱卤肉制品	抽取样不少于 3kg，且不少于 8 个独立包装。所抽取样品分为 2 份，约 3/4 为检验样品，约 1/4 为复检备份样品	样品量（可食部分）不少于 1100g，且不少于 6 个包装；其中检样不少于 900g、5 个包装，备样量不少于 200g，1 个包装。若为牛、羊、驴肉制品，则再增加 1 个包装，并且不少于 200g。如抽取鸭脖、鸡爪、猪蹄等样品时，应适当增大抽样量，保证可食部分满足上述要求
熏烧烤肉制品	同"酱卤肉制品"	同"酱卤肉制品"
熏煮香肠火腿制品	同"酱卤肉制品"	样品量（可食部分）不少于 1100g，且不少于 6 个包装；其中检样不少于 900g、5 个包装，备样量不少于 200g、1 个包装

6.3 运输要求

样品运输、贮存过程中应采取有效的防护措施，确保样品不被污染，不发生腐败变质，不影响后续检验。样品的运输、贮存，应符合产品明示要求或产品实际需要的条件要求。低温运输样品应做好运输期间的温度记录。

6.4 移动抽样终端操作要求

6.4.1 注意校验 使用抽样终端抽样时，抽样前应校验，以免因系统限制导致无法提交。

6.4.2 信息准确 抽样终端填报抽样信息时务必确保相关信息的准确性，除5大重要字段（样品名称、生产日期、抽样日期、生产许可证号、营业执照号码）外，易出错信息还可能包括：检验目的/任务类别，被抽样单位或生产企业所在地省、市、县（进口产品应按照其经销商或代理商填报），企业名称及地址，是否进口，抽样人签名、执行标准等。

6.4.3 信息修改 如发现提交系统的抽样信息错误，应在接样截至期限（抽样后5个工作日）内完成修改。重要信息如：5大字段信息，或抽样文书、现场照片错误的，抽样人员应及时处置，并提交相应文件。

6.5 抽样文书

6.5.1 文书填写 抽样人员应按照样品标签、被抽样单位法定证件等据实填写抽样单等抽样文书，填写完毕后两名抽样人相互检查核对。如填写错误，修改后由被抽样单位在修改处签字或盖章确认。

6.5.2 文书交付 抽样完毕后抽样人员应将相关文书现场交付被抽样单位，并及时移交检验部门。

6.6 样品移交

6.6.1 及时送达 为保证按相关要求在抽样日期之后5个工作日内接收样品，抽样人员应尽快将样品（尤其是特殊储存要求的产品）送达并移交检验部门，并提前通知接样人员做好准备。如发快递或物流移交样品的，应与其确认能够及时送达，并通知接样人员。

6.6.2 检查确认 抽样人员与检验部门接样人员在交接样品时应现场检查确认样品状况，并在移交确认单上做好记录，需检查确认的情况包括但不限于：样品批次、种类、包装、封条状况，样品信息与抽样单的符合性，以及低温储存样品的温度情况等。发现异常应及时进行补抽或信息修改等措施。

6.7 无法完成抽样

如因停产、转产、国内不销售等无法完成抽样的，应向当地监管部门、生产经营企业等单位咨询，并请当地监管部门或企业开具情况说明，并及时上报任务下达部门。

6.8 资料存档

抽样文书和抽样照片、录像等现场信息记录，以及停产证明等由抽样人员所在部门妥善保存备查。

第二章
样品管理

　　检验机构应根据相关规定和实验室情况建立样品管理制度和作业指导书。检验机构应设置专人负责样品的接收、登记、制备、传递、保管、处置等工作，在整个样品传递和处理过程中，应保证样品特性的原始性，保护实验室和客户的相关利益。

第一节　样品接收

　　检验机构应安排专人受理样品接收，要求明确检验目的，仔细检查样品及相关文书的状态和符合性。接收样品时如发现异常，应与抽样人员或委托客户充分沟通后作出处理决定。

1　抽样检验任务样品接收

　　接样时，受理人员应认真检查并记录样品的外观、状态、封条有无破损，样品种类、数量、保存条件是否满足抽检任务要求，抽样单信息与样品是否一致，以及其他可能对检验结论产生影响的情况，发现特殊情况应向抽样人员询问、核实。与抽样人员交接样品时，应填写《食品安全抽样检验样品移交确认单》或相关文件，确认完毕后接收样品及抽样文书。

2　委托检验样品接收

　　应由客户按要求填写《检验委托合同》或其他相关协议。接收样品时，受理人员应认真检查样品的完整性，确认样品的性质和状态是否适宜于检验，检查样品量是否满足规定要求。样品量应视检测项目的具体情况而定，建议不少于实际测试用量的三倍。如有样品量较少、环境温度异常、保质期过短等情况，应与客户沟通后在委托合同上注明，对于指定专门检测方法及其他特殊要求的，应由客户提供相应文件材料。

3　样品信息登记

　　样品接收后，应在样品接收表、信息系统或以其他方式记录样品信息，样品信息的修改、调整和特殊情况应予以备注说明。需登记的样品信息通常包含报告编号、样品名称、样品编号/批号、样品数量、型号规格、检验依据、检验项目、接收人、接收日期、出具检验报告时间等。

4　编制接样作业指导书

　　接样时应充分考虑到检测方法对食品样品的技术要求，如有必要，可编制作业指导书，针对样品的数量、形态、检测方法等方面，对样品的适用性、局限性等做出相应的规定。

起草人：吴裕建（山东省食品药品检验研究院）

复核人：杨　颖（山东省食品药品检验研究院）

第二节　样品标识与保存

1　样品标识

受理人员接收样品完毕后，应对样品编号登记，加贴准确、清晰的唯一性标识。标识可以是电子的或纸质的，标识的设计应确保样品在各种检测状态和传递过程中不会与其他记录或文件产生混淆，在样品流转期间应保证标识的完好。样品标识系统应包含物品群组的细分和物品在实验室内部和向外传递过程的控制方法，比如检验状态标识、群组细分标识等。

2　样品保存

2.1　独立区域、专人管理

实验室应设置独立的样品室或适宜的设施保存样品，并注意温度、湿度、阳光、尘埃等影响因素，要有消防、防盗、及为客户保密的设施，应设置专门人员管理样品。样品应摆放整齐，分类分区标识清楚。必要时，应设立门禁或报警系统。

2.2　确保样品安全、稳定

实验室应保持样品的安全性和原始性，防止样品在待检、分装、制备、检测、传递和储存过程中受到污染或样品间交叉污染，防止样品变质、丢失或损坏，保证样品性状具有良好的稳定性和重现性。

2.3　环境要求

实验室用于保存样品的容器或房间应符合其特性需求，应根据样品的性质，如生物特性、包装方式、加工工艺等，选择适宜样品的保存方法，以确保样品在足够长的时间内保持稳定以满足检测要求。可按照样品标识的储藏温度条件，分为冷冻、冷藏、常温保存。

2.3.1 常温保存　常温产品一般置于 10~30 ℃保存，保持清洁、干燥，避免高温和潮湿。

2.3.2 冷藏保存　一般要求 8 ℃以下冻结点以上。

2.3.3 冷冻保存　一般要求 –18 ℃以下保存。

2.3.4 保持通风　样品库应做到定时通风。

2.3.5 隔离存放　对于香精、香料等气味较大或挥发性较大的样品，易燃、易爆的危险品，尽量隔离存放，如有条件应存放于单独的样品库中，并确保标识明显，如实登记，从严保管。

2.3.6 环境监控　样品管理人员应维持、监控和记录样品库和存放样品的设施的状态及温湿度等条件。

2.4 检备样分离

样品库应做到检备样分离，如条件允许，建议同时做到分类分区存放。实验室若不能及时检验，应在单独区域或设施内按保存条件存放待检样品，存放处应有明确标识。

3 台账管理

样品管理应建立台账，记录相关信息，并确保样品从接样、制样、领用，到检验、无害化处置等全流程处于受控状态，避免出现混淆、污染、损坏、丢失、退化等情况。

起草人：岳晓琳（山东省食品药品检验研究院）

复核人：明双喜（山东省食品药品检验研究院）

第三节　样品制备

实验室应根据检验项目确定样品制备方案，编制制样作业指导书，由样品制备人员按要求进行操作。

1 基本要求

1.1 基本方法

样品制备一般用四分法缩分，可分成三份，供检验、复验、备查。当样品量不能满足三份要求时，优先保证检验用量后，剩余部分用作备查。

1.2 制样环境

样品制备应在独立区域进行，并应在洁净的环境下进行，空气中有悬浮物或污染物时不可进行制样，以免污染物混入样品。

1.3 制样器具及容器

1.3.1 制样器具　制样仪器要求干净、干燥，每制备一个样品时必须保证制样仪器的清洁，防止样品相互污染。取样尽量不用金属器具，需用手直接接触样品时要佩戴一次性塑料手套。

1.3.2 盛装容器　制成样品应盛装在洁净的塑料袋或其他稳定材质的容器（如硬质玻璃瓶或聚乙烯制品）中，并应立即闭口，加贴样品标识，将样品置于规定温度环境保存。

2 制样程序

样品制备本质上是实验室检验分析的第一步，它包括样品的缩分、混匀、粉碎或匀浆等处置工作。制样时应选择正确的采样部位，并经科学、合理的步骤制成有代表性的待测样。

2.1 样品的缩分

样品混合后一般采用四分法进行缩分，必要时应进行预处理。

2.1.1 预处理方式　按照个体大小或状态来分，预处理方式通常包括以下三种，如相关标准另有规定的，应从其规定。

（1）对于个体小的物品（如苹果、坚果、虾等），去掉蒂、皮、核、头、尾、壳等，取出可食部分。

（2）对于个体大的基本均匀的样品（如西瓜、干酪等），可在对称轴或对称面上分割或切成小块。

（3）对于不均匀的个体样品（如鱼、蔬菜等），可在不同部位切取小片或截取小段。

2.1.2 对称样品预处理 对于形状近似对称的样品（如苹果和果实等）进行分割时，应收集对角部位进行缩分。

2.1.3 不对称样品预处理 对于细长、扁平或组分含量在各部分有差异的样品，应间隔一定的距离取多份小块进行缩分。

2.1.4 颗粒或粉末状样品预处理 对于谷类和豆类等粒状，或玉米面、小麦粉等粉状样品，可直接使用圆锥四分法进行缩分：充分混合后堆成圆锥体，将圆锥体压成扁平圆形，划两条交叉直线分成四等份，取对角部分。

2.2 样品制备方法

样品缩分后，样品制备人员用组织捣碎机或匀浆机将样品粉碎或匀浆。制样人员应提前认真学习和掌握产品的相关标准和试验方法，并应根据待检测食品的性质和检测要求采用不同的制备方法。

2.2.1 常见制样要求 部分常见食品的样品制备、留样要求见表1-2-1。

表1-2-1 样品制备和留样要求

样品类别	制样和留样
粮谷、豆、脱水蔬菜等干品	用四分法缩分至约300g，再用四分法分成两份，一份留样（大于100g），另一份捣碎混匀供分析（大于50g）
果蔬类	去皮、核、蒂、梗、籽、芯等，取可食部分，沿纵轴剖开成两半，截成四等份，每份取出部分样品，混匀，用四分法分成两份，一份留样（大于100g），另一份捣碎混匀供分析（大于50g）
坚果类	去壳，取出果肉，混匀，用四分法分成两份，一份留样（大于100g），另一份用捣碎机捣碎混匀供分析用（大于50g）
饼干、糕点	硬糕点用研钵粉碎，中等硬糕点用刀具、剪刀切细，软糕点按其形状进行分割，混匀，用四分法分成两份，一份留样（大于100g），另一份用捣碎机捣碎混匀供分析用（大于50g）
块冻虾仁	将块样划成四等份，在每一份的中央部位钻孔取样，取出的样品四分法分成两份，一份留样（大于100g），另一份室温解冻后弃去解冻水，用捣碎机捣碎混匀供分析用（大于50g）
单冻虾（小龙虾）	室温解冻，弃去头尾和解冻水，用四分法缩分至约300g，再用四分法分成两份，一份留样（大于100g），另一份用捣碎机捣碎混匀供分析用（大于50g）
蛋类	以全蛋作为分析对象时，磕碎蛋，除去蛋壳，充分搅拌；蛋白蛋黄分别分析时，按烹调方法将其分开，分别搅匀。称取分析试样后，其余部分留样（大于100g）

续表

样品类别	制样和留样
甲壳类	室温解冻，去壳和解冻水，四分法分成两份，一份留样（大于100g），另一份用捣碎机捣碎混匀供分析用（大于50g）
鱼类	室温解冻，取鱼样的可食部分用捣碎机捣碎混匀，一份供分析用（大于100g），一份留样（大于50g）
蜂王浆	室温解冻至融化，用玻璃棒充分搅匀，称取分析试样后，其余部分留样（大于100g）
禽肉类	室温解冻，在每一块样上取出可食部分，四分法分成两份，一份留样（大于100g），另一份切细后用捣碎机捣碎混匀供分析用（大于50g）
肠衣类	去掉附盐，沥净盐卤，将整条肠衣对切，一半部分留样（大于100g），从另一半部分的肠衣中逐一剪取试样并剪碎混匀供分析用（大于50g）
蜂蜜、油脂、乳制品	未结晶、结块样品直接在容器内搅拌均匀，称取分析试样后，其余部分留样（大于100g）；对有结晶析出或已结块的样品，盖紧瓶盖后，置于不超过60℃的水浴中温热，样品全部融化后搅匀，迅速盖紧瓶盖冷却至室温，称取分析试样后，其余部分留样（大于100g）
酱油、醋、酒、饮料类	充分摇匀，称取分析试样后，其余部分留样（大于100g）
罐头食品	取全部或可食部分，捣碎混匀供分析用（大于50g），其余部分留样（大于100g）

2.2.2 检验项目对制样的特别要求　部分检验项目需考虑样品量、光照、温度、氧气等方面的要求，例如脂溶性维生素（主要包括维生素 A、D、E、K_1 及 β-胡萝卜素等）制样全程应避光操作。部分情况见本章附件。

检测农药残留项目时，食品类别和测定部位应按照GB 2763-2016《食品安全国家标准　食品中农药最大残留限量》附录A的要求。

2.3　制样后保存

制备好的样品转移至食品用塑料袋或其他适宜容器中，闭口密封好，标记样品编号，并通知实验人员尽快开展检验。

如不能及时检验，应按照要求的温度、湿度等条件保存样品。部分样品保存不当时，可能导致样品出现吸水、失水、光解、分解、发酵或霉变等现象，使样品成分发生变化，影响检验结果。如检测亚硝酸盐、组胺等项目时，制备后的样品放置时间、保存温度都会对检测结果影响很大，应立即冷冻；检测胡萝卜素、黄曲霉毒素 B_1、维生素 B_1 等项目时，应对样品进行避光保存。部分样品的保存要求见表1-2-2。

表1-2-2　部分样品保存要求

样品类别	盛装容器	保存条件
粮谷、豆、脱水蔬菜等干货类	食品塑料袋、玻璃广口瓶	常温、通风良好
水果、蔬菜、蘑菇类	食品塑料袋、玻璃广口瓶	冷冻保存

续表

样品类别	盛装容器	保存条件
坚果类	食品塑料袋、玻璃广口瓶	常温、通风良好、避光
饼干、糕点类	食品塑料袋、玻璃广口瓶	常温、通风良好、避光
块冻虾仁类	食品塑料袋	冷冻保存
单冻虾、小龙虾	食品塑料袋	冷冻保存
蛋类	玻璃广口瓶、食品塑料瓶（袋）	冷藏保存
甲壳类	食品塑料袋	冷冻保存
鱼类	食品塑料袋	冷冻保存
蜂王浆	食品塑料瓶	冷冻保存
禽肉类	食品塑料袋	冷冻保存
肠衣类	食品塑料袋	冷冻保存
蜂蜜、油脂、乳类	玻璃广口瓶、原盛装瓶	蜂蜜常温，油脂、乳类冷藏保存
酱油、醋、酒、饮料类	玻璃瓶、原盛装瓶，酱油、醋不宜用塑料或金属容器	常温
罐头食品类	玻璃广口瓶、原盛装瓶	冷藏保存

2.4 检测过程中的保存

在整个样品传递和检测过程中，应保证样品特性的原始性，并注意保护实验室和客户的利益。检测人员应核对样品及标识，按要求开展检测。检测过程中的样品，如无必要，应始终保持密闭状态，并置于规定温度、湿度、光照等环境中保存。

检测实验室应对样品保存的环境条件进行控制、监测和记录。

起草人：吴裕建（山东省食品药品检验研究院）

复核人：明双喜（山东省食品药品检验研究院）

第四节 样品处置

实验室应对样品保存时间及处置方式予以规定，样品一般应保留至出具检验报告后异议期结束，法律、法规另有规定的，从其规定。

1 抽样检验备样保存时限

对于监督抽检、评价性抽检等抽样检验任务的备样，未检出问题的样品，应当自报告签发之日起3个月内妥善保存，剩余保质期不足3个月的，应当保存至保质期结束；检出问题的样品，应当自报告签发之日起6个月内妥善保存，剩余保质期不足6个月的，应当保存至保质期结束。

2 抽样检验检样保存时限

对于监督抽检、评价性抽检等抽样检验任务的检样，建议自报告签发之日起 1 个月内妥善保存，以备需要时进行检查或复测。剩余保质期不足 1 个月的，应当保存至保质期结束。

3 其他样品的处置

普通委托检验工作中，应与委托客户约定保存时间。对于委托客户要求退还的样品，由委托客户凭委托单、检验报告或发票等办理领取样品手续，逾期不领，视为放弃样品。

相关部门组织开展的风险监测、日常检查、核查处置、案件稽查等工作的样品，应根据其具体要求进行保存。

4 无害化处置

对超过保存期的在库样品应建立无害化处置程序，经实验室相关负责人审批后，统一处理，并做好样品处置记录，实验室和个人不得私自留用。

起草人：岳晓琳（山东省食品药品检验研究院）
复核人：吴裕建（山东省食品药品检验研究院）

附件 部分检测标准对制样的要求

检验项目	制样要求	检测标准
双甲脒	取代表性样品约 500g，将其用力搅拌均匀，装入洁净容器内，密封，并标明标记，将试样于 –18℃冷冻保存	GB 23200.103–2016《食品安全国家标准 蜂王浆中双甲脒及其代谢产物残留量的测定 气相色谱－质谱法》
茶叶中 448 种农药	将茶叶样品放入粉碎机中粉碎，样品全部过 425μm 的标准网筛。混匀，制备好的试样均分成两份，装入洁净的盛样容器内，密封并标明标记。将试样于 –18℃冷冻保存	GB 23200.13–2016《食品安全国家标准 茶叶中 448 种农药及相关化学品残留量的测定 液相色谱－质谱法》
乙烯利	将蔬菜、水果样品取样部位按 GB 2763 附录 A 规定取样，对于个体较小的样品，取样后全部处理；对于个体较大的基本均匀样品，可在对称轴或对称面上分割或切成小块后处理；对于细长、扁平或组分含量在各部分有差异的样品，可在不同部位切取小片或截成小段或处理；取后的样品将其切碎，充分混匀，用四分法取样或直接放入组织捣碎机中捣碎成匀浆，放入聚乙烯瓶中于 –16℃～–20℃条件下保存	GB 23200.16–2016《食品安全国家标准 水果蔬菜中乙烯利残留量的测定 气相色谱法》

检验项目	制样要求	检测标准
阿维菌素	将所取样品缩分出 1kg，取样部位按 GB2763 附录 A 执行，样品经组织捣碎机捣碎，均分为两份，装入洁净容器内，作为试样密封并标明标记，于 –18℃以下保存	GB 23200.19—2016《食品安全国家标准 水果和蔬菜中阿维菌素残留量的测定 液相色谱法》
阿维菌素	1. 苹果、大蒜、菠菜、板栗：取样品约 500g，用捣碎机捣碎，装入洁净容器作为试样，密封并做好标识，于 0~4℃保存。 2. 大米、茶叶、赤芍、食醋：取样品约 500g 用粉碎机粉碎至全部通过 850 μm 筛，装入洁净容器作为试样，密封并做好标识；食醋可直接装入洁净容器，密封并做好标识 3. 牛肉、羊肉、鸡肉、鱼肉：取有代表性样品约 500g，用捣碎机捣碎，装入洁净容器作为试样，密封并做好标识，于 –18℃以下冷冻保存 4. 蜂蜜：取有代表性样品约 500g，未结晶样品将其用力搅拌均匀，有结晶析出样品可将样品瓶盖塞紧后，置于不超过 60℃的水浴中，待样品全部溶化后搅匀，迅速冷却至室温。制备好的样品装入洁净容器内密封并做好标识	GB 23200.20—2016《食品安全国家标准 食品中阿维菌素残留量的测定 液相色谱 – 质谱/质谱法》
丙炔氟草胺	1. 大豆、大米及杏仁：取代表性样品 500g，粉碎并使其全部通过孔径为 2.0mm 的样品筛。混合均匀后均分成两份，装入洁净容器内，密封并标识；在 –4℃避光保存 2. 菠菜、苹果和姜：取代表性样品至少 500g，将其切成小块，用组织捣碎机将样品匀浆，混合均匀后分成两份，装入洁净的样品袋内，密闭并标识；在 –18℃避光保存 3. 鱼、鸡肉、猪肉和猪肝：取代表性样品至少 500g，切碎并用组织捣碎机将样品匀浆，混合均匀后分成两份，装入洁净的样品袋内，密闭并标识；在 –18℃避光保存	GB 23200.31–2016《食品安全国家标准 食品中丙炔氟草胺残留量的测定 气相色谱 – 质谱法》
四螨嗪	1. 水果或蔬菜类：抽取水果或蔬菜样品 500g（不可用水洗涤），切碎后，依次用食品捣碎机将样品加工成浆状。混匀，均分成两份作为试样，分装入洁净的盛样袋内，密闭并标明标记，于 –18℃以下冷冻保存 2. 肉及肉制品类：取出有代表性样品约 1kg，经捣碎机充分捣碎均匀，均分成两份，分别装入洁净容器内作为试样，密封并标明标记，于 –18℃以下冷冻保存	GB 23200.47–2016《食品安全国家标准 食品中四螨嗪残留量的测定 气相色谱 – 质谱法》

续表

检验项目	制样要求	检测标准
苯醚甲环唑	1. 果蔬类：取代表性样品500g，将其切碎后，依次用捣碎机将样品加工成浆状。混匀，均分成两份作为试样，分装入洁净的容器内，密闭并标明标记 2. 茶叶、坚果及粮谷类：取代表性样品500g，用粉碎机粉碎并通过2.0mm圆孔筛。混匀，分装入洁净的容器内，密闭并标明标记 3. 肉及肉制品：取代表性样品500g，将其切碎后，依次用捣碎机将样品加工成浆状，混匀，分装入洁净的盛样袋内，密封并标明标记 4. 调味品：取代表性样品500g，混匀，分装入洁净的容器内，密闭并标明标记 5. 蜂产品：取有代表性样品量500g，对无结晶的蜂蜜样品将其搅拌均匀；对有结晶析出的蜂蜜样品，在密闭情况下，将样品瓶置于不超过60℃的水浴中温热，振荡，待样品全部融化后搅匀，迅速冷却至室温，在融化时必须注意防止水分挥发。制备好的试样均分成两份，分别装入样品瓶中，密封，并标明标记 茶叶、蜂产品、调味品及粮谷类等试样于4℃保存；水果蔬菜类和肉及肉制品等试样于-18℃以下冷冻保存	GB 23200.49-2016《食品安全国家标准　食品中苯醚甲环唑残留量的测定　气相色谱-质谱法》
呋虫胺	1. 小麦、玉米：取有代表性样品约500g，用粉碎机全部粉碎并通过2.0mm圆孔筛。混匀，装入洁净的容器内，密闭，标明标记，于0~4℃保存 2. 水果、蔬菜、鱼、肉：取有代表性样品约500g，切碎后，用食品捣碎机将样品加工成浆状。混匀，装入洁净的容器内，密闭，标明标记，于-18℃以下冷冻保存 3. 花生：取有代表性样品500g，用磨碎机全部磨碎。混匀，装入洁净的容器内，密闭，标明标记，于0~4℃保存	GB 23200.51-2016《食品安全国家标准　食品中呋虫胺残留量的测定　液相色谱-质谱/质谱法》
氟硅唑	1. 茶叶、粮谷类：取代表性样品约500g，经粉碎机粉碎并通过2.0mm圆孔筛，混匀，装入洁净容器内密封，标明标记 2. 蔬菜、水果及坚果类：取代表性样品约500g，切碎，经多功能食品搅拌机充分捣碎均匀，装入洁净容器内密封，标明标记 3. 畜、禽、水产品类：取代表性样品约500g切碎后，用多功能食品搅拌机充分捣碎均匀，装入洁净容器内密封，标明标记 4. 蜂产品类：取代表性样品约500g，未结晶的样品将其用力搅拌均匀，有结晶析出的样品可将样品瓶盖塞紧后，置于不超过60℃的水浴中温热，等样品全部融化后搅匀，迅速冷却至室温。在融化时必须注意防止水分挥发。装入洁净容器内密封，并标明标记 茶叶、粮谷、蜂产品、坚果类等试样于4℃以下保存；蔬菜、水果、畜、禽、水产品类等试样于-18℃以下保存	GB 23200.53-2016《食品安全国家标准　食品中氟硅唑残留量的测定　气相色谱-质谱法》

第一篇 食品检验通则

检验项目	制样要求	检测标准
啶氧菌酯	1. 水果和蔬菜类：取苹果、蘑菇、黄瓜等水果或蔬菜样品约500g，将其切碎后，用捣碎机将样品加工成浆状，混匀，均分成两份作为试样，分装入洁净的样品瓶内，密闭并标明标记，于-18℃以下冷冻保存 2. 粮谷和坚果类：抽取大米等粮谷和板栗等坚果类样品约500g，将其用粉碎机粉碎并通过2.0mm圆孔筛，混匀，均分成两份作为试样，分装入洁净的盛样袋内，密闭并标明标记，于0~4℃保存 3. 肉类及动物内脏：抽取牛肉、鸡肉、猪肉等样品约500g，切碎后，用捣碎机将样品加工成浆状，混匀，均分成两份作为试样，分装入洁净的样品瓶内，密闭并标明标记，于-18℃以下冷冻保存 4. 蛋类：抽取蛋类样品约500g，去壳，用捣碎机将样品加工成浆状，混匀，均分成两份作为试样，分装入洁净的样品瓶内，密闭并标明标记，于-18℃以下冷冻保存 5. 饮料和奶类：抽取饮料和奶类样品约500g，混匀，均分成两份作为试样，分装入洁净的样品瓶内，密闭并标明标记	GB 23200.54-2016《食品安全国家标准 食品中甲氧基丙烯酸酯类杀菌剂残留量的测定 气相色谱-质谱法》
五氯酚	1. 动物肌肉、肝脏、肾脏、鱼肉、虾和蟹：从所取全部样品中取出有代表性样品约500g，用组织捣碎机充分捣碎均匀，均分成两份，分别装入洁净容器中，密封，并标明标记，于-18℃以下冷冻保存 2. 牛奶样品：从所取全部样品中取出有代表性样品约500g，充分混匀，均分成两份，分别装入洁净容器中，密封，并标明标记，于-18℃以下冷冻保存	GB 23200.92-2016《食品安全国家标准 动物源性食品中五氯酚残留量的测定 液相色谱-质谱法》
脱氧雪腐镰刀菌烯醇	1. 谷物及其制品：取至少1kg样品，用高速粉碎机将其粉碎过筛，使其粒径小于0.5~1mm孔径试验筛，混合均匀后缩分至100g，储存于样品瓶中，密封保存，供检测用 2. 酒类：取散装酒至少1L，对于袋装、瓶装等包装样品至少取3个包装（同一批次或号），将所有液体试样在一个容器中用均质机混匀后，缩分至100g（ml）储存于样品瓶中，密封保存，供检测用。含二氧化碳的酒类样品使用前应先置于4℃冰箱冷藏30min，过滤或超声脱气后方可使用 3. 酱油、醋、酱及酱制品：取至少1L样品，对于袋装、瓶装等包装样品至少取3个包装（同一批次或号），将所有液体样品在一个容器中用匀浆机混匀后，缩分至100g（ml）储存于样品瓶中，密封保存，供检测用	GB 5009.111-2016《食品安全国家标准 食品中脱氧雪腐镰刀菌烯醇及其乙酰化衍生物的测定》

检验项目	制样要求	检测标准
丙酸钠、丙酸钙	固体样品经组织捣碎机捣碎混匀后备用（面包样品需运用鼓风干燥箱 37℃下干燥 2~3h 进行风干，置于组织捣碎机中磨碎）；液体样品摇匀后备用	GB 5009.120-2016《食品安全国家标准 食品中丙酸钠、丙酸钙的测定》
脂肪酸	在采样和制备过程中，应避免试样污染。固体或半固体试样使用组织粉碎机或研磨机粉碎，液体试样用匀浆机打成匀浆于 –18℃以下冷冻保存	GB 5009.168-2016《食品安全国家标准 食品中脂肪酸的测定》
氯丙醇及其脂肪酸酯	液态样品摇匀；基质均匀的半固态样品和粉状固态样品直接测定；其他样品需匀浆粉碎均匀。制备好的试样于 0~5℃保存	GB 5009.191-2016《食品安全国家标准 食品中氯丙醇及其脂肪酸酯含量的测定》
丙烯酰胺	取试样 50g，经粉碎机粉碎，–20℃冷冻保存	GB 5009.204-2014《食品安全国家标准 食品中丙烯酰胺的测定》
生物胺	取水产品及肉类食品的可食部分约 500g，充分均质，均分成两份装入洁净容器中，密封，于 –20℃保存	GB 5009.208-2016《食品安全国家标准 食品中生物胺的测定》
黄曲霉毒素 B 族和 G 族	1. 液体样品（植物油、酱油、醋等）：采样量需大于 1L，对于袋装、瓶装等包装样品需至少采集 3 个包装（同一批次或号），将所有液体样品在一个容器中用均浆机混匀后，其中任意的 100g（ml）样品进行检测 2. 固体样品（谷物及其制品、坚果及籽类、婴幼儿谷物辅助食品等）：采样量需大于 1kg，用高速粉碎机将其粉碎，过筛，使其粒径小于 2mm 孔径试验筛，混合均匀后缩分至 100g，储存于样品瓶中，密封保存，供检测用 3. 半流体（腐乳、豆豉等）：采样量需大于 1kg（1L），对于袋装、瓶装等包装样品需至少采集 3 个包装（同一批次或号），用组织捣碎机捣碎混匀后，储存于样品瓶中，密封保存，供检测用	GB 5009.22-2016《食品安全国家标准 食品中黄曲霉毒素 B 族和 G 族的测定》
反式脂肪酸	1. 固态样品：取有代表性的供试样品 500g，于粉碎机中粉碎混匀，均分成两份，分别装入洁净容器中，密封并标识，于 0~4℃下保存 2. 半固态脂类样品：取有代表性的样品 500g，置于烧杯中，于 60~70℃水浴中融化，充分混匀，冷却后均分成两份，分别装入洁净容器中，密封并标识，于 0~4℃下保存 3. 液态样品：取有代表性的样品 500g，充分混匀后均分成两份，分别装入洁净容器中，密封并标识，于 0~4℃下保存	GB 5009.257-2016《食品安全国家标准 食品中反式脂肪酸的测定》
多环芳烃	1. 干样：取样品约 500g，经粉碎机粉碎、混匀，分装于洁净盛样袋中，密封标识后于 –18℃冷冻保存 2. 湿样：取样品约 500g，将其可食部分先切碎，经均质器充分搅碎均匀，分装于洁净盛样袋中，密封标识后于 –18℃冷冻保存	GB 5009.265-2016《食品安全国家标准 食品中多环芳烃的测定》

续表

检验项目	制样要求	检测标准
乙二胺四乙酸盐	1. 固体样品：样品用粉碎机粉碎，混合均匀后装入洁净容器内密封并做好标识。含糖量高的样品，需要经过冷冻处理后，再进行粉碎。试样于 4℃下保存 2. 液体样品：含果粒样品需榨汁机匀浆混合均匀后，装入洁净容器内密封并做好标识。碳酸饮料取 500g 于 1000ml 烧杯中，在 70℃水浴中边加热边搅拌，去除部分二氧化碳，冷却至室温后，装入洁净容器内密封并做好标识。试样于 4℃下保存	GB 5009.278-2016《食品安全国家标准　食品中乙二胺四乙酸盐的测定》
维生素 B_2	取样品约 500g，用组织捣碎机充分打匀均质，分装入洁净棕色磨口瓶中，密封，并做好标记，避光存放备用	GB 5009.85-2016《食品安全国家标准　食品中维生素 B_2 的测定》
有机磷农药	1. 粮食：采取 500g 具代表性的（小麦、稻米、玉米等）样品粉碎过 40 目筛，混匀（装入样品瓶中，另取 20.0g 测定含水量），于 -18℃冷冻箱中保存 2. 水果、蔬菜：取具代表性的新鲜水果和蔬菜的可食部分 1000g，粉碎后装入塑料袋，于 -18℃冷冻箱中保存	GB/T 14553-2003《粮食、水果和蔬菜中有机磷农药的测定　气相色谱法》
孔雀石绿、结晶紫	鱼去鳞去皮，沿背脊取肌肉部分；虾去头、壳、肠腺，取肌肉部分；蟹、甲鱼等取可食用部分。随后切为不大于 0.5cm×0.5cm×0.5cm 的小块后混合	GB/T 20361-2006《水产品中孔雀石绿和结晶紫残留量的测定　高效液相色谱荧光检测法》
林可霉素、竹桃霉素等 9 种药物残留	取有代表性样品约 1kg，充分搅碎，混匀，均分成两份，分别装入洁净容器内。密封后作为试样，标明标记，于 -18℃保存	GB/T 20762-2006《畜禽肉中林可霉素、竹桃霉素、红霉素、替米考星、泰乐菌素、克林霉素、螺旋霉素、吉它霉素、交沙霉素残留量的测定　液相色谱-串联质谱法》
乙酰丙嗪、氯丙嗪、等 8 中药物残留	猪肾去除脂肪和其他的非肾脏组织，猪肉去除皮、骨。搅碎混匀，取 0.5kg 作为试样，密封，标记，置于 -18℃条件下贮存	GB/T 20763-2006《猪肾和肌肉组织中乙酰丙嗪、氯丙嗪、氟哌啶醇、丙酰二甲氨基丙吩噻嗪、甲苯噻嗪、阿扎哌隆、阿扎哌醇、咔唑心安残留量的测定　液相色谱-串联质谱法》
硝基呋喃类药物代谢物	1. 肌肉、内脏、鱼和虾：从原始样品取出有代表性样品约 500g，用组织捣碎机充分搅碎混匀，均分成两份，分别装入洁净容器作为试样，密封，并标明标记。将试样置于 -18℃冷冻避光保存 2. 肠衣：从原始样品取出有代表性样品约 100g，用剪刀剪成边长 < 5mm 的方块，混匀后均分成两份，分别装入洁净容器作为试样，密封，并标明标记。将试样置于 -18℃冷冻避光保存 3. 蛋：从原始样品取出有代表性样品约 500g，去壳后用组织捣碎机搅拌充分混匀，均分成两份，分别装入洁净容器作为试样，密封，并标明标记。将试样置 4℃冷藏避光保存 4. 奶和蜂蜜：从原始样品取出有代表性样品约 500g，用组织捣碎机充分混匀，均分成两份，分别装入洁净容器作为试样，密封，并标明标记。将试样置于 4℃冷藏避光保存	GB/T 21311-2007《动物源性食品中硝基呋喃类药物代谢物残留量检测方法　高效液相色谱/串联质谱法》

续表

检验项目	制样要求	检测标准
14 种喹诺酮药物残留	1. 动物肌肉和动物内脏：样品应在 -10℃以下保存，采样后一周内取适量新鲜或冷冻解冻的动物组织样品，去筋、捣碎混匀 2. 牛奶：样品应在 -10℃以下保存，采样后一周内取适量新鲜或冷冻解冻的样品混合均匀 3. 鸡蛋：样品应在 -10℃以下保存，采样后一周内取适量新鲜的样品，去壳后混合均匀	GB/T 21312-2007《动物源性食品中 14 种喹诺酮药物残留检测方法　液相色谱 - 质谱 / 质谱法》
磺胺脒、甲氧苄啶等 23 种磺胺	1. 肌肉、内脏、鱼和虾：取代表性样品，经高速组织捣碎机均匀捣碎，用四分法缩分出适量试样，均分成两份，分别装入清洁容器内，加封后作出标记，一份作为试样，一份作为留样。于 -20℃保存 2. 肠衣：取代表性样品，用剪刀剪成 4mm^2 的碎片，用四分法缩分出适量试样，均分成两份，分别装入洁净容器内，加封后作出标记，一份作为试样，一份作为留样。将试样于 -20℃保存 3. 牛奶：取代表性样品，用组织捣碎机充分混匀，均分成两份，分别装入洁净容器内，加封后作出标记，一份作为试样，一份作为留样。将试样于 4℃避光保存	GB/T 21316-2007《动物源性食品中磺胺类药物残留量的测定　液相色谱 - 质谱 / 质谱法》
四环素类	1. 动物肌肉、肝脏、肾脏和水产品：从所取全部样品中取出约 500g，用组织捣碎机充分捣碎均匀，装入洁净容器中，密封，并标明标记，于 -18℃以下冷冻存放 2. 牛奶样品：从所取全部样品中取出约 500g，充分混匀，装入洁净容器中，密封，并标明标记，于 -18℃以下冷冻存放	GB/T 21317-2007《动物源性食品中四环素类兽药残留量检测方法　液相色谱 - 质谱 / 质谱法与高效液相色谱法》
甲硝唑、地美硝唑等硝基咪唑类	1. 肌肉组织及器脏组织类、水产品类：取有代表性样品（脏器应剔除筋膜）约 500g，用组织捣碎机充分捣碎混匀，均分成两份，分别装入洁净的容器作为试样，密封并标明标记，置于 -18℃冷冻避光保存 2. 乳及乳制品类：取有代表性样品约 500g，用组织捣碎机充分捣碎混匀，均分成两份，分别装入洁净的容器作为试样，密封并标明标记，置于 4℃冷藏避光保存 3. 蜂蜜：取有代表性样品约 200g，对无结晶的蜂蜜样品用组织捣碎机充分捣碎混匀，均分成两份，分别装入洁净的容器作为试样，密封并标明标记，置于 4℃冷藏避光保存；对有结晶析出的蜂蜜样品，在密闭情况下，将样品瓶置于不超过 60℃的水浴中温热，振荡，待样品全部融化后再进行下一步处理	GB/T 21318-2007《动物源食品中硝基咪唑残留量检验方法》

第一篇　食品检验通则

续表

检验项目	制样要求	检测标准
雌二醇、雌三醇等多种激素	1. 动物肌肉、肝脏、虾：取有代表性样品约500g，剔除筋膜，虾去除头和壳。用组织捣碎机充分捣碎均匀，均分成两份，分别装入洁净容器中；密封，并标明标记，于-18℃以下冷冻存放 2. 牛奶：取有代表性样品约500g，充分摇匀，均分成两份，分别装入洁净容器中，密封，并标明标记，于0~4℃以下冷藏存放 3. 鸡蛋：取有代表性样品约500g，去壳后用组织捣碎机充分搅拌均匀，均分成两份，分别装入洁净容器中，密封，并标明标记，于0~4℃以下冷藏存放	GB/T 21981–2008《动物源食品中激素多残留检测方法 液相色谱–质谱/质谱法》
519种农药及相关化学品残留量	1. 测定茶叶中490种农药及相关化学品残留量：茶叶样品经粉碎机粉碎，过20目筛，混匀，密封，作为试样，标明标记 2. 测定茶叶中29种酸性除草剂残留量：按取有代表性茶叶样品500g，用粉碎机粉碎并通过40目筛，混匀，均分成两份作为试样，分装入洁净的盛样容器内，密封并标明标记，于0~4℃保存	GB/T 23204–2008《茶叶中519种农药及相关化学品残留量的测定 气相色谱–质谱法》
19种喹诺酮类	将样品搅拌均匀，分出0.5kg作为试样，置于样品袋中，密封，并做上标记。于冷藏状态（4℃）下保存	GB/T 23412–2009《蜂蜜中19种喹诺酮类药物残留量的测定方法 液相色谱–质谱/质谱法》
啶虫脒	取有代表性的水果、蔬菜样品适量，将可食用部分充分捣碎、混匀，置于洁净的容器中，密封并做好标记，于-18℃避光冷冻保存	GB/T 23584–2009《水果、蔬菜中啶虫脒残留量的测定 液相色谱–串联质谱法》
草甘膦	1. 大豆、小麦：将样品按四分法缩分出约1kg，全部磨碎并通过20目筛，混匀，均分成两份试样，装入洁净的容器内，密封，标明标记，常温保存 2. 甘蔗：去皮、切成小段，称取500g，速冻后取出切成细末，混匀，均分成两份试样，装入洁净的容器内，密封，标明标记，0~4℃保存 3. 柑橙类：去皮或核，取可食部分500g，匀浆，均分成两份试样，装入洁净的容器内，密封，标明标记，0~4℃保存	GB/T 23750–2009《植物性产品中草甘膦残留量的测定 气相色谱–质谱法》
辛硫磷	1. 谷物：经粉碎机粉碎，过20目筛后，制成试样 2. 蔬菜和水果：去除非可食部分后，剁碎或经组织捣碎机捣碎，制成试样	GB/T 5009.102–2003《植物性食品中辛硫磷农药残留量的测定》
甲胺磷和乙酰甲胺磷	1. 谷物：经粉碎机粉碎，过20目筛后，制成试样 2. 蔬菜：洗净、晾干，去掉非可食部分后，剁碎或经组织捣碎机捣碎，制成试样	GB/T 5009.103–2003《植物性食品中甲胺磷和乙酰甲胺磷农药残留量的测定》

续表

检验项目	制样要求	检测标准
甲基异柳磷	1. 蔬菜：去掉非可食部分后经组织捣碎机捣碎匀浆 2. 粮食、油料作物：经粉碎机粉碎，过 20 目筛制成试样	GB/T 5009.144-2003《植物性食品中甲基异柳磷残留量的测定》
有机磷和氨基甲酸酯类	1. 粮食：试样以粉碎机粉碎，过 20 目筛制成粮食试样 2. 蔬菜：擦去表层泥水，取可食部分匀浆制成分析试样	GB/T 5009.145-2003《植物性食品中有机磷和氨基甲酸酯类农药多种残留的测定》
氯氟氰菊酯和高效氯氟氰菊酯	1. 粮食：经粉碎机粉碎，过 20 目筛制成试样 2. 果蔬：取样品 500g，不可用水洗涤，取可食用部分切碎后，依次用食品捣碎机将样品加工成浆状。混匀，均分成两份作为试样，分装入洁净的盛样袋内，密闭，标明标记。将试样于 0~4℃保存 3. 浓缩果汁无需制样，混匀后直接测定	GB/T 5009.146-2008《植物性食品中有机氯和拟除虫菊酯类农药多种残留量的测定》
除虫脲	粮食类试样经粉碎机粉碎后，过 40 目筛；蔬菜和水果类试样经组织捣碎机捣碎成浆状	GB/T 5009.147-2003《植物性食品中除虫脲残留量的测定》
苯醚甲环唑等多种农药残留	第一部分：取水果或蔬菜样品 500g，或去壳、去籽、去皮、去茎、去根、去冠（不可用水洗涤），将其可食用部分切碎后，依次用食品捣碎机将样品加工成浆状。混匀，均分成两份作为试样，分装入洁净的盛样袋内，密闭，标明标记。将试样于 0~4℃保存 第二部分：取约 200g 蔬菜、水果试样，经组织捣碎机破碎成浆状。	GB/T 5009.218-2008《水果和蔬菜中多种农药残留量的测定》
展青霉素	1. 液体样品（苹果汁、山楂汁等）：样品倒入匀浆机中混匀，取其中任意 100g（或 ml）的样品进行检测 2. 酒类：样品需超声脱气 1h 或 4℃低温条件下存放过夜脱气 3. 固体样品（山楂片、果丹皮等）：样品用高速粉碎机将其粉碎，混合均匀后取样品 100g 用于检测。果丹皮等高黏度样品经液氮冻干后立即用高速粉碎机将其粉碎，混合均匀后取样品 100g 用于检测 4. 半流体（苹果果泥、苹果果酱、带果粒果汁等）：样品在组织捣碎机中捣碎混匀后，取 100g 用于检测	GB 5009.185-2016《食品安全国家标准　食品中展青霉素的测定》
叶黄素	将一定数量的样品按要求经过粉碎、均质、缩分后，储存于样品瓶中。制备好的试样应充氮密封后置于 -20℃或以下的冰箱中保存。由于叶黄素对光敏感，所有操作应在无 500nm 以下紫外光的黄色光源或红色光源环境中进行	GB 5009.248-2016《食品安全国家标准　食品中叶黄素的测定》

检验项目	制样要求	检测标准
伏马毒素	1. 固体样品：按四分法缩分至 1kg，全部用谷物粉碎机磨碎并细至粒度小于 1mm，混匀分成 2 份作为试样，分别装入洁净的容器内，密封，标识后置于 4℃下避光保存 2. 玉米油样品：直接取 2 份作为试样，分别装入洁净的容器内，密封，标识后置于 4℃下避光保存	GB 5009.240-2016《食品安全国家标准 食品中伏马毒素的测定》
维生素 A、D、E	将一定数量的样品按要求经过缩分、粉碎均质后，储存于样品瓶中，避光冷藏，尽快测定	GB 5009.82-2016《食品安全国家标准 食品中维生素 A、D、E 的测定》
总砷、无机砷	1. 粮食、豆类等：去除杂物后粉碎均匀，装入洁净聚乙烯瓶中，密封保存备用 2. 蔬菜、水果、鱼类、肉类及蛋类等：洗净晾干，取可食部分匀浆，装入洁净聚乙烯瓶中，密封，于 4℃冰箱冷藏备用	GB 5009.11-2014《食品安全国家标准 食品中总砷及无机砷的测定》
铬	1. 粮食、豆类等：去除杂物后，粉碎，装入洁净的容器内，作为试样。密封，并标明标记，试样应于室温下保存 2. 蔬菜、水果、鱼类、肉类及蛋类等：直接打成匀浆，装入洁净的容器内，作为试样。密封，并标明标记。试样应于冰箱冷藏室保存	GB 5009.123-2014《食品安全国家标准 食品中铬的测定》
镉	1. 干试样：粮食、豆类，去除杂质；坚果类去杂质、去壳；磨碎成均匀的样品，颗粒度不大于 0.425mm。储于洁净的塑料瓶中，并标明标记，于室温下或按样品保存条件下保存备用 2. 鲜（湿）试样：蔬菜、水果、肉类、鱼类及蛋类等，用食品加工机打成匀浆或碾磨成匀浆，储于洁净的塑料瓶中，并标明标记，于 -16~-18℃冰箱中保存备用 3. 液态试样：按样品保存条件保存备用。含气样品使用前应除气	GB 5009.15-2014《食品安全国家标准 食品中镉的测定》
多元素测定	1. 固态样品：豆类、谷物、菌类、茶叶、干制水果、焙烤食品等低含水量样品，取可食部分，必要时经高速粉碎机粉碎均匀；对于固体乳制品、蛋白粉、面粉等呈均匀状的粉状样品，摇匀；对于蔬菜、水果、水产品等高含水量样品，必要时洗净，晾干，取可食部分匀浆均匀；对于肉类、蛋类等样品取可食部分匀浆均匀；对于速冻及罐头食品，取可食部分匀浆，速冻食品需先予以解冻 2. 液态样品：软饮料、调味品等样品摇匀 3. 半固态样品：搅拌均匀	GB 5009.268-2016《食品安全国家标准 食品中多元素的测定》

检验项目	制样要求	检测标准
丙三醇	取蜂蜜代表样品 200g，未结晶样品搅拌均匀，有结晶析出的样品可将样品瓶盖好后，置于不超过 60℃水浴中温热，待样品全部溶化后搅匀，迅速冷却至室温，在溶化时需注意防止水分挥发。制备好的试样装入洁净容器内，密封，标明标记。在制样过程中，应防止样品污染或发生残留含量变化，于 0~4℃保存	GH/T 1106-2015《蜂蜜中丙三醇含量的测定 气相色谱－质谱法》
草甘膦	粮食样品经粉碎机粉碎，过 20 目筛制成试样备用；水果、蔬菜样品擦净，晾干表面水分，取可食部分经组织捣碎机捣碎，制成试样备用	NY/T 1096-2006《食品中草甘膦残留量测定》
334 种农药多残留	将采集的样品去除其中杂物，取可食部分，用干净纱布轻轻擦去样品表面的附着物，采用对角线分割法，取对角部分，将其切碎，充分混匀放入食品加工器粉碎后密封，于 4℃冷藏保存	NY/T 1379-2007《蔬菜中 334 种农药多残留的测定 气相色谱质谱法和液相色谱质谱法》
多菌灵、噻菌灵等 16 种农药	取不少于 1000g 蔬菜、水果样品，取可食部分，用干净纱布轻轻擦去样品表面的附着物，采用对角线分割法，取对角部分，将其切碎，充分混匀放入食品加工器粉碎，制成待测样，放入样品瓶中并置于 –20℃条件下保存，待测	NY/T 1453-2007《蔬菜及水果中多菌灵等 16 种农药残留测定 液相色谱－质谱－质谱联用法》
炔螨特	取蔬菜、水果样本可食部分，用干净纱布擦去样本表面的附着物，将其切碎，充分混匀，用四分法取样或直接放入组织捣碎机中捣碎成匀浆。匀浆试样放入聚乙烯瓶中于 –16~–20℃条件下保存	NY/T 1652《蔬菜、水果中克螨特残留量的测定 气相色谱法》
多菌灵等 4 种苯并咪唑类农药	取不少于 1000g 样品，去除其中杂物，取可食部分，用干净纱布轻轻擦去样品表面的附着物，将样品缩分至 250g，粉碎后密封，制成试样备用，剩余试样于 –18℃保存	NY/T 1680-2009《蔬菜水果中多菌灵等 4 种苯并咪唑类农药残留量的测定 高效液相色谱法》
灭蝇胺	取蔬菜样品可食部分，用干净纱布轻轻擦去样本表面的附着物，采用对角线分割法，取对角部分，将其切碎，充分混匀，用四分法取样或直接放入食品加工器中加工成匀浆。匀浆试样放入聚乙烯瓶中，于 –20~–16℃条件下保存。称取试样时，常温试样应搅拌均匀；冷冻试样应先解冻再混匀	NY/T 1725-2009《蔬菜中灭蝇胺残留量的测定 高效液相色谱法》
土霉素、四环素、金霉素	鱼去鳞、去皮沿背脊取肌肉；虾去头、去壳取可食肌肉部分；蟹、甲鱼等取可食部分；样品切为不大于 0.5cm×0.5cm×0.5cm 的小块后混匀	SC/T 3015-2002《水产品中土霉素、四环素、金霉素残留量的测定》

续表

检验项目	制样要求	检测标准
亚硝酸盐与硝酸盐	1. 蔬菜、水果：试样用自来水洗净后，用水冲洗，晾干后取可食部切碎混匀。将切碎的样品用四分法取适量，用食物粉碎机制成匀浆，备用。如需加水应记录加水量 2. 粮食及其他植物样品：除去可见杂质后，取有代表性试样 50~100g，粉碎后过 0.30mm 孔筛，混匀，备用 3. 肉类、蛋、水产及其制品：用四分法取适量或取全部，用食物粉碎机制成匀浆，备用 4. 乳粉、豆奶粉、婴儿配方粉等固态乳制品（不包括干酪）：将试样装入能够容纳 2 倍试样体积的带盖容器中，通过反复摇晃和颠倒容器使样品充分混匀直到使试样均一化 5. 发酵乳、乳、炼乳及其他液体乳制品：通过搅拌或反复摇晃和颠倒容器使试样充分混匀 6. 干酪：取适量的样品研磨成均匀的泥浆状。为避免水分损失，研磨过程中应避免产生过多的热量	GB 5009.33–2016《食品安全国家标准 食品中亚硝酸盐与硝酸盐的测定（第一法、第二法）》
亚硝酸盐与硝酸盐	选取一定数量有代表性的样品，用水清洗干净，晾干表面水分，用四分法取样，切碎，充分混匀，于组织捣碎机中匀浆（部分少汁样品可按一定质量比例加入等量水），在匀浆中加 1 滴正辛醇消除泡沫	GB 5009.33–2016《食品安全国家标准 食品中亚硝酸盐与硝酸盐的测定（第三法）》
过氧化值	样品制备过程应避免强光，并尽可能避免带入空气 1. 动植物油脂：对液态样品，振摇装有试样的密闭容器，充分均匀后直接取样；对固态样品，选取有代表性的试样置于密闭容器中混匀后取样 2. 食用氢化油、起酥油、代可可脂：对液态样品，振摇装有试样的密闭容器，充分混匀后直接取样；对固态样品，选取有代表性的试样置于密闭容器中混匀后取样。如有必要，将盛有固态试样的密闭容器置于恒温干燥箱中，缓慢加温到刚好可以融化，振摇混匀，趁试样为液态时立即取样测定 3. 人造奶油：将样品置于密闭容器中，于 60~70℃的恒温干燥箱中加热至融化，振摇混匀后，继续加热至破乳分层并将油层通过快速定性滤纸过滤到烧杯中，烧杯中滤液为待测试样。制备的待测试样应澄清。趁待测试样为液态时立即取样测定 4. 以小麦粉、谷物、坚果等植物性食品为原料，经油炸、膨化、烘烤、调制、炒制等加工工艺而制成的食品：从所取全部样品中取出有代表性样品的可食部分，在玻璃研钵中研碎，将粉碎的样品置于广口瓶中 5. 以动物性食品为原料经速冻、干制、腌制等加工工艺而制成的食品：从所取全部样品中取出有代表性样品的可食部分，将其破碎并充分混匀后置于广口瓶中	GB 5009.227–2016《食品安全国家标准 食品中过氧化值的测定》

续表

检验项目	制样要求	检测标准
羰基价	称取含油脂较多的试样 0.5kg，含脂肪少的试样取 1.0kg，在玻璃研钵中研碎，混合均匀后，按四分法对角取样，放置广口瓶内保存于 4℃以下冰箱中	GB 5009.230–2016《食品安全国家标准　食品中羰基价的测定》
氯化物	1. 粉末状、糊状或液体样品：取有代表性的样品至少 200g，充分混匀，置于密闭的玻璃容器内 2. 块状或颗粒状等固体样品：取有代表性的样品至少 200g，用粉碎机粉碎或用研钵研细，置于密闭的玻璃容器内 3. 半固体或半液体样品：取有代表性的样品至少 200g，用组织捣碎机捣碎，置于密闭的玻璃容器内	GB 5009.44–2016《食品安全国家标准　食品中氯化物的测定》

第一篇　食品检验通则

第三章
质量控制

第一节　概　述

为了确保食品检验检测工作的质量，保证检测数据的准确可靠，按照CNAS-CL01-A002：2018《检测和校准实验室能力认可准则在化学检测领域的应用说明》和RB/T 214-2017《检验检测机构资质认定能力评价　检验检测机构通用要求》的要求，有必要对检测过程可能影响检测质量的各个因素加以确定，并采取相应的措施对这些因素进行管理和控制，确保检测环节的各个过程处于受控状态，以保证最终检测报告的质量。实验室质量控制包括实验室内部质量控制和外部质量控制。

第二节　实验室内部质量控制

实验室的内部质量控制主要是指应用统计的技术方法对检测系统进行的过程控制。强调各个过程应处于受控状态，特别是关键过程。实验室内部质量控制的技术方法包括采用标准物质监控、方法比对、仪器设备比对、留样复测、空白测试及回收率试验等。

1　内部质量控制的关键要素

1.1　人员的质量控制

实验室人员的管理是质量控制的基础，实验室应持续开展人员培训，并进行培训效果考核，以达到保证检验人员技术能力满足食品检验检测的要求。实验室应对检验人员和关键技术支持人员开展日常质量监督，重点是在培人员、临时合同制人员、新上岗和转岗人员。监督的内容应包括与食品检验检测有关的所有活动。重点是检验检测的抽样、样品管理、仪器操作、原始记录撰写等关键环节，至少包括：设备操作能力、样品预制备能力、方法选择能力、环境监控能力、检验检测操作能力、出具检验报告的正确性和可靠性等。

1.2　设备的质量控制

检测设备的管理是质量控制的重点环节。主要包括设备的采购和验收、使用和授权、量值溯源、维修保养、报废等内容。对于检测的准确性或者有效性有显著影响的所有设备，包括辅助测量设备、器具，在投入使用之前应进行检定或者校准。仪器设备在两次检定（校准）期间，对容易产生漂移的设备、使用频繁的设备、校准周期长的设备、稳定性差的设备、检定（校准）结果有不良趋势的设备、质量控制结果不满意的设备、老旧设备等应进行期间核查。当仪器设备对检验有影响的部件进行维修或更换，例如氘灯、流通池、离子源和自动进样器等，完成后也应进行期间核查，保持仪器处于良好状态。容量瓶、移液管、滴定管、微量移液器等量具应参照仪器设备管理。

期间核查的方式常用的有以下五种。

（1）采用高精度等级检验仪器设备进行核查。

（2）采用不同厂家同等精度的检测仪器进行比对。

（3）采用标准物质对设备进行验证。

（4）通过对样品不同特性检验结果的相关性进行验证。

（5）采用稳定性好的样品进行重复测定。

1.3　物料的质量控制

物料管理是质量管理的核心。

1.3.1　供应商的选择和管理

1.3.1.1 选择供应品供应商或生产商时，应进行调研，派人到现场进行考察。首先考虑国有大、中型经销单位或信誉较好的供应商，并根据历年的实际供货质量情况考虑定点采购；直接向生产厂家采购时，应优先选择通过生产许可认证、产品质量认证、质量体系认证的产品。

1.3.1.2 在选定供应商或生产商时应索取其有效资质证明材料，如工商营业执照、ISO9000质量体系认证或产品认证的证书、管理体系文件、生产许可证的复印件、执行标准、产品检验报告、出厂检验合格证等。

1.3.1.3 对严格控制类试剂和消耗性材料的采购必须严格把关，除获得供应商的有关质量保证和质量证明材料外，必要时应对其质量保证能力、生产工艺、执行标准情况、检验能力以及管理制度等进行现场考察评价。严格控制的试剂包括：化学试剂、实验室用水、各种气体等；严格控制的消耗性材料包括：固相萃取柱、滤膜、玻璃器皿等。

1.3.1.4 定期对供应商进行评价，评价的内容包括：供应商具备的资质、信誉和资信情况、供应商的供货业绩、供应商的质量保证能力、供应品价格、供货及时率、售后服务、检测使用反馈等。建议将以上各项评价内容逐一量化，对待考察的供应商分别按每项评价内容进行赋分，通过综合评价择优列入合格供应商名录。

1.3.2　供应品的采购和验收

1.3.2.1 根据采购计划从"合格供应商名录"中选择供应商。采购时采购人员必须查验出厂合格证、检验报告等产品质量证明和有关技术指标。

1.3.2.2 对检验检测结果影响较大的试剂和消耗性材料，除验证必要的产品质量证明文件外，还应定期进行进货检验，保留检验记录。当供应品质量检验不合格时，该供应品不能直接用于检验检测工作，应考虑做降级使用、退货或者销毁处置；并立即停止采购相应的物资，并考虑是否从合格供应商名单中取消其供应商的资格。

1.3.2.3 试剂和消耗性材料进货检验，可以委托具有检验资质的检验机构进行检验，也可以在本机构内部进行验证。验证的方式包括：空白实验、不同批次结果比对、留样再测比对、标准样品测定等。

1.3.2.4 应建立供应商的供货合同、质量保证能力情况方面的书面证明资料档案，以保证检验检测工作质量以及在出现检验检测工作质量事故时便于查清事故原因。

1.3.3 供应品的管理

1.3.3.1 购进的供应品需经验证或检验合格后方可办理登记入库手续。

1.3.3.2 存放仓库应由专人保管。库内材料和物资应分类放置，摆放整齐，标识清楚，保持卫生，注意通风。

1.3.3.3 库房内严禁烟火，无关人员不得入内。配齐消防器材，作好防火、防爆、防霉、防盗工作，做好安全防范工作，确保库房安全有序。

1.3.3.4 对有期限的供应品应遵守"先进先出"的原则，防止供应品过期失效，造成浪费。每年应至少清库一次，做到帐、物相符。

1.3.3.5 保管员应对出库供应品的质量负责。残次品、过期变质的供应品、标签不清的物品一律不准出库。

1.3.3.6 贵重供应品，设专人专柜保管，不得随意发放，领用时需有两人在场，并写明领用数量和用途。

1.3.3.7 危险化学品是指具有毒害、腐蚀、爆炸、燃烧、助燃等性质，对人体、设施、环境具有危害的剧毒化学品和其他化学品。

1.3.3.8 危险化学品应存放入危险品仓库，实验室不易过多存放。危险化学品应分类放置，摆放整齐，加贴警示标识，并根据危险化学品的类别分别配备通风、防爆、耐腐蚀的设备设施等。

1.3.3.9 对危险化学品中剧毒试剂和易制毒试剂，应分别设专柜保管，采用双人双锁管理，建立专门的入库和领用台账，领用时需有两人同时在场，严格控制总量、领用人、领用数量和用途。

1.3.4 标准物质

1.3.4.1 标准物质是指具有足够均匀和稳定的特定特性的物质，其特性适用于测量或标称特性检查中的预期用途。标准物质既包括具有量值的物质，也包括具有标称特性的物质。本章适用的标准物质是指用于统一量值的标准物质，包括化学成分分析标准物质、物理特性与物理化学特性测量标准物质和工程技术特性测量标准物质。

标准物质分为一级标准物质和二级标准物质。一级标准物质准确度达国内最高水平，二级标准物质准确度和均匀性未达到一级标准物质的水平，但能满足一般测量的需要。一级标准物质的编号是以标准物质代号"GBW"冠于编号前部，二级标准物质的编号是以二级标准物质代号"GBW（E）"冠于编号前部。食品检验检测机构应该选择二级以上标准物质（含二级标准物质）。

1.3.4.2 标准物质采购和验收　应采购有证标准物质，并向供货方索取标准物质证书。标准物质证书应能溯源到国家（国际）基准的标准物质。

标准物质的验收包括形式验收和实际浓度验证两部分。形式验收包括对包装、外观、标准物质名称、国家标准编号、批号、有效期、证书等内容进行符合性验收；实际浓度验收指检验检测机构通过直接检测、比对等方式对标准物质实际浓度进行的验收。一般对于初次使用的标准物质、新更换批次的标准物质、新供应商提供的标准物质或重要检验任务使用的标准物质等，除采用形式验收外，还要进行实际浓度验证。需要保存验收记录，验收合格的标准物质可投入使用，验收不合格的标准物质应进行退货或降级使用。

1.3.4.3标准物质的保管和使用　检验检测机构应建立标准物质台账。标准物质台账内容包括：标准物质名称、国家标准号、生产单位、批号、标准值、不确定度、有效期、领用科室（领用人）、领用数量等。

检验检测机构应按标准物质要求的保存条件和保持时间对标准物质进行保存。

检验检测机构应该在有效期内使用标准物质，对于过期的标准物质应该进行废弃或采用适当的技术手段加以验证，确定是否可以继续使用或改做其他用途。

标准物质在使用过程中，应确保标准物质使用液的溯源性，即检验过程中通过逐级稀释配制的工作溶液应有效追溯到领用标准物质的信息。检验检测机构应保存好标准物质使用溶液配制过程的配制记录，便于对标准物质进行追溯。检验检测机构应通过验证确定自己所配制标准物质工作溶液的保存条件和有效期，并按要求进行保存，在有效期内使用。

食品检验检测用的标准滴定溶液的配制按照GB/T 601《化学试剂　标准滴定溶液的制备》的要求进行配制和标定。检验检测机构应该保存标准滴定溶液的配制记录。

食品检验检测用的其他标准溶液的配制一般按照检验方法提供的方法进行配制，也可以参照GB/T 602《化学试剂　杂质测定用标准溶液的制备》等相关标准进行配制。

1.3.4.4标准物质的期间核查　为保证标准物质的量值准确、可靠和可溯源性，应在其使用和保管过程中通过期间核查进行质量控制。

检验检测机构可以根据质量活动的重要程度、风险和期间核查成本以及检验检测机构资源和能力等方面综合考虑，编制标准物质期间核查计划，内容包括：核查种类、核查频次、核查时间、核查办法、核查人员、核查结果的判定标准等。核查计划应该制定专业人员编制，并经专业技术负责人批准。

核查方法的选择应该遵循简单易行、经济合理的原则，如：送有资格的校准机构；新购置的标准物质或新配制的标准使用液与正在使用的比对；与其他检验检测机构进行实验室间比对；不同制造商、同一制造商的不同批号之间进行比对；用一级标准物质对二级标准物质进行核查；用检测质量控制样品或对稳定的留样进行再次测定等。

确定核查频次时，检验检测机构可以遵循以下原则：经常使用的、对检验检测结果影响较大的一些参数应该缩短核查间隔、严格核查标准，一旦发现分析结果可疑的情况时，只需追溯到上次核查后的数据即可；不经常使用的可以在每次使用前进行核查；已有证据证明稳定性比较好的标准物质，可以减少核查频次。

检验检测机构应该确保期间核查计划有效实施。标准物质核查结果不符合要求时，应立即停止使用，查明原因，建议降级使用或报废。

1.3.4.5标准物质的处置　失效的标准物质应根据标准物质的性质分别处置，特别对于剧毒和有害的标准物质，有条件的检验检测机构应该先进行无害化处置，然后再按相应的废液处置要求进行处置。

1.4　检验方法的质量控制

检验方法的质量控制分为检验方法的选用、跟踪和确证。

1.4.1 检验方法的选用　检验检测工作应在资质认定范围内优先使用标准方法，严格执行现行有效的国际标准、国家标准、行业标准和地方标准以及国家食品监督管理部门以文件、技术规范等形式发布的检验检测方法。在初次使用标准方法前，应对人员技术能力、设备配置技术指标及数量、试剂耗材质量、检验方法有效性、检测环境配置等方面是否符合标准方法的要求进行验证。验证技术资料包含但不限于：精密度、准确度、检出限、定量限、实验室比对等。

已获得资质认定的检验检测方法若在2年内未应用，使用前应主动开展模拟试验，验证该检验检测方法技术能力持续具备。

如超出预定范围使用标准检验方法或标准检验方法有严重缺陷不能满足预期目的时，使用变更的检验方法或使用扩充、修改过的标准检验方法时，该方法需经过确认后方可采用。

选择检测方法时，应关注方法的限制说明、浓度范围和样品基质，确保选择的方法在限量点附近测定的结果可靠。

1.4.2 检验检测方法的跟踪 检验单位应定期对在用检验方法进行跟踪查新，结果交相关部门审定、提出处置意见，确保使用的标准为最新有效版本。如标准发生变更，按检验方法的确证相关规定执行。

当标准、规范、方法不能被操作人员直接使用，或其内容不便于理解，规定不够简明或缺少足够的信息，或方法中有可选择的步骤，会在运用时造成因人而异，可能影响检验检测数据和结果正确性时，则也应制定标准操作规范。

1.5 检验环境的质量控制

检验单位应当确保实验室的设施、环境条件必须满足检验方法、仪器设备正常运转、技术档案储存、样品制备和储存、废弃物储存和处理、信息传输与数据处理、保障人身安全和环境保护等要求。检验单位应确保试验区与非试验区、理化分析与微生物分析、有机分析与无机分析、样品前处理与仪器分析及互有影响的相临区域有效隔离。留样室、天平室等特殊区域应监控其温湿度。放置液相色谱串联质谱仪（LC-MS/MS）、电感耦合等离子体质谱仪（ICP-MS）等设备的区域应关注温度的波动。

2 内部质量控制的方式

实验室应建立和实施充分的内部质量控制计划，以确保并证明检测过程受控以及检测结果的准确性和可靠性。质量控制计划应包括空白分析、平行样检测、比对、加标和控制样品的分析，计划中还应包括内部质量控制频率、规定限制和超出规定限制时采取的措施。

2.1 空白实验

是在不加入待测样品的情况下，采用测定待测样品项目的方法、步骤进行定量分析，从而获得分析结果的检测过程。空白实验一般每制备批样品或同时对不多于20个样品做一次。当所采用的检测方法有具体规定时，应满足方法要求。空白测试得到的结果反映的是测试系统的本底，包括测试仪器的噪声、环境及操作过程中的污染、试剂中的杂质等因素对检测产生的综合影响，通过这种扣除空白干扰可以有效降低由于实际干扰或试剂不纯等因素造成的系统误差。

2.2 平行样检测

指在重复性条件下进行的两次或多次测试。重复性条件指的是同一实验室，由同一检测人员使用相同检测设备，按照相同测试方法，对同一测试对象在短时间内相互独立进行检测的测试条件。该方法可以用于对实验室样品制备均匀性、测试方法精密度、检测设备或仪器稳定性、检测人员技术水平以及平行样间的分析间隔等进行检测评价。平行样相对误差应符合检验方法中的相关规定。如方法无要求，应≤20%。

2.3　标准曲线的质量控制

实验室按照正常样品检测程序使用标准溶液进行分析处理，绘制得到标准曲线。在检测过程中会受到实验室的检测条件、检测人员的操作水平、检测仪器的响应性能等多种因素的影响，采用标准曲线定期核查可以验证仪器的响应性能，保证检测人员操作的稳定性，同时也可以得到绘制曲线时所用标准溶液的稳定性核查信息。

2.3.1 参考检测方法要求制备标准曲线系列溶液（除零点以外至少5个梯度浓度）。

2.3.2 对于禁用物质的检测，标准曲线系列溶液中除零点外最小点的浓度原则上应≤测定低限浓度。

2.3.3 对于限用物质的检测，除应符合2.3.1外，样品浓度应落在第二个非零点与第三个非零点之间。

2.3.4. 标准曲线的验证。标准曲线拟合以后，应将第一和第二个非零点溶液浓度代入公式，将计算得到的Y值与测定得到的值进行比较，偏差应小于10%。如超出，需要重新拟合曲线。

2.4　使用标准物质进行质量控制

实验室可以直接用核实的有证标准物质或内部标准样品作为监控样品。实验室可定期或不定期用标准物质以比对样或密码样的形式进行质量监控，相应项目检测人员接到检测任务后以与样品检测相同的流程和方法同时进行检测，将检测结果上报实验室质量保证部门。实验室一般每批样品或每20个样品插入标准物质，验证检测结果的准确性。检测结果与标准值之差的绝对值应落入不确定度范围内，否则应核查测量系统是否存在系统误差或其他可能影响检测结果的因素。

实验室选择标准物质时应尽量做到标准物质的形态（液态、气态或固态）应与被测物品相同、基体与被测物品相同或相近、含量水平与被测物品的水平相适应。如果标准物质证书中规定了最小取样量，那么用于测量时的取样量应不小于该最小取样量。同时对于标准物质的储存严格按照规定条件，并做好有效期内的期间核查。

如不好获得相似基质的标准物质，可以采用加标回收率实验，通常是将已知浓度或质量的标准物质添加到被测样品中作为测定对象，用相同的方法与试样同时进行测定，所得的结果与已知浓度或质量进行比较，计算出加入待测组分回收比率，反映出本次检测前处理及全部过程的总体质量水平。回收率应在控制范围内（表1-3-1）或者具体检验方法项下要求（例如GB 29692-2013《食品安全国家标准　牛奶中喹诺酮类药物多残留的测定 高效液相色谱法》中"9.2 准确度"：本方法在10~100 μg/kg添加浓度水平上的回收率为60%~110%）。通常情况下，回收率越接近100%，定量分析结果的准确度就越高，因此，可用回收率的大小来评价定量分析结果的准确度。加标应在分析样品前，且添加物浓度水平应接近分析物浓度或在校准曲线中间范围浓度内，加入的添加物总量不应显著改变样品基体。原则上在进行禁用物质测定时，应在方法测定低限或定量限水平进行添加，对于已经制定最高残留限量（MRL）或最大允许添加量的物质，应在MRL或最大允许添加量水平进行添加。

表1-3-1　准确度回收率范围表

被测组分含量（mg/kg）	回收率范围（%）
＞100	95~105
1~100	90~110
0.1~1	80~110
＜0.1	60~120

2.5　比对

2.5.1 人员比对　即实验室检测技术人员之间的能力比对，由不同的检测技术人员利用相同的仪器、使用相同的方法、在相同的检测条件下对同一特殊物质进行测试，将获取的数据来进行评价。可作为新员工培训后验证其技术能力的手段，亦可在有多名检测人员的实验室开展。

2.5.2 仪器比对　即检测仪器之间的比对，使用不同的检测仪器、由相同的检测人员、采用相同的方法、在相同的检测条件下对同一检测样品进行测试，将获取的数据进行评价，以确定仪器间的差异。当实验室拥有不同设备时，可采用仪器比对的方法开展质量控制，特别可用于当某台仪器参加能力验证获得满意结果时，可用其来衡量其他仪器的可信度。

2.5.3 留样复测　是指在一段时间后，取性状较稳定的、上次结果的测定值在满意范围内的样品，由相同人员测试水平，在相同环境、设备、方法等条件下重复试验，是判断和监控实验室能力的检测情况的有效手段之一。测定结果的判定方法一般有两种，一是经验值法，即两次测定值差的绝对值除以原测定结果，小于拟定的经验值，表示质控结果满意。大于拟定值则表示结果不满意。二是相对误差值，两次测定的结果的差除以平均值，依据各检验方法中给定的平行样测定要求判定。

2.5.4 方法比对　是指同一人用不同方法对同一试验进行检测，验证检测结果的可靠性。方法比对的验证对象是检测方法，主要是为了评价不同方法之间是否存在差异性。实验室应该定期对我们实验室能力认可的检测方法进行验证比对，这样可以避免检验方法中存在的系统误差，可以监控检测结果的有效性及符合性。

2.6　不确定度评定的应用

当出现检测数据为边缘数据或者委托方要求时，检测单位应开展检验结果不确定度评定。

2.6.1 测量不确定度来源　在实际食品检验过程中，测量不确定度可能有以下来源：被测物质的检测方法不理想；取样的代表性不够，即被测样本不能代表所定义的被测物质；对测量过程对环境的测量与控制不完善；对模拟式仪器的读数存在人为偏移；测量仪器的计量性能的局限性，即导致仪器的不确定度；测量标准或标准物质提供的标准值不准确；引用的数据或其他参量值的不准确；在相同条件下，被测量重复观测值的变化。

因此测量不确定度的来源必须根据实际测量情况进行具体分析。分析时，除了定义的不确定度外，可从检测仪器、检测环境、检测人员、检测方法等方面全面考虑，特别要注意对测量不确定度影响较大的不确定度来源（图1-3-1），应尽量做到不遗漏，不重复。

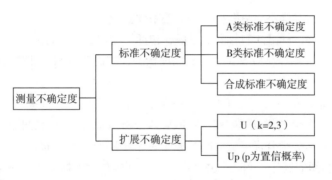

图 1-3-1　测量不确定分类图

2.6.2 测量不确定度的评定方法

评定方法见图 3-1-2。

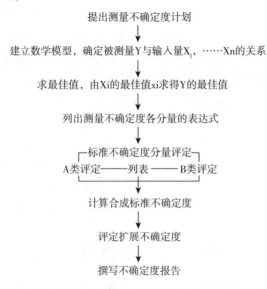

图 3-1-2　测量不确定度评定程序图

2.6.3 测量不确定度的表示　测量不确定度用合成标准不确定度表示时应包括合成标准不确定度 u_c 和自由度 ν 。

测量不确定度用扩展不确定度表示时应包括扩展不确定度 U、合成标准不确定度 u_c、自由度 ν 、包含因子 k 和置信水平 p。

2.7　质量控制图的应用

质量控制图就是对检验检测过程中关键质量特性值进行测定、记录、评估并监测过程是否处于控制状态的一种图形方法，是质量控制的一种重要手段。

2.7.1 质量控制图的类型

（1）平均值-标准偏差控制图。

（2）平均值-极差控制图。

（3）中位数-极差控制图。

（4）单值-移动极差控制图。

2.7.2 使用质量控制图的一般原则　用于质量控制图绘制的质控样品应满足以下要求。

（1）质控样品与检测样品应具有相同的误差来源。

（2）质控样品与检测样品应有相同的基质，包括可能与准确度有关的次要成分也应相同。

（3）质控样品与检测样品应具有相似的物理状态，如粉碎状态，被测目标浓度范围应同检测样品基本一致，并被准确赋值。

（4）可使用有证标准物质、实施能力验证计划后剩余样品、实验室在自身条件可靠的情况下得到的准确含量或浓度的样品（如实验室已确认分析系统稳定可靠的时间段内，重复检测样品得到的平均值作为目标组分含量或浓度的最佳估计值），作为质控样品。

2.7.3 质量控制图的制作 用同一方法在一定时间内与检测样品同时测定，至少累计 20 个质控样品的检测结果，通过计算平均值、极差、标准差等统计量，以统计值为纵坐标，测定次数为横坐标，确定中心线、上下控制限，以及上下辅助线和上下警戒线，从而绘制出分析用控制图。

2.7.4 对控制图进行判定

（1）如此点在上、下警告限之间区域内，则测定过程处于控制状态，样品分析结果有效。

（2）如果此点超出上、下警告限，但仍在上、下控制限之间的区域内，提示分析质量开始变劣，可能存在"失控"倾向，应进行初步检查，并采取相应的校正措施。

（3）若此点落在上、下控制限之外，表示测定过程"失控"，应立即检查原因，予以纠正，样品应重新测定。

起草人：杨国伟（山西省食品药品检验所）

复核人：陈　煜（山西省食品药品检验所）

第三节　实验室外部质量控制

实验室外部质量控制常用的是能力验证、实验室间比对和测量审核。

能力验证指按照预先制定的准则评价参加者的能力，是认可机构加入和维持国际相互承认协议（MRA）的必要条件之一，是实验室重要、有效的外部质量控制活动。

能力验证的评价有三种方式。一是专家公议，由顾问组或其他有资格的专家直接确定报告结果是否与预期目标相符合；专家达成一致是评估定性测试结果的典型方法。二是与目标的符合性，根据方法性能指标和参加者的操作水平等预先确定准则。三是用统计方法确定比分数，其准则应当适用于每个比分数；比分数的常用例子如下。

（1）Z 比分数、'Z 比分数和 ζ 比分数（例子仅给出了 Z 比分数，对 'Z 比分数和 ζ 比分数也适用）

$|Z| \leqslant 2$，满意、通过；$|Z| \geqslant 3$，不满意、不通过；$2 < |Z| < 3$，可疑。

（2）E_n 值

$E_n \leqslant |1|$　　　表明"满意"，无需采取进一步措施；

$E_n > |1|$　　　表明"不满意"，产生措施信号。

当能力验证出现不满意结果时，实验室应深入分析原因、实施纠正措施，并验证措施的有效性；当出现可疑结果时，实验室应分析原因，并视其严重程度、影响范围等必要时采取纠正措施。

实验室间比对指按照预先规定的条件，由两个或多个实验室对相同或类似的测试样品进行检测的组织、实施和评价，从而识别实验室存在的问题与实验室间的差异。实验室通过开展实验室间比对，及时发现存在的问题以及与其他实验室的差异，从而查找原因并及时改进。

测量审核是指一个参加者对被测物品进行实际测试，其测试结果与参考值进行比较的活动。实验室通常在所选项目没有能力验证计划可参加测量审核；参加能力验证计划结果不满意，作为整改活动申请参加测量审核；开展新项目时作为新项目验证的证明材料等。测量审核结果的评定可根据参加者、测量方法及测量物品的具体情况，选用合适的方式进行评价。

起草人：杨国伟（山西省食品药品检验所）

李新玲（山东省食品药品检验研究院）

复核人：张喜琦（山东省食品药品检验研究院）

第四节　实验室复验

复验是检验机构在检验活动中对检验结果边缘、不合格或存疑等情况时进行再次检验的过程。实验室在检验过程中发现检验结果边缘、不合格或存疑的情况，检验机构应充分考虑样品均匀性、试剂、仪器和标准品等影响因素，分析原因并建议指定第二人复验。如复验结果与初次检验结果一致，且误差在方法规定范围内的，可将两次检测值平均发出报告或执行机构具体规定。如不一致，应分析原因，换第三人复验，在3次复验结果基础上，进行必要的不确定度分析，得出复验结论并发出报告。

起草人：杨国伟（山西省食品药品检验所）

复核人：陈　煜（山西省食品药品检验所）

第四章
方法确认

　　检验方法是实验室实施检验检测工作所依据的标准和技术规范，是实验室实施检验工作的主要依据，是开展检验检测工作所必须的基础，检验方法不同就可能会造成结果不同。随着技术进步和国际贸易的发展，国内外对实验室化学分析方法和检测数据的质量也提出了更高的要求。

　　实验室实际检测工作中经常遇到现行的检测标准无法满足快速发展的检测需求的情况，尤其食品检验中使用的方法涉及到食品安全国家标准、农业部门标准、商检标准等各种标准方法；有时为提供更高效率的检测服务，实验室还会用到许多非标准方法、超出预定范围使用的标准方法、发生变更的标准方法以及实验室新引入的分析方法或采用自己制定或改进的检测方法等各种检测方法；对于该类化学分析方法，实验室应进行相关方法确认工作，证实这些检测方法的适宜性和可靠性，证明选用的方法能够满足预期的检测用途，确保食品检测实验室所提供数据的有效性、公正性和可靠性。国内外也发布了关于化学分析实验室方法确认的标准或指南性文件。

第一节　方法确认有关的概念

1　方法确认

　　实验室通过实验，提供客观有效的证据证明特定检测方法满足预期的用途。方法确认应该建立方法的性能特性和使用的限制条件，并识别影响方法性能的因素及影响程度，确定方法适用的基质以及方法的正确度和精密度。

2　方法验证

　　实验室通过核查，提供客观有效的证据证明满足检测方法规定的要求。

3　实验室内的方法确认

　　在一个实验室内，在合理的时间间隔内，用同一种方法在预定条件下对相同或不同样品进行的分析实验，以证明特定检测方法满足预期的用途。

4　实验室间方法确认

　　在两个或多个实验室间实施的方法确认，实验室按照预定条件用相同方法对相同样品的测定，证明特定检测方法满足预期用途。

5　线性范围

对于分析方法而言，用线性计算模型来定义仪器响应和浓度之间的关系，应该计算模型的存在对应关系的应用范围。

6　定量方法

测定被分析物的质量或质量分数的分析方法，可以用适当单位的数值表示。

7　定性方法

根据物质的化学、生物或物理性质对其进行鉴别的分析方法。

8　检出限

检出限（LOD）是方法能够准确区别分析目标信号和背景信号的最低浓度或量，

对于多数分析方法来说，LOD可分为两个部分，即仪器检出限（IDL）和分析方法检出限（MDL）。

9　定量限

检测方法能够准确测定样品中目标化合物的浓度或量，此时的分析结果应能确保一定的正确度和精密度。

10　精密度

规定条件下，对同一或类似被测对象重复测量值之间的一致程度，一般用相对标准偏差表示。

11　准确度

测量所得的测得值与参考值或真值的一致程度。

12　正确度

无穷多次重复测量所得量值的平均值与参考量值的一致程度。

13　选择性

按照规定的测量程序使用并提供一个或多个被测量的测得的量值时，每个被测量的值与其他被测量或物质中的其他量无关的特性。

14　测量范围

测量范围是在规定条件下，仪器能够测量出的样品中待分析物的最高浓度和最低浓度的范围，该浓度范围内方法应该具有适宜的准确度、精密度和线性，并且具有可以接受的测量不确定度。

第二节 方法确认的要求

方法确认是证明并确认特定检测方法满足预期的用途的过程，为规范食品检验检测方法的选择及确认工作，通过对方法进行确认并提供客观证据，确保所选用方法可以在实验室开展并满足预期用途的要求，进而保证实验结果的准确可靠。实验室应制定有关方法确认的程序，对非标准方法、实验室制定方法、超出其预定范围使用的标准方法、扩充和修改过的标准方法严格按照该程序开展方法确认工作。经过方法确认的检测方法，实验室应制定相应作业指导书。

使用新建立的方法、扩展了标准方法适用范围包括增加了分析目标化合物或分析基质、改变方法用途和方法发生变动（如试剂的改变、仪器参数的变动、样品前处理的变化等）等情况均应进行方法确认工作。

1 确认方法的特性参数

实验室开展方法确认工作应该在综合考虑自身情况和技术可行性的基础上，根据预期的检测用途开展方法确认。实验室进行方法确认的内容应该完整，包括但不限于以下几方面。

（1）方法的选择性。

（2）方法适用范围。

（3）检出限和/或定量限。

（4）测量范围和/或线性范围。

（5）精密度（重复性和/或再现性）。

（6）正确度。

（7）准确度。

（8）灵敏度。

（9）稳健度。

（10）测量不确定度。

2 方法确认参数的技术要求

方法确认过程中回收率、校准曲线范围、准确度、精密度等参数应满足一定的要求，具体如下。

2.1 回收率

每种基质都应该进行回收率试验，对于食品中的禁用物质，回收率应在方法测定低限、两倍方法测定低限和十倍方法测定低限进行三水平的实验；对于已制定最高残留量的，回收率在方法测定低限、最高残留量和关注浓度水平进行三水平的实验；对于没有最高残留量的回收率应在方法测定低限、关注浓度和常见限量指标三个水平进行实验。回收率的参考范围见表1-3-1。

2.2 校准曲线和测量范围

应该描述校准曲线的方程及校准曲线的工作范围，浓度范围尽可能覆盖一个或多个数量级，至少包括5个浓度点，线性回归方程的相关系数应不低于0.99。标准点应尽可能均匀地分布在关注的浓度范围并能覆盖该范围，一般应覆盖关注浓度的50%~150%；如需做空白时，则应覆盖关注浓度的0~150%。

2.3 精密度

2.3.1 重复性 每种基质都应该进行重复性试验，对于食品中的禁用物质，回收率应在方法测定低限、两倍方法测定低限和十倍方法测定低限进行三水平的实验；对已制定最高残留量的，回收率应在方法测定低限、最高残留量和关注浓度水平进行三水平的实验；对于没有最高残留量的回收率应在方法测定低限、关注浓度和常见限量指标三个水平进行实验。重复测定次数至少为6次。实验室内部的变异系数参考范围见表1-4-1；

2.3.2 再现性 协作实验室应针对每种基质进行再现性实验，浓度级别设置同重复性实验，重复测定次数至少为6次，实验室间的变异系数参考范围见表1-4-2。

表1-4-1 实验室内变异系数参考范围

被测组分含量	实验室内变异系数 （CV，%）	被测组分含量	实验室内变异系数 （CV，%）
0.1μg/kg	43	100mg/kg	5.3
1μg/kg	30	1000mg/kg	3.8
10μg/kg	21	1%	2.7
100μg/kg	15	10%	2.0
1mg/kg	11	100%	1.3
10mg/kg	7.5	/	/

表1-4-2 实验室间变异系数参考范围

被测组分含量，mg/kg	相对标准偏差，%
≤ 0.001	≤ 54
> 0.001 ≤ 0.01	≤ 46
> 0.01 ≤ 0.1	≤ 34
> 0.1 ≤ 1	≤ 25
> 1	≤ 19

2.4 准确度

重复分析标准物质或加标样品，测定含量（经回收率校正后）平均值与真值的偏差指导范围见表1-4-3。

表1-4-3　测定值与真值的偏差指导范围

真值含量（mg/kg）	偏差范围（%）
< 0.001	−50~+20
0.001~0.01	−30~+10
0.010~10	−20~+10
10~1000	< 15
1000~10000	< 10
> 10000	< 5

2.5　特异性

对于检测筛选法方法和确证方法的特异性应该予以规定，尤其是对于确证方法必须尽可能清楚的提供待测物的化学结构信息，仅基于色谱分析的方法不能用于确证方法，确证方法应该采用质谱方法或气相色谱–红外光谱法或液相色谱–免疫层析法等。

2.6　检出限和定量限

检出限和定量限应该满足检测方法的预期用途，对于食品中的禁用物质，检出限和定量限应尽可能低；对于已制定最高残留限量的物质，应满足限量值的要求。

2.7　耐用性

方法应具有对可变实验因素的抗干扰能力，当测定条件发生微小变动时，方法应具有一定的保持测定结果不受影响的承受程度。

第三节　方法确认的过程

非标方法、实验室建立的方法和变更标准方法内容等方法在使用前均应进行方法确认，实验室进行方法确认首先应明确待确认方法的预期用途是定性或定量，按照有关规范的要求或客户需求进行方法确认；然后选择方法特性参数后进行实验和方法确认工作。

1　方法确认和确认的工具

方法确认是通过处理并分析空白、基质空白、标准物质（如果能获取到）和已知浓度的基质加标样品等，然后用检测分析结果计算准确度、偏差和精密度等参数，评估样品基质改变对方法的基质效应和耐用度的影响。方法确认常用的工具有以下几种。

空白：利用不同种类的空白能够评估测量信号多少是来自被分析物，多少来自于其他因素。

标准物质和有证标物：应结合使用已知的标准物质和有证标物（当可用和适用时）来评估方法的准确性或偏差，也可以了解方法的干扰情况。

基质空白：基质空白样品是除目标化合物外与待测样品所含成分一致的样品，基质空白用于建立目标化合物的背景水平，并确认所使用的基质样品和设备不干扰或不影响目标化合物的信号。

基质加标样品：通过已知浓度的基质加标样品确定目标化合物的加标回收率，还可用基质加标样品的结果评估基质效应情况，计算准确度和精密度等参数，基质加标样品的测定结果还可用于评估基质变化对方法耐用度的影响。

实际样品：含有目标化合物的真实样品可以用于评价方法精密度和偏差。

试剂空白：试剂空白除不加样品外实验中用到的所有试剂经过样品处理过程，试剂空白可以用来确认所用试剂中没有目标化合物并且不影响目标化合物的信号。

重复测量：精密度可以通过样品重复测量来评估。实验室应确保有足够进行重复检测的样品并进行检测，通过结果评估方法的重复性。

2 确认方法特性参数的选择

方法确认首先应明确检测对象特定的需求，包括样品的特性、数量等，并应满足客户的特殊需要，同时应根据方法的预定用途，依据方法的类型和方法具体情况选择需要确认的方法特征参数。待确认的方法可以分为新的定量方法、新的定性方法和扩展方法三种情形。典型方法确认参数的选择参见表1-4-4。

新的定量方法的确认参数：应该包括选择性、准确度、精密度、检出限、定量限、线性范围、不确定度、稳健度和加标回收率等。

新的定性方法的确认参数：灵敏度、选择性、假阳性率、假阴性率、最检出浓度、稳健度等。

扩展方法的确认参数：对于已经确认过的方法，如果样品前处理方法、提取步骤、分析方法等发生变化或修改时，应当证明发生的修改不会影响方法的精密度和准确性，通过将修改后的方法同原方法比较来确认方法的性能。

表1-4-4 典型方法确认参数的选择

待评估性能参数	确证方法		筛选方法	
	定量方法	定性方法	定量方法	定性方法
检出限	√	√	√	—
定量限	√	—	√	—
灵敏度	√	√	—	—
选择性	√	√	√	√
线性范围	√	—	—	—
测量范围	√	—	—	—
基质效应	√	√	—	—
精密度	√	—	—	—
正确度	√	—	—	—
稳健度	√	—	—	√
测量不确定度	√	—	—	—

注：√：表示正常情况下需要确认的性能参数；
—：表示正常情况下不需要进行确认的性能参数。

2.1 实验室内方法确认

通常情况下，需要确认的技术参数包括方法的选择性、检出限、定量限、线性范围、正确度、精密度和稳健度等。

2.2 实验室间方法确认

通常情况下，对于定性方法，至少应确认方法的检出限和选择性；对于定量方法，至少应确认方法的适用对象、线性范围、定量限和精密度。

3 方法特性参数的确认

3.1 选择性

食品检测分析中的基质复杂，分析方法应该具备一定的选择性，不受基质成分、代谢物、降解产物和内源性成分的干扰，从而保证检测结果的准确性。因此选择性确认时要分析具有代表性的实际空白样品，检查空白样品中各种基质成分在目标化合物出峰处或目标化合物的响应指标上没有干扰。也可采用在代表性空白样品中加入可能干扰的成分进行确认是否有干扰。

3.2 适用范围

确认方法适用的样品基质范围，并对相应的基质进行检测，方法适用于多种食品基质的方法应该对不同基质都要进行确认，方法确认后应在标准操作规程中明确方法的适用范围，以保证检测结果的准确可靠。

3.3 测量范围和线性范围

进行方法确认时，应根据关注的检测目标化合物确定方法的检测范围，应该包括目标化合物的最低浓度水平即定量限和关注的浓度水平，需要确认方法测量范围的最低浓度水平、关注浓度水平和最高浓度水平的正确度和精密度，必要时可增加确认浓度水平。

大多数定量测定的方法采用校准曲线法定量，因此需要对方法定量的线性范围及相应的线性回归方程和相关系数进行确认。还应充分考虑可能的基质效应影响，排除其对校准曲线的干扰，应该提供实验室数据或文献数据，说明目标分析物在溶剂中、样品中和基质成分中的稳定性，并在方法中予以明确。测量范围和线性范围均应满足相应要求。

3.4 检出限和定量限

3.4.1 评估检出限（LOD）和定量限（LOQ）的情况 通常情况下，只有当目标分析物的含量在接近于"零"的时候才需要确定方法的检出限或定量限，当分析物浓度远大于 LOQ 时，没有必要评估方法的 LOD 和 LOQ。但是对于那些浓度接近于 LOD 与 LOQ 的痕量和超痕量检测，并且报告为"未检出"时，或需要利用检出限或定量限进行风险评估或符合性判定时，实验室应确定 LOD 和 LOQ。不同的基质需要分别评估 LOD 和 LOQ。

3.4.2 检出限 对于多数分析方法来说，检出限（LOD）可分为两个部分，仪器检出限（IDL）和方法检出限（MDL）。

（1）仪器检出限（IDL） 仪器可靠地将目标分析物信号从背景（噪音）中识别出时分析物的最低浓度或量，该值表示为仪器检出限（IDL）。随着仪器灵敏度的增加，仪器噪音也会降低，相应 IDL 也降低。

（2）方法检出限（MDL） 特定方法可靠地将分析物测定信号从特定基质背景中识别或区分出来时分析物的最低浓度或量。MDL 是用该方法测定出大于相关不确定度的最低值。确定 MDL 时，应考虑到所有基质的干扰。

确定检出限的方法很多，除下面所列方法外，其他方法也可以使用。

1）空白标准偏差法评估LOD　通过分析大量的样品空白或加入最低可接受浓度的样品空白来确定LOD。独立测试的次数应不少于10次（n＞10），计算出检测结果的标准偏差（s），计算方法参见表1-4-5。

样品空白值的平均值和标准偏差均受样品基质影响，因此最低检出限也因受样品基质种类的影响而不同。如果利用此条件进行符合性判定时，需要定期用实际检测数据更新精密度数值。

表1-4-5　定量检测中LOD的表示方法

试验方法	LOD 的表示方法
样品空白独立测试 10 次 *	样品空白平均值 + 3s 只适用于标准偏差值非零时
加入最低可接受浓度的样品空白独立测试 10 次 *	0+3s
加入最低可接受浓度的样品空白独立测试 10 次	样品空白值 +4.65s（此模型来自假设检验）

*仅当空白中干扰物质的信号值高于样品空白值的3s的概率远小于1%时适用。

注1："最低可接受浓度"为在所得不确定度可接受的情况下所加入的最低浓度。

2：假设实际检测中样品和空白应分别测定，且通过样品浓度扣减空白信号对应的浓度进行空白校正。

2）校准方程的适用范围评估LOD　如果在LOD或接近LOD的样品数据无法获得时，可利用校准方程的参数评估仪器的LOD。如果用空白平均值加上空白的3倍标准偏差，仪器对于空白的响应即为校准方程的截距（a），仪器响应的标准偏差即为校准的标准误差（$S_{y/x}$）。故可利用方程：$y_{LOD}=a+3S_{y/x}=a+bx_{LOD}$，则 $x_{LOD}=3S_{y/x}/b$。此方程可广泛应用于分析化学。然而由于此方法为外推法，所以当浓度接近于预期的LOD时，结果就不如由实验得到的结果可靠，因此建议分析浓度接近于LOD的样品，应确证在适当的概率下被分析物能够被检测出来。

3）信噪比法评估LOD　对于定量方法而言，由于仪器分析过程都会有背景噪音，常用的方法就是利用已知低浓度的分析物样品与空白样品的测量信号进行比较，确定能够可靠检出的最小的浓度。典型的可接受的信噪比是3∶1。

对于定性方法而言，低于临界浓度时选择性是不可靠的。该临界值会随着试验条件中的试剂、加标量、基质等不同而变化。确定定性方法的LOD时，可以通过往空白样品中添加几个不同浓度水平的标液，在每个水平分别随机检测10次，记录检出结果（阳性或阴性），绘制样品检出的阳性率（　%）或阴性率（%）对添加浓度的曲线，临界浓度即为检测结果不可靠时的拐点。例如表1-4-6中，当样品中待测物浓度低于100 μg/g时，阳性检测结果已经不具备100%的可靠性。

表1-4-6　定性分析-确定临界值举例

待测物浓度值（μg/g）	重复次数次	阳性 / 阴性检出次数次
200	10	10/0
100	10	10/0
75	10	5/5
50	10	1/9
25	10	0/10

3.4.3 定量限　　定量限（LOQ）也分为仪器定量限（IQL）和方法量限（MQL）。

仪器定量限（IQL）是仪器能够可靠检出并定量被分析物的最低量。

方法定量限（MQL）是在特定基质中在一定可信度内，用某一方法可靠地检出并定量被分析物的最低量。

LOQ的确定主要是从其可信性考虑，如测试是否基于法规要求、目标测量不确定度和可接受准则等。通常建议将空白值加上10倍的重复性标准偏差作为LOQ，也可以3倍的LOD或高于方法确认中使用最低加标量的50%作为LOQ。特定的基质和方法，其LOQ可能在不同实验室之间或在同一个实验室内由于使用不同设备、技术和试剂而有差异。

方法确认时应确保方法的检出限和定量限能够满足待分析化合物的限量规定，同时也要满足方法的检测用途需求。

3.5　正确度

测量结果的正确度用于表述无穷多次重复性测定结果的平均值与参考值之间的接近程度，正确度差意味着存在系统误差，通常用偏倚表示。而测量结果的偏倚则通过回收试验进行评估。

理想的偏倚评估是利用样品的基质匹配且浓度相近的有证标准物质进行测试，对于食品中的禁用物质，回收率应在方法测定低限、两倍方法测定低限和十倍方法测定低限进行三水平的实验；对于已制定最高残留量的，回收率应在方法测定低限、最高残留量和关注浓度水平进行三水平的实验；对于没有最高残留量的回收率应在方法测定低限、关注浓度和常见限量指标三个水平进行实验。回收率的确认结果应该满足对应浓度水平的回收率要求。

3.6　精密度

方法的精密度包含重复性和再现性两个方面。

3.6.1 重复性　　在重复条件下进行适当数量的测量，通过计算相对标准偏差来评价。实验室内进行方法精密度的确认应该从重复性角度进行描述并确认，重复性可通过准备不同浓度的样品，浓度水平要求可以参见"准确度"中回收率实验的浓度要求；每个浓度水平在较短时间内由同一分析人员进行重复测定至少6次，计算平均值、标准偏差后得出相对标准偏差即变异系数，即批内精密度。进行重复测量时，每种基质均应进行重复性试验，样品进样顺序应按随机顺序进样以降低偏差。实验室内相对标准偏差的结果应满足相应的要求。

3.6.2 再现性　　指在再现性条件下进行适当数量的测量，使用与日常方法使用中条件差别尽可能小的情况下测定。再现性应进行三个以上浓度水平的实验，添加浓度水平参见"准确度"中回收率实验的浓度要求。每种基质均应进行试验且每个浓度水平测量次数不少于6次，实验室可以用批间精密度结果评价再现性精度，再现性实验的相对标准偏差应满足相应的要求。

3.7　稳健度

稳健度可通过由实验室引入预先设计好的微小的合理变化因素，并分析其影响。分析稳健度时，应关注以下内容：

确定可能影响结果的因素，需选择样品预处理、净化、分析过程等可能影响检测结果的因素进行实验。这些因素可以包括分析者、试剂来源和保存时间、溶剂、标准和样品提取物、加热速率、温度、pH以及许多其他可能出现的因素。一旦发现对测定结果有显著影响的因素，应进一步实验，以确定这个因子的允许极限。对结果有显著影响的因素应在方法确认后明确地注明。

3.8　测量不确定度

对化学分析结果的不确定度产生影响的因素有很多，如质量、体积、样品因素和非样品因素等，其中样品因素包含取制样和分析样品的均匀性，而非样品因素包含外部数据（通常包括常数和由其他实验得出并导入的量值，如：分子量、基准试剂纯度、标准物质的标准值以及标准溶液的浓度等）和测试过程（包括关键的测试步骤和原理，如样品的前处理、试剂或溶剂的加入、测试所依据的化学反应等）。样品因素和非样品因素存在于所有化学分析中，重量法分析中必然涉及质量因素，而容量分析中必然涉及体积因素。只需能够明确地给出被测量与对其测量不确定度有贡献的分量之间的关系，而这些分量怎样分组以及这些分量如何进一步分解为下一级分量并不影响不确定度的评估。

测量不确定度的评估应包括以下几点：化学分析方法的简要描述，包括用于计算结果的公式等；用于评估测量不确定度的数学模型；对测量不确定度有贡献的分量（如可用鱼骨图分析法进行分析）；对所选方法的每个测量不确定度分量进行分布计算评估；用于整合标准不确定度的公式；扩展不确定的计算；结果报告的示例等。化学分析方法的测量不确定度可参考EUROCHEM/CITAC指南CG4、ISO/IEC指南98-3和GB/Z 22553。

3.9　确认方法的文件化

方法确认完成后，应将该方法的各个步骤文件化以使方法能够清楚明确的得到实施，方法的文件化可以减少方法引入偶然变量的机会，因此方法确认后应该制定相应的标准操作规程，有助于保证方法应用时具有良好的一致性。

起草人：黄传峰　张会亮（中国食品药品检定研究院）
复核人：王海燕（中国食品药品检定研究院）

第五章
记录与报告

检验原始记录是对已完成的检验工作各环节的真实记载，是出具检验检测报告的唯一依据，是检验活动的见证性文件，其必须能够再现检验人员的实验过程。而检验检测结果报告作为检测机构向客户提供的最终产品，是检测机构工作质量的最终体现。因此，记录的原始性、完整性和追溯性以及检测报告的客观、准确、完整、清晰等对传递检测过程的社会信任、数据质量、规范管理等至关重要，本章节将重点阐述食品检验过程中检验记录与报告的基本要求、基本要素、审批、保存以及注意事项等要素和要求，旨在减少因记录和报告的不规范性带来的检验风险。

第一节 检验原始记录基本要求及要素

1 原始记录基本要求

原始记录应按规定格式和要求，做到齐全、准确、规范、客观地填写，未经批准，不得擅自修改记录模板。每份记录必须填写记录的日期和检验人员完整签名或等效标识，各相关栏目负责人签名不允许空白。

1.1 原始性要求

原始记录为试验人员在试验过程中记录的原始观察数据和信息，不是试验后誊抄的数据。当需另行整理或誊抄时，应保留对应的原始记录。实验室不能随意用白纸或笔记本来保存原始记录，而应在受控的记录表格或记录本上保存原始数据和信息，也可直接录入信息管理系统中。当使用数据处理系统时，如果系统不能自动采集数据，实验室应保留原始记录。记录修改应"划改"，不可涂擦，确保被修改的数据可识别，修改后的数据处应有修改人的签名或等效标识。

1.2 安全性要求

以电子形式贮存的记录（如色谱图等）应按照相关计算机文件控制程序、实验室信息管理系统的工作程序等要求，防止数据丢失或未经批准的擅自修改；实验室信息管理系统应确保能满足相关准则及规范的要求，包括审核路径、数据安全和完整性等，并能在电子记录中溯源；原始记录应予以安全保护和保密。

2 原始记录基本内容

检测原始记录内容包括但不限于以下信息：样品描述、检测项目、依据及步骤；检验日期；环境条件（适用时，如温度、湿度等）；设备和标准物质的信息；检测过程中的原始观察记录以及根据观察结果所进行的计算；原始记录中对应职责人员的签名标识等；原始记录总页数及分页码标识等。原始记录要素如下。

1）样品名称、样品状态描述、样品唯一性标识、内部流转标识等，必要时可在记录中加载检验样品包装图片。

2）检验项目名称及检验依据标准，如出现一种检测依据方法标准对应几个方法，应明确检验方法年代号和第几法。

3）试验环境条件，如有特殊要求，如温度、相对湿度等，应做记录，如 GB 5009.43-2016《食品安全国家标准　味精中谷氨酸钠的测定》第一法高氯酸非水滴定法在分析结果的表述中有如下要求：若滴定试样与标定高氯酸标准溶液时温度之差超过 10℃时，则应重新标定高氯酸标准溶液的浓度，若不超过 10℃，可加以校正。因此在原始记录中应记录标定高氯酸标准溶液和滴定试样时的环境温度。

4）记录试验的检验日期（年，月，日）。

5）使用主要仪器设备的名称、型号及编号，主要包括称量、干燥、前处理、分析测试等设备，必要时可加载检定或校准效期信息。

6）标准滴定溶液记录中应注明标准滴定溶液来源、批号、浓度、标定日期及效期（符合 GB/T 601 要求）等要素，应能在本实验中或另外的关联记录中追溯到标准滴定溶液的配制、标定、存储条件等记录，并应记录实验中工作溶液的移取体积、稀释溶剂、定容体积等具体稀释步骤。

7）标准工作溶液记录中应注明标准品来源、批号、纯度、称取量、稀释溶剂及稀释体积等，应能在本实验中或另外的关联记录中追溯到标准储备溶液涉及的标准品 CAS 号、分子式、存储条件、使用前处理、配制、稀释等记录，并能追溯到实验中标准工作溶液的稀释体积、稀释溶剂、具体稀释步骤及浓度等记录，如使用了基质加标或基质随行工作曲线，还应给予基质制备、加标浓度等详细记录和描述，包括随行空白制备等记录；必要时记录中还应给出标准曲线的斜率、截距和相关系数等信息，如由仪器软件自动计算出待测物浓度，也可不注明，但要保证能完整追溯。

8）仪器条件应做好在实验过程中使用并出具数据仪器的试验条件记录，如液相色谱，应包含色谱柱信息（含品牌、型号、填料类型、长度、粒径等）、流动相（包括组成、等度或梯度比例、对应运行时间等）、流速、检测器类型（如紫外检测器、荧光检测器、示差检测器、蒸发光检测器等）、检测波长等；如气相色谱，应包含色谱柱信息（含柱填料型号、膜厚、柱长、粒径等）、升温程序、进样口温度、检测器温度、进样模式、分流比、空气流速、氢气流速、载气类型及流速、检测器类型（如 FID、ECD、NPD 等），气相色谱还可能包括进样方式及条件，如顶空进样（包括样品平衡时间、顶空瓶和传输线温度、程序升温进样（PTV）等；如液相色谱质谱联用，应包含色谱柱信息（含品牌、型号、填料类型、长度、粒径等）、流动相（包括组成、等度或梯度比例、对应运行时间等）、流速、离子源模式（如 ESI 正模式或负模式等）、离子检测模式（如 Q1、Q2、MRM 及驻留时间等）、质谱参数（包括雾化气、气帘气、辅助加热气、碰撞气类型及流量；喷雾电压、去集簇电压、碰撞能等电压值等）、监测离子信息等；如气相色谱质谱联用，应包含色谱柱信息（含柱填料型号、膜厚、柱长、粒径等）、升温程序、进样口温度、检测器温度、进样模式、分流比、载气类型及流速等，还包含质谱条件（电离方式、电离能量、传输线温度、离子源温度、溶剂延迟时间等和选择离子监测涉及的保留时间、定量离子、定性离子等；如原子吸收分光光度仪（石墨炉），应包括波长、狭缝宽度、元素灯及灯电流、干燥温度、灰化温度、原子化温度、背景校正类型、基体改进剂类型及用量、读数方式等。

9）供试品制备简要记录操作过程，不能写成依法操作，应记录观察到的真实情况，对样品进行的制备、消化、提取、净化、浓缩、衍生、复溶等操作过程中关键控制点进行描述，除样品取样量、稀释倍数等关键信息外，如净化用固相萃取小柱应注明品牌、规格等；滤膜应注明类型及孔径等。除此之外，如实验中出现异常现象，还应给予记录，如包裹现象、乳化现象、溶解完有残渣、分层不明显、消化后浑浊等。

10）原始图谱信息应包含样品唯一性标识信息（如标准品以及对应浓度、样品、空白类型识别以及测试样品唯一性标识等）、存盘路径、进样位置、采集时间、进样体积、采集方法、打印时间、操作者等信息；还应有完整的标准曲线原始信息，包括斜率、截距、相关系数、对应浓度及响应等信息，有些还包含样品测试计算中涉及到的如供试品峰面积或其他表征方式的响应（如ICP-MS）或内标响应或浓度等，必要时可打印出来粘贴在记录纸上，也可由实验室信息管理系统自动关联对应图谱传输至原始记录中，不宜粘贴的，可另行整理装订成册并加以编号，同时在记录本相应处注明。食品批量开展项目检测时，记录中共有的如空白、标准品等图谱信息可共用，但需要在单批次样本中标注清晰明了的关联方式。

11）结果定性描述如使用色谱、质谱检测，往往需要描述保留时间偏差要求或定性离子丰度比要求等，以作为使用保留时间或质谱定性初步给予定性检出或未检出某指标的依据。

12）结果计算如定性描述为检出，需计算样品中目标化合物的含量，应列出计算公式，并对公式中某一个参数传递的量值给予明确描述，且正确使用法定计量单位，计算公式中需严格对应样品制备参数，并按照标准方法的规定进行相应的数据有效位数修约，当没有相关规定时，可参照GB/T 8170《数值修约规则与极限数值的表示和判定》进行数据有效位数的修约。必要时，还需对平行样结果进行精密度评价。

13）结果判断在检测过程中，如要出具符合性判定时，需使用明确科学合理的判定标准。判定标准中需给出标准号和年代号，并给出符合或不符合的项目判断。必要情况下如临界值或复检结果，还需出具不确定度结果并依据机构制定的相关规程进行判定。

14）在必要情况下，原始记录中还需出具实验过程质量控制结果，包括方法检出限、方法定量限、定量限或限量水平回收率、质控样测试结果（参考值范围评价）等，具体要求可参照GB/T 27404、GB/T 27417以及其他相关标准法规等要求。另外，如涉及初试不合格样品，还应依据机构内部程序文件要求记录复测过程。

15）原始记录需有检测人员和复核人员签名。如有笔误或计算错误需要更改时，需按照机构内部规定的程序进行修改，如使用单杠划去原数据，在其右上方写上修改后的数据，并有修改人的签名或等效标识。

3 原始记录的审核

原始记录进行三级审核，以确保相关信息和数据准确无误。任何原始记录必须由检测人员签字，经相关检测人员复核，并经上一级检测人员或科室负责人审核。

一级审核由检测人员自行负责。检测人员应判定其检测项目所需仪器设备是否被授权，方法是否存在偏离并经客户同意，在完成实验后依据日常检测经验积累、数据检测过程质量控制关键点等综合评价实验数据系统是否异常，如精密度、色谱保留时间漂移情况、色谱干扰情况等；合理评价后应对记录填写是否完整、引用检测方法标准、所有标准品和使用设备是否在有效期内、采集图谱是否信息完整，是否对应检验样本信息、数字或符号是否有误、相关计算是否有错、样品标记与唯一性标识是否正确、引用判定标准是否合理等内容进行认真审核，确认无误后由检测人员签名。如发现内容有误应进行更正，有疑问的应进行本人复测。

二级审核由同时参与检测或其他检测人员进行。主要对检测过程（步骤）是否符合标准的要求、数字修约是否恰当、计算结果是否正确、试验系统是否正常、处于不合格或边缘值的检测结果是否作了复检或其他方式手段进行排查验证等内容进行复核，确认无误后签署复核者本人姓名。如发现错误或有疑问应退还给原检测人员修改或进行复测。

三级审核由高一级的相关检测人员或本科室负责人完成。首先确认检测项目的检测依据方法是否出现偏离并经客户同意，对一级和二级审核人员是否签名、检测是否在样品有效期内进行、检测项目是否按要求做全、从其他批次样品相关原始记录、标准曲线、图谱资料传递而来的量值以及法定单位是否有误、检测依据和判定标准是否配套食品分类、是否有特殊情况（如食品添加剂带入原则、本底原则等）、是否符合委托单位或上级业务部门的要求等内容进行审核，确认无误后由审核者签名。如发现错误或有疑问应退还给原检测人员修改或进行复测。

4 原始记录的处理和保存

检测过程中的原始记录由检测人员负责保管，检测结束后相关科室应在规定的时限内将经三级审核的各种检测原始记录集中后交付相关部门整理归档。为避免已归档的检测原始记录被修改或泄漏客户机密，已归档的检测原始记录一般只供本单位相关人员查阅，查阅人需办理相关的手续并经部门负责人签字批准，查阅时至少有2人参与。查阅人只能摘抄或复制其中的内容，不得对其中的内容进行更改或作标记；检测原始记录一律不得外借，任何人不得将其带离单位，若确需借阅，借阅人应办理相关的借阅手续，经实验室负责人批准后，由档案管理员提供复印件。

检测原始记录保存期限一般不得少于6年，对国家、行业有相关管理规定或有重要价值的检测原始记录可适当延长保存期限或长期保存。对到保管期限的检测原始记录的处置工作，依据实验室建立的质量体系规定执行。

起草人：余晓琴　钟慈平（四川省食品药品检验检测院）

复核人：黄泽玮（四川省食品药品检验检测院）

第二节 检验检测结果报告基本要求及内容

1 检验检测结果报告基本要求

1）应准确、清晰、明确和客观地出具检验检测结果报告，可以书面或电子方式出具。

2）检验检测结果报告的编制应符合国家有关法律法规及检测机构所建立的质量体系文件的规定；抽检监测任务，应按组织部门要求的统一格式编写检验检测报告。如出具电子报告，主检人、审核人、签发人需通过电子认证服务（certificate authority，CA）认证获取具有法律效应的签名权限。

3）检测检测结果报告中所使用的术语、符号、代号、数据的有效数字位数等，应与检验检测依据的技术标准、规范一致。

4）检验检测结果报告应表述准确、清晰、明确、客观，易于理解；应有明确的检验结论，其用语应准确、严谨、简练、避免使用含义不清的词语；应使用法定单位。

5）检验检测结果报告应根据检验工作类型加盖检验检测机构资质认定标志、实验室认可标志、机构公章或经法人授权的检验检测专用章、报告编制人、审核人和授权签字人签名或等效标志。资质认定标志应符合规定的尺寸比例，并准确、清晰标注证书编号。

6）当检出结果低于检出限，应在检验检测结果报告中提供检出限的数值；检验检测结果报告涉及不确定度时应当避免使用过多的有效数字位数，多数情况下，表示不确定度无需超过两位有效数字。

7）机构不得超范围出具带有资质认定标志的报告书，如有分包项目应注明，必要时可详细说明。

8）未加盖资质认定标志（CMA）的检验检测报告，不具有对社会的证明作用。检验检测机构接受相关业务委托，涉及未取得资质认定的项目，又需要对外出具检验检测报告时，相关检验检测报告不得加盖资质认定（CMA）标志，并应在报告显著位置注明"相关项目未取得资质认定，仅作为科研、教学或内部质量控制之用"或类似表述。

2 检验检测结果报告基本内容

检验检测结果报告应包括以下信息。

1）标题，为检验报告或检测报告。

2）实验室名称、地址和电话：封面有实验室名称，封面的扉页有本实验室的地址及电话。

3）唯一性标识，每一页均有"共*页第*页"及唯一性标识，以确保能够识别该页是属于检验检测报告的一部分。

4）客户的相关信息，如名称和地址。

5）检验检测方法所采用的标准或技术规范的代号、年号、名称，一般在检验检测依据中标明。

6）样品的状态描述和明确的标识：一般以样品名称、规格、数量、商标、生产日期或批号、产品等级等信息标识。

7）对结果的有效性和应用至关重要的样品接收日期和进行或完成检测的日期以"来样日期"，"签发日期"标识，特殊需要时可在备注中注明"检验开始日期"。

8）检验检测报告应有批准人的签字或等效标识和签发日期。

9）标注资质认定或实验室认可标识，加盖检验专用章。

10）检测结果仅与被检样品有关的声明，标明"检测数据仅对来样负责"以及检测数据、结果仅证明样品所检项目的符合性情况。

11）报告有效性声明，提出未经机构批准，不得复制（全文复制除外）检验检测报告的声明。

12）检验检测结果的测量单位（适用时）。

13）特定方法、特定判定、客户要求等附加的信息备注（适用时）。

如含抽样，还应包括以下内容。

1）抽样日期。

2）抽取所代表的样本数量和（或）重量。

3）抽取样本的清晰标识，包括被抽样单位名称、地址和联系电话；生产企业名称、地址及联系电话、商标、规格型号、封样状态等。

4）抽样地点和抽样人。

5）收样人员和收样日期。

6）所用的抽样计划和程序的声明。

7）在抽样过程中如果存在可能影响检验检测结果的环境条件的详细信息。

如从承担分包机构获得检测结果：①有能力的分包，机构可出具包含承担分包机构结果的检验检测报告，其报告中应明确分包项目，并注明承担分包的检验检测机构的名称和资质认定许可编号。②没有能力的分包，检验检测机构可将分包部分的检验检测数据、结果，由承担分包的另一检验检测机构单独出具检验检测报告或证书，不将另一检验检测机构的分包结果纳入自身检验检测报告或证书中。若经客户许可，检验检测机构可将承担分包机构的检验检测数据、结果纳入自身的检验检测报告，在其报告中应明确标注分包项目，且注明自身无相应资质认定许可技术能力，并注明承担分包机构的名称和资质认定许可编号。

检验检测结论：检验结论是检验结果与检验依据进行对照，对所检样本符合程度做出的综合评价，要避免使用含义不清、可随意解释的词语。应做到措辞用语恰当，文字通顺，结论科学客观。

检验结论一般用语如下。①监督抽检：经抽样检验，所检项目符合**要求；经抽样检验，**项目不符合**要求，检验结论为不合格。②委托检验：所检项目符合**要求；所检项目不符合**要求。

3 检验检测结果报告审核与签发

3.1 报告编制

报告编制应对以下内容负责。

1）检验检测报告与原始记录中检验检测数据的一致性。

2）检验检测报告与委托测试协议中信息的一致性。

3）检验标准、判定标准的准确性。

4）报告书质量。

3.2 报告审核

3.2.1 审核内容 检测报告在签发前必须进行审核。主要针对数据转移、计算处理、报告完整性、依据正确性以及结论正确性等进行，审核包括以下内容。

1）报告是否采用统一的格式。

2）填写信息、项目是否完整。

3）检测所依据的标准、方法等是否现行有效和是否在资质范围内。

4）检测所依据方法、仪器设备、环境条件、数据计算以及所有文字、符号、计量单位的正确性。

5）报告的检测结果与检测原始记录的一致性。

6）报告内容及其档案要件的完整性。

7）报告结论的正确性及报告编制的规范性。

8）测量不确定度表述是否符合要求。

9）书面质量及表述语言是否严谨。

10）检验检测报告编制完成后由审核人员审核，审核中发现的错误，通知相关人员纠正直至符合要求。

3.2.2 审核重点

1）数据正确性 ①是否有可疑的数值；②是否有超过标准规范规定的数据；③有效位数是否正确；④单位是否正确；⑤检测过程质量控制是否异常（通过验算或核查实验过程控制数据）。

2）信息完整性、正确性 ①依据标准是否正确；②所用仪器设备的标识；③样品描述是否充分；④环境条件（标准、规范有要求时，必须记录，包括样品制备、储存及预处理等）；⑤抽样地点、部位（必要时）；⑥抽样人员标识；⑦检测人员标识；⑧检测日期、地点；⑨原始记录规范完整；⑩检测报告标识；⑪对偏离是否作了说明；⑫应有的图表；⑬对分包是否作了说明；⑭意见和解释是否符合要求。

3）原始记录和报告规范性、一致性 ①记录和报告、委托单等是否符合时间逻辑和可追溯关系；②记录和报告的数据是否一致，结论是否相吻合；③记录、报告是否有页码；④报告是否有终止符号；⑤用词、用语是否规范标准化；⑥记录、报告是否使用统一规定的格式。

3.3 报告批准

经审核的检测报告由授权签字人签发，同时应指定专人负责待发检测报告的管理，实行领用登记制度。有关人员从报告编制、审核到发布或传递检测报告均应遵循保护客户信息和所有权程序的相关规定。报告批准注意以下要点。

1）报告的结论是否准确、客观。

2）报告的检测项目是否在申请范围内，检测标准是否现行有效。

3）报告的手续是否完整；报告用章是否合规。

4）偏离是否是允许的。

5）本报告是否与国家法律法规、政策相悖。

6）签字范围是否与授权范围一致。

7）是否需要24小时限时上报或其他可能需要报告的情况。

8）报告的风险评估。

4 检验检测结果报告的发放、补充更改及保存

检验检测结果报告发放有纸质和电子形式；当用电话、传真或其他电子或电磁方式传送检验检测结果时，应制定数据控制要求；检验检测结果报告签发后，如有更正或增补应予以记录，修订的检验检测结果报告应标明所代替的报告，并注以唯一性标识。检验检测结果报告保存期限通常不少于6年；检验检测结果报告的借阅及管理、处置等应依据实验室建立的质量体系规定执行。

起草人：余晓琴　钟慈平（四川省食品药品检验检测院）
复核人：黄泽玮（四川省食品药品检验检测院）

第三节　记录与报告中常见问题分析及注意事项

1 检验检测结果报告信息量不足或信息有误

检验检测结果报告应至少包括下列信息：标题；资质认定标志及检验检测专用章；检验检测机构的名称和地址；检验检测结果报告的唯一性标识和每一页上的标识；对所使用检验检测方法的识别；检验检测样品的状态描述和标识；样品的接收日期和进行检验检测的日期；抽样计划和程序的说明；检验检测检结果报告批准人；检验检测结果的测量单位；检验检测数据、结果等。

目前大多数检验检测机构的报告编制仍为人工录入电脑或业务管理软件，在信息录入过程中不可避免会出现漏填或输入错误现象，如果检验检测报告中的信息量不充分或信息出现错误，就会导致报告内容不实，与样品或检测结果无法对应，甚至会造成检验检测报告无效的情况。因此，报告信息量的充分性和准确性是检验检测报告质量控制的关键点之一。

2 未规范使用 CMA 标识

相关法规明确规定，严禁检验检测机构出具超出资质认定证书规定的检验检测能力范围的报告，该行为将被视为非常严重的实验室失信行为。因此，检验检测机构在进行合同评审时，应严格核对本机构的资质情况，只有报告中包含的所有检测项目均获得资质，才可以在检验检测报告上加盖相应资质标识，这是合同评审以及报告生成时应控制的关键点。在日常工作中，可能会因为未及时对标准检测方法进行变更确认或者依据相关规定，未对产品标准中引用的方法标准单独取得资质认定而造成资质超范围。

3 检验检测依据有误

此类问题主要有以下两种。

一是报告中的检测依据与委托方要求不一致。某些检验项目检测方法无国家检测方法标准或有几个方法来源，实验室人员有时会忽略委托合同要求或其他对应方法的要求，按照习惯对检测参数用实验室常用的检测方法进行检测；或是客户要求的方法不适用却没有及时和委托方沟通，造成委托合同与检测报告的依据不一致。

二是使用了未及时更新确认的作废检测方法出具报告。食品领域的标准更新速度较快，标准较多且复杂，实验室标准查新如果不及时，未进行方法更新和证实，就容易出现使用作废标准的情况。

检测方法和检验依据是实验室工作的前提和基础，使用正确的检验检测依据是出具有效报告的重要保证，检验检测机构应注意检验检测依据的正确使用，防止由于依据和方法错误导致的报告无效。

4 检验结论不规范

检验结论是检验检测报告的核心，是委托方关注的重点，准确、清晰、明确、客观、易于理解的检验结论是检验检测机构对外推送信息是否有效的根本保证，必要时备注所需信息，加以说明。

检验结论一般分为两种，一是明确产品全部或部分项目合格与否的结论，二是只提供测试数据，不作产品合格与否的结论。需要注意的是，如果未对产品做全项检验，应对所检项目出具检验结论，而不应对整个产品或整批次产品作出结论，这是对检测真实性的要求，也是检验检测机构自身免责的需要。

检验检测机构开展由客户送样的委托检验时，还应声明检验检测数据和结果仅对来样负责。如检验检测机构出具作为科学研究等用途的报告，且检测项目未获得资质时，不应加盖检测资质印章，同时应对所提供数据只用于科学研究等用途予以说明。

5 分包项目未在报告中注明

如存在分包时，检验检测报告中应体现分包项目，并予以标注。在实际工作当中，有些检验检测机构往往忽视了对分包工作的描述，得到的分包结果直接录入到最终的检验检测报告中，并没有对承担分包的检验检测机构进行注明，或标注的不够明确、规范。这都不符合资质认证评审准则要求。分包经客户同意后，将承担分包机构的检验检测数据、结果纳入自身的检验检测报告中，但在报告中应明确标注分包项目和承担分包机构的名称和资质认定许可编号，如无能力的分包还需注明自身无相应资质认定许可技术能力。

6 原始记录不规范、信息量不足或无法追溯

原始记录是实验室记录中技术记录的一种，能够对检测过程进行复现，是检测工作活动轨迹的客观证据，是形成检验检测报告的原始凭证。完整、真实、准确的原始记录是检验检测结果有效性和可追溯性的重要保证。原始记录设计应规范合理，信息量应充分、可溯源。除实验

数据和检测结果之外，还要对所用检测方法、仪器设备、标准物质、环境条件、试验参数、样品标识及其状态、检测观察过程及其计算过程、测试过程中的异常现象等进行如实记录。此外，检测人员和复核人员签字、页码标识、更改的规范性等也是原始记录中容易忽视的问题。另外，记录中体现的实验过程要求，如不合格项目复测、平行样要求、检验过程控制等实际实验需与机构程序文件规定一致，这也是经常出现的问题。

7 部分原始记录样例

7.1 液相分析样例

<table>
<tr><th colspan="6">液相原始记录</th></tr>
<tr><td colspan="6">检品编号：SPxxxx</td></tr>
<tr><td colspan="6">检品名称：饮料</td></tr>
<tr><td colspan="6">检验项目：苯甲酸及其钠盐</td></tr>
<tr><td colspan="6">检验依据：GB 5009.28–2016 第一法</td></tr>
<tr><td>检验时间</td><td colspan="2">温度（℃）</td><td colspan="3">相对湿度（%）</td></tr>
<tr><td rowspan="3">仪器</td><td colspan="2">仪器编号</td><td colspan="2">天平型号</td><td>感量</td></tr>
<tr><td colspan="2">仪器编号</td><td colspan="2">天平型号</td><td>感量</td></tr>
<tr><td colspan="2">仪器编号</td><td colspan="3">液相色谱型号</td></tr>
<tr><td rowspan="3">色谱条件</td><td colspan="2">色谱柱型号</td><td colspan="2"></td><td>检测器</td></tr>
<tr><td colspan="2">流动相</td><td colspan="2"></td><td>柱温</td></tr>
<tr><td colspan="2">流速</td><td colspan="2">检测波长</td><td>进样量</td></tr>
<tr><td>试剂及
配制</td><td colspan="5"></td></tr>
<tr><td rowspan="6">标准品及
校准曲线
配制</td><td colspan="2">标准品</td><td>苯甲酸</td><td></td><td>称样量</td></tr>
<tr><td colspan="2">来源</td><td colspan="2">批号</td><td>纯度</td></tr>
<tr><td colspan="2">储备液配制</td><td colspan="3"></td></tr>
<tr><td colspan="2">储备液稀释</td><td colspan="3"></td></tr>
<tr><td>校准曲线级别</td><td>STD1</td><td>STD2</td><td>STD3</td><td>STD4</td><td>STD5</td></tr>
<tr><td>浓度</td><td></td><td></td><td></td><td></td><td></td></tr>
<tr><td rowspan="2">供试品溶
液制备及
测定</td><td colspan="5">前处理</td></tr>
<tr><td colspan="5">取苯甲酸标准系列溶液从低到高浓度依次进样，得到各浓度标准溶液的色谱图。以各组分浓度为横坐标，峰面积为纵坐标，绘制标准曲线。分别吸取试剂空白和供试品溶液，在相同工作条件下，依次注入液相色谱仪中，记录色谱图，得到各组分峰面积，在标准曲线上读出供试品溶液中苯甲酸的浓度</td></tr>
</table>

续表

液相原始记录		
含量计算	称样 1	称样 2
	稀释倍数	稀释倍数
	供试品 1-1 测得浓度	供试品 2-1 测得浓度
	供试品 1-2 测得浓度	供试品 2-2 测得浓度
	供试品 1 测得平均浓度	供试品 2 测得平均浓度
	计算公式：	
	含量 1	含量 2
	含量平均值	
	实验结果	
结果判定	相对误差	
	标准规定	
	结论	
质量控制	空白干扰	
	检出限	
	加标回收	
	质控样	

7.2 气质分析样例

气质分析原始记录			
检品编号：SPxxxx			
检品名称：饮料			
检验项目：毒死蜱			
检验依据：GB 23200.8-2018			
检验时间	温度（℃）		相对湿度（％）
仪器	仪器编号	天平型号	感量
	仪器编号	天平型号	感量
	仪器编号	气相色谱 - 质谱仪型号	

续表

气质分析原始记录				
色谱－质谱条件	色谱柱			进样口温度
	升温程序			载气
	流速		检测器	进样量
	离子源		接口温度	离子源温度
	采集方式		碰撞气	溶剂延迟
	定量离子			
	定性离子			
试剂及配制				
标准品及校准曲线配制	标准品	毒死蜱		称样量
	来源		批号	纯度
	储备液配制			
	储备液稀释			
	校准曲线级别	STD 1 STD 2	STD 3	STD 4 STD 5
	浓度			
供试品溶液制备及测定	前处理			
	取毒死蜱标准系列溶液从低到高浓度依次进样，以组分浓度为横坐标，峰面积为纵坐标，绘制标准曲线。分别吸取试剂空白和供试品溶液，在相同工作条件下，依次注入气相－质谱仪中，得到毒死蜱峰面积，在标准曲线上读出供试品溶液中毒死蜱的浓度			
定性	在相同实验条件下进行样品测定时，如果检出的色谱峰保留时间与标准样品相一致，并且在扣除背景后的样品质谱图中，目标化合物的质谱定量和定性离子均出现，相对丰度比与质量浓度相当标准溶液相比，其允许偏差不超过下表规定的范围，则可判断样品中存在目标化合物			
	相对离子度，%	> 50 20~50（含）	10~20（含）	≤ 10
	允许相对差，%	± 20 ± 25	± 30	± 50

续表

气质分析原始记录		
含量计算	称样 1	称样 2
	稀释倍数	
	供试品 1-1 测得浓度	供试品 2-1 测得浓度
	供试品 1-2 测得浓度	供试品 2-2 测得浓度
	供试品 1 测得平均浓度	供试品 2 测得平均浓度
	计算公式：	
	含量 1	含量 2
	含量平均值	
	实验结果	
结果判定	相对误差	
	标准规定	
	结论	
质量控制	空白干扰	
	检出限	
	加标回收	
	质控样	

7.3　元素分析样例

ICP-MS 原始记录		
检品编号：SPxxxx		
检品名称：饮料		
检验项目：铅		
检验依据：GB 5009.12-2017 第二法		
检验时间	温度（℃）	相对湿度（%）
仪器	仪器编号	天平型号	感量
	仪器编号	ICP-MS 型号	
	仪器编号	微波消解型号	
仪器条件	采集模式	采样深度	雾化气流量
	射频功率	提取透镜电压	聚焦电压
	冷却气流量		

续表

ICP-MS 原始记录				
试剂及配制				
标准品及校准曲线配制	标准品			称样量	
	来源	批号		纯度	
	储备液配制				
	储备液稀释				
	校准曲线级别 STD 1	STD 2	STD 3	STD 4	STD 5
	浓度				
供试品溶液制备及测定	前处理：				
	将标准溶液注入电感耦合等离子体质谱仪中，以组分浓度为横坐标，峰面积为纵坐标，绘制标准曲线。分别吸取试剂空白和供试品溶液，在相同工作条件下，依次注入 ICP-MS 中，得到待测元素峰面积，在标准曲线上读出供试品溶液中待测元素的浓度。				
含量计算	称样 1	称样 2			
	稀释倍数				
	供试品 1–1 测得浓度	供试品 2–1 测得浓度			
	供试品 1–2 测得浓度	供试品 2–2 测得浓度			
	供试品 1 测得平均浓度	供试品 2 测得平均浓度			
	计算公式：				
	含量 1	含量 2			
	含量平均值				
	实验结果				
结果判定	相对误差				
	标准规定				
	结论				
质量控制	空白干扰				
	检出限				
	加标回收				
	质控样				

7.4 滴定分析样例

滴定原始记录			
检品编号：xxx			
检品名称：饮料			
检验项目：二氧化硫残留量			
检验依据：GB 5009.34-2016			
检验时间	温度（℃）	相对度（%）	
仪器编号	天平型号		
滴定液名称	滴定液信息		
试剂配制			
实验操作			
含量计算	称样 1	称样 2	
	稀释倍数	稀释倍数	
	样品 1 滴定消耗体积	样品 2 滴定消耗体积	
	空白 1 滴定消耗体积	空白 2 滴定消耗体积	空白平均滴定消耗体积
	计算公式：		
	含量 1	含量 2	
	含量平均值		
	实验结果		
结果判定	相对误差		
	标准规定		
	结论		
质量控制	加标回收		
	质控样		

起草人：余晓琴　钟慈平（四川省食品药品检验检测院）

复核人：黄泽玮（四川省食品药品检验检测院）

第六章
复　检

按照《中华人民共和国食品安全法》和《食品安全抽样管理办法》的规定，食品生产经营者对依照相关法律法规及部门规定实施的检验结论有异议的，可在规定的时间内向实施抽样检验的食品安全监督管理部门或者其上一级食品安全监督管理部门提出复检申请。

采用国家规定的快速检测方法对食用农产品进行抽查检测，被抽查人对检测结果有异议的，可以自收到检测结果时起四小时内申请复检。复检不得采用快速检测方法。

第一节　复检机构的要求

复检机构名录由国务院认证认可监督管理、食品安全监督管理、卫生行政、农业行政等部门共同公布，复检机构应具有不同的复检领域。复检机构与初检机构不得为同一机构。

食品复检机构应符合RB/T 214《检验检测机构资质认定能力评价 检验检测机构通用要求》、RB/T 215《检验检测机构资质认定能力评价 食品检验机构要求》和《食品检验检测机构资质认定管理办法》的相关规定并获得相应资质。还应关注以下内容。

1　人员

1.1　复检授权签字人

1.1.1应为本机构的技术主管，具有高级职称和授权签字人资格。

1.1.2应熟悉测量结果不确定度评定的使用及质量控制方法。

1.1.3应了解复检和测量不确定度评估作业指导书及复检结果符合性判定要求。

1.2　复检操作人员

1.2.1应具有食品相关专业中级及以上技术职称或同等能力，并具备相应具体方法五次及以上检验经历或具备该方法两年及以上相似的检验工作经历。

1.2.2应熟悉复检方法的原理和目的，熟悉作业指导书要求和内部质量控制要求。

1.2.3熟悉该方法测量不确定度评估作业指导书和质量控制评价标准。

1.3　复检结果符合性判定人员

1.3.1 应具有食品相关专业中级及以上技术职称或同等能力，并具备相应具体方法三年及以上相似的检验和结果符合性判定工作经历。

1.3.2应熟悉复检方法测量不确定度评定程序并编制不确定度评估标准操作规程（SOP），熟悉结合检验结果及其测量不确定度值判定复检结果符合性要求，熟悉其他质量控制评价标准。

1.4 复检质量监督员

1.4.1 应具有食品相关专业中级及以上技术职称或同等能力，并具备相应具体方法五年及以上相似的检验工作经历；应熟悉复检作业指导书要求，复检目的，结果评价，质量控制和测量不确定度要求，了解测量不确定度程序。

1.4.2 复检及质量控制过程应在复检监督员的监督下开展，复检监督员发现操作过程不符合相关方法和作业指导书要求时，应及时要求纠正，否则有权要求复检过程中止，并告知机构相关负责人，负责人决定复检过程是否继续。

2 设施设备

复检中，复检操作人员应核查并确认仪器设备、标准物质技术参数允差在测量不确定度评估控制范围内。

3 质量体系

3.1 食品复检机构应建立并实施食品复检工作程序，明确复检工作流程和现场观察规定。食品复检机构要在标准方法或依据方法基础上，考虑测量不确定度评估和其他结果质量控制等具体要求，制定并实施复检作业指导书。

3.2 复检工作不得分包，食品复检机构质量体系中有关分包要求不适用于复检工作。当食品复检机构因特殊情况无法实施复检工作时，应向食品复检组织者提出说明，由食品复检组织者另行指定复检机构。

3.3 食品复检机构应建立复检方法测量不确定度评估作业指导书，对于定量检验方法应计算并给出结果及测量不确定度评估值，并做出复检结论时应考虑测量不确定度的影响，定性方法应明确不确定度的主要分量或采用的质量控制标准。

3.4 食品复检机构应按其批准的复检类别，每个类别每年至少参加一次能力验证或机构间比对。应同时开展质控样或加标回收率和空白测试、取2个或以上平行复检样等方式开展内部质量控制。

第二节 复检的程序

1 申请

对依照相关法律法规规定实施的检验结论有异议的，食品生产经营者可以自收到检验结论之日起七个工作日内向实施抽样检验的食品安全监督管理部门或者其上一级食品安全监督管理部门提出复检申请。采用国家规定的快速检测方法对食用农产品进行抽查检测，被抽查人对检测结果有异议的，可以自收到检测结果时起四小时内申请复检。

复检申请人申请时应当提交下列材料。

1.1 复检申请书。

1.2 食品安全抽样检验结果通知书。

1.3 复检申请人营业执照或其他资质证明文件。

1.4 食品安全抽样检验报告。

1.5 食品安全抽样检验抽样单。

1.6 经备案的企业标准（如使用）。

2　受理

复检不得采用快速检测方法。向国家食品安全监督管理部门提出复检申请的，国家食品安全监督管理部门委托复检申请人住所地的省级食品安全监督管理部门负责受理。对于申请材料不齐全的，受理部门应当告知申请人需要补正的全部内容。

有下列情形之一的，不予受理。

2.1 检验结论为微生物指标不合格的。

2.2 复检备份样品超过保质期的。

2.3 逾期提出复检申请的。

2.4 其他原因导致备份样品无法实现复检目的的。

2.5 法律、法规、规章规定的不予复检的其他情形。

受理部门应当于收到申请材料之日起7日内，出具受理或不予受理通知书，告知申请人。不予受理的，应当说明理由。

3　机构确认

复检机构名录由国务院认证认可监督管理、食品安全监督管理、卫生行政、农业行政等部门共同公布。2011、2013和2016年分三批公布了192家食品复检机构。受理部门应当自出具受理通知书之日起7日内，在公布的复检机构名录中，遵循便捷高效原则，随机确定复检机构进行复检。复检机构与初检机构不得为同一机构。因客观原因在规定的时间内不能确定复检机构的，可适当延长，但应当将延长的期限和理由告知申请人。确定复检机构后，受理部门应当将复检受理事项告知初检机构和复检机构，并通报不合格食品生产经营者住所地食品安全监督管理部门。

4　样品移交

初检机构自接到复检受理通知之日起3日或约定的时限内，将备份样品移交至复检机构。初检机构应当保证备份样品运输过程符合相关标准或样品标示的贮存条件和备份样品的在途安全。复检机构接到备份样品后，应当通过拍照或录像等方式对备份样品外包装、封条等完整性进行确认，并做好样品接收记录。如发现复检备份样品封条、包装破坏，或出现其他对结果判定产生影响的情况，复检机构应当及时书面报告受理部门。

如发现存在调换样品或人为破坏样品封条、外包装等情形的，受理部门会同有关部门对有关责任单位、责任人员依法严肃查处。

5　实施

复检机构实施复检，应当按照食品安全检验的有关规定进行，没有特殊规定应优先使用仲

第一篇　食品检验通则

裁方法进行复检。无仲裁方法的，应使用与初检机构一致的检验方法（包含其最新版本）。

6　报告提交和结果报送

复检机构应当在收到备份样品之日起10日或约定的时限内，向受理部门提交复检结论。复检机构出具的结论为最终结论。受理部门应当收到复检结论之日起5日内，将复检结论通报申请人及不合格食品生产经营者住所地食品安全监督管理部门。

7　费用支付

申请人应当自收到交费通知书后3日内，先行向复检机构交纳复检费用，复检结论与初检结论一致的，复检费用由申请人承担。复检结论与初检结论不一致的，复检费用由实施监督抽检的食品安全监督管理部门承担，复检机构应当自做出复检结论之日起3日内，退回申请人交纳的复检费用。

8　相关权责

8.1食品生产经营者逾期未提出复检申请的，视为认可检验结论。

8.2复检机构无正当理由不得拒绝复检任务，确实无法承担复检任务的，应当于2日内向相关食品安全监督管理部门做出书面说明。

8.3初检机构可以赴复检机构实验室观察复检实施过程，复检机构应当予以配合。初检机构不得干扰复检工作。

8.4复检申请者逾期未交纳检验费的，视为放弃复检。

起草人：杨国伟（山西省食品药品检验所）
复核人：陈　煜（山西省食品药品检验所）

参考文献

[1] 邓丰.自动电位滴定法与人工滴定法测定保健食品酸价的对比分析 [J].广东化工，2015，42（20）：137–138.

[2] 王国桢，苏菊萍，刘俐君，等.电位滴定法测定坚果食品中的酸价和过氧化值 [J].食品安全质量检测学报，2015，6（01）：299–302.

[3] 谢艳云，张明明，邓颖妍，等.凯氏定氮–电位滴定仪联合快速检测果脯中的二氧化硫 [J].食品科学，2010，31（14）：225–228.

[4] 柳鑫.基于全自动电位滴定仪的食品中过氧化值测定方法 [J].食品安全质量检测学报，2016，7（3）：1289–1296.

[5] 刘凤云.电位滴定法测定食品过氧化值影响因素分析 [J].粮食与食品工业，2011，2（18）：43–46.

[6] 王竹天.食品卫生检验方法（理化部分）注解（下）.2版.北京：中国质检出版社，2013：49.

第二篇
食品的分类检测

第一章
粮食加工品

1 分类

粮食加工品包括小麦粉、大米、挂面和其他粮食加工品。

1.1 小麦粉

小麦粉分为通用小麦粉和专用小麦粉。通用小麦粉包括特制一等小麦粉、特制二等小麦粉、标准粉、普通粉、高筋小麦粉、低筋小麦粉等。专用小麦粉包括面包用小麦粉、面条用小麦粉、饺子用小麦粉、馒头用小麦粉、发酵饼干用小麦粉、酥性饼干用小麦粉、蛋糕用小麦粉、糕点用小麦粉等。

1.2 大米

大米按类型分为籼米、粳米和糯米三类，糯米又分为籼糯米和粳糯米；按食用品质分为大米和优质大米；按加工精度分为一级、二级、三级和四级。

1.3 挂面

挂面分为普通挂面和手工面等。

1.4 其他粮食加工品

其他粮食加工品包括谷物加工品、谷物碾磨加工品和谷物粉类制成品。

谷物加工品是指以谷物为原料经清理、脱壳、碾米（或不碾米）等工艺加工的粮食制品，如糙米、高粱米、黍米、稷米、小米、黑米、紫米、红线米、小麦米、大麦米、裸大麦米、莜麦米（燕麦米）、荞麦米、薏仁米、蒸谷米、八宝米类、混合杂粮类等。

谷物碾磨加工品是指以脱壳的原粮经碾、磨、压等工艺加工的粒、粉、片制品，如玉米粉、玉米片、玉米渣、燕麦片、汤圆粉（糯米粉）、莜麦粉、玉米自发粉、小米粉、高粱粉、荞麦粉、大麦粉、青稞粉、杂面粉、大米粉、绿豆粉、黄豆粉、红豆粉、黑豆粉、豌豆粉、芸豆粉、蚕豆粉、黍米粉（大黄米粉）、稷米粉（糜子面）、混合杂粮粉等。

谷物粉类制成品是指以谷物碾磨粉为主要原料，添加（或不添加）辅料，按不同生产工艺加工制作的食品，可分为生湿面制品（如生切面、饺子皮等）、发酵面制品（如发酵面团、花卷、馒头等）、米粉制品（如河粉、糍粑、米线等）及其他谷物粉类制成品（生干面制品、面糊、裹粉、煎炸粉、面筋等）。

2 检测项目

2.1 小麦粉检验项目

详见表2-1-1。

表2-1-1　小麦粉检验项目

序号	检验项目	依据法律法规或标准	检测方法 。
1	总汞（以 Hg 计）	GB 2762	GB 5009.17
2	总砷（以 As 计）	GB 2762	GB 5009.11
3	铅（以 Pb 计）	GB 2762	GB 5009.12
4	镉（以 Cd 计）	GB 2762	GB 5009.15 GB 5009.268
5	铬（以 Cr 计）	GB 2762	GB 5009.123
6	玉米赤霉烯酮	GB 2761	GB 5009.209
7	脱氧雪腐镰刀菌烯醇	GB 2761	GB 5009.111
8	赭曲霉毒素 A	GB 2761	GB 5009.96
9	黄曲霉毒素 B₁	GB 2761	GB 5009.22
10	苯并［a］芘	GB 2762	GB 5009.27
11	敌草快	GB 2763	GB/T 5009.221
12	氰戊菊酯和 S- 氰戊菊酯	GB 2763	GB/T 5009.110
13	二氧化钛	GB 2760	GB 5009.246
14	滑石粉	GB 2760	GB 5009.269
15	溴酸钾	食品整治办〔2009〕5 号	GB/T 20188
16	甲醛次硫酸氢钠 （以甲醛计）	食品整治办〔2008〕3 号	GB/T 21126
17	过氧化苯甲酰	卫生部公告〔2011〕4 号	GB/T 22325

2.2　大米检验项目

详见表2-1-2。

表2-1-2　大米检验项目

序号	检验项目	依据法律法规或标准	检测方法
1	总汞（以 Hg 计）	GB 2762	GB 5009.17
2	无机砷（以 As 计）	GB 2762	GB 5009.11
3	铅（以 Pb 计）	GB 2762	GB 5009.12
4	铬（以 Cr 计）	GB 2762	GB 5009.123
5	镉（以 Cd 计）	GB 2762	GB 5009.15 GB 5009.268
6	赭曲霉毒素 A	GB 2761	GB 5009.96
7	黄曲霉毒素 B₁	GB 2761	GB 5009.22
8	苯并［a］芘	GB 2762	GB 5009.27

第二篇　食品的分类检测

续表

序号	检验项目	依据法律法规或标准	检测方法
9	甲基嘧啶磷	GB 2763	GB/T 5009.145
10	马拉硫磷	GB 2763	GB/T 5009.20 GB/T 5009.145 GB 23200.9
11	丁草胺	GB 2763	GB 23200.9 GB/T 5009.164 GB/T 20770
12	氟酰胺	GB 2763	GB 23200.9

2.3 挂面检验项目

详见表2-1-3。

表2-1-3 挂面检验项目

序号	检验项目	依据法律法规或标准	检测方法
1	铅（以 Pb 计）	GB 2762	GB 5009.12

2.4 谷物加工品检验项目

详见表2-1-4。

表2-1-4 谷物加工品检验项目

序号	检验项目	依据法律法规或标准	检测方法
1	总汞（以 Hg 计）[a]	GB 2762	GB 5009.17
2	总砷（以 As 计）[b]	GB 2762	GB 5009.11
3	无机砷（以 As 计）[a]	GB 2762	GB 5009.11
4	铅（以 Pb 计）	GB 2762	GB 5009.12
5	镉（以 Cd 计）	GB 2762	GB 5009.15 GB 5009.268
6	赭曲霉毒素 A	GB 2761	GB 5009.96
7	黄曲霉毒素 B_1	GB 2761	GB 5009.22
8	苯醚甲环唑[a]	GB 2763	GB 23200.9

注：a. 限糙米检测；b. 糙米不检测。

2.5 谷物碾磨加工品检验项目

详见表2-1-5。

表2-1-5 谷物碾磨加工品检验项目

序号	检验项目	依据法律法规或标准	检测方法
1	铅（以 Pb 计）	GB 2762	GB 5009.12
2	镉（以 Cd 计）[a]	GB 2762	GB 5009.15 GB 5009.268
3	总汞（以 Hg 计）[a]	GB 2762	GB 5009.17
4	黄曲霉毒素 B_1[a]	GB 2761	GB 5009.22
5	脱氧雪腐镰刀菌烯醇[a]	GB 2761	GB 5009.111
6	赭曲霉毒素 A[b]	GB 2761	GB 5009.96
7	玉米赤霉烯酮[a]	GB 2761	GB 5009.209
8	二氧化硫残留量[c]	GB 2760	GB 5009.34

注：a. 限玉米粉（片、渣）检测；b. 米粉不检测；c. 限米粉检测。

2.6 谷物粉类制成品检验项目

详见表2-1-6。

表2-1-6 谷物粉类制成品检验项目

序号	检验项目	依据法律法规或标准	检测方法
1	铅（以 Pb 计）	GB 2762	GB 5009.12
2	黄曲霉毒素 B_1[a]	GB 2761	GB 5009.22
3	苯甲酸及其钠盐（以苯甲酸计）	GB 2760	GB 5009.28
4	山梨酸及其钾盐（以山梨酸计）	GB 2760	GB 5009.28
5	脱氢乙酸及其钠盐（以脱氢乙酸计）	GB 2760	GB 5009.121
6	二氧化硫残留量[b]	GB 2760	GB 5009.34

注：a. 限玉米制品检测；b. 限米粉制品检测

3 通常重点关注检测指标

粮食加工品中通常重点关注的指标为：小麦粉、专用小麦粉中的脱氧雪腐镰刀菌烯醇；大米中的镉；米粉制品中的的大肠菌群和菌落总数；谷物粉类制成品中二氧化硫；生湿面制品中的脱氢乙酸和EDTA。

起草人：岳清洪（四川省食品药品检验检测院）
复核人：闵宇航（四川省食品药品检验检测院）

第二章
食用油、油脂及其制品

1　分类

食用油、油脂及其制品包括食用植物油、食用动物油脂和食用油脂制品。

1.1　食用植物油

食用植物油分为花生油、大豆油、菜籽油、棉籽油、芝麻油、亚麻籽油、葵花籽油、油茶籽油、棕榈油、棕榈仁油、玉米油、米糠油、核桃油、红花籽油、葡萄籽油、花椒籽油、椰子油、杏仁油、食用调和油、橄榄油、油橄榄果渣油等以及煎炸过程用油。

1.2　食用动物油脂

食用动物油脂按类型分为食用猪油、食用牛油、食用羊油、食用鸡油、食用鸭油等。

1.3　食用油脂制品

食用油脂制品分为食用油脂制品包括食用氢化油、人造奶油（人造黄油）、起酥油、代可可脂（类可可脂）、植脂奶油等。

2　检测指标

2.1　食用植物油检验项目

详见表2-2-1。

表2-2-1　食用植物油检验项目

序号	检验项目	依据法律法规或标准	检测方法
1	酸值/酸价	GB 2716 产品明示标准及质量要求	GB 5009.229
2	过氧化值	GB 2716 产品明示标准及质量要求	GB 5009.227
3	溶剂残留量	GB 2716 产品明示标准及质量要求	GB 5009.262
4	总砷（以 As 计）	GB 2762	GB 5009.11
5	铅（以 Pb 计）	GB 2762	GB 5009.12
6	黄曲霉毒素 B_1[a]	GB 2761	GB 5009.22

续表

序号	检验项目	依据法律法规或标准	检测方法
7	苯并［a］芘	GB 2762	GB 5009.27
8	丁基羟基茴香醚（BHA）	GB 2760	GB 5009.32
9	二丁基羟基甲苯（BHT）	GB 2760	GB 5009.32
10	特丁基对苯二酚（TBHQ）	GB 2760	GB 5009.32
11	游离棉酚 [b]	GB 2716	GB/T 5009.37 GB 5009.148

注：a.调和油不检测；b.限棉籽油检测。

2.2　食用植物油（煎炸过程用油）检验项目

详见表2-2-2。

表2-2-2　食用植物油（煎炸过程用油）检验项目

序号	检验项目	依据法律法规或标准	检测方法
1	酸价	GB 2716	GB 5009.229
2	极性组分	GB 2716	GB 5009.202
3	游离棉酚 [a]	GB 2716	GB 5009.148

注：a.限棉籽油检测

2.3　食用动物油脂检验项目

详见表2-2-3。

表2-2-3　食用动物油脂检验项目

序号	检验项目	依据法律法规或标准	检测方法
1	酸价	GB 10146 产品明示标准及质量要求	GB 5009.229
2	过氧化值	GB 10146 产品明示标准及质量要求	GB 5009.227
3	丙二醛	GB 10146 产品明示标准及质量要求	GB 5009.181
4	铅（以Pb计）	GB 2762	GB 5009.12
5	总砷（以As计）	GB 2762	GB 5009.11
6	苯并［a］芘	GB 2762	GB 5009.27
7	丁基羟基茴香醚（BHA）	GB 2760	GB 5009.32
8	二丁基羟基甲苯（BHT）	GB 2760	GB 5009.32
9	特丁基对苯二酚（TBHQ）	GB 2760	GB 5009.32

2.4 食用油脂制品检验项目

详见表2-2-4。

表2-2-4 食用油脂制品检验项目

序号	检验项目	依据法律法规或标准	检测方法
1	酸价（以脂肪计）[a]	GB 15196 产品明示标准及质量要求	GB 5009.229
2	过氧化值（以脂肪计）[a]	GB 15196 产品明示标准及质量要求	GB 5009.227
3	铅（以Pb计）	GB 2762	GB 5009.12
4	总砷（以As计）	GB 2762	GB 5009.11
5	镍（以Ni计）[b]	GB 2762	GB 5009.138
6	苯并［a］芘	GB 2762	GB 5009.27
7	丁基羟基茴香醚（BHA）（以油脂中的含量计）	GB 2760	GB 5009.32
8	二丁基羟基甲苯（BHT）（以油脂中的含量计）	GB 2760	GB 5009.32
9	特丁基对苯二酚（TBHQ）（以油脂中的含量计）	GB 2760	GB 5009.32

注：a.粉末油脂不检测；b.仅限氢化植物油及氢化植物油为主的产品（例如人造奶油、起酥油等）。

3 通常重点关注检测指标

食用油、油脂及其制品中通常重点关注的指标为：过氧化值、酸价；芝麻油中关注苯并［a］芘；花生油中关注黄曲霉毒素B_1；玉米油中关注玉米赤霉烯酮。

起草人：钟慈平（四川省食品药品检验检测院）
复核人：黄 瑛（四川省食品药品检验检测院）

第三章
调味品

1　分类

调味品包括酱油、食醋、酱类、调味料酒、香辛料类、固体复合调味品、半固体复合调味品、液体复合调味品和味精。

1.1　酱油

酱油分为酿造酱油、配制酱油。

1.2　食醋

食醋分为酿造食醋、配制食醋。

1.3　酱类产品

酱类产品包括黄豆酱、甜面酱、豆瓣酱等酿造酱。

1.4　调味料酒

调味料酒指料酒。

1.5　香辛料调味品

香辛料调味品包括香辛料调味油、辣椒、花椒、辣椒粉、花椒粉、香辛料酱（芥末酱、青芥酱等）、其他香辛料调味品。香辛料调味油包括辣椒油、花椒油、胡椒油、芥末油和其他香辛料调味油。其他香辛料调味品包括八角、桂皮、胡椒、孜然、茴香、咖喱粉、姜粉、蒜粉、五香粉、十三香等。

1.6　固体复合调味品

固体复合调味料包括鸡粉、鸡精调味料和其他固体调味料，不包括调味盐。其他固体调味料包括蒸肉粉、烧烤腌料、排骨粉调味料、牛肉粉调味料、海鲜粉调味料、菇精调味料等。

1.7　半固体复合调味品

半固体复合调味料包括蛋黄酱、沙拉酱、坚果与籽类的泥（酱）、辣椒酱、火锅底料、麻辣烫底料及蘸料、其他半固体调味料。坚果与籽类的泥（酱）包括花生酱、芝麻酱等。其他半固体调味料包括油辣椒、番茄酱、虾酱等。

1.8　液体复合调味品

液体复合调味料包括蚝油、虾油、鱼露及其他液体调味料。其他液体调味料包括酱汁、糟卤、鸡汁调味料等。

1.9 味精

味精包括味精（谷氨酸钠）、加盐味精、增鲜味精。

2 检测指标

2.1 酱油检验项目

详见表2-3-1。

表2-3-1 酱油检验项目

序号	检验项目	依据法律法规或标准	检测方法
1	氨基酸态氮	GB 2717 GB/T 18186 SB/T 10336 产品明示标准及质量要求	GB/T 18186 GB 5009.235
2	铵盐（以占氨基酸态氮的百分比计）[a]	GB/T 18186 SB/T 10336 产品明示标准及质量要求	GB 5009.234
3	铅（以Pb计）	GB 2762	GB 5009.12
4	总砷（以As计）	GB 2762	GB 5009.11 GB 5009.268
5	黄曲霉毒素B$_1$	GB 2761	GB 5009.22
6	3-氯-1，2-丙二醇[b]	GB 2762	GB 5009.191
7	苯甲酸及其钠盐（以苯甲酸计）	GB 2760	GB 5009.28
8	山梨酸及其钾盐（以山梨酸计）	GB 2760	GB 5009.28
9	脱氢乙酸及其钠盐（以脱氢乙酸计）	GB 2760	GB 5009.121
10	对羟基苯甲酸酯类及其钠盐（以对羟基苯甲酸计）	GB 2760	GB 5009.31
11	防腐剂混合使用时各自用量占其最大使用量的比例之和	GB 2760	/
12	糖精钠（以糖精计）	GB 2760	GB 5009.28

注：a.仅产品明示标准及质量要求有限量规定时检测；b.仅配制酱油检测。

2.2 食醋检验项目

详见表2-3-2。

表2-3-2　食醋检验项目

序号	检验项目	依据法律法规或标准	检测方法
1	总酸（以乙酸计）	GB 2719 GB/T 18187 SB/T 10337 产品明示标准及质量要求	GB/T 5009.41
2	游离矿酸	GB 2719-2003 食品中可能违法添加的非食用物质和易滥用的食品添加剂名单（第三批）	GB 5009.233
3	铅（以 Pb 计）	GB 2762	GB 5009.12
4	总砷（以 As 计）	GB 2762	GB 5009.11 GB 5009.268
5	黄曲霉毒素 B_1	GB 2761	GB 5009.22
6	苯甲酸及其钠盐（以苯甲酸计）	GB 2760	GB 5009.28
7	山梨酸及其钾盐（以山梨酸计）	GB 2760	GB 5009.28
8	脱氢乙酸及其钠盐（以脱氢乙酸计）	GB 2760	GB 5009.121
9	对羟基苯甲酸酯类及其钠盐（以对羟基苯甲酸计）	GB 2760	GB 5009.31
10	防腐剂混合使用时各自用量占其最大使用量的比例之和	GB 2760	/
11	糖精钠（以糖精计）	GB 2760	GB 5009.28
12	阿斯巴甜	GB 2760	GB 5009.263

2.3　酱类产品检验项目

详见表2-3-3。

表2-3-3　酱类产品检验项目

序号	检验项目	依据法律法规或标准	检测方法
1	氨基酸态氮	GB 2718 产品明示标准及质量要求	GB 5009.235
2	铅（以 Pb 计）	GB 2762	GB 5009.12
3	总砷（以 As 计）	GB 2762	GB 5009.11 GB 5009.268

序号	检验项目	依据法律法规或标准	检测方法
4	黄曲霉毒素 B_1	GB 2761	GB 5009.22
5	苯甲酸及其钠盐（以苯甲酸计）	GB 2760	GB 5009.28
6	山梨酸及其钾盐（以山梨酸计）	GB 2760	GB 5009.28
7	脱氢乙酸及其钠盐（以脱氢乙酸计）	GB 2760	GB 5009.121
8	防腐剂混合使用时各自用量占其最大使用量的比例之和	GB 2760	/
9	糖精钠（以糖精计）	GB 2760	GB 5009.28

2.4 调味料酒检验项目

详见表2-3-4。

表2-3-4 调味料酒检验项目

序号	检验项目	依据法律法规或标准	检测方法
1	铅（以 Pb 计）	GB 2762	GB 5009.12
2	总砷（以 As 计）	GB 2762	GB 5009.11 GB 5009.268
3	苯甲酸及其钠盐（以苯甲酸计）	GB 2760	GB 5009.28
4	山梨酸及其钾盐（以山梨酸计）	GB 2760	GB 5009.28
5	脱氢乙酸及其钠盐（以脱氢乙酸计）	GB 2760	GB 5009.121
6	防腐剂混合使用时各自用量占其最大使用量的比例之和	GB 2760	/
7	糖精钠（以糖精计）	GB 2760	GB 5009.28
8	甜蜜素（以环己基氨基磺酸计）	GB 2760	GB 5009.97

2.5 香辛料调味品

香辛料调味油检验项目见表2-3-5，辣椒、花椒、辣椒粉、花椒粉检验项目见表2-3-6，香辛料酱检验项目见表2-3-7，其他香辛料调味品检验项目见表2-3-8。

表2-3-5 香辛料调味油检验项目

序号	检验项目	依据法律法规或标准	检测方法
1	铅（以 Pb 计）	GB 2762	GB 5009.12
2	罗丹明 B[a]	食品整治办〔2008〕3 号	SN/T 2430
3	苏丹红Ⅰ、苏丹红Ⅱ、苏丹红Ⅲ、苏丹红Ⅳ	整顿办函〔2011〕1 号	GB/T 19681
4	丁基羟基茴香醚（BHA）	GB 2760	GB 5009.32

第二篇 食品的分类检测

续表

序号	检验项目	依据法律法规或标准	检测方法
5	二丁基羟基甲苯（BHT）	GB 2760	GB 5009.32
6	特丁基对苯二酚（TBHQ）	GB 2760	GB 5009.32

注：a.仅辣椒油检测。

表2-3-6 辣椒、花椒、辣椒粉、花椒粉检验项目

序号	检验项目	依据法律法规或标准	检测方法
1	铅（以Pb计）	GB 2762	GB 5009.12
2	戊唑醇[a]	GB 2763	GB 23200.8、GB/T 20769
3	马拉硫磷[b]	GB 2763	参照GB/T 5009.20、GB/T 5009.145
4	罗丹明B[a]	食品整治办〔2008〕3号	SN/T 2430
5	苏丹红Ⅰ、苏丹红Ⅱ、苏丹红Ⅲ、苏丹红Ⅳ	整顿办函〔2011〕1号	GB/T 19681
6	苯甲酸及其钠盐（以苯甲酸计）	GB 2760	GB 5009.28
7	山梨酸及其钾盐（以山梨酸计）	GB 2760	GB 5009.28
8	糖精钠（以糖精计）	GB 2760	GB 5009.28

注：a. 仅辣椒、辣椒粉检测；b. 仅花椒、花椒粉检测。

表2-3-7 香辛料酱（芥末酱、青芥酱等）检验项目

序号	检验项目	依据法律法规或标准	检测方法
1	铅（以Pb计）	GB 2762	GB 5009.12
2	苯甲酸及其钠盐（以苯甲酸计）	GB 2760	GB 5009.28
3	山梨酸及其钾盐（以山梨酸计）	GB 2760	GB 5009.28
4	糖精钠（以糖精计）	GB 2760	GB 5009.28

表2-3-8 其他香辛料调味品检验项目

序号	检验项目	依据法律法规或标准	检测方法
1	铅（以Pb计）	GB 2762	GB 5009.12
2	苏丹红Ⅰ、苏丹红Ⅱ、苏丹红Ⅲ、苏丹红Ⅳ	整顿办函〔2011〕1号	GB/T 19681
3	苯甲酸及其钠盐（以苯甲酸计）	GB 2760	GB 5009.28
4	山梨酸及其钾盐（以山梨酸计）	GB 2760	GB 5009.28
5	糖精钠（以糖精计）	GB 2760	GB 5009.28

2.6 固体调味品检验项目

鸡粉、鸡精调味品的检验项目见表2-3-9，其他固体调味品检验项目见表2-3-10。

表2-3-9 鸡粉、鸡精调味品检验项目

序号	检验项目	依据法律法规或标准	检测方法
1	谷氨酸钠 [a]	SB/T 10371 SB/T 10415 产品明示标准及质量要求	SB/T 10371
2	呈味核苷酸二钠 [a]	SB/T 10371 SB/T 10415 产品明示标准及质量要求	SB/T 10371
3	铅（以Pb计）	GB 2762	GB 5009.12
4	总砷（以As计）	GB 2762	GB 5009.11 GB 5009.268
5	糖精钠（以糖精计）	GB 2760	GB 5009.28
6	甜蜜素（以环己基氨基磺酸计）	GB 2760	GB 5009.97
7	阿斯巴甜	GB 2760	GB 5009.263

注：a. 仅产品明示标准和质量要求有规定时检测。

表2-3-10 其他固体调味品检验项目

序号	检验项目	依据法律法规或标准	检测方法
1	铅（以Pb计）	GB 2762	GB 5009.12
2	总砷（以As计） [a]	GB 2762	GB 5009.11 GB 5009.268
3	苏丹红Ⅰ、苏丹红Ⅱ、苏丹红Ⅲ、苏丹红Ⅳ	整顿办函〔2011〕1号	GB/T 19681
4	苯甲酸及其钠盐（以苯甲酸计）	GB 2760	GB 5009.28
5	山梨酸及其钾盐（以山梨酸计）	GB 2760	GB 5009.28
6	脱氢乙酸及其钠盐（以脱氢乙酸计）	GB 2760	GB 5009.121
7	防腐剂混合使用时各自用量占其最大使用量的比例之和	GB 2760	/
8	糖精钠（以糖精计）	GB 2760	GB 5009.28
9	甜蜜素（以环己基氨基磺酸计）	GB 2760	GB 5009.97
10	阿斯巴甜	GB 2760	GB 5009.263

注：a. 水产调味品和藻类调味品不检测该项目。

2.7 半固体调味品检验项目

蛋黄酱、沙拉酱检验项目见表2-3-11，坚果与籽类的泥（酱）检验项目见表2-3-12，辣椒酱检验项目见表2-3-13，火锅底料、麻辣烫底料及蘸料见表2-3-14，其他半固体调味品检验项目见表2-3-15。

表2-3-11 蛋黄酱、沙拉酱检验项目

序号	检验项目	依据法律法规或标准	检测方法
1	铅（以Pb计）	GB 2762	GB 5009.12
2	总砷（以As计）	GB 2762	GB 5009.11
			GB 5009.268
3	苯甲酸及其钠盐（以苯甲酸计）	GB 2760	GB 5009.28
4	山梨酸及其钾盐（以山梨酸计）	GB 2760	GB 5009.28
5	脱氢乙酸及其钠盐（以脱氢乙酸计）	GB 2760	GB 5009.121
6	防腐剂混合使用时各自用量占其最大使用量的比例之和	GB 2760	/
7	纳他霉素	GB 2760	GB/T 21915

表2-3-12 坚果与籽类的泥（酱）检验项目

序号	检验项目	依据法律法规或标准	检测方法
1	铅（以Pb计）	GB 2762	GB 5009.12
2	黄曲霉毒素 B_1[a]	GB 2761	GB 5009.22
3	苯甲酸及其钠盐（以苯甲酸计）	GB 2760	GB 5009.28
4	山梨酸及其钾盐（以山梨酸计）	GB 2760	GB 5009.28
5	脱氢乙酸及其钠盐（以脱氢乙酸计）	GB 2760	GB 5009.121
6	防腐剂混合使用时各自用量占其最大使用量的比例之和	GB 2760	/
7	糖精钠（以糖精计）	GB 2760	GB 5009.28
8	甜蜜素（以环己基氨基磺酸计）	GB 2760	GB 5009.97

注：a. 仅花生酱检测。

表2-3-13 辣椒酱检验项目

序号	检验项目	依据法律法规或标准	检测方法
1	铅（以Pb计）	GB 2762	GB 5009.12
2	总砷（以As计）	GB 2762	GB 5009.11
			GB 5009.268
3	苏丹红Ⅰ、苏丹红Ⅱ、苏丹红Ⅲ、苏丹红Ⅳ	整顿办函〔2011〕1号	GB/T 19681

序号	检验项目	依据法律法规或标准	检测方法
4	苯甲酸及其钠盐（以苯甲酸计）	GB 2760	GB 5009.28
5	山梨酸及其钾盐（以山梨酸计）	GB 2760	GB 5009.28
6	脱氢乙酸及其钠盐（以脱氢乙酸计）	GB 2760	GB 5009.121
7	防腐剂混合使用时各自用量占其最大使用量的比例之和	GB 2760	/
8	二氧化硫残留量[a]	GB 2760	GB 5009.34
9	糖精钠（以糖精计）	GB 2760	GB 5009.28
10	甜蜜素（以环己基氨基磺酸计）	GB 2760	GB 5009.97
11	阿斯巴甜	GB 2760	GB 5009.263

注：a. 蒜蓉辣椒酱不检测该项目。

表2-3-14　火锅底料、麻辣烫底料及蘸料检验项目

序号	检验项目	依据法律法规或标准	检测方法
1	铅（以 Pb 计）	GB 2762	GB 5009.12
2	总砷（以 As 计）[a]	GB 2762	GB 5009.11 GB 5009.268
3	苏丹红 Ⅰ、苏丹红 Ⅱ、苏丹红 Ⅲ、苏丹红 Ⅳ	整顿办函〔2011〕1 号	GB/T 19681
4	苯甲酸及其钠盐（以苯甲酸计）	GB 2760	GB 5009.28
5	山梨酸及其钾盐（以山梨酸计）	GB 2760	GB 5009.28
6	脱氢乙酸及其钠盐（以脱氢乙酸计）	GB 2760	GB 5009.121
7	防腐剂混合使用时各自用量占其最大使用量的比例之和	GB 2760	/
8	二氧化硫残留量[b]	GB 2760	GB 5009.34
9	糖精钠（以糖精计）	GB 2760	GB 5009.28
10	甜蜜素（以环己基氨基磺酸计）	GB 2760	GB 5009.97

注：a. 水产调味品和藻类调味品不检测该项目；b. 以葱、洋葱、蒜为主要原料的产品不检测该项目。

表2-3-15　其他半固体调味品检验项目

序号	检验项目	依据法律法规或标准	检测方法
1	铅（以 Pb 计）	GB 2762	GB 5009.12
2	总砷（以 As 计）[a]	GB 2762	GB 5009.11 GB 5009.268
3	苏丹红 Ⅰ、苏丹红 Ⅱ、苏丹红 Ⅲ、苏丹红 Ⅳ	整顿办函〔2011〕1 号	GB/T 19681

序号	检验项目	依据法律法规或标准	检测方法
4	苯甲酸及其钠盐（以苯甲酸计）	GB 2760	GB 5009.28
5	山梨酸及其钾盐（以山梨酸计）	GB 2760	GB 5009.28
6	脱氢乙酸及其钠盐（以脱氢乙酸计）	GB 2760	GB 5009.121
7	防腐剂混合使用时各自用量占其最大使用量的比例之和	GB 2760	/
8	二氧化硫残留量 [b]	GB 2760	GB 5009.34
9	糖精钠（以糖精计）	GB 2760	GB 5009.28
10	甜蜜素（以环己基氨基磺酸计）	GB 2760	GB 5009.97
11	阿斯巴甜	GB 2760	GB 5009.263

注：a. 水产调味品和藻类调味品不检测该项目；b. 以葱、洋葱、蒜为主要原料的产品不检测该项目。

2.8　液体复合调味品检验项目

蚝油、虾油、鱼露检验项目见表2-3-16，其他液体调味品检验项目见表2-3-17。

表2-3-16　蚝油、虾油、鱼露检验项目

序号	检验项目	依据法律法规或标准	检测方法
1	铅（以Pb计）	GB 2762	GB 5009.12
2	总砷（以As计） [a]	GB 2762	GB 5009.11 GB 5009.268
3	镉（以Cd计） [b]	GB 2762	GB 5009.15 GB 5009.268
4	苯甲酸及其钠盐（以苯甲酸计）	GB 2760	GB 5009.28
5	山梨酸及其钾盐（以山梨酸计）	GB 2760	GB 5009.28
6	脱氢乙酸及其钠盐（以脱氢乙酸计）	GB 2760	GB 5009.121
7	防腐剂混合使用时各自用量占其最大使用量的比例之和	GB 2760	/
8	糖精钠（以糖精计）	GB 2760	GB 5009.28
9	甜蜜素（以环己基氨基磺酸计）	GB 2760	GB 5009.97
10	阿斯巴甜	GB 2760	GB 5009.263

注：a. 水产调味品和藻类调味品不检测该项目；b. 仅鱼露检测。

表2-3-17 其他液体调味品检验项目

序号	检验项目	依据法律法规或标准	检测方法
1	铅（以Pb计）	GB 2762	GB 5009.12
2	总砷（以As计）[a]	GB 2762	GB 5009.11 GB 5009.268
3	镉（以Cd计）[b]	GB 2762	GB 5009.15 GB 5009.268
4	苯甲酸及其钠盐（以苯甲酸计）	GB 2760	GB 5009.28
5	山梨酸及其钾盐（以山梨酸计）	GB 2760	GB 5009.28
6	脱氢乙酸及其钠盐（以脱氢乙酸计）	GB 2760	GB 5009.121
7	防腐剂混合使用时各自用量占其最大使用量的比例之和	GB 2760	/
8	糖精钠（以糖精计）	GB 2760	GB 5009.28
9	甜蜜素（以环己基氨基磺酸计）	GB 2760	GB 5009.97
10	阿斯巴甜	GB 2760	GB 5009.263

注：a. 水产调味品和藻类调味品不检测该项目；b. 仅鱼类调味品检测。

2.9 味精检验项目

详见表2-3-18。

表2-3-18 味精检验项目

序号	检验项目	依据法律法规或标准	检测方法
1	谷氨酸钠	GB 2720 GB/T 8967 产品明示标准及质量要求	GB 5009.43
2	铅（以Pb计）	GB 2762	GB 5009.12
3	总砷（以As计）	GB 2762	GB 5009.11 GB 5009.268

3 通常重点关注检测指标

调味品中通常重点关注的指标为：质量指标（包括酱油及酱类的氨基酸态氮、鸡精的谷氨酸钠和呈味核苷酸二钠、味精的谷氨酸钠、食醋的总酸），食品添加剂（包括苯甲酸、山梨酸、防腐剂比例之和、甜蜜素等），复合调味品中关注非食用物质（包括罂粟碱、罗丹明B、碱性嫩黄等）。

起草人：黄泽玮　王　鑫（四川省食品药品检验检测院）

复核人：黄　瑛　（四川省食品药品检验检测院）

第四章
肉制品

1　分类

肉制品包括调理肉制品（非速冻）、腌腊肉制品、发酵肉制品、酱卤肉制品、熟肉干制品、熏烧烤肉制品和熏煮香肠火腿制品。

1.1　调理肉制品（非速冻）

调理肉制品（非速冻）是以畜禽肉为主要原料，绞制或切制后添加调味料、蔬菜等辅料，经滚揉、搅拌、调味或预加热等工艺加工而成，食用前须经二次加工的非即食类肉制品。如超市腌制的牛排，预制的鱼香肉丝、宫保鸡丁等。

1.2　腌腊肉制品

腌腊肉制品包括传统火腿、腊肉、咸肉、腊肠、风干肉制品等。

1.3　发酵肉制品

发酵肉制品包括发酵香肠（如萨拉米香肠）、发酵火腿（如帕尔玛火腿）等。

1.4　酱卤肉制品

酱卤肉制品包括白煮羊头、盐水鸭、烧鸡、酱牛肉、酱鸭、酱肘子等，还包括糟肉、糟鸡、糟鹅等糟肉类。

1.5　熟肉干制品

熟肉干制品包括肉干、肉松、肉脯等。

1.6　熏烧烤肉制品

熏烧烤肉制品包括烤鸭、烤鹅、烤乳猪、烤鸽子、叫花鸡、烤羊肉串、五花培根、通脊培根等。

1.7　熏煮香肠火腿制品

熏煮香肠火腿制品包括圣诞火腿、方火腿、圆火腿、里脊火腿、火腿肠、烤肠、红肠、茶肠、泥肠等。

2　检测指标

2.1　调理肉制品（非速冻）检验项目

详见表2-4-1。

表2-4-1　调理肉制品（非速冻）检验项目

序号	检验项目	依据法律法规或标准	检测方法
1	铅（以Pb计）	GB 2762	GB 5009.12
2	镉（以Cd计）	GB 2762	GB 5009.15
3	铬（以Cr计）	GB 2762	GB 5009.123
4	总砷（以As计）	GB 2762	GB 5009.11
5	脱氢乙酸及其钠盐（以脱氢乙酸计）	GB 2760	GB 5009.121
6	氯霉素	整顿办函〔2011〕1号	GB/T 22338

2.2　腌腊肉制品检验项目

详见表2-4-2。

表2-4-2　腌腊肉制品检验项目

序号	检验项目	依据法律法规或标准	检测方法
1	三甲胺氮 [a]	GB 2730	GB 5009.179
2	过氧化值（以脂肪计）	GB 2730	GB 5009.227
3	铅（以Pb计）	GB 2762	GB 5009.12
4	镉（以Cd计）	GB 2762	GB 5009.15
5	铬（以Cr计）	GB 2762	GB 5009.123 GB 5009.268
6	总砷（以As计）	GB 2762	GB 5009.11 GB 5009.268
7	N-二甲基亚硝胺	GB 2762	GB 5009.26
8	亚硝酸盐（以亚硝酸钠计）	GB 2760	GB 5009.33
9	苯甲酸及其钠盐（以苯甲酸计）	GB 2760	GB 5009.28
10	山梨酸及其钾盐（以山梨酸计）	GB 2760	GB 5009.28
11	脱氢乙酸及其钠盐（以脱氢乙酸计）	GB 2760	GB 5009.121
12	胭脂红	GB 2760	GB/T 9695.6
13	氯霉素	整顿办函〔2011〕1号	GB/T 22338

注：a. 限火腿检测。

2.3　发酵肉制品检验项目

详见表2-4-3。

表2-4-3 发酵肉制品检验项目

序号	检验项目	依据法律法规或标准	检测方法
1	铅（以 Pb 计）	GB 2762	GB 5009.12
2	镉（以 Cd 计）	GB 2762	GB 5009.15 GB 5009.268
3	铬（以 Cr 计）	GB 2762	GB 5009.123 GB 5009.268
4	总砷（以 As 计）	GB 2762	GB 5009.11
5	亚硝酸盐（以亚硝酸钠计）	GB 2760	GB 5009.33
6	苯甲酸及其钠盐（以苯甲酸计）	GB 2760	GB 5009.28
7	山梨酸及其钾盐（以山梨酸计）	GB 2760	GB 5009.28
8	脱氢乙酸及其钠盐（以脱氢乙酸计）	GB 2760	GB 5009.121
9	胭脂红	GB 2760	GB/T 9695.6
10	氯霉素	整顿办函〔2011〕1号	GB/T 22338

2.4 酱卤肉制品检验项目

详见表2-4-4。

表2-4-4 酱卤肉制品检验项目

序号	检验项目	依据法律法规或标准	检测方法
1	铅（以 Pb 计）	GB 2762	GB 5009.12
2	镉（以 Cd 计）	GB 2762	GB 5009.15 GB 5009.268
3	铬（以 Cr 计）	GB 2762	GB 5009.123 GB 5009.268
4	总砷（以 As 计）	GB 2762	GB 5009.11
5	亚硝酸盐（以亚硝酸钠计）	GB 2760	GB 5009.33
6	苯甲酸及其钠盐（以苯甲酸计）	GB 2760	GB 5009.28
7	山梨酸及其钾盐（以山梨酸计）	GB 2760	GB 5009.28
8	脱氢乙酸及其钠盐（以脱氢乙酸计）	GB 2760	GB 5009.121
9	胭脂红	GB 2760	GB/T 9695.6
10	糖精钠（以糖精计）	GB 2760	GB 5009.28
11	氯霉素	整顿办函〔2011〕1号	GB/T 22338
12	酸性橙Ⅱ	食品整治办〔2008〕3号	SN/T 3536

第二篇 食品的分类检测

2.5 熟肉干制品检验项目

详见表2-4-5。

表2-4-5 熟肉干制品检验项目

序号	检验项目	依据法律法规或标准	检测方法
1	铅（以 Pb 计）	GB 2762	GB 5009.12
2	镉（以 Cd 计）	GB 2762	GB 5009.15 GB 5009.268
3	铬（以 Cr 计）	GB 2762	GB 5009.123 GB 5009.268
4	总砷（以 As 计）	GB 2762	GB 5009.11
5	苯甲酸及其钠盐（以苯甲酸计）	GB 2760	GB 5009.28
6	山梨酸及其钾盐（以山梨酸计）	GB 2760	GB 5009.28
7	脱氢乙酸及其钠盐（以脱氢乙酸计）	GB 2760	GB 5009.121
8	胭脂红	GB 2760	GB/T 9695.6
9	氯霉素	整顿办函〔2011〕1 号	GB/T 22338

2.6 熏烧烤肉制品检验项目

详见表2-4-6。

表2-4-6 熏烧烤肉制品检验项目

序号	检验项目	依据法律法规或标准	检测方法
1	铅（以 Pb 计）	GB 2762	GB 5009.12
2	镉（以 Cd 计）	GB 2762	GB 5009.15 GB 5009.268
3	铬（以 Cr 计）	GB 2762	GB 5009.123 GB 5009.268
4	总砷（以 As 计）	GB 2762	GB 5009.11
5	苯并［a］芘	GB 2762	GB 5009.27
6	亚硝酸盐（以亚硝酸钠计）	GB 2760	GB 5009.33
7	苯甲酸及其钠盐（以苯甲酸计）	GB 2760	GB 5009.28
8	山梨酸及其钾盐（以山梨酸计）	GB 2760	GB 5009.28
9	脱氢乙酸及其钠盐（以脱氢乙酸计）	GB 2760	GB 5009.121
11	胭脂红	GB 2760	GB/T 9695.6
12	氯霉素	整顿办函〔2011〕1 号	GB/T 22338

第二篇 食品的分类检测

2.7 熏煮香肠火腿制品检验项目

详见表2-4-7。

表2-4-7 熏煮香肠火腿制品检验项目

序号	检验项目	依据法律法规或标准	检测方法
1	铅（以Pb计）	GB 2762	GB 5009.12
2	镉（以Cd计）	GB 2762	GB 5009.15 GB 5009.268
3	铬（以Cr计）	GB 2762	GB 5009.123 GB 5009.268
4	总砷（以As计）	GB 2762	GB 5009.11
5	亚硝酸盐（以亚硝酸钠计）	GB 2760	GB 5009.33
6	苯甲酸及其钠盐（以苯甲酸计）	GB 2760	GB 5009.28
7	山梨酸及其钾盐（以山梨酸计）	GB 2760	GB 5009.28
8	脱氢乙酸及其钠盐（以脱氢乙酸计）	GB 2760	GB 5009.121
9	糖精钠（以糖精计）	GB 2760	GB 5009.28
10	胭脂红	GB 2760	GB/T 9695.6
11	氯霉素	整顿办函〔2011〕1号	GB/T 22338

3 通常重点关注检测指标

肉制品中通常重点关注检测指标为：铬（以Cr计）、镉（以Cd计）、亚硝酸盐（以亚硝酸钠计）、苯甲酸及其钠盐（以苯甲酸计）、脱氢乙酸及其钠盐（以脱氢乙酸计）、氯霉素和合成着色剂。

起草人：闵宇航（四川省食品药品检验检测院）
复核人：黄 瑛（四川省食品药品检验检测院）

第二篇 食品的分类检测

第五章
乳制品

1 分类

乳制品包括液体乳、乳粉、乳清粉和乳清蛋白粉、其他乳制品（炼乳、奶油、干酪和固体成型产品）。

1.1 液体乳

液体乳分为灭菌乳、巴氏杀菌乳、调制乳和发酵乳。灭菌乳分为超高温灭菌乳和保持灭菌乳，超高温灭菌乳指以生牛（羊）乳为原料，添加或不添加复原乳，在连续流动的状态下，加热到至少132℃并保持很短时间的灭菌，再经无菌灌装等工序制成的液体产品。保持灭菌乳指以生牛（羊）乳为原料，添加或不添加复原乳，无论是否经过预热处理，在灌装并密封之后经灭菌等工序制成的液体产品。巴氏杀菌乳是仅以生牛（羊）乳为原料，经巴氏杀菌等工序制得的液体产品。调制乳是以不低于80%的生牛（羊）乳或复原乳为主要原料，添加其他原料或食品添加剂或营养强化剂，采用适当的杀菌或灭菌等工艺制成的液体产品。发酵乳是以生牛（羊）乳或乳粉为原料，经杀菌、发酵后制成的pH降低的产品。

1.2 乳粉

乳粉指以生牛（羊）乳为原料，经加工制成的粉状产品。分为全脂乳粉、脱脂乳粉、部分脱脂乳粉和调制乳粉。全脂乳粉指仅以牛乳或羊乳为原料，经浓缩、干燥制成的粉状产品。脱脂乳粉指仅以牛乳或羊乳为原料，经分离脂肪、浓缩、干燥制成的粉状产品。部分脱脂乳粉指仅以牛乳或羊乳为原料，去除部分脂肪，经浓缩、干燥制成的粉状产品。调制乳粉指以生牛（羊）乳或其加工制品为主要原料，添加其他原料，添加或不添加食品添加剂和营养强化剂，经加工制成的乳固体含量不低于70%的粉状产品。

1.3 乳清粉和乳清蛋白粉

乳清粉和乳清蛋白粉分为脱盐乳清粉、非脱盐乳清粉、浓缩乳清蛋白粉和分离乳清蛋白粉等。乳清粉指以乳清为原料，经干燥制成的粉末状产品，包括脱盐乳清粉和非脱盐乳清粉。脱盐乳清粉指以乳清为原料，经脱盐、干燥制成的粉末状产品；非脱盐乳清粉指以乳清为原料，不经脱盐，经干燥制成的粉末状产品。乳清蛋白粉指以乳清为原料，经分离、浓缩、干燥等工艺制成的蛋白含量不低于25%的粉末状产品。浓缩乳清蛋白粉指以乳清为原料，采用超滤技术浓缩乳清中蛋白质，然后干燥制得蛋白质含量较高的粉末状产品。分离乳清蛋白粉指在浓缩乳清蛋白粉的基础上经过进一步的工艺处理得到的高纯度乳清蛋白粉。

1.4　其他乳制品（炼乳、奶油、干酪、固态成型产品）

其他乳制品包括炼乳、奶油、干酪、固态成型产品等。

炼乳包括淡炼乳、加糖炼乳、调制炼乳等。淡炼乳指以生乳和（或）乳制品为原料，添加或不添加食品添加剂和营养强化剂，经加工制成的粘稠状产品；加糖炼乳指以生乳和（或）乳制品、食糖为原料，添加或不添加食品添加剂和营养强化剂，经加工制成的粘稠状产品；调制炼乳指以生乳和（或）乳制品为主料，添加或不添加食糖、食品添加剂和营养强化剂，添加辅料，经加工制成的粘稠状产品。

奶油包括稀奶油、奶油（黄油）、无水奶油（无水黄油）。稀奶油指以乳为原料，分离出的含脂肪的部分，添加或不添加其他原料、食品添加剂和营养强化剂，经加工制成的脂肪含量10.0%~80.0%的产品。奶油（黄油）指以乳和（或）稀奶油（经发酵或不发酵）为原料，添加或不添加其他原料、食品添加剂和营养强化剂，经加工制成的脂肪含量不小于80.0%的产品。无水奶油（无水黄油）指以乳和（或）奶油或稀奶油（经发酵或不发酵）为原料，添加或不添加食品添加剂和营养强化剂，经加工制成的脂肪含量不小于99.8%的产品。

干酪指成熟或未成熟的软质、半硬质、硬质或特硬质、可有涂层的乳制品，其中乳清蛋白/酪蛋白的比例不超过牛奶中的相应比例。包括成熟干酪、霉菌成熟干酪、未成熟干酪。成熟干酪指生产后不能马上使（食）用，应在一定温度下储存一定时间，以通过生化和物理变化产生该类干酪特性的干酪。霉菌成熟干酪指主要通过干酪内部和（或）表面的特征霉菌生长而促进其成熟的干酪。未成熟干酪（包括新鲜干酪）是指生产后不久即可使（食）用的干酪。再制干酪指以干酪（比例大于15%）为主要原料，加入乳化盐，添加或不添加其他原料，经加热、搅拌、乳化等工艺制成的产品。

奶片、奶条主要是以乳粉、白砂糖、乳清粉、麦芽糊精、淀粉等为主要原料，添加或不添加食品添加剂，经配料、混合、成型、干燥等工艺制成的固态成型制品。

2　检测指标

2.1　液体乳（灭菌乳）检验项目

详见2-5-1。

表2-5-1　液体乳（灭菌乳）检验项目

序号	检验项目	依据法律法规或标准	检测方法
1	脂肪[a]	GB 25190	GB 5009.6
2	蛋白质	GB 25190	GB 5009.5
3	非脂乳固体	GB 25190	GB 5413.39
4	酸度	GB 25190	GB 5009.239
5	铅（以 Pb 计）	GB 2762	GB 5009.12
6	总砷（以 As 计）	GB 2762	GB 5009.11
7	总汞（以 Hg 计）	GB 2762	GB 5009.17
8	铬（以 Cr 计）	GB 2762	GB 5009.123 GB 5009.268

第二篇　食品的分类检测

续表

序号	检验项目	依据法律法规或标准	检测方法
9	黄曲霉毒素 M_1	GB 2761	GB 5009.24
10	三聚氰胺	卫生部、工业和信息化部、农业部、工商总局质检总局公告 2011 年第 10 号	GB/T 22388
11	地塞米松 [b]	农业部公告第 235 号	农业部 1031 号公告 –2–2008 GB/T 22978

注：a. 仅全脂产品检测；b. 限牛乳产品检测。

2.2 液体乳（巴氏杀菌乳）检验项目

详见表 2-5-2。

表 2-5-2 液体乳（巴氏杀菌乳）检验项目

序号	检验项目	依据法律法规或标准	检测方法
1	蛋白质	GB 19645	GB 5009.5
2	酸度	GB 19645	GB 5009.239
3	铅（以 Pb 计）	GB 2762	GB 5009.12
4	总砷（以 As 计）	GB 2762	GB 5009.11
5	总汞（以 Hg 计）	GB 2762	GB 5009.17
6	铬（以 Cr 计）	GB 2762	GB 5009.123 GB 5009.268
7	黄曲霉毒素 M_1	GB 2761	GB 5009.24
8	三聚氰胺	卫生部、工业和信息化部、农业部、工商总局质检总局公告 2011 年第 10 号	GB/T 22388
9	地塞米松 [a]	农业部公告第 235 号	农业部 1031 号公告 –2–2008 GB/T 22978

注：a. 仅限牛乳产品。

2.3 液体乳（调制乳）检验项目

详见表 2-5-3。

表 2-5-3 液体乳（调制乳）检验项目

序号	检验项目	依据法律法规或标准	检测方法
1	脂肪 [a]	GB 25191	GB 5009.6
2	蛋白质	GB 25191	GB 5009.5
3	铅（以 Pb 计）	GB 2762	GB 5009.12
4	总砷（以 As 计）	GB 2762	GB 5009.11
5	总汞（以 Hg 计）	GB 2762	GB 5009.17

续表

序号	检验项目	依据法律法规或标准	检测方法
6	铬（以 Cr 计）	GB 2762	GB 5009.123 GB 5009.268
7	黄曲霉毒素 M_1	GB 2761	GB 5009.24
8	三聚氰胺	卫生部、工业和信息化部、农业部、工商总局质检总局公告 2011 年第 10 号	GB/T 22388

注：a. 仅适用于全脂产品。

2.4 液体乳（发酵乳）检验项目

详见表2-5-4。

表2-5-4 液体乳（发酵乳）检验项目

序号	检验项目	依据法律法规或标准	检测方法
1	脂肪[a]	GB 19302	GB 5009.6
2	蛋白质	GB 19302	GB 5009.5
3	非脂乳固体[b]	GB 19302	GB 5413.39
4	酸度	GB 19302	GB 5009.239
5	铅（以 Pb 计）	GB 2762	GB 5009.12
6	总砷（以 As 计）	GB 2762	GB 5009.11
7	总汞（以 Hg 计）	GB 2762	GB 5009.17
8	铬（以 Cr 计）	GB 2762	GB 5009.123 GB 5009.268
9	黄曲霉毒素 M_1	GB 2761	GB 5009.24
10	三聚氰胺	卫生部、工业和信息化部、农业部、工商总局质检总局公告 2011 年第 10 号	GB/T 22388
11	山梨酸及其钾盐（以山梨酸计）	GB 2760	GB 5009.28

注：a. 仅适用于全脂产品；b. 风味发酵乳不检测该项目。

2.5 乳粉（全脂乳粉、脱脂乳粉、部分脱脂乳粉、调制乳粉）检验项目

详见表2-5-5。

表2-5-5 乳粉（全脂乳粉、脱脂乳粉、部分脱脂乳粉、调制乳粉）检验项目

序号	检验项目	依据法律法规或标准	检测方法
1	蛋白质	GB 19644	GB 5009.5
2	脂肪[a]	GB 19644	GB 5009.6
3	水分	GB 19644	GB 5009.3
4	铅（以 Pb 计）	GB 2762	GB 5009.12

序号	检验项目	依据法律法规或标准	检测方法
5	总砷（以 As 计）	GB 2762	GB 5009.11 GB 5009.268
6	铬（以 Cr 计）	GB 2762	GB 5009.123 GB 5009.268
7	亚硝酸盐（以 $NaNO_2$ 计）	GB 2762	GB 5009.33
8	黄曲霉毒素 M_1	GB 2761	GB 5009.24
9	三聚氰胺	卫生部、工业和信息化部、农业部、工商总局质检总局公告 2011 年第 10 号	GB/T 22388

注：a. 仅适用于全脂乳粉。

2.6　乳清粉和乳清蛋白粉（脱盐乳清粉、非脱盐乳清粉、浓缩乳清蛋白粉、分离乳清蛋白粉）检验项目

详见表2-5-6。

表2-5-6　乳清粉和乳清蛋白粉
（脱盐乳清粉、非脱盐乳清粉、浓缩乳清蛋白粉、分离乳清蛋白粉）检验项目

序号	检验项目	依据法律法规或标准	检测方法
1	蛋白质	GB 11674	GB 5009.5
2	水分	GB 11674	GB 5009.3
3	铅（以 Pb 计）[a]	GB 2762	GB 5009.12
4	黄曲霉毒素 M_1	GB 2761	GB 5009.24
5	三聚氰胺	卫生部、工业和信息化部、农业部、工商总局质检总局公告 2011 年第 10 号	GB/T 22388

注：a. 仅适用于非脱盐乳清粉。

2.7　其他乳制品（炼乳）检验项目

详见表2-5-7。

表2-5-7　其他乳制品（炼乳）检验项目

序号	检验项目	依据法律法规或标准	检测方法
1	脂肪	GB 13102	GB 5009.6
2	蛋白质	GB 13102	GB 5009.5
3	水分[a]	GB 13102	GB 5009.3
4	乳固体[b]	GB 13102	GB 13102

序号	检验项目	依据法律法规或标准	检测方法
5	酸度	GB 13102	GB 5009.239
6	黄曲霉毒素 M_1	GB 2761	GB 5009.24
7	三聚氰胺	卫生部、工业和信息化部、农业部、工商总局 质检总局公告 2011 年第 10 号	GB/T 22388
8	铅（以 Pb 计）	GB 2762	GB 5009.12

注：a. 不适用于淡炼乳和调制淡炼乳；b. 不适用于调制炼乳。

2.8　其他乳制品（奶油）检验项目

详见表 2-5-8。

表 2-5-8　其他乳制品（奶油）

序号	检验项目	依据法律法规或标准	检测方法
1	水分 [a]	GB 19646	GB 5009.3 [b]
2	脂肪	GB 19646	GB 5009.6 [c]
3	酸度 [d]	GB 19646	GB 5009.239
4	非脂乳固体 [e]	GB 19646	GB 19646
5	铅（以 Pb 计）	GB 2762	GB 5009.12
6	三聚氰胺	卫生部、工业和信息化部、农业部、工商总局质 检总局公告 2011 年第 10 号	GB/T 22388

注：a. 不适用于稀奶油；b. 奶油按 GB 5009.3 的方法测定；无水奶油按 GB 5009.3 中的卡尔·费休法测定；c. 无水奶油的脂肪（％）=100% － 水分（％）;d. 不适用于无水奶油和以发酵稀奶油为原料的产品；e. 不适用于稀奶油和无水奶油。

2.9　其他乳制品（干酪）检验项目

详见表 2-5-9。

表 2-5-9　其他乳制品（干酪）检验项目

序号	检验项目	依据法律法规或标准	检测方法
1	黄曲霉毒素 M_1	GB 2761	GB 5009.24
2	三聚氰胺	卫生部、工业和信息化部、农业部、工商总局 质检总局公告 2011 年第 10 号	GB/T 22388
3	铅（以 Pb 计）	GB 2762	GB 5009.12

2.10　其他乳制品（再制干酪）检验项目

详见表 2-5-10。

表2-5-10　其他乳制品（再制干酪）检验项目

序号	检验项目	依据法律法规或标准	检测方法
1	脂肪（干物中）	GB 25192	GB 5009.6 GB 25192
2	干物质含量	GB 25192	GB 5009.3 GB 25192
3	黄曲霉毒素 M_1	GB 2761	GB 5009.24
4	三聚氰胺	卫生部、工业和信息化部、农业部、工商总局、质检总局公告 2011 年第 10 号	GB/T 22388
5	铅（以 Pb 计）	GB 2762	GB 5009.12

2.11　其他乳制品（奶片、奶条等）检验项目

详见表2-5-11。

表2-5-11　其他乳制品（奶片、奶条）检验项目

序号	检验项目	依据法律法规或标准	检测方法
1	铅（以 Pb 计）	GB 2762	GB 5009.12
2	黄曲霉毒素 M_1	GB 2761	GB 5009.24
3	三聚氰胺	卫生部、工业和信息化部、农业部、工商总局、质检总局公告 2011 年第 10 号	GB/T 22388

3　通常重点关注检测指标

乳制品中通常重点关注的检测指标为：液体乳中的蛋白质、酸度；发酵乳中的酵母、大肠菌群。

起草人：周　佳（四川省食品药品检验检测院）

复核人：黄　瑛（四川省食品药品检验检测院）

第六章
饮 料

1 分类

饮料包括包装饮用水，果、蔬汁饮料，蛋白饮料，碳酸饮料（汽水），茶饮料，固体饮料，其他饮料。

1.1 包装饮用水

包装饮用水分为饮用天然矿泉水、饮用纯净水、其他饮用水。

1.2 果、蔬汁饮料

果、蔬汁饮料包括果蔬汁（浆）、浓缩果蔬汁（浆）和果蔬汁（浆）类饮料。

1.3 蛋白饮料

蛋白饮料分为含乳饮料、植物蛋白饮料、复合蛋白饮料和其他蛋白饮料。其中含乳饮料包括配制型含乳饮料、发酵型含乳饮料和乳酸菌饮料等。

1.4 碳酸饮料（汽水）

碳酸饮料（汽水）可分为果汁型碳酸饮料、果味型碳酸饮料、可乐型碳酸饮料、其他型碳酸饮料等。

1.5 茶饮料

茶饮料包括原茶汁（茶汤/纯茶饮料）、茶浓缩液、果汁茶饮料、奶茶饮料、复（混）合茶饮料、其他茶饮料等。

1.6 固体饮料

固体饮料包括风味固体饮料、果蔬固体饮料、蛋白固体饮料、茶固体饮料、咖啡固体饮料、植物固体饮料、特殊用途固体饮料和其他固体饮料等。

1.7 其他饮料

其他饮料包括特殊用途饮料类、咖啡饮料类、植物饮料类、风味饮料类等产品。

2 检测指标

2.1 包装饮用水

2.1.1 饮用天然矿泉水检验项目，详见表2-6-1。

表2-6-1 饮用天然矿泉水检验项目

序号	检验项目	依据法律法规或标准	检测方法
1	界限指标 [a]	GB 8537 产品明示要求	GB 8538
2	耗氧量（以 O_2 计）	GB 8537	GB 8538
3	总砷（以 As 计）	GB 2762	GB 5009.11
4	镉（以 Cd 计）	GB 2762	GB 5009.15
5	铅（以 Pb 计）	GB 2762	GB 5009.12
6	总汞（以 Hg 计）	GB 2762	GB 5009.17
7	铬	GB 8537	GB 8538
8	镍	GB 8537	GB 8538
9	锑	GB 8537	GB 8538
10	硒	GB 8537	GB 8538
11	氟化物（以 F^- 计）	GB 8537	GB 8538
12	氰化物（以 CN^- 计）	GB 8537	GB 8538
13	溴酸盐	GB 8537	GB 8538
14	硝酸盐（以 NO_3^- 计）	GB 2762	GB 8538
15	亚硝酸盐（以 NO_2^- 计）	GB 2762	GB 8538

注：a. 界限指标为锂、锶、锌、碘化物、偏硅酸、硒、游离二氧化碳、溶解性总固体，具体检测项目为标签明示的、且在标准要求范围内的界限指标。

2.1.2 饮用纯净水检验项目，详见表2-6-2。

表2-6-2 饮用纯净水检验项目

序号	检验项目	依据法律法规或标准	检测方法
1	浑浊度	GB 19298	GB/T 5750
2	耗氧量（以 O_2 计）	GB 19298	GB/T 5750
3	铅（以 Pb 计）	GB 2762	GB 5009.12
4	总砷（以 As 计）	GB 2762	GB 5009.11
5	镉（以 Cd 计）	GB 2762	GB 5009.15
6	亚硝酸盐（以 NO_2^- 计）	GB 2762	GB 8538
7	余氯（游离氯）	GB 19298	GB/T 5750
8	三氯甲烷	GB 19298	GB/T 5750
9	四氯化碳	GB 19298	GB/T 5750
10	溴酸盐	GB 19298	GB/T 5750

2.1.3 其他饮用水检验项目，详见表2-6-3。

表2-6-3　其他饮用水检验项目

序号	检验项目	依据法律法规或标准	检测方法
1	浑浊度	GB 19298	GB/T 5750
2	耗氧量（以O_2计）	GB 19298	GB/T 5750
3	铅（以Pb计）	GB 2762	GB 5009.12
4	总砷（以As计）	GB 2762	GB 5009.11
5	镉（以Cd计）	GB 2762	GB 5009.15
6	亚硝酸盐（以NO_2^-计）	GB 2762	GB 8538
7	余氯（游离氯）	GB 19298	GB/T 5750
8	三氯甲烷	GB 19298	GB/T 5750
9	四氯化碳	GB 19298	GB/T 5750
10	溴酸盐	GB 19298	GB/T 5750
11	挥发性酚（以苯酚计）	GB 19298	GB/T 5750

2.2　果、蔬汁饮料检验项目

详见表2-6-4。

表2-6-4　果、蔬汁饮料检验项目

序号	检验项目	依据法律法规或标准	检测方法
1	铅（以Pb计）	GB 2762	GB 5009.12
2	展青霉素[a]	GB 2761	GB 5009.185
3	苯甲酸及其钠盐（以苯甲酸计）	GB 2760	GB 5009.28
4	山梨酸及其钾盐（以山梨酸计）	GB 2760	GB 5009.28
5	脱氢乙酸及其钠盐（以脱氢乙酸计）	GB 2760	GB 5009.121
6	纳他霉素	GB 2760	GB/T 21915
7	防腐剂混合使用时各自用量占其最大使用量的比例之和	GB 2760	/
8	糖精钠（以糖精计）	GB 2760	GB 5009.28
9	安赛蜜	GB 2760	GB/T 5009.140
10	甜蜜素（以环己基氨基磺酸计）	GB 2760	GB 5009.97
11	合成着色剂（赤藓红、酸性红、苋菜红、诱惑红、新红、胭脂红、柠檬黄、日落黄、亮蓝）[b]	GB 2760	GB 5009.35 SN/T 1743

注：a. 仅以苹果、山楂为原料生产的产品检测；b. 视产品具体色泽而定。

2.3 蛋白饮料类产品检验项目

详见表2-6-5。

表2-6-5 蛋白饮料检验项目

序号	检验项目	依据法律法规或标准	检测方法
1	蛋白质	产品明示标准及质量要求	GB 5009.5
2	铅（以Pb计）	GB 2762	GB 5009.12
3	氰化物（以HCN计）[a]	GB 7101	GB 5009.36
4	三聚氰胺[b]	卫生部、工业和信息化部、农业部、工商总局、质检总局公告2011年第10号	GB/T 22388
5	棕榈烯酸/总脂肪酸、亚麻酸/总脂肪酸、花生酸/总脂肪酸、山嵛酸/总脂肪酸[c]	GB/T 31324	GB/T 31324 附录A
6	油酸/总脂肪酸、亚油酸/总脂肪酸、亚麻酸/总脂肪酸、（花生酸+山嵛酸）/总脂肪酸[d]	GB/T 31325	GB/T 31325 附录A
7	苯甲酸及其钠盐（以苯甲酸计）	GB 2760	GB 5009.28
8	山梨酸及其钾盐（以山梨酸计）	GB 2760	GB 5009.28
9	脱氢乙酸及其钠盐（以脱氢乙酸计）	GB 2760	GB 5009.121
10	防腐剂混合使用时各自用量占其最大使用量的比例之和	GB 2760	/
11	糖精钠（以糖精计）	GB 2760	GB 5009.28
12	安赛蜜	GB 2760	GB/T 5009.140
13	甜蜜素（以环己基氨基磺酸计）	GB 2760	GB 5009.97

注：a.仅以杏仁等为原料的饮料检测；b.仅含乳饮料检测；c.仅执行标准为GB/T 31324的杏仁露；d.仅执行标准为GB/T 31325的核桃露（乳）。

2.4 碳酸饮料（汽水）检验项目

详见表2-6-6。

表2-6-6 碳酸饮料（汽水）检验项目

序号	检验项目	依据法律法规或标准	检测方法
1	二氧化碳气容量	产品明示标准及质量要求	GB/T 10792
2	铅（以Pb计）	GB 2762	GB 5009.12
3	苯甲酸及其钠盐（以苯甲酸计）	GB 2760	GB 5009.28
4	山梨酸及其钾盐（以山梨酸计）	GB 2760	GB 5009.28
5	防腐剂混合使用时各自用量占其最大使用量的比例之和	GB 2760	/

续表

序号	检验项目	依据法律法规或标准	检测方法
6	糖精钠（以糖精计）	GB 2760	GB 5009.28
7	安赛蜜	GB 2760	GB/T 5009.140
8	甜蜜素（以环己基氨基磺酸计）	GB 2760	GB 5009.97
9	咖啡因 [a]	GB 2760	GB 5009.139

注：a. 仅可乐型碳酸饮料检测。

2.5 茶饮料检验项目

详见表2-6-7。

表2-6-7 茶饮料检验项目

序号	检验项目	依据法律法规或标准	检测方法
1	茶多酚	产品明示标准及质量要求	GB/T 21733 附录 A
2	咖啡因	产品明示标准及质量要求	GB 5009.139
3	铅（以 Pb 计）	GB 2762	GB 5009.12
4	苯甲酸及其钠盐（以苯甲酸计）	GB 2760	GB 5009.28
5	山梨酸及其钾盐（以山梨酸计）	GB 2760	GB 5009.28
6	防腐剂混合使用时各自用量占其最大使用量的比例之和	GB 2760	/
7	糖精钠（以糖精计）	GB 2760	GB 5009.28
8	安赛蜜	GB 2760	GB/T 5009.140
9	甜蜜素（以环己基氨基磺酸计）	GB 2760	GB 5009.97

2.6 固体饮料检验项目

详见表2-6-8。

表2-6-8 固体饮料检验项目

序号	检验项目	依据法律法规或标准	检测方法
1	蛋白质 [a]	产品明示标准及质量要求	GB 5009.5
2	铅（以 Pb 计）	GB 2762	GB 5009.12
3	赭曲霉毒素 A [b]	GB 2761	GB 5009.96
4	苯甲酸及其钠盐（以苯甲酸计）	GB 2760	GB 5009.28
5	山梨酸及其钾盐（以山梨酸计）	GB 2760	GB 5009.28
6	防腐剂混合使用时各自用量占其最大使用量的比例之和	GB 2760	/

第二篇 食品的分类检测

续表

序号	检验项目	依据法律法规或标准	检测方法
7	糖精钠（以糖精计）	GB 2760	GB 5009.28
8	安赛蜜	GB 2760	GB/T 5009.140
9	甜蜜素（以环己基氨基磺酸计）	GB 2760	GB 5009.97
10	合成着色剂（柠檬黄、日落黄、苋菜红、胭脂红、诱惑红、亮蓝）c	GB 2760	GB 5009.35 SN/T 1743

注：a. 仅蛋白固体饮料检测；b. 仅速溶咖啡检测；c. 视产品具体色泽而定。

2.7 其他饮料检验项目

详见表2-6-9。

表2-6-9 其他饮料检验项目

序号	检验项目	依据法律法规或标准	检测方法
1	铅（以Pb计）	GB 2762	GB 5009.12
2	苯甲酸及其钠盐（以苯甲酸计）	GB 2760	GB 5009.28
3	山梨酸及其钾盐（以山梨酸计）	GB 2760	GB 5009.28
4	脱氢乙酸及其钠盐（以脱氢乙酸计）	GB 2760	GB 5009.121
5	防腐剂混合使用时各自用量占其最大使用量的比例之和	GB 2760	/
6	糖精钠（以糖精计）	GB 2760	GB 5009.28
7	安赛蜜	GB 2760	GB/T 5009.140
8	甜蜜素（以环己基氨基磺酸计）	GB 2760	GB 5009.97
9	合成着色剂（赤藓红、苋菜红、新红、胭脂红、诱惑红、柠檬黄、日落黄、亮蓝）a	GB 2760	GB 5009.35 SN/T 1743

注：a. 视产品具体色泽而定。

3 通常重点关注检测指标

饮料中通常重点关注的指标为：包装饮用水中铜绿假单胞菌；也存在超范围、超限量使用食品添加剂等情况，如甜蜜素、脱氢乙酸、苯甲酸、安赛蜜等。

起草人：夏玉吉（四川省食品药品检验检测院）

复核人：黄 瑛（四川省食品药品检验检测院）

第七章
方便食品

1　分类

方便食品包括方便面、调味面制品和其他方便食品。其中方便面包括油炸方便面、非油炸方便面、方便米粉（米线）和方便粉丝；其他方便食品包括冲调类方便食品、主食类方便食品和其他方便食品。

1.1　方便面

方便面以小麦粉或其他谷物粉、淀粉等为主要原料，添加或不添加辅料，经加工制成的面饼，添加或不添加方便调料的面条类预包装方便食品，包括油炸方便面和非油炸方便面。油炸方便面：采用油炸工艺干燥的方便面，包括泡面、干吃面和煮面。非油炸方便面：采用除油炸以外的其他工艺（如微波、真空和热风等）干燥的方便面，包括泡面、干吃面和煮面。方便米粉（米线）：以大米为主要原料，添加或不添加辅料，经加工制成的多种形式的米粉（米线）制品，添加或不添加方便调料的预包装方便食品。方便粉丝：以薯类、豆类、谷类淀粉为主要原料，添加或不添加辅料，经加工制成的粉丝饼，添加或不添加方便调料的预包装方便食品。

1.2　调味面制品

调味面制品以小麦粉和/或其他谷物粉等为主要原料，添加或不添加辅料，经配料、挤压熟制、成型、调味、包装等工艺加工而成的食品。

1.3　其他方便食品

冲调类方便食品：部分或完全熟制，不经烹调或仅需简单加热、冲调就能食用，经原辅料处理、熟制（或部分原料熟制）、成型或粉碎、干燥（或不经干燥）、混合、包装等过程制成的方便食品。如麦片、芝麻糊、莲子羹、藕粉、杂豆糊、粥等。主食类方便食品：部分或完全熟制，不经烹调或仅需简单加热就能食用，经原辅料处理、调粉（或不经调粉）、成型（或不经成型）、熟制、干燥（非脱水干燥产品除外）、冷却、包装等过程制成的方便食品。如方便米饭、方便粥、方便湿面等。其他方便食品为除方便面、主食类方便食品和冲调类方便食品以外的部分或完全熟制，不经烹调或仅需简单加热就能食用的方便食品。

2　检验指标

2.1　方便面检验项目

详见表2-7-1。

表2-7-1　方便面检验项目[a]

序号	检验项目	依据法律法规或标准	检测方法
1	酸价（以脂肪计）[b]	GB 17400	GB 5009.229
2	过氧化值（以脂肪计）[b]	GB 17400	GB 5009.227
3	铅（以 Pb 计）	GB 2762	GB 5009.12
4	苯甲酸及其钠盐（以苯甲酸计）[c]	GB 2760	GB 5009.28
5	山梨酸及其钾盐（以山梨酸计）[c]	GB 2760	GB 5009.28
6	水分	GB 17400	GB 5009.3

注：a. 对于含有调料包（含粉、酱、油、菜等调料包）的产品，铅（以 Pb 计）、菌落总数、大肠菌群、沙门菌、金黄色葡萄球菌项目检测时将面饼或米线、粉丝与调料包充分混合后进行检测；b. 仅油炸面面饼检测；c. 仅调味酱包检测。

2.2　调味面制品检验项目

详见表2-7-2。

表2-7-2　调味面制品检验项目[a]

序号	检验项目	依据法律法规或标准	检测方法
1	酸价（以脂肪计）[b]	产品明示标准及质量要求	GB 5009.229
2	过氧化值（以脂肪计）[b]	产品明示标准及质量要求	GB 5009.227
3	铅（以 Pb 计）	GB 2762	GB 5009.12
4	苯甲酸及其钠盐（以苯甲酸计）	GB 2760	GB 5009.28
5	山梨酸及其钾盐（以山梨酸计）	GB 2760	GB 5009.28
6	糖精钠（以糖精计）[c]	GB 2760	GB 5009.28
7	脱氢乙酸及其钠盐（以脱氢乙酸计）	GB 2760	GB 5009.121
8	富马酸二甲酯	食品整治办〔2009〕5 号	NY/T 1723
9	苏丹红Ⅰ、苏丹红Ⅱ、苏丹红Ⅲ、苏丹红Ⅳ	整顿办函〔2011〕1 号	GB/T 19681

注：a. 对于含有调料包（含粉、酱、油等调料包）的产品，依据产品明示标准规定检测；b. 适用于配料中添加油脂的产品；c. 配料中含甜味剂或食糖等，或者呈甜味的食品检测。

2.3　冲调类方便食品、主食类方便食品、其他方便食品检验项目

详见表2-7-3

表2-7-3　冲调类方便食品、主食类方便食品、其他方便食品检验项目[a]

序号	检验项目	依据法律法规或标准	检测方法
1	酸价（以脂肪计）[b]	产品明示标准及质量要求	GB 5009.229
2	过氧化值（以脂肪计）[b]	产品明示标准及质量要求	GB 5009.227

续表

序号	检验项目	依据法律法规或标准	检测方法
3	铅（以 Pb 计）	GB 2762	GB 5009.12
4	黄曲霉毒素 B_1[c]	GB 2761	GB 5009.22
5	苯甲酸及其钠盐（以苯甲酸计）	GB 2760	GB 5009.28
6	山梨酸及其钾盐（以山梨酸计）	GB 2760	GB 5009.28
7	糖精钠（以糖精计）[d]	GB 2760	GB 5009.28

注：a. 对于含有调料包（含粉、酱、油、菜等调料包）的产品，依据产品明示标准规定检测；b. 适用于含油脂、坚果仁类、肉类产品检测；c. 冲调类方便食品（限玉米制品、花生制品、以谷物为主的冲调谷物制品）检测；d. 配料中含甜味剂或食糖等，或者呈甜味的食品检测。

3　通常重点关注检测指标

方便食品中通常重点关注的指标为：菌落总数、大肠菌群、霉菌、脱氢乙酸、山梨酸等。

起草人：伍雯雯（四川省食品药品检验检测院）

复核人：黄　瑛（四川省食品药品检验检测院）

第八章
饼　干

1　分类

饼干按其加工工艺的不同，可分为：酥性饼干、韧性饼干、发酵饼干、压缩饼干、曲奇饼干、夹心（或注心）饼干、威化饼干、蛋圆饼干、蛋卷、煎饼、装饰饼干、水泡饼干及其他饼干。

1.1　酥性饼干

酥性饼干是指以小麦粉、糖、油脂为主要原料，加入膨松剂和其他辅料，经冷粉工艺调粉、辊压或不辊压、成型、烘烤制成的表面花纹多为凸花，断面结构呈多孔状组织，口感酥松或松脆的饼干。

1.2　韧性饼干

韧性饼干是指以小麦粉、糖（或无糖）、油脂为主要原料，加入膨松剂、改良剂及其他辅料，经热粉工艺调粉、辊压成型烘烤制成的表面花纹多为凹花，外观光滑，表面平整，一般有针眼，断面有层次，口感松脆的饼干。

1.3　发酵饼干

发酵饼干是指以小麦粉、油脂为主要原料，酵母为膨松剂，加入各种辅料，经调粉、发酵、辊压、叠层、成型、烘烤制成的酥松或松脆，具有发酵制品特有香味的饼干。

1.4　压缩饼干

压缩饼干是指以小麦粉、糖、油脂、乳制品为主要原料，加入其他辅料，经冷粉工艺调粉、辊印、烘烤成饼坯后，再经粉碎、添加油脂、糖、营养强化剂或再加入其他干果、肉松、乳制品等，拌和、压缩制成的饼干。

1.5　曲奇饼干

曲奇饼干是指以小麦粉、糖、糖浆、油脂、乳制品为主要原料，加入膨松剂及其他辅料，经冷粉工艺调粉、采用挤注或挤条、钢丝切割或辊印方法中的一种形式成型、烘烤制成的具有立体花纹或表面有规则波纹的饼干。

1.6　夹心（或注心）饼干

夹心（或注心）饼干是指在饼干单片之间（或饼干空心部分）添加糖、油脂、乳制品、巧克力酱各种复合调味酱或果酱等夹心料而制成的饼干。

1.7　威化饼干

威化饼干是指以小麦粉（或糯米粉）、淀粉为主要原料，加入乳化剂、膨松剂等辅料，经调浆、浇注、烘烤制成多孔状片子，通常在片子之间添加糖、油脂等夹心料的两层或多层的饼干。

1.8　蛋圆饼干

蛋圆饼干是指以小麦粉、糖、鸡蛋为主要原料，加入膨松剂、香精等辅料，经搅打、调浆、挤注、烘烤制成的饼干。

1.9　蛋卷

蛋卷是指以小麦粉、糖、鸡蛋为主要原料，添加或不添加油脂，加入膨松剂、改良剂及其他辅料，经调浆、浇注或挂浆烘烤卷制而成的蛋卷。

1.10　煎饼

煎饼是指以小麦粉（可添加糯米粉、淀粉等）、糖、鸡蛋为主要原料，添加或不添加油脂，加入膨松剂、改良剂及其他辅料，经调浆或调粉、浇注或挂浆、煎烤制成的饼干。

1.11　装饰饼干

装饰饼干是指在饼干表面涂布巧克力酱、果酱等辅料或喷撒调味料或裱粘糖花而制成的表面有涂层、线条或图案的饼干。

1.12　水泡饼干

水泡饼干是指以小麦粉、糖、鸡蛋为主要原料，加入膨松剂，经调粉、多次辊压、成型、热水烫漂、冷水浸泡、烘烤制成的具有浓郁蛋香味的疏松、轻质的饼干。

2　检测指标

饼干产品检验项目详见表2-8-1。

表2-8-1　饼干产品检验项目

序号	检验项目	依据法律法规或标准	检测方法
1	酸价（以脂肪计）[a]	GB 7100	GB 5009.229
2	过氧化值（以脂肪计）[a]	GB 7100	GB 5009.227
3	铅（以Pb计）	GB 2762	GB 5009.12
4	苯甲酸及其钠盐（以苯甲酸计）	GB 2760	GB 5009.28
5	山梨酸及其钾盐（以山梨酸计）	GB 2760	GB 5009.28
6	糖精钠（以糖精计）	GB 2760	GB 5009.28
7	甜蜜素（以环己基氨基磺酸计）	GB 2760	GB 5009.97
8	铝的残留量（干样品，以Al计）	GB 2760	GB 5009.182
9	二氧化硫残留量	GB 2760	GB 5009.34
10	三氯蔗糖	GB 2760	GB 22255
11	脱氢乙酸	GB 2760	GB 5009.121

注：a.仅适用于配料中添加油脂的产品。

3 通常重点关注检测指标

饼干产品中通常重点关注的指标为：酸价、过氧化值、菌落总数、大肠菌群、霉菌及防腐剂、着色剂等。

起草人：罗　玥（四川省食品药品检验检测院）

复核人：岳清洪（四川省食品药品检验检测院）

第二篇　食品的分类检测

第九章
罐　头

1　分类

罐头产品是指以水果、蔬菜、食用菌、畜禽肉、水产动物等为原料，经加工处理、装罐、密封、加热杀菌等工序加工而成的商业无菌的罐装食品。包括畜禽肉类罐头、水产动物类罐头、水果类罐头、蔬菜类罐头、食用菌罐头以及其他罐头。

1.1　畜禽肉类罐头

畜禽肉类罐头是指以畜、禽肉为主要原料，经处理、分选、修整、烹调（或不经烹调）、装罐（包括马口铁罐、玻璃罐、复合薄膜袋或其他包装材料容器）、密封、杀菌、冷却而制成的具有一定真空度的罐装食品。如红烧猪肉罐头、午餐肉罐头等。

1.2　水产动物类罐头

水产动物类罐头是指鲜（冻）鱼或其他动物性水产品经处理、分选、修整、加工、装罐（包括马口铁罐、玻璃罐、复合薄膜袋或其他包装材料容器）、密封、杀菌、冷却而制成的具有一定真空度的罐装食品。如豆豉鲮鱼罐头、凤尾鱼罐头、鲍鱼罐头、蚝罐头等。

1.3　水果类罐头

水果类罐头是指以水果为原料，经加工处理、排气、密封、加热杀菌、冷却等工序加工而成的罐装食品（包括玻璃瓶、金属罐、软包装形式）。如糖水桔子罐头、糖水黄桃罐头、果酱罐头等。

1.4　蔬菜类罐头

蔬菜类罐头是指以蔬菜为原料，经加工处理、排气、密封、加热杀菌、冷却等工序加工而成的罐装食品（包括玻璃瓶、金属罐、软包装形式）。如黄瓜罐头、清水笋罐头、番茄酱罐头、莲藕罐头、玉米笋罐头、酸甜藠头等。

1.5　食用菌罐头

食用菌罐头是指以食用菌为原料，经加工处理、排气、密封、加热杀菌、冷却等工序加工而成的罐装食品（包括玻璃瓶、金属罐、软包装形式）。如金针菇罐头、蘑菇罐头、糖水银耳罐头、虫草花罐头等。

1.6　其他罐头

其他罐头包括坚果与籽类罐头、杂粮罐头、豆类罐头、汤类罐头、混合类罐头、调味类罐头、蛋类罐头和其他类罐头。如八宝粥罐头、开心果罐头、红腰豆罐头、柱候酱罐头、全羊汤罐头、玉米罐头、芦荟罐头、龟苓膏罐头、鹌鹑蛋罐头等。

2 检测指标

2.1 畜禽肉类罐头检验项目

详见表2-9-1。

表2-9-1 畜禽肉类罐头检验项目

序号	检验项目	依据法律法规或标准	检测方法
1	总砷（以As计）	GB 2762	GB 5009.11 GB 5009.268
2	铅（以Pb计）	GB 2762	GB 5009.12
3	镉（以Cd计）	GB 2762	GB 5009.15 GB 5009.268
4	铬（以Cr计）	GB 2762	GB 5009.123 GB 5009.268
5	脱氢乙酸及其钠盐（以脱氢乙酸计）	GB 2760	GB 5009.121
6	苯甲酸及其钠盐（以苯甲酸计）	GB 2760	GB 5009.28
7	山梨酸及其钾盐（以山梨酸计）	GB 2760	GB 5009.28
8	糖精钠（以糖精计）	GB 2760	GB 5009.28
9	亚硝酸盐（以亚硝酸钠计）	GB 2760	GB 5009.33
10	防腐剂混合使用时各自用量占其最大使用量的比例之和	GB 2760	/

2.2 水产动物类罐头检验项目

详见表2-9-2。

表2-9-2 水产动物类罐头检验项目

序号	检验项目	依据法律法规或标准	检测方法
1	组胺[ac]	GB 14939 GB 7098-2015	GB 5009.208
2	无机砷（以As计）	GB 2762	GB 5009.11 GB 5009.268
3	铅（以Pb计）	GB 2762	GB 5009.12
4	镉（以Cd计）[b]	GB 2762	GB 5009.15 GB 5009.268
5	甲基汞（以Hg计）	GB 2762	GB 5009.17 GB 5009.268

续表

序号	检验项目	依据法律法规或标准	检测方法
6	铬（以 Cr 计）	GB 2762	GB 5009.123 GB 5009.268
7	脱氢乙酸及其钠盐 （以脱氢乙酸计）	GB 2760	GB 5009.121
8	苯甲酸及其钠盐（以苯甲酸计）	GB 2760	GB 5009.28
9	山梨酸及其钾盐（以山梨酸计）	GB 2760	GB 5009.28
10	糖精钠（以糖精计）	GB 2760	GB 5009.28
11	乙二胺四乙酸二钠[b]	GB 2760	SN/T 3855

注：a. 鲐鱼罐头，生产日期在2016年11月13日之前但产品明示执行标准为GB 7098的鲹鱼、沙丁鱼罐头，以及生产日期在2016年11月13日（含）之后的鲹鱼、沙丁鱼罐头检测组胺指标；b. 限鱼类罐头检测；c. 生产日期在2016年11月13日之前的鱼类罐头按GB 14939判定；生产日期在2016年11月13日之前但产品明示执行标准为GB 7098的产品和生产日期在2016年11月13日（含）之后的产品按GB 7098-2015判定。

2.3　水果类罐头检验项目

详见表2-9-3。

表2-9-3　水果类罐头检验项目

序号	检验项目	依据法律法规或标准	检测方法
1	铅（以 Pb 计）	GB 2762	GB 5009.12
2	锡（以 Sn 计）[a]	GB 2762	GB 5009.16 GB 5009.268
3	展青霉素[b]	GB 2761	GB 5009.185
4	二氧化硫残留量	GB 2760	GB 5009.34
5	合成着色剂（柠檬黄、日落黄、苋菜红、胭脂红、 赤藓红、诱惑红、亮蓝、靛蓝）[c]	GB 2760	GB/T 21916
6	脱氢乙酸及其钠盐 （以脱氢乙酸计）	GB 2760	GB 5009.121
7	苯甲酸及其钠盐（以苯甲酸计）	GB 2760	GB 5009.28
8	山梨酸及其钾盐（以山梨酸计）	GB 2760	GB 5009.28
9	糖精钠（以糖精计）	GB 2760	GB 5009.28
10	甜蜜素（以环己基氨基磺酸计）	GB 2760	GB 5009.97
11	三氯蔗糖	GB 2760	GB 22255
12	阿斯巴甜[d]	GB 2760	GB 5009.263

注：a. 限采用镀锡薄板容器包装的罐头检测；b. 限以苹果、山楂为原料的罐头检测；c. 视产品具体色泽而定；d. 限2015年5月24日后（含）生产的产品检测。

2.4 蔬菜类罐头检验项目

详见表2-9-4。

表2-9-4 蔬菜类罐头检验项目

序号	检验项目	依据法律法规或标准	检测方法
1	铅（以Pb计）	GB 2762	GB 5009.12
2	二氧化硫残留量[a]	GB 2760	GB 5009.34
3	脱氢乙酸及其钠盐（以脱氢乙酸计）	GB 2760	GB 5009.121
4	苯甲酸及其钠盐（以苯甲酸计）	GB 2760	GB 5009.28
5	山梨酸及其钾盐（以山梨酸计）	GB 2760	GB 5009.28
6	糖精钠（以糖精计）	GB 2760	GB 5009.28
7	三氯蔗糖	GB 2760	GB 22255
8	阿斯巴甜[b]	GB 2760	GB 5009.263
9	乙二胺四乙酸二钠[c]	GB 2760	GB 5009.278

注：a. 以葱、洋葱、蒜为主要原料的产品不检测；b. 限2015年5月24日后（含）生产的产品检测；c. 限腌渍的蔬菜罐头检测。

2.5 食用菌罐头检验项目

详见表2-9-5。

表2-9-5 食用菌罐头检验项目

序号	检验项目	依据法律法规或标准	检测方法
1	总砷（以As计）[a]	GB 2762	GB 5009.11 GB 5009.268
2	铅（以Pb计）[a]	GB 2762	GB 5009.12
3	镉（以Cd计）[ab]	GB 2762	GB 5009.15 GB 5009.268
4	总汞（以Hg计）[a]	GB 2762	GB 5009.17 GB 5009.268
5	二氧化硫残留量	GB 2760	GB 5009.34
6	脱氢乙酸及其钠盐（以脱氢乙酸计）	GB 2760	GB 5009.121
7	苯甲酸及其钠盐（以苯甲酸计）	GB 2760	GB 5009.28
8	山梨酸及其钾盐（以山梨酸计）	GB 2760	GB 5009.28
9	乙二胺四乙酸二钠[c]	GB 2760	SN/T 3855

注：a. 松茸制品不检测；b. 姬松茸制品不检测；c. 限金针菇罐头检测。

2.6 其他罐头检验项目

详见表2-9-6。

表2-9-6 其他罐头检验项目[a]

序号	检验项目	依据法律法规或标准	检测方法
1	铅（以 Pb 计）	GB 2762 产品明示标准及质量要求	GB 5009.12
2	黄曲霉毒素 B$_1$[b]	GB 2761	GB 5009.22
3	二氧化硫残留量[c]	GB 2760	GB 5009.34
4	脱氢乙酸及其钠盐 （以脱氢乙酸计）	GB 2760	GB 5009.121
5	苯甲酸及其钠盐（以苯甲酸计）	GB 2760	GB 5009.28
6	山梨酸及其钾盐（以山梨酸计）	GB 2760	GB 5009.28
7	糖精钠（以糖精计）	GB 2760	GB 5009.28
8	三氯蔗糖	GB 2760	GB 22255
9	阿斯巴甜[d]	GB 2760	GB 5009.263
10	乙二胺四乙酸二钠[e]	GB 2760	GB 5009.278

注：a. 对于盒饭罐头等内含多个独立包装的复合类产品，依据产品明示标准规定检测；b. 限花生制品、玉米制品检测；c. 以葱、洋葱、蒜为主要原料的产品不检测；d. 限2015年5月24日后（含）生产的产品检测；e. 限坚果与籽类罐头和八宝粥罐头检测。

3 通常重点关注检测指标

罐头中通常重点关注检测指标为：脱氢乙酸、山梨酸等防腐剂项目和乙二胺四乙酸二钠项目以及水果类罐头中的甜蜜素、糖精钠等甜味剂项目。

起草人：窦明理（四川省食品药品检验检测院）

复核人：黄 瑛（四川省食品药品检验检测院）

第二篇 食品的分类检测

第十章
冷冻饮品

1 分类

冷冻饮品可分为冰淇淋、雪糕、雪泥、冰棍、食用冰、甜味冰、其他类。

1.1 冰淇淋

分为全乳脂冰淇淋、半乳脂冰淇淋、植脂冰淇淋。全乳脂冰淇淋包括清型全乳脂冰淇淋、组合型全乳脂冰淇淋。半乳脂冰淇淋包括清型半乳脂冰淇淋、组合型半乳脂冰淇淋。植脂冰淇淋包括清型植脂冰淇淋、组合型植脂冰淇淋。

1.2 雪糕

分为清型雪糕、组合型雪糕。

1.3 雪泥类

含冰霜类。包括清型雪泥和组合型雪泥两类。

1.4 冰棍类

含棒冰类包括清型冰棍、组合型冰棍。

1.5 甜味冰类

以饮用水、食糖等为主要原料，可添加适量食品添加剂，经混合、灭菌、灌装、硬化等工艺制成的冷冻饮品。如甜橙味甜味冰、菠萝味甜味冰等。

1.6 食用冰类

以饮用水为原料，经灭菌、注模、冻结、脱模、包装等工艺制成的冷冻饮品。

1.7 其他类

1.1~1.6未包括的冷冻饮品。

2 检测指标

冷冻饮品检验项目详见表2-10-1。

表2-10-1　冷冻饮品检验项目

序号	检验项目	依据法律法规或标准	检测方法
1	蛋白质[a]	GB/T 31114 GB/T 31119 产品明示标准及质量要求	GB 5009.5
2	铅（以Pb计）	GB 2762	GB 5009.12
3	三聚氰胺[b]	卫生部、工业和信息化部、农业部、工商总局、质检总局公告2011年第10号	GB/T 22388
4	糖精钠（以糖精计）	GB 2760	GB 5009.28
5	甜蜜素（以环己基氨基磺酸计）	GB 2760	GB 5009.97
6	三氯蔗糖	GB 2760	GB 22255

注：a. 仅冰淇淋、雪糕检测；b. 仅含乳冷冻饮品检测。

3　通常重点关注检测指标

冷冻饮品中通常重点关注的指标为：菌落总数和大肠菌群。

起草人：刘议夆（四川省食品药品检验检测院）

复核人：闵宇航（四川省食品药品检验检测院）

第二篇　食品的分类检测

第十一章
速冻食品

1 分类

速冻食品包括速冻面米食品、速冻谷物食品、速冻肉制品、速冻水产制品、速冻蔬菜制品、速冻水果制品。

1.1 速冻面米食品

以小麦粉、大米、杂粮等谷物为主要原料，或同时配以肉、禽、蛋、水产品、蔬菜、果料、糖、油、调味品等单一或多种配料为馅料，经加工成型（或熟制）、速冻而成的食品。根据加工方式可分为生制品（产品冻结前未经加热成熟的制品）和熟制品（产品冻结前经加热成熟的非即食制品），包括速冻水饺、汤圆元宵、馄饨、包子、花卷、馒头、南瓜饼、八宝饭等。

1.2 速冻谷物食品

以玉米等谷物为主要原料，经加工（或熟制）、速冻而成的食品。根据加工方式可分为生制品（产品冻结前未经加热成熟的制品）和熟制品（产品冻结前经加热成熟的非即食制品），包括速冻玉米等。

1.3 速冻调理肉制品

以畜禽肉及其制品为主要原料，配以辅料（含食品添加剂），经调味制作加工，采用速冻工艺（产品热中心温度≤-18℃），在低温状态下贮存、运输和销售的食品。

1.4 速冻水产制品

以整只或切割的动物性水产品为主要原料，经处理后，配以辅料（含食品添加剂）调味，加热或不加热、冷却或不冷却、速冻等工序的包装食品。在≤-18℃的条件下贮存和≤-15℃条件下销售。

1.5 速冻蔬菜制品

以蔬菜为主要原料，经相应的加工处理后，采用速冻工艺加工包装并在冻结条件下贮存、运输及销售的食品，如速冻豇豆、速冻豌豆、速冻黄瓜、速冻甜椒等。

1.6 速冻水果

以水果为主要原料，经相应的加工处理后，采用速冻工艺加工包装并在冻结条件下贮存、运输及销售的食品。产品包括速冻樱桃、速冻蔓越莓、速冻草莓、速冻梨丁、速冻荔枝肉、速冻树莓、速冻黄桃条、速冻哈密瓜等。

2　检测指标

2.1　速冻面米食品检验项目

详见表2-11-1。

表2-11-1　速冻面米食品检验项目[a]

序号	检验项目	依据法律法规或标准	检测方法
1	过氧化值（以脂肪计）[b]	GB 19295	GB 5009.227
2	铅（以 Pb 计）	GB 2762	GB 5009.12
3	糖精钠（以糖精计）[c]	GB 2760	GB 5009.28
4	菌落总数[d]	GB 19295	GB 4789.2
5	大肠菌群[d]	GB 19295	GB 4789.3 平板计数法
6	沙门菌[d]	GB 29921	GB 4789.4
7	金黄色葡萄球菌[d]	GB 29921	GB 4789.10 第二法

注：a. 若所检产品为含馅制品，则需在皮、馅混合均匀后检测。b. 以动物性食品或坚果类为主要原料馅料的产品检测。c. 配料中含甜味剂、食糖或者呈甜味的食品检测。d. 仅熟制品检测。

2.2　速冻谷物食品检验项目

详见表2-11-2。

表2-11-2　速冻谷物食品检验项目

序号	检验项目	依据法律法规或标准	检测方法
1	铅（以 Pb 计）	GB 2762	GB 5009.12
2	黄曲霉毒素 B_1[a]	GB 2761	GB 5009.22
3	糖精钠（以糖精计）[b]	GB 2760	GB 5009.28
4	沙门菌[c]	GB 29921	GB 4789.4
5	金黄色葡萄球菌[c]	GB 29921	GB 4789.10 第二法

注：a. 限玉米制品。b. 配料中含甜味剂、食糖或者呈甜味的食品检测此项。c. 仅预包装熟制品检测。

2.3　速冻调理肉制品检验项目

详见表2-11-3。

表2-11-3　速冻调理肉制品检验项目

序号	检验项目	依据法律法规或标准	检测方法
1	过氧化值（以脂肪计）	SB/T 10379 产品明示标准及质量要求	GB 5009.227
2	铅（以 Pb 计）	GB 2762	GB 5009.12

序号	检验项目	依据法律法规或标准	检测方法
3	镉（以 Cd 计）	GB 2762	GB 5009.15
4	总砷（以 As 计）	GB 2762	GB 5009.11
5	脱氢乙酸及其钠盐（以脱氢乙酸计）	GB 2760	GB 5009.121
6	氯霉素	整顿办函〔2011〕1号	GB/T 22338

2.4 速冻水产制品检验项目

详见表2-11-4。

表2-11-4 速冻水产制品检验项目

序号	检验项目	依据法律法规或标准	检测方法
1	过氧化值（以脂肪计）	SB/T 10379 产品明示标准及质量要求	GB 5009.227
2	铅（以 Pb 计）	GB 2762	GB 5009.12
3	镉（以 Cd 计）[a]	GB 2762	GB 5009.15
4	甲基汞（以 Hg 计）	GB 2762	GB 5009.17
5	无机砷（以 As 计）	GB 2762	GB 5009.11
6	N- 二甲基亚硝胺	GB 2762	GB 5009.26
7	苯甲酸及其钠盐（以苯甲酸计）	GB 2760	GB 5009.28
8	山梨酸及其钾盐（以山梨酸计）	GB 2760	GB 5009.28

注：a. 仅限鱼类产品检测。

2.5 速冻蔬菜制品检验项目

详见表2-11-5。

表2-11-5 速冻蔬菜制品检验项目

序号	检验项目	依据法律法规或标准	检测方法
1	铅（以 Pb 计）	GB 2762	GB 5009.12
2	苯甲酸及其钠盐（以苯甲酸计）	GB 2760	GB 5009.28
3	山梨酸及其钾盐（以山梨酸计）	GB 2760	GB 5009.28
4	糖精钠（以糖精计）	GB 2760	GB 5009.28
5	二氧化硫残留量[a]	GB 2760	GB 5009.34

注：a. 以葱、洋葱、蒜为主要原料的产品不检测。

2.6 速冻水果制品检验项目

详见表2-11-6。

表2-11-6　速冻水果制品检验项目

序号	检验项目	依据法律法规或标准	检测方法
1	铅（以 Pb 计）	GB 2762	GB 5009.12
2	苯甲酸及其钠盐（以苯甲酸计）[a]	GB 2760	GB 5009.28
3	山梨酸及其钾盐（以山梨酸计）	GB 2760	GB 5009.28
4	糖精钠（以糖精计）	GB 2760	GB 5009.28
5	菌落总数	产品明示标准及质量要求	GB 4789.2
6	大肠菌群	产品明示标准及质量要求	GB 4789.3 GB/T 4789.3-2003
7	沙门菌[b]	GB 29921	GB 4789.4
8	金黄色葡萄球菌[b]	GB 29921	GB 4789.10 第二法
9	大肠埃希氏菌 O157：H7[c]	GB 29921	GB 4789.36

注：a. 速冻蔓越莓不检测。b. 限即食预包装食品。c. 限生食预包装食品。

3　通常重点关注指标

通常需要重点关注的指标如下：大肠菌群、菌落总数、铅、糖精钠、山梨酸及其钾盐、苯甲酸及其钠盐、过氧化值。

起草人：陈　煜（山西省食品药品检验所）

复核人：余晓琴（四川省食品药品检验检测院）

第十二章
薯类及膨化食品

1 分类

1.1 膨化食品

膨化食品分为含油型膨化食品和非含油型膨化食品等。含油型膨化食品：用食用油脂煎炸或产品中添加和（或）喷洒食用油脂的膨化食品。非含油型膨化食品：产品中不添加或不喷洒食用油脂的膨化食品。

1.2 薯类食品

薯类食品包括干制薯类、冷冻薯类、薯泥（酱）类、薯粉类、其他薯类食品等。

干制薯类：以薯类为原料，经去皮（或不去皮）、切分成型，添加或不添加辅料，经蒸煮或烘烤、成型、干制而成的薯类制品。切片型马铃薯片：马铃薯经清洗、去皮、切片、油炸或烘烤、添加调味料制成的马铃薯片。复合型马铃薯片：以脱水马铃薯为主要原料，添加食用淀粉、谷粉、食品添加剂等辅料，经混合、蒸煮、成型、油炸或烘烤、调味制成的马铃薯片。

冷冻薯类：以新鲜薯类为原料，经去皮（或不去皮）、切分成型后，经漂烫或用食用植物油炸熟，再经冷冻而制成的产品。

薯泥（酱）类：以马铃薯、甘薯等薯类为主要原料，经清洗去皮（或不去皮）、蒸煮、磨酱，添加调味料、食品添加剂等辅料制作而成的酱类产品。

薯粉类：以薯类为原料，经蒸煮（或不蒸煮）、干燥、粉碎而制成的粉状产品。

其他薯类：上面几类未包括的薯类食品。

2 检测指标

2.1 膨化食品检验项目

详见表2-12-1。

表2-12-1 膨化食品检验项目

序号	检验项目	依据法律法规或标准	检测方法
1	水分	GB 17401 产品明示标准及质量要求	GB 5009.3
2	酸价（以脂肪计）[a]	GB 17401 产品明示标准及质量要求	GB 5009.229
3	过氧化值（以脂肪计）[a]	GB 17401 产品明示标准及质量要求	GB 5009.227

续表

序号	检验项目	依据法律法规或标准	检测方法
4	糖精钠（以糖精计）	GB 2760	GB 5009.28
5	苯甲酸及其钠盐（以苯甲酸计）	GB 2760	GB 5009.28
6	山梨酸及其钾盐（以山梨酸计）	GB 2760	GB 5009.28
7	铅（以 Pb 计）	GB 2762	GB 5009.12
8	黄曲霉毒素 B_1 [b]	GB 2761	GB 5009.22
9	菌落总数	GB 17401 产品明示标准及质量要求	GB 4789.2
10	大肠菌群	GB 17401 产品明示标准及质量要求	GB 4789.3 平板计数法
11	沙门菌 [c]	GB 29921	GB 4789.4
12	金黄色葡萄球菌 [c]	GB 29921	GB 4789.10 第二法

注：a. 限含油型产品检测。b. 限以玉米为原料的产品检测。c. 仅限预包装食品检测。

2.2 干制薯类（马铃薯片）检验项目

详见表2-12-2。

表2-12-2 干制薯类（马铃薯片）检验项目

序号	检验项目	依据法律法规或标准	检测方法
1	酸价（以脂肪计）[a]	QB/T 2686 产品明示标准及质量要求	GB 5009.229
2	过氧化值（以脂肪计）[a]	QB/T 2686 产品明示标准及质量要求	GB 5009.227
3	糖精钠（以糖精计）	GB 2760	GB 5009.28
4	苯甲酸及其钠盐（以苯甲酸计）	GB 2760	GB 5009.28
5	山梨酸及其钾盐（以山梨酸计）	GB 2760	GB 5009.28
6	铅（以 Pb 计）	GB 2762	GB 5009.12
7	菌落总数	QB/T 2686 产品明示标准及质量要求	GB 4789.2
8	大肠菌群	QB/T 2686 产品明示标准及质量要求	GB/T 4789.3—2003 GB 4789.3
9	沙门菌 [b]	GB 29921	GB 4789.4
10	金黄色葡萄球菌 [b]	GB 29921	GB 4789.10 第二法

注：a. 限含油型产品检测。b. 仅限预包装食品。

2.3 干制薯类（除马铃薯片外）检验项目

详见表2-12-3。

表2-12-3 干制薯类（除马铃薯片外）检验项目

序号	检验项目	依据法律法规或标准	检测方法
1	二氧化硫残留量	GB 2760	GB 5009.34
2	铅（以 Pb 计）	GB 2762	GB 5009.12
3	沙门菌 [a]	GB 29921	GB 4789.4
4	金黄色葡萄球菌 [a]	GB 29921	GB 4789.10 第二法

注：a. 仅限熟制预包装食品。

2.4 冷冻薯类检验项目

详见表2-12-4。

表2-12-4 冷冻薯类检验项目

序号	检验项目	依据法律法规或标准	检测方法
1	铅（以 Pb 计）	GB 2762	GB 5009.12
2	沙门菌 [a]	GB 29921	GB 4789.4
3	金黄色葡萄球菌 [a]	GB 29921	GB 4789.10 第二法

注：a. 仅限熟制预包装食品。

2.5 薯泥（酱）类检验项目

详见表2-12-5。

表2-12-5 薯泥（酱）类检验项目

序号	检验项目	依据法律法规或标准	检测方法
1	山梨酸及其钾盐（以山梨酸计）	GB 2760	GB 5009.28
2	苯甲酸及其钠盐（以苯甲酸计）	GB 2760	GB 5009.28
3	铅（以 Pb 计）	GB 2762	GB 5009.12
4	沙门菌 [a]	GB 29921	GB 4789.4
5	金黄色葡萄球菌 [a]	GB 29921	GB 4789.10 第二法
6	商业无菌 [b]	产品明示标准及质量要求	GB 4789.26

注：a. 仅限熟制预包装食品。b. 仅限罐头工艺产品。

2.6 薯粉类检验项目

详见表2-12-6。

表2-12-6　薯粉类检验项目

序号	检验项目	依据法律法规或标准	检测方法
1	二氧化硫残留量 [a]	GB 2760	GB 5009.34
2	铅（以 Pb 计）	GB 2762	GB 5009.12
3	沙门菌 [b]	GB 29921	GB 4789.4
4	金黄色葡萄球菌 [b]	GB 29921	GB 4789.10 第二法

注：a. 仅限魔芋粉。b. 仅限熟制预包装食品。

2.7 其他类检验项目

详见表2-12-7。

表2-12-7　其他类检验项目

序号	检验项目	依据法律法规或标准	检测方法
1	铅（以 Pb 计）	GB 2762	GB 5009.12
2	沙门菌 [a]	GB 29921	GB 4789.4
3	金黄色葡萄球菌 [a]	GB 29921	GB 4789.10 第二法

注：a. 仅限熟制预包装食品。

3 通常重点关注检测指标

通常需要重点关注的指标如下：二氧化硫残留量、酸价、大肠菌群、菌落总数、黄曲霉毒素B_1。

起草人：陈　煜（山西省食品药品检验所）

复核人：余晓琴（四川省食品药品检验检测院）

第二篇 食品的分类检测

第十三章
糖果制品

1 分类

糖果制品包括糖果、巧克力及巧克力制品、果冻。

1.1 糖果

以食糖或糖浆或甜味剂等为主要原料，经相关工艺制成的甜味食品。胶基糖果是以胶基、食糖或糖浆或甜味剂等为主要原料，经相关工艺制成的可咀嚼或可吹泡的糖果。

1.2 巧克力及巧克力制品

包括巧克力、巧克力制品、代可可脂巧克力及代可可脂巧克力制品。

巧克力指以可可制品（可可脂、可可块或可可液块／巧克力浆、可可油饼、可可粉）和（或）白砂糖为主要原料，添加或不添加乳制品、食品添加剂，经特定工艺制成的在常温下保持固体或半固体状态的食品。

巧克力制品指巧克力与其他食品按一定比例，经特定工艺制成的在常温下保持固体或半固体状态的食品。

代可可脂巧克力指以白砂糖、代可可脂等为主要原料（按原始配料计算，代可可脂添加量超过5％），添加或不添加可可制品（可可脂、可可块或可可液块／巧克力浆、可可油饼、可可粉）、乳制品及食品添加剂，经特定工艺制成的在常温下保持固体或半固体状态，并具有巧克力风味和性状的食品。

代可可脂巧克力制品指代可可脂巧克力与其他食品按一定比例，经特定工艺制成的在常温下保持固体或半固体状态的食品。

1.3 果冻

以水、食糖和增稠剂等为原料，经溶胶、调配、灌装、杀菌、冷却等工序加工而成的胶冻食品。包括含乳型果冻、果肉型果冻、果汁型果冻、果味型果冻、其他型果冻等。

2 检测指标

2.1 糖果检验项目

详见表2-13-1。

表2-13-1　糖果检验项目

序号	检验项目	依据法律法规或标准	检测方法
1	铅（以Pb计）	GB 2762	GB 5009.12
2	糖精钠（以糖精计）	GB 2760	GB 5009.28
3	合成着色剂（柠檬黄、苋菜红、胭脂红、日落黄、亮蓝、赤藓红）[a]	GB 2760	GB 5009.35 SN/T 1743
4	相同色泽着色剂混合使用时各自用量占其最大使用量的比例之和	GB 2760	/
5	二氧化硫残留量	GB 2760	GB 5009.34
6	菌落总数	GB 17399	GB 4789.2
7	大肠菌群	GB 17399	GB 4789.3

注：a. 合成着色剂检验项目视具体色泽确定；硬糖、淀粉软糖检验方法采用GB 5009.35，其他糖果检验方法采用SN/T 1743。

2.2　巧克力及巧克力制品检验项目

详见表2-13-2。

表2-13-2　巧克力及巧克力制品检验项目

序号	检验项目	依据法律法规或标准	检测方法
1	铅（以Pb计）	GB 2762	GB 5009.12
2	总砷（以As计）	GB 2762	GB 5009.11
3	山梨酸及其钾盐（以山梨酸计）	GB 2760	GB 5009.28
4	苯甲酸及其钠盐（以苯甲酸计）	GB 2760	GB 5009.28
5	糖精钠（以糖精计）	GB 2760	GB 5009.28
6	二氧化硫残留量	GB 2760	GB 5009.34
7	沙门菌[a]	GB 29921	GB 4789.4

注：a. 限预包装食品检测。

2.3　果冻检验项目

详见表2-13-3。

表2-13-3　果冻检验项目

序号	检验项目	依据法律法规或标准	检测方法
1	铅（以Pb计）	GB 2762	GB 5009.12
2	山梨酸及其钾盐（以山梨酸计）	GB 2760	GB 5009.28
3	苯甲酸及其钠盐（以苯甲酸计）	GB 2760	GB 5009.28
4	糖精钠（以糖精计）	GB 2760	GB 5009.28

第二篇　食品的分类检测

续表

序号	检验项目	依据法律法规或标准	检测方法
5	甜蜜素（以环己基氨基磺酸计）	GB 2760	GB 5009.97
6	二氧化硫残留量	GB 2760	GB 5009.34
7	阿斯巴甜	GB 2760	GB 5009.263
8	三氯蔗糖	GB 2760	GB 22255
9	菌落总数	GB 19299	GB 4789.2
10	大肠菌群	GB 19299	GB 4789.3 平板计数法
11	霉菌	GB 19299	GB 4789.15
12	酵母	GB 19299	GB 4789.15

3　通常重点关注检测指标

通常需要重点关注的检测指标如下：大肠菌群、菌落总数、糖精钠、合成着色剂、二氧化硫残留量。

起草人：陈　煜（山西省食品药品检验所）

复核人：余晓琴（四川省食品药品检验检测院）

第十四章
茶叶及相关制品

1　分类

茶叶及相关制品包括茶叶、含茶制品和代用茶。

1.1　茶叶

主要有绿茶、红茶、乌龙茶、黄茶、白茶、黑茶及其再加工制成的花茶、紧压茶（除GB/T 9833系列标准涉及的紧压茶产品）、袋泡茶等。砖茶主要有黑砖茶、花砖茶、茯砖茶、康砖茶、金尖茶、青砖茶、米砖茶等（即GB/T 9833系列标准涉及的紧压茶产品）。

1.2　含茶制品

包括以茶叶为原料加工的速溶茶类和以茶叶为原料配以各种可食用物质或食用香料等制成的调味茶类（不含茶叶成分的产品不属于含茶制品）。

1.3　代用茶

选用可食用植物的叶、花、果（实）、根茎等为原料加工制作的、采用类似茶叶冲泡（浸泡）方式供人们饮用的产品。叶类产品有桑叶茶、薄荷茶、枸杞叶茶等；花类产品有菊花、茉莉花、桂花、玫瑰花、金银花、玳玳花等；果（实）类（含根茎）产品有大麦茶、枸杞、苦瓜片、胖大海、罗汉果等；混合类是指以植物的叶、花、果（实）、根茎等为原料，按一定比例拼配加工而成的产品。

2　检测指标

2.1　茶叶检验项目

详见表2-14-1。

表2-14-1　茶叶检验项目

序号	检验项目	依据法律法规或标准	检测方法
1	铅（以Pb计）	GB 2762	GB 5009.12
2	苯醚甲环唑	GB 2763	GB/T 5009.218 GB 23200.8 GB 23200.49
3	吡虫啉	GB 2763	参照 GB/T 23379
4	草甘膦	GB 2763	SN/T 1923

续表

序号	检验项目	依据法律法规或标准	检测方法
5	除虫脲	GB 2763	参照 GB/T 5009.147 参照 NY/T 1720
6	哒螨灵	GB 2763	GB/T 23204 SN/T 2432
7	多菌灵	GB 2763	参照 GB/T 20769 参照 NY/T 1453
8	甲氰菊酯	GB 2763	GB/T 23376
9	联苯菊酯	GB 2763	SN/T 1969
10	硫丹	GB 2763	GB/T 5009.19
11	氯氟氰菊酯和高效氯氟氰菊酯	GB 2763	GB/T23376
12	氯氰菊酯和高效氯氰菊酯	GB 2763	GB/T 23204
13	灭多威	GB 2763	参照 NY/T 761
14	噻虫嗪	GB 2763	参照 GB/T 20770
15	噻嗪酮	GB 2763	GB/T23376
16	杀螟丹	GB 2763	参照 GB/T 20769
17	溴氰菊酯	GB 2763	GB/T5009.110
18	滴滴涕	GB 2763	GB/T5009.19
19	吡蚜酮 [a]	GB 2763	GB 23200.13
20	敌百虫 [a]	GB 2763	参照 NY/T 761
21	甲拌磷 [a]	GB 2763	GB/T 23204
22	克百威 [a]	GB 2763	GB 23200.13
23	氯唑磷 [a]	GB 2763	GB/T 23204
24	灭线磷 [a]	GB 2763	GB/T 23204 GB 23200.13
25	水胺硫磷 [a]	GB 2763	GB/T 23204
26	特丁硫磷 [a]	GB 2763	参照 SN/T 3768
27	氧乐果 [a]	GB 2763	GB 23200.13
28	氰戊菊酯和 S– 氰戊菊酯 [a]	GB 2763	GB/T 23204
29	三氯杀螨醇 [a]	GB 2763	GB/T5009.176
30	甲胺磷 [a]	GB 2763	参照 GB/T 20770 参照 NY/T 761
31	啶虫脒 [a]	GB 2763	参照 GB/T 20769

注：a 仅限2017年6月18号及之后生产的产品。

2.2 含茶制品检验项目

详见表2-14-2。

表2-14-2 含茶制品检验项目

序号	检验项目	依据法律法规或标准	检测方法
1	铅（以Pb计）	产品明示标准及质量要求	GB 5009.12
2	六六六 [a]	产品明示标准及质量要求	GB/T 5009.19 GB/T 23204
3	滴滴涕 [a]	产品明示标准及质量要求	GB/T 5009.19 GB/T 23204
4	乙酰甲胺磷	产品明示标准及质量要求	GB/T 5009.103 GB/T 23376
5	杀螟硫磷	产品明示标准及质量要求	GB 23200.8 GB/T 20769 NY/T 761
6	菌落总数 [b]	产品明示标准及质量要求	GB 4789.2
7	大肠菌群 [b]	产品明示标准及质量要求	GB 4789.3 GB/T 4789.3-2003

注：a. 仅限调味茶类。b. 仅限速溶茶类。

2.3 代用茶检验项目

详见表2-14-3。

表2-14-3 代用茶检验项目

序号	检验项目	依据法律法规或标准	检测方法
1	铅（以Pb计）	GB 2762 产品明示标准及质量要求	GB 5009.12
2	二氧化硫 [a]	产品明示标准及质量要求	GB 5009.34
3	敌敌畏 [a]	产品明示标准及质量要求	GB 23200.8 NY/T 761
4	乐果 [a]	产品明示标准及质量要求	GB/T 5009.145 GB/T 20769 NY/T 761
5	六六六总量 [b]	产品明示标准及质量要求	GB/T 5009.19 GB 23200.8 NY/T 761
6	滴滴涕总量 [b]	产品明示标准及质量要求	GB/T 5009.19 GB 23200.8 NY/T 761

注：a. 仅限花、果（实）、根茎、混合类，b. 仅限叶类。

3 通常重点关注指标

通常需要重点关注的检测指标如下：二氧化硫残留量、草甘膦、克百威、氧乐果、滴滴涕。

起草人：陈　煜（山西省食品药品检验所）

复核人：余晓琴（四川省食品药品检验检测院）

第十五章
酒　类

1　分类

酒类包括白酒、黄酒、啤酒、葡萄酒、果酒（发酵型）及其他发酵酒、配制酒、其他蒸馏酒。

1.1　白酒

按产品的发酵工艺分为：固态法白酒、液态法白酒、固液法白酒。按产品的酒精度分为：高度酒、低度酒。按产品的香型分为：浓香型、清香型、米香型、凤香型、豉香型、特香型、芝麻香型、老白干香型、酱香型、兼香型等。

1.2　黄酒

主要包括：黄酒、绍兴酒（绍兴黄酒）等。

1.3　啤酒

按色度分为：淡色啤酒、浓色啤酒、黑色啤酒。按加工工艺分为熟啤酒、生啤酒、鲜啤酒和特种啤酒。特种啤酒主要包括干啤酒、冰啤酒、低醇啤酒、无醇啤酒、小麦啤酒、浑浊啤酒、果蔬类啤酒（包括果蔬汁型和果蔬味型）。

1.4　葡萄酒

按色泽分类可分为白葡萄酒、桃红葡萄酒、红葡萄酒；按含糖量分类可分为干葡萄酒、半干葡萄酒、半甜葡萄酒、甜葡萄酒；按二氧化碳含量分类可分为平静葡萄酒、起泡葡萄酒、高泡葡萄酒、低泡葡萄酒；特种葡萄酒、年份葡萄酒、品种葡萄酒、产地葡萄酒等其他葡萄酒。

1.5　果酒（发酵型）及其他发酵酒

指除啤酒、黄酒、葡萄酒以外的发酵酒，如果酒（发酵型）、清酒、奶酒（发酵型）等。

1.6　配制酒

按浸泡物分类可分为植物类、动物类、动植物类及其他类配制酒，按浸泡用酒基分类可分为以蒸馏酒及食用酒精为酒基的配制酒及以发酵酒为酒基的配制酒。

1.7　其他蒸馏酒

包括白兰地、威士忌、伏特加、朗姆酒、杜松子酒（金酒）、奶酒（蒸馏型）等。

第二篇 食品的分类检测

2 检测指标

2.1 白酒检验项目

详见表2-15-1。

表2-15-1 白酒检验项目

序号	检验项目	依据法律法规或标准	检测方法
1	酒精度	产品明示标准及质量要求	GB 5009.225
2	甲醇	GB 2757	GB 5009.266
3	氰化物（以HCN计）	GB 2757	GB 5009.36
4	铅（以Pb计）[a]	GB 2757 GB 2762	GB 5009.12
5	糖精钠（以糖精计）	GB 2760	GB 5009.28
6	甜蜜素（以环己基氨基磺酸计）	GB 2760	GB 5009.97
7	三氯蔗糖	GB 2760	GB 22255

注：a. 生产日期在2013年2月1日之前的产品依据GB 2757-1981判定，生产日期在2013年6月1日（含）之后2017年9月17日之前的产品依据GB 2762-2012判定，生产日期在2017年9月17日（含）之后的产品依据GB 2762-2017判定。

2.2 黄酒检验项目

详见表2-15-2。

表2-15-2 黄酒检验项目

序号	检验项目	依据法律法规或标准	检测方法
1	酒精度	产品明示标准及质量要求	GB 5009.225
2	铅（以Pb计）[a]	GB 2758 GB 2762	GB 5009.12
3	苯甲酸及其钠盐（以苯甲酸计）	GB 2760	GB 5009.28
4	山梨酸及其钾盐（以山梨酸计）	GB 2760	GB 5009.28
5	糖精钠（以糖精计）	GB 2760	GB 5009.28
6	甜蜜素（以环己基氨基磺酸计）	GB 2760	GB 5009.97
7	三氯蔗糖	GB 2760	GB 22255
8	脱氢乙酸及其钠盐（以脱氢乙酸计）	GB 2760	GB 5009.121

注：a. 生产日期在2013年2月1日之前的产品依据GB 2758-2005判定，生产日期在2013年6月1日（含）之后2017年9月17日之前的产品依据GB 2762-2012判定，生产日期在2017年9月17日（含）之后的产品依据GB 2762-2017判定。

2.3 啤酒检验项目

详见表2-15-3。

表2-15-3　啤酒检验项目

序号	检验项目	依据法律法规或标准	检测方法
1	酒精度	产品明示标准及质量要求	GB 5009.225
2	甲醛	GB 2758	GB/T 5009.49
3	二氧化硫残留量	GB 2760	GB 5009.34
4	糖精钠（以糖精计）	GB 2760	GB 5009.28
5	铅（以 Pb 计）	GB 2762	GB 5009.12
6	警示语标注（限玻璃瓶装啤酒检测）	GB 2758	检查是否标注"切勿撞击，防止爆瓶"

2.4　葡萄酒检验项目

详见表2-15-4。

表2-15-4　葡萄酒检验项目

序号	检验项目	依据法律法规或标准	检测方法
1	酒精度	产品明示标准及质量要求	GB 5009.225
2	甲醇	产品明示标准及质量要求	GB 5009.266
3	苯甲酸及其钠盐（以苯甲酸计）	GB 2760	GB 5009.28
4	山梨酸及其钾盐（以山梨酸计）	GB 2760	GB 5009.28
5	糖精钠（以糖精计）	GB 2760	GB 5009.28
6	甜蜜素（以环己基氨基磺酸计）	GB 2760	GB 5009.97
7	二氧化硫残留量	GB 2760	GB 5009.34
8	铅（以 Pb 计）[a]	GB 2758 GB 2762	GB 5009.12
9	脱氢乙酸及其钠盐（以脱氢乙酸计）	GB 2760	GB 5009.121
10	纳他霉素	GB 2760	GB/T 21915
11	三氯蔗糖	GB 2760	GB 22255
12	赭曲霉毒素 A	GB 2761	GB 5009.96

注：a. 生产日期在2013年2月1日之前的产品依据GB 2758-2005判定，生产日期在2013年6月1日（含）之后2017年9月17日之前的产品依据GB 2762-2012判定，生产日期在2017年9月17日（含）之后的产品依据 GB 2762-2017判定。

2.5　果酒（发酵型）检验项目

详见表2-15-5。

表2-15-5 果酒（发酵型）检验项目

序号	检验项目	依据法律法规或标准	检测方法
1	酒精度	产品明示标准及质量要求	GB 5009.225
2	二氧化硫残留量	GB 2760	GB 5009.34
3	苯甲酸及其钠盐（以苯甲酸计）	GB 2760	GB 5009.28
4	山梨酸及其钾盐（以山梨酸计）	GB 2760	GB 5009.28
5	糖精钠（以糖精计）	GB 2760	GB 5009.28
6	铅（以 Pb 计）[a]	GB 2758 GB 2762	GB 5009.12
7	展青霉素[b]	GB 2761	GB 5009.185
8	脱氢乙酸及其钠盐（以脱氢乙酸计）	GB 2760	GB 5009.121
9	纳他霉素	GB 2760	GB/T 21915
10	三氯蔗糖	GB 2760	GB 22255

注：a. 生产日期在2013年2月1日之前的产品依据GB 2758-2005判定，生产日期在2013年6月1日（含）2017年9月17日之前的产品依据GB 2762-2012判定，生产日期在2017年9月17日（含）之后的产品依据 GB 2762-2017判定。
b. 展青霉素项目仅限于用苹果、山楂为原料制成的产品。

2.6 其他发酵酒抽检项目

详见表2-15-6。

表2-15-6 其他发酵酒抽检项目

序号	检验项目	依据法律法规或标准	检测方法
1	酒精度	产品明示标准及质量要求	GB 5009.225
2	苯甲酸及其钠盐（以苯甲酸计）	GB 2760	GB 5009.28
3	山梨酸及其钾盐（以山梨酸计）	GB 2760	GB 5009.28
4	糖精钠（以糖精计）	GB 2760	GB 5009.28
5	铅（以 Pb 计）[a]	GB 2758 GB 2762	GB 5009.12
6	纳他霉素	GB 2760	GB/T 21915

注：a. 生产日期在2013年2月1日之前的产品依据GB 2758-2005判定，生产日期在2013年6月1日（含）之后2017年9月17日之前的产品依据GB 2762-2012判定，生产日期在2017年9月17日（含）之后的产品依据 GB 2762-2017判定。

2.7 以蒸馏酒及食用酒精为酒基的配制酒检验项目

详见表2-15-7。

表2-15-7　以蒸馏酒及食用酒精为酒基的配制酒检验项目

序号	检验项目	依据法律法规或标准	检测方法
1	酒精度	产品明示标准及质量要求	GB 5009.225
2	糖精钠（以糖精计）	GB 2760	GB 5009.28
3	甜蜜素（以环己基氨基磺酸计）	GB 2760	GB 5009.97
4	合成着色剂（柠檬黄、日落黄、胭脂红、苋菜红、亮蓝、新红、赤藓红）[a]	GB 2760	GB 5009.35
5	甲醇	GB 2757	GB 5009.266
6	氰化物（以HCN计）	GB 2757	GB 5009.36
7	铅（以Pb计）[b]	GB 2757 GB 2762	GB 5009.12
8	二氧化硫残留量	GB 2760	GB 5009.34

注：a. 视产品具体色泽而定；b. 生产日期在2013年2月1日之前的产品依据GB 2757–1981判定，生产日期在2013年6月1日（含）之后2017年9月17日之前的产品依据GB 2762–2012判定，生产日期在2017年9月17日（含）之后的产品依据GB 2762–2017判定。

2.8　以发酵酒为酒基的配制酒检验项目

详见表2-15-8。

表2-15-8　以发酵酒为酒基的配制酒检验项目

序号	检验项目	依据法律法规或标准	检测方法
1	酒精度	产品明示标准及质量要求	GB 5009.225
2	苯甲酸及其钠盐（以苯甲酸计）	GB 2760	GB 5009.28
3	山梨酸及其钾盐（以山梨酸计）	GB 2760	GB 5009.28
4	糖精钠（以糖精计）	GB 2760	GB 5009.28
5	甜蜜素（以环己基氨基磺酸计）	GB 2760	GB 5009.97
6	合成着色剂（柠檬黄、日落黄、胭脂红、苋菜红、亮蓝、新红、赤藓红）[a]	GB 2760	GB 5009.35
7	铅（以Pb计）[b]	GB 2758 GB 2762	GB 5009.12
8	二氧化硫残留量	GB 2760	GB 5009.34

注：a. 视产品具体色泽而定；b. 生产日期在2013年2月1日之前的产品依据GB 2758–2005判定，生产日期在2013年6月1日（含）之后2017年9月17日之前的产品依据GB 2762–2012判定，生产日期在2017年9月17日（含）之后的产品依据GB 2762–2017判定。

2.9　其他蒸馏酒检验项目

详见2-15-9。

第二篇　食品的分类检测

表2-15-9 其他蒸馏酒检验项目

序号	检验项目	依据法律法规或标准	检测方法
1	酒精度	产品明示标准及质量要求	GB 5009.225
2	糖精钠（以糖精计）	GB 2760	GB 5009.28
3	甲醇	GB 2757	GB 5009.266
4	氰化物（以HCN计）	GB 2757	GB 5009.36
5	铅（以Pb计）[a]	GB 2757 GB 2762	GB 5009.12

注：a. 生产日期在2013年2月1日之前的产品依据GB 2757-1981判定，生产日期在2013年6月1日（含）之后2017年9月17日之前的产品依据GB 2762-2012判定，生产日期在2017年9月17日（含）之后的产品依据GB 2762-2017判定。

3 通常重点关注检测指标

通常需要重点关注的检测指标如下：氰化物、甜蜜素、三氯蔗糖。

起草人：陈　煜（山西省食品药品检验所）

复核人：余晓琴（四川省食品药品检验检测院）

第十六章
蔬菜制品

1　分类

蔬菜制品分为酱腌菜、蔬菜干制品、食用菌制品和其他蔬菜制品。蔬菜干制品包括自然干制品、热风干燥蔬菜、冷冻干燥蔬菜、蔬菜脆片、蔬菜粉及制品等。食用菌制品包括干制食用菌和腌渍食用菌等。

2　检测指标

2.1　酱腌菜检验项目

详见表2-16-1。

表2-16-1　酱腌菜检验项目

序号	检验项目	依据法律法规或标准	检测方法
1	铅（以 Pb 计）	GB 2762	GB 5009.12
2	亚硝酸盐（以 $NaNO_2$ 计）	GB 2714 GB 2762	GB 5009.33
3	苯甲酸及其钠盐（以苯甲酸计）	GB 2760	GB 5009.28
4	山梨酸及其钾盐（以山梨酸计）	GB 2760	GB 5009.28
5	脱氢乙酸及其钠盐 （以脱氢乙酸计）	GB 2760	GB 5009.121
6	糖精钠（以糖精计）	GB 2760	GB 5009.28
7	三氯蔗糖	GB 2760	GB 22255
8	甜蜜素（以环己基氨基磺酸计）	GB 2760	GB 5009.97
9	纽甜	GB 2760	GB 5009.247
10	二氧化硫残留量 [a]	GB 2760	GB 5009.34
11	苏丹红Ⅰ、苏丹红Ⅱ、苏丹红Ⅲ、苏丹红Ⅳ [b]	整顿办函〔2011〕1号	GB/T 19681
12	大肠菌群 [c]	GB 2714	GB 4789.3
13	沙门菌 [d]	GB 29921	GB 4789.4

续表

序号	检验项目	依据法律法规或标准	检测方法
14	金黄色葡萄球菌 [d]	GB 29921	GB 4789.10 第二法
15	防腐剂混合使用时各自用量占其最大使用量比例之和	GB 2760	/

注：a. 以葱、洋葱、蒜为主要原料的产品不检测。b. 仅辣椒和配料中含辣椒的产品检测。c. 非灭菌发酵型产品不检测。d. 仅预包装即食类酱腌菜检测。

2.2 蔬菜干制品检验项目

详见表 2-16-2。

表 2-16-2 蔬菜干制品检验项目

序号	检验项目	依据法律法规或标准	检测方法
1	铅（以 Pb 计）	GB 2762	GB 5009.12
2	苯甲酸及其钠盐（以苯甲酸计）	GB 2760	GB 5009.28
3	山梨酸及其钾盐（以山梨酸计）	GB 2760	GB 5009.28
4	糖精钠（以糖精计）	GB 2760	GB 5009.28
5	二氧化硫残留量 [a]	GB 2760	GB 5009.34
6	苏丹红Ⅰ、苏丹红Ⅱ、苏丹红Ⅲ、苏丹红Ⅳ [b]	整顿办函〔2011〕1 号	GB/T 19681
7	沙门菌 [c]	GB 29921	GB 4789.4
8	金黄色葡萄球菌 [c]	GB 29921	GB 4789.10 第二法

注：a. 以葱、洋葱、蒜为主要原料的产品不检测。b. 仅辣椒和配料中含辣椒的产品检测。c. 仅预包装即食类产品检测。

2.3 其他蔬菜制品检验项目

详见表 2-16-3。

表 2-16-3 其他蔬菜制品检验项目

序号	检验项目	依据法律法规或标准	检测方法
1	铅（以 Pb 计）	GB 2762	GB 5009.12
2	苯甲酸及其钠盐（以苯甲酸计）	GB 2760	GB 5009.28
3	山梨酸及其钾盐（以山梨酸计）	GB 2760	GB 5009.28
4	糖精钠（以糖精计）	GB 2760	GB 5009.28
5	二氧化硫残留量 [a]	GB 2760	GB 5009.34

注：a. 以葱、洋葱、蒜为主要原料的产品不检测。

2.4　干制食用菌检验项目

详见表2-16-4。

表2-16-4　干制食用菌检验项目

序号	检验项目	依据法律法规或标准	检测方法
1	铅（以Pb计）[a]	GB 2762	GB 5009.12
2	总砷（以As计）[a]	GB 2762	GB 5009.11
3	镉（以Cd计）[b]	GB 2762	GB 5009.15
4	总汞（以Hg计）[a]	GB 2762	GB 5009.17
5	二氧化硫残留量	GB 2760	GB 5009.34

注：a. 松茸制品不检测。b. 松茸制品和姬松茸制品不检测。

2.5　腌渍食用菌检验项目

详见表2-16-5。

表2-16-5　腌渍食用菌检验项目

序号	检验项目	依据法律法规或标准	检测方法
1	铅（以Pb计）[a]	GB 2762	GB 5009.12
2	总砷（以As计）[a]	GB 2762	GB 5009.11
3	镉（以Cd计）[b]	GB 2762	GB 5009.15
4	总汞（以Hg计）[a]	GB 2762	GB 5009.17
5	苯甲酸及其钠盐（以苯甲酸计）	GB 2760	GB 5009.28
6	山梨酸及其钾盐（以山梨酸计）	GB 2760	GB 5009.28
7	脱氢乙酸及其钠盐（以脱氢乙酸计）	GB 2760	GB 5009.121
8	二氧化硫残留量	GB 2760	GB 5009.34
9	三氯蔗糖	GB 2760	GB 22255
10	防腐剂混合使用时各自用量占其最大使用量比例之和	GB 2760	/

注：a. 松茸制品不检测。b. 松茸制品和姬松茸制品不检测。

3　通常重点关注检测指标

通常需要重点关注的指标如下：二氧化硫残留量、脱氢乙酸、亚硝酸盐、苯甲酸及其钠盐、山梨酸及其钾盐、防腐剂混合使用时各自用量占其最大使用量比例之和。

起草人：陈　煜（山西省食品药品检验所）

复核人：余晓琴（四川省食品药品检验检测院）

第二篇　食品的分类检测

第十七章 水果制品

1 分类

包括蜜饯、水果干制品、果酱。

1.1 蜜饯

蜜饯是指以果蔬等为主要原料，添加（或不添加）食品添加剂和其他辅料，经糖或蜂蜜或食盐腌制（或不腌制）等工艺制成的制品。产品分为：蜜饯类、凉果类、果脯类、话化类、果糕类和果丹类等。

1.2 水果干制品

水果干制品是指以水果为原料经晾晒、干燥等脱水工艺加工制成的干果食品。其中，干枸杞是指以各品种成熟枸杞为原料经干燥加工制成的干制品。

1.3 果酱

果酱是指以水果、果汁或果浆和糖等为主要原料，经预处理、煮制、打浆（或破碎）、配料、浓缩、包装等工序制成的酱状产品。

2 检测指标

2.1 蜜饯检验项目

详见表2-17-1。

表2-17-1 蜜饯检验项目

序号	检验项目	依据法律法规或标准	检测方法
1	铅（以Pb计）	GB 2762	GB 5009.12
2	苯甲酸及其钠盐（以苯甲酸计）	GB 2760	GB 5009.28
3	山梨酸及其钾盐（以山梨酸计）	GB 2760	GB 5009.28
4	糖精钠（以糖精计）	GB 2760	GB 5009.28
5	甜蜜素（以环己基氨基磺酸计）	GB 2760	GB 5009.97
6	二氧化硫残留量	GB 2760	GB 5009.34
7	合成着色剂（柠檬黄、苋菜红、胭脂红、日落黄、亮蓝、赤藓红）[a]	GB 2760	GB 5009.35

序号	检验项目	依据法律法规或标准	检测方法
8	防腐剂混合使用时各自用量占其最大使用量的比例之和	GB 2760	/
9	相同色泽着色剂混合使用时各自用量占其最大使用量的比例之和	GB 2760	/
10	展青霉素 b	GB 2761	GB 5009.185
11	菌落总数	GB 14884 产品明示标准及质量要求	GB 4789.2
12	大肠菌群	GB 14884 产品明示标准及质量要求	GB 4789.3 GB/T 4789.3—2003
13	霉菌	GB 14884 产品明示标准及质量要求	GB 4789.15
14	沙门菌 c	GB 29921	GB 4789.4
15	金黄色葡萄球菌 c	GB 29921	GB 4789.10 第二法

注：a. 视产品具体色泽而定。b. 限苹果和山楂制品（果丹皮除外）。c. 限即食预包装产品。

2.2　水果干制品检验项目

详见表2-17-2。

表2-17-2　水果干制品检验项目

序号	检验项目	依据法律法规或标准	检测方法
1	铅（以Pb计）	GB 2762	GB 5009.12
2	展青霉素 a	GB 2761	GB 5009.185
3	克百威 b	GB 2763	NY/T 761
4	吡虫啉 b	GB 2763	GB/T 23379 GB/T 20769 NY/T 1275
5	二氧化硫残留量	GB 2760	GB 5009.34
6	苯甲酸及其钠盐（以苯甲酸计） c	GB 2760	GB 5009.28
7	山梨酸及其钾盐（以山梨酸计）	GB 2760	GB 5009.28
8	糖精钠（以糖精计）	GB 2760	GB 5009.28
9	沙门菌 d	GB 29921	GB 4789.4
10	金黄色葡萄球菌 d	GB 29921	GB 4789.10 第二法

注：a. 限苹果和山楂制品。b. 限干枸杞，仅限生产日期在2017年6月18日（含）之后的产品。c. 除红枣、蔓越莓外。d. 限即食预包装产品。

第二篇　食品的分类检测

2.3 果酱检验项目

详见表2-17-3。

表2-17-3 果酱检验项目

序号	检验项目	依据法律法规或标准	检测方法
1	展青霉素[a]	GB 2761	GB 5009.185
2	苯甲酸及其钠盐（以苯甲酸计）	GB 2760	GB 5009.28
3	山梨酸及其钾盐（以山梨酸计）	GB 2760	GB 5009.28
4	糖精钠（以糖精计）	GB 2760	GB 5009.28
5	甜蜜素（以环己基氨基磺酸计）	GB 2760	GB 5009.97
6	二氧化硫残留量	GB 2760	GB 5009.34
7	防腐剂混合使用时各自用量占其最大使用量的比例之和	GB 2760	/
8	菌落总数	GB/T 22474 产品明示标准及质量要求	GB 4789.2
9	大肠菌群	GB/T 22474 产品明示标准及质量要求	GB 4789.3 GB/T 4789.3-2003
10	霉菌	GB/T 22474 产品明示标准及质量要求	GB 4789.15
11	商业无菌[b]	GB/T 22474 产品明示标准及质量要求	GB 4789.26
12	沙门菌[c]	GB 29921	GB 4789.4
13	金黄色葡萄球菌[c]	GB 29921	GB 4789.10 第二法

注：a. 限苹果和山楂制品。b. 限罐头工艺食品。c. 限即食的预包装食品（罐头工艺食品除外）。

3 通常重点关注检测指标

通常需要重点关注的指标如下：合成着色剂、甜蜜素、菌落总数、二氧化硫残留量、霉菌。

起草人：陈　煜（山西省食品药品检验所）
复核人：余晓琴（四川省食品药品检验检测院）

第十八章
炒货食品及坚果制品

1 分类

炒货食品及坚果制品是以坚果、籽类或其籽仁为主要原料，添加或不添加辅料，经烘炒、油炸、蒸煮或其他等熟制加工工艺制成的食品，包括油炸、烘炒豆类。

炒货食品及坚果制品分为"开心果、杏仁、松仁、瓜子"及"其他炒货食品及坚果制品"两类。"开心果、杏仁、松仁、瓜子"为使用开心果、杏仁、松仁、瓜子做主要原料的炒货食品，如开心果、松仁（松子、松籽）、杏仁（杏核）、扁桃核（巴旦木）、葵花子（葵花籽）、西瓜子（西瓜籽）、南瓜子（南瓜籽）、瓜蒌子（栝楼子、吊瓜子）等。使用其他坚果和籽类为主要原料的炒货食品都属于"其他炒货食品及坚果制品"。

2 检测指标

炒货食品及坚果制品项目详见2-18-1。

表2-18-1　炒货食品及坚果制品项目

序号	检验项目	依据法律法规或标准	检测方法
1	酸价（以脂肪计）[a]	GB 19300	GB 19300 GB 5009.229
2	过氧化值（以脂肪计）[a]	GB 19300	GB 19300 GB 5009.227
3	铅（以 Pb 计）	GB 2762	GB 5009.12
4	黄曲霉毒素 B_1[b]	GB 2761	GB 5009.22
5	糖精钠（以糖精计）[c]	GB 2760	GB 5009.28
6	甜蜜素（以环己基氨基磺酸计）[c]	GB 2760	GB 5009.97
7	三氯蔗糖[c]	GB 2760	GB 22255
8	纽甜[c]	GB 2760	GB 5009.247
9	二氧化硫残留量[c]	GB 2760	GB 5009.34
10	大肠菌群	GB 19300	GB 4789.3
11	霉菌[d]	GB 19300	GB 4789.15
12	沙门菌[e]	GB 29921	GB 4789.4

注：a. 脂肪含量低的蚕豆、板栗类食品不作要求。b. 豆类食品不检测。c. 有壳样品需带壳检测，其他样品直接检测。d. 仅烘炒工艺加工的熟制产品检测。e. 仅腌制果仁类预包装食品检测。

3 通常重点关注检测指标

通常需要重点关注的指标如下：过氧化值、二氧化硫残留量、酸价、霉菌、大肠菌群、糖精钠。

起草人：陈　煜（山西省食品药品检验所）

复核人：余晓琴（四川省食品药品检验检测院）

第二篇　食品的分类检测

第十九章
蛋 制 品

1 分类

蛋制品包括再制蛋类、干蛋类、冰蛋类和其他类。

再制蛋类是指以禽蛋为原料，经腌制或糟腌或卤制等工艺加工制成的蛋制品，如皮蛋、咸蛋、糟蛋、卤蛋等。

干蛋类是指以禽蛋为原料，取其全蛋、蛋白或蛋黄部分，经加工处理（可发酵）、干燥制成的蛋制品，如巴氏杀菌鸡全蛋粉、鸡蛋黄粉、鸡蛋白片等。

冰蛋类是指以禽蛋为原料，取其全蛋、蛋白或蛋黄部分，经加工处理、冷冻制成的蛋制品，如巴氏杀菌冰鸡全蛋、冰鸡蛋黄、冰鸡蛋白等。

其他类是指以禽蛋或上述蛋制品为主要原料，经一定加工工艺制成的其他蛋制品，如鸡蛋干、松花蛋肠、蛋黄酪等。

2 检测指标

2.1 再制蛋类检验项目

详见表2-19-1。

表2-19-1 再制蛋类检验项目

序号	检验项目	依据法律法规或标准	检测方法
1	铅（以Pb计）	GB 2762	GB 5009.12
2	镉（以Cd计）	GB 2762	GB 5009.15
3	苯甲酸及其钠盐（以苯甲酸计）	GB 2760	GB 5009.28
4	山梨酸及其钾盐（以山梨酸计）	GB 2760	GB 5009.28
5	苏丹红Ⅰ、苏丹红Ⅱ、苏丹红Ⅲ、苏丹红Ⅳ [a]	整顿办函〔2011〕1号	GB/T 19681
6	菌落总数 [b, c]	GB 2749	GB/T 4789.19 GB 4789.2
7	大肠菌群 [c]	GB 2749	GB/T 4789.19 GB 4789.3 平板计数法
8	商业无菌 [d]	GB 2749	GB 4789.26
9	沙门氏菌 [e]	GB 29921	GB 4789.4

注：a. 苏丹红Ⅰ、苏丹红Ⅱ、苏丹红Ⅲ、苏丹红Ⅳ仅检测咸蛋的蛋黄部分。b. 不含糟蛋。c. 限即食再制蛋制品检测。d. 限以罐头食品加工工艺生产的产品检测。e. 限即食类预包装食品检测。

2.2 干蛋和冰蛋类检验项目

详见表2-19-2。

表2-19-2　干蛋和冰蛋类检验项目

序号	检验项目	依据法律法规或标准	检测方法
1	铅（以Pb计）	GB 2762	GB 5009.12
2	镉（以Cd计）	GB 2762	GB 5009.15
3	苯甲酸及其钠盐（以苯甲酸计）	GB 2760	GB 5009.28
4	山梨酸及其钾盐（以山梨酸计）	GB 2760	GB 5009.28
5	菌落总数	GB 2749	GB/T 4789.19 GB 4789.2
6	大肠菌群	GB 2749	GB/T 4789.19 GB 4789.3 平板计数法
7	沙门菌 [a]	GB 29921	GB 4789.4

注：a. 限即食类预包装食品检测。

2.3 其他类检验项目

详见表2-19-3。

表2-19-3　其他类检验项目

序号	检验项目	依据法律法规或标准	检测方法
1	铅（以Pb计）	GB 2762	GB 5009.12
2	镉（以Cd计）	GB 2762	GB 5009.15
3	苯甲酸及其钠盐（以苯甲酸计）	GB 2760	GB 5009.28
4	山梨酸及其钾盐（以山梨酸计）	GB 2760	GB 5009.28
5	苏丹红Ⅰ、苏丹红Ⅱ、苏丹红Ⅲ、苏丹红Ⅳ	整顿办函〔2011〕1号	GB/T 19681
6	菌落总数	产品明示标准及质量要求	GB/T 4789.19 GB 4789.2
7	大肠菌群	产品明示标准及质量要求	GB/T 4789.19 GB/T 4789.3-2003 GB 4789.3 平板计数法
8	沙门菌 [a]	GB 29921 产品明示标准及质量要求	GB 4789.4
9	商业无菌	产品明示标准及质量要求	GB 4789.26

注：a. 限即食类预包装食品检测。

3　通常重点关注检测指标

通常需要重点关注的指标如下：苯甲酸及其钠盐、山梨酸及其钾盐、恩诺沙星、环丙沙星、铅、氟苯尼考。

起草人：陈　煜（山西省食品药品检验所）

复核人：余晓琴（四川省食品药品检验检测院）

第二十章
可可及焙烤咖啡产品

1 分类

可可及焙烤咖啡产品包括焙炒咖啡、可可制品。

1.1 焙炒咖啡

焙炒咖啡是指以咖啡豆为原料，经清理、调配、焙炒、冷却、磨粉等工艺制成的食品。包括：焙炒咖啡豆、咖啡粉。

1.2 可可制品

可可制品包括可可液块及可可饼块、可可粉和可可脂。可可液块及可可饼块是以可可仁为原料，经碱化（或不碱化）、研磨等工艺制成的产品。可可粉是可可饼块经粉化制成的产品。可可脂是以纯可可豆为原料，经清理、筛选、焙炒、脱壳、磨浆、机榨等工艺制成的产品。

2 检测指标

2.1 焙炒咖啡检验项目

详见表2-20-1。

表2-20-1　焙炒咖啡检验项目

序号	检验项目	依据法律法规或标准	检测方法
1	咖啡因 [a]	NY/T 605 产品明示标准及质量要求	GB 5009.139
2	铅（以Pb计）	GB 2762	GB 5009.12
3	赭曲霉毒素 A [b]	GB 2761	GB 5009.96

注：a. 不适用于已除咖啡因的焙炒咖啡。b. 生产日期为2017年9月17日（含）以后的产品检测。

2.2 可可制品检验项目

详见表2-20-2。

表2-20-2　可可制品检验项目

序号	检验项目	依据法律法规或标准	检测方法
1	可可脂（以干物质计） [a]	GB/T 20705 GB/T 20706	GB 5009.6 第一法

续表

序号	检验项目	依据法律法规或标准	检测方法
2	铅（以 Pb 计）	GB 2762	GB 5009.12
3	总砷（以 As 计）	GB 2762	GB 5009.11
4	二氧化硫残留量	GB 2760	GB 5009.34
5	菌落总数 [a]	GB/T 20705 GB/T 20706	GB 4789.2
6	大肠菌群 [a]	GB/T 20705 GB/T 20706	GB/T 4789.3–2003
7	沙门菌 [b]	GB 29921	GB 4789.4
8	霉菌 [a]	GB/T 20705 GB/T 20706	GB 4789.15
9	酵母 [a]	GB/T 20705 GB/T 20706	GB 4789.15

注：a. 可可粉、可可液块及可可饼块检测。b. 除可可脂外的预包装食品检测。

3　通常重点关注检测指标

通常需要重点关注的指标如下：过氧化值。

起草人：陈　煜（山西省食品药品检验所）
复核人：余晓琴（四川省食品药品检验检测院）

第二篇　食品的分类检测

第二十一章
食　糖

1　分类

食糖包括白砂糖、精幼砂糖、绵白糖、赤砂糖、红糖、冰糖、冰片糖、方糖、糖霜、液体糖、黄砂糖、块糖、金砂糖、全糖粉、黑糖、黄方糖、姜汁（粉）红糖等产品。

2　检测项目

2.1　白砂糖、精幼砂糖检验项目

详见表2-21-1。

表2-21-1　白砂糖、精幼砂糖检验项目

序号	检验项目	依据法律法规或标准	检测方法
1	蔗糖分	GB/T 317、QB/T 4564 产品明示标准和质量要求	GB/T 35887
2	还原糖分	GB/T 317、QB/T 4564 产品明示标准和质量要求	GB/T 35887
3	色值	GB/T 317、QB/T 4564 产品明示标准和质量要求	GB/T 35887
4	二氧化硫残留量	GB 2760	GB 5009.34
5	总砷（以As计）	GB 2762	GB 5009.11 GB 5009.268
6	铅（以Pb计）	GB 2762	GB 5009.12

2.2　绵白糖检验项目

详见表2-21-2。

表2-21-2 绵白糖检验项目

序号	检验项目	依据法律法规或标准	检测方法
1	总糖分	GB/T 1445 产品明示标准和质量要求	QB/T 5012
2	还原糖分	GB/T 1445 产品明示标准和质量要求	QB/T 5012
3	色值	GB/T 1445 产品明示标准和质量要求	QB/T 5012
4	二氧化硫残留量	GB 2760	GB 5009.34
5	总砷（以As计）	GB 2762	GB 5009.11 GB 5009.268
6	铅（以Pb计）	GB 2762	GB 5009.12

2.3 赤砂糖检验项目

详见表2-21-3。

表2-21-3 赤砂糖检验项目

序号	检验项目	依据法律法规或标准	检测方法
1	总糖分	GB/T 35884、QB/T 2343.1 产品明示标准和质量要求	QB/T 2343.2
2	不溶于水杂质	GB/T 35884、QB/T 2343.1 产品明示标准和质量要求	QB/T 2343.2
3	二氧化硫残留量	GB 2760	GB 5009.34
4	总砷（以As计）	GB 2762	GB 5009.11 GB 5009.268
5	铅（以Pb计）	GB 2762	GB 5009.12

2.4 红糖检验项目

详见表2-21-4。

表2-21-4 红糖检验项目

序号	检验项目	依据法律法规或标准	检测方法
1	总糖分	GB/T 35885、QB/T 4561 产品明示标准和质量要求	QB/T 2343.2
2	不溶于水杂质	GB/T 35885、QB/T 4561 产品明示标准和质量要求	QB/T 2343.2
3	二氧化硫残留量	GB 2760	GB 5009.34

第二篇 食品的分类检测

序号	检验项目	依据法律法规或标准	检测方法
4	总砷（以As计）	GB 2762	GB 5009.11 GB 5009.268
5	铅（以Pb计）	GB 2762	GB 5009.12

2.5　冰糖检验项目

详见表2-21-5。

表2-21-5　冰糖检验项目

序号	检验项目	依据法律法规或标准	检测方法
1	蔗糖分	GB/T 35883、QB/T 1173、QB/T 1174 产品明示标准和质量要求	QB/T 5010 GB/T 35887
2	还原糖分	GB/T 35883、QB/T 1173、QB/T 1174 产品明示标准和质量要求	QB/T 5010 GB/T 35887
3	色值	GB/T 35883、QB/T 1173、QB/T 1174 产品明示标准和质量要求	QB/T 5010 GB/T 35887
4	二氧化硫残留量	GB 2760	GB 5009.34
5	总砷（以As计）	GB 2762	GB 5009.11 GB 5009.268
6	铅（以Pb计）	GB 2762	GB 5009.12

2.6　冰片糖检验项目

详见表2-21-6。

表2-21-6　冰片糖检验项目

序号	检验项目	依据法律法规或标准	检测方法
1	总糖分	QB/T 2685 产品明示标准和质量要求	QB/T 2343.2
2	还原糖分	QB/T 2685 产品明示标准和质量要求	QB/T 2343.2
3	二氧化硫残留量	GB 2760	GB 5009.34
4	总砷（以As计）	GB 2762	GB 5009.11 GB 5009.268
5	铅（以Pb计）	GB 2762	GB 5009.12

2.7 方糖检验项目

详见表2-21-7。

表2-21-7 方糖检验项目

序号	检验项目	依据法律法规或标准	检测方法
1	蔗糖分	GB/T 35888、QB/T 1214 产品明示标准和质量要求	QB/T 5011 GB/T 35887
2	还原糖分	GB/T 35888、QB/T 1214 产品明示标准和质量要求	QB/T 5011 GB/T 35887
3	色值[a]	GB/T 35888	QB/T 5011
4	二氧化硫残留量	GB 2760	GB 5009.34
5	总砷（以As计）	GB 2762	GB 5009.11 GB 5009.268
6	铅（以Pb计）	GB 2762	GB 5009.12

注：a.仅限于执行GB/T 35888的方糖产品。

2.8 其他糖检验项目

其他糖包括：糖霜、液体糖、黄砂糖、块糖、金砂糖、全糖粉、黑糖、黄方糖；详见表2-21-8。

表2-21-8 其他糖检验项目

序号	检验项目	依据法律法规或标准	检测方法
1	蔗糖分[a]	QB/T 4092、QB/T 4095、QB/T 4565、QB/T 4566 产品明示标准和质量要求	GB/T 35887
2	总糖分[b]	QB/T 4093、QB/T 4562、QB/T 4563、QB/T 4567、QB/T 5006 产品明示标准和质量要求	QB/T 2343.2
3	色值[c]	QB/T 4092、QB/T 4093、QB/T 4095、QB/T 4563、QB/T 4565、QB/T 4566 产品明示标准和质量要求	GB/T 35887 QB/T 4093 GB/T 15108
4	还原糖分[d]	QB/T 4092、QB/T 4093、QB/T 4095、QB/T 4566 产品明示标准和质量要求	GB/T 35887 QB/T 2343.2
5	二氧化硫残留量	GB 2760	GB 5009.34

第二篇 食品的分类检测

续表

序号	检验项目	依据法律法规或标准	检测方法
6	总砷（以 As 计）	GB 2762	GB 5009.11 GB 5009.268
7	铅（以 Pb 计）	GB 2762	GB 5009.12

注：a. 仅限于糖霜、黄砂糖、全糖粉、黄方糖等产品。b. 仅限于液体糖（干物质中总糖分）、块糖、金砂糖、黑糖、姜汁（粉）红糖等产品。c. 块糖、黑糖、姜汁（粉）红糖不测。d. 仅限于糖霜、液体糖（干物质中还原糖，限转化糖浆）、黄砂糖、黄方糖等产品，检测方法根据产品明示标准选择。

3 通常重点关注检测指标

食糖中通常需要重点关注的检测指标为：蔗糖分、还原糖分、总糖分、色值、二氧化硫。

起草人：王文特（山东省食品药品检验研究院）

复核人：王冠群（山东省食品药品检验研究院）

第二篇　食品的分类检测

第二十二章
水产制品

1　分类

水产制品按其加工工艺的不同，分为干制水产品、盐渍水产品、鱼糜制品、熟制动物性水产制品、生食水产品、水生动物油脂及制品和水产深加工品。

1.1　干制水产品

干制水产品是指以鲜、冻动物性水产品或海水藻类为原料，经相应工艺加工制成的产品，包括藻类干制品和预制动物性水产干制品。

藻类干制品是指以海水藻类为原料，添加或不添加辅料，经相应工艺加工制成的干制品，包括淡干海带、盐干海带、熟干海带、调味熟干海带、紫菜、裙带菜、石花菜、麒麟菜、马尾藻和其他藻类干制品。

预制动物性水产干制品是指以鲜、冻动物性水产品为原料，添加或不添加辅料，经干燥工艺而制成的不可直接食用的干制品。包括鱼类干制品［大黄鱼干（黄鱼鲞）、鳗鱼干、银鱼干、海蜒、青鱼干、其他鱼类干制品］、虾类干制品［虾米、虾皮、对虾干等］、贝类干制品［干贝、鲍鱼干、贻贝干（淡菜干）、蛤干、海螺干、牡蛎干、蛏干、其他贝类干制品］、其他水产干制品［梅花参、刺参、乌参、茄参、鱼翅、鱼皮、鱼唇、明骨、鱼肚、鱿鱼干、墨鱼干、章鱼干等］。

1.2　盐渍水产品

盐渍水产品是指以新鲜海藻、水母、鲜（冻）鱼等为原料，经相应工艺加工制成的不可直接食用的产品。包括盐渍鱼（以鲜、冻鱼为原料，经盐腌加工，制成的不可直接食用的盐渍水产品，主要有碱鲅鱼、咸鳓鱼、咸黄鱼、咸鲳鱼、咸鲐鱼、咸鲑鱼、咸带鱼、咸鲢鱼、咸鳙鱼、咸鲤鱼、咸金线鱼和其他鱼类腌制品）、盐渍藻（盐渍海带、盐渍裙带菜等）和其他盐渍水产品（盐渍海蜇皮和盐渍海蜇头等）。

1.3　预制鱼糜制品

预制鱼糜制品是指以鲜（冻）鱼、贝类、甲壳类、头足类等动物性水产品肉糜为主要原料，添加辅料，经相应工艺加工制成的不可直接食用的产品，包括鱼丸、虾丸、墨鱼丸和其他。

1.4　熟制动物性水产制品

熟制动物性水产制品是指以鲜、冻动物性水产品为原料，添加或不添加辅料，经烹调、油炸、熏烤、干制等工艺熟制而成的可直接食用的水产制品。主要包括风味熟制水产品（烤鱼片、鱿鱼丝、熏鱼、鱼松、炸鱼、即食海参、即食鲍鱼、其他）、即食动物性水产干制品、即食鱼糜制品和其他。

1.5 生食动物性水产品

生食动物性水产品是指以鲜、冻动物性水产品为原料，食用前经洁净加工而不经加热熟制即可直接食用的水产制品，包括腌制生食动物性水产品和即食生食动物性水产品。腌制生食动物性水产品以活的泥螺、贝类、淡水蟹和新鲜或冷冻海蟹、鱼籽等动物性水产品为原料，采用盐渍或糟、醉加工制成的可直接食用的腌制品，包括醉虾、醉泥螺、醉蚶等。即食生食动物性水产品以鲜、活、冷藏、冷冻的鱼类、甲壳类、贝类、头足类等动物性水产品为原料，经洁净加工而未经腌制或熟制的可直接食用的水产品，包括生鱼片、生螺片和海蜇丝等。

1.6 水生动物油脂及制品

水生动物油脂及制品是指以海洋动物为原料经相应工艺加工制成的油脂或油脂制品，包括鱼体油、鱼肝油和海兽油等。

1.7 水产深加工品

水产深加工品是指以水生动植物或水生动物的副产品为原料，经特殊工艺加工制成的产品，包括海参胶囊、牡蛎胶囊、甲壳素、海藻胶、海珍品口服液、螺旋藻和多肽类等。

2 检测项目

2.1 藻类干制品检验项目

详见表2-22-1。

表2-22-1 藻类干制品检验项目

序号	检验项目	依据法律法规或标准	检测方法
1	铅（以 Pb 计）[a]	GB 2762	GB 5009.12
2	苯甲酸及其钠盐（以苯甲酸计）	GB 2760	GB 5009.28
3	山梨酸及其钾盐（以山梨酸计）	GB 2760	GB 5009.28
4	二氧化硫残留量	GB 2760	GB 5009.34

注：a. 螺旋藻制品仅限生产日期在2017年9月17日（含）之后的产品检测。

2.2 预制动物性水产干制品检验项目

详见表2-22-2。

表2-22-2 预制动物性水产干制品检验项目

序号	检验项目	依据法律法规或标准	检测方法
1	铅（以 Pb 计）	GB 2762	GB 5009.12
2	镉（以 Cd 计）[a]	GB 2762	GB 5009.15
3	甲基汞（以 Hg 计）	GB 2762	GB 5009.17
4	无机砷（以 As 计）	GB 2762	GB 5009.11
5	N-二甲基亚硝胺	GB 2762	GB 5009.26

序号	检验项目	依据法律法规或标准	检测方法
6	苯甲酸及其钠盐（以苯甲酸计）	GB 2760	GB 5009.28
7	山梨酸及其钾盐（以山梨酸计）	GB 2760	GB 5009.28
8	二氧化硫残留量[b]	GB 2760	GB 5009.34

注：a. 仅限鱼类制品检测。b. 海水虾、蟹制品不检测。

2.3 盐渍鱼检验项目

详见表2-22-3。

表2-22-3 盐渍鱼检验项目

序号	检验项目	依据法律法规或标准	检测方法
1	过氧化值（以脂肪计）	GB 10136	GB 5009.227
2	组胺	GB 10136	GB 5009.208
3	铅（以 Pb 计）	GB 2762	GB 5009.12
4	镉（以 Cd 计）	GB 2762	GB 5009.15
5	甲基汞（以 Hg 计）	GB 2762	GB 5009.17
6	无机砷（以 As 计）	GB 2762	GB 5009.11
7	N-二甲基亚硝胺	GB 2762	GB 5009.26
8	苯甲酸及其钠盐（以苯甲酸计）	GB 2760	GB 5009.28
9	山梨酸及其钾盐（以山梨酸计）	GB 2760	GB 5009.28

2.4 盐渍藻检验项目

详见表2-22-4。

表2-22-4 盐渍藻检验项目

序号	检验项目	依据法律法规或标准	检测方法
1	铅（以 Pb 计）[a]	GB 2762	GB 5009.12
2	苯甲酸及其钠盐（以苯甲酸计）	GB 2760	GB 5009.28
3	山梨酸及其钾盐（以山梨酸计）	GB 2760	GB 5009.28

注：a. 螺旋藻制品仅限生产日期在2017年9月17日（含）之后的产品检测。

2.5 其他盐渍水产品检验项目

详见表2-22-5。

表2-22-5　其他盐渍水产品检验项目

序号	检验项目	依据法律法规或标准	检测方法
1	铅（以Pb计）	GB 2762	GB 5009.12
2	甲基汞（以Hg计）	GB 2762	GB 5009.17
3	无机砷（以As计）	GB 2762	GB 5009.11
4	N-二甲基亚硝胺	GB 2762	GB 5009.26
5	苯甲酸及其钠盐（以苯甲酸计）	GB 2760	GB 5009.28
6	山梨酸及其钾盐（以山梨酸计）	GB 2760	GB 5009.28

2.6　预制鱼糜制品检验项目

详见表2-22-6。

表2-22-6　预制鱼糜制品检验项目

序号	检验项目	依据法律法规或标准	检测方法
1	挥发性盐基氮	GB 10136	GB 5009.228
2	铅（以Pb计）	GB 2762	GB 5009.12
3	镉（以Cd计）[a]	GB 2762	GB 5009.15
4	甲基汞（以Hg计）	GB 2762	GB 5009.17
5	无机砷（以As计）	GB 2762	GB 5009.11
6	N-二甲基亚硝胺	GB 2762	GB 5009.26
7	苯甲酸及其钠盐（以苯甲酸计）	GB 2760	GB 5009.28
8	山梨酸及其钾盐（以山梨酸计）	GB 2760	GB 5009.28

注：a. 仅限鱼类制品检测。

2.7　熟制动物性水产制品检验项目

详见表2-22-7。

表2-22-7　熟制动物性水产制品检验项目

序号	检验项目	依据法律法规或标准	检测方法
1	铅（以Pb计）	GB 2762	GB 5009.12
2	镉（以Cd计）[a]	GB 2762	GB 5009.15
3	甲基汞（以Hg计）	GB 2762	GB 5009.17
4	无机砷（以As计）	GB 2762	GB 5009.11
5	N-二甲基亚硝胺	GB 2762	GB 5009.26
6	苯并[a]芘[b]	GB 2762	GB 5009.27
7	苯甲酸及其钠盐（以苯甲酸计）	GB 2760	GB 5009.28
8	山梨酸及其钾盐（以山梨酸计）	GB 2760	GB 5009.28
9	糖精钠（以糖精计）	GB 2760	GB 5009.28
10	二氧化硫残留量[c]	GB 2760	GB 5009.34

注：a. 仅限鱼类制品检测。b. 仅熏、烤水产品检测。c. 海水虾、蟹制品不检测。

2.8　生食动物性水产品检验项目

详见表2-22-8。

表2-22-8　生食动物性水产品检验项目

序号	检验项目	依据法律法规或标准	检测方法
1	挥发性盐基氮	GB 10136	GB 5009.228
2	铅（以Pb计）	GB 2762	GB 5009.12
3	镉（以Cd计）[a]	GB 2762	GB 5009.15
4	甲基汞（以Hg计）	GB 2762	GB 5009.17
5	无机砷（以As计）	GB 2762	GB 5009.11
6	N-二甲基亚硝胺	GB 2762	GB 5009.26
7	苯并[a]芘[b]	GB 2762	GB 5009.27
8	苯甲酸及其钠盐（以苯甲酸计）	GB 2760	GB 5009.28
9	山梨酸及其钾盐（以山梨酸计）	GB 2760	GB 5009.28
10	铝的残留量（以即食海蜇中Al计）[c]	GB 2760	GB 5009.182 GB 5009.268

注：a.仅限鱼类制品检测。b.仅熏、烤水产品检测。c.仅限即食海蜇检测。

2.9　水生动物油脂及制品检验项目

详见表2-22-9。

表2-22-9　水生动物油脂及制品检验项目

序号	检验项目	依据法律法规或标准	检测方法
1	铅（以Pb计）	GB 2762	GB 5009.12
2	总砷（以As计）	GB 2762	GB 5009.11
3	丁基羟基茴香醚（BHA）（以油脂中的含量计）	GB 2760	GB 5009.32
4	二丁基羟基甲苯（BHT）（以油脂中的含量计）	GB 2760	GB 5009.32
5	特丁基对苯二酚（TBHQ）（以油脂中的含量计）	GB 2760	GB 5009.32
6	没食子酸丙酯（PG）（以油脂中的含量计）	GB 2760	GB 5009.32

2.10　水产深加工品检验项目

详见表2-22-10。

表2-22-10 水产深加工品检验项目

序号	检验项目	依据法律法规或标准	检测方法
1	铅（以 Pb 计）[a]	GB 2762	GB 5009.12
2	甲基汞（以 Hg 计）[b]	GB 2762	GB 5009.17
3	无机砷（以 As 计）[b]	GB 2762	GB 5009.11
4	铬（以 Cr 计）[b]	GB 2762	GB 5009.123
5	N-二甲基亚硝胺[b]	GB 2762	GB 5009.26
6	苯甲酸及其钠盐（以苯甲酸计）	GB 2760	GB 5009.28
7	山梨酸及其钾盐（以山梨酸计）	GB 2760	GB 5009.28

注：a. 螺旋藻制品仅限生产日期在2017年9月17日（含）之后的产品检测。b. 藻类制品不检测。

3 通常重点关注检测指标

水产制品中通常需要重点关注的检测指标如下。

藻类干制品：铅（以Pb计）。

预制动物性水产干制品：N-二甲基亚硝胺。

熟制动物性水产制品：苯并［a］芘、苯甲酸及其钠盐（以苯甲酸计）。

生食动物性水产品：铝的残留量（以即食海蜇中Al计）。

起草人：泮秋立（山东省食品药品检验研究院）

复核人：刘　睿（山东省食品药品检验研究院）

第二十三章
淀粉及淀粉制品

1 分类

淀粉及淀粉制品包括淀粉、淀粉制品和淀粉糖。

1.1 淀粉

淀粉是以谷类、薯类、豆类以及各种可食用植物为原料，通过物理方法提取且未经改性的淀粉，或者在淀粉分子上未引入新化学基团且未改变淀粉分子中的糖苷键类型的变性淀粉（包括预糊化淀粉、湿热处理淀粉、多孔淀粉和可溶性淀粉等）。包括谷类淀粉、薯类淀粉、豆类淀粉和其他类淀粉。

1.2 淀粉制品

淀粉制品是以薯类、豆类、谷类等植物中的一种或几种制成的食用淀粉为原料，经和浆、成型、干燥（或不干燥）等工艺加工制成的产品，如粉条、粉丝、粉皮、凉粉等。

1.3 淀粉糖

淀粉糖是以谷物、薯类等农产品为主要原料，运用生物技术经过水解、转化而生产制成的淀粉糖，包括葡萄糖、饴糖、麦芽糖和异构化糖等。

2 检测项目

2.1 淀粉检验项目

详见表2-23-1。

表2-23-1 淀粉检验项目

序号	检验项目	依据法律法规或标准	检测方法
1	氢氰酸[a]	NY/T 875	GB 5009.36
2	二氧化硫残留量	GB 2760	GB 5009.34
3	铅（以Pb计）	GB 2762	GB 5009.12

注：a. 仅木薯淀粉检测。

2.2 淀粉制品检验项目

详见表2-23-2。

表2-23-2　淀粉制品检验项目

序号	检验项目	依据法律法规或标准	检测方法
1	二氧化硫残留量	GB 2760	GB 5009.34
2	铝的残留量（干样品，以 Al 计）	GB 2760	GB 5009.182
3	铅（以 Pb 计）	GB 2762	GB 5009.12

2.3　淀粉糖检验项目

详见表2-23-3。

表2-23-3　淀粉糖检验项目

序号	检验项目	依据法律法规或标准	检测方法
1	二氧化硫残留量	GB 2760	GB 5009.34
2	总砷（以 As 计）	GB 2762	GB 5009.11
3	糖精钠（以糖精计）	GB 2760	GB 5009.28
4	铅（以 Pb 计）	GB 2762	GB 5009.12

3　通常重点关注检测指标

淀粉及淀粉制品中通常需要重点关注的检测指标为：淀粉制品中铅和铝的残留量。

起草人：李思龙（山东省食品药品检验研究院）

复核人：刘　睿（山东省食品药品检验研究院）

第二十四章
糕 点

1 分类

糕点包括糕点、月饼和粽子。

1.1 糕点

糕点分为糕点（不包括月饼、粽子）和面包。糕点包括烘烤糕点、油炸糕点、水蒸糕点、熟粉糕点、冷调韧糕类糕点、冷调松糕类糕点、蛋糕类糕点、油炸上糖浆类糕点、萨其玛类糕点、其他类糕点。面包包括软式面包、硬式面包、起酥面包、调理面包、其他面包。

1.2 月饼

月饼按地方派式特色可分为：广式月饼、京式月饼、苏式月饼、潮式月饼、滇式月饼、晋式月饼、琼式月饼、台式月饼、哈式月饼及其他类月饼。

1.3 粽子

粽子包括新鲜类粽子、速冻类粽子、真空包装类粽子。新鲜类粽子是指煮后未经速冻、真空包装等方式处理，在常温下贮存和销售的粽子。速冻类粽子是指煮后经速冻工艺处理并在−18℃条件下冷冻和销售的粽子。真空包装类粽子是指经真空包装和灭菌工艺处理并以真空包装方式贮存和销售的粽子。

2 检测项目

2.1 糕点检验项目

详见表2-24-1。

表2-24-1　糕点检验项目

序号	检验项目	依据法律法规或标准	检测方法
1	酸价（以脂肪计）[a]	GB 7099	GB 5009.229
2	过氧化值（以脂肪计）[a]	GB 7099	GB 5009.227
3	铅（以Pb计）	GB 2762	GB 5009.12
4	富马酸二甲酯	食品整治办〔2009〕5号	NY/T 1723
5	苏丹红Ⅰ、苏丹红Ⅱ、苏丹红Ⅲ、苏丹红Ⅳ[b]	整顿办函〔2011〕1号	GB/T 19681
6	苯甲酸及其钠盐（以苯甲酸计）	GB 2760	GB 5009.28

序号	检验项目	依据法律法规或标准	检测方法
7	山梨酸及其钾盐（以山梨酸计）	GB 2760	GB 5009.28
8	糖精钠（以糖精计）	GB 2760	GB 5009.28
9	甜蜜素（以环己基氨基磺酸计）	GB 2760	GB 5009.97
10	安赛蜜^c	GB 2760	SN/T 3538
11	铝的残留量（干样品，以 Al 计）	GB 2760	GB 5009.182
12	丙酸及其钠盐、钙盐（以丙酸计）	GB 2760	GB 5009.120
13	脱氢乙酸及其钠盐（以脱氢乙酸计）	GB 2760	GB 5009.121
14	纳他霉素	GB 2760	GB/T 21915
15	三氯蔗糖	GB 2760	GB 22255
16	丙二醇	GB 2760	GB 5009.251

注：a. 限配料中添加油脂的食品检测；b. 仅适用含蛋黄的食品；c. 面包不检测。

2.2 月饼检验项目

详见表2-24-2。

表2-24-2 月饼检验项目

序号	检验项目	依据法律法规或标准	检测方法
1	酸价（以脂肪计）[a]	GB 7099	GB 5009.229
2	过氧化值（以脂肪计）[a]	GB 7099	GB 5009.227
3	富马酸二甲酯	食品整治办〔2009〕5号	NY/T 1723
4	苏丹红Ⅰ、苏丹红Ⅱ、苏丹红Ⅲ、苏丹红Ⅳ[b]	整顿办函〔2011〕1号	GB/T 19681
5	苯甲酸及其钠盐（以苯甲酸计）	GB 2760	GB 5009.28
6	山梨酸及其钾盐（以山梨酸计）	GB 2760	GB 5009.28
7	铝的残留量（干样品，以 Al 计）	GB 2760	GB 5009.182
8	丙酸及其钠盐、钙盐（以丙酸计）	GB 2760	GB 5009.120
9	脱氢乙酸及其钠盐（以脱氢乙酸计）	GB 2760	GB 5009.121
10	纳他霉素[c]	GB 2760	GB/T 21915
11	铅（以 Pb 计）	GB 2762	GB 5009.12
12	糖精钠（以糖精计）	GB 2760	GB 5009.28
13	三氯蔗糖	GB 2760	GB 22255

注：a. 仅适用于配料中添加油脂的产品；b. 仅适用含蛋黄的食品；c. 仅检饼皮。

2.3　粽子检验项目

详见表2-24-3。

表2-24-3　粽子检验项目

序号	检验项目	依据法律法规或标准	检测方法
1	苏丹红Ⅰ、苏丹红Ⅱ、苏丹红Ⅲ、苏丹红Ⅳ [a]	整顿办函〔2011〕1号	GB/T 19681
2	苯甲酸及其钠盐（以苯甲酸计）	GB 2760	GB 5009.28
3	山梨酸及其钾盐（以山梨酸计）	GB 2760	GB 5009.28
4	糖精钠（以糖精计）	GB 2760	GB 5009.28
5	安赛蜜	GB 2760	SN/T 3538
6	过氧化值（以脂肪计）[b]	GB 19295 SB/T 10377 产品明示标准及质量要求	GB 5009.227
7	铅（以Pb计）	GB 2762	GB 5009.12
8	甜蜜素（以环己基氨基磺酸计）	GB 2760	GB 5009.97
9	铝的残留量（干样品，以Al计）	GB 2760	GB 5009.182
10	脱氢乙酸及其钠盐（以脱氢乙酸计）	GB 2760	GB 5009.121

注：a. 仅适用于含蛋黄的食品；b. 仅适用于以动物性食品或坚果类为主要原料馅料的产品检测。

3　通常重点关注检测指标

糕点中通常需要重点关注的检测指标如下。

糕点：酸价、过氧化值、苯甲酸及其钠盐、山梨酸及其钾盐、糖精钠、脱氢乙酸及其钠盐。

月饼：酸价、过氧化值。

粽子：安赛蜜、糖精钠。

起草人：范　丽（山东省食品药品检验研究院）

复核人：田洪芸（山东省食品药品检验研究院）

第二十五章
豆 制 品

1 分类

豆制品包括发酵性豆制品、非发酵性豆制品和其他豆制品。

1.1 发酵性豆制品

发酵性豆制品是指以大豆或杂豆为原料，经发酵工艺生产的豆制品，包括腐乳、豆豉、纳豆等。

1.2 非发酵性豆制品

非发酵性豆制品是指以大豆或杂豆为主要原料，经制浆工艺生产的非发酵性豆制品，包括豆腐类、豆腐干类、豆浆类、腐竹类等。

1.3 其他豆制品

其他豆制品包括大豆蛋白类制品等。大豆蛋白类制品指以大豆蛋白（或膨化豆制品）为主要原料经调味加工制成的豆制品，也包括以大豆或杂豆、豆粉、食用豆粕、大豆蛋白粉为原料，经挤压膨化、调味加工制成的产品。

2 检测指标

2.1 发酵性豆制品检验项目

详见表2-25-1。

表2-25-1　发酵性豆制品检验项目

序号	检验项目	依据法律法规或标准	检测方法
1	铅（以 Pb 计）	GB 2762	GB 5009.12
2	黄曲霉毒素 B_1	GB 2761	GB 5009.22
3	苯甲酸及其钠盐（以苯甲酸计）	GB 2760	GB 5009.28
4	山梨酸及其钾盐（以山梨酸计）	GB 2760	GB 5009.28
5	脱氢乙酸及其钠盐（以脱氢乙酸计）	GB 2760	GB 5009.121
6	丙酸及其钠盐、钙盐（以丙酸计）	GB 2760	GB 5009.120
7	糖精钠（以糖精计）	GB 2760	GB 5009.28
8	甜蜜素（以环己基氨基磺酸计）[a]	GB 2760	GB 5009.97

续表

序号	检验项目	依据法律法规或标准	检测方法
9	三氯蔗糖	GB 2760	GB 22255
10	铝的残留量（干样品，以 Al 计）	GB 2760	GB 5009.182 第一法
11	防腐剂混合使用时各自用量占其最大使用量的比例之和	GB 2760	/

注：a. 限腐乳类产品检测。

2.2 非发酵性豆制品检验项目

详见表2-25-2。

表2-25-2 非发酵性豆制品检验项目

序号	检验项目	依据法律法规或标准	检测方法
1	铅（以 Pb 计）	GB 2762	GB 5009.12
2	苯甲酸及其钠盐（以苯甲酸计）	GB 2760	GB 5009.28
3	山梨酸及其钾盐（以山梨酸计）	GB 2760	GB 5009.28
4	脱氢乙酸及其钠盐（以脱氢乙酸计）	GB 2760	GB 5009.121
5	丙酸及其钠盐、钙盐（以丙酸计）	GB 2760	GB 5009.120
6	糖精钠（以糖精计）	GB 2760	GB 5009.28
7	三氯蔗糖 [a]	GB 2760	GB 22255
8	二氧化硫残留量 [b]	GB 2760	GB 5009.34
9	铝的残留量（干样品，以 Al 计）	GB 2760	GB 5009.182 第一法
10	纳他霉素 [a]	GB 2760	GB/T 21915
11	脲酶试验 [c]	GB 2712	GB/T 5009.183
12	防腐剂混合使用时各自用量占其最大使用量的比例之和	GB 2760	/

注：a. 腐竹类（包括腐竹、油皮）不检测；b. 限腐竹类（包括腐竹、油皮）检测；c. 限豆浆检测。

2.3 其他豆制品检验项目

详见表2-25-3。

表2-25-3 其他豆制品检验项目

序号	检验项目	依据法律法规或标准	检测方法
1	铅（以 Pb 计）	GB 2762	GB 5009.12
2	苯甲酸及其钠盐（以苯甲酸计）	GB 2760	GB 5009.28
3	山梨酸及其钾盐（以山梨酸计）	GB 2760	GB 5009.28
4	脱氢乙酸及其钠盐（以脱氢乙酸计）	GB 2760	GB 5009.121

续表

序号	检验项目	依据法律法规或标准	检测方法
5	丙酸及其钠盐、钙盐（以丙酸计）	GB 2760	GB 5009.120
6	糖精钠（以糖精计）	GB 2760	GB 5009.28
7	三氯蔗糖	GB 2760	GB 22255
8	铝的残留量（干样品，以 Al 计）	GB 2760	GB 5009.182 第一法
9	防腐剂混合使用时各自用量占其最大使用量的比例之和	GB 2760	/

3 通常重点关注检测指标

豆制品中通常重点关注的检测指标为：大豆蛋白类制品中脱氢乙酸、铝的残留量；非发酵豆制品中苯甲酸；发酵豆制品中苯甲酸、山梨酸。

起草人：王颖（四川省食品药品检验检测院）

复核人：黄瑛（四川省食品药品检验检测院）

第二十六章
蜂产品

1　分类

蜂产品包括蜂蜜、蜂花粉、蜂王浆和蜂产品制品。

1.1　蜂蜜

蜂蜜是指蜜蜂采集植物的花蜜、分泌物或蜜露，与自身分泌物混合后，经充分酿造而成的天然甜物质。包括不同种类的蜂蜜，根据蜜源植物分为单花蜜和杂花蜜（百花蜜）。

1.2　蜂王浆

蜂王浆产品包括蜂王浆和蜂王浆冻干粉。

蜂王浆：工蜂咽下腺和上颚腺分泌的，主要用于饲喂蜂王和蜂幼虫的乳白色、淡黄色或浅橙色浆状物质。蜂王浆冻干粉：通过真空冷冻干燥方法加工制成的脱水蜂王浆粉末。

1.3　蜂花粉

蜂花粉是指工蜂采集的花粉，一般分为单一品种蜂花粉、杂花粉和碎蜂花粉。

单一品种蜂花粉：工蜂采集一种植物的花粉形成的蜂花粉。杂花粉：工蜂采集两种或两种以上植物的花粉形成的蜂花粉，或两种及两种以上单一品种蜂花粉的混合物。碎蜂花粉：蜂花粉团粒破碎后形成的粉末。

1.4　蜂产品制品

蜂产品制品指蜂蜜、蜂王浆（含蜂王浆冻干粉）、蜂花粉的提取物、混合物，或以蜂蜜、蜂王浆（含蜂王浆冻干粉）、蜂花粉为主要原料添加其他物质（如食品添加剂、营养强化剂、植物提取物、其他食品等），经科学加工而制成的具有蜂产品基本特性的产品。蜂产品制品包括蜂蜜膏、王浆膏、蜂花粉片等相关产品。

2　检测项目

2.1　蜂蜜检验项目

详见表2-26-1。

表2-26-1　蜂蜜检验项目

序号	检验项目	依据法律法规或标准	检测方法
1	铅（以Pb计）	GB 2762	GB 5009.12
2	果糖和葡萄糖	GB 14963	GB 5009.8

序号	检验项目	依据法律法规或标准	检测方法
3	蔗糖	GB 14963	GB 5009.8
4	山梨酸及其钾盐（以山梨酸计）	GB 2760	GB 5009.28
5	糖精钠（以糖精计）	GB 2760	GB 5009.28
6	氯霉素	农业部公告第 235 号	GB/T 18932.19
7	双甲脒	农业部公告第 235 号	农业部 781 号公告 –8
8	氟胺氰菊酯	农业部公告第 235 号	农业部 781 号公告 –9 GB 23200.95
9	洛美沙星	农业部第 2292 号公告	GB/T 23412
10	培氟沙星	农业部第 2292 号公告	GB/T 23412
11	氧氟沙星	农业部第 2292 号公告	GB/T 23412
12	诺氟沙星	农业部第 2292 号公告	GB/T 23412

2.2 蜂王浆检验项目

详见表2-26-2。

表2-26-2　蜂王浆检验项目

序号	检验项目	依据法律法规或标准	检测方法
1	10- 羟基 -2- 癸烯酸	GB 9697、GB/T 21532	GB 9697
2	蛋白质	GB 9697、GB/T 21532	GB 9697
3	总糖	GB 9697、GB/T 21532	GB 9697
4	淀粉	GB 9697、GB/T 21532	GB 9697
5	灰分	GB 9697、GB/T 21532	GB 9697
6	酸度	GB 9697、GB/T 21532	GB 9697
7	山梨酸及其钾盐（以山梨酸计）	GB 2760	GB 5009.28

2.3 蜂花粉检验项目

详见表2-26-3。

表2-26-3　蜂花粉检验项目

序号	检验项目	依据法律法规或标准	检测方法
1	铅（以 Pb 计）	GB 2762	GB 5009.12
2	蛋白质	GB 31636 产品明示标准和质量要求	GB 5009.5 第一法
3	水分	GB 31636 产品明示标准和质量要求	GB 5009.3 第二法

注：序号2-3，2017年6月23日之前生产的产品，执行产品明示标准和质量要求，2017年6月23日之后生产的产品，执行GB 31636。

2.4 蜂产品制品检验项目

详见表2-26-4。

表2-26-4 蜂产品制品检验项目

序号	检验项目	依据法律法规或标准	检测方法
1	铅（以Pb计）	产品明示标准和质量要求	GB 5009.12
2	糖精钠（以糖精计）	GB 2760 产品明示标准和质量要求	GB 5009.28
3	苯甲酸及其钠盐（以苯甲酸计）	GB 2760 产品明示标准和质量要求	GB 5009.28
4	山梨酸及其钾盐（以山梨酸计）	GB 2760 产品明示标准和质量要求	GB 5009.28

3 通常重点关注检测指标

蜂产品中通常需要重点关注的检测指标如下。

蜂蜜：果糖和葡萄糖、蔗糖、甜蜜素、山梨酸、菌落总数、大肠菌群、霉菌、嗜渗酵母计数、氯霉素。

蜂王浆：酸度、总糖、10-羟基-2-癸烯酸。

蜂花粉：蛋白质、水分、铅、菌落总数、大肠菌群、霉菌。

蜂产品制品：菌落总数、大肠菌群、山梨酸、苯甲酸、糖精钠、铅。

起草人：田洪芸（山东省食品药品检验研究院）

复核人：王冠群（山东省食品药品检验研究院）

第二篇 食品的分类检测

第二十七章
保健食品

1 分类

保健食品分为增强免疫力、辅助降血脂、辅助降血糖、抗氧化、辅助改善记忆、缓解视疲劳、促进排铅、清咽等功能类别的保健食品和营养素补充剂。

2 检测指标

详见表2-27-1。

表2-27-1 检测指标

序号	类别	检验项目（检测成分）	依据法律法规或标准	检测方法
1	减肥类样品	西布曲明、N-单去甲基西布曲明、N，N-双去甲基西布曲明、芬氟拉明、麻黄碱、酚酞、呋塞米	同检测方法	国家食品药品监督管理局药品检验补充检验方法和检验项目批准件2006004、2012005、食药监办许〔2010〕114
2	辅助降血糖类样品	甲苯磺丁脲、格列本脲、格列齐特、格列吡嗪、格列喹酮、格列美脲、马来酸罗格列酮、瑞格列奈、盐酸吡格列酮、盐酸二甲双胍、盐酸苯乙双胍、盐酸丁二胍、格列波脲	同检测方法	国家食品药品监督管理局药品检验补充检验方法和检验项目批准件2009029、2011008、2013001
3	改善睡眠类样品	氯氮卓、马来酸咪达唑仑、硝西泮、艾司唑仑、奥沙西泮、阿普唑仑、劳拉西泮、氯硝西泮、三唑仑、地西泮、巴比妥、苯巴比妥、司可巴比妥、异戊巴比妥、氯美扎酮、佐匹克隆、氯苯那敏、扎来普隆、文拉法辛、青藤碱、罗通定	同检测方法	国家食品药品监督管理局药品检验补充检验方法和检验项目批准件2012004、2009024、2013002
4	缓解体力疲劳类/提高免疫力类样品	那红地那非、红地那非、伐地那非、羟基豪莫西地那非、西地那非、豪莫西地那非、氨基他达拉非、他达拉非、硫代艾地那非、伪伐地那非、那莫西地那非	同检测方法	国家食品药品监督管理局药品检验补充检验方法和检验项目批准件2009030

序号	类别	检验项目（检测成分）	依据法律法规或标准	检测方法
5	辅助降血压类	阿替洛尔、盐酸可乐定、氢氯噻嗪、卡托普利、哌唑嗪、利血平、硝苯地平、氢氯地平、尼群地平、尼莫地平、尼索地平、非洛地平	同检测方法	国家食品药品监督管理局药品检验补充检验方法和检验项目批准件 2009032、2014008
6	辅助降血脂类样品	洛伐他汀、辛伐他汀、烟酸	同检测方法	食药监办许［2010］114号
7	所有样品	铅（Pb）[a]	GB 16740	GB 5009.12
8		总砷（As）[a]	GB 16740	GB 5009.11
9		总汞（Hg）[a, d]	GB 16740	GB 5009.17
10		菌落总数[b]	GB 16740	GB 4789.2
11		大肠菌群[b]	GB 16740	GB 4789.3mPN 计数法
12		霉菌和酵母[b]	GB 16740	GB 4789.15
13		金黄色葡萄球菌[b]	GB 16740	GB 4789.10
14		沙门氏菌[b]	GB 16740	GB 4789.4
15	硬胶囊样品	胶囊壳中的铬[c]	《中国药典》2015 年版	《中国药典》2015 年版
16	所有样品	功效/标志性成分	企业标准	企业标准
17	硬胶囊剂和茶剂样品	水分	企业标准	企业标准
18	口服液样品	可溶性固形物	企业标准	企业标准
19	鱼油类软胶囊样品	酸价、过氧化值	企业标准	企业标准
20	以藻类、水产品及其提取物为原料的样品	镉（以 Cd 计）	企业标准	企业标准

注：a. 应符合 GB 2762 中相应类属食品的规定，无相应类属食品的应符合 GB 16740 表 2 的规定。b. 微生物限量应符合 GB 29921 中相应类属食品和相应类属食品的食品安全国家标准的规定，无相应类属食品规定的应符合 GB 16740 表 3 的规定。c. 限明胶空心胶囊检测。d. 液态产品（婴幼儿保健食品除外）不测总汞。

3　通常重点关注检测指标

辅助降血糖类样品中通常重点关注格列本脲、格列齐特、格列吡嗪、格列喹酮、格列美脲、盐酸二甲双胍、格列波脲。

减肥类样品中通常重点关注西布曲明、麻黄碱、呋塞米。

改善睡眠类样品中通常重点关注艾司唑仑、阿普唑仑、地西泮、巴比妥、苯巴比妥、司可巴比妥、异戊巴比妥、佐匹克隆、扎来普隆。

缓解体力疲劳类/提高免疫力类样品中通常重点关注羟基豪莫西地那非、西地那非、氨基他达拉非、他达拉非。

辅助降血压类样品中通常重点关注盐酸可乐定、氢氯噻嗪、利血平、硝苯地平、尼群地平、非洛地平。

辅助降血脂类样品中通常重点关注洛伐他汀、辛伐他汀。

起草人：陈　煜（山西省食品药品检验所）

复核人：余晓琴（四川省食品药品检验检测院）

第二篇　食品的分类检测

第二十八章
特殊膳食食品

1　分类

特殊膳食食品包括婴幼儿谷类辅助食品、婴幼儿罐装辅助食品、营养补充品。

1.1　婴幼儿谷类辅助食品

婴幼儿谷类辅助食品是以一种或多种谷物（如小麦、大米、大麦、燕麦、黑麦、玉米等）为主要原料，且谷物占干物质组成的25％以上，添加适量的营养强化剂和（或）其他辅料，经加工制成的适于6月龄以上婴儿和幼儿食用的辅助食品。

1.1.1 婴幼儿谷物辅助食品　用牛奶或其他含蛋白质的适宜液体冲调后食用的婴幼儿谷类辅助食品。

1.1.2 婴幼儿高蛋白谷物辅助食品　添加了高蛋白质原料，用水或其他不含蛋白质的适宜液体冲调后食用的婴幼儿谷类辅助食品。

1.1.3 婴幼儿生制类谷物辅助食品　煮熟后方可食用的婴幼儿谷类辅助食品。

1.1.4 婴幼儿饼干或其他婴幼儿谷物辅助食品　可直接食用或粉碎后加水、牛奶或其他适宜液体冲调后食用的婴幼儿谷类辅助食品。

1.2　婴幼儿罐装辅助食品

婴幼儿罐装辅助食品是指食品原料经处理、灌装、密封、杀菌或无菌灌装后达到商业无菌，可在常温下保存的适于6月龄以上婴幼儿食用的食品。

1.2.1 泥（糊）状罐装食品　吞咽前不需咀嚼的泥（糊）状婴幼儿罐装食品。

1.2.2 颗粒状罐装食品　含有5mm以下的碎块，颗粒大小应保障不会引起婴幼儿吞咽困难、稀稠适中的婴幼儿罐装食品。

1.2.3 汁类罐装食品　呈液体状态的婴幼儿罐装食品。

1.3　营养补充品

营养补充品分为辅食营养补充品和孕妇及乳母营养补充食品。

1.3.1 辅食营养补充品　辅食营养补充品是一种含多种微量营养素（维生素和矿物质等）的补充品，其中含或不含食物基质和其他辅料，添加在6月~36月龄婴幼儿即食辅食中食用，也可用于37月~60月龄儿童。

1.3.1.1 辅食营养素补充食品　以大豆、大豆蛋白制品、乳类、乳蛋白制品中的一种或以上为食物基质，添加多种微量营养素和（或）其他辅料制成的辅食营养补充品。食物形态可以是粉状或颗粒状或半固态等，且食物基质可提供部分优质蛋白质。

1.3.1.2辅食营养素补充片　以大豆、大豆蛋白制品、乳类、乳蛋白制品中的一种或以上为食物基质，添加多种微量营养素和（或）其他辅料制成的片状辅食营养补充品，易碎或易分散。

1.3.1.3辅食营养素撒剂　由多种微量营养素混合成的粉状或颗粒状辅食营养补充品，可不含食物基质。

1.3.2 孕妇及乳母营养补充食品　添加优质蛋白质和多种微量营养素（维生素和矿物质等）制成的适宜孕妇及乳母补充营养素的特殊膳食用食品。

2　检测项目

2.1　婴幼儿谷类辅助食品检验项目

详见表2-28-1。

表2-28-1　婴幼儿谷类辅助食品检验项目

序号	检验项目	依据法律法规或标准	检测方法
1	蛋白质	GB 10769	GB 5009.5
2	脂肪	GB 10769	GB 5009.6
3	亚油酸 [a]	GB 10769	GB 5009.168
4	月桂酸占总脂肪的比值 [a]	GB 10769	GB 5009.168
5	肉豆蔻酸占总脂肪的比值 [a]	GB 10769	GB 5009.168
6	维生素 A [b]	GB 10769	GB 5009.82
7	维生素 D [b]	GB 10769	GB 5009.82
8	维生素 B_1	GB 10769	GB 5009.84
9	钙	GB 10769	GB 5009.92
10	铁 [b]	GB 10769	GB 5009.90
11	锌 [b]	GB 10769	GB 5009.14
12	钠	GB 10769	GB 5009.91
13	维生素 E [c]	GB 10769	GB 5009.82
14	维生素 B_2 [c]	GB 10769	GB 5009.85
15	维生素 B_6 [c]	GB 10769	GB 5009.154
16	烟酸 [c]	GB 10769	GB 5009.89
17	维生素 C [c]	GB 10769	GB 5413.18
18	磷 [c]	GB 10769	GB 5009.87
19	碘 [c]	GB 10769	GB 5009.267
20	钾 [c]	GB 10769	GB 5009.91
21	水分 [d]	GB 10769	GB 5009.3
22	不溶性膳食纤维	GB 10769	GB 5413.6
23	黄曲霉毒素 B_1	GB 2761	GB 5009.22

序号	检验项目	依据法律法规或标准	检测方法
24	铅（以 Pb 计）	GB 2762	GB 5009.12
25	无机砷（以 As 计）	GB 2762	GB 5009.11 GB 5009.268
26	锡（以 Sn 计）e	GB 2762	GB 5009.16 GB 5009.268
27	硝酸盐（以 NaNO₃ 计）f	GB 2762	GB 5009.33
28	镉（以 Cd 计）	卫健委、市场监管总局公告（2018年第7号）	GB 5009.15 GB 5009.268
29	亚硝酸盐（以 NaNO₂ 计）g	GB 2762	GB 5009.33
30	脲酶活性定性测定 h	GB 10769	GB 5413.31
31	二十二碳六烯酸 c	产品明示值	GB 5009.168
32	花生四烯酸 c	产品明示值	GB 5009.168

注：a. 仅适用于脂肪含量≥0.8g/100kJ的婴幼儿高蛋白谷物辅助食品；b. 婴幼儿谷物辅助食品、婴幼儿高蛋白谷物辅助食品、婴幼儿生制类谷物辅助食品必检项目；婴幼儿饼干或其他婴幼儿谷物辅助食品如果选择添加，应检测该项目；c. 在产品中选择添加或标签中标示含有一种或多种成分含量时，应检测该项目；d. 水分指标不包括其他婴幼儿谷物辅助食品；e. 仅限于采用镀锡薄板容器包装的食品；f. 不适用于添加蔬菜和水果的产品；g. 不适用于添加豆类的产品；h. 仅适用于含有大豆成分的产品。

2.2　婴幼儿罐装辅助食品检验项目

详见表2-28-2。

表2-28-2　婴幼儿罐装辅助食品检验项目

序号	检验项目	依据法律法规或标准	检测方法
1	蛋白质 a	GB 10770	GB 5009.5
2	脂肪 a	GB 10770	GB 5009.6
3	总钠	GB 10770	GB 5009.91
4	铅（以 Pb 计）	GB 2762	GB 5009.12
5	无机砷（以 As 计）	GB 2762	GB 5009.11 GB 5009.268
6	总汞（以 Hg 计）	GB 2762	GB 5009.17 GB 5009.268
7	锡（以 Sn 计）b	GB 2762	GB 5009.16 GB 5009.268
8	硝酸盐（以 NaNO₃ 计）c	GB 2762	GB 5009.33
9	亚硝酸盐（以 NaNO₂ 计）d	GB 2762	GB 5009.33

注：a. 仅适用于畜肉、禽肉、鱼肉或动物内脏是产品中除水以外的唯一配料或唯一蛋白质来源的产品，不包括汁类产品；畜肉、禽肉、鱼肉或动物内脏等分别（或组合）与水果或蔬菜混合制作的产品，不包括汁类产品；b. 仅限于采用镀锡薄板容器包装的食品；c. 不适用于添加蔬菜和水果的产品；d. 不适用于添加豆类的产品。

2.3 营养补充品检验项目

详见表2-28-3。

表2-28-3 辅食营养补充品检验项目

序号	检验项目	依据法律法规或标准	检测方法
1	蛋白质 [a]	GB 22570	GB 5009.5
2	钙 [a]	GB 22570	GB 5009.92
3	铁	GB 22570	GB 5009.90
4	锌	GB 22570	GB 5009.14
5	维生素 A	GB 22570	GB 5009.82
6	维生素 D	GB 22570	GB 5009.82
7	维生素 B_1	GB 22570	GB 5009.84
8	维生素 B_2	GB 22570	GB 5009.85
9	钙 [b, c]	GB 22570	GB 5009.92
10	维生素 K_1 [c]	GB 22570	GB 5009.158
11	烟酸（烟酰胺）[c]	GB 22570	GB 5009.89
12	维生素 B_6 [c]	GB 22570	GB 5009.154
13	胆碱 [c]	GB 22570	GB 5413.20
14	维生素 C [c]	GB 22570	GB 5413.18
15	二十二碳六烯酸 [c]	GB 22570	GB 5009.168
16	黄曲霉毒素 M_1 [d]	GB 2761	GB 5009.24
17	黄曲霉毒素 B_1 [e]	GB 2761	GB 5009.22
18	铅（以 Pb 计）	GB 2762	GB 5009.12
19	总砷（以 As 计）	GB 2762	GB 5009.11 GB 5009.268
20	硝酸盐（以 $NaNO_3$ 计）[f]	GB 2762	GB 5009.33
21	亚硝酸盐（以 $NaNO_2$ 计）[g]	GB 2762	GB 5009.33
22	脲酶活性定性 [h]	GB 22570	GB 5413.31

注：a. 仅适用于辅食营养素补充食品；b. 适用于辅食营养素撒剂和辅食营养素补充片；c. 在产品中选择添加或标签中标示含有一种或多种成分含量时，应检测该项目；d. 黄曲霉毒素 M_1 只限于含乳类的产品；e. 黄曲霉毒素 B_1 只限于含谷类、坚果和豆类的产品；f. 不适用于添加蔬菜和水果的产品；g. 仅适用于乳基产品；h. 仅适用于含有大豆成分的产品。

2.4 孕妇及乳母营养补充品检验项目

详见表2-28-4。

表2-28-4　孕妇及乳母营养补充品检验项目

序号	检验项目	依据法律法规或标准	检测方法
1	铁	GB 31601	GB 5009.90
2	维生素 A	GB 31601	GB 5009.82
3	维生素 D	GB 31601	GB 5009.82
4	钙 [a]	GB 31601	GB 5009.92
5	镁 [a]	GB 31601	GB 5009.241
6	锌 [a]	GB 31601	GB 5009.14
7	硒 [a]	GB 31601	GB 5009.93
8	维生素 E [a]	GB 31601	GB 5009.82
9	维生素 K [a]	GB 31601	GB 5009.158
10	维生素 B_1 [a]	GB 31601	GB 5009.84
11	维生素 B_2 [a]	GB 31601	GB 5009.85
12	维生素 B_6 [a]	GB 31601	GB 5009.154
13	烟酸（烟酰胺）[a]	GB 31601	GB 5009.89
14	胆碱 [a]	GB 31601	GB 5413.20
15	维生素 C [a]	GB 31601	GB 5413.18
16	二十二碳六烯酸 [a]	GB 31601	GB 5009.168
17	铅（以 Pb 计）	GB 2762	GB 5009.12
18	总砷（以 As 计）	GB 2762	GB 5009.11 GB 5009.268
19	硝酸盐（以 $NaNO_3$ 计）[b]	GB 2762	GB 5009.33
20	亚硝酸盐（以 $NaNO_2$ 计）[c]	GB 2762	GB 5009.33
21	黄曲霉毒素 M_1 [d]	GB 2761	GB 5009.24
22	黄曲霉毒素 B_1 [e]	GB 2761	GB 5009.22
23	脲酶活性定性 [f]	GB 31601	GB 5413.31

注：a. 在产品中选择添加或标签中标示含有一种或多种成分含量时，应检测该项目；b. 不适用于添加蔬菜和水果的产品；c. 不适用于添加豆类的产品；d. 只限于含乳类的产品；e. 只限于含谷类、坚果和豆类的产品；f. 仅适用于含有豆类成分的产品。

3　通常重点关注检测指标

特殊膳食食品中通常需要重点关注的检测指标如下。

婴幼儿谷类辅助食品：维生素A、钠、镉、菌落总数。

婴幼儿罐装辅助食品：总钠。

起草人：提靖靓（山东省食品药品检验检测院）

复核人：王文特（山东省食品药品检验检测院）

第二十九章
特殊医学用途配方食品

1 分类

特殊医学用途配方食品分为特殊医学用途婴儿配方食品、特殊医学用途配方食品。

1.1 特殊医学用途婴儿配方食品

指针对患有特殊紊乱、疾病或医疗状况等特殊医学状况婴儿的营养需求而设计制成的粉状或液态配方食品。在医生或临床营养师的指导下，单独食用或与其他食物配合食用时，其能量和营养成分能够满足0月龄~6月龄特殊医学状况婴儿的生长发育需求。适用于0月龄至12月龄的人。

特殊医学用途婴儿配方食品产品分类有：无乳糖配方或低乳糖、乳蛋白部分水解配方、乳蛋白深度水解配方或氨基酸配方、早产/低出生体重婴儿配方、母乳营养补充剂、氨基酸代谢障碍配方。

1.2 特殊医学用途配方食品

为了满足进食受限、消化吸收障碍、代谢紊乱或特定疾病状态人群对营养素或膳食的特殊需要，专门加工配制而成的配方食品。该类产品必须在医生或临床营养师指导下，单独食用或与其他食品配合食用。适用于1岁以上人群。

根据不同临床需求和适用人群，特殊医学用途配方食品产品分类为三类，即全营养配方食品、特定全营养配方食品和非全营养配方食品。

全营养配方食品是指可作为单一营养来源满足目标人群营养需求的特殊医学用途配方食品。分为1~10岁人群的全营养配方食品、10岁以上人群的全营养配方食品。

特定全营养配方食品是指可作为单一营养来源能够满足目标人群在特定疾病或医学状况下营养需求的特殊医学用途配方食品。13种特定全营养配方食品，包括糖尿病病人用全营养配方食品；慢性阻塞性肺疾病（COPD）病人用全营养配方食品；肾病病人用全营养配方食品；恶性肿瘤（恶病质状态）病人用全营养配方食品；炎性肠病病人用全营养配方食品；食物蛋白过敏病人用全营养配方食品；难治性癫痫病人用全营养配方食品；肥胖和减脂手术病人用全营养配方食品；肝病病人用全营养配方食品；肌肉衰减综合症病人用全营养配方食品；创伤、感染、手术及其他应激状态病人用全营养配方食品；胃肠道吸收障碍、胰腺炎病人用全营养配方食品和脂肪酸代谢异常病人用全营养配方食品。

非全营养配方食品是指可满足目标人群部分营养需求的特殊医学用途配方食品，不适用于作为单一营养来源。常见的非全营养配方食品主要包括营养素组件、电解质配方、增稠组件、流质配方和氨基酸代谢障碍配方等。

2 检测项目

2.1 特殊医学用途婴儿配方食品检验项目

详见表2-29-1。

表2-29-1 特殊医学用途婴儿配方食品检验项目

序号	检验项目	依据法律法规或标准	检测方法
1	蛋白质	GB 25596	GB 5009.5
2	脂肪	GB 25596	GB 5009.6
3	亚油酸	GB 25596	GB 5009.168
4	α-亚麻酸	GB 25596	GB 5009.168
5	终产品脂肪中月桂酸和肉豆蔻酸（十四烷酸）总量与总脂肪酸的比值	GB 25596	GB 5009.168
6	芥酸与总脂肪酸比值	GB 25596	GB 5009.168
7	反式脂肪酸最高含量与总脂肪酸比值	GB 25596	GB 5009.168 GB 5413.36
8	维生素 A	GB 25596	GB 5009.82
9	维生素 D	GB 25596	GB 5009.82
10	维生素 E	GB 25596	GB 5009.82
11	维生素 K_1	GB 25596	GB 5009.158
12	维生素 B_1	GB 25596	GB 5009.84
13	维生素 B_2	GB 25596	GB 5009.85
14	维生素 B_6	GB 25596	GB 5009.154
15	烟酸（烟酰胺）	GB 25596	GB 5009.89
16	维生素 C	GB 25596	GB 5413.18
17	钠	GB 25596	GB 5009.91
18	钾	GB 25596	GB 5009.91
19	铜	GB 25596	GB 5009.13
20	镁	GB 25596	GB 5009.241
21	铁	GB 25596	GB 5009.90
22	锌	GB 25596	GB 5009.14
23	锰	GB 25596	GB 5009.242
24	钙	GB 25596	GB 5009.92
25	磷	GB 25596	GB 5009.87
26	碘	GB 25596	GB 5009.267
27	氯	GB 25596	GB 5009.44

第二篇 食品的分类检测

续表

序号	检验项目	依据法律法规或标准	检测方法
28	硒	GB 25596	GB 5009.93
29	铬 [a]	GB 25596	GB 5009.123 GB 5009.268
30	钼 [a]	GB 25596	GB 5009.268
31	胆碱 [a]	GB 25596	GB 5413.20
32	肌醇 [a]	GB 25596	GB 5009.270
33	牛磺酸 [a]	GB 25596	GB 5009.169
34	左旋肉碱 [a]	GB 25596	GB 29989
35	二十二碳六烯酸 [a]	产品明示值	GB 5009.168
36	二十二碳六烯酸与总脂肪酸比 [a]	GB 25596	GB 5009.168
37	二十碳四烯酸 [a]	产品明示值	GB 5009.168
38	二十碳四烯酸与总脂肪酸比 [a]	GB 25596	GB 5009.168
39	水分 [b]	GB 25596	GB 5009.3
40	灰分	GB 25596	GB 5009.4
41	杂质度	GB 25596	GB 5413.30
42	铅（以 Pb 计）	GB 2762	GB 5009.12
43	硝酸盐（以 $NaNO_3$ 计）	GB 2762	GB 5009.33
44	亚硝酸盐（以 $NaNO_2$ 计）	GB 2762	GB 5009.33
45	黄曲霉毒素 M_1	GB 2761	GB 5009.24
46	黄曲霉毒素 B_1	GB 2761	GB 5009.22
47	脲酶活性定性测定 [c]	GB 25596	GB 5413.31
48	核苷酸 [a]	产品明示值	GB 5413.40
49	叶黄素 [ad]	产品明示值	GB 5009.248
50	三聚氰胺	卫生部、工业和信息化部、农业部、工商总局、质检总局公告 2011 年第 10 号	GB/T 22388
51	果聚糖 [e]	产品明示值	GB 5009.255

注：a. 在产品中选择添加或标签中标示含有一种或多种成分含量时，应检测该项目；b. 仅限于粉状特殊医学用途婴儿配方食品；c. 适用于含有大豆成分的产品；d. 仅限乳基产品检测该项目；e. 适用于单独添加了低聚果糖、多聚果糖的产品。

2.2 特殊医学用途配方食品检验项目

详见表2-29-2。

表2-29-2　特殊医学用途配方食品检验项目

序号	检验项目	依据法律法规或标准	检测方法
1	蛋白质	GB 29922	GB 5009.5
2	亚油酸供能比	GB 29922	GB 5009.168
3	α-亚麻酸供能比	GB 29922	GB 5009.168
4	维生素 A	GB 29922	GB 5009.82
5	维生素 D	GB 29922	GB 5009.82
6	维生素 E	GB 29922	GB 5009.82
7	维生素 K_1	GB 29922	GB 5009.158
8	维生素 B_1	GB 29922	GB 5009.84
9	维生素 B_2	GB 29922	GB 5009.85
10	维生素 B_6	GB 29922	GB 5009.154
11	烟酸（烟酰胺）	GB 29922	GB 5009.89
12	维生素 C	GB 29922	GB 5413.18
13	钠	GB 29922	GB 5009.91
14	钾	GB 29922	GB 5009.91
15	铜	GB 29922	GB 5009.13
16	镁	GB 29922	GB 5009.241
17	铁	GB 29922	GB 5009.90
18	锌	GB 29922	GB 5009.14
19	锰	GB 29922	GB 5009.242
20	钙	GB 29922	GB 5009.92
21	磷	GB 29922	GB 5009.87
22	碘	GB 29922	GB 5009.267
23	氯	GB 29922	GB 5009.44
24	硒	GB 29922	GB 5009.93
25	铬[a]	GB 29922	GB 5009.123 GB 5009.268
26	钼[a]	GB 29922	GB 5009.268
27	氟[a]	GB 29922	GB/T 5009.18
28	胆碱[a]	GB 29922	GB 5413.20

第二篇　食品的分类检测

续表

序号	检验项目	依据法律法规或标准	检测方法
29	肌醇 [a]	GB 29922	GB 5009.270
30	牛磺酸 [a]	GB 29922	GB 5009.169
31	左旋肉碱 [a]	GB 29922	GB 29989
32	二十二碳六烯酸 [a]	产品明示值	GB 5009.168
33	二十二碳六烯酸与总脂肪酸比 [a、b]	GB 29922	GB 5009.168
34	二十碳四烯酸 [a]	产品明示值	GB 5009.168
35	二十碳四烯酸与总脂肪酸比 [a、b]	GB 29922	GB 5009.168
36	核苷酸 [a]	GB 29922	GB 5413.40
37	铅（以 Pb 计） [f]	GB 2762	GB 5009.12
38	硝酸盐（以 $NaNO_3$ 计） [c、f]	GB 2762	GB 5009.33
39	亚硝酸盐（以 $NaNO_2$ 计） [d、f]	GB 2762	GB 5009.33
40	黄曲霉毒素 M_1 或黄曲霉毒素 B_1 [e、f]	GB 2761	GB 5009.24 或 GB 5009.22
41	三聚氰胺	卫生部、工业和信息化部、农业部、工商总局、质检总局公告 2011 年第 10 号	GB/T 22388

注：a. 在产品中选择添加或标签中标示含有一种或多种成分含量时，应检测该项目；b. 仅限于 1～10 岁人群的产品；c. 不适用于添加蔬菜和水果的产品；d. 仅适用于乳基产品（不含豆类成分）；e. 黄曲霉毒素 M_1 仅适用于以乳类及乳蛋白制品为主要原料的产品，黄曲霉毒素 B_1 仅适用于以豆类及大豆蛋白制品为主要原料的产品；f. 以固态产品计。

3　通常重点关注检测指标

特殊医学用途婴儿配方食品中通常需要重点关注的检测指标：蛋白质、亚油酸、α－亚麻酸、二十二碳六烯酸、二十二碳六烯酸与二十碳四烯酸的比值、反式脂肪酸与总脂肪酸比值、钠、钾、铜、钙、硒、锰、维生素C、左旋肉碱、牛磺酸、硝酸盐、核苷酸。

特殊医学用途配方食品中通常需要重点关注的检测指标：蛋白质、脂肪、维生素A、维生素E、锌、镁、铜、铁、钙、磷、碘、硒、锰、维生素C、牛磺酸、硝酸盐、核苷酸。

起草人：吴鸿敏（山东省食品药品检验检测院）

复核人：王文特（山东省食品药品检验检测院）

第三十章
婴幼儿配方食品

1　分类

婴幼儿配方食品分为婴儿配方食品、较大婴儿和幼儿配方食品。

1.1　婴儿配方食品

包括乳基婴儿配方食品和豆基婴儿配方食品。

乳基婴儿配方食品：指以乳类及乳蛋白制品为主要原料，加入适量的维生素、矿物质和/或其他成分，仅用物理方法生产加工制成的粉状产品。适于正常婴儿食用，其能量和营养成分能够满足0~6月龄婴儿的正常营养需要。

豆基婴儿配方食品：指以大豆及大豆蛋白制品为主要原料，加入适量的维生素、矿物质和/或其他成分，仅用物理方法生产加工制成的粉状产品。适于正常婴儿食用，其能量和营养成分能够满足0~6月龄婴儿的正常营养需要。

1.2　较大婴儿配方食品

包括乳基较大婴儿配方食品、豆基较大婴儿配方食品。

乳基较大婴儿配方食品：指以乳类及乳蛋白制品为主要蛋白来源，加入适量的维生素、矿物质和/或其他原料，仅用物理方法生产加工制成的产品。适用于正常较大婴儿食用，其能量和营养成分能满足7~12月龄较大婴儿部分营养需要的配方食品。

豆基较大婴儿配方食品：指以大豆及大豆蛋白制品为主要蛋白来源，加入适量的维生素、矿物质和/或其他原料，仅用物理方法生产加工制成的产品。适用于正常较大婴儿食用，其能量和营养成分能满足7~12月龄较大婴儿部分营养需要的配方食品。

1.3　幼儿配方食品

以乳类及乳蛋白制品和/或大豆及大豆蛋白制品为主要蛋白来源，加入适量的维生素、矿物质和/或其他原料，仅用物理方法生产加工制成的产品。适用于幼儿食用，其能量和营养成分能满足正常幼儿的部分营养需要。适用于13~36个月幼儿。

2　检测项目

2.1　婴儿配方食品检验项目

详见表2-30-1。

表2-30-1　婴儿配方食品检验项目

序号	检验项目	依据法律法规或标准	检测方法
1	蛋白质	GB 10765	GB 5009.5 第一法
2	脂肪	GB 10765	GB 5009.6 第三法
3	乳糖占碳水化合物总量 [a]	GB 10765	GB 5413.5 第一法
4	亚油酸	GB 10765	GB 5009.168 第二法
5	α–亚麻酸	GB 10765	GB 5009.168 第二法
6	亚油酸与 α–亚麻酸比值	GB 10765	/
7	终产品脂肪中月桂酸和肉豆蔻酸（十四烷酸）总量占总脂肪酸的比值	GB 10765	GB 5009.168 第二法
8	芥酸与总脂肪酸比值	GB 10765	GB 5009.168 第二法
9	反式脂肪酸与总脂肪酸比值	GB 10765	GB 5413.36 GB 5009.168 第二法
10	维生素 A	GB 10765	GB 5009.82 第一法
11	维生素 D	GB 10765	GB 5009.82 第四法
12	维生素 E	GB 10765	GB 5009.82 第一法
13	维生素 K_1	GB 10765	GB 5009.158 第一法
14	维生素 B_1	GB 10765	GB 5009.84 第一法
15	维生素 B_2	GB 10765	GB 5009.85 第一法
16	维生素 B_6	GB 10765	GB 5009.154 第一法
17	烟酸（烟酰胺）	GB 10765	GB 5009.89 第二法
18	维生素 C	GB 10765	GB 5413.18
19	钠	GB 10765	GB 5009.91 第三法
20	钾	GB 10765	GB 5009.91 第三法
21	铜	GB 10765	GB 5009.13 第四法
22	镁	GB 10765	GB 5009.241 第二法
23	铁	GB 10765	GB 5009.90 第二法
24	锌	GB 10765	GB 5009.14 第二法
25	锰	GB 10765	GB 5009.242 第二法
26	钙	GB 10765	GB 5009.92 第三法
27	磷	GB 10765	GB 5009.87 第二法、第三法
28	碘	GB 10765	GB 5009.267 第三法
29	氯	GB 10765	GB 5009.44 第三法

序号	检验项目	依据法律法规或标准	检测方法
30	硒	GB 10765	GB 5009.93 第一法、第三法
31	胆碱[b]	GB 10765	GB 5413.20 第一法
32	肌醇[b]	GB 10765	GB 5009.270 第二法
33	牛磺酸[b]	GB 10765	GB 5009.169 第二法
34	左旋肉碱[b]	GB 10765	GB 29989
35	二十二碳六烯酸[b]	产品明示标准和质量要求	GB 5009.168 第二法
36	二十二碳六烯酸与总脂肪酸比[b]	GB 10765	GB 5009.168 第二法
37	二十碳四烯酸[b]	产品明示标准和质量要求	GB 5009.168 第二法
38	二十碳四烯酸与总脂肪酸比[b]	GB 10765	GB 5009.168 第二法
39	二十二碳六烯酸（22：6 n-3）与二十碳四烯酸（20：4 n-6）的比[b]	GB 10765	GB 5009.168 第二法
40	长链不饱和脂肪酸中二十碳五烯酸（20：5 n-3）的量与二十二碳六烯酸的量的比[b]	GB 10765	GB 5009.168 第二法
41	果聚糖[b、c]	产品明示标准和质量要求	GB 5009.255
42	水分[d]	GB 10765	GB 5009.3 第一法
43	灰分	GB 10765	GB 5009.4 第一法
44	杂质度[e]	GB 10765	GB 5413.30
45	铅（以 Pb 计）	GB 2762	GB 5009.12 第二法
46	硝酸盐（以 $NaNO_3$ 计）	GB 2762	GB 5009.33 第一法
47	亚硝酸盐（以 $NaNO_2$ 计）[e]	GB 2762	GB 5009.33 第二法
48	黄曲霉毒素 M_1 或黄曲霉毒素 B_1[f]	GB 2761	GB 5009.24 GB 5009.22
49	三聚氰胺	卫生部、工业和信息化部、农业部、工商总局、质检总局公告 2011 年第 10 号	GB/T 22388 第二法
50	叶黄素[b]	产品明示标准和质量要求	GB 5009.248
51	核苷酸[b]	产品明示标准和质量要求	GB 5413.40
52	脲酶活性定性测定[g]	GB 10765	GB 5413.31

注：a. 不适用于豆基配方食品；b. 在产品中选择添加或标签中标示含有一种或多种成分含量时，应检测该项目；c. 仅限单独添加低聚果糖、多聚果糖的产品检测；d. 仅限于粉状婴儿配方食品；e. 仅适用于乳基婴儿配方食品；f. 黄曲霉毒素 M_1 限量适用于乳基婴儿配方食品；黄曲霉毒素 B_1 限量适用于豆基婴儿配方食品；g. 适用于含有大豆成分的产品。

2.2 较大婴儿和幼儿配方食品检验项目

详见表2-30-2。

表2-30-2 较大婴儿和幼儿配方食品检验项目

序号	检验项目	依据法律法规或标准	检测方法
1	蛋白质	GB 10767	GB 5009.5 第一法
2	脂肪	GB 10767	GB 5009.6 第三法
3	亚油酸	GB 10767	GB 5009.168 第二法
4	维生素A	GB 10767	GB 5009.82 第一法
5	维生素D	GB 10767	GB 5009.82 第四法
6	维生素E	GB 10767	GB 5009.82 第一法
7	维生素K_1	GB 10767	GB 5009.158 第一法
8	维生素B_1	GB 10767	GB 5009.84 第一法
9	维生素B_2	GB 10767	GB 5009.85 第一法
10	维生素B_6	GB 10767	GB 5009.154 第一法
11	烟酸（烟酰胺）	GB 10767	GB 5009.89 第二法
12	维生素C	GB 10767	GB 5413.18
13	钠	GB 10767	GB 5009.91 第三法
14	钾	GB 10767	GB 5009.91 第三法
15	铜	GB 10767	GB 5009.13 第四法
16	镁	GB 10767	GB 5009.241 第二法
17	铁	GB 10767	GB 5009.90 第二法
18	锌	GB 10767	GB 5009.14 第二法
19	锰[a]	GB 10767	GB 5009.242 第二法
20	钙	GB 10767	GB 5009.92 第三法
21	磷	GB 10767	GB 5009.87 第二法、第三法
22	碘	GB 10767	GB 5009.267 第三法
23	氯	GB 10767	GB 5009.44 第三法
24	硒[a]	GB 10767	GB 5009.93 第一法、第三法
25	胆碱[a]	GB 10767	GB 5413.20 第一法
26	肌醇[a]	GB 10767	GB 5009.270 第二法

续表

序号	检验项目	依据法律法规或标准	检测方法
27	牛磺酸 [a]	GB 10767	GB 5009.169 第二法
28	左旋肉碱 [a]	GB 10767	GB 29989
29	二十二碳六烯酸 [a]	产品明示标准和质量要求	GB 5009.168 第二法
30	二十二碳六烯酸与总脂肪酸比 [a]	GB 10767	GB 5009.168 第二法
31	二十碳四烯酸 [a]	产品明示标准和质量要求	GB 5009.168 第二法
32	二十碳四烯酸与总脂肪酸比 [a]	GB 10767	GB 5009.168 第二法
33	反式脂肪酸与总脂肪酸比值	GB 10767	GB 5413.36 GB 5009.168 第二法
34	果聚糖 [ab]	产品明示标准和质量要求	GB 5009.255
35	水分 [c]	GB 10767	GB 5009.3 第一法
36	灰分	GB 10767	GB 5009.4 第一法
37	杂质度 [d]	GB 10767	GB 5413.30
38	铅（以 Pb 计）	GB 2762	GB 5009.12 第二法
39	硝酸盐（以 $NaNO_3$ 计） [d]	GB 2762	GB 5009.33 第一法
40	亚硝酸盐（以 $NaNO_2$ 计） [e]	GB 2762	GB 5009.33 第二法
41	黄曲霉毒素 M_1 或黄曲霉毒素 B_1 [f]	GB2761	GB 5009.24 GB 5009.22
42	三聚氰胺	卫生部、工业和信息化部、农业部、工商总局、质检总局公告 2011 年第 10 号	GB/T 22388 第二法
43	叶黄素 [a]	产品明示标准和质量要求	GB 5009.248
44	核苷酸 [a]	产品明示标准和质量要求	GB 5413.40
45	脲酶活性定性测定 [g]	GB 10767	GB 5413.31

注：a. 在产品中选择添加或标签中标示含有一种或多种成分含量时，应检测该项目；b. 仅限单独添加低聚果糖、多聚果糖的产品检测；c. 仅限于粉状产品；d. 不适用于添加蔬菜和水果的产品；e. 仅适用于乳基产品；f. 黄曲霉毒素 M_1 限量适用于以乳类及乳蛋白制品为主要原料的产品；黄曲霉毒素 B_1 限量适用于以豆类及大豆蛋白制品为主要原料的产品；g. 适用于含有大豆成分的产品。

3　通常重点关注检测指标

婴幼儿配方食品中通常需要重点关注的检测指标如下。

婴儿配方食品：阪崎肠杆菌、菌落总数、α－亚麻酸、亚油酸与 α－亚麻酸比值、维生素C、泛酸、维生素A、叶酸、维生素 B_6、维生素 B_1、维生素E、维生素D、维生素 K_1、烟酸、二十碳四烯酸、二十碳四烯酸与总脂肪酸比、二十二碳六烯酸与二十碳四烯酸的比值、牛磺酸、左旋肉碱、肌醇、钾、碘、镁、铁、铜、钙、磷、钙磷比、锌。

较大婴儿和幼儿配方食品：菌落总数、蛋白质、维生素C、泛酸、维生素A、叶酸、维生素B_6、维生素B_1、维生素E、维生素D、维生素K_1、烟酸、钾、碘、镁、铁、铜、钙、磷、钙磷比、锌、二十碳四烯酸、二十碳四烯酸与总脂肪酸比、二十二碳六烯酸与二十碳四烯酸的比值、牛磺酸、左旋肉碱、肌醇、硝酸盐、黄曲霉毒素M_1。

起草人：田洪芸（山东省食品药品检验研究院）
复核人：王文特（山东省食品药品检验研究院）

第三十一章
餐饮食品

1 分类

餐饮食品主要包括：餐饮自制食品、餐饮具等，不包括餐饮环节出现的非餐饮单位自制且未经加工过的预包装食品。

餐饮自制食品主要包括：发酵面制品，油炸面制品，酱卤肉制品、肉灌肠、其他熟肉，肉冻、皮冻，火锅调味料（底料、蘸料），生食动物性水产品以及花生及其制品等餐饮单位自制食品。

餐饮具主要包括复用餐饮具（含陶瓷、玻璃、密胺、木制、金属等餐饮具）。

2 检验项目

餐饮食品检验项目见表2-31-1～表2-31-8。

表2-31-1 发酵面制品（自制）检验项目

序号	检验项目	依据法律法规或标准	检测方法
1	苯甲酸及其钠盐（以苯甲酸计）	GB 2760	GB 5009.28
2	山梨酸及其钾盐（以山梨酸计）	GB 2760	GB 5009.28
3	糖精钠（以糖精计）	GB 2760	GB 5009.28

表2-31-2 油炸面制品（自制）检验项目

序号	检验项目	依据法律法规或标准	检测方法
1	铝的残留量（干样品，以 Al 计）	GB 2760	GB 5009.182

表2-31-3 酱卤肉制品、肉灌肠、其他熟肉（自制）检验项目

序号	检验项目	依据法律法规或标准	检测方法
1	胭脂红	GB 2760	GB/T 9695.6
2	亚硝酸盐（以亚硝酸钠计）	中华人民共和国卫生部、国家食品药品监督管理局公告 2012 年第 10 号	GB 5009.33
3	苯甲酸及其钠盐（以苯甲酸计）	GB 2760	GB 5009.28
4	山梨酸及其钾盐（以山梨酸计）	GB 2760	GB 5009.28

表2-31-4　肉冻、皮冻（自制）检验项目

序号	检验项目	依据法律法规或标准	检测方法
1	铬（以Cr计）	GB 2762	GB 5009.123

表2-31-5　火锅调味料（底料、蘸料）（自制）检验项目

序号	检验项目	依据法律法规或标准	检测方法
1	罂粟碱	食品整治办〔2008〕3号	DB31/2010
2	吗啡	食品整治办〔2008〕3号	DB31/2010
3	可待因	食品整治办〔2008〕3号	DB31/2010
4	那可丁	食品整治办〔2008〕3号	DB31/2010
5	蒂巴因	食品整治办〔2008〕3号	DB31/2010

表2-31-6　生食动物性水产品（餐饮）检验项目

序号	检验项目	依据法律法规或标准	检测方法
1	挥发性盐基氮	GB 10136	GB 5009.228
2	镉（以Cd计）	GB 2762	GB 5009.268 GB 5009.15
3	吸虫囊蚴	GB 10136	GB 10136
4	线虫幼虫	GB 10136	GB 10136
5	绦虫裂头蚴	GB 10136	GB 10136

表2-31-7　花生及其制品（餐饮）检验项目

序号	检验项目	依据法律法规或标准	检测方法
1	黄曲霉毒素 B_1	GB 2761	GB 5009.22

表2-31-8　复用餐饮具检验项目

序号	检验项目	依据法律法规或标准	检测方法
1	游离性余氯 [a]	GB 14934	GB/T 5750.11
2	阴离子合成洗涤剂（以十二烷基苯磺酸钠计）[a]	GB 14934	GB/T 5750.4
3	大肠菌群	GB 14934	GB 14934
4	沙门菌	GB 14934	GB 14934

注：a. 仅化学消毒法进行消毒的餐饮具进行该项目检验。

3　通常重点关注检测指标

在餐饮食品中，通常需要重点关注的检测指标有铝的残留量、游离性余氯、阴离子合成洗涤剂（以十二烷基苯磺酸钠计）、大肠菌群等。

3.1　铝的残留量

铝的残留量主要来自含铝食品添加剂。人体摄入过量铝，会影响人体对钙离子、镁离子等的吸收，这样会损害骨骼和神经系统健康，容易导致记忆力减退与智力下降，引发骨质疏松等疾病。

3.2　游离性余氯、阴离子合成洗涤剂

为洗涤剂指标，超标代表洗涤后未能清洗彻底。

3.3　大肠菌群

为微生物指标，是粪便指示菌。

3.4　沙门菌

为微生物指标，属于致病菌的一种，易导致食物中毒。

起草人：赵晓宇（中国食品药品检定研究院）

复核人：王海燕（中国食品药品检定研究院）

第二篇　食品的分类检测

第三十二章
食用农产品

第一节　畜禽肉及副产品

1　分类

畜禽肉及副产品包括畜肉、禽肉、畜副产品和禽副产品。

畜肉主要包括猪肉、牛肉、羊肉及兔肉、驴肉、马肉等其他畜肉。

禽肉主要包括鸡肉、鸭肉及鹅肉、鸽肉等其他禽肉。

畜副产品主要包括猪、牛、羊及其他畜类的肝、肾以及头、颈、肠、肚、蹄、耳等其他畜副产品。

禽副产品主要包括鸡、鸭及其他禽类的肝、心以及头、颈、爪、翅等其他禽副产品。

2　检测项目

2.1　猪肉检验项目

详见表2-32-1。

表2-32-1　猪肉检验项目

序号	检验项目	依据法律法规或标准	检测方法
1	挥发性盐基氮	GB 2707	GB 5009.228
2	铅（以 Pb 计）	GB 2762	GB 5009.12
3	镉（以 Cd 计）	GB 2762	GB 5009.15
4	总汞（以 Hg 计）	GB 2762	GB 5009.17
5	总砷（以 As 计）	GB 2762	GB 5009.11
6	克伦特罗	整顿办函〔2010〕50号	GB/T 22286
7	沙丁胺醇	整顿办函〔2010〕50号	GB/T 22286
8	莱克多巴胺	整顿办函〔2010〕50号	GB/T 22286

序号	检验项目	依据法律法规或标准	检测方法
9	特布他林	整顿办函〔2010〕50号	GB/T 22286
10	呋喃唑酮代谢物	农业部公告第235号	GB/T 21311
11	呋喃它酮代谢物	农业部公告第235号	GB/T 21311
12	呋喃西林代谢物	农业部公告第560号	GB/T 21311
13	呋喃妥因代谢物	农业部公告第560号	GB/T 21311
14	氯霉素	农业部公告第235号	GB/T 22338 GB/T 20756
15	氟苯尼考	农业部公告第235号	GB/T 22338 GB/T 20756
16	多西环素（强力霉素）	农业部公告第235号	GB/T 21317
17	土霉素	农业部公告第235号	GB/T 21317
18	地塞米松	农业部公告第235号	农业部1031号公告-2-2008 GB/T 21981
19	恩诺沙星（以恩诺沙星与环丙沙星之和计）	农业部公告第235号	GB/T 21312
20	洛美沙星	农业部公告第2292号	GB/T 21312
21	培氟沙星	农业部公告第2292号	GB/T 21312
22	氧氟沙星	农业部公告第2292号	GB/T 21312
23	诺氟沙星	农业部公告第2292号	GB/T 21312
24	林可霉素	农业部公告第235号	GB/T 20762
25	磺胺类（总量）[a]	农业部公告第235号	GB/T 21316
26	五氯酚酸钠（以五氯酚计）	农业部公告第235号	GB 23200.92
27	庆大霉素	农业部公告第235号	GB/T 21323
28	阿莫西林	农业部公告第235号	GB/T 20755
29	氯丙嗪	农业部公告第235号	GB/T 20763

注：a. 磺胺类（总量）项目包括：磺胺甲基嘧啶（磺胺甲嘧啶）、磺胺甲噁唑（磺胺甲鲥唑）、磺胺二甲嘧啶、磺胺间二甲氧嘧啶（磺胺地索辛）、磺胺间甲氧嘧啶、磺胺喹噁啉（磺胺喹沙啉）、甲氧苄啶。检验结果以上述7种磺胺的测定结果之和表示并判定。

2.2 牛肉检验项目

详见表2-32-2。

表2-32-2 牛肉检验项目

序号	检验项目	依据法律法规或标准	检测方法
1	挥发性盐基氮	GB 2707	GB 5009.228
2	铅（以Pb计）	GB 2762	GB 5009.12
3	镉（以Cd计）	GB 2762	GB 5009.15
4	总汞（以Hg计）	GB 2762	GB 5009.17
5	总砷（以As计）	GB 2762	GB 5009.11
6	克伦特罗	整顿办函〔2010〕50号	GB/T 22286
7	沙丁胺醇	整顿办函〔2010〕50号	GB/T 22286
8	莱克多巴胺	整顿办函〔2010〕50号	GB/T 22286
9	特布他林	整顿办函〔2010〕50号	GB/T 22286
10	呋喃唑酮代谢物	农业部公告第235号	GB/T 21311
11	呋喃它酮代谢物	农业部公告第235号	GB/T 21311
12	呋喃西林代谢物	农业部公告第560号	GB/T 21311
13	呋喃妥因代谢物	农业部公告第560号	GB/T 21311
14	氯霉素	农业部公告第235号	GB/T 22338 GB/T 20756
15	氟苯尼考	农业部公告第235号	GB/T 22338 GB/T 20756
16	多西环素（强力霉素）	农业部公告第235号	GB/T 21317
17	土霉素	农业部公告第235号	GB/T 21317
18	地塞米松	农业部公告第235号	农业部1031号公告-2-2008 GB/T 21981
19	恩诺沙星（以恩诺沙星与环丙沙星之和计）	农业部公告第235号	GB/T 21312
20	洛美沙星	农业部公告第2292号	GB/T 21312
21	培氟沙星	农业部公告第2292号	GB/T 21312
22	氧氟沙星	农业部公告第2292号	GB/T 21312

序号	检验项目	依据法律法规或标准	检测方法
23	诺氟沙星	农业部公告第 2292 号	GB/T 21312
24	林可霉素	农业部公告第 235 号	GB/T 20762
25	磺胺类（总量）[a]	农业部公告第 235 号	GB/T 21316
26	五氯酚酸钠（以五氯酚计）	农业部公告第 235 号	GB 23200.92
27	庆大霉素	农业部公告第 235 号	GB/T 21323
28	阿莫西林	农业部公告第 235 号	GB/T 20755
29	头孢氨苄	农业部公告第 235 号	SN/T 1988

注：a.磺胺类（总量）项目包括：磺胺甲基嘧啶（磺胺甲嘧啶）、磺胺甲噁唑（磺胺甲鯽唑）、磺胺二甲嘧啶、磺胺间二甲氧嘧啶（磺胺地索辛）、磺胺间甲氧嘧啶、磺胺喹噁啉（磺胺喹沙啉）、甲氧苄啶。检验结果以上述 7 种磺胺的测定结果之和表示并判定。

2.3　羊肉检验项目

详见表2-32-3。

表2-32-3　羊肉检验项目

序号	检验项目	依据法律法规或标准	检测方法
1	挥发性盐基氮	GB 2707	GB 5009.228
2	铅（以 Pb 计）	GB 2762	GB 5009.12
3	镉（以 Cd 计）	GB 2762	GB 5009.15
4	总汞（以 Hg 计）	GB 2762	GB 5009.17
5	总砷（以 As 计）	GB 2762	GB 5009.11
6	克伦特罗	整顿办函〔2010〕50 号	GB/T 22286
7	沙丁胺醇	整顿办函〔2010〕50 号	GB/T 22286
8	莱克多巴胺	整顿办函〔2010〕50 号	GB/T 22286
9	特布他林	整顿办函〔2010〕50 号	GB/T 22286
10	呋喃唑酮代谢物	农业部公告第 235 号	GB/T 21311
11	呋喃它酮代谢物	农业部公告第 235 号	GB/T 21311
12	呋喃西林代谢物	农业部公告第 560 号	GB/T 21311

序号	检验项目	依据法律法规或标准	检测方法
13	呋喃妥因代谢物	农业部公告第 560 号	GB/T 21311
14	氯霉素	农业部公告第 235 号	GB/T 22338 GB/T 20756
15	氟苯尼考	农业部公告第 235 号	GB/T 22338 GB/T 20756
16	土霉素	农业部公告第 235 号	GB/T 21317
17	恩诺沙星（以恩诺沙星与环丙沙星之和计）	农业部公告第 235 号	GB/T 21312
18	洛美沙星	农业部公告第 2292 号	GB/T 21312
19	培氟沙星	农业部公告第 2292 号	GB/T 21312
20	氧氟沙星	农业部公告第 2292 号	GB/T 21312
21	诺氟沙星	农业部公告第 2292 号	GB/T 21312
22	林可霉素	农业部公告第 235 号	GB/T 20762
23	磺胺类（总量）[a]	农业部公告第 235 号	GB/T 21316
24	五氯酚酸钠（以五氯酚计）	农业部公告第 235 号	GB 23200.92
25	阿莫西林	农业部公告第 235 号	GB/T 20755

注：a. 磺胺类（总量）项目包括：磺胺甲基嘧啶（磺胺甲嘧啶）、磺胺甲噁唑（磺胺甲鯻唑）、磺胺二甲嘧啶、磺胺间二甲氧嘧啶（磺胺地索辛）、磺胺间甲氧嘧啶、磺胺喹噁啉（磺胺喹沙啉）、甲氧苄啶。检验结果以上述 7 种磺胺的测定结果之和表示并判定。

2.4 其他畜肉检验项目

详见表2-32-4。

表2-32-4 其他畜肉检验项目

序号	检验项目	依据法律法规或标准	检测方法
1	挥发性盐基氮	GB 2707	GB 5009.228
2	铅（以 Pb 计）	GB 2762	GB 5009.12
3	镉（以 Cd 计）	GB 2762	GB 5009.15
4	总汞（以 Hg 计）	GB 2762	GB 5009.17
5	总砷（以 As 计）	GB 2762	GB 5009.11
6	克伦特罗	整顿办函〔2010〕50 号	GB/T 22286

序号	检验项目	依据法律法规或标准	检测方法
7	沙丁胺醇	整顿办函〔2010〕50号	GB/T 22286
8	莱克多巴胺	整顿办函〔2010〕50号	GB/T 22286
9	特布他林	整顿办函〔2010〕50号	GB/T 22286
10	呋喃唑酮代谢物	农业部公告第235号	GB/T 21311
11	呋喃它酮代谢物	农业部公告第235号	GB/T 21311
12	呋喃西林代谢物	农业部公告第560号	GB/T 21311
13	呋喃妥因代谢物	农业部公告第560号	GB/T 21311
14	氯霉素	农业部公告第235号	GB/T 22338 GB/T 20756
15	氟苯尼考	农业部公告第235号	GB/T 22338 GB/T 20756
16	土霉素	农业部公告第235号	GB/T 21317
17	恩诺沙星（以恩诺沙星与环丙沙星之和计）	农业部公告第235号	GB/T 21312
18	洛美沙星	农业部公告第2292号	GB/T 21312
19	培氟沙星	农业部公告第2292号	GB/T 21312
20	氧氟沙星	农业部公告第2292号	GB/T 21312
21	诺氟沙星	农业部公告第2292号	GB/T 21312
22	磺胺类（总量）a	农业部公告第235号	GB/T 21316
23	五氯酚酸钠（以五氯酚计）	农业部公告第235号	GB 23200.92

注：a.磺胺类（总量）项目包括：磺胺甲基嘧啶（磺胺甲嘧啶）、磺胺甲噁唑（磺胺甲鰗唑）、磺胺二甲嘧啶、磺胺间二甲氧嘧啶（磺胺地索辛）、磺胺间甲氧嘧啶、磺胺喹噁啉（磺胺喹沙啉）、甲氧苄啶。检验结果以上述7种磺胺的测定结果之和表示并判定。

2.5 鸡肉检验项目

详见表2-32-5。

表2-32-5 鸡肉检验项目

序号	检验项目	依据法律法规或标准	检测方法
1	挥发性盐基氮	GB 2707	GB 5009.228
2	铅（以Pb计）	GB 2762	GB 5009.12

第二篇 食品的分类检测

序号	检验项目	依据法律法规或标准	检测方法
3	镉（以 Cd 计）	GB 2762	GB 5009.15
4	总汞（以 Hg 计）	GB 2762	GB 5009.17
5	总砷（以 As 计）	GB 2762	GB 5009.11
6	呋喃唑酮代谢物	农业部公告第 235 号	GB/T 21311
7	呋喃它酮代谢物	农业部公告第 235 号	GB/T 21311
8	呋喃西林代谢物	农业部公告第 560 号	GB/T 21311
9	呋喃妥因代谢物	农业部公告第 560 号	GB/T 21311
10	氯霉素	农业部公告第 235 号	GB/T 22338 GB/T 20756
11	氟苯尼考	农业部公告第 235 号	GB/T 22338 GB/T 20756
12	多西环素（强力霉素）	农业部公告第 235 号	GB/T 21317
13	土霉素	农业部公告第 235 号	GB/T 21317
14	金霉素	农业部公告第 235 号	GB/T 21317
15	四环素	农业部公告第 235 号	GB/T 21317
16	恩诺沙星（以恩诺沙星与环丙沙星之和计）	农业部公告第 235 号	GB/T 21312
17	洛美沙星	农业部公告第 2292 号	GB/T 21312
18	培氟沙星	农业部公告第 2292 号	GB/T 21312
19	氧氟沙星	农业部公告第 2292 号	GB/T 21312
20	诺氟沙星	农业部公告第 2292 号	GB/T 21312
21	沙拉沙星	农业部公告第 235 号	GB/T 21312
22	磺胺类（总量）[a]	农业部公告第 235 号	GB/T 21316
23	五氯酚酸钠（以五氯酚计）	农业部公告第 235 号	GB 23200.92
24	替米考星	农业部公告第 235 号	GB/T 20762 SN/T 1777.2
25	尼卡巴嗪残留标志物	农业部公告第 235 号	GB 29690

注：a. 磺胺类（总量）项目包括：磺胺甲基嘧啶（磺胺甲嘧啶）、磺胺甲噁唑（磺胺甲鯻唑）、磺胺二甲嘧啶、磺胺间二甲氧嘧啶（磺胺地索辛）、磺胺间甲氧嘧啶、磺胺喹噁啉（磺胺喹沙啉）、甲氧苄啶。检验结果以上述 7 种磺胺的测定结果之和表示并判定。

2.6　鸭肉检验项目

详见表2-32-6。

表2-32-6　鸭肉检验项目

序号	检验项目	依据法律法规或标准	检测方法
1	挥发性盐基氮	GB 2707	GB 5009.228
2	铅（以Pb计）	GB 2762	GB 5009.12
3	镉（以Cd计）	GB 2762	GB 5009.15
4	总汞（以Hg计）	GB 2762	GB 5009.17
5	总砷（以As计）	GB 2762	GB 5009.11
6	呋喃唑酮代谢物	农业部公告第235号	GB/T 21311
7	呋喃它酮代谢物	农业部公告第235号	GB/T 21311
8	呋喃西林代谢物	农业部公告第560号	GB/T 21311
9	呋喃妥因代谢物	农业部公告第560号	GB/T 21311
10	氯霉素	农业部公告第235号	GB/T 22338 GB/T 20756
11	氟苯尼考	农业部公告第235号	GB/T 22338 GB/T 20756
12	多西环素（强力霉素）	农业部公告第235号	GB/T 21317
13	土霉素	农业部公告第235号	GB/T 21317
14	金霉素	农业部公告第235号	GB/T 21317
15	四环素	农业部公告第235号	GB/T 21317
16	恩诺沙星（以恩诺沙星与环丙沙星之和计）	农业部公告第235号	GB/T 21312
17	洛美沙星	农业部公告第2292号	GB/T 21312
18	培氟沙星	农业部公告第2292号	GB/T 21312
19	氧氟沙星	农业部公告第2292号	GB/T 21312
20	诺氟沙星	农业部公告第2292号	GB/T 21312
21	磺胺类（总量）[a]	农业部公告第235号	GB/T 21316
22	五氯酚酸钠（以五氯酚计）	农业部公告第235号	GB 23200.92

注：a.磺胺类（总量）项目包括：磺胺甲基嘧啶（磺胺甲嘧啶）、磺胺甲噁唑（磺胺甲鲼唑）、磺胺二甲嘧啶、磺胺间二甲氧嘧啶（磺胺地索辛）、磺胺间甲氧嘧啶、磺胺喹噁啉（磺胺喹沙啉）、甲氧苄啶。检验结果以上述7种磺胺的测定结果之和表示并判定。

2.7　其他禽肉检验项目

详见表2-32-7。

表2-32-7　其他禽肉检验项目

序号	检验项目	依据法律法规或标准	检测方法
1	挥发性盐基氮	GB 2707	GB 5009.228
2	铅（以 Pb 计）	GB 2762	GB 5009.12
3	镉（以 Cd 计）	GB 2762	GB 5009.15
4	总汞（以 Hg 计）	GB 2762	GB 5009.17
5	总砷（以 As 计）	GB 2762	GB 5009.11
6	呋喃唑酮代谢物	农业部公告第 235 号	GB/T 21311
7	呋喃它酮代谢物	农业部公告第 235 号	GB/T 21311
8	呋喃西林代谢物	农业部公告第 560 号	GB/T 21311
9	呋喃妥因代谢物	农业部公告第 560 号	GB/T 21311
10	氯霉素	农业部公告第 235 号	GB/T 22338 GB/T 20756
11	氟苯尼考	农业部公告第 235 号	GB/T 22338 GB/T 20756
12	多西环素（强力霉素）	农业部公告第 235 号	GB/T 21317
13	土霉素	农业部公告第 235 号	GB/T 21317
14	金霉素	农业部公告第 235 号	GB/T 21317
15	四环素	农业部公告第 235 号	GB/T 21317
16	恩诺沙星（以恩诺沙星与环丙沙星之和计）	农业部公告第 235 号	GB/T 21312
17	洛美沙星	农业部公告第 2292 号	GB/T 21312
18	培氟沙星	农业部公告第 2292 号	GB/T 21312
19	氧氟沙星	农业部公告第 2292 号	GB/T 21312
20	诺氟沙星	农业部公告第 2292 号	GB/T 21312
21	磺胺类（总量）[a]	农业部公告第 235 号	GB/T 21316
22	五氯酚酸钠（以五氯酚计）	农业部公告第 235 号	GB 23200.92

注：a. 磺胺类（总量）项目包括：磺胺甲基嘧啶（磺胺甲嘧啶）、磺胺甲噁唑（磺胺甲鲻唑）、磺胺二甲嘧啶、磺胺间二甲氧嘧啶（磺胺地索辛）、磺胺间甲氧嘧啶、磺胺喹噁啉（磺胺喹沙啉）、甲氧苄啶。检验结果以上述 7 种磺胺的测定结果之和表示并判定。

2.8　猪肝检验项目

详见表2-32-8。

表2-32-8　猪肝检验项目

序号	检验项目	依据法律法规或标准	检测方法
1	铅（以Pb计）	GB 2762	GB 5009.12
2	镉（以Cd计）	GB 2762	GB 5009.15
3	总汞（以Hg计）	GB 2762	GB 5009.17
4	总砷（以As计）	GB 2762	GB 5009.11
5	克伦特罗	整顿办函〔2010〕50号	GB/T 22286
6	沙丁胺醇	整顿办函〔2010〕50号	GB/T 22286
7	莱克多巴胺	整顿办函〔2010〕50号	GB/T 22286
8	特布他林	整顿办函〔2010〕50号	GB/T 22286
9	呋喃唑酮代谢物	农业部公告第235号	GB/T 21311
10	呋喃它酮代谢物	农业部公告第235号	GB/T 21311
11	呋喃西林代谢物	农业部公告第560号	GB/T 21311
12	氯霉素	农业部公告第235号	GB/T 22338 GB/T 20756
13	氟苯尼考	农业部公告第235号	GB/T 22338 GB/T 20756
14	多西环素（强力霉素）	农业部公告第235号	GB/T 21317
15	土霉素	农业部公告第235号	GB/T 21317
16	恩诺沙星（以恩诺沙星与环丙沙星之和计）	农业部公告第235号	GB/T 21312
17	洛美沙星	农业部公告第2292号	GB/T 21312
18	培氟沙星	农业部公告第2292号	GB/T 21312
19	氧氟沙星	农业部公告第2292号	GB/T 21312
20	诺氟沙星	农业部公告第2292号	GB/T 21312
21	磺胺类（总量）[a]	农业部公告第235号	GB/T 21316
22	五氯酚酸钠（以五氯酚计）	农业部公告第235号	GB 23200.92
23	阿莫西林	农业部公告第235号	GB/T 21315

注：a.磺胺类（总量）项目包括：磺胺甲基嘧啶（磺胺甲嘧啶）、磺胺甲噁唑（磺胺甲鲗唑）、磺胺二甲嘧啶、磺胺间二甲氧嘧啶（磺胺地索辛）、磺胺间甲氧嘧啶、磺胺喹噁啉（磺胺喹沙啉）、甲氧苄啶。检验结果以上述7种磺胺的测定结果之和表示并判定。

2.9　牛肝检验项目

详见表2-32-9。

表2-32-9 牛肝检验项目

序号	检验项目	依据法律法规或标准	检测方法
1	铅（以Pb计）	GB 2762	GB 5009.12
2	镉（以Cd计）	GB 2762	GB 5009.15
3	总汞（以Hg计）	GB 2762	GB 5009.17
4	总砷（以As计）	GB 2762	GB 5009.11
5	克伦特罗	整顿办函〔2010〕50号	GB/T 22286
6	沙丁胺醇	整顿办函〔2010〕50号	GB/T 22286
7	莱克多巴胺	整顿办函〔2010〕50号	GB/T 22286
8	特布他林	整顿办函〔2010〕50号	GB/T 22286
9	呋喃唑酮代谢物	农业部公告第235号	GB/T 21311
10	呋喃它酮代谢物	农业部公告第235号	GB/T 21311
11	呋喃西林代谢物	农业部公告第560号	GB/T 21311
12	氯霉素	农业部公告第235号	GB/T 22338 GB/T 20756
13	氟苯尼考	农业部公告第235号	GB/T 22338 GB/T 20756
14	多西环素（强力霉素）	农业部公告第235号	GB/T 21317
15	土霉素	农业部公告第235号	GB/T 21317
16	恩诺沙星（以恩诺沙星与环丙沙星之和计）	农业部公告第235号	GB/T 21312
17	洛美沙星	农业部公告第2292号	GB/T 21312
18	培氟沙星	农业部公告第2292号	GB/T 21312
19	氧氟沙星	农业部公告第2292号	GB/T 21312
20	诺氟沙星	农业部公告第2292号	GB/T 21312
21	磺胺类（总量）[a]	农业部公告第235号	GB/T 21316
22	五氯酚酸钠（以五氯酚计）	农业部公告第235号	GB 23200.92
23	头孢氨苄	农业部公告第235号	SN/T 1988

注：a.磺胺类（总量）项目包括：磺胺甲基嘧啶（磺胺甲嘧啶）、磺胺甲噁唑（磺胺甲鯻唑）、磺胺二甲嘧啶、磺胺间二甲氧嘧啶（磺胺地索辛）、磺胺间甲氧嘧啶、磺胺喹噁啉（磺胺喹沙啉）、甲氧苄啶。检验结果以上述7种磺胺的测定结果之和表示并判定。

2.10　羊肝检验项目

详见表2-32-10。

表2-32-10　羊肝检验项目

序号	检验项目	依据法律法规或标准	检测方法
1	铅（以Pb计）	GB 2762	GB 5009.12
2	镉（以Cd计）	GB 2762	GB 5009.15
3	总汞（以Hg计）	GB 2762	GB 5009.17
4	总砷（以As计）	GB 2762	GB 5009.11
5	克伦特罗	整顿办函〔2010〕50号	GB/T 22286
6	沙丁胺醇	整顿办函〔2010〕50号	GB/T 22286
7	莱克多巴胺	整顿办函〔2010〕50号	GB/T 22286
8	特布他林	整顿办函〔2010〕50号	GB/T 22286
9	呋喃唑酮代谢物	农业部公告第235号	GB/T 21311
10	呋喃它酮代谢物	农业部公告第235号	GB/T 21311
11	呋喃西林代谢物	农业部公告第560号	GB/T 21311
12	氯霉素	农业部公告第235号	GB/T 22338 GB/T 20756
13	氟苯尼考	农业部公告第235号	GB/T 22338 GB/T 20756
14	土霉素	农业部公告第235号	GB/T 21317
15	恩诺沙星（以恩诺沙星与环丙沙星之和计）	农业部公告第235号	GB/T 21312
16	洛美沙星	农业部公告第2292号	GB/T 21312
17	培氟沙星	农业部公告第2292号	GB/T 21312
18	氧氟沙星	农业部公告第2292号	GB/T 21312
19	诺氟沙星	农业部公告第2292号	GB/T 21312
20	磺胺类（总量）[a]	农业部公告第235号	GB/T 21316
21	五氯酚酸钠（以五氯酚计）	农业部公告第235号	GB 23200.92

注：a.磺胺类（总量）项目包括：磺胺甲基嘧啶（磺胺甲嘧啶）、磺胺甲噁唑（磺胺甲鯻唑）、磺胺二甲嘧啶、磺胺间二甲氧嘧啶（磺胺地索辛）、磺胺间甲氧嘧啶、磺胺喹噁啉（磺胺喹沙啉）、甲氧苄啶。检验结果以上述7种磺胺的测定结果之和表示并判定。

2.11 猪肾检验项目

详见表2-32-11。

表2-32-11　猪肾检验项目

序号	检验项目	依据法律法规或标准	检测方法
1	铅（以Pb计）	GB 2762	GB 5009.12
2	镉（以Cd计）	GB 2762	GB 5009.15
3	总汞（以Hg计）	GB 2762	GB 5009.17
4	总砷（以As计）	GB 2762	GB 5009.11
5	克伦特罗	整顿办函〔2010〕50号	GB/T 22286
6	沙丁胺醇	整顿办函〔2010〕50号	GB/T 22286
7	莱克多巴胺	整顿办函〔2010〕50号	GB/T 22286
8	特布他林	整顿办函〔2010〕50号	GB/T 22286
9	呋喃唑酮代谢物	农业部公告第235号	GB/T 21311
10	呋喃它酮代谢物	农业部公告第235号	GB/T 21311
11	呋喃西林代谢物	农业部公告第560号	GB/T 21311
12	氯霉素	农业部公告第235号	GB/T 22338
13	氟苯尼考	农业部公告第235号	GB/T 22338
14	多西环素（强力霉素）	农业部公告第235号	GB/T 21317
15	土霉素	农业部公告第235号	GB/T 21317
16	恩诺沙星（以恩诺沙星与环丙沙星之和计）	农业部公告第235号	GB/T 21312
17	洛美沙星	农业部公告第2292号	GB/T 21312
18	培氟沙星	农业部公告第2292号	GB/T 21312
19	氧氟沙星	农业部公告第2292号	GB/T 21312
20	诺氟沙星	农业部公告第2292号	GB/T 21312
21	磺胺类（总量）[a]	农业部公告第235号	GB/T 21316
22	五氯酚酸钠（以五氯酚计）	农业部公告第235号	GB 23200.92
23	阿莫西林	农业部公告第235号	GB/T 21315

注：a.磺胺类（总量）项目包括：磺胺甲基嘧啶（磺胺甲嘧啶）、磺胺甲噁唑（磺胺甲鯻唑）、磺胺二甲嘧啶、磺胺间二甲氧嘧啶（磺胺地索辛）、磺胺间甲氧嘧啶、磺胺喹噁啉（磺胺喹沙啉）、甲氧苄啶。检验结果以上述7种磺胺的测定结果之和表示并判定。

2.12 牛肾检验项目

详见表2-32-12。

表2-32-12　牛肾检验项目

序号	检验项目	依据法律法规或标准	检测方法
1	铅（以 Pb 计）	GB 2762	GB 5009.12
2	镉（以 Cd 计）	GB 2762	GB 5009.15
3	总汞（以 Hg 计）	GB 2762	GB 5009.17
4	总砷（以 As 计）	GB 2762	GB 5009.11
5	克伦特罗	整顿办函〔2010〕50 号	GB/T 22286
6	沙丁胺醇	整顿办函〔2010〕50 号	GB/T 22286
7	莱克多巴胺	整顿办函〔2010〕50 号	GB/T 22286
8	特布他林	整顿办函〔2010〕50 号	GB/T 22286
9	呋喃唑酮代谢物	农业部公告第 235 号	GB/T 21311
10	呋喃它酮代谢物	农业部公告第 235 号	GB/T 21311
11	呋喃西林代谢物	农业部公告第 560 号	GB/T 21311
12	氯霉素	农业部公告第 235 号	GB/T 22338
13	氟苯尼考	农业部公告第 235 号	GB/T 22338
14	多西环素（强力霉素）	农业部公告第 235 号	GB/T 21317
15	土霉素	农业部公告第 235 号	GB/T 21317
16	恩诺沙星（以恩诺沙星与环丙沙星之和计）	农业部公告第 235 号	GB/T 21312
17	洛美沙星	农业部公告第 2292 号	GB/T 21312
18	培氟沙星	农业部公告第 2292 号	GB/T 21312
19	氧氟沙星	农业部公告第 2292 号	GB/T 21312
20	诺氟沙星	农业部公告第 2292 号	GB/T 21312
21	磺胺类（总量）[a]	农业部公告第 235 号	GB/T 21316
22	五氯酚酸钠（以五氯酚计）	农业部公告第 235 号	GB 23200.92
23	头孢氨苄	农业部公告第 235 号	SN/T 1988

注：a.磺胺类（总量）项目包括：磺胺甲基嘧啶（磺胺甲嘧啶）、磺胺甲噁唑（磺胺甲鯻唑）、磺胺二甲嘧啶、磺胺间二甲氧嘧啶（磺胺地索辛）、磺胺间甲氧嘧啶、磺胺喹噁啉（磺胺喹沙啉）、甲氧苄啶。检验结果以上述 7 种磺胺的测定结果之和表示并判定。

2.13 羊肾检验项目

详见表2-32-13。

表2-32-13 羊肾检验项目

序号	检验项目	依据法律法规或标准	检测方法
1	铅（以Pb计）	GB 2762	GB 5009.12
2	镉（以Cd计）	GB 2762	GB 5009.15
3	总汞（以Hg计）	GB 2762	GB 5009.17
4	总砷（以As计）	GB 2762	GB 5009.11
5	克伦特罗	整顿办函〔2010〕50号	GB/T 22286
6	沙丁胺醇	整顿办函〔2010〕50号	GB/T 22286
7	莱克多巴胺	整顿办函〔2010〕50号	GB/T 22286
8	特布他林	整顿办函〔2010〕50号	GB/T 22286
9	呋喃唑酮代谢物	农业部公告第235号	GB/T 21311
10	呋喃它酮代谢物	农业部公告第235号	GB/T 21311
11	呋喃西林代谢物	农业部公告第560号	GB/T 21311
12	氯霉素	农业部公告第235号	GB/T 22338
13	氟苯尼考	农业部公告第235号	GB/T 22338
14	土霉素	农业部公告第235号	GB/T 21317
15	恩诺沙星（以恩诺沙星与环丙沙星之和计）	农业部公告第235号	GB/T 21312
16	洛美沙星	农业部公告第2292号	GB/T 21312
17	培氟沙星	农业部公告第2292号	GB/T 21312
18	氧氟沙星	农业部公告第2292号	GB/T 21312
19	诺氟沙星	农业部公告第2292号	GB/T 21312
20	磺胺类（总量）[a]	农业部公告第235号	GB/T 21316
21	五氯酚酸钠（以五氯酚计）	农业部公告第235号	GB 23200.92

注：a.磺胺类（总量）项目包括：磺胺甲基嘧啶（磺胺甲嘧啶）、磺胺甲噁唑（磺胺甲鯻唑）、磺胺二甲嘧啶、磺胺间二甲氧嘧啶（磺胺地索辛）、磺胺间甲氧嘧啶、磺胺喹噁啉（磺胺喹沙啉）、甲氧苄啶。检验结果以上述7种磺胺的测定结果之和表示并判定。

2.14 其他畜副产品检验项目

详见表2-32-14。

表2-32-14 其他畜副产品检验项目

序号	检验项目	依据法律法规或标准	检测方法
1	铅（以Pb计）	GB 2762	GB 5009.12
2	总汞（以Hg计）	GB 2762	GB 5009.17
3	总砷（以As计）	GB 2762	GB 5009.11
4	克伦特罗	整顿办函〔2010〕50号	GB/T 22286
5	沙丁胺醇	整顿办函〔2010〕50号	GB/T 22286
6	莱克多巴胺	整顿办函〔2010〕50号	GB/T 22286
7	特布他林	整顿办函〔2010〕50号	GB/T 22286
8	呋喃唑酮代谢物	农业部公告第235号	GB/T 21311
9	呋喃它酮代谢物	农业部公告第235号	GB/T 21311
10	呋喃西林代谢物	农业部公告第560号	GB/T 21311
11	氯霉素	农业部公告第235号	GB/T 22338
12	土霉素	农业部公告第235号	GB/T 21317
13	洛美沙星	农业部公告第2292号	GB/T 21312
14	培氟沙星	农业部公告第2292号	GB/T 21312
15	氧氟沙星	农业部公告第2292号	GB/T 21312
16	诺氟沙星	农业部公告第2292号	GB/T 21312
17	五氯酚酸钠（以五氯酚计）	农业部公告第235号	GB 23200.92

2.15 鸡肝检验项目

详见表2-32-15。

表2-32-15 鸡肝检验项目

序号	检验项目	依据法律法规或标准	检测方法
1	铅（以Pb计）	GB 2762	GB 5009.12
2	镉（以Cd计）	GB 2762	GB 5009.15

序号	检验项目	依据法律法规或标准	检测方法
3	总汞（以 Hg 计）	GB 2762	GB 5009.17
4	总砷（以 As 计）	GB 2762	GB 5009.11
5	铬（以 Cr 计）	GB 2762	GB 5009.123
6	呋喃唑酮代谢物	农业部公告第 235 号	GB/T 21311
7	呋喃它酮代谢物	农业部公告第 235 号	GB/T 21311
8	呋喃西林代谢物	农业部公告第 560 号	GB/T 21311
9	呋喃妥因代谢物	农业部公告第 560 号	GB/T 21311
10	氯霉素	农业部公告第 235 号	GB/T 22338 GB/T 20756
11	氟苯尼考	农业部公告第 235 号	GB/T 22338 GB/T 20756
12	洛美沙星	农业部公告第 2292 号	GB/T 21312
13	培氟沙星	农业部公告第 2292 号	GB/T 21312
14	氧氟沙星	农业部公告第 2292 号	GB/T 21312
15	诺氟沙星	农业部公告第 2292 号	GB/T 21312
16	五氯酚酸钠（以五氯酚计）	农业部公告第 235 号	GB 23200.92
17	替米考星	农业部公告第 235 号	SN/T 1777.2

2.16　其他禽副产品检验项目

详见表2-32-16。

表2-32-16　其他禽副产品检验项目

序号	检验项目	依据法律法规或标准	检测方法
1	铅（以 Pb 计）	GB 2762	GB 5009.12
2	总汞（以 Hg 计）	GB 2762	GB 5009.17
3	总砷（以 As 计）	GB 2762	GB 5009.11
4	铬（以 Cr 计）	GB 2762	GB 5009.123
5	呋喃唑酮代谢物	农业部公告第 235 号	GB/T 21311

序号	检验项目	依据法律法规或标准	检测方法
6	呋喃它酮代谢物	农业部公告第 235 号	GB/T 21311
7	呋喃西林代谢物	农业部公告第 560 号	GB/T 21311
8	呋喃妥因代谢物	农业部公告第 560 号	GB/T 21311
9	氯霉素	农业部公告第 235 号	GB/T 22338
10	氟苯尼考	农业部公告第 235 号	GB/T 22338
11	洛美沙星	农业部公告第 2292 号	GB/T 21312
12	培氟沙星	农业部公告第 2292 号	GB/T 21312
13	氧氟沙星	农业部公告第 2292 号	GB/T 21312
14	诺氟沙星	农业部公告第 2292 号	GB/T 21312
15	五氯酚酸钠（以五氯酚计）	农业部公告第 235 号	GB 23200.92

第二篇　食品的分类检测

3　通常重点关注检测指标

畜禽肉及副产品中通常需要重点关注的检测指标如下。

畜肉及副产品：克伦特罗、沙丁胺醇、氯霉素、氧氟沙星、磺胺类（总量）。

禽肉及副产品：氯霉素、氧氟沙星、呋喃唑酮代谢物、呋喃它酮代谢物、呋喃西林代谢物、呋喃妥因代谢物、磺胺类（总量）、土霉素。

起草人：毕会芳（山东省食品药品检验研究院）
复核人：车明秀（山东省食品药品检验研究院）

第二节　水产品

1　分类

水产品主要为动物性水产品。分为淡水鱼、淡水虾、淡水蟹、海水鱼、海水虾、海水蟹、贝类和其他水产品。

淡水鱼类包括青鱼、草鱼、鲢鱼、鳙鱼、鲫鱼、鲤鱼、鲮鱼、鲑（大马哈鱼）、鳜鱼、团头鲂、长春鳊、鲂（三角鳊）、银鱼、乌鳢（黑鱼）、泥鳅、鲶鱼、鲥鱼、鲈鱼、黄鳝、罗非鱼、虹鳟、鳗鲡、鲟鱼、鳇鱼和其他淡水鱼类。

淡水虾类包括青虾、河虾、草虾、白虾、小龙虾和其他淡水虾类。

淡水蟹类包括螃蟹、毛蟹（大闸蟹）等。

　　海水鱼类包括大黄鱼、小黄鱼、黄姑鱼、白姑鱼、带鱼、鲳鱼、鲅鱼（马鲛鱼）、鲐鱼、鲥鱼、鲈鱼、鲱鱼、蓝圆鲹、马面鲀、石斑鱼、鲆鱼、蝶鱼、沙丁鱼、鳀鱼、鳕鱼、海鳗、鳐鱼、鲨鱼、鲷鱼、金线鱼和其他海水鱼类。

　　海水虾类包括东方对虾、日本对虾、长毛对虾、斑节对虾、墨吉对虾、宽沟对虾、鹰爪虾、白虾、毛虾、龙虾和其他海水虾类。

　　海水蟹类包括梭子蟹、青蟹、蟳（海蟹）等。

　　贝类包括贻贝、蛤、蛏、三角帆蚌、皱纹冠蚌、背角无齿蚌、河蚬、中华园田螺、铜锈环棱螺、大瓶螺等贝类。

　　其他水产品包括甲鱼、牛蛙、鱿鱼、章鱼、墨鱼、海参、海肠等。

2　检测项目

2.1　淡水鱼检验项目

详见表2-32-17。

表2-32-17　淡水鱼检验项目

序号	检验项目	依据法律法规或标准	检测方法
1	挥发性盐基氮 [a]	GB 2733	GB 5009.228
2	铅（以 Pb 计）	GB 2762	GB 5009.12
3	镉（以 Cd 计）	GB 2762	GB 5009.15
4	甲基汞（以 Hg 计）	GB 2762	GB 5009.17
5	无机砷（以 As 计）	GB 2762	GB 5009.11
6	孔雀石绿 [b]	农业部公告第 235 号	GB/T 19857、GB/T 20361
7	氯霉素	农业部公告第 235 号	GB/T 20756、GB/T 22338
8	甲砜霉素	农业部公告第 235 号	GB/T 20756、GB/T 22338
9	氟苯尼考	农业部公告第 235 号	GB/T 20756、GB/T 22338
10	呋喃唑酮代谢物	农业部公告第 235 号	GB/T 20752、GB/T 21311 农业部 781 号公告 -4-2006
11	呋喃它酮代谢物	农业部公告第 235 号	GB/T 20752、GB/T 21311 农业部 781 号公告 -4-2006
12	呋喃西林代谢物	农业部公告第 560 号	GB/T 20752、GB/T 21311 农业部 781 号公告 -4-2006
13	呋喃妥因代谢物	农业部公告第 560 号	GB/T 20752、GB/T 21311 农业部 781 号公告 -4-2006
14	恩诺沙星（以恩诺沙星与环丙沙星之和计）	农业部公告第 235 号	GB/T 20366 农业部 1077 号公告 -1-2008
15	氧氟沙星	农业部公告第 2292 号	GB/T 20366 农业部 1077 号公告 -1-2008

序号	检验项目	依据法律法规或标准	检测方法
16	培氟沙星	农业部公告第 2292 号	GB/T 20366 农业部 1077 号公告 -1-2008
17	洛美沙星	农业部公告第 2292 号	GB/T 20366 农业部 1077 号公告 -1-2008
18	诺氟沙星	农业部公告第 2292 号	GB/T 20366 农业部 1077 号公告 -1-2008
19	四环素	农业部公告第 235 号	SC/T 3015 GB/T 21317
20	金霉素	农业部公告第 235 号	SC/T 3015 GB/T 21317
21	土霉素	农业部公告第 235 号	SC/T 3015 GB/T 21317
22	磺胺类（总量）[c]	农业部公告第 235 号	农业部 1025 号公告 -23-2008 农业部 1077 号公告 -1-2008
23	喹乙醇代谢物	整顿办函〔2011〕1 号	农业部 1077 号公告 -5-2008
24	地西泮	农业部公告第 235 号	SN/T 3235
25	甲硝唑	农业部公告第 235 号	GB/T 21318、SN/T 1928
26	地美硝唑	农业部公告第 235 号	GB/T 21318、SN/T 1928
27	洛硝哒唑	农业部公告第 235 号	GB/T 21318、SN/T 1928
28	羟基甲硝唑 [d]	农业部公告第 235 号	GB/T 21318、SN/T 1928
29	羟甲基甲硝咪唑 [e]	农业部公告第 235 号	GB/T 21318、SN/T 1928

注：a. 不适用于活体水产品。b. 孔雀石绿系指孔雀石绿及其代谢物隐色孔雀石绿残留量之和，以孔雀石绿表示。c. 磺胺类（总量）项目包括：磺胺嘧啶、磺胺二甲嘧啶、磺胺甲基嘧啶、磺胺甲噁唑、磺胺间二甲氧嘧啶、磺胺邻二甲氧嘧啶、磺胺间甲氧嘧啶、磺胺氯哒嗪、磺胺喹噁啉之和。检验结果以上述9种磺胺的测定结果之和表示并判定。d. 羟基甲硝唑为甲硝唑代谢物。e. 羟甲基甲硝咪唑为地美硝唑、洛硝哒唑代谢物。

2.2 淡水虾检验项目

详见表2-32-18。

表2-32-18 淡水虾检验项目

序号	检验项目	依据法律法规或标准	检测方法
1	挥发性盐基氮 [a]	GB 2733	GB 5009.228
2	铅（以 Pb 计）	GB 2762	GB 5009.12
3	镉（以 Cd 计）	GB 2762	GB 5009.15

续表

序号	检验项目	依据法律法规或标准	检测方法
4	甲基汞（以 Hg 计）	GB 2762	GB 5009.17
5	无机砷（以 As 计）	GB 2762	GB 5009.11
6	孔雀石绿[b]	农业部公告第 235 号	GB/T 19857、GB/T 20361
7	氯霉素	农业部公告第 235 号	GB/T 20756、GB/T 22338
8	氟苯尼考	农业部公告第 235 号	GB/T 20756、GB/T 22338
9	呋喃唑酮代谢物	农业部公告第 235 号	GB/T 20752、GB/T 21311 农业部 781 号公告 -4-2006
10	呋喃它酮代谢物	农业部公告第 235 号	GB/T 20752、GB/T 21311 农业部 781 号公告 -4-2006
11	呋喃西林代谢物	农业部公告第 560 号	GB/T 20752、GB/T 21311 农业部 781 号公告 -4-2006
12	呋喃妥因代谢物	农业部公告第 560 号	GB/T 20752、GB/T 21311 农业部 781 号公告 -4-2006
13	恩诺沙星（以恩诺沙星与环丙沙星之和计）	农业部公告第 235 号	GB/T 20366 农业部 1077 号公告 -1-2008
14	氧氟沙星	农业部公告第 2292 号	GB/T 20366 农业部 1077 号公告 -1-2008
15	培氟沙星	农业部公告第 2292 号	GB/T 20366 农业部 1077 号公告 -1-2008
16	洛美沙星	农业部公告第 2292 号	GB/T 20366 农业部 1077 号公告 -1-2008
17	诺氟沙星	农业部公告第 2292 号	GB/T 20366 农业部 1077 号公告 -1-2008
18	四环素	农业部公告第 235 号	SC/T 3015 GB/T 21317
19	金霉素	农业部公告第 235 号	SC/T 3015 GB/T 21317
20	土霉素	农业部公告第 235 号	SC/T 3015 GB/T 21317
21	磺胺类（总量）[c]	农业部公告第 235 号	农业部 1025 号公告 -23-2008 农业部 1077 号公告 -1-2008
22	喹乙醇代谢物	整顿办函〔2011〕1 号	农业部 1077 号公告 -5-2008

第二篇 食品的分类检测

序号	检验项目	依据法律法规或标准	检测方法
23	地西泮	农业部公告第 235 号	SN/T 3235
24	甲硝唑	农业部公告第 235 号	SN/T 1928
25	地美硝唑	农业部公告第 235 号	SN/T 1928
26	洛硝哒唑	农业部公告第 235 号	SN/T 1928
27	羟基甲硝唑 [d]	农业部公告第 235 号	SN/T 1928
28	羟甲基甲硝咪唑 [e]	农业部公告第 235 号	SN/T 1928

注：a. 不适用于活体水产品。b. 孔雀石绿系指孔雀石绿及其代谢物隐色孔雀石绿残留量之和，以孔雀石绿表示。c. 磺胺类（总量）项目包括：磺胺嘧啶、磺胺二甲嘧啶、磺胺甲基嘧啶、磺胺甲噁唑、磺胺间二甲氧嘧啶、磺胺邻二甲氧嘧啶、磺胺间甲氧嘧啶、磺胺氯哒嗪、磺胺喹噁啉之和。检验结果以上述 9 种磺胺的测定结果之和表示并判定。d. 羟基甲硝唑为甲硝唑代谢物。e. 羟甲基甲硝咪唑为地美硝唑、洛硝哒唑代谢物。

2.3　淡水蟹检验项目

详见表 2-32-19。

表 2-32-19　淡水蟹检验项目

序号	检验项目	依据法律法规或标准	检测方法
1	铅（以 Pb 计）	GB 2762	GB 5009.12
2	镉（以 Cd 计）	GB 2762	GB 5009.15
3	甲基汞（以 Hg 计）	GB 2762	GB 5009.17
4	无机砷（以 As 计）	GB 2762	GB 5009.11
5	孔雀石绿 [a]	农业部公告第 235 号	GB/T 19857、GB/T 20361
6	氯霉素	农业部公告第 235 号	GB/T 22338
7	氟苯尼考	农业部公告第 235 号	GB/T 22338
8	呋喃唑酮代谢物	农业部公告第 235 号	GB/T 20752 农业部 781 号公告 -4-2006
9	呋喃它酮代谢物	农业部公告第 235 号	GB/T 20752 农业部 781 号公告 -4-2006
10	呋喃西林代谢物	农业部公告第 560 号	GB/T 20752 农业部 781 号公告 -4-2006
11	呋喃妥因代谢物	农业部公告第 560 号	GB/T 20752 农业部 781 号公告 -4-2006
12	恩诺沙星（以恩诺沙星与环丙沙星之和计）	农业部公告第 235 号	GB/T 20366 农业部 1077 号公告 -1-2008

序号	检验项目	依据法律法规或标准	检测方法
13	氧氟沙星	农业部公告第 2292 号	GB/T 20366 农业部 1077 号公告 -1-2008
14	培氟沙星	农业部公告第 2292 号	GB/T 20366 农业部 1077 号公告 -1-2008
15	洛美沙星	农业部公告第 2292 号	GB/T 20366 农业部 1077 号公告 -1-2008
16	诺氟沙星	农业部公告第 2292 号	GB/T 20366 农业部 1077 号公告 -1-2008
17	四环素	农业部公告第 235 号	SC/T 3015、GB/T 21317
18	金霉素	农业部公告第 235 号	SC/T 3015、GB/T 21317
19	土霉素	农业部公告第 235 号	SC/T 3015、GB/T 21317
20	磺胺类（总量）[b]	农业部公告第 235 号	农业部 1025 号公告 -23-2008 农业部 1077 号公告 -1-2008
21	喹乙醇代谢物	整顿办函〔2011〕1 号	农业部 1077 号公告 -5-2008
22	地西泮	农业部公告第 235 号	SN/T 3235
23	甲硝唑	农业部公告第 235 号	SN/T 1928
24	地美硝唑	农业部公告第 235 号	SN/T 1928
25	洛硝哒唑	农业部公告第 235 号	SN/T 1928
26	羟基甲硝唑[c]	农业部公告第 235 号	SN/T 1928
27	羟甲基甲硝咪唑[d]	农业部公告第 235 号	SN/T 1928

注：a. 孔雀石绿系指孔雀石绿及其代谢物隐色孔雀石绿残留量之和，以孔雀石绿表示。b. 磺胺类（总量）项目包括：磺胺嘧啶、磺胺二甲嘧啶、磺胺甲基嘧啶、磺胺甲噁唑、磺胺间二甲氧嘧啶、磺胺邻二甲氧嘧啶、磺胺间甲氧嘧啶、磺胺氯哒嗪、磺胺喹噁啉之和。检验结果以上述 9 种磺胺的测定结果之和表示并判定。c. 羟基甲硝唑为甲硝唑代谢物。d. 羟甲基甲硝咪唑为地美硝唑、洛硝哒唑代谢物。

2.4 海水鱼检验项目

详见表 2-32-20。

表 2-32-20　海水鱼检验项目

序号	检验项目	依据法律法规或标准	检测方法
1	挥发性盐基氮[a]	GB 2733	GB 5009.228
2	组胺[a]	GB 2733	GB 5009.208
3	铅（以 Pb 计）	GB 2762	GB 5009.12

续表

序号	检验项目	依据法律法规或标准	检测方法
4	镉（以 Cd 计）	GB 2762	GB 5009.15
5	甲基汞（以 Hg 计）	GB 2762	GB 5009.17
6	无机砷（以 As 计）	GB 2762	GB 5009.11
7	孔雀石绿 [b]	农业部公告第 235 号	GB/T 19857、GB/T 20361
8	氯霉素	农业部公告第 235 号	GB/T 20756、GB/T 22338
9	甲砜霉素	农业部公告第 235 号	GB/T 20756、GB/T 22338
10	氟苯尼考	农业部公告第 235 号	GB/T 20756、GB/T 22338
11	呋喃唑酮代谢物	农业部公告第 235 号	GB/T 20752、GB/T 21311 农业部 781 号公告 –4–2006
12	呋喃它酮代谢物	农业部公告第 235 号	GB/T 20752、GB/T 21311 农业部 781 号公告 –4–2006
13	呋喃西林代谢物	农业部公告第 560 号	GB/T 20752、GB/T 21311 农业部 781 号公告 –4–2006
14	呋喃妥因代谢物	农业部公告第 560 号	GB/T 20752、GB/T 21311 农业部 781 号公告 –4–2006
15	恩诺沙星（以恩诺沙星与环丙沙星之和计）	农业部公告第 235 号	GB/T 20366 农业部 1077 号公告 –1–2008
16	氧氟沙星	农业部公告第 2292 号	GB/T 20366 农业部 1077 号公告 –1–2008
17	培氟沙星	农业部公告第 2292 号	GB/T 20366 农业部 1077 号公告 –1–2008
18	洛美沙星	农业部公告第 2292 号	GB/T 20366 农业部 1077 号公告 –1–2008
19	诺氟沙星	农业部公告第 2292 号	GB/T 20366 农业部 1077 号公告 –1–2008
20	四环素	农业部公告第 235 号	SC/T 3015 GB/T 21317
21	金霉素	农业部公告第 235 号	SC/T 3015 GB/T 21317

第二篇　食品的分类检测

序号	检验项目	依据法律法规或标准	检测方法
22	土霉素	农业部公告第 235 号	SC/T 3015 GB/T 21317
23	磺胺类（总量）c	农业部公告第 235 号	农业部 1025 号公告 –23–2008 农业部 1077 号公告 –1–2008
24	喹乙醇代谢物	整顿办函〔2011〕1 号	农业部 1077 号公告 –5–2008
25	地西泮	农业部公告第 235 号	SN/T 3235
26	甲硝唑	农业部公告第 235 号	GB/T 21318、SN/T 1928
27	地美硝唑	农业部公告第 235 号	GB/T 21318、SN/T 1928
28	洛硝哒唑	农业部公告第 235 号	GB/T 21318、SN/T 1928
29	羟基甲硝唑 d	农业部公告第 235 号	GB/T 21318、SN/T 1928
30	羟甲基甲硝咪唑 e	农业部公告第 235 号	GB/T 21318、SN/T 1928

注：a. 不适用于活体水产品。b. 孔雀石绿系指孔雀石绿及其代谢物隐色孔雀石绿残留量之和，以孔雀石绿表示。c. 磺胺类（总量）项目包括：磺胺嘧啶、磺胺二甲嘧啶、磺胺甲基嘧啶、磺胺甲噁唑、磺胺间二甲氧嘧啶、磺胺邻二甲氧嘧啶、磺胺间甲氧嘧啶、磺胺氯哒嗪、磺胺喹噁啉之和。检验结果以上述 9 种磺胺的测定结果之和表示并判定。d. 羟基甲硝唑为甲硝唑代谢物。e. 羟甲基甲硝咪唑为地美硝唑、洛硝哒唑代谢物。

2.5 海水虾检验项目

详见表 2–32–21。

表 2–32–21 海水虾检验项目

序号	检验项目	依据法律法规或标准	检测方法
1	挥发性盐基氮 a	GB 2733	GB 5009.228
2	铅（以 Pb 计）	GB 2762	GB 5009.12
3	镉（以 Cd 计）	GB 2762	GB 5009.15
4	甲基汞（以 Hg 计）	GB 2762	GB 5009.17
5	无机砷（以 As 计）	GB 2762	GB 5009.11
6	孔雀石绿 b	农业部公告第 235 号	GB/T 19857、GB/T 20361
7	氯霉素	农业部公告第 235 号	GB/T 20756、GB/T 22338
8	氟苯尼考	农业部公告第 235 号	GB/T 20756、GB/T 22338

续表

序号	检验项目	依据法律法规或标准	检测方法
9	呋喃唑酮代谢物	农业部公告第 235 号	GB/T 20752、GB/T 21311 农业部 781 号公告 -4-2006
10	呋喃它酮代谢物	农业部公告第 235 号	GB/T 20752、GB/T 21311 农业部 781 号公告 -4-2006
11	呋喃西林代谢物	农业部公告第 560 号	GB/T 20752、GB/T 21311 农业部 781 号公告 -4-2006
12	呋喃妥因代谢物	农业部公告第 560 号	GB/T 20752、GB/T 21311 农业部 781 号公告 -4-2006
13	恩诺沙星（以恩诺沙星与环丙沙星之和计）	农业部公告第 235 号	GB/T 20366 农业部 1077 号公告 -1-2008
14	氧氟沙星	农业部公告第 2292 号	GB/T 20366 农业部 1077 号公告 -1-2008
15	培氟沙星	农业部公告第 2292 号	GB/T 20366 农业部 1077 号公告 -1-2008
16	洛美沙星	农业部公告第 2292 号	GB/T 20366 农业部 1077 号公告 -1-2008
17	诺氟沙星	农业部公告第 2292 号	GB/T 20366 农业部 1077 号公告 -1-2008
18	四环素	农业部公告第 235 号	SC/T 3015、GB/T 21317
19	金霉素	农业部公告第 235 号	SC/T 3015、GB/T 21317
20	土霉素	农业部公告第 235 号	SC/T 3015、GB/T 21317
21	磺胺类（总量）[c]	农业部公告第 235 号	农业部 1025 号公告 -23-2008 农业部 1077 号公告 -1-2008
22	喹乙醇代谢物	整顿办函〔2011〕1 号	农业部 1077 号公告 -5-2008
23	地西泮	农业部公告第 235 号	SN/T 3235
24	甲硝唑	农业部公告第 235 号	SN/T 1928
25	地美硝唑	农业部公告第 235 号	SN/T 1928
26	洛硝哒唑	农业部公告第 235 号	SN/T 1928
27	羟基甲硝唑 [d]	农业部公告第 235 号	SN/T 1928
28	羟甲基甲硝咪唑 [e]	农业部公告第 235 号	SN/T 1928
29	二氧化硫残留量	GB 2760	GB 5009.34

注：a. 不适用于活体水产品。b. 孔雀石绿系指孔雀石绿及其代谢物隐色孔雀石绿残留量之和，以孔雀石绿表示。c. 磺胺类（总量）项目包括：磺胺嘧啶、磺胺二甲嘧啶、磺胺甲基嘧啶、磺胺甲噁唑、磺胺间二甲氧嘧啶、磺胺邻二甲氧嘧啶、磺胺间甲氧嘧啶、磺胺氯哒嗪、磺胺喹噁啉之和。检验结果以上述 9 种磺胺的测定结果之和表示并判定。d. 羟基甲硝唑为甲硝唑代谢物。e. 羟甲基甲硝咪唑为地美硝唑、洛硝哒唑代谢物。

2.6 海水蟹检验项目

详见表2-32-22。

表2-32-22 海水蟹检验项目

序号	检验项目	依据法律法规或标准	检测方法
1	挥发性盐基氮 [a]	GB 2733	GB 5009.228
2	铅（以Pb计）	GB 2762	GB 5009.12
3	镉（以Cd计）	GB 2762	GB 5009.15
4	甲基汞（以Hg计）	GB 2762	GB 5009.17
5	无机砷（以As计）	GB 2762	GB 5009.11
6	孔雀石绿 [b]	农业部公告第235号	GB/T 19857、GB/T 20361
7	氯霉素	农业部公告第235号	GB/T 22338
8	氟苯尼考	农业部公告第235号	GB/T 22338
9	呋喃唑酮代谢物	农业部公告第235号	GB/T 20752 农业部781号公告-4-2006
10	呋喃它酮代谢物	农业部公告第235号	GB/T 20752 农业部781号公告-4-2006
11	呋喃西林代谢物	农业部公告第560号	GB/T 20752 农业部781号公告-4-2006
12	呋喃妥因代谢物	农业部公告第560号	GB/T 20752 农业部781号公告-4-2006
13	恩诺沙星（以恩诺沙星与环丙沙星之和计）	农业部公告第235号	GB/T 20366 农业部1077号公告-1-2008
14	氧氟沙星	农业部公告第2292号	GB/T 20366 农业部1077号公告-1-2008
15	培氟沙星	农业部公告第2292号	GB/T 20366 农业部1077号公告-1-2008
16	洛美沙星	农业部公告第2292号	GB/T 20366 农业部1077号公告-1-2008
17	诺氟沙星	农业部公告第2292号	GB/T 20366 农业部1077号公告-1-2008
18	四环素	农业部公告第235号	SC/T 3015、GB/T 21317
19	金霉素	农业部公告第235号	SC/T 3015、GB/T 21317
20	土霉素	农业部公告第235号	SC/T 3015、GB/T 21317

序号	检验项目	依据法律法规或标准	检测方法
21	磺胺类（总量）[c]	农业部公告第 235 号	农业部 1025 号公告 –23–2008 农业部 1077 号公告 –1–2008
22	喹乙醇代谢物	整顿办函〔2011〕1 号	农业部 1077 号公告 –5–2008
23	地西泮	农业部公告第 235 号	SN/T 3235
24	甲硝唑	农业部公告第 235 号	SN/T 1928
25	地美硝唑	农业部公告第 235 号	SN/T 1928
26	洛硝哒唑	农业部公告第 235 号	SN/T 1928
27	羟基甲硝唑[d]	农业部公告第 235 号	SN/T 1928
28	羟甲基甲硝咪唑[e]	农业部公告第 235 号	SN/T 1928
29	二氧化硫残留量	GB 2760	GB 5009.34

注：a. 不适用于活体水产品。b. 孔雀石绿系指孔雀石绿及其代谢物隐色孔雀石绿残留量之和，以孔雀石绿表示。c. 磺胺类（总量）项目包括：磺胺嘧啶、磺胺二甲嘧啶、磺胺甲基嘧啶、磺胺甲噁唑、磺胺间二甲氧嘧啶、磺胺邻二甲氧嘧啶、磺胺间甲氧嘧啶、磺胺氯哒嗪、磺胺喹噁啉之和。检验结果以上述 9 种磺胺的测定结果之和表示并判定。d. 羟基甲硝唑为甲硝唑代谢物。e. 羟甲基甲硝咪唑为地美硝唑、洛硝哒唑代谢物。

2.7 贝类检验项目

详见表 2–32–23。

表 2–32–23 贝类检验项目

序号	检验项目	依据法律法规或标准	检测方法
1	挥发性盐基氮[a]	GB 2733	GB 5009.228
2	铅（以 Pb 计）	GB 2762	GB 5009.12
3	镉（以 Cd 计）	GB 2762	GB 5009.15
4	甲基汞（以 Hg 计）	GB 2762	GB 5009.17
5	无机砷（以 As 计）	GB 2762	GB 5009.11
6	孔雀石绿[b]	农业部公告第 235 号	GB/T 19857、GB/T 20361
7	氯霉素	农业部公告第 235 号	GB/T 22338
8	氟苯尼考	农业部公告第 235 号	GB/T 22338
9	呋喃唑酮代谢物	农业部公告第 235 号	GB/T 20752 农业部 781 号公告 –4–2006
10	呋喃它酮代谢物	农业部公告第 235 号	GB/T 20752 农业部 781 号公告 –4–2006
11	呋喃西林代谢物	农业部公告第 560 号	GB/T 20752 农业部 781 号公告 –4–2006

续表

序号	检验项目	依据法律法规或标准	检测方法
12	呋喃妥因代谢物	农业部公告第 560 号	GB/T 20752 农业部 781 号公告 –4–2006
13	恩诺沙星（以恩诺沙星与环丙沙星之和计）	农业部公告第 235 号	GB/T 20366 农业部 1077 号公告 –1–2008
14	氧氟沙星	农业部公告第 2292 号	GB/T 20366 农业部 1077 号公告 –1–2008
15	培氟沙星	农业部公告第 2292 号	GB/T 20366 农业部 1077 号公告 –1–2008
16	洛美沙星	农业部公告第 2292 号	GB/T 20366 农业部 1077 号公告 –1–2008
17	诺氟沙星	农业部公告第 2292 号	GB/T 20366 农业部 1077 号公告 –1–2008
18	四环素	农业部公告第 235 号	SC/T 3015、GB/T 21317
19	金霉素	农业部公告第 235 号	SC/T 3015、GB/T 21317
20	土霉素	农业部公告第 235 号	SC/T 3015、GB/T 21317
21	磺胺类（总量）[c]	农业部公告第 235 号	农业部 1025 号公告 –23–2008 农业部 1077 号公告 –1–2008
22	喹乙醇代谢物	整顿办函〔2011〕1 号	农业部 1077 号公告 –5–2008
23	地西泮	农业部公告第 235 号	SN/T 3235
24	甲硝唑	农业部公告第 235 号	SN/T 1928
25	地美硝唑	农业部公告第 235 号	SN/T 1928
26	洛硝哒唑	农业部公告第 235 号	SN/T 1928
27	羟基甲硝唑 [d]	农业部公告第 235 号	SN/T 1928
28	羟甲基甲硝咪唑 [e]	农业部公告第 235 号	SN/T 1928

注：a. 限冷冻贝类检测。b. 孔雀石绿系指孔雀石绿及其代谢物隐色孔雀石绿残留量之和，以孔雀石绿表示。c. 磺胺类（总量）项目包括：磺胺嘧啶、磺胺二甲嘧啶、磺胺甲基嘧啶、磺胺甲噁唑、磺胺间二甲氧嘧啶、磺胺邻二甲氧嘧啶、磺胺间甲氧嘧啶、磺胺氯哒嗪、磺胺喹噁啉之和。检验结果以上述 9 种磺胺的测定结果之和表示并判定。d. 羟基甲硝唑为甲硝唑代谢物。e. 羟甲基甲硝咪唑为地美硝唑、洛硝哒唑代谢物。

2.8 其他水产品检验项目

详见表 2–32–24。

表 2–32–24 其他水产品检验项目

序号	检验项目	依据法律法规或标准	检测方法
1	铅（以 Pb 计）	GB 2762	GB 5009.12
2	镉（以 Cd 计）[a]	GB 2762	GB 5009.15

第二篇 食品的分类检测

续表

序号	检验项目	依据法律法规或标准	检测方法
3	甲基汞（以 Hg 计）	GB 2762	GB 5009.17
4	无机砷（以 As 计）	GB 2762	GB 5009.11
5	孔雀石绿[b]	农业部公告第 235 号	GB/T 19857 GB/T 20361
6	氯霉素	农业部公告第 235 号	GB/T 22338
7	呋喃唑酮代谢物	农业部公告第 235 号	农业部 781 号公告 -4-2006
8	呋喃它酮代谢物	农业部公告第 235 号	农业部 781 号公告 -4-2006
9	呋喃西林代谢物	农业部公告第 560 号	农业部 781 号公告 -4-2006
10	呋喃妥因代谢物	农业部公告第 560 号	农业部 781 号公告 -4-2006
11	恩诺沙星（以恩诺沙星与环丙沙星之和计）	农业部公告第 235 号	GB/T 20366 农业部 1077 号公告 -1-2008
12	氧氟沙星	农业部公告第 2292 号	GB/T 20366 农业部 1077 号公告 -1-2008
13	培氟沙星	农业部公告第 2292 号	GB/T 20366 农业部 1077 号公告 -1-2008
14	洛美沙星	农业部公告第 2292 号	GB/T 20366 农业部 1077 号公告 -1-2008
15	诺氟沙星	农业部公告第 2292 号	GB/T 20366 农业部 1077 号公告 -1-2008

注：a. 限头足类、腹足类、棘皮类检测。b. 孔雀石绿系指孔雀石绿及其代谢物隐色孔雀石绿残留量之和，以孔雀石绿表示。

3 通常重点关注检测指标

水产品中通常需要重点关注的检测指标如下。

海水鱼：组胺、氯霉素、孔雀石绿、呋喃唑酮代谢物、呋喃它酮代谢物、呋喃西林代谢物、呋喃妥因代谢物、恩诺沙星（以恩诺沙星和环丙沙星之和计）、氧氟沙星、四环素。

海水虾、淡水鱼、淡水虾：氯霉素、孔雀石绿、呋喃唑酮代谢物、呋喃它酮代谢物、呋喃西林代谢物、呋喃妥因代谢物、恩诺沙星（以恩诺沙星和环丙沙星之和计）、氧氟沙星、四环素。

起草人：泮秋立（山东省食品药品检验研究院）
复核人：胡明燕（山东省食品药品检验研究院）

第二篇 食品的分类检测

第三节 鲜 蛋

1 分类

鲜蛋包括鸡蛋和其他禽蛋。其他禽蛋包括鸭蛋、鹌鹑蛋、鹅蛋、鸽蛋等。

2 检测项目

鲜蛋检验项目详见表2-32-25。

表2-32-25 鲜蛋检验项目

序号	检验项目	依据法律法规或标准	检测方法
1	镉（以 Cd 计）	GB 2762	GB 5009.15、GB 5009.268
2	铅（以 Pb 计）	GB 2762	GB 5009.12
3	总汞（以 Hg 计）	GB 2762	GB 5009.17、GB 5009.268
4	多西环素（强力霉素）	农业部公告第 235 号	GB/T 21317
5	恩诺沙星（以恩诺沙星与环丙沙星之和计）	农业部公告第 235 号	GB/T 21312
6	呋喃它酮代谢物	农业部公告第 235 号	GB/T 21311
7	呋喃唑酮代谢物	农业部公告第 235 号	GB/T 21311
8	呋喃西林代谢物	农业部公告第 560 号	GB/T 21311
9	呋喃妥因代谢物	农业部公告第 560 号	GB/T 21311
10	氟苯尼考	农业部公告第 235 号	GB/T 22338
11	金刚烷胺	农业部公告第 560 号	SN/T 4253
12	金刚乙胺	农业部公告第 560 号	SN/T 4253
13	利巴韦林	农业部公告第 560 号	SN/T 4519
14	洛美沙星	农业部公告 第 2292 号	GB/T 21312
15	氯霉素	农业部公告第 235 号	GB/T 22338
16	诺氟沙星	农业部公告 第 2292 号	GB/T 21312
17	培氟沙星	农业部公告 第 2292 号	GB/T 21312
18	氧氟沙星	农业部公告 第 2292 号	GB/T 21312
19	氟虫腈（以氟虫腈、氟甲腈、氟虫腈砜和氟虫腈亚砜之和计）	GB 2763.1	GB 23200.115

3　通常重点关注检测指标

鲜蛋中通常需要重点关注的检测指标为：恩诺沙星（以恩诺沙星与环丙沙星之和计）、氟苯尼考、氟虫腈（以氟虫腈、氟甲腈、氟虫腈砜和氟虫腈亚砜之和计）。

起草人：于艳艳（山东省食品药品检验研究院）
复核人：鲍连艳（山东省食品药品检验研究院）

第四节　蔬　菜

1　分类

广义的蔬菜包括蔬菜（含冬季大棚蔬菜）和鲜食用菌。

1.1　蔬菜（含冬季大棚蔬菜）

蔬菜（含冬季大棚蔬菜）包括鳞茎类蔬菜、芸薹属类蔬菜、叶菜类蔬菜、茄果类蔬菜、瓜类蔬菜、豆类蔬菜、茎类蔬菜、根茎类和薯芋类蔬菜、水生类蔬菜、芽菜类蔬菜和其他类蔬菜。

1.2　鲜食用菌

鲜食用菌包括蘑菇类和木耳类等。

2　检测项目

2.1　蔬菜检验项目

详见表2-32-26。

表2-32-26　蔬菜检验项目

序号	检验项目	依据法律法规或标准	检测方法
1	镉（以 Cd 计）	GB 2762	GB 5009.15、GB 5009.268
2	铬（以 Cr 计）	GB 2762	GB 5009.123、GB 5009.268
3	铅（以 Pb 计）	GB 2762	GB 5009.12
4	总汞（以 Hg 计）	GB 2762	GB 5009.17、GB 5009.268
5	总砷（以 As 计）	GB 2762	GB 5009.11、GB 5009.268
6	二氧化硫残留量	GB 2760	GB 5009.34
7	4-氯苯氧乙酸钠（以 4-氯苯氧乙酸计）	国家食品药品监督管理总局 农业部 国家卫生和计划生育委员会关于豆芽生产过程中禁止使用 6-苄基腺嘌呤等物质的公告（2015 年第 11 号）	SN/T 3725

续表

序号	检验项目	依据法律法规或标准	检测方法
8	6-苄基腺嘌呤（6-BA）	国家食品药品监督管理总局 农业部 国家卫生和计划生育 委员会关于豆芽生产过程中 禁止使用 6-苄基腺嘌呤等物 质的公告（2015 年第 11 号）	GB/T 23381
9	阿维菌素	GB 2763	GB 23200.20、GB 23200.19
10	百菌清	GB 2763	GB/T 5009.105、NY/T 761
11	倍硫磷	GB 2763	GB 23200.8、NY/T 761
12	苯醚甲环唑	GB 2763	GB 23200.49、GB 23200.8、 GB/T 5009.218
13	苯酰菌胺	GB 2763	GB 23200.8、GB/T 20769
14	吡虫啉	GB 2763	GB/T 20769、GB/T 23379、 NY/T 1275
15	吡唑醚菌酯	GB 2763	GB/T 20769、GB 23200.8
16	丙溴磷	GB 2763	GB 23200.8、NY/T 761、 SN/T 2234
17	虫螨腈	GB 2763	GB 23200.8、NY/T 1379、 SN/T 1986
18	虫酰肼	GB 2763	参照 GB/T 20769
19	除虫脲	GB 2763	GB/T 5009.147、NY/T 1720
20	哒螨灵	GB 2763	GB/T 20769
21	敌百虫	GB 2763	GB/T 20769、NY/T 761
22	敌敌畏	GB 2763	NY/T 761、GB 23200.8、 GB/T 5009.20
23	啶虫脒	GB 2763	GB/T 20769、GB/T 23584
24	啶氧菌酯	GB 2763	参照 GB 23200.54
25	毒死蜱	GB 2763	GB 23200.8、NY/T 761、 SN/T 2158
26	对硫磷	GB 2763	GB/T 5009.145
27	多菌灵	GB 2763	GB/T 20769、NY/T 1453

序号	检验项目	依据法律法规或标准	检测方法
28	噁唑菌酮	GB 2763	GB/T 20769
29	二甲戊灵	GB 2763	GB 23200.8、NY/T 1379
30	二嗪磷	GB 2763	GB/T 5009.107、GB/T 20769、NY/T 761
31	粉唑醇	GB 2763	GB/T 20769
32	呋虫胺	GB 2763	参照 GB 23200.37 参照 GB 23200.51
33	伏杀硫磷	GB 2763	GB 23200.8、NY/T 761
34	氟胺氰菊酯	GB 2763	NY/T 761
35	氟苯脲	GB 2763	NY/T 1453
36	氟吡甲禾灵和高效氟吡甲禾灵	GB 2763	GB/T 20769
37	氟虫腈	GB 2763	SN/T 1982
38	氟啶胺	GB 2763	参照 GB 23200.34
39	氟啶脲	GB 2763	GB 23200.8、SN/T 2095
40	氟氯氰菊酯和高效氟氯氰菊酯	GB 2763	GB 23200.8、GB/T 5009.146、NY/T 761
41	氟氰戊菊酯	GB 2763	NY/T 761
42	氟酰脲	GB 2763	参照 GB 23200.34
43	腐霉利	GB 2763	GB 23200.8、NY/T 761
44	甲氨基阿维菌素苯甲酸盐	GB 2763	GB/T 20769
45	甲胺磷	GB 2763	NY/T 761、GB/T 5009.103
46	甲拌磷	GB 2763	GB 23200.8
47	甲苯氟磺胺	GB 2763	GB 23200.8
48	甲基毒死蜱	GB 2763	GB 23200.8、GB/T 20769、NY/T 761
49	甲基对硫磷	GB 2763	NY/T 761
50	甲基硫环磷	GB 2763	NY/T 761

续表

序号	检验项目	依据法律法规或标准	检测方法
51	甲基硫菌灵	GB 2763	NY/T 1680
52	甲基异柳磷	GB 2763	GB/T 5009.144
53	甲萘威	GB 2763	GB/T 5009.145、GB/T 20769、NY/T 761
54	甲氰菊酯	GB 2763	NY/T 761
55	甲霜灵和精甲霜灵	GB 2763	GB 23200.8、GB/T 20769
56	腈苯唑	GB 2763	GB 23200.8、GB/T 20769
57	腈菌唑	GB 2763	GB 23200.8、GB/T 20769、NY/T 1455
58	久效磷	GB 2763	NY/T 761
59	抗蚜威	GB 2763	NY/T 1379、SN/T 0134、GB 23200.8
60	克百威	GB 2763	NY/T 761
61	乐果	GB 2763	GB/T 5009.145、GB/T 20769、NY/T 761
62	联苯肼酯	GB 2763	GB/T 20769、GB 23200.8
63	联苯菊酯	GB 2763	GB/T 5009.146、NY/T 761、SN/T 1969
64	硫环磷	GB 2763	NY/T 761
65	硫线磷	GB 2763	GB/T 20769
66	六六六	GB 2763	NY/T 761、GB/T 5009.19
67	氯苯嘧啶醇	GB 2763	GB 23200.8、GB/T 20769
68	氯吡脲	GB 2763	参照 GB/T 20770
69	氯氟氰菊酯和高效氯氟氰菊酯	GB 2763	GB/T 5009.146、NY/T 761
70	氯菊酯	GB 2763	NY/T 761
71	氯氰菊酯和高效氯氰菊酯	GB 2763	GB/T 5009.146、GB 23200.8 NY/T 761
72	氯唑磷	GB 2763	GB/T 20769

第二篇 食品的分类检测

序号	检验项目	依据法律法规或标准	检测方法
73	马拉硫磷	GB 2763	GB 23200.8、GB/T 20769、NY/T 761
74	咪鲜胺和咪鲜胺锰盐	GB 2763	NY/T 1456
75	醚菊酯	GB 2763	参照 SN/T 2151
76	醚菌酯	GB 2763	GB 23200.8
77	嘧菌环胺	GB 2763	NY/T 1379、GB 23200.8、GB/T 20769
78	嘧菌酯	GB 2763	NY/T 1453、SN/T 1976
79	嘧霉胺	GB 2763	GB 23200.8、GB/T 20769
80	灭多威	GB 2763	NY/T 761
81	灭线磷	GB 2763	NY/T 761
82	灭蝇胺	GB 2763	NY/T 1725
83	内吸磷	GB 2763	GB/T 20769
84	嗪氨灵	GB 2763	参照 SN 0695
85	氰戊菊酯和 S- 氰戊菊酯	GB 2763	GB 23200.8、NY/T 761
86	炔苯酰草胺	GB 2763	GB/T 20769
87	炔螨特	GB 2763	NY/T 1652
88	噻虫胺	GB 2763	GB/T 20769
89	噻虫啉	GB 2763	GB/T 20769
90	噻呋酰胺	GB 2763	参照 GB 23200.9
91	噻螨酮	GB 2763	GB 23200.8、GB/T 20769
92	三环唑	GB 2763	NY/T 1379
93	三唑醇	GB 2763	GB 23200.8
94	三唑酮	GB 2763	GB 23200.8、GB/T 20769
95	杀螟丹	GB 2763	GB/T 20769
96	杀螟硫磷	GB 2763	GB/T 14553、GB/T 20769、NY/T 761
97	杀扑磷	GB 2763	NY/T 761
98	杀线威	GB 2763	NY/T 1453、SN/T 0134

第二篇　食品的分类检测

续表

序号	检验项目	依据法律法规或标准	检测方法
99	双甲脒	GB 2763	GB/T 5009.143
100	霜霉威和霜霉威盐酸盐	GB 2763	NY/T 1379、GB/T 20769
101	水胺硫磷	GB 2763	NY/T 761
102	四螨嗪	GB 2763	GB 23200.47、GB/T 20769
103	涕灭威	GB 2763	NY/T 761
104	肟菌酯	GB 2763 GB 2763.1	GB/T 20769、GB 23200.8
105	五氯硝基苯	GB 2763	GB/T 5009.136、GB/T 5009.19
106	戊唑醇	GB 2763	GB 23200.8、GB/T 20769
107	烯酰吗啉	GB 2763	GB/T 20769
108	辛硫磷	GB 2763	GB/T 5009.102、GB/T 20769
109	溴螨酯	GB 2763	GB 23200.8、NY/T 1379
110	溴氰菊酯	GB 2763	NY/T 761
111	亚胺硫磷	GB 2763	NY/T 761、GB/T 5009.131
112	氧乐果	GB 2763	NY/T 761、NY/T 1379
113	乙霉威	GB 2763	GB/T 20769
114	乙酰甲胺磷	GB 2763	GB/T 5009.103、GB/T 5009.145、NT/T 761
115	异丙威	GB 2763	NY/T 761
116	唑虫酰胺	GB 2763	GB/T 20769
117	唑螨酯	GB 2763.1	GB/T 20769

3 通常重点关注检测指标

蔬菜中通常需要重点关注的检测指标如下。

豆芽：4-氯苯氧乙酸钠（以4-氯苯氧乙酸计）、6-苄基腺嘌呤（6-BA）；

其他蔬菜：毒死蜱、氟虫腈、氧乐果、克百威、腐霉利。

起草人：于艳艳（山东省食品药品检验研究院）

复核人：鲍连艳（山东省食品药品检验研究院）

第五节　水　果

1　分类

新鲜水果类包括柑橘类水果、仁果类水果、核果类水果、浆果和其他小型水果、热带和亚热带水果、瓜果类水果。

2　检测项目

水果检验项目，详见表2-32-27。

表2-32-27　水果检验项目

序号	检验项目	依据法律法规或标准	检测方法
1	镉（以Cd计）	GB 2762	GB 5009.15、GB 5009.268
2	铅（以Pb计）	GB 2762	GB 5009.12
3	糖精钠（以糖精计）	GB 2760	GB 5009.28
4	阿维菌素	GB 2763	GB 23200.19、GB 23200.20
5	百菌清	GB 2763	GB/T 5009.105、NY/T 761
6	倍硫磷	GB 2763	GB 23200.8、NY/T 761
7	苯醚甲环唑	GB 2763	GB 23200.8、GB 23200.49、GB/T 5009.218
8	吡虫啉	GB 2763	GB/T 20769、GB/T 23379、NY/T 1275
9	吡唑醚菌酯	GB 2763	GB 23200.8、GB/T 20769
10	丙环唑	GB 2763	GB 23200.8、GB/T 20769
11	丙溴磷	GB 2763	NY/T 761、SN/T 2234
12	草甘膦	GB 2763	GB/T 23750、NY/T 1096、SN/T 1923
13	狄氏剂	GB 2763	NY/T 761、GB/T 5009.19
14	敌百虫	GB 2763	GB/T 20769、NY/T 761
15	敌敌畏	GB 2763	GB 23200.8、GB/T 5009.20、NY/T 761
16	啶虫脒	GB 2763	GB/T 20769、GB/T 23584

续表

序号	检验项目	依据法律法规或标准	检测方法
17	啶酰菌胺	GB 2763	GB/T 20769
18	啶氧菌酯	GB 2763	参照 GB/T 20769
19	毒死蜱	GB 2763	GB 23200.8、NY/T 761、SN/T 2158
20	对硫磷	GB 2763	GB/T 5009.145
21	多菌灵	GB 2763	GB/T 20769、NY/T 1453
22	多杀霉素	GB 2763	GB/T 20769
23	二嗪磷	GB 2763	GB/T 5009.107、GB/T 20769、NY/T 761
24	粉唑醇	GB 2763	GB/T 20769
25	氟虫腈	GB 2763	参照 NY/T 1379
26	氟虫脲	GB 2763	NY/T 1720
27	氟硅唑	GB 2763	GB 23200.8、GB 23200.53、GB/T 20769
28	氟环唑	GB 2763	GB 23200.8、GB/T 20769
29	氟氯氰菊酯和高效氟氯氰菊酯	GB 2763	GB 23200.8、GB/T 5009.146、NY/T 761
30	腐霉利	GB 2763	GB 23200.8、NY/T 761
31	己唑醇	GB 2763	GB 23200.8
32	甲胺磷	GB 2763	GB/T 5009.103、NY/T 761
33	甲拌磷	GB 2763	GB 23200.8
34	甲基对硫磷	GB 2763	NY/T 761
35	甲基硫菌灵	GB 2763	NY/T 1680
36	甲基异柳磷	GB 2763	GB/T 5009.144
37	甲氰菊酯	GB 2763	NY/T 761
38	甲霜灵和精甲霜灵	GB 2763	GB 23200.8、GB/T 20769
39	腈苯唑	GB 2763	GB 23200.8、GB/T 20769
40	腈菌唑	GB 2763	GB 23200.8、GB/T 20769、NY/T 1455

序号	检验项目	依据法律法规或标准	检测方法
41	久效磷	GB 2763	NY/T 761
42	抗蚜威	GB 2763	GB 23200.8、NY/T 1379、SN/T 0134
43	克百威	GB 2763	NY/T 761
44	乐果	GB 2763	GB/T 5009.145、GB/T 20769、NY/T 761
45	联苯菊酯	GB 2763	GB/T 5009.146、NY/T 761、SN/T 1969
46	联苯三唑醇	GB 2763	GB 23200.8、GB/T 20769
47	硫环磷	GB 2763	NY/T 761
48	硫线磷	GB 2763	GB/T 20769
49	螺螨酯	GB 2763	GB 23200.8、GB/T 20769
50	氯吡脲	GB 2763	参照 GB/T 20770
51	氯氟氰菊酯和高效氯氟氰菊酯	GB 2763	GB/T 5009.146、NY/T 761
52	氯菊酯	GB 2763	NY/T 761
53	氯氰菊酯和高效氯氰菊酯	GB 2763	GB/T 5009.146、GB 23200.8、NY/T 761
54	氯唑磷	GB 2763	GB/T 20769
55	咪鲜胺和咪鲜胺锰盐	GB 2763	NY/T 1456
56	醚菌酯	GB 2763	GB 23200.8、GB/T 20769
57	嘧菌环胺	GB 2763	GB 23200.8、GB/T 20769
58	嘧菌酯	GB 2763	NY/T 1453、SN/T 1976
59	嘧霉胺	GB 2763	GB 23200.8、GB/T 20769
60	灭多威	GB 2763	NY/T 761
61	灭线磷	GB 2763	NY/T 761
62	内吸磷	GB 2763	GB/T 20769
63	氰戊菊酯和 S- 氰戊菊酯	GB 2763	GB 23200.8、NY/T 761

第二篇　食品的分类检测

续表

序号	检验项目	依据法律法规或标准	检测方法
64	噻虫嗪	GB 2763	GB 23200.8、GB/T 20769
65	噻菌灵	GB 2763	GB/T 20769、NY/T 1453、NY/T 1680
66	噻螨酮	GB 2763	GB 23200.8、GB/T 20769
67	噻嗪酮	GB 2763	GB 23200.8、GB/T 20769
68	三唑磷	GB 2763	NY/T 761
69	杀螟硫磷	GB 2763	GB/T 14553、GB/T 20769、NY/T 761
70	杀扑磷	GB 2763	GB 23200.8、GB/T 14553、NY/T 761
71	水胺硫磷	GB 2763	GB/T 5009.20
72	四螨嗪	GB 2763	GB 23200.47、GB/T 20769
73	涕灭威	GB 2763	NY/T 761
74	肟菌酯	GB 2763	GB 23200.8、GB/T 20769
75	戊菌唑	GB 2763	GB 23200.8、GB/T 20769
76	戊唑醇	GB 2763	GB 23200.8、GB/T 20769
77	烯酰吗啉	GB 2763	GB/T 20769
78	烯唑醇	GB 2763	GB/T 5009.201、GB/T 20769
79	辛硫磷	GB 2763	GB/T 20769、GB/T 5009.102
80	溴氰菊酯	GB 2763	NY/T 761
81	氧乐果	GB 2763	NY/T 761、NY/T 1379
82	乙螨唑	GB 2763	GB 23200.8
83	乙酰甲胺磷	GB 2763	NY/T 761
84	抑霉唑	GB 2763	GB 23200.8、GB/T 20769
85	莠灭净	GB 2763	GB 23200.8
86	唑螨酯	GB 2763.1	GB/T 20769

3　通常重点关注检测指标

水果中通常需要重点关注的检测指标为：丙溴磷、三唑磷、联苯菊酯、克百威、氧乐果、苯醚甲环唑、氯氟氰菊酯和高效氯氟氰菊酯。

起草人：于艳艳（山东省食品药品检验研究院）
复核人：鲍连艳（山东省食品药品检验研究院）

第六节　豆　类

1　分类

豆类主要包括大豆、赤豆、绿豆及豌豆、蚕豆、芸豆、小扁豆等其他食用豆类。

2　检测项目

豆类检验项目详见表2-32-28。

表2-32-28　豆类检验项目

序号	检验项目	依据法律法规或标准	检测方法
1	铅（以Pb计）	GB 2762	GB 5009.12
2	镉（以Cd计）	GB 2762	GB 5009.15、GB 5009.268
3	铬（以Cr计）	GB 2762	GB 5009.123、GB 5009.268
4	赭曲霉毒素A	GB 2761	GB 5009.96
5	烯草酮[a]	GB 2763	GB 23200.9、参照SN/T 2325
6	丙炔氟草胺[b]	GB 2763	GB 23200.31
7	氯嘧磺隆[b]	GB 2763	参照GB/T 20770
8	氟磺胺草醚[b]	GB 2763	GB/T 5009.130
9	多菌灵	GB 2763	GB/T 20770、参照NY/T 1680
10	甲拌磷[c]	GB 2763	GB 23200.9、GB/T 5009.20、GB/T 14553
11	氧乐果	GB 2763	GB/T 20770、参照SN/T 1739
12	克百威	GB 2763	参照NY/T 761
13	灭多威	GB 2763	SN/T 0134

注：a.大豆检测方法参照SN/T 2325；b.限大豆检测；c.大豆中甲拌磷参照相应方法检测。

3 通常重点关注检测指标

豆类中通常需要重点关注的检测指标为铅和铬。

起草人：范　丽（山东省食品药品检验研究院）
复核人：田洪芸（山东省食品药品检验研究院）

第七节　生干坚果与籽类食品

1 分类

生干坚果与籽类食品是指经过清洗、筛选、去壳或干燥等处理，未经熟制工艺加工的坚果与籽类食品。籽仁（含果仁）是指坚果、籽类去除外壳后的部分。

坚果是指具有坚硬外壳的木本类植物的籽粒，包括开心果、杏仁（巴旦木、扁桃仁）、松仁、核桃（含山核桃）、栗（板栗、锥栗）、榛子、腰果及香榧、夏威夷果等其他坚果。籽类指瓜、果、蔬菜、油料等植物的籽粒，包括花生、芝麻、莲子、葵花籽及其他瓜子（西瓜籽、南瓜籽）和其他籽类。

2 检测项目

2.1 生干坚果检验项目

详见表2-32-29。

表2-32-29　生干坚果检验项目

序号	检验项目	依据法律法规或标准	检测方法
1	酸价（以脂肪计）[a]	GB 19300	GB 19300、GB 5009.229
2	过氧化值（以脂肪计）[a]	GB 19300	GB 19300、GB 5009.227
3	铅（以 Pb 计）	GB 2762	GB 5009.12
4	唑螨酯	GB 2763.1	参照 GB/T 20769
5	苯醚甲环唑	GB 2763	参照 GB/T 5009.218、GB 23200.8、GB 23200.49
6	多菌灵	GB 2763	参照 GB/T 20770
7	二氧化硫残留量[b]	GB 2760	GB 5009.34
8	联苯肼酯	GB 2763	参照 GB 23200.34、GB 23200.8

注：a. 脂肪含量低的板栗类食品不做要求；b. 有壳样品需带壳检测，其他样品直接检测。

2.2 生干籽类检验项目

详见表2-32-30。

表2-32-30 生干籽类检验项目

序号	检验项目	依据法律法规或标准	检测方法
1	酸价（以脂肪计）	GB 19300	GB 19300、GB 5009.229
2	过氧化值（以脂肪计）	GB 19300	GB 19300、GB 5009.227
3	铅（以Pb计）	GB 2762	GB 5009.12
4	镉（以Cd计）[a]	GB 2762	GB 5009.15、GB 5009.268
5	黄曲霉毒素 B_1[a]	GB 2761	GB 5009.22
6	多菌灵[b]	GB 2763	参照 NY/T 1680
7	苯醚甲环唑[b、c]	GB 2763	GB 23200.49、GB 23200.8
8	粉唑醇[b]	GB 2763.1	参照 GB/T 20769
9	二氧化硫残留量[d]	GB 2760	GB 5009.34

注：a.限花生和花生仁检测；b.限花生仁检测；c.限葵花籽检测；d.有壳样品需带壳检测，其他样品直接检测。

3 通常重点关注检测指标

生干坚果与籽类食品中通常需要重点关注的检测指标如下。

生干坚果：铅、黄曲霉毒素 B_1。

生干籽类：酸价、黄曲霉毒素 B_1。

起草人：范　丽（山东省食品药品检验研究院）

复核人：张海红（山东省食品药品检验研究院）

第三篇

食品中化学成分检测

第一章
食品中元素的检测

第一节　食品中多元素的检测

1　简述

参考 GB 5009.268-2016《食品安全国家标准　食品中多元素的测定》第一法制定本规程。本规程适用于各类食品中多元素的检测。

试样经消解处理后，试样溶液经雾化由载气送入等离子体炬管中，经过蒸发、解离、原子化和离子化等过程，转化为带正电荷的离子，经离子采集系统进入质谱仪，质谱仪根据质荷比进行分离。以待测元素质谱信号与内标元素质谱信号的强度比与待测元素的浓度呈正比进行定量分析。

固体样品以称样量为 0.5g、定容体积为 50ml，液体样品以取样体积为 2ml、定容体积为 50ml 计算，各元素的检出限和定量限见表 3-1-1。

表 3-1-1　ICP-MS 法检出限及定量限

序号	元素名称	元素符号	检出限		定量限	
			固体（mg/kg）	液体（mg/L）	固体（mg/kg）	液体（mg/L）
1	硼	B	0.1	0.03	0.3	0.1
2	钠	Na	1	0.3	3	1
3	镁	Mg	1	0.3	3	1
4	铝	Al	0.5	0.2	2	0.5
5	钾	K	1	0.3	3	1
6	钙	Ca	1	0.3	3	1
7	钛	Ti	0.02	0.005	0.05	0.02
8	钒	V	0.002	0.0005	0.005	0.002
9	铬	Cr	0.05	0.02	0.2	0.05
10	锰	Mn	0.1	0.03	0.3	0.1
11	铁	Fe	1	0.3	3	1
12	钴	Co	0.001	0.0003	0.003	0.001

续表

序号	元素名称	元素符号	检出限		定量限	
			固体（mg/kg）	液体（mg/L）	固体（mg/kg）	液体（mg/L）
13	镍	Ni	0.2	0.05	0.5	0.2
14	铜	Cu	0.05	0.02	0.2	0.05
15	锌	Zn	0.5	0.2	2	0.5
16	砷	As	0.002	0.0005	0.005	0.002
17	硒	Se	0.01	0.003	0.03	0.01
18	锶	Sr	0.2	0.05	0.5	0.2
19	钼	Mo	0.01	0.003	0.03	0.01
20	镉	Cd	0.002	0.0005	0.005	0.002
21	锡	Sn	0.01	0.003	0.03	0.01
22	锑	Sb	0.01	0.003	0.03	0.001
23	钡	Ba	0.02	0.05	0.5	0.02
24	汞	Hg	0.001	0.0003	0.003	0.001
25	铊	Tl	0.0001	0.00003	0.0003	0.0001
26	铅	Pb	0.02	0.005	0.05	0.02

2　试剂和材料

以下实验试剂除非另有说明，均为优级纯，实验用水为 GB/T 6682 的一级水。

2.1　试剂

硝酸；氩气；氦气；金元素溶液（1000mg/L）。

2.2　溶液配制

2.2.1 硝酸溶液（5+95）　取 50ml 硝酸，缓慢加入 950ml 水中，混匀。

2.2.2 汞标准稳定剂　取 2ml 金元素溶液，用硝酸溶液（5+95）稀释至 1000ml，用于汞标准溶液的配制。

2.3　标准溶液

2.3.1 元素储备液（1000mg/L 或 100mg/L）　铅、镉、砷、汞、硒、铬、锡、铜、铁、锰、锌、镍、铝、锑、钾、钠、钙、镁、硼、钡、锶、钼、铊、钛、钒和钴，采用经国家认证并授予标准物质证书的单元素或多元素标准储备液。

2.3.2 内标元素储备液（1000mg/L）　钪、锗、铟、铑、铼、铋等采用经国家认证并授予标准物质证书的单元素或多元素内标标准储备液。

2.4　标准溶液配制

2.4.1 混合标准工作溶液　吸取适量单元素标准储备液或多元素混合标准储备液，用硝酸溶液（5+95）逐级稀释配成混合标准工作溶液系列，各元素浓度见表 3-1-2。

2.4.2 汞标准工作溶液 取适量汞储备液，用汞标准稳定剂逐级稀释配成标准工作溶液系列，浓度范围见表 3-1-2。

2.4.3 内标使用液 取适量内标单元素储备液或内标多元素标准储备液，用硝酸溶液（5+95）配制合适浓度的内标使用液，ICP-MS 方法中元素标准溶液系列浓度参见表 3-1-2。

表3-1-2 ICP-MS方法中元素的标准溶液系列浓度

序号	元素	标准溶液系列浓度						单位
		系列 1	系列 2	系列 3	系列 4	系列 5	系列 6	
1	B	0	10.0	50.0	100	300	500	μg/L
2	Na	0	0.400	2.00	4.00	12.0	20.0	mg/L
3	Mg	0	0.400	2.00	4.00	12.0	20.0	mg/L
4	Al	0	0.100	0.500	1.00	3.00	5.00	mg/L
5	K	0	0.400	2.00	4.00	12.0	20.0	mg/L
6	Ca	0	0.400	2.00	4.00	12.0	20.0	mg/L
7	Ti	0	10.0	50.0	100	300	500	μg/L
8	V	0	1.00	5.00	10.0	30.0	50.0	μg/L
9	Cr	0	1.00	5.00	10.0	30.0	50.0	μg/L
10	Mn	0	10.0	50.0	100	300	500	μg/L
11	Fe	0	0.100	0.500	1.00	3.00	5.00	mg/L
12	Co	0	1.00	5.00	10.0	30.0	50.0	μg/L
13	Ni	0	1.00	5.00	10.0	30.0	50.0	μg/L
14	Cu	0	10.0	50.0	100	300	500	μg/L
15	Zn	0	10.0	50.0	100	300	500	μg/L
16	As	0	1.00	5.00	10.0	30.0	50.0	μg/L
17	Se	0	1.00	5.00	10.0	30.0	50.0	μg/L
18	Sr	0	20.0	10.0	200	600	1000	μg/L
19	Mo	0	0.100	0.500	1.00	3.00	5.00	μg/L
20	Cd	0	1.00	5.00	10.0	30.0	50.0	μg/L
21	Sn	0	0.100	0.500	1.00	3.00	5.00	μg/L
22	Sb	0	0.100	0.500	1.00	3.00	5.00	μg/L
23	Ba	0	10.0	50.0	100	300	500	μg/L
24	Hg	0	0.100	0.500	1.00	1.50	2.00	μg/L
25	Tl	0	1.00	5.00	10.0	30.0	50.0	μg/L
26	Pb	0	1.00	5.00	10.0	30.0	50.0	μg/L

第三篇　食品中化学成分检测

由于不同仪器采用的蠕动泵管内径有所不同，当在线加入内标时，需考虑使内标元素在试样溶液中的浓度，试样溶液混合后的内标元素参考浓度范围为25~100μg/L，低质量数元素可以适当提高使用液浓度。

2.5 质量控制样品

选择与被测试样基质相同或相似的有证的标准物质作为质量控制样品。

3 仪器和设备

电感耦合等离子体质谱仪；天平（感量为0.1mg和1mg）；微波消解仪；压力消解罐；恒温干燥箱；控温电热板；超声水浴箱；匀浆机。

4 分析步骤

4.1 试样制备

取可食部分粉粹均匀。

制备过程中，应注意不使试样污染。

4.2 试样消解

可根据试样中待测元素的含量水平和检测水平要求选择相应的消解方法及消解容器。

4.2.1 微波消解法 称取固体试样0.2~0.5g（精确至0.001g，含水分较多的试样可适当增加取样量至1g），或准确移取液体试样1.00~3.00ml，置于微波消解内罐中，含乙醇或二氧化碳的样品先在电热板上低温加热除去乙醇或二氧化碳，加入5~10ml硝酸，加盖放置1小时或过夜后，旋紧罐盖，按照微波消解仪标准操作步骤进行消解（消解参考条件见表3-1-3）。冷却后取出，缓慢打开罐盖排气，用少量水冲洗内盖，将消解罐放在控温电热板上于100℃加热30分钟，或在超声水浴箱中超声脱气2~5分钟，消解罐放冷后，将消化液转移至25ml或50ml容量瓶中，用少量水洗涤消解罐2~3次，合并洗涤液于容量瓶中并用水定容至刻度，得到试样溶液，混匀备用。

空白试验：不加试样，与试样溶液制备过程同步操作，进行空白试验，得到空白溶液。质控试验：称取与试样相当量的质量控制样品，同法操作制成质量控制样品溶液。

4.2.2 压力罐消解法 称取固体干样0.2~1g（精确至0.001g，含水分较多的试样可适当增加取样量至2g），加入5ml硝酸，放置1小时或过夜，旋紧不锈钢外套，放入恒温干燥箱消解（消解参考条件见表3-1-3），冷却后，缓慢旋松不锈钢外套，将消解内罐取出，在控温电热板上于100℃加热30分钟，或在超声水浴箱中超声脱气2~5分钟，消解罐放冷后，将消化液转移至25ml或50ml容量瓶中，用少量水洗涤消解罐2~3次，合并洗涤液于容量瓶中并用水定容至刻度，得到试样溶液，混匀备用。

空白试验：不加试样，与试样溶液制备过程同步操作，进行空白试验，得到空白溶液。质控试验：称取与试样相当量的质量控制样品，同法操作制成质量控制样品溶液。

表3-1-3　样品消解仪参考条件

消解方式	步骤	控制温度（℃）	升温时间（分钟）	恒温时间
微波消解	1	120	5	5分钟
	2	150	5	10分钟
	3	190	5	20分钟
压力罐消解	1	80	–	2小时
	2	120	–	2小时
	3	160~170	–	4小时

4.3　仪器操作条件

仪器操作条件见表3-1-4；元素分析模式见表3-1-5。

对没有合适消除干扰模式的仪器，需采用干扰校正方程对测定结果进行校正，铅，镉，砷、钼、硒、钒等元素干扰校正方程见表3-1-6。

表3-1-4　电感耦合等离子体质谱仪操作参考条件

参数名称	参考值	参数名称	参考值
射频功率	1500W	雾化器	高盐/同心雾化器
等离子体气流量	15L/min	采样锥/截取锥	镍/铂锥
载气流量	0.80L/min	采样深度	8~10mm
辅助气流量	0.40L/min	采集模式	跳峰（spectrum）
氦气流量	4~5ml/min	检测方式	自动
雾化室温度	2℃	每峰测定点数	1~3
样品提升速率	0.3r/s	重复次数	2~3

表3-1-5　电感耦合等离子体质谱仪元素分析模式

序号	元素名称	元素符号	分析模式	序号	元素名称	元素符号	分析模式
1	硼	B	普通/碰撞反应池	5	钾	K	普通/碰撞反应池
2	钠	Na	普通/碰撞反应池	6	钙	Ca	碰撞反应池
3	镁	Mg	碰撞反应池	7	钛	Ti	碰撞反应池
4	铅	Pb	普通/碰撞反应池	8	钒	V	碰撞反应池
9	铬	Cr	碰撞反应池	18	锶	Sr	普通/碰撞反应池
10	锰	Mn	碰撞反应池	19	钼	Mo	碰撞反应池
11	铁	Fe	碰撞反应池	20	镉	Cd	碰撞反应池
12	钴	Co	碰撞反应池	21	锡	Sn	碰撞反应池
13	镍	Ni	碰撞反应池	22	锑	Sb	碰撞反应池
14	铜	Cu	碰撞反应池	23	钡	Ba	普通/碰撞反应池
15	锌	Zn	碰撞反应池	24	汞	Hg	普通/碰撞反应池
16	砷	As	碰撞反应池	25	铊	Tl	普通/碰撞反应池
17	硒	Se	碰撞反应池	26	铅	Pb	普通/碰撞反应池

表3-1-6　元素干扰校正方程

同位素	推荐的校正方程
^{51}V	$[^{51}V] = [51] + 0.3524 \times [52] - 3.108 \times [53]$
^{75}As	$[^{75}As] = [75] - 3.1278 \times [77] + 1.0177 \times [78]$
^{78}Se	$[^{78}Se] = [78] - 0.1869 \times [76]$
^{98}Mo	$[^{98}Mo] = [98] - 0.146 \times [99]$
^{114}Cd	$[^{114}Cd] = [114] - 1.6285 \times [108] - 0.0149 \times [118]$
^{208}Pb	$[^{208}Pb] = [206] + [207] + [208]$

注1：[X]为质量数X处的质谱信号强度为离子每秒计数值（CPS）。

注2：对于同量异位素干扰能够通过仪器的碰撞/反应模式得以消除的情况下，除铅元素外，可不采用干扰校正方程。

注3：低含量铬元素的测定需采用碰撞/反应模式。

4.4　测定参考条件

在调谐仪器达到测定要求后，编辑测定方法，根据待测元素的性质选择相应的内标元素，待测元素和内标元素的 m/z 见表3-1-7。

表3-1-7　推荐选择的内标元素和待测元素、内标元素 m/z

序号	元素	m/z	内标	序号	元素	m/z	内标
1	B	11	$^{45}Sc/^{72}Ge$	14	Cu	63/65	$^{72}Ge/^{103}Rh/^{115}In$
2	Na	23	$^{45}Sc/^{72}Ge$	15	Zn	66	$^{72}Ge/^{103}Rh/^{115}In$
3	Mg	24	$^{45}Sc/^{72}Ge$	16	As	75	$^{72}Ge/^{103}Rh/^{115}In$
4	Al	27	$^{45}Sc/^{72}Ge$	17	Se	78	$^{72}Ge/^{103}Rh/^{115}In$
5	K	39	$^{45}Sc/^{72}Ge$	18	Sr	88	$^{103}Rh/^{115}In$
6	Ca	43	$^{45}Sc/^{72}Ge$	19	Mo	95	$^{103}Rh/^{115}In$
7	Ti	48	$^{45}Sc/^{72}Ge$	20	Cd	111	$^{103}Rh/^{115}In$
8	V	51	$^{45}Sc/^{72}Ge$	21	Sn	118	$^{103}Rh/^{115}In$
9	Cr	52/53	$^{45}Sc/^{72}Ge$	22	Sb	123	$^{103}Rh/^{115}In$
10	Mn	55	$^{45}Sc/^{72}Ge$	23	Ba	137	$^{103}Rh/^{115}In$
11	Fe	56/57	$^{45}Sc/^{72}Ge$	24	Hg	200/202	$^{185}Re/^{209}Bi$
12	Co	59	$^{72}Ge/^{103}Rh/^{115}In$	25	Tl	205	$^{185}Re/^{209}Bi$
13	Ni	60	$^{72}Ge/^{103}Rh/^{115}In$	26	Pb	206/207/208	$^{185}Re/^{209}Bi$

4.5　标准曲线的绘制

将混合标准溶液注入电感耦合等离子体质谱仪中，测定待测元素和内标元素的信号响应值，以待测元素的浓度为横坐标，待测元素与所选内标元素响应信号值的比值为纵坐标，绘制标准曲线。

第三篇　食品中化学成分检测

4.6 测定

将空白溶液、试样溶液和质量控制样品溶液分别注入电感耦合等离子体质谱仪中，测定待测元素和内标元素的信号响应值，根据标准曲线计算得到试样溶液和质量控制溶液中待测元素的浓度值。

如果测定液中某种或多种元素超出工作曲线线性范围，可通过信号响应值选择合适的稀释倍数，使其信号响应值处于线性范围内，稀释后再进行测定。

5 计算

5.1 低含量待测元素的计算

5.1.1 试样中低含量待测元素的含量 按下式计算。

$$X = \frac{(\rho - \rho_0) \times V \times f}{m \times 1000}$$

式中：X为试样中待测元素的含量值（mg/kg或mg/L）；ρ为试样溶液中被测元素经计算得到浓度值（ng/ml）；ρ_0为空白溶液被测元素的经计算得到的浓度值（ng/ml）；V为试样溶液定容体积（ml）；m为称样量或取样体积（g或ml）；f为试样稀释倍数；1000为单位换算系数。

计算结果保留三位有效数字。

5.1.2 质量控制样品中待测元素的含量 与试样中待测元素含量的计算方法相同。

5.2 高含量待测元素的计算

5.2.1 试样中高含量待测元素的含量 按下式计算。

$$X = \frac{(\rho - \rho_0) \times V \times f}{m}$$

式中：X为试样中待测元素的含量值（mg/kg或mg/L）；ρ为试样溶液中被测元素经计算得到的浓度值（μg/ml）；ρ_0为空白溶液被测元素经计算得到的浓度值（μg/ml）；V为试样溶液定容体积（ml）；m为称样量或取样体积（g或ml）；f为试样稀释倍数。

计算结果保留三位有效数字。

5.2.2 质量控制样品中待测元素的含量 与试样中待测元素含量的计算方法相同。

6 精密度

试样中各元素含量大于1mg/kg时，在相同条件下获得的两次独立测定结果的绝对差值不得超过算术平均值的10%；小于或等于1mg/kg且大于0.1mg/kg时，在相同条件下获得的两次独立测定结果的绝对差值不得超过算术平均值的15%；小于或等于0.1mg/kg时，在相同条件下获得的两次独立测定结果的绝对差值不得超过算术平均值的20%。

7 注意事项

7.1 本实验中尽量选择塑料容量瓶等塑料容器。所有使用的器皿及聚四氟乙烯消解内罐均需要以硝酸溶液（1+4）浸泡24小时以上，使用前用纯水冲洗干净。

7.2 ICP-MS仪器使用前都应在底、中、高三个质量数水平进行仪器调谐及质量校准，调整仪器参数，保证调谐指标符合要求后方可进行实验。

7.3 测定过程中，注意关注内标的变化。一般内标在80%~120%范围内属正常情况；当超出该范围时，需合理分析，判断是基质干扰还是仪器响应变化。对于基质干扰，可采取稀释消解液的方法来降低基质干扰。

7.4 内标溶液既可在配制混合标准工作溶液和试样溶液中手动定量加入，亦可由仪器在线加入。推荐仪器在线加入的方式。

7.5 汞元素分析时，需单独配制标准溶液系列，不能与其他元素混合配制，且标准曲线最高点浓度建议不超过2ng/ml，以减少汞在进样系统中的吸附现象，当测定完汞含量高的样品时，建议采用0.2%半胱氨酸硝酸溶液+5%硝酸溶液或含金的溶液依次清洗管路，以去除汞的记忆效应。

7.6 ICP-MS需采用碰撞/反应、动能歧视（KED）等技术来消除多原子分子离子的干扰。优化仪器调节参数时，在灵敏度符合检测要求的同时，氧化物指标尽可能低，低氧化性可以减少基体干扰及样品锥上盐堆积现象，确保数据的稳定性及准确性。

7.7 食品种类繁多，基质十分复杂，建议采用含一定量异丙醇的硝酸溶液（不同仪器公司的仪器配比不同）来配制内标溶液。

7.8 注意高盐、高钙样品的干扰情况。建议随行制备加标样品，监控回收率情况。

7.9 依据试样溶液中元素浓度水平，适当调整标准系列中各元素浓度范围。

起草人：张慧斌（山西省食品药品检验所）

王　鑫（四川省食品药品检验检测院）

复核人：李鹏飞（山西省食品药品检验所）

刘忠莹（四川省食品药品检验检测院）

第二节　食品中钾、钠、钙、镁、铜、铁、锌、锰的检测

1　简述

参考GB 5009.268-2016《食品安全国家标准　食品中多元素的测定》第二法制定本规程。

本规程适用于各类食品中钾、钠、钙、镁、铜、铁、锌、锰等8种矿物质元素的检测。

固体样品以0.5g定容至50ml，液体样品以2ml定容至50ml计算，本方法各元素的检出限和定量限见表3-1-8。

表3-1-8 食品中8种元素的检出限及定量限

元素	元素符号	检出限 固体（mg/kg）	检出限 液体（mg/L）	定量限 固体（mg/kg）	定量限2 液体（mg/L）
钙	Ca	5	2	20	20
钠	Na	3	1	10	3
钾	K	7	2	30	7
镁	Mg	5	2	20	5
铁	Fe	1	0.3	3	1
锌	Zn	0.5	0.2	2	0.5
铜	Cu	0.2	0.05	0.5	0.2
锰	Mn	0.1	0.03	0.3	0.1

2 试剂和材料

除非另有说明，本方法所用试剂均为优级纯，水为GB/T 6682规定的一级水。

2.1 试剂

硝酸；过氧化氢；氩气（或液氩）。

2.2 溶液配制

硝酸溶液（5+95）：取50ml硝酸，缓慢加入950ml水中，混匀。

2.3 标准物质

2.3.1 元素贮备液（1000mg/L 或 10000mg/L） 钾、钠、钙、镁、铁、锰、铜、锌，采用经国家认证并授予标准物质证书的单元素或多元素标准贮备液。

2.3.2 质量控制样品 选择与被测试样基质相同或相似的有证的标准物质作为质量控制样品。

2.4 标准溶液配制

标准溶液配制：精确吸取适量单元素标准贮备液或多元素混合标准贮备液，用硝酸溶液（5+95）逐级稀释配成混合标准溶液系列，各元素浓度见表3-1-9。

表3-1-9 元素的溶液系列浓度

序号	元素	标准系列浓度（mg/L） 系列1	系列2	系列3	系列4	系列5	系列6
1	Ca	0	2	4	6	8	10
2	Cu	0	0.02	0.04	0.06	0.08	0.1
3	Fe	0	0.2	0.4	0.6	0.8	1.0
4	K	0	2	4	6	8	10
5	Mg	0	0.2	0.4	0.6	0.8	1.0
6	Mn	0	0.01	0.02	0.03	0.04	0.05
7	Na	0	1	2	3	4	5
8	Zn	0	0.2	0.4	0.6	0.8	1.0

3　仪器和设备

电感耦合等离子体光谱仪；天平（感量为0.1mg和1mg）；微波消解仪；控温电热板 。

4　分析步骤

4.1　试样制备

将样品充分混合均匀。

4.2　试样消解

蔬菜泥及果泥称取0.8~1.0g（精确至 0.001g），液体试样取1~3ml，含乙醇或二氧化碳的样品先在电热板上低温加热除去乙醇或二氧化碳，其他种类食品样品称取0.3~0.5g（精确至0.001g）于微波消解内罐中，加入8ml硝酸和1ml过氧化氢，旋紧罐盖，按照微波消解仪标准操作步骤进行消解（消解参考条件见表3-1-10）。冷却后取出，缓慢打开罐盖排气，用少量水冲洗内盖，将消解罐放在控温电热板上，于120℃加热赶酸至溶液剩余不超过2ml，用水转移至50ml容量瓶并定容，混匀备用。

4.3　空白试验

不加试样，与试样溶液制备过程同步操作，进行空白试验。

4.4　质控试验

称取与试样相当量的质量控制样品，同法操作制成质量控制样品溶液。

表3-1-10　微波消解参考条件

消解方式	步骤	控制温度（℃）	升温时间（分钟）	恒温时间（分钟）
微波消解	1	120	5	5
	2	150	5	10

4.5　仪器参考条件

仪器操作参考条件见表3-1-11。

表3-1-11　电感耦合等离子光谱谱仪操作参考条件

参数名称	参数
射频功率	1300W
等离子体流速	10L/min
载气流速	0.55L/min
辅助气流速	0.20L/min
泵流速	1.0ml/min

4.6　标准曲线的绘制

将混合标准溶液注入电感耦合等离子体光谱仪中，以各元素的浓度为横坐标，各元素信号响应值为纵坐标，绘制标准曲线。

第三篇　食品中化学成分检测

4.7 测定

4.7.1 铜铁锌锰的测定 将空白溶液、试样溶液和质控样品溶液分别注入电感耦合等离子体光谱仪中，测定试样溶液元素信号响应值，根据标准曲线计算得到测定液中待测元素的浓度。

4.7.2 钾钠钙镁的测定 将空白溶液、试样溶液和质控样品溶液稀释5倍，然后按照4.6.1的步骤测定。如试样溶液中某种或多种元素超出工作曲线线性范围，可通过信号值估算需调整的稀释倍数使其信号值处于线性范围内，重新稀释测定。

5 计算

试样中各元素的含量按下式计算。

$$X = \frac{(\rho - \rho_0) \times V \times f}{m}$$

式中：X为试样中待测元素含量值（mg/kg）；ρ为试样溶液中被测元素浓度（mg/L）；ρ_0为空白溶液中被测元素浓度（mg/L）；V为试样溶液定容体积（ml）；f为试样稀释倍数；m为试样称取质量（g）。

计算结果保留三位有效数字。

6 精密度

样品中各元素含量大于1mg/kg时，在相同条件下获得的两次独立测定结果的绝对差值不得超过算术平均值的10%；小于或等于1mg/kg且大于0.1mg/kg时，在相同性条件下获得的两次独立测定结果的绝对差值不得超过算术平均值的15%；小于或等于0.1mg/kg时，在相同条件下获得的两次独立测定结果的绝对差值不得超过算术平均值的20%。

7 注意事项

7.1 所有玻璃器皿及聚四氟乙烯消解内灌均需硝酸溶液（1+4）浸泡过夜，用纯水反复冲洗干净。

7.2 电感耦合等离子体光谱仪在点亮等离子体后需要稳定至少30分钟再进行测定。

7.3 电感耦合等离子体光谱仪根据使用频率，对炬管进行清洗，确保仪器测定结果的稳定性和准确性。

7.4 电感耦合等离子体光谱仪熄火后，需等待3分钟，在仪器进入待机模式后，再关闭冷却循环水及排风系统。

起草人：李鹏飞（山西省食品药品检验所）

陆 阳（四川省食品药品检验检测院）

董 瑞（山东省食品药品检验研究院）

复核人：张慧斌（山西省食品药品检验所）

刘忠莹（四川省食品药品检验检测院）

赵 发（山东省食品药品检验研究院）

第三节　食品中镉的检测

1　简述

参考 GB 5009.15–2014《食品安全国家标准　食品中镉的测定》制定本规程。

本规程适用于各类食品中镉的检测。

试样经灰化或消解后，注入一定量试样溶液于原子吸收分光光度计石墨炉中，电热原子化后吸收 228.8 nm 共振线，在一定浓度范围内，其吸光度值与镉含量成正比，采用标准曲线法定量。

方法检出限为 0.001 mg/kg，定量限为 0.003 mg/kg。

2　试剂和材料

除非另有说明，本方法所用试剂均为分析纯，水为 GB/T 6682 规定的二级水。

2.1　试剂

硝酸；盐酸；高氯酸；过氧化氢；磷酸二氢铵。

2.2　溶液配制

2.2.1 硝酸溶液（1%）　取 10.0 ml 硝酸加入 100 ml 水中，稀释至 1000 ml。

2.2.2 盐酸溶液（1+1）　取 50 ml 盐酸慢慢加入 50 ml 水中。

2.2.3 硝酸 – 高氯酸混合溶液（9+1）　取 9 份硝酸与 1 份高氯酸混合。

2.2.4 基体改进剂［磷酸二氢铵溶液（10 g/L）］　称取 10.0 g 磷酸二氢铵，用 100 ml 硝酸溶液（1%）溶解后定量移入 1000 ml 容量瓶，用硝酸溶液（1%）定容至刻度。

2.3　标准物质

2.3.1 标准品　金属镉（Cd）标准品（纯度为 99.99%），或经国家认证并授予标准物质证书的标准物质。

2.3.2 质量控制样品　选择与被测试样基质相同或相似的有证的标准物质作为质量控制样品。

2.4　标准溶液配制

2.4.1 镉标准储备液（1000 mg/L）　准确称取 1 g 金属镉标准品（精确至 0.0001 g）于小烧杯中，分次加 20 ml 盐酸溶液（1+1）溶解，加 2 滴硝酸，移入 1000 ml 容量瓶中，用水定容至刻度，混匀；或购买经国家认证并授予标准物质证书的标准物质。

2.4.2 镉标准使用液（100 ng/L）　吸取镉标准储备液 10.0 ml 于 100 ml 容量瓶中，用硝酸溶液（1%）定容至刻度，如此经多次稀释成 100.0 ng/ml 的镉标准使用液。

2.4.3 镉标准曲线工作液　准确吸取镉标准使用液 0 ml、0.50 ml、1.0 ml、1.5 ml、2.0 ml、3.0 ml 于 100 ml 容量瓶中，用硝酸溶液（1%）定容至刻度，即得到含镉量分别为 0 ng/ml、0.50 ng/ml、1.0 ng/ml、1.5 ng/ml、2.0 ng/ml、3.0 ng/ml 的标准曲线系列溶液。

第三篇　食品中化学成分检测

3 仪器和设备

原子吸收分光光度计（附石墨炉、镉空心阴极灯）；电子天平（感量为0.1mg和1mg）；可调温式电热板；恒温干燥箱；微波消解系统；马弗炉；可调式电热炉；

4 分析步骤

4.1 试样制备

4.1.1 干试样 粮食、豆类，去除杂质；坚果类去杂质、去壳；磨碎成均匀的样品，颗粒度不大于0.425mm。储于洁净的塑料瓶中，并标明标记，按样品保存条件保存备用。

4.1.2 鲜（湿）试样 蔬菜、水果、肉类、鱼类及蛋类等，用食品加工机打成匀浆或碾磨成匀浆，储于洁净的塑料瓶中，并标明标记，于−16~−18℃冰箱中保存备用。

4.1.3 液态试样 按样品保存条件保存备用。含气样品使用前应除气。

4.2 微波消解

称取干试样0.3~0.5g（精确至0.0001g）、鲜（湿）试样1~2g（精确到0.001g）于微波消解罐中，加入5ml硝酸和2ml过氧化氢。微波消化程序可以根据仪器型号调至最佳条件。消解完毕后，待消解罐冷却后打开，消化液呈无色或淡黄色，加热赶酸至近干，用少量硝酸溶液（1%）冲洗消解罐3次，将试样溶液转移至10ml或25ml容量瓶中，并用硝酸溶液（1%）定容至刻度，混匀备用；

4.2.1 空白试验 不加试样，与试样溶液制备过程同步操作，进行空白试验。

4.2.2 质控试验 称取与试样相当量的质量控制样品，同法操作制成质量控制样品溶液。

4.3 湿式消解法

称取干试样0.3~0.5g（精确至0.0001g）、鲜（湿）试样1~2g（精确到0.001g）于锥形瓶中，放数粒玻璃珠防止溶液爆沸，加10ml硝酸−高氯酸混合溶液（9+1），加盖浸泡过夜，加一小漏斗在电热板上消化，若变棕黑色，再加硝酸，直至冒白烟，消化液呈无色透明或略带微黄色，冷却至室温后将试样溶液倒入10ml或25ml容量瓶中，用少量硝酸溶液（1%）洗涤锥形瓶3次，洗液合并于容量瓶中并用硝酸溶液（1%）定容至刻度，混匀备用。

4.3.1 空白试验 不加试样，与试样溶液制备过程同步操作，进行空白试验。

4.3.2 质控试验 称取与试样相当量的质量控制样品，同法操作制成质量控制样品溶液。

4.4 干法灰化

称取干试样0.3~0.5g（精确至0.0001g）、鲜（湿）试样1~2g（精确到0.001g）、液体试样1~2g（精确到0.001g）于瓷坩埚中，先小火在可调式电炉上炭化至无烟，然后移入马弗炉500℃灰化6~8小时，冷却。若个别试样灰化不彻底，加入1ml硝酸−高氯酸混合溶液在可调式电炉上小火加热，蒸干后，再转入马弗炉中500℃继续灰化1~2小时，直至试样消化完全，溶液呈灰白色或浅灰色。冷却，然后用少量的硝酸溶液（1%）将灰分充分溶解，将试样消化液移入10ml或25ml容量瓶中，用少量硝酸溶液（1%）洗涤瓷坩埚3次，洗液合并于容量瓶中并用硝酸溶液（1%）定容至刻度，混匀备用。

4.4.1 空白试验　不加试样，与试样溶液制备过程同步操作，进行空白试验。

4.4.2 质控试验　称取与试样相当量的质量控制样品，同法操作制成质量控制样品溶液。

4.5 仪器参考条件　原子吸收分光光度计（附石墨炉及镉空心阴极灯）测定参考条件如下。

波长228.8nm，狭缝0.2~1.0nm，灯电流2~10mA，干燥温度105℃，干燥时间20秒。

灰化温度400~700℃，灰化时间20~40秒。

原子化温度1300~2300℃，原子化时间3~5秒。

背景校正为氘灯或塞曼效应。

4.6　标准曲线的绘制

4.6.1将标准曲线工作液按浓度由低到高的顺序各取20μl注入石墨炉，测其吸光度值，以标准曲线工作液的浓度为横坐标，相应的吸光度值为纵坐标，绘制标准曲线并求出吸光度值与浓度关系的线性回归方程。

4.6.2标准系列溶液应不少于5个点的不同浓度的镉标准溶液，相关系数不应小于0.995。如果有自动进样装置，也可用程序稀释来配制标准系列溶液。

4.7　测定

4.7.1吸取空白溶液、试样溶液和质控样品溶液20μl（可根据使用仪器选择最佳进样量），注入石墨炉，测其吸光度。代入标准系列的线性回归方程中计算试样溶液中镉的含量，平行测定次数不少于两次。若测定结果超出标准曲线范围，用硝酸溶液（1%）稀释后再行测定，从标准曲线计算出试样溶液中待测金属的浓度（μg/L）。

4.7.2水样直接进样，从标准曲线计算出水样中镉的浓度（μg/L）。

4.7.3基体改进剂的使用：测定时先吸入5μl基体改进剂，同待测溶液一起注入石墨炉，绘制标准曲线时也要加入等量的基体改进剂。

5　计算

5.1　试样中镉含量的计算

按下式计算。

$$X = \frac{(c_1 - c_0) \times V}{m \times 1000}$$

式中：X为试样中镉含量值（mg/kg或mg/L）；c_1为试样溶液中镉浓度值（ng/ml）；c_0为空白溶液中镉浓度值（ng/ml）；V为试样溶液定容总体积（ml）；m为称样量或取样体积（g或ml）；1000为单位换算系数。

结果保留两位有效数字。

5.2　水样中镉含量的计算

若水样经浓缩或稀释，由标准曲线计算出镉的浓度后按下式计算。

$$\rho_{(Cd)} = \frac{\rho_1 \times V_1}{V}$$

式中：$\rho_{(Cd)}$为水样中镉的浓度值（μg/L）；ρ_1为由标准曲线计算的试样溶液中镉的浓度值（μg/L）；V_1为定容体积（ml）；V为取样体积（ml）。

结果保留两位有效数字。

6　精密度

在相同条件下获得的两次独立测定结果的绝对差值不得超过算术平均值的20%。

7　注意事项

7.1 所有玻璃器皿及聚四氟乙烯消解内灌均需硝酸溶液（1+4）浸泡过夜，用纯水反复冲洗干净。

7.2 检测过程中要随时注意进样状态，如果试样溶液沿进样针上行，但是样品未进入到石墨管内，需要用干净的滤纸擦拭进样针，消除石墨粉或静电的影响。

7.3 测定完标准曲线后，清洗进样针，空烧石墨管待空白吸收值降下后再进行检测。

7.4 镉是易挥发性元素，灰化温度超过300℃时就会出现损失，在待测溶液中加入基体改进剂可使被测元素变成热稳定化合物。

7.5 基体改进剂的选择：加入10g/L磷酸二氢铵基体改进剂，可消除氯化钠分子的干扰，降低背景吸收，保证测定结果的准确。使用0.2μg/L氯化钯 + 0.2μg/L硝酸镁分离背景吸收信号和原子吸收信号，提高灰化温度与原子化效率、有效地消除生物样品的基体效应。

用磷酸–硝酸铵–硝酸镁作为改进剂时，测定的灰化温度可达到700℃。

用酒石酸为基体改进剂，可有效消除原子吸收石墨炉法测定婴儿配方食品的基体干扰。

加入30mg/ml磷酸氢二铵，在0.2%硝酸条件下，使的灰化温度提高到700℃，原子化温度提到2500℃，得到很理想的测试信号。抗坏血酸作基体改进剂可提高检测灵敏度。

7.6 实验要在通风良好的通风橱内进行，并做好防护措施。

7.7 对含油脂的样品，尽量避免用湿式消解法消化，最好采用干法消化，如果必须采用湿式消解法消化，样品的取样量最大不能超过1g。

起草人：李鹏飞（山西省食品药品检验所）

　　　　王　鑫　陆　阳（四川省食品药品检验检测院）

　　　　张寒霜（山东省食品药品检验研究院）

复核人：张慧斌（山西省食品药品检验所）

　　　　刘忠莹（四川省食品药品检验检测院）

　　　　赵　发（山东省食品药品检验研究院）

第四节　食品中铬的检测

1　简述

参考GB 5009.123–2014《食品安全国家标准　食品中铬的测定》制定本规程。

本规程适用于各类食品中铬的检测。

试样经消解处理后，采用石墨炉原子吸收光谱法，在357.9nm处测定吸收值，在一定浓度范围内其吸收值与标准系列溶液比较定量。

以称样量0.5g，定容至10ml计算，方法检出限为0.01mg/kg，定量限为0.03mg/kg。

2　试剂和材料

除非另有规定，本方法所用试剂均为优级纯，水为GB/T 6682规定的二级水。

2.1　试剂

硝酸；高氯酸；磷酸二氢铵。

2.2　溶液的配制

2.2.1　硝酸溶液（5+95）　量取50ml硝酸缓慢倒入950ml水中，混匀。

2.2.2　硝酸溶液（1+1）　量取250ml硝酸缓慢倒入250ml水中，混匀。

2.2.3　磷酸二氢铵溶液（20g/L）　称取2.0g磷酸二氢铵，溶于水中，并定容至100ml，混匀。

2.3　标准物质

2.3.1　铬标准储备液（1000μg/ml）　经国家认证并授予标准物质证书的铬单元素标准储备液。

2.3.2　质量控制样品　选择与被测试样基质相同或相似的有证的标准物质作为质量控制样品。

2.4　标准溶液的配制

2.4.1　铬标准使用液（0.10μg/ml）　准确吸取0.1ml铬标准储备液（1000μg/ml）于10ml容量瓶中，用硝酸溶液（5+95）稀释至刻度，摇匀，准确吸取0.1ml于10ml容量瓶中，用硝酸溶液（5+95）稀释至刻度，摇匀，即得。

2.4.2　分别吸取铬标准使用液（0.10μg/ml）　0.00ml、0.50ml、1.00ml、2.00ml、3.00ml、4.00ml于25ml容量瓶中，用硝酸溶液（5+95）稀释至刻度，混匀。得到浓度分别为0.0ng/ml、2.0ng/ml、4.0ng/ml、8.0ng/ml、12.0ng/ml、16.0ng/ml的标准系列溶液或采用石墨炉自动进样器自动配制。

3　仪器和设备

原子吸收光谱仪（配石墨炉原子化器，附铬空心阴极灯）；可调式电热板；恒温干燥箱；可调式电热炉；电子天平（感量为0.1mg和1mg）。

4　分析步骤

试样的预处理样品匀浆后装入洁净的容器内，作为试样。

4.1　微波消解

准确称取试样0.2~0.6g（精确至0.001g）于微波消解罐中，加入5ml硝酸，按照微波消解的操作步骤消解试样（消解条件参见表3-1-12）。冷却后取出消解罐，在电热板上于

140~160℃赶酸至0.5~1.0ml。消解罐放冷后，将消化液转移至10ml容量瓶中，用少量水洗涤消解罐2~3次，合并洗涤液，用水定容至刻度。

表3-1-12　微波消解参考条件

步骤	功率（1200 W）变化（%）	设定温度（℃）	升温时间（分钟）	恒温时间（分钟）
1	0~80	120	5	5
2	0~80	160	5	10
3	0~80	180	5	10

4.1.1 空白试验　不加试样，与试样溶液制备过程同步操作，进行空白试验。

4.1.2 质控试验　称取与试样相当量的质量控制样品，同法操作制成质量控制样品溶液。

4.2　湿法消解

准确称取试样0.5~3g（精确至0.001g）于消化管中，加入10ml硝酸、0.5ml高氯酸，在可调式电热炉上消解（参考条件：120℃保持0.5~1.0小时、升温至180℃保持2~4小时、升温至200~220℃）。若消化液呈棕褐色，再加硝酸，消解至冒白烟，消化液呈无色透明或略带黄色，取出消化管，冷却后用水定容至10ml。同时做试剂空白试验。

4.2.1 空白试验　不加试样，与试样溶液制备过程同步操作，进行空白试验。

4.2.2 质控试验　称取与试样相当量的质量控制样品，同法操作制成质量控制样品溶液。

4.3　水样的预处理

澄清的水样可直接进行测定；悬浮物较多的水样，分析前需酸化并消化有机物。若需测定溶解的金属，则应在采样时将水样通过0.45μm滤膜过滤，然后按每升水样加1.5ml硝酸酸化。

水样中的有机物一般不干扰测定，为使金属离子能全部进入水溶液和促使颗粒物质溶解有利于萃取和原子化，可采用盐酸-硝酸消化法。于每升酸化水样中加入5ml硝酸。混匀后取定量水样，按每100ml水样加入5ml盐酸，在电热板上加热15分钟，冷却至室温，用玻璃砂芯漏斗过滤，最后用水稀释至一定体积。

4.3.1 空白试验　不加试样，与试样溶液制备过程同步操作，进行空白试验。

4.3.2 质控试验　称取与试样相当量的质量控制样品，同法操作制成质量控制样品溶液。

4.4　仪器参考条件

见表3-1-13。

表3-1-13　石墨炉吸收法参考条件

元素	波长（nm）	狭缝（nm）	灯电流（mA）	干燥（℃/s）	灰化（℃/s）	原子化（℃/s）
铬	357.9	0.2	5~7	85~120/（40~50）	900/（20~30）	2700/（4~5）

4.5　标准曲线的绘制

将标准系列溶液按浓度由低到高的顺序分别取10μl（可根据使用仪器选择最佳进样量），注入石墨管，原子化后测其吸光度值，以浓度为横坐标，吸光度值为纵坐标，绘制标准曲线。

4.6　测定

将空白溶液、试样溶液和质控样品溶液分别吸取10μl（可根据使用仪器选择最佳进样量），注入石墨管，原子化后测其吸光度值，与标准系列溶液比较定量。对有干扰的待测溶液应注入5μl（可根据使用仪器选择最佳进样量）的磷酸二氢铵溶液（20.0g/L）。

5　计算

5.1　试样中铬含量的计算

$$X = \frac{(c - c_0) \times V}{m \times 1000}$$

式中：X为试样中铬的含量值（mg/kg）；c为测定样液中铬浓度值（ng/ml）；c_0为空白溶液中铬浓度值（ng/ml）；V为试样溶液定容总体积（ml）；m为样品称样量（g）；1000为为换算系数。

当分析结果≥1mg/kg时，保留三位有效数字；当分析结果<1mg/kg时，保留两位有效数字。

5.2　水样中铬含量的计算

由标准曲线直接计算出水样中铬的浓度（mg/L）。

若水样经浓缩或稀释，由标准曲线上计算铬的浓度值后按下式计算。

$$\rho_{(Cr)} = \frac{\rho_1 \times V_1}{V}$$

式中：$\rho_{(Cr)}$为水样中铬的浓度值（μg/L）；ρ_1为由标准曲线计算的试样中铬的浓度值（μg/L）；V_1为定容体积（ml）；V为取样体积（ml）。

计算结果保留两位有效数字。

6　精密度

在相同条件下获得的两次独立测定结果的绝对差值不得超过算术平均值的20%。

7　注意事项

7.1 所有容器全部经硝酸溶液（1+4）浸泡过夜。浸泡器皿的硝酸溶液不能长期反复使用，废弃的硝酸溶液先收集于陶瓷罐或塑料桶中，然后以过量的碳酸钠或氢氧化钙水溶液中和，或用废碱中和，中和后用大量水冲稀排放。不能用含重铬酸钾的洗液浸泡洗涤器皿。

7.2 元素分析在实验操作中容易受到环境、试剂及器皿的污染，因此在试验中尽量使用超纯试剂，避免使用玻璃器皿。

7.3 检测过程中要随时注意进样状态，如果待测液沿进样针上行，但是样品未进入到石墨管内，需要用干净的滤纸擦拭进样针，消除石墨粉或静电的影响。

7.4 测定完标准曲线后，清洗进样针，空烧石墨管待空白吸收值降下后再进行检测。

7.5 样品检测前应先做好待测元素的标准曲线，若曲线参数达不到要求，则不应开展样品检测。所使用的标准曲线吸光度值与待测元素浓度的相关系数应 ≥ 0.995。采用标准曲线法测定时，样品浓度必须在标准曲线的浓度范围内，否则要稀释，不得将标准曲线任意外延。

起草人：李鹏飞（山西省食品药品检验所）

谭亚男（四川省食品药品检验检测院）

张寒霜（山东省食品药品检验研究院）

复核人：张慧斌（山西省食品药品检验所）

陆　阳（四川省食品药品检验检测院）

于文江（山东省食品药品检验研究院）

第五节　食品中总汞的检测

1　简述

参考 GB 5009.17-2014《食品安全国家标准　食品中总汞及有机汞的测定》第一篇第一法制定本规程。

本规程适用各类食品中汞含量的检测。

试样经酸加热消解后，在酸性介质中，试样中的汞被硼氢化钾或硼氢化钠还原成原子态汞，由氩气带入原子化器中，在汞空心阴极灯照射下，基态汞原子被激发至高能态，在由高能态回到基态时，发射出特征波长的荧光，其荧光强度与汞含量成正比，与标准系列溶液比较定量。

当样品称样量为 0.5g，定容体积为 25ml 时，本规程方法检出限为 0.003mg/kg，方法定量限为 0.010mg/kg。

2　试剂和材料

除非另有说明，均为优级纯，实验用水为 GB/T 6682 的一级水。

2.1　试剂

硝酸；过氧化氢；硫酸；氢氧化钾；硼氢化钾；重铬酸钾；高氯酸。

2.2　溶液的配制

2.2.1　硝酸溶液（1+9）　量取 50ml 硝酸，缓缓加入 450ml 水中。

2.2.2　硝酸溶液（5+95）　量取 5ml 硝酸，缓缓加入 95ml 水中。

2.2.3　氢氧化钾溶液（5g/L）　称取 5.0g 氢氧化钾，纯水溶解并定容至 1000ml，混匀。

2.2.4　硼氢化钾溶液（5g/L）　称取 5.0g 硼氢化钾，溶于 5g/L 的氢氧化钾溶液溶解并定容至 1000ml；混匀，现用现配。

2.2.5　重铬酸钾的硝酸溶液（0.5g/L）　称取 0.05g 重铬酸钾溶于 100ml 硝酸溶液（5+95）中。

2.2.6　硝酸 – 高氯酸混合溶液（5+1）　量取 500ml 硝酸，100ml 高氯酸，混匀。

2.3 标准物质

2.3.1 汞标准溶液（1.00mg/ml） 购买经国家认证并授予标准物质证书的汞单元素标准溶液物质。

2.3.2 质量控制样品 选择与被测试样基质相同或相似的有证的标准物质作为质量控制样品。

2.4 标准溶液的配制

2.4.1 汞标准中间液（10μg/ml） 吸取1.00ml汞标准储备液（1.00mg/ml）于100ml容量瓶中，用重铬酸钾的硝酸溶液（0.5g/L）稀释至刻度，混匀，此溶液浓度为10μg/ml。于4℃冰箱中避光保存，可保存2年。

2.4.2 汞标准使用液（50ng/ml） 吸取0.50ml汞标准中间液（10μg/ml）于100ml容量瓶中，用0.5g/L重铬酸钾的硝酸溶液稀释至刻度，混匀，此溶液浓度为50ng/ml，现用现配。

2.4.3 分别吸取汞标准使用液（50ng/ml） 0.00ml、0.20ml、0.50ml、1.00ml、1.50ml、2.00ml、2.50ml于50ml容量瓶中，用硝酸溶液（1+9）稀释至刻度，混匀。得到浓度为0.00ng/ml、0.20ng/ml、0.50ng/ml、1.00ng/ml、1.50ng/ml、2.00ng/ml和2.50ng/ml的标准系列溶液，标准系列可根据需要设置，但是最高浓度和最低浓度的差不应超过20倍。当样品中汞的含量过高时，可根据样品中汞的浓度适当提高标准曲线的浓度或对样品进行稀释，以保证测定样品的荧光值在曲线的范围内。

3 仪器和设备

原子荧光光谱仪；微波消解仪；压力消解系统；恒温干燥箱（50~300℃）；控温电热板（50~200℃）；超声水浴箱；天平（感觉量0.1mg和1mg）。

4 分析步骤

4.1 微波消解法

称取固体试样0.2~0.5g（精确到0.001g），液体试样1~3ml于消解罐中，加入5~8ml硝酸，加盖放置过夜，旋紧罐盖，按照微波消解仪的标准操作步骤进行消解（试样微波消解参考条件见表3-1-14）。冷却后取出，缓慢打开罐盖排气，用少量水冲洗内盖，将消解罐放在控温电热板上，于80℃加热或超声脱气2分钟到5分钟，赶去棕色气体，取出消解内罐，将试样溶液转移至25ml塑料容量瓶中，用少量水分3次洗涤内罐，洗涤液合并于容量瓶中并定容至刻度，混匀备用。

表3-1-14 **试样微波消解参考条件**

步骤	功率（1600 W）变化（%）	温度（℃）	升温时间（分钟）	保温时间（分钟）
1	50	80	30	5
2	70	75	30	5
3	80	100	30	5
4	100	140	30	7
5	100	180	30	5

4.1.1 空白试验 不加试样，与试样溶液制备过程同步操作，进行空白试验。

4.1.2 质控试验 称取与试样相当量的质量控制样品，同法操作制成质量控制样品溶液。

4.2 仪器参考条件

光电倍增管电压，270V；汞空心阴极灯电流，30mA；原子化器高度，10mm；载气流量，400ml/min；屏蔽气流量，1000ml/min；读数延迟时间，3秒；读数延迟时间，9秒；读数方式，峰面积。

4.3 标准曲线的绘制

仪器预热稳定后，设定好仪器最佳条件，连续用硝酸溶液（1+9）进样，待读数稳定之后，转入标准系列测量，将试剂空白、标准系列溶液依次引入仪器进行原子荧光强度的测定。以原子荧光强度为纵坐标，汞浓度为横坐标绘制标准曲线，得到回归方程。

4.4 测定

先用硝酸溶液（1+9）进样，使读数基本回零，再分别测空白溶液、试样溶液和质控样品溶液，每测不同的试样前都应清洗进样器。在标准曲线测定相同条件下，将试样溶液分别引入仪器进行测定。根据回归方程计算出样品中汞元素的浓度。

5 计算

试样中总汞含量按下式计算。

$$X = \frac{(c - c_0) \times V \times 1000}{m \times 1000 \times 1000}$$

式中：X为试样中汞的含量值（mg/kg或mg/L）；c为试样溶液中汞浓度值（ng/ml）；c_0为空白溶液汞浓度值（ng/ml）；V为试样溶液定容总体积（ml）；m称样量或取样体积（g或ml）；1000为单位换算系数。

计算结果保留两位有效数字。

6 精密度

在相同条件下获得的两次独立测定结果的绝对差值不得超过算术平均值的20%。

7 注意事项

7.1 本实验中尽量选择塑料容器。所有使用的器皿及聚四氟乙烯消解内罐均需要以硝酸溶液（1+4）浸泡24小时以上，使用前用纯水反复冲洗干净。

7.2 配制硼氢化钾溶液的容器应为聚乙烯塑料材质，避免使用玻璃器皿。配制时要先将氢氧化钾溶解于水中，然后再将硼氢化钾加入上述碱溶液中，且应现用现配。配制好的硼氢化钾溶液应避免阳光照射，以免还原剂分解产生较多的气泡，影响测定精度。

7.3 高氯酸与有机物反应猛烈，容易发生爆炸，不能用于微波消解法。

7.4 仪器管路和实验中使用玻璃器皿等内表面都会吸附汞，耗材应定期更换，气体发生器和石英加热管有条件可定期拆洗。如汞污染管路，可用含10%硫酸的1%高锰酸钾溶液清洗，管路粘附的二氧化锰污渍可用含10%盐酸的10%盐酸羟胺溶液去除。

起草人：李鹏飞（山西省食品药品检验所）

刘忠莹（四川省食品药品检验检测院）

崔玉花（山东省食品药品检验研究院）

复核人：张慧斌（山西省食品药品检验所）

金丽鑫（四川省食品药品检验检测院）

董　瑞（山东省食品药品检验研究院）

第六节　食品中甲基汞的检测

1　简述

参考GB 5009.17-2014《食品安全国家标准　食品中总汞及有机汞的测定》第二篇制定本规程。

本规程适用于各类食品中的甲基汞的检测。

试样经超声波辅助，5mol/L盐酸溶液提取后，使用C_{18}反相色谱柱分离，色谱流出液进入在线紫外消解稀释，在紫外光照射下与强氧化剂过硫酸钾反应，甲基汞转变为无机汞。酸性条件下，无机汞与硼氢化钾在线反应生成汞蒸气，由原子荧光光谱仪测定。由保留时间定性，外标法峰面积值定量。

当称样量为1g，定容体积为10ml时，检出限为0.008mg/kg，定量限为0.025mg/kg。

2　试剂和材料

除非另有说明，所用试剂均为优级纯，水为GB/T 6682规定的一级水。

2.1　试剂

甲醇；氢氧化钠；氢氧化钾；硼氢化钾；过硫酸钾；乙酸铵；盐酸；氨水；L-半胱氨酸。

2.2　溶液配制

2.2.1 流动相[5.0%（v/v）甲醇-0.06mol/L乙酸铵-0.1%（m/v）L-半胱胺酸]　称取0.5g L-半胱胺酸，2.2g乙酸铵，置于500ml容量瓶，用超纯水溶解，加入25ml甲醇，超纯水定容至500ml。经0.45μm有机系滤膜过滤后，于超声水浴中超声脱气30分钟。现用现配。

2.2.2 盐酸溶液（5mol/L）　量取208ml盐酸，溶于水并稀释至500ml。

2.2.3 盐酸溶液[10%（v/v）]　量取100ml浓盐酸，溶于水并稀释至1.0 L。

2.2.4 氢氧化钾溶液（5g/L）　称取5.0g氢氧化钾，溶于水并稀释至1.0 L。

2.2.5 氢氧化钠溶液（6mol/L）　称取24g氢氧化钠，溶于水并稀释至100ml。

2.2.6 硼氢化钾溶液（2g/L）　称取2.0g硼氢化钾，用5g/L氢氧化钾溶液溶解并稀释至1.0L，现用现配。

2.2.7 过硫酸钾溶液（2g/L） 称取 1.0g 过硫酸钾，用 5g/L 氢氧化钾溶液溶解并稀释至 0.5 L，现用现配。

2.2.8 L–半胱氨酸溶液（10g/L） 称取 0.1g L–半胱氨酸，溶于 10ml 水中，现用现配。

2.2.9 甲醇溶液（1+1）（v/v） 量取甲醇 100ml，加入 100ml 超纯水中，混匀。

2.3 标准物质

氯化汞（$HgCl_2$）和 氯化甲基汞（$HgCH_3Cl$），购买经国家认证并授予标准证书的标准溶液物质。

2.4 标准溶液的配制

混合标准使用液（1.00 μg/ml，以 Hg 计）：准确移取浓度均为 200 μg/ml（以 Hg 计）的氯化甲基汞、氯化汞标准溶液各 0.50ml，置于 100ml 容量瓶中，以流动相稀释至刻度，摇匀。此混合标准使用液中，两种汞形态化合物的浓度均为 1.00g/ml，现配现用。

3 仪器和设备

液相色谱–原子荧光光谱联用仪；分析天平（感量 0.1mg 和 1.0mg）；组织匀浆器；高速粉碎机；冷冻干燥机；离心机；超声清洗器。

4 分析步骤

4.1 试样溶液的制备和空白试验

粮食、豆类等干样去除杂物经高速粉碎机粉碎；蔬菜、水果、鱼类、肉类及蛋类等湿样，取可食部分经匀浆器匀浆。

称取干样 0.2~0.5g（精确到 0.001g），或湿样 0.5~2.0g（精确到 0.001g），置于 15ml 离心管中，加入 10ml 的 5mol/L 盐酸溶液提取，密闭放置过夜。于室温下超声水浴提取 60 分钟，期间振摇数次。于 4℃下以 8000r/min 转速离心 15 分钟。准确吸取 2.0ml 上清液至 5ml 离心管中，缓慢逐滴加入 6mol/L 氢氧化钠溶液，使试样溶液的 pH 为 2~7，加入 0.1ml 的 10g/L 半胱氨酸溶液，定容至 5.0ml，于 4℃下以 8000r/min 转速离心 15 分钟，取上清液过 0.45 μm 有机系滤膜，滤液进液相色谱–原子荧光光谱联用仪进行分析。

空白试验：除不称取试样外，同法进行空白试验，得到空白溶液。

4.2 仪器分析条件

根据各自仪器性能调至最佳状态。

4.2.1 液相色谱参考条件 色谱柱：C_{18} 分析柱（150mm×4.6mm，5μm）；C_{18} 预柱（10mm×4.6mm，5μm）。

流速：1.0ml/min，进样体积：100μl。

4.3.2 原子荧光光谱仪参考条件 负高压，300V；汞灯电流：30mA；原子化方式，冷原子；载液，10%（v/v）盐酸溶液，流速 4.0ml/min；还原剂，2g/L 的硼氢化钾溶液，流速 4.0ml/min；氧化剂，2g/L 过硫酸钾溶液，流速 1.6ml/min；载气流速，500ml/min；辅助气流速，600ml/min。

4.3.3 标准曲线的绘制 取 6 支 10ml 容量瓶，分别准确加入 1.00μg/ml 混合标准使用液 0.00ml、0.010ml、0.020ml、0.040ml、0.060ml 和 0.10ml，用流动相稀释至刻度。此标准系列溶液的浓度分别为 0.0μg/L、1.0μg/L、2.0μg/L、4.0μg/L、6.0μg/L 和 10.00μg/L。进样前经 0.45μm 有机系滤膜过滤。吸取标准系列溶液 100μl 进样，以标准系列溶液中目标化合物的浓度为横坐标，以色谱峰面积为纵坐标，绘制标准曲线。

4.3.4 测定 将空白溶液、试样溶液 100μl 注入液相色谱 – 原子荧光光谱联用仪中，得到色谱图，以保留时间定性。以外标法峰面积定量，平行测定次数不少于两次。

如果测定液的浓度超出工作曲线线性范围，可通过峰面积选择合适的稀释倍数，使其响峰面积处于线性范围内，稀释后再进行测定。

5 计算

试样中甲基汞的含量按下式计算。

$$X = \frac{f \times (C - C_0) \times V}{m \times 1000}$$

式中：X 为试样中甲基汞的含量值（mg/kg）；f 为稀释倍数；C_0 为经标准曲线得到的空白溶液中甲基汞的浓度值（μg/L）；C 为经标准曲线计算得到的试样溶液中甲基汞的浓度值（μg/L）；V 为加入提取试剂的体积（ml）；m 为称样量（g）；1000 为单位换算系数。

以相同条件下获得的两次独立测定结果的算术平均值表示，结果保留两位有效数字。

6 精密度

在相同条件下获得的两次独立测定结果的绝对差值不得超过算术平均值的20%。

7 注意事项

7.1 硼氢化钾是汞蒸气发生反应的还原剂，其浓度直接影响汞蒸气的发生效率，硼氢化钾的浓度不宜过大，否则会导致反应过于激烈而产生大量泡沫，影响气液分离，从而导致分析信号降低。

7.2 所有玻璃器皿均需硝酸溶液（1+4）浸泡过夜，用纯水反复冲洗干净。

7.3 试样前处理过程中滴加 6mol/L 氢氧化钠溶液时应缓慢逐滴加入，以免酸碱中和放热来不及扩散，使温度很快升高，导致汞化合物挥发，造成测定值偏低。

起草人：张慧斌（山西省食品药品检验所）
刘忠莹（四川省食品药品检验检测院）
高喜凤（山东省食品药品检验研究院）
复核人：李鹏飞（山西省食品药品检验所）
金丽鑫（四川省食品药品检验检测院）
陈晓媛（山东省食品药品检验研究院）

第七节 食品中镍的检测

1 石墨炉原子吸收光谱法

1.1 简述

参考GB 5009.138-2017《食品安全国家标准 食品中镍的测定》制定本规程。

本规程适用于各类食品中镍含量的检测。

试样经过消解处理后，经石墨炉原子化在232.0nm处测定吸光度。在一定浓度范围内镍的吸光度值与镍含量成正比，与标准系列比较定量。

当称样量为0.5g，定容体积为10ml时，检出限为0.02mg/kg，定量限为0.05mg/kg。

1.2 试剂和材料

除非另有说明，所用试剂均为优级纯，水为GB/T 6682规定的二级水。

1.2.1 试剂 硝酸；高氯酸；硝酸钯［$Pd(NO_3)_2$］；磷酸二氢铵。

1.2.2 溶液配制

1.2.2.1 硝酸溶液（0.5mol/L） 吸取硝酸3.2ml，加水稀释至100ml，混匀。

1.2.2.2 硝酸溶液（1+1） 量取500ml硝酸，与500ml水混合均匀。

1.2.2.3 磷酸二氢铵–硝酸钯溶液 称取0.02g硝酸钯，分几次加入少量硝酸溶液（1+1）溶解后，再加入2g磷酸二氢铵，用硝酸溶液（1+1）定容至100ml，混匀。

1.2.3 标准物质

1.2.3.1 标准品 金属镍（Ni，CAS号：7440-02-0），或经国家认证并授予标准物质证书的一定浓度的镍标准溶液。

1.2.3.2 质量控制样品 选择与被测试样基质相同或相似的有证的标准物质作为质量控制样品。

1.2.4 标准溶液配制

1.2.4.1 镍标准储备液（1000mg/L） 准确称取1g（精确至0.0001g）金属镍，加入30ml硝酸溶液（1+1），加热溶解，移入1000ml容量瓶中，加水稀释至刻度，混匀。或经由购买的经国家认证并授予标准物质证书的镍单元素标准溶液物质稀释而成。

1.2.4.2 镍标准中间液（1.00mg/L） 准确吸取镍标准储备液（1000mg/L）0.1ml于100ml容量瓶中，加硝酸溶液（0.5mol/L）定容至刻度，混匀。

1.2.4.3 镍标准系列溶液 分别准确吸取镍标准中间液0ml、0.50ml、1.00ml、2.00ml、4.00ml和5.00ml于100ml容量瓶中，加硝酸溶液（0.5mol/L）稀释至刻度，混匀。此镍标准系列溶液的浓度分别为0μg/L、5.00μg/L、10.0μg/L、20.0μg/L、40.0μg/L和50.0μg/L。

注：可根据仪器的灵敏度及样品中镍的实际含量确定标准系列溶液中镍的浓度。

1.3 仪器和设备

原子吸收光谱仪（配石墨炉原子化器，附镍空心阴极灯）；分析天平（感量为0.1mg和1mg）；可调式电热炉；可调式电热板；微波消解系统；恒温干燥箱；马弗炉。

1.4 分析步骤

1.4.1 试样制备　液体样品,将样品摇匀;其余样品经样品粉碎机粉碎,混匀。

1.4.2 试样消解、空白试验和质量控制试验　对于食用油、油脂及其制品,试样称样量为 0.2~0.5g。

1.4.2.1 湿法消解　称取固体试样0.2~3g(精确至0.001g)或准确移取液体试样0.5~5ml 于带刻度消化管中,加入10ml硝酸、0.5ml高氯酸,在可调式电热炉上消解(参考条件: 120℃/0.5~1小时、升至180℃/2~4小时、升至200~220℃)。若消化液呈棕褐色,再加少量硝 酸,消解至冒白烟,消化液呈无色透明或略带黄色,取出消化管,冷却后将消化液转移至10ml 容量瓶中,用少量水洗涤消解罐2~3次,合并洗涤液于容量瓶中并用水定容至刻度,得到试样 溶液,混匀备用。亦可采用锥形瓶,于可调式电热板上,按上述操作方法进行湿法消解。

空白试验:不加试样,与试样溶液制备过程同步操作,进行空白试验,得到空白溶液。质 控试验:称取与试样相当量的质量控制样品,同法操作制成质量控制样品溶液。

1.4.2.2 微波消解　称取固体试样0.2~0.8g(精确至0.001g)或准确移取液体试样0.5~3ml 于微波消解罐中,加入5ml硝酸,按照微波消解的操作步骤消解试样,消解条件参考表3-1- 15。冷却后取出消解罐,在电热板上于140~160℃赶酸至1ml左右。消解罐放冷后,将消化液转 移至10ml容量瓶中,用少量水洗涤消解罐2~3次,合并洗涤液于容量瓶中并用水定容至刻度, 得到试样溶液,混匀备用。

空白试验:不加试样,与试样溶液制备过程同步操作,进行空白试验,得到空白溶液。质 控试验:称取与试样相当量的质量控制样品,同法操作制成质量控制样品溶液。

表3-1-15　微波消解推荐升温程序

步骤	设定温度(℃)	升温时间(分钟)	恒温时间(分钟)
1	120	5	5
2	160	5	10
3	180	5	10

注:具体消解程序,可根据仪器的消解能进行调整,保证试样消解至溶液澄清。

1.4.2.3 干法灰化　称取固体试样0.5~5g(精确至0.001g)准确移取液体试样0.5~10ml于 坩埚中,小火加热,炭化至无烟,转移至马弗炉中,于550℃灰化3~4小时。冷却,取出,对 于灰化不彻底的试样,加数滴硝酸,小火加热,小心蒸干,再转入550℃马弗炉中,继续灰化 1~2小时,至试样呈白灰状,冷却,取出,用适量硝酸溶液(1+1)溶解并用水定容至10ml。

空白试验:不加试样,与试样溶液制备过程同步操作,进行空白试验,得到空白溶液。质 控试验:称取与试样相当量的质量控制样品,同法操作制成质量控制样品溶液。

1.4.3 测定

1.4.3.1 仪器参考条件　根据各自仪器性能调至最佳状态。参考条件见表3-1-16。

表3-1-16　石墨炉推荐升温程序

步骤	程序	温度（℃）	升温时间（秒）	保持（秒）	氩气流量（L/min）
1	干燥	85	5	10	0.3
		120	5	20	0.3
2	灰化	400	10	10	0.3
		1000	10	10	0.3
3	原子化	2700	1	3	停气
4	净化	2750	1	4	0.3

注：根据各自仪器性能调至最佳状态。

1.4.3.2 标准曲线的绘制　按浓度由低到高的顺序分别将10μl镍标准系列溶液和5μl磷酸二氢铵–硝酸钯溶液（可根据所使用的仪器确定最佳进样量）同时注入石墨炉，原子化后测其吸光度值，以浓度为横坐标，吸光度值为纵坐标，绘制标准曲线。

1.4.3.3 测定　在与测定标准系列溶液相同的实验条件下，将10μl空白溶液、试样溶液或质量控制样品溶液与5μl磷酸二氢铵–硝酸钯溶液（可根据所使用的仪器确定最佳进样量）同时注入石墨炉，原子化后测其吸光度值，与标准系列比较定量。

1.5　计算

1.5.1 试样中镍的含量　按下式计算。

$$X = \frac{(\rho - \rho_0) \times V}{m \times 1000}$$

式中：X为试样中镍的含量值（mg/kg或mg/L）；ρ为试样溶液中镍的浓度值（μg/L）；ρ_0为空白溶液中镍的浓度值（μg/L）；V为试样溶液的定容体积（ml）；m为称样量或取样体积（g或ml）；1000为单位换算系数。

当镍含量≥1.00mg/kg（或mg/L）时，计算结果保留三位有效数字，当镍含量<1.00mg/kg（或mg/L）时，计算结果保留两位有效数字。

1.5.2 质量控制样品中镍元素的含量　与试样中镍元素含量的计算方法相同。

1.6　精密度

在相同条件下获得的两次独立测定结果的绝对差值不得超过算术平均值的20%。

1.7　注意事项

1.7.1 所有玻璃器皿及聚四氟乙烯消解内罐均需硝酸溶液（1+4）浸泡过夜，再用纯水反复冲洗干净。

1.7.2 采用湿法消解时，在使用高氯酸时候要注意安全，不要剧烈摇动高氯酸，做好防护措施。

1.7.3 在进样前，应检查石墨管有无破损或被污染。

2 电感耦合等离子体质谱法

方法内容及注意事项详见本章第一节相关内容。

3 火焰原子吸收光谱法（高含量）和离子交换富集法（低含量）

3.1 简述

参考GB 8538-2016《食品安全国家标准　饮用天然矿泉水检验方法》制定本规程。

本规程规定了饮用天然矿泉水中镍含量的检测。

试样中镍的基态原子能吸收来自镍空心阴极灯发出的共振线，其吸收强度与镍元素含量成正比，可在其他条件不变的情况下，根据测得的吸收强度与标准系列比较进行定量。水样中镍离子含量高时，可将水样直接导入火焰使其原子化后，采用其灵敏共振线232.0nm进行测定。

本规程的定量限为0.30mg/L（直接导入火焰法）或0.03mg/L（离子交换富集法）。

3.2 试剂和材料

除非另有说明，所用试剂均为优级纯，水为GB/T 6682规定的二级水。

3.2.1 试剂　氨水；乙酸；乙酸铵；硝酸；螯合树脂。

3.2.2 溶液配制

3.2.2.1 氨水（1mol/L）　吸取35ml氨水（ρ_{20}=0.88g/ml），用水稀释至1000ml。

3.2.2.2 缓冲溶液（pH=6.0）　称取60.05g乙酸和77.08g乙酸铵，用水溶解，并稀释到1000ml，再用氨水，调节为pH=6.0。

3.2.2.3 硝酸溶液（1+1）　量取20ml硝酸，缓缓倒入50ml水中，混匀。

3.2.2.4 硝酸溶液（2mol/L）　吸取25ml浓硝酸（ρ_{20}=1.42g/ml），用水稀释至200ml。

3.2.2.5 硝酸溶液（0.15%）　吸取1.5ml硝酸，用水稀释至1 L。

3.2.2.6 螯合树脂　将D$_{401}$大孔苯乙烯（系螯合型树脂）用硝酸溶液泡浸2天，然后用水充分漂洗至pH=6.0，倾除过细微粒，浸泡在水中备用。

3.2.2.7 树脂的再生　将用过的树脂收集在一个烧杯中，先用水漂洗，滤干后，泡在硝酸溶液中24小时后，再用水漂洗至pH=6左右，浸泡在水中备用。

3.2.3 标准物质

3.2.3.1 标准品　金属镍（Ni，CAS号：7440-02-0），或经国家认证并授予标准物质证书的一定浓度的镍标准溶液。

3.2.3.2 质量控制样品　选择有证的水质标准样品作为质量控制样品。

3.2.4 标准溶液配制　镍标准储备液（1000mg/L）：准确称取1g（精确至0.0001g）金属镍，加入30ml硝酸溶液（1+1），加热溶解，移入1000ml容量瓶中，加水稀释至刻度，混匀。

3.3 仪器和设备

离子交换柱：用水将已处理好的树脂倾装入内径2cm、高10cm的玻璃交换柱中，树脂高度为4cm，树脂层的下部和上部均填有玻璃棉，以防树脂漏掉和被冲动，树脂床中不可存有气泡；原子吸收光谱仪：配有镍空心阴极灯；空气压缩机或空气钢瓶；乙炔钢瓶。

3.4 分析步骤

3.4.1 高含量试样测定 按照仪器说明书将仪器工作条件调整至测定镍的最佳状态，选择灵敏吸收线232.0nm。用硝酸溶液（0.15%）的水将镍标准储备溶液稀释并配制成（0.3~10.0mg/L）的镍标准系列溶液。将标准系列溶液与硝酸溶液（0.15%）的水交替喷入火焰，测定其吸光度。

以镍的标准浓度（mg/L）为横坐标，吸光度为纵坐标，绘制出校准曲线或计算出回归方程。将试样溶液喷入火焰，测定其吸光度，根据校准曲线或回归方程计算出其镍的浓度值。

3.4.2 低含量试样测定 取水样250ml于500ml烧杯中，用氨水调节pH=6.0，加25ml缓冲溶液，混匀。将样液分次倒入离子交换柱内，以3ml/min的流速进行离子交换。试样溶液流完后，用30ml缓冲液以同样流速进行淋洗。用约27ml硝酸溶液以同样流速进行洗脱，弃去最初的约3ml，用25ml容量瓶收集洗脱液至刻度，摇匀。

测定步骤同3.4.1进行。

3.5 计算

3.5.1 高含量水样 从标准曲线中计算出水样中镍的浓度值。

3.5.2 低含量水样 试样中镍含量按下式计算。

$$\rho(Ni) = \rho_1 \times \frac{25}{V}$$

式中：ρ（Ni）为水样中镍的浓度值（mg/L）；ρ_1 为从校准曲线查得的镍的浓度值（mg/L）；25为富集后的水样体积（ml）；V 为水样体积（ml）。

3.6 精密度

在相同条件下，获得的两次独立测定结果的绝对差值不得超过算术平均值的10%。

起草人：张慧斌（山西省食品药品检验所）

王晓平（四川省食品药品检验检测院）

复核人：陈　煜（山西省食品药品检验所）

黄泽玮（四川省食品药品检验检测院）

第八节　食品中铅的检测

参考GB 5009.12-2017《食品安全国家标准　食品中铅的测定》制定本规程。

本规程适用于各类食品中铅含量的检测。

1　石墨炉原子吸收光谱法

1.1　简述

试样消解处理后，经石墨炉原子化，在283.3nm处测定吸光度。在一定浓度范围内铅的吸光度值与铅含量成正比，与标准系列比较定量。

当试样的称样量为0.5g（或0.5ml），定容体积为10ml时，检出限为0.02mg/kg（或0.02mg/L），定量限为0.04mg/kg（或0.04mg/L）。

1.2 试剂和材料

除非另有说明，所用试剂均为优级纯，水为GB/T 6682规定的二级水。

1.2.1 试药与试剂 硝酸；高氯酸；磷酸二氢铵；硝酸钯。

1.2.2 试剂配制

1.2.2.1 硝酸溶液（5+95） 量取50ml硝酸，缓慢加入到950ml水中，混匀。

1.2.2.2 硝酸溶液（1+9） 量取50ml硝酸，缓慢加入到450ml水中，混匀。

1.2.2.3 磷酸二氢铵–硝酸钯溶液 称取0.02g硝酸钯，加少量硝酸溶液（1+9）溶解后，再加入2g磷酸二氢铵，溶解后用硝酸溶液（5+95）定容至100ml，混匀。

1.2.3 标准物质

1.2.3.1 标准品 硝酸铅 [$Pb(NO_3)_2$，CAS号：10099–74–8]，或经国家认证并授予标准物质证书的一定浓度的铅标准溶液。

1.2.3.2 质量控制样品 选择与被测试样基质相同或相似的有证的标准物质作为质量控制样品。

1.2.4 标准溶液配制

1.2.4.1 铅标准储备液（1000mg/L） 准确称取1.5985g（精确至0.0001g）硝酸铅，用少量硝酸溶液（1+9）溶解，移入1000ml容量瓶，加水至刻度，混匀。由购买的经国家认证并授予标准物质证书的铅单元素标准溶液物质稀释而成。

1.2.4.2 铅标准中间液（1.00mg/L） 准确吸取铅标准储备液（1000mg/L）1.00ml于1000ml容量瓶中，加硝酸溶液（5+95）至刻度，混匀。

1.2.4.3 铅标准系列溶液 分别吸取铅标准中间液（1.00mg/L）0ml、0.50ml、1.00ml、2.00ml、3.00ml和4.00ml于100ml容量瓶中，加硝酸溶液（5+95）至刻度，混匀。此铅标准系列溶液的浓度分别为0μg/L、5.00μg/L、10.0μg/L、20.0μg/L、30.0μg/L和40.0μg/L。

注：可根据仪器的灵敏度及样品中铅的实际含量确定标准系列溶液中铅的质量浓度。

1.3 仪器和设备

原子吸收光谱仪（配石墨炉原子化器，附铅空心阴极灯）；分析天平（感量0.1mg和1mg）；可调式电热炉；可调式电热板；微波消解系统；恒温干燥箱；压力消解罐。

1.4 分析步骤

1.4.1 试样制备 液体试样上下转动，保证试样均匀；固体试样去除杂物后，粉碎，用研钵混匀。

1.4.2 试样前处理 消解方法：选择下列其中一种，其中微波消解法最为常用。

1.4.2.1 湿法消解 称取固体试样0.2~3g（精确至0.001g）或准确移取液体试样0.500~5.00ml于带刻度消化管中，加入10ml硝酸和0.5ml高氯酸，在可调式电热炉上消解（参考条件：

120℃/0.5 小时~1 小时：升至180℃/2 小时~4 小时、升至200~220℃）。若消化液呈棕褐色，再加少量硝酸，消解至冒白烟，消化液呈无色透明或略带黄色，取出消化管，冷却后，将消化液转移至10ml容量瓶中，用少量水洗涤消化管2~3次，合并洗涤液于容量瓶中并用水定容至刻度，得到试样溶液，混匀备用。亦可采用锥形瓶，于可调式电热板上，按上述操作方法进行湿法消解。

注意：食用油、油脂及其制品试样称样量为0.2~0.5g（精确至0.001g）。

空白试验：不加试样，与试样溶液制备过程同步操作，进行空白试验，得到空白溶液。质控试验：称取与试样相当量的质量控制样品，同法操作制成质量控制样品溶液。

1.4.2.2微波消解　称取固体试样0.2~0.8g（精确至0.001g）或准确移取液体试样0.500~3.00ml［如乳制品：称取固体试样0.3g（精确至0.001g）或准确移取液体试样1ml］于微波消解罐中，加入5ml硝酸，按照微波消解的操作步骤消解试样，消解条件参考表3-1-17。冷却后取出消解罐，在电热板上于140~160℃赶酸至1ml左右。消解罐放冷后，将消化液转移至10ml容量瓶中，用少量水洗涤消解罐2~3次，合并洗涤液于容量瓶中并用水定容至刻度，得到试样溶液，混匀备用。

空白试验：不加试样，与试样溶液制备过程同步操作，进行空白试验，得到空白溶液。质控试验：称取与试样相当量的质量控制样品，同法操作制成质量控制样品溶液。

表3-1-17　微波消解升温程序

步骤	设定温度（℃）	升温时间（分钟）	恒温时间（分钟）
1	120	5	5
2	150	5	10
3	180	5	10

注意：食用油、油脂及其制品试样称样量为0.2~0.5g（精确至0.001g）。

1.4.3 测定

1.4.3.1仪器参考条件　根据各自仪器性能调至最佳状态。参考条件见表3-1-18。

表3-1-18　石墨炉原子吸收光谱法仪器参考条件

元素	波长（nm）	狭缝（nm）	灯电流（mA）	干燥	灰化	原子化
铅	283.3	0.5	8~12	5~120℃ 40~50s	750℃ 20~30s	2300℃ 4~5s

1.4.3.2标准曲线的绘制　按浓度由低到高的顺序分别将10μl铅标准系列溶液和5μl磷酸二氢铵-硝酸钯溶液（可根据所使用的仪器确定最佳进样量）同时注入石墨炉，原子化后测其吸光度值，以浓度为横坐标，吸光度值为纵坐标，绘制标准曲线。

1.4.3.3测定　在与测定标准溶液相同的实验条件下，将10μl空白溶液、试样溶液或质量控制样品溶液与5μl磷酸二氢铵-硝酸钯溶液（可根据所使用的仪器确定最佳进样量）同时注入石墨炉，原子化后测其吸光度值，与标准系列比较定量。

如果测定液中铅元素浓度超出标准曲线线性范围，可通过吸光度值选择合适的稀释倍数使其吸光度值处于线性范围内，重新进行测定。

1.5　计算

1.5.1 试样中铅的含量　按下式计算。

$$X = \frac{(\rho - \rho_0) \times V}{m \times 1000}$$

式中：X为试样中铅的含量值（mg/kg或mg/L）；ρ为试样溶液中铅的浓度值（μg/L）；ρ_0为空白溶液中铅的浓度值（μg/L）；V为试样溶液的定容体积（ml）；m为称样量或取样体积（g或ml）；1000为单位换算系数。

当铅含量≥1.00mg/kg（或mg/L）时，计算结果保留三位有效数字；当铅含量＜1.00mg/kg（或mg/L）时，计算结果保留两位有效数字。

1.5.2 质量控制样品中铅元素的含量　与试样中铅元素含量的计算方法相同。

1.6　精密度

在相同条件下获得的两次独立测定结果的绝对差值不得超过算术平均值的20%。

1.7　注意事项

1.7.1 本实验中尽量选择塑料容器。所有使用的器皿及聚四氟乙烯消解内罐均需要以硝酸溶液（1+4）浸泡24小时以上，用纯水反复冲洗干净。玻璃仪器如急用，可用10%~20%硝酸煮沸1小时，然后用纯水冲洗干净。浸泡器材的硝酸溶液不能长期反复使用，因为长期使用会导致溶液中铅等杂质增多，反而造成污染。

1.7.2 含乙醇或二氧化碳的试样应先在电热板上低温加热除去乙醇或二氧化碳后再加酸进行消解。

1.7.3 采用硝酸–高氯酸消解试样应避免炭化造成损失。注意在消解过程中若消化液色泽变深，应立即取下，轻轻晃动，适当补加硝酸。测定时应注意试样溶液与标准系列溶液的酸度一致。

1.7.4 样品消解前必须进行预处理（放置过夜或低温处理等），经消解处理得到的消化液必须赶除消化液中剩余酸和氮氧化物等。

1.7.5 采用微波消解法进行实验时，要将样品称在消解罐底部，避免粘在罐壁上的样品在消解过程中过热而烧坏消解罐。一般固体样品称取量小于1g，液体样品移取量小于2ml。

1.7.6 实验所用标准系列溶液浓度值应根据仪器灵敏度进行适当调整。

1.7.7 石墨炉原子化器应注意干燥–灰化–原子化–净化各阶段的温度、时间、升温情况等程序的合理编制。

1.7.8 测定过程中要时刻关注进样状态，如果试液沿进样针上行，样品未进入石墨管，需用滤纸擦拭进样针，消除石墨粉或静电的影响，保证样品进入原子化系统。

1.7.9 如果检测过程中信号值偏低，重现性差，或者仪器出现相关提示信息时，则需要更换新的石墨管。更换的新石墨管需要老化后再正常使用，以延长石墨管的使用寿命。

1.7.10 测定过程中的基体改进剂还可以采用磷酸氢二铵和硝酸镁混合液（2g磷酸氢二铵和0.1g硝酸镁溶于100ml水中），但应注意不要使用钯的氯化物。

1.7.11 该方法适用于大多数食品样品中铅含量的检测。对于组成复杂，基体干扰严重的样

第三篇　食品中化学成分检测

品，应注意背景校正器的校正能力，如果不能消除背景吸收的干扰，则应考虑用萃取分离的方法检测。对于高盐、高钙样品，建议随行制备加标样品，监控回收率情况。

1.7.12 在检出限允许的情况下，复杂的样品需要稀释后进样。但如果样品中铅元素含量低，稀释后不能达到仪器检出限，则需用 ICP-MS 法复测来确定其含量值。

1.7.13 原子吸收光谱法不适合测定金属含量非常高的样品，因为稀释倍数过大会增加误差。而且，测定过程中一旦炉体严重污染，记忆效应将影响后续样品的测定（必须空烧几次彻底清除）。

2 电感耦合等离子体质谱法

方法内容及注意事项详见本章第一节相关内容。

3 火焰原子吸收光谱法

3.1 简述

试样经处理后，铅离子在一定 pH 条件下与二乙基二硫代氨基甲酸钠（DDTC）形成络合物，经 4- 甲基 -2- 戊酮（MIBK）萃取分离，导入原子吸收光谱仪中，经火焰原子化，在 283.3nm 处测定的吸光度。在一定浓度范围内铅的吸光度值与铅含量成正比，与标准系列比较定量。

以称样量 0.5g 计算，检出限为 0.4mg/kg，定量限为 1.2mg/kg。

3.2 试剂和材料

除非另有说明，所用试剂均为优级纯，水为 GB /T 6682 规定的二级水。

3.2.1 试药 硝酸；高氯酸；磷酸二氢铵；硫酸铵；柠檬酸铵；溴百里酚蓝；二乙基二硫代氨基甲酸钠（DDTC）；氨水；4- 甲基 -2- 戊酮（MIBK）；盐酸。

3.2.2 溶液配制

3.2.2.1 硝酸溶液（5+95） 量取 50ml 硝酸，加入到 950ml 水中，混匀。

3.2.2.2 硝酸溶液（1+9） 量取 50ml 硝酸，加入到 450ml 水中，混匀。

3.2.2.3 硫酸铵溶液（300g/L） 称取 30g 硫酸铵，用水溶解并稀释至 100ml，混匀。

3.2.2.4 柠檬酸铵溶液（250g/L） 称取 25g 柠檬酸铵，用水溶解并稀释至 100ml，混匀。

3.2.2.5 溴百里酚蓝水溶液（1g/L） 称取 0.1g 溴百里酚蓝，用水溶解并稀释至 100ml，混匀。

3.2.2.6 DDTC 溶液（50g/L） 称取 5g DDTC，用水溶解并稀释至 100ml，混匀。

3.2.2.7 氨水溶液（1+1） 吸取 100ml 氨水，加入 100ml 水，混匀。

3.2.2.8 盐酸溶液（1+11） 吸取 10ml 盐酸，加入 110ml 水，混匀。

3.2.3 标准物质

3.2.3.1 标准品 硝酸铅 [Pb（NO$_3$）$_2$，CAS 号：10099-74-8]，或经国家认证并授予标准物质证书的一定浓度的铅标准溶液。

3.2.3.2 质量控制样品 选择与被测试样基质相同或相似的有证的标准物质作为质量控制样品。

3.2.4 标准溶液配制

3.2.4.1 铅标准储备液（1000mg/L）　准确称取1.5985g（精确至0.0001g）硝酸铅，用少量硝酸溶液（1+9）溶解，移入1000ml容量瓶，加水至刻度，混匀。或由购买的经国家认证并授予标准物质证书的铅标准溶液稀释而成。

3.2.4.2 铅标准使用液（10.0mg/L）　准确吸取铅标准储备液（1000mg/L）1.00ml于100ml容量瓶中，加硝酸溶液（5+95）至刻度，混匀。

3.3　仪器和设备

原子吸收光谱仪（配火焰原子化器，附铅空心阴极灯）；分析天平（感量0.1mg和1mg）；可调式电热炉；可调式电热板。

3.4　分析步骤

3.4.1 试样制备　取可食部分，固体试样粉碎均匀，液体试样制成匀浆，储于塑料瓶中。

3.4.2 试样前处理　湿法消解：称取试样0.2~3g（精确至0.001g）于消化管中，加入10ml硝酸和0.5ml高氯酸，在可调式电热炉上消解（参考条件：120℃/0.5小时~1小时；升至180℃/2小时~4小时、升至200~220℃）。若消化液呈棕褐色，再加少量硝酸，消解至冒白烟，消解液呈无色透明或略带黄色，取出消化管，冷却后将消化液转移至10ml容量瓶中，用少量水洗涤消化管2~3次，合并洗涤液于容量瓶中并用水定容至刻度，得到试样溶液，混匀备用。亦可采用锥形瓶，于可调式电热板上，按上述操作方法进行湿法消解。

空白试验：不加试样，与试样溶液制备过程同步操作，进行空白试验，得到空白溶液。质控试验：称取与试样相当量的质量控制样品，同法操作制成质量控制样品溶液。

3.4.3 测定

3.4.3.1 仪器参考条件　根据各自仪器性能调至最佳状态。参考条件参见表3-1-19。

表3-1-19　火焰原子吸收光谱法仪器参考条件

元素	波长（nm）	狭缝（nm）	灯电流（mA）	燃烧头高度（mm）	空气流量（L/min）
铅	283.3	0.5	8~12	6	8

3.4.3.2 标准曲线的绘制　分别吸取铅标准使用液0ml、0.250ml、0.500ml、1.00ml、1.50ml和2.00ml（相当0μg、2.50μg、5.00μg、10.0μg、15.0μg和20.0μg铅）于125ml分液漏斗中，补加水至60ml。加2ml柠檬酸铵溶液（250g/L），溴百里酚蓝水溶液（1g/L）3~5滴，用氨水溶液（1+1）调pH至溶液由黄变蓝，加硫酸铵溶液（300g/L）10ml，DDTC溶液（1g/L）10ml，摇匀。放置5分钟左右，加入10ml MIBK，剧烈振摇提取1分钟，静置分层后，弃去水层，将MIBK层放入10ml带塞刻度管中，得到标准系列溶液。

将标准系列溶液按质量由低到高的顺序分别导入火焰原子化器，原子化后测其吸光度值，以铅的质量为横坐标，吸光度值为纵坐标，绘制标准曲线。

3.4.3.3 测定　将空白溶液及试样溶液分别置于125ml分液漏斗中，补加水至60ml。加2ml柠檬酸铵溶液（250g/L），溴百里酚蓝水溶液（1g/L）3~5滴，用氨水溶液（1+1）调pH至溶液由黄变蓝，加硫酸铵溶液（300g/L）10ml，DDTC溶液（1g/L）10ml，摇匀。放置5分钟左右，加入10ml MIBK，剧烈振摇提取1分钟，静置分层后，弃去水层，将MIBK层放入10ml带塞刻度管中，得到空白溶液和试样溶液。

将空白溶液和试样溶液分别导入火焰原子化器，原子化后测其吸光度值，与标准系列比较定量。

3.5 计算

3.5.1 试样中铅的含量 计算见下式。

$$X = \frac{m_1 - m_0}{m_2}$$

式中：X为试样中铅的含量值（mg/kg）；m_1为试样溶液中铅的质量（μg）；m_0为空白溶液中铅的质量（μg）；m_2为称样量（g）。

当铅含量≥10.0mg/kg时，计算结果保留三位有效数字；当铅含量＜10.0mg/kg时，计算结果保留两位有效数字。

3.5.2 质量控制样品中铅元素的含量 与试样中铅元素含量的计算方法相同。

3.6 精密度

在相同条件下获得的两次独立测定结果的绝对差值不得超过算术平均值的20%。

3.7 注意事项

3.7.1 本实验中尽量选择塑料容量瓶等塑料容器。所有使用的器皿均需要以硝酸溶液（1+4）浸泡24小时以上，使用前用纯水反复冲洗干净。

3.7.2 含乙醇或二氧化碳的样品先在电热板上低温加热除去乙醇或二氧化碳后再加酸进行消解。

3.7.3 采用硝酸-高氯酸消解样品应避免炭化造成损失。注意在消解过程中若消化液色泽变深，应立即取下，轻轻晃动，适当补加硝酸。测定时应注意试样溶液与标准液的酸度一致。

3.7.4 乙炔钢瓶应置于通风房间，远离火源，注意保证乙炔气的质量。

3.7.5 点火前进样管不能插到液面下，待火焰稳定后再吸喷液体。吸喷液体时，进样管不能插到带固体颗粒的样品或未消化好的样品中，以免堵塞进样管。

3.7.6 点火后，观察燃烧头火焰颜色，若为黄色，可用2%硝酸冲洗，直至火焰颜色变为淡蓝色。

3.7.7 测定前，空心阴极灯需预热至少15分钟。合理选择空心阴极灯工作电流、光谱带宽等仪器参数。装在仪器上的空心阴极灯窗口应定期用脱脂棉不蘸任何有机物擦拭，以防积尘损耗光能量。

3.7.8 合理选择火焰原子化器中的火焰条件，如火焰类型、燃气和助燃气的比例、供气压力和气体流量等。

3.7.9 注意高盐、高钙样品的干扰情况。建议随行制备加标样品，监控回收率情况。

3.7.10 测试完成后，应用超纯水清洗进样管和燃烧头。

3.7.11测试完成后，关火时一定要最先关乙炔，待火焰自然熄灭后再关机，以消除安全隐患。

起草人：张慧斌（山西省食品药品检验所）

黄泽玮　金丽鑫（四川省食品药品检验检测院）

陈晓媛（山东省食品药品检验研究院）

赵　发（山东省食品药品检验研究院）

复核人：陈　煜（山西省食品药品检验所）

王　鑫（四川省食品药品检验检测院）

高喜凤　董　瑞（山东省食品药品检验研究院）

第九节　食品中总砷的检测

参考GB 5009.11-2014《食品安全国家标准　食品中总砷及无机砷的测定》第一篇制定本规程。

1　电感耦合等离子体质谱法（ICP-MS法）

1.1　简述

试样经酸消解处理得到试样溶液，试样溶液经雾化由载气送入炬管中，经过蒸发、解离、原子化和离子化等过程，转化为带电荷的离子，经离子采集系统进入质谱仪，质谱仪根据质荷比进行分离。对于一定的质荷比，质谱的信号强度与进入质谱仪的离子数成正比，即试样溶液中砷元素浓度与质谱信号强度成正比。通过测量质谱的信号强度对试样溶液中的砷元素进行检测。

称样量为1g，定容体积为25ml时，检出限为0.003mg/kg，定量限为0.010mg/kg。

1.2　试剂和材料

1.2.1 试剂

1.2.1.1 硝酸（HNO_3）　MOS级（电子工业专用高纯化学品），BV（Ⅲ）级。

1.2.1.2 过氧化氢（H_2O_2）。

1.2.1.3 质谱调谐液　推荐使用浓度为10ng/ml。

1.2.1.4 内标储备液　Ge，浓度为100μg/ml；或Y，浓度为1.0μg/ml。

1.2.1.5 氢氧化钠（NaOH）。

1.2.2 溶液配制

1.2.2.1 硝酸溶液（2+98）　量取20ml硝酸，缓缓倒入980ml水中，混匀。

1.2.2.2 内标溶液Ge或Y　取1.0ml内标溶液，用硝酸溶液（2+98）稀释并定容至100ml。

1.2.2.3 氢氧化钠溶液（100g/L）　称取10.0g氢氧化钠，用水溶解和定容至100ml。

1.2.3 标准物质

1.2.3.1 标准品　砷标准储备液（1000μg/ml）：由购买的经国家认证并授予标准物质证书的砷单元素标准溶液物质稀释而成。

1.2.3.2　质量控制样品　选择与被测试样基质相同或相似的有证的标准物质作为质量控制样品。

1.2.4 标准溶液配制　砷标准使用液（1.0μg/ml，按 As 计）：准确吸取 0.1ml 砷标准储备液（1000μg/ml）于 100ml 容量瓶中，用硝酸溶液（2+98）稀释定容至刻度，现用现配。

1.3　仪器和设备

电感耦合等离子体质谱仪（ICP-MS）；微波消解系统；恒温干燥箱（50~300℃）；控温电热板（50~200℃）；超声水浴箱；天平（感量为 0.1mg 和 1mg）。

1.4　分析步骤

1.4.1 试样预处理

1.4.1.1 在采样和制备过程中，应注意不使试样污染。

1.4.1.2 样品去杂物后粉碎均匀，装入洁净聚乙烯瓶中，密封保存备用。

1.4.2 试样消解

1.4.2.1 微波消解法　蔬菜、水果等含水分高的试样，称取 2.0~4.0g（精确至 0.001g）试样于消解罐中，加入 5ml 硝酸，放置 30 分钟；粮食、肉类、鱼类等试样，称取 0.2~0.5g（精确至 0.001g）试样于消解罐中，加入 5ml 硝酸，放置 30 分钟；移取液体试样 2.00~5.00ml 于消解内罐中，加入 5ml 硝酸，放置 30 分钟。盖好安全阀，将消解罐放入微波消解系统中，根据不同类型的样品，设置适宜的微波消解程序（各类试样微波消解参考条件见表 3-1-20~表 3-1-22），按相关步骤进行消解，消解完全后赶酸，将消化液转移至 25ml 容量瓶或比色管中，用少量水洗涤内罐 3 次，合并洗涤液并定容至刻度，混匀。

空白试验：不加试样，与试样溶液制备过程同步操作，进行空白试验，得到空白溶液。质控试验：称取与试样相当量的质量控制样品，同法操作制成质量控制样品溶液。

食用油、油脂及其制品建议降低称样量，一般称取 0.3g 合适。

表 3-1-20　粮食、蔬菜类试样微波消解参考条件

步骤	功率		升温时间（分钟）	控制温度（℃）	保持时间（分钟）
1	1200W	100%	5	120	6
2	1200W	100%	5	160	6
3	1200W	100%	5	190	20

表 3-1-21　乳制品、肉类、鱼肉类试样微波消解参考条件

步骤	功率		升温时间（分钟）	控制温度（℃）	保持时间（分钟）
1	1200W	100%	5	120	6
2	1200W	100%	5	180	10
3	1200W	100%	5	190	15

表3-1-22 油脂、糖类试样微波消解参考条件

步骤	功率（%）	温度（℃）	升温时间（分钟）	保温时间（分钟）
1	50	50	30	5
2	70	75	30	5
3	80	100	30	5
4	100	140	30	7
5	100	180	30	5

1.4.3 仪器参考条件 RF 功率 1550 W；载气流速 1.14L/min；采样深度 7mm；雾化室温度 2℃；Ni 采样锥；Ni 截取锥。

质谐干扰主要来源于同量异位素、多原子、双电荷离子等，可采用最优化仪器条件、于扰校正方程校正或采用碰撞池、动态反应池技术方法消除干扰。砷的干扰校正方程为：$^{73}As=^{73}As-^{77}M（3.127）+^{82}M（2.733）-^{83}M（2.757）$；采用内标校正、稀释样品等方法校正非质谱干扰。砷的 m/z 为 75，选 ^{72}Ge 为内标元素。

推荐使用碰撞/反应池技术，在没有碰撞/反应池技术的情况下使用干扰方程消除干扰的影响。

1.4.4 标准曲线的绘制 吸取适量砷标准使用液（1.00μg/ml），用硝酸溶液（2+98）配制砷浓度分别为 0.00ng/ml、1.0ng/ml、5.0ng/ml、10ng/ml、50ng/ml 和 100ng/ml 的标准系列溶液。

当仪器真空度达到要求时，用调谐液调整仪器灵敏度、氧化物、双电荷、分辨率等各项指标，编辑测定方法、选择相关消除干扰方法、引入内标，观测内标灵敏度、脉冲与模拟模式的线性拟合，当仪器达到测定要求时，将标准系列溶液依次进行测定。绘制标准曲线、计算回归方程。

1.4.5 测定 相同条件下，将试剂空白、样品溶液和质量控制样品溶液分别引入仪器进行测定。根据回归方程计算出测定液中砷元素的浓度。

1.5 计算

1.5.1 试样中总砷含量 按下式计算。

$$X=\frac{(C-C_0)\times V\times 1000}{m\times 1000\times 1000}$$

式中：X为试样中砷的含量值（mg/kg或mg/L）；C为试样溶液中经计算得到的砷浓度值（ng/ml）；C_0为空白溶液中经计算得到的砷浓度值（ng/ml）；V为试样溶液定容体积（ml）；m为称样量或者取样体积（g或ml）；1000为单位换算系数。

计算结果保留两位有效数字。

1.5.2 质量控制样品中砷元素的含量 与试样中砷元素含量的计算方法相同。

1.6 精密度

在相同条件下获得的两次独立测定结果的绝对差值不得超过算术平均值的20%。

1.7 注意事项

内容详见本章第一节中"注意事项"的具体内容。

2 氢化物发生原子荧光光谱法

2.1 简述

试样经消解后，加入硫脲和抗坏血酸混合试剂使五价砷预还原为三价砷，再加入硼氢化钠或硼氢化钾溶液使还原生成砷化氢，由氩气载入石英原子化器中分解为原子态砷，在高强度砷空心阴极灯的发射光激发下产生原子荧光，其荧光强度在固定条件下与被测液中的砷浓度成正比，用标准曲线定量。

称样量为1g，定容体积为25ml时，检出限为0.010mg/kg，定量限为0.040mg/kg。

2.2 试剂和材料

以下实验试剂除非另有说明，均为优级纯，实验用水为GB/T 6682的一级水。

2.2.1 氢氧化钾溶液（5g/L） 称取氢氧化钾5.0g，溶于水并稀释至1000ml，混匀。

2.2.2 硼氢化钾溶液（20g/L） 称取硼氢化钾20.0g，溶于5g/L氢氧化钾溶液1000ml中，混匀。临用现配。

2.2.3 硫脲+抗坏血酸溶液 称取10.0g硫脲，加约80ml水，加热使溶解，待冷却后加入10.0g的抗坏血酸，稀释至100ml。现用现配。

2.2.4 硫酸溶液（1+9） 量取硫酸100ml，缓缓倒入900ml水中，混匀。

2.2.5 硝酸。

2.2.6 硝酸溶液（2+98） 量取硝酸20ml，缓缓倒入980ml水中，混匀。

2.2.7 高氯酸

2.2.8 盐酸溶液（1+1） 量取100ml盐酸，缓缓倒入100ml水中，混匀。

2.2.9 标准物质

2.2.9.1砷标准储备液（1000μg/ml） 由购买的经国家认证并授予标准物质证书的砷单元素标准溶液物质稀释而成。

2.2.9.2砷标准使用液（0.10μg/ml） 准确吸取0.01ml砷标准储备液（1000μg/ml）于100ml容量瓶中，用硝酸溶液（2+98）稀释至刻度。现用现配。

2.2.9.3质量控制样品 选择与被测试样基质相同或相似的有证的标准物质作为质量控制样品。

2.3 仪器和设备

原子荧光分光光度计（附砷空心阴极灯）；可调式控温电热板；天平（感觉量0.1mg和1mg）；组织匀浆机；马弗炉；高速粉碎机。

2.4 分析步骤

2.4.1 试样预处理 样品去除杂物后粉碎均匀，装入洁净聚乙烯瓶中，密封保存备用。

2.4.2 试样消解 对于饮料中的瓶（桶）装饮用水，无需进行消解，直接吸取10ml水样于25ml比色管中，加入12.5ml硫酸（1+9）和2ml硫脲+抗坏血酸溶液，用超纯水定容至刻度，摇匀，放置 10 分钟。

空白试验：不加试样，与试样溶液制备过程同步操作，进行空白试验，得到空白溶液。质控试验：称取与试样相当量的质量控制样品，同法操作制成质量控制样品溶液。

2.4.2.1 湿法消解　试样称取 1.0~2.5g（精确至 0.001g）、液体试样移取 5.0~10.0ml，置于 100ml 的锥形瓶中，加硝酸 20ml，高氯酸 1~2ml，硫酸 1.25ml，放置过夜。次日于电热板上加热消解。若消解液处理至 1ml 左右时仍有未分解物质或色泽变深，取下放冷，补加硝酸 5~10ml，再消解至 2ml 左右，如此反复两三次，注意避免炭化。继续加热至消解完全后，再持续蒸发至高氯酸的白烟散尽，硫酸的白烟开始冒出。冷却，加水 25ml，再蒸发至冒白烟。冷却，用水将内容物转入 25ml 容量瓶中，加入硫脲＋抗坏血酸溶液 2ml，补加水至刻度，混匀得到试样溶液，放置 30 分钟，待测。

空白试验：不加试样，与试样溶液制备过程同步操作，进行空白试验，得到空白溶液。质控试验：称取与试样相当量的质量控制样品，同法操作制成质量控制样品溶液。

2.4.2.2 干灰化法　试样称取 1.0~2.5g（精确至 0.001g），置于 50~100ml 坩埚中，同时做两份试剂空白。加 150g/L 硝酸镁 10ml 混匀，低热蒸干，将 1g 氧化镁覆盖在干渣上，于电炉上炭化至无黑烟，移入 550℃ 马弗炉灰化 4 小时。取出放冷，小心加入盐酸溶液（1+1）10ml 以中和氧化镁并溶解灰分，转入 25ml 容量瓶中，向容量瓶中加入硫脲＋抗坏血酸溶液 2ml，另用硫酸溶液（1+9）分次洗涤坩埚后合并洗涤液至同一容量瓶，定容，混匀得到试样溶液，放置 30 分钟，待测。

空白试验：不加试样，与试样溶液制备过程同步操作，进行空白试验，得到空白溶液。质控试验：称取与试样相当量的质量控制样品，同法操作制成质量控制样品溶液。

2.4.3 仪器参考条件　负高压：270V；砷空心阴极灯电流：60mA；原子化器高度：8mm；载气：高纯氩；载气流量：300ml/min；屏蔽气流量：600ml/min；读数延迟时间：0.5 秒；读数方式：峰面积；测量方式：荧光强度。

对于速冻食品，仪器参考条件为：负高压，260V；砷空心阴极灯电流，50~80mA；载气，氩气；载气流速，500ml/min；屏蔽气流速，800ml/min；测量方式，荧光强度；读数方式，峰面积。

2.4.4 标准曲线的绘制　取 10ml 容量瓶 6 个，依次准确加入砷标准使用液（0.10μg/ml）0.00ml、0.10ml、0.20ml、0.40ml、0.6ml、0.8ml 和 1.0ml，各加入硫酸溶液（1+9）5ml，硫脲＋抗坏血酸溶液 0.5ml，加水定容至刻度（分别相当于砷浓度 0.0ng/ml、1.0ng/ml、2.0ng/ml、4.0ng/ml、6.0ng/ml、8.0ng/ml、10.0ng/ml），混匀后放置 30 分钟，测定。标准系列溶液浓度可根据需要设置，但是最高浓度和最低浓度相差不应超过 20 倍。

仪器预热稳定后，将标准系列溶液依次进行测定。以砷浓度值为横坐标，原子荧光强度为纵坐标，绘制标准曲线，得到回归方程。

2.4.5 测定　在与标准系列溶液测定相同条件下，将空白溶液、试样溶液、质量控制样品溶液分别进行测定。根据回归方程计算出样品中总砷的浓度值。

如果测定液中总砷浓度超出标准曲线线性范围，可通过荧光强度值选择合适的稀释倍数使其荧光强度值处于线性范围内，重新进行测定。

2.5 计算

2.5.1 试样中总砷含量 按下式计算。

$$X = \frac{(C - C_0) \times V \times 1000 \times F}{m \times 1000 \times 1000}$$

式中：X 为试样中砷的含量值（mg/kg 或 mg/L）；C 为试样溶液中砷的测定浓度值（ng/ml）；C_0 为空白溶液中砷的测定浓度值（ng/ml）；V 为试样溶液定容体积（ml）；m 为称样量或取样体积（g 或 ml）；F 为稀释倍数；1000 为单位换算系数。

计算结果保留两位有效数字。

2.5.2 于饮料中的 瓶（桶）装饮用水，试样中砷含量 按下式计算。

$$\rho(As) = \frac{(m - m_{空白}) \times V_1}{V}$$

式中：$\rho(As)$ 为水样中砷的浓度值（μg/L）；m 为从标准曲线上查得的试样溶液中砷的浓度值（μg/L）；$m_{空白}$ 为从标准曲线上查得的空白溶液中砷的浓度值（μg/L）；V_1 为定容体积（ml）；V 为水样体积（ml）。

计算结果保留两位有效数字。

2.5.3 质量控制样品中的总砷含量 与试样中总砷含量的计算方法相同。

2.6 精密度

在相同条件下获得的两次独立测定结果的绝对差值不得超过算术平均值的20%。

2.7 注意事项

2.7.1 原子荧光光度法属于痕量分析方法，所使用的各种酸应尽可能地选用优级纯酸，尽量选择塑料容器。所有使用的玻璃器皿及聚四氟乙烯消解内罐均需要以硝酸溶液（1+4）浸泡24小时以上，使用前用纯水反复冲洗干净、以免污染，降低试剂空白值。

2.7.2 硼氢化钾溶液中硼氢化钾的浓度对砷的测定有较大影响，应保证其配制浓度。

2.7.3 配制硼氢化钾溶液的容器应为聚乙烯塑料材质，避免使用玻璃器皿。

所用的氢氧化钾应采用优级纯，避免由于氢氧化钾中含有的砷杂质造成干扰。

配制时要先将氢氧化钾溶解于水中，然后再将硼氢化钾加入上述碱溶液中。

硼氢化钾溶液应避免阳光照射，以免还原剂分解产生较多的气泡，影响测定精度。

2.7.4 采用硝酸−硫酸−高氯酸消解试样应避免炭化造成损失。注意在消解过程中若消解液色泽变深，应立即取下，轻轻晃动，适当加硝酸。测定时应注意试样溶液与标准系列溶液的酸度要一致。

2.7.5 由于测定时硝酸的存在会妨碍砷化氢的产生，对测定有干扰，消解完成后尽可能加热驱除硝酸。

2.7.6 标准系列溶液和试样溶液用硫脲与抗坏血酸混合液将五价砷预还原至三价砷较好，还原时间以15分钟以上为宜。其还原速度受温度影响较大，如室温低于15℃时，应延长放置时间。采用硫脲+抗坏血酸可以消除干扰。

2.7.7 基体复杂的样品在检出限允许的情况下稀释后进样，如果试样溶液中待测元素含量低，稀释后不能达到仪器检出限，则需用电感耦合等离子体法复测来确定其含量。

2.7.8 检测过程中，在标准系列溶液检测完成或检测到含量高的样品的情况下，需要先冲洗管路，待空白荧光强度值降下后再继续进行试样溶液的检测。

起草人：张慧斌（山西省食品药品检验所）

王　鑫　陆　阳（四川省食品药品检验检测院）

赵　发　陈晓媛（山东省食品药品检验检测院）

复核人：陈　煜（山西省食品药品检验所）

刘忠莹　王　俏（四川省食品药品检验检测院）

董　瑞　高喜凤（山东省食品药品检验研究院）

第十节　食品中无机砷的检测

参考GB 5009.11–2014《食品安全国家标准　食品中总砷及无机砷的测定》第二篇制定本规程。

本规程适用于稻米、水产动物、婴幼儿谷类辅助食品、婴幼儿罐装辅助食品中无机砷（包括砷酸盐和亚砷酸盐）含量的检测。

1　液相色谱–电感耦合等离子体质谱法（LC–ICP/MS法）

1.1　简述

食品中无机砷经稀硝酸提取后，以液相色谱进行分离，分离后的目标化合物经过雾化由载气送入ICP炬焰中，经过蒸发、解离、原子化、电离等过程，大部分转化为带正电荷的正离子，经离子采集系统进入质谱仪，质谱仪根据质荷比进行分离测定。以保留时间定性和质荷比定性，外标法定量。

取样量为1g，定容体积为20ml时，检出限为：稻米0.01mg/kg、水产动物0.02mg/kg、婴幼儿辅助食品0.01mg/kg；定量限为：稻米0.03mg/kg、水产动物0.06mg/kg、婴幼儿辅助食品0.03mg/kg。

1.2　试剂和材料

除非另有说明，所用试剂均为优级纯，水为GB/T 6682规定的一级水。

1.2.1 试剂　硝酸；正己烷；碳酸铵；盐酸。

1.2.2 溶液配制　硝酸溶液（0.15mol/L）：量取10ml盐酸，溶于水并稀释至1000ml。

1.2.3 标准品　三氧化二砷（As_2O_3）标准品；砷酸二氢钾（KH_2AsO_4）标准品，或采用经国家认证并授予标准物质证书的标准贮备液。

1.2.4 标准溶液配制

1.2.4.1 亚砷酸盐As（Ⅲ）标准储备液（100mg/L，按As计）　准确称取三氧化二砷0.0132g，加100g/L氢氧化钾溶液1ml和少量水溶解，转入100ml容量瓶中，加入适量盐酸调整其酸度近中性，纯水稀释至刻度。4℃保存，保存期一年。或购买经国家认证并授予标准物质证书的标准溶液物质。

1.2.4.2 砷酸盐As（Ⅴ）标准储备溶液（100mg/L，按As计） 准确称取砷酸二氢钾0.0240g，用水溶解，转入100ml容量瓶中并稀释至刻度。4℃保存，保存期一年。或购买经国家认证并授予标准物质证书的标准溶液物质。

1.2.4.3 As（Ⅲ）与As（Ⅴ）混合标准使用液（1.00mg/L，按As计） 分别准确移取As（Ⅲ）与As（Ⅴ）标准储备液各1.0ml置于100ml容量瓶中，用水稀释至刻度。现用现配。

1.2.4.4 标准系列溶液的配制 准确量取混合标准使用溶液（1000ng/ml）0ml、0.01ml、0.025ml、0.05ml、0.1ml、0.2ml、0.4ml置于10ml容量瓶中，以2%硝酸溶液稀释至刻度，摇匀，配置成每毫升含两种砷分别为0.0ng、1.0ng、2.5ng、5ng、10ng、20ng、40ng的混合标准系列溶液。

1.3 仪器和设备

液相色谱仪串联电感耦合等离子体质谱仪；天平（感量为0.1mg和1.0mg）；组织匀浆器；离心机；超声清洗器；涡旋仪；恒温箱。

1.4 分析步骤

1.4.1 试样制备 稻米去除杂物、婴幼儿辅助食品粉碎均匀，装入洁净聚乙烯瓶中，密封保存备用。

对于罐头，取可食部分匀浆，装入洁净聚乙烯瓶中，密封保存备用。

水产动物，取新鲜样品，洗净晾干取可食部分匀浆，装入洁净聚乙烯瓶中，密封于4℃冰箱冷藏备用。

1.4.2 试样提取 称取试样约1.0g（准确至0.001g）于50ml塑料离心管中，加入20ml 0.15mol/L硝酸溶液，放置过夜。于90℃恒温箱中热浸提2.5小时，每0.5小时振摇1分钟。提取完毕，取出冷却至室温，8000r/min离心15分钟，取上层清液，经0.45μm有机滤膜过滤后进样测定，同时做空白试验。

空白试验：不加试样，与试样制备过程同步操作，进行空白试验。

1.4.3 仪器参考条件

1.4.3.1 液相色谱参考条件 色谱柱：阴离子交换色谱柱（4mm×250mm）或相当色谱柱。流动相（A相：2.5mmol/L碳酸铵，B相：100mmol/L碳酸铵）经0.45μm水系滤膜过滤后，于超声水浴中超声脱气30分钟。现用现配。流速：1.0ml/min。柱温：30℃。进样体积：25μl。梯度洗脱见表3-1-23。

表3-1-23 液相梯度洗脱表

时间（分钟）	A相（2.5mmol 碳酸铵）	B相（100mmol 碳酸铵）
0	100%	0%
6	100%	0%
8.5	0%	100%
13	100%	0%

1.4.3.2 电感耦合等离子体质谱仪工作参考条件如下。

采集模式：KED；检测质量数m/z=75（As）；泵速：60 rpm；射频功率：1550 W；提取透镜电压：-76.67 V；聚焦电压：21 V；冷却气流量：14ml/min；采样深度：5mm；雾化器流量：

1.01ml/min。

1.4.4 标准曲线的绘制 将混合标准系列溶液依次进行测定，以峰面积为纵坐标，目标化合物的浓度值为横坐标绘制标准曲线，得到回归方程。

1.4.5 测定 将待测溶液注入仪器进行测定，得到色谱图，以保留时间定性。

根据标准曲线得到试样溶液中［As（Ⅲ）与As（Ⅴ）］含量，［As（Ⅲ）与As（Ⅴ）］含量的加和为总无机砷含量。

1.5 计算

试样中无机砷含量按下式计算。

$$X = \frac{(C - C_0) \times V \times 1000}{m \times 1000 \times 1000}$$

式中：X为试样中无机砷［As（Ⅲ）或As（Ⅴ）］的含量值（以As计）（mg/kg或mg/L）；C为试样中无机砷［As（Ⅲ）或As（Ⅴ）］的浓度值（以As计）（ng/ml）；C_0为空白溶液中无机砷［As（Ⅲ）或As（Ⅴ）］的浓度值（ng/ml）；V为试样溶液定容总体积（ml）；m为称样量（g或ml）；1000为单位换算系数。

总无机砷含量值等于As（Ⅲ）与As（Ⅴ）含量值的加和。

计算结果保留两位有效数字。

1.6 精密度

在相同条件下获得的两次独立测定结果的绝对差值不得超过算术平均值的20%。

1.7 注意事项

1.7.1 所有玻璃器皿需在硝酸溶液（1+4）中浸泡过夜，用纯水反复冲洗干净。

1.7.2 如果有不澄清的样品，应过滤后进样，以免堵塞电感耦合等离子体质谱法的雾化器管路。

1.7.3 在C18小柱净化时，使用前依次用10ml甲醇、15ml水活化，活化后，静置30分钟将水抽干，再进行样品溶液的收集，否则回收率会偏低。

2 液相色谱－原子荧光光谱法（LC–AFS法）

2.1 简述

食品中的无机砷经稀硝酸提取后，以液相色谱进行分离，分离后的目标化合物在酸性环境下与KBH$_4$反应，生成气态砷化合物，用原子荧光光谱仪进行测定。保留时间定性，外标法定量。

取样量为1g，定容体积为20ml时，检出限为稻米0.02mg/kg、水产动物0.03mg/kg、婴幼儿辅助食品0.02mg/kg；定量限为：稻米0.05mg/kg；水产动物0.08mg/kg、婴幼儿辅助食品0.05mg/kg。

2.2 试剂和材料

除非另有说明，所用试剂均为优级纯，水为GB/T 6682规定的一级水。

2.2.1 试剂 硝酸；磷酸二氢铵；硼氢化钾；氢氧化钾；正己烷；氨水；盐酸；高纯氩气。

2.2.2 溶液配制

2.2.2.1 硝酸溶液（0.15mol/L） 取10ml硝酸，缓慢溶于水中，并稀释至1000ml。

2.2.2.2 氢氧化钾溶液（100g/L） 称取10g氢氧化钾，溶于水并稀释至100ml。

2.2.2.3 氢氧化钾溶液（5g/L） 称取5g氢氧化钾，溶于水并稀释至1000ml。

2.2.2.4 硼氢化钾溶液（30g/L） 称取30g硼氢化钾，用5g/L氢氧化钾溶液溶解并定容至1000ml。现用现配。

2.2.2.5 盐酸溶液（20%） 量取200ml盐酸，缓慢溶于水并稀释至1000ml。

2.2.2.6 磷酸二氢铵溶液（20mmol/L） 称取2.3g磷酸二氢铵，溶于1000ml水中，以氨水调节pH至8.0，经0.45μm水系滤膜过滤后于超声水浴中超声脱气30分钟，备用。

2.2.2.7 磷酸二氢铵溶液（1mmol/L） 量取20mmol/L磷酸二氢铵溶液50ml，水稀释至1000ml，以氨水调节pH至9.0，经0.45μm水系滤膜过滤后于超声水浴中超声脱气30分钟，备用。

2.2.2.8 磷酸二氢铵溶液（15mmol/L） 称取1.7g磷酸二氢铵，溶于1000ml水中，以氨水调节pH至6.0，经0.45μm水系滤膜过滤后于超声水浴中超声脱气30分钟，备用。

2.2.3 标准品 三氧化二砷（As_2O_3）标准品；砷酸二氢钾（KH_2AsO_4）标准品，或采用经国家认证并授予标准物质证书的标准贮备液。

2.2.4 标准溶液配制

2.2.4.1 亚砷酸盐［As（Ⅲ）］标准储备液（100mg/L，以As计） 准确称取三氧化二砷0.0132g，加入100g/L氢氧化钾溶液1ml和少量水溶解，转入100ml容量瓶中，加入适量盐酸调整其酸度近中性，加水稀释至刻度。4℃保存，保存期一年。购买经国家认证并授予标准物质证书的标准贮备液。

2.2.4.2 砷酸盐［As（Ⅴ）］标准储备液（100mg/L，以As计） 准确称取砷酸二氢钾0.0240g，用水溶解，转入100ml容量瓶中并用水稀释至刻度。4℃保存，保存期一年。购买经国家认证并授予标准物质证书的标准贮备液。

2.2.4.3 As（Ⅲ）、As（Ⅴ）混合标准使用液（1.00mg/L，以As计） 分别准确吸取1.00mlAs（Ⅲ）标准储备液（100mg/L）、1.00ml As（Ⅴ）标准储备液（100mg/L）于100ml容量瓶中，用水稀释并定容至刻度。现用现配。

2.2.4.4 标准系列溶液的配制 取7个10ml容量瓶，分别准确加入1.00mg/L混合标准使用液0.00ml、0.05ml、0.10ml、0.20ml、0.30ml、0.50ml和1.00ml，加水稀释定容至刻度，得到浓度分别为0.0ng/ml、5.0ng/ml、10ng/ml、20ng/ml、30ng/ml、50ng/ml、100ng/ml的标准系列溶液。

2.3 仪器和设备

液相色谱-原子荧光光谱联用仪（LC-AFS）；天平（感量为0.1mg和1mg）；样品粉碎设备；离心机（转速≥8000r/min）；恒温干燥箱（50~300℃）；pH计；超声波清洗器；净化小柱或等效柱。

2.4 分析步骤

2.4.1 试样制备 取可食部分经高速粉碎机粉碎均匀，装入洁净聚乙烯瓶中，密封保存备用。

2.4.2 试样提取　称取约 1.0g（精确至 0.001g）试样于 50ml 塑料离心管中，加入 20ml 0.15mol/L 硝酸溶液，混合均匀，放置过夜。于 90℃ 恒温箱中热浸提 2.5 小时，每 0.5 小时振摇 1 分钟。提取完毕，取出冷却至室温，8000r/min 离心 15 分钟。取 5ml 上清液置于 15ml 离心管中，加入 5ml 正己烷，振摇 1 分钟后，8000r/min 离心 15 分钟，弃去上层正己烷。按此过程重复除脂一次，吸取下层清液，经 0.45μm 有机滤膜过滤和 C18 小柱净化后进样分析，同时做空白试验。

空白试验：不加试样，与试样制备过程同步操作，进行空白试验。

2.4.3 仪器参考条件

2.4.3.1 液相色谱参考条件

2.4.3.1.1 色谱柱　阴离子交换色谱柱 4.1mm×250mm（或等效柱）。

2.4.3.1.2 流动相条件　流动相 A：1mmol/L 磷酸二氢铵溶液（pH=9.0）。流动相 B：20mmol/L 磷酸二氢铵溶液（pH=8.0）。流速：1.0ml/min。进样体积：100μl。流动相梯度条件见表 3-1-24。

表3-1-24　流动相梯度条件

组成	时间（分钟）					
	0	8	10	20	22	32
流动相 A（%）	100	100	0	0	100	100
流动相 B（%）	0	0	100	100	0	0

2.4.3.2 原子荧光检测参考条件　负高压：320 V。砷空心阴极灯总电流：90mA。辅电流：40mA。原子化方式：火焰原子化。原子化器温度：中温。载流：20% 盐酸溶液，流速 4ml/min。还原剂：30g/L 硼氢化钾溶液，流速 4ml/min。载气流速：400ml/min。辅助气流速：400ml/min。

2.4.4 标准曲线的绘制　将混合标准系列溶液依次进行测定，以相应峰面积为纵坐标，目标化合物的浓度值为横坐标绘制标准曲线，得到回归方程。

2.4.5 测定　将待测溶液注入仪器进行测定，得到色谱图，以保留时间定性。

根据标准曲线得到试样溶液中 As（Ⅲ）与 As（Ⅴ）含量，As（Ⅲ）与 As（Ⅴ）含量的加和为试样溶液中无机砷含量。

2.5　计算

试样中无机砷元素的含量按下式计算。

$$X = \frac{(c-c_0) \times V \times 1000}{m \times 1000 \times 1000}$$

式中：X 为无机砷的含量值（mg/kg）；c 为试样溶液中无机砷的浓度值（ng/ml）；c_0 为空白溶液中无机砷的浓度值（ng/ml）；V 为试样溶液定容体积（ml）；m 为称样量（g）；1000 为单位换算系数。

计算结果保留两位有效数字。

2.6　精密度

在相同条件下获得的两次独立测定结果的绝对差值不得超过算术平均值的 20%。

2.7 注意事项

所有玻璃器皿需在硝酸溶液（1+4）中浸泡过夜，用纯水反复冲洗干净。

起草人：杨毅青（山西省食品药品检验所）

高喜凤（山东省食品药品检验研究院）

复核人：张慧斌（山西省食品药品检验所）

陈晓媛（山东省食品药品检验研究院）

第十一节　饮用天然矿泉水中锑的检测

参考GB 8538–2016《食品安全国家标准　饮用天然矿泉水检验方法》制定本规程。

1　氢化物发生原子荧光光谱法

1.1　简述

在酸性条件下，以硼氢化钠为还原剂使锑生成锑化氢，由载气带入原子化器原子化，受热分解为原子态锑，基态锑原子在特制锑空心阴极灯的激发下产生原子荧光，其荧光强度与锑含量成正比。

定量限为 $0.078\,\mu g/L$。

1.2　试剂和材料

除非另有说明，所用试剂均为分析纯，水为GB/T 6682规定的二级水。

1.2.1 试剂　氢氧化钠；硼氢化钠；盐酸（优级纯）；硫脲；抗坏血酸；酒石酸。

1.2.2 溶液配制

1.2.2.1 氢氧化钠溶液（2g/L）　称取1g氢氧化钠溶于水中，稀释至500ml。

1.2.2.2 硼氢化钠溶液（20g/L）　称取10.0g硼氢化钠，溶于500ml氢氧化钠溶液中，混匀。

1.2.2.3 载流［盐酸溶液（5%）］　取28ml浓盐酸，用水稀释至500ml。

1.2.2.4 硫脲–抗坏血酸溶液　称取12.5g硫脲加约80ml水，加热溶解，冷却后加入12.5g抗坏血酸，稀释至100ml。

1.2.3 标准物质　标准品：金属锑（Sb）标准品，或经国家认证并授予标准物质证书的锑标准溶液。

质量控制样品：选择与被测试样基质相同或相似的有证的标准物质作为质量控制样品。

1.2.4 标准溶液配制

1.2.4.1 锑标准储备溶液［ρ（Sb）=1.0mg/ml］　称取0.5000g锑（光谱纯）于100ml烧杯中，加10ml盐酸和5g酒石酸，在水浴中温热使锑完全溶解，放冷后，转入500ml容量瓶中，用水定容，摇匀备用。或购买经国家认证并授予标准物质证书的锑单元素标准溶液物质。

1.2.4.2 锑标准中间溶液［ρ（Sb）=10.0μg/ml］　吸取10.0ml锑标准储备溶液于1000ml容量瓶中，加3ml盐酸，用水定容，摇匀备用。

1.2.4.3 锑标准工作溶液［ρ（Sb）=0.10μg/ml］ 吸取5.0ml锑标准中间溶液于500ml容量瓶中，用水定容，摇匀备用。

1.2.4.4 标准系列溶液的配制 分别吸取锑标准工作溶液［ρ（Sb）=0.10μg/ml］0ml、0.05ml、0.10ml、0.30ml、0.50ml、0.70ml、1.00ml于7支比色管中，用水定容至10ml。各自相当于锑质量为0.00μg、0.005μg、0.01μg、0.03μg、0.05μg、0.07μg和0.1μg。再分别向标准系列各管中加入1.0ml硫脲-抗坏血酸溶液和1.0ml盐酸，混匀，即得标准系列溶液。

1.3 仪器和设备

原子荧光光谱仪（配有锑特种空心阴极灯）；比色管。

1.4 分析步骤

1.4.1 试样提取 吸取10.0ml试样于1支比色管中，向比色管中加入1.0ml硫脲-抗坏血酸溶液和1.0ml盐酸，混匀，上机测定，同时做空白试验。

空白试验：不加试样，与试样制备过程同步操作，进行空白试验。

质控试验：称取与试样相当量的质量控制样品，同法操作制成质量控制样品溶液。

1.4.2 标准曲线的绘制 仪器预热稳定后，将标准系列溶液依次进行测定。以原子荧光强度为纵坐标，锑的浓度为横坐标绘制标准曲线，得到回归方程。

1.4.3 测定 在标准曲线测定相同条件下，将待测溶液进行测定。根据回归方程计算出样品中锑元素的浓度。

1.4.4 仪器参考条件 原子荧光工作条件如下：灯电流，75mA；光电倍增管负高压，310 V；原子化器高度，8.5mm；载气流量，500ml/min；屏蔽气流量，1000ml/min。

1.5 计算

试样中锑含量按下式计算。

$$\rho(Sb) = \frac{m \times 1000}{V}$$

式中：ρ（Sb）为锑的浓度值（μg/L）；m为由标准曲线计算得试样溶液中锑的质量（μg）；V为取样体积（ml）；1000为单位换算系数。

质量控制样品中锑元素含量的计算与试样中锑元素含量的计算方法相同。

1.6 精密度

在相同性条件下获得的两次独立测定结果的绝对差值不得超过算术平均值的10%。

1.7 注意事项

1.7.1 在酸性溶液中，锑常以Sb（Ⅲ）或Sb（Ⅴ）存在，而只有Sb（Ⅲ）能产生氢化物，因此在测定之前需先加入硫脲-抗坏血酸溶液进行预还原，保证锑的价态全为Sb（Ⅲ），可避免因不同价态锑的存在引起结果偏差，其中硫脲还起到掩蔽干扰元素的作用。

1.7.2 由于原子荧光的辐射强度与激发光源成比例，因此可通过调高灯电流的方式来增强荧光值。随着灯电流的增大，荧光强度随之增大，但背景值也随之增大，同时空心阴极灯和光电倍增管的使用寿命将缩短。

2 氢化物发生原子吸收光谱法

2.1 简述

硼氢化钠与酸反应生成新生态氢，在碘化钾和硫脲存在下，五价锑还原为三价锑，三价锑与新生态氢生成锑化氢气体，以氮气为载气，在石英炉中930℃原子化，217.6nm波长测锑的吸光度。

定量限为0.28μg/L。

2.2 试剂和材料

除非另有说明，所用试剂均为分析纯，水为GB/T 6682规定的二级水。

2.2.1 试剂 碘化钾（优级纯）；盐酸（优级纯）；硫脲；硼氢化钠；氢氧化钠（优级纯）；酒石酸。

2.2.2 溶液的配制

2.2.2.1 还原溶液 称取10g碘化钾和2g硫脲，溶于水中，并稀释至100ml，储于棕色瓶中。

2.2.2.2 硼氢化钠溶液（20g/L） 称取2g硼氢化钠，加0.2g氢氧化钠，用水溶解后，稀释至100ml，必要时过滤，临用现配。

2.2.2.3 盐酸溶液（1+1）。

2.2.3 标准物质 标准品：金属锑（Sb）标准品，或经国家认证并授予标准物质证书的锑标准溶液。

质量控制样品：选择与被测试样基质相同或相似的有证的标准物质作为质量控制样品。

2.2.3.1 锑标准储备溶液［ρ（Sb）=1mg/ml］ 称取0.5000g锑（光谱纯）于100ml烧杯中，加10ml盐酸和5g酒石酸，在水浴中温热使锑完全溶解，放冷后，转入500ml容量瓶中用水定容，摇匀备用。或购买经国家认证并授予标准物质证书的锑单元素标准溶液物质。

2.2.3.2 锑标准工作溶液［ρ（Sb）=0.1μg/ml］ 吸取5.00ml锑标准中间溶液于500ml容量瓶中用水定容。按上法将所配成的标准溶液再稀释100倍。

2.2.3.3 标准系列溶液配制 取6个28ml比色管，分别加入锑标准工作溶液0ml、0.28ml、0.50ml、1.00ml、1.50ml和2.50ml，加入水至28.0ml，摇匀，得到质量分别为0.00μg、0.028μg、0.05μg、0.10μg、0.15μg和0.25μg的标准系列溶液。

2.3 仪器和设备

原子吸收光谱仪（附氢化物发生器）；比色管。

2.4 分析步骤

2.4.1 试样提取 取28.0ml水样［如水样含锑量低于0.28μg/L时，可取适量水样加1ml盐酸溶液（1+1）浓缩2~5倍］，置于比色管中，加入1.0ml还原溶液，0.5ml盐酸，摇匀，放置30分钟。将试样溶液转移到反应瓶中，加入3ml硼氢化钠溶液，经反应器反应后，上机测定，同时做空白试验。

空白试验：不加试样，与试样制备过程同步操作，进行空白试验。

质控试验：称取与试样相当量的质量控制样品，同法操作制成质量控制样品溶液。

2.4.2 标准曲线的绘制　将标准系列溶液依次进行测定，以吸光度值为纵坐标，锑的质量为横坐标绘制标准曲线，得到回归方程。

2.4.3 测定　在标准曲线测定相同条件下，将待测溶液进行测定。根据回归方程计算出样品中锑元素的质量。

2.4.4 仪器参考条件　原子荧光工作条件如下：氮气流量1000ml/min，原子化温度为930℃，光谱通带为0.4nm，波长217.6nm。

2.5　计算

试样中锑含量按下式计算。

$$\rho(Sb) = \frac{m \times 1000}{V}$$

式中：ρ（Sb）为试样溶液中锑的浓度值（μg/L）；m为由标准曲线上计算得试样溶液中锑的质量，（μg）；V为取样体积（ml）；1000为单位换算系数。

质量控制样品中锑元素含量的计算与试样中锑元素含量的计算方法相同。

2.6　精密度

在相同条件下获得的两次独立测定结果的绝对差值不得超过算术平均值的10%。

2.7　注意事项

配制硼氢化钠溶液时要先将氢氧化钠溶解于水中，然后再将硼氢化钠加入上述溶液中，且应现用现配。配制好的硼氢化钠溶液应避免阳光照射，以免还原剂分解产生较多的气泡，影响测定结果。

起草人：杨毅青（山西省食品药品检验所）

刘忠莹（四川省食品药品检验检测院）

复核人：张慧斌（山西省食品药品检验所）

金丽鑫（四川省食品药品检验检测院）

第十二节　食品中硒的检测

1　二氨基萘荧光法

1.1　简述

参考GB 8538-2016《食品安全国家标准　饮用天然矿泉水检验方法》制定本规程。

本规程适用于天然矿泉水中硒的检测。

水样经硝酸-高氯酸混合酸消解，将四价硒以下的无机硒和有机硒氧化成六价硒，在盐酸介质中，将试样中的六价硒还原为四价硒，2，3-二氨基萘在pH1.5~2.0的溶液中，选择性地与四价硒离子反应生成苯并［c］硒二唑化合物绿色荧光物质，被环己烷萃取，产生的荧光强度与四价硒含量成正比。

定量限为0.25 μg/L。

1.2 试剂和材料

除非另有说明，所有试剂均为分析纯，水为GB/T 6682规定的二级水。

1.2.1 试剂 高氯酸；硝酸（优级纯）；盐酸；精密pH试纸（pH 0.5~5.0）；氨水；盐酸羟胺（$NH_2OH \cdot HCl$）；乙二胺四乙酸二钠（$C_{10}H_{14}N_2O_8Na_2 \cdot 2H_2O$）；甲酚红（$C_{12}H_{18}O_5S$）；环己烷；2，3-二氨基萘［简称DAN，$C_{10}H_6(NH_2)_2$］。

1.2.2 溶液配制

1.2.2.1 硝酸-高氯酸混合溶液（1+1） 分别量取硝酸100ml、高氯酸100ml，将高氯酸缓缓倒入硝酸中，混匀。

1.2.2.2 盐酸溶液（0.1mol/L） 吸取8.4ml盐酸，用水稀释至1000ml。

1.2.2.3 盐酸溶液（1+4） 量取50ml盐酸，加入200ml水中，混匀。

1.2.2.4 氨水（1+1） 吸取氨水100ml与等体积水混匀。

1.2.2.5 乙二胺四乙酸二钠溶液（50g/L） 称取5g乙二胺四乙酸二钠，加入少量水中，加热溶解，冷却至室温后定容至100ml。

1.2.2.6 盐酸羟胺溶液（100g/L） 称取10g盐酸羟胺，溶于水中并定容至100ml。

1.2.2.7 甲酚红溶液（0.2g/L） 称取20mg甲酚红，溶于少量水中，加1滴氨水使其完全溶解，加水定容至100ml。

1.2.2.8 混合试剂 吸取50ml乙二胺四乙酸二钠溶液（50g/L）、50ml盐酸羟胺溶液（100g/L）和2.5ml甲酚红溶（0.2g/L），加水稀释至500ml，混匀，临用现配。

1.2.2.9 环己烷 不可有荧光杂质，不纯时需重蒸后使用；用过的环己烷重蒸后可再用。

1.2.2.10 2，3-二氨基萘溶液（1g/L） 称取100mg2，3-二氨基萘于250ml磨口锥形瓶中，加入100ml盐酸溶液（0.1mol/L），振摇至少15分钟至全部溶解，再加入20ml环己烷，继续振摇5分钟后移入底部塞有脱脂棉的分液漏斗中，静置分层后将水相放回原锥形瓶内，再用环己烷分多次萃取，直至环己烷相荧光值最低为止（萃取次数视DAN试剂中荧光杂质多少而定，一般需要5~6次）。将此纯化的水溶液储于棕色瓶中，加一层约1cm厚的环己烷以隔绝空气，置冰箱内保存。用前再用环己烷萃取1次。经常使用以每月配制1次为宜，不经常使用此方法配置可保存一年。注意此溶液需要避光配制。

1.2.3 标准物质 标准品：金属硒标准品，经国家认证并授予标准物质证书的锑标准溶液。

质量控制样品：选择与被测试样基质相同或相似的有证的标准物质作为质量控制样品。

1.2.4 标准溶液的配制

1.2.4.1 硒标准储备液（100μg/ml） 称取0.1000g硒，溶于少量硝酸中，加入2ml高氯酸。再沸水浴上加热蒸去硝酸（3~4小时），稍冷却后加入8.4ml盐酸，继续加热2分钟，然后移入1000ml容量瓶内，用水定容至刻度。购买经国家认证并授予标准物质证书的硒元素标准溶液。

1.2.4.2 硒标准中间液（10μg/ml） 准确吸取1ml硒标准储备液（100μg/ml）于10ml容量瓶中，用盐酸溶液稀释至刻度。

1.2.4.3 硒标准工作液（0.05μg/ml）　准确吸取0.5ml硒标准中间液（10μg/ml）于100ml容量瓶中，用盐酸溶液稀释至刻度。

1.3　仪器和设备

荧光分光光度计或荧光光度计；天平（感量1mg和0.1mg）；分液漏斗；具塞比色管；可调式控温电热板；水浴锅；磨口锥形瓶；pH酸度测试仪。

1.4　分析步骤

1.4.1 试样提取及硒标准系列溶液的配制　吸取5.00~20.00ml水样及硒标准工作溶液（0.05μg/ml）0.00ml、0.10ml、0.30ml、0.50ml、0.70ml、1.00ml、1.50ml和2.00ml分别于100ml磨口锥形瓶中，各加水至与水样相同体积。沿瓶壁加入2.5ml硝酸-高氯酸混合溶液，将锥形瓶（不具塞）置于电热板上加热至瓶内产生浓白烟，溶液由无色变成浅黄色。若瓶内溶液太少时，颜色变化不明显，以观察产生浓白烟为准，立即取下，冷却至室温（若消化未到终点过早取下，会因所含荧光杂质未被分解完全而产生干扰，使测定结果偏高；到达终点还继续加热则会造成硒的损失，所以对于终点的观察十分重要）。之后加入2.5ml盐酸溶液（1+4），继续加热至呈浅黄色，立即取下。

消化完毕的溶液放冷后，于每个锥形瓶中分别加入10ml混合试剂（1.2.12），摇匀，此时溶液应呈桃红色。用氨水调节至浅橙色，若氨水加过量，溶液呈黄色或桃红（微带蓝）色，则需用盐酸溶液（1+4）再调回至浅橙色，溶液pH为1.5~2.0，冷至室温。再向上述消化完毕的各瓶内分别加入2ml 2,3-氨基萘溶液（需在暗室内黄色灯下操作），摇匀，置沸水浴中充分加热5分钟，取出冷却。再分别向各瓶加入4.0ml环己烷，加盖密塞，振摇2分钟。最后将全部溶液移入分液漏斗（活塞勿涂油）中，静待分层后，弃去水相，将环己烷相由分液漏斗上口（先用滤纸擦干净）倾入具塞试管内，密塞，同时做空白试验。

空白试验：不加试样，与试样制备过程同步操作，进行空白试验。

质控试验：称取与试样相当量的质量控制样品，同法操作制成质量控制样品溶液。

1.4.2 标准曲线的绘制　将标准系列溶液依次进行测定，以荧光强度为纵坐标，硒的浓度为横坐标绘制标准曲线，得到回归方程。

1.4.3 测定　在标准曲线测定相同条件下，将待测溶液进行测定。根据回归方程计算出样品中硒元素的浓度。

1.4.4 仪器参考条件　可选用下列仪器之一测定荧光强度。

荧光分光光度计：激发光波长376nm，发射光波长为520nm。

荧光光度计：选用激发光滤片为330nm、荧光滤片为510nm（截止型）和530nm（带通型）组合滤片。

1.5　计算

试样中硒含量按下式计算。

$$\rho = \frac{m}{v}$$

式中：ρ为试样溶液中硒的浓度值（mg/L）；m为标准曲线上计算得出试样溶液中硒的质量

（μg）；v为取样体积（ml）。

质量控制样品中硒元素含量的计算与试样中硒元素含量的计算方法相同。

1.6　精密度

在相同条件下获得的两次独立测定结果的绝对差值不得超过算术平均值的10%。

1.7　注意事项

1.7.1 本实验中使用的所有器皿及均需要以硝酸溶液（1+4）浸泡24小时以上，使用前用纯水反复冲洗干净。

1.7.2 试验过程中，四价硒与2，3-二氨基萘应在酸性溶液中反应，pH以1.5~2.0为最佳，过低时溶液易乳化，过高时测定结果偏高。甲酚红指示剂有pH 2~3及7.2~8.8两个变色范围，前者是由桃红色变为黄色，后者是由黄色变成桃红（微带蓝）色。本方法是采用前一个变色范围，将溶液调节至浅橙色pH为1.5~2.0最适宜。

1.7.3 高氯酸具强腐蚀性、强刺激性，操作不当易引起爆炸，操作过程中需注意硝酸、高氯酸的比例，实验过程需做好防护措施。

2　氢化物发生原子吸收光谱法

2.1　简述

参考GB 8538-2016《食品安全国家标准　饮用天然矿泉水检验方法》制定本规程。

本规程适用于天然矿泉水中硒的检测。

试样经硝酸-高氯酸混合溶液消解，将四价硒以下的无机硒和有机硒氧化成六价硒，在盐酸介质中加热煮沸水样残渣，将六价硒还原为四价硒。然后将试样调至含适量的盐酸和铁氰化钾后，置于氢化物发生器中与硼氢化钾作用生成气态硒化氢，用纯氮将硒化氢吹入高温电热石英管原子化。根据硒基态原子吸收由硒空心阴极灯发射的共振线的量与水中硒含量成正比，由此测定水中硒含量。如果只测四价硒和六价硒，水样可不经消化处理。如只测四价硒，水样既不消化也不用还原步骤，只要将水样调到测定范围内就可测定。

定量限为0.2 μg/L。

2.2　试剂和材料

除非另有说明，所用试剂均为分析纯，水为GB/T 6682规定的二级水。

2.2.1 试剂　硝酸；盐酸；硼氢化钾（优级纯）；高纯氮。

2.2.2 溶液配制

2.2.2.1 盐酸溶液（1+1）。

2.2.2.2 盐酸溶液（1+2）。

2.2.2.3 氢氧化钠溶液（10g/L）　称取1g氢氧化钠，用水溶解并定容至100ml。

2.2.2.4 硼氢化钾溶液（10g/L）　称取1g硼氢化钾，用氢氧化钠溶液溶解，并定容至100ml。

2.2.2.5 铁氰化钾溶液（100g/L）　称取10g铁氰化钾，用水溶解并定容至100ml。

2.2.2.6 硝酸-高氯酸混合溶液（1+1）　同本节1.2.2.1。

2.2.3 标准溶液配制

2.2.3.1 硒标准储备液（100μg/ml）　同本节1.2.4.1。

2.2.3.2 硒标准中间液（10μg/ml）　同本节1.2.4.2。

2.2.3.3 硒标准工作液（0.1μg/ml）　准确吸取1ml硒标准中间液（10μg/ml）于100ml容量瓶中，用盐酸溶液（1+2）稀释至刻度。

2.2.3.4 标准系列溶液的配制　分别吸取硒标准工作溶液（0.1μg/ml）0.00ml、0.10ml、0.20ml、0.40ml、0.80ml、1.00ml、1.20ml和1.50ml置于10ml具塞比色管中，加4.0ml盐酸溶液（1+1）及1.0ml铁氰化钾溶液，加水至10ml，混匀即得标准系列溶液。标准系列可根据需要设置，但是最高浓度值和最低浓度值的差不应超过20倍。

2.3　仪器和设备

原子吸收光谱仪：氢化物发生器和电热石英管或火焰石英管原子化器；锥形瓶；10ml具塞比色管；电热板；天平（感量1mg和0.1mg）。

2.4　分析步骤

2.4.1　试样提取

2.4.1.1 吸取50ml水样于100ml锥形瓶中，加2.0ml硝酸-高氯酸混合溶液（1+1）在电热板上蒸发至冒白烟，取下放至室温。加入4.0ml盐酸溶液（1+1），在沸水浴中加热10分钟，取出放至室温。转移至预先加有1.0ml铁氰化钾溶液（100g/L）的10ml具塞比色管中，加水至10ml，混匀后，即为试样溶液，测总硒，同时做空白试验。

空白试验：不加试样，与试样制备过程同步操作，进行空白试验。

质控试验：称取与试样相当量的质量控制样品，同法操作制成质量控制样品溶液。

2.4.1.2 吸取50ml水样于100ml锥形瓶中，加2.0ml盐酸，于电热板上蒸发至溶液小于5ml，取下放至室温。转移至预先加有1.0ml铁氰化钾溶液的10ml具塞比色管中，加水至10ml，混匀后，即为试样溶液，测四价硒和六价硒，同时做空白试验。

空白试验：不加试样，与试样制备过程同步操作，进行空白试验。

质控试验：称取与试样相当量的质量控制样品，同法操作制成质量控制样品溶液。

2.4.2　仪器参考条件

波长，196nm；灯电流，8mA；氮气流量，1.2L/min；原子化温度，800℃。

2.4.3　标准曲线绘制　以硒浓度为横坐标，吸光度为纵坐标，绘制标准曲线，得回归方程。

2.4.4　测定　在标准曲线测定相同条件下，将待测溶液进行测定，根据标准曲线计算出试样中硒元素的浓度。

2.5　计算

试样中硒含量按下式计算。

$$\rho = \frac{m}{v}$$

式中：ρ为试样溶液中硒的浓度值（mg/L）；m为标准曲线计算得试样溶液中硒的质量（μg）；v为取样体积（ml）。

质量控制样品中硒元素含量的计算与试样中硒元素含量的计算方法相同。

2.6 精密度

在相同条件下获得的两次独立测定结果的绝对差值不得超过算术平均值的10%。

2.7 注意事项

2.7.1 本实验中使用的所有器皿及均需要以硝酸溶液（1+4）浸泡24小时以上，使用前用纯水反复冲洗干净。

2.7.2 配制硼氢化钾溶液的容器应为聚乙烯塑料材质，避免使用玻璃器皿。配制时要先将氢氧化钾溶解于水中，然后再将硼氢化钾加入上述碱溶液中，且临用现配。配制好的硼氢化钠溶液应避免阳光照射，以免还原剂分解产生较多的气泡，影响测定结果。

2.7.3 高氯酸具强腐蚀性、强刺激性，操作不当易引起爆炸，操作过程中需注意硝酸、高氯酸的比例，实验过程需做好防护措施。

3 氢化物原子荧光光谱法

3.1 简述

参考GB 8538-2016《食品安全国家标准 饮用天然矿泉水检验方法》和GB 5009.93-2017《食品安全国家标准 食品中硒的测定》制定本规程。

本规程适用于各类食品中硒含量的检测。

试样经硝酸-高氯酸混合溶液消解，将四价硒以下的无机硒和有机硒氧化成六价硒，在盐酸介质中，将试样中的六价硒还原为四价硒，用硼氢化钾作还原剂，将四价硒在盐酸介质中还原成硒化氢（H_2Se），由载气（氩气）带入原子化器中进行原子化，在硒空心阴极灯照射下，基态硒原子被激发至高能态，在去活化回到基态时，发射出特征波长的荧光，在一定浓度范围内，其荧光强度与硒含量成正比，与标准系列比较定量，由此测定总硒浓度。

其他食品，当称样量为1g，定容体积为10ml时，检出限为0.002mg/kg，定量限为0.006mg/kg。

饮用天然矿泉水，定量限为0.25 μg/L；

3.2 试剂和材料

除非另有说明，所用试剂均为分析纯，水为GB/T 6682规定的二级水。

3.2.1 试剂 硝酸（优级纯）；高氯酸（优级纯）；盐酸（优级纯）；氢氧化钠；氢氧化钾（优级纯）；硼氢化钠；硼氢化钾（优级纯）；过氧化氢；铁氰化钾。

3.2.2 溶液配制

3.2.2.1 盐酸溶液（0.1mol/L） 吸取8.4ml浓盐酸，用水稀释并定容至1000ml。

3.2.2.2 盐酸溶液（6mol/L） 量取50ml盐酸，缓慢加入40ml水中，冷却后用水定容至100ml，混匀。

3.2.2.3 盐酸溶液（5+95） 量取25ml盐酸，缓慢加入475ml水中，混匀。

3.2.2.4 硝酸-高氯酸混合溶液（1+1） 分别量取等体积的硝酸和高氯酸，混合。

3.2.2.5 硼氢化钾溶液（7g/L） 称取2g氢氧化钾，溶于200ml水中，加入7g硼氢化钾使之溶解，用水稀释并定容至1000ml，临用现配。

3.2.2.6 氢氧化钠（5g/L）-硼氢化钠（8g/L）溶液 称取氢氧化钠5g，溶于1000ml水中，溶解后加入8g硼氢化钠，混匀，现用现配。

3.2.2.7 铁氰化钾（100g/L） 称取10g铁氰化钾，溶于100ml水中，混匀。

3.2.3 标准物质 标准品：金属硒标准品，经国家认证并授予标准物质证书的硒标准溶液。

质量控制样品：选择与被测试样基质相同或相似的有证的标准物质作为质量控制样品。

3.2.4 标准溶液配制

3.2.4.1 硒标准储备液（100μg/ml） 同本节1.2.4.1。

3.2.4.2 硒标准中间液（10μg/ml） 同本节1.2.4.2。

3.2.4.3 硒标准使用液（1.00μg/ml） 准确吸取1.0ml硒标准中间液（10μg/ml）于10ml容量瓶中，用盐酸溶液稀释至刻度。

3.2.4.4 硒标准工作液（0.05μg/ml） 同本节1.2.4.3。

3.2.4.5 标准系列溶液配制 取5支10ml容量瓶，分别准确加入1.00μg/ml标准使用液0.00ml、0.500ml、1.00ml、2.00ml、3.00ml于100ml容量瓶中，加入铁氰化钾（100g/L）10ml，用盐酸溶液（5+95）定容至刻度，混匀，得到浓度分别为0μg/L、5.00μg/L、10.0μg/L、20μg/L和30.0μg/L的标准系列溶液。

饮用天然矿泉水：分别准确加入硒标准工作溶液0ml、0.10ml、0.50ml、1.00ml、3.00ml、5.00ml分别于100ml锥形瓶中，向硒标准工作溶液中加水至与水样相同体积，并各加数粒玻璃珠。沿瓶壁加入2.0ml硝酸-高氯酸混合溶液（1+1），缓缓加热浓缩至出现浓白烟，稍冷后加5ml水和5ml盐酸，加热微沸保持3~5分钟，放至室温后移入25ml比色管中，用少许水少量多次洗涤锥形瓶，洗液合并于比色管中，并加水定容至刻度，混匀即得硒标准系列溶液。

3.3 仪器和设备

原子荧光光谱仪（配有硒特种空心阴极灯）；天平（感量为1mg和0.1mg）；电热板；微波消解仪（配聚四氟乙烯消解内罐）。

3.4 分析步骤

3.4.1 试样消解

3.4.1.1 湿法消解 称取试样0.5~3g（精确至0.001g）于带刻度消化管中，加入10ml硝酸和0.5ml高氯酸，在可调式电热炉上消解（参考条件：120℃/0.5小时~1小时；升至180℃）。若消化液呈棕褐色，再加少量硝酸，消解至冒白烟，消化液呈无色透明或略带黄色，再继续加热至剩余体积为2ml左右。再加5ml盐酸溶液（6mol/L），继续加热至溶液变为清亮无色并伴有白烟出现，冷却后转移至10ml容量瓶，加入2.5ml铁氰化钾（100g/L），用水定容，混匀待测，同时做空白试验。

空白试验：不加试样，与试样制备过程同步操作，进行空白试验。

质控试验：称取与试样相当量的质量控制样品，同法操作制成质量控制样品溶液。

3.4.1.2 微波消解 称取试样0.2~0.8g（精确至0.001g）于微波消解罐中，加入10ml硝酸、2ml过氧化氢，按照微波消解的操作步骤消解试样（微波消解升温程序参考表3-1-25）。冷却后取出消解罐，在赶酸电热板上于140~160℃赶酸至1ml左右，再加5ml盐酸溶液（6mol/L），继续加热至溶液变为清亮无色并伴有白烟出现，冷却后转移至10ml容量瓶，用少量水洗涤消解罐2~3次，合并洗涤液于容量瓶中，加入2.5ml铁氰化钾（100g/L），用水定容，混匀待测。

空白试验：不加试样，与试样制备过程同步操作，进行空白试验。

质控试验：称取与试样相当量的质量控制样品，同法操作制成质量控制样品溶液。

表3-1-25　微波消解升温程序

步骤	设定温度（℃）	升温时间（分钟）	恒温时间（分钟）
1	120	5	5
2	160	5	10
3	180	5	10

3.4.2 对饮用天然矿泉水的消解及硒标准系列溶液的配制　吸取5~20ml水样及硒标准工作溶液0ml、0.10ml、0.50ml、1.00ml、3.00ml、5.00ml分别于100ml锥形瓶中，向硒标准工作溶液中加水至与水样相同体积，并各加数粒玻璃珠。沿瓶壁加入2.0ml硝酸-高氯酸混合溶液(1+1)，缓缓加热浓缩至出现浓白烟，稍冷后加5ml水和5ml盐酸，加热微沸保持3~5分钟，放至室温后移入25ml比色管中，用少许水少量多次洗涤锥形瓶，洗液合并于比色管中，并加水定容至刻度，混匀即得。

空白试验：不加试样，与试样制备过程同步操作，进行空白试验。

质控试验：称取与试样相当量的质量控制样品，同法操作制成质量控制样品溶液。

3.4.3 仪器参考条件　光电倍增管负高压270V，硒特种空心阴极灯总电流80mA，辅阴极40mA，载气流量400ml/min，读数时间9秒，原子化器高度8mm；还原剂：硼氢化钠碱溶液（8g/L）；载流：盐酸溶液（5+95）。

饮用天然矿泉水：特种空心阴极灯电流，60~80mA；光电倍增管负高压，280~300V；原子化器温度，室温；氩气压力，0.02mPa；氩气流量，1000ml/min；硼氢化钾流量：0.6~0.7ml/s；加液时间：8秒。

3.4.4 标准曲线的绘制　分别吸取标准系列溶液于氢化物发生器中，加入硼氢化钾溶液，以硒浓度为横坐标，荧光强度为纵坐标，绘制标准曲线，得到回归方程。

3.4.5 测定　在标准曲线测定相同条件下，将待测溶液进行测定，根据标准曲线计算试样溶液中硒元素的浓度值。

3.5　计算

试样中硒的含量按下式计算。

$$X = \frac{(\rho - \rho_0) \times V}{m \times 1000}$$

式中：X为试样溶液中硒的含量值（mg/kg）；ρ为空白溶液中硒的浓度值（μg/L）；ρ_0为由标准曲线计算得到硒的浓度值（μg/L）；V为试样溶液的总体积（ml）；m为称样量（g）。

质量控制样品中硒元素含量的计算与试样中硒元素含量的计算方法相同。

当硒含量≥1.00mg/kg时，计算结果保留三位有效数字；当硒含量<1.00mg/kg时，计算结果保留两位有效数字。

3.6　精密度

在相同条件下获得的两次独立测定结果的绝对差值不得超过算术平均值的20%。

饮用天然矿泉水：在相同条件下获得的两次独立测定结果的绝对差值不得超过算术平均值的10%。

3.7　注意事项

3.7.1 本实验中使用的所有器皿及均需要以硝酸溶液（1+4）浸泡24小时以上，使用前用纯水反复冲洗干净。

3.7.2 高氯酸具强腐蚀性、强刺激性，操作不当易引起爆炸，操作过程中需注意硝酸、高氯酸的比例，实验过程需做好防护措施。

3.7.3 基体复杂的样品在不低于检出限的情况下稀释后进样。

3.7.4 用微波消解仪消解样品时，尽量把样品称在消解罐底部，避免粘在罐壁上的样品在消解过程中过热而烧坏消解罐。

起草人：杨毅青（山西省食品药品检验所）

高喜凤（山东省食品药品检验研究院）

王　俏　王小平（四川省食品药品检验检测院）

复核人：张慧斌（山西省食品药品检验所）

崔玉花（山东省食品药品检验研究院）

王　鑫　金丽鑫（四川省食品药品检验检测院）

第十三节　食品中锡的检测

1　氢化物原子荧光光谱分析法

1.1　简述

参考GB 5009.16-2014《食品安全国家标准　食品中锡的测定》制定本规程。

本规程适用于罐头及特殊膳食食品中锡含量的检测。

某些物质受紫外光或可见光照射激发后能发射出比激发光波长较长的荧光。物质的激发光谱和荧光发射光谱，可用于该物质的定性分析。当激发光强度、波长、所用溶剂及温度等条件固定时，物质在一定浓度范围内，其发射光强度与溶液中该物质的浓度成正比关系，可以用于该物质的含量测定。

试样经消化后，在硼氢化钠的作用下生成锡的氢化物（SnH_4），并由载气带入原子化器中进行原子化，在锡空心阴极灯的照射下，基态锡原子被激发至高能态，在去活化回到基态时，发射出特征波长的荧光，其荧光强度与锡含量成正比，与标准系列溶液比较定量。

当称样量为1.0g，定容体积为50ml时，定量限为2.5mg/kg。

1.2　试剂和材料

除特别注明外，所用试剂均为分析纯，水为GB/T 6682规定的二级水。

1.3.1 试剂　硫酸；硝酸；高氯酸；硫脲；抗坏血酸；硼氢化钠；氢氧化钠。

1.3.2 溶液配制

1.3.2.1 硝酸–高氯酸混合溶液（4+1） 量取400ml硝酸和100ml高氯酸，混匀。

1.3.2.2 硫酸溶液（1+9） 量取100ml硫酸倒入900ml水中，混匀。

1.3.2.3 硫脲–抗坏血酸混合溶液（150g/L） 分别称取15.0g硫脲和15.0g抗坏血酸溶于水中，并稀释至100ml，置于棕色瓶中避光保存或临用时配制。

1.3.2.4 氢氧化钠溶液（5.0g/L） 称取氢氧化钠5.0g溶于1000ml水中。

1.3.2.5 硼氢化钠溶液（7.0g/L） 称取7.0g硼氢化钠，溶于氢氧化钠溶液中，临用现配。

1.3.2.6 盐酸溶液（1+99） 量取10ml盐酸，缓慢加入990ml水中，混匀。

1.3.3 标准物质 标准品：金属锡（Sn）标准品，经国家认证并授予标准物质证书的锡标准溶液1000mg/L。

质量控制样品：选择与被测试样基质相同或相似的有证的标准物质作为质量控制样品。

1.3.4 标准溶液的配制

1.3.4.1 锡标准使用液（1.0μg/ml） 准确吸取浓度为1000mg/L的锡标准溶液1.0ml于100ml容量瓶中，用硫酸溶液（1+9）定容至刻度。此溶液浓度为10.0μg/ml。准确吸取该溶液10.0ml于100ml容量瓶中，用硫酸溶液（1+9）定容至刻度。

1.3.4.2 标准系列溶液的配制 分别吸取锡标准使用液0.00ml、0.50ml、2.00ml、3.00ml、4.00ml、5.00ml于25ml比色管中，分别加入硫酸溶液（1+9）5.00ml、4.50ml、3.00ml、2.00ml、1.00ml、0.00ml，加入2.0ml硫脲–抗坏血酸混合溶液（150g/L），再用水定容至25ml。得到浓度分别为：0ng/ml、20ng/ml、80ng/ml、120ng/ml、160ng/ml、200ng/ml的标准系列溶液。

1.3 仪器和设备

原子荧光光谱仪；可调式电热板；电子天平（感量为0.1mg和1mg）。

1.4 分析步骤

1.4.1 试样制备

罐头食品取可食内容物制成匀浆或者均匀粉末，装入洁净聚乙烯瓶中，密封保存备用。

特殊膳食食品搅拌成均匀粉末，装入洁净聚乙烯瓶中，密封保存备用。

1.4.2 试样消化

1.4.2.1 对于罐头食品，称取试样1.0~5.0g于锥形瓶中，加入20.0ml硝酸–高氯酸混合溶液（4+1），加1.0ml硫酸，3粒玻璃珠，放置过夜。次日置电热板上加热消化，如酸液过少，可适当补加硝酸，继续消化至冒白烟，待液体体积近1ml时取下冷却。用水将消化试样转入50ml容量瓶中，加水定容至刻度，摇匀备用（如试样液中锡含量超出标准曲线范围，则用水进行稀释，并补加硫酸，使最终定容后的硫酸浓度与标准系列溶液相同），同时做空白试验。

空白试验：不加试样，与试样制备过程同步操作，进行空白试验。

质控试验：称取与试样相当量的质量控制样品，同法操作制成质量控制样品溶液。

对于特殊膳食食品，称样量为1.0~3.0g，湿法消解参考条件：120℃/0.5小时~1小时；升至180℃）。若消化液呈棕褐色，再加少量硝酸，消解至冒白烟，消化液呈无色透明或略带黄色，待液体体积近1ml时取下冷却。其他消化步骤同罐头食品，同时做空白试验。

第三篇　食品中化学成分检测

空白试验：不加试样，与试样制备过程同步操作，进行空白试验。

质控试验：称取与试样相当量的质量控制样品，同法操作制成质量控制样品溶液。

1.4.2.2 取定容后的试样10.0ml于25ml比色管中，加入3.0ml硫酸溶液，加入2.0ml硫脲–抗坏血酸混合溶液（150g/L），再用水定容至25ml，摇匀。

1.4.3 仪器参考条件　原子荧光光谱仪分析参考条件：负高压，380 V；灯电流，70mA；原子化温度，850℃；炉高，10mm；屏蔽气流量，1200ml/min；载气流量，500ml/min；测量方式，标准曲线法；读数方式，峰面积；延迟时间，1秒；读数时间，15秒；加液时间，8秒；进样体积，2.0ml。

1.4.4 标准曲线的绘制　仪器预热稳定后，将标准系列溶液依次进行测定。以原子荧光强度为纵坐标，锡的浓度为横坐标绘制标准曲线，得到回归方程。

1.4.5 测定　在标准曲线测定相同条件下，将待测溶液进行测定。根据回归方程计算出样品中锡元素的浓度。

1.5　计算

试样中锡的含量按下式计算。

$$X = \frac{(c_1 - c_0) \times V_1 \times V_3}{m \times V_2 \times 1000}$$

式中：X为试样中锡含量值（mg/kg）；c_1为试样溶液浓度值（ng/ml）；c_0为空白溶液浓度值（ng/ml）；V_1为试样溶液定容体积（ml）；V_3为测定用溶液定容体积（ml）；m为称样量（g）；V_2为所取试样溶液的体积（ml）；1000为单位换算系数。

质量控制样品中锡元素含量的计算与试样中锡元素含量的计算方法相同。

当计算结果小于10mg/kg时保留小数点后两位数字，大于10mg/kg时保留两位有效数字。

1.6　精密度

在相同条件下获得的两次独立测定结果的绝对差值不得超过算术平均值的10%。

1.7　注意事项

由于形成的锡化物不稳定，且锡化氢易分解，所以实验过程应严格控制酸度和温度。

2　电感耦合等离子体质谱法

方法内容详见本章第一节 相关内容。

起草人：杨毅青（山西省食品药品检验所）

高喜凤（山东省食品药品检验研究院）

复核人：张慧斌（山西省食品药品检验所）

陈晓媛（山东省食品药品检验研究院）

第三篇　食品中化学成分检测

第十四节 饮用天然矿泉水中锌的检测

1 火焰原子吸收光谱法

1.1 简述

参考GB 8538-2016《食品安全国家标准 饮用天然矿泉水检验方法》制定本规程。

1.2 直接法

1.2.1 简述 水样中锌离子被原子化后，吸收来自锌元素空心阴极灯发出的共振线（213.9nm），其吸收强度与试样中该元素的含量成正比。在其他条件不变的情况下，根据测量被吸收的谱线强度，与标准系列比较定量。

1.2.2 试剂和材料 除非另有说明，所用试剂均为优级纯，水为GB/T 6682规定的二级水。

1.2.2.1 试剂 硝酸；盐酸。

1.2.2.2 标准物质 标准品：金属锌（Zn，CAS号：7440-66-6），或经国家认证并授予标准物质证书的一定浓度的锌标准溶液。

质量控制样品：选择与被测试样基质相同或相似的有证的标准物质作为质量控制样品。

1.2.2.3 标准溶液配制

锌标准储备液（1000mg/L）：准确称取1g（精确至0.0001g）金属锌，加入30ml硝酸溶液（1+1），加热溶解，移入1000ml容量瓶中，加水稀释至刻度，混匀。

标准系列溶液的配制：将锌标准储备溶液用每升含1.5ml硝酸的水稀释，并配制成0.05~1.0mg/L的标准系列溶液。

1.2.3 仪器和设备 原子吸收光谱仪（配有锌空心阴极灯）；电热板；抽气瓶和玻璃砂芯滤器；分析天平（感量为0.1mg和0.01g）。

1.2.4 分析步骤

1.2.4.1 试样预处理 澄清的水样可直接进行测定；悬浮物较多的水样，分析前需酸化并消化有机物。若需测定溶解的金属，则应在采样时将水样通过0.45μm滤膜过滤，然后按每升水样加1.5ml硝酸酸化使pH小于2。

水样中的有机物一般不干扰测定，为使金属离子能全部进入水溶液和促使颗粒物质溶解有利于萃取和原子化，可采用盐酸-硝酸消化法。于每升酸化水样中加入5ml硝酸。混匀后取定量水样，按每100ml水样加入5ml盐酸，在电热板上加热15分钟，冷至室温后，用玻璃砂芯漏斗过滤，最后用水稀释至一定体积，同时做空白试验。

空白试验：不加试样，与试样制备过程同步操作，进行空白试验。

质控试验：称取与试样相当量的质量控制样品，同法操作制成质量控制样品溶液。

1.2.4.2 标准曲线的绘制 将标准系列溶液依次测定，测量吸光度。以吸光度值为纵坐标，锌的浓度为横坐标绘制标准曲线，得到回归方程。

1.2.4.3 测定 在标准曲线测定相同条件下，将待测溶液进行测定。根据回归方程计算出试样溶液中锌元素的浓度。

1.2.5 计算 从标准曲线计算得出试样中待测金属的质量浓度值（mg/L）。

质量控制样品中锌元素含量的计算与试样中锌元素含量的计算方法相同。

1.2.6 精密度 在相同条件下，获得的两次独立测定结果的绝对差值不得超过算术平均值的10%。

1.3 萃取法

1.3.1 简述 于微酸性水样中加入吡咯烷二硫代氨基甲酸铵，和锌离子形成络合物，用甲基异丁基甲酮萃取，萃取液喷雾，测定在213.9nm下的吸光度，求出待测锌离子的浓度。

定量限2.5μg/L。

1.3.2 试剂和材料 除非另有说明，所用试剂均为优级纯，水为GB/T 6682规定的二级水。

1.3.2.1试剂 硝酸溶液；氢氧化钠；溴酚蓝指示剂（$C_{19}H_{10}Br_4O_5S$）；吡咯烷二硫代氨基甲酸铵（APDC）；甲基异丁基甲酮〔（CH_3）$_2$$CHCH_2COCH_3$，简称MIBK，对品级低的甲基异丁基甲酮，需用5倍体积的盐酸溶液（1+99）振摇，洗除所含杂质，弃去盐酸相，再用水洗去过量的酸）〕；酒石酸溶液（$C_4H_6O_6$），如含有金属杂质时，在溶液中加入10ml APDC溶液，用MIBK萃取提纯）。

1.3.2.2溶液配制

酒石酸溶液（150g/L）：称取150g酒石酸溶于水中，稀释至1000ml。

硝酸溶液〔c（HNO_3）=1mol/L〕：吸取7.1ml硝酸（ρ_{20}=1.42g/ml）加到水中，稀释至100ml。

氢氧化钠溶液（40g/L）：称取4g氢氧化钠溶于水中，并稀释至100ml。

溴酚蓝指示剂（0.5g/L）：称取0.05g溴酚蓝，溶于乙醇〔φ（C_2H_5OH）=95%〕中，并稀释至100ml。

吡咯烷二硫代氨基甲酸铵溶液（20g/L）：称取2g吡咯烷二硫代氨基甲酸铵溶于水中，滤去不溶物，并稀释至100ml，临用前配制。

1.3.2.3标准物质 标准品：金属锌（Zn，CAS号：7440-66-6），或经国家认证并授予标准物质证书的一定浓度的锌标准溶液。

质量控制样品：选择与被测试样基质相同或相似的有证的标准物质作为质量控制样品。

1.3.2.4标准溶液配制 锌标准储备液（1000mg/L）：准确称取1g（精确至0.0001g）金属锌，加入30ml硝酸溶液（1+1），加热溶解，移入1000ml容量瓶中，加水稀释至刻度，混匀。

1.3.2.5标准系列溶液的配制 吸取100ml水样于125ml分液漏斗中。分别向6个125ml分液漏斗中加入标准工作溶液0ml、0.25ml、0.50ml、1.00ml、2.00ml和3.00ml，加每升含1.5ml硝酸的水至100ml，配成含有锌0μg/L、2.50μg/L、5.00μg/L、10.0μg/L、20.0μg/L和30.0μg/L的标准系列溶液。

1.3.3 仪器和设备 原子吸收光谱仪；分液漏斗（125ml）；具塞试管（10ml）；分析天平（感量为0.1g和0.001g）。

1.3.4 分析步骤

1.3.4.1试样提取 向盛有水样及金属标准系列溶液的分液漏斗中各加5ml酒石酸溶液，混匀。以溴酚蓝为指示剂，用硝酸溶液或氢氧化钠溶液调节水样及标准溶液的pH为2.2~2.8，此

时溶液由蓝色变为黄色。

向各分液漏斗加入2.5ml吡咯烷二硫代氨基甲酸铵溶液，混匀。再各加入10ml甲基异丁基甲酮，振摇2分钟。静置分层，弃去水相。用滤纸或脱脂棉擦去分液漏斗颈内壁的水膜。另取干燥脱脂棉少许塞于分液漏斗颈末端，将萃取液通过脱脂棉滤入干燥的具塞试管中，同时做空白试验。

空白试验：不加试样，与试样制备过程同步操作，进行空白试验。

质控试验：称取与试样相当量的质量控制样品，同法操作制成质量控制样品溶液。

1.3.4.2标准曲线的绘制 将标准系列溶液同甲基异丁基甲酮间隔喷入火焰，测定吸光度（测定应在萃取后5小时内完成）。以吸光度值为纵坐标，锌的浓度为横坐标绘制标准曲线，得到回归方程，并计算出水样中待测金属的质量浓度（mg/L）。

1.3.4.3测定 将甲基异丁基甲酮通过细导管喷入火焰，并调节进样量为0.8~1.5ml/min。减少乙炔流量，调节火焰至正常高度。

将待测溶液同甲基异丁基甲酮间隔喷入火焰，测定吸光度（测定应在萃取后5小时内完成）。在标准曲线测定相同条件下，将待测溶液进行测定。根据回归方程计算出试样溶液中锌元素的浓度（mg/L）。

1.3.5 计算 试样中锌金属含量按下式计算。

$$\rho_0 = \frac{\rho_1 \times 100}{V}$$

式中：ρ_0为试样中锌金属的浓度值（mg/L）；ρ_1为标准曲线上计算得锌金属的浓度值（mg/L）；100为试样的定容体积（ml）；V为取样体积（ml）。

质量控制样品中锌元素含量的计算与试样中锌元素含量的计算方法相同。

1.3.6 精密度 在相同条件下，获得的两次独立测定结果的绝对差值不得超过算术平均值的10%。

1.4 共沉淀法

1.4.1 简述 水样中的锌离子经氢氧化镁共沉淀捕集后，加硝酸溶解沉淀，酸液喷雾，测213.9nm下的吸光度，求出待测锌离子的浓度。

定量限为0.01mg/L。

1.4.2 试剂和材料 除非另有说明，所用试剂均为分析纯，水为GB/T 6682规定的二级水。

1.4.2.1试剂 氯化镁（$MgCl_2 \cdot 6H_2O$）；氢氧化钠；硝酸。

1.4.2.2溶液配制

氯化镁溶液（100g/L）：称取10g氯化镁用水溶解，并稀释至100ml。

氢氧化钠溶液（200g/L）：称取20g氢氧化钠溶于水中，并稀释至100ml。

硝酸溶液（1+1）。

1.4.2.3标准物质 标准品：金属锌（Zn，CAS号：7440-66-6），或经国家认证并授予标准物质证书的一定浓度的锌标准溶液。

质量控制样品：选择与被测试样基质相同或相似的有证的标准物质作为质量控制样品。

1.4.2.4 标准溶液配制

锌标准储备液（1000mg/L）：准确称取1g（精确至0.0001g）金属锌，加入30ml硝酸溶液（1+1），加热溶解，移入1000ml容量瓶中，加水稀释至刻度，混匀。

标准系列溶液的配制：另取6个容量瓶，分别加入混合标准溶液0ml、1.00ml、2.00ml、3.00ml、4.00ml和5.00ml，加水至250ml，得标准系列溶液。

1.4.3 仪器和设备　原子吸收光谱仪；量筒（250ml）；容量瓶（25ml）。

1.4.4 分析步骤

1.4.4.1 试样提取　量取250ml水样于量筒中，加入2ml氯化镁溶液，边搅拌边滴加2ml氢氧化钠溶液（如加酸保存水样，则先用氨水中和至中性），然后继续搅拌1分钟，静置使沉淀下降到25ml以下（约需2小时），用虹吸法吸去上清液至剩余体积为20ml左右，加1ml硝酸溶液溶解沉淀，转入25ml容量瓶中，加水至刻度，摇匀，同时做空白试验。

空白试验：不加试样，与试样制备过程同步操作，进行空白试验。

质控试验：称取与试样相当量的质量控制样品，同法操作制成质量控制样品溶液。

1.4.4.2 标准曲线的绘制　将标准系列溶液分别喷雾，测量213.9nm下的吸光度。以吸光度值为纵坐标，锌的浓度为横坐标绘制标准曲线，得到回归方程。

1.4.4.3 测定　将待测溶液分别喷雾，测量213.9nm下的吸光度。在标准曲线测定相同条件下，将待测溶液进行测定。根据回归方程计算出试样溶液中锌离子的浓度（mg/L）。

1.4.5 计算　由标准曲线上计算得出试样溶液中锌离子的浓度值。

质量控制样品中锌元素含量的计算与试样中锌元素含量的计算方法相同。

1.4.6 精密度　在相同条件下，获得的两次独立测定结果的绝对差值不得超过算术平均值的10%。

1.5　注意事项

本方法中所有玻璃器皿，使用前均须先用硝酸溶液（1+4）浸泡，并直接用纯水清洗。特别是测定锌所用的器皿，更应严格防止与含锌的水（自来水）接触。

2　催化示波极谱法

2.1　简述

参考GB 8538–2016《食品安全国家标准　饮用天然矿泉水检验方法》制定本规程。

本规程适用于饮用天然矿泉水中锌含量的检测。

在酒石酸钾钠–乙二胺体系中，锌与乙二胺形成络合物，吸附于滴汞电极上，在–1.45V形成灵敏的络合物吸附催化波，其峰高与锌含量成正比。

定量限为10μg/L。

2.2　试剂和材料

除非另有说明，所用试剂均为分析纯，水为GB/T 6682规定的二级水。

2.2.1 试剂　酒石酸钾钠（$KNaC_4H_4O_6 \cdot 4H_2O$）；乙二胺（$H_2NCH_2CH_2NH_2$）；无水亚硫酸钠；硝酸；高氯酸。

2.2.2 溶液配制

2.2.2.1 酒石酸钾钠溶液（40g/L） 称取4g酒石酸钾钠，用水溶解并稀释至100ml。

2.2.2.2 乙二胺溶液（1+1.5） 取40ml乙二胺，加60ml水，混匀。

2.2.2.3 无水亚硫酸钠溶液（10g/L） 称取1g无水亚硫酸钠，用水溶解并稀释至100ml。

2.2.2.4 硝酸-高氯酸混合溶液（1+1） 取硝酸（ρ_{20}=1.42g/ml）与高氯酸（ρ_{20}=1.67g/ml）等体积混合。

2.2.3 标准物质 标准品：金属锌（Zn，CAS号：7440-66-6），或经国家认证并授予标准物质证书的一定浓度的锌标准溶液。

质量控制样品：选择与被测试样基质相同或相似的有证的标准物质作为质量控制样品。

2.2.4 标准溶液配制

2.2.4.1 锌标准储备液（1000mg/L） 准确称取1g（精确至0.0001g）金属锌，加入30ml硝酸溶液（1+1），加热溶解，移入1000ml容量瓶中，加水稀释至刻度，混匀。

2.2.4.2 标准系列溶液的配制 取8个30ml瓷坩埚，分别加入锌标准工作溶液0ml、0.10ml、0.30ml、0.50ml、0.80ml、1.00ml、1.20ml和1.50ml，再各加入2.0ml酒石酸钾钠溶液、0.5ml无水亚硫酸钠溶液、1.0ml乙二胺溶液，加水至10.0ml，得到标准系列溶液。

2.3 仪器和设备

瓷坩埚（30ml）；电热板；示波极谱仪。

2.4 分析步骤

2.4.1 试样提取 吸取10.0ml水样于30ml瓷坩埚中，加入0.5ml硝酸-高氯酸混合溶液，在电热板上缓缓消化，直至得到白色残渣。

取8个30ml瓷坩埚，分别加入锌标准工作溶液0ml、0.10ml、0.30ml、0.50ml、0.80ml、1.00ml、1.20ml和1.50ml。

向试样及标准中各加入2.0ml酒石酸钾钠溶液、0.5ml无水亚硫酸钠溶液、1.0ml乙二胺溶液，加水至10.0ml，备用，同时做空白试验。

空白试验：不加试样，与试样制备过程同步操作，进行空白试验。

质控试验：称取与试样相当量的质量控制样品，同法操作制成质量控制样品溶液。

2.4.2 仪器参考条件 示波极谱仪，用三电极系统，阴极化，原点电位为-1.30V，导数扫描。在-1.45V处读取试样溶液及标准系列溶液的峰高。

2.4.3 标准曲线的绘制 将标准系列溶液依次测定，以锌含量为横坐标，峰高为纵坐标，绘制校准曲线，得到回归方程。

2.4.4 测定 在标准曲线测定相同条件下，将待测溶液进行测定。根据回归方程计算出试样溶液中锌元素的含量。

2.5 计算

试样中锌含量按下式计算。

$$\rho(Zn) = \frac{m}{V}$$

式中：ρ（Zn）为试样溶液中锌浓度值（mg/L）；m 为由标准曲线中计算得出锌质量（μg）；V 为取样体积（ml）。

质量控制样品中锌元素含量的计算与试样中锌元素含量的计算方法相同。

2.6 精密度

在相同条件下，获得的两次独立测定结果的绝对差值不得超过算术平均值的10%。

2.7 注意事项

本方法中所有玻璃器皿，使用前均须先用硝酸溶液（1+4）浸泡，并直接用水清洗。特别是测定锌所用的器皿，更应严格防止与含锌的水（自来水）接触。

3 电感耦合等离子体发射光谱法

方法内容详见本章第二节相关内容。

起草人：杨毅青（山西省食品药品检验所）
复核人：张慧斌（山西省食品药品检验所）

第三篇 食品中化学成分检测

第二章
食品中营养成分的检测

第一节　食品中脂肪酸及反式脂肪酸的检测

1　脂肪酸的测定（乙酰氯－甲醇法）

1.1　简述

参考GB 5009.168–2016《食品安全国家标准　食品中脂肪酸的测定》第二法制定本规程。

乙酰氯–甲醇法（适用于含水量小于5%的试样）：乙酰氯与甲醇反应得到的盐酸–甲醇使其中的脂肪和游离脂肪酸甲酯化，用甲苯提取后，经气相色谱仪分离检测，外标法定量。

1.2　试剂和材料

1.2.1试剂　除另有规定外，所有试剂均为分析纯，水为符合GB/T 6682中规定的一级水。

氯化钠；无水硫酸钠；甲苯（色谱纯）；乙酰氯；无水碳酸钠；37种脂肪酸甲酯混合标准品；单个脂肪酸甲酯标准品。

1.2.2试剂配制

1.2.2.1乙酰氯甲醇溶液（体积分数为10%）　量取40ml甲醇于100ml干燥烧杯中，准确吸取5.0ml乙酰氯逐滴缓慢加入，不断搅拌，冷却至室温后转移并定容至50ml干燥的容量瓶中。临用前配制。

1.2.2.2碳酸钠溶液（6%）　称取6g无水碳酸钠置于100ml烧杯中，加水溶解，转移并用水定容至100ml容量瓶中，混匀备用。

1.2.3标准溶液的配制

1.2.3.1 37种脂肪酸甲酯混合标准溶液　取37种脂肪酸甲酯混合标准品1ml于进样小瓶中，待气相色谱测定。

1.2.3.2单个脂肪酸甲酯标准溶液　将单个脂肪酸甲酯从安瓿瓶中取出转移至10ml容量瓶中，用正庚烷定容，分别得到不同脂肪酸甲酯的单标溶液，用于定性，–10℃保存，有效期3个月。

1.3　仪器与设备

气相色谱仪（配有氢火焰离子检测器）；分析天平（感量0.01g和0.0001g）；离心机（转速不低于4000r/min）；氮吹仪（可控温）；15ml螺口玻璃管（带有聚四氟乙烯做内垫的螺口盖）；50ml聚四氟乙烯离心管；恒温水浴锅（控温范围40~100℃，控温±1℃）；移液管（2.00ml、5.00ml、10.00ml）；烧杯（250ml、500ml）；量筒（100ml、500ml）；容量瓶（10ml、500ml）；匀浆机或实验室用组织粉碎机或研磨机。

1.4 分析步骤

1.4.1 试样制备 准确称取试样0.5g（精确到0.0001g）于15ml干燥螺口玻璃管中，加入5.0ml甲苯，加入10%乙酰氯甲醇溶液6.0ml，充氮气后，旋紧螺旋盖，振荡混合后于80℃±1℃水浴中放置2小时，期间每隔20分钟取出振摇一次，水浴后取出冷却至室温。将反应后的样液转移至50ml离心管中，分别用3.0ml 6%碳酸钠溶液清洗玻璃管三次，合并清洗溶液于同一50ml离心管中，摇匀，5000r/min离心5分钟。取上清液作为试样测定液。

1.4.2 色谱参考条件 色谱柱：石英毛细管柱，100m×0.25mm（内径），0.25μm（膜厚），或相当者。载气：氮气（纯度≥99.999%），1ml/min，恒定流量。柱温：70℃保持2分钟，以15℃/min升至150℃，保持15分钟，以2℃/min升至220℃，保持10分钟，以15℃/min升至240℃保持10分钟。进样口温度：270℃。检测器温度：280℃。进样量：1μl。进样方式：分流，分流比100∶1。气体流量：隔垫吹扫流量3ml/min，氢气流量30ml/min，空气流量300ml/min，尾吹流量（N_2）30ml/min。

1.4.3 测定 在上述色谱条件下将脂肪酸甲酯标准溶液及试样测定液1.0μl分别注入气相色谱仪，以保留时间定性，色谱峰峰面积定量。

1.4.4 空白试验 除不加试样外，均按上述步骤进行。

1.5 计算

1.5.1 试样中各脂肪酸的含量 试样中各脂肪酸的含量按下式计算。

$$X_i = \frac{A_i \times m_{si} \times F_{FAMEi-FAi}}{A_{si} \times m} \times 100$$

式中：X_i为试样中各脂肪酸的含量（g/100g）；A_i为试样测定液中各脂肪酸甲酯的峰面积；m_{si}为在标准测定液的制备中吸取的脂肪酸甲酯标准工作液中所含有的标准品的质量（mg）；$F_{FAMEi-FAi}$为各脂肪酸甲酯转化为脂肪酸的换算系数；As_i为标准测定液中各脂肪酸甲酯的峰面积；m为试样称样量（mg）；100为单位换算系数。

1.5.2 试样中总脂肪酸的含量 试样中总脂肪酸的含量按下式计算。

$$X_{Total\ Fat} = \sum X_i$$

式中：$X_{Total\ Fat}$为试样中总脂肪酸的含量（g/100g）；X_i为试样中各脂肪酸的含量（g/100g）；结果保留三位有效数字。

1.5.3 试样中亚油酸和α-亚麻酸的供能比

试样中亚油酸和α-亚麻酸的供能比按下式计算。

$$X_i = \frac{A_i \times 37}{T \times 1000} \times 100$$

式中：X_i为试样中亚油酸或α-亚麻酸的供能比（%）；A_i为试样中亚油酸或α-亚麻酸的含量（mg/100g）；T为试样的能量（g/100kJ，来自试样标签营养成分表）；结果保留三位有效数字。

1.6 精密度

在重复性条件下获得的两次独立测定结果的绝对差值不得超过算术平均值的10%。

1.7 注意事项

乙酰氯为刺激性试剂，配制乙酰氯甲醇溶液时应将乙酰氯逐滴加入到甲醇中，并不断搅拌以防止喷溅，此试剂要现用现配。

实验过程中注意佩戴防护手套及口罩做好防护。

2 脂肪酸的测定（水解－提取法）

2.1 简述

参考GB 5009.168–2016《食品安全国家标准 食品中脂肪酸的测定》第一法制定本规程。

加内标物的试样经水解、乙醚溶液提取其中的脂肪后，在碱性条件下皂化和甲酯化，生成脂肪酸甲酯，经毛细管柱气相色谱分析，内标法定量测定脂肪酸甲酯含量。依据各种脂肪酸甲酯含量和转换系数计算出总脂肪酸的含量。

2.2 试剂和材料

2.2.1 试剂 除另有规定外，所有试剂均为分析纯，水为符合GB/T 6682中规定的一级水。

石油醚（沸程30~60℃）；乙醚；氯化钠（650℃灼烧4小时，置于干燥器中冷却，备用）；乙醇（95%）；正庚烷（色谱纯）；三氟化硼甲醇溶液（浓度为15%）；焦性没食子酸；无水硫酸钠；37种脂肪酸甲酯混合标准品；单个脂肪酸甲酯标准品。

2.2.2 试剂配制

2.2.2.1 盐酸溶液（8.3mol/L） 量取250ml盐酸，用110ml水稀释，混匀，室温下可放置2个月。

2.2.2.2 氢氧化钠－甲醇溶液（2%） 称取2g氢氧化钠溶解在100ml甲醇中，混匀备用。

2.2.2.3 饱和氯化钠水溶液 称取360g氯化钠溶解于1.0 L水中，搅拌溶解，澄清备用。

2.2.2.4 乙醚－石油醚（1+1） 取100ml乙醚，加入100ml石油醚，混匀备用。

2.2.3 标准溶液的配制

2.2.3.1 37种脂肪酸甲酯混合标准溶液 取37种脂肪酸甲酯混合标准品1ml于进样小瓶中，待气相色谱测定。

2.2.3.2 十一碳酸甘油三酯内标（5.00mg/ml）：准确称取2.5g（精确至0.0001g）十一碳酸甘油三酯至烧杯中，加入甲醇溶解，移至500ml容量瓶后用甲醇定容，混匀备用，4℃保存，有效期为1个月。

2.2.3.3 单个脂肪酸甲酯标准溶液：分别称取100mg单个脂肪酸甲酯标准品于100ml容量瓶中，用正庚烷溶解并定容，摇匀，分别得到浓度为1mg/ml的不同脂肪酸甲酯的单标溶液，–10℃保存，有效期3个月。

2.3 仪器与设备

气相色谱仪（配有氢火焰离子检测器）；分析天平（感量0.01g和0.0001g）；离心机（转速不低于4000r/min）；氮吹仪（可控温）；旋转蒸发仪（可控温）；锥形瓶（150ml、250ml）；冷凝回流装置；恒温水浴锅（控温范围40~100℃，控温 ± 1℃）；分液漏斗（250ml）；旋蒸瓶（100ml、250ml）；聚四氟乙烯离心管（15ml、50ml）；移液管（2.00ml、5.00ml、10.00ml）；烧杯（250ml、500ml）；量筒（100ml、500ml）；容量瓶（10ml、500ml）；匀浆机或实验室用组织粉碎机或研磨机。

2.4　分析步骤

2.4.1　试样制备

2.4.1.1 试样的称取及混匀　称取试样0.1~10g（精确到0.0001g，约含脂肪100~200mg）于250ml锥形瓶中，准确加入2.0ml十一碳酸甘油三酯内标溶液及100mg焦性没食子酸，加入几粒沸石，再加入2ml乙醇（95%）和4ml水，摇匀。

2.4.1.2 试样的水解　在混匀的样品中加入10ml盐酸溶液，摇匀。将锥形瓶放入70~80℃水浴中水解40分钟。每隔10分钟振荡一次，使黏附在锥形瓶内壁上的颗粒物混入溶液中。水解完成后，取出锥形瓶冷却至室温，待提取。

2.4.1.3 脂肪的提取　水解后的试样，加入10ml乙醇（95%），摇匀。将锥形瓶中的水解液转移到250ml分液漏斗中，用50ml乙醚－石油醚（1+1）冲洗锥形瓶和塞子，冲洗液并入分液漏斗中，加盖。振摇5分钟，静置10分钟。将上层醚层提取液收集到250ml旋蒸瓶中；按照以上步骤重复再提取水解液2次，最后用10ml乙醚－石油醚（1+1）冲洗分液漏斗，并收集到同一250ml旋蒸瓶中。旋转蒸发浓缩至溶剂完全除去，残留物为脂肪提取物。

2.4.1.4 脂肪的皂化和脂肪酸的甲酯化　在脂肪提取物中加入8ml氢氧化钠－甲醇溶液（2%），连接冷凝回流装置，置于80℃ ± 1℃水浴中回流，直至油层消失。从回流冷凝器上端加入7ml三氟化硼甲醇溶液，在80℃ ± 1℃水浴中继续回流2分钟。用少量水冲洗回流冷凝器。停止加热，从水浴上取下旋蒸瓶，迅速冷却至室温。用移液管加入10ml正庚烷，振摇2分钟，再加入饱和氯化钠水溶液，静置分层。吸取上层液约5ml，于50ml聚四氟乙烯离心管中，加入4g无水硫酸钠，振摇1分钟，静置5分钟，吸取上层液作为试样测定液。

2.4.2　测定

2.4.2.1 色谱参考条件　色谱柱：石英毛细管柱，100m × 0.25mm（内径），0.25 μm（膜厚），或相当者。载气：氮气（纯度≥99.999%），1ml/min，恒定流量。柱温：70℃保持2分钟，以15 ℃/min升至150℃，保持15分钟，以2 ℃/min升至220℃，保持10分钟，以15 ℃/min升至240℃保持10分钟。进样口温度：270℃。检测器温度：280℃。进样量：1 μl。进样方式：分流，分流比100：1。气体流量：隔垫吹扫流量3ml/min，氢气流量30ml/min，空气流量300ml/min，尾吹流量（N_2）30ml/min。

2.4.2.2 色谱测定　在上述色谱条件下将脂肪酸甲酯标准溶液及试样测定液1.0 μl分别注入气相色谱仪，以保留时间定性，色谱峰峰面积定量。

2.4.2.3 空白试验　除不加试样外，均按上述步骤进行。

2.5　计算

2.5.1 试样中单个脂肪酸甲酯含量　试样中各脂肪酸的含量按下式计算。

$$X_i = F_i \times \frac{A_i}{A_{c11}} \times \frac{\rho_{c11} \times V_{c11} \times 1.0067}{m} \times 100$$

式中：X_i 为试样中脂肪酸甲酯 i 的含量（g/100g）；F_i 为脂肪酸甲酯 i 的影响因子；A_i 为试样中脂肪酸甲酯 i 的峰面积；A_{c11} 为试样中加入的内标物十一碳酸甲酯面积；ρ_{c11} 为十一碳酸甘油三酯浓度（mg/ml）；V_{c11} 为试样中加入十一碳酸甘油三酯体积（ml）；1.0067 为十一碳酸甘油三酯转化成十一碳酸甲酯的转换系数；m 为试样称样量（mg）；100 为单位换算系数；

脂肪酸甲酯 i 的响应因子 F_i 按下式计算：

$$F_i = \frac{\rho_{si} \times A_{11}}{A_{si} \times \rho_{11}}$$

式中：F_i 为脂肪酸甲酯 i 的响应因子；ρ_{si} 为混标中各脂肪酸甲酯 i 的浓度（mg/ml）；A_{11} 为十一碳酸甲酯峰面积；A_{si} 为脂肪酸甲酯 i 的峰面积；ρ_{11} 为混标中十一碳酸甲酯浓度（mg/ml）。

2.5.2 试样中总脂肪酸的含量　试样中总脂肪酸的含量按下式计算。

$$X_{Total\ Fat} = \sum X_i \times F_{FAMEi-FAi}$$

式中：$X_{Total\ Fat}$ 为试样中总脂肪酸的含量（g/100g）；X_i 为试样中各脂肪酸甲酯 i 的含量（g/100g）；$F_{FAMEi-FAi}$ 为脂肪酸甲酯 i 转化成脂肪酸的系数。结果保留三位有效数字。

2.5.3 试样中亚油酸和 α–亚麻酸的供能比　试样中亚油酸和 α–亚麻酸的供能比按下式计算。

$$X_i = \frac{A_i \times 37}{T \times 1000} \times 100$$

式中：X_i 为试样中亚油酸或 α–亚麻酸的供能比（%）；A_i 为试样中亚油酸或 α–亚麻酸的含量（mg/100g）；T 为试样的能量（g/100kJ，来自试样标签营养成分表）；结果保留三位有效数字。

2.6　精密度

在重复性条件下获得的两次独立测定结果的绝对差值不得超过算术平均值的10%。

2.7　注意事项

2.7.1 实验过程中注意配戴防护手套及口罩。

2.7.2 甲酯化过程中加入饱和氯化钠的作用是促进分层，可根据实际样品确定加入量。

2.7.3 可用加标实验、质控样品、留样再测及实验室间比对进行质量控制。

2.7.4 根据实际工作需要选择内标，对于组分不确定的试样，第一次检测时不应加内标物。观察在内标物峰位置处是否有干扰峰出现，如果存在，可依次选择十三碳酸甘油三酯或十九碳酸甘油酸酯或二十三碳酸甘油三酯作为内标。

2.8　附录

2.8.1 各个脂肪酸在液体类样品和固体类样品中的定量限　各个脂肪酸在液体类样品和固体类样品中的定量限如表 3-2-1 所示。

表3-2-1 各个脂肪酸在液体类样品和固体类样品中的定量限

序号	脂肪酸名称	定量限（固体类）（g/100g）	定量限（液体类）（g/100g）
1	丁酸（C4：0）	0.0033	0.0013
2	己酸（C6：0）	0.0033	0.0013
3	辛酸（C8：0）	0.0033	0.0013
4	葵酸（C10：0）	0.0066	0.0026
5	十一碳酸（C11：0）	0.0033	0.0013
6	月桂酸（C12：0）	0.0066	0.0026
7	十三碳酸（C13：0）	0.0033	0.0013
8	肉豆蔻酸（C14：0）	0.0033	0.0013
9	肉豆蔻油酸（C14：1n5）	0.0033	0.0013
10	十五碳酸（C15：0）	0.0033	0.0013
11	十五碳一烯酸（C15：1n5）	0.0033	0.0013
12	棕榈酸（C16：0）	0.0066	0.0026
13	棕榈油酸（C16：1n7）	0.0033	0.0013
14	十七碳酸（C17：0）	0.0066	0.0026
15	十七碳一烯酸（C17：1n7）	0.0033	0.0013
16	硬脂酸（C18：0）	0.0066	0.0026
17	反式油酸（C18：1n9t）	0.0033	0.0013
18	油酸（C18：1n9c）	0.0066	0.0026
19	反式亚油酸（C18：2n6t）	0.0033	0.0013
20	亚油酸（C18：2n6c）	0.0033	0.0013
21	花生酸（C20：0）	0.0066	0.0026
22	γ-亚麻酸（C18：3n6）	0.0066	0.0026
23	二十碳一烯酸（C20：1）	0.0033	0.0013
24	α-亚麻酸（C18：3n3）	0.0033	0.0013
25	二十一碳酸（C21：0）	0.0033	0.0013
26	二十碳二烯酸（C20：2）	0.0033	0.0013
27	二十二碳酸（C22：0）	0.0066	0.0026
28	二十碳三烯酸（C20：3n6）	0.0033	0.0013
29	芥酸（C22：1n9）	0.0033	0.0013
30	二十碳三烯酸（C20：3n3）	0.0033	0.0013
31	花生四烯酸ARA（C20：4n6）	0.0033	0.0013
32	二十三碳酸（C23：0）	0.0033	0.0013

续表

序号	脂肪酸名称	定量限（固体类）（g/100g）	定量限（液体类）（g/100g）
33	二十二碳二烯酸（C22：2n6）	0.0033	0.0013
34	二十四碳酸（C24：0）	0.0066	0.0026
35	二十碳五烯酸（C20：5n3）	0.0033	0.0013
36	二十四碳一烯酸（C24：1n9）	0.0033	0.0013
37	二十二碳六烯酸DHA（C22：6n3）	0.0033	0.0013

2.8.2 单个脂肪酸甲酯标准品的分子式及 CAS 号　单个脂肪酸甲酯标准品的分子式及 CAS 号见表 3-2-2。

表3-2-2　单个脂肪酸甲酯标准品的分子式及CAS号

序号	脂肪酸名称	分子式	CAS 号
1	丁酸甲酯（C4：0）	$C_5H_{10}O_2$	623-42-7
2	己酸甲酯（C6：0）	$C_7H_{14}O_2$	106-70-7
3	辛酸甲酯（C8：0）	$C_9H_{16}O_2$	111-11-5
4	葵酸甲酯（C10：0）	$C_{11}H_{22}O_2$	110-42-9
5	十一碳酸甲酯（C11：0）	$C_{12}H_{24}O_2$	1731-86-8
6	十二碳酸甲酯（C12：0）	$C_{13}H_{26}O_2$	111-82-0
7	十三碳酸甲酯（C13：0）	$C_{14}H_{28}O_2$	1731-88-0
8	十四碳酸甲酯（C14：0）	$C_{15}H_{30}O_2$	124-10-7
9	顺 -9- 十四碳一烯酸甲酯（C14：1n5）	$C_{15}H_{28}O_2$	56219-06-8
10	十五碳酸甲酯（C15：0）	$C_{16}H_{32}O_2$	7132-64-1
11	顺 -10- 十五碳一烯酸甲酯（C15：1n5）	$C_{16}H_{30}O_2$	90176-52-6
12	十六碳酸甲酯（C16：0）	$C_{17}H_{34}O_2$	112-39-0
13	顺 -9- 十六碳一烯酸甲酯（C16：1n7）	$C_{17}H_{32}O_2$	1120-25-8
14	十七碳酸甲酯（C17：0）	$C_{18}H_{36}O_2$	1731-92-6
15	顺 -10- 十七碳一烯酸甲酯（C17：1n7）	$C_{18}H_{34}O_2$	75190-82-8
16	十八碳酸甲酯（C18：0）	$C_{19}H_{38}O_2$	112-61-8
17	反 -9- 十八碳一烯酸甲酯（C18：1n9t）	$C_{19}H_{36}O_2$	1937-62-8
18	顺 -9- 十八碳一烯酸甲酯（C18：1n9c）	$C_{19}H_{36}O_2$	112-62-9
19	反，反 -9，12- 十八碳二烯酸甲酯（C18：2n6t）	$C_{19}H_{34}O_2$	2566-97-4
20	顺，顺 -9，12- 十八碳二烯酸甲酯（C18：2n6c）	$C_{19}H_{36}O_2$	112-63-0
21	二十碳酸甲酯（C20：0）	$C_{21}H_{42}O_2$	1120-28-1
22	顺，顺，顺 -6，9，12- 十八碳三烯酸甲酯（C18：3n6）	$C_{19}H_{32}O_2$	16326-32-2

续表

序号	脂肪酸名称	分子式	CAS 号
23	顺 -11- 二十碳一烯酸甲酯（C20：1）	$C_{21}H_{40}O_2$	2390-09-2
24	顺，顺，顺 -9，12，15- 十八碳三烯酸甲酯（C18：3n3）	$C_{19}H_{32}O_2$	301-00-8
25	二十一碳酸甲酯（C21：0）	$C_{22}H_{44}O_2$	6064-90-0
26	顺，顺 -11，14- 二十碳二烯酸甲酯（C20：2）	$C_{21}H_{38}O_2$	61012-46-2
27	二十二碳酸甲酯（C22：0）	$C_{22}H_{46}O_2$	929-77-1
28	顺，顺，顺 -8，11，14- 二十碳三烯酸甲酯（C20：3n6）	$C_{21}H_{36}O_2$	21061-10-9
29	顺 -13- 二十碳一烯酸甲酯（C22：1n9）	$C_{23}H_{44}O_2$	1120-34-9
30	顺 -11，14，17- 二十碳三烯酸甲酯（C20：3n3）	$C_{21}H_{36}O_2$	55682-88-7
31	顺 -5，8，11，14- 二十碳四烯酸甲酯（C20：4n6）	$C_{21}H_{34}O_2$	2566-89-4
32	二十三碳酸甲酯（C23：0）	$C_{24}H_{46}O_2$	2433-97-8
33	顺 -13，16- 二十二碳二烯酸甲酯（C22：2n6）	$C_{22}H_{42}O_2$	61012-47-3
34	二十四碳酸甲酯（C24：0）	$C_{25}H_{50}O_2$	2442-49-1
35	顺 -5，8，11，14，17- 二十碳五烯酸甲酯（C20：5n3）	$C_{21}H_{32}O_2$	2734-47-6
36	顺 -15- 二十四碳一烯酸甲酯（C24：1n9）	$C_{25}H_{46}O_2$	2733-88-2
37	顺 -4，7，10，13，16，19- 二十二碳六烯酸甲酯（C22：6n3）	$C_{23}H_{34}O_2$	2566-90-7

2.8.3 脂肪酸甲酯或脂肪酸甘油三酯转化为脂肪酸的换算系数　脂肪酸甲酯或脂肪酸甘油三酯转化为脂肪酸的换算系数一览表，见表 3-2-3。

表3-2-3　脂肪酸甲酯或脂肪酸甘油三酯转化为脂肪酸的换算系数一览表

序号	脂肪酸名称	$F_{FAMEi-FAi}$ 转换系数	$F_{TGi-FAi}$ 转换系数
1	丁酸（C4：0）	0.8627	0.8742
2	己酸（C6：0）	0.8923	0.9016
3	辛酸（C8：0）	0.9114	0.9192
4	葵酸（C10：0）	0.9247	0.9314
5	十一碳酸（C11：0）	0.9300	0.9363
6	月桂酸（C12：0）	0.9346	0.9405
7	十三碳酸（C13：0）	0.9386	0.9441
8	肉豆蔻酸（C14：0）	0.9421	0.9474
9	肉豆蔻油酸（C14：1n5）	0.9417	0.9469
10	十五碳酸（C15：0）	0.9453	0.9503
11	十五碳一烯酸（C15：1n5）	0.9449	0.9499
12	棕榈酸（C16：0）	0.9481	0.9529

第三篇　食品中化学成分检测

续表

序号	脂肪酸名称	$F_{FAMEi\text{-}FAi}$ 转换系数	$F_{TGi\text{-}FAi}$ 转换系数
13	棕榈油酸（C16：1n7）	0.9477	0.9525
14	十七碳酸（C17：0）	0.9507	0.9552
15	十七碳一烯酸（C17：1n7）	0.9503	0.9549
16	硬脂酸（C18：0）	0.9530	0.9573
17	反式油（C18：1n9t）	0.9527	0.9570
18	油酸（C18：1n9c）	0.9527	0.9570
19	反式亚油酸（C18：2n6t）	0.9524	0.9567
20	亚油酸（C18：2n6c）	0.9524	0.9567
21	花生酸（C20：0）	0.9570	0.9610
22	γ-亚麻酸（C18：3n6）	0.9520	0.9564
23	二十碳一烯酸（C20：1）	0.9568	0.9608
24	α-亚麻酸（C18：3n3）	0.9520	0.9564
25	二十一碳酸（C21：0）	0.9588	0.9626
26	二十碳二烯酸（C20：2）	0.9565	0.9605
27	二十二碳酸（C22：0）	0.9604	0.9641
28	二十碳三烯酸（C20：3n6）	0.9562	0.9603
29	芥酸（C22：1n9）	0.9602	0.9639
30	二十碳三烯酸（C20：3n3）	0.9562	0.9603
31	花生四烯酸ARA（C20：4n6）	0.9560	0.9600
32	二十三碳酸（C23：0）	0.9620	0.9655
33	二十二碳二烯酸（C22：2n6）	0.9600	0.9637
34	二十四碳酸（C24：0）	0.9633	0.9667
35	二十碳五烯酸（C20：5n3）	0.9557	0.9598
36	二十四碳一烯酸（C24：1n9）	0.9632	0.9666
37	二十二碳六烯酸DHA（C22：6n3）	0.9590	0.9628

注：$F_{FAMEi\text{-}FAi}$为脂肪酸甲酯转换成脂肪酸的系数。$F_{TGi\text{-}FAi}$为脂肪酸甘油三酯转换为脂肪酸的系数。

3 反式脂肪酸的测定

3.1 简述

参考GB 5009.168-2016《食品安全国家标准 食品中脂肪酸的测定》和GB 5413.36-2010《食品安全国家标准 婴幼儿食品和乳品中反式脂肪酸的测定》制定本规程。

试样中的脂肪用溶剂提取，提取物在碱性条件下与甲醇反应生成脂肪酸甲酯，用配有氢火焰离子化检测器的气相色谱仪分离顺式脂肪酸甲酯和反式脂肪酸甲酯，外标法定量。

本方法检出限为：反式脂肪酸总量30mg/kg。

3.2 试剂和材料

3.2.1 试剂 除另有规定外，所有试剂均为分析纯，水为符合GB/T 6682中规定的一级水。

石油醚（沸程30~60℃）；乙醚；氨水（25%~28%）；乙醇（95%）；正己烷（色谱纯）；甲醇；淀粉酶（活力单位：1.5 U/mg）；氢氧化钾；刚果红；盐酸；氯化钠；正庚烷；无水硫酸钠；碘（浓度为0.1mol/L）。

3.2.2 试剂配制

3.2.2.1 氢氧化钠-甲醇溶液（4mol/L）：取26.4g氢氧化钾溶解在80ml甲醇中，冷却至室温，用甲醇定容至100ml，加入5g无水硫酸钠，充分搅拌后过滤，保留滤液。

3.2.2.2 刚果红溶液 称取1g刚果红溶解稀释至100ml。

3.2.3 标准溶液配制

3.2.3.1 标准品 十八碳酸甲酯（18：0）、反-9-十八碳一烯酸甲酯（C18：1-9t）、顺-9-十八碳一烯酸甲酯（C18：1-9c）、反-9，12-十八碳二烯酸甲酯（C18：29t，12t）、顺-9，12-十八碳二烯酸甲酯（C18：29c，1-2c），纯度均≥98.5%。

3.2.3.2 反式脂肪酸甲酯标准储备液的配制（10.0mg/ml） 准确称取0.5g（精确到0.0001g）反-9-十八碳一烯酸甲酯和反-9，12-十八碳二烯酸甲酯标准品，分别用正己烷溶解并定容至50ml，配成浓度为10.0mg/ml的标准储备液。-15℃保存，有效期6个月。

3.2.3.3 反式脂肪酸甲酯标准中间液（1.0mg/ml） 分别吸取两种反式脂肪酸甲酯标准储备液10.00ml至同一个100ml容量瓶中，用正己烷定容。临用前配制。亦作为标准曲线最高点。

3.2.3.4 反式脂肪酸甲酯标准工作液 分别吸取反式脂肪酸甲酯标准中间液0.50、1.00、2.00、5.00、10.00ml于10ml容量瓶中，用正己烷定容，得到浓度为0.05、0.1、0.2、0.5、1.0mg/ml的标准工作液。4℃保存，有效期3周。

3.2.3.5 脂肪酸甲酯标准混合液 分别称取脂肪酸甲酯标准品（本节3.2.3.1）各5mg，用正己烷定容至10ml，其中每种成分的浓度约为0.5mg/ml。用于进行顺反脂肪酸甲酯分离程度及定性鉴定。

3.3 仪器与设备

气相色谱仪（配有氢火焰离子检测器）；分析天平（感量0.01g和0.0001g）；离心机（转速不低于4000r/min）；涡旋振荡器；旋转蒸发仪（可控温）；锥形瓶（150ml、250ml）；恒温水浴锅（控温范围40~100℃，控温±1℃）；鸡心瓶（100ml、250ml）；聚四氟乙烯离心管（15ml、50ml）；刻度管（10.00ml）；移液管（2.00ml、5.00ml、10.00ml）；烧杯（250ml、500ml）；量筒（100ml、500ml）；容量瓶（10ml、500ml）；匀浆机或实验室用组织粉碎机或研磨机；毛氏抽脂瓶；毛氏抽脂瓶摇混器。

3.4 分析步骤

3.4.1 试样制备

3.4.1.1 试样制备和保存 固体或半固体试样使用组织粉碎机或研磨机粉碎，液体试样用匀浆机打成匀浆，装入洁净的容器内，密闭，标明标记，于-18℃冷冻保存。

3.4.1.2 试样处理

3.4.1.2.1 含淀粉的试样 称取混合均匀的固体试样约1.5g，液体试样约5g（精确到0.0001g）于毛氏抽脂瓶中，加入0.1g淀粉酶（酶活力1.5 U/mg），混合均匀后，加入8~10ml 45℃±2℃的水，摇匀。盖上瓶塞置于55℃±2℃水浴中2小时，每隔10分钟摇晃一次。加入2滴0.1mol/L的碘溶液，检验淀粉是否水解完全。若无蓝色出现，则水解完全，否则将毛氏抽脂瓶重新置于水浴中，直至蓝色消失，取出冷却至室温。

3.4.1.2.2 不含淀粉的试样 称取混合均匀的固体试样约1.5g，液体试样约10g（精确到0.0001g）于毛氏抽脂瓶中，加入10ml 45℃±2℃的水，将试样洗入毛氏抽脂瓶的小球中，充分混合，直到试样完全散开，冷却至室温。

3.4.1.2.3 脂肪的提取 向毛氏抽脂瓶中加入3.0ml氨水，混匀。置于60℃±2℃水浴中15~20分钟，冷却至室温。加入10ml乙醇和1滴刚果红溶液，混匀。再加入25ml乙醚，塞上软木塞，放到毛氏抽脂瓶摇混器上震荡1分钟，也可采用手动振摇方式，再加入25ml石油醚，震荡1分钟，不低于4000r/min离心分层。倾出上清液于鸡心瓶中，此为第一次提取。在剩余试样液中再加入5ml乙醇，25ml乙醚，25ml石油醚按上述操作步骤进行第二次提取。用离心机离心分层后倾出上清液与第一次的上清液合并，置于旋转蒸发器上，在60℃±2℃通入氮气条件下旋转蒸发除去溶剂，保留残渣，即为脂肪。

3.4.1.2.4 脂肪酸甲酯的制备 将上述脂肪用正己烷溶解并定容至10ml，取出3.0ml于10ml具塞试管中，加入0.3ml氢氧化钾–甲醇溶液。盖紧瓶盖，涡旋振荡器上剧烈振摇2分钟，4000r/min离心5分钟后将上清液转入气相色谱试样瓶中，此为试样测定液。

3.4.2 测定

3.4.2.1 色谱参考条件 色谱柱：石英毛细管柱，100m×0.25mm（内径），0.25μm（膜厚），或相当者。载气：氮气（纯度≥99.999%），1ml/min，恒定流量。柱温：70℃保持2分钟，以15℃/min升至150℃，保持15分钟，以2℃/min升至220℃，保持10分钟，以15℃/min升至240℃保持10分钟。进样口温度：270℃。检测器温度：280℃。进样量：1μl。进样方式：分流，分流比100:1。气体流量：隔垫吹扫流量3ml/min，氢气流量30ml/min，氮气流量300ml/min，尾吹流量（N_2）30ml/min。

3.4.2.2 标准曲线的制备 在上述色谱条件下，对系列标准工作液（本节3.2.3.4）分别进样，以峰面积为纵坐标，标准工作浓度为横坐标绘制标准工作曲线。

3.4.2.3 反式脂肪酸甲酯色谱峰的鉴别 对脂肪酸甲酯标准混合溶液（本节3.2.3.5）进样，进行顺反脂肪酸甲酯分离程度及定性的鉴定。

3.4.2.4 试样液的测定 将试样测定液注入气相色谱仪，试样测定液中反式脂肪酸甲酯峰位置参见反式脂肪酸标准工作溶液。分别测定区域C18:1t和区域C18:2t的峰面积，查标准曲线，得到试样测定液中反十八碳一烯酸甲酯和反十八碳二烯酸甲酯的质量浓度。

3.4.2.5 空白试验 除不加试样外，均按上述步骤进行。

3.5 计算

3.5.1 试样中反十八碳一烯酸和反十八碳二烯酸含量计算 试样中反十八碳一烯酸和反

十八碳二烯酸含量分别计为 X_1 和 X_2，按下式分别计算。

$$X_{(1或2)}=\frac{c_i \times V \times M_{ai}}{m \times M_{bi}} \times 100$$

式中：$X_{(1或2)}$ 为试样中反十八碳一烯酸或反十八碳二烯酸含量（mg/100g）；V 为试样的定容体积（ml）；m 为试样的称样量（g）；c_i 为试样测定液中反十八碳一烯酸甲酯或反十八碳二烯酸甲酯的质量浓度（mg/ml）；M_{ai} 为反十八碳一烯酸或反十八碳二烯酸的分子量；M_{bi} 为反十八碳一烯酸甲酯或反十八碳二烯酸甲酯的分子量。

3.5.2 试样中反式脂肪酸的总含量计算　试样中反式脂肪酸的总含量 X，按下式计算。

$$X=X_1+X_2$$

式中：X 为反式脂肪酸的总含量（mg/100g）；X_1 为试样中反十八碳一烯酸的含量（mg/100g）；X_2 为试样中反十八碳二烯酸的含量（mg/100g）。以重复性条件下获得的两次独立测定结果的算术平均值表示，结果保留三位有效数字。

3.5.3 试样中反式脂肪酸最高含量与总脂肪酸比值的计算　试样中反式脂肪酸含量与总脂肪酸的比值，按下计算。

$$f=\frac{X}{X_{Total Fat} \times 1000} \times 100$$

式中：f 为反式脂肪酸占总脂肪酸的百分比（%）；X 为反式脂肪酸的总含量（mg/100g）；$X_{Total Fat}$ 为试样中总脂肪酸的含量（g/100g）。总脂肪酸的测定方法参照本节"脂肪酸的测定"相关内容。

3.6　精密度

在重复性条件下获得的两次独立测定结果的绝对差值不得超过算术平均值的10%。

3.7　注意事项

试样水解过程中，水解温度和水解时间要满足实验要求，确保试样完全水解；脂肪提取过程中，振摇的频率和时间要充足，以使得脂肪被充分提取出来。

起草人：罗　玥（四川省食品药品检验检测院）
鞠　香（山东省食品药品检验研究院）
复核人：岳清洪（四川省食品药品检验检测院）
李　洁（山东省食品药品检验研究院）

第二节　婴幼儿食品和乳品中不溶性膳食纤维的检测

1　简述

参考 GB 5413.6-2010《食品安全国家标准　婴幼儿食品和乳品中不溶性膳食纤维的测定》制定本规程。

本规程适用于婴幼儿食品和乳品中不溶性膳食纤维的测定。

使用中性洗涤剂将试样中的糖、淀粉、蛋白质、果胶等物质溶解除去，不能溶解的残渣为不溶性膳食纤维，主要包括纤维素、半纤维素、木质素、角质和二氧化硅等，并包括不溶性灰分。

2 试剂和材料

2.1 试剂

除另有规定外，所有试剂均为分析纯，水为符合GB/T 6682中规定的三级水。

无水亚硫酸钠；石油醚（沸程30~60℃）；丙酮；甲苯；α-淀粉酶（酶活力≥200U/mg）。

2.2 试剂配制

2.2.1 中性洗涤剂溶液 称取18.61g乙二胺四乙酸二钠盐和6.81g四硼酸钠（$Na_2B_4O_7 \cdot 10H_2O$）置于烧杯中，加水100ml，加热使之溶解；另外称取30.00g月桂基硫酸钠，同时量取10ml乙二醇独乙醚溶于600ml热水中。合并上述两种溶液。再称取4.56g无水磷酸氢二钠溶于150ml热水中，并入上述溶液中，用磷酸调节上述混合液至pH 6.9~7.1，加水稀释定容于1000ml容量瓶中。

2.2.2 磷酸氢二钠溶液（0.1mol/L） 称取2.84g磷酸氢二钠，用水溶解并定容至200ml。

2.2.3 磷酸二氢钠溶液（0.1mol/L） 称取2.40g无水磷酸二氢钠，用水溶解并定容至200ml。

2.2.4 磷酸盐缓冲液（pH=7.0±0.2） 分别移取38.7ml 0.1mol/L磷酸氢二钠和61.3ml 0.1mol/L磷酸二氢钠，混合。

2.2.5 α-淀粉酶溶液（2.5%） 称取2.5g α-淀粉酶溶于100ml磷酸盐缓冲溶液中，离心、过滤，滤液备用。

2.2.6 碘溶液（0.1mol/L） 称取1.27g碘和2.50g碘化钾，用去水溶解并定容至100ml。

3 仪器与设备

天平（感量为0.0001g和感量为0.1g）；电热干燥箱（可控温至110~130℃和37℃±2℃）；干燥器（内装有效干燥剂，如硅胶）；电炉；可控温电热板；高型无嘴烧杯（800ml）；坩埚式耐酸玻璃滤器（容量60ml，孔径40~60μm）；耐热玻璃棉（耐热130℃，不易折断）；表面皿（直径能覆盖坩埚式耐酸玻璃滤器的上口径）；抽滤装置（由抽滤瓶、抽滤垫及水泵组成）；酸度计（精度为0.01）；烧杯（250ml，500ml，1000ml）；容量瓶（1000ml）。

4 分析步骤

4.1 试样预处理

4.1.1 准确称取固体试样0.5~1.0g（精确至0.0001g）或液体试样8.0g（精确至0.0001g），置于高型无嘴烧杯中，若试样中估计的脂肪含量超过10%，需先去除脂肪（例如1.00g试样加入石油醚10ml，振摇，静置10分钟后弃去上层石油醚，重复此操作三次）。

4.1.2 加100ml中性洗涤剂溶液，再加入0.5g无水亚硫酸钠。用电炉加热，并在5~10分钟为煮沸，移至电热板上，保持微沸1小时。

4.2　不溶性膳食纤维的称量测定

4.2.1 在坩埚式耐酸玻璃滤器中，铺2.0g玻璃棉，放入电热干燥箱内110℃干燥4小时，取出置于干燥器中冷却至室温，准确称量（精确至0.0001g）。

4.2.2 将煮沸后试样溶液趁热倒入滤器中，用抽滤装置抽滤，用500ml热水（90~100℃），分数次洗烧杯及滤器，抽滤至干。洗净滤器下部的液体和泡沫，将滤器下部封塞。

4.2.3 在滤器中加α–淀粉酶溶液，溶液液面需要覆盖耐热玻璃棉，用细针挤压掉其中气泡，加8滴甲苯，盖上表面皿，于37℃电热干燥箱中过夜。

4.2.4 取出滤器，除去底部封塞，抽滤去除酶液，用300ml（90~100℃）的热水，分数次洗去残留酶液，用碘溶液检查是否有淀粉残留，如有残留，继续加酶水解；如淀粉已除尽，抽滤至干，再用100ml丙酮分2次洗涤，抽滤至干。

4.2.5 将滤器底部、外部擦净，放入电热干燥箱内110℃烘4小时，取出置于干燥器中冷却至室温，准确称量（精确至0.0001g）。

5　计算

试样中的不溶性膳食纤维含量按公式计算。

$$X=\frac{m_1-m_1}{m}\times 100$$

式中：X为试样中不溶性膳食纤维的含量（g/100g）；m_1为坩埚式耐酸玻璃滤器加玻璃棉及试样中不溶性膳食纤维的称量值（g）；m_0为坩埚式耐酸玻璃滤器加玻璃棉的称量值（g）；m为试样称样量（g）；100为单位换算系数；计算结果保留3位有效数字。

6　精密度

在重复性条件下获得的两次独立测定结果的绝对差值不得超过算术平均值的10%。

7　注意事项

7.1 实验过程中，坩埚式耐酸玻璃滤器底部需要封塞严密，防止过夜中2.5%α–淀粉酶溶液遗失，造成酶解不完全。

7.2 在"用碘液检查是否有淀粉残留"步骤，若有残留，需要继续加2.5%α–淀粉酶溶液水解，溶液液面需要覆盖耐热玻璃棉，直至检查淀粉已除尽。

7.3 在实验过程中，需要注意防止坩埚式耐酸玻璃滤器的内容物损失。

起草人：唐　静（四川省食品药品检验检测院）

王冠群（山东省食品药品检验研究院）

复核人：岳清洪（四川省食品药品检验检测院）

王文特（山东省食品药品检验研究院）

第三篇　食品中化学成分检测

第三节　婴幼儿食品和乳品中胆碱的检测

1　简述

参考GB 5413.20-2013《食品安全国家标准　婴幼儿食品和乳品中胆碱的测定》制定本规程。

试样中的胆碱经酸水解后变成游离态的胆碱，再经酶氧化后与显色剂反应生成有色物质，其颜色的深浅在一定浓度范围内与胆碱含量成正比。

方法检出限为1mg/100g，定量限为3mg/100g。

2　试剂和材料

2.1　试剂

除非另有说明，本方法所用试剂均为分析纯，水为GB/T 6682规定的三级水。

盐酸；氢氧化钠；三羟甲基氨基甲烷；苯酚；4-氨基安替比林；胆碱氧化酶（置于-20℃保存）；磷脂酶D（置于-20℃保存）；过氧化物酶（置于-8~2℃保存）。

2.2　试剂配制

2.2.1　盐酸（1mol/L）　量取85ml浓盐酸加水稀释至1000ml。

2.2.2　盐酸（3mol/L）　量取125ml浓盐酸加水稀释至500ml。

2.2.3　氢氧化钠溶液（500g/L）　称取500g氢氧化钠，溶于水并稀释至1000ml。

2.2.4　Tris缓冲溶液（0.05mol/L，pH=8.0±0.2）　称取6.057g三羟甲基氨基甲烷溶入500ml蒸馏水中，用1mol/L盐酸调pH至8.0±0.2，用蒸馏水定容至1000ml。此溶液在4℃冰箱中可保存一个月。

2.2.5　用于酶反应的显色剂　称取250~280活力单位的过氧化物酶、75~100活力单位的磷脂酶D、15mg 4-氨基安替比林，50mg苯酚置于100ml的棕色容量瓶中，再加入100~120活力单位的胆碱氧化酶，用0.05mol/L Tris缓冲溶液稀释至刻度，临用时配制。

2.3　标准品

胆碱酒石酸氢盐标准品（$C_9H_{19}NO_7$）：纯度≥99%。

2.4　标准溶液的配制

2.4.1　胆碱氢氧化物标准储备溶液（2.5mg/ml）　称取在102℃±2℃烘至恒重的胆碱酒石酸氢盐523mg置于100ml容量瓶中，用蒸馏水稀释至刻度。冷藏于4℃±2℃冰箱中，保存不超过1周。

2.4.2　胆碱氢氧化物标准工作溶液（250μg/ml）　吸取10.0ml标准储备溶液于100ml容量瓶中，用水稀释至刻度。临用时配制。

3　仪器与设备

天平（感量0.1mg和0.01g）；水浴恒温振荡器（震荡幅度20mm，温度可控制在70℃±2℃）；pH计（精度0.01）；恒温水浴锅（精度0.1℃，温度可控制在37℃±2℃）；紫外可见分光光度计。

4　分析步骤

4.1　试样处理

4.1.1 婴幼儿配方食品、固体特殊医学用途配方食品、特殊膳食食品　称取5g（精确到0.01g）混合均匀的试样，于100ml碘量瓶中，加入30ml盐酸溶液（1mol/L）。加塞，充分混匀后，置于70℃振荡水浴锅中，缓速振荡水解3小时，冷却。用氢氧化钠溶液（500g/L）调pH为3.5~4.0，转移至50ml容量瓶中，用蒸馏水定容至刻度，混匀。用快速滤纸过滤水解液，如果滤液不澄清，需要用0.45μm的滤膜再次过滤，即得待分析滤液。该滤液可在4℃的冰箱中保存3天。

4.1.2 液体特殊医学用途配方食品　称取20g（精确到0.01g）混合均匀的试样，于100ml碘量瓶中，加入10ml盐酸溶液（3mol/L）。同本节4.1.1中"充分混匀后……"的操作。

4.2　测定

4.2.1 标准曲线的制作　用刻度移液管分别吸取2ml、4ml、6ml、8ml胆碱氢氧化物标准工作液于10ml的容量瓶中，用蒸馏水稀释至刻度，混匀。相当于胆碱含量分别为50μg/ml、100μg/ml、150μg/ml和200μg/ml。分别吸取100μl上述溶液和胆碱氢氧化物标准工作液（250μg/ml）置于编号1~5的5ml具塞刻度试管，同时吸取100μl蒸馏水置于编号为A的具塞刻度试管，用做试剂空白。加入3ml显色剂，盖上塞子，混匀。详见表3-2-4。

表3-2-4　制作标准曲线时的试剂添加量

试剂（ml）	管A	管1	管2	管3	管4	管5
稀释度1/（50μg/ml）	\	0.100	\	\	\	\
稀释度2/（100μg/ml）	\	\	0.100	\	\	\
稀释度3/（150μg/ml）	\	\	\	0.100	\	\
稀释度4/（200μg/ml）	\	\	\	\	0.100	\
标准溶液/（250μg/ml）	\	\	\	\	\	0.100
蒸馏水	0.100	\	\	\	\	\
发色剂	3.00	3.00	3.00	3.00	3.00	3.00

4.2.2 试样测定　每个试样准备两支5ml具塞刻度试管，分别标记为B管和C管，分别吸取100μl待分析滤液，试管B中加入3ml蒸馏水，试管C中加入3ml显色剂，盖上塞子，混匀。详见表3-2-5。

表3-2-5　测定试样时的试剂添加量

试剂（ml）	试管B　滤液空白	试管C　试样
待分析滤液	0.100	0.100
蒸馏水	3.00	\
发色剂	\	3.00

上述试样溶液（管C）、滤液空白溶液（管B）与本节4.2.1项下制备的标准曲线溶液（管1~5）及试剂空白溶液（管A），密封混匀后，同时置于37℃恒温水浴中保温反应15分钟。

4.2.3 比色测定 将试样及标准系列溶液从水浴中取出，冷却至室温。在波长505nm处，用蒸馏水作空白，测定吸光值。以胆碱标准溶液的浓度为横坐标，以标准溶液（管C）的吸光值减去试剂空白（A管）的吸光值为纵坐标，制作标准曲线。

5 计算

5.1 净吸光值的计算

通常临用时配制的试剂会有轻微颜色，且由于水解作用滤液也不是无色的，为了除去这些干扰因素，计算时应从总吸光值中减去各自的空白值（管A和管B）。

试样净吸光值按下式计算。

$$A=A_{tot}-A_{bl}-A_{ex}$$

式中：A为试样净吸光值；A_{tot}为总吸光值（管C）；A_{bl}为试剂吸光值（管A）；A_{ex}为滤液吸光值（管B）。

A_{bl}和A_{ex}不应大于总吸光值的20%，对于标准曲线，$A_{ex}=0$。

5.2 胆碱含量的计算

用拟合的标准曲线计算出水解液中胆碱氢氧化物的浓度c，以每100g试样中胆碱氢氧化物的毫克数表示胆碱的含量（X），单位为mg/100g。

试样中胆碱氢氧化物含量按下式计算。

$$X=\frac{c \times V \times 100}{m \times 1000}$$

式中：X为试样中的胆碱氢氧化物含量（mg/100g）；c为水解液中的胆碱氢氧化物的浓度（μg/ml）；V为水解液被稀释的体积（ml）（通常为50ml）；m为试样的质量（g）；1000为换算系数。计算结果以重复条件下获得的两次独立测定结果的算术平均值标示，结果保留整数位。

6 精密度

在重复性条件下获得的两次独立测定结果的绝对差值不得超过算术平均值的8%。

7 注意事项

7.1 试样水解后调pH时，可以预先加入20滴左右的氢氧化钠溶液，再慢慢调pH至3.5~4.0，尽量避免反复调pH的情况发生，如果调pH时溶液体积过大，会造成后续的转移和定容操作的不方便。

7.2 胆碱氧化酶、磷脂酶D、过氧化物酶的活性均影响显色，需保证试剂的活力单位、储存条件及其在有效期内，否则会造成结果偏低，误差较大。显色剂中苯酚易氧化，若使用前发现苯酚已变为粉红色，请勿使用。

7.3 可以使用氯化胆碱标准品代替胆碱酒石酸氢盐标准品，根据各自的分子量进行折算，保证胆碱储备液浓度为2.5mg/ml即可。

7.4由于最终溶液体积仅有3.1ml，建议比色时每个样品使用一个比色皿，比色时先测定滤液吸光值，尽量把溶液倾倒干净后，直接进行总吸光值的测定，制作标准曲线时，整个浓度系列从低到高使用同一个比色皿进行吸光值的测定。这样可以降低比色皿之间的差异引起的测量不确定度。

起草人：周　佳（四川省食品药品检验检测院）

冯　炜（山东省食品药品检验研究院）

复核人：杜　钢（四川省食品药品检验检测院）

鲍连艳（山东省食品药品检验研究院）

第四节　食品中蛋白质的检测

1　简述

参考GB 5009.5-2016《食品安全国家标准　食品中蛋白质的测定》第一法制定本规程。

食品中蛋白质在催化加热条件下被分解，产生的氨与硫酸结合生成硫酸铵。碱化蒸馏使氨游离，用硼酸吸收后以硫酸或盐酸标准滴定溶液滴定，根据酸的消耗量计算氮含量，再乘以换算系数，即为蛋白质含量。

本方法适用于各种食品中蛋白质的测定，如乳制品、蛋白饮料、固体饮料、冷冻饮品、特殊膳食食品、特殊医学用途配方食品、婴幼儿配方食品和蜂花粉。

本方法不适用于添加无机含氮物质和有机非蛋白质含氮物质的食品的测定。

当称样量为5.0g时，定量检出限为8mg/100g。

2　试剂和材料

2.1　试剂

除非另有说明，本方法所用试剂均为分析纯，水为GB/T 6682规定的三级水。

硫酸铜；硫酸钾；硫酸；硼酸；甲基红指示剂；溴甲酚绿指示剂；氢氧化钠；95%乙醇。

2.2　试剂配制

2.2.1硫酸标准滴定溶液0.0500mol/L或0.100mol/L，或盐酸标准滴定溶液0.0500mol/L或0.100mol/L，按GB/T 601配制和标定；或购买有标准物质证书的上述溶液。

2.2.2　氢氧化钠溶液（400g/L）　称取40g氢氧化钠加水溶解后，冷却，并稀释至100ml。

2.2.3　硼酸溶液（20g/L）　称取200g硼酸，加水溶解后并稀释至10 L。

2.2.4　甲基红乙醇溶液（1g/L）　称取0.1g甲基红，溶于95%乙醇，并稀释至100ml。

2.2.5　溴甲酚绿乙醇溶液（1g/L）　称取0.1g溴甲酚绿，溶于95%乙醇，并稀释至100ml。

2.2.6 硼酸吸收液 向硼酸溶液中添加 70ml 甲基红溶液、100ml 溴甲酚绿。配好的吸收液颜色应为暗紫色。调节：取 25ml 配好的吸收液于锥形瓶中，加入 100ml 蒸馏水，此时溶液应变为灰蓝色；若溶液仍为红的，可用 0.1mol/L 氢氧化钠溶液滴定至灰蓝色，再按比例调节剩余硼酸吸收液。

2.2.7 A 混合指示液 2 份甲基红乙醇溶液与 1 份亚甲基蓝乙醇溶液临用时混合。

2.2.8 B 混合指示液 1 份甲基红乙醇溶液与 5 份溴甲酚绿乙醇溶液临用时混合。

3 仪器与设备

天平（感量 1mg）；全自动凯氏定氮仪；定氮蒸馏装置。

4 分析步骤

4.1 全自动凯氏定氮仪

称取充分混匀的固体试样 0.2~2g、半固体试样 2~5g 或液体试样 10~25g（约当于 30~40mg 氮）精确至 0.001g，至消化管中，再加入 0.5g 硫酸铜、4.5g 硫酸钾及 20ml 硫酸，于消化炉进行消化。当消化炉温度达到 420℃之后，继续消化 1 小时，此时消化管中液体呈绿色透明状，取出冷却后，于自动凯氏定氮仪（使用前加入水、氢氧化钠溶液、盐酸或硫酸标准滴定溶液以及硼酸吸收液）上实现自动加液、蒸馏、滴定和记录滴定数据的过程。同时做试剂空白。

4.2 定氮蒸馏装置

称取充分混匀的固体试样 0.2~2g、半固体试样 2~5g 或液体试样 10~25g（约当于 30~40mg 氮），精确至 0.001g，至消化管中，再加入 0.5g 硫酸铜、4.5g 硫酸钾及 20ml 硫酸，于消化炉进行消化。当消化炉温度达到 420℃之后，继续消化 1 小时，此时消化管中液体呈绿色透明状，取出冷却。装好定氮蒸馏装置，向水蒸气发生器内装水至 2/3 处，加入数粒玻璃珠，加甲基红乙醇溶液数滴及数毫升硫酸，以保持水呈酸性，加热煮沸水蒸气发生器内的水并保持沸腾。向接受瓶内加入 10.0ml 硼酸溶液及 1~2 滴 A 混合指示剂或 B 混合指示剂，并使冷凝管的，下端插入液面下，根据试样中氮含量，准确吸取 2.0~10.0ml 试样处理液由小玻杯注入反应室，以 10ml 水洗涤小玻杯并使之流入反应室内，随后塞紧棒状玻塞。将 10.0ml 氢氧化钠溶液倒入小玻杯，提起玻塞使其缓缓流入反应室，立即将玻塞盖紧，并水封。夹紧螺旋夹，开始蒸馏。蒸馏 10 分钟后移动蒸馏液接收瓶，液面离开冷凝管下端，再蒸馏 1 分钟。然后用少量水冲洗冷凝管下端外部，取下蒸馏液接收瓶。尽快以硫酸或盐酸标准滴定溶液滴定至终点，如用 A 混合指示液，终点颜色为灰蓝色；如用 B 混合指示液，终点颜色为浅灰红色。同时做试剂空白。

5 计算

试样中蛋白质的含量按下式计算。

$$X = \frac{(V_1 - V_2) \times c \times 0.0140}{m \times V_3/100} \times F \times 100$$

式中：X为试样中蛋白质的含量（g/100g）；V_1为试液消耗硫酸或盐酸标准滴定溶液的体积（ml）；V_2为试剂空白消耗硫酸或盐酸标准滴定溶液的体积（ml）；V_3为吸收消化液的体积（ml）；c为耗硫酸或盐酸标准滴定溶液的浓度（mol/L）；0.0140为1.0ml硫酸［c（H_2SO_4）=1.000mol/L］或盐酸［c（HCl）=1.000mol/L］标准滴定溶液相当的氮的含量（g）；m为试样的质量（g）；F为氮换算为蛋白质的系数，各种食品中氮转换系数见附录A；100为换算系数。

注：当只检测氮含量时，不需要乘蛋白质系数F。

6 精密度

6.1 在重复性条件下获得的两次独立测定结果的绝对差值不得超过算术平均值的10%。

6.2 蛋白质含量≥1g/100g时，结果保留三位有效数字；蛋白质含量＜1g/100g时，结果保留两位有效数字。

7 注意事项

7.1 样品测试前需混合均匀，固体样品应事先研磨过筛，易受潮样品置于阴凉干燥处密封保存，防止样品受潮、结块。

7.2 对于蛋白质含量不同的样品，需要估算称样量以满足最适滴定范围，同时也要估算消化试剂、试液的使用量，满足样品能够测定消化。

7.3 样品放入消化管时，不要黏附在消化管壁上，以免样品消化不完全，导致检测结果偏低。

7.4 消化过程中，温度宜逐渐增加，若直接增加至420℃容易引起样品飞溅至消化管壁，使样品消化不完全，导致检测结果偏低。

7.5 操作完成后及时做好自动凯氏定氮仪的清洗工作，并定期保养。

7.6 浓硫酸具有强腐蚀性和强氧化性，氢氧化钠也具有强腐蚀性，操作过程中需注意安全，做好自我保护措施。

7.7 对于特别难消解的样品，可以加入过氧化氢，但不能加入高氯酸，以免生成氮氧化物。若消化液最后仍为黑褐色且液体小于10ml，可再加入5ml浓硫酸继续消化。

7.8 若使用蒸馏定氮装置，应平稳牢固，各连接部分不漏气，水蒸气应均匀充足，蒸馏过程中不得停止加热断气，否则会有倒吸现象；加入氢氧化钠溶液时需要特别小心，动作快，冷凝器出口应浸于吸收液中，防止氨的挥发损失，蒸馏结束时，应先将冷凝管的管口离开吸收液以防止倒吸，继续蒸馏1分钟，用少量水冲洗冷凝管出口端外部，再取下接收瓶，冲洗蒸馏装置时，需要特别注意防止碱液污染冷凝器或吸收瓶。

8 附录

常见食物中的氮折算成蛋白质的折算系数见表3-2-6。

表3-2-6　蛋白质折算系数表

食品类别		折算系数	食品类别		折算系数
小麦	全小麦粉	5.83	大米及米粉		5.95
	麦糠麸皮	6.31	鸡蛋	鸡蛋（全）	6.25
	麦胚芽	5.80		蛋黄	6.12
	麦胚粉、黑麦、普通小麦、面粉	5.70		蛋白	6.32
燕麦、大麦、黑麦粉		5.83	肉与肉制品		6.25
小米、裸麦		5.83	动物明胶		5.55
玉米、黑小麦、饲料小麦、高粱		6.25	纯乳及纯乳制品		6.38
油料	芝麻、棉籽、葵花籽、蓖麻、红花籽	5.30	复合配方食品		6.25
	其他油料	6.25	酪蛋白		6.40
	菜籽	5.53			
坚果、种子类	巴西果	5.46	胶原蛋白		5.79
	花生	5.46	豆类	大豆及其粗加工制品	5.71
	杏仁	5.18		大豆蛋白制品	6.25
	核桃、榛子、椰果等	5.30	其他食品		6.25

起草人：周海燕　周　佳（四川省食品药品检验检测院）
孙德鹏（山东省食品药品检验研究院）
复核人：杜　钢（四川省食品药品检验检测院）
车明秀（山东省食品药品检验研究院）

第五节　婴幼儿食品和乳品中碘的检测

1　简述

参考GB 5009.267-2016《食品安全国家标准　食品中碘的测定》第三法制定本规程。

试样中的碘在硫酸条件下与丁酮反应生成丁酮与碘的衍生物，经气相色谱分离，电子捕获检测器检测，外标法定量。

本方法的检出限为0.02mg/kg，定量限为0.07mg/kg。

第三篇　食品中化学成分检测

2　试剂和材料

2.1　试剂

除另有规定外，所有试剂均为分析纯，水为符合GB/T 6682中规定的一级水。

α–淀粉酶；丁酮（色谱纯）；正己烷（色谱纯）；硫酸（优级纯）；无水硫酸钠；碘化钾（优级纯）；过氧化氢（体积分数为30%）；亚铁氰化钾；乙酸锌。

2.2　溶液配制

2.2.1 双氧水（3.5%）　吸取11.7ml体积分数为30%的双氧水稀释至100ml。

2.2.2 亚铁氰化钾（109g/L）　称取109g亚铁氰化钾，用水溶解并定容于1000ml容量瓶中。

2.2.3 乙酸锌（219g/L）　称取219g乙酸锌，用水溶解并定容于1000ml容量瓶中。

2.3　标准溶液配制

2.3.1 碘标准储备液的配制（1mg/ml）　准确称取131.0mg碘化钾标准品（精确至0.1mg）于100ml容量瓶中，用水溶解并定容至刻度，摇匀。5℃±1℃冷藏可保存1周。

2.3.2 碘标准工作液的配制（1.0μg/ml）　准确移取10.00ml碘标准储备液，用水定容至100ml混匀，配成浓度为100μg/ml的标准中间液，移取1.00ml碘标准中间液至另一100ml容量瓶中，用水定容至刻度，混匀后配成浓度为1.0μg/ml的标准工作液，临用前配制。

3　仪器与设备

气相色谱仪（配有电子捕获检测器）；分析天平（感量0.1mg）；恒温箱；移液管；具塞锥形瓶（150ml）；分液漏斗（100ml）；容量瓶（50ml、100ml）；刻度管（10.00ml）。

4　分析步骤

4.1　试样制备和保存

4.1.1 试样制备　称样前将样品充分混匀。

4.1.2 试样保存　将试样于室温下保存。

4.2　分析步骤

4.2.1 不含淀粉的试样　称取混合均匀的固体试样5g，液体试样20g（精确至0.1mg）于150ml锥形瓶中，固体试样用25ml约40℃的热水溶解。

4.2.2 含淀粉的试样　称取混合均匀的固体试样5g，液体试样20g（精确至0.1mg）于150ml锥形瓶中，加入0.2g淀粉酶，固体试样用25ml约40℃的热水充分溶解，置于60℃恒温箱中酶解30分钟，取出冷却。

4.2.3 沉淀　将上述处理过的试样溶液转入100ml容量瓶中，加入5ml亚铁氰化钾溶液和5ml乙酸锌溶液，用水定容，充分振摇后静置10分钟，过滤，吸取滤液10ml于100ml分液漏斗中，加入10ml水。

4.2.4 衍生与提取　向分液漏斗中依次加入0.7ml硫酸、0.5ml丁酮、2.0ml过氧化氢（3.5%），充分混匀，室温下反应20分钟，加入20ml正己烷，振荡萃取2分钟。静置分层后，将水相移入另一分液漏斗中，再进行第二次萃取。合并有机相，用水洗涤 2~3 次。通过无水硫酸钠过滤脱水后移入 50ml 容量瓶中，用正己烷定容至刻度，摇匀，此为试样测定液，供气相色谱测定。

4.2.5 碘标准系列溶液的制备　分别移取 1.00ml、2.00ml、4.00ml、8.00ml、12.00ml 碘标准工作液于 100ml 分液漏斗中，相当于 1.0μg、2.0μg、4.0μg、8.0μg、12.0μg 的碘，其他分析步骤同本节 4.2.4。

4.3　测定

4.3.1 色谱参考条件　色谱柱：石英毛细管柱，HP-5，30m×0.25mm（内径），0.25μm（膜厚），或相当者。载气：氮气（纯度≥99.999%），1ml/min，恒定流量。柱温：50℃保持 9 分钟，30℃/min 升至 280℃，保持 3 分钟。进样口温度：260℃。检测器温度：300℃。进样量：1μl。进样方式：分流进样。分流比：1∶1。气体流量：隔垫吹扫流量 3ml/min，尾吹流量（N_2）30ml/min。

4.3.2 色谱测定　在上述色谱条件下将碘标准溶液及试样测定液分别注入气相色谱仪，以保留时间定性，色谱峰峰面积定量。根据样液中被测组分碘的含量，选定相应浓度的标准工作溶液。标准工作溶液和试样测定液中碘响应值均应在仪器检测线性范围内。对标准工作溶液和试样测定液等体积进样测定。

4.3.3 空白试验　除不加试样外，均按上述步骤进行。

5　计算

试样中碘的含量按下式计算。

$$X=\frac{m_1 \times 100}{m_2 \times 100} \times f$$

式中：X 为试样中碘的含量（mg/kg）；m_1 为从标准曲线中得到试样中碘的质量（μg）；m_2 为试样质量（g）；f 为稀释倍数；测定结果用平行测定的算术平均值表示，保留至小数点后两位。

6　精密度

在重复性条件下获得的两次独立测定结果的绝对差值不得超过算术平均值的 10%。

7　注意事项

7.1 衍生时，各衍生试剂的加入顺序不可颠倒。

7.2 质控措施　通过加标回收和留样再测等质控方式，每 20 批供试品至少需添加 1~2 组样品加标，或 1~2 组留样再测。以确保实验的准确性。

7.3 注意考察全试剂空白碘的本底值。若本底值较高，需更换试剂或者彻底清洗试验用具。

起草人：钟慈平（四川省食品药品检验检测院）
沈祥震（山东省食品药品检验研究院）
复核人：杜　钢（四川省食品药品检验检测院）
申中兰（山东省食品药品检验研究院）

第六节　食品中果糖、葡萄糖、蔗糖的检测

1　简述

参考GB 5009.8–2016《食品安全国家标准　食品中果糖、葡萄糖、蔗糖、麦芽糖、乳糖的测定》第一法制定本规程。

试样中的果糖、葡萄糖、蔗糖经水提取后，利用高效液相色谱柱分离，用示差折光检测器检测或蒸发光散射检测器，外标法进行定量。

本方法适用于蜂蜜中果糖、葡萄糖、蔗糖的测定。

当称样量为10g时，果糖、葡萄糖及蔗糖检出限为0.2g/100g。

2　试剂和材料

2.1　试剂

除另有规定外，本方法中所用试剂均为分析纯，水为符合GB/T 6682规定的一级水。

乙腈（色谱纯）；果糖（纯度为99%）；葡萄糖（纯度为99%）；蔗糖（纯度为99%）。

2.2　标准溶液配制

2.2.1 糖标准贮备液（20mg/ml）　分别称取上述经过96℃ ±2℃干燥2小时的果糖、葡萄糖、蔗糖各1g，加水定容至50ml，置于4℃密封可贮藏一个月。

2.2.2 糖标准使用液　分别吸取糖标准贮备液1.00ml、2.00ml、3.00ml、4.00ml 、5.00ml 于10ml容量瓶、加水定容，分别相当于2.0mg/ml、4.0mg/ml、6.0mg/ml、8.0mg/ml 、10.0mg/ml 浓度标准溶液。

3　仪器与设备

高效液相色谱仪（带示差折光检测器或蒸发光散射检测器）；天平（感量为0.1mg）；超声波清洗器；恒温水浴锅；磁力搅拌器；离心机（转速≥4000r/min）；0.45μm滤膜（水相微孔滤膜）；液相色谱柱。

4　分析步骤

4.1　试样的制备

未结晶的样品将其用力搅拌均匀；有结晶析出的样品，可将样品瓶盖塞紧后置于不超过60℃的水浴中温热，待样品全部溶化后，搅匀，迅速冷却至室温以备检验用。

4.2　提取

称取混匀后的试样1~2g（精确到0.001g）于50ml容量瓶中，加水定容至50ml。充分摇

匀后，用干燥滤纸过滤，弃去初滤液，过0.45μm水相微孔滤膜至样品瓶中，供液相色谱分析。

4.3 仪器参考条件

色谱柱：Unitary NH$_2$，（5μm，4.6×250mm）。示差折光检测器条件：温度35℃。流动相条件：乙腈+水=80+20（体积比）。流速：1.0ml/min。柱温：35℃。进样量：10μl。

4.4 标准曲线的制作

将糖标准工作溶液注入液相色谱仪测定，得到果糖、葡萄糖和蔗糖的峰面积。以标准工作溶液浓度为横坐标，以果糖、葡萄糖和蔗糖的峰面积为纵坐标，绘制标准工作曲线。

4.5 试样溶液的测定

将试样溶液按仪器参考条件进行测定，得到相应的试样溶液的色谱峰面积。根据校正曲线得到试样溶液果糖、葡萄糖和蔗糖的浓度。

4.6 空白实验

除不加试样外，均按上述步骤进行操作。

5 计算

试样中目标物的含量按式计算，计算结果需扣除空白值。

$$X = \frac{(\rho-\rho_0) \times V \times n}{m \times 100} \times 100$$

式中：X为试样中糖（果糖、葡萄糖和蔗糖）的含量（g/100g）；ρ为样液中糖的浓度（mg/ml）；ρ_0为空白中糖的浓度（mg/ml）；V为样液定容体积（ml）；n为稀释倍数；m为试样的质量（g）；1000为换算系数；100为换算系数。糖的含量≥10g/100g时，结果保留三位有效数字，糖的含量<10g/100g时，结果保留两位有效数字。

6 精密度

在重复性条件获得的两次独立测定结果的绝对差值不得超过算术平均值的10%。

7 注意事项

7.1 若标准品中带有结晶水，应注意折算。

7.2 乙腈为有毒有机试剂，使用时应在通风橱里进行，需佩带防护手套和防护面具，并避免接触皮肤，若皮肤接触需脱去污染的衣着，用肥皂水和清水彻底冲洗皮肤。废液应妥善处理，不得污染环境。

7.3 制备样品时，有结晶析出的样品在融化时应注意防止水分侵入。

7.4 天平使用前需校准，保持干燥，使用后需清理干净。

7.5 蜂蜜为易变质试样，应置于0~4℃保存。

7.6供测试的样品每次测定应不少于2份。

起草人：伍雯雯（四川省食品药品检验检测院）

周禹君（山东省食品药品检验研究院）

复核人：岳清洪（四川省食品药品检验检测院）

魏莉莉（山东省食品药品检验研究院）

第七节　婴幼儿食品和乳品中核苷酸的检测

1　简述

参考GB 5413.40-2016《食品安全国家标准　婴幼儿食品和乳品中核苷酸的测定》制定本规程。

试样经过水提取，沉淀剂沉淀蛋白阻断蛋白质干扰后，在反相液相色谱上经过C_{18}-T色谱柱梯度洗脱分离，二极管阵列（DAD）检测器检测，外标法测定试样中的胞嘧啶核苷酸（CMP）、腺嘌呤核苷酸（AMP）、尿嘧啶核苷酸（UMP）、鸟嘌呤核苷酸（GMP）、次黄嘌呤核苷酸（IMP）含量，五种核苷酸含量之和为试样中游离核苷酸的总量。

本规程适用于、婴幼儿配方食品和乳品。

本规程方法定量限为：CMP为0.33mg/100g，AMP、UMP、GMP为0.50mg/100g，IMP为0.67mg/100g。

2　试剂和材料

2.1　试剂

除非另有说明，所用试剂均为分析纯，实验用水为GB/T 6682的一级水。

淀粉酶（酶活力≥1.5 U/mg）；冰乙酸；磷酸；磷酸二氢钾；甲醇（色谱纯）。

2.2　试剂配制

2.2.1 醋酸溶液（100ml/L）　吸取10ml冰乙酸，加超纯水定容至100ml。

2.2.2 流动相A（KH_2PO_4，10mmol/L，pH 5.6）　称取1.4g磷酸二氢钾溶于900ml超纯水，磷酸调整pH至5.6后用超纯水定容至1 L，现用现配。

2.3标准品

CMP（CAS No.6757-06-8，纯度≥99%）；AMP（CAS No.61-19-8，纯度≥99%）；UMP（CAS No.58-97-9，纯度≥99%）；GMP（CAS No.63-37-6，纯度≥99%）；IMP（CAS No.131-99-7，纯度≥99%）。

2.4　标准溶液的配制

2.4.1 混合标准储备溶液（0.1mg/ml）　分别准确称取核苷酸标准品10mg（精确至0.1mg）

第三篇　食品中化学成分检测

于同一100ml容量瓶中，加入适量超纯水后涡旋使其充分溶解，定容至刻度，即得混合标准储备溶液，应当天配置。每个组分称取的质量都要校正水分和钠盐含量，以酸型计。

2.4.2 混合标准工作溶液 分别吸取混合标准储备溶液0.1ml、0.2ml、0.5ml、1.0ml、2.0ml、4.0ml于10ml容量瓶中，超纯水定容至刻度，充分摇匀，即得浓度为1μg/ml、2μg/ml、5μg/ml、10μg/ml、20μg/ml、40μg/ml的核苷酸系列混合标准工作溶液。

2.5 材料

0.45μm有机滤膜。

3 仪器与设备

高效液相色谱仪［带有二极管阵列（DAD）检测器］；紫外分光光度计；pH计（精度0.01）；天平（感量0.1mg和1mg）；涡旋混合仪。

4 分析步骤

4.1 前处理

准确称取5g（精确至0.0001g）混合均匀的粉末样品或20g（精确至0.001g）充分摇匀的液体样品于100ml锥形瓶中，加入20ml约40℃热水，充分溶解试样（若样品中含有淀粉，需加入约0.2g淀粉酶于37℃±2℃条件下酶解30分钟，冷至室温）。用醋酸溶液调节试样pH至4.1，移入50ml容量瓶中，用水反复冲洗锥形瓶3次，定容至刻度，混匀后经滤纸过滤，再经0.45μm微膜过滤，即得供试品溶液。

4.2 仪器参数与测定条件

C_{18}-T反相色谱柱（250mm×4.6mm，5μm）或性能相当者。流动相A：10mmol/L KH_2PO_4（pH 5.6）。流动相B：甲醇。柱温：25℃。流速：1ml/min。进样量：10μl。检测波长：254nm。梯度洗脱条件见表3-2-7。

表3-2-7 液相色谱梯度洗脱条件

时间（min）	流动相A（%）	流动相B（%）
0	100	0
15	100	0
30	80	20
31	100	0
45	100	0

4.3 测定

4.3.1 定性分析 在相同试验条件下测定试样溶液，根据保留时间定性。

4.3.2 定量分析 将混合标准工作溶液分别注入高效液相色谱仪，记录色谱峰面积，以标准测定液浓度为横坐标，峰面积为纵坐标绘制标准曲线。再将供试液进样测定，得到核苷酸色谱峰面积，根据标准曲线计算试样溶液中核苷酸的浓度。

5　计算

5.1　试样中核苷酸各组分的含量

按下式计算。

$$X_i = \frac{C_i \times V_i \times n}{m \times 1000} \times 100$$

式中：X_i 为试样中核苷酸各组分的含量，单位为mg/100g；C_i 为试样溶液中核苷酸各组分的浓度，单位为 μg/ml；V_i 为试样溶液的体积，单位为ml；n 为供试液的稀释倍数；m 为试样的质量，单位为g。

5.2　试样中核苷酸的总量

按下式计算。

$$X_{总} = \sum X_i = X_{CMP} + X_{AMP} + X_{UMP} + X_{GMP} + X_{IMP}$$

式中：$X_{总}$ 为试样中核苷酸的含量（mg/100g）；X_i 为试样中核苷酸各组分的含量，其中，X_{CMP} 为胞嘧啶核苷酸含量（mg/100g）；X_{AMP} 为腺嘌呤核苷酸含量（mg/100g）；X_{UMP} 为尿嘧啶核苷酸含量（mg/100g）；X_{GMP} 为鸟嘌呤核苷酸含量（mg/100g）；X_{IMP} 为次黄嘌呤核苷酸含量（mg/100g）；计算结果保留至小数点后两位。

6　精密度

在重复性条件下获得的两次独立测定结果的绝对差值不得超过算术平均值的10%。

7　注意事项

7.1 核苷酸具有两性物质的特性，如有需要可在前处理中增加固相萃取净化方式，建议采用SAX固相萃取柱。

7.2 核苷酸为强极性化合物，在普通 C_{18} 色谱柱上保留弱，应选择如有机硅胶杂化色谱柱一类能提高极性化合物保留的色谱柱。

7.3 CMP在5种核苷酸中保留最弱，出峰最早，应注意避免干扰，达到定性和定量的准确性。

7.4 婴幼儿配方食品、特殊医学用途配方食品中含有多种营养成分，其中烟酸、烟酰胺与IMP性质相似，应注意流动相的pH，否则结果可能偏高。

7.5 游离酸形式可用核苷酸钠盐或水合钠盐形式替代。

7.6 实验中核苷酸的标准储备液配制完成后需要经过紫外分光光度计进行校正，方可使用。

起草人：王　俏（四川省食品药品检验检测院）

刘桂亮（山东省食品药品检验研究院）

李　倩（山西省食品药品检验所）

复核人：杜　钢（四川省食品药品检验检测院）

公丕学（山东省食品药品检验研究院）

陈　煜（山西省食品药品检验所）

第八节　食品中肌醇的检测

1　简述

参考GB 5009.270-2016《食品安全国家标准　食品中肌醇的测定》第二法制定本规程。

试样中的肌醇用水和乙醇提取后，与硅烷化试剂衍生，正己烷提取，经气相色谱分离，外标法定量。

适用于婴幼儿食品、乳品及饮料中肌醇的测定。

固体或粉末样品定量限为3.0mg/100g；液体定量限为0.5mg/100g。

2　试剂和材料

2.1　试剂

除另有规定外，所有试剂均为分析纯，水为符合GB/T 6682中规定的一级水。

无水乙醇；95%乙醇；70%乙醇；正己烷；三甲基氯硅烷；六甲基二硅胺烷；N，N-二甲基甲酰胺。

2.2　试剂配制

2.2.1 70%乙醇　取70ml无水乙醇，加入30ml水，混匀备用。

2.2.2 硅烷化试剂　分别吸取体积比为1∶2的三甲基氯硅烷和六甲基二硅胺烷，超声混匀。现用现配。

2.3　标准品

肌醇标准品：纯度≥99%，或经国家认证并授予标准物质证书的标准物质。

2.4　标准溶液配制

2.4.1 肌醇标准储备溶液（1.0mg/ml）　称取100mg（精确到0.1mg）经过105℃±1℃烘干2小时的肌醇标准物质于100ml容量瓶中，用25ml水溶解完全，用95%的乙醇定容至刻度，混匀。

2.4.2 肌醇标准工作溶液（0.010mg/ml）　取1.00ml肌醇标准储备溶液于100ml容量瓶中，用70%的乙醇定容至刻度，混匀。

3　仪器与设备

气相色谱仪（配有氢火焰离子化检测器）；分析天平（感量0.0001g）；旋转蒸发仪（带水浴，可控温）；离心机（转速≥5000r/min）；超声波仪（可定时）；恒温热水浴槽；烘箱（可控温，可定时）；容量瓶（50ml）；梨形瓶（125ml）；刻度管（10.00ml）；聚四氟乙烯离心管（15ml、50ml）。

4 分析步骤

4.1 试样处理与衍生

4.1.1 试样处理 固态和粉状试样研磨混合均匀后称取 1g（精确到 0.1mg），于 50ml 容量瓶中，加入 12ml 40℃温水溶解试样；液态试样直接称取 12g（精确到 0.1mg）于 50ml 容量瓶中，上述试样超声提取 10 分钟，用 95% 乙醇定容至刻度，混匀。静置 20 分钟后，取 10~15ml 离心管中，以不低于 4000r/min 离心 5 分钟，取上清液 5ml 于 125ml 梨形瓶中。

4.1.2 干燥与衍生 向梨形瓶中加入 10ml 无水乙醇，在 80℃±5℃下旋转浓缩至近干时再加入 5ml 无水乙醇继续浓缩至干燥，转移梨形瓶至烘箱中 100℃±5℃烘干 1 小时，加入 10.0ml N，N-二甲基甲酰胺，超声溶解 5 分钟并转移至 50ml 离心管中，加入硅烷化试剂 3.0ml 并放于 80℃±5℃水溶中衍生反应 75 分钟，其间每隔 20 分钟取出振荡一次，然后取出冷却至室温。加入 5ml 正己烷，振荡混合后静置分层。取上层液 3ml 于预先加少许无水硫酸钠的 15ml 离心管中，振荡后以不低于 4000r/min 离心，此为试样测定液。

4.2 肌醇标准测定液的制备

分别吸取 0.00ml、2.00ml、4.00ml、6.00ml、8.00ml、10.00ml 肌醇标准溶液于梨形瓶中，按本节 4.1.2 步骤操作。

4.3 测定

4.3.1 参考色谱条件 色谱柱：石英毛细管柱，HP-5，30m×0.32mm（内径），0.25μm（膜厚），或相当者。载气：氮气（纯度 ≥ 99.99%），1ml/min，恒定流量。柱温：50℃保持 1 分钟，以 20℃/min 的速率升温至 190℃，再以 5℃/min 的速率升温至 230℃保持 3 分钟，以 30℃/min 升至 280℃保持 10 分钟。进样口温度：280℃。检测器温度：300℃。进样量：1μl。进样方式：分流；分流比为 10∶1。气体流量：空气流量 400ml/min，氢气燃气流量 40ml/min，尾吹流量（N_2）30ml/min，隔垫吹扫流量 3ml/min。

4.3.2 色谱测定 分别将标准溶液测定液注入到气相色谱仪中，以测得的峰面积为纵坐标，以肌醇标准测定液中肌醇的含量（mg）为横坐标制作标准曲线。分别将试样测定液注入到气相色谱仪中得到峰面积，从标准曲线中获得试样测定液中肌醇的含量（mg）。

5 计算

试样中肌醇含量按下式计算。

$$X = \frac{c \times f}{m} \times 100$$

式中：X 为试样中肌醇含量（mg/100g）；c 为从标准曲线中获得试样测定液肌醇的含量（mg）；f 为试样测定液所含肌醇换算成试样中所含肌醇的系数为 10；m 为试样的质量（g）；100 为换算系数；计算结果保留小数点后一位。

6 精密度

在重复条件下获得的两次独立测定结果的绝对差值不得超过算术平均值的 10%。

7 注意事项

7.1 三甲基氯硅烷、六甲基二硅胺烷要注意防潮以免失效，两者初混合时可能有白色浑浊现象，但放置10分钟后，白色浑浊现象会消失，在白色浑浊现象消失后使用，现配现用。

7.2 试样处理过程中除去水分是利用乙醇挥发时带去，建议采取向提取液中少量多次加入无水乙醇，大多数情况下3次以上即可完全除去提取液中的水分。水分需要完全除去，否则有水会使硅烷化不彻底。

7.3 建议除去水分时使用的无水乙醇为优级纯，以免引入过多杂质。

7.4 衍生反应结束后，提取液需要彻底冷却至室温再精密加入正己烷，否则会使正己烷损失，造成定量不准确。

起草人：成长玉（四川省食品药品检验检测院）

陈克云（山东省食品药品检验研究院）

复核人：杜　钢（四川省食品药品检验检测院）

李　玲（山东省食品药品检验研究院）

第九节　婴幼儿食品和乳品中磷的检测

1 简述

参考GB 5009.87–2016《食品安全国家标准　食品中磷的测定》第二法制定本规程。

婴幼儿配方食品试样经消解，磷在酸性条件下与钒钼酸铵生成黄色络合物钒钼黄。钒钼黄的吸光度值与磷的浓度成正比。于440nm测定试样溶液中钒钼黄的吸光度值，与标准系列比较定量。

当取样量0.5g（或0.5ml），定容至100ml时，检出限为20mg/100g（或20mg/100ml），定量限为60mg/100g（或60mg/100ml）。

2 试剂与材料

2.1 试剂

除另有说明，本方法所用试剂均为分析纯，试验用水为GB/T 6682规定的三级水。

高氯酸（优级纯）；硝酸（优级纯）；硫酸（优级纯）；钼酸铵；偏钒酸铵；氢氧化钠；2，6–二硝基酚或2，4–二硝基酚。

2.2 试剂的配制

2.2.1 钒钼酸铵试剂

A液：称取25g钼酸铵，溶于400ml水中。

B液：称取1.25g偏钒酸铵溶于300ml沸水中，冷却后加250ml硝酸。将A液缓慢加至B液中，不断搅拌，用水稀释并定容至1L，混匀，贮存于棕色瓶中（室温，可长期保存）。

2.2.2 氢氧化钠溶液（6mol/L） 称取240g氢氧化钠，溶于1000ml水中，混匀。

2.2.3 氢氧化钠溶液（0.1mol/L） 称取4g氢氧化钠，溶于1000ml水中，混匀。

2.2.4 硝酸溶液（0.2mol/L） 吸取12.5ml硝酸，用水稀释至1000ml，混匀。

2.2.5 二硝基酚指示剂（2g/L） 称取0.2g 2,6-二硝基酚或2,4-二硝基酚溶于100ml水中，混匀。

2.3 标准品

磷酸二氢钾（KH_2PO_4，CAS号：7778-77-0）：纯度＞99.99%。或经国家认证并授予标准物质证书的一定浓度的磷标准溶液。

2.4 标准溶液的制备

磷标准储备液（50.00mg/L）：精确称取在105℃下干燥至恒量的磷酸二氢钾0.2197g（精确至0.0001g，记录实际称量的准确数值），溶于400ml水中，移入1L容量瓶加水定容至刻度，混匀。置聚乙烯瓶贮存于4℃保存。

3 仪器与设备

电子分析天平（感量为0.1mg）；微波消解仪（配有聚四氟乙烯消解内罐）；控温电热赶酸板（温度范围：0~210℃）；分光光度计；恒温干燥箱。

4 分析步骤

4.1 试样消解（湿法消解）

称取固体样品0.2~0.5g（精确至0.0001g，最多不得超过0.5g，推荐称量0.4g左右）或准确移取液体试样1.00~3.00ml（推荐量取1.00ml左右）于微波消解罐中，加入5~10ml硝酸（本节2.1）（推荐加入7~8ml），加盖后旋紧罐盖，按照微波消解仪标准操作步骤进行消解（消解条件参照表3-2-8）。微波消解完成后，将消解罐除盖，加入约0.5ml高氯酸（本节3.1）后置于赶酸板上（赶酸板推荐温度为180℃），赶酸至冒白烟。赶酸完成后，消解液呈无色透明或略带黄色。自然冷却至室温，消解液转移至50ml容量瓶，用水多次洗涤消解罐，合并洗涤液于容量瓶中，加水定容至刻度，摇匀。作为试样测试溶液。同时做试剂空白试验。

表3-2-8 微波消解参考条件

步骤	控制温度（℃）	升温时间（min）	恒温时间（min）
升温1	130	10	5
升温2	190	10	30
降温3	70	–	–

4.2 测定

4.2.1 标准曲线的制作 准确吸取磷标准储备液0ml、2.50ml、5.00ml、7.50ml、10.0ml、15.0ml于50ml容量瓶中，加入10ml钒钼酸铵试剂（本节2.2.1），用水定容至刻度。该系列标准溶液中磷的质量浓度分别为 0mg/L、2.50mg/L、5.00mg/L、7.50mg/L、10.0mg/L、15.0mg/L。在 25~30℃下显色15分钟。用1cm比色杯，以零管作参比，于440nm测定吸光度值。以吸光度值为纵坐标，磷的质量浓度为横坐标，制作标准曲线。

4.2.2 试样溶液的测定 准确吸取试样溶液10.00ml及10.00ml空白溶液于50ml容量瓶中，加少量的水后，加2滴二硝基酚指示剂（本节2.2.5），先用氢氧化钠溶液（本节2.2.2）调至黄色，再用硝酸溶液（本节2.2.4）调至无色，最后用氢氧化钠溶液（本节2.2.3）调至微黄色。加入10ml钒钼酸铵试剂（本节2.2.1），用水定容至刻度。于440nm测定吸光值，与标准系列比较定量。

5 计算

试样中磷的含量按下式计算。

$$X = \frac{(\rho - \rho_0) \times V \times V_2}{m \times V_1 \times 1000} \times 100$$

式中：X 为试样中磷的含量（mg/100g或mg/100ml）；ρ 为测定用试样溶液中磷的质量浓度（mg/L）；ρ_0 为测定用空白溶液中磷的质量浓度（mg/L）；V 为试样消化液定容体积，单位为ml；V_2 为试样比色液定容体积（ml）；m 为试样称样量或移取体积（g或ml）；V_1 为测定用试样消化液的体积（ml）；1000为换算系数；100为换算系数；计算结果保留三位有效数字。

6 精密度

在重复性条件下获得的两次独立测定结果的绝对差值不得超过算术平均值的5%。

7 注意事项

7.1 采用单一硝酸纯溶剂进行微波消解，消解最高温度不可超过190℃。

7.2 微波消解法禁止使用高氯酸。

7.3 称（吸）样量要严格按照本方法中的要求取，若称（吸）样量过多易造成消解不完全。

7.4 赶酸过程中如果消解罐内液体蒸干，可再添加2ml硝酸（本节2.1.2），继续赶酸至冒白烟。

起草人：王　琳（山东省食品药品检验研究院）

王　鑫（四川省食品药品检验检测院）

复核人：陆　阳（四川省食品药品检验检测院）

胡明燕（山东省食品药品检验研究院）

第十节　食品中氯的检测

1 简述

参考GB 5009.44-2016《食品安全国家标准　食品中氯化物的测定》第三法银量法（摩尔

法或直接滴定法）制定本规程。

本规程适用于特殊医学用途配方食品和婴幼儿配方食品中氯的测定。

样品经处理后，当样液pH小于6.5时，加入酚酞乙醇溶液，用氢氧化钠溶液调至中性，以铬酸钾为指示剂，用硝酸银标准滴定溶液滴定试液中的氯化物。根据硝酸银标准滴定溶液的消耗量，计算氯的含量。

以称样量10g，定容至100ml计算，方法定量限（LOQ）为0.008%（以Cl⁻计）。

2　试剂和材料

2.1　试剂

除另有说明，本方法所用试剂均为分析纯，试验用水为GB/T 6682规定的三级水。

亚铁氰化钾；乙酸锌；铬酸钾；氢氧化钠；酚酞；硝酸（优级纯）；乙醇（纯度≥95%）。

2.2　试剂的配制

2.2.1　沉淀剂Ⅰ　称取106g亚铁氰化钾，加水溶解并定容到1L，混匀。

2.2.2　沉淀剂Ⅱ　称取220g乙酸锌，溶于少量水中，加入30ml冰乙酸，加水定容到1L，混匀。

2.2.3　铬酸钾溶液（10%）　称取10g铬酸钾，加水溶解，并定容到100ml。

2.2.4　氢氧化钠溶液（1%）　称取1g氢氧化钠，加水溶解，并定容到100ml。

2.2.5　酚酞乙醇溶液（1%）　称取1g酚酞，溶于60ml乙醇中，用水稀释至100ml。

2.2.6　硝酸银标准滴定溶液[c（AgNO₃）] 0.1mol/L　按GB/T 601配制和标定。

3　仪器与设备

超声波清洗器；恒温水浴锅；离心机（转速≥3000r/min）；电子分析天平（感量0.1mg）；滴定管（酸式滴定管或者酸碱两用滴定管）；滤纸（定性快速滤纸）；pH计。

4　分析步骤

4.1　试样处理

称取混合均匀的试样10g（精确至1mg）于100ml具塞比色管中，加入50ml约70℃热水，振荡分散样品，水浴中沸腾15分钟，并不时摇动，取出，超声处理20分钟，冷却至室温，依次加入2ml沉淀剂Ⅰ和2ml沉淀剂Ⅱ，每次加后摇匀。用水稀释至刻度，摇匀，在室温静置30分钟。用滤纸过滤，弃去最初滤液，取部分滤液测定。必要时也可用离心机于5000r/min离心10分钟，取部分滤液测定。

4.2　试样测定

移取50.00ml上述滤液（V_1），于250ml锥形瓶中，加入0.2ml酚酞乙醇溶液，用氢氧化钠溶液滴定至微红色，加1ml铬酸钾溶液（10%），再边摇动边滴加硝酸银标准滴定溶液，颜色由黄色变为橙黄色（保持1分钟不褪色），记录消耗硝酸银标准滴定溶液的体积（V_2）。同时做空白试验，记录消耗硝酸银标准滴定溶液的体积（V_0）。

5　计算

试样中氯化物含量以质量分数X表示，按下式计算。

$$X = \frac{0.0355 \times c \times (V_2 - V_0) \times V}{m \times V_1} \times 100$$

式中：X为食品中氯化物的含量（以氯计，%）；0.0355为1.00ml硝酸银标准滴定溶液[c（AgNO₃）=1.000mol/L]相当的氯的质量（g）；c为硝酸银标准滴定溶液的浓度（mol/L）；V_1为用于滴定的试样体积（ml）；V_2为滴定试液时消耗的硝酸银标准滴定溶液体积（ml）；V_0为空白试验消耗的硝酸银标准滴定溶液体积（ml）；V为样品定容体积（ml）；m为试样的称样量（g）。当氯化物含量≥1%时，结果保留三位有效数字；当氯化物含量＜1%时，结果保留两位有效数字。

6　精密度

在重复性条件下获得的两次独立测试结果的绝对差值不得超过算术平均值的5%。

7　注意事项

7.1 须在近中性溶液中进行滴定，氢氧化钠溶液滴至微微泛红，不要过红，否则会影响后面颜色判定。

7.2 滴定应在室温下进行，温度若高于30℃，红色络合物易褪色。

7.3 滴定时，需边滴定边振摇锥形瓶，避免沉淀吸附银离子，过早到达终点。

7.4 样品制备时，一定要充分分散溶解，静置时间至少1小时以上，让样品充分沉淀，便于过滤。

起草人：李恩龙（山东省食品药品检验研究院）
黄泽玮（四川省食品药品检验检测院）
复核人：金丽鑫（四川省食品药品检验检测院）
毕会芳（山东省食品药品检验研究院）

第十一节　食品中牛磺酸的检测

1　简述

参考GB 5009.169-2016《食品安全国家标准　食品中牛磺酸的测定》第二法制定本规程。

牛磺酸又名β-氨基乙磺酸，最早由牛黄中分离出来，故得名。是一种含硫的非蛋白氨基酸，在体内以游离状态存在。牛磺酸虽然不参与蛋白质的合成，但它却与胱氨酸、半胱氨酸的代谢密切相关。有促进婴幼儿脑组织和智力发育，提高神经传导和视觉机能，防止心血管病，调节脂类吸收，改善内分泌状态，增强人体免疫，影响糖代谢，抑制白内障的发生发展，改善记忆，维持正常生殖等功能。

本规程采用丹磺酰氯柱前衍生高效液相色谱法,试样用水溶解,用亚铁氰化钾和乙酸锌沉淀蛋白质。取上清液用丹磺酰氯衍生反应,衍生物经 C_{18} 反相色谱柱分离。用紫外检测器(254nm)检测,外标法定量。

本规程适用于特殊医学用途配方食品、乳基和豆基婴幼儿配方食品中牛磺酸的测定。

方法检出限为 1.5mg/100g,定量限为 5mg/100g。

2 试剂和材料

2.1 试剂

除非另有规定,本方法所使用的试剂均为分析纯试剂,水为符合GB/T 6682规定的一级水。

乙腈(色谱级),甲醇(色谱级),盐酸,氢氧化钠,乙酸铵(色谱纯),无水碳酸钠,盐酸甲胺(甲胺盐酸盐,优级纯),丹磺酰氯(5-二甲氨基萘-1-磺酰氯,色谱纯)。

2.2 试剂配制

2.2.1 碳酸钠缓冲液(pH 9.5,80mmol/L) 称 0.424g 无水碳酸钠,加 40ml 水溶解,用盐酸溶液调 pH 至 9.5,用水定容至 50ml。该溶液在室温下 3 个月内稳定。

2.2.2 丹磺酰氯溶液(3.0mg/ml) 称取 0.15g 丹磺酰氯,用乙腈溶解并定容至 50ml。临使用前配制。

2.2.3 盐酸甲胺溶液(20mg /L) 称取 2.0g 盐酸甲胺,用水溶解并定容至 100ml。该溶液保存在 4℃下 3 个月内稳定。

2.2.4 NaOH 水解液(0.05mol/L) 称取 1.00gNaOH,用 500ml 超纯水溶解,经 0.45μm 微孔滤膜过滤。

2.3 标准品溶液的配制

2.3.1 标准品 牛磺酸纯度 ≥ 99%(CAS:107-35-7)。

2.3.2 牛磺酸标准储备溶液(1mg/ml) 准确称取 0.1000g 牛磺酸标准品用水溶解并定容至 100ml。

2.3.3 牛磺酸标准工作液 将牛磺酸标准储备溶液(2.3.2)用水稀释制备一系列标准溶液,标准系列浓度为:0μg/ml、5.0μg/ml、10.0μg/ml、15.0μg/ml、20.0μg/ml、25.0μg/ml,临用前现配。

2.4 材料

比色管(50ml),离心管(15ml),微孔滤膜(0.22μm有机滤膜)。

3 仪器和设备

液相色谱仪(配有紫外检测器),分析天平(感量为0.01mg和10g),漩涡混合器,离心机(转速≥4000r/min),超声波振荡器,恒温水浴振荡,pH酸度计。

4 分析步骤

4.1 提取

称取 5.00g 样品,于 50ml 比色管中,加入温水 25ml,旋涡混匀,超声 10 分钟。用盐酸调节试样溶液的pH至1.7±0.1，放置约2分钟后，再用NaOH溶液调节试样溶液的pH至4.5±0.1，用纯水定容至50ml，混匀，滤纸过滤。

4.2 衍生化

取清液0.5ml到15ml离心管中，加入1ml碳酸钠缓冲液（pH 9.5），1ml丹磺酰氯溶液，充分混合，37℃水浴振荡2小时，加入盐酸甲胺溶液0.1ml涡旋混合，以终止反应，避光静置10分钟，过膜后供液相色谱测定。

另取0.5ml标准工作液，与试液同步进行衍生。

4.3 仪器条件

参考液相色谱条件：色谱柱（RP18 5μm，250mm×4.6mm）。柱温：40℃。流速：0.8ml/min。紫外检测器：254nm。进样量：10μl。流动相：甲醇+20mmol/L乙酸铵=65+35。

5 计算

5.1 定性分析

在相同试验条件下测定试样溶液，试样溶液中检出色谱峰的保留时间与标准溶液中目标物的色谱峰的保留之间一致（变化范围在±2.5%之内），则可判定样品中含有牛磺酸。

5.2 定量分析

将标准系列工作液分别注入液相色谱仪中，测定相应的色谱峰，以标准系列工作液的浓度为横坐标，以峰面积为纵坐标，得到标准曲线。将待测液进样测定，得到牛磺酸色谱峰面积。根据标准曲线计算试样溶液中牛磺酸的浓度。

5.3 结果计算

试样中牛磺酸含量按下式计算。

$$Y_i = \frac{X_i \times V}{m \times 1000} \times 100$$

式中：Y_i为试样中牛磺酸的含量（mg/100g）；X_i为待测液中牛磺酸的浓度值（μg/ml）；V为待测液最终的定容体积（ml）；n为稀释倍数；m为称样量（g）。计算结果保留三位有效数字。

6 精密度

6.1 每次测定应不少于两个独立的平行试验，计算结果以重复性条件下获得的两次独立测试结果的算术平均值表示。

6.2 在重复性条件下获得的两次独立测试结果的绝对差值不得超过算术平均值的10%。

7 注意事项

7.1 实验过程中注意避光。

7.2 丹磺酰氯溶液要现用现配。

7.3 牛磺酸标准品溶液不稳定，所以标准工作液需现用现稀释，标准储备溶液4℃状态下5天响应值无明显变化。

起草人：刘议蔓（四川省食品药品检验检测院）

刘桂亮（山东省食品药品检验研究院）

复核人：岳清洪（四川省食品药品检验检测院）

孙珊珊（山东省食品药品检验研究院）

第十二节　婴幼儿食品和乳品中乳糖的检测

1　简述

参考GB 5413.5–2010《食品安全国家标准　婴幼儿食品和乳品中乳糖、蔗糖的测定》第一法制定本规程。

乳糖是二糖的一种，在自然界中仅存在于哺乳动物的乳汁中，一分子乳糖消化可得一分子葡萄糖和一分子半乳糖。半乳糖能促进脑苷脂类和黏多糖类的生成，因而对幼儿智力发育非常重要。

本方法为高效液相色谱法测定婴幼儿食品中乳糖的分析方法。试样中的乳糖经提取后，利用高效液相色谱柱分离，用示差折光检测器检测，外标法进行定量。本方法同时适用于婴幼儿食品和乳品中乳糖的测定。

2　试剂和材料

2.1　试剂

除另有规定外，本方法中所用试剂均为分析纯，水为符合GB/T 6682规定的一级水。

乙腈（色谱纯）。

2.2　试剂配制

乙腈+水（70+30，体积比）：量取700ml乙腈与300ml水混合。

2.3　标准溶液的配制

2.3.1　乳糖（$C_6H_{12}O_6$，CAS号：63-42-3）　纯度为99%，或经国家认证并授予标准物质证书的标准物质。

2.3.2　乳糖标准储备溶液（20mg/ml）　准确称取在94℃±2℃干燥2小时的乳糖各1g（精确至0.1mg），加水定容于50ml，置于4℃密封可贮藏一个月。

2.3.3　乳糖标准工作溶液　分别吸取乳糖标准储备液0ml、1.00ml、2.00ml、3.00ml、4.00ml、5.00ml 于10ml 容量瓶中，用水定容，分别相当于0mg/ml、2.0mg/ml、4.0mg/ml、6.0mg/ml、8.0mg/ml、10.0mg/ml 浓度标准溶液。

3 仪器与用具

高效液相色谱色谱仪，需配有示差折光检测器；电子天平，感量为0.1mg；离心机，转速不低于4000r/min；超声波清洗机；旋涡混合器。

4 分析步骤

4.1 试样处理

称取试样2.5g（精确到0.1mg）于100ml比色管中，加入适量50~60℃水溶解，于超声波振荡器中超声10分钟，放置室温，用水定容至刻度。旋涡混匀后，取4.0ml溶液于10ml容量瓶中，用乙腈定容至刻度，离心，过0.22μm滤膜，供色谱分析。

4.2 仪器参考条件

色谱柱：氨基色谱柱，5μm，4.6mm×250mm。示差折光检测器条件：温度35℃。流动相：乙腈+水（70+30，体积比）。流速：1.0ml/min。进样体积：10μl。柱温：35℃。

5 计算

5.1 定性定量分析

本方法以保留时间定性，峰面积外标法定量。将乳糖标准系列工作液分别注入高效液相色谱仪中，得到相应的峰面积，以峰面积为纵坐标，以标准系列工作液浓度为横坐标绘制标准曲线。在相同色谱条件下，将制备的试样溶液进样，根据标准曲线计算出试样溶液中乳糖的浓度。

5.2 计算

试样中乳糖的含量按下式计算。

$$X = \frac{c \times V \times 100 \times n}{m \times 1000}$$

式中：X为试样中乳糖的含量（g/100g）；c为样液中乳糖的浓度（mg/ml）；V为定容体积（ml）；m为试样质量（g）；n为样品溶液稀释倍数；计算结果保留三位有效数字。

6 精密度

6.1 试样每次测定应不少于2份，计算结果以重复性条件下获得的两次独立测定结果的算术平均值表示。

6.2 精密度要求，在重复性条件获得的两次独立测定结果的绝对差值不得超过算术平均值的5%。

6.3 乳糖占碳水化合物总量应≥90%；对于乳基产品，计算乳糖占碳水化合物总量时，不包括添加的低聚糖和多聚糖类物质；乳糖百分比含量的要求不适用于豆基配方食品。

7 注意事项

7.1 乳糖标准品若是水合形式，计算时需要进行折算。

7.2 幼儿食品检测乳糖时，要注意一下标签上是否添加低聚半乳糖、低聚果糖等其他形式的糖类。若有添加，要注意碳水化合物及能量的折算结果。

7.3 幼儿食品检测乳糖时，要用50~60℃水溶解。若水温过低，检测结果偏低。

7.4 乙腈为有毒有机试剂，使用时需带防护手套和防护面具，并避免接触皮肤，若皮肤接触需脱去污染的衣着，用肥皂水和清水彻底冲洗皮肤。废液应妥善处理，不得污染环境。

7.5 天平使用前需校准，保持干燥，使用后需清理干净。

起草人：王　明（四川省食品药品检验检测院）

孙珊珊（山东省食品药品检验研究院）

复核人：杜　钢（四川省食品药品检验检测院）

刘桂亮（山东省食品药品检验研究院）

第十三节　食品中维生素 A 和维生素 E 的检测

1 简述

参考GB 5009.82-2016《食品安全国家标准　食品中维生素A、D、E的测定》第一法制定本规程。

试样中的维生素A及维生素E经皂化（含淀粉先用淀粉酶酶解）、石油醚–乙醚提取、旋蒸浓缩后，C18或PFP反相液相色谱柱分离，紫外检测器测定，外标法定量。

本方法适用于特殊膳食食品、特殊医学用途配方食品、婴幼儿配方食品中维生素A和维生素E的反相高效液相色谱分析方法。

当取样量为5g，定容10ml时，维生素A的紫外检出限为10μg/100g，定量限为30μg/100g；生育酚的紫外检出限为40μg/100g，定量限为120μg/100g。

2 试剂和材料

2.1 试剂

除另有规定外，本方法中所用试剂均为分析纯，水为符合GB/T 6682规定的一级水。

无水乙醇（不含醛类物质）；抗坏血酸；氢氧化钾；乙醚（不含过氧化物）；石油醚（沸程为30~60℃）；无水硫酸钠；pH试纸（pH范围1~14）；甲醇（色谱纯）；淀粉酶（活力单位≥100 U/mg）；2,6–二叔丁基对甲酚（BHT）。

2.2 试剂配制

2.2.1 氢氧化钾溶液（50g/100g）　称取50g氢氧化钾，加入50ml水溶解，冷却后，储存

第三篇　食品中化学成分检测

于聚乙烯瓶中。

2.2.2 石油醚 – 乙醚溶液（1+1） 量取 200ml 石油醚，加入 200ml 乙醚，混匀。

2.3 标准品

2.3.1 维生素 A 标准品 视黄醇（$C_{20}H_{30}O$，CAS 号：68–26–8）：纯度 ≥ 95%。

2.3.2 维生素 E 标准品 α – 生育酚（$C_{29}H_{50}O_2$，CAS 号：10191–41–0）：纯度 ≥ 95%。β – 生育酚（$C_{28}H_{48}O_2$，CAS 号：148–03–8）：纯度 ≥ 95%。γ – 生育酚（$C_{28}H_{48}O_2$，CAS 号：54–28–4）：纯度 ≥ 95%。δ – 生育酚（$C_{27}H_{46}O_2$，CAS 号：119–13–1）：纯度 ≥ 95%。

2.4 标准溶液配制

2.4.1 维生素 A 标准储备溶液（0.500mg/ml） 准确称取 25.0mg 维生素 A 标准品于 50ml 容量瓶中，用无水乙醇溶解并定容至刻度，此溶液浓度约为 0.500mg/ml。将溶液转移至棕色试剂瓶中，密封后，在 –20 ℃下避光保存，有效期 1 个月。临用前将溶液回温至 20℃，并进行浓度校正。

2.4.2 维生素 E 标准储备溶液（1.00mg/ml） 分别准确称取 α – 生育酚、β – 生育酚、γ – 生育酚和 δ – 生育酚各 50.0mg，用无水乙醇溶解后，转移入 50ml 容量瓶中，定容至刻度，此溶液浓度约为 1.00mg/ml。将溶液转移至棕色试剂瓶中，密封后，在 –20℃下避光保存，有效期 6 个月。临用前将溶液回温至 20℃，并进行浓度校正。

2.4.3 维生素 A 和维生素 E 混合标准溶液中间液 准确吸取维生素 A 标准储备溶液 1.00ml 和维生素 E 标准储备溶液各 5.00ml 于同一 50ml 容量瓶中，用甲醇定容至刻度，此溶液中维生素 A 浓度为 10.0μg/ml，维生素 E 各生育酚浓度为 100μg/ml。在 –20℃下避光保存，有效期半个月。

2.4.4 维生素 A 和维生素 E 标准系列工作溶液 分别准确吸取维生素 A 和维生素 E 混合标准溶液中间液 0.20ml、0.50ml、1.00ml、2.00ml、4.00ml、6.00ml 于 10ml 棕色容量瓶中，用甲醇定容至刻度，该标准系列中维生素 A 浓度为 0.20μg/ml、0.50μg/ml、1.00μg/ml、2.00μg/ml、4.00μg/ml、6.00μg/ml，维生素 E 各生育酚浓度为 2.00μg/ml、5.00μg/ml、10.0μg/ml、20.0μg/ml、40.0μg/ml、60.0μg/ml。临用前配制。

2.5 滤膜

0.22μm 滤膜，有机系滤膜。

3 仪器与设备

高效液相色谱仪（带紫外检测器或二极管阵列检测器）；分析天平（感量分别为 0.01g 和 0.01mg）；旋涡混合器；恒温水浴振荡器；超声波清洗器；旋转蒸发仪；离心机（转速不低于 4000r/min）；氮吹仪；紫外分光光度计；萃取净化振荡器。

4 分析步骤

4.1 试样制备

取样品按四分法经过缩分混匀，储存于样品瓶中，避光冷藏，尽快测定。

4.2 试样处理

4.2.1 皂化

4.2.1.1 不含淀粉样品　称取样品5g（精确至0.01g）于150ml锥形瓶中，加入20ml温水，混匀，再加入1.0g抗坏血酸和0.1g BHT，混匀，加入30ml无水乙醇，加入10ml氢氧化钾溶液（本节2.2.1），边加边振摇，混匀后于80℃恒温水浴震荡皂化30分钟，皂化后立即用冷水冷却至室温。

4.2.1.2 含淀粉样品　称取样品5g（精确至0.01g）于150ml锥形瓶中，加入20ml温水混匀，加入1g淀粉酶，放入60℃水浴避光恒温振荡30分钟后，取出，向酶解液中加入1.0g抗坏血酸和0.1g BHT，混匀，加入30ml无水乙醇，10ml氢氧化钾溶液（本节2.2.1），边加边振摇，混匀后于80℃恒温水浴振荡皂化30分钟，皂化后立即用冷水冷却至室温。

4.2.2 提取　
将皂化液转入250ml的分液漏斗中，并用30ml水冲洗锥形瓶2次，清洗液一并到入分液漏斗中。向分液漏斗中加入50ml石油醚－乙醚混合液（本节2.2.2），振荡萃取5分钟，将下层溶液转移至另一250ml的分液漏斗中，加入50ml的石油醚－乙醚混合液（本节2.2.2）再次萃取，合并醚层。

4.2.3 洗涤　
用50ml水洗涤醚层，需重复3次，直至将醚层洗至中性（可用pH试纸检测下层溶液pH），去除下层水相。

4.2.4 浓缩　
将洗涤后的醚层经3g无水硫酸钠干燥，滤入250ml旋转蒸发瓶中，用15ml石油醚冲洗分液漏斗，并用无水硫酸钠再次干燥。醚液并入旋转蒸发瓶内，并将其接在旋转蒸发仪上，于40℃水浴中减压蒸馏。待瓶中醚液剩下约2ml时，取下旋转蒸发瓶，立即用氮气吹至近干。用甲醇分次将旋转蒸发瓶中残留物溶解并转移至10ml容量瓶中，定容至刻度。溶液过0.22μm有机系滤膜后供高效液相色谱测定。

4.3 仪器参考条件

4.3.1 方法一：分离维生素A与四种生育酚的高效液相色谱参考条件　
色谱柱：PFP反相液相色谱柱（250×4.6mm，5μm）。柱温：35℃。检测波长：维生素A 325nm，维生素E 294nm。进样量：10μl。流速：1.0ml/min。流动相：甲醇＋水，梯度洗脱程序见表3-2-9。

表3-2-9　流动相梯度洗脱条件

时间（min）	甲醇（%）	水（%）
0	85	15
22	94	6
26	100	0
26.1	85	15
35	85	15

4.3.2 方法二：分离维生素A与α－生育酚的高效液相色谱参考条件　
色谱柱：C18色谱柱（4.6×250mm，5μm）。柱温：35℃。流动相：甲醇＋水=97+3。检测波长：维生素A 325nm，维生素E 294nm。进样量：10μl。流速：1.0ml/min。

5 计算

5.1 定性分析

在相同试验条件下测定试样溶液，根据保留时间定性。

5.2 定量分析

将维生素A和维生素E标准系列工作溶液分别注入高效液相色谱仪中，测定相应的峰面积，以峰面积为纵坐标，以标准测定液浓度为横坐标绘制标准曲线，计算直线回归方程。样液经高效液相色谱仪分析，测得峰面积，采用外标法通过上述标准曲线计算其浓度。

5.3 计算

试样中维生素A或维生素E的含量按下式计算。

$$X = \frac{c \times V \times f \times 100}{m}$$

式中：X 为试样中维生素A或维生素E的含量，维生素A（μg/100g），维生素E（mg/100g）；c 为根据标准曲线计算得到的试样中维生素A或维生素E的浓度（μg/ml）；V 为定容体积（ml）；m 为试样质量（g）；f 为换算因子（维生素A：f=1；维生素E：f=0.001）；100为试样中量以每100克计算的换算系数；计算结果保留三位有效数字。

6 精密度

6.1 试样每次测定应不少于2份，计算结果以重复性条件下获得的两次独立测定结果的算术平均值表示。

6.2 精密度要求，在重复性条件获得的两次独立测定结果的绝对差值不得超过算术平均值的10%。

7 注意事项

7.1 样品处理过程中使用的所有器皿不得含有氧化性物质；分液漏斗活塞玻璃表面不得涂油；处理过程应避免紫外光照，尽可能避光操作；提取过程应在通风柜中操作。

7.2 在皂化过程中，应每5分钟振摇一次皂化瓶，使样品皂化完全。

7.3 皂化时间一般为30分钟，如皂化液冷却后，液面有浮油，需要加入适量氢氧化钾溶液，并适当延长皂化时间。

7.4 提取过程中，振摇不应太过剧烈，避免溶液乳化而不易分层。

7.5 在旋转蒸发时乙醚溶液不应蒸干，以免被测样品含量损失。

7.6 石油醚、乙醚及甲醇为有毒有害有机试剂，使用时需带防护护具，并避免接触皮肤，若皮肤接触需脱去污染的衣着，用肥皂水和清水彻底冲洗皮肤。废液应妥善处理，不得污染环境。

7.7 氢氧化钾为强碱具有强烈腐蚀性，使用时需带防护护具，并避免接触皮肤。

7.8 在测定过程中，建议每测定10个样品用同一份标准溶液或标准物质检查仪器的稳定性。

7.9 如维生素E的测定结果要用α–生育酚当量（α–TE）表示，可按下式计算：维生素E（mgα–TE/100g）=α–生育酚（mg/100g）+β–生育酚（mg/100g）×0.5+γ–生育酚（mg/100g）×0.1+δ–生育酚（mg/100g）×0.01。

7.10　标准溶液的浓度校正

7.10.1 取视黄醇标准储备溶液500μl于50ml的棕色容量瓶中，用无水乙醇定容至刻度，混匀，用1cm石英比色杯，以无水乙醇为空白参比，按表3-2-9的测定波长测定其吸光度。

7.10.2 分别取α–生育酚、β–生育酚、γ–生育酚和δ–生育酚标准储备溶液500μl于各10ml棕色容量瓶中，用无水乙醇定容至刻度，混匀，分别用1cm石英比色杯，以无水乙醇为空白参比，按3-2-10的测定波长测定其吸光度。

试液中维生素A或维生素E的浓度按下式计算。

$$X = \frac{A}{E} \times 10^4$$

式中：X为维生素标准稀释液浓度（μg/ml）；A为维生素稀释液的平均紫外吸光值；E为维生素1%比色光系数（各维生素相应的比色吸光系数见表3-2-10）。

表3-2-10　测定波长及百分吸光系数

目标物	波长（nm）	E（1%比色光系数）
α–生育酚	292	76
β–生育酚	296	89
γ–生育酚	298	91
δ–生育酚	298	87
视黄醇	325	1835

起草人：岳清洪（四川省食品药品检验检测院）

周禹君（山东省食品药品检验研究院）

复核人：罗　玥（四川省食品药品检验检测院）

周传静（山东省食品药品检验研究院）

第十四节　食品中维生素D的检测

1　简述

参考GB 5009.82-2016《食品安全国家标准　食品中维生素A、D、E的测定》第四法制定本规程。

本方法为维生素D的高效液相色谱分析方法。方法的主要原理为样品中的维生素D_2或维生素D_3经氢氧化钾乙醇溶液皂化（含淀粉试样先用淀粉酶酶解）、提取、净化、浓缩后，用正相高效液相色谱半制备，反相高效液相色谱C18柱色谱分离，经紫外或二极管阵列检测器检测，外标法定量。

本方法适用于特殊膳食食品、特殊医学用途配方食品、婴幼儿配方食品中维生素D的测定。

当取样量为10g时，维生素D_2或维生素D_3的检出限为0.7μg/100g，定量限为2μg/100g。

2 试剂和材料

2.1 试剂

除另有规定外，本方法中所用试剂均为分析纯，水为符合GB/T 6682规定的一级水。

无水乙醇（不含醛类物质）；抗坏血酸；氢氧化钾；正己烷；石油醚（沸程为30~60℃）；无水硫酸钠；pH试纸（pH范围1~14）；甲醇（色谱纯）；淀粉酶（活力单位≥100U/mg）；2，6-二叔丁基对甲酚（简称BHT）；环己烷；异丙醇。

2.2 试剂配制

2.2.1 氢氧化钾溶液（50g/100g） 称取50g氢氧化钾，加入50ml水溶解，冷却后，储存于聚乙烯瓶中。

2.2.2 正己烷–环己烷溶液（1+1） 量取8ml异丙醇加入到992ml正己烷–环己烷混合液（496ml正己烷+496ml环己烷）中，混匀，超声脱气，备用。

2.2.3 甲醇–水溶液（95+5） 量取50ml水加入到950ml甲醇中，混匀，超声脱气，备用。

2.3 标准品

维生素D_2标准品：钙化醇（$C_{28}H_{44}O$，CAS号：50–14–6），纯度＞98%；维生素D_3标准品：胆钙化醇（$C_{27}H_{44}O$，CAS号：511–28–4），纯度＞98%。

2.4 标准溶液配制

2.4.1 维生素D_2标准储备溶液 准确称取维生素D_2标准品10.0mg，用色谱纯无水乙醇溶解并定容至100ml，使其浓度约为100μg/ml，转移至棕色试剂瓶中，于–20℃冰箱中密封保存，有效期3个月。临用前用紫外分光光度法校正其浓度。

2.4.2 维生素D_3标准储备溶液 准确称取维生素D_3标准品10.0mg，用色谱纯无水乙醇溶解并定容至100ml，使其浓度约为100μg/ml，转移至棕色试剂瓶中，于–20℃冰箱中密封保存，有效期3个月。临用前用紫外分光光度法校正其浓度。

2.4.3 维生素D_2标准中间使用液 准确吸取维生素D_2标准储备溶液10.00ml，用流动相（本节2.2.2）稀释并定容至100ml，浓度约为10.0μg/ml，有效期1个月，准确浓度按校正后的浓度折算。

2.4.4 维生素D_3标准中间使用液 准确吸取维生素D_3标准储备溶液10.00ml，用流动相（本节2.2.2）稀释并定容至100ml的棕色容量瓶中，浓度约为10.0μg/ml，有效期3个月，准确浓度按校正后的浓度折算。

2.4.5 维生素D_2标准使用液 准确吸取维生素D_2标准中间使用液10.00ml，用流动相（本节2.2.2）稀释并定容至100ml的棕色容量瓶中，浓度约为1.00μg/ml，准确浓度按校正后的浓度折算。

2.4.6 维生素 D₃ 标准使用液　准确吸取维生素 D₃ 标准中间使用液 10.00ml，用流动相（本节 2.2.2）稀释并定容至 100ml 的棕色容量瓶中，浓度约为 1.00μg/ml，准确浓度按校正后的浓度折算。

2.4.7 标准系列溶液的配制　分别准确吸取维生素 D₂ 和维生素 D₃ 标准中间使用液 0.50ml、1.00ml、2.00ml、4.00ml、6.00ml、10.00ml 于 100ml 棕色容量瓶中，用甲醇定容至刻度混匀。此标准系列工作液浓度分别为 0.05μg/ml、0.10μg/ml、0.20μg/ml、0.40μg/ml、0.60μg/ml、1.00μg/ml。

2.5　滤膜

0.22μm 滤膜，有机系滤膜。

3　仪器和设备

半制备正相高效液相色谱仪（带紫外或二极管阵列检测器，进样器配 500μl 定量环）；反相高效液相色谱分析仪（带紫外或二极管阵列检测器，进样器配 100μl 定量环）；分析天平（感量分别为 0.01g 和 0.01mg）；旋涡混合器；恒温水浴振荡器；旋转蒸发仪；离心机（转速不低于 4000r/min）；氮吹仪；紫外分光光度计；磁力搅拌器（带加热、控温功能）；萃取净化振荡器。

4　分析步骤

4.1　试样制备

取样品按四分法经过缩分混匀，储存于样品瓶中，避光冷藏，尽快测定。

4.2　试样处理

4.2.1　皂化

4.2.1.1 不含淀粉样品　称取固体试样 5g（准确至 0.01g）或 10g（准确至 0.01g）液体样品于 150ml 锥形瓶中，固体试样需加入 20ml 温水，溶解混匀，再加入 1.0g 抗坏血酸和 0.1g BHT，混匀。加入 30ml 无水乙醇和 10ml 氢氧化钾溶液（本节 2.2.1），边加边振摇，混匀后于恒温水浴振荡器上 80℃皂化 30 分钟，皂化后立即用冷水冷却至室温。

4.2.1.2 含淀粉样品　称取固体试样 5g（准确至 0.01g）或 10g（精确至 0.01g）液体样品于 150ml 锥形瓶中，固体试样需加入 20ml 温水和 1g 淀粉酶，溶解混匀，放入 60℃恒温水浴振荡 30 分钟。取出后向酶解液中加入 1.0g 抗坏血酸和 0.1g BHT，混匀；加入 30ml 无水乙醇和 10ml 氢氧化钾溶液（本节 2.2.1），边加边振摇，混匀后于恒温水浴振荡器上 80℃皂化 30 分钟，皂化后立即用冷水冷却至室温。

4.2.2　提取　将皂化液转入 250ml 的分液漏斗中，并用 15ml 水冲洗锥形瓶 2 次，清洗液一并倒入分液漏斗中。向分液漏斗中加入 50ml 石油醚，振荡萃取 5 分钟，将下层溶液转移至另一 250ml 的分液漏斗中，加入 50ml 的石油醚再次萃取，合并醚层。

4.2.3　洗涤　用 50ml 水洗涤醚层，需重复 3 次，直至将醚层洗至中性（可用 pH 试纸检测下层溶液 pH），去除下层水相。

4.2.4　浓缩　将洗涤后的醚层经 3g 无水硫酸钠干燥，滤入 250ml 旋转蒸发瓶中，用 15ml 石油醚冲洗分液漏斗，并用无水硫酸钠再次干燥。醚液并入蒸发瓶内，并将其接在旋转蒸发仪上，于 40℃水浴中减压蒸馏。待瓶中醚液剩下约 2ml 时，取下蒸发瓶，氮吹至干，准确加入 2ml 正己烷复溶，0.22μm 有机系滤膜过滤供半制备正相高效液相色谱系统半制备，净化待测液。

4.3 仪器参考条件

4.3.1 半制备正相高效液相色谱参考条件 色谱柱：硅胶柱（250×4.6mm，5μm）。流动相：环己烷 + 正己烷（1+1），并按体积分数 0.8% 加入异丙醇。流速：1.0ml/min。检测波长：264nm。柱温：35℃。进样体积：500μl。

4.3.2 半制备正相高效液相色谱系统适用性试验 取 1.00ml 维生素 D$_2$ 和 D$_3$ 标准中间使用液于 10ml 具塞试管中，在 40℃ ±2℃ 的氮吹仪上吹干。残渣用 10ml 正己烷振荡溶解，取溶解液 100μl 注入液相色谱仪中测定，确定维生素 D 保留时间。然后将 500μl 待测液注入液相色谱仪中，根据维生素 D 标准溶液保留时间收集维生素 D 馏分于试管中。将试管置于 40℃ 水浴氮气吹干，取出准确加入 1.0ml 甲醇，残渣振荡溶解，即为维生素 D 测定液。

4.3.3 反相液相色谱参考条件 色谱柱：C18 色谱柱（250×4.6mm，5μm）。流动相：甲醇 + 水 =95+5；流速：1.0ml/min；检测波长：264nm；柱温：35℃；进样量：100μl。

5 计算

5.1 定性分析

在相同试验条件下测定试样溶液，根据保留时间定性。

5.2 定量分析

将维生素 D$_2$ 和维生素 D$_3$ 混合标准工作溶液注入反相液相色谱仪测定，得到维生素 D$_2$ 和维生素 D$_3$ 的峰面积。以峰面积为纵坐标，以标准测定液浓度为横坐标绘制标准曲线，计算直线回归方程。样液经高效液相色谱仪分析，测得峰面积，采用外标法通过上述标准曲线计算其浓度，需要验证回收率能满足检测要求。

5.3 计算

试样中维生素 D 的含量按下式计算。

$$X = \frac{c \times V \times f \times 100}{m}$$

式中：X 为试样中维生素 D 的含量（μg/100g）；c 为根据标准曲线计算得到的试样中维生素 D 的浓度（μg/ml）；V 为定容体积（ml）；m 为试样质量（g）；f 为稀释倍数；100 为试样中量以每 100 克计算的换算系数；计算结果保留三位有效数字。

6 精密度

6.1 试样每次测定应不少于 2 份，计算结果以重复性条件下获得的两次独立测定结果的算术平均值表示。

6.2 精密度要求，在重复性条件获得的两次独立测定结果的绝对差值不得超过算术平均值的 15%。

7 注意事项

7.1 样品处理过程中使用的所有器皿不得含有氧化性物质；分液漏斗活塞玻璃表面不得涂

由；处理过程应避免紫外光照，尽可能避光操作；提取过程应在通风柜中操作。

7.2 石油醚、乙醚、甲醇等有毒有害易挥发有机试剂，使用时需带防护手套和防护面具，在通风橱下操作，并避免接触皮肤，若皮肤接触需脱去污染的衣着，用肥皂水和清水彻底冲洗皮肤。废液应妥善处理，不得污染环境。

7.3 氢氧化钾为强碱具有强烈腐蚀性，使用时需带防护手套和防护面具。并避免接触皮肤。

7.4 天平使用前需校准，保持干燥，使用后需清理干净。

7.5 皂化时间一般为 30 分钟，如皂化液冷却后，液面有浮油，需要加入适量氢氧化钾溶液，并适当延长皂化时间。

7.6 标准溶液的浓度校正：分别取维生素 D_2、维生素 D_3 标准储备液 100 μl 于各 10ml 的棕色容量瓶中，用无水乙醇定容至刻度，混匀，分别用 1cm 石英比色杯，以无水乙醇为空白参比，按表 3-2-11 的测定波长测定其吸光度。

试液中维生素 D 的浓度按下式计算：

$$X = \frac{A}{E} \times 10^4$$

式中：X 为维生素标准稀释液浓度，单位 μg/ml；A 为维生素稀释液的平均紫外吸光值；E 为维生素 1% 比色光系数（比色吸光系数见表 3-2-11）。

表 3-2-11 测定波长及百分吸光系数

目标物	波长（nm）	E（1% 比色光系数）
维生素 D_2	264	485
维生素 D_3	264	462

7.7 样品中若只含有维生素 D_3，可用维生素 D_2 做内标；如只含有维生素 D_2，可用维生素 D_3 做内标。

当用维生素 D_2 作内标测定维生素 D_3 时，分别准确吸取维生素 D_3 标准中间使用液 0.50ml、1.00ml、2.00ml、4.00ml、6.00ml、10.00ml 于 100ml 棕色容量瓶中，各加入维生素 D_2 内标溶液 5.00ml，用甲醇定容至刻度混匀。此标准系列工作液浓度分别为 0.05 μg/ml、0.10 μg/ml、0.20 μg/ml、0.40 μg/ml、0.60 μg/ml、1.00 μg/ml。

当用维生素 D_3 作内标测定维生素 D_2 时，分别准确吸取维生素 D_2 标准中间使用液 0.50ml、1.00ml、2.00ml、4.00ml、6.00ml、10.00ml 于 100ml 棕色容量瓶中，各加入维生素 D_3 内标溶液 5.00ml，用甲醇定容至刻度，混匀。此标准系列工作液浓度分别为 0.05 μg/ml、0.10 μg/ml、0.20 μg/ml、0.40 μg/ml、0.60 μg/ml、1.00 μg/ml。

起草人：岳清洪（四川省食品药品检验检测院）

周禹君（山东省食品药品检验研究院）

复核人： 罗　玥（四川省食品药品检验检测院）

周传静（山东省食品药品检验研究院）

第三篇　食品中化学成分检测

第十五节　食品中维生素 B$_1$ 的检测

1　简述

参考 GB 5009.84–2016《食品安全国家标准　食品中维生素 B$_1$ 的测定》第一法制定本规程。

方法原理为试样在稀盐酸环境中恒温水解、中和、再酶解，酶解液用碱性铁氰化钾溶液衍生，正丁醇萃取后，经 C18 反相色谱柱分离，用高效液相色谱–荧光检测器检测，外标法定量。

本方法适用于特殊膳食食品、特殊医学用途配方食品、婴幼儿配方食品中维生素 B$_1$ 的反相高效液相色谱分析方法。

当称样量为 10.0g 时，维生素 B$_1$ 的检出限为 0.03mg/100g，定量限为 0.10mg/100g。

2　试剂和材料

2.1　试剂

除另有说明，本方法中所用试剂均为分析纯，水为符合 GB/T 6682 规定的一级水。

铁氰化钾；甲醇（色谱纯）；正丁醇；盐酸；乙酸钠；氢氧化钠；冰乙酸；五氧化二磷或者氧化钙；淀粉酶（应不含维生素 B$_1$，酶活力 ≥ 3700 U/g）；木瓜蛋白酶（应不含维生素 B$_1$，酶活力 ≥ 800 U/mg）。

2.2　试剂配制

2.2.1　铁氰化钾溶液（20g/L）　称取 1g 铁氰化钾，用水溶解并定容至 50ml，摇匀。临用前配制。

2.2.2　氢氧化钠溶液（100g/L）　称取 25g 氢氧化钠，用水溶解并定容至 250ml，摇匀。

2.2.3　碱性铁氰化钾溶液　将 5ml 铁氰化钾溶液（本节 2.2.1）与 200ml 氢氧化钠溶液（本节 2.2.2）混合，摇匀。临用前配制。

2.2.4　盐酸溶液（0.1mol/L）　准确移取 9ml 盐酸，用水稀释并定容至 1000ml，摇匀。

2.2.5　盐酸溶液（0.01mol/L）　准确移取 0.1mol/L 盐酸（本节 2.2.4）50ml，用水稀释并定容至 500ml，摇匀。

2.2.6　乙酸钠溶液（20mmol/L）　称取 2.72g 乙酸钠，用 900ml 水溶解用冰乙酸调 pH 为 4.5，加水定容至 1000ml，经 0.45μm 微孔滤膜过滤后使用。

2.2.7　乙酸钠溶液（2.0mol/L）　称取 27.2g 乙酸钠，用水溶解并定容至 100ml，摇匀。

2.2.8　混合酶溶液　准确称取 1.76g 木瓜蛋白酶和 1.27g 淀粉酶，加水溶解后定容至 50ml，涡旋混匀，冷藏保存，临用前再次摇匀后使用。

2.3　标准品

维生素 B$_1$ 标准品：盐酸硫胺素（C$_{12}$H$_{17}$ClN$_4$OS·HCl，CAS 号：67–03–8），纯度 ≥ 95%。

2.4　标准溶液配制

2.4.1　维生素 B$_1$ 标准储备溶液（500μg/ml）　准确称取经五氧化二磷或者氧化钙干燥 24 小时的盐酸硫胺素标准品 56.1mg（精确至 0.1mg），相当于 50mg 硫胺素，用 0.01mol/L 盐酸溶夜溶解并定容至 100ml，摇匀，置于 4℃ 冰箱中，保存期为 3 个月。

2.4.2 维生素 B₁ 标准中间溶液（10μg/ml）　准确移取 2.00ml 标准储备液，用水稀释并定容至 100ml，摇匀。临用前配制。

2.4.3 维生素 B₁ 标准系列工作溶液　准确移取 0μl、50μl、100μl、200μl、400μl、800μl、1000μl 维生素 B₁ 标准中间溶液（本节 2.4.2），用水定容至 10ml，配制成浓度为 0μg/ml、0.05μg/ml、0.10μg/ml、0.20μg/ml、0.40μg/ml、0.80μg/ml、1.00μg/ml 的标准工作溶液。

2.5　滤膜

0.22μm 滤膜，有机相滤膜。

2.6　滤纸

定性滤纸。

3　仪器和设备

高效液相色谱仪（配置荧光检测器）；分析天平（感量分别为 0.01g 和 0.1mg）；高速离心机（转速不低于 4000r/min）；涡旋混合器；超声波清洗机；恒温培养箱；组织捣碎机（最大转速不低于 10000r/min）；电热恒温干燥箱；pH 计（精度 0.01）。

4　分析步骤

4.1　试样制备

取代表性样品，用组织捣碎机充分打匀均质，立即测定或装入洁净容器中，并明确标示，于冰箱中冷藏。

4.2　提取

称取 5g（精确至 0.01g）固体试样或者 10g（精确至 0.01g）液体试样于 150ml 锥形瓶中（带有软质瓶塞），加 60ml 0.1mol/L 盐酸溶液（本节 2.2.4），充分涡旋混匀，塞好瓶塞，电热恒温干燥箱中 121℃ 保持 30 分钟。水解结束待冷却至 40℃ 以下取出，轻摇数次；用 pH 计指示，2.0mol/L 乙酸钠溶液（本节 2.2.7）调节 pH 至 4.00 ± 0.05，加入 3.0ml 混合酶溶液（本节 2.2.8），摇匀后，置于恒温培养箱中 37℃ 过夜（约 16 小时）；将酶解液全部转移至 100ml 容量瓶中，用水定容至刻度，摇匀，用定性滤纸过滤或离心，取上清液备用。

4.3　试液衍生化

准确移取上述上清液或者滤液 2.0ml 于 15ml 离心管中，加入 2.0ml 碱性铁氰化钾溶液（本节 2.2.3），涡旋混匀后，准确加入 5.0ml 正丁醇，再次涡旋混匀 1.5 分钟后静置 10 分钟或离心，待充分分层后，吸取正丁醇相（上层）经 0.45μm 有机微孔滤膜过滤，取滤液于 2ml 棕色进样瓶中，供分析用。另取 2.0ml 标准系列工作液，与试液同步进行衍生化。

4.4　仪器参考条件

通过优化色谱柱、流动相及柱温等色谱条件使维生素 B₁ 峰形良好，无干扰，参考色谱条件如下。色谱柱C18（5μm，150mm×4.6mm）或相当者。流速为0.8ml/min。进样量为5μl。柱温设置35℃。检测波长：激发波长375nm，发射波长435nm。流动相采用20mmol/L乙酸钠溶液（本节2.2.6）+甲醇=65+35，等度洗脱。

5 计算

5.1 定性分析

在相同试验条件下测定试样溶液，依据保留时间进行定性分析。

5.2 标准曲线的制作以及试样溶液的测定

将标准系列工作液衍生物及试样衍生物注入高效液相色谱仪中，以本节4.4中的仪器参考条件进行色谱分析，测定相应的维生素B_1衍生物峰面积。以标准工作液的浓度（μg/ml）为横坐标，峰面积为纵坐标，绘制标准曲线。根据标准曲线计算得到待测液中维生素B_1的浓度。

5.3 计算

试样中维生素B_1（以硫胺素计）的含量按下式计算。

$$X = \frac{c \times V \times f}{m \times 1000} \times 100$$

式中：X为试样中维生素B_1（以硫胺素计）的含量（mg/100g）；c为由标准曲线到测定样液中维生素B_1的浓度（μg/ml）；V为定容体积（ml）；m为试样质量（g）；f为试样（上清液）衍生前的稀释倍数；100为换算为100g样品中含量的换算系数；1000为将浓度单位μg/ml换算为mg/ml的换算系数。

6 精密度

6.1 试样每次测定应不少于2份，计算结果以重复性条件下获得的两次独立测定结果的算术平均值表示。

6.2 精密度要求，在重复性条件获得的两次独立测定结果的绝对差值不得超过算术平均值的10%。

7 注意事项

7.1 如果维生素B_1标样为盐酸盐或其他盐的形式，计算时需要进行折算。

7.2 正丁醇和甲醇为有毒有机试剂，使用时需带防护手套和防护面具，并避免接触皮肤，若皮肤接触需脱去污染的衣着，用肥皂水和清水彻底冲洗皮肤。废液应妥善处理，不得污染环境。

7.3 氢氧化钠为强碱，具有强烈腐蚀性，使用时需带防护手套和防护面具。并避免接触皮肤。

7.4 盐酸为强酸，具有强烈腐蚀性及刺激性，使用时需带防护手套和防护面具，并避免接触皮肤。

7.5 需要组织捣碎的样品均质后需清洗刀头，使用前需保持干燥清洁。

7.6 天平使用前需校准，保持干燥，使用后需清理干净。

7.7 pH计在进行操作前，应首先检查电极的完好性并进行pH校准。选择的校准的标准液与要测定的溶液的pH有关，使待测溶液的pH能落在校正的pH范围内。使用后需将电极用水清洗干净并保存于饱和氯化钾溶液中。

7.8 由于维生素B$_1$对光极为敏感，因此实验过程应避免强光照射。

7.9 若试样中维生素B$_1$浓度超出线性范围的最高浓度值，应取上清液稀释适宜倍数后，重新衍生后进行色谱分析。

起草人：岳清洪（四川省食品药品检验检测院）
丁　一（山东省食品药品检验研究院）
复核人：罗　玥（四川省食品药品检验检测院）
赵慧男（山东省食品药品检验研究院）

第十六节　食品中维生素 B$_2$ 的检测

1　简述

参考GB 5009.85–2016《食品安全国家标准　食品中维生素B$_2$的测定》第一法制定本规程。

方法原理：试样在稀盐酸环境中恒温水解，调pH至6.0~6.5，用木瓜蛋白酶和高峰淀粉酶酶解，酶解液定容过滤后，经反相色谱柱分离，用高效液相色谱–荧光检测器检测，外标法定量。

本方法适用于特殊膳食食品、特殊医学用途配方食品、婴幼儿配方食品中维生素B$_2$的反相高效液相色谱分析方法。

当称样量为10.00g时，方法的检出限为0.02mg/100g，定量限为0.05mg/100g。

2　试剂和材料

2.1　试剂

除另有说明，本方法中所用试剂均为分析纯，水为符合GB/T 6682规定的一级水。

盐酸；甲醇（色谱纯）；冰乙酸；氢氧化钠；乙酸钠；木瓜蛋白酶（酶活力≥10 U/mg）；高峰淀粉酶（酶活力≥100 U/g，或性能相当者）；五氧化二磷。

2.2　试剂配制

2.2.1 盐酸溶液（0.1mol/L）　准确移取9ml盐酸，用水稀释并定容至1000ml，摇匀。

2.2.2 盐酸溶液（1+1）　量取盐酸100ml，缓慢倒入100ml水中，混匀。

2.2.3 氢氧化钠溶液（1mol/L）　称取4g氢氧化钠，加90ml水溶解，冷却后定容至100ml。

2.2.4 乙酸钠溶液（20mmol/L）　称取2.72g乙酸钠，加900ml水溶解，冰乙酸调pH为4.0~5.0，加水定容至1000ml，经0.45μm微孔滤膜过滤后备用。

第三篇　食品中化学成分检测

2.2.7 乙酸钠溶液（0.1mol/L） 称取 13.60g 乙酸钠，用水溶解并定容至 1000ml，摇匀。

2.2.8 混合酶溶液 准确称取 2.345g 木瓜蛋白酶和 1.175g 高峰淀粉酶，加水溶解后定容至 50ml。临用前配制。

2.3 标准品

维生素 B$_2$（C$_{17}$H$_{20}$N$_4$O$_6$，CAS 号：83-88-5），纯度大于等于 98%。

2.4 标准溶液配制

2.4.1 维生素 B$_2$ 标准储备溶液（100μg/ml） 准确称取经五氧化二磷干燥 24 小时的维生素 B$_2$ 标准品 10mg（精确至 0.1mg），加入 2ml 的盐酸溶液（1+1）（本节 2.2.2）溶解，完全溶解后立即转移并用水定容至 100ml，摇匀后转移到棕色玻璃容器中，置于 4℃ 冰箱中保存，有效期为 2 个月。

2.4.2 维生素 B$_2$ 标准中间溶液（2.00μg/ml） 准确移取 2.00ml 标准储备液（本节 2.4.1），用水稀释并定容至 100ml，摇匀。临用前配制。

2.4.3 维生素 B$_2$ 标准系列工作溶液 准确移取 0.25μl、0.50μl、1.00μl、2.50μl、5.00μl 维生素 B$_2$ 标准中间溶液（本节 2.4.2），用水定容至 10ml，配制成浓度分别为 0.05μg/ml、0.10μg/ml、0.20μg/ml、0.50μg/ml、1.00μg/ml 的标准工作溶液。

2.5 滤膜

0.22μm 滤膜，水相滤膜。

2.6 滤纸

定性滤纸。

3 仪器和设备

高效液相色谱仪（配置荧光检测器）；分析天平（感量为 0.01g 和 0.01mg）；分光光度计；组织捣碎机；高压灭菌锅；恒温水浴锅；干燥器；高速离心机（转速不低于 5000r/min）；涡旋混合器；pH 计（精度 0.01）。

4 分析步骤

4.1 试样制备

取需粉碎的样品 500g，用组织捣碎机充分打匀均质，装入洁净容器中，密封并明确标示，避光存放备用。

4.2 提取

称取 5g（精确至 0.01g）固体试样或者 10g（精确至 0.01g）液体试样于 150ml 锥形瓶中（带有软质瓶塞），加 60ml 0.1mol/L 盐酸溶液（本节 2.2.3），充分涡旋混匀，塞好瓶塞，放入高压灭菌锅中 121℃ 下保持 30 分钟。酸解结束待冷却至室温后取出，轻摇数次；用 pH 计指示，1mol/L 氢氧化钠溶液（本节 2.2.3）调节 pH 至 6.0~6.5，加入 2ml 混合酶溶液，摇匀后，置于 37℃ 恒温水浴锅中酶解过夜（约 16 小时）；将酶解液全部转移至 100ml 容量瓶中，用水定容至刻度，摇匀，用滤纸过滤或离心，取上清液备用。

4.3 仪器参考条件

通过优化色谱柱、流动相及柱温等色谱条件使维生素B_2峰形良好，无干扰。参考色谱条件如下：色谱柱C18（5μm，150mm×4.6mm）或相当者；流速为0.8ml/min；进样量为10μl；柱温设置35℃；流动相采用20mmol/L乙酸钠溶液（本节2.2.4）+甲醇=40+60，等度洗脱。

5 计算

5.1 定性分析

在相同试验条件下测定试样溶液，依据保留时间进行定性分析。

5.2 标准曲线的制作以及试样溶液的测定

将标准系列工作液衍生物及试样衍生物注入高效液相色谱仪中，以4.3中的仪器参考条件进行色谱分析，测定相应的维生素B_2峰面积。标准工作液的浓度（μg/ml）为横坐标，峰面积为纵坐标，绘制标准曲线。根据标准曲线计算得到待测液中维生素B_2的浓度。

5.3 空白试验要求

空白试验溶液色谱图中应不含待测组分峰或其他干扰峰。

5.4 计算

试样中维生素B_2的含量按下式计算。

$$X=\frac{c\times V}{m\times 1000}\times 100$$

式中：X为试样中维生素B_2的含量（mg/100g）；c为由标准曲线计算得到试样中维生素B_2的浓度（μg/ml）；V为试样溶液的最终定容体积（ml）；m为试样质量（g）；100为换算为100克样品中含量的换算系数；1000为将浓度单位μg/ml换算为mg/ml的换算系数。

6 精密度

6.1 试样每次测定应不少于2份，计算结果以重复性条件下获得的两次独立测定结果的算术平均值表示。

6.2 精密度要求，在重复性条件获得的两次独立测定结果的绝对差值不得超过算术平均值的10%。

7 注意事项

7.1 由于维生素B_2对光极为敏感，因此实验过程应避免强光照射。

7.2 维生素B_2在食物中有游离形态也有结合形态，水解必须要完全，因此对于淀粉酶活力和木瓜蛋白酶活性有要求。

7.3 甲醇为有毒有机试剂，使用时需带防护手套和防护面具，并避免接触皮肤，若皮肤接触需脱去污染的衣着，用肥皂水和清水彻底冲洗皮肤。废液应妥善处理，不得污染环境。

7.4 氢氧化钠为强碱具有强烈腐蚀性，使用时需带防护护具。并避免接触皮肤。

7.5 盐酸为强酸具有强烈腐蚀性及刺激性，冰乙酸具有强烈刺激性，使用时需带防护护具，并避免接触皮肤。

7.6 需要组织捣碎的样品均质后需清洗刀头，使用前需保持干燥清洁。

7.7 天平使用前需校准，保持干燥，使用后需清理干净。

7.8 pH计在进行操作前，应首先检查电极的完好性并进行pH校准。选择的校准的标准液与要测定的溶液的pH有关，使待测溶液的pH能落在校正的pH范围内。使用后需将电极用水清洗干净并保存于饱和氯化钾溶液中。

7.9 若试样中维生素B_2浓度超出线性范围的最高浓度值，应取上清液稀释适宜倍数后，再进行色谱分析。

7.10 标准储备液在使用前需要进行浓度校正，校正方法如下。

7.10.1 标准校正溶液的配制 准确吸取1.00ml维生素B_2标准储备液（本节2.4.1），加1.30ml 0.1mol/L的乙酸钠溶液（本节2.2.7），用水定容到10ml，作为标准测试液。

7.10.2 对照溶液的配制 准确吸取1.00ml 0.12mol/L的盐酸溶液，加1.30ml 0.1mol/L的乙酸钠溶液，用水定容到10ml，作为对照溶液。

7.10.3 吸收值的测定 用1cm比色杯于444nm波长下，以对照溶液为空白对照，测定标准校正溶液的吸收值。

7.10.4 标准溶液的浓度计算 标准储备液的质量浓度按下式计算。

$$\rho = \frac{A_{444} \times 10000 \times 10}{328}$$

式中：ρ为标准储备液的质量浓度（μg/ml）；A_{444}为标准测试液在444nm波长下的吸光度值；10000为将1%的标准溶液浓度单位换算为测定溶液浓度单位μg/ml的换算系数；10为标准储备液的稀释因子；328为维生素B_2在444nm波长下的百分吸光系数$E_{1cm}^{1\%}$，即在444nm波长下，液层厚度为1cm时，浓度为1%的维生素B_2溶液（盐酸–乙酸钠溶液，pH=3.8）的吸光度。

起草人：岳清洪（四川省食品药品检验检测院）

丁　一（山东省食品药品检验研究院）

复核人：罗　玥（四川省食品药品检验检测院）

赵慧男（山东省食品药品检验研究院）

第十七节　食品中维生素 B_6 的检测

1　简述

参考GB 5009.154–2016《食品安全国家标准　食品中维生素B_6的测定》第一法制定本规程。

方法的主要原理为样品经水提取，并沉淀蛋白，反相色谱分离后，高效液相色谱–荧光检测器检测，外标法定量，测定维生素B_6（吡哆醇、吡哆醛、吡哆胺）的含量。

本方法适用于特殊膳食食品、特殊医学用途配方食品、婴幼儿配方食品中维生素B_6的反相高效液相色谱分析方法。

当称样量为5.00g时，本方法最低检出限量为吡哆醇0.02mg/100g；吡哆醛0.02mg/100g；吡哆胺0.02mg/100g；本方法定量限为吡哆醇0.05mg/100g；吡哆醛0.05mg/100g；吡哆胺0.05mg/100g。

2 试剂和材料

2.1 试剂

除另有规定外，本方法中所用试剂均为分析纯，水为符合GB/T 6682规定的一级水。

辛烷磺酸钠；冰乙酸；三乙胺（色谱纯）；甲醇（色谱纯）；盐酸；氢氧化钠；淀粉酶（酶活力≥1.5 U/mg）。

2.2 试剂配制

2.2.1 盐酸溶液（5.0mol/L） 量取45ml盐酸，用水稀释并定容至100ml。

2.2.2 盐酸溶液（0.1mol/L） 吸取9ml盐酸，用水稀释并定容至1000ml。

2.2.3 氢氧化钠溶液（5.0mol/L） 称取20g氢氧化钠，加50ml水溶解，冷却后，用水定容至100ml。

2.2.4 氢氧化钠溶液（0.1mol/L） 称取0.4g氢氧化钠，加50ml水溶解，冷却后，用水定容至100ml。

2.3 标准品

盐酸吡哆醇（$C_8H_{12}ClNO_3$，CAS号：58-56-0）：纯度≥98%，或经国家认证并授予标准物质证书的标准物质；盐酸吡哆醛（$C_8H_{10}ClNO_3$，CAS号：65-22-5）：纯度≥99%，或经国家认证并授予标准物质证书的标准物质；双盐酸吡哆胺（$C_8H_{14}Cl_2N_2O_3$，CAS号：524-36-7）：纯度≥99%，或经国家认证并授予标准物质证书的标准物质。

2.4 标准溶液配制

2.4.1 吡哆醇标准储备液（1mg/ml） 准确称取60.8mg盐酸吡哆醇标准品，用0.1mol/L盐酸溶液（本节2.2.2）溶解后，定容到50ml，于-20℃下避光保存，有效期为1个月。

2.4.2 吡哆醛标准储备液（1mg/ml） 准确称取60.9mg盐酸吡哆醛标准品，用0.1mol/L盐酸溶液（本节2.2.2）溶解后，定容到50ml，于-20℃下避光保存，有效期为1个月。

2.4.3 吡哆胺标准储备液（1mg/ml） 准确称取71.7mg双盐酸吡哆胺标准品，用0.1mol/L盐酸溶液溶解后，定容到50ml，于-20℃下避光保存，有效期为1个月。

2.4.4 维生素 B₆ 混合标准中间液（20μg/ml） 分别准确吸取吡哆醇、吡哆醛、吡哆胺的标准储备液各1.00ml，用0.1mol/L盐酸溶液（本节2.4.4）稀释并定容至50ml。临用前配制。

2.4.5 维生素 B₆ 混合标准系列工作液 分别准确吸取维生素 B₆ 混合标准中间液（本节2.4.4）0.5ml、1.0ml、2.0ml、3.0ml、5.0ml至100ml容量瓶中，用水定容至刻度，配置成浓度分别为0.10μg/ml、0.20μg/ml、0.40μg/ml、0.60μg/ml、1.00μg/ml的标准系列溶液。临用前配制。

3 仪器和设备

高效液相色谱仪配有荧光检测器；天平（感量1mg和0.01g）；pH计（精度0.01）；涡旋混合器；超声波清洗机；分光光度计；恒温水浴振荡器；紫外分光光度计。

4 分析步骤

4.1 试样制备

4.1.1 含淀粉的试样 固体试样：称取混合均匀的固体试样约5g（精确至0.01g），于150ml锥形瓶中，加入约20ml 45~50℃的水，涡旋混匀。加入约0.5g淀粉酶，混匀后置于50~60℃恒温水浴振荡器内约30分钟。取出冷却至室温。

液体试样：称取混合均匀的液体试样约20g（精确至0.01g）于150ml锥形瓶中，混匀。加入约0.5g淀粉酶，混匀后置于50~60℃恒温水浴振荡器内约30分钟。取出冷却至室温。

4.1.2 不含淀粉的试样 固体试样：称取混合均匀的固体试样约5g（精确至0.01g），于150ml锥形瓶中，加入约20ml 45~50℃的水，涡旋混匀。超声10~15分钟，冷却至室温。

液体试样：称取混合均匀的液体试样约20g（精确至0.01g）于150ml锥形瓶中。

4.2 待测液的制备

利用pH计用盐酸溶液（本节2.2.1和本节2.2.2）调节上述试样溶液的pH到1.7 ± 0.1，放置约1分钟。再用氢氧化钠溶液（本节2.2.3和本节2.2.4）调节试样溶液的pH到4.5 ± 0.1。超声振荡10分钟。将试样溶液转移至50ml容量瓶中，用水冲洗锥形瓶。合并溶液于50ml容量瓶中，用水定容至50ml。混匀后，全部倒入放有漏斗和滤纸的50ml锥形瓶中，自然过滤，滤液再经0.45μm微孔滤膜过滤至进样瓶中作为试样待测液。

4.3 液相色谱参考条件

通过优化色谱柱、流动相及柱温等色谱条件使维生素B$_6$保留适中，无干扰。参考色谱条件如下，色谱柱为C18（5μm，4.6×150mm）或效能相当的色谱柱；流速设置1.0ml/min；进样量为10μl；柱温设置35℃。流动相为甲醇50ml、辛烷磺酸钠2.0g、三乙胺2.5ml，用水溶解并定容到1000ml后，用冰乙酸调pH至3.0 ± 0.1，过0.45μm微孔滤膜过滤。检测波长为激发波长293nm，发射波长395nm。

5 计算

5.1 定性与定量分析

根据色谱峰的保留时间定性，以峰面积定量。

5.2 计算

试样中维生素B$_6$的含量按下式计算。

$$X_i = \frac{c \times V \times f}{m} \times \frac{100}{1000}$$

$$X = X_{醇} + X_{醛} \times 1.012 + X_{胺} \times 1.006$$

式中：X_i 为试样中维生素 B_6 各组分的含量（mg/100g）；c 为试样中维生素 B_6 各组分的浓度（μg/ml）；V 为试样溶液的定容体积（ml）；f 为稀释倍数；m 为试样的称样量，单位为 g；X 为试样中维生素 B_6（以吡哆醇计）的含量（mg/100g）；1.012 为吡哆醛的含量换算成吡哆醇的系数；1.006 为吡哆胺的含量换算成吡哆醇的系数；$X_{醇}$ 为试样中吡哆醇的含量（mg/100g）；$X_{醛}$ 为试样中吡哆醛的含量（mg/100g）；$X_{胺}$ 为试样中吡哆胺的含量（mg/100g）；结果保留三位有效数字。

6 精密度

6.1 试样每次测定应不少于 2 份，计算结果以重复性条件下获得的两次独立测定结果的算术平均值表示。

6.2 精密度要求，在重复性条件获得的两次独立测定结果的绝对差值不得超过算术平均值的 15%。

7 注意事项

7.1 整个操作过程应避免强光照射，需注意避光。

7.2 调节试样的 pH 至 1.7±0.1 后，需等待 1 分钟以后，继续调节 pH 至 4.5±0.1。

7.3 如果维生素 B_6 的标准品是盐酸盐的形式，要进行换算，标准储备液在使用前需要进行浓度校正。维生素 B_6 各组分标准溶液的浓度校正方法如下。

7.3.1 标准校正溶液的配制 分别准确吸取 1.00ml 吡哆醇、吡哆醛、吡哆胺标准储备液，用 0.1mol/L 盐酸溶液定容到 100ml，作为标准校正液。

7.3.2 对照溶液的配制 以 0.1mol/L 盐酸溶液作为对照溶液。

7.3.3 吸收值的测定 用 1cm 比色杯于相应最大吸收波长下，以对照溶液为空白对照，测定各标准校正溶液的吸收值。

7.3.4 标准溶液的浓度计算 各标准储备液的质量浓度按式（A.1）计算。

$$\rho_i = \frac{A_i \times M_i \times f}{\varepsilon_i} \times V \times F_i$$

式中：ρ_i 为维生素 B_6 各组分（吡哆醇、吡哆醛、吡哆胺）标准储备液的质量浓度（μg/ml）；A_i 为维生素 B_6 各组分（吡哆醇、吡哆醛、吡哆胺）标准测试液在各自最大吸收波长 λmax 下的吸收值（表 3-2-12）；M_i 为维生素 B_6 各组分（吡哆醇、吡哆醛、吡哆胺）标准品的分子（表 3-2-12）；ε_i 为维生素 B_6 各组分（吡哆醇、吡哆醛、吡胺）在 0.1mol/L 盐酸溶液中的吸收系数（表 3-2-12）；V 为稀释因子。F_i 为维生素 B_6 各组分（吡哆醇、吡哆醛、吡哆胺）的对照溶液的换算因子（表 3-2-12）。

表 3-2-12 维生素 B_6 各组分标准溶液浓度校正的相关参数

化合物	溶剂	λ_{max}	M_i g/mol	ε_i mmol^{-1}·cm^{-1}	F_i
盐酸吡哆醇（pyridoxine-hydrochloride）	0.1mol/L HCl（pH ≈ 1）	291	205.6	8.6	0.823

续表

化合物	溶剂	λ_{max}	M_i g/mol	ε_i mmol^{-1}·cm^{-1}	F_i
盐酸吡哆醛（pyridoxal-hydrochloride）	0.1mol/L HCl （pH ≈ 1）	288	203.6	9.0	0.821
双盐酸吡哆胺（pyridoxamine-dihydrochloride）	0.1mol/L HCl （pH ≈ 1）	292	241.1	8.2	0.698

起草人：岳清洪（四川省食品药品检验检测院）
郑文静（山东省食品药品检验研究院）
复核人：罗　玥（四川省食品药品检验检测院）
李　珊（山东省食品药品检验研究院）

第十八节　婴幼儿食品和乳品中维生素 C 的检测

1　简述

参考 GB 5413.18-2010《食品安全国家标准　婴幼儿食品和乳品中维生素C的测定》制定本规程。

维生素C在活性炭存在下氧化成脱氢抗坏血酸，它与邻苯二胺反应生成荧光物质，用荧光分光光度计测定其荧光强度，其荧光强度与维生素C的浓度成正比，以外标法定量。

本规程适用于婴幼儿食品和乳品中维生素C的测定。

本规程方法检出限为0.1mg/100g。

2　试剂和材料

2.1　试剂

除非另有说明，均为优级纯，实验用水为GB/T 6682的一级水。

淀粉酶（酶活力1.5 U/mg，可根据活力单位大小调整用量），偏磷酸，乙酸（36%），活性炭（化学纯，80~100目），盐酸，亚铁氰化钾，乙酸钠，硼酸，邻苯二胺。

2.2　试剂配制

2.2.1 偏磷酸-乙酸溶液 A　称取15g偏磷酸及40ml乙酸（体积分数为36%）于200ml水中，超声溶解后稀释至500ml备用。于4℃冰箱可保存7~10天。

2.2.2 偏磷酸-乙酸溶液 B　称取15g偏磷酸及40ml乙酸（体积分数为36%）于100ml水中，超声溶解后稀释至250ml备用。

2.2.3 亚铁氰化钾溶液（20g/L）　称取2g亚铁氰化钾，加水溶解并全部转移至100ml容量瓶中，用水定容。

2.2.4 盐酸溶液（体积分数10%）　移取浓盐酸100ml至900ml水中。

2.2.5 酸性活性炭 称取粉状活性炭（化学纯，80~200 目）约 200g，加入 1L 体积分数为 10% 的盐酸，放置于电炉上加热至沸腾后取下，冷却，减压抽滤；过滤时使用铺有两张定性快速滤纸的布氏漏斗，用水润湿滤纸紧贴漏斗底部；过滤时，一次性倒入活性炭不超过漏斗高度的 1/2，用水清洗至滤液中无铁离子为止（总水用量在 2L 以上），取出清洗后的活性炭置于 1000ml 烧杯中，在 110~120℃ 烘箱中干燥 10 小时后备用。

检验铁离子的方法：普鲁士蓝反应。20g/L 亚铁氰化钾与体积分数为 1% 的盐酸等量混合，将上述洗出滤液滴入，如有铁离子则产生蓝色沉淀。

2.2.6 乙酸钠溶液 用水超声溶解 500g 三水乙酸钠，并稀释至 1L。

2.2.7 硼酸 – 乙酸钠溶液 称取 3.0g 硼酸，用乙酸钠溶液超声溶解并稀释至 100ml，临用前配制。

2.2.8 邻苯二胺溶液 称取 50mg 邻苯二胺，用水溶解并稀释至 100ml，临用前配制并避光。

2.3 标准溶液的配制

维生素 C 标准溶液（约 100 μg/ml，根据实际称取量和标准品纯度计算具体数值）：称取 0.050~0.055g（精确至 0.0001g）维生素 C 标准品，用偏磷酸–乙酸溶液 A 溶解并定容至 50ml，再准确吸取 10.0ml 该溶液用偏磷酸–乙酸溶液 A 稀释并定容至 100ml，临用前配制（若是含淀粉试样需将偏磷酸–乙酸溶液 A 换成偏磷酸–乙酸溶液 B）。

3 仪器与用具

荧光分光光度计（分辨率 1.0nm，波长准确性 1nm，配有 1cm 四面透光石英比色皿）；超声波清洗仪；电子天平（感量 0.0001g 和 0.01g）；电热干燥箱（110~120℃）；恒温水浴锅（45℃ ±1℃）；具塞比色管（25ml，50ml，100ml）；三角瓶（250ml）；离心管；单标线吸量管（2ml，5ml，10ml）；刻度移液管（2ml，10ml）；量筒（50ml，100ml）；容量瓶（50ml，100ml，250ml，500ml，1000ml）；烧杯（1000ml）；电炉；普通玻璃漏斗及对应规格的定性快速滤纸；布氏漏斗及对应规格的定性快速滤纸（直径 120mm）。

4 分析步骤

4.1 试样预处理

4.1.1 含淀粉的试样 称取约 3g（精确至 0.0001g）固体试样或约 20g（精确至 0.0001g）液体试样于 100ml 具塞比色管中，加入 0.1g 淀粉酶，固体试样加入 50ml（45~50℃）的水，液体试样加入 30ml（45~50℃）的水，混合均匀后，用氮气排除瓶中空气，盖上瓶塞，置于 45℃ 水浴锅内加热 30 分钟，取出，冷却至室温，用偏磷酸 – 乙酸溶液 B 定容至 100ml。

4.1.2 不含淀粉的试样 称取混合均匀的固体试样约 3g（精确至 0.0001g）于 100ml 具塞比色管中，用偏磷酸 – 乙酸溶液 A 溶解，定容至 100ml。或称取混合均匀的液体试样约 50g（精确至 0.0001g），用偏磷酸 – 乙酸溶液 B 溶解，定容至 100ml。

4.2 测定液的制备

4.2.1 试样及标准溶液的空白溶液 称取 2g 酸性活性炭于 250ml 三角瓶中，将试样液及维生素 C 标准溶液转移至此三角瓶中，振摇 10~15 分钟使其充分反应，用定性快速滤纸过滤，弃去 5ml 初滤液，收集剩余滤液即为试样及标准溶液的滤液。

移取 5ml 硼酸-乙酸钠溶液至 25ml 和 50ml 具塞比色管中，移取 5ml 试样的滤液置于上述 25ml 具塞比色管中，移取 5ml 标准溶液的滤液置于上述 50ml 具塞比色管中，分别混匀，静置 30 分钟，用水定容。以此作为试样及标准溶液的空白溶液。

4.2.2 试样溶液及标准溶液　在空白溶液静置的时间内，移取 5ml 乙酸钠溶液至新的 25ml 和 50ml 具塞比色管中，再分别量取 13ml 水加入其中；移取 5ml 试样的滤液置于上述 25ml 具塞比色管中，移取 5ml 标准溶液的滤液置于上述 50ml 具塞比色管中，加水定容至刻度。以此作为试样溶液及标准溶液。

4.2.3 标准系列及标准溶液的空白待测液　分别移取标准溶液 0.50ml、1.00ml、1.50ml、2.00ml 置 15ml 离心管中，再分别移取水 1.50ml、1.00ml、0.50ml、0.00ml 至上述对应离心管中。同时移取标准溶液的空白溶液 2.00ml 于 15ml 离心管中。

4.2.4 试样及试样的空白待测液　分别移取 2ml 试样溶液及试样的空白溶液于 15ml 离心管中。

4.2.5 测定液　移取 5ml 邻苯二胺溶液于盛有上述待测液的离心管中，摇匀，在避光条件下放置 60 分钟后测定。

4.3　测定

将标准系列及标准溶液的空白测定液立即移入荧光分光光度计的石英比色皿中，于激发波长 350nm，发射波长 430nm 条件下测定其荧光值。以标准系列荧光值分别减去标准溶液的空白荧光值为纵坐标，对应的维生素 C 质量浓度为横坐标，绘制标准曲线。

将试样及试样的空白测定液按上述方法测荧光值，试样荧光值减去试样的空白荧光值后在标准曲线上查得对应的维生素 C 质量浓度。

5　计算

试样中维生素 C 含量按下式计算。

$$X = \frac{c \times V \times V_2 \times V_3 \times 100}{m \times V_1 \times 1000}$$

式中：X 为试样中维生素 C 的含量（mg/100g）；V 为试样的第一次定容体积（ml）；V_1 为第一次吸取的试样滤液体积（ml）；V_2 为试样的第二次定容体积（ml）；V_3 为待测液中移取的试样溶液体积（ml）；c 为试样测定液中维生素 C 的质量浓度（μg/ml）；m 为试样的质量（g）；100，1000 为单位换算系数；计算结果保留至小数点后一位。

6　精密度

在重复性条件下获得的两次独立测定结果的绝对差值不得超过算术平均值的 10%。

7　注意事项

7.1 维生素 C 不稳定，长时间暴露于空气中易氧化，与铜、铁等金属接触易被氧化，整个实验过程要避日光，必要时照明光源可采用普通钠光灯，减少空气的暴露时间，避免与金属器皿接触，处理的样品溶液需要当天测定，不得放置过夜。

7.2偏磷酸容易被氧化为磷酸，偏磷酸－乙酸溶液应储存在冰箱中，且存放时间不得超过7天。

7.3同一批试样及标准溶液测定所使用的活性炭和试剂必须是同一批处理和配制的。

7.4乙酸钠溶液配制时，需超声溶解，并不时搅拌。

7.5试样处理过程中，放入酸性活性炭后一定要剧烈振动，保证活性炭与其充分反应。

7.6酸性活性炭是本实验的关键试剂，配制过程中需小火加热，加热过程要一直用玻璃棒搅拌，沸腾后立即关火，以免爆沸，用余热沸腾2~3分钟，冷却后过滤。搅拌过程中，玻璃棒不要触碰杯底，以防杯底炸裂。

7.7活性炭活化后需要充分清洗，洗至无酸。

7.8活性炭可将维生素C氧化为脱氢抗坏血酸，但它也有吸附维生素C的作用，故活性炭用量应适当。

7.9荧光光度计需提前预热半个小时以上。

7.10试样及标准溶液加入邻苯二胺溶液后，需要在避光条件下放置60分钟后马上测定，否则荧光值会降低，误差增大。

7.11若试样含有淀粉，需要酶解，在酶解时，保证氮气排除瓶中所有空气，否则会氧化维生素C，造成结果偏低。

起草人：黄丽娟（四川省食品药品检验检测院）

提靖靓（山东省食品药品检验研究院）

复核人：杜　钢（四川省食品药品检验检测院）

吴鸿敏（山东省食品药品检验研究院）

第十九节　食品中维生素 K_1 的检测

1　简述

参考GB 5009.158–2016《食品安全国家标准　食品中维生素 K_1 的测定》第一法制定本规程。本方法适用于特殊膳食食品、特殊医学用途配方食品及婴幼儿配方食品中 K_1 的测定。

本方法为液相色谱－荧光检测法测定动物源性食品中维生素 K_1 的分析方法。方法的主要原理为样品用脂肪酶降解脂肪和不饱和脂肪酸（对于含淀粉试样需先用淀粉酶降解试样中的淀粉），经碱皂化后，用正己烷提取维生素 K_1 后，通过反相液相色谱分离，锌粉柱后还原维生素 K_1 ，荧光检测器检测，外标法定量。

当取样量为1g，定容5ml时，检出限为 $1.5\,\mu g/100g$ ，定量限为 $5\,\mu g/100g$ 。

2　试剂和材料

2.1　试剂

除另有规定外，本方法中所用试剂均为分析纯，水为符合GB/T 6682规定的一级水。

甲醇（色谱纯）；四氢呋喃（色谱纯）；冰乙酸（色谱纯）；氯化锌（色谱纯）；无水乙醇；碳酸钾；磷酸二氢钾；无水硫酸钠；正己烷；氢氧化钾；无水乙酸钠；脂肪酶（酶活力 ≥ 700 U/mg）；淀粉酶（酶活力 ≥ 1.5 U/mg）；锌粉（粒径 50~70 μm）。

2.2 试剂配制

2.2.1 40% 氢氧化钾溶液 称取 20g 氢氧化钾于 100ml 烧杯中，用 20ml 水溶解，冷却后，加水至 50ml，储存于聚乙烯瓶中。

2.2.2 磷酸盐缓冲液（pH 8.0） 溶解 54.0g 磷酸二氢钾于 300ml 水中，用 40% 氢氧化钾溶液（本节 2.2.1）调节 pH 至 8.0，加水至 500ml。

2.2.3 流动相 量取甲醇 900ml，四氢呋喃 100ml，冰乙酸 0.3ml，混匀后，加入氯化锌 1.5g，无水乙酸钠 0.5g，超声溶解后，用 0.22μm 有机系滤膜过滤。

2.3 标准品

维生素 K$_1$（C$_{31}$H$_{46}$O$_2$，CAS 号：84-80-0）：纯度 ≥ 99%，或经国家认证并授予标准物质证书的标准物质。

2.4 标准溶液配制

2.4.1 维生素 K$_1$ 标准储备溶液（1mg/ml） 准确称取 50mg（精确至 0.1mg）维生素 K$_1$ 标准品于 50ml 容量瓶中，用甲醇溶解并定容至刻度。将溶液转移至棕色玻璃容器中，在 –20℃ 下避光保存，保存期 2 个月。标准储备液在使用前需要进行浓度校正（校正方法见 7.6）。

2.4.2 维生素 K$_1$ 标准中间液（100μg/ml） 准确吸取标准储备溶液 10.00ml 于 100ml 容量瓶中，加甲醇至刻度，摇匀。将溶液转移至棕色玻璃容器中，在 –20℃ 下避光保存，保存期 2 个月。

2.4.3 维生素 K$_1$ 标准使用液（1.00μg/ml） 准确吸取标准中间液 1.00ml 于 100ml 容量瓶中，加甲醇至刻度，摇匀。

2.4.4 标准系列工作溶液 分别准确吸取维生素 K$_1$ 标准使用液 0.10ml、0.20ml、0.50ml、1.00ml、2.00ml、4.00ml 于 10ml 容量瓶中，加甲醇定容至刻度，维生素 K$_1$ 标准系列工作溶液浓度分别为 10ng/ml、20ng/ml、50ng/ml、100ng/ml、200ng/ml、400ng/ml。

3 仪器和设备

高效液相色谱仪（带荧光检测器）；电子天平（感量分别为 0.01g 和 0.01mg）；离心机（转速不低于 6000r/min）；恒温水浴振荡器；旋涡混合器；pH 计（精度 0.01）；旋转蒸发仪；氮吹仪；超声波清洗机；紫外分光光度计；微孔滤膜（0.22μm 有机系微孔滤膜）。

4 分析步骤

4.1 试样处理

4.1.1 酶解 称取混匀后试样 2.5g（精确至 0.01g）于 50ml 离心管中，加入 5ml 温水溶解，加入磷酸盐缓冲液（本节 2.2.2）5ml，混匀，加入 0.6g 脂肪酶（本节 2.1）和 0.5g 淀粉酶（本节 2.1）（不含淀粉的样品可以不加淀粉酶），加盖，涡旋 2~3 分钟，混匀后，置于 37℃ ±2℃ 恒温水浴振荡器中振荡 2 小时以上，使其充分酶解。

4.1.2 提取　取出酶解好的试样，分别加入 10ml 乙醇及 1g 碳酸钾，混匀后加入 10ml 正己烷和 10ml 水，涡旋或振荡提取 10 分钟，6000r/min 离心 5 分钟，或将酶解液转移至 150ml 的分液漏斗中萃取提取，静置分层（如发生乳化现象，可适当增加正己烷或水的加入量，以排除乳化现象），转移上清液至 100ml 旋蒸瓶中，向下层液中再加入 10ml 正己烷，重复操作 1 次，合并上清液至上述旋蒸瓶中。

4.1.3 浓缩　将上述正己烷提取液旋蒸至干（如有残液，可用氮气轻吹至干），用甲醇转移并定容至 5ml 容量瓶中，摇匀，0.22μm 滤膜过滤，滤液待进样。

不加试样，按同一操作方法做空白试验。

4.2　仪器参考条件色谱柱

Waters Symmetry RP_{18}，5μm，4.6×250mm（内径）。柱后锌粉还原柱：安谱，4.6×50mm。流动相：按本节 2.2.3 配制。荧光检测器：激发波长 243nm，发射波长 430nm。流速：1.0ml/min。进样体积 10μl。

5　计算

5.1　定性定量分析

根据色谱峰的保留时间定性，以峰面积外标法定量。将维生素 K_1 标准系列工作液分别注入高效液相色谱仪中，得到相应的峰面积，以峰面积为纵坐标，以标准系列工作液浓度为横坐标绘制标准曲线，计算线性回归方程。在相同色谱条件下，将制备的空白溶液和试样溶液分别进样，根据线性回归方程计算出试样溶液中维生素 K_1 的浓度。

5.2　计算

试样中维生素 K_1 的含量按下式计算。

$$X = \frac{c \times V \times n}{m \times 1000} \times 100$$

式中：X 为试样中维生素 K_1 的含量（μg/100g）；c 为由标准曲线得到测定样液中维生素 K_1 的浓度（ng/ml）；V 为定容体积（ml）；m 为试样质量（g）；n 为稀释倍数；1000 为将结果单位由 ng/g 换算为 μg/g 样品中含量的换算系数；100 为将结果单位由微克每克换算为微克每百克样品中含量的换算系数；计算结果保留三位有效数字。

6　精密度

6.1 试样每次测定应不少于 2 份，计算结果以重复性条件下获得的两次独立测定结果的算术平均值表示。

6.2 精密度要求：在重复性条件获得的两次独立测定结果的绝对差值不得超过算术平均值的 10%。

7　注意事项

7.1 处理过程应避免紫外光直接照射，尽可能避光操作。

7.2 乙腈和甲醇为有毒有机试剂，使用时需带防护手套和防护面具，并避免接触皮肤，若皮肤接触需脱去污染的衣着，用肥皂水和清水彻底冲洗皮肤。废液应妥善处理，不得污染环境。

7.3 冰乙酸具有刺激性，使用时需带防护手套和防护面具，并避免接触皮肤。

7.4 天平使用前需校准，保持干燥，使用后需清理干净。

7.5 pH计在进行操作前，应首先检查电极的完好性并进行pH校准。选择的校准的标准液与要测定的溶液的pH有关，使待测溶液的pH能落在校正的pH范围内。使用后需将电极用水清洗干净并保存于饱和氯化钾溶液中。

7.6 标准储备液在使用前需要进行浓度校正，维生素K_1标准浓度校正方法如下。

取维生素K_1标准储备溶液1.00ml，吹干甲醇后，用正己烷定容至100ml容量瓶中，按给定波长测定吸光值，以正己烷为空白，用1cm的石英比色杯在248nm波长下测定吸收值，标准储备液的质量浓度按下式计算，测定条件见下表3-2-13。

$$\rho = \frac{A_{248} \times 10^4 \times 100}{419}$$

式中：ρ为维生素K_1标准储备液浓度（$\mu g/ml$）；A_{248}为标准校正测试液在248nm波长下的吸收值；100为稀释因子；419为在248nm波长下的百分吸光系数$E_{1cm}^{1\%}$，即在248nm波长下，液层厚度为1cm时，浓度为1%的维生素K_1正己烷溶液的吸光度（系数"419"同BS EN 14148-2003和AOAC Official Method 999.15）。

表3-2-13　维生素K_1吸光值的测定条件

标准	比吸光系数	波长 λ /nm
维生素 K_1	419	248

起草人：岳清洪（四川省食品药品检验检测院）

孙珊珊（山东省食品药品检验研究院）

复核人：杜　钢（四川省食品药品检验检测院）

刘桂亮（山东省食品药品检验研究院）

第二十节　食品中烟酸（烟酰胺）的检测

1　简述

参考GB 5009.89-2016《食品安全国家标准　食品中烟酸和烟酰胺的测定》第一法制定本规程。

烟酰胺学名吡啶-3-甲酰胺，又名尼克酰胺、烟碱酰胺。本规程的前处理净化手段为：通过酶解去除样品中的淀粉，沉淀法沉淀样品中的蛋白，使目标物在水溶液中呈游离态，在弱酸性环境下超声波振荡提取，经净化处理后的试样在反相液相色谱上经过C18色谱柱梯度洗脱分离，二极管阵列（DAD）检测器于261nm波长下检测，外标法定量。

本规程适用于特殊医学用途配方食品、婴幼儿配方食品。

本规程检出限和定量限为：当称样量为 5g 时，烟酸检出限为 30μg/100g，定量限为 100μg/100g；烟酰胺检出限为 40μg/100g，定量限为 120μg/100g。

2　试剂和材料

2.1　试剂

除非另有说明，所用试剂均为优级纯，实验用水为 GB/T 6682 的一级水。

盐酸；氢氧化钠；甲醇（色谱纯）；异丙醇（色谱纯）、庚烷磺酸钠（色谱纯）、高氯酸（体积分数 60%）、淀粉酶（酶活力 ≥ 1.5 U/mg）。

2.2　试剂配制

2.2.1 盐酸溶液（5.0mol/L）　用量筒量取 415ml 盐酸，缓慢加入到 585ml 超纯水中，混匀。

2.2.2 盐酸溶液（0.1mol/L）　移液管吸取 8ml 盐酸，缓慢加入到加 992ml 超纯水中，混匀。

2.2.3 氢氧化钠溶液（5.0mol/L）　称取 200g 氢氧化钠于烧杯中，加超纯水溶解并转移至 1000ml 容量瓶中，定容至刻度，混匀。

2.2.4 氢氧化钠溶液（0.1mol/L）　称取 4.0g 氢氧化钠于烧杯中，加超纯水溶解并转移至 1000ml 容量瓶中，定容至刻度，混匀。

2.2.5 流动相　甲醇 70ml、异丙醇 20ml、庚烷磺酸钠 1g，用 910ml 超纯水溶解并混匀后，用高氯酸调节 pH 至 2.1±0.1，经 0.45μm 膜过滤。

2.3　标准品

烟酸（CAS 号：59-67-6），纯度 ≥ 98%；烟酰胺（CAS 号：98-92-0），纯度 ≥ 98%。

2.4　标准溶液的配制

2.4.1 标准储备溶液（1mg/ml）　分别准确称取约 100mg（准确到 0.1mg）烟酸和烟酰胺标准品于 100ml 容量瓶中，用 0.1mol/L 盐酸溶液溶解，定容至刻度。4℃冰箱中可保存 1 个月。

2.4.2 标准中间溶液（100μg/ml）　分别准确移取 10ml 标准储备溶液于 100ml 容量瓶中，用 0.1mol/L 盐酸定容至刻度，临用现配。

2.4.3 标准工作液　分别准确移取 1ml、2ml、5ml、10ml、20ml 标准中间溶液于 100ml 容量瓶中，加超纯水定容至刻度，混匀，得到浓度分别为 1μg/ml、2μg/ml、5μg/ml、10μg/ml、20μg/ml 的标准工作液，临用现配。

3　仪器与设备

高效液相色谱仪［带有紫外检测器或二极管阵列（DAD）检测器］；pH 计（精度 0.01）；天平（感量 0.01mg 和 0.01g）；超声波清洗机；涡旋混合仪；漏斗；滤纸；0.22μm 水相滤膜。

4　分析步骤

4.1　试样制备

非粉状固态试样粉碎并混合均匀，装入洁净容器中，液态试样摇匀，避光密封，并明确标示，按照样品存放要求储存待测。

4.2 前处理

准确称取5g（精确至0.01g）固体样品或20g混合均匀的液体试样于50ml锥形瓶中，加入约25ml 45~50℃的水，涡旋混匀后超声提取10分钟（若样品中含有淀粉，需加入0.5g淀粉酶于60℃水浴振荡酶解30分钟，淀粉酶用量可根据样品中淀粉含量适当调整）。

待试样溶液降至室温后，用5.0mol/L盐酸溶液和0.1mol/L盐酸溶液调节试样溶液pH至1.7±0.1，放置约2分钟后，再用5mol/L氢氧化钠溶液和0.1mol/L氢氧化钠溶液调节试样溶液pH至4.5±0.1，置于50℃水浴超声波振荡器中振荡提取15分钟，冷至室温，用水定容至50ml，混匀后静置5分钟，经滤纸过滤，滤液用0.22μm微孔滤膜过滤后即上机测定。

4.3 仪器参数与测定条件

色谱柱：C18（5μm，250mm×4.6mm）或性能相当者。流速：1.0ml/min。检测波长：261nm。进样量：10μl。柱温：25℃。

4.4 测定

4.4.1 定性分析 在相同试验条件下测定试样溶液，若试样溶液中检出色谱峰的保留时间与标准溶液中目标物色谱峰的保留时间一致，且光谱图与标准物质一致，则可判定样品中存在烟酸和烟酰胺。

4.4.2 定量分析 将烟酸和烟酰胺标准工作溶液注入高效液相色谱测定，得到烟酸和烟酰胺的峰面积。以标准工作溶液浓度为横坐标，峰面积为纵坐标，绘制标准工作曲线。将试样溶液按仪器参考条件进行测定，得到相应的试样溶液的色谱峰面积。根据标准曲线得到试样溶液烟酸和烟酰胺的浓度。

5 计算

5.1 试样中烟酸或烟酰胺的含量

按如下公式计算。

$$X = \frac{C_i \times V}{m} \times 100$$

式中：X_i为试样烟酸或烟酰胺的含量（μg/100g）；C_i为由校正曲线到测定样液中烟酸或烟酰胺的浓度（μg/ml）；V为定容体积（ml）；m为试样质量（g）。

5.2 试样中烟酸的总含量

按如下公式计算。

$$X = X_1 + X_2 \times 1.008$$

式中：X为试样中维生素PP的总含量（μg/100g）；X_1为试样中烟酸的含量（μg/100）g；X_2为试样中烟酰胺的含量（μg/100g）；1.008为烟酰胺转化成烟酸的系数；计算结果保留至整数。

6 精密度

在重复性条件下获得的两次独立测定结果的绝对差值不得超过算术平均值的10%。

7　注意事项

7.1 烟酸和烟酸胺具有光不稳定性，试验过程中尽量避光操作，避免强光照射。

7.2 甲酸具有刺激性，使用时需带防护手套和防护面具，并避免接触皮肤。

7.3 盐酸和氢氧化钠具有强烈腐蚀性，使用时需带防护手套和防护面具，并避免接触皮肤。

7.4 天平使用前需校准，保持干燥，使用后需清理干净。

7.5 甲醇为有毒有机试剂，使用时需带防护手套和防护面具，并避免接触皮肤，若皮肤接触需脱去污染的衣着，用肥皂水和清水彻底冲洗皮肤。废液应妥善处理，不得污染环境。

7.6 pH计在进行操作前，应首先检查电极的完好性并进行pH校准。选择的校准标准液与要测定的溶液pH有关，使待测溶液的pH能落在校正液的pH范围内。使用后需将电极用水清洗干净并保存于饱和氯化钾溶液中。

7.7 烟酸和烟酰胺标准溶液配制完成后需要进行浓度校正，方可使用。

起草人：王　俏（四川省食品药品检验检测院）

付　冉（山东省食品药品检验研究院）

复核人：杜　钢（四川省食品药品检验检测院）

戴　琨（山东省食品药品检验研究院）

第二十一节　食品中叶黄素的检测

1　简述

依据 GB 5009.248-2016《食品安全国家标准　食品中叶黄素的测定》制定本规程。

本操作规程适用于婴幼儿配方食品、特殊医学用途食品中叶黄素的液相色谱测定。

试样经氢氧化钾溶液室温皂化使叶黄素游离后，再以乙醚-正己烷-环己烷（40+40+20，体积比）提取，采用液相色谱法分离，紫外检测器或二极管阵列检测器检测，外标法定量。

本操作规程的检出限为 3μg/100g；定量限为 10μg/100g。

2　试剂和材料

2.1　试剂

除非另有说明，本操作规程中所用试剂均为分析纯，水为符合 GB/T 6682 规定的一级水。

环己烷（色谱纯）；乙醚（色谱纯）；正己烷（色谱纯）；无水乙醇（色谱纯）；甲基叔丁基醚（MTBE，色谱纯）；二丁基羟基甲苯（BHT）；氢氧化钾；碘。

2.2　试剂配制

2.2.1 10% 氢氧化钾溶液　称取 10g 氢氧化钾，加水溶解稀释至 100ml。

2.2.2 20% 氢氧化钾溶液　称取 20g 氢氧化钾，加水溶解稀释至 100ml。

2.2.3 萃取溶剂 称取 1g BHT，以 200ml 环己烷溶解，加入 400ml 乙醚和 400ml 正己烷，混匀。

2.2.4 0.1% BHT 乙醇溶液 称取 0.1g BHT，以 100ml 乙醇溶解，混匀。

2.2.5 碘的乙醇溶液 称取 1mg 碘，加乙醇溶解稀释至 1 L。

2.3 标准品

叶黄素（CAS号：127-40-2），纯度不低于98.0%。

2.4 标准溶液配制

2.4.1 标准储备液（50 μg/ml） 准确称取 5mg（精确至 0.01mg）叶黄素，以 0.1% BHT 乙醇溶液溶解并定容至 100ml。该标准储备液充氮避光置于 −20℃ 或以下的冰箱中可保存六个月。叶黄素标准储备液使用前需校正（校正操作见本节 7.7）。

2.4.2 标准工作液 从叶黄素标准储备液中准确移取 0.050ml、0.100ml、0.200ml、0.400ml、1.00ml 至 25ml 棕色容量瓶中，用 0.1% BHT 乙醇溶液定容至刻度，得到浓度为 0.100 μg/ml、0.200 μg/ml、0.400 μg/ml、0.800 μg/ml、2.00 μg/ml 的系列标准工作液。标准工作液充氮避光置于 −20℃ 或以下的冰箱中，可保存一个月。

3 仪器和设备

液相色谱仪（带二极管阵列检测器或紫外检测器）；紫外可见分光光度计；分析天平（感量 0.01mg 和 0.01g）；均质机；旋涡混合器；振荡器；减压浓缩装置；固相萃取装置；离心机（转速不低于 4500r/min）；中性氧化铝固相萃取小柱（500mg/3ml，使用前以 5ml 萃取溶剂淋洗，保持柱体湿润）；滤膜（0.22 μm 有机系滤膜）。

4 分析步骤

4.1 试样制备

将样品按要求经过粉碎、均质、缩分后，储存于样品瓶中，制备好的试样应充氮密封后置于 −20℃ 或以下的冰箱中保存。

4.2 提取

4.2.1 固体试样 准确称取 2g（精确至 0.01g）均匀试样于 50ml 聚丙烯离心管中，加入 0.2g BHT 和 10ml 乙醇，混匀，加入 10ml 10% 氢氧化钾溶液，涡旋振荡 1 分钟混匀，室温避光振荡皂化 30 分钟，加入 10ml 萃取溶剂避光涡旋振荡提取 3 分钟，4500r/min 离心 3 分钟，重复提取 2 次，合并提取液，以 10ml 水洗涤，4500r/min 离心 3 分钟分层，重复洗涤 1 次，合并有机相于室温减压浓缩至近干，以 0.1% BHT 乙醇溶液涡旋振荡，溶解残渣并定容至 5ml，过 0.22 μm 滤膜，供液相色谱测定。

若样品需要净化，则将上述有机萃取溶液以约 1ml/min 的流速通过已活化的中性氧化铝固相萃取小柱，用 3ml 萃取溶剂洗脱，合并流出液与洗脱液，于室温减压浓缩至近干，以 0.1% BHT 乙醇溶液涡旋振荡溶解残渣并定容至 10ml，过 0.22 μm 滤膜，供液相色谱测定。

4.2.2 液体试样 准确称取 10g（精确至 0.01g）样品于 50ml 聚丙烯离心管中，加入 0.2g BHT 和 10ml 乙醇，混匀，加入 2ml 20% 的氢氧化钾溶液，涡旋 1 分钟混匀，室温避光振荡皂化 30 分钟，加入 10ml 萃取溶剂避光涡旋振荡提取 3 分钟，4500r/min 离心 3 分钟，重复提取 2

次，合并提取液，以 10ml 水洗涤，4500r/min 离心 3 分钟分层，重复洗涤 1 次，合并有机相于室温减压浓缩至近干，以 0.1% BHT 乙醇溶液涡旋振荡溶解残渣并定容至 25ml，过 0.22μm 滤膜，供液相色谱测定。

若样品需要净化，则将上述有机萃取溶液以约 1ml/min 的流速过已活化的中性氧化铝固相萃取小柱，用 3ml 萃取溶剂洗脱，合并流出液与洗脱液，于室温减压浓缩至近干，以 0.1% BHT 乙醇溶液涡旋振荡溶解残渣并定容至 10ml，过 0.22μm 滤膜，供液相色谱测定。

4.3　液相色谱分析

4.3.1 仪器参考条件　色谱柱：C30 色谱柱（5μm，250mm×4.6mm）。柱温：30℃。流动相：甲醇/水（体积比 88+12，含 0.1% BHT）－甲基叔丁基醚（含 0.1% BHT），梯度洗脱，0~18 分钟，甲醇/水由 100% 变换至 10%，18.1 分钟，甲醇/水由 10% 变换至为 100%，保留 10 分钟。流速：1.0ml/min。检测波长：445nm。进样量：50μl。

4.3.2 测定　将标准系列工作液分别注入液相色谱仪中，测定相应的峰面积，以标准工作液的浓度为横坐标，以峰面积为纵坐标，绘制标准曲线。

待测样液中叶黄素的响应值应在仪器线性响应范围内，否则应适当稀释或浓缩。标准工作液与待测样液等体积进样，外标法定量。

5　计算

5.1　记录

5.1.1 做好称量、定容体积、稀释倍数等实验记录和标准溶液领用与稀释记录。

5.1.2 做好仪器使用记录、环境温度湿度等相关记录。

5.2　计算

试样中叶黄素的含量按如下公式计算。

$$X = \frac{c \times V}{m} \times \frac{1}{F} \times 100$$

式中：X 为试样中叶黄素的含量（μg/100g）；c 为由标准曲线而得的样液中标准品的含量（μg/ml）；V 为样品最终定容体积（ml）；m 为称样量（g）；F 为校正系数，用液相色谱分析试样溶液，将顺式与反式叶黄素色谱峰面积加合作为总峰面积，其中反式叶黄素峰面积除以总峰面积所得值为校正系数，当液相色谱分析时只出现反式叶黄素峰时，F 为 1；100 为试样中量以每 100 克计算的换算系数；计算结果保留三位有效数字。

6　精密度

6.1　结果表示

试样每次测定应不少于 2 份，计算结果以重复性条件下获得的两次独立测定结果的算术平均值表示。

6.2　允许差

在重复性条件获得的两次独立测定结果的绝对差值不得超过算术平均值的 15%。

7 注意事项

7.1 所用仪器以及相关计量器具应通过检定或校准，并在有效使用期内。

7.2 标准溶液的配制时应采用有证标准物质，且在有效期内。

7.3 试验中需要用到甲醇、正己烷等有毒有害试剂，使用时需做好防护措施，避免直接接触皮肤。废液应分类妥善处理，不得对环境造成污染。

7.4 由于叶黄素对光敏感，所有试验操作应在500nm以下紫外光的黄色光源或红色光源环境中进行。

7.5 本操作规程的前处理可选净化手段为中性氧化铝固相萃取柱法，固相萃取柱使用前需经过活化过程，净化时的流速不宜过快。

7.6 减压浓缩时，避免液体瀑沸喷溅造成损失。

7.7 叶黄素标准储备液配制后需要校准，具体操作如下。

吸取1ml叶黄素标准储备液，用乙醇稀释定容至25ml，移取该溶液至石英比色皿中，以乙醇为空白，用分光光度计在445nm波长下测定吸光度值A，按如下公式计算标准溶液浓度。

$$X = \frac{A}{E_{1cm}^{1\%}} \times 25 \times 10000 \times F$$

式中：X为标准储备溶液浓度（μg/ml）；A为标准溶液吸光值；$E_{1cm}^{1\%}$为乙醇中叶黄素的吸光系数，为2550 dl/g；25为稀释系数；10000为转换系数（g/dl转化为μg/ml）；F为校正系数，用液相色谱分析校准后的标准溶液，将顺式与反式叶黄素色谱峰面积加和作为总峰面积，其中反式叶黄素峰面积除以总峰面积所得值为校正系数，当液相色谱分析只有反式叶黄素峰面积时，F为1。

7.8 由于在样品的提取与分析过程中，温度、光照等原因均可使反式结构的叶黄素发生异构化，转化为顺式叶黄素。对于转化产生的顺式叶黄素，可通过保留时间定性、峰面积加和定量。可按以下步骤获得顺式叶黄素：以乙醇为溶剂，配制800μg/L的叶黄素标准溶液50ml，加入2ml碘的乙醇溶液，摇匀，混合液在日光或日光灯下放置30分钟，即可获得顺式结构的叶黄素。由此制备的含顺式结构的叶黄素在检测时可作为对照品。

7.9 在流动相配制时，采用色谱纯试剂和超纯水。流动相配制后采用0.22μm滤膜抽滤，否则长期的杂质积累会污染管路和检测器，增加仪器噪声，超声去除溶解的气体，气体残留会造成压力不稳。

7.10 流动相溶液需现配现用，放置时间过长滋生细菌腐败后会对仪器和色谱柱造成严重损害。

7.11 过滤有机溶液时应用有机系滤膜，勿用水系滤膜代替。

7.12 检测结束后需要及时对色谱柱和管路进行冲洗。

7.13 当有杂质峰干扰目标物时，可通过改变流动相、更换色谱柱等方法进一步调整保留时间，确保峰能分开。

7.14 当目标峰与标准物质峰保留时间一致时，建议采用DAD检测器或二极管阵列检测器通过光谱图辅助定性，或者采用调整流动相、更换色谱柱、样品加标等方法进一步确认。

7.15 每个批次序列中，都需要做质控样，每20个样品穿插一个质控样，以验证操作过程和仪器的稳定性。质控样可以是有证标准质控样品或者样品加标。

7.16待测样液中叶黄素的响应值应在仪器线性响应范围内，否则应适当稀释或浓缩。当检测结果是未检出时，检出限需要包含在线性范围之内，确保报送结果的有效。

起草人：窦明理（四川省食品药品检验检测院）

周禹君（山东省食品药品检验研究院）

复核人：杜　钢（四川省食品药品检验检测院）

周传静　公丕学（山东省食品药品检验研究院）

第二十二节　乳品与婴幼儿食品中脂肪的检测

1　简述

参考GB 5009.6-2016《食品安全国家标准　食品中脂肪的测定》第三法制定本规程。

乳类食品中的脂肪属游离脂肪，但其脂肪球被乳中酪蛋白钙盐包裹，并处于高度分散的胶体中，不能直接被有机溶剂萃取，利用氨溶液使乳中酪蛋白的钙盐成为可溶性钙盐，使结合的脂肪游离。

用无水乙醚和石油醚抽提样品的碱（氨水）水解液，通过蒸馏或蒸发除去溶剂，测定溶于溶剂中的抽提物的重量。

适用于乳及乳制品、婴幼儿配方食品中脂肪的测定。

2　试药与试剂

2.1　试剂

氨水；乙醇；无水乙醚；石油醚；淀粉酶；刚果红；盐酸。

2.2　试剂配制

2.2.1 混合溶剂　无水乙醚和石油醚等体积混合。

2.2.2 碘溶液（0.1mol/L）　称取碘12.7g和碘化钾25g，于水中溶解并定容至1 L。

2.2.3 刚果红溶液　将1g刚果红溶于水中，稀释至100ml。

注：可选择性地使用。刚果红溶液可使溶剂和水相界面清晰，也可使用其他能使水相染色而不影响测定结果的溶液。

2.2.4 盐酸溶液（6mol/L）　量取50ml盐酸缓慢倒入40ml水中，定容至100ml，混匀。

3　仪器与设备

分析天平（感量为0.0001g）；离心机（可用于放置抽脂瓶或管，转速为500~600r/min）；鼓风干燥箱；恒温水浴锅；抽脂瓶〔抽脂瓶应带有软木塞或其他不影响溶剂使用的瓶塞（如硅胶或聚四氟乙烯）：软木塞应先浸泡于乙醚中，后放入60℃或60℃以上的水中保持至少15分钟，冷却后使用。不用时需浸泡在水中，浸泡用水每天更换1次〕；旋转蒸发仪；脂肪收集瓶〔容量为125~250ml的平底烧瓶；125ml以上的蒸发皿（陶瓷或金属均可），最好为平底的、有溢流

第三篇　食品中化学成分检测

口的）；钳子；沸石；移液枪或移液管；量筒（50ml）；干燥器（内装有有效干燥剂）。

4 分析步骤

4.1 试样称取

4.1.1 巴氏杀菌乳、灭菌乳、生乳、发酵乳、调制乳、液体婴幼儿配方食品、液态特殊医学用途婴儿配方食品、液态婴幼儿罐装辅助食品：轻轻搅拌或转动试样容器，使试样混合均匀，立即取样，精密称取10g（精确至0.0001g）于抽脂瓶中。

4.1.2 乳粉、固体婴幼儿配方乳粉、固态特殊医学用途婴幼儿配方乳粉、固态婴幼儿谷类辅助食品：称取混匀后的试样，高脂乳粉、全脂乳粉、全脂加糖乳粉、固态婴幼儿食品、固态特殊医学用途婴儿配方食品约1g（精确至0.0001g），脱脂乳粉、乳清粉、酪乳粉、固态婴幼儿谷类辅助食品约1.5g（精确至0.0001g）。

4.1.2.1 不含淀粉样品　加入10ml 65℃±5℃的水，将试样洗入抽脂瓶的小球中，充分混合，直到样品完全分散，放入流动水中冷却。

4.1.2.2 含淀粉样品　将试样放入抽脂瓶中，加入约0.1g淀粉酶，混合均匀后，加入8~10ml 45℃的蒸馏水，注意液面不要太高。盖上瓶塞于搅拌状态下，置65℃±5℃水浴中2小时，每隔10分钟摇混一次。检验淀粉是否水解完全：加入两滴约0.1mol/L的碘溶液，无蓝色出现，水解完全，否则将抽脂瓶重新置于水浴中，直至无蓝色产生。抽脂瓶冷却至室温。

4.1.3 炼乳　脱脂炼乳、全脂炼乳和部分脱脂炼乳称取约3~5g、高脂炼乳称取约1.5g（精确至0.0001g），用10ml水，分次洗入抽脂瓶小球中，充分混合均匀。

4.1.4 奶油、稀奶油　将奶油试样放入温水浴中溶解并混合均匀后，称取试样约0.5g（精确至0.0001g）、稀奶油称取约1g于抽脂瓶中，加入8~10ml约45℃的水。

4.1.5 干酪　称取约2g研碎的试样（精确至0.0001g）于抽脂瓶中，加10ml 6mol/L盐酸，混匀，盖上瓶塞，于沸水中加热20~30分钟，取出冷却至室温，静置30秒。

不同类型试样的称样量及处理方式详见表3-2-14。

表3-2-14　不同类型样品的称样量

样品类型	称样量（g）	备注
巴氏杀菌乳、灭菌乳、生乳、发酵乳、调制乳、液体婴幼儿配方食品、液态特殊医学用途婴儿配方食品、液态婴幼儿罐装辅助食品	10	
脱脂乳粉、乳清粉、酪乳粉、固态婴幼儿谷类辅助食品	1.5	加入10ml 65℃左右的热水溶解
高脂乳粉、全脂乳粉、全脂加糖乳粉、乳基婴幼儿配方食品、固体婴幼儿配方乳粉、固态特殊医学用途婴幼儿配方乳粉	1	加入10ml 65℃左右的热水溶解
脱脂炼乳	10	
全脂炼乳、部分脱脂炼乳	3~5	
奶油	0.5	
稀奶油	1	
干酪	2	10ml 6mol/L盐酸，沸水浴半小时

4.2 碱水解

加入2.0ml氨水，充分混匀后将抽脂瓶放入65℃±5℃的水浴中，加热15~20分钟，不时取出振荡。取出后，冷却至室温，静置30秒。

4.3 提取

4.3.1 加入10ml乙醇，轻轻地使内容物在小球和柱体间来回流动，缓和但彻底地进行混合，避免液体太接近瓶颈。如果需要，可加入2滴刚果红溶液。

4.3.2 加入25ml乙醚，塞上处理后的软木塞，将抽脂瓶保持在水平位置，小球的延伸部分朝上夹到摇混器上，按约100次/分钟振荡烧瓶1分钟，不要过度（避免形成持久乳化液）。在此期间，使液体由大球冲入小球。必要时将抽脂瓶放在流水中冷却，然后小心地打开塞子，用少量的混合溶剂冲洗塞子和瓶颈，使冲洗液流入抽脂瓶或已准备好的脂肪收集瓶（平底烧瓶、蒸发皿等）中。

4.3.3 加入25ml石油醚，塞上塞子（浸入水中），接（本节4.3.2）所述，轻轻振荡30秒。

4.3.4 将抽脂瓶放到支架上，静止至少30分钟，直到上层液澄清，并明显与水相分离。也可以将加塞的抽脂瓶放入离心机中，在500~600r/min下离心1~5分钟。

必要时，放在流水中冷却抽脂瓶。

4.3.5 打开软木塞或瓶塞，用少量的混合溶剂冲洗塞子和瓶颈内壁，使冲洗液流入抽脂瓶或脂肪收集瓶中。如果两相界面低于小球与瓶身相接处，则沿瓶壁边缘慢慢地加入水，使液面高于小球和瓶身相接处，以便于倾倒。

4.3.6 持抽脂瓶的小球部，小心地将上层液尽可能地倒入已准备好的含有沸石的脂肪收集瓶中，避免倒出水层。

4.3.7 用少量混合溶剂冲洗瓶颈外部，冲洗液收集在脂肪收集瓶中。要小心操作，以防溶剂溅到抽脂瓶的外面。

4.3.8 向抽脂瓶中加入5ml乙醇，用乙醇冲洗瓶颈内壁，按（本节4.3.1）所述进行混合。

4.3.9 重复（本节4.3.2~4.3.7）操作，用15ml乙醚和15ml石油醚，进行第二次提取，用混合溶剂冲洗瓶颈内壁，合并于脂肪收集瓶中。

4.3.10 重复（本节4.3.2~4.3.7）操作，用15ml乙醚和15ml石油醚，进行第三次提取，用混合溶剂冲洗瓶颈内壁，合并于脂肪收集瓶中。

注：如果产品中脂肪的质量分数低于5%，可省略第三次抽提。

4.4 称量

4.4.1 采用蒸馏的方法除去收集瓶中的溶剂（包括乙醇），对烧杯或皿可用蒸发来除掉溶剂。蒸馏前用少量混合溶剂冲洗瓶颈内部。

4.4.2 将脂肪收集瓶放入100℃±5℃的烘箱中加热1小时，取出收集瓶，置干燥器中冷却0.5小时，称量，精确至0.1mg；重复（本节4.4.2）操作，直到脂肪收集瓶两次连续称量不超过2mg，记录收集瓶和抽提物的最低质量。

空白试验与样品检验同时进行，空白试验采用10ml水代替样品，照上述操作进行。

5 计算

试样中脂肪按下式计算。

$$X = \frac{(m_1 - m_2) - (m_3 - m_4)}{m} \times 100$$

式中：X 为试样中脂肪的含量（g/100g）；m_1 为恒重后脂肪收集瓶和脂肪的重量（g）；m_2 为脂肪收集瓶的质量（g）；m_3 为空白试验中，恒重后脂肪收集瓶和抽提物的重量（g）；m_4 为空白试验中，脂肪收集瓶的重量（g）；m 为样品的质量（g）；100为换算系数；结果保留3位有效数字。

6 精密度

当样品中脂肪含量 ≥ 15% 时，两次独立测定结果之差 ≤ 0.3g/100g；当样品中脂肪含量 5~15% 时，两次独立测定结果之差 ≤ 0.2g/100g；当样品中脂肪含量 ≤ 5% 时，两次独立测定结果之差 ≤ 0.1g/100g。

7 注意事项

7.1 脂肪收集瓶使用前需要在 100℃ ± 5℃ 的烘箱中烘干至恒重。

7.2 当实验室有多个感量 0.0001g 的天平时，称量空脂肪收集瓶和带抽提物的脂肪收集瓶，要使用同一个天平。

7.3 加入无水乙醚抽提脂肪时，转动抽脂瓶需缓慢，上下反转，不可用力过猛，时间约为1分钟，避免试样形成持久性乳化液。

7.4 氨水浓度对测定结果影响很大，必须保证所使用的氨水浓度足够。

7.5 抽提过程中开瓶塞时避免液体冲出瓶口，造成脂肪的损失。

7.6 如无抽脂瓶时，可用 100ml 具塞量筒或 100ml 离心管代替。

7.7 溶剂乙醚和石油醚的沸点较低、易燃，在操作时应注意防火。使用烘箱干燥前应尽量蒸发掉乙醚和石油醚。

7.8 反复加热会因脂类氧化而增重。质量增加时，以增重前的质量作为恒重结果。试样在干燥器中冷却后尽快称量，在干燥器中长时间放置会吸潮而增重。

起草人：周　佳（四川省食品药品检验检测院）

傅骏青（山东省食品药品检验研究院）

复核人：杜　钢　周海燕（四川省食品药品检验检测院）

王文特（山东省食品药品检验研究院）

第二十三节　婴幼儿食品和乳品中左旋肉碱的检测

1　简述

参考GB 29989-2013《食品安全国家标准　婴幼儿食品和乳品中左旋肉碱的测定》制定本规程。

本方法适用于婴幼儿食品和乳品中左旋肉碱的测定。试样经过水提取，用高氯酸沉淀蛋白质后过滤，滤液经碱皂化，使结合态的左旋肉碱游离，游离左旋肉碱与乙酰辅酶A在乙酰肉碱转移酶的催化下反应生成等摩尔的乙酰肉碱和等摩尔的游离的辅酶A。游离的辅酶A和5，5'-二硫双（2-硝基苯甲酸）反应生成黄色物质，其颜色深浅与游离的辅酶A含量成正比，可间接求出试样中左旋肉碱含量。

2　试剂与材料

2.1　试剂

除另有规定外，所有试剂均为分析纯，水为符合GB/T 6682中规定的三级水。

2.2　试剂配制

2.2.1　高氯酸溶液（13%）　移取13ml高氯酸用水稀释至100ml。

2.2.2　氢氧化钠溶液（10mol/L）　称取40g氢氧化钠用水溶解，冷却后稀释至100ml。

2.2.3　氢氧化钾溶液（4.0mol/L）　称取22.4g氢氧化钾用水溶解，冷却后稀释至100ml。

2.2.4　显色储备液　分别称取50mg 5，5'-二硫双（2-硝基苯甲酸）、5.96g N-2-羟乙基哌嗪-N-2-乙烷磺酸、0.185g乙二胺四乙酸二钠溶于30ml水中，用10mol/L氢氧化钠溶液调pH至7.4~7.6，用水定容至50ml。显色储备液可在4℃冰箱中保存3个月。

2.2.5　显色工作液　吸取5.00ml显色储备液用水定容至25ml。现用现配。

2.2.6　乙酰辅酶A（Acetyl CoA）溶液　称取20.0mg乙酰辅酶A溶于2.0ml水中。现用现配。

2.2.7　乙酰肉碱转移酶（CAT）溶液　吸取100μl乙酰肉碱转移酶悬浮液，加入2ml水溶解。现用现配。

2.2.8　左旋肉碱标准储备液（80μg/ml）　精确称取20mg于102℃±2℃烘箱中烘2小时的左旋肉碱（纯度≥98%），用水定容至250ml容量瓶中。此溶液可在4℃冰箱中保存1个月。

2.2.9　左旋肉碱标准工作液　分别吸取左旋肉碱标准储备液0.50ml，1.00ml，2.00ml，3.00ml，5.00ml于25ml容量瓶中，用水定容至刻度，混匀，该标准系列浓度分别为1.6μg/ml、3.2μg/ml、6.4μg/ml、9.6μg/ml、16μg/ml。现用现配。

3　仪器与设备

紫外可见分光光度计：波长范围涵盖412nm，分辨率：0.1nm，光度范围为（0.000~3.999）Abs；天平（感量0.0001g，感量0.01g）；酸度计；电热干燥箱：可控温至（102±2）℃；恒温水浴锅（可控温至40℃）；冰箱（冷藏温度4℃）；烧杯（50ml）；量筒（50ml）；单标线移液管

（20ml）；刻度移液管（5ml）；容量瓶（25ml、50ml、100ml）；漏斗及对应规格的定量快速滤纸；烧杯（50ml、250ml）；比色皿（石英，具塞，1cm）；移液器及配套枪头（1ml、100μl）；秒表；一次性注射器（5ml）；滤膜（水相，0.45μm）；PE离心管（5ml）。

4 分析步骤

4.1 样液准备

称取5g（精确至0.0001g）混合均匀的试样于50ml烧杯中，用30ml 40℃温水溶解，转入100ml容量瓶中，加入10ml 13%高氯酸溶液，混合均匀后静置20分钟，用水定容至刻度，混匀，用定量滤纸过滤。

4.2 样液处理

移取滤液20ml，置于50ml小烧杯中，用4mol/L氢氧化钾溶液调整滤液pH至12.5~13.0，置于40℃水浴60分钟。取出冷却后用高氯酸溶液调整pH至7.0~7.5。将溶液转入50ml容量瓶中，用水定容，混匀，于4℃冰箱中放置过夜。将试样处理液从冰箱中取出，放置至室温，用一次性注射器吸取上清液，用0.45μm滤膜过滤于5ml PE离心管中后备用。

4.3 测定

分别吸取左旋肉碱标准工作液、滤膜过滤后的试样处理液2.0ml于1cm比色皿中，依次加入0.8ml显色工作液、100μl乙酰辅酶A溶液，盖上比色皿盖，混合均匀，放置5分钟后立即放入已用水调零的紫外可见分光光度计中，在波长为412nm下测定吸光值A_1并迅速加入100μl乙酰肉碱转移酶溶液，迅速混合均匀，放置10分钟后立即放入紫外可见分光光度计中测定吸光值A_2。以左旋肉碱标准工作液的浓度为横坐标，以标准工作液的吸光值A_2与吸光值A_1之差为纵坐标，制作标准曲线。用试样处理液的吸光值A_2与吸光值A_1之差在标准曲线上查得试样处理液中左旋肉碱的浓度。

5 计算

5.1 记录

除按规定做好称量等实验记录外，必须做好仪器使用记录、标液稀释记录及相关可供溯源的记录。

5.2 计算

试样中的左旋肉碱的含量按下式计算。

$$X = \frac{c \times V_3 \times V_1}{m \times V_2 \times 100} \times 100$$

式中：X为试样的中左旋肉碱含量（mg/100g）；c为在标准曲线上查得试样处理液的浓度（μg/ml）；V_1为试样溶液定容体积（ml）；V_2为移取滤液体积（ml）；V_3为滤液处理后定容体积（ml）；m为试样的质量（g）；1000，100为单位换算系数。计算结果以重复性条件下获得的两次独立测定结果的算术平均值表示，结果保留小数点后一位。

6　精密度

6.1 每次测定应不少于 2 个平行试样。

6.2 重复性条件下获得的两次独立测定结果的差值不应超过算数平均值的 10%。

7　注意事项

7.1 试样溶液的 pH 使用酸度计进行调整调节。

7.2 测定时放置反应时间用秒表准确计时。

7.3 水浴加热取出并冷却后尽快调节调整试样溶液的 pH。

7.4 左旋肉碱标准品于 102℃±2℃烘箱中烘干时，严格控制时间为 2 小时；超过 2 小时左旋肉碱标准品会发生部分溶解，黏在称量瓶壁上。

7.5 显色储备液在放置过程中，颜色可能由亮黄色逐渐变成浅黄色，不影响使用。

起草人：陶　滔（四川省食品药品检验检测院）

张海红（山东省食品药品检验研究院）

复核人：杜　钢（四川省食品药品检验检测院）

王文特（山东省食品药品检验研究院）

第二十四节　食品中 10- 羟基 -2- 癸烯酸的检测

1　简述

参考 GB 9697-2008《蜂王浆》制定本规程。

10- 羟基 -2- 癸烯酸，又称王浆酸或蜂王酸，简称 10-HDA，是蜂王浆中一种重要的不饱和脂肪酸，占总脂肪酸的 50% 左右。自然界中为蜂王浆中所特有，是蜂王浆的标志物，一般约占蜂王浆的 1.4%~2.0% 左右。

蜂王浆样品经乙醇提取，C18 色谱柱分离，高效液相色谱 - 紫外检测器检测，内标法定量。

2　试剂和材料

2.1　试剂

除非另有说明，本方法所用试剂均为分析纯，水为重蒸水。

甲醇（色谱纯）；无水乙醇（优级纯）；盐酸；硫酸。

2.2　试剂配制

2.2.1 盐酸溶液（0.1mol/L）　移取 8.5ml 盐酸，加水稀释至 1000ml，摇匀。

2.2.2 盐酸溶液（0.03mol/L）　量取 0.1mol/L 盐酸溶液 100ml，加入 200ml 超纯水中，摇匀。

2.3　标准品

10-HDA 标准品：纯度≥99%，使用前应在放有浓硫酸的减压干燥器内减压干燥 24 小时。

内标：对羟基苯甲酸甲酯（纯度≥99%）。

2.4 标准溶液配制

2.4.1 10-HDA 标准储备溶液（2mg/ml） 准确称取干燥后 10-HDA 标准品 20mg（准确至 0.1mg），用无水乙醇溶解并定容至 10ml。

2.4.2 10-HDA 标准使用溶液（200μg/ml） 准确移取 10-HDA 标准储备溶液 1.00ml，用无水乙醇并定容至 10ml。

2.4.3 内标溶液（0.65mg/ml） 准确称取已干燥过的对羟基苯甲酸甲酯 65mg，无水乙醇溶解并定容至 100ml。

2.4.4 系列标准曲线的配制 准确移取 10-HDA 标准储备液 0.5ml、1ml、2ml、3ml、4ml、5ml 至 10ml 容量瓶中。准确加入内标溶液 2ml，用无水乙醇定容至刻度，摇匀。经微孔滤膜过滤，立即进液相色谱仪分析。

3 仪器与设备

高效液相色谱仪（HPLC）[配有二极管阵列检测器（DAD）或紫外检测器]；超声波清洗机；涡旋混合器；减压干燥器；离心机（转速不低于 6000r/min）；电子天平（感量为 0.0001g）；微孔滤膜（0.22μm 有机滤膜）。

4 分析步骤

4.1 试样处理

试样解冻至室温后用玻璃棒搅拌均匀。准确称取 0.5g 试样（精确至 0.1mg）于 50ml 容量瓶中，加入 1ml 盐酸溶液（0.03mol/L）和 2ml 水，涡旋使试样溶解，加无水乙醇 30ml，边加边轻轻摇动，再准确加入内标溶液 10ml，用无水乙醇定容至刻度，混匀，立即超声 15 分钟，取出，3000r/min 离心 10 分钟，取上清液，经微孔滤膜过滤，立即进液相色谱仪分析。

4.2 仪器参考条件

色谱柱：T3 柱，250mm×4.6mm，5μm，或性能相当者。流动相：甲醇+0.03mol/L 盐酸水溶液=55+45。检测波长：216nm。流速：1.0ml/min。柱温：35℃。进样量：10μl。

5 计算

样品中 10-羟基-2-癸烯酸含量按下式计算。

$$X = \frac{c \times V \times 100}{m \times 1000 \times 1000}$$

式中：X 为样品中 10-羟基-2-癸烯酸的含量（%）；c 为样液中 10-HDA 的浓度（μg/ml）；V 为定容体积（ml）；m 为试样质量（g）；计算结果保留三位有效数字；试样每次测定应不少于 2 份，计算结果以重复性条件下获得的两次独立测定结果的算术平均值表示。

6 精密度

在重复性条件下获得的两次独立测定结果的绝对差值不得超过算术平均值的 2.0%。

7 注意事项

7.1 试样处理后如不能及时测定，应放置在冰箱中冷藏待测。

7.2 甲醇为有毒有机试剂，使用时需带防护手套和防护面具，并避免接触皮肤，若皮肤接触需脱去污染的衣着，用肥皂水和清水彻底冲洗皮肤。废液应妥善处理，不得污染环境。

7.3 硫酸、盐酸为强酸，具有强烈腐蚀性，使用时需带防护手套和防护面具。并避免接触支肤。

起草人：何成军（四川省食品药品检验检测院）

赵慧男（山东省食品药品检验研究院）

复核人：闵宇航（四川省食品药品检验检测院）

戴　琨（山东省食品药品检验研究院）

第二十五节　食品中总糖的检测

1 简述

参考GB 9697-2008《蜂王浆》制定本规程。

试样经除去蛋白质后，经过盐酸水解，以亚甲基蓝作指示剂，在加热条件下滴定标定过的碱性酒石酸铜溶液，根据样品液消耗量计算总糖含量。

本规程适用于蜂王浆中总糖的测定。

2 试剂和材料

2.1 试剂

除另有规定外，所有试剂均为分析纯，水为符合GB/T 6682中规定的一级水。

2.2 试剂配制

2.2.1 葡萄糖标准溶液　精确称取于 98～100℃烘干至恒重的优级纯葡萄糖 1.000g，加水溶解，加入浓盐酸 5ml，用水稀释至 1000ml，此溶液每毫升相当于 1mg 葡萄糖。

葡萄糖标准溶液应贮存于硬质玻璃或聚乙烯容器中，常温可放置1周。

2.2.2 碱性酒石酸铜甲液　称取硫酸铜（$CuSO_4 \cdot 5H_2O$）15g 和亚甲基蓝 0.05g，溶于水中，并稀释至 1000ml，贮存于硬质玻璃或聚乙烯容器中。

2.2.3 碱性酒石酸铜乙液　称取酒石酸钾钠 50g 和氢氧化钠 75g，溶解于水中，再加入亚铁氰化钾 4g，完全溶解后，用水定容至 1000ml，贮存于聚乙烯容器中。

2.2.4 乙酸锌溶液（219g/L）　称取乙酸锌 21.9g，加冰乙酸 3ml，加水溶解并定容至 100ml。

2.2.5 亚铁氰化钾溶液（106g/L）　称取亚铁氰化钾 10.6g，加水溶解并定容至 100ml。

2.2.6 盐酸溶液（6mol/L，1+1 体积比）　量取浓盐酸 50ml，加水 50ml 混匀。

第三篇 食品中化学成分检测

2.2.7 氢氧化钠溶液（200g/L） 称取氢氧化钠20g，加水溶解后，放冷，并定容至100ml。

2.2.8 甲基红指示液（1g/L） 称取0.1g甲基红，用95%乙醇溶解并定容至100ml。

3 仪器与设备

滴定管：50ml，分度值不低于0.1ml。电热恒温水浴锅：可控温至68~70℃。可调电炉。天平：感量0.0001g。容量瓶：100ml，1000ml。锥形瓶：250ml。刻度吸量管：5ml、10ml。单标线移液管：50ml。烧杯：50ml，100ml。量筒：10ml，50ml。漏斗及对应规格的定性快速滤纸；秒表；小玻璃珠。

4 分析步骤

4.1 试样处理

精确称取蜂王浆试样约4g（精确至0.0001g），置于50ml烧杯中，用50ml水分次将试样转入100ml容量瓶中，振摇使试样溶解后缓缓加入乙酸锌溶液和亚铁氰化钾溶液各5ml，用水定容至刻度，摇匀。静置30分钟后用定性快速滤纸过滤，弃去初滤液5ml，收集滤液于100ml烧杯中备用。

精确吸取上述滤液50ml于100ml容量瓶中，加入10ml盐酸溶液（6mol/L），摇匀，置于68~70℃电热恒温水浴锅中水解10分钟，流水冷却至室温，加甲基红指示液2滴，摇匀，用氢氧化钠溶液（200g/L）中和至溶液刚变成黄色，加水稀释至刻度，摇匀，作为试样溶液备用。

4.2 碱性酒石酸铜溶液的标定

精确移取碱性酒石酸铜甲液5.00ml于250ml锥形瓶中，再移取碱性酒石酸铜乙液5.00ml于此锥形瓶中，加水10ml，加入玻璃珠2~4粒，从滴定管中加葡萄糖标准溶液9ml，控制在2分钟内加热至沸，趁沸以每2秒1滴的速度继续滴加葡萄糖标准溶液，直至溶液蓝色刚好褪去为终点，记录消耗葡萄糖标准溶液的总体积，同时平行操作三份，取其平均值，计算每10ml（碱性酒石酸甲、乙液各5ml）碱性酒石酸铜溶液相当于葡萄糖的质量（mg）。

4.3 试样溶液测定

精确移取碱性酒石酸铜甲液5.00ml于250ml锥形瓶中，再移取碱性酒石酸铜乙液5.00ml于此锥形瓶中，加水10ml，加入玻璃珠2~4粒，控制在2分钟内加热至沸，以先快后慢的速度，从滴定管滴加试样溶液至锥形瓶中，并保持溶液沸腾状态，待溶液颜色变浅时，以每2秒1滴的速度滴定，直至蓝色刚好褪去为终点，记录样液消耗体积，同法平行操作三份，得出平均消耗体积。

当总糖浓度过低（直接滴定时，消耗试样溶液体积超过25ml）时，采取直接加入10ml试样溶液于250ml锥形瓶中，免去加水10ml，再用葡萄糖标准溶液滴定至终点，记录消耗的体积与标定时消耗的葡萄糖标准溶液体积之差相当于10ml试样溶液中所含葡萄糖的量。

注：当试样溶液中总糖浓度过高时，应适当稀释后再进行正式测定，使每次滴定消耗试样溶液的体积控制在与标定碱性酒石酸铜溶液时所消耗的葡萄糖标准溶液的体积相近，约10ml

左右。

5　计算

试样中总糖的含量X（以葡萄糖计）按下式计算。

$$X = \frac{T_1}{m \times V/100 \times 1/2 \times 1000} \times 100$$

式中：X为试样中总糖（以葡萄糖计）的量，以质量分数表示（%）；T_1为碱性酒石酸铜溶液滴定度，10ml碱性酒石酸铜溶液（甲、乙液各5ml）相当于葡萄糖的质量（mg）；m为试样称样量（g）；V为测定时平均消耗试样溶液体积（ml）；100为定容体积（ml）；1000为换算系数。

当浓度过低时，试样中总糖的含量X（以葡萄糖计）按下式计算。

$$X = \frac{T_2}{m \times 10/100 \times 1/2 \times 1000} \times 100$$

式中：X为试样中总糖（以葡萄糖计）的量，以质量分数表示（%）；T_2为标定时体积与加入样品后消耗的葡萄糖标准溶液体积之差相当于葡萄糖的质量（mg）；m为试样称样量（g）；10为样液体积（ml）；100为定容体积（ml）；1000为换算系数。

6　精密度

6.1 样品每次测定应不少于3组平行。

6.2 平行试验相对偏差不得超过3.0%。

7　注意事项

7.1 蜂王浆通常是冷藏或冷冻贮存，蜂王浆一定要化冻后搅拌均匀再称样，避免样品的不均匀性导致结果不一致。

7.2 本法用的氧化剂碱性酒石酸铜的氧化能力较强，醛糖和酮糖都可被氧化，所以测得的是总还原糖量。

7.3 碱性酒石酸铜甲液和乙液分别贮存，用时才混合，否则酒石酸钾钠铜络合物长期在碱性条件下会慢慢分解析出氧化亚铜沉淀，使试剂有效浓度降低。

7.4 加热滴定时一定要加入玻璃珠，防止溶液爆沸溢出，同时有利于反应完全。

7.5 滴定必须在沸腾条件下进行，其原因一是可以加快还原糖与Cu^{2+}的反应速度，二是亚甲基蓝变色反应是可逆的，还原型亚甲基蓝遇空气中氧时又会被氧化成氧化型。此外，氧化亚铜也极不稳定，易被空气中氧所氧化。保持反应液沸腾可防止空气进入，避免亚甲基蓝和氧化亚铜被氧化而增加葡萄糖的消耗量。

7.6 滴定时不能随意摇动锥形瓶，更不能把锥形瓶从热源上取下来滴定，以防止空气进入反应溶液中。

7.7 影响测定结果的主要操作因素是反应碱度、热源强度、煮沸时间和滴定速度。反应液的碱度直接影响二价铜与还原糖反应的速度，反应进行的程度及测定结果。在一定范围内，溶液碱度越高，二价铜的还原越快。因此，必须严格控制反应液的体积，标定和测定时消耗的体积应接近，使反应体系碱度一致。热源一般采用800 W电炉，电炉温度恒定后才能加热，热源强度应控制在使反应液在两分钟内沸腾，且应保持一致。否则加热至沸腾所需时间就会不同，引起蒸发量不同，使反应液碱度发生变化，从而引入误差。沸腾时间和滴定速度对结果影响比较大，一般沸腾时间短，消耗糖液多，反之，消耗糖液少；滴定速度过快，消耗糖量多，反之，消耗糖量少。因此，测定时应严格控制上述实验条件的一致性。

起草人：夏玉吉（四川省食品药品检验检测院）

张海红（山东省食品药品检验研究院）

复核人：杜　钢（四川省食品药品检验检测院）

王文特（山东省食品药品检验研究院）

第二十六节　食品中淀粉的检测

1　简述

参考GB 9697–2008《蜂王浆》制定本规程。

淀粉的测定试验是基于淀粉遇碘呈蓝色的原理。试验通过观察样品水溶液加碘后是否呈蓝色，来判定样品中是否含有淀粉。此显色反应的灵敏度高，常用作鉴别淀粉的定性方法。

本规程适用于蜂王浆中淀粉的测定。

2　试剂和材料

2.1　试剂

除非另有说明，本方法所用试剂均为分析纯，水为GB/T 6682规定的三级水。

碘；碘化钾；浓盐酸。

2.2　试剂配制

碘溶液：称取碘1.30g、碘化钾3.60g，置于200ml烧杯中，加水30ml，再加浓盐酸1滴，溶解后加水至100ml，搅拌均匀。置于棕色试剂瓶中，密封备用。

3　仪器和设备

天平：感量0.001g。烧杯：50ml，200ml。量筒：10ml，100ml。可调电炉。玻璃棒。棕色试剂瓶：100ml。

4　分析步骤

称取蜂王浆试样约0.2g（精确至0.001g），置于50ml烧杯中，加入水10ml，搅拌均匀，加热至沸腾，冷却至室温后加入碘溶液数滴，观察溶液颜色，要求不得呈蓝色。

5 注意事项

5.1 注意蜂王浆的存放条件，若为冷藏或冷冻贮存，称取样品时需冷却至室温，搅拌均匀后再取样，以保证样品的均一性。

5.2 碘易升华，属无机有毒及腐蚀性物品。碘升华后的蒸汽有刺激性气味，具毒性。试验过程中，实验人员需注意防护，应佩带口罩及手套，并尽量在通风橱中操作。

5.3 可在碘试剂的试剂瓶外套上黑色塑胶袋：在保证其避光保存的同时，也可防止其升华产生的气体对其他试剂及环境的污染。每次取用后，注意拧紧瓶盖。并储存于阴凉且通风良好的地方。

5.4 淀粉遇碘显蓝色是基于淀粉分子具有螺旋状的卷曲，能使淀粉与碘形成淀粉—碘的络合物，从而显示颜色。在淀粉溶液加热时，可以使淀粉分子中的螺旋卷曲伸长开来，使其与碘的呈色反应消失，当溶液冷却时可以恢复螺旋卷曲，再出现呈色反应。所以实验中注意一定要在溶液冷却后再滴加碘溶液进行显色。

5.5 检验过程中注意随行空白试验。

起草人：黄　萍（四川省食品药品检验检测院）

提靖靓（山东省食品药品检验研究院）

复核人：杜　钢（四川省食品药品检验检测院）

王文特（山东省食品药品检验研究院）

第二十七节　食品中脂肪酸的检测

1 简述

参考GB/T 31325-2014《植物蛋白饮料　核桃露（乳）》附录A和GB/T 31324-2014《植物蛋白饮料　杏仁露》附录A制定本规程。

用正己烷提取植物蛋白饮料中的脂肪，经离心分离得到的正己烷-脂肪液，用氢氧化钾-甲醇溶液在室温下甲酯化，形成挥发性甲酯衍生物，进入气相色谱仪，用面积归一化法测定其组分。

适用于植物蛋白饮料杏仁露、核桃露、核桃乳中脂肪酸的测定。

2 试剂和材料

2.1 试剂

除另有规定外，所有试剂均为分析纯，水为符合GB/T 6682中规定的一级水。

甲醇；盐酸；正己烷（色谱纯）；氢氧化钾。

2.2 试剂配制

盐酸溶液（1+1，体积比）：量取50ml盐酸加入到50ml水中。

0.5%氢氧化钾-甲醇溶液：称取0.5g氢氧化钾，溶于100ml甲醇中，置于冰箱保存。此溶液应每个月重新配制。

2.3 标准溶液的配制

脂肪酸甲酯标准品（纯度不低于99%）：棕榈酸甲酯、棕榈烯酸甲酯、硬脂酸甲酯、油酸甲酯、亚油酸甲酯、亚麻酸甲酯、花生酸甲酯、花生烯酸甲酯、山嵛酸甲酯。

脂肪酸甲酯标准品混合溶液：分别称取棕榈酸甲酯0.2g、棕榈烯酸甲酯0.05g、硬脂酸甲酯0.1g、油酸甲酯0.3g、亚油酸甲酯0.6g、亚麻酸甲酯0.1g、花生酸甲酯0.05g、花生烯酸甲酯0.05g、山嵛酸甲酯0.05g（以上均精确至0.001g），用正己烷定容至10ml，得到混合溶液。

3 仪器与设备

气相色谱仪（配有氢火焰离子检测器）；分析天平（感量0.001g）；高速离心机；氮吹仪（可控温）；涡旋混匀仪；具塞刻度试管（10ml、100ml）。

4 分析步骤

4.1 试样制备

将待检样品充分振摇，使其均匀一致，没有明显分层后，迅速量取30.0ml样品，置于100ml具塞试管内，加入1ml盐酸（1+1），20ml正己烷，充分振摇3分钟，将处理后的样品倒入离心管中，置于高速离心机中，离心10分钟（如果样品分层不充分，则需要再次离心10分钟），吸取上清液（正己烷相）于具塞试管中，备用。

4.2 脂肪酸甲酯溶液的制备

取2.0ml试液于10ml具塞刻度试管中，加入0.8ml氢氧化钾-甲醇溶液，在漩涡混合器中充分振荡1分钟，静置10分钟，吸取上层澄清液，将其转移到样品瓶中备用，制备好的溶液应在24小时内完成分析。

4.3 色谱参考条件

色谱柱：石英毛细管柱，100m×0.25mm（内径），0.20μm（膜厚），或相当者。载气：氮气（纯度≥99.999%），1ml/min，恒定流量。柱温：初始温度150℃，以5℃/min程序升温至200℃，保持6分钟，再以3℃/min程序升温至230℃，保持4分钟。进样口温度：270℃。检测器温度：280℃。进样量：1μl。进样方式：分流，分流比20∶1。气体流量：隔垫吹扫流量3ml/min，氢气流量30ml/min，空气流量300ml/min，尾吹流量（N_2）30ml/min。

4.4 测定

吸取脂肪酸甲酯单标及混合标准溶液各1.0μl注入色谱仪，得到9种标准品的出峰次序和保留时间。

吸取样品脂肪酸甲酯溶液1.0μl注入气相色谱仪，得到各脂肪酸的色谱图。

5 计算

将测定得到的脂肪酸组成色谱图与标准图谱对比定性，并进行面积归一化处理，用气相色谱数据处理软件计算各种脂肪酸占总脂肪酸的百分含量。或按下式计算各种脂肪酸占总脂肪酸的百分含量。

$$X = \frac{A_i}{\sum A_i} \times 100$$

式中：X为试样中某脂肪酸占总脂肪酸含量（％）；为试样中某脂肪酸衍生物的峰面积；$\sum A_i$为试样中所有脂肪酸衍生物的峰面积；计算结果以重复性条件下获得的两次独立测定结果的算术平均值表示，结果保留两位小数。

6　精密度

某脂肪酸占总脂肪酸的百分含量大于5％时，在重复性条件下获得的两次独立测定结果的绝对差值不得超过算术平均值的10％；某脂肪酸占总脂肪酸的百分含量小于或等于5％时，在重复性条件下获得的两次独立测定结果的绝对差值不得超过算术平均值的20％。

7　注意事项

7.1 上下振摇过程中注意开塞放气。

7.2 注意定期更换气相色谱进样口隔垫及衬管，维护进样针，以确保数据结果的稳定。

7.3 色谱条件可根据实验室条件进行调整，程序升温和载气流量在保证各组分完全分离的条件下，可适当调整，在最优化的条件下检测。

起草人：罗　玥（四川省食品药品检验检测院）
复核人：岳清洪（四川省食品药品检验检测院）

第二十八节　食品中茶多酚的检测

1　简述

参考GB/T 21733-2008《茶饮料》附录A制定本规程。

茶叶中的多酚类物质能与亚铁离子形成紫蓝色络合物，用分光光度计法测定其含量。

本方法适用于茶饮料中茶多酚的测定。

2　试剂与材料

2.1　试剂

所用试剂均为分析纯（AR）；试验用水应符合GB/T 6682中的三级水规格。

2.2　试剂配制

2.2.1 酒石酸亚铁溶液　称取硫酸亚铁0.1g和酒石酸钾钠0.5g，用水溶解并定容至100ml（低温保存有效期10天）。

2.2.2 pH 7.5磷酸缓冲溶液。

2.2.2.1 23.87g/L磷酸氢二钠　称取磷酸氢二钠23.87g，加水溶解后定容至1L。

2.2.2.2 9.08g/L磷酸二氢钾　称取经110℃烘干2小时的磷酸二氢钾9.08g，加水溶解后定容至1 L。取上述磷酸氢二钠85ml和磷酸二氢钾溶液15ml混合均匀。

3　仪器与设备

分析天平（感量0.001g）；分光光度计。

4　分析步骤

4.1　试液制备

4.1.1 较透明的样液（如果味茶饮料等）　将样液充分摇匀后，备用。

4.1.2 较浑浊的样液（如果汁茶饮料、奶茶饮料等）　称取充分混匀的样液25.00g于50ml容量瓶中，加入95%乙醇15ml，充分摇匀，放置15分钟后，用水定容至刻度。用慢速定量滤纸过滤，滤液备用。

4.1.3 含碳酸气的样液　量取充分混匀的样液100.00g于250ml烧杯中，称取其总质量，然后置于电炉上加热至沸，在微沸状态下加热10分钟，将二氧化碳气排除。冷却后，用水补足其原来的质量。摇匀后，备用。

4.2　测定

精确称取上述制备的试液1~5g于25ml容量瓶中，加水4ml、酒石酸亚铁溶液5ml，充分摇匀，用pH 7.5磷酸缓冲溶液定容至刻度。用10mm比色皿，在波长540nm处，以试剂空白作参比，测定其吸光度（A_1）。同时称取等量的试液于25ml容量瓶中加水4ml，用pH 7.5磷酸缓冲溶液定容至刻度测定其吸光度（A_2），以试剂空白作参比。

5　计算

样品中茶多酚的含量按式计算。

$$X=\frac{(A_1-A_2)\times 1.957\times 2\times K}{m}\times 1000$$

式中：X为样品中茶多酚的含量（mg/kg）；A_1为试液显色后的吸光度；A_2为试液底色的吸光度；1.957为用10mm比色皿，当吸光度等于0.50时，1ml茶汤中茶多酚的含量相当于1.957mg；K为稀释倍数；m为测定时称取试液的质量（g）。

6　精密度

同一样品的两次平行测定结果之差，不得超过平均值的5%。

7　注意事项

7.1 供测试的样品每次测定应不少于2份。

7.2 整个实验过程需在通风橱内进行，需要佩戴防护口罩，手套。

7.3 在测定时，注意比色皿里不能有气泡，比色皿外壁需要擦干。

7.4 试样溶液在加入酒石酸亚铁溶液后颜色会有变化（多为黄色），加入 pH 7.5 磷酸缓冲溶液后试样颜色会再次产生变化（多为蓝绿色），注意观察。

7.5 磷酸盐缓冲液在常温下容易生长霉菌，需要放冰箱保存或临用时现配。

起草人：伍雯雯（四川省食品药品检验检测院）

复核人：岳清洪（四川省食品药品检验检测院）

第二十九节　食品中蔗糖分的检测

1　第一法

1.1　简述

参考 GB/T 35887-2018《白砂糖试验方法》、QB/T 5010-2016《冰糖试验方法》、QB/T 5011-2016《方糖试验方法》制定本规程。

在规定条件下采用以国际糖度标尺刻制读数为 100°Z 的检糖计，测定规定量糖样品的水溶液的旋光度，按相关公式计算得到蔗糖分。

本方法适用于白砂糖、冰糖、方糖中蔗糖分的测定。

1.2　试剂和材料

除另有规定外，水为符合 GB/T 6682 中规定的三级水。

乙醚；乙醇。

1.3　仪器与设备

检糖计：测量范围（-30~120）°Z。旋光管：（200.00 ± 0.02）mm。天平：感量 0.0001g。温度计：刻度 0.1℃。量筒：50ml。容量瓶：100ml。漏斗及对应规格的定性滤纸。

1.4　分析步骤

1.4.1　样液准备　称取试样 26.000 g ± 0.002 g 于烧杯中，加入 40ml 水搅拌，溶解，全部转移入 100ml 容量瓶中，用少量水冲洗烧杯及玻璃棒不少于 3 次，每次倒入洗水后，摇匀瓶内溶液，加水至容量瓶标线附近，至少放置 10 分钟使达到室温，然后加水至容量瓶标线下约 1mm 处。有气泡时，可用乙醚或乙醇消除。加水至标线，充分摇匀。

如发现溶液浑浊，用滤纸过滤，漏斗上需加盖表面玻璃，将最初 10ml 滤液弃去，收集以后的滤液 50~60ml。

1.4.2　样液旋光度的测定　用待测的溶液将旋光观测管至少冲洗 2 次，装满观测管，注意观测管内不能夹带空气泡。将旋光观测管置于检糖计中，目测的检糖计测定 5 次，读数至 0.05°Z；如用自动检糖计，在测定前，应有足够的时间使仪器达到稳定。

测定旋光读数后，立即测定观测管内溶液的温度，并记录至 0.1℃。

1.5　计算

按下式计算试样中的蔗糖分含量：

$$S = P \times \left[1 + k \times (t-20) \right]$$

式中：S为试样的蔗糖分（g/100g）；P为观测旋光度读数（°Z）；k为校正系数，采用石英楔补偿器的检糖计$k=0.00032$，无石英楔补偿器的检糖计$k=0.00019$；t为测定时试样溶液的温度（℃）。结果保留4位有效数字。

1.6 精密度

1.6.1 每次测定应不少于2个平行试样。

1.6.2 重复性条件下获得的两次独立测定结果的差值不应超过算数平均值的0.05%。

1.7 注意事项

1.7.1 环境温度和试样溶液测定时的温度尽可能接近20℃，应在15~25℃的范围内。如果旋光度不是在20.0℃±0.2℃时测定的，则应校正到20.0℃。

1.7.2 有温控功能的检糖计应控制测试溶液温度至20.0℃。

1.7.3 旋光观测管中不能有气泡。

2 第二法

2.1 简述

参考QB/T 2343.2–2013《赤砂糖试验方法》、QB/T 5012–2016《绵白糖试验方法》制定本规程。

采用二次旋光法测定。测得糖溶液转化前后的旋光读数，按相关公式计算得到蔗糖分。

本方法适用于赤砂糖、绵白糖中蔗糖分的测定。

2.2 试剂和材料

2.2.1 试剂 除另有规定外，水为符合 GB/T 6682 中规定的三级水。

碱性醋酸铅 $[Pb(CH_3COO)_2 \cdot Pb(OH)_2]$。

2.2.2 试剂配制

2.2.2.1 盐酸溶液（24.85° Bx） 量取浓盐酸（相对密度1.19）100ml缓缓加入85ml水中，用折光仪调整其浓度至24.85° Bx（20℃）。调整后尽快使用。

2.2.2.2 氯化钠溶液（231.5g/L） 称取23.15g分析纯氯化钠，加入适量水溶解后定容至100ml。

2.3 仪器与设备

检糖计：测量范围（−30~120）°Z。旋光管：（200.00±0.02）mm或（100.00±0.01）mm。天平：感量0.001g，感量0.01g。温度计：刻度0.1℃。折光仪：可调整单位为° Bx。水浴锅：可控温至60℃。量筒：100ml。单标线移液管：50ml。刻度移液管：10ml。容量瓶：100ml。漏斗及对应规格的快速定性滤纸；烧杯：250ml。

2.4 分析步骤

2.4.1 样液准备 称取试样65.000g±0.002g 于250ml 烧杯中，加入100ml水搅拌，溶解，定容于250ml 容量瓶中。

2.4.2 样液处理 将容量瓶中的样液倒入锥形瓶内，加入碱性醋酸铅粉2.5g，迅速摇匀，用快速定性滤纸过滤，弃初滤液约10ml后，收集滤液备用。

2.4.3 直接测定　移取 50ml 滤液至 100ml 容量瓶中，加入 231.5g/L 氯化钠溶液 10ml，加入水定容至刻度，摇匀，如发现浑浊则应过滤，弃初滤液 10ml 后，收集滤液用 200mm 观测管观测其旋光读数，以此系数乘以 2 即得直接旋光读数 P，并记录测定时滤液的温度 t。

2.4.4 转化后测定　移取 50ml 滤液至 100ml 容量瓶中，加入水 20ml，再加入 24.85° Bx 盐酸 10ml，插入温度计，在水浴中加热至 60℃，保持此温度，在水浴中振摇 3 分钟，然后放置 7 分钟，取出，浸入冷水中迅速冷却至直接测定时的温度，将温度计上的样液洗入容量瓶内，加入水定容至刻度，摇匀，如发现浑浊则应过滤，弃初滤液约 10ml 后，收集滤液用 200mm 观测管观测其旋光读数，以此系数乘以 2 即得转化旋光读数 P'，并记录测定时滤液的温度 t'（温度 t 与温度 t' 的差不应超过 1℃）。

2.5　计算

按下式计算试样中的蔗糖分含量。

$$S=\frac{100\times(P-P')}{132.56-0.0794(0.13-G)-0.53(t'-20)}$$

式中：S 为试样的蔗糖分（g/100g）；P 为直接旋光读数（°Z）；P' 为转化旋光读数（负数）（°Z）；G 为每 100ml 转化糖液内所含干固物重，即 G=13×（100−原样品干燥失重）/100；为测 t' 时糖液的温度（℃）；结果保留 4 位有效数字。

2.6　精密度

2.6.1 每次测定应不少于 2 个平行试样。

2.6.2 重复性条件下获得的两次独立测定结果的差值不应超过算数平均值的 0.05%。

2.7　注意事项

2.7.1 转化后测定的 P' 糖度应为负值。

2.7.2 转化测定过程中振摇时应避免容量瓶和温度计相互碰撞破损。

2.7.3 如果检糖计没有温控功能，尽量使实验室温度接近 20℃。

2.7.4 旋光管的光路中不能有气泡。

起草人：夏玉吉（四川省食品药品检验检测院）

王文特（山东省食品药品检验研究院）

复核人：杜　钢（四川省食品药品检验检测院）

王冠群（山东省食品药品检验研究院）

第三十节　食品中还原糖分的检测

1　奥夫纳尔法

1.1　简述

参考 GB/T 35887–2018《白砂糖试验方法》、QB/T 5010–2016《冰糖试验方法》、QB/T

5011–2016《方糖试验方法》制定本规程。

基于碱性铜盐溶液中金属盐类的还原作用，用碘量法测定奥氏试剂与糖液作用生成的氧化亚铜，从而计算试样中还原糖分的含量。

本方法各项试验条件（包括试液量、奥氏试剂量、煮沸时间、碘液耗用量及碘的反应时间等）都应严格按本方法规定执行。

本方法适用于白砂糖、冰糖、方糖中还原糖分的测定。

1.2 试剂和材料

1.2.1 试剂 除另有规定外，水为符合 GB/T 6682 中规定的三级水。

冰乙酸。

1.2.2 试剂配制

1.2.2.1 硫代硫酸钠标准滴定溶液［$c(Na_2S_2O_3)$ =0.03230mol/L］ 按 GB/T 601 配制和标定，或购买有标准物质证书的硫代硫酸钠标准滴定溶液。使用前准确稀释至规定浓度。

1.2.2.2 碘标准滴定溶液［$c(1/2\ I_2)$ =0.03230mol/L］ 按 GB/T 601 配制和标定，或购买有标准物质证书的碘标准滴定溶液。使用前准确稀释至规定浓度。

1.2.2.3 盐酸溶液（1mol/L） 用量筒量取浓盐酸90ml，缓缓注入800ml水中，冷却后稀释至1000ml。

1.2.2.4 淀粉指示剂 称取可溶性淀粉1.0g，加10ml水，搅拌下注入200ml沸水中，再微沸2分钟，冷却。使用当天配制。

1.2.2.5 奥氏试剂 分别称取5.0g硫酸铜，300.0g酒石酸钾钠及10.0g无水碳酸钠，50.0g磷酸氢二钠，溶于900ml水中，待完全溶解后，放入沸水浴，加热杀菌2小时，冷却至室温，全部转移至1000ml容量瓶中，用水定容，混匀。用G3砂芯玻璃漏斗真空抽滤后，滤液贮于棕色试剂瓶中。

1.3 仪器与设备

天平：感量为0.01g。聚四氟乙烯滴定管：50ml，刻度刻至0.1ml。容量瓶：1000ml。锥形瓶：容量250ml。刻度移液管：1ml，2ml。单标线移液管：50ml，20ml。砂芯玻璃漏斗，G3规格。量筒：25ml，100ml。快速定性滤纸：玻璃表面皿。可调电炉：铺有石棉网。秒表；玻璃珠；真空抽滤泵。

1.4 分析步骤

称取试样1~10g（精确到0.01g，取样量可视含量高低而定）于250ml锥形瓶中，加入50ml水溶解，然后加入50ml奥氏试剂，充分混合，加入3~4颗玻璃珠，用玻璃表面皿盖上，在电炉上加热，4~5分钟内沸腾，并继续准确地煮沸5分钟（煮沸开始的时间，从液面上冒出大量的气泡时算起）。取出置于冷水中冷却至室温，不要摇动。冷却至室温后加入冰乙酸1ml，在不断摇动下，加入准确计量的碘溶液，视还原的铜量而加入5~30ml，其数量以确保过量为准，用量杯沿锥形瓶壁加入盐酸溶液15ml，立即盖上玻璃表面皿，放置2分钟。在不时地摇动状态下，用硫代硫酸钠标准滴定溶液滴定过量的碘，滴定至溶液呈黄绿色时，加入淀粉指示剂2~3ml，继续滴定至蓝色褪尽为止。

1.5 计算

按下式计算试样中的还原糖分含量。

$$X = \frac{(A-B-I) \times 0.001}{m} \times 100$$

式中：X 为试样中还原糖分的含量（g/100g）；A 为加入碘标准滴定溶液体积（ml）；B 为滴定耗用硫代硫酸钠标准滴定溶液体积（ml）；I 为蔗糖还原作用的校正值（以碘液实际耗用量即 $A-B$ 求毫克转化糖的校正值I）（详见表3-2-15）；m 为试样称样量（g）；样品为白砂糖：结果保留两位有效数字；样品为冰糖：结果保留两位小数；样品为方糖：结果精确至0.01%。

表3-2-15 校正值

碘液	试样称样量（g）									
（ml）	1	2	3	4	5	6	7	8	9	10
1	0.11	0.22	0.34	0.45	0.55	0.66	0.77	0.89	1.00	1.11
2	0.17	0.28	0.40	0.51	0.61	0.72	0.84	0.95	1.06	1.16
3	0.22	0.34	0.45	0.57	0.67	0.78	0.90	1.01	1.12	1.22
4	0.28	0.34	0.45	0.57	0.67	0.78	0.90	1.01	1.12	1.22
5	0.33	0.45	0.56	0.68	0.78	0.90	1.01	1.12	1.24	1.33
6	0.39	0.50	0.61	0.73	0.83	0.95	1.06	1.18	1.29	1.39
7	0.44	0.55	0.67	0.78	0.88	1.00	1.11	1.23	1.34	1.44
8	0.49	0.60	0.72	0.83	0.94	1.05	1.16	1.28	1.39	1.50
9	0.54	0.65	0.76	0.88	0.99	1.10	1.21	1.33	1.44	1.55
10	0.59	0.70	0.82	0.93	1.03	1.15	1.26	1.37	1.49	1.60
11	0.63	0.75	0.86	0.98	1.08	1.20	1.31	1.42	1.54	1.65
12	0.67	0.78	0.90	1.02	1.12	1.24	1.35	1.47	1.58	1.69
13	0.70	0.82	0.93	1.05	1.16	1.27	1.39	1.51	1.62	1.72
14	0.74	0.85	0.97	1.09	1.19	1.31	1.42	1.54	1.65	1.76
15	0.77	0.88	1.00	1.12	1.22	1.34	1.45	1.57	1.69	1.79
16	0.80	0.91	1.03	1.15	1.25	1.37	1.48	1.60	1.72	1.82
17	0.82	0.94	1.05	1.18	1.28	1.40	1.51	1.63	1.74	1.85
18	0.84	0.96	1.08	1.20	1.30	1.42	1.54	1.66	1.77	1.88
19	0.86	0.98	1.10	1.22	1.32	1.45	1.56	1.68	1.79	1.90
20	0.88	1.00	1.11	1.24	1.34	1.46	1.58	1.70	1.81	1.92
21	0.89	1.01	1.13	1.25	1.35	1.48	1.59	1.71	1.83	1.94
22	0.86	0.98	1.11	1.23	1.34	1.47	1.59	1.71	1.84	1.95

1.6 精密度

1.6.1 样品为白砂糖、冰糖 在重复性条件下获得的两次独立测定结果的差值不得超过算术平均值的15%。

1.6.2 样品为方糖 在重复性条件下获得的两次独立测定结果的差值不得超过算术平均值的25%。

1.7 注意事项

1.7.1硫代硫酸钠标准滴定溶液和碘标准滴定溶液的浓度按规定要求稀释配制，并且浓度需一致。

1.7.2试样煮沸过程中，是从液面上冒出大量的气泡时开始计时。

1.7.3查校正值时，将碘液实际耗用量（$A-B$）四舍五入后查表。

2 兰－艾农恒容法

2.1 简述

参考QB/T 2343.2–2013《赤砂糖试验方法》、QB/T 5012–2016《绵白糖试验方法》制定本规程。

用试样溶液滴定一定量的费林氏试剂，滴定前加入预测的水量以保持最终容量恒定（75ml）。根据耗用试样溶液的量，计算试样中还原糖分的含量。

本方法适用于绵白糖、赤砂糖中还原糖分的测定。

2.2 试剂和材料

2.2.1试剂 除另有规定外，水为符合GB/T 6682中规定的三级水。

2.2.2试剂配制

2.2.2.1酚酞指示液（10g/L） 称取1g酚酞，溶于95%乙醇，用95%乙醇稀释定容至100ml。

2.2.2.2氢氧化钠溶液（1mol/L） 称取氢氧化钠60g，用水稀释定容至1000ml。

2.2.2.3标准转化糖溶液（10g/L） 精确称取23.750g蔗糖（优级纯），用120ml水溶解并移入250ml容量瓶中，加入浓盐酸9ml，摇匀，在室温20~25℃下放置8天，然后用水稀释至刻度。准确移取该溶液100ml于250ml烧杯中，在不断摇荡下，加入氢氧化钠溶液，使用酸度计调节至pH 3.0，转移至1000ml容量瓶中，再加入已用热水溶解的苯甲酸2.0g，摇匀，冷却后稀释至刻度。可作为稳定的贮备液。

2.2.2.4标准转化糖溶液（2.5g/L） 准确吸取10g/L标准转化糖溶液50ml，移入200ml容量瓶中，加5滴酚酞指示液，在不断摇荡下滴入氢氧化钠溶液，直至浅红色出现而不褪色为止，加水稀释至刻度，摇匀。

2.2.2.5费林试剂配制

甲液：准确称取69.28g硫酸铜（$CuSO_4 \cdot 5H_2O$），用水溶解后，移入1000ml容量瓶中，加水至刻度，摇匀，用定性快速滤纸过滤备用。

乙液：准确称取346.00g酒石酸钾钠（$NaKC_4H_4O_6 \cdot 4H_2O$）溶于500ml水中；另准确称取氢氧化钠100.00g溶于200ml水中。将二者混合，移入1000ml容量瓶中，加水至刻度，放置2天，如液面降低，应再加水至刻度，摇匀，用定性快速滤纸过滤备用。

2.2.2.6四甲基蓝溶液（10g/L） 称取四甲基蓝1.0g，加水溶解后定容至100ml。

2.2.2.7 草酸钾溶液（50g/L）　称取草酸钾50g，加水溶解后稀释至1000ml。

2.2.2.8 乙二胺四乙酸二钠（40g/L），即EDTA溶液　称取乙二胺四乙酸二钠40g，用50~70℃的热水溶解、冷却至室温，加水稀释至1000ml，摇匀。

2.3　仪器与设备

天平：感量为0.001g、感量为0.01g。酸度计。电炉：铺有石棉网。聚四氟乙烯滴定管：50ml。容量瓶：200ml，250ml。烧杯，100ml，250ml。容量瓶：100ml，200ml，250ml，1000ml。锥形烧瓶：250ml。单标线移液管：10ml，50ml，100ml。量筒：25ml。漏斗及对应规格的定性快速滤纸；玻璃珠；秒表。

2.4　分析步骤

2.4.1　样液制备

2.4.1.1 绵白糖样液的制备　准确称取试样40g（精确至0.001g）于100ml烧杯中，用适量水溶解，全部转移至200ml容量瓶中，加水定容至刻度。

2.4.1.2 赤砂糖样液的制备　准确称取试样26g（可视样品还原糖含量高低增减样品称样量，精确至0.001g）于100ml烧杯中，加适量水溶解，全部转移至200ml容量瓶中，对每1g样品添加草酸钾溶液2ml于容量瓶中，摇匀后用水稀释至刻度，充分摇均，用定性快速滤纸过滤，收集滤液备用。或对1g样品添加EDTA溶液4ml于容量瓶中，摇匀后用水稀释至刻度，充分摇均，

2.4.2　测定

2.4.2.1 费林试剂溶液的标定　分别用移液管先后吸取费林试剂溶液乙、甲液各10ml，移入250ml锥形瓶中，混匀，放入3粒玻璃珠，加水15ml，从滴定管加入2.5g/L标准转化糖溶液39ml，轻轻摇匀，将锥形瓶置于铺有石棉网的电炉上加热使溶液沸腾，准确煮沸2分钟，加四甲基蓝指示液3滴。在糖液保持沸腾的状态下，从滴定管继续滴加2.5g/L标准转化糖溶液，至四甲基蓝色刚刚消失为止，即为终点。整个滴定过程溶液应保持沸腾，且要在加入四甲基蓝后1分钟内达到滴定终点。如果费林试剂溶液浓度准确，则滴定耗用的2.5g/L标准转化糖液恰为40ml，否则，应按下式计算其浓度校正系数。

$$K = \frac{V}{40}$$

式中：K为费林试剂溶液浓度校正系数；V为滴定耗用2.5g/L标准转化糖溶液体积（ml）。

2.4.2.2 试样预检　分别用移液管先后移取费林试剂溶液乙、甲液各10ml，移入250ml锥形瓶中，混匀，放入3粒玻璃珠，加水15ml，从滴定管加入试样糖液25ml，轻轻摇匀，将锥形瓶置于铺有石棉网的电炉上加热使溶液沸腾，准确煮沸2分钟，然后加四甲基蓝指示液3滴。在糖液保持沸腾的状态下，从滴定管继续滴加试样糖液，至蓝色刚刚消失为止，即为终点。整个滴定过程溶液应保持沸腾，且要在加入四甲基蓝后1分钟内达到滴定终点，使整个沸腾和滴定操作总时间控制在3分钟内。记录滴定耗用试样糖液毫升数。

所需加水量等于75ml减去配制糖液耗用量与费林试剂量（20ml）。

2.4.2.3 试样复检　分别用移液管先后吸取费林试剂溶液乙、甲液各10ml，移入250ml锥形瓶中，混匀，放入3粒玻璃珠，加入预检时测得的加水量，从滴定管加入比预检耗用量约少1ml

的配制糖液，轻轻摇匀。加热、滴定等实验过程和预检相同。

2.5 计算

2.5.1 绵白糖样品 蔗糖含量按下式计算。

$$G=\frac{W\times T\times S}{10000}$$

式中：G 为消耗配制样液中含蔗糖量（g）；W 为100ml配制样液含样品量（g）；T 为滴定耗用配制样液量（ml）；S 为样品的蔗糖分（g/100g）。

还原糖分含量按下式计算。

$$R=\frac{1000\times f\times K}{W\times T}$$

式中：R 为还原糖分（g/100g）；f 为校正系数，由 G 查表3-2-16得到（介于表中两个相邻数值之间的蔗糖含量，用插入法求出校正系数）；K 为费林氏溶液浓度校正系数；W 为100ml配制样液含样品量（g）；T 为滴定耗用配制样液量（ml）；结果保留三位有效数字。

2.5.2 赤砂糖样品 蔗糖含量按下式计算：

$$G=\frac{W_1\times V\times S}{10000}$$

式中：G 为滴定耗用配制样液中含蔗糖量（g）；W_1 为试样称样量（g）；V 为滴定耗用配制样液量（ml）；S 为样品蔗糖分，%。

还原糖分含量按下式计算：

$$R=\frac{1000\times f\times K}{W\times V}$$

式中：R 为还原糖分，%；f 为校正系数，由 G 查表3-2-16得到（介于表中两个相邻数值之间的蔗糖含量，用插入法求出校正系数）；K 为费林溶液浓度校正系数；W_1 为试样称样量（g）；V 为滴定耗用配制样液量（ml）；结果保留三位有效数字。

表3-2-16 兰-艾农恒容法测定还原糖校正系数表

蔗糖含量 G（g）	校正系数 f	蔗糖含量 G（g）	校正系数 f
0	1.000	12.0	0.828
2.0	0.946	14.0	0.811
4.0	0.912	16.0	0.802
6.0	0.887	18.0	0.791
8.0	0.865	20.0	0.780
10.0	0.849	/	/

2.6　精密度

在重复性条件下获得的两次独立测定结果的差值不应超过算术平均值的15%。

2.7　注意事项

2.7.1 费林溶液分甲液、乙液，分别配制贮存，在使用之前按规定迅速混合。混合时应准确地加入等量的甲液于乙液中，并严格按规定的次序加入，否则开始形成的氢氧化铜沉淀再溶解会不完全。

2.7.2 若试样溶液还原糖分含量高，则降低试样预检中预先加入试样糖液的毫升数。

起草人：夏玉吉（四川省食品药品检验检测院）
　　　　王冠群（山东省食品药品检验研究院）
复核人：杜　钢（四川省食品药品检验检测院）
　　　　王文特（山东省食品药品检验研究院）

第三篇　食品中化学成分检测

第三章
食品中添加剂的检测

第一节　食品中阿斯巴甜的检测

1　简述

依据GB 5009.263-2016《食品安全国家标准　食品中阿斯巴甜和阿力甜的测定》制定本规程。

本规程规定了食品中阿斯巴甜测定的高效液相色谱法

根据阿斯巴甜易溶于水等极性溶剂而不溶于脂溶性溶剂特点，试样用水提取，然后用正己烷除去脂类成分。提取液在液相色谱C18反相柱上进行分离，在波长200nm处检测，以色谱峰的保留时间定性，外标法定量。

2　试剂和材料

除非另有说明，所用试剂均为分析纯，水为GB/T 6682规定的实验室一级水。

2.1　试剂

甲醇：色谱纯。乙醇：优级纯。

2.2　标准品

阿斯巴甜标准品：纯度≥99%。

2.3　标准溶液配制

2.3.1 阿斯巴甜的标准储备液（0.5mg/ml）　称取0.025g（精确至0.0001g）阿斯巴甜，用水溶解并转移至50ml容量瓶中并定容至刻度，置于4℃左右的冰箱保存，有效期为90天。

2.3.2 阿斯巴甜标准工作液系列的制备　将阿斯巴甜标准储备液用水逐级稀释成标准系列，阿斯巴甜的浓度分别为100μg/ml、50μg/ml、25μg/ml、10.0μg/ml、5.0μg/ml的标准使用溶液系列。置于4℃左右的冰箱保存，有效期为30天。

3　仪器和设备

液相色谱仪（配有二极管阵列检测器或紫外检测器）；超声波震荡器；天平（感量为1mg和0.1mg）；离心机（转速≥4000r/min）。

4　分析步骤

4.1　样品前处理

4.1.1　碳酸饮料、浓缩果汁、固体饮料、餐桌调味料和除胶基糖果以外的其他糖果　称取约 5g（精确到 0.001g）碳酸饮料试样于 50ml 烧杯中，在 50℃水浴上除去二氧化碳，然后将试样全部转入 25ml 容量瓶中，备用。

称取约 2g 浓缩果汁试样（精确到 0.001g）于 25ml 容量瓶中，备用。

称取约 1g 的固体饮料或餐桌调味料或绞碎的糖果试样（精确到 0.001g）于 50ml 烧杯中，加 10ml 水后超声波震荡提取 20 分钟，将提取液移入 25ml 容量瓶中，烧杯中再加入 10ml 水超声波震荡提取 10 分钟，提取液移入同一 25ml 容量瓶，备用。

将上述容量瓶的液体用水定容，混匀，4000r/min 离心 5 分钟，上清液经 0.45μm 水系滤膜过滤后用于色谱分析。

4.1.2　乳制品、含乳饮料和冷冻饮品　对于含有固态果肉的液态乳制品需要用食品加工机进行匀浆，对于干酪等固态乳制品，需用食品加工机按试样与水的质量比 1∶4 进行匀浆。

分别称取约 5g 液态乳制品、含乳饮料、冷冻饮品、固态乳制品匀浆试样（精确到 0.001g）于 50ml 离心管，加入 10ml 乙醇，盖上盖子；对于含乳饮料和冷冻饮品试样，首先轻轻上下颠倒离心管 5 次（不能振摇），对于乳制品，先将离心管涡旋混匀 10 秒，然后静置 1 分钟，4000r/min 离心 5 分钟，上清液滤入 25ml 容量瓶，沉淀用 8ml 乙醇-水（2+1）洗涤，离心后上清液转移入同一 25ml 容量瓶，用乙醇-水（2+1）定容，经 0.45μm 有机系滤膜过滤后用于色谱分析。

4.1.3　果冻　对于可吸果冻和透明果冻，用玻棒搅匀，含有水果果肉的果冻需要用食品加工机进行匀浆。

称取约 5g（精确到 0.001g）制备均匀的果冻试样于 50ml 的比色管中，加入 25ml 80% 的甲醇水溶液，在 70℃的水浴上加热 10 分钟，取出比色管，趁热将提取液转入 50ml 容量瓶，再用 15ml 80% 的甲醇水溶液分两次清洗比色管，并每次振摇约 10 秒，并转入同一个 50ml 的容量瓶，冷却至室温，用 80% 的甲醇水溶液定容到刻度，混匀，4000r/min 离心 5 分钟，将上清液经 0.45μm 有机系滤膜过滤后用于色谱分析。

4.1.4　蔬菜及其制品、水果及其制品、食用菌和藻类　水果及其制品试样如有果核首先需要去掉果核。

对于较干较硬的试样，用食品加工机按试样与水的质量比为 1∶4 进行匀浆，称取约 5g（精确到 0.001g）匀浆试样于 25ml 的离心管中，加入 10ml 70% 的甲醇水溶液，摇匀，超声 10 分钟，4000r/min 离心 5 分钟，上清液转入 25ml 容量瓶，再加 8ml 50% 的甲醇水溶液重复操作一次，上清液转入同一个 25ml 容量瓶，最后用 50% 的甲醇水溶液定容，经 0.45μm 有机系滤膜过滤后用于色谱分析。

对于含糖多的、较粘的、较软的试样，用食品加工机按试样与水的质量比为 1∶2 进行匀浆，称取约 3g（精确到 0.001g）匀浆试样于 25ml 的离心管中；对于其他试样，用食品加工机按试样与水的质量比 1∶1 进行匀浆，称取约 2g（精确到 0.001g）匀浆试样于 25ml 的离心管中；然后向离心管加入 10ml 60% 的甲醇水溶液，摇匀，超声 10 分钟，4000r/min 离心 5 分钟，上清液转入25ml容量瓶，再加10ml 50%的甲醇水溶液重复操作一次，上清液转入同一个25ml容量瓶，最后用50%的甲醇水溶液定容，经0.45μm有机系滤膜过滤后用于色谱分析。

4.1.5 谷物及其制品、焙烤食品和膨化食品　试样需要用食品加工机进行均匀粉碎，称取1g（精确到0.001g）粉碎试样于50ml离心管中，加入12ml 50%甲醇水溶液，涡旋混匀，超声振荡提取10分钟，4000r/min离心5分钟，上清液转移入25ml容量瓶中，再加10ml 50%甲醇水溶液，涡旋混匀，超声振荡提取5分钟，4000r/min离心5分钟，上清液转入同一25ml容量瓶中，用蒸馏水定容，经0.45μm有机系滤膜过滤后用于色谱分析。

4.1.6 胶基糖果、脂肪类乳化制品、可可制品、巧克力及巧克力制品、坚果与籽类、水产及其制品和蛋制品　胶基糖果：用剪刀将胶基糖果剪成细条状，称取约3g（精确到0.001g）剪细的胶基糖果试样，转入100ml的分液漏斗中，加入25ml水剧烈振摇约1分钟，再加入30ml正己烷，继续振摇直至口香糖全部溶解（约5分钟），静置分层约5分钟，将下层水相放入50ml容量瓶，然后加入10ml水到分液漏斗，轻轻振摇约10秒，静置分层约1分钟，再将下层水相放入同一容量瓶中，再加入10ml水重复1次操作，最后用水定容至刻度，摇匀后过0.45μm水系滤膜后用于色谱分析。

脂肪类乳化制品、可可制品、巧克力及巧克力制品、坚果与籽类、水产及其制品、蛋制品：用食品加工机按试样与水的质量比为1∶4进行匀浆，称取约5g（精确到0.001g）匀浆试样于25ml离心管中，加入10ml水超声振荡提取20分钟，静置1分钟，4000r/min离心5分钟，上清液转入100ml的分液漏斗中，离心管中再加入8ml水超声振荡提取10分钟，静置和离心后将上清液再次转入分液漏斗中，向分液漏斗加入15ml正己烷，振摇30秒，静置分层约5分钟，将下层水相放入25ml容量瓶，用水定容至刻度，摇匀后过0.45μm水系滤膜后用于色谱分析。

4.2　仪器参考条件

色谱柱：C18，250mm×4.6mm×5μm。柱温：30℃。流动相：甲醇–水（40+60）或乙腈–水（20+80）。流速：0.8ml/min。进样量：20μl。检测器：二极管阵列检测器或紫外检测器。检测波长：200nm。

4.3　标准曲线制作

将标准系列工作液分别在上述色谱条件下测定相应的峰面积（峰高），以标准工作液的浓度为横坐标，以峰面积（峰高）为纵坐标，绘制标准曲线。

4.4　试样溶液的测定

在相同的液相色谱条件下，将试样溶液注入液相色谱仪中，以保留时间定性，以试样峰高或峰面积与标准比较定量。

5　计算

试样中阿斯巴甜含量按下式计算。

$$X = \frac{\rho \times V}{m \times 1000}$$

式中：X为试样中阿斯巴甜的含量（g/kg）；ρ为由标准曲线计算出进样液中阿斯巴甜的浓

度值（µg/ml）；*V*为试样的最后定容体积（ml）；*m*为试样称样量（g）；1000为由µg/g换算成g/kg的换算因子。计算结果保留3位有效数字。

6　精密度

在重复性条件下获得的两次独立测定结果的绝对差值不得超过算术平均值的10%。

7　注意事项

流动相用水要现用现取，使用前要超声脱气处理，防止气泡进入管路造成干扰。

起草人：董亚蕾（中国食品药品检定研究院）

李　倩（山西省食品药品检验所）

复核人：刘　钊（中国食品药品检定研究院）

陈　煜（山西省食品药品检验所）

第二节　饮料中安赛蜜（乙酰磺胺酸钾）的检测

1　简述

依据GB/T 5009.140−2003《饮料中乙酰磺胺酸钾的测定》制定本规程。

本规程适用汽水、可乐型饮料、果汁、果茶等食品中乙酰磺胺酸钾含量的高效液相色谱法测定。

试样中乙酰磺胺酸钾经高效液相反相C18柱分离后，以保留时间定性，峰高或峰面积定量。方法检出限为4µg/ml（g）。

2　试剂和材料

本方法所用试剂除特别注明外，均为分析纯试剂，实验用水应符合GB/T 6682规定的一级水要求。

2.1　试剂

甲醇；乙腈；硫酸铵；10%硫酸溶液；中性氧化铝（层析用，100~200目）。

2.2　试剂配制

2.2.1　硫酸铵溶液（0.02mol/L）　称取硫酸铵2.642g，加水溶解至1000ml。

2.2.2　乙酰磺胺酸钾标准溶液（1mg/ml）　经国家认证并授予标准物质证书的标准物质。

2.2.3　乙酰磺胺酸钾标准使用液　分别准确吸取0.50ml的乙酰磺胺酸钾（1000µg/ml）标准溶液于10ml容量瓶中，用水定容，配制的工作液浓度为50µg/ml。再分别吸取40µl、100µl、200µl、1.00ml、2.00ml、4.00ml的标准工作液（50µg/ml）于10ml容量瓶中，用水定容至刻度，得到0.2µg/ml、0.5µg/ml、1.0µg/ml、5.0µg/ml、10µg/ml、20µg/ml和50µg/ml的标准溶液，供上机测试用。

第三篇　食品中化学成分检测

2.2.4 乙酸铵缓冲溶液（0.02mol/L） 称取乙酸铵 1.54g 用水溶解并稀释至 1L，混匀后用 0.45μm 的滤膜过滤后使用。

2.2.5 洗脱液 0.02mol/L 硫酸铵溶液（740~800ml）+ 甲醇（170~150ml）+ 乙腈（90~50ml）+10% H_2SO_4（1ml）。

3 仪器和设备

高效液相色谱仪（配有紫外检测器）；色谱柱（C18反相柱）；超声清洗仪；离心机；抽滤瓶；G3耐酸漏斗；微孔滤膜 0.45μm；层析柱（可用 10ml 注射器筒代替，内装 3cm 高的中性氧化铝）。

4 分析步骤

4.1 样品前处理

汽水：将试样温热，搅拌除去二氧化碳或超声脱气。吸取试样 2.5ml（g）于 25ml 容量瓶中。加纯水至刻度，摇匀后，溶液通过微孔滤膜过滤，滤液作 HPLC 分析用。

可乐型饮料：将试样温热，搅拌除去二氧化碳或超声脱气。吸取试样 2.5ml（g），通过中性氧化铝柱，待试样液流至柱表面时，用洗脱液洗脱，收集 25ml 洗脱液，摇匀后超声脱气，此液作 HPLC 分析用。

果茶、果汁类食品：吸取试样 2.5ml（g），加水约 20ml 混匀后，离心 15 分钟（4000r/min），上清液全部转入中性氧化铝柱中，待试样液流至柱表面时，用洗脱液洗脱，收集 25ml 洗脱液，摇匀后超声脱气，此液作 HPLC 分析用。

4.2 仪器参考条件

色谱柱：C18柱（4.6mm × 250mm × 5μm）。检测波长：214nm。流动相：甲醇：水（含 0.02mol/L乙酸铵）体积比为 5∶95。流速：1.0ml/min。进样量：10.0μl。

4.3 标准曲线的制作

将标准系列工作溶液分别注入液相色谱仪中，测定相应的峰面积，以标准系列工作溶液的质量浓度为横坐标，以峰面积为纵坐标，绘制标准曲线。

4.4 试样溶液的测定

将试样溶液注入液相色谱仪中，得到峰面积，根据标准曲线得到待测液中乙酰磺胺酸钾的质量浓度。

5 计算

试样中乙酰磺胺酸钾的含量按下式计算。

$$X=\frac{c \times V \times 1000}{m \times 1000}$$

式中：X为样品中乙酰磺胺酸钾的含量（mg/L 或 mg/kg）；c为工作曲线上查得的试样测定液中乙酰磺胺酸钾的浓度值（μg/ml）；V为试样稀释液总体积（ml）；m为样品称样量（ml 或 g）；计算结果保留两位有效数字。

6　精密度

在重复性条件下获得的两次独立测定结果的绝对差值不得超过算术平均值的10%。

7　注意事项

7.1 流动相中的所有试剂必须采用色谱纯，且采用高纯水溶解后需进行0.22 μm滤膜抽滤，否则长期的杂质积累会污染管路和检测器，增加噪声。

7.2 乙酸铵溶液应现用现配，储存在棕色玻璃瓶中。不宜长期放置，否则滋生细菌腐败后会对仪器和色谱柱造成严重损害。

7.3 为了延长柱子寿命，建议加C18保护柱。

起草人：董亚蕾（中国食品药品检定研究院）

陶　滔（四川省食品药品检验检测院）

复核人：刘　钊（中国食品药品检定研究院）

闵宇航（四川省食品药品检验检测院）

第三节　食品中环己基氨基磺酸钠（甜蜜素）的检测

1　气相色谱法

1.1　简述

参考GB 5009.97-2016《食品安全国家标准　食品中环己基氨基磺酸钠的测定》制定本规程。

本规程中气相色谱法适用于饮料类、蜜饯凉果、果丹类、话化类、带壳及脱壳熟制坚果与籽类、水果罐头、果酱、糕点、面包、饼干、冷冻饮品、果冻、复合调味料、腌渍的蔬菜、腐乳食品中环己基氨基磺酸钠的测定。本方法气相色谱法不适用于白酒中该化合物的测定。

食品中的环己基氨基磺酸钠用水提取，在硫酸介质中环己基氨基磺酸钠与亚硝酸反应，生成环己醇亚硝酸酯，利用气相色谱氢火焰离子化检测器进行分离及分析，保留时间定性，外标法定量。

方法检出限以取样量5g时，本方法检出限为0.010g/kg，定量限0.030g/kg。

1.2　试剂和材料

1.2.1 试剂　正庚烷；氯化钠；石油醚（沸程为30~60℃）；氢氧化钠；硫酸；亚铁氰化钾；硫酸锌；亚硝酸钠。

1.2.2 试剂配制

1.2.2.1 氢氧化钠溶液（40g/L）　称取20g氢氧化钠，溶于水并稀释至500ml，混匀。

1.2.2.2 硫酸溶液（200g/L）　量取54ml硫酸小心缓缓加入400ml水中，后加水至500ml，混匀。

1.2.2.3 亚铁氰化钾溶液（150g/L） 称取折合15g亚铁氰化钾，溶于水稀释至100ml，混匀。

1.2.2.4 硫酸锌溶液（300g/L） 称取折合30g硫酸锌的试剂，溶于水并稀释至100ml，混匀。

1.2.2.5 亚硝酸钠溶液（50g/L） 称取25g亚硝酸钠，溶于水并稀释至500ml，混匀。

1.2.3 标准品

环己基氨基磺酸钠标准品（$C_6H_{12}NSO_3Na$）：纯度≥99%。

1.2.4 标准溶液配制

1.2.4.1 环己基氨基磺酸标准储备液（5.00mg/ml） 精确称取0.5612g环己基氨基磺酸钠标准品，用水溶解并定容至100ml，混匀，此溶液1.00ml相当于环己基氨基磺酸5.00mg（环己基氨基磺酸钠与环己基氨基磺酸的换算系数为0.8909）。置于1~4℃冰箱保存，可保存12个月。

1.2.4.2 环己基氨基磺酸标准使用液（1.00mg/ml） 准确移取20.0ml环己基氨基磺酸标准储备液用水稀释并定容至100ml，混匀。置于1~4℃冰箱保存，可保存6个月。

1.3 仪器和设备

气相色谱仪：配有氢火焰离子化检测器（FID）。涡旋混合器。离心机：转速≥4000r/min。超声波振荡器；样品粉碎机；10μl微量注射器；恒温水浴锅。天平：感量1mg、0.1mg。

1.4 分析步骤

1.4.1 液体试样处理 普通液体试样摇匀后称取25.0g试样（如需要可过滤），用水定容至50ml备用。

含二氧化碳的试样：称取25.0g试样于烧杯中，60℃水浴加热30分钟以除二氧化碳，放冷，用水定容至50ml备用。

含酒精的试样：称取25.0g试样于烧杯中，用氢氧化钠溶液调至弱碱性pH 7~8，60℃水浴加热30分钟以除酒精，放冷，用水定容至50ml备用。

1.4.2 固体、半固体试样处理 低脂、低蛋白样品（果酱、果冻、水果罐头、果丹类、蜜饯凉果、浓缩果汁、面包、糕点、饼干、复合调味料、带壳熟制坚果和籽类、腌渍的蔬菜等）称取打碎、混匀的样品3.00g~5.00g于50ml离心管中，加30ml水，振摇，超声提取20分钟，混匀，离心（3000r/min）10分钟，过滤，用水分次洗涤残渣，收集滤液并定容至50ml，混匀备用。

高蛋白样品（酸乳、雪糕、冰淇淋等奶制品及豆制品、腐乳等）：冰棒、雪糕、冰淇淋等分别放置于250ml烧杯中，待融化后搅匀称取；称取样品3.00~5.00g于50ml离心管中，加30ml水，超声提取20分钟，加2ml亚铁氰化钾溶液，混匀，再加入2ml硫酸锌溶液，混匀，离心（3000r/min）10分钟，过滤，用水分次洗涤残渣，收集滤液并定容至50ml，混匀备用。

高脂样品（奶油制品、海鱼罐头、熟肉制品等）：称取打碎、混匀的样品3.00~5.00g于50ml离心管中，加入25ml石油醚，振摇，超声提取3分钟，再混匀，离心（1000r/min以上）10分钟，弃石油醚，再用25ml石油醚提取一次，弃石油醚，60℃水浴挥发去除石油醚，残渣加30ml水，混匀，超声提取20分钟，加2ml亚铁氰化钾溶液，混匀，再加入2ml硫酸锌溶液，混匀，离心（3000r/min）10分钟，过滤，用水洗涤残渣，收集滤液并定容至50ml，混匀备用。

1.4.3 衍生化 准确移取液体试样溶液、固体、半固体试样溶液10.0ml于50ml带盖离心管中。离心管置试管架上冰浴中5分钟后，准确加入5.00ml正庚烷，加入2.5ml亚硝酸钠溶液，2.5ml硫酸溶液，盖紧离心管盖，摇匀，在冰浴中放置30分钟，其间振摇3~5次；加入2.5g氯化钠，盖上盖后置旋涡混合器上振动1分钟（或振摇60~80次），低温离心（3000r/min）10分钟分层或低温静置20分钟至澄清分层后取上清液放置1~4℃冰箱冷藏保存以备进样用。

1.4.4 标准溶液系列的制备及衍生化　准确移取1.00mg/ml环己基氨基磺酸标准溶液0.50ml、1.00ml、2.50ml、5.00ml、10.0ml、25.0ml于50ml容量瓶中，加水定容。配成标准溶液系列浓度为：0.01mg/ml、0.02mg/ml、0.05mg/ml、0.10mg/ml、0.20mg/ml、0.50mg/ml。临用时配制以备衍生化用。准确移取标准系列溶液10.0ml同（本节1.4.3）衍生化。

1.4.5 色谱条件　色谱柱：HP-5，30.0m×0.32mm×0.25μm。柱温升温程序：起始50℃保持5分钟，以10℃/min升至120℃，以30℃/min升至250℃保持5分钟。进样口：温度230℃；进样量1μl；分流进样，分流比10∶1。检测器：氢火焰离子化检测器（FID），温度260℃。载气：高纯氮气，流量1.5ml/min。氢气：35ml/min。空气：350ml/min。

1.4.6 色谱分析　分别吸取1μl经衍生化处理的标准系列各浓度溶液上清液，注入气相色谱仪中，可测得不同浓度被测物的响应值峰面积，以浓度为横坐标，以环己醇亚硝酸酯和环己醇两峰面积之和为纵坐标，绘制标准曲线。在完全相同的条件下进样1μl经衍生化处理的试样待测液上清液，保留时间定性，测得峰面积，根据标准曲线得到样液中的组分浓度；试样上清液响应值若超出线性范围，应用正庚烷稀释后再进样分析。平行测定次数不少于两次。

1.5　计算

试样中环己基氨基磺酸含量按下式计算。

$$X=\frac{c\times V}{m}$$

式中：X为试样中环己基氨基磺酸的含量（g/kg）；c为由标准曲线计算出定容样液中环己基氨基磺酸的浓度值（mg/ml）；m为试样称样量（g）；V为试样的最后定容体积（ml）。

1.6　精密度

计算结果以重复性条件下获得的两次独立测定结果的算术平均值表示，结果保留三位有效数字。

在重复性条件下获得的两次独立测定结果的绝对值不得超过算术平均值的10%。

1.7　注意事项

1.7.1 衍生产物包含环己醇亚硝酸酯和环己醇两种化合物，第一个衍生物为环己醇亚硝酸酯，第二个衍生物为环己醇。定量时须以两者之和参与校准。

1.7.2 标准溶液系列的制备及衍生化应与样品制备及衍生化同步进行，以保证在同样的冰浴温度、衍生时间和震摇次数。

1.7.3 加试剂的顺序应严格按照方法去做，先加亚硝酸钠溶液，摇匀后加硫酸溶液，盖紧离心管盖后再摇匀，这样可以避免局部试剂浓度过高，因为衍生反应通常对反应条件特殊敏感。

2 高效液相色谱法

2.1 简述

参考GB 5009.97-2016《食品安全国家标准 食品中环己基氨基磺酸钠的测定》制定本规程。

本规程中液相色谱法适用于饮料类、蜜饯凉果、果丹类、话化类、带壳及脱壳熟制坚果与籽类、配制酒、水果罐头、果酱、糕点、面包、饼干、冷冻饮品、果冻、复合调味料、腌渍的蔬菜、腐乳食品中环己基氨基磺酸钠的测定。

食品中的环己基氨基磺酸钠用水提取后，在强酸性溶液中与次氯酸钠反应，生成N，N-二氯环己胺，用正庚烷萃取后，利用高效液相色谱法检测，保留时间定性，外标法定量。

本规程的方法检出限以取样量5g时，本方法检出限为0.010g/kg，定量限0.030g/kg。

2.2 试剂和材料

除非另有说明，本方法所用试剂均为分析纯，水为GB/T 6682规定的一级水。

2.2.1 试剂 正庚烷：色谱纯；乙腈：色谱纯；硫酸；次氯酸钠；碳酸氢钠；硫酸锌；亚铁氰化钾；石油醚：沸程为30~60℃。

2.2.2 试剂配制

2.2.2.1 硫酸溶液（1+1） 50ml硫酸小心缓缓加入50ml水中，混匀。

2.2.2.2 次氯酸钠溶液 用次氯酸钠稀释，保存于棕色瓶中，保持有效氯含量50g/L以上，混匀，市售产品需及时标定，临用时配制。

2.2.2.3 碳酸氢钠溶液（50g/L） 称取5g碳酸氢钠，用水溶解并稀释至100ml，混匀。

2.2.2.4 硫酸锌溶液（300g/L） 称取折合30g硫酸锌，溶于水并稀释至100ml，混匀。

2.2.2.5 亚铁氰化钾溶液（150g/L） 称取折合15g亚铁氰化钾，溶于水并稀释至100ml，混匀。

2.2.3 标准品 环己基氨基磺酸钠标准品（$C_6H_{12}NSO_3Na$）：纯度≥99%。

2.2.4 标准溶液配制

2.2.4.1 环己基氨基磺酸标准储备液（5.00mg/ml） 精确称取0.5612g环己基氨基磺酸钠标准品，用水溶解并定容至100ml，混匀，此溶液1.00ml相当于环己基氨基磺酸5.00mg（环己基氨基磺酸钠与环己基氨基磺酸的换算系数为0.8909）。置于1~4℃冰箱保存，可保存12个月。

2.2.4.2 环己基氨基磺酸标准中间液（1.00mg/ml） 准确移取20.0ml环己基氨基磺酸标准储备液用水稀释并定容至100ml，混匀。置于1~4℃冰箱保存，可保存6个月。

2.2.4.3 环己基氨基磺酸标准曲线系列工作液 分别吸取标准中间液0.50ml、1.0ml、2.5ml、5.0ml、10.0ml至50ml容量瓶中，用水定容。该标准系列浓度分别为10.0μg/ml、20.0μg/ml、50.0μg/ml、100μg/ml、200μg/ml。临用现配。

2.3 仪器和设备

液相色谱仪：配有紫外检测器或二极管阵列检测器。超声波振荡器。离心机：转速≥4000r/min。样品粉碎机。恒温水浴锅。天平：感量1mg、0.1mg。

2.4 分析步骤

2.4.1 试样制备

2.4.1.1 固体类和半固体类试样 称取均质后试样5.00g于50ml离心管中，加入30ml水，混匀，超声提取20分钟，离心（3000r/min）20分钟，将上清液转出，用水洗涤残渣并定容至50ml备用。含高蛋白类样品可在超声提取时加入2.0ml硫酸锌溶液和2.0ml亚铁氰化钾溶液。含高脂质类样品可在提取前先加入25ml石油醚振摇后弃去石油醚层除脂。

2.4.1.2 液体类试样处理 普通液体试样摇匀后可直接称取样品25.0g，用水定容至50ml备用（如需要可过滤）。

含二氧化碳的试样：称取25.0g试样于烧杯中，60℃水浴加热30分钟以除二氧化碳，放冷，用水定容至50ml备用。

含酒精的试样：称取25.0g试样于烧杯中，用氢氧化钠溶液调至弱碱性pH 7~8，60℃水浴加热30分钟以除酒精，放冷，用水定容至50ml备用。

含乳类饮料称取试样25.0g于50ml离心管中，加入3.0ml硫酸锌溶液和3.0ml亚铁氰化钾溶液，混匀，离心分层后，将上清液转出，用水洗涤残渣并定容至50ml备用。

2.4.2 衍生化
准确移取10ml已制备好的试样溶液，加入2.0ml硫酸溶液，5.0ml正庚烷，和1.0ml次氯酸钠溶液，剧烈振荡1分钟，静置分层，除去水层后在正庚烷层中加入25ml碳酸氢钠溶液，振荡1分钟。静置取上层有机相经0.45μm微孔有机相滤膜过滤，滤液备进样用。

2.4.3 仪器参考条件
色谱柱：C18柱，5μm，150mm×3.9mm（i，d），或同等性能的色谱柱。流动相：乙腈＋水（70+30）。流速：0.8ml/min。进样量：10μl。柱温：40℃。检测器：紫外检测器或二极管阵列检测器。检测波长：314nm。

2.4.4 标准曲线的制作
移取10ml环己基氨基磺酸标准系列工作液按上述试样衍生化操作。取过0.45μm微孔有机相滤膜后的溶液10μl分别注入液相色谱仪中，测定相应的峰面积，以标准工作溶液的浓度为横坐标，以环己基氨基磺酸钠衍生化产物N，N–二氯环己胺峰面积为纵坐标，绘制标准曲线。

2.4.5 样品的测定
将衍生后试样溶液10μl注入液相色谱仪中，保留时间定性，测得峰面积，根据标准曲线得到试样定容溶液中环己基氨基磺酸的浓度，平行测定次数不少于两次。

2.5 计算

做好称量、定容体积、稀释倍数等实验记录和标准溶液领用与稀释记录。做好仪器使用记录、环境温度湿度等相关记录。

试样中环己基氨基磺酸含量按下式计算。

$$X=\frac{c\times V}{m\times 100}$$

式中：X为试样中环己基氨基磺酸的含量（g/kg）；c为由标准曲线计算出试样定容溶液中环己基氨基磺酸的浓度值（μg/ml）；V为试样的最后定容体积（ml）；m为试样的称样量（g）；1000为由μg/g换算成g/kg的换算因子。

2.6 精密度

计算结果以重复性条件下获得的两次独立测定结果的算术平均值表示，结果保留三位有效数字。

在重复性条件下获得的两次独立测定结果的绝对差值不得超过算术平均值的10%。

2.7 注意事项

2.7.1 硫酸溶液（1+1）和次氯酸钠等溶液的稀释配制过程中要带好手套，注意安全防护，防止被灼伤和腐蚀。

2.7.2 根据实验室试剂具体情况，正庚烷也可以由正己烷代替。

2.7.3 流动相用高纯水要现用现取，使用前要超声脱气处理，防止气泡产生影响。

2.7.4 乙腈流动相在使用前要超声处理。

3 液相色谱–质谱/质谱法

3.1 简述

参考 GB 5009.97–2016《食品安全国家标准 食品中环己基氨基磺酸钠的测定》制定本规程。

本规程中液相色谱–质谱/质谱法适用于白酒、葡萄酒、黄酒、料酒中环己基氨基磺酸钠的测定。

酒样经水浴加热除去乙醇后以水定容，用液相色谱–质谱/质谱仪测定其中的环己基氨基磺酸钠，外标法定量。

本规程检出限为0.03mg/kg，定量限为0.1mg/kg。

3.2 试剂和材料

除非另有说明，本方法所用试剂均为分析纯，水为GB/T 6682规定的一级水。

3.2.1 试剂 甲醇：色谱纯。10mmoL/L 乙酸铵溶液：称取0.78g乙酸铵，用水溶解并稀释至1000ml，摇匀后经0.22μm水相滤膜过滤备用。

3.2.2 标准品 环己基氨基磺酸钠标准品：纯度≥99%。

3.2.3 标准溶液配制

3.2.3.1环己基氨基磺酸标准储备液（5.00mg/ml） 精确称取0.5612g环己基氨基磺酸钠标准品，用水溶解并定容至100ml，混匀，此溶液1.00ml相当于环己基氨基磺酸5.00mg（环己基氨基磺酸钠与环己基氨基磺酸的换算系数为0.8909）。置于1~4℃冰箱保存，可保存12个月。

3.2.3.2环己基氨基磺酸标准中间液（1.00mg/ml） 准确移取20.0ml环己基氨基磺酸标准储备液用水稀释并定容至100ml，混匀。置于1~4℃冰箱保存，可保存6个月。

3.2.3.3环己基氨基磺酸标准工作液（10μg/ml） 用水将1.00ml标准中间液定容至100ml。放置于1~4℃冰箱可保存一周。

3.2.3.4环己基氨基磺酸标准曲线系列工作液 分别吸取适量体积的标准工作液，用水稀释，配成浓度分别为0.01μg/ml、0.05μg/ml、0.1μg/ml、0.5μg/ml、1.0μg/ml、2.0μg/ml的系列标准工作溶液。使用前配置。

3.3 仪器和设备

液相色谱–质谱/质谱仪：配有电喷雾（ESI）离子源。分析天平：感量0.1mg、0.1g。恒温水浴锅。微孔滤膜：0.22μm，水相。

3.4 分析步骤

试样溶液制备：称取酒样10.0g，置于50ml烧杯中，于60℃水浴上加热30分钟，残渣全部转移至100ml容量瓶中，用水定容并摇匀，经0.22μm水相微孔滤膜过滤后备用。

3.4.1 液相操作条件 色谱柱：C18柱，1.7μm，100mm×2.1mm（i，d），或同等性能的色谱柱。流动相：甲醇、10mmoL/L乙酸铵溶液。梯度洗脱见表3-3-1。流速：0.25ml/min。进样量：10μl。柱温：35℃。

表3-3-1 液相色谱梯度洗脱条件

序号	时间/分钟	甲醇/%	10mmoL/L乙酸铵溶/%
1	0	5	95
2	2.0	5	95
3	5.0	50	50
4	5.1	90	10
5	6.0	90	10
6	6.1	5	95
7	9	5	95

3.4.2 质谱操作条件 离子源：电喷雾电离源（ESI）。扫描方式：多反应监测（MRM）扫描。质谱调谐参数应优化至最佳条件，确保环己基氨基磺酸钠在正离子模式下的灵敏度达到最佳状态，并调节正、负模式下定性离子的相对丰度接近。

负离子模式的质谱参考条件如下。毛细管电压：2.8kV。离子源温度：110℃。脱溶剂气温度：450℃。脱溶剂气（N$_2$）流量：700L/h。锥孔气（N$_2$）流量：50L/h。分辨率：Q1（单位质量分辨）Q3（单位质量分辨）。碰撞气及碰撞室压力：氩气，3.6×10^{-3m}Pa。扫描方式：多反应监测（MRM）。环己基氨基磺酸钠参考保留时间、定性定量离子对及锥孔电压、碰撞能量见表3-3-2。

表3-3-2 环己基氨基磺酸钠参考保留时间、定性定量离子对及锥孔电压、碰撞能量

名称	保留时间 分钟	定性离子对 m/z	定量离子对 m/z	锥孔电压 V	碰撞能量 eV	驻留时间 ms
环己基氨基磺酸钠	4.02	178 > 79.9（ESI$^-$）	178 > 79.9（ESI$^-$）	35	25	100
		202 > 122（ESI$^+$）			10	400

正离子模式的质谱参考条件如下。毛细管电压：3.5kV。离子源温度：110℃。脱溶剂气温度：450℃。脱溶剂气（N$_2$）流量：700L/h。锥孔气（N$_2$）流量：50L/h。分辨率：Q1（单位质量分辨）Q3（单位质量分辨）。碰撞气及碰撞室压力：氩气，3.6×10^{-3m}Pa。扫描方式：多反应监测（MRM）。环己基氨基磺酸钠参考保留时间、定性定量离子对及锥孔电压、碰撞能量见表3-3-2。

3.4.3 标准曲线的制作 将配制好的标准系列溶液按照浓度由低到高的顺序进样测定，以环己基氨基磺酸钠定量离子的色谱峰面积对相应的浓度作图，得到标准曲线回归方程。

3.4.4 定性测定 在相同的试验条件下测定试样溶液，若试样溶液质量色谱图中环己基氨

基磺酸钠的保留时间与标准溶液一致（变化范围在 ±2.5% 以内），且试样定性离子的相对丰度与浓度相当的标准溶液中定性离子的相对丰度，其偏差不超过表3-3-3的规定，则可判定样品中存在环己基氨基磺酸钠。

表3-3-3　定性离子相对丰度的最大允许偏差

相对离子丰度 /%	> 50	> 20~50	> 10~20	≤ 10
允许的相对偏差 /%	± 20	± 25	± 30	± 50

3.4.5 定量测定　将试样溶液注入液相色谱－质谱/质谱仪中，得到环己基氨基磺酸钠定量离子峰面积，根据标准曲线计算试样溶液中环己基氨基磺酸的浓度，平行测定次数不少于两次。

3.5　计算

做好称量、定容体积、稀释倍数等实验记录和标准溶液领用与稀释记录。做好仪器使用记录、环境温度湿度等相关记录。

试样中环己基氨基磺酸含量按下式计算。

$$X = \frac{c}{m} \times V$$

式中：X为试样中环己基氨基磺酸的含量（mg/kg）；c为由标准曲线计算出定容样液中环己基氨基磺酸的浓度值（μg/ml）；m为试样的称样量（g）；V为试样的最后定容体积（ml）。

3.6　精密度

计算结果以重复性条件下获得的两次独立测定结果的算术平均值表示，结果保留三位有效数字。

在重复性条件下获得的两次独立测定结果的绝对差值不得超过算术平均值的10%。

3.7　注意事项

3.7.1 试验中根据实验室具体情况，可以用甲醇/0.1%甲酸水溶液替代甲醇/乙酸铵溶液作为流动相。

3.7.2 流动相要现配现用，放置时间过长会滋生细菌，损害色谱柱。

3.7.3 定期使用异丙醇（色谱级）和无尘纸对离子源进行擦拭清洁，进行该操作时，戴上干净的一次性手套。擦拭过程中，务必小心处理喷雾毛细管，以免出现对离子源的损害。

3.7.4 基质会影响离子对丰度比值，导致可能出现对照品溶液与阳性样品中离子对丰度比不一致的情况。当甜蜜素两对离子对均明显出峰时，建议采用基质匹配标曲进行定性判定。

起草人：房子舒（中国食品药品检定研究院）

钟慈平　成长玉（四川省食品药品检验检测院）

复核人：张　烨　陈　煜（山西省食品药品检验所）

李　玲　陈克云（山东省食品药品检验研究院）

第四节　食品中纽甜的检测

1　简述

依据GB 5009.247–2016《食品安全国家标准　食品中纽甜的测定》制定本规程。

本规程适用于饮料、蜜饯、糕点、炒货、酱腌菜、糖果、果酱、果冻、复合调味料食品中纽甜的液相色谱法测定。

试样经混合提取液提取，固相萃取柱净化后，采用高效液相色谱仪测定，保留时间定性，峰面积外标法定量。

方法的定量限为0.2mg/kg。

2　试剂和材料

除非另有说明，本方法所用试剂均为分析纯，水为GB/T 6682规定的一级水。

2.1　试剂

乙腈：色谱纯。辛烷磺酸钠：色谱纯。磷酸。甲酸：色谱纯。甲醇：色谱纯。三乙胺：色谱纯。

2.2　试剂配制

2.2.1　混合提取液　分别吸取0.8ml甲酸和2.5ml三乙胺，加水定容至1000ml，pH约4.5。

2.2.2　离子对试剂缓冲液　称取2.00g辛烷磺酸钠，用500ml水溶解，加入1.0ml磷酸，加水定容至1000ml。

2.3　标准品

纽甜（$C_{20}H_{30}N_2O_5$，CAS号：165450–17–9），纯度≥99.0%。

2.4　标准溶液配制

2.4.1　标准储备液　准确称取0.1000g纽甜标准品，加混合提取液溶解定容至100ml，此溶液纽甜含量为1.00mg/ml。

2.4.2　标准工作液　分别吸取适量纽甜标准储备液，用混合提取液配制成浓度分别为0.2μg/ml、1.0μg/ml、5.0μg/ml、10.0μg/ml、50.0μg/ml、100.0μg/ml的系列标准工作液。

2.5　c18固相萃取柱

6ml、500mg，或相当者，使用前依次用5ml甲醇、10ml水活化。

2.6　滤膜

0.45μm滤膜，有机系。

3　仪器和设备

液相色谱仪，配有紫外检测器或二极管阵列检测器。超声波清洗仪。分析天平：感量0.0001g和0.01g。组织捣碎机；旋涡振荡器；氮吹仪；固相萃取装置。离心机：转速≥4000r/min。

4 分析步骤

4.1 试样制备

4.1.1 固态样品 称取 10g（精确到 0.01g）粉碎均匀试样于 50ml 具塞塑料离心管中，加入 30ml 混合提取液，旋涡振荡 10 分钟，超声 30 分钟后，用混合提取液定容至刻度，若溶液混浊，以不低于 4000r/min 离心 10 分钟后，过滤待用。

4.1.2 液态样品 准确量取 10.0ml 试样于 50ml 具塞塑料离心管中，加入 30ml 混合提取液，振荡混匀。超声 15 分钟后，用混合提取液定容至刻度，若溶液混浊，以不低于 4000r/min 离心 10 分钟后，过滤待用。

注：含气样品如碳酸饮料、汽水等先微温，搅拌去除试样中的二氧化碳或超声脱气后，再准确量取试样。

4.2 试样净化

吸取 10.0ml 的过滤液以 1~2ml/min 的流速通过固相萃取柱，待滤液完全流出后，用 5ml 的混合提取液以 1~2ml/min 的流速淋洗萃取柱，弃去全部流出液，用 5ml 甲醇以 1ml/min 的流速洗脱，洗脱液在 40℃水浴中用氮吹仪浓缩，用混合提取液定容至 2.0ml，经 0.45μm 滤膜过滤后作为待测液供液相色谱仪分析。

4.3 仪器参考条件

色谱柱：C18 色谱柱，5μm，250mm×4.6mm（内径）或相当者。柱温：30℃。流动相：A 相，乙腈；B 相，离子对试剂缓冲液。梯度洗脱条件见表 3-3-4。流速：1.0ml/min。检测波长：218nm。进样量：50μl。

表3-3-4 流动相梯度洗脱条件

时间/分钟	流动相 A/%	流动相 B/%
0.00	25.0	75.0
10.00	65.0	35.0
20.00	100.0	0.0
24.00	100.0	0.0
24.10	25.0	75.0
30.00	25.0	75.0

4.4 标准曲线的制作

将标准系列工作液分别注入液相色谱仪中，测定相应的峰面积，以标准工作液的浓度为横坐标，以峰面积为纵坐标，绘制标准曲线。

4.5 样品溶液的测定

将试样溶液注入液相色谱仪中，以保留时间定性，同时记录峰面积，根据标准曲线得到待测液中纽甜的浓度，试样溶液中纽甜含量的响应值均应在仪器的检测线性范围内。

5 计算

试样中纽甜的含量下计算。

$$X = \frac{c \times V \times V_1 \times 1000}{m \times V_2 \times 1000}$$

式中：X为试样中纽甜含量（mg/kg或mg/L）；c为试样溶液中纽甜的浓度值（μg/ml）；V为样品洗脱液浓缩定容体积（ml）；V_1为试样提取液定容体积（ml）；m为样品称样量（g）；V_2为吸取过滤液体积（ml）。

计算结果保留两位有效数字。

6 精密度

在重复性条件下获得的两次独立测定结果的绝对差值不得超过算术平均值的10%。

7 注意事项

进行固相萃取时，固态样品应充分溶解混匀，建议采用少量多次溶解提取，合并提取液集中过柱，减少样品损失。

起草人：刘　钊（中国食品药品检定研究院）
　　　　李　倩（山西省食品药品检验所）
复核人：陈　煜（山西省食品药品检验所）

第五节　食品中三氯蔗糖的检测

1 简述

参考GB 22255-2014《食品安全国家标准　食品中三氯蔗糖（蔗糖素）的测定》制定本规程。

本规程适用于食品中三氯蔗糖（蔗糖素）含量的液相色谱法测定。

试样中三氯蔗糖用甲醇水溶液提取，除蛋白、脂肪，经固相萃取柱净化、富集后用高效液相色谱仪、反相C18色谱柱分离，蒸发光散射检测器或示差检测器检测，根据保留时间定性，以峰面积定量。

本规程的方法检出限以取样量2.00g，定容至1.00ml计算，三氯蔗糖的检出限为0.0025g/kg，定量限为0.0075g/kg。

2 试剂和材料

本方法所用试剂除特别注明外，均为分析纯试剂，实验用水应符合GB/T 6682规定的一级水要求。

2.1 试剂

甲醇：色谱纯。乙腈：色谱纯。正己烷；亚铁氰化钾；乙酸锌；中性氧化铝（100~200目）。

2.2 试剂的配置

2.2.1 亚铁氰化钾溶液（106g/L） 称取10.6g亚铁氰化钾，加入适量水溶解，用水定容至100ml。

2.2.2 乙酸锌溶液（219g/L） 称取21.9g乙酸锌，溶于少量水中，加入3ml冰乙酸，用水定容至100ml。

2.2.3 甲醇水溶液（75+25） 量取75ml甲醇，加25ml水，混匀。

2.2.4 乙腈水溶液（11+89） 量取11ml乙腈，加89ml水，混匀。

2.3 标准品

三氯蔗糖标准品（$C_{12}H_{19}Cl_3O_8$）：CAS编号56038-13-2，纯度≥99%。

2.4 标准溶液的制备

2.4.1 三氯蔗糖标准贮备溶液（10.0mg/ml） 称取三氯蔗糖标准品0.25g（精确至0.0001g）于25ml容量瓶中，用水定容至刻度，混匀，其中三氯蔗糖浓度为10.0mg/ml。贮备液置于4℃冰箱中保存，保存期为6个月。

2.4.2 三氯蔗糖标准中间液（1.00mg/ml） 吸取5.00ml三氯蔗糖标准贮备溶液于50ml容量瓶中，用水定容至刻度，混匀，其中三氯蔗糖浓度为1.00mg/ml。置于4℃冰箱中保存，保存期为3个月。

2.4.3 三氯蔗糖标准工作液 分别吸取0.200ml、0.500ml、1.00ml、2.00ml、4.00ml三氯蔗糖中间液于10ml容量瓶中，用水定容至刻度。其中三氯蔗糖工作液浓度分别为0.0200mg/ml、0.0500mg/ml、0.100mg/ml、0.200mg/ml、0.400mg/ml。

2.5 材料

固相萃取柱（200mg，类型为N-乙烯基吡咯烷酮和二乙烯基苯亲水亲脂平衡型填料）使用前依次用4ml甲醇、4ml水活化。

3 仪器和设备

高效液相色谱仪：配有示差检测器或蒸发光散射检测器。分析天平：感量为0.001g和0.0001g。涡旋振荡器。离心机：转速≥3000r/min。离心机：转速≥10000r/min。超声波清洗仪：工作频率35kHz。水浴锅。

4 分析步骤

4.1 前处理

4.1.1 含蛋白脂肪试样 称取粉碎均匀后固体试样1~2g（精确到0.001g），混匀后液体试样1~5g（精确到0.001g）置于50ml离心管中，加入5ml水，涡旋混合器上振荡3分钟后加入

5ml 甲醇，继续振荡 30 秒，超声波提取 20 分钟，以 3000r/min 离心 10 分钟，将上清液移入 50ml 离心管中。沉淀物加入 5.0ml 甲醇水溶液（75+25），玻棒搅拌均匀后，涡旋混合器上振荡 30 秒，以 3000r/min 离心 10 分钟，重复提取 2 次，将上清液合并于 150ml 分液漏斗中。

在 150ml 分液漏斗内，加入 30ml 正己烷，振摇 2 分钟，静置分层，20 分钟后，下层水相移置于 50ml 蒸发皿。蒸发皿于沸水浴上蒸发，当蒸发皿中液体在 1ml 左右时用 9ml 水分三次冲洗蒸发皿，冲洗液合并移置于 15ml 离心管中，超声波处理 5 分钟，以 3000r/min 离心 10 分钟。

取全部上清液移入已活化的固相萃取柱，控制液体流速不超过每秒 1 滴，柱上液面为 2mm 左右时加入 1ml 水，继续保持液体流速为每秒 1 滴，到柱中液体完全排出后，用 3ml 甲醇洗脱，收集甲醇洗脱液。洗脱液置于 50ml 蒸发皿内，于沸水浴上蒸干，残渣用 1.00ml 乙腈水溶液（11+89）溶解（如溶液有浑浊现象可将其移入离心管，10000r/min 离心 5 分钟），溶液过 0.45μm 滤膜，滤液为制备的试样溶液，备用。

注：果冻类样品经提取后的上清液需 50℃ 水浴加热后趁热过柱，否则易堵塞萃取柱。

4.1.2 酱及酱制品、醋、酱油 称取混匀后试样 2g（精确到 0.001g），置于 50ml 离心管中，加入 1.0g 中性氧化铝，加入 3ml 水，涡旋混合器上震荡 3 分钟后加入 15ml 甲醇，以下步骤自 4.1.1 "继续振荡 30 秒，超声波提取 20 分钟，以 3000r/min 离心 10 分钟" 开始，到 "滤液为制备的试样溶液，备用。" 为止依次处理。

4.1.3 含酒精的试样（发酵酒、配制酒） 称取混匀后试样 5g（精确到 0.001g），置于 50ml 蒸发皿中，于沸水浴上蒸干，残渣用 1.00ml 乙腈水溶液（11+89）溶解，溶液过 0.45μm 滤膜，滤液为制备的试样溶液，备用。

4.1.4 饮料 称取混匀后试样 5g（精确到 0.001g），置于 15ml 离心管中，加入 5ml 水，涡旋混合器上振荡 30 秒。以 3000r/min 离心 10 分钟。以下步骤按 4.1.1 处理。

4.1.5 风味发酵乳、奶茶 称取混匀后试样 1~5g（精确到 0.001g）置于 50ml 离心管中，加入 5ml 水，涡旋混合器上振荡 3 分钟后加入 15ml 甲醇、0.50ml 乙酸锌溶液、0.50ml 亚铁氰化钾溶液，以下步骤自 4.1.1 "继续振荡 30 秒，超声波提取 20 分钟，以 3000r/min 离心 10 分钟" 开始，到 "滤液为制备的试样溶液，备用。" 为止依次处理。

不同试样的前处理需要同时做试样空白试验。

4.2 色谱条件

色谱柱：4.6mm×250mm，C18 柱（5μm），为了延长柱子寿命，建议加 C18 保护柱。流动相：水：乙腈=89：11（体积分数）。流速：1.0ml/min。柱温：35℃。示差检测器条件：检测池温度 35℃；灵敏度 16。蒸发光散射检测器条件：按不同品牌蒸发光散射检测器在高水相流动相条件下的要求设置，如 SEDEX 75（雾化压力：50.76 psi；增益：8；蒸发温度：40℃）或性能相当者。进样量：20.0μl。

4.3 标准曲线的制作

4.3.1 示差检测器 取三氯蔗糖标准工作液分别进样 20.0μl，在上述色谱条件下测定峰面积，然后制作峰面积 – 三氯蔗糖浓度（mg/ml）标准曲线，曲线方程依示差检测原理，如下。

$$y=ax+b$$

式中：y为峰面积；a、b为与检测池温度、流动相性质等实验条件有关的常数；x为三氯蔗糖的浓度（mg/ml）。

4.3.2 蒸发光散射检测器 取三氯蔗糖标准工作液分别进样 20.0μl，在上述色谱条件下测定峰面积，然后制作峰面积–三氯蔗糖浓度（mg/ml）标准曲线，曲线方程依蒸发光散射检测原理，如下。

$$y=bx^a$$

式中：y为峰面积；a、b为与蒸发室温度、流动相性质等实验条件有关的常数；x为三氯蔗糖的浓度（mg/ml）。

按仪器数据处理软件的处理方式不同，也可作对数方程，即$lgy=b+algx$。

4.4 试样溶液的测定

取制备的试样溶液和空白试样溶液各 20.0μl进样，进行高效液相色谱分析，以保留时间定性，以峰面积外标法定量。

5 计算

除按规定做好称量等实验记录外，必须做好仪器使用记录、标液稀释记录及相关可供溯源的记录。

试样中三氯蔗糖含量按下式计算。

$$X=\frac{(c-c_0)\ V\times1000}{m\times1000}$$

式中：X为样品中三氯蔗糖的含量（g/kg）；c为由标准曲线查得的试样进样液中三氯蔗糖的浓度值（mg/ml）；c_0为标准曲线上查得的空白试样测定液中三氯蔗糖的浓度值（mg/ml）；V为试样定容体积（ml）；m为样品的称样量（g）；1000为换算系数。

结果保留三位有效数字。

6 精密度

在重复性条件下获得的两次独立测定结果的绝对差值不得超过算术平均值的10%。

7 注意事项

7.1 流动相中的所有试剂必须采用色谱纯，且采用高纯水溶解后需进行0.22μm滤膜抽滤，否则长期的杂质积累会污染管路和检测器，增加噪声。

7.2 在水浴上蒸发经分液漏斗转移出来的下层水相溶液时，应将溶液蒸发至1ml左右，若水相溶液中混合的甲醇未被除尽，将影响后续的过柱效果，导致回收率偏低。

7.3 当检测样品基质复杂，强保留物质影响后续检测时，可采取梯度洗脱以改善分离度。流动相A：水。流动相B：乙腈。洗脱程序：0~14分钟，流动相（A）89%；14~15分钟，流动相（A）从89%降至10%；15~22分钟，流动相（A）10%；22~23分钟，流动相（A）从10%增至

89%；23~26分钟，流动相A 89%。

　　　　　　　　　　起草人：房子舒（中国食品药品检定研究院）

　　　　　　　　　　　　陶　滔　闵宇航（四川省食品药品检验检测院）

　　　　　　　　　　复核人：董亚蕾（中国食品药品检定研究院）

　　　　　　　　　　　　孙立臻　孙珊珊（山东省食品药品检验研究院）

第六节　食品中六种合成甜味剂的检测

1　简述

参考《SN/T 3538-2013 出口食品中六种合成甜味剂的检测方法液相色谱–质谱/质谱法》制定本规程。

本规程针对奶粉、液态奶、酸奶、奶油、奶酪、冰激凌、红酒、果汁、糕点、蜜饯、甜酸藠头等试样中的甜蜜素、糖精钠、安赛蜜、阿斯巴甜、阿力甜、纽甜等人工合成甜味剂进行测定。

采用甲酸–三乙胺缓冲液（pH=4.5）提取，HLB固相萃取小柱净化或用甲醇–水（1+1，体积比）提取后稀释进样，液相色谱–质谱/质谱测定，外标法定量。

本规程中奶粉、液态奶、酸奶、奶油、奶酪和冰激凌中甜蜜素、安赛蜜、糖精钠、阿斯巴甜、阿力甜、纽甜的测定低限均为0.01mg/kg；红酒、果汁、糕点、蜜饯、甜酸藠头中甜蜜素、安赛蜜、糖精钠、阿斯巴甜、阿力甜、纽甜的测定低限均为1.0mg/kg。

2　试剂和材料

除特殊注明外，所有试剂均为分析纯，水为符合GB/T 6682规定的一级水。

2.1　试剂

乙腈：色谱级。甲醇：色谱级。甲酸；甲酸铵；三乙胺；亚铁氰化钾；乙酸锌；三氯甲烷（氯仿）。

2.2　试剂配制

2.2.1 10 % 亚铁氰化钾溶液　10g亚铁氰化钾溶解于100ml水中。

2.2.2 20 % 乙酸锌溶液　20g乙酸锌溶解于100ml水中。

2.2.3 0.1 % 甲酸–5mmol/L甲酸铵溶液　取1ml甲酸、0.315g甲酸铵，用水稀释并定容至1000ml。

2.2.4 提取液　甲酸–三乙胺缓冲溶液（pH=4.5）：取0.8ml甲酸、2.5ml三乙胺，用水稀释并定容至1000ml。

2.2.5 甲醇–水（1+1，体积比）　量取100ml甲醇，加入100ml水，混匀备用。

2.3　标准溶液的配制

2.3.1 甜蜜素、糖精钠、安赛蜜、阿斯巴甜、阿力甜、纽甜标准物质　纯度 ≥ 95%。

2.3.2 标准贮备液 准确称取适量标准物质，用甲醇 – 水（1+1，体积比）分别配制成质量浓度为 1.0mg/ml 的标准储备溶液，–18℃下避光保存，可稳定 12 个月以上。

2.3.3 混合标准中间溶液 取上述标准贮备液适量，用甲醇 – 水（1+1，体积比）配制成 10μg/ml 的标准混合溶液，4℃下避光保存，可稳定 3 个月以上。

2.3.4 标准工作溶液的配制 吸取适量混合标准中间溶液，用空白样品基质配制成适当浓度的混合标准工作溶液，使用前配制。

3 仪器和设备

高效液相色谱–质谱/质谱仪：配电喷雾离子源ESI。分析天平：感量为 0.01g 和 0.0001g。涡旋混匀器；高速离心机（最大转速10000r/min）；氮气吹干仪；固相萃取装置。固相萃取小柱：Waters oasis HLB固相萃取小柱，6ml，600mg或相当者。超声清洗器；研钵。海砂：化学纯，粒度0.65mm~0.85mm。离心管：聚丙烯，具塞，50ml。

4 分析步骤

4.1 试样预处理

在制样的操作过程中，应防止样品受到污染或发生残留物含量的变化。取有代表性样品500g，混匀，装入洁净的盛样容器内，密封并标明标记

4.2 试样保存

奶粉、红酒、果汁、糕点、蜜饯、甜酸藠头于 0 ~4℃以下保存，液态奶、酸奶、奶油、奶酪、冰激凌于–18 ℃以下冷冻保存。

4.3 试样提取

4.3.1 奶粉、液态奶、酸奶、奶油、奶酪、冰激凌 称取奶粉 1g（精确至 0.01g），液态奶、酸奶、冰激凌各 2g（精确到 0.01g）试样于 50ml 离心管中。称取 2g（精确至 0.01g）奶油、奶酪于研钵中，加入 5g 海砂充分进行研磨，使其分散均匀，研磨后的样品置于50ml 离心管中，加入 15ml 提取液（1.2.2.4），涡旋混匀 3 分钟，超声 30 分钟后，取出加入 1ml 10% 亚铁氰化钾和1ml 20% 乙酸锌溶液以及 5ml 三氯甲烷，涡旋混匀 2 分钟，以 7500r/min 的速度离心 5 分钟，将上层清液转移至另一支 50ml 离心管中。在残渣中再加入 15ml 提取液（1.2.2.4）重复以上提取过程，合并两次提取液，待净化。

4.3.2 红酒、果汁 取样品适量，超声脱气 20 分钟。称取 2g（精确至 0.01g）试样于 100ml 容量瓶中，用水稀释并定容至刻度，过 0.45μm 有机滤膜，供液相色谱 – 质谱 / 质谱仪测定。

4.3.3 糕点、蜜饯、甜酸藠头 称取 2g（精确至 0.01g）试样于 50ml 塑料管中，加入 20ml 甲醇 – 水，超声提取 20 分钟，于 7500r/min 速率下离心 5 分钟，上清液转移至 100ml 容量瓶中。再重复提取一次，合并上清液，用甲醇 – 水定容至 100ml。过 0.45μm 有机滤膜，供液相色谱 – 质谱 / 质谱仪测定。

4.4 净化

依次用 5ml 甲醇、5ml 水活化 HLB 固相萃取小柱，弃去淋洗液，然后将上述所得的提取

夜过柱，弃去流出液。然后用5ml水淋洗，弃去淋洗液，抽干。用9ml甲醇洗脱，控制流速为0.5ml/min，收集洗脱液至刻度离心管，在40℃下空气吹浓缩至0.5ml，并用甲醇-水定容至1.0ml，过0.45μm有机滤膜，供液相色谱-质谱/质谱仪测定。

4.5　液相色谱条件

色谱柱：C18柱，150mm×3.0mm（内径），粒度5μm或相当者。流速：0.3ml/min。柱温：35℃。进样量：10μl。流动相：梯度洗脱程序见表3-3-5。

表3-3-5　流动相梯度洗脱程序

时间 min	0.1%甲酸-5mmo/L甲酸铵 %	乙腈 %
0.0	85	15
10.0	10	90
10.01	85	15
15.0	85	15

4.6　质谱条件

离子源：电喷雾离子源。扫描方式：负离子。检测方式：多反应监测（MRM）。雾化气、气帘气、辅助加热气、碰撞气均为高纯氮气。气帘气：0.172mPa。雾化气：0.414mPa。辅助加热气：0.448mPa。碰撞气：Medium。电喷雾电压：-4500V。离子源温度：550℃。定性离子对、定量离子对、碰撞能量、去簇电压、碰撞室出入口电压和碰撞室出口电压见表3-3-6。

表3-3-6　多反应监测条件

化合物中文名	参考保留时间 min	母离子 m/z	子离子 m/z	去簇电压（DP）V	碰撞能量（CE）eV	碰撞室入口电压（EP）V	碰撞室出口电压（CXP）V
甜蜜素	5.8	178.0	80.1*	-27	-33	-10	-12
			178.0		-5	-10	-10
糖精钠	4.7	182.2	41.8*	-65	-44	-10	-9
			62.1		-30	-10	-5
安赛蜜	4.0	161.8	78*	-30	-41	-10	-6
			82		-19	-10	-6
阿斯巴甜	6.8	293.3	200.0*	-63	-22	-10	-15
			261.4		-15	-10	-10
阿力甜	7.4	330.3	312.2*	-80	-19	-10	-15
			167.3		-30	-10	-12
纽甜	9.4	377.4	200.3*	-65	-26	-10	-10
			345.3		-19	-10	-10

注：带"*"的离子为定量离子。

4.7 定量测定

根据试样中被测物的含量，选取响应值适宜的标准工作溶液进行分析。标准工作溶液和待测样液中甜味剂的响应值均应在仪器线性响应范围内。如果含量超过标准曲线范围，应稀释至合适浓度后分析。在上述色谱条件下甜蜜素、糖精钠、安赛蜜、阿斯巴甜、阿力甜、纽甜的参考保留时间分别为6.03分钟、5.03分钟、4.31分钟、6.79分钟、7.31分钟、9.40分钟。

4.8 定性测定

在相同的实验条件下，样液中被测物的色谱峰保留时间与标准工作溶液相同，并且在扣除背景后的样液谱图中，所选择的离子对均出现各定性离子的相对丰度与标准品离子的相对丰度相比，偏差不超过表3-3-7规定的范围，则可判断样品中存在对应的被测物。

表3-3-7 定性确证时相对离子丰度的最大允许偏差

相对离子丰度 /%	≥ 50	> 20~50	> 10~20	≤ 10
允许的相对偏差 /%	± 20	± 25	± 30	± 50

4.9 空白试验

除不加试样外，均按上述测定步骤进行。

5 计算

用色谱数据处理机或按照下式计算样品中待测物的含量，计算结果应扣除空白。

$$X = \frac{A \times C \times V}{A_s \times m \times 1000}$$

式中：X为试样中某人工合成甜味剂组分的含量（mg/kg）；A为样液中某人工合成甜味剂组分的峰面积；c为标准工作溶液中某人工合成甜味剂组分的质量浓度（ng/ml）；V为样液最终定容体积（ml）；A_s为标准工作溶液中某人工合成甜味剂组分的峰面积；m为最终样液所代表的试样称样量（g）。

6 注意事项

1.6.1 流动相要现配现用，放置时间过长会滋生细菌，损害色谱柱。

1.6.2 定期使用异丙醇（色谱级）和无尘纸对离子源进行擦拭清洁，进行该操作时，戴上干净的一次性手套。擦拭过程中，务必小心处理喷雾毛细管，以免出现对离子源的损害。

起草人：房子舒（中国食品药品检定研究院）

卢兰香（山东省食品药品检验研究院）

复核人：董亚蕾（中国食品药品检定研究院）

公丕学（山东省食品药品检验研究院）

第七节　食品中苯甲酸、山梨酸、糖精钠的检测

1　液相色谱法

1.1　简述

依据GB 5009.28–2016《食品安全国家标准　食品中苯甲酸、山梨酸和糖精钠的测定 第一法》制定本规程。

本规程适用于食品中苯甲酸、山梨酸、糖精钠的液相色谱法测定。

样品经水提取，高脂肪样品经正己烷脱脂、高蛋白样品经蛋白沉淀剂沉淀蛋白，采用液相色谱分离、紫外检测器检测，外标法定量。

按取样量2g，定容50ml时，苯甲酸、山梨酸和糖精钠的检出限为0.005g/kg，定量限为0.01g/kg。

1.2　试剂和材料

本方法所用试剂除特别注明外，均为分析纯试剂，实验用水应符合GB/T 6682规定的一级水要求。

1.2.1 试剂　氨水；亚铁氰化钾；乙酸锌；无水乙醇；正己烷。甲醇：色谱纯。乙酸铵：色谱纯。甲酸：色谱纯。

1.2.2 试剂配制

1.2.2.1 氨水溶液（1+99）　取氨水1ml，加到99ml水中，混匀。

1.2.2.2 亚铁氰化钾溶液（92g/L）　称取106g亚铁氰化钾，加入适量水溶解，用水定容至1000ml。

1.2.2.3 乙酸锌溶液（183g/L）　称取220g乙酸锌溶于少量水中，加入30ml冰乙酸，用水定容至1000ml。

1.2.2.4 乙酸铵溶液（20mmol／L）　称取1.54g乙酸铵，加入适量水溶解，用水定容至1000ml，经0.22μm水相微孔滤膜过滤后备用。

1.2.2.5 甲酸–乙酸铵溶液（2mmol/L甲酸+20mmol/L乙酸铵）　称取1.54g乙酸铵，加入适量水溶解，再加入75.2μl甲酸，用水定容至1000ml，经0.22μm水相微孔滤膜过滤后备用。

1.2.3 标准品　苯甲酸钠、山梨酸钾、糖精钠标准物质，纯度≥99.0%，或苯甲酸、山梨酸，纯度≥99.0%，或经国家认证并授予标准物质证书的标准物质。

1.2.4 标准溶液的配制

1.2.4.1 苯甲酸、山梨酸和糖精钠（以糖精计）标准储备溶液（1000mg/L），经国家认证并授予标准物质证书的标准物质。

1.2.4.2 苯甲酸、山梨酸和糖精钠（以糖精计）混合标准中间溶液（200mg/L）　准确吸取苯甲酸、山梨酸和糖精钠（以糖精计）标准储备溶液10.0ml于50ml容量瓶中，用水定容。于4℃贮存，保存期为3个月。

1.2.4.3 苯甲酸、山梨酸和糖精钠（以糖精计）混合标准系列工作溶液　分别准确吸取苯甲酸、山梨酸和糖精钠（以糖精计）混合标准中间溶液0ml、0.05ml、0.25ml、0.50ml、1.00ml、

2.50ml、5.00ml和10.0ml，用水定容至10ml，配制成质量浓度分别为0mg/L、1.00mg/L、5.00mg/L、10.0mg/L、20.0mg/L、50.0mg/L、100mg/L和200mg/L的混合标准系列工作溶液。临用现配。

1.3 仪器和设备

高效液相色谱仪（配有紫外检测器）；分析天平（感量为0.001g和0.0001g）；涡旋振荡器；离心机（转速＞8000r/min）；匀浆机；恒温水浴锅；超声波发生器；水相微孔过滤膜（0.22μm）；50ml塑料离心管。

1.4 分析步骤

1.4.1 试样制备 取多个预包装的饮料、液态奶等均匀样品直接混合。非均匀的液态、半固态样品用组织匀浆机匀浆；固体样品用研磨机充分粉碎并搅拌均匀；奶酪、黄油、巧克力等采用50~60℃加热熔融，并趁热充分搅拌均匀，取其中的200g装入玻璃容器中，密封，于4℃保存，其他试样于−18℃保存。

1.4.2 试样提取

1.4.2.1 一般性试样 准确称取约2g（精确到0.001g）试样于50ml具塞离心管中，加水25ml，涡旋混匀，于50℃水浴超声20分钟，冷却至室温后，加亚铁氰化钾溶液2ml和乙酸锌溶液2ml，混匀，于8000r/min离心5分钟，将水相转移至50ml容量瓶中，于残渣中加水20ml，涡旋混匀后超声5分钟，于8000r/min离心5分钟，将水相转移到同一50ml容量瓶中，并用水定容至刻度，混匀。取适量上清液过0.22μm滤膜，待液相色谱仪测定。

注：碳酸饮料、果酒、果汁、蒸馏酒等测定时可以不加蛋白沉淀剂。

1.4.2.2 含胶基的果冻、糖果等试样 准确称取约2g（精确到0.001g）试样于50ml具塞离心管中，加水约25ml，涡旋混匀，于70℃水浴加热溶解试样，于50℃水浴超声20分钟，之后的操作同1.4.2.1。

1.4.2.3 油脂、巧克力、奶油、油炸食品等高油脂试样 准确称取约2g（精确到0.001g）试样于50ml具塞离心管中，加正己烷10ml，于60℃水浴加热约5分钟，并不时轻摇以溶解脂肪，然后加氨水溶液（1+99）25ml，乙醇1ml，涡旋混匀，于50℃水浴超声20分钟，冷却至室温后，加亚铁氰化钾溶液2ml和乙酸锌溶液2ml，混匀，于8000r/min离心5分钟，弃去有机相，水相转移至50ml容量瓶中，残渣同1.4.2.1再提取一次后测定。

1.4.3 仪器参考条件 色谱柱：C18柱（4.6mm×250mm×5μm）。检测波长：230nm。流动相：甲醇∶水（含0.02mol/L乙酸铵）为5∶95（体积分数）。流速：1.0ml/min。进样量：10.0μl。

1.4.4 标准曲线的制作 将标准系列工作溶液分别注入液相色谱仪中，测定相应的峰面积，以标准系列工作溶液的质量浓度为横坐标，以峰面积为纵坐标，绘制标准曲线。

1.4.5 试样溶液的测定 将试样溶液注入液相色谱仪中，得到峰面积，根据标准曲线得到待测液中苯甲酸、山梨酸和糖精钠（以糖精计）的质量浓度。

1.5 计算

试样中苯甲酸、山梨酸和糖精钠的含量按下式计算。

$$X = \frac{\rho \times V}{m \times 1000}$$

式中：X为样品中待测组分的含量（g/kg）；ρ为标准曲线上查得的试样测定液中待测物的质量浓度（mg/L）；V为试样定容体积（ml）；m为样品称样量（g）；1000 为mg/kg转换为g/kg的换算因子。糖精钠（以糖精计）转换为糖精的换算因子0.7595。结果保留3位有效数字。

1.6　精密度

在重复性条件下获得的两次独立测定结果的绝对差值不得超过算术平均值的10%。

1.7　注意事项

1.7.1标准品建议选择液态的标准溶液，开封后一次性配制成混合标准中间液备用。如选择使用固体标准品时，应注意溶剂的选择，苯甲酸钠、山梨酸钾、糖精钠标准品可用水溶解并定容，当使用苯甲酸、山梨酸标准品时，需要用甲醇溶解并定容。糖精钠含结晶水，使用前需120℃干燥4小时，干燥器中冷却至室温后备用。

1.7.2注意使用不同的色谱柱，苯甲酸、山梨酸和糖精钠的出峰顺序可能会有不同，更换色谱柱后，需对化合物进行重新定位，避免定性错误。

1.7.3检测过程中若苯甲酸、山梨酸、糖精钠（以糖精计）保留时间附近存在干扰峰或需要辅助定性时，可以采用加入甲酸的流动相来测定，如流动相为甲醇：甲酸－乙酸铵溶液＝8：92。改变流动相后，目标物出峰顺序可能发生变化，需仔细辨别光谱图。

1.7.4糖精钠含结晶水，使用前需在120 ℃烘4小时，干燥器中冷却至室温后备用。

1.7.5流动相中的所有试剂必须采用色谱纯，且采用高纯水溶解后需进行0.22μm滤膜抽滤，否则长期的杂质积累会污染管路和检测器，增加噪声。

1.7.6乙酸铵溶液不宜长期放置，否则滋生细菌腐败后会对仪器和色谱柱造成严重损害，应现用现配。

1.7.7甲醇为有毒有机试剂，使用时需带防护手套和防护面具，并避免接触皮肤，若皮肤接触需脱去污染的衣着，用肥皂水和清水彻底冲洗皮肤。废液应妥善处理，不得污染环境。

1.7.8甲酸和冰乙酸具有刺激性，使用时需带防护手套和防护面具，并避免接触皮肤。

2　气相色谱法

2.1　简述

依据GB 5009.28－2016《食品安全国家标准　食品中苯甲酸、山梨酸和糖精钠的测定 第二法》制定本规程。

本规程适用于食品中苯甲酸和山梨酸的气相色谱法测定。

试样经盐酸酸化后，用乙醚提取苯甲酸、山梨酸，采用气相色谱－氢火焰离子化检测器进行分离测定，外标法定量。

取样量2.5g，按试样前处理方法操作，最后定容到2ml时，苯甲酸、山梨酸的检出限均为0.005g/kg，定量限均为0.01g/kg。

2.2　试剂和材料

除非另有说明，本方法所用试剂均为分析纯，水为GB/T 6682规定的一级水。

2.2.1 试剂　乙醚；乙醇；正己烷。乙酸乙酯：色谱纯。盐酸；氯化钠。无水硫酸钠：

500℃烘8小时，于干燥器中冷却至室温后备用。

2.2.2 试剂配制

2.2.2.1盐酸溶液（1+1） 取50ml盐酸，边搅拌边慢慢加入到50ml水中，混匀。

2.2.2.2氯化钠溶液（40g/L） 称取40g氯化钠，用适量水溶解，加盐酸溶液2ml，加水定容到1 L。

2.2.2.3正己烷–乙酸乙酯混合溶液（1+1） 取100ml正己烷和100ml乙酸乙酯，混匀。

2.2.3 标准溶液配制

2.2.3.1标准品 苯甲酸、山梨酸，纯度≥99.0%，或经国家认证并授予标准物质证书的标准物质。

2.2.3.2苯甲酸、山梨酸标准储备溶液（1000mg/L） 分别准确称取苯甲酸、山梨酸各0.1g（精确到0.0001g），用甲醇溶解并分别定容至100ml。转移至密闭容器中，于–18℃贮存，保存期为6个月。

2.2.3.3苯甲酸、山梨酸混合标准中间溶液（200mg/l） 分别准确吸取苯甲酸、山梨酸标准储备溶液各10.0ml于50ml容量瓶中，用乙酸乙酯定容。转移至密闭容器中，于–18℃贮存，保存期为3个月。

2.2.3.4苯甲酸、山梨酸混合标准系列工作溶液 分别准确吸取苯甲酸、山梨酸混合标准中间溶液0ml、0.05ml、0.25ml、0.50ml、1.00ml、2.50ml、5.00ml和10.0ml，用正己烷–乙酸乙酯混合溶剂（1+1）定容至10ml，配制成混合标准系列工作溶液，浓度分别为0mg/L、1.00mg/L、5.00mg/L、10.0mg/L、20.0mg/L、50.0mg/L、100mg/L、200mg/L。临用现配。

2.3 仪器和设备

气相色谱仪（带氢火焰离子化检测器）；分析天平（感量为0.001g和0.0001g）；涡旋振荡器；离心机（转速＞8000r/min）；匀浆机；氮吹仪；50ml塑料离心管。

2.4 分析步骤

2.4.1 试样制备 取多个预包装的样品，其中均匀样品直接混合，非均匀样品用组织匀浆机充分搅拌均匀，取其中的200g装入洁净的玻璃容器中，密封，于4℃保存。

2.4.2 试样提取 准确称取约2.5g（精确至0.001g）试样于50ml离心管中，加0.5g氯化钠、0.5ml盐酸溶液（1+1）和0.5ml乙醇，用15ml和10ml乙醚提取两次，每次振摇1分钟，于8000r/min离心3分钟。每次均将上层乙醚提取液通过无水硫酸钠滤入25ml容量瓶中。加乙醚清洗无水硫酸钠层并收集至约25ml刻度，最后用乙醚定容，混匀。准确吸取5ml乙醚提取液于5ml具塞刻度试管中，于35℃氮吹至干，加入2ml正己烷–乙酸乙酯（1+1）混合溶液溶解残渣，待气相色谱测定。

2.4.3 仪器参考条件 色谱柱：聚乙二醇毛细管气相色谱柱，内径320μm，长30m，膜厚度0.25μm，或等效色谱柱。载气：氮气。载气流速：3ml/min。空气流速：400L/min。氢气流速：40L/min。进样口温度：250℃。检测器温度：250℃。进样量：2μl。分流比：10∶1。

柱温程序：初始温度80℃，保持2分钟，以15℃/min速率升温至250℃，保持5分钟。

2.4.4 标准曲线的制作 将混合标准系列工作溶液分别注入气相色谱仪中，以质量浓度为横坐标，以峰面积为纵坐标，绘制标准曲线。

2.4.5 试样溶液的测定 将试样溶液注入气相色谱仪中，得到峰面积，根据标准曲线得到待测液中苯甲酸、山梨酸的质量浓度。

2.5 计算

试样中苯甲酸、山梨酸含量按下式计算。

$$X = \frac{\rho \times V \times 25}{m \times 5 \times 1000}$$

式中：X为试样中待测组分含量（g/kg）；ρ由标准曲线得出的样液中待测物的质量浓度（mg/L）；V为加入正己烷−乙酸乙酯（1+1）混合溶剂的体积（ml）；25为试样乙醚提取液的总体积（ml）；m为试样的称样量（g）；5为测定时吸取乙醚提取液的体积（ml）；1000由 mg/kg 转换为 g/kg 的换算因子。结果保留3位有效数字。

2.6 精密度

在重复性条件下获得的两次独立测定结果的绝对差值不得超过算术平均值的10%。

2.7 注意事项

2.7.1 试样制备时，要充分混合均匀，以防止样品不均匀造成检测结果偏差。

2.7.2 样品提取环节，若样品丢失，或者提取液遗漏，会导致实验结果偏低。

2.7.2 提取样品中苯甲酸、山梨酸所用有机溶剂乙醚极易挥发，实验室温度要控制在20℃，在通风柜中操作，提取操作要熟练、准确、连贯。

起草人：董亚蕾（中国食品药品检定研究院）

赵慧男（山东省食品药品检验研究院）

复核人：戴　琨（山东省食品药品检验研究院）

陈　煜（陕西省食品药品监督检验研究院）

第八节　食品中丙酸钠、丙酸钙的检测

1　高效液相色谱法

1.1　简述

依据GB 5009.120−2016《食品安全国家标准 食品中丙酸钠、丙酸钙的测定 第一法》制定本规程。

本规程适用于豆类制品、生湿面制品、面包、糕点、醋、酱油中丙酸钠、丙酸钙的液相色谱法测定。

试样中的丙酸盐通过酸化转化为丙酸，经超声波水浴提取或水蒸汽蒸馏，收集后调pH，经高效液相色谱测定，外标法定量其中丙酸的含量。样品中的丙酸钠和丙酸钙以丙酸计，需要时可根据相应参数分别计算丙酸钠和丙酸钙的含量。

取样为25g，定容体积为250ml时，丙酸的检出限为0.03g/kg，定量限为0.10g/kg。

第三篇　食品中化学成分检测

1.2 试剂与材料

除非另有说明，所用试剂均为分析纯，水为GB/T 6682规定的一级水。

1.2.1 试剂 磷酸；磷酸氢二铵；硅油。

1.2.2 试剂配制

1.2.2.1磷酸溶液（1mol/L） 在50ml水中加入53.5ml磷酸，混匀后，加水定容至1000ml。

1.2.2.2磷酸氢二铵溶液（1.5g/L） 称取磷酸氢二铵1.5g，加水溶解定容至1000ml。

1.2.3 标准品

1.2.3.1丙酸标准品，纯度≥97.0%。

1.2.3.2丙酸标准贮备液（10mg/ml） 精确称取250.0mg丙酸标准品于25ml容量瓶中，加水至刻度，4℃冰箱中保存，有效期为6个月。

1.3 仪器和设备

高效液相色谱仪：配有紫外检测器或二极管阵列检测器。天平（感量0.0001g和0.01g）；超声波水浴；离心机（转速不低于4000r/min）；组织捣碎机；50ml具塞塑料离心管；水蒸汽蒸馏装置（500ml）；鼓风干燥箱；pH计。

1.4 分析步骤

1.4.1 样品制备 固体样品经组织捣碎机捣碎混匀后备用（面包样品需运用鼓风干燥箱，37℃下干燥2~3小时进行风干，置于组织捣碎机中磨碎）；液体样品摇匀后备用。

1.4.2 试样处理

1.4.2.1蒸馏法（适用于豆类制品、生湿面制品、醋、酱油等样品） 样品均质后，准确称取25g（精确至0.01g），置于500ml蒸馏瓶中，加入100ml水，再用50ml水冲洗容器，转移到蒸馏瓶中，加1mol/L磷酸溶液20ml，2~3滴硅油，进行水蒸气蒸馏，将250ml容量瓶置于冰浴中作为吸收液装置，待蒸馏至约240ml时取出，在室温下放置30分钟，用1mol/L磷酸溶液调pH为3左右，加水定容至刻度，摇匀，经0.45μm微孔滤膜过滤后，待液相色谱测定。

1.4.2.2直接浸提法（适用于面包、糕点） 准确称取5g（精确至0.01g）试样至100ml烧杯中，加水20ml，加入1mol/L磷酸溶液0.5ml，混匀，经超声浸提10分钟后，用1mol/L磷酸溶液调pH为3左右，转移试样至50ml容量瓶中，用水定容至刻度，摇匀。将试样全部转移至50ml具塞塑料离心管中，以不低于4000r/min离心10分钟，取上清液，经0.45μm微孔滤膜过滤后，待液相色谱测定。

1.4.3 仪器参考条件

色谱柱：C18柱，4.6mm×250mm，5μm或等效色谱柱。流速：1.0ml/min。柱温：25℃。进样量：20μl。波长：214nm。流动相：1.5g/L磷酸氢二铵溶液，用1mol/L磷酸溶液调pH为2.7~3.5（使用时配制）；经0.45μm微孔滤膜过滤。色谱柱清洗参考条件：实验结束后，用10%甲醇清洗1小时，再用100%甲醇清洗1小时。

1.4.4 标准曲线的制作

蒸馏法：准确吸取标准储备液0.5ml、1.0ml、2.5ml、5.0ml、7.5ml、10.0ml、12.5ml置于500ml蒸馏瓶中，其他操作同1.4.2.1样品前处理，其丙酸标准溶液的最终浓度分别为0.02mg/ml、0.04mg/ml、0.1mg/ml、0.2mg/ml、0.3mg/ml、0.4mg/ml、0.5mg/ml，经0.45μm微孔滤膜过滤，

浓度由低到高进样，以浓度为横坐标，以峰面积为纵坐标，绘制标准曲线。

直接浸提法：准确吸取5.0ml标准储备液于50ml容量瓶中，用水稀释至刻度，配制成浓度为1.0mg/ml标准工作液。再准确吸取标准工作液0.2ml、0.5ml、1.0ml、2.0ml、3.0ml、4.0ml、5.0ml至10ml容量瓶中，分别加入1mol/L磷酸0.2ml，用水定容至10ml，混匀。其丙酸标准溶液的最终浓度分别为0.02mg/ml、0.05mg/ml、0.1mg/ml、0.2mg/ml、0.3mg/ml、0.4mg/ml、0.5mg/ml，经0.45μm微孔滤膜过滤，浓度由低到高进样，以浓度为横坐标，以峰面积为纵坐标，绘制标准曲线。

1.4.5 试样溶液的测定　处理后的样液同标准系列同样进机测试。根据标准曲线计算样品中的丙酸浓度。

待测样液中丙酸响应值应在标准曲线线性范围内，超出浓度线性范围则应稀释后再进样分析。

1.5　分析结果的表述

样品中丙酸钠（钙）含量（以丙酸计），按下式计算。

$$X=\frac{c \times V \times 1000}{m \times 1000} \times f$$

式中：X为样品中丙酸钠（钙）含量（以丙酸计）（g/kg）；c为由标准曲线得出的样液中丙酸的浓度值（mg/ml）；V为样液最后定容体积（ml）；m为样品称样量（g）；f为稀释倍数。

试样中测得的丙酸含量乘以换算系数1.2967，即得丙酸钠的含量；试样中测得的丙酸含量乘以换算系数1.2569，即得丙酸钙含量。

计算结果保留3位有效数字。

1.6　精密度

在重复性条件下获得的两次独立测定结果的绝对差值不得超过算术平均值的10%。

1.7　其他

1.7.1 流动相中的所有试剂必须采用色谱纯，且采用高纯水溶解后需进行0.22μm滤膜抽滤，否则长期的杂质积累会污染管路和检测器，增加噪声。

1.7.2 乙酸铵溶液应现用现配，储存在棕色玻璃瓶中。不宜长期放置，否则滋生细菌腐败后会对仪器和色谱柱造成严重损害。

1.7.3 为了延长柱子寿命，建议加C18保护柱。

2　气相色谱法

2.1　简述

依据GB 5009.120-2016《食品安全国家标准　食品中丙酸钠、丙酸钙的测定 第二法》制定本规程。

本规程适用于食品中丙酸钠、丙酸钙的气相色谱法测定。

试样中的丙酸盐通过酸化转化为丙酸，经水蒸气蒸馏收集后直接进气相色谱，用氢火焰离子化检测器检测，以保留时间定性，外标法定量其中丙酸的含量。样品中的丙酸钠和丙酸钙以丙酸计，需要时，可根据相应参数分别计算丙酸钠和丙酸钙的含量。

取样为 25g，定容体积为 250ml 时，丙酸的检出限为 0.03g/kg，定量限为 0.10g/kg。

2.2 试剂与材料

除非另有说明，所用试剂均为分析纯，水为 GB/T 6682 规定的一级水。

2.2.1 试剂 磷酸；甲酸；硅油。

2.2.2 试剂配制

2.2.2.1 磷酸溶液（10+90） 取 10ml 磷酸加水至 100ml。

2.2.2.2 甲酸溶液（2+98） 取 1ml 甲酸加水至 50ml。

2.2.3 标准品 丙酸标准品，纯度 ≥ 97.0%。

2.2.4 标准溶液配制

2.2.4.1 丙酸标准贮备液（10mg/ml） 精确称取 250.0mg 丙酸标准品于 25ml 容量瓶中，加水至刻度，4℃冰箱中保存，有效期为 6 个月。

2.2.4.2 丙酸标准使用液 将贮备液用水稀释成 10~250μg/ml 的标准系列，临用现配。

2.3 仪器和设备

气相色谱仪（带氢火焰离子化检测器）；天平（感量为 0.0001g 和感量为 0.01g）；水蒸气蒸馏装置；鼓风干燥箱。

2.4 分析步骤

2.4.1 样品制备 同本节 1.4.1。面包样品需运用鼓风干燥箱，37℃下干燥 2~3 小时风干，置于研钵中磨碎。

2.4.2 试样处理 样品均质后，准确称取 25g，置于 500ml 蒸馏瓶中，加入 100ml 水，再用 50ml 水冲洗容器，转移到蒸馏瓶中，加 10ml 磷酸溶液，2~3 滴硅油，进行水蒸气蒸馏，蒸馏速度为 2~3 滴/秒，将 250ml 容量瓶置于冰浴中作为吸收液装置，待蒸馏近 250ml 时取出，在室温下放置 30 分钟，加水至刻度。混匀，供气相色谱分析用。

2.4.3 仪器参考条件 色谱柱：聚乙二醇（PEG）石英毛细管柱，柱长 30m，内径 0.25mm，膜厚度 0.5μm 或同等性能的色谱柱。载气：氮气，纯度 > 99.99%。载气流速：1ml/min。进样口温度：250℃。分流比：10∶1。检测器温度：250℃。进样量：1μl。柱温箱温度：125℃保持 5 分钟，然后以 15℃/min 的速率升到 180℃，保持 3 分钟。

2.4.4 标准曲线的制作 取标准系列中各种浓度的标准使用液 10ml，加 0.5ml 甲酸溶液，混匀。将其分别注入气相色谱仪中，测定相应的峰面积或峰高，以标准工作液的浓度为横坐标，以响应值（峰面积或峰高）为纵坐标，绘制标准曲线。

2.4.5 试样溶液的测定 吸取 10ml 制备的试样溶液于试管中，加入 0.5ml 甲酸溶液，混匀，同标准系列同样进机测试。根据标准曲线计算样品中的丙酸浓度。

2.5 分析结果的表述

样品中丙酸钠（钙）含量（以丙酸计），按下式计算。

$$X = \frac{c}{m} \times \frac{V}{1000}$$

式中：X为样品中丙酸钠（钙）含量（以丙酸计）（g/kg）；c为由标准曲线得出的样液中丙酸的浓度值（μg/ml）；m为样品称样量（g）；V为样液最终定容体积（ml）；1000为μg/g换算至g/kg的系数。

试样中测得的丙酸含量乘以换算系数1.2967，即得丙酸钠的含量。试样中测得的丙酸含量乘以换算系数1.2569，即得丙酸钙含量。以重复性条件下获得的两次独立测定结果的算术平均值表示，结果保留3位有效数字。

2.6 精密度

在重复性条件下获得的两次独立测定结果的绝对差值不得超过算术平均值的10%。

2.7 其他

2.7.1 面包样品需运用鼓风干燥箱，37℃下干燥2~3小时进行风干，置于研钵中磨碎后再称量。

2.7.2 水蒸气蒸馏时应小心操作，防止烫伤。

2.7.3 整个实验过程应在通风橱内进行，并佩戴防护口罩及手套。

2.7.4 注意定期更换气相色谱进样口隔垫及衬管，维护进样针，以确保数据结果的稳定。

起草人：董亚蕾（中国食品药品检定研究院）

何成军（四川省食品药品检验检测院）

复核人：刘　钊（中国食品药品检定研究院）

李芳芳（山东省食品药品检验研究院）

第九节　食品中对羟基苯甲酸酯类的检测

1 简述

参考GB 5009.31-2016《食品安全国家标准　食品中对羟基苯甲酸酯类的测定》制定本规程。

本规程适用于带氢火焰离子化检测器气相色谱测定各类食品中的对羟基苯甲酸酯。

试样酸化后，对羟基苯甲酸酯类用乙醚提取，浓缩近干用乙醇复溶，并利用氢火焰离子化检测器气相色谱法进行分离测定，保留时间定性，外标法定量。

当试样量为5g（精确至0.001g）、定容体积为2.0ml时，对羟基苯甲酸甲酯、对羟基苯甲酸乙酯、对羟基苯甲酸丙酯、对羟基苯甲酸丁酯的方法定量限（LOQ）为2.0mg/kg；对羟基苯甲酸甲酯、对羟基苯甲酸乙酯、对羟基苯甲酸丙酯、对羟基苯甲酸丁酯的检出限（LOD）为0.6mg/kg。

2 试剂和材料

除非另有说明，本方法所用试剂均为分析纯，水为GB/T 6682规定的二级水；

2.1 试剂

除非另有说明，均为分析纯，实验用水为GB/T 6682的二级水。

无水乙醚：重蒸。无水乙醇：优级纯。盐酸；氯化钠；无水硫酸钠；碳酸氢钠。

2.2 标准品

对羟基苯甲酸甲酯（$C_8H_8O_3$），纯度 ≥ 99.8%；对羟基苯甲酸乙酯（$C_9H_{10}O_3$），纯度 ≥ 99.7%；对羟基苯甲酸丙酯（$C_{10}H_{12}O_3$），纯度 ≥ 99.3%；对羟基苯甲酸丁酯（$C_{11}H_{14}O_3$），纯度 ≥ 99.7%。

2.3 试剂配制

2.3.1 饱和氯化钠溶液 称取 40g 氯化钠加 100ml 水充分搅拌溶解；

2.3.2 碳酸氢钠溶液（10g/L） 称取 1g 碳酸氢钠，溶于水并稀释至 100ml；

2.3.3 盐酸溶液（1：1） 量取 50ml 盐酸，用水稀释至 100ml。

2.4 标准溶液配制

2.4.1 单个对羟基苯甲酸酯类标准储备液（1.00mg/ml） 准确称取对羟基苯甲酸甲酯、对羟基苯甲酸乙酯、对羟基苯甲酸丁酯、对羟基苯甲酸丙酯标准物质各 0.0500g 于 50.0ml 容量瓶中，用无水乙醇溶解并定容至刻度，置 4℃左右冰箱保存，可保存 1 个月。

2.4.2 对羟基苯甲酸酯类标准中间液（100μg/ml） 分别准确吸取单个对羟基苯甲酸酯类标准储备液 1.0ml 于 10.0ml 容量瓶中，用无水乙醇稀释至刻度，摇匀。临用时配制。

2.4.3 对羟基苯甲酸酯类标准工作液 1~5 分别吸取对羟基苯甲酸酯类标准中间液 0.40ml、1.0ml、2.0ml、5.0ml、10.0ml 于 10.0ml 容量瓶中，用无水乙醇稀释并定容。即为 4.0μg/ml、10.0μg/ml、20.0μg/ml、50.0μg/ml、100μg/ml 的标准工作液 1~5 的浓度，临用时配制。

2.4.4 对羟基苯甲酸酯类标准工作液 6 和标准工作液 7（200μg/ml、300μg/ml） 分别吸取对羟基苯甲酸酯类标准储备液 2.0ml、3.0ml 于 10.0ml 容量瓶中，用无水乙醇稀释至刻度，摇匀。临用时配制。

3 仪器和设备

气相色谱仪（配有氢火焰离子化检测器FID）；天平（感量0.1mg和1mg）；旋转蒸发仪；涡旋混匀器。

4 分析步骤

4.1 试样制备

4.1.1 试样处理

4.1.1.1 酱油、醋等样品 一般液体试样摇匀后可直接取样。称取5g（精确至0.001g）试样于小烧杯中，并转移至125ml分液漏斗中，用10ml饱和氯化钠溶液分次洗涤小烧杯，合并洗涤液于125ml分液漏斗，加入1ml 1：1盐酸酸化，摇匀，分别以75ml、50ml、50ml无水乙醚提取三次，每次2分钟，放置片刻，弃去水层，合并乙醚层于250ml分液漏斗中，加入10ml饱和氯化钠溶液洗涤一次，再分别以碳酸氢钠溶液30ml、30ml、30ml洗涤三次，弃去水层。用滤纸吸去漏斗颈部水分，将有机层经过无水硫酸钠（约20g）滤入浓缩瓶中，在旋转蒸发仪上浓缩近干，用氮气除去残留溶剂，准确加入2.0ml无水乙醇溶解残留物，供气相色谱用。

4.1.1.2 半固体样品　称取5g（精确至0.001g）事先均匀化的试样于100ml具塞试管中，加入1ml 1∶1盐酸酸化，10ml饱和氯化钠溶液，涡旋混匀1~2分钟，使其为均匀溶液，再分别以50ml、30ml、30ml无水乙醚提取三次，每次2分钟，用吸管转移至250ml分液漏斗中，加入10ml饱和氯化钠溶液洗涤一次，再分别以碳酸氢钠溶液30ml、30ml、30ml洗涤三次，弃去水层。用滤纸吸去漏斗颈部水分，将有机层经过无水硫酸钠（约20g）滤入浓缩瓶中，在旋转蒸发仪上浓缩近干，用氮气除去残留溶剂，准确加入2.0ml无水乙醇溶解残留物，供气相色谱用。

4.2　仪器参考条件

4.2.1 色谱柱　弱极性石英毛细管柱，柱固定液为（5%）苯基－（95%）甲基聚硅氧烷，30m×0.32mm（内径），0.25μm（膜厚），或等效柱。

4.2.2 程序升温条件　见表3-3-8。

表3-3-8　程序升温条件

阶段名称	升温速率（℃/分钟）	温度（℃）	保持时间（分钟）
初始	—	100	1.00
阶段1	20.0	170	—
阶段2	12.0	220	1.00
阶段3	10.0	250	6.00

4.2.3 进样口　温度220℃；进样量1μl，分流比10∶1（分流比可根据色谱条件调整）。

4.2.4 检测器　氢火焰离子化检测器（FID），温度260℃。

4.2.5 载气　氮气，纯度99.99%，流量2.0ml/min，尾吹30ml/min（载气流量大小可根据仪器条件进行调整）。

4.2.6 氢气　40ml/min；空气450ml/min（氢气、空气流量大小可根据仪器条件进行调整）。

4.3　标准曲线的制作

将1.0μl的标准系列工作液分别注入气相色谱仪中，测定相应的不同浓度标准的峰面积，以标准工作液的浓度为横坐标，以峰面积为纵坐标，绘制标准曲线。

4.4　测定

将1.0μl的试样溶液注入气相色谱仪中，以保留时间定性，得到相应的峰面积，根据标准曲线得到待测液中组分浓度；试样待测液响应值若超出标准曲线线性范围，应用乙醇稀释后再进样分析。

4.5　记录

4.5.1 记录称量数据、稀释倍数、定容体积。

4.5.2 通过仪器工作站制作标准曲线，建立并保存积分方法。

5　计算

试样中对羟基苯甲酸含量按下式计算。

$$X_i = \frac{c \times V \times f}{m}$$

式中：X_i为试样中对羟基苯甲酸的含量（mg/kg）；c为由标准曲线计算出进样液中对羟基苯甲酸酯类的浓度值（μg/ml）；V为最终定容体积（ml）；f为对羟基苯甲酸酯类转换为对羟基苯甲酸的换算系数；m为试样称样量（g）。0.9078为对羟基苯甲酸甲酯转换为对羟基苯甲酸的换算系数；0.8312为对羟基苯甲酸乙酯转换为对羟基苯甲酸的换算系数；0.7665为对羟基苯甲酸丙酯转换为对羟基苯甲酸的换算系数；0.7111为对羟基苯甲酸丁酯转换为对羟基苯甲酸的换算系数。计算结果保留3位有效数字。

6 精密度

6.1试样每次测定应不少于2份，计算结果以重复性条件下获得的两次独立测定结果的算数平均值表示。

6.2在重复性条件下获得的两次独立测定结果的绝对差值不得超过算术平均值的10%。

7 注意事项

7.1分液漏斗振摇提取过程中注意放气。

7.2旋蒸不宜过久，近干即可。

7.3实验过程中通过加标回收实验进行质量控制。

7.4整个实验过程应在通风橱内进行，并佩戴防护口罩及手套。

7.5注意定期更换气相色谱进样口隔垫及衬管，维护进样针，以确保数据结果的稳定。

7.6色谱条件应根据不同样品基质进行调整，以达到最佳分离效果。

起草人：岳清洪（四川省食品药品检验检测院）

林思静（中国食品药品检定研究院）

复核人：罗　玥（四川省食品药品检验检测院）

第十节　食品中纳他霉素的检测

1 简述

参考GB/T 21915-2008《食品中纳他霉素的测定　液相色谱法》制定本规程。

本规程适用于食品中纳他霉素测定的高效液相色谱法测定。

样品经甲醇提取，采用加水冷却去除样品中的脂肪成分或离心的方式净化，反相液相色谱–紫外检测器测定，外标法定量。

方法的定量检出限为0.5mg/kg（固体和半固体样品）或0.5mg/L（液体样品）。

2 试剂和材料

2.1 试剂

除非另有说明，本方法所用试剂均为分析纯，水为GB/T 6682规定的二级水。

甲醇：优级纯。冰乙酸：优级纯。

2.2　标准品

2.2.1 标准品　纳他霉素（$C_{33}H_{47}NO_{13}$，CAS 号：7681-93-8），纯度 ≥ 95%。

2.2.2 标准溶液的制备　纳他霉素储备液（100 μg/ml）：准确称取纳他霉素标准品适量（精确至 0.1mg），用甲醇溶解，配成浓度为 100 μg/ml 的标准储备液。

3　仪器和设备

3.1　仪器

分析天平：感量为 0.1mg 和 1mg 冰箱：-20~-15℃。高效液相色谱仪：配有紫外检测器。超声波清洗器：功率 35kW。注射器：一次性，10ml。漏斗：直径大约 7cm。离心机：建议转速 ≥ 4000r/min。0.45 μm、0.22 μm 针头式过滤器。

3.2　仪器参考条件

色谱柱：C18 柱，5 μm，150mm × 4.6mm（内径）或相当者。流动相：甲醇 + 水 + 乙酸（60+35+5）。流速：1.0ml/min。柱温：30℃。进样量：20 μl。检测波长：305nm。

4　分析步骤

4.1　样品制备

4.1.1 油脂含量高的样品　准确称取样品 10.00g，加入 30ml 甲醇超声提取 30 分钟，加水 10ml 摇匀后放入冰箱中冷冻 1 小时，取出冷冻后的样品立即过滤，滤液放置至室温后，依次过 0.45 μm 和 0.22 μm 针头式过滤器，收集滤液约 2ml 上机测定。

4.1.2 一般固体和半固体样品　准确称取 5.00g，置于离心管中，加入 30ml 甲醇超声提取 30 分钟，加水 10ml 摇匀后置于离心机中以 3500r/min 离心 5 分钟，上清液依次过 0.45 μm 和 0.22 μm 针头式过滤器，收集滤液约 2ml 上机测定。

4.1.3 液体样品　准确量取样品 10.0ml，加入 30ml 甲醇，超声提取 30 分钟，提取液依次过 0.45 μm 和 0.22 μm 针头式过滤器，收集滤液约 2ml 上机测定。

4.2　测定

将试样溶液注入液相色谱仪中，以保留时间定性，同时记录峰面积，根据标准曲线得到待测液中纳他霉素的浓度，试样溶液中纳他霉素含量的响应值均应在仪器的检测线性范围内。

5　计算

$$X = \frac{c \times V \times 1000}{m \times 1000}$$

式中：X 为固态试样中纳他霉素含量（μg/g）；c 为由标准曲线得到样品溶液中纳他霉素的含量（μg/ml）；V 为样品溶液定容体积（ml）；m 为样品质量（g）。

$$X_0 = \frac{c \times V_1 \times 1000}{V_2 \times 1000}$$

式中：X_0 为液体试样中纳他霉素含量（μg/ml）；c 为由标准曲线得到样品溶液中纳他霉素的含量值（μg/ml）；V_1 为试样溶液定容体积（ml）；V_2 为样品量取体积（ml）。

计算结果以重复性条件下获得的两次独立测定结果的算术平均值表示，结果保留3位有效数字。

6　精密度

在重复性条件下获得的两次独立测定结果的绝对差值不得超过算术平均值的10%。

7　注意事项

7.1 为尽量保证试样提取充分，固体试样在超声提取的过程中可振摇1~2次。

7.2 含较多蛋白的试样在离心时可选用转速≥较多蛋白的试样在离心时的离心机离心10分钟。

7.3 依据保留时间一致性进行定性识别的方法，根据纳他霉素标准样品的保留时间，确定样品中纳他霉素的色谱峰。必要时应采用紫外光谱或其他方法进行进一步定性确证。

起草人：何成军（四川食品药品检验检测院）
李　倩（山西省食品药品检验所）
复核人：陈　煜（山西省食品药品检验所）
闵宇航（四川食品药品检验检测院）

第十一节　食品中脱氢乙酸的检测

1　气相色谱法

1.1　简述

依据 GB 5009.121–2016《食品安全国家标准　食品中脱氢乙酸的测定》制定本规程。

本规程适用于食品中脱氢乙酸的气相色谱法测定。

固体（半固体）样品，沉降蛋白、经脱脂酸化后，用乙酸乙酯提取；果蔬汁、果蔬浆样品经酸化后，用乙酸乙酯提取；用配氢火焰离子化检测器的气相色谱仪分离测定，以色谱峰保留时间定性，外标法定量。

果蔬汁、果蔬浆取样量5g，确定检出限为0.0003g/kg，定量限为0.001g/kg；其他试样取样量5g，样液定容体积25ml，取10ml样液提取，确定检出限为0.001g/kg，定量限为0.003g/kg。

1.2　试剂和材料

1.2.1 试剂　乙酸乙酯：色谱纯。正己烷：色谱纯。盐酸；硫酸锌。氢氧化钠。

1.2.2 试剂配制

1.2.2.1 盐酸溶液（1+1，体积比）　量取50ml盐酸加入到50ml水中。

1.2.2.2 硫酸锌溶液（120g/L）　称取12g硫酸锌，溶于水并稀释至100ml。

1.2.2.3 氢氧化钠溶液（20g/L）　称取2g氢氧化钠，溶于水并稀释至100ml。

1.2.3 标准品　脱氢乙酸（$C_8H_8O_4$，CAS号：520-45-6）标准品：纯度≥99.5%。

1.2.4 标准溶液配制

1.2.4.1 脱氢乙酸标准贮备液（1.0mg/ml）　准确称取脱氢乙酸标准品0.1000g（精确至0.0001g）于100ml容量瓶中，用乙酸乙酯溶解并定容。4℃保存，有效期为3个月。

1.2.4.2 脱氢乙酸标准工作液　分别精确吸取脱氢乙酸标准贮备液0.01ml、0.1ml、0.5ml、1.0ml、2.0ml于10ml容量瓶中，用乙酸乙酯稀释并定容，配制成浓度为1.00μg/ml、10.0μg/ml、50.0μg/ml、100μg/ml、200μg/ml标准工作液。4℃保存，有效期为1个月。

1.3 仪器和设备

气相色谱仪（配氢火焰离子化检测器）；天平（感量为0.1mg和1mg）；离心机（转速≥4000r/min）；超声波清洗器（功率35kW）；粉碎机；不锈钢高速均质器；pH计。

1.4 分析步骤

1.4.1 果蔬汁、果蔬浆　称取样品2~5g（精确至0.001g），置于50ml离心管中，加10ml水振摇1分钟，加1ml盐酸溶液酸化后，准确加入5.0ml乙酸乙酯，振摇提取2分钟，静置分层，取上清液供气相色谱测定。

1.4.2 酱菜、发酵豆制品　样品用不锈钢高速均质器均质。称取样品2~5g（精确至0.001g），置于50ml离心管中，加入约15ml水、2.5ml硫酸锌溶液，用氢氧化钠溶液调pH至7.5，超声提取15分钟，转移至25ml容量瓶中，加水定容。样液移入离心管中，4000r/min离心10分钟。取10ml上清液，加1ml盐酸溶液酸化后，准确加入5.0ml乙酸乙酯，振摇2分钟，静置分层，取上清液供气相色谱测定。

1.4.3 面包、糕点、烘烤食品馅料、复合调味料、预制肉制品及熟肉制品　样品用粉碎机粉碎或不锈钢高速均质器均质。称取样品2~5g（精确至0.001g），置于50ml离心管中，加入约15ml水、2.5ml硫酸锌溶液，用氢氧化钠溶液调pH至7.5，超声提取15分钟，转移至25ml容量瓶中，加水定容。样液移入分液漏斗中，加入5ml正己烷，振摇1分钟，静置分层，取下层水相置于离心管中，4000r/min离心10分钟。取10ml上清液，加1ml盐酸溶液酸化后，准确加入5.0ml乙酸乙酯，振摇2分钟，静置分层，取上清液供气相色谱测定。

1.4.4 黄油　称取样品2~5g（精确至0.001g），置于50ml离心管中，加入约15ml水、2.5ml硫酸锌溶液，用氢氧化钠溶液调pH至7.5，超声提取15分钟，转移至25ml容量瓶中，加水定容。样液移入分液漏斗中，加入5ml正己烷，振摇1分钟，静置分层，取下层水相置于离心管中，4000r/min离心10分钟。取10ml上清液，加1ml盐酸溶液酸化后，准确加入5.0ml乙酸乙酯，振摇2分钟，静置分层，取上清液供气相色谱测定。

1.4.5 仪器参考条件　毛细管柱：DB-1701。柱温升温程序：初温150℃，以10℃/min速率升至210℃，20℃/min速率升至230℃，保持2分钟。进样口温度：220℃。检测器温度：

300℃。载气（N_2）流量：1.0ml/min。分流进样，分流比为 20∶1。进样体积 1μl。

1.4.6 标准曲线的制作　将脱氢乙酸标准工作液分别注入气相色谱仪中，测定相应峰面积，以标准工作液的浓度为横坐标，峰面积为纵坐标，绘制标准曲线。

1.4.7 测定　将测定溶液注入气相色谱仪中，以保留时间定性，同时记录峰面积，根据标准曲线得到测定溶液中的脱氢乙酸浓度。

1.4.8 空白试验　除不加试样外，空白试验与样品测定平行进行，并采用相同分析步骤分析。

1.5　计算

试样中脱氢乙酸含量按下式计算。

$$X = \frac{(C_1 - C_0) \times V \times V_1}{m \times V_2 \times 1000} \times \frac{1000}{1000}$$

式中：X_1 为试样中脱氢乙酸的含量（g/kg）；C_1 为试样溶液中脱氢乙酸的质量浓度（μg/ml）；C_0 为空白试样溶液中脱氢乙酸的质量浓度（μg/ml）；V 为乙酸乙酯定容体积（ml）；m 为称取试样的质量（g）；X_2 为试样中脱氢乙酸的含量（g/kg）；V_1 为试样处理后定容体积（ml）；V_2 为萃取脱氢乙酸所取试样液体积（ml）。结果保留 3 位有效数字。

1.6　精密度

1.6.1 计算结果以重复性条件下获得的两次独立测定结果的算术平均值表示。

1.6.2 在重复性条件下获得的两次独立测定结果的绝对差值不得超过算术平均值的10%。

1.7　注意事项

1.7.1 pH 调节弱碱性，使脱氢乙酸变为钠盐，增大在水中溶解度。

1.7.2 乙酸乙酯萃取后离心，净化有机层减少杂质。

2　液相色谱法

2.1　简述

依据 GB 5009.121–2016《食品安全国家标准　食品中脱氢乙酸的测定》制定本规程。

本规程适用于食品中脱氢乙酸的液相色谱法测定。

本方法是利用氢氧化钠溶液提取试样中的脱氢乙酸，经脱脂、去蛋白处理，过膜，用配紫外或二极管阵列检测器的高效液相色谱仪测定，以色谱峰的保留时间定性，外标法定量。

以样品取样量5g，确定方法的检出限为0.002g/kg，定量限为0.005g/kg。

2.2　试剂和材料

除非另有说明，本方法所用试剂均为分析纯，水为GB/T 6682规定的一级水。

2.2.1 试剂　甲醇：色谱纯。乙酸铵：优级纯。氢氧化钠；正己烷；甲酸；硫酸锌。

2.2.2 试液配制

2.2.2.1 乙酸铵溶液（0.02mol/L）　称取1.54g乙酸铵，溶于水并稀释至1 L。

2.2.2.2 氢氧化钠溶液（20g/L）　称取20g氢氧化钠，溶于水并稀释至1 L。

2.2.2.3 甲酸溶液（10%）　量取10ml甲酸，加水90ml，混匀。

2.2.2.4硫酸锌溶液（120g/L）　称取120g硫酸锌，溶于水并稀释至1 L。

2.2.2.5甲醇溶液（70%）　量取70ml甲醇，加水30ml，混匀。

2.2.3 标准品　脱氢乙酸（Dehydroacetic Acid，$C_8H_8O_4$，CAS号：520–45–6），纯度≥99.5%。

2.2.4 标准溶液的制备

2.2.4.1脱氢乙酸标准贮备液（1.0mg/ml）　准确称取脱氢乙酸标准品25mg（精确至0.01mg）于25ml容量瓶中，用2.5ml氢氧化钠溶液溶解，用水定容。4℃保存，有效期为3个月。

2.2.4.2脱氢乙酸标准工作液　分别吸取脱氢乙酸贮备液0.01ml、0.02ml、0.05ml、0.10ml、0.03ml、0.05ml于10ml容量瓶中，用水定容。配制成浓度约为1.0μg/ml、2.0μg/ml、5.0μg/ml、10.0μg/ml、30.0μg/ml、50.0μg/ml标准系列工作液。4℃保存，有效期为1个月。

2.3　仪器和设备

分析天平（感量为0.1mg和1mg）；pH计；高效液相色谱仪（配有紫外检测器或二极管阵列检测器）；超声波清洗器（功率35kW）；涡旋混匀器；C18固相萃取柱（500mg，6ml，使用前用5ml甲醇、10ml水活化，使柱子保持湿润状态）；离心机（建议转速≥4000r/min）。

2.4　分析步骤

2.4.1 果蔬汁、果蔬浆　称取样品2~5g（精确至0.001g），置于50ml离心管中，加入约10ml水，用氢氧化钠溶液调pH至7.5，转移至50ml容量瓶中，加水稀释至刻度，摇匀。置于离心管中，4000r/min离心10分钟。取20ml上清液用10%的甲酸溶液调pH至5，定容到25ml。取5ml过已活化固相萃取柱，用5ml水淋洗，2ml 70%的甲醇溶液洗脱，收集洗脱液2ml，涡旋混合，过0.45μm有机滤膜，供高效液相色谱测定。

2.4.2 酱菜、发酵豆制品　样品用不锈钢高速均质器均质。称取样品2~5g（精确至0.001g），置于25ml离心管中，加入约10ml水、5ml硫酸锌溶液，用氢氧化钠溶液调pH至7.5，转移至25ml容量瓶中，加水稀释至刻度，摇匀。置于25ml离心管中，超声提取10分钟，4000r/min离心10分钟，取上清液过0.45μm有机滤膜，供高效液相色谱测定。

2.4.3 面包、糕点、焙烤食品馅料、复合调味料、黄油　样品用粉碎机粉碎或不锈钢高速均质器均质。称取样品2~5g（精确至0.001g），置于25ml离心管（如需过固相萃取柱则用50ml离心管）中，加入约10ml水、5ml硫酸锌溶液，用氢氧化钠溶液调pH至7.5，转移至25ml容量瓶（如需过固相萃取柱则用50ml容量瓶）中，加水稀释至刻度，摇匀。置于离心管中，超声提取10分钟，转移到分液漏斗中，加入10ml正己烷，振摇1分钟，静置分层，弃去正己烷层，加入10ml正己烷重复进行一次，取下层水相置于离心管中，4000r/min离心10分钟。取上清液过0.45μm有机滤膜，供高效液相色谱测定。若高效液相色谱分离效果不理想，取20ml上清液，用10%的甲酸调pH至5，定容到25ml，取5ml过已活化的固相萃取柱，用5ml水淋洗，2ml 70%的甲醇溶液洗脱，收集洗脱液2ml，涡旋混合，过0.45μm有机滤膜，供高效液相色谱测定。

2.4.4 仪器参考条件　色谱柱：C18柱，5μm，250mm×4.6mm（内径）或相当者。流动相：甲醇+0.02mol/L乙酸铵（10+90，体积比）。流速：1.0ml/min。柱温：30℃。进样量：10μl。

检测波长：293nm。

2.5　计算

$$试样中脱氢乙酸含量（g/kg）=\frac{（C_1-C_0）\times V\times 1000\times f}{m\times 1000\times 1000}$$

式中：C_1为试样溶液中脱氢乙酸的质量浓度（μg/ml）；C_0为空白试样溶液中脱氢乙酸的质量浓度（μg/ml）；V为试样溶液总体积（ml）；f为过固相萃取柱换算系数（f=0.5）；m为称取试样的质量（g）。结果保留三位有效数字。

2.6　精密度

2.6.1 计算结果以重复性条件下获得的两次独立测定结果的算术平均值表示。

2.6.2 在重复性条件下获得的两次独立测定结果的绝对差值不得超过算术平均值的10%。

2.7　注意事项

2.7.1 为尽量保证试样提取充分，固体试样在超声提取的过程中可振摇1次-2次。

2.7.2 豆制品等含较多蛋白的试样在离心时可选用转速≥10000r/min的离心机离心10分钟。

2.7.3 依据保留时间一致性进行定性识别的方法，根据脱氢乙酸标准样品的保留时间，确定样品中脱氢乙酸的色谱峰。必要时应采用紫外光谱或其他方法进行进一步定性确证。

起草人：钟慈平（四川省食品药品检验检测院）

高文超（中国食品药品检定研究院）

复核人：成长玉　何成军（四川省食品药品检验检测院）

第十二节　食品中亚硝酸盐（以亚硝酸钠计）的检测

1　简述

依据GB 5009.33-2016《食品安全国家标准　食品中亚硝酸盐与硝酸盐的测定》制定本规程。

本规程适用于食品中亚硝酸盐的离子色谱法测定。

试样经沉淀蛋白质、除去脂肪后，采用相应的方法提取和净化，以氢氧化钾溶液为淋洗液，阴离子交换柱分离，电导检测器或紫外检测器检测。以保留时间定性，外标法定量。

本法中亚硝酸盐检出限为0.2mg/kg。

2　试剂和材料

除非另有说明，本方法所用试剂均为分析纯，水为GB/T 6682规定的一级水。

2.1　试剂

乙酸；氢氧化钾。

2.2　试剂配制

2.2.1 乙酸溶液（3%）　量取乙酸3ml于100ml容量瓶中，以水稀释至刻度，混匀。

2.2.2 氢氧化钾溶液（1mol/L） 称取 6g 氢氧化钾，加入新煮沸过的冷水溶解，并稀释至100ml，混匀。

2.3 标准品

亚硝酸钠基准试剂，或采用具有标准物质证书的亚硝酸盐标准溶液。

2.4 标准溶液的制备

2.4.1 亚硝酸盐标准储备液（100mg/L，以 NO_2- 计，下同） 准确称取 0.1500g 于110~120℃干燥至恒重的亚硝酸钠，用水溶解并转移至1000ml 容量瓶中，加水稀释至刻度，混匀。

2.4.2 亚硝酸盐标准中间液 准确移取亚硝酸根离子（NO_2^-）标准储备液 1.0ml 于 100ml 容量瓶中，用水稀释至刻度，此溶液每升含亚硝酸根离子 1.0mg 和硝酸根离子 10.0mg。

2.4.3 亚硝酸盐标准使用液 移取亚硝酸盐标准中间液，加水逐级稀释，制成系列混合标准使用液，亚硝酸根离子浓度分别 0.02mg/L、0.04mg/L、0.06mg/L、0.08mg/L、0.10mg/L、0.15mg/L、0.20mg/L。

3 仪器和设备

离子色谱仪（配电导检测器及抑制器或紫外检测器，高容量阴离子交换柱，100μl定量环）；食物粉碎机；超声波清洗器；分析天平（感量为0.1mg和1mg）；离心机（转速≥10000r/min，配50ml离心管）；0.22μm 水性滤膜针头滤器；净化柱（包括C18柱、Ag柱和Na柱或等效柱）；注射器（1.0ml和2.5ml）。

4 分析步骤

4.1 试样预处理

用四分法取适量或取全部，用食物粉碎机制成匀浆，备用。

4.2 提取

4.2.1 蔬菜、水果等植物性试样 称取试样 5g（精确至 0.001g，可适当调整试样的取样量，以下相同），置于 150ml 具塞锥形瓶中，加入 80ml 水，1ml 1mol/L 氢氧化钾溶液，超声提取30 分钟，每隔 5 分钟振摇 1 次，保持固相完全分散。于 75℃水浴中放置 5 分钟，取出放置至室温，定量转移至 100ml 容量瓶中，加水稀释至刻度，混匀。溶液经滤纸过滤后，取部分溶液于 10000r/min 离心 15 分钟，上清液备用。

4.2.2 肉类、蛋类、鱼类、及其制品等 称取试样匀浆 5g（精确至 0.001g），置于 150ml 具塞锥形瓶中，加入 80ml 水，超声提取 30 分钟，每隔 5 分钟振摇 1 次，保持固相完全分散。于 75℃水浴中放置 5 分钟，取出放置至室温，定量转移 100ml 容量瓶中，加水稀释至刻度，混匀。溶液经滤纸过滤后，取部分溶液于 10000r/min 离心 15 分钟，上清液备用。

4.2.3 腌鱼类、腌肉类及其他腌制品 称取试样匀浆 2g（精确至 0.001g），置于 150ml 具塞锥形瓶中，加入 80ml 水，超声提取 30 分钟，每隔 5 分钟振摇 1 次，保持固相完全分散。于75℃水浴中放置 5 分钟，取出放置至室温，定量转移至 100ml 容量瓶中，加水稀释至刻度，混匀。溶液经滤纸过滤后，取部分溶液于 10000r/min 离心 15 分钟，上清液备用。

4.2.4 乳 称取试样 10g（精确至 0.01g），置于 100ml 具塞锥形瓶中，加水 80ml，摇匀，超声 30 分钟，加入 3% 乙酸溶液 2ml，于 4℃放置 20 分钟，取出放置至室温，加水稀释至刻度。溶液经滤纸过滤，滤液备用。

4.2.5 乳粉及干酪 称取试样 2.5g（精确至 0.01g），置于 100ml 具塞锥形瓶中，加水 80ml，摇匀，超声 30 分钟，取出放置至室温，定量转移至 100ml 容量瓶中，加入 3% 乙酸溶液 2ml，加水稀释至刻度，混匀。于 4℃放置 20 分钟，取出放置至室温，溶液经滤纸过滤，滤液备用。

取上述备用溶液约 15ml，通过 0.22μm 水性滤膜针头滤器、C18柱，弃去前面 3ml（如果氯离子大于 100mg/L，则需要依次通过针头滤器、C18柱、Ag柱和Na柱，弃去前面 7ml），收集后面洗脱液待测。固相萃取柱使用前需进行活化，C18柱（1.0ml）、Ag柱（1.0ml）和Na柱（1.0ml），其活化过程为：C18柱（1.0ml）使用前依次用 10ml 甲醇、15ml 水通过，静置活化 30 分钟。Ag柱（1.0ml）和Na柱（1.0ml）用 10ml 水通过，静置活化 30 分钟。

4.3 仪器参考条件

4.3.1 色谱柱 氢氧化物选择性，可兼容梯度洗脱的二乙烯基苯－乙基苯乙烯共聚物基质，烷醇基季铵盐功能团的高容量阴离子交换柱，4mm×250mm（带保护柱 4mm×50mm），或性能相当的离子色谱柱。

4.3.2 淋洗液 氢氧化钾溶液，浓度为 6~70mmol/L；洗脱梯度为 6mmol/L 30 分钟，70mmol/L 5 分钟，6mmol/L 5 分钟；流速 1.0ml/min。

粉状婴幼儿配方食品：氢氧化钾溶液，浓度为 5~50mmol/L；洗脱梯度为 5mmol/L 33 分钟，50mmol/L 5 分钟，5mmol/L 5 分钟；流速 1.3ml/min。

4.3.3 抑制器。

4.3.4 检测器 电导检测器，检测池温度为 35℃；或紫外检测器，检测波长为 226nm。

4.3.5 进样体积：100μl（可根据试样中被测离子含量进行调整）。

4.4 标准曲线的制作

将标准系列工作液分别注入离子色谱仪中，得到各浓度标准工作液色谱图，测定相应的峰高（μS）或峰面积，以标准工作液的浓度为横坐标，以峰高（μS）或峰面积为纵坐标，绘制标准曲线。

4.5 试样溶液的测定

将空白和试样溶液注入离子色谱仪中，得到空白和试样溶液的峰高（μS）或峰面积，根据标准曲线得到待测液中亚硝酸根离子或硝酸根离子的浓度。

5 计算

试样中亚硝酸离子的含量按下式计算。

$$X = \frac{(\rho - \rho_0) \times V \times f \times 1000}{m \times 1000}$$

式中：X 为试样中亚硝酸根离子的含量（mg/kg）；ρ 为测定用试样溶液中的亚硝酸根离子浓度（mg/L）；ρ_0 为试剂空白液中亚硝酸根离子的浓度（mg/L）；V 为试样溶液体积（ml）；f 为试样

容液稀释倍数；1000为换算系数；m为试样取样量（g）。

试样中测得的亚硝酸根离子含量乘以换算系数1.5，即得亚硝酸盐（按亚硝酸钠计）含量。结果保留2位有效数字。

6 精密度

在重复性条件下获得的两次独立测定结果的绝对差值不得超过算术平均值的10%。

7 注意事项

7.1 所有器皿使用前均需依次用2mol/L 氢氧化钾和水分别浸4小时，然后用水冲洗3~5次，晾干备用。

7.2 在制样后，应尽快对样品进行分析处理，避免裸露放置时间过长。

7.3 一次性分析处理的样品不宜过多，最好控制在24小时内仪器能将所有处理好的样品分析完。

起草人：王小平（四川省食品药品检验检测院）

高文超（中国食品药品检定研究院）

复核人：金丽鑫（四川省食品药品检验检测院）

第十三节 食品中乙二胺四乙酸二钠的检测

1 三氯甲烷净化 – 液相色谱法

1.1 简述

依据SN/T 3855–2014《出口食品中乙二胺四乙酸二钠的测定》制定本规程。

适用于啤酒、果酒、果汁饮料、茶饮料、八宝粥、番茄酱、蓝莓果酱、鱼罐头、沙拉酱、金针菇罐头、板栗罐头中乙二胺四乙酸二钠的检测。

试样中乙二胺四乙酸二钠用水提取，提取液经三氯化铁衍生化和三氯甲烷净化后，用液相色谱仪检测，外标法定量。

本方法的测定低限为20mg/kg。

1.2 试剂和材料

除另有规定外，所有试剂均为分析纯，水为GB/T 6682规定的一级水。

1.2.1 试剂 甲醇：色谱纯。三氯甲烷：色谱纯。磷酸二氢钾；盐酸；磷酸；三氯化铁。

1.2.2 试剂配制

1.2.2.1 三氯化铁溶液 0.02mol/L。称取0.5406g三氯化铁，溶于90ml水中，转移至100ml容量瓶中，加入0.03ml盐酸，用水定容至刻度，混匀。

1.2.2.2 磷酸二氢钾溶液 0.075mol/L，pH=2.3。称取10.207g磷酸二氢钾，溶于900ml水中，用磷酸调节pH至2.3，转移至1000ml容量瓶中，用水定容至刻度，混匀。

1.2.3 标准品

1.2.3.1乙二胺四乙酸二钠标准品　纯度大于等于99％。

1.2.3.2标准储备液　准确称取适量的乙二胺四乙酸二钠标准品，用水溶解并定容至100ml棕色容量瓶中，得浓度为10mg/ml的标准储备溶液，此溶液转移至储液瓶中4℃下储存一个月。

1.2.3.3标准工作液　根据需要使用前配制成适当浓度的标准工作溶液。

1.3　仪器和设备

液相色谱仪：配紫外检测器。电子天平：感量为0.1mg和0.01g。离心机；涡旋振荡器；超声波清洗机；组织捣碎机；均质器；离心管。

1.4　分析步骤

1.4.1试样制备　取有代表性样品约500g，用组织捣碎机将样品加工成浆状，装入洁净容器作为试样，密封并标明标记。

1.4.2试样保存　试样于–18℃以下保存。其中啤酒、果酒、果汁饮料、茶饮料为0~4℃保存。在制样的过程中，应防止样品污染或发生残留物含量的变化。

1.4.3 测定步骤

1.4.3.1提取　啤酒、果酒、果汁饮料、茶饮料等：称取试样5g（精确到0.01g）于50ml离心管中，加入40ml水，待衍生化。

八宝粥、番茄酱、蓝莓果酱、鱼罐头、沙拉酱、金针菇罐头、板栗罐头：称取试样5g（精确到0.01g）于50ml离心管中，加入15ml水，再加入20ml三氯甲烷，均质2分钟，离心5分钟。将上清液转移至50ml离心管。再用15ml水重复提取两次，合并提取液于同一50ml离心管中，待衍生化和净化。

1.4.3.2衍生化　样品溶液的衍生化：向上述提取溶液加入1.0ml三氯化铁溶液，混合，于超声波中超声20分钟，冷却至室温后，转移至50ml容量瓶中，用水定容至刻度。

标准溶液的衍生化：准确吸取适当浓度的标准工作液于50ml离心管中，加入40ml水和1.0ml三氯化铁溶液，混合，于超声波中超声20分钟，冷却至室温后，转移至50ml容量瓶中，用水定容至刻度。

1.4.3.3净化　准确移取5ml上述衍生化样品溶液于25ml离心管中，加入5ml三氯甲烷，涡旋2分钟，离心。取上清液过滤膜供液相色谱仪测定。

1.4.4仪器参考条件　色谱柱：SAX柱，柱长150mm，内径4.6mm，粒径5.0μm，或相当色谱柱。流动相：甲醇：磷酸二氢钾溶液=10∶90。流速：1.0ml/min。柱温：25℃。波长：260nm。进样量：20μl。

1.4.5试样溶液的测定　将试样溶液注入液相色谱仪中，以保留时间定性，同时记录峰面积。

1.4.6空白试验　除不加试样外，按与试样相同的步骤操作。

1.5　计算

试样中乙二胺四乙酸二钠含量按下式计算，计算结果需扣除空白值。

$$X = \frac{A \times c \times V}{A_s \times m}$$

式中：X 为试样中乙二胺四乙酸二钠含量（mg/kg）；A 为样液中乙二胺四乙酸二钠衍生物的峰面积；c 为标准工作液中乙二胺四乙酸二钠衍生物的浓度（μg/ml）；V 为样液最终定容体积（ml）；A_s 为标准工作液中乙二胺四乙酸二钠衍生物的峰面积；m 为最终样液所代表的试样质量（g）。

1.6 注意事项

1.6.1 用磷酸调节磷酸二氢钾溶液 pH 时，磷酸要逐滴加入并充分摇匀，以防止滴过，滴定时溶液的 pH 要严格控制。

1.6.2 称取乙二胺四乙酸二钠标准品时，应避免产生粉尘，对人体产生危害；乙二胺四乙酸二钠标准储备溶液要于棕色玻璃瓶中保存。

1.6.3 操作人员必须经过专门培训，严格遵守操作规程。操作人员需佩戴自吸式过滤口罩、化学安全防护眼镜以及橡胶手套。

1.6.4 在样品溶液或标准溶液衍生化完成后，其温度高于室温，必须要等到其温度降至室温后，才能转移到容量瓶中定容，避免对试验结果造成影响。

1.6.5 尽可能使用有证标准物质作为质量控制样品，也可采用加标试验进行质量控制。应尽量选择与被测样品基质相同或相似的标准物质进行测定，标准物质的测定值应在标准物质证书给定的范围内。每批样品至少分析一个质量控制样品。

1.6.6 流动相用水要现用现取，所使用到的溶剂必须经滤膜过滤，以除去杂质微粒，要注意分清有机相滤膜和水相滤膜；使用前要超声脱气处理，防止气泡进入管路造成干扰；脱气后的流动相应待其恢复至室温后使用。

1.6.7 在进样分析前，应充分平衡色谱柱。

1.6.8 使用缓冲溶液或含盐流动相时，应用 15~20 倍柱体积的不含缓冲溶液或含盐流动相的同种水–有机溶剂流动相冲洗色谱柱，后换成高比例有机溶剂保存色谱柱，以避免盐沉淀结晶析出，损害色谱柱的使用寿命。

2 液相色谱–质谱/质谱法

2.1 简述

依据 SN/T 3855–2014《出口食品中乙二胺四乙酸二钠的测定》制定本规程。

适用于食品中乙二胺四乙酸二钠的检测。

试样中乙二胺四乙酸二钠用水提取，提取液经三氯化铁衍生化、三氯甲烷和 MAX 阴离子交换柱净化后，用液相色谱–质谱/质谱仪检测，外标法定量。

本方法的测定低限为 20mg/kg。

2.2 试剂和材料

除另有规定外，所有试剂均为分析纯，水为 GB/T 6682 规定的一级水。

2.2.1 试剂 甲醇：色谱纯。三氯甲烷：色谱纯。甲酸：88%。盐酸；三正丁胺：色谱纯。三氯化铁。

2.2.2 试剂配制

2.2.2.1 三氯化铁溶液 0.02mol/L。称取 0.5406g 三氯化铁，溶于 90ml 水中，转移至 100ml

容量瓶中，加入0.03ml盐酸，用水定容至刻度，混匀。

2.2.2.2 10%甲醇水溶液（含5mmol三正丁胺，pH=3.5）　移取100ml甲醇，溶于880ml水中，加入1.17ml三正丁胺，用并乙酸调节pH至3.5，转移至1000ml容量瓶中，用水定容至刻度，混匀。

2.2.2.3 95%甲醇水溶液（含5mmol三正丁胺，pH=3.5）　移取950ml甲醇，溶于30ml水中，加入1.17ml三正丁胺，用并乙酸调节pH至3.5，转移至1000ml容量瓶中，用水定容至刻度，混匀。

2.2.2.4 10%甲酸甲醇水溶液　移取10ml甲酸，溶于40ml水中，转移至100ml容量瓶中，用甲醇定容至刻度，混匀。

2.2.3 标准品

2.2.3.1 乙二胺四乙酸二钠标准品　CAS号：6381-92-6，纯度大于等于99%。

2.2.3.2 标准储备液　准确称取适量的乙二胺四乙酸二钠标准品，用水溶解并定容至100ml棕色容量瓶中，得浓度为10mg/ml的标准储备溶液，此溶液转移至储液瓶中4℃下储存一个月。

2.2.3.3 标准工作液　根据需要使用前用空白样品基质配制适当混合标准工作溶液。

2.2.4 材料　MAX阴离子交换柱：150mg，6ml。使用前依次用5ml甲醇、5ml水活化。

2.3　仪器和设备

液相色谱-质谱/质谱仪：配ESI电离源。电子天平：感量为0.1mg和0.01g。离心机；涡旋振荡器；超声波清洗机；组织捣碎机；均质器；离心管；氮吹仪。

2.4　分析步骤

2.4.1 试样制备　取有代表性样品约500g，用组织捣碎机将样品加工成浆状，装入洁净容器作为试样，密封并标明标记。

2.4.2 试样保存　啤酒、果酒、果汁饮料、茶饮料于0~4℃保存，其余试样于-18℃以下保存。在制样的过程中，应防止样品污染或发生残留物含量的变化。

2.4.3 测定步骤

2.4.3.1 提取　啤酒、果酒、果汁饮料、茶饮料等：称取试样5g（精确到0.01g）于50ml离心管中，加入40ml水，待衍生化。

八宝粥、番茄酱、蓝莓果酱、鱼罐头、沙拉酱、金针菇罐头、板栗罐头：称取试样5g（精确到0.01g）于50ml离心管中，加入15ml水，再加入20ml三氯甲烷，均质2分钟，离心5分钟。将上清液转移至50ml离心管中。再用15ml水重复提取两次，合并提取液于同一50ml离心管中，待衍生化和净化。

2.4.3.2 衍生化　样品溶液的衍生化：向上述提取溶液加入1.0ml三氯化铁溶液，混合，于超声波中超声20分钟，冷却至室温后，转移至50ml容量瓶中，用水定容至刻度。

标准溶液的衍生化：准确吸取适当浓度的标准工作液干50ml离心管中，加入40ml水和1.0ml三氯化铁溶液，混合，于超声波中超声20分钟，冷却至室温后，转移至50ml容量瓶中，用水定容至刻度。

2.4.3.3 净化　准确移取5ml上述衍生化样品溶液转移到MAX阴离子交换柱，控制流速在1~2ml/min，弃去流出液。用5ml水、5ml甲醇和3ml 10%甲酸甲醇水溶液淋洗，弃去流出液。最后用6ml 10%甲酸甲醇水溶液洗脱，收集洗脱液。洗脱液经80℃氮吹吹干后，用5ml水溶解并定容，过 0.22 μm 滤膜，供液相色谱 – 质谱/质谱仪测定。

2.4.4 仪器参考条件

2.4.4.1 液相色谱条件　色谱柱：Phenyl 柱；柱长 50mm；内径 2.1mm；粒径 1.7μm；或相当色谱柱。流动相：见梯度洗脱程序表 3-3-9。流速：0.25ml/min。柱温：25℃。进样量：5μl。

表 3-3-9　梯度洗脱程序表

时间（分钟）	10% 甲醇水溶液（%）	95% 甲醇水溶液（%）
0.00	90	10
1.00	90	10
1.50	90	10
2.00	80	20
2.50	60	40
3.00	60	40
4.00	90	10

2.4.4.2 质谱条件　离子源：ESI，负模式。扫描方式：多反应监测（MRM）。其他质谱参数见表 3-3-10。

表 3-3-10　主要参考质谱参数

化合物	母离子（m/z）	子离子（m/z）	驻留时间（s）	锥孔电压（V）	碰撞能量（eV）
乙二胺四乙酸	344.02	255.97	0.2	30	19
二钠衍生物		300.03[a]	0.2	30	17

[a] 为定量离子。

2.4.5 液相色谱 – 质谱 / 质谱检测和确证　在上述液相色谱 – 质谱条件下，样品中待测物质保留时间与标准工作液中对应的保留时间的偏差在 ±2.5%，且样品中被测物质的相对离子丰度与浓度相当标准工作溶液的相对离子丰度进行比较，相对离子丰度允许相对偏差不超过表 3-3-11 规定的范围，则可确定样品中存在对应的被测物。

表 3-3-11　定性确证时相对离子丰度的最大允许偏差

相对离子丰度	> 50%	> 20%~50%	> 10%~20%	≤ 10%
允许的相对偏差	± 20%	± 25%	± 30%	± 50%

2.4.6 空白试验　除不加试样外，按与试样相同的步骤操作。

2.5　计算

试样中乙二胺四乙酸二钠含量按下式计算，计算结果需扣除空白值。

$$X = \frac{A \times c \times V}{A_s \times m}$$

式中：X 为试样中乙二胺四乙酸二钠含量（mg/kg）；A 为样液中乙二胺四乙酸二钠衍生物的峰面积；c 为标准工作液中乙二胺四乙酸二钠衍生物的浓度（μg/ml）；V 为样液最终定容体积（ml）；

A_s为标准工作液中乙二胺四乙酸二钠衍生物的峰面积；m为最终样液所代表的试样质量（g）。

2.6 注意事项

2.6.1 用冰乙酸调节10%甲醇–水溶液pH时，冰乙酸要逐滴加入并充分摇匀，以防止滴加过量，滴定时溶液的pH要严格控制。

2.6.2 称取乙二胺四乙酸二钠标准品时，应避免产生粉尘，对人体产生危害；乙二胺四乙酸二钠标准储备溶液要于棕色玻璃瓶中保存。

2.6.3 操作人员必须经过专门培训，严格遵守操作规程。操作人员需佩戴自吸式过滤口罩、化学安全防护眼镜以及橡胶手套。

2.6.4 在样品溶液或标准溶液衍生化完成后，其温度高于室温，必须要等到其温度降至室温后，才能转移到容量瓶中定容，避免对试验结果造成影响。

2.6.5 在样品溶液转移到MAX阴离子交换柱以及洗脱过程中，要严格控制流速在规定的范围内，避免溶液流速过慢或加压使其成股流出，影响样品的净化效果，进而影响试验的准确性。

2.6.6 在洗脱液氮吹过程中，需要严格控制氮气吹扫流量，避免样品溶液溅出；在旋转蒸发的过程中，要防止旋转温度过高，引起样品溶液爆沸，甚至溅出，造成样品溶液交叉污染。

2.6.7 尽可能使用有证标准物质作为质量控制样品，也可采用加标试验进行质量控制。应尽量选择与被测样品基质相同或相似的标准物质进行测定，标准物质的测定值应在标准物质证书给定的范围内。每批样品至少分析一个质量控制样品。

2.6.8 流动相用水要现用现取，所使用到的溶剂必须经滤膜过滤，以除去杂质微粒，要注意分清有机相滤膜和水相滤膜；使用前要超声脱气处理，防止气泡进入管路造成干扰。脱气后的流动相应待其恢复至室温后使用。

2.6.9 常用的液相色谱–质谱联用仪使用的溶剂一般为高质量的甲醇、乙腈、水和添加剂，如甲酸、乙酸、甲酸铵和乙酸铵等。

2.6.10 在进样分析前，应充分平衡色谱柱。

2.6.11 使用缓冲溶液或含盐流动相时，应用15~20倍柱体积的不含缓冲溶液或含盐流动相的同种水–有机溶剂流动相冲洗色谱柱，后换成高比例有机溶剂保存色谱柱，以避免盐沉淀结晶析出，损害色谱柱的使用寿命。

2.6.12 因离子源最容易受到污染，因此，需要对进样的浓度严格控制，避免样品或标准使用液的浓度过大，否则就会升高背景，在较大程度上降低灵敏度。

2.6.13 务必于进样完成后使用异丙醇（色谱级）和无尘纸对离子源进行擦拭清洁，避免对质谱响应灵敏度造成干扰。

2.6.14 定期对液相色谱–质谱联用仪进行调谐，校准质量轴，一般宜6个月校准一次，以使仪器达到最佳的使用状态。

3 PXA 固相萃取柱净化 – 液相色谱法

1.1 简述

依据GB 5009.278–2016《食品安全国家标准 食品中乙二胺四乙酸二钠的测定》制定本规程。

适用于腌渍蔬菜罐头、坚果与籽类罐头、八宝粥罐头中乙二胺四乙酸二钠的测定。

需测定乙二胺四乙酸二钠的试样用水提取，提取液加入三氯化铁络合，经混合型阴离子（PXA）固相萃取柱净化，液相色谱检测，外标法定量。

本方法的检出限为0.01g/kg，定量限为0.03g/kg。

1.2　试剂和材料

除另有规定外，所有试剂均为分析纯，水为GB/T 6682规定的一级水。

1.2.1　试剂　甲醇：色谱纯。甲酸：色谱纯。磷酸；四丁基溴化铵；乙酸钠；三氯化铁；盐酸。

1.2.2　试剂配制

1.2.2.1　三氯化铁溶液　称取0.54g三氯化铁，溶于90ml水中，加入0.10ml盐酸，转移到100ml容量瓶中，用水定容至刻度，混匀。

1.2.2.2　5%甲酸甲醇水溶液　取5ml甲酸、20ml甲醇用水定容至100ml。

1.2.2.3　四丁基溴化铵-乙酸钠混合溶液（pH 4.0）　称取6.45g四丁基溴化铵、2.46g乙酸钠，加1000ml水超声溶解，加入磷酸调节pH至4.0 ± 0.1。

1.2.2.4　四丁基溴化铵-乙酸钠混合溶液（pH 2.5）　称取6.45g四丁基溴化铵、2.46g乙酸钠，加1000ml水超声溶解，加入磷酸调节pH至2.5 ± 0.1。

1.2.3　标准品

1.2.3.1　乙二胺四乙酸二钠标准品（$C_{10}H_{14}N_2O_8Na_2 \cdot 2H_2O$，CAS号：6381-92-6）　纯度≥99%。

1.2.3.2　乙二胺四乙酸二钠标准溶液　准确称取适量的乙二胺四乙酸二钠标准品，用水溶解并定容至100ml棕色容量瓶中，得浓度为10mg/ml的标准储备溶液，此溶液转移至储液瓶中4℃下储存。

1.2.3.3　乙二胺四乙酸二钠标准系列溶液　吸取1体积乙二胺四乙酸二钠标准溶液加9体积水稀释成浓度为1mg/ml的标准中间溶液。再用水将标准中间溶液稀释为0.5μg/ml、2.0μg/ml、5.0μg/ml、10.0μg/ml、50.0μg/ml的系列标准工作液。

1.3　仪器和设备

液相色谱仪：配紫外检测器。电子天平：感量为0.1mg和0.01g。离心机；涡旋振荡器；超声波清洗机。pH计：精度为0.01。固相萃取装置。微孔滤膜：0.45μm。混合阴离子（PXA）固相萃取柱：150mg/6ml或相当者PXA主要成分是含亲水基团的聚苯乙烯/二乙烯基苯共聚物上键合季铵基团。

1.4　分析步骤

1.4.1　试样制备

1.4.1.1　固体样品　样品用粉碎机粉碎，混合均匀后装入洁净容器内密封并做好标识。含糖量高的样品，需要经过冷冻处理后，再进行粉碎。试样于4℃下保存。

1.4.1.2　液体样品　含果粒样品需榨汁机匀浆混合均匀后，装入洁净容器内密封并做好标识。试样于4℃下保存。

1.4.2　前处理

1.4.2.1　提取　与水不互溶的样品：称取试样5g（精确至0.01g），置于50ml离心管中，加入25ml水，涡旋混匀，超声20分钟，7500r/min离心5分钟，取上清液置于50ml玻璃比色管中，剩余残渣重复提取一次，离心后合并上清液，加水定容至50ml。吸取5ml定容液于15ml离心管中，待络合。

与水互溶的样品：称取试样5g（精确至0.01g），置于50ml玻璃比色管中，加入25ml水，涡旋混匀，超声提取20分钟后，加水定容至50ml。吸取5ml上清液于15ml离心管中，待络合。

1.4.2.2 络合 向上述提取溶液中加入0.5ml三氯化铁溶液，涡旋混匀1分钟，超声20分钟，7500r/min离心5分钟，待净化。

1.4.2.3 净化 依次用5ml甲醇、5ml水活化PXA柱，将待净化液全部上样过柱，依次用5ml水、5ml甲醇淋洗，抽干，用5ml 5%甲酸甲醇水溶液洗脱，抽干，收集洗脱液定容至5ml，过滤，供液相色谱仪测定。

1.4.3 仪器参考条件 色谱柱：Plus-C18柱，柱长250mm，内径4.6mm，粒径5.0μm，或相当色谱柱。检测乙二胺四乙酸二钠络合物的流动相：甲醇：四丁基溴化铵－乙酸钠混合溶液（pH 4.0）=15：85。流速：0.8ml/min。柱温：35℃。波长：254nm。进样量：10μl。

1.4.4 标准曲线的制作 分别吸取0μl、25μl、100μl、250μl、500μl、2500μl浓度为1mg/ml的乙二胺四乙酸二钠标准中间溶液于50ml比色管中，加入25ml水和1.0ml三氯化铁溶液，涡旋混匀1分钟，超声20分钟，冷却至室温后，用水定容至刻度，络合所得标准系列工作液浓度分别为0.0μg/ml、0.5μg/ml、2.0μg/ml、5.0μg/ml、10.0μg/ml、50.0μg/ml。再将其注入液相色谱仪中，测定相应的峰面积，以标准工作液的浓度为横坐标，以峰面积为纵坐标，绘制标准曲线。

1.4.5 试样溶液的测定 将试样溶液注入液相色谱仪中，以保留时间定性，同时记录峰面积，根据标准曲线得到待测液中乙二胺四乙酸二钠络合物的浓度。

1.4.6 空白试验 除不加试样外，按与试样相同的步骤操作。

1.5 计算

试样中乙二胺四乙酸盐（以乙二胺四乙酸二钠计）含量按如下公式计算。

$$X = \frac{\rho \times V}{m} \times \frac{1000}{1000}$$

式中：X为试样中乙二胺四乙酸二钠的含量（mg/kg）；ρ为试样溶液中乙二胺四乙酸二钠的质量浓度（μg/ml）；V为被测试样总体积（ml）；m为称取试样的质量（g）；1000为换算系数。计算结果扣除空白值。计算结果保留3位有效数字。

1.6 精密度

在重复性条件下获得的两次独立测定结果的绝对差值不得超过算术平均值的5%。

1.7 注意事项

1.7.1 用磷酸调节四丁基溴化铵－乙酸钠溶液pH时，磷酸要逐滴加入并充分摇匀，以防止滴过，滴定时溶液的pH要严格控制。

1.7.2 称取乙二胺四乙酸二钠标准品时，应避免产生粉尘，对人体产生危害；乙二胺四乙酸二钠标准储备溶液要于棕色玻璃瓶中保存。

1.7.3 操作人员必须经过专门培训，严格遵守操作规程。操作人员需佩戴自吸式过滤口罩、化学安全防护眼镜以及橡胶手套。

1.7.4 在样品溶液转移到混合阴离子固相萃取柱净化过程中，要严格控制流速在规定的范围内，避免溶液流速过慢或加压使其成股流出，影响样品的净化效果，进而影响试验的准确性。

1.7.5 尽可能使用有证标准物质作为质量控制样品，也可采用加标试验进行质量控制。应尽量选择与被测样品基质相同或相似的标准物质进行测定，标准物质的测定值应在标准物质证书给定的范围内。每批样品至少分析一个质量控制样品。

1.7.6 流动相用水要现用现取，所使用到的溶剂必须经滤膜过滤，以除去杂质微粒，要注意分清有机相滤膜和水相滤膜；使用前要超声脱气处理，防止气泡进入管路造成干扰；脱气后为流动相应待其恢复至室温后使用。

1.7.7 在进样分析前，应充分平衡色谱柱。

1.7.8 使用缓冲溶液或含盐流动相时，应用15~20倍柱体积的不含缓冲溶液或含盐流动相的同种水–有机溶剂流动相冲洗色谱柱，后换成高比例有机溶剂保存色谱柱，以避免盐沉淀结晶析出，损害色谱柱的使用寿命。

起草人：王　明（四川省食品药品检验检测院）

高文超（中国食品药品检定研究院）

复核人：闵宇航（四川省食品药品检验检测院）

第十四节　食品中二氧化硫残留量的检测

1　简述

参照 GB 5009.34–2016《食品安全国家标准　食品中二氧化硫的测定》制定本规程。

本规程适用于滴定法测定各类食品中二氧化硫的残留量。

在密闭容器中对样品进行酸化、蒸馏，蒸馏物用乙酸铅溶液吸收。吸收后的溶液用盐酸酸化，碘标准溶液滴定，根据所消耗的碘标准溶液量计算出样品中的二氧化硫含量。

当取5g固体样品时，方法的检出限（LOD）为3.0mg/kg，定量限为10.0mg/kg。

2　试剂和材料

除非另有说明，本方法所用试剂均为分析纯，水为GB/T 6682规定的三级水。

2.1　试剂

盐酸；硫酸；可溶性淀粉 $[(C_6H_{10}O_5)_n]$；氢氧化钠；碳酸钠；乙酸铅；碘（I_2）；碘化钾。

2.2　试剂配制

2.2.1 盐酸溶液（1+1）　量取50ml盐酸，缓缓倾入50ml水中，边加边搅拌。

2.2.2 硫酸溶液（1+9）　量取10ml硫酸，缓缓倾入90ml水中，边加边搅拌。

第三篇　食品中化学成分检测

2.2.3 淀粉指示液（10g/L） 称取 1g 可溶性淀粉，用少许水调成糊状，缓缓倾入 100ml 沸水中，边加边搅拌，煮沸 2 分钟，放冷备用，临用现配。

2.2.4 乙酸铅溶液（20g/L） 称取 2g 乙酸铅，溶于少量水中并稀释至 100ml。

2.3 标准溶液配制

2.3.1 碘标准溶液 [c (1/2I$_2$) =0.10mol/L] 按 GB/T 601 配制和标定；或采用具有标准物质证书的碘标准溶液。10~30℃保存于棕色瓶中，保存期限为一个月，一个月后需要复标。

2.3.2 碘标准溶液 [c (1/2I$_2$) =0.01000mol/L] 临用前，将 0.1000mol/L 碘标准溶液用水稀释 10 倍，临用现配。

3 仪器和设备

全玻璃蒸馏器（500ml，或等效的蒸馏设备）；酸式滴定管；粉碎机及剪刀；碘量瓶（500ml）。

4 分析步骤

4.1 样品制备

样品体积较大时，需要剪成小块，再用粉碎机剪碎，混匀，备用。

4.2 蒸馏

4.2.1 清洗蒸馏管路 取空蒸馏瓶，装入 250ml 左右的蒸馏水，连接好冷凝装置，冷凝管下端插入装有少许蒸馏水的碘量瓶中，空蒸 15 分钟，清洗蒸馏管路。

4.2.2 空白试剂蒸馏 装入 250ml 左右的蒸馏水，连接好冷凝装置，冷凝管下端插入预先备有 25ml 乙酸铅吸收液的碘量瓶的液面下，然后在蒸馏瓶中加入 10ml 盐酸溶液，立即盖塞，加热蒸馏。当蒸馏液约 200ml 时，使冷凝管下端离开液面再蒸馏 1 分钟。

4.2.3 试样蒸馏 称取 5g 均匀样品（精确至 0.001g，取样量可视含量高低而定），液体样品可直接吸取 5.00~10.00ml 样品，置于蒸馏烧瓶中。加入 250ml 水，装上冷凝装置，冷凝管下端插入预先备有 25ml 乙酸铅吸收液的碘量瓶的液面下，然后在蒸馏瓶中加入 10ml 盐酸溶液，立即盖塞，加热蒸馏。当蒸馏液约 200ml 时，使冷凝管下端离开液面再蒸馏 1 分钟。用少量蒸馏水冲洗插入乙酸铅溶液的装置部分。

向取下的碘量瓶中依次加入 10ml 盐酸、1ml 淀粉指示液，摇匀之后用碘标准溶液滴定至溶液颜色变蓝且 30 秒内不褪色为止。

4.3 记录

4.3.1 记录称样量、滴定液浓度、试样滴定体积。

4.3.2 记录空白试剂的滴定体积。

5 计算

试样中二氧化硫残留量按下式计算。

$$X = \frac{(V-V_0) \times 0.032 \times c \times 1000}{m}$$

式中：X 为试样中的二氧化硫残留量（以 SO_2 计）（g/kg 或 g/L）；V 为滴定样品所用的碘标准溶液体积（ml）；V_0 为空白试验所用的碘标准溶液体积（ml）；0.032 为 1ml 碘标准溶液 $[c(1/2I_2)=1.0mol/L]$ 相当于二氧化硫的质量（g）；c 为碘标准溶液浓度（mol/L）；m 为试样称样量（g）或取样体积毫升（ml）。当二氧化硫含量 ≥ 1g/kg（L）时，结果保留 3 位有效数字；当二氧化硫含量 < 1g/kg（L）时，结果保留 2 位有效数字。

6 精密度

6.1 试样每次测定应不少于 2 份，计算结果以重复性条件下获得的两次独立测定结果的算数平均值表示。

6.2 在重复性条件下获得的两次独立测定结果的绝对差值不得超过算术平均值的 10%。

7 注意事项

7.1 对于含蛋白质和糖等的样品，在蒸馏过程中膨胀和产生气泡，使亚硫酸测定值降低，可以采取减少试样量或使用消泡剂硅酮油的方法来消除。

7.2 本实验是氧化还原滴定法，对蒸馏水的要求较高，整个实验采用双蒸馏水。此外，每次试验前最好能够蒸馏水空蒸 15 分钟以上再做空白试验，这可控制所消耗的碘标准溶液在 0.1ml 以下。当样品比较脏（如调味品）时，需要做完样品后用蒸馏水空蒸 10 分钟，必要时重新做空白试验。

7.3 加酸后，应立即将三角瓶放入密闭容器中蒸馏以免反应生成的二氧化硫释放到空气中造成测定结果偏低。

7.4 确保冷凝管下端插入乙酸铅吸收液中。

7.5 用亚硫酸钠做回收时，最好用碘液标定出亚硫酸钠中硫化物的值，亚硫酸钠标准溶液需要现配现用。

7.6 动植物食品中含有微量的天然亚硫酸盐，存在本底值，本实验中应排除本底值对实验结果的贡献。

起草人：周海燕（四川省食品药品检验检测院）

林思静（中国食品药品检定研究院）

李　静（山东省食品药品检验研究院）

复核人：周　佳（四川省食品药品检验检测院）

王　健（山东省食品药品检验研究院）

第十五节　食品中九种抗氧化剂的检测

1 简述

依据 GB 5009.32-2016《食品安全国家标准　食品中 9 种抗氧化剂的测定 第一法》制定本规程。

本规程适用于食品中没食子酸丙酯（PG）、2，4，5-三羟基苯丁酮（THBP）、叔丁基对苯二酚（TBHQ）、去甲二氢愈创木酸（NDGA）、叔丁基对羟基茴香醚（BHA）、2，6-二叔丁基-4-羟甲基苯酚（Ionox-100）、没食子酸辛酯（OG）、2，6-二叔丁基对甲基苯酚（BHT）、没食子酸十二酯（DG）9种抗氧化剂的液相色谱法测定。

油脂样品经有机溶剂溶解后，使用凝胶渗透色谱（GPC）净化；固体类食品样品用正己烷溶解，用乙腈提取，固相萃取柱净化。高效液相色谱法测定，外标法定量。

本方法的检出限为没食子酸丙酯（PG），2mg/kg；2，4，5-三羟基苯丁酮（THBP），4mg/kg；叔丁基对苯二酚（TBHQ），10mg/kg；去甲二氢愈创木酸（NDGA），4mg/kg；叔丁基对羟基茴香醚（BHA），10mg/kg；2，6-二叔丁基-4-羟甲基苯酚（Ionox-100），20mg/kg；没食子酸辛酯（OG），2mg/kg；2，6-二叔丁基对甲基苯酚（BHT），4mg/kg；没食子酸十二酯（DG），10mg/kg。定量限均为20mg/kg。

2 试剂和材料

除非另有说明，本方法所用试剂均为色谱纯，水为GB/T 6682规定的一级水。

2.1 试剂

甲酸；乙腈；甲醇。正己烷：分析纯。重蒸；乙酸乙酯；环己烷。氯化钠：分析纯。无水硫酸钠：分析纯。650℃灼烧4小时，贮存于干燥器中，冷却后备用。

2.2 试剂配制

2.2.1 乙腈饱和的正己烷溶液　正己烷中加入乙腈至饱和。

2.2.2 己烷饱和的乙腈溶液　乙腈中加入正己烷至饱和。

2.2.3 乙酸乙酯和环己烷混合溶液（1+1）　取50ml乙酸乙酯和50ml环己烷混匀。

2.2.4 乙腈和甲醇混合溶液（2+1）　取100ml乙腈和50ml甲醇混合。

2.2.5 饱和氯化钠溶液　水中加入氯化钠至饱和。

2.2.6 甲酸溶液（0.1+99.9）　取0.1ml甲酸移入100ml容量瓶，定容至刻度。

2.3 标准品

叔丁基对羟基茴香醚；2，6-二叔丁基对甲基苯酚；没食子酸辛酯；没食子酸十二酯；没食子酸丙酯；去甲二氢愈创木酸；2，4，5-三羟基苯丁酮；叔丁基对苯二酚；2，6-二叔丁基-4-羟甲基苯酚，纯度≥98%。

2.4 标准溶液配制

2.4.1 抗氧化剂标准物质混合储备液　准确称取0.1g（精确至0.1mg）固体抗氧化剂标准物质，用乙腈溶于100ml棕色容量瓶中，定容至刻度，配制成浓度为1000mg/L的标准混合储备液，0~4℃避光保存。

2.4.2 抗氧化剂混合标准使用液　移取适量体积的浓度为1000mg/L的抗氧化剂标准物质混合储备液分别稀释至浓度为20mg/L、50mg/L、100mg/L、200mg/L、400mg/L的混合标准使用液。

2.5 材料

C18固相萃取柱（2000mg/12ml）；有机系滤膜：孔径0.22μm。

3　仪器和设备

离心机（转速≥3000r/min）；旋转蒸发仪；高效液相色谱仪；凝胶渗透色谱仪；分析天平感量为0.01g和0.1mg；涡旋振荡器。

4　分析步骤

4.1　试样制备

固体或半固体样品粉碎混匀，然后用对角线法取四分之二或六分之二，或根据试样情况取有代表性试样，密封保存；液体样品混合均匀，取有代表性试样，密封保存。

4.2　提取

4.2.1　固体类样品　称取1g（精确至0.01g）试样于50ml离心管中，加入5ml乙腈饱和的正己烷溶液，涡旋1分钟充分混匀，浸泡10分钟。加入5ml饱和氯化钠溶液，用5ml正己烷饱和的乙腈溶液涡旋2分钟，3000r/min离心5分钟，收集乙腈层于试管中，再重复使用5ml正己烷饱和的乙腈溶液提取2次，合并3次提取液，加0.1%甲酸溶液调节pH=4，待净化。同时做空白试验。

4.2.2　油类　称取1g（精确至0.01g）试样于50ml离心管中，加入5ml乙腈饱和的正己烷溶液溶解样品，涡旋1分钟，静置10分钟，用5ml正己烷饱和的乙腈溶液涡旋提取2分钟，3000r/min离心5分钟，收集乙腈层于试管中，再重复使用5ml正己烷饱和的乙腈溶液提取2次，合并3次提取液，待净化。同时做空白试验。

4.3　净化

在C18固相萃取柱中装入约2g的无水硫酸钠，用5ml甲醇活化萃取柱，再以5ml乙腈平衡萃取柱，弃去流出液。将所有提取液倾入柱中，弃去流出液，再以5ml乙腈和甲醇的混合溶液洗脱，收集所有洗脱液于试管中，40℃下旋转蒸发至干，加2ml乙腈定容，过0.22μm有机系滤膜，供液相色谱测定。

4.4　凝胶渗透色谱法（纯油类样品可选）

称取样品10g（精确至0.01g）于100ml容量瓶中，以乙酸乙酯和环己烷混合溶液定容至刻度，作为母液；取5ml母液于10ml容量瓶中以乙酸乙酯和环己烷混合溶液定容至刻度，待净化。

取10ml待测液加入凝胶渗透色谱（GPC）进样管中，使用GPC净化，参考条件如下。凝胶渗透色谱柱：300mm×20mm玻璃柱，BioBeads（S-X3），40~75μm。柱分离度：玉米油与抗氧化剂（PG、THBP、TBHQ、OG、BHA、Ionox-100、BHT、DG、NDGA）的分离度>85%。流动相：乙酸乙酯∶环己烷=1∶1（体积比）。流速：5ml/min。进样量：2ml。流出液收集时间：7~17.5分钟。紫外检测器波长：280nm。

流出液于40℃下旋转蒸发至干，加2ml乙腈定容，过0.22μm有机系滤膜，供液相色谱测定。同时做空白试验。

4.5 液相色谱仪条件

色谱柱：C18柱，柱长250mm，内径4.6mm，粒径5μm，或等效色谱柱。流动相A：0.5%甲酸水溶液。流动相B：甲醇。洗脱梯度：0~5分钟，流动相（A）50%；5~15分钟，流动相（A）从50%降至20%；15~20分钟：流动相（A）20%；20~25分钟，流动相（A）从20%降至10%；25~27分钟，流动相（A）从10%增至50%；27~30分钟，流动相（A）50%。柱温：35℃。进样量：5μl。检测波长：280nm。

4.6 标准曲线的制作

将系列浓度的标准工作液分别注入液相色谱仪中，测定相应的抗氧化剂，以标准工作液的浓度为横坐标，以响应值（如峰面积、峰高、吸收值等）为纵坐标，绘制标准曲线。

4.7 试样溶液的测定

将试样溶液注入高效液相色谱仪中，得到相应色谱峰的响应值，根据标准曲线得到待测液中抗氧化剂的浓度。

5 计算

试样中抗氧化剂含量按下式计算。

$$X_i = \rho_i \times \frac{V}{m}$$

式中：X_i 为试样中抗氧化剂含量（mg/kg）；ρ_i 为从标准曲线上得到的抗氧化剂溶液浓度值（μg/ml）；V 为样液最终定容体积（ml）；m 为试样称样量（g）。结果保留3位有效数字（或保留到小数点后两位）。

6 精密度

在重复性条件下获得的两次独立测定结果的绝对差值不得超过算术平均值的10%。

7 注意事项

7.1 可配置单标溶液以进行色谱峰定位。

7.2 液体油可直接称取。固体油样品可取样于烧杯中，置于水浴锅70℃加热溶解后取样。部分固体油（如人造奶油）含有水分，因此融化后只取上层油样。

7.3 旋蒸时应完全除去正己烷，防止正己烷进入色谱柱。

起草人：董亚蕾（中国食品药品检定研究院）

岳清洪（四川省食品药品检验检测院）

复核人：刘 钊（中国食品药品检定研究院）

刘桂亮（山东省食品药品检验研究院）

第十六节　食品中铝的检测

1　分光光度法

1.1　简述

依据GB5009.182–2017《食品安全国家标准　食品中铝的测定》制定本规程。

本规程适用于食品中铝的分光光度法测定。

试样经处理后，在乙二胺–盐酸缓冲液中（pH 6.7~7.0），聚乙二醇辛基苯醚（Triton X–100）和溴代十六烷基吡啶（CPB）的存在下，三价铝离子与铬天青S反应生成蓝绿色的四元络束，于620nm波长处测定吸光度值并与标准系列比较定量。

方法检出限为8mg/kg（或8mg/L），定量限为25mg/kg（或25mg/L）。

1.2　试剂和材料

以下实验试剂除非另有说明，均为分析纯，实验用水为GB/T 6682规定的三级水。

1.2.1 盐酸溶液（1+1）　量取50ml盐酸（优级纯）与50ml水混合均匀。

1.2.2 硫酸溶液（1%）　吸取1ml硫酸（优级纯）缓慢加入到80ml水中，放冷后用水稀释至100ml，混匀。

1.2.3 对硝基苯酚乙醇溶液（1g/L）　称取0.1g对硝基苯酚，溶于100ml无水乙醇中，混匀。

1.2.4 硝酸溶液（5%）　量取5ml硝酸（优级纯），加水定容至100ml，混匀。

1.2.5 硝酸溶液（2.5%）　量取2.5ml硝酸（优级纯），加水定容至100ml，混匀。

1.2.6 氨水溶液（1+1）　量取10ml氨水（优级纯），加入10ml水中，混匀。

1.2.7 硝酸溶液（2+98）　量取2ml硝酸（优级纯）与98ml水混合均匀。

1.2.8 乙醇溶液（1+1）　量取50ml无水乙醇（优级纯）溶于50ml水中，混匀。

1.2.9 铬天青S溶液（1g/L）　称取0.1g铬天青S溶于100ml乙醇溶液（1+1）中，混匀。

1.2.10 Triton X–100溶液（3%）　吸取3ml Triton X–100置于100ml容量瓶中，加水定容至刻度，混匀。

1.2.11 cPB溶液（3g/L）　称取0.3g CPB溶于15ml无水乙醇（优级纯）中，加水稀释至100ml，混匀。

1.2.12 乙二胺溶液（1+2）　量取10ml乙二胺缓慢加入20ml水中，混匀。

1.2.13 乙二胺–盐酸缓冲溶液（pH 6.7~7.0）　量取100ml乙二胺沿玻璃棒缓慢加入200ml水中，待冷却后再沿玻璃棒缓缓加入190ml盐酸（优级纯），混匀，若pH > 7.0或pH < 6.7时可分别用盐酸溶液（1+1）或乙二胺溶液（1+2）调节pH。

1.2.14 抗坏血酸溶液（10g/L）　称取1g抗坏血酸，用水溶解并定容至100ml，混匀。临用时现配。

1.2.15 铝标准溶液　1000mg/L。或经国家认证并授予标准物质证书的一定浓度的铝标准溶液。

1.2.16 铝标准使用液（1.00mg/L）　准确吸取0.10ml铝标准溶液（1000mg/L），置于

100ml 容量瓶中，用硝酸溶液（5%）稀释至刻度，混匀。

1.3 仪器和设备

分光光度计；可调式控温电热炉或电热板；天平（感量1mg）；酸度计（±0.1 pH）；恒温干燥箱。

1.4 分析步骤

1.4.1 试样制备 在采样和试样制备过程中，应注意不使试样污染，应避免使用含铝器具。面制品、豆制品、虾味片、烘焙食品等样品粉碎均匀后，取约30g置85℃恒温干燥箱中干燥4小时。

1.4.2 试样消解 称取试样 0.2~3g（精确至 0.001g）或准确移取液体试样 0.500~5.00ml，置于硬质玻璃消化管或锥形瓶中，加入 10ml 硝酸、0.5ml 硫酸，在可调式控温电热炉或电热板上加热，推荐条件：100℃加热 1 小时，升至 150℃加热 1 小时，再升至 180℃加热 2 小时，然后升至 200℃，若变棕黑色，再补加硝酸消化，直至管口冒白烟，消化液呈无色透明或略带黄色。取出冷却，用水转移定容至 50ml（V_1）容量瓶中，混匀备用。同时做试剂空白试验。

1.4.3 显色反应及比色测定 分别吸取 1.00ml（V_2）试样消化液、空白溶液分别置于 25ml 具塞比色管中，加水至 10ml 刻度。另取 25ml 具塞比色管 7 支，分别加入铝标准使用溶液 0ml、0.500ml、1.00ml、2.00ml、3.00ml、4.00ml 和 5.00ml（该系列标准溶液中铝的质量分别为 0μg、0.500μg、1.00μg、2.00μg、3.00μg、4.00μg、5.00μg），并依次向各管中加入硫酸溶液（1%）1ml，加水至 10ml 刻度。

向标准管、试样管、试剂空白管中滴加 1 滴对硝基苯酚乙醇溶液（1g/L），混匀，滴加氨水溶液（1+1）至浅黄色，滴加硝酸溶液（2.5%）至黄色刚刚消失，再多加 1ml，加入 1ml 抗坏血酸溶液（10g/L），混匀后加 3ml 铬天青 S 溶液（1g/L），混匀后加 1ml Triton X-100溶液（3%），3ml CPB溶液（3g/L），3ml乙二胺-盐酸缓冲溶液，加水定容至 25.0ml，混匀，放置40分钟。

于 620nm 波长处，用 1cm 比色皿以空白溶液为参比测定吸光度值。以标准系列溶液中铝的质量为横坐标，以相应的吸光度值为纵坐标，并绘制标准曲线。根据试样消化液的吸光度值与标准曲线比较定量。

1.5 计算

试样中铝含量按下式计算。

$$X = \frac{(m_1 - m_0) \times V_1}{m \times V_2}$$

式中：X为试样中铝的含量（mg/kg或mg/L）；m_1为测定用试样消化液中铝的质量（μg）；m_0为空白溶液中铝的质量（μg）；V_1为试样消化液总体积（ml）；V_2为测定用试样消化液体积（ml）；m为试样称样量或移取体积（g或ml）。计算结果保留 3 位有效数字。

1.6 精密度

在重复性条件下获得的两次独立测定结果的绝对差值不得超过算术平均值的10%。

1.7　注意事项

1.7.1 所有玻璃仪器均需以硝酸（1+5）浸泡24小时以上，用自来水反复冲洗，最后用纯水冲洗晾干后方可使用。有条件的实验室可选择相应塑料容器代替。

1.7.2 使用与被测样品基质相同或相似的有证标准物质作为质量控制样品，其次也可采用加标试验进行质量控制。标准物质的测定值应在标准物质证书给定的范围内。

1.7.3 加标回收实验　称取4份平行样品，其中两份加入一定浓度的铝标准溶液，另两份作为本底测定，计算加标回收率。

1.7.4 食品中铝元素属于微量元素分析，在实验操作中很容易受到环境、试剂及容器的污染，因此，在实验中尽量使用超纯试剂，避免使用玻璃器皿，无论是新购买的试剂还是容器，实验前需做试剂消化空白，计算检出限是否符合方法的要求。

1.7.5 氨水易挥发，应尽量现用现配。配制好的氨水溶液应密封保存。

1.7.6 Triton X-100为黏稠液体，吸取时注意慢吸慢放，保证体积的精确。加水定容时，注意沿容器壁缓慢加入，否则易产生气泡影响定容。Triton X-100溶解较慢，振摇易产生气泡，可通过超声的方式加速溶解。

1.7.7 乙二胺-盐酸缓冲溶液配制过程中会产生大量热量和浓烟，需在通风橱操作。加入时剧烈放热，采取少量多次的方式搅拌加入乙二胺和盐酸溶液。配制好的缓冲液呈无色至淡黄色。每次使用前都应测定pH，若超过使用范围需再次调节。

1.7.8 显色反应过程中滴加氨水溶液及硝酸溶液时注意每滴加入时都需混匀，稍微等待数秒反应。

1.7.9 显色放置40分钟后需尽快测定，蓝绿色的四元胶束不稳定，放置时间加长吸光度值降低明显。

2　电感耦合等离子体质谱法

2.1　简述

依据GB5009.182-2017《食品安全国家标准　食品中铝的测定》制定本规程。

本规程适用于食品中铝的电感耦合等离子体质谱法测定。

试样经消解后，由电感耦合等离子体质谱仪测定，以元素特定质量数（质荷比，*m/z*）定性，采用外标法，以待测元素质谱信号与内标元素质谱信号的强度比与待测元素的浓度成正比进行定量分析。

本规程的方法检出限为0.5mg/kg（固体样品）或0.2mg/L（液体样品），定量限为2mg/kg（固体样品）或0.5mg/L（液体样品）。

2.2　试剂和材料

除非另有说明，本方法所用试剂均为优级纯，实验用水为GB/T 6682的一级水。

硝酸：优级纯或更高纯度。氩气：氩气（≥99.995%）或液氩。氦气：氦气（≥99.995%）。

2.2.1 硝酸溶液（2+98）　取20ml硝酸，缓慢加入980ml水中，混匀。

2.2.2 铝标准溶液（1000mg/L）　经国家认证并授予标准物质证书的一定浓度的铝标准溶液。

2.2.3 铝标准工作溶液（1000ng/ml） 准确吸取 0.01ml 铝标准储备液（1000μg/ml）于 100ml 容量瓶中，用硝酸溶液（2+98）稀释至刻度。现用现配。

2.2.4 内标元素储备液（1000mg/L） 钪、锗等采用经国家认证并授予标准物质证书的单元素或多元素内标标准储备液。

2.2.5 内标使用液 取适量内标单元素储备液或内标多元素标准储备液，用硝酸溶液（2+98）配制合适浓度的内标使用液。

内标溶液既可在配制混合标准工作溶液和样品消化液中手动定量加入，亦可由仪器在线加入。由于不同仪器采用的蠕动泵管内径有所不同，当在线加入内标时，需考虑使内标元素在样液中的浓度，样液混合后的内标元素参考浓度范围为25~100μg/L。

2.3 仪器和设备

电感耦合等离子体质谱仪（ICP-MS）；天平（感量为 0.1mg 和 1mg）；微波消解仪（配有聚四氟乙烯消解内罐）；压力消解罐（配有聚四氟乙烯消解内罐）；恒温干燥箱；控温电热板；超声水浴箱；样品粉碎设备：匀浆机、高速粉碎机。

2.4 分析步骤

2.4.1 试样制备 取可食部分经高速粉碎机粉碎均匀。

2.4.2 试样消解 可根据试样中待测元素的含量水平和检测水平要求选择相应的消解方法及消解容器。

2.4.3 微波消解法 称取固体样品 0.2~0.5g（精确至 0.001g）于微波消解内罐中，含乙醇或二氧化碳的样品先在电热板上低温加热除去乙醇或二氧化碳，加入 5~10ml 硝酸，加盖放置 1 小时或过夜，旋紧罐盖，按照微波消解仪标准操作步骤进行消解（消解参考条件见表 3-3-12）。冷却后取出，缓慢打开罐盖排气，用少量水冲洗内盖，将消解罐放在控温电热板上或超声水浴箱中，于 100℃加热 30 分钟或超声脱气 2~5 分钟，用水定容至 25ml 或 50ml，混匀备用，同时做空白试验。

表3-3-12　样品消解仪参考条件

消解方式	步骤	控制温度（℃）	升温时间（分钟）	恒温时间
微波消解	1	120	5	5 分钟
	2	150	5	10 分钟
	3	190	5	20 分钟
压力罐消解	1	80	—	2 小时
	2	120	—	2 小时
	3	160~170	—	4 小时

2.4.4 压力罐消解法 称取固体干样 0.2~1g（精确至 0.001g）于消解内罐中，含乙醇或二氧化碳的样品先在电热板上低温加热除去乙醇或二氧化碳，加入 5ml 硝酸，放置 1 小时或过夜，旋紧不锈钢外套，放入恒温干燥箱消解（消解参考条件见表 3-3-12），于 150~170℃消解 4 小时，

令却后，缓慢旋松不锈钢外套，将消解内罐取出，在控温电热板上或超声水浴箱中，于 100℃ 加热 30 分钟或超声脱气 2~5 分钟，用水定容至 25ml 或 50ml，混匀备用，同时做空白试验。

2.4.5 仪器参考条件 普通模式和碰撞反应池模式均可用于铝元素的采集。

测定参考条件：在调谐仪器达到测定要求后，编辑测定方法，根据待测元素的性质选择相应的内标元素。推荐 Al 元素的质量数为 27，内标元素和同位素为 ^{45}Sc 或 ^{72}Ge。仪器操作条件见表 3-3-13。

表3-3-13 电感耦合等离子体质谱仪操作参考条件

参数名称	参数	参数名称	参数
射频功率	1500 W	雾化器	高盐 / 同心雾化器
等离子体气流量	15L/min	采样锥 / 截取锥	镍 / 铂锥
载气流量	0.80L/min	采样深度	8~10mm
辅助气流量	0.40L/min	采集模式	跳峰（Spectrum）
氦气流量	4~5ml/min	检测方式	自动
雾化室温度	2℃	每峰测定点数	1~3
样品提升速率	0.3r/s	重复次数	2~3

2.4.6 标准曲线制备及测定 分别取适量铝标准工作溶液，用硝酸溶液（2+98）配成浓度为 0ng/ml、30ng/ml、60ng/ml、120ng/ml、300ng/ml、600ng/ml、1200ng/ml 的标准系列溶液，也可依据样品消化液中元素质量浓度水平延长标准系列的浓度范围。

将铝标准溶液注入电感耦合等离子体质谱仪中，测定铝元素和内标元素的信号响应值，以铝元素的浓度为横坐标，铝元素与所选内标元素响应信号值的比值为纵坐标，绘制标准曲线。

2.4.7 试样溶液的测定 将空白溶液和试样溶液分别注入电感耦合等离子体质谱仪中，测定铝元素和内标元素的信号响应值，根据标准曲线得到消解液中铝元素的浓度。

2.5 计算

试样中铝含量按下式计算。

$$X = \frac{(c - c_0) \times V \times f}{m \times 1000}$$

式中：X 为试样中铝的含量（mg/kg 或 mg/L）；c 为试样消化液中铝的测定浓度（ng/ml）；c_0 为试样空白消化液中铝的测定浓度（ng/ml）；V 为试样消化液总体积（ml）；m 为试样的称样量（g 或 ml）；f 为稀释倍数；1000 为换算系数。计算结果保留 3 位有效数字。

2.6 精密度

样品中各元素含量大于 1mg/kg 时，在重复性条件下获得的两次独立测定结果的绝对差值不得超过算术平均值的 10%；小于或等于 1mg/kg 且大于 0.1mg/kg 时，在重复性条件下获得的两次独立测定结果的绝对差值不得超过算术平均值的 15%；小于或等于 0.1mg/kg 时，在重复性条件下获得的两次独立测定结果的绝对差值不得超过算术平均值的 20%。

第三篇 食品中化学成分检测

2.7 注意事项

2.7.1 本实验中尽量选择塑料容量瓶等塑料容器。所有使用的器皿及聚四氟乙烯消解内罐均需要以硝酸溶液（1+4）浸泡24小时以上，使用前用水反复冲洗，最后用去离子水冲洗干净。

2.7.2 尽可能使用有证标准物质作为质量控制样品，也可采用加标试验进行质量控制。应尽量选择与被测样品基质相同或相似的标准物质进行测定，标准物质的测定值应在标准物质证书给定的范围内。每批样品至少分析1个质量控制样品。

2.7.3 加标回收实验 称取4份平行样品，其中两份份加入一定浓度的铝标准溶液，另两份作为本底测定，计算加标回收率。每批样品测定两个加标回收率。

2.7.4 电感耦合等离子体质谱法点火前需确认仪器状态；氩气压力和流量；废液桶是否需要清空；等离子体点火后一般至少需要稳定15~20分钟才能开始数据采集测定。进样前使用2%硝酸溶液和去离子水溶液依次清洗进样针和进样管路。采样锥、截取锥、炬管、雾化室等组件需要根据实验室条件、样品通量、样品类型定期检查、清洗、更换。清洗更换组件后需重新调谐仪器状态，同时进行基质饱和。

2.7.5 采样时需要关注内标的绝对响应值，由于样品基质效应，会有内标降低和升高的现象。推荐保持内标绝对响应不超过80%~120%的范围。可通过稀释样品溶液或使用基质匹配内标（在内标溶液中加入少量异丙醇）的方式降低基质对测量的干扰，改善内标的绝对响应值。

2.7.6 标准溶液和样品溶液的酸度尽量保持一致，样品稀释时也需要考虑酸度问题。

起草人：刘　钊（中国食品药品检定研究院）

王文特（山东省食品药品检验研究院）

复核人：董亚蕾（中国食品药品检定研究院）

提靖靓（山东省食品药品检验研究院）

第十七节　食品中合成着色剂的检测

1　食品中柠檬黄、日落黄、新红、苋菜红、胭脂红、赤藓红、亮蓝的检测

1.1　简述

参考 GB 5009.35–2016《食品安全国家标准　食品中合成着色剂的测定》制定本规程。

本规程适用于液相色谱测定饮料、配制酒、硬糖、淀粉软糖、巧克力及着色糖衣制品中的合成着色剂（不含铝色淀）。

食品中人工合成着色剂用聚酰胺吸附法或液-液分配法提取，制成水溶液，注入高效液相色谱仪，经反相色谱分离，根据保留时间定性和与峰面积比较进行定量。

柠檬黄、新红、苋菜红、胭脂红、日落黄：0.5mg/kg。亮蓝、赤藓红：0.2mg/kg。

1.2　试剂和材料

甲醇：色谱纯。正己烷；盐酸；冰醋酸；甲酸。

1.2.1 乙酸铵溶液（0.02mol/L）　称取1.54g乙酸铵，加水至1000ml，溶解，经0.45μm微孔滤膜过滤。

1.2.2 柠檬酸溶液　称取20g柠檬酸，加水至100ml，溶解混匀。

1.2.3 饱和硫酸钠溶液。

1.2.4 三正辛胺–正丁醇溶液（5%）　量取三正辛胺5ml，加正丁醇至100ml，混匀。

1.2.5 无水乙醇–氨水–水溶液（7+2+1，体积比）　量取无水乙醇70ml、氨水溶液20ml、水10ml，混匀。

1.2.6 pH 6 的水　水加柠檬酸溶液调pH到6。

1.2.7 pH 4 的水　水加柠檬酸溶液调pH到4。

1.2.8 合成着色剂标准储备液　根据需要用pH 6的水配成适宜浓度的柠檬黄、日落黄、新红、苋菜红、胭脂红、赤藓红、亮蓝标准储备液。

1.2.9 合成着色剂标准使用液　根据需要再用水稀释，配成适当浓度的标准工作溶液。

1.2.10 固相萃取柱或相当者。

1.3　仪器和设备

高效液相色谱仪（配有紫外检测器、二极管阵列检测器）；色谱柱（C18柱，150mm×4.6mm，5μm或与其相当的色谱柱）；分析天平（感量0.001g或0.0001g）；恒温水浴锅；G3垂融漏斗；离心机（3000r/min）；恒温水浴；0.45μm水相滤膜；固相萃取装置。

1.4　分析步骤

1.4.1 试样制备

1.4.1.1 果汁饮料及果汁、果味碳酸饮料等　称取20~40g（精确至0.001g），放入100ml烧杯中。含二氧化碳样品加热或超声驱除二氧化碳。

1.4.1.2 配制酒类　称取20~40g（精确至0.001g），放入100ml烧杯中，加小碎瓷片数片，加热驱除乙醇。

1.4.1.3 硬糖、蜜饯类、淀粉软糖等　称取5~10g（精确至0.001g）粉碎样品，放入100ml小烧杯中，加水30ml，温热溶解，若样品溶液pH较高，用柠檬酸溶液调pH到6左右。

1.4.1.4 巧克力豆及着色糖衣制品　称取5~10g（精确至0.001g），放入100ml小烧杯中，用水反复洗涤色素，到巧克力豆无色素为止，合并色素漂洗液为样品溶液。

1.4.2 色素提取

1.4.2.1 聚酰胺吸附法　样品溶液加柠檬酸溶液调节pH到6，加热至60℃，将1g聚酰胺粉加少许水调成粥状，倒入样品溶液中，搅拌片刻，以G3垂融漏斗抽滤，用60℃ pH为4的水洗涤3~5次，然后用甲醇–甲酸混合溶液洗涤3~5次（含赤藓红的样品用1.4.2.2法处理），再用水洗至中性，用乙醇–氨水–水混合溶液解吸3~5次，直至色素完全解吸，收集解吸液，加乙酸中和，蒸发至近干，加水溶解，定容至5ml。经0.45μm微孔滤膜过滤，进高效液相色谱仪分析（可使用能效相当的固相萃取小柱）。

1.4.2.2 液–液分配法（适用于含赤藓红的样品）　将制备好的样品溶液放入分液漏斗中，加2ml盐酸、三正辛胺–正丁醇溶液（5%）10ml~20ml，振摇提取，分取有机相，重复提取，直至有机相无色，合并有机相，用饱和硫酸钠溶液洗2次，每次10ml，分取有机相，放蒸发皿中，水浴加热浓缩至10ml，转移至分液漏斗中，加10ml正己烷，混匀，加氨水溶液提取2~3次，每次5ml，合并氨水溶液层（含水溶性酸性色素），用正己烷洗2次，氨水层加乙酸调成中性，水浴加热蒸发至近干，加水定容至5ml。经0.45μm微孔滤膜过滤，进高效液相色谱仪分析。

1.4.3 液相色谱条件

1.4.3.1色谱柱　C18柱，150mm×4.6mm（内径），5μm。流动相：甲醇–乙酸铵溶液（0.02mol/L）。进样量：10μl。流速：1ml/min。柱温：30℃。检测器：二极管阵列检测器。PDA检测器。检测波长，见表3-3-14。

表3-3-14　合成着色剂检测波长

组分	检测波长（nm）	参考波长（nm）	通道
柠檬黄	430	550	A
日落黄	480	600	B
新红	515	630	C
苋菜红	515	630	C
胭脂红	515	630	C
赤藓红	515	630	C
亮蓝	630	470	D

1.4.3.2梯度洗脱　梯度洗脱条件见表3-3-15。

表3-3-15　合成着色剂梯度洗脱条件

时间（分钟）	甲醇（%）	乙酸铵溶液（%）
0	94	6
7	65	35
15	2	98
20	2	98
后运行 4min	94	6

1.4.4 测定　根据保留时间及DAD图定性，外标法定量。

1.4.5 记录

1.4.5.1记录称量数据、稀释倍数、定容体积。

1.4.5.2通过仪器工作站制作标准曲线，建立并保存积分方法。

1.5　计算

试样中着色剂含量按下式计算。

$$X = \frac{c \times V}{m \times 1000}$$

式中：X为样品中着色剂的含量（g/kg）；c为样液中着色剂的浓度值（μg/ml）；V为试样溶液最终定容体积（ml）；m为试样称样量（g）。计算结果保留3位有效数字。

1.6　精密度

1.6.1试样每次测定应不少于2份，计算结果以重复性条件下获得的两次独立测定结果的算数平均值表示；

1.6.2 在重复性条件下获得的两次独立测定结果的绝对差值不得超过算术平均值的10%。

1.7 注意事项

1.7.1 线性范围 应注意检出限问题，最小浓度尽量设为检出限。

1.7.2 样品完全提取非常关键，必要时可进行超声提取。

1.7.3 固体糖果可用少量热水完全溶解，再冷却后进行下一步提取、净化。

1.7.4 使用固相萃取小柱的样品应确认是否对赤藓红有保留。

1.7.5 如购买固相萃取柱，需根据要求进行活化，且同一批试验尽量使用同一批小柱。

1.7.6 使用固相萃取小柱，应严格控制流速，使同一批流速尽量保持一致。

1.7.7 由于溶剂为有机试剂，避免重复使用进样瓶瓶盖。

1.7.8 根据实验室仪器自身条件，确定适宜的色谱后运行时间，保证压力恢复初始压力并稳定后再进下一针样品。

1.7.9 整个实验过程应在通风橱内进行，并佩戴防护口罩及手套。

1.7.10 乙酸铵溶液现用现配，并且抽滤。

2 糖果、饮料中诱惑红、酸性红、亮蓝、日落黄的检测

2.1 简述

参考 GB 5009.35-2016《食品安全国家标准 食品中合成着色剂的测定》制定本规程。

本规程适用于液相色谱法检测糖果、饮料中的诱惑红、酸性红、亮蓝、日落黄。

糖果、饮料中的人工合成着色剂用聚酰胺吸附法提取，过滤后，采用反相高效液相色谱技术进行分离测定，外标法定量。

2.2 试剂和材料

水：二次去离子水。乙酸：色谱纯。甲醇：色谱纯。乙酸铵。

2.2.1 聚酰胺粉 200目，或相当的固相萃取小柱。

2.2.2 乙醇－氨溶液 取1ml氨水，加入100ml 70%乙醇中。

2.2.3 甲醇－甲酸溶液 取60ml甲醇和40ml甲酸混匀。

2.2.4 20%柠檬酸溶液 取200g柠檬酸溶解于1 L水中。

2.2.5 硫酸 10ml硫酸和100ml水混匀。

2.2.6 10%钨酸钠溶液 取10g钨酸钠溶于100ml水中。

2.2.7 日落黄、诱惑红、亮蓝、酸性红标准品 纯度大于98%。

2.2.8 标准溶液 准确称取适量的着色剂标准品，用水配制成1.0mg/ml的标准储备溶液，根据需要再用水稀释，配成适当浓度的标准工作溶液。

2.2.9 固相萃取柱或相当者。

2.3 仪器和设备

高效液相色谱仪（配有紫外检测器、二极管阵列检测器）；色谱柱（C18柱，150mm×4.6mm，5 μm或与其相当的色谱柱）；分析天平（感量0.1mg）；快速混匀器；涡旋式混合器；

离心机（3000r/min）；恒温水浴；0.45μm水相滤膜；固相萃取装置。

2.4 分析步骤

2.4.1 提取、净化

2.4.1.1 果汁和汽水等样品 取50ml样品加热，驱除二氧化碳，然后用水稀释定容经0.45μm滤膜过滤后供液相色谱分析。

2.4.1.2 固体类样品 取已粉碎样品10g，加30ml乙醇–氨溶液溶解，置水浴上浓缩至20ml，用20％柠檬酸溶液调节pH3.5~4.5，如需可加1ml 10%钨酸钠溶液，使蛋白质沉淀。将上述溶液加热至70℃，加入聚酰胺粉0.5~1.0g，充分搅拌，用20%柠檬酸溶液调节pH3.5~4.5，使色素完全被吸附，以3000r/min，离心3分钟。弃去离心后所得的上层清液，用甲醇和甲酸溶液洗去天然色素，再用水洗至溶液为中性，最后用乙醇–氨溶液解吸，至吸附剂为白色，收集解吸液，加乙酸中和，定容至100ml，经0.45μm滤膜过滤后供液相色谱仪分析。

2.4.1.3 聚酰胺吸附及解吸过程，可使用相当的固相萃取柱小柱（经过验证能达到回收要求）

2.4.2 液相色谱条件

色谱柱：C18柱，150mm×4.6mm（内径），5μm。流动相：甲醇–乙酸铵溶液（0.02mol/L）。进样量：10μl。流速：1ml/min。柱温：30℃。检测器：二极管阵列检测器，PDA检测器。检测波长，见表3-3-16。

表3-3-16 日落黄、诱惑红、亮蓝、酸性红检测波长

组分	检测波长（nm）	参考波长（nm）	通道
日落黄	480	600	A
诱惑红	515	630	B
酸性红	515	630	B
亮蓝	630	470	C

梯度洗脱条件见表3-3-17。

表3-3-17 日落黄、诱惑红、亮蓝、酸性红梯度洗脱条件

时间（分钟）	甲醇（%）	乙酸铵溶液（%）
0	94	6
7	65	35
15	2	98
20	2	98
后运行4分钟	94	6

2.4.3 测定

根据保留时间及DAD图定性，外标法定量。

2.4.4 记录

2.4.4.1记录称量数据、稀释倍数、定容体积。

2.4.4.2通过仪器工作站制作标准曲线，建立并保存积分方法。

2.5　计算

样品中着色剂含量按下式计算。

$$X = \frac{c \times V}{m \times 1000}$$

式中：X为样品中着色剂的含量（g/kg）；c为样液中着色剂的浓度值（μg/ml）；V为试样溶液最终定容体积（ml）；m为试样称样量（g）。计算结果保留3位有效数字。

2.6　精密度

2.6.1试样每次测定应不少于2份，计算结果以重复性条件下获得的两次独立测定结果的算数平均值表示。

2.6.2在重复性条件下获得的两次独立测定结果的绝对差值不得超过算术平均值的10%。

2.7　注意事项

2.7.1线性范围　应注意检出限问题，最小浓度尽量设定为检出限。

2.7.2样品完全提取非常关键，必要时可进行超声提取。

2.7.3如购买固相萃取柱，需根据要求进行活化，且同一批试验尽量使用同一批小柱。

2.7.4使用固相萃取小柱，过程中应严格控制流速，保持各样品尽量一致。

2.7.5由于溶剂含有机试剂，避免重复使用进样瓶瓶盖。

2.7.6根据实验室仪器自身条件，确定适宜的色谱后运行时间，保证压力稳定后再进下一针样品。

2.7.7整个实验过程应在通风橱内进行，并佩戴防护口罩及手套。

2.7.8乙酸铵溶液现用现配，并且抽滤。

起草人：刘议蔓（四川省食品药品检验检测院）

林思静（中国食品药品检定研究院）

复核人：闵宇航（四川省食品药品检验检测院）

第三篇　食品中化学成分检测

第十八节　肉制品中胭脂红的检测

1　简述

依据《GB/T 9695.6–2008 肉制品 胭脂红着色剂测定》制定本规程。

本规程适用于肉制品中胭脂红的液相色谱法测定。

试样中的胭脂红经试样脱脂、碱性溶液提取、沉淀蛋白质、聚酰胺粉吸附、无水乙醇+氨水+水解吸后，制成水溶液，过滤后用高效液相色谱仪测定。根据保留时间定性，外标法定量。

检出限为0.05mg/kg。

2 试剂和材料

水：符合GB/T 6682–1992规定的二级水。甲醇：色谱纯。甲酸。石油醚：沸程为30~60℃。无水乙醇；钨酸钠；柠檬酸；乙酸铵。聚酰胺粉（尼龙6）：过200目筛。有机相微孔过滤膜：13mm × 0.45 μm。

2.1 试液配制

2.1.1 海砂 化学纯。先用盐酸溶液（1+10）煮沸15分钟，用水洗至中性，再用50g/L氢氧化钠溶液煮沸15分钟，用水洗至中性，于105℃干燥，贮于具塞瓶中。

2.1.2 硫酸溶液［1+9（体积比）］ 量取10ml浓硫酸，在搅拌的同时缓慢加入到90ml水中。

2.1.3 钨酸钠溶液（c=100g/L） 称取10g钨酸钠，加水溶解，稀释至100ml。

2.1.4 乙酸铵溶液（c=0.02mol/L） 称取1.54g乙酸铵，加水溶解，稀释至1000ml，经0.45μm滤膜过滤。

2.1.5 柠檬酸溶液（c=200g/L） 称取20g柠檬酸，加水溶解，稀释至100ml。

2.1.6 甲醇＋甲酸［3+2（体积比）］ 量取60ml甲醇，40ml甲酸，混匀。

2.1.7 无水乙醇＋氨水＋水［7+2+1（体积比）］ 量取70ml无水乙醇，20ml氨水，10ml水，混匀。

2.1.8 pH=5的水 量取100ml水，用柠檬酸溶液调pH到5。

2.2 标准品及标准溶液配制

2.2.1 胭脂红标准品 含量≥95%。

2.2.2 胭脂红标准储备液（1mg/ml） 称取按其纯度折算为100%质量的胭脂红标准品0.100g，置于100ml容量瓶中，用pH=5的水溶解，并稀释至刻度。或使用有证标准溶液用水稀释而成。

2.2.3 胭脂红标准工作液 临用时将胭脂红标准储备液用水稀释至所需浓度，经0.45μm滤膜过滤。

3 仪器和设备

高效液相色谱仪（配有紫外检测器或二极管阵列检测器）；色谱柱（C18柱，150mm × 4.6mm，5μm或与其相当的色谱柱）；高速组织捣碎机（用于试样的均质化，包括高速旋转的收割机，或多孔板的孔径不超过4mm的绞肉机）；G3砂芯漏斗；分析天平（可准确称重至0.001g）；恒温水浴锅；高速冷冻离心机；移液枪；涡旋式混合器。

4 分析步骤

4.1 取样

4.1.1取样方法参见GB/T 9695.19。

4.1.2实验室所受到的样品应具有代表性且在运输和储藏过程中没受损或发生变化。

4.1.3至少取有代表性的样品200g。

4.2　试样制备

使用适当的机械设备将试样均质。注意避免试样的温度超过25℃。若使用绞肉机，试样至少通过该仪器两次。

将试样装入密封的容器里，防止变质和成分变化。试样应尽快分析，均质化后最迟不超过24小时。

4.3　前处理

4.3.1　提取　称取试样5.0~10.0g置于研钵中，加海砂少许，研磨混匀，吹冷风使试样略为干燥，加入石油醚50ml，搅拌，放置片刻，弃去石油醚，如此重复处理3次，除去脂肪，吹干。加入无水乙醇＋氨水＋水溶液提取胭脂红，通过砂芯漏斗抽滤提取液，反复多次，至提取液无色为止。收集全部提取液于250ml锥形瓶中。

4.3.2　沉淀蛋白质　在70℃水浴上浓缩提取液至10ml以下，依次加入1.0ml硫酸溶液和1.0ml钨酸钠溶液，混匀，继续70℃水浴加热5分钟，沉淀蛋白质。取下锥形瓶，冷却至室温，用滤纸过滤，用少量水洗涤滤纸，滤液收集于100ml烧杯中。

4.3.3　纯化　将上述滤液加热至70℃，将1.0~1.5g聚酰胺粉加少许水调成糊状，倒入试样溶液中，使色素完全被吸附。将吸附色素的聚酰胺粉全部转移到漏斗中，抽滤，用70℃柠檬酸溶液洗涤3~5次，然后用甲醇＋甲酸洗涤3~5次，至洗出液无色为止，再用水洗至流出呈中性。以上洗涤过程要搅拌。用无水乙醇＋氨水＋水解吸3~5次，每次5ml，收集解吸液，蒸发至近干，加水溶解并定容至10ml。经0.45μm滤膜过滤，滤液待测。

4.4　测定

4.4.1　液相色谱参考条件　色谱柱：C18柱，150mm×4.6mm（内径），5μm流动相：甲醇和0.02mol/L乙酸铵溶液。梯度洗脱参见表3-3-18。流速：1.0ml/min。柱温：30℃。检测波长：508nm。进样量：20μl。

表3-3-18　液相色谱梯度洗脱条件

时间（分钟）	甲醇（%）	0.02mol/L乙酸铵溶液（%）
0	94	6
7	65	35
15	2	98
20	2	98
后运行4分钟	94	6

4.4.2　液相色谱测定　根据试样溶液由胭脂红的含量情况，选定峰面积近似的标准工作液。分别将待测试液溶液和标准工作液用高效液相色谱仪测定。标准工作液和试样溶液中胭脂红的响应值均应在的检测线性范围内，根据保留时间定性，外标法定量。

4.4.3　平行试验　按以上步骤，对同一试样进行平行试验测定。

4.4.4　空白试验　除不称取试样外，均按上诉步骤进行。

4.5 记录

4.5.1 记录称量数据、稀释倍数、定容体积。

4.5.2 通过仪器工作站制作标准曲线，建立并保存积分方法。

5 计算

样品中胭脂红含量按下式计算。

$$X = \frac{c \times V_1 \times 1000}{m \times 1000}$$

式中：X 为样品中胭脂红的含量（mg/kg）；c 为样液中着色剂的浓度（mg/L）；V_1 为试样溶液定容体积（ml）；m 为试样质量（g）。计算结果保留2位有效数字。

6 精密度

6.1 同一分析者在同一实验室、采用相同的方法和相同的仪器、在短时间间隔内对同一样品独立测定两次。

6.2 两次测定结果的绝对差值不超过算术平均值的10%。

7 注意事项

7.1 所取试样应具有代表性。

7.2 试样提取时应充分分散，有效提取。

7.3 石油醚去除油脂步骤时，需注意防止损失。

7.4 整个实验过程应在通风橱内进行，并佩戴防护口罩及手套。

7.5 乙酸铵溶液应现用现配，并且抽滤。

7.6 如使用固相萃取柱，需根据要求进行活化，且同一批试验尽量使用同一批小柱。

7.7 使用固相萃取小柱时，流速应严格控制。

起草人：刘议夐（四川省食品药品检验检测院）

高文超（中国食品药品检定研究院）

复核人：闵宇航（四川省食品药品检验检测院）

第四章
食品中生物毒素的检测

第一节　食品中黄曲霉毒素 B₁ 的检测

本规程适用于谷物及其制品、油脂及其制品、调味品、坚果及籽类、豆类及其制品、婴幼儿配方食品和婴幼儿辅助食品中黄曲霉毒素 B_1（$AFTB_1$）的测定。

1　同位素稀释液相色谱－串联质谱法

1.1　简述

参考 GB 5009.22–2016《食品安全国家标准　食品中黄曲霉毒素 B 族和 G 族的测定》第一法制定本规程。

方法的主要原理为试样中的 $AFTB_1$ 用乙腈－水溶液或甲醇－水溶液提取，提取液用含 1%TritonX–100（或吐温–20）的磷酸盐缓冲溶液稀释后（必要时经黄曲霉毒素固相净化柱初步净化），通过免疫亲和柱净化和富集，净化液浓缩、定容和过滤后经液相色谱分离，串联质谱检测，同位素内标法定量。当称取样品 5g 时，$AFTB_1$ 的检出限为 0.03 μg/kg，定量限为 0.1 μg/kg。

1.2　试剂和材料

除非另有说明，均为分析纯，实验用水为 GB/T 6682 的一级水。

1.2.1 试剂　乙腈（色谱纯）；甲醇（色谱纯）；乙酸铵（色谱纯）；氯化钠；磷酸氢二钠；磷酸二氢钾；氯化钾；盐酸；Triton X–100（或吐温 –20）。

1.2.2 试剂配制

1.2.2.1 乙酸铵溶液（5mmol/L）　称取 0.39g 乙酸铵，用水溶解后稀释至 1000ml，混匀。

1.2.2.2 乙腈－水溶液（84+16）　取 840ml 乙腈加入 160ml 水，混匀。

1.2.2.3 甲醇－水溶液（70+30）　取 700ml 甲醇加入 300ml 水，混匀。

1.2.2.4 乙腈－水溶液（50+50）　取 50ml 乙腈加入 50ml 水，混匀。

1.2.2.5 乙腈－甲醇溶液（50+50）　取 50ml 乙腈加入 50ml 甲醇，混匀。

1.2.2.6 10% 盐酸溶液　取 1ml 盐酸，用纯水稀释至 10ml，混匀。

1.2.2.7 磷酸盐缓冲溶液（PBS）　称取 8.00g 氯化钠、1.20g 磷酸氢二钠（或 2.92g 十二水磷酸氢二钠）、0.20g 磷酸二氢钾、0.20g 氯化钾，用 900ml 水溶解，用盐酸调节 pH 至 7.4 ± 0.1，加水稀释至 1000ml。

1.2.2.8 1% TritonX–100（或吐温–20）的 PBS　取 10ml TritonX–100（或吐温–20），用 PBS 稀释至 1000ml。

1.2.3 标准品

1.2.3.1 AFTB$_1$标准品（CAS号：1162-65-8） 纯度≥98%，或经国家认证并授予标准物质证书的标准物质。

1.2.3.2 同位素内标 ^{13}C$_{17}$-AFTB$_1$（CAS号：157449-45-0） 纯度≥98%，浓度为0.5μg/ml。

1.2.4 标准溶液配制

1.2.4.1 标准储备溶液（10μg/ml） 称取AFTB$_1$ 1mg（精确至0.01mg），用乙腈溶解并定容至100ml。此溶液浓度约为10μg/ml。溶液转移至试剂瓶中后，在-20℃下避光保存，备用。

1.2.4.2 标准工作液（100ng/ml） 准确移取标准储备溶液（1.0μg/ml）1.00ml至100ml容量瓶中，乙腈定容。此溶液密封后避光-20℃下保存，三个月有效。

1.2.4.3 同位素内标工作液（100ng/ml） 准确移取0.5μg/ml ^{13}C$_{17}$-AFTB$_1$ 2.00ml，用乙腈定容至10ml。在-20℃下避光保存，备用。

1.2.4.4 标准系列工作溶液 准确移取标准工作液（100ng/ml）10μl、50μl、100μl、200μl、500μl、800μl、1000μl至10ml容量瓶中，加入200μl 100ng/ml的同位素内标工作液，用初始流动相定容至刻度，配制浓度点为0.1ng/ml、0.5ng/ml、1.0ng/ml、2.0ng/ml、5.0ng/ml、8.0ng/ml、10.0ng/ml的系列标准溶液。

1.3 仪器和设备

匀浆机；高速粉碎机；组织捣碎机；超声波/涡旋振荡器或摇床；天平（感量0.01g和0.00001g）；涡旋混合器；高速均质器（转速6500~24000r/min）；离心机（转速≥6000r/min）；玻璃纤维滤纸（快速、高载量、液体中颗粒保留1.6μm）；固相萃取装置（带真空泵）；氮吹仪；液相色谱-串联质谱仪（带电喷雾离子源）；液相色谱柱；免疫亲和柱（AFTB$_1$柱容量≥200ng，AFTB$_1$柱回收率≥80%，AFTG$_2$的交叉反应率≥80%）；黄曲霉毒素专用型固相萃取净化柱或功能相当的固相萃取柱（以下简称净化柱，对复杂基质样品测定时使用）；微孔滤头（带0.22μm微孔滤膜，所选用滤膜应采用标准溶液检验确认无吸附现象，方可使用）；筛网（1mm~2mm试验筛孔径）；pH计。

1.4 分析步骤

1.4.1 样品制备 采样量需大于1kg（L），用高速粉碎机将其粉碎，过筛，使其粒径小于2mm孔径试验筛，混合均匀后缩分至100g，储存于样品瓶中，密封保存，供检测用。对于袋装、瓶装等包装样品需至少采集3个包装（同一批次或号），用组织捣碎机捣碎混匀后，储存于样品瓶中，密封保存，供检测用。

1.4.2 样品提取 称取5g试样（精确至0.01g）于50ml离心管中，加入100μl同位素内标工作液振荡混合后静置30分钟。加入20ml乙腈-水溶液（84+16）或甲醇-水溶液（70+30），涡旋混匀，置于超声波/涡旋振荡器或摇床中振荡20分钟（或用均质器均质3分钟），在6000r/min下离心10分钟（或均质后玻璃纤维滤纸过滤），取上清液备用。

1.4.3 样品净化

1.4.3.1 免疫亲和柱净化

1.4.3.1.1 上样液的准备 准确移取4ml上清液，加入46ml 1% TritionX-100（或吐温-20）的PBS（使用甲醇-水溶液提取时可减半加入），混匀。

1.4.3.1.2试样的净化 将低温下保存的免疫亲和柱恢复至室温，放尽免疫亲和柱内原有液体后，将上述样液移至50ml注射器筒中，调节下滴速度，控制样液以1~3ml/min的速度稳定下滴。待样液滴完后，往注射器筒内分2次加入10ml水，以稳定流速淋洗免疫亲和柱。待水滴完后，用真空泵抽干亲和柱。脱离真空系统，在亲和柱下部放置10ml刻度试管，取下50ml的注射器筒，分2次加1ml甲醇洗脱亲和柱，控制1~3ml/min的速度下滴，再用真空泵抽干亲和柱，收集全部洗脱液至试管中。在50℃下用氮气缓缓地将洗脱液吹至近干，加入1.0ml初始流动相，涡旋30秒溶解残留物，0.22μm滤膜过滤，收集滤液于进样瓶中以备进样。

1.4.3.2黄曲霉毒素固相净化柱和免疫亲和柱同时使用（对花椒、胡椒和辣椒等复杂基质）

1.4.3.2.1净化柱净化 移取适量上清液，按净化柱操作说明进行净化，收集全部净化液。

1.4.3.2.2免疫亲和柱净化 用刻度移液管准确吸取上述净化液4ml，加入46ml 1% TritionX-100（或吐温-20）的PBS［使用甲醇-水溶液提取时，加入23ml 1% TritionX-100（或吐温-20）的PBS］，混匀。按1.4.3.1.2处理，以备进样。

1.4.4 液相色谱参考条件 流动相：A相，5mmol/L乙酸铵溶液；B相，乙腈-甲醇溶液（50+50）。梯度洗脱：32% B（0~0.5分钟），45% B（3~4分钟），100% B（4.2~4.8分钟），32% B（5.0~7.0分钟）。色谱柱：C18柱（柱长100mm，柱内径2.1mm：填料粒径1.7μm）。流速：0.3ml/min。柱温：40℃。进样体积：2~5μl。

1.4.5 质谱参考条件 检测方式：多离子反应监测（MRM）；离子源控制条件参见表3-4-1；离子选择参数参见表3-4-2。

表3-4-1 离子源控制条件

电离方式	ESI$^+$
毛细管电压 /kV	3.5
锥孔电压 /V	30
射频透镜1电压 /V	14.9
射频透镜2电压 /V	15.1
离子源温度 /℃	150
锥孔反吹气流量 /（L/h）	50
脱溶剂气温度 /℃	500
脱溶剂气流量 /（L/h）	800
电子倍增电压 /V	650

表3-4-2 离子选择参数

化合物名称	母离子（m/z）	定量例子（m/z）	碰撞能量（eV）	定性离子（m/z）	碰撞能量（m/z）	离子化方式
AFTB$_1$	313	285	22	241	38	ESI$^+$
^{13}C$_{17}$-AFTB$_1$	330	255	23	301	35	ESI$^+$

1.4.6 定性测定 试样中目标化合物色谱峰的保留时间与相应标准色谱峰的保留时间相比

较，变化范围应在 ±2.5% 之内。

每种化合物的质谱定性离子必须出现，至少应包括一个母离子和两个子离子，而且同一检测批次，对同一化合物，样品中目标化合物的两个子离子的相对丰度比与浓度相当的标准溶液相比，其允许偏差不超过表3-4-3规定的范围。

表3-4-3　定性时相对离子丰度的最大允许偏差

相对离子丰度 /%	> 50	20~50	10~20	≤ 10
允许相对偏差 /%	± 20	± 25	± 30	± 50

1.4.7 标准曲线的制作　在上述 1.4.4、1.4.5 的液相色谱串联质谱仪分析条件下，将标准系列溶液由低到高浓度进样检测，以 AFTB$_1$ 色谱峰与各对应内标色谱峰的峰面积比值－浓度作图，得到标准曲线回归方程，其线性相关系数应大于 0.99。

1.4.8 试样溶液的测定　将上述 1.4.3 处理得到的待测溶液进样，内标法计算待测液中目标物质的质量浓度，计算样品中待测物的含量。待测样液中的响应值应在标准曲线线性范围内，超过线性范围则应适当减少取样量重新测定。

1.4.9 空白试验　不称取试样，按上述 1.4.2 和 1.4.3 的步骤做空白实验。应确认不含有干扰待测组分的物质。

1.5　计算

试样中 AFTB$_1$ 的残留量按下式计算。

$$X = \frac{\rho \times V_1 \times V_3 \times 1000}{V_2 \times m \times 1000}$$

式中 X 为试样中 AFTB$_1$ 的含量（μg/kg）；ρ 为进样溶液中 AFTB$_1$ 的浓度值（ng/ml）；V_1 为试样提取液体积（ml）；V_3 为试样最终定容体积（ml）；1000 为换算系数；V_2 为用于净化的分取体积（ml）；m 为试样的称样量（g）；计算结果保留三位有效数字。

1.6　精密度

在重复性条件下获得的两次独立测定结果的绝对差值不得超过算术平均值的20%。

1.7　注意事项

1.7.1 黄曲霉毒素 B$_1$ 对人体有害，实验过程应具有相应的安全、防护措施，并不得污染环境。整个分析操作过程应在指定区域内进行，该区域应避光（直射阳光）、具备相对独立的操作台和废弃物存放装置。在整个实验过程中，操作者应按照接触剧毒物的要求采取相应的保护措施，人员操作应戴手套操作，凡可能接触到黄曲霉毒素 B$_1$ 的玻璃器皿要用 10% 次氯酸钠浸泡24小时以上，再用水将清洗干净。实验废液也需要加入次氯酸钠进行处理。

1.7.2 黄曲霉毒素 B$_1$ 为强致癌物质，使用时需谨慎，建议选用液体标准品。

1.7.3 取样量可根据实际情况调整，同时注意提取液体积要按比例调整，建议取样量最低不少于5g。

1.7.4 免疫亲和柱在 4~8℃ 环境下保存，不能冷冻。使用前免疫亲和柱需至少提前半小时恢复至室温（22~25℃左右）。

1.7.5 过柱前，建议让洗脱液在柱子中停留30秒至1分钟，从而能够充分洗脱，建议洗脱液流速控制1滴/秒，可依靠重力过柱，流速过慢可采用注射器加正压或采用真空泵施加负压。

1.7.6 洗脱液氮吹浓缩时要注意避免液体鼓泡、飞溅，同时注意吹至近干时，要保证剩余少量的溶剂。

1.7.7 紫外线对低浓度黄曲霉有一定的破坏性，储备液应该避光保存。

1.7.8 用不同厂商的免疫亲和柱，在样品上样、淋洗和洗脱的操作方面可能会略有不同，使用前应仔细阅读相关产品使用说明书，并注意不要使用过有效期的免疫亲和柱。

2 高效液相色谱－柱后衍生法

2.1 简述

参考 GB 5009.22–2016《食品安全国家标准 食品中黄曲霉毒素 B 族和 G 族的测定》第三法制定本规程。

方法的主要原理为试样中的黄曲霉毒素 B_1（$AFTB_1$）用乙腈–水溶液或甲醇–水溶液的混合溶液提取，提取液经免疫亲和柱净化和富集，净化液浓缩、定容和过滤后经液相色谱分离，柱后衍生（碘或溴试剂衍生、光化学衍生、电化学衍生等），经荧光检测器检测，外标法定量。仪器检测部分的柱后衍生方法，可根据具体情况选择其中一种方法即可。

当称取样品5g时，柱后光化学衍生法、柱后溴衍生法、柱后碘衍生法、柱后电化学衍生法的 $AFTB_1$ 的检出限为 $0.03\,\mu g/kg$；无衍生器法的 $AFTB_1$ 的检出限为 $0.02\,\mu g/kg$；柱后光化学衍生法、柱后溴衍生法、柱后碘衍生法、柱后电化学衍生法 $AFTB_1$ 的定量限为 $0.1\,\mu g/kg$；无衍生器法 $AFTB_1$ 的定量限为 $0.05\,\mu g/kg$。

2.2 试剂和材料

除非另有说明，本方法所用试剂均为分析纯，水为 GB/T 6682 规定的一级水。

2.2.1 试剂 甲醇（色谱纯）；乙腈（色谱纯）；氯化钠；磷酸氢二钠；磷酸二氢钾；氯化钾；盐酸；TritonX–100（或吐温–20）；碘衍生使用试剂（碘）；溴衍生使用试剂（三溴化吡啶）；电化学衍生使用试剂（溴化钾、浓硝酸）。

2.2.2 试剂配制

2.2.2.1 乙腈–水溶液（84+16） 取 840ml 乙腈加入 160ml 水。

2.2.2.2 甲醇–水溶液（70+30） 取 700ml 甲醇加入 300ml 水。

2.2.2.3 乙腈–水溶液（50+50） 取 500ml 乙腈加入 500ml 水。

2.2.2.4 乙腈–水溶液（10+90） 取 100ml 乙腈加入 900ml 水。

2.2.2.5 乙腈–甲醇溶液（50+50） 取 500ml 乙腈加入 500ml 甲醇。

2.2.2.6 磷酸盐缓冲溶液（PBS） 称取 8.00g 氯化钠、1.20g 磷酸氢二钠（或 2.92g 十二水磷酸氢二钠）、0.20g 磷酸二氢钾、0.20g 氯化钾，用 900ml 水溶解，用盐酸调节 pH 至 7.4，用水定容至 1000ml。

2.2.2.7 1%TritonX–100（或吐温–20）的 PBS 取 10ml TritonX–100，用 PBS 定容至 1000ml。

2.2.2.8 0.05% 碘溶液：称取 0.1g 碘，用 20ml 甲醇溶解，加水定容至 200ml，用 $0.45\,\mu m$ 的滤膜过滤，现配现用（仅碘柱后衍生法使用）。

2.2.2.9 5mg/L 三溴化吡啶水溶液 称取 5mg 三溴化吡啶溶于 1 L 水中，用 $0.45\,\mu m$ 的滤膜过滤，现配现用（仅溴柱后衍生法使用）。

2.2.3 标准品 AFTB$_1$ 标准品（CAS号：1162-65-8）：纯度≥98%，或经国家认证并授予标准物质证书的标准物质。

2.2.4 标准溶液配制

2.2.4.1 标准储备溶液（10μg/ml） 称取 AFTB$_1$ 1mg（精确至0.01mg），用乙腈溶解并定容至100ml。此溶液浓度约为10μg/ml。溶液转移至试剂瓶中后，在-20℃下避光保存，备用。

2.2.4.2 标准工作液（100ng/ml） 准确移取 AFTB$_1$ 标准储备溶液1ml至100ml容量瓶中，乙腈定容。密封后避光-20℃下保存，三个月内有效。

2.2.4.3 标准系列工作溶液 分别准确移取标准工作液10μl、50μl、200μl、500μl、1000μl、2000μl、4000μl至10ml容量瓶中，用初始流动相定容至刻度（含 AFTB$_1$ 浓度为0.1ng/ml、0.5ng/ml、2.0ng/ml、5.0ng/ml、10.0ng/ml、20.0ng/ml、40.0ng/ml的系列标准溶液）。

2.3 仪器和设备

匀浆机；高速粉碎机；组织捣碎机；超声波/涡旋振荡器（摇床）；天平（感量0.01g和0.00001g）；涡旋混合器；（高速均质器：转速6500~24000r/min）；离心机（转速≥6000r/min）；玻璃纤维滤纸（快速、高载量、液体中颗粒保留1.6μm）；固相萃取装置（带真空泵）；氮吹仪；液相色谱仪（配荧光检测器，带一般体积流动池或者大体积流通池）；液相色谱柱；光化学柱后衍生器（适用于光化学柱后衍生法）；溶剂柱后衍生装置（适用于碘或溴试剂衍生法）；电化学柱后衍生器（适用于电化学柱后衍生法）；免疫亲和柱（AFTB$_1$ 柱容量≥200ng，AFTB$_1$ 柱回收率≥80%，AFTG$_2$的交叉反应率≥80%）；黄曲霉毒素固相净化柱或功能相当的固相萃取柱（以下简称净化柱，对复杂基质样品测定时使用）；一次性微孔滤头（带0.22μm微孔滤膜，所选用滤膜应采用标准溶液检验确认无吸附现象，方可使用）；筛网（1~2mm试验筛孔径）。

2.4 分析步骤

2.4.1 样品制备 采样量需大于1kg，用高速粉碎机将其粉碎，过筛，使其粒径小于2mm孔径试验筛，混合均匀后缩分至100g，储存于样品瓶中，密封保存，供检测用。对于袋装、瓶装等包装样品需至少采集3个包装（同一批次或号），用组织捣碎机捣碎混匀后，储存于样品瓶中，密封保存，供检测用。

2.4.2 样品提取 称取5g试样（精确至0.01g）于50ml离心管中，加入20.0ml乙腈-水溶液（84+16）或甲醇-水溶液（70+30），涡旋混匀，置于超声波/涡旋振荡器或摇床中振荡20分钟（或用均质器均质3分钟），在6000r/min下离心10分钟（或均质后玻璃纤维滤纸过滤），取上清液备用。

2.4.3 样品净化

2.4.3.1 免疫亲和柱净化

2.4.3.1.1 上样液的准备 准确移取4ml上述上清液，加入46ml 1% TritonX-100（或吐温-20）的PBS（使用甲醇-水溶液提取时可减半加入），混匀。

2.4.3.1.2 试样的净化 将低温下保存的免疫亲和柱恢复至室温，放尽免疫亲和柱内的液体后，将上述样液移至50ml注射器筒中，调节下滴速度，控制样液以1~3ml/min的速度稳定下滴。待样液滴完后，往注射器筒内加入2×10ml水，以稳定流速淋洗免疫亲和柱。待水滴完后，用真空泵抽干亲和柱。脱离真空系统，在亲和柱下部放置10ml刻度试管，取下50ml的注射器筒，2×1ml甲醇洗脱亲和柱，控制1~3ml/min的速度下滴，再用真空泵抽干亲和柱，收集全部洗脱液至试管中。在50℃下用氮气缓缓地将洗脱液吹至近干，用初始流动相定容至1.0ml，涡旋30秒溶解残留物，0.22μm滤膜过滤，收集滤液于进样瓶中以备进样。

2.4.3.2 黄曲霉毒素固相净化柱和免疫亲和柱同时使用（对花椒、胡椒和辣椒等复杂基质）

2.4.3.2.1 净化柱净化　移取适量上清液，按净化柱操作说明进行净化，收集全部净化液。

2.4.3.2.2 免疫亲和柱净化　用刻度移液管准确吸取上部净化液4ml，加入46ml 1% TritonX-100（或吐温-20）的PBS（使用甲醇-水溶液提取时可减半加入），混匀。按2.4.3.1.2处理，以备进样。

2.4.4 液相色谱参考条件

2.4.4.1 无衍生器法（大流通池直接检测）　液相色谱参考条件列出如下。流动相：A相，水；B相，乙腈-甲醇（50+50）。等梯度洗脱条件（A，65%；B，35%）。色谱柱：C18柱（柱长100mm，柱内径2.1mm，填料粒径1.7μm），或相当者流速（0.3ml/min）；柱温（40℃）；进样量（10μl）；激发波长（365nm）；发射波长（436nm）。

2.4.4.2 柱后光化学衍生法　液相色谱参考条件列出如下。流动相：A相，水；B相，乙腈-甲醇（50+50）。等梯度洗脱条件：A，68%；B，32%。色谱柱：C18柱（柱长150mm或250mm，柱内径4.6mm，填料粒径5μm），或相当者。流速（1.0ml/min）；柱温（40℃）；进样量（50μl）；光化学柱后衍生器；激发波长（360nm）；发射波长（440nm）。

2.4.4.3 柱后碘或溴试剂衍生法

2.4.4.3.1 柱后碘衍生法　液相色谱参考条件列出如下。流动相：A相，水；B相，乙腈-甲醇（50+50）。等梯度洗脱条件：A，68%；B，32%。色谱柱：C18柱（柱长150mm或250mm，柱内径4.6mm，填料粒径5μm），或相当者。流速（1.0ml/min）；柱温（40℃）；进样量（50μl）；柱后衍生化系统；衍生溶液（0.05%碘溶液）；衍生溶液流速（0.2ml/min）；衍生反应管温度（70℃）；激发波长（360nm）；发射波长（440nm）。

2.4.4.3.2 柱后溴衍生法　液相色谱参考条件列出如下。流动相：A相，水；B相，乙腈-甲醇（50+50）。等梯度洗脱条件：A，68%；B，32%。色谱柱：C18柱（柱长150mm或250mm，柱内径4.6mm，填料粒径5μm）或相当者。流速（1.0ml/min）；色谱柱柱温（40℃）；进样量（50μl）；柱后衍生系统；衍生溶液（5mg/L三溴化吡啶水溶液）；衍生溶液流速（0.2ml/min）；衍生反应管温度（70℃）；激发波长（360nm）；发射波长（440nm）。

2.4.4.4 柱后电化学衍生法　液相色谱参考条件列出如下。流动相：A相，水（1 L水中含119mg溴化钾，350μl 4mol/L硝酸）；B相，甲醇。等梯度洗脱条件：A，60%；B，40%。色谱柱：C18柱（柱长150mm或250mm，柱内径4.6mm，填料粒径5μm），或相当者。柱温（40℃）；流速（1.0ml/min）；进样量（50μl）；电化学柱后衍生器；反应池工作电流（100μA）；1根PEEK反应管路（长度50cm，内径0.5mm）；激发波长（360nm）；发射波长（440nm）。

2.4.5 样品

2.4.5.1 标准曲线的制作　系列标准工作溶液由低到高浓度依次进样检测，以峰面积为纵坐标、浓度为横坐标作图，得到标准曲线回归方程。

2.4.5.2 试样溶液的测定　待测样液中待测化合物的响应值应在标准曲线线性范围内，浓度超过线性范围的样品则应稀释后重新进样分析。

2.4.5.3空白试验　不称取试样，按2.4.3、2.4.4和2.4.5的步骤做空白实验。应确认不含有干扰待测组分的物质。

2.5　计算

试样中AFTB$_1$的残留量按下式计算。

$$X=\frac{\rho \times V_1 \times V_3 \times 1000}{V_2 \times m \times 1000}$$

式中：X为试样中AFTB$_1$的含量（μg/kg）；ρ为进样溶液中AFTB$_1$按照外标法在标准曲线中对应的浓度（ng/ml）；V_1为试样提取液体积（ml）；V_3为试样最终定容体积（ml）；1000为换算系数；V_2为用于净化的分取体积（ml）；m为试样的称样量（g）。计算结果保留三位有效数字。

2.6　精密度

在重复性条件下获得的两次独立测定结果的绝对差值不得超过算术平均值的20%。

2.7　注意事项

2.7.1黄曲霉毒素B$_1$对人体有害，实验过程应具有相应的安全、防护措施，并不得污染环境。整个分析操作过程应在指定区域内进行，该区域应避光（直射阳光），具备相对独立的操作台和废弃物存放装置。在整个实验过程中，操作者应按照接触剧毒物的要求采取相应的保护措施，人员操作应戴手套操作，凡可能接触到黄曲霉毒素B$_1$的玻璃器皿要用10%次氯酸钠浸泡24小时以上，再用水将清洗干净。实验废液也需要加入次氯酸钠进行处理。

2.7.2黄曲霉毒素B$_1$为强致癌物质，使用时需谨慎，建议选用液体标准品。

2.7.3取样量可根据实际情况调整，同时注意提取液体积要按比例调整，建议取样量最低不少于5g。

2.7.4免疫亲和柱在4~8℃环境下保存，不能冷冻。使用前免疫亲和柱需至少提前半小时恢复至室温（22~25℃左右）。

2.7.5过柱前，建议让洗脱液在柱子中停留30秒至1分钟，从而能够充分洗脱，建议洗脱液流速控制1滴/秒，可依靠重力过柱，流速过慢可采用注射器加正压或采用真空泵施加负压。

2.7.6洗脱液氮吹浓缩时要注意避免液体鼓泡、飞溅，同时注意吹至近干，要保证剩余少量的溶剂。

2.7.7采用光化学衍生，由于柱后管路较长，建议对流动相进行优化防止峰扩散。

2.7.8紫外线对低浓度黄曲霉有一定的破坏性，储备液应该避光保存。

2.7.9免疫亲和柱的使用前应仔细阅读相关产品使用说明书，注意不要使用超过有效期的免疫亲和柱。

3　酶联免疫吸附筛查法

3.1　简述

参考GB 5009.22-2016《食品安全国家标准　食品中黄曲霉毒素B族和G族的测定》第四法制定本规程。

方法的原理为试样中的黄曲霉毒素B_1（$AFTB_1$）用甲醇水溶液提取，经均质、涡旋、离心过滤）等处理获取上清液。被辣根过氧化物酶标记或固定在反应孔中的黄曲霉毒素B_1，与试样上清液或标准品中的黄曲霉毒素B_1竞争性结合特异性抗体。在洗涤后加入相应显色剂显色，经无机酸终止反应，于450nm或630nm波长下检测。样品中的黄曲霉毒素B_1与吸光度在一定浓度范围内呈反比。

当称取样品5g时，方法检出限为$1\mu g/kg$，定量限为$3\mu g/kg$。

3.2 试剂和材料

配制溶液所需试剂均为分析纯，水为GB/T 6682规定水。按照试剂盒说明书所述，配制所需溶液。

3.3 仪器和设备

微孔板酶标仪［（带450nm与630nm（可选）滤光片）］；研磨机；振荡器；电子天平（感量0.01g）；离心机（转速≥6000r/min）；快速定量滤纸（孔径11μm）；筛网（1~2mm孔径）；试剂盒所要求的仪器。

3.4 分析步骤

3.4.1 样品前处理 称取至少100g样品，用研磨机进行粉碎，粉碎后的样品过1~2mm孔径试验筛。取5.0g样品于50ml离心管中，加入试剂盒所要求提取液，按照试纸盒说明书所述方法进行检测。

3.4.2 样品检测 按照酶联免疫试剂盒所述操作步骤对待测试样（液）进行定量检测。

3.4.2.1酶联免疫试剂盒定量检测的标准工作曲线绘制：按照试剂盒说明书提供的计算方法或者计算机软件，根据标准品浓度与吸光度变化关系绘制标准工作曲线。

3.4.2.2待测液浓度计算：按照试剂盒说明书提供的计算方法以及计算机软件，将待测液吸光度代入绘制得到的标准工作曲线，计算得待测液浓度（ρ）。

3.5 计算

食品中黄曲霉B_1按下式计算。

$$X=\frac{\rho\times V\times f}{m}$$

式中：X为黄曲霉B_1的含量（$\mu g/kg$）；ρ为试样中黄曲霉B_1的浓度（$\mu g/L$）；V为提取液的体积（ml）；f为在前处理过程中的稀释倍数；m为试样的称样量（g）；计算结果保留到小数点后两位。

3.6 精密度

每个试样称取两份进行平行测定，以其算术平均值为分析结果。其分析结果的相对相差应不大于20%。

3.7 注意事项

3.7.1试剂盒应首先恢复至室温再使用，试剂盒保存于2~8℃，不要冷冻。

3.7.2将不用的酶标板微孔板放进锡箔袋再放入干燥剂重新密封。标准物质和无色的发光剂对光敏感，应避免暴露在光线下。

3.7.3 发色试剂如果有任何颜色变化表明发色剂变质。

3.7.4 显色程度与时间和温度有关系。

3.7.5 酶联免疫标准曲线有4参数曲线，样条曲线，logit–log法，线性回归法等应根据实际需要选择使用。

3.7.6 加入终止液后，应该在5分钟内测试数据。

3.7.7 每次加样不可太快，避免气泡产生，洗板后应出掉水分，如果气泡可以用干净的枪头戳破。

3.7.8 本实验应具有相应的安全、防护措施，并不得污染环境，残留有黄曲霉毒素的废液或玻璃器皿，应用10%次氯酸钠溶液浸泡24小时以上。

起草人：何恒纬（四川省食品药品检验检测院）
戴　琨（山东省食品药品检验研究院）
陈　煜（山西省食品药品检验所）
复核人：闵宇航　王　颖（四川省食品药品检验检测院）
付　冉　周传静（山东省食品药品检验研究院）
李　倩（山西省食品药品检验所）

第二节　食品中黄曲霉毒素 M₁ 的检测

本规程适用于乳、乳制品和含乳特殊膳食食品中黄曲霉毒素M1的测定。

1　高效液相色谱法

1.1　简述

参考GB 5009.24–2016《食品安全国家标准　食品中黄曲霉毒素M族的测定》第二法制定本规程。

方法原理为试样中的黄曲霉毒素M_1（AFT M_1）用甲醇–水溶液提取，上清液稀释后，经免疫亲和柱净化和富集，净化液浓缩、定容和过滤后经液相色谱分离，荧光检测器检测。外标法定量。

称取液态乳、酸奶4g时，本方法AFT M_1检出限为0.005 μg/kg，定量限为0.015 μg/kg。称取乳粉、特殊膳食食品、奶油和奶酪1g时，本方法AFT M_1检出限为0.02 μg/kg，定量限为0.05 μg/kg。

1.2　试剂和材料

1.2.1 试剂　乙腈（色谱纯）；甲醇（色谱纯）；氯化钠；磷酸氢二钠；磷酸二氢钾；氯化钾；盐酸；石油醚（沸程为30~60℃）。

1.2.2 试剂配制　除非另有说明，本方法所用试剂均为分析纯，水为GB/T 6682规定的一及水。

1.2.2.1 乙腈 – 水溶液（25+75） 量取 250ml 乙腈加入 750ml 水中，混匀。

1.2.2.2 乙腈 – 甲醇溶液（50+50） 量取 500ml 乙腈加入 500ml 甲醇中，混匀。

1.2.2.3 磷酸盐缓冲溶液（PBS） 称取 8.00g 氯化钠、1.20g 磷酸氢二钠（或 2.92g 十二水磷酸氢二钠）、0.20g 磷酸二氢钾、0.20g 氯化钾，用 900ml 水溶解后，用盐酸调节 pH 至 7.4，再加水至 1000ml。

1.2.3 标准品 AFT M_1 标准品（CAS 号：6795–23–9）：纯度 ≥ 98%，或经国家认证并授予标准物质证书的标准物质。

1.2.4 标准溶液配制

1.2.4.1 标准储备溶液（10 μg/ml） 称取 AFT M_1 1mg（精确至 0.01mg），用乙腈溶解并定容至 100ml。将溶液转移至棕色试剂瓶中，在 –20℃ 下避光密封保存。

1.2.4.2 标准中间溶液（1.0 μg/ml） 准确吸取 10 μg/ml AFT M_1 标准储备液 1.00ml 于 10ml 容量瓶中，加乙腈稀释至刻度，得到 1.0 μg/ml 的标准液。此溶液密封后避光 4℃ 保存，有效期 3 个月。

1.2.4.3 100ng/ml 标准工作液 准确移取标准中间溶液（1.0 μg/ml）1.0ml 至 10ml 容量瓶中，加乙腈稀释至刻度。此溶液密封后避光 4℃ 下保存，有效期 3 个月。

1.2.4.4 标准系列工作溶液 准确移取标准工作液 5 μl、10 μl、50 μl、100 μl、200 μl、500 μl 至 10ml 容量瓶中，用初始流动相定容至刻度，AFT M_1 的浓度均为 0.05ng/ml、0.1ng/ml、0.5ng/ml、1.0ng/ml、2.0ng/ml、5.0ng/ml 的系列标准溶液。

1.3 仪器和设备

天平：感量 0.01g、0.001g 和 0.00001g。水浴锅：温控 50℃ ± 2℃。涡旋混合器；超声波清洗器；离心机（转速 ≥ 6000r/min）；旋转蒸发仪；固相萃取装置（带真空泵）；氮吹仪；圆孔筛（1~2mm 孔径）；液相色谱仪（带荧光检测器）；玻璃纤维滤纸：快速、高载量、液体中颗粒保留 1.6 μm；一次性微孔滤头（带 0.22 μm 微孔滤膜）；免疫亲和柱（容量 ≥ 100ng）。

1.4 分析步骤

1.4.1 样品提取

1.4.1.1 液态乳、酸奶 称取 4g 混合均匀的试样（精确到 0.001g）于 50ml 离心管中，加入 10ml 甲醇，涡旋 3 分钟。置于 4℃、6000r/min 下离心 10 分钟或经玻璃纤维滤纸过滤，将适量上清液或滤液转移至烧杯中，加 40ml 水或 PBS 稀释，备用。

1.4.1.2 乳粉 称取 1g 样品（精确到 0.001g）于 50ml 离心管中，加入 4ml 50℃ 热水，涡旋混匀。如果乳粉不能完全溶解，将离心管置于 50℃ 的水浴中，将乳粉完全溶解后取出。待样液冷却至 20℃ 后，加入 10ml 甲醇，涡旋 3 分钟。置于 4℃、6000r/min 下离心 10 分钟或经玻璃纤维滤纸过滤，将适量上清液或滤液转移至烧杯中，加 40ml 水或 PBS 稀释，备用。

1.4.1.3 奶油 称取 1g 样品（精确到 0.001g）于 50ml 离心管中，加入 8ml 石油醚，待奶油溶解，再加 9ml 水和 11ml 甲醇，振荡 30 分钟，将全部液体移至分液漏斗中。加入 0.3g 氯化钠充分摇动溶解，静置分层后，将下层移到圆底烧瓶中，旋转蒸发至 10ml 以下，用 PBS 稀释至 30ml。

1.4.1.4 奶酪 称取 1g 已切细、过孔径 1~2mm 圆孔筛混匀样品（精确到 0.001g）于 50ml 离心管中，加入1ml水和18ml甲醇，振荡30分钟，置于4℃、6000r/min下离心10分钟或经玻璃纤维滤纸过滤，将适量上清液或滤液转移至圆底烧瓶中，旋转蒸发至2ml以下，用PBS稀释至30ml。

1.4.2 净化 免疫亲和柱内的液体放弃后，将上述样液移至50ml注射器筒中，调节下滴流速为1~3ml/min。待样液滴完后，往注射器筒内加入10ml水，以稳定流速淋洗免疫亲和柱。待水滴完后，用真空泵抽干亲和柱。脱离真空系统，在亲和柱下放置10ml刻度试管，取下50ml的注射器筒，加入2×2ml乙腈（或甲醇）洗脱亲和柱，控制1~3ml/min下滴速度，用真空泵抽干亲和柱，收集全部洗脱液至刻度试管中。在50℃下氮气缓缓地将洗脱液吹至近干，用初始流动相定容至1.0ml，涡旋30秒溶解残留物，0.22μm滤膜过滤，收集滤液于进样瓶中以备进样。

1.4.3 液相色谱参考条件 液相色谱参考条件列出如下：液相色谱柱（C18柱，柱长150mm，柱内径4.6mm；填料粒径5μm），或相当者。柱温（40℃）。流动相：A相，水；B相，乙腈–甲醇（50+50）。等梯度洗脱条件（A，70%；B，30%）。流速：1.0ml/min。荧光检测波长（激发波长360nm，发射波长430nm）。进样量（50μl）。

1.4.4 测定

1.4.4.1 标准曲线的制作 将系列标准溶液由低到高浓度依次进样检测，以峰面积–浓度作图，得到标准曲线回归方程。

1.4.4.2 试样溶液的测定 待测样液中的响应值应在标准曲线线性范围内，超过线性范围的则应稀释后重新进样分析。

1.4.4.3 空白试验 不称取试样，按1.4.1和1.4.2的步骤做空白实验。确认不含有干扰待测组分的物质

1.5 计算

试样中AFT M$_1$的残留量按下式计算。

$$X = \frac{\rho \times V \times f \times 1000}{m \times 1000}$$

式中：X为试样中AFT M$_1$的含量（μg/kg）；ρ为进样溶液中AFT M$_1$按由标准曲线所获得AFT M$_1$的浓度（ng/ml）；V为试样最终定容体积（ml）；f为样液稀释倍数；m为试样的称样量（g）。计算结果保留三位有效数字。

1.6 精密度

在重复性条件下获得的两次独立测定结果的绝对差值不得超过算术平均值的20%。

1.7 注意事项

1.7.1 整个分析操作过程应在指定区域内进行。该区域应避光（直射阳光），具备相对独立的操作台和废弃物存放装置。在整个实验过程中，操作者应按照接触剧毒物的要求采取相应的保护措施，残留有黄曲霉毒素的废液或玻璃器皿，应用10%次氯酸钠溶液浸泡24小时以上，不得污染环境。

1.7.2 免疫亲和柱在4~8℃环境下保存，需要恢复至室温在进行实验。反应温度应在25℃左右最佳，若温度过低，不适合实验进行。

1.7.3样品过柱时，流速要慢，待测物的含量应低于柱子的饱和量。

1.7.4洗脱时要慢，依靠重力过柱。过柱前，应该让洗脱液在柱子中停留30秒至1分钟，从而能够充分洗脱。

1.7.5紫外线对低浓度黄曲霉有一定的破坏性，储备液应该避光保存。

1.7.6在试样提取过程中，需将提取液稀释后过柱，有机相比例不得超过免疫亲和柱的最大耐受值。

1.7.7不同厂商的免疫亲和柱，操作方法可能不同，使用前应仔细阅读相关产品使用说明书，注意不要使用过有效期的免疫亲和柱。

1.7.8免疫亲和柱净化后的洗脱液经过氮气吹干至近干时，必须保证剩余少量的溶剂。

2　同位素稀释液相色谱 – 串联质谱法

2.1　简述

参考GB 5009.24–2016《食品安全国家标准　食品中黄曲霉毒素M族的测定》第一法制定本规程。

方法原理为试样中的黄曲霉毒素M_1用甲醇–水溶液提取，上清液用水或磷酸盐缓冲液稀释后，经免疫亲和柱净化和富集，净化液浓缩、定容和过滤后经液相色谱分离，串联质谱检测，同位素内标法定量。

称取液态乳、酸奶4g时，本方法AFT M_1检出限为0.005 μg/kg，定量限为0.015 μg/kg。称取乳粉、特殊膳食用食品、奶油和奶酪1g时，本方法AFT M_1检出限为0.02 μg/kg，定量限为0.05 μg/kg。

2.2　试剂和材料

除非另有说明，本方法所用试剂均为分析纯，水为GB/T6682规定的一级水。

2.2.1试剂　乙腈（色谱纯）；甲醇（色谱纯）；乙酸铵；氯化钠；磷酸氢二钠；磷酸二氢钾；氯化钾；盐酸；石油醚（沸程为30~60℃）。

2.2.2试剂配制

2.2.2.1乙酸铵溶液（5mmol/L）　称取0.39g乙酸铵，溶于1000ml水中，混匀。

2.2.2.2乙腈–水溶液（25+75）　量取250ml乙腈加入750ml水中，混匀。

2.2.2.3乙腈–甲醇溶液（50+50）　量取500ml乙腈加入500ml甲醇中，混匀。

2.2.2.4磷酸盐缓冲溶液（PBS）　称取8.00g氯化钠、1.20g磷酸氢二钠（或2.92g十二水磷酸氢二钠）、0.20g磷酸二氢钾、0.20g氯化钾，用900ml水溶解后，用盐酸调节pH至7.4，再加水至1000ml。

2.2.3标准品

2.2.3.1 AFT M_1标准品（CAS号：6795–23–9）　纯度≥98%，或经国家认证并授予标准物质证书的标准物质。

2.2.3.2 $^{13}C_{17}$-AFT M_1同位素溶液　0.5 μg/ml。

2.2.4标准溶液配制

2.2.4.1标准储备溶液（10 μg/ml）　称取AFT M_1 1mg（精确至0.01mg），用乙腈溶解并定容

至100ml。将溶液转移至棕色试剂瓶中，在-20℃下避光密封保存。

2.2.4.2标准中间液（1.0μg/ml）　准确吸取标准储备液1.00ml至10ml容量瓶中，加乙腈稀释定容，即得。此溶液密封后避光4℃保存，有效期3个月。

2.2.4.3标准工作液（100ng/ml）　准确吸取标准中间液1.00ml至10ml容量瓶中，加乙腈稀释定容，即得。此溶液密封后避光4℃下保存，有效期3个月。

2.2.4.4 50ng/ml同位素内标工作液1（$^{13}C_{17}$-AFT M_1）　取AFT M_1同位素内标（0.5μg/ml）1ml，用乙腈稀释至10ml。在-20℃下保存，供测定液体样品时使用。有效期3个月。

2.2.4.5 5ng/ml同位素内标工作液2（$^{13}C_{17}$-AFT M_1）　取AFT M_1同位素内标（0.5μg/ml）100μl，用乙腈稀释至10ml。在-20℃下保存，供测定固体样品时使用。有效期3个月。

2.2.4.6标准系列工作溶液　分别准确吸取标准工作液5μl、10μl、50μl、100μl、200μl、500μl至10ml容量瓶中，加入100μl 50ng/ml的同位素内标工作液，用初始流动相定容至刻度，配制AFTM_1的浓度为0.05ng/ml、0.1ng/ml、0.5ng/ml、1.0ng/ml、2.0ng/ml、5.0ng/ml的系列标准溶液。

2.3　仪器和设备

天平（感量0.01g、0.001g和0.00001g）；水浴锅（温控50℃±2℃）；涡旋混合器；超声波清洗器；离心机（≥6000r/min）；旋转蒸发仪；固相萃取装置（带真空泵）；氮吹仪；液相色谱-串联质谱仪（带电喷雾离子源）；圆孔筛（1~2mm孔径）；玻璃纤维滤纸（快速，高载量，液体中颗粒保留1.6μm）；一次性微孔滤头（带0.22μm微孔滤膜，所选用滤膜应采用标准溶液检验确认无吸附现象，方可使用）。

2.4　分析步骤

2.4.1　样品提取

2.4.1.1 液态乳、酸奶　称取4g混合均匀的试样（精确到0.001g）于50ml离心管中，加入100μl $^{13}C_{17}$-AFT M_1内标溶液（5ng/ml）振荡混匀后静置30分钟，加入10ml甲醇，涡旋3分钟，置于4℃、6000r/min下离心10分钟或经玻璃纤维滤纸过滤，将适量上清液或滤液转移至烧杯中，加40ml水或PBS稀释，备用。

2.4.1.2 乳粉、特殊膳食用食品　称取1g样品（精确到0.001g）于50ml离心管中，加入100μl $^{13}C_{17}$-AFT M_1内标溶液（5ng/ml）振荡混匀后静置30分钟，加入4ml 50℃热水，涡旋混匀。如果乳粉不能完全溶解，将离心管置于50℃的水浴中，将乳粉完全溶解后取出。待样液冷却至20℃后，加入10ml甲醇，涡旋3分钟。置于4℃、6000r/min下离心10分钟或经玻璃纤维滤纸过滤，将适量上清液或滤液转移至烧杯中，加40ml水或PBS稀释，备用。

2.4.1.3 奶油　称取1g样品（精确到0.001g）于50ml离心管中，加入100μl $^{13}C_{17}$-AFT M_1内标溶液（5ng/ml）振荡混匀后静置30分钟，加入8ml石油醚，待奶油溶解，再加9ml水和11ml甲醇，振荡30分钟，将全部液体移至分液漏斗中。加入0.3g氯化钠充分摇动溶解，静置分层后，将下层移至圆底烧瓶中，旋转蒸发至10ml以下，用PBS稀释至30ml。

2.4.1.4 奶酪　称取1g已切细、过孔径1~2mm圆孔筛混匀样品（精确到0.001g）于50ml离心管中，加100μl $^{13}C_{17}$-AFT M_1内标溶液（5ng/ml）振荡混匀后静置30分钟，加入1ml水和18ml甲醇，振荡30分钟，置于4℃、6000r/min下离心10分钟或经玻璃纤维滤纸过滤，将适量上清液或滤液转移至圆底烧瓶中，旋转蒸发至2ml以下，用PBS稀释至30ml。

2.4.2 净化　符合本节 1.4.2。

2.4.3 液相色谱参考条件　液相色谱柱：C18 柱（柱长 100mm，柱内径 2.1mm，填料粒径 .7μm），或相当者。色谱柱柱温：40℃。流动相：A 相，5mmol/L 乙酸铵水溶液；B 相，乙腈 - 甲醇（50+50）。梯度洗脱：参见表 3-4-4。流速：0.3ml/min。进样体积：10μl。

2.4.4 质谱参考条件　检测方式：多离子反应监测（MRM）。离子源控制条件参见表 3-4- . 离子选择参数：见表 3-4-6。

表3-4-4　液相色谱梯度洗脱条件

时间（min）	流动性 A（%）	流动性 B（%）	梯度变化曲线
0.0	68.0	32.0	–
0.5	68.0	32.0	1
4.2	55.0	45.0	6
5.0	0.0	100.0	6
5.7	0.0	100.0	1
6.0	68.0	32.0	6

表3-4-5　离子源控制条件

电离方式	ESI+
毛细管电压 /kV	17.5
锥孔电压 /V	45
射频透镜 1 电压 /V	12.5
射频透镜 2 电压 /V	12.5
离子源温度 /℃	120
锥孔反吹气流量 /（L/h）	50
脱溶剂气温度 /℃	350
脱溶剂气流量 /（L/h）	500
电子倍增电压 /V	650

表3-4-6　质谱条件参数

化合物	母离子（m/z）	定量子离子（m/z）	碰撞能量（m/z）	定性子离子（m/z）	碰撞能量（eV）	离子化方式
AFT M$_1$	329	273	23	259	23	ESI+
^{13}C-AFT M$_1$	346	317	23	288	24	ESI+

2.4.5 定性测定　试样中目标化合物色谱峰的保留时间与相应标准色谱峰的保留时间相比较，变化范围应在 ±2.5% 之内。每种化合物的质谱定性离子必须出现，至少应包括一个母离子和两个子离子，而且同一检测批次样品中目标化合物的两个子离子的相对丰度比与浓度相当

的标准溶液相比，其允许偏差不超过表 3-4-7 规定的范围。

表3-4-7 定性时相对离子丰度的最大允许偏差

相对离子丰度 /%	> 50	20~50	10~20	≤ 10
允许的相对偏差 /%	± 20	± 25	± 30	± 50

2.4.6 标准曲线的制作 在 2.4.3、2.4.4 液相色谱 – 串联质谱仪分析条件下，将标准系列溶液由低到高浓度进样检测，以 AFT M_1 色谱峰与内标色谱峰 $^{13}C_{17}$–AFT M_1 的峰面积比值 – 浓度作图，得到标准曲线回归方程，其线性相关系数应大于 0.99。

2.4.7 试样溶液的测定 取 2.4.2 下处理得到的待测溶液进样，内标法计算待测液中目标物质的质量浓度，按 2.6 计算样品中待测物的含量。

2.4.8 空白试验 不称取试样，按 2.4.1 和 2.4.2 的步骤做空白实验。应确认不含有干扰待测组分的物质。

2.5 计算

试样中 AFT M_1 的残留量按下式计算。

$$X = \frac{\rho \times V \times f \times 1000}{m \times 1000}$$

式中：X 为试样中 AFT M_1 的含量（μg/kg）；ρ 为样溶液中 AFT M_1 按照内标法在标准曲线中对应的浓度（ng/ml）；V 为样品经免疫亲和柱净化洗脱后的最终定容体积（ml）；f 为样液稀释因子；1000 为换算系数；m 为试样的称样量（g）。计算结果保留三位有效数字。

2.6 精密度

在重复性条件下获得的两次独立测定结果的绝对差值不得超过算术平均值的20%。

2.7 注意事项

2.7.1 整个分析操作过程应在指定区域内进行。该区域应避光（直射阳光），具备相对独立的操作台和废弃物存放装置。在整个实验过程中，操作者应按照接触剧毒物的要求采取相应的保护措施，残留有黄曲霉毒素的废液或玻璃器皿，应用 10% 次氯酸钠溶液浸泡24小时以上，不得污染环境。

2.7.2 免疫亲和柱净化步骤可采用全自动（在线）或半自动（离线）的固相萃取仪器优化操作参数后使用。

2.7.3 免疫亲和柱在4~8℃环境下保存，需要恢复至室温在进行实验。反应温度应在25℃左右最佳，若温度过低，不适合实验进行。

2.7.4 样品过柱时，流速要慢，待测物的含量应低于柱子的饱和量。

2.7.5 洗脱时要慢，依靠重力过柱。过柱前，应该让洗脱液在柱子中停留30秒至1分钟，从而能够充分洗脱。

2.7.6 紫外线对低浓度黄曲霉有一定的破坏性，储备液应该避光保存。

2.7.7 在试样提取过程中，需将提取液稀释后过柱，有机相比例不得超过免疫亲和柱的最大耐受值。

2.7.8 不同厂商的免疫亲和柱，操作方法可能不同，应按照厂商提供的说明书进行操作，注意不要使用过有效期的免疫亲和柱。

2.7.9 免疫亲和柱净化后的洗脱液经过氮气吹干至近干时，必须保证剩余少量的溶剂。

起草人：何恒纬（四川省食品药品检验检测院）

郑　红（山东省食品药品检验研究院）

复核人：闵宇航　王　颖（四川省食品药品检验检测院）

宿书芳（山东省食品药品检验研究院）

第三节　食品中脱氧雪腐镰刀菌烯醇的检测

本规程适用于谷物及其制品中脱氧雪腐镰刀菌烯醇的测定。

1　免疫亲和层析净化高效液相色谱法

1.1　简述

参考GB 5009.111–2016《食品安全国家标准　食品中脱氧雪腐镰刀菌烯醇及其乙酰化衍生物的测定》第二法制定本规程。

方法原理为试样中的脱氧雪腐镰刀菌烯醇用水提取，经免疫亲和柱净化后，用高效液相色谱–紫外检测器测定，外标法定量。

当称取谷物及其制品试样25g时，脱氧雪腐镰刀菌烯醇的检出限为100μg/kg，定量限为200μg/kg。

1.2　试剂和材料

除非另有说明，本方法所用试剂均为分析纯，水为GB/T 6682规定的一级水。

1.2.1 试剂　甲醇（色谱纯）；乙腈（色谱纯）；聚乙二醇（相对分子质量为8000）；氯化钠；磷酸氢二钠；磷酸二氢钾；氯化钾；盐酸。

1.2.2 试剂配制

1.2.2.1 磷酸盐缓冲溶液（PBS）　称取8.00g氯化钠、1.20g磷酸氢二钠、0.20g磷酸二氢钾、0.20g氯化钾，用900ml水溶解，用盐酸调节pH至7.0，用水定容至1000ml。

1.2.2.2 甲醇–水溶液（20+80）　量取200ml甲醇加入到800ml水中，混匀。

1.2.2.3 乙腈–水溶液（10+90）　量取100ml乙腈加入到900ml水中，混匀。

1.2.3 标准品　脱氧雪腐镰刀菌烯醇（CAS号：51481–10–8）：纯度≥99%，或经国家认证并授予标准物质证书的标准物质。

1.2.4 标准溶液配制

1.2.4.1 标准储备溶液（100μg/ml）　称取脱氧雪腐镰刀菌烯醇1mg（准确至0.01mg），用乙腈溶解并定容至10ml。将溶液转移至试剂瓶中，在–20℃下密封保存，有效期1年。

1.2.4.2 标准系列工作溶液　准确移取适量脱氧雪腐镰刀菌烯醇标准储备溶液用初始流动相

稀释，配制成 100ng/ml、200ng/ml、500ng/ml、1000ng/ml、2000ng/ml、5000ng/ml 的标准系列工作液，4℃保存，有效期 7 天。

1.3 仪器和设备

高效液相色谱仪：配有紫外检测器或二极管阵列检测器。电子天平：感量 0.01g 和 0.00001g。高速粉碎机：转速 10000r/min。筛网：1~2mm 孔径。超声波/涡旋振荡器或摇床。氮吹仪。高速离心机：转速 ≥ 12000r/min。移液器：量程 10~100 μl 和 100~1000 μl。脱氧雪腐镰刀菌烯醇免疫亲和柱：柱容量 ≥ 1000ng。玻璃纤维滤纸：直径 11cm，孔径 1.5 μm。水相微孔滤膜：0.45 μm。聚丙烯刻度离心管：具塞，50ml。玻璃注射器：10ml。空气压力泵。

1.4 分析步骤

1.4.1 试样制备 取至少 1kg 样品，用高速粉碎机将其粉碎，过筛，使其粒径小于 0.5~1mm 孔径试验筛，混合均匀后缩分至 100g，储存于样品瓶中，密封保存，供检测用。

1.4.2 试样提取 称取 25g（准确到 0.1g）磨碎的试样于 100ml 具塞三角瓶中加入 5g 聚乙二醇，加水 100ml，混匀，置于超声波/涡旋振荡器或摇床中超声或振荡 20 分钟。以玻璃纤维滤纸过滤至滤液澄清（或 6000r/min 下离心 10 分钟），收集滤液于干净的容器中，待净化。

1.4.3 净化 事先将低温下保存的免疫亲和柱恢复至室温。待免疫亲和柱内原有液体流尽后，将上述样液移至玻璃注射器筒中，准确移取上述滤液 2.0ml，注入玻璃注射器中。将空气压力泵与玻璃注射器相连接，调节下滴速度，控制样液以每秒 1 滴的流速通过免疫亲和柱，直至空气进入亲和柱中。用 5ml PBS 缓冲盐溶液和 5ml 水先后淋洗免疫亲和柱，流速约为每秒 1~2 滴，直至空气进入亲和柱中，弃去全部流出液，抽干小柱。

1.4.4 洗脱 准确加入 2ml 甲醇洗脱亲和柱，控制每秒 1 滴的下滴速度，收集全部洗脱液至试管中，在 50℃ 下用氮气缓缓地将洗脱液吹至近干，加入 1.0ml 初始流动相，涡旋 30 秒溶解残留物，0.45 μm 滤膜过滤，收集滤液于进样瓶中以备进样。

1.4.5 液相色谱参考条件 液相色谱参考条件列出如下。液相色谱柱：C18 柱（柱长 150mm，柱内径 4.6mm；填料粒径 5 μm），或相当者。流动相：甲醇 + 水（20+80）。流速（0.8ml/min）。柱温（35℃）。进样量（50 μl）；检测波长（218nm）。

1.4.6 定量测定

1.4.6.1 标准曲线的制作 以脱氧雪腐镰刀菌烯醇标准工作液浓度为横坐标，以峰面积积分值纵坐标，将系列标准溶液由低到高浓度依次进样检测，得到标准曲线回归方程。

1.4.6.2 试样溶液的测定 试样液中待测物的响应值应在标准曲线线性范围内，超过线性范围则应适当减少称样量，重新按 1.4.2、1.4.3 和 1.4.4 进行处理后再进样分析。

1.4.7 空白试验 除不称取试样外，按 1.4.2、1.4.3 和 1.4.4 做空白试验。确认不含有干扰待测组分的物质。

1.5 计算

试样中脱氧雪腐镰刀菌烯醇的含量按下式计算。

$$X = \frac{(\rho_1 - \rho_0) \times V \times f \times 1000}{m \times 1000}$$

式中：X为脱氧雪腐镰刀菌烯醇的含量（μg/kg）；ρ_1为试样中脱氧雪腐镰刀菌烯醇的质量浓度（ng/ml）；ρ_0为空白试样中脱氧雪腐镰刀菌烯醇的质量浓度（ng/ml）；V为样品中洗脱液的最终定容体积（ml）；f为样液稀释因子；1000为换算系数；m为试样的称样量（g）。计算结果保留三位有效数字。

1.6　精密度

在重复性条件下获得的两次独立测定结果的绝对差值不得超过算术平均值的23%。

1.7　注意事项

1.7.1　免疫亲和柱在4~8℃环境下保存，需要恢复至室温在进行实验。反应温度应在25℃左右最佳，若温度过低，不适合实验进行。

1.7.2　样品过柱时，流速要慢，待测物的含量应低于柱子的柱容量。

1.7.3　甲醇洗脱前注意要抽干小柱。加入甲醇后建议在柱子中停留30秒至1分钟，从而能够充分洗脱，洗脱时要慢，依靠重力过柱。

1.7.4　本实验应具有相应的安全、防护措施，并不得污染环境。

1.7.5　不同厂商的免疫亲和柱，操作方法可能不同，使用前应仔细阅读相关产品使用说明书，注意不要使用过有效期的免疫亲和柱。

2　酶联免疫吸附筛查法

2.1　简述

参考GB 5009.111-2016《食品安全国家标准　食品中脱氧雪腐镰刀菌烯醇及其乙酰化衍生物的测定》第四法制定本规程。

方法原理为试样中的脱氧雪腐镰刀菌烯醇经水提取、均质、涡旋、离心（或过滤）等前处理获取上清液。被酶标记的脱氧雪腐镰刀菌烯醇酶连偶合物，与试样上清液或标准品中的脱氧雪腐镰刀菌烯醇竞争性结合微孔中预包被的特异性抗体。在洗涤后加入相应显色剂显色，经无机酸终止反应，于450nm或630nm波长下检测。试样中的脱氧雪腐镰刀菌烯醇与吸光度在一定浓度范围内呈反比。

当称取谷物及其制品样品5g时，方法检出限为200μg/kg，定量限为250μg/kg。

2.2　试剂和材料

配制溶液所需试剂均为分析纯，水为GB/T 6682规定二级水。

按照所选用的试剂盒说明书描述，配制所需溶液。

2.3　仪器和设备

微孔板酶标仪：带450nm与630nm（可选）滤光片。研磨机。振荡器。电子天平：感量0.01g。离心机（转速≥6000r/min）；快速定量滤纸（孔径11μm）；筛网（1~2mm试验筛孔径）；试剂盒所要求的其他仪器。

2.4　分析步骤

2.4.1　提取　称取至少100g样品，用研磨机进行粉碎，粉碎后的样品过1mm~2mm试验筛取5.0g样品于50ml离心管中，加入试剂盒所要求提取液，按照试纸盒说明书所述方法进行检测。

2.4.2 ELISA 检测　按照酶联免疫试剂盒所述操作步骤对待测试样（液）进行定量检测。

2.4.2.1剂盒说明书提供的计算方法或者计算机软件，根据标准品浓度与吸光度变化关系绘制标准工作曲线。

2.4.2.2待测液浓度计算按照试剂盒说明书提供的计算方法以及计算机软件，将待测液吸光度代入绘制得到的标准工作曲线，计算得待测液浓度（ρ）。

2.5　计算

试样中脱氧雪腐镰刀菌烯醇的含量按下式计算。

$$X=\frac{\rho \times V \times f}{m}$$

式中：X为脱氧雪腐镰刀菌烯醇的含量（μg/kg）；ρ为试样中脱氧雪腐镰刀菌烯醇的浓度（μg/L）；V为提取液的体积（ml）；f为在前处理过程中的稀释倍数；m为试样的称样量（g）。计算结果保留到小数点后一位。

2.6　精密度

在重复性条件下获得的两次独立测定结果的绝对差值不得超过算术平均值的25%。

2.7　注意事项

2.7.1试剂盒应首先恢复至室温再使用，试剂盒保存于2~8℃，不要冷冻。

2.7.2将不用的酶标板微孔板放进锡箔袋再放入干燥剂重新密封。标准物质和无色的发光剂对光敏感，应避免暴露在光线下。

2.7.3发色试剂如果有任何颜色变化表明发色剂变质。

2.7.4显色程度与时间和温度有关系。

2.7.5酶联免疫标准曲线有4参数曲线，样条曲线，logit-log法，线性回归法等应根据实际需要选择使用。

2.7.6加入终止液后，应该在5分钟内测试数据。

2.7.7每次加样不可太快，避免气泡产生，洗板后应出掉水分，如果气泡可以用干净的枪头戳破。

起草人：何恒纬（四川省食品药品检验检测院）

复核人：闵宇航　王　颖（四川省食品药品检验检测院）

第四节　食品中玉米赤霉烯酮的检测

1　简述

参考GB 5009.209-2016《食品安全国家标准　食品中玉米赤霉烯酮的测定》第一法制定本规程。

本规程适用于粮食及粮食制品中玉米赤霉烯酮的测定。方法原理为用乙腈溶液提取试样中的玉米赤霉烯酮，经免疫亲和柱净化后，用高效液相色谱荧光检测器测定，外标法定量。

本方法对粮食和粮食制品中玉米赤霉烯酮的检出限为 5 μg/kg，定量限为 17 μg/kg。

2　试剂和材料

除非另有说明，本方法所用试剂均为分析纯，水为 GB/T 6682 规定的一级水。

2.1　试剂

甲醇（色谱纯）；乙腈（色谱纯）；氯化钠；氯化钾；磷酸氢二钠；磷酸二氢钾；吐温 -20；盐酸。

2.2　试剂配制

2.2.1 提取液　乙腈 – 水（9+1）。

2.2.2 PBS 清洗缓冲液　称取 8.0g 氯化钠、1.2g 磷酸氢二钠、0.2g 磷酸二氢钾、0.2g 氯化钾，用 990ml 水将上述试剂溶解，用盐酸调节 pH 至 7.0，用水定容至 1L。

2.2.3 PBS/ 吐温 -20 缓冲液　称取 8.0g 氯化钠、1.2g 磷酸氢二钠、0.2g 磷酸二氢钾、0.2g 氯化钾，用 900ml 水将上述试剂溶解，用盐酸调节 pH 至 7.0，加入 1ml 吐温 -20，用水定容至 1L。

2.3　标准溶液的配制

2.3.1 标准品　玉米赤霉烯酮（CAS 号：17924-92-4），纯度 ≥ 98.0%。或经国家认证并授予标准物质证书的标准物质。

2.3.2 标准储备液　准确称取适量的标准品（精确至 0.0001g），用乙腈溶解，配制成浓度为 100 μg/ml 的标准储备液，–18℃ 以下避光保存。

2.3.3 系列标准工作液　根据需要准确吸取适量标准储备液，用流动相稀释，配制成适宜浓度的系列标准工作液，4℃ 避光保存。

2.4　材料

玉米赤霉烯酮免疫亲和柱（柱规格 1ml 或 3ml，柱容量 ≥ 1500ng，或等效柱）玻璃纤维滤纸（直径 11cm，孔径 1.5 μm，无荧光特性）。

3　仪器与设备

高效液相色谱仪（配有荧光检测器）；分析天平（感量 0.0001g 和 0.01g）；高速粉碎机（转速 ≥ 12000r/min）；均质器（转速 ≥ 12000r/min）；高速均质器（转速 18000~22000r/min）；氮吹仪；空气压力泵；固相萃取装置；注射器（10ml）。

4　分析步骤

4.1　提取

称取 40.0g 粉碎试样（精确到 0.1g）于均质杯中，加入 4g 氯化钠和 100ml 提取液，以均质器高速搅拌提取 2 分钟，定量滤纸过滤。移取 10.0ml 滤液加入 40ml 水稀释混匀，经玻璃纤维滤纸过滤至滤液澄清，滤液备用。

4.2 净化

将免疫亲和柱连接于注射器下，准确移取10.0ml（相当于0.8g样品）4.1中的滤液，注入注射器中。将空气压力泵与注射器连接，调节压力使溶液以1~2滴/秒的流速缓慢通过免疫亲和柱，直至有部分空气进入亲和柱中。用5ml水淋洗柱子1次，流速为1~2滴/秒，直至有部分空气进入亲和柱中，弃去全部流出液。准确加入1.5ml甲醇洗脱，流速约为1滴/秒。收集洗脱液于玻璃试管中，于55℃以下氮气吹干后，用1.0ml流动相溶解残渣，供液相色谱测定。

4.3 空白试验

不称取试样，按4.1和4.2的步骤做空白试验，应确认不含有干扰待测组分的物质。

4.4 液相色谱条件

色谱柱：C18柱，150mm×4.6mm（内径），5μm。流动相：乙腈-水-甲醇（46：46：8，体积比）。进样量：100μl。流速：1ml/min。柱温：室温。检测器及波长：荧光检测器，激发波长274nm，发射波长440nm。

5 计算

5.1 记录

5.1.1记录称量数据、稀释倍数、定容体积。

5.1.2通过仪器工作站制作标准曲线，建立并保存积分方法。

5.2 计算

$$X = \frac{C \times V \times 1000}{m \times 1000} \times f$$

式中：X试样中玉米赤霉烯酮的含量（μg/kg）；C试样测定液中玉米赤霉烯酮的浓度（ng/ml）；V为试样溶液定容体积（ml）；1000单位换算常数；m试样的称样量（g）；f稀释倍数；计算结果时需扣除空白值，保留两位有效数字。

6 精密度

在重复性条件下获得的两次独立测定结果的绝对差值不得超过算术平均值的15%。

7 注意事项

7.1 玉米赤霉烯酮可致癌，实验过程应具有相应的安全、防护措施。在整个实验过程应在通风橱内进行，并佩戴防护口罩及手套操作，使用过的容器及标准品溶液最好使用10%次氯酸钠浸泡24小时以上。

7.2 应特别注意免疫亲和柱的柱容量，控制目标物含量在柱容量的范围内。

7.3 免疫亲和柱在4~8℃环境下保存，不能冷冻。使用前免疫亲和柱需至少提前半小时恢复至室温（22~25℃左右）。

7.4 注意大豆样品需要磨细且粒度≤2mm。

7.5 样品完全提取非常关键，必要时可进行超声提取。

7.6 同批试验尽量使用同批次的免疫亲和柱，过柱时流速尽量保持一致。

7.7 甲醇洗脱前注意要将免疫亲和柱中液体排干。

7.8 氮吹温度不可过高，流速不可过大，防止飞溅损失。

7.9 不同厂商的免疫亲和柱，操作方法可能不同，使用前应仔细阅读相关产品使用说明书，注意不要使用过有效期的免疫亲和柱。

起草人：刘议蔓　伍雯雯（四川省食品药品检验检测院）
复核人：王　颖（四川省食品药品检验检测院）

第五节　食品中赭曲霉毒素 A 的检测

1　免疫亲和层析净化液相色谱法

1.1　简述

参考 GB 5009.96–2016《食品安全国家标准　食品中赭曲霉毒素 A 的测定》第一法制定本规程。

赭曲霉毒素是继黄曲霉毒素后又一个引起世界广泛关注的霉菌毒素。它是由曲霉属的 7 种曲霉和青霉属的 6 种青霉菌产生的一组污染物，包括 7 种结构类似的化合物，其中赭曲霉毒素 A 毒性最大，在霉变谷物、饲料中最常见。本规程适用于粮食制品、豆类、酒类食品中赭曲霉毒素 A 的测定。方法主要原理为用提取液提取试样中的赭曲霉毒素 A，经免疫亲和柱净化后，用配有荧光检测器的高效液相色谱仪进行测定，外标法定量。粮食和粮食制品、大豆的检出限和定量限分别为 0.3 μg/kg 和 1 μg/kg。酒类的检出限和定量限分别为 0.1 μg/kg 和 0.3 μg/kg。

1.2　试剂和材料

除非另有说明，本方法所用试剂均为分析纯，水为 GB/T 6682 规定的一级水。

1.2.1　试剂　甲醇（色谱纯）；乙腈（色谱纯）；冰乙酸（色谱纯）；氯化钠；聚乙二醇；吐温 20；碳酸氢钠；磷酸二氢钾；浓盐酸；氮气（纯度 ≥ 99.9%）。

1.2.2　试剂配制

1.2.2.1 提取液 Ⅰ　甲醇–水（80+20）。

1.2.2.2 提取液 Ⅱ　称取 150.0g 氯化钠、20.0g 碳酸氢钠溶于约 950ml 水中，加水定容至 1 L。

1.2.2.3 提取液 Ⅲ　乙腈–水（60+40）。

1.2.2.4 冲洗液　称取 25.0g 氯化钠、5.0g 碳酸氢钠溶于约 950ml 水中，加水定容至 1 L。

1.2.2.5 真菌毒素清洗缓冲液　称取 25.0g 氯化钠、5.0g 碳酸氢钠溶于水中，加入 0.1ml 吐温 20，用水稀释至 1 L。

1.2.2.6 磷酸盐缓冲液　称取 8.0g 氯化钠、1.2g 磷酸氢钠、0.2g 磷酸二氢钾、0.2g 氯化钾溶解于约 990ml 水中，用浓盐酸调节 pH 至 7.0，用水稀释至 1 L。

1.2.2.7 碳酸氢钠溶液（10g/L）　称取 1.0g 碳酸氢钠，用水溶解并稀释到 100ml。

1.2.2.8 淋洗缓冲液　在1000ml磷酸盐缓冲液中加入1.0ml吐温20。

1.2.3 标准溶液的配制

1.2.3.1 标准品　赭曲霉毒素A（CAS号：303-47-9），纯度≥99%。或经国家认证并授予标准物质证书的标准物质。

1.2.3.2 赭曲霉毒素A标准储备液　准确称取一定量的赭曲霉毒素A标准品，用甲醇-乙腈（50+50）溶解，配成0.1mg/ml的标准储备液，在-20℃保存，可使用3个月。

1.2.3.3 赭曲霉毒素A标准工作液　根据使用需要，准确移取一定量的赭曲霉毒素A标准储备液，用流动相稀释，分别配成相当于1ng/ml、5ng/ml、10ng/ml、20ng/ml、50ng/ml的标准工作液，4℃保存，可使用7天。

1.2.4 材料　赭曲霉毒素A免疫亲和柱（柱规格1ml或3ml，柱容量≥100ng，或等效柱）；定量滤纸；玻璃纤维滤纸（直径11cm，孔径1.5μm，无荧光特性）。

1.3　仪器和设备

分析天平（感量0.001g）；高效液相色谱仪（配荧光检测器）；高速均质器（≥12000r/min）；试验筛（孔径1mm）；超声波发生器（功率>180 W）；氮吹仪；离心机（≥10000r/min）；涡旋混合器；往复式摇床（≥250r/min）；pH计（精度为0.01）；固相萃取装置；真空泵；组织捣碎机。

1.4　分析步骤

1.4.1 试样制备与提取

1.4.1.1 粮食和粮食制品　颗粒状样品需全部粉碎通过试验筛（孔径1mm），混匀后备用。

提取方法1：称取试样25.0g（精确到0.1g），加入100ml提取液Ⅲ，高速均质3分钟或振荡30分钟，定量滤纸过滤，移取4ml滤液加入26ml磷酸盐缓冲液混合均匀，混匀后于8000r/min离心5分钟，上清液作为滤液A备用。

提取方法2：称取试样25.0g（精确到0.1g），加入100 ml 提取液Ⅰ，高速均质3分钟或振荡30分钟，定量滤纸过滤，移取10ml滤液加入40ml磷酸盐缓冲液稀释至50ml，混合均匀，经玻璃纤维滤纸过滤，滤液B收集于干净容器中，备用。

1.4.1.2 大豆　取代表性样品，用组织捣碎机充分捣碎，装入洁净容器中，密封，并明确标示，按照样品存放要求储存待测。

准确称取试样50.0g（精确到0.1g）（大豆需要磨细且粒度≤2mm）于均质器配置的搅拌杯中，加入5g氯化钠及100ml提取液Ⅰ，以均质器高速均质提取1分钟。定量滤纸过滤，移取10ml滤液并加入40ml水稀释，经玻璃纤维滤纸过滤至滤液澄清，滤液C收集于干净容器中，备用。

1.4.1.3 酒类　取脱气酒类试样（含二氧化碳的酒类样品使用前先置于4 ℃冰箱冷藏30分钟，过滤或超声脱气）或其他不含二氧化碳的酒类试样20.0g（精确到0.1g），置于25ml容量瓶中，加提取液Ⅱ定容至刻度，混匀，经玻璃纤维滤纸过滤至滤液澄清，滤液D收集于干净容器中，备用。

1.4.2 试样净化

1.4.2.1 粮食和粮食制品　待免疫亲和柱中保护液流尽后，准确移取提取方法1中全部滤液

A 或提取方法 2 中 20ml 滤液 B 通过免疫亲和柱，流速控制约 1 滴/秒，直至空气进入亲和柱中，依次用 10ml 真菌毒素清洗缓冲液、10ml 水先后淋洗免疫亲和柱，控制流速 1~2 滴/秒，弃去全部流出液，抽干小柱。准确加入 1.5ml 甲醇或免疫亲和柱厂家推荐的洗脱液进行洗脱，流速约为 1 滴/秒，收集全部洗脱液于干净的玻璃试管中，45 ℃下氮气吹干。用流动相溶解残渣并定容到 500 μl，作为待测液供上机测定。

1.4.2.2 大豆　待免疫亲和柱中保护液流尽后，准确移取 10ml 滤液 C，按 1.4.2.1 项下自"通过免疫亲和柱，控制流速约 1 滴/秒"起依法操作，制备待测液供上机测定。

1.4.2.3 酒类　待免疫亲和柱中保护液流尽后，准确移取 10ml 滤液 D，按 1.4.2.1 项下自"通过免疫亲和柱，控制流速 1~2 滴/秒"起依法操作，制备待测液供上机测定。

1.4.3 仪器条件

1.4.3.1 参考高效液相色谱参考条件　色谱柱（C18 柱，柱长 150mm，内径 4.6mm，粒径 5 μm，或等效柱）。流动相：乙腈－水－冰乙酸（96+102+2）或乙腈－0.2% 乙酸水 =65：35。流速：1.0ml/min。柱温：35℃。进样量：50 μl。检测波长：激发波长 333nm，发射波长 460nm。

1.4.3.2 空白实验　除不加试样外，均按上述步骤进行操作，应确认不含有干扰待测组分的物质。

1.4.3.3 色谱测定　在 1.4.3.1 色谱条件下，将赭曲霉毒素 A 标准工作溶液按浓度从低到高依次注入高效液相色谱仪，待仪器条件稳定后，以目标物质的浓度为横坐标（x 轴），目标物质的峰面积积为纵坐标（y 轴），对各个数据点进行最小二乘线性拟合，标准工作曲线按下式计算。

$$y=ax+b$$

式中：y 为目标物质的峰面积比；a 为回归曲线的斜率；x 为目标物质的浓度；b 为回归曲线的截距。标准工作溶液和样液中待测物的响应值均应在仪器线性响应范围内，如果样品含量超过标准曲线范围，需稀释后再测定。

1.5　计算

1.5.1 定性分析　在相同试验条件下测定试样溶液，若试样溶液中检出色谱峰的保留时间与标准溶液中目标物色谱峰的保留时间一致，则可判定样品中存在赭曲霉毒素 A。

1.5.2 定量分析　将赭曲霉毒素 A 标准工作溶液注入高效液相色谱仪测定，得到赭曲霉毒素 A 的峰面积。以标准工作溶液浓度为横坐标，峰面积为纵坐标，绘制标准工作曲线。将试样溶液按仪器参考条件进行测定，得到试样溶液中赭曲霉毒素 A 的色谱峰面积。根据标准曲线得到试样溶液赭曲霉毒素 A 的浓度。

试样中赭曲霉毒素 A 的含量按下式计算。

$$X=\frac{\rho \times V \times 1000}{m \times 1000} \times f$$

式中：X_2 为试样中赭曲霉毒素 A 的含量（μg/kg）；ρ 为试样测定液中赭曲霉毒素 A 的浓度（ng/ml）；V 为试样测定液最终定容体积（ml）；1000 为单位换算常数；m 为试样称样量（g）；f 为稀释倍数。计算结果时需扣除空白值，检测结果以两次测定值的算数平均值表示，计算结果保留两位有效数字。

1.6 精密度

试样每次测定应不少于2份，计算结果以重复性条件下获得的两次独立测定结果的算术平均值表示。样品中赭曲霉毒素A含量在重复性条件下获得的两次独立测试结果的绝对差值不得超过算术平均值的15%。

1.7 注意事项

1.7.1 赭曲霉毒素可致癌，实验过程应具有相应的安全、防护措施。在整个实验过程应在通风橱内进行，并佩戴防护口罩及手套操作，使用过的容器及标准品溶液最好使用10%次氯酸钠浸泡24小时以上。

1.7.2 乙腈和甲醇为有毒有机试剂，使用时需带防护手套和防护面具，并避免接触皮肤，若皮肤接触需脱去污染的衣着，用肥皂水和清水彻底冲洗皮肤。废液应妥善处理，不得污染环境。甲酸具有刺激性，使用时需带防护手套和防护面具，并避免接触皮肤。

1.7.3 应特别注意免疫亲和柱的柱容量，控制目标物含量在柱容量的范围内。

1.7.4 免疫亲和柱在4~8℃环境下保存，不能冷冻。使用前免疫亲和柱需至少提前半小时恢复至室温（22~25℃左右）。

1.7.5 注意固体样品需要磨细过筛。样品完全提取非常关键，必要时可进行超声提取。

1.7.6 同批试验尽量使用同批次的免疫亲和柱，过柱时流速尽量保持一致。

1.7.7 亲和柱的上样溶液pH需在6~8之间，若偏离此范围需要使用盐酸或氢氧化钠调节pH。

1.7.8 甲醇洗脱前注意要将免疫亲和柱中液体排干。

1.7.9 氮吹温度不可过高，流速不可过大，防止飞溅损失。

1.7.10 不同厂商的免疫亲和柱，操作方法可能不同，使用前应仔细阅读相关产品使用说明书，注意不要使用过有效期的免疫亲和柱。

2 免疫亲和层析净化液相色谱 – 串联质谱法

2.1 简述

参考GB 5009.96–2016《食品安全国家标准　食品中赭曲霉毒素A的测定》第三法制定本规程。

本规程适用于玉米、小麦等粮食产品、啤酒等酒类、大豆、咖啡中赭曲霉毒素A的测定。方法原理为用提取液提取试样中的赭曲霉毒素A，经免疫亲和柱净化后，采用液相色谱–串联质谱测定赭曲霉毒素A的含量，外标法定量。玉米、小麦等粮食产品的检出限和定量限分别为1.0 μg/kg和3.0 μg/kg。酒类的检出限和定量限分别为1.0 μg/kg和3.0 μg/kg。熟咖啡的检出限和定量限分别为0.5 μg/kg和1.5 μg/kg。

2.2 试剂和材料

除非另有说明，本方法所用试剂均为分析纯，水为GB/T 6682规定的一级水。

2.2.1 试剂　甲醇（色谱纯）；乙腈（色谱纯）；甲酸（色谱纯）；甲酸铵（色谱纯）；氯化钠；碳酸氢钠。

2.2.2 试剂配制

2.2.2.1 提取液 I 甲醇-水（80+20）。

2.2.2.2 提取液 II 称取150.0g氯化钠、20.0g碳酸氢钠溶于约950ml水中，加水定容至1L。

2.2.2.3 提取液 III 甲醇-3%碳酸氢钠溶液（50+50）。

2.2.2.4 3%碳酸氢钠溶液 称取30.0g碳酸氢钠，加水定容至1L。

2.2.2.5 苯基硅烷固相萃取柱淋洗液1 甲醇-3%碳酸氢钠溶液（25+75）。

2.2.2.6 苯基硅烷固相萃取柱淋洗液2 称取10.0g碳酸氢钠，加水定容至1L。

2.2.2.7 苯基硅烷固相萃取柱洗脱液 甲醇-水（7+93）。

2.2.2.8 磷酸盐缓冲液（PBS） 称取8.0g氯化钠、1.2g磷酸氢二钠、0.2g磷酸二氢钾、0.2g氯化钾，用水溶解，调节pH至7.0，加水定容至1L。

2.2.2.9 定容溶液 乙腈-水（35+65）。

2.2.3 标准溶液的配制

2.2.3.1 赭曲霉毒素A（CAS号：303-47-9），纯度≥99%。或经国家认证并授予标准物质证书的标准物质。

2.2.3.2 赭曲霉毒素A标准储备液 准确称取一定量的赭曲霉毒素A标准品，用甲醇-乙腈（1+1）溶解后配成0.1mg/ml的标准储备液，于-20℃避光保存，可使用3个月。

2.2.3.3 赭曲霉毒素A标准工作液 根据使用需要移取一定量的赭曲霉毒素A标准储备液，用空白样品提取液稀释，分别配成相当于1ng/ml、5ng/ml、10ng/ml、20ng/ml、50ng/ml的基质标准工作溶液。基质标准工作溶液现用现配。

2.2.4 材料 赭曲霉毒素A免疫亲和柱（柱规格1ml，柱容量≥100ng，或等效柱）；苯基硅烷固相萃取柱（柱床重量500mg，柱规格3ml，或等效柱）；玻璃纤维滤纸（直径11cm，孔径1.5μm，无荧光特性）；定性滤纸；微孔滤膜（直径0.20μm）。

2.2.5 仪器与设备 分析天平（感量0.0001g和0.01g）；液相色谱-串联质谱仪（配有电喷雾电离源）；固相萃取装置；涡旋混合器；恒温振荡器；氮吹仪；高速均质器（≥12000r/min）；离心机（≥12000r/min）；样品粉碎机。

2.4 分析步骤

2.4.1 试样制备与提取

2.4.1.1 玉米、小麦等粮食产品 将样品充分粉碎混匀，称取试样25.0g，加入5g氯化钠，用提取液 I 定容至100ml，混匀，高速均质提取2分钟。定性滤纸过滤，移取10ml滤液于50ml容量瓶中，加水定容至刻度，混匀，经玻璃纤维滤纸过滤至滤液澄清，收集滤液A于干净的容器中。

2.4.1.2 啤酒等酒类 取脱气酒类试样（含二氧化碳的酒类样品使用前先置于4℃冰箱冷藏30分钟，过滤或超声脱气）或其他不含二氧化碳的酒类试样25.0g，加50ml提取液 II，混匀，经玻璃纤维滤纸过滤至滤液澄清，收集滤液B于干净的容器中。

2.4.1.3 生咖啡 将样品充分粉碎混匀，称取试样25.0g，加入200ml提取液 III，均质提取5分钟。8000r/min离心5分钟，上清液先后经定性滤纸和玻璃纤维滤纸过滤。移取4ml滤液于

100ml容量瓶中，加PBS缓冲液定容至刻度，混匀，得提取液C。

2.4.1.4 熟咖啡　将样品充分粉碎混匀，称取试样15.0g，加入150ml提取液Ⅲ，轻摇30分钟。玻璃纤维滤纸过滤，移取约50ml滤液，4℃下4500r/min离心15分钟。取10ml上清液，加入10ml 3%碳酸氢钠溶液得提取液D。

2.4.2 试样净化

2.4.2.1 玉米、小麦等粮食产品　待免疫亲和柱中保护液流尽后，准确移取10ml滤液A通过免疫亲和柱，流速控制约1滴/秒，依次用10ml PBS缓冲液、10ml水淋洗免疫亲和柱，流速为1~2滴/秒，弃去全部流出液，抽干小柱。以5ml甲醇分两次洗脱，流速为2~3ml/min，收集全部洗脱液，于40℃下氮气吹干，以1ml乙腈-水溶液（35:65，体积比）复溶，微孔滤膜过滤后，供液相色谱-串联质谱测定。

2.4.2.2 啤酒等酒类　待免疫亲和柱中保护液流尽后，准确移取10ml滤液B按2.4.2.1项下自"通过免疫亲和柱，控制流速1滴/秒"起依法操作，制备待测液供上机测定。

2.4.2.3 生咖啡　待免疫亲和柱中保护液流尽后，分次将提取液C全部通过免疫亲和柱，流速控制约1滴/秒，保持柱体湿润，用10ml水淋洗免疫亲和柱，流速低于1滴/秒，弃去全部流出液，完全抽干小柱。按2.4.2.1项下自"以5ml甲醇分两次洗脱"起依法操作，制备待测液供上机测定。

2.4.2.4 熟咖啡

2.4.2.4.1 苯基硅烷固相萃取柱净化　预先依次用15ml甲醇、5ml 3%碳酸氢钠溶液活化苯基硅烷固相萃取柱，保持柱体湿润。将提取液D以≤2滴/秒的流速通过苯基硅烷固相萃取柱，再依次用10ml苯基硅烷固相萃取柱淋洗液1和5ml苯基硅烷固相萃取柱淋洗液2淋洗，吹干萃取柱后用10ml苯基硅烷固相萃取柱洗脱液进行洗脱，得洗脱液E。

2.4.2.4.2 免疫亲和柱净化　用30ml PBS缓冲液稀释洗脱液G，以≤2滴/秒的流速通过免疫亲和柱，保持柱体湿润，用10ml水淋洗后吹干小柱。按2.4.2.1项下自"以5ml甲醇分两次洗脱"起依法操作，制备待测液供上机测定。

2.4.3 仪器条件

2.4.3.1 高效液相色谱参考条件　色谱柱（C18柱，柱长100mm，内径2.1mm，粒径3μm，或等效柱）。柱温：30℃。进样量：20μl。流速：0.2ml/min。流动相及梯度洗脱条件见表3-4-8。流动相A液：水溶液（含有0.1%甲酸，5mmol/L甲酸铵）。流动相B液：95%乙腈水溶液（含有0.1%甲酸，5mmol/L甲酸铵）。

表3-4-8　流动相及梯度洗脱条件

时间（min）	流动相A（%）	流动相B（%）
0	65	35
2	5	95
7	5	95
7.1	65	35
15	65	35

2.4.3.2 质谱参考条件　　离子化方式：电喷雾电离。离子源喷雾电压：5000V。离子源温度：600℃。雾化气、气帘气、碰撞气、辅助加热气均为高纯氮气，使用前应调节各气体流量以使质谱灵敏度达到检测要求。扫描方式：负离子扫描。检测方式：多反应监测，参数详见表3-4-9。

表3-4-9　多反应监测参数

毒素	母离子 （ m/z ）	子离子 （ m/z ）	采集时间 （ ms ）	去簇电压 （ V ）	碰撞能量 （ V ）
赭曲霉毒素 A	402.1	358.1a	200	−82	−28
		166.9	200	−68	−47

注：a为定量离子

2.4.4 液相色谱－串联质谱测定　　试样中赭曲霉毒素 A 色谱峰的保留时间与相应标准色谱峰保留时间相比较，变化范围应在 ±2.5% 之内。每种化合物的质谱定性离子必须出现，至少应包括一个母离子和两个子离子，而且同一检测批次，对同一种化合物而言，样品中目标化合物的两个子离子的相对丰度比与浓度相当的标准溶液比，其允许偏差不超过表3-4-10定性时相对离子丰度的最大允许偏差规定的范围。

表3-4-10　定性时相对离子丰度的最大允许偏差

相对离子丰度	≥ 50%	20%~50%	10%~20%	≤ 10%
允许相对偏差	± 20%	± 25%	± 30%	± 50%

目标化合物以保留时间和两对离子（特征离子对/定量离子对）所对应的色谱峰面积相对丰度进行定性，同时要求测试样品中目标化合物的两对离子对应的色谱峰面积比与标准溶液中目标化合物的面积比一致。

仪器最佳工作条件下，用系列基质标准工作溶液分别进样，以峰面积为纵坐标，以基质混合标准工作溶液浓度为横坐标，绘制标准工作曲线。用标准工作曲线对样品进行定量，样品溶液中赭曲霉毒素A的响应值均应在仪器测定的线性范围内。

2.4.5 空白试验　　除不称取试样外，均按上述步骤同时完成空白试验。

2.5　计算

赭曲霉毒素A的含量按下式计算。

$$X = \frac{\rho \times V \times 1000}{m \times 1000} \times f$$

式中：X为试样中赭曲霉毒素A 的含量（ μg/kg）；ρ为试样测定液中赭曲霉毒素A的浓度（ng/ml）；V为试样测定液最终定容体积（ml）；1000为单位换算常数；m为试样的称样量（g）；f为稀释倍数。计算结果时需扣除空白值，计算结果保留两位有效数字。

2.6　精密度

试样每次测定应不少于2份，计算结果以重复性条件下获得的两次独立测定结果的算术平均值表示。在重复性测定条件下获得的两次独立测定结果的绝对差值不超过其算术平均值的15%。

2.7 注意事项

2.7.1 赭曲霉毒素可致癌，实验过程应具有相应的安全、防护措施。在整个实验过程应在通风橱内进行，并佩戴防护口罩及手套操作，使用过的容器及标准品溶液最好使用10%次氯酸钠浸泡24小时以上。

2.7.2 应特别注意免疫亲和柱的柱容量，控制目标物含量在柱容量的范围内。

2.7.3 免疫亲和柱在4~8℃环境下保存，不能冷冻。使用前免疫亲和柱需至少提前半小时恢复至室温（22~25℃左右）。

2.7.4 注意大豆等固体样品需要磨细过筛。样品完全提取非常关键，必要时可进行超声提取。

2.7.5 同批试验尽量使用同批次的免疫亲和柱，过柱时流速尽量保持一致。

2.7.6 亲和柱的上样溶液pH需在6~8之间，若偏离此范围需要使用盐酸或氢氧化钠调节pH。

2.7.7 甲醇洗脱前注意要将免疫亲和柱中液体排干。

2.7.8 氮吹温度不可过高，流速不可过大，防止飞溅损失。

2.7.9 不同厂商的免疫亲和柱，操作方法可能不同，使用前应仔细阅读相关产品使用说明书，注意不要使用过有效期的免疫亲和柱。

3 酶联免疫吸附测定法

3.1 简述

参考GB 5009.96–2016《食品安全国家标准　食品中赭曲霉毒素A的测定》第四法制定本规程。

本规程适用于玉米、小麦、大米、大豆及其制品中赭曲霉毒素A的测定。方法原理为用甲醇–水提取试样中的赭曲霉毒素A，提取液经过滤、稀释后，采用酶联免疫吸附法测定赭曲霉毒素A的含量，外标法定量。方法的检出限和定量限分别为1 μg/kg和2 μg/kg。

3.2 试剂和材料

除非另有说明，本方法所用试剂均为分析纯，水为GB/T 6682规定的一级水。

按照试剂盒说明书所述，配制所需溶液。

3.3 仪器和设备

酶标测定仪（配有450nm和630nm的检测波长和振荡功能）；小型粉碎机；微量移液器（20~200 μl单道移液器、100~1000 μl单道移液器、50~300 μl八道移液器）；多功能旋转混合器或高速均质器或摇床；酶标板振荡器；涡旋混合器；分析天平（感量0.01g）；试验筛（孔径1mm）。

3.4 分析步骤

3.4.1 试样制备　称取玉米、小麦、大麦、大米、大豆及其制品500.0g，用粉碎机等粉碎并通过1mm试验筛，混匀后备用。

3.4.2 试样提取　称取试样5.0g（精确至0.1g），加入试剂盒所要求提取液，按照试纸盒说明书所述方法进行检测。

3.4.3 酶联免疫试剂盒定量检测的标准工作曲线绘制 按照试剂盒说明书提供的计算方法或者计算机软件，根据标准品浓度与吸光度变化关系绘制标准工作曲线。

3.5 计算

按照试剂盒说明书提供的计算方法以及计算机软件，将待测液吸光度代入绘制得到的标准工作曲线，计算得待测液浓度（ρ）。

食品中赭曲霉毒素A按下式计算。

$$X = \frac{\rho \times V}{m} \times f$$

式中：X为赭曲霉毒素A的含量（μg/kg）；ρ为试样中赭曲霉毒素A的浓度（μg/L）；V为提取液的体积（ml）；f为在前处理过程中的稀释倍数；m为试样的称样量（g）；计算结果保留到小数点后一位。

3.6 精密度

样品中赭曲霉毒素A含量在重复性条件下获得的两次独立测试结果的绝对差值不得超过算术平均值的15%。

3.7 注意事项

3.7.1 试剂盒应首先恢复至室温再使用，试剂盒保存于2~8℃，不要冷冻。

3.7.2 将不用的酶标板微孔板放进锡箔袋再放入干燥剂重新密封。标准物质和无色的发光剂对光敏感，应避免暴露在光线下。

3.7.3 发色试剂如果有任何颜色变化表明发色剂变质。

3.7.4 显色程度与时间和温度有关系。

3.7.5 酶联免疫标准曲线有4参数曲线，样条曲线，logit-log法，线性回归法等应根据实际需要选择使用。

3.7.6 加入终止液后，应该在5分钟内测试数据。

3.7.7 每次加样不可太快，避免气泡产生，洗板后应出掉水分，如果气泡可以用干净的枪头戳破。

起草人：刘议蔓 何恒纬（四川省食品药品检验检测院）

付 舟（山东省食品药品检验研究院）

李 倩（山西省食品药品检验所）

复核人：王 颖（四川省食品药品检验检测院）

戴 琨（山东省食品药品检验研究院）

陈 煜（山西省食品药品检验所）

第六节　食品中展青霉素的检测

1　液相色谱法

1.1　简述

参考GB 5009.185-2016《食品安全国家标准　食品中展青霉素的测定》第二法制定本规程。

本规程适用于苹果为原料的水果及其果蔬汁类和酒类食品中展青霉素含量的测定。方法原理为样品（浊汁、半流体及固体样品用果胶酶酶解处理）中的展青霉素经溶剂提取，固相净化柱净化、浓缩后，液相色谱分离，紫外检测器检测，外标法定量。液体试样的检出限为6 μg/kg，定量限为20 μg/kg；固体、半流体试样的检出限为12 μg/kg，定量限为40 μg/kg

1.2　试剂和材料

除非另有说明，本方法使用的试剂均为分析纯，水为GB/T 6682规定的一级水。

1.2.1 试剂　乙腈（色谱纯）；甲醇（色谱纯）；乙酸（色谱纯）；乙酸乙酯；乙酸铵；果胶酶（液体，活性不低于1500 U/g，2~8℃避光保存）。

1.2.2 试剂配制　乙酸溶液：取10ml乙酸加入250ml水，混匀。

1.2.3 标准品　展青霉素标准品（CAS号：149-29-1）：纯度≥99%，或经国家认证并授予标准物质证书的标准物质。

1.2.4 标准溶液配制

1.2.4.1 标准储备溶液（100 μg/ml）　用2ml乙腈溶解展青霉素标准品1.0mg后，移入10ml的容量瓶，乙腈定容至刻度。溶液转移至试剂瓶中后，在-20℃下冷冻保存，备用，6个月内有效。

1.2.4.2 标准工作液（1 μg/ml）　移取100 μl经标定过的展青霉素标准储备溶液，用乙酸溶液溶解并转移至10ml容量瓶中，定容至刻度。溶液转移至试剂瓶中后，在4℃下避光保存，3个月内有效。

1.2.4.3 标准系列工作溶液　分别准确移取标准工作液适量至5ml容量瓶中，用乙酸溶液定容至刻度，配制展青霉素浓度为5ng/ml、10ng/ml、25ng/ml、50ng/ml、100ng/ml、150ng/ml、200ng/ml、250ng/ml系列标准溶液。

1.3　仪器和设备

液相色谱仪（配紫外检测器）；匀浆机；高速粉碎机；组织捣碎机；涡旋振荡器；pH计（测量精度±0.02）；天平（感量为0.01g和0.00001g）；50ml具塞PVC离心管；离心机（转速≥6000r/min）；展青霉素固相净化柱（混合填料净化柱Mycosep™ 228或相当者）；梨形烧瓶（100ml）；固相萃取装置；旋转蒸发仪；氮吹仪；一次性水相微孔滤头（带0.22 μm微孔滤膜）。

1.4　分析步骤

1.4.1 试样制备

1.4.1.1 液体样品（苹果汁、山楂汁等）　样品倒入匀浆机中混匀，取其中任意的100g（或ml）样品进行检测。

第三篇　食品中化学成分检测

酒类样品需超声脱气1小时或4℃低温条件下存放过夜脱气。

1.4.1.2固体样品（山楂片、果丹皮等） 样品用高速粉碎机将其粉碎，混合均匀后取样品100g用于检测。果丹皮等高黏度样品经液氮冻干后立即用高速粉碎机将其粉碎，混合均匀后取样品100g用于检测。

1.4.1.3半流体（苹果果泥、苹果果酱、带果粒果汁等） 样品在组织捣碎机中捣碎混匀后，取100g用于检测。

1.4.2 试样提取及净化

1.4.2.1 混合型阴离子交换柱法

1.4.2.1.1试样提取

（1）澄清果汁 称取2g试样（准确至0.01g），待净化。

（2）苹果酒 称取1g试样（准确至0.01g），加水至10ml混匀后待净化。

（3）固体、半流体试样 称取1g试样（准确至0.01g）于50ml离心管中，再加入10ml水与75μl果胶酶混匀，室温下避光放置过夜后，加入10.0ml乙酸乙酯，涡旋混合5分钟，在6000r/min下离心5分钟，移取乙酸乙酯层至100ml梨形烧瓶。再用10.0ml乙酸乙酯提取一次，合并两次乙酸乙酯提取液，在40℃水浴中用旋转蒸发仪浓缩至干，以5.0ml乙酸溶液溶解残留物，待净化处理。

1.4.2.1.2净化 将待净化液转移至预先活化好的混合型阴离子交换柱中，控制样液以约3ml/min的速度稳定过柱。上样完毕后，依次加入3ml的乙酸铵溶液、3ml水淋洗。抽干混合型阴离子交换柱，加入4ml甲醇洗脱，控制流速约3ml/min，收集洗脱液。在洗脱液中加入20μl乙酸，置40℃下用氮气缓缓吹至近干，用乙酸溶液定容至1.0ml，涡旋30秒溶解残留物，0.22μm滤膜过滤，收集滤液于进样瓶中以备进样。按同一操作方法做空白试验。

1.4.2.2净化柱法

1.4.2.2.1试样提取

（1）液体试样 称取4g试样（准确至0.01g）于50ml离心管中，加入21ml乙腈，混合均匀，在6000r/min下离心5分钟，待净化。

（2）固体、半流体试样 称取1g试样（准确至0.01g）于50ml离心管中，混匀后静置片刻，再加入10ml水与150μl果胶酶溶液混匀，室温下避光放置过夜后，加入10.0ml乙酸乙酯，涡旋混合5分钟，在6000r/min下离心5分钟，移取乙酸乙酯层至梨形烧瓶。再用10.0ml乙酸乙酯提取一次，合并两次乙酸乙酯提取液，在40℃水浴中用旋转蒸发仪浓缩至干，以2.0ml乙酸溶液溶解残留物，再加入8ml乙腈，混匀后待净化。

1.4.2.2.2净化 按照所使用净化柱的说明书操作，将提取液通过净化柱净化，弃去初始的1ml净化液，收集后续部分。用吸量管准确吸取5.0ml净化液，加入20μl乙酸，在40℃下用氮气缓缓地吹至近干，加入乙酸溶液定容至1ml，涡旋30秒溶解残渣，过0.22μm滤膜，收集滤液于进样瓶中以备进样。按同一操作方法做空白试验。

注：上述方法的样品提取和净化部分，包括混合型阴离子交换柱净化和净化柱净化方法，可根据实际情况，选择其中一种方法即可。

1.4.3 仪器参考条件 液相色谱柱（T3柱，柱长150mm，内径4.6mm，粒径3.0μm），或

相当者。流动相（A相：水，B相：乙腈）。梯度洗脱条件：5% B（0分钟~13分钟），100% B（13分钟~15分钟），5% B（15分钟~20分钟）。流速（0.8ml/min）；色谱柱柱温（40℃）；进样量（100μl）；紫外检测器条件（检测波长为276nm）。

1.4.4 标准曲线的制作　将标准系列溶液由低到高浓度依次进样检测，以标准溶液的浓度为横坐标，以峰面积为纵坐标，绘制标准曲线。

1.4.5 测定　将试样溶液注入液相色谱仪中，测得相应的峰面积，由标准曲线得到试样溶液中展青霉素的浓度。

1.5　计算

试样中展青霉素的含量按下式计算。

$$X = \frac{\rho \times V \times f}{m}$$

式中：X为试样中展青霉素的含量（μg/kg或μg/L）；ρ为由标准曲线得到的试样溶液中展青霉素的浓度（ng/ml）；V为最终定容体积（ml）；m为试样的称样量（g）；f为稀释倍数；计算结果保留三位有效数字。

1.6　精密度

在重复性条件下获得的两次独立测定结果的绝对差值不得超过算术平均值的15%。

1.7　注意事项

1.7.1 注意氮吹温度≤40℃，流速不可过大，防止飞溅损失。

1.7.2 固体样品中，可以使用果胶酶降解样品中的果胶质，生成半乳糖醛酸和寡聚半乳糖酸醛，从而降低汁液黏度，使样品中的展青霉素能够完全提取出来。

1.7.3 果汁中己酮糖在酸性或高温环境下脱水生成羟甲基糠醛，与展青霉素结构相似，是展青霉素测定的主要干扰物，测定前应确保色谱条件能将展青霉素和羟甲基糠醛完全分离。

1.7.4 展青霉素标准溶液使用前可采用吸收系数法校正浓度。

1.7.5 整个试验过程应在通风橱中进行，并做好防护措施。

1.7.6 使用不同厂商的净化柱，在操作方面可能各不相同，应该按照说明书进行操作。

2　同位素稀释–液相色谱–串联质谱法

2.1　简述

参考GB 5009.185-2016《食品安全国家标准　食品中展青霉素的测定》第一法制定本规程。

本规程适用于以苹果和山楂为原料的水果及其制品、果蔬汁类和酒类食品中展青霉素含量的测定。方法原理为样品（浊汁、半流体及固体样品用果胶酶酶解处理）中的展青霉素经溶剂提取，固相净化柱或混合型阴离子交换柱净化、浓缩，液相色谱分离，电喷雾离子源离子化，多反应离子监测检测，内标法定量。

使用混合型阴离子交换柱时，检出限为澄清果汁1.5μg/kg，苹果酒1.5μg/kg和固体、半流体3μg/kg。定量限为澄清果汁5μg/kg，苹果酒5μg/kg和固体、半流体10μg/kg。使用净化注时，检出限为澄清果汁3 μg/kg，苹果酒3 μg/kg和固体、半流体6 μg/kg。定量限为澄清果汁10 μg/kg，苹果酒10 μg/kg和固体、半流体20 μg/kg。

2.2　试剂和材料

除非另有说明，本方法使用的试剂均为分析纯，水为GB/T6682规定的一级水

2.2.1 试剂　乙腈（色谱纯）；甲醇（色谱纯）；乙酸（色谱纯）。乙酸铵；果胶酶（液体：活性 ≥ 1500 U/g，2~8℃避光保存）。

2.2.2 试剂配制

2.2.2.1 乙酸溶液　取10ml乙酸加入250ml水，混匀。

2.2.2.2 乙酸铵溶液（5mmol/L）　称取0.38g乙酸铵，加1000ml水溶解。

2.2.3 标准品

2.2.3.1 展青霉素标准品（CAS号：149–29–1）　纯度≥99％，或经国家认证并授予标准物质证书的标准物质。

2.2.3.2 $^{13}C_7$–展青霉素同位素内标　25 μg/ml，或经国家认证并授予标准物质证书的标准物质。

2.2.4 标准溶液配制

2.2.4.1 标准储备溶液（100 μg/ml）　用2ml乙腈溶解展青霉素标准品1.0mg后，移入10ml的容量瓶，乙腈定容至刻度。溶液转移至试剂瓶中后，在–20℃下冷冻保存，备用，有效期6个月。

2.2.4.2 标准工作液（1 μg/ml）　准确吸取100 μl经标定过的展青霉素标准储备溶液至10ml容量瓶中，用乙酸溶液定容至刻度。溶液转移至试剂瓶中后，在4℃下避光保存，有效期3个月。

2.2.4.3 $^{13}C_7$–展青霉素同位素内标工作液（1 μg/ml）：准确移取展青霉素同位素内标（25 μg/ml）0.40ml至10ml容量瓶中，用乙酸溶液定容。在4℃下避光保存，备用，3个月内有效。

2.2.4.4 标准系列工作溶液　分别准确移取标准工作液适量至10ml容量瓶中，加入500 μl 1.0 μg/ml的同位素内标工作液，用乙酸溶液定容至刻度，配制展青霉素浓度为5ng/ml、10ng/ml、25ng/ml、50ng/ml、100ng/ml、150ng/ml、200ng/ml、250ng/ml系列标准溶液。

2.3　仪器和设备

液相色谱–质谱联用仪：带电喷雾离子源。匀浆机；高速粉碎机；组织捣碎机；涡旋振荡器；pH计（测量精度 ± 0.02）；天平（感量为0.01g和0.00001g）；50ml具塞PVC离心管；离心机（转速≥6000r/min）。展青霉素固相净化柱（以下简称净化柱）：混合填料净化柱Mycosep™ 228或相当者。混合型阴离子交换柱：N–乙烯吡咯烷酮–二乙烯基苯共聚物基质–$CH_2N(CH_3)_2C_4H_9^+$为填料的固相萃取柱（6ml，150mg）或相当者。使用前分别用6ml甲醇和6ml水预淋洗并保持柱体湿润；100ml梨形烧瓶；固相萃取装置；旋转蒸发仪；氮吹仪。

2.4　分析步骤

2.4.1 试样制备

2.4.1.1 液体样品（苹果汁、山楂汁等）　样品倒入匀浆机中混匀，取其中任意的100g（或ml）

样品进行检测。酒类样品需超声脱气1小时或4℃低温条件下存放过夜脱气。

2.4.1.2固体样品（山楂片、果丹皮等） 样品用高速粉碎机将其粉碎，混合均匀后取样品100g用于检测。果丹皮等高黏度样品经液氮冻干后立即用高速粉碎机将其粉碎，混合均匀后取样品100g用于检测。

2.4.1.3半流体（苹果果泥、苹果果酱、带果粒果汁等） 样品在组织捣碎机中捣碎混匀后，取100g用于检测。

2.4.2 试样提取及净化

2.4.2.1混合型阴离子交换柱法

2.4.2.1.1试样提取

（1）澄清果汁 称取2g试样（准确至0.01g），加入50μl同位素内标工作液混匀待净化。

（2）苹果酒 称取1g试样（准确至0.01g），加入50μl同位素内标工作液，加水至10ml混匀后待净化。

（3）固体、半流体试样 称取1g试样（准确至0.01g）于50ml离心管中，加入50μl同位素内标工作液，静置片刻后，再加入10ml水与75μl果胶酶混匀，室温下避光放置过夜后，加入10.0ml乙酸乙酯，涡旋混合5分钟，在6000r/min下离心5分钟，移取乙酸乙酯层至100ml梨形烧瓶。再用10.0ml乙酸乙酯提取一次，合并两次乙酸乙酯提取液，在40℃水浴中用旋转蒸发仪浓缩至干，以5.0ml乙酸溶液溶解残留物，待净化处理。

2.4.2.1.2净化 将待净化液转移至预先活化好的混合型阴离子交换柱中，控制样液以约3ml/min的速度稳定过柱。上样完毕后，依次加入3ml的乙酸铵溶液、3ml水淋洗。抽干混合型阴离子交换柱，加入4ml甲醇洗脱，控制流速约3ml/min，收集洗脱液。在洗脱液中加入20μl乙酸，置40℃下用氮气缓缓吹至近干，用乙酸溶液定容至1.0ml，涡旋30秒溶解残留物，0.22μm滤膜过滤，收集滤液于进样瓶中以备进样。按同一操作方法做空白试验。

2.4.2.2净化柱法

2.4.2.2.1试样提取

（1）液体试样 称取4g试样（准确至0.01g）于50ml离心管中，加入250μl同位素内标工作液，加入21ml乙腈，混合均匀，在6000r/min下离心5分钟，待净化。

（2）固体、半流体试样 称取1g试样（准确至0.01g）于50ml离心管中，加入100μl同位素内标工作液，混匀后静置片刻，再加入10ml水与150μl果胶酶溶液混匀，室温下避光放置过夜后，加入10.0ml乙酸乙酯，涡旋混合5分钟，在6000r/min下离心5分钟，移取乙酸乙酯层至梨形烧瓶。再用10.0ml乙酸乙酯提取一次，合并两次乙酸乙酯提取液，在40℃水浴中用旋转蒸发仪浓缩至干，以2.0ml乙酸溶液溶解残留物，再加入8ml乙腈，混匀后待净化。

2.4.2.2.2净化 按照所使用净化柱的说明书操作，将提取液通过净化柱净化，弃去初始的1ml净化液，收集后续部分。用吸量管准确吸取5.0ml净化液，加入20μl乙酸，在40℃下用氮气缓缓地吹至近干，加入乙酸溶液定容至1ml，涡旋30秒溶解残渣，过0.22μm滤膜，收集滤液于进样瓶中以备进样。按同一操作方法做空白试验。

2.4.3 色谱参考条件 色谱柱（T3色谱柱，柱长100mm，内径2.1mm，粒径1.8μm，或相

当者）。流动相：A 相，水；B 相，乙腈。梯度洗脱条件：5% B（0~7 分钟），100% B（7.2~9 分钟），5%B（9.2~13 分钟）。流速（0.3ml/min）；色谱柱柱温（30℃）；进样量（10μl）。

2.4.4 质谱参考条件　检测方式：多离子反应监测（MRM）。离子源控制条件参见表 3-4-11。离子选择参数参见表 3-4-12。

表 3-4-11　离子源控制条件

电离方式	ESI⁻
毛细管电压 /kV	−3.5
锥孔电压 /V	−58
干燥气温度 /℃	325
干燥器流速 /（L/h）	480
雾化器压力 /kPa	172
鞘气温度 /℃	350
鞘气流速 /（L/h）	600
喷嘴电压 /V	−1500
电子倍增电压 /V	−300

表 3-4-12　离子选择参数表

化合物名称	母离子（m/z）	定量子离子（m/z）	碰撞能量（eV）	定性子离子（m/z）	碰撞能量（eV）	离子化方式
展青霉素	153	109	−7	81	−12	ESI⁻
$^{13}C_7-$ 展青霉素	160	115	−7	86	−12	ESI⁻

2.4.5 测定　将试样溶液注入液相色谱 – 质谱仪中，测得相应的峰面积，由标准曲线得到试样溶液中展青霉素的浓度。

2.4.6 定性　试样中目标化合物色谱峰的保留时间与相应标准色谱峰的保留时间相比较，变化范围在 ±2.5% 之内。每种化合物的质谱定性离子必须出现，至少应包括一个母离子和两个子离子，而且同一检测批次，对同一化合物，样品中目标化合物的两个子离子的相对丰度比与浓度相当的标准溶液相比，其允许偏差不超过表 3-4-13 规定的范围。

表 3-4-13　定性时相对离子丰度的最大允许偏差

相对离子丰度	> 50%	> 20%~50%	> 10%~20%	≤ 10%
允许相对偏差	± 20%	± 25%	± 30%	± 50%

2.5　分析结果的表述

试样中展青霉素的含量按下式计算。

$$X=\frac{\rho \times V \times f}{m}$$

式中：X为试样中展青霉素的含量（μg/kg或μg/L）；ρ由标准曲线计算所得的试样溶液中展青霉素的浓度（ng/ml）；V为最终定容体积（ml）；m为试样的称样量（g）；f为稀释倍数；计算结果保留三位有效数字。

2.6　精密度

在重复性条件下获得的两次独立测定结果的绝对差值不得超过算术平均值的15%。

2.7　注意事项

2.7.1 展青霉素在酸性条件下较稳定，所以使用酸性溶液，建议标准溶液现配现用。

2.7.2 对于山楂类样品含糖量高，黏稠难混匀，建议加大取样量，避免因样品不均匀造成的误差。

2.7.3 方法的样品提取和净化部分，包括混合型阴离子交换柱净化和净化柱净化方法，可根据实际情况，选择其中一种方法即可。

2.7.4 整个试验过程需要在通风橱中进行，避免危害人员健康。

2.7.5 展青霉素极性较强，宜使用对极性化合物保留能力较强的色谱柱。

2.7.6 不同厂家的净化柱操作方面可能略有不同，应该按照说明书操作。

起草人：何恒纬（四川省食品药品检验检测院）

李　倩（山西省食品药品检验所）

复核人：闵宇航　王　颖（四川省食品药品检验检测院）

陈　煜（山西省食品药品检验所）

第五章
食品中污染物的检测

第一节 食品中 3- 氯 -1，2- 丙二醇的检测

1 简述

参考 GB 5009.191-2016《食品安全国家标准 食品中氯丙醇及其脂肪酸酯含量的测定》第一法食品中 3-氯-1，2-丙二醇含量的测定同位素稀释-气相色谱-质谱法制定本规程。

本规程适用于食品中 3-氯-1，2-丙二醇（3-MCPD）的测定。

采用同位素稀释技术，以 D_5-3-氯-1，2-丙二醇（D_5-3-MCPD）为内标。试样中加入内标，以氯化钠溶液提取，采用硅藻土小柱进行净化，用正己烷淋洗，用乙酸乙酯洗脱 3-MCPD，经七氟丁酰基咪唑衍生，以气相色谱-质谱测定，内标法定量。

食品中 3-MCPD 的检出限为 0.002mg/kg，定量限为 0.005mg/kg。

2 试剂和材料

除非另有说明，本方法所用试剂均为分析纯，水为 GB/T 6682 规定的一级水。

2.1 试剂

乙酸乙酯（色谱纯）；正己烷（色谱纯）；氯化钠；无水硫酸钠（使用前于 120℃烘烤 4 小时）；七氟丁酰基咪唑；3-氯-1，2-丙二醇；D_5-3-氯-1，2-丙二醇标准品。

2.2 试剂配制

氯化钠溶液（20%）：称取氯化钠 20g，加入 80ml 水，搅拌使氯化钠充分溶解。

2.3 标准溶液的配制

注：标准溶液配制好后均需转移至密闭性非常好的棕色玻璃容器中，于-20℃贮存。

2.3.1 3-MCPD 及 D_5-3-MCPD 标准储备液（1000mg/L） 分别准确称取 3-MCPD、D_5-3-MCPD 标准品各 10mg（精确至 0.01mg）分别用乙酸乙酯溶解，分别转移至 10ml 容量瓶中，用乙酸乙酯定容至刻度，混匀。保存期为 2 年。

2.3.2 3-MCPD 标准中间液（10mg/L） 移取 3-MCPD 标准储备溶液（1000mg/L）0.1ml 于 10ml 容量瓶中，用正己烷稀释至刻度，摇匀。保存期为 1 年。

2.3.3 3-MCPD 标准工作液（1mg/L） 准确移取 3-MCPD 标准中间液（10mg/L）1ml 于 10ml 容量瓶中，加正己烷稀释至刻度，混匀。保存期为 6 个月。

2.3.4 D$_5$-3-MCPD标准工作液（10mg/L） 移取D$_5$-3-MCPD标准储备液（1000mg/L）0.1ml 于10ml容量瓶中，用正己烷稀释至刻度，混匀。保存期为1年。

2.3.5 3-MCPD系列标准工作液 分别精确移取3-MCPD标准工作液（1mg/L）0.01ml、0.05ml、0.1ml、0.2ml、0.4ml、0.8ml、1.6ml和3-MCPD标准中间液（10mg/L）0.32ml 于密闭性很好的适当体积（5ml或10ml）的透明具塞（盖）玻璃管中，分别加入D$_5$-3-MCPD标准工作液（10mg/L）20μl，加正己烷至2ml，混匀，配制成含3-MCPD质量分别为10ng、50ng、100ng、200ng、400ng、800ng、1600ng、3200ng的系列标准工作液，其中D$_5$-3-MCPD的质量均为200ng。临用现配。

3 仪器与设备

气相色谱-质谱仪；电子天平（感量分别为1mg和0.01mg）；超声波振荡器；氮气浓缩器；恒温箱或其他恒温加热器；涡旋振荡器；离心机；硅藻土小柱（规格为5g）。

4 分析步骤

液态样品摇匀，基质均匀的半固态样品和粉状固态样品直接测定，其他样品需匀浆粉碎均匀。制备好的试样于0~5℃保存。

4.1 试样提取

4.1.1 液态试样 称取试样4g（精确至0.001g），置于15ml玻璃离心管中，准确加入氘代3-MCPD标准工作液（10mg/L）20μl，超声混匀5分钟，待净化。

4.1.2 半固态及固态试样 称取试样4g（精确至0.001g），置于15ml玻璃离心管中，准确加入D$_5$-3-MCPD标准工作液（10mg/L）20μl，加入4g氯化钠溶液（20%），超声提取10分钟，以5000r/min离心10分钟，移取上清液，再重复提取1次，合并上清液，待净化。

4.2 试样净化

将上清液全部转移至硅藻土小柱中，平衡10分钟。以10ml正己烷淋洗，弃去流出液，以15ml乙酸乙酯洗脱3-MCPD，收集洗脱液于玻璃离心管中，以氮气浓缩至近干（约0.5ml），以2ml正己烷溶解残渣，并转移至密闭性很好的适当体积（5ml或10ml）的透明具塞（盖）玻璃管中，待衍生化。

4.3 衍生化

向上述溶液中加入0.04ml七氟丁酰基咪唑，立即密塞，涡旋混合30s，于70℃保温20分钟。取出冷却至室温，加入2ml氯化钠溶液（20%），涡旋混合1分钟，静置使水相和正己烷相分层，且水相应澄清。转移正己烷相至另一玻璃离心管中，加入约0.3g无水硫酸钠进行干燥，取该溶液作为试样溶液。

同时做3-MCPD系列标准工作液的衍生化。

4.4 空白试样溶液制备

称取与试样相同质量的氯化钠溶液（20%）或空白试样，以下步骤按本节4.1、4.2和4.3与试样同时处理，以考察在试样测定过程中是否存在系统污染。

4.5 仪器参考条件

4.5.1 气相色谱参考条件 色谱柱含 5% 苯基亚芳基聚合物或 5% 苯基 – 甲基聚硅氧烷弱极性毛细管气相色谱 – 质谱柱（柱长 30m，内径 0.25μm，膜厚 0.25μm），或性能相当者载气：氦气，流速为 1ml/min。进样口温度：250℃。进样量：1μl。不分流进样，不分流时间为 0.5 分钟，溶剂延迟时间为 5 分钟。程序升温：50℃保持 1 分钟，以 2℃/min 升至 90℃，再以 40℃/min 升至 270℃，并保持 5 分钟。

4.5.2 质谱参考条件 电离源：电子轰击源。电离能量：70eV。离子源温度：250℃。传输线温度：280℃。扫描方式：选择离子监测模式（SIM）。监测离子：3-MCPD 衍生物（253*、275、289、291）、D5-3-MCPD 衍生物（257*、278、294、296）。

注：*表示为定量离子。

4.6 标准曲线的绘制

将 1μl 3-MCPD 系列标准工作液的衍生液按浓度由低到高依次注入气相色谱 – 质谱仪中，测得 3-MCPD 和 D_5-3-MCPD 的衍生物的峰面积，以 3-MCPD 的质量为横坐标，以 3-MCPD 和 D_5-3-MCPD 的衍生物的峰面积比为纵坐标，绘制标准曲线。将 1μL 试样溶液注入气相色谱 – 质谱仪中，测得 3-MCPD 和 D_5-3-MCPD 衍生物的峰面积，根据标准曲线计算 3-MCPD 的质量。

5 计算

试样中 3-MCPD 的含量按下式计算。

$$X = \frac{A \times f}{m \times 1000}$$

式中：X 为试样中 3-MCPD 的含量（mg/kg）；A 为试样溶液中 3-MCPD 的质量（ng）；f 为称取试样后进行分析测定前的稀释倍数；m 为试样的称取量（g）；1000 为换算系数。计算结果保留三位有效数字。

6 精密度

在重复性条件下获得的两次独立测定结果的绝对差值不得超过算术平均值的 20%。

7 注意事项

7.1 衍生时向净化液中加入 0.04ml 七氟丁酰基咪唑，需立即盖紧塞子。

7.2 试样净化后浓缩时切忌氮吹至全干。

7.3 衍生前的试样制备过程尽量避免水的存在，否则严重影响后续衍生效果。

7.4 若衍生时涡旋后产生白色絮状物，这表明浓缩液中仍含一定量的水分；如果沉淀较多，将可能导致衍生失败，表明脱水不充分，要增加脱水时间。

起草人：钟慈平（四川省食品药品检验检测院）
复核人：余晓琴（四川省食品药品检验检测院）

第二节　食品中 N- 二甲基亚硝胺的检测

1　简述

参考GB5009.26-2016《食品安全国家标准　食品中N-亚硝胺类化合物的测定》第一法气相色谱-质谱法制定本规程。

本规程适用于肉及肉制品、水产动物及其制品中N-二甲基亚硝胺含量的测定。

试样中的 N-亚硝胺类化合物经水蒸气蒸馏和有机溶剂萃取后，浓缩至一定体积，采用气相色谱-质谱联用仪进行确认和定量。

当取样量为200g，浓缩体积为1.0ml时，本规程检出限为0.3μg/kg，定量限为1.0μg/kg。

2　试剂和材料

2.1　试剂

二氯甲烷（色谱纯）；无水硫酸钠；氯化钠（优级纯）；硫酸；无水乙醇；N-亚硝胺标准品。

2.2　试剂配制

硫酸溶液（1+3）：量取30ml硫酸，缓缓倒入90ml冷水中，一边搅拌使得充分散热，冷却后小心混匀。

2.3　标准溶液配制

2.3.1　N-亚硝胺标准溶液　用二氯甲烷配制成 1mg/ml 的溶液。

2.3.2　N-亚硝胺标准中间液　用二氯甲烷配制成 1μg/ml 的标准使用液。

准确吸取N-亚硝胺的中间液（1μg/ml）配制标准系列的浓度为 0.01μg/ml、0.02μg/ml、0.05μg/ml、0.1μg/ml、0.2μg/ml、0.5μg/ml的标准系列溶液，临用现配。进样分析，用峰面积对浓度进行线性回归。

3　仪器与设备

气相色谱-质谱联用仪；旋转蒸发仪；全玻璃水蒸气蒸馏装置或等效的全自动水蒸气蒸馏装置；氮吹仪；制冰机；电子天平（感量为0.01g和0.0001g）。

4　分析步骤

4.1　试样制备

4.1.1　提取　准确称取200g（精确至0.01g）试样置于蒸馏管中，加入100ml水和50g氯化钠，充分混匀，检查气密性。在500ml平底烧瓶中加入100ml二氯甲烷及少量冰块用以接收冷凝液，冷凝管出口伸入二氯甲烷液面下，并将平底烧瓶置于冰浴中，开启蒸馏装置加热蒸馏，收集400ml蒸馏液后关闭加热装置，停止蒸馏。

4.1.2　萃取净化　在盛有蒸馏液的平底烧瓶中加入20g氯化钠和3ml的硫酸（1+3），搅拌使氯化钠完全溶解。然后将溶液转移至500ml分液漏斗中,振荡5分钟,必要时放气,静置分层后,将二氯甲烷层转移至另一平底烧瓶中,再用150ml二氯甲烷分三次提取水层,合并4次二氯甲烷萃取液,总体积约为250ml。

4.1.3 浓缩　将二氯甲烷萃取液用10g无水硫酸钠脱水后,进行旋转蒸发,于40℃水浴上浓缩至5~10ml改氮吹,并准确定容至1.0ml,摇匀后待测定。

4.2 仪器参考条件

4.2.1 气相色谱条件　毛细管气相色谱柱:INNOWAX石英毛细管柱(柱长30m,内径0.25mm,膜厚0.25μm)。进样口温度:250℃。程序升温条件:初始柱温50℃(保持1分钟),以8℃/min的速率升至110℃,以50℃/min的速率升至240℃,后运行3分钟。载气:氦气。流速:1.4ml/min。进样体积:1μl。

4.2.2 质谱条件　多反应监测模式检测。5分钟开始扫描N-二甲基亚硝胺,离子对为74-44(定量),74-42(定性)。离子源温度:250℃。接口温度:280℃。电子轰击离子化源(EI)。电压:70eV。

4.3 试样溶液的测定

将试样溶液注入气相色谱-质谱联用仪中,得到某一特定监测离子对的峰面积,根据标准曲线计算得到试样溶液中N-二甲基亚硝胺(μg/ml)。

5　计算

试样中N-二甲基亚硝胺的含量按下式计算。

$$X = \frac{\rho \times V}{m} \times 1000$$

式中:X为试样中N-二甲基亚硝胺含量(μg/kg);ρ为由标准曲线得到的试样溶液浓度(μg/ml);V为试样最终定容体积(ml);m为试样的称样量(g);1000为换算因子。结果保留3位有效数字。

6　精密度

在重复性条件下获得的两次独立测定结果的绝对差值不得超过算术平均值的15%。

7　注意事项

7.1 注意验证蒸馏装置的密封性。

7.2 注意监控二氯甲烷等试剂,确认过程空白对N-二甲基亚硝胺无干扰。每批二氯甲烷应取100ml在40℃水浴上用旋转蒸发仪浓缩至1ml,在气相色谱-质谱联用仪上应无阳性响应,如有阳性响应,则需经全玻璃装置重蒸后再试,直至阴性。

7.3 提取完成后浓缩过程小心控制,不能氮吹至尽干,应尽量低温慢流速氮吹,否则损失较为严重。

7.4 在SIM模式下,受到复杂基质效应的影响,容易受到杂质中低沸点小分子物质干扰,N-

二甲基亚硝胺不能准确定性。选择MRM多反应监测模式，针对性强，灵敏度更高，对于较低含量的样品能准确的定性定量。

起草人：钟慈平（四川省食品药品检验检测院）

申中兰（山东省食品药品检验研究院）

复核人：余晓琴（四川省食品药品检验检测院）

沈祥震（山东省食品药品检验研究院）

第三节　食品中苯并（a）芘的检测

1　简述

参考GB 5009.27-2016《食品安全国家标准　食品中苯并（a）芘的测定》制定本规程。

本规程适用于谷物以及制品（稻谷、糙米、大米、小麦、小麦粉、玉米、玉米面、玉米渣、玉米片）、肉及肉制品（熏、烧、烤肉类）、水产动物及其制品（熏、烤产品）、油脂及其制品中苯并（a）芘的测定。

试样经过有机溶剂提取，改性的苯乙烯-二乙烯基苯聚合物小柱净化，浓缩至干，乙腈溶解，反相液相色谱分离，荧光检测器检测，根据色谱峰的保留时间定性，外标法定量。

本规程检出限为0.2 μg/kg，定量限为0.5 μg/kg。

2　试剂与材料

2.1　试剂

正己烷（色谱纯）；二氯甲烷（色谱纯）。

2.2　标准品

苯并（a）芘标准品（$C_{20}H_{12}$，CAS号：50-32-8）：纯度≥99.0%，或经国家认证并授予标准物质证书的标准物质。

2.3　标准溶液配制

2.3.1 苯并（a）芘标准储备液（2 μg/ml）　准确称取或吸取苯并（a）芘对照品适量，置于25ml 容量瓶中，用乙腈定容至刻度。在0~5℃避光保存。

2.3.2 苯并（a）芘标准中间液（100ng/ml）　准确吸取苯并（a）芘标准储备液（2 μg/ml）0.5ml于10ml 容量瓶中，用乙腈定容至刻度。在0~5℃避光保存。

2.3.3 苯并（a）芘系列标准工作液　把苯并（a）芘标准中间液（100ng/ml）用乙腈稀释得到 0.5ng/ml、1.0ng/ml、5.0ng/ml、10.0ng/ml、20.0ng/ml 的校准曲线溶液，临用现配。

2.4　材料

Bond Elut ENV 固相萃取柱：500mg，6ml；或性能相当者。

3　仪器和设备

液相色谱仪（配有荧光检测器）；分析天平（感量0.01mg和1mg）；离心机；涡旋振荡器；超声波振荡器；旋转蒸发器或氮气吹干装置；固相萃取装置。

4　分析步骤

4.1　试样制备、提取及净化

4.1.1　谷物及其制品

预处理：去除杂质，磨碎成均匀的试样，储于洁净的样品瓶中，并标明标记，于室温下或按产品包装要求的保存条件保存备用。

提取：称取试样约1g（精确至0.001g），置15ml离心管中，加入正己烷5ml，涡旋1分钟，超声10分钟，4000r/min离心5min，转移出上清液。

净化：将全部上清液通过Bond Elut ENV固相萃取柱（使用前用4ml正己烷分两次活化），待上清液全部通过固相萃取柱后，用5ml正己烷淋洗，弃去淋洗液后将固相萃取柱抽干，最后用二氯甲烷分两次，每次2ml进行洗脱，收集洗脱液，40℃氮吹至近干，准确加入1ml乙腈复容，涡旋1分钟，经0.22μm微孔滤膜滤过，作为试样溶液。

4.1.2　熏、烧、烤肉类及熏、烤水产品

预处理：肉去骨、鱼去刺、贝去壳，把可食部分绞碎均匀，储于洁净的样品瓶中，并标明标记，于-16~-18℃冰箱中保存备用。

提取：同4.1.1中提取部分。

净化：同4.1.1中净化部分。

4.1.3　油脂及其制品

提取：称取0.4g（精确到0.001g）试样，加入5ml正己烷，旋涡混合1分钟，待净化。

净化：同4.1.1中净化部分。

4.2　仪器参考条件

4.2.1 色谱柱　C18，柱长250mm，内径4.6mm，粒径3.5μm，或性能相当者。

4.2.2 流动相　乙腈 + 水 =88+12。流速：1.0ml/min。柱温：35℃。进样量：10μl。

4.2.3 荧光检测器　激发波长384nm，发射波长406nm；

4.3　标准曲线的制作

将标准系列工作液分别注入液相色谱仪中，测定相应的色谱峰，以标准系列工作液的浓度为横坐标，以峰面积为纵坐标，得到标准曲线回归方程。

4.4　试样溶液的测定

将试样溶液进样测定，得到苯并（a）芘色谱峰面积。根据标准曲线回归方程计算试样溶液中苯并（a）芘的浓度。

第三篇　食品中化学成分检测

5 计算

试样中苯并（a）芘的含量按下式计算。

$$X = \frac{\rho \times V}{m} \times \frac{1000}{1000}$$

式中：X为试样中苯并（a）芘含量（μg/kg）；ρ为由标准曲线得到的试样溶液浓度（ng/ml）；V为试样最终定容体积（ml）；m为试样的称样量（g）；1000为换算因子。结果保留到小数点后一位。

6 精密度

在重复性条件下获得的两次独立测试结果的绝对值不得超过算术平均值的20%。

7 注意事项

7.1 苯并（a）芘是一种已知的致癌物质，测定时应特别注意安全防护。测定应在通风柜中进行并戴手套，尽量减少暴露。如已污染了皮肤，应采用10%次氯酸钠水溶液浸泡和洗刷，在紫外光下观察皮肤上有无蓝紫色斑点，一直洗到蓝色斑点消失为止。

7.2 实验前可对净化小柱柱效进行监控。

7.3 提取油脂及其制品时，加入正己烷涡旋混匀后，样品应澄清。如果出现浑浊，应加大正己烷的加入量，至到样品澄清。

7.4 由于净化柱有一定负载量，如果样品含量过高或者杂质过高（特别是油脂含量高食品），可以减少上柱体积。

7.5 净化步骤，淋洗后应将残留在固相萃取柱中的正己烷抽干，再加入二氯甲烷进行洗脱，避免目标化合物洗脱不完全。

起草人：闵宇航（四川省食品药品检验检测院

刘桂亮（山东省食品药品检验研究院

复核人：余晓琴（四川省食品药品检验检测院

孙珊珊（山东省食品药品检验研究院

第四节 食品中硝酸盐的检测

1 特殊膳食用食品中硝酸盐的测定

1.1 简述

参考GB 5009.33-2016《食品安全国家标准 食品中亚硝酸盐与硝酸盐的测定》第一法离子色谱法制定本规程。

本规程适用于特殊膳食用食品中硝酸盐的测定。

试样经沉淀蛋白、除去脂肪后，采用相应的方法提取和净化，以氢氧化钾溶液为淋洗液，阴离子交换柱分离，电导检测器检测。以保留时间定性，外标法定量。

本规程检出限为0.4mg/kg。

1.2　仪器和设备

离子色谱仪：配电导检测器，高容量阴离子交换柱，50μl定量环。天平：感量为0.1mg和1mg。高速粉碎机。离心机：转速≥8000r/min，配50ml离心管。水浴锅。超声波清洗器。净化柱：C18小柱或等效柱。

1.3　试剂和材料

注：除非另有说明，本方法所用试剂均为分析纯，水为GB/T 6682规定的一级水。

1.3.1 试剂　乙酸；氢氧化钾。

1.3.2 试剂配制

1.3.2.1乙酸溶液（3%）　量取乙酸3ml于100ml容量瓶中，用水稀释至刻度，混匀。

1.3.2.2氢氧化钾溶液（1mol/L）　称取6g氢氧化钾，加入新煮沸过的冷水溶解，并稀释至100ml，混匀。

1.3.3 标准品　硝酸钠（NaNO₃，CAS号：7631-99-4）基准试剂，或采用具有标准物质证书的硝酸盐标准溶液。

1.3.4 标准溶液配制

1.3.4.1硝酸盐标准储备液（1000mg/L，以NO₃⁻计，下同）　准确称取1.3710g于110~120℃干燥至恒重的硝酸钠，用水溶解并转移至1000ml容量瓶中，加水稀释至刻度，混匀。或购买经国家认证并授予标准物质证书的标准贮备液。

1.3.4.2硝酸盐标准中间液（10.0mg/L）　准确移取硝酸根离子（NO₃⁻）标准储备液1.00ml于100ml容量瓶中，用水稀释至刻度，混匀。

1.3.4.3硝酸盐标准工作液　分别准确移取硝酸盐标准中间液0.0ml、0.20ml、0.40ml、0.60ml、0.80ml、1.0ml、1.5ml、2.0ml于10ml容量瓶中，用水稀释至刻度，混匀，得到标准工作液中硝酸根离子的浓度分别为0.0mg/L、0.20mg/L、0.40mg/L、0.60mg/L、0.80mg/L、1.0mg/L、1.5mg/L、2.0mg/L。

1.4　分析步骤

1.4.1 试样制备　将试样充分摇匀，待处理。

1.4.2 试样提取和净化　称取试样2.5g（精确至0.01g），置于100ml具塞锥形瓶中，加水80ml，摇匀，超声30分钟，取出放置至室温，定量转移至100ml容量瓶中，加入3%乙酸溶液2ml，加水稀释至刻度，混匀。于4℃放置20分钟，取出放置至室温，溶液经滤纸过滤，滤液备用。

取滤液约15ml，通过0.22μm水性滤膜针头滤器、C18柱，弃去前面3ml（如果氯离子大于100mg/L，则需要依次通过针头滤器、C18柱、Ag柱和Na柱，弃去前面7ml），收集后面洗脱液待测。

固相萃取柱使用前需进行活化，活化过程为：C18柱（1.0ml）使用前依次用10ml甲醇、15ml水通过，静置活化30分钟。Ag柱（1.0ml）和Na柱（1.0ml）用10ml水通过，静置活化30分钟。

不称取试样，按同一操作方法制备空白溶液。

1.4.3 仪器参考条件

1.4.3.1 色谱柱　氢氧化物选择性，可兼容梯度洗脱的二乙烯基苯–乙基苯乙烯共聚物基质，烷醇基季铵盐功能团的高容量阴离子交换柱，4mm×250mm（带保护柱4mm×50mm），或性能相当的离子色谱柱。

1.4.3.2 淋洗液　氢氧化钾溶液：浓度为5~50mmol/L；洗脱梯度为5mmol/L 33分钟，50mmol/L 5分钟，5mmol/L 5分钟。流速1.3ml/min。

1.4.3.3 抑制器　抑制电流：124mA。

1.4.3.4 检测器　电导检测器，检测池温度为35℃；或紫外检测器，检测波长为226nm。

1.4.3.5 进样体积　50μl（可根据试样中硝酸根离子浓度进行调整）。

1.4.4 标准曲线的绘制　将标准系列工作液分别注入离子色谱仪中，得到各浓度标准工作液色谱图，测定相应的峰高（μS）或峰面积，以标准工作液的浓度为横坐标，以峰高（μS）或峰面积为纵坐标，绘制标准曲线。

1.4.5 试样溶液的测定　将空白溶液和试样溶液注入离子色谱仪中，得到空白和试样溶液的峰高（μS）或峰面积，根据标准曲线得到待测液中硝酸根离子的浓度。平行测定次数不少于两次。

1.5 计算

试样中硝酸根离子的含量按下式计算。

$$X = \frac{(c-c_0) \times V \times f}{m \times 1000}$$

式中：X 为试样中硝酸根离子的含量（mg/kg）；c 为试样溶液中硝酸根离子的浓度（mg/L）；c_0 为空白溶液中硝酸根离子的浓度（mg/L）；V 为试样提取液定容体积（ml）；f 为试样溶液稀释倍数；m 为试样的称样量（g）；1000为换算系数。计算结果保留2位有效数字。

试样中测得的硝酸根离子含量乘以换算系数1.37，即得硝酸盐（按硝酸钠计）含量。

1.6　精密度

在重复条件下获得的两次独立测定结果的绝对差值不得超过算术平均值的10%。

1.7　注意事项

1.7.1 所有器皿使用前均需依次用2mol/L氢氧化钾和水分别浸泡4小时，然后用水冲洗3~5次，晾干备用。

1.7.2 硝酸盐很容易被污染，因此在实验过程应特别注意污染；通过空白试验来评估实验中的污染情况。

1.7.3 选用色谱柱时，应该选用柱效好、分离效果好的色谱柱，避免杂质峰被包裹在目标峰中。

1.7.4 实验过程中，尽量带上质控样，判断目标峰中是否包裹有杂质峰。

1.7.5 长时间没有使用仪器后，应用纯水活化抑制器10~30分钟。

1.7.6 测定前需控制背景电导在 1 μS 以下，最好在 0.5 μS 以下再开始测定。

起草人：王　鑫（四川省食品药品检验检测院）

于文江（山东省食品药品检验研究院）

复核人：余晓琴（四川省食品药品检验检测院）

董　瑞（山东省食品药品检验研究院）

2　饮用天然矿泉水中硝酸盐测定

2.1　简述

参考 GB 8538-2016《食品安全国家标准　饮用天然矿泉水检验方法》40.2 离子色谱法制定本规程。

本规程适用于饮用天然矿泉水中硝酸盐含量的测定。

水样注入仪器后，在淋洗液的携带下流经阴离子分离柱。由于水样中各种阴离子对分离柱中阴离子交换树脂的亲和力不同，移动速度亦不同，从而使彼此得以分离。随后流经阴离子抑制器，淋洗液被转变成水或碳酸，使背景电导降低。最后通过电导检测器，NO_3^- 的电导信号值（峰高或峰面积）。通过与标准比较，可做定性和定量分析。

本规程定量限 0.05mg/L。

2.2　试剂和材料

除非另有说明，本方法所用试剂均为优级纯，水为 GB/T 6682 规定的一级水。

2.2.1 淋洗液　由淋洗液自动电解发生器（或其他能自动电解产生淋洗液的设备）在线产生或自行配制氢氧化钾（或氢氧化钠）淋洗液。

2.2.2 再生液　根据抑制器类型选择合适的再生液。

2.2.3 标准品　硝酸钾（KNO_3，CAS 号：7757-79-1）：基准试剂，或采用具有标准物质证书的硝酸盐标准溶液。

2.2.4 标准溶液配制

2.2.4.1 硝酸盐标准储备溶液［ρ（NO_3^-）=1.000mg/ml］　称取 1.631g 于 120~130℃ 干燥至恒重的硝酸钾，溶于少量淋洗使用液中，移入 1000ml 容量瓶，用淋洗使用液定容。储于聚乙烯瓶中，冰箱内保存。或采用具有标准物质证书的硝酸盐标准溶液。

2.2.4.2 标准工作溶液　吸取已放置至室温的硝酸盐标准储备溶液 20.0ml 于 1000ml 容量瓶中，用淋洗液定容。此溶液硝酸盐的质量浓度为 20.0mg/L。

2.3　仪器和设备

离子色谱仪；阴离子分离柱；阴离子保护柱；阴离子抑制器；电导检测器；数据工作站；进样器（5ml 或 10ml）。

2.4　分析步骤

2.4.1 水样预处理　水样经 0.22 μm 滤膜过滤，待测。

2.4.2 试样测定

2.4.2.1 色谱条件　柱温：室温。淋洗液流量：1.0ml/min。进样量：100μl。电导检测器灵敏度：根据待测离子含量设定。

2.4.2.2 定量分析　测量各离子对应的峰高（或峰面积），用外标法定量。

2.4.2.3 校准曲线的制作　分别吸取混合标准工作溶液 0ml、2.50ml、5.00ml、10.0ml、25.0ml、50.0ml 于 6 个 100ml 容量瓶中，用淋洗使用液定容，摇匀，得含有 NO_3^- 0.00、0.80、0.160、0.320、0.800、1.60mg/L 系列标准溶液。

以质量浓度为横坐标，峰高（或峰面积）为纵坐标，分别绘制 NO_3^- 的校准曲线。

2.5　计算

水样中 NO_3^- 含量按下式计算。

$$\rho = \frac{\rho_1}{0.9}$$

式中：ρ 为水样中 NO_3^- 的含量（mg/L）；ρ_1 为从校准曲线上查得试样中 NO_3^- 的浓度（mg/L）；0.9 为稀释水的校正系数。

2.6　精密度

在重复性条件下，获得的两次独立测定结果的绝对差值不得超过算术平均值的 10%。

2.7　注意事项

2.7.1 所有器皿使用前均需依次用 2mol/L 氢氧化钾和水分别浸泡 4 小时，然后用水冲洗 3~5 次，晾干备用。

2.7.2 硝酸盐很容易被污染，因此在实验过程应特别注意外来的污染。

2.7.3 选用色谱柱时，应该选用柱效好，分离效果好的色谱柱，避免杂质峰被包裹在目标峰中。

2.7.4 无论是澄清还是浑浊的水样，都要用 0.22μm 水系滤膜过滤后上机。

2.7.5 长时间没有使用仪器后，应用纯水活化抑制器 10~30 分钟。

2.7.6 测定前需控制背景电导在 1μS 以下，最好在 0.5μS 以下再开始测定。

起草人：王小平　陆阳（四川省食品药品检验检测院）

复核人：余晓琴（四川省食品药品检验检测院）

第五节　饮用天然矿泉水中溴酸盐的检测

1　离子色谱法（氢氧根系统淋洗液）

1.1　简述

参考 GB 8538-2016《食品安全国家标准　饮用天然矿泉水检验方法》49.1 离子色谱法（氢氧根系统淋洗液）和 GB/T 5750.10-2006《生活饮用水标准检验方法》14.1 离子色谱法-氢氧根

系统淋洗液制定本规程。

本规程适用于饮用天然矿泉水和生活饮用水中溴酸盐的测定。

水样中的溴酸盐和其他阴离子随氢氧化钾（或氢氧化钠）淋洗液进入阴离子交换分离系统（由保护柱和分析柱组成），根据分析柱对各离子的亲和力不同进行分离，已分离的阴离子流经阴离子抑制系统转化成具有高电导率的强酸，而淋洗液则转化成低电导率的水，由电导检测器测量各种阴离子组分的电导率，以保留时间定性，峰面积或峰高定量。

本规程定量限为 5μg/L。

1.2　试剂和材料

除非另有说明，本方法所用试剂均为分析纯，水为GB/T 6682规定的一级水。

1.2.1 试剂　乙二胺；溴酸钠（基准纯或优级纯）。

1.2.2 试剂配制

1.2.2.1溴酸盐标准储备溶液［ρ（BrO₃⁻）=1.0mg/ml］　准确称取0.1180g溴酸钠（基准纯或优级纯），用水溶解，并定容到100ml容量瓶中。置4℃冰箱备用，可使用6个月。

1.2.2.2溴酸盐标准中间溶液［ρ（BrO₃⁻）=10.0mg/L］　吸取 5.00ml溴酸盐标准储备溶液，置于500ml容量瓶中，用水稀释至刻度。置于4℃冰箱下避光密封保存，可保存2周。

1.2.2.3溴酸盐标准工作溶液［ρ（BrO₃⁻）=1.00mg/L］　吸取10.0ml溴酸盐标准中间溶液，置于100ml容量瓶中，用水稀释至刻度，此标准使用溶液需当天新配。

1.2.2.4乙二胺储备溶液［ρ（EDA）= 100mg/ml］　吸取2.8ml乙二胺，用水稀释至25ml，可保存1个月。

1.2.2.5氢氧化钾淋洗液　由淋洗液自动电解发生器（或其他能自动电解产生淋洗液的设备）在线产生或手工配制氢氧化钾（或氢氧化钠）淋洗液。

1.3　仪器和设备

1.3.1 离子色谱仪；电导检测器；色谱工作站；辅助气体（高纯氮气，纯度99.99%）；进样器（2.5ml~10ml注射器）；0.45μm微孔滤膜过滤器

1.3.2 离子色谱仪器参数　阴离子保护柱：填料为乙烯乙基苯二乙烯基苯共聚物（lonPac AG19或相当的保护柱），50mm×4mm。阴离子分析柱：填料为乙烯乙基苯二乙烯基苯共聚物，官能团为烷醇季铵或烷基季铵（lonPac AS 19或相当的色谱柱），250mm×4mm。阴离子抑制：电解自再生微膜抑制器。抑制器电流：75mA。淋洗液流速：1.0ml/min。淋洗液梯度淋洗参考程序见表3–5–1。

表3-5-1　淋洗液梯度淋洗参考程序

时间（分钟）	氢氧化钾浓度（mmol/L）
0.0	10.0
10.0	10.0
10.1	35.0
18.0	35.0
18.1	10.0
23.0	10.0

第三篇　食品中化学成分检测

1.4 分析步骤

1.4.1 水样采集与预处理 用玻璃或塑料采样瓶采集水样，对于用二氧化氯和臭氧消毒的水样需通入惰性气体（如高纯氮气）5分钟（1.0L/min）以除去二氧化氯和臭氧等活性气体；加氯消毒的水样则可省略此步骤。

1.4.2 试样保存 水样采集后密封，置4℃冰箱保存，需在1周内完成分析。采集水样后加入乙二胺储备溶液至水样中浓度为50mg/L（相当于1L水样加0.5ml乙二胺储备溶液），密封，摇匀，置4℃冰箱可保存28天。

1.4.3 校准曲线的绘制 取6个100ml容量瓶，分别加入溴酸盐标准工作溶液0.50ml、1.00ml、2.50ml、5.00ml、7.50ml、10.00ml，用水稀释到刻度。此系列标准溶液浓度为5.00μg/L、10.0μg/L、25.0μg/L、50.0μg/L、75.0μg/L、100μg/L，当天新配。将标准系列溶液分别进样，以峰高或峰面积（Y）对溶液的浓度（X）绘制校准曲线，或计算回归方程。

1.4.4 将水样经0.45μm微孔滤膜过滤器过滤，对含有机物的水先经过C18柱过滤。

1.4.5 将预处理后的水样直接进样，进样体积500μl，记录保留时间、峰高或峰面积。

1.4.6 溴酸盐保留时间约为8.8分钟。

1.5 计算

溴酸盐的质量浓度（μg/L）可以直接在校准曲线上查得。

1.6 精密度

在重复性条件下获得的两次独立测定结果的绝对差值不得超过算术平均值的10%。

两个实验室分别对含5.0、40、80μg/L的溴酸盐标准溶液重复测定（n=6），其相对标准偏差为：0.4%~2.2%。两个实验室对市政自来水分别加标5.0、40、80μg/L，其平均回收率为：92.0%~105%。对纯净水分别加标5.0、40、80μg/L，其平均回收率为：99%~108%。对矿泉水分别加标5.0、40、80μg/L，其平均回收率为：90%~106%。

1.7 注意事项

1.7.1 本实验中尽量选择泡过碱液的玻璃容量瓶，所有使用的器皿及进样瓶均需要用2mol/L氢氧化钾和水分别浸泡4小时，然后用水冲洗3~5次，晾干备用。进样瓶尽可能采用塑料材质的进样瓶，方便清洗，避免污染。

1.7.2 溴酸盐尽量在样品开封后尽快开展检测

1.7.2 必须采用有证且必须在效期范围内的对照品，存放时间必须按照标准要求存放。

1.7.3 离子色谱仪在使用前需要用去离子水对抑制器进行活化，放置半小时后方可使用。

1.7.4 色谱柱先用高浓度的淋洗液冲洗，使残留物流出，再换至低浓度淋洗液冲洗，最后再更换至梯度起始浓度冲洗至平衡，当离子色谱仪电导率冲洗至2μs以下时方可进样。

2 离子色谱法（碳酸盐系统淋洗液）

2.1 简述

参考GB 8538-2016《食品安全国家标准 饮用天然矿泉水检验方法》49.2离子色谱法（碳酸盐系统淋洗液）和GB/T 5750.10-2006《生活饮用水标准检验方法》14.2离子色谱法-碳酸盐

系统淋洗液制定本规程。

该方法适用于饮用天然矿泉水和生活饮用水中溴酸盐的测定。

水样中的溴酸盐和其他阴离子随碳酸盐系统淋洗液进入阴离子交换分离系统（由保护柱和分析柱组成），根据分析柱对各离子的亲和力不同进行分离，已分离的阴离子流经阴离子抑制系统转化成具有高电导率的强酸，而淋洗液则转化成低电导率的弱酸或水，由电导检测器测量各种阴离子组分的电导率，以保留时间定性，峰面积或峰高定量。

本规程定量限为 $5\mu g/L$。

2.2　试剂和材料

除非另有说明，本方法所用试剂均为分析纯，水为GB/T 6682规定的一级水。

2.2.1 试剂　乙二胺；溴酸钠（基准纯或优级纯）。

2.2.2 试剂配制

2.2.2.1溴酸盐标准储备溶液〔 $\rho(BrO_3^-)=1.0mg/ml$ 〕　准确称取0.1180g溴酸钠（基准纯或优级纯），用水溶解，并定容到100ml容量瓶中。置4℃冰箱备用，可使用6个月。

2.2.2.2溴酸盐标准中间溶液〔 $\rho(BrO_3^-)=10.0mg/L$ 〕　吸取5.00ml溴酸盐标准储备溶液，置于500ml容量瓶中，用水稀释至刻度。置于4℃冰箱下避光密封保存，可保存2周。

2.2.2.3溴酸盐标准工作溶液〔 $\rho(BrO_3^-)=1.00mg/L$ 〕　吸取10.0ml溴酸盐标准中间溶液，置于100ml容量瓶中，用水稀释至刻度，此标准使用溶液需当天新配。

2.2.2.4乙二胺储备溶液〔 $\rho(EDA)=100mg/ml$ 〕　吸取2.8ml乙二胺，用水稀释至25ml，可保存1个月。

2.2.2.5碳酸钠储备液〔 $\rho(CO_3^{2-})=1.0mol/L$ 〕　准确称取10.60g无水碳酸钠（优级纯），用水溶解，于100ml容量瓶中定容。置4℃冰箱备用，可保存6个月。

2.2.2.6氢氧化钠储备液〔 $\rho(NaOH)=1.0mol/L$ 〕　准确称取4.00g氢氧化钠（优级纯），用水溶解，于100ml容量瓶中定容。置4℃冰箱备用，可保存6个月。

2.2.2.7碳酸氢钠储备液〔 $\rho(HCO_3^-)=1.0mol/L$ 〕　准确称取8.40g碳酸氢钠（优级纯），用水溶解，于100ml容量瓶中定容。置4℃冰箱备用，保存6个月。

2.2.2.8淋洗液使用液　吸取适量的碳酸钠储备液和氢氧化钠储备液，或碳酸氢钠储备液，用水稀释，每日新配。

2.2.2.9再生液〔 $\rho(H_2SO_4)=50mmol/L$ 〕　吸取6.80ml浓 H_2SO_4，移入装有800ml水的1000ml容量瓶中，定容至刻度（适用于化学抑制器）。

2.3　仪器和设备

2.3.1离子色谱仪；电导检测器；色谱工作站；辅助气体（高纯氮气，纯度99.99%）；进样器（2.5~10ml注射器）；0.45μm微孔滤膜过滤器。

2.3.2离子色谱仪器参数（示例）　分析系统1——阴离子保护柱：填料为乙烯乙基苯二乙烯基苯共聚物（IonPac AG9-HC或相当的保护柱）。阴离子分析柱：填料为乙烯乙基苯二乙烯基苯共聚物，官能团为烷醇季铵或烷基季铵（IonPacAS9-HC或相当的分析柱）。阴离子抑器：电解自再生微膜抑制器。抑制器电流：53mA。淋洗液：7.2mmol/L Na_2CO_3+2.0mmol/L NaOH。淋洗液流速：1.00ml/min。

分析系统2——阴离子保护柱：填料为乙烯乙基苯二乙烯基苯共聚物（Metrosep A Supp4/5guard或相当的保护柱）。阴离子分析柱：填料为乙烯乙基苯二乙烯基苯共聚物，官能团为烷醇季铵或烷基季铵（Metrosep A Supp 5-250或相当的分析柱）。阴离子抑器：电解自再生微膜抑制器。淋洗液：3.2mmol/L Na_2CO_3+1.0mmol/L $NaHCO_3$。淋洗液流速：0.65ml/min。

2.4 分析步骤

2.4.1 水样采集与预处理 用玻璃或塑料采样瓶采集水样，对于用二氧化氯和臭氧消毒的水样需通入惰性气体（如高纯氮气）5分钟（1.0L/min）以除去二氧化氯和臭氧等活性气体；加氯消毒的水样则可省略此步骤。

2.4.2 试样保存 水样采集后密封，置4℃冰箱保存，需在1周内完成分析。采集水样后加入乙二胺储备溶液至水样中浓度为50mg/L（相当于1 L水样加0.5ml乙二胺储备溶液），密封，摇匀，置4℃冰箱可保存28天。

2.4.3 校准曲线的绘制 取6个100ml容量瓶，分别加入溴酸盐标准工作溶液0.50ml、1.00ml、2.50ml、5.00ml、7.50ml、10.00ml，用水稀释到刻度。此系列标准溶液浓度为5.00μg/L、10.0μg/L、25.0μg/L、50.0μg/L、75.0μg/L、100μg/L，当天新配。将标准系列溶液分别进样，以峰高或峰面积（Y）对溶液的浓度（X）绘制校准曲线，或计算回归方程。

2.4.4 将水样经0.45μm微孔滤膜过滤器过滤，对含有机物的水先经过C18柱过滤。

2.4.5 将预处理后的水样直接进样，进样体积40~100μl，记录保留时间、峰高或峰面积。

2.4.6 用lonPac AS9-HC分析柱溴酸盐保留时间约为5.4分钟，用Metrosep A Supp 5-250分析柱溴酸盐保留时间约为10.0分钟。

2.5 计算

溴酸盐的质量浓度（μg/L）可以直接在校准曲线上查得。

2.6 精密度

在重复性条件下获得的两次独立测定结果的绝对差值不得超过算术平均值的10%。

2.7 注意事项

2.7.1 本实验中尽量选择泡过碱液的玻璃容量瓶，所有使用的器皿及进样瓶均需要用2mol/L氢氧化钾和水分别浸泡4小时，然后用水冲洗3~5次，晾干备用。进样瓶尽可能采用塑料材质的进样瓶，方便清洗，避免污染。

2.7.2 必须采用有证且必须在效期范围内的对照品，存放时间必须按照标准要求存放。

2.7.3 离子色谱仪在使用前需用去离子水对抑制器进行活化，放置半小时后方可使用。

2.7.4 色谱柱先用高浓度的淋洗液冲洗，使残留物流出，再换至低浓度淋洗液冲洗，最后再更换至梯度起始浓度冲洗至平衡，当离子色谱仪电导率冲洗至2μs以下时方可进样。

起草人：金丽鑫　黄泽玮（四川省食品药品检验检测院）

复核人：余晓琴（四川省食品药品检验检测院）

第三篇　食品中化学成分检测

第六节 食品中亚硝酸盐的检测

1 特殊膳食用食品中亚硝酸盐的测定

1.1 简述

参考 GB 5009.33–2016《食品安全国家标准 食品中亚硝酸盐与硝酸盐的测定第二法分光光度法》制定本规程。

本规程适用于特殊膳食用食品中亚硝酸盐的测定。

样品经沉淀蛋白、除去脂肪后,在弱酸条件下,亚硝酸盐与对氨基苯磺酸重氮化,再与盐酸萘乙二胺偶合形成紫红色染料,外标法测得样品中亚硝酸盐含量。

本规程检出限为 0.5mg/kg。

1.2 仪器与设备

组织捣碎机;超声波清洗器;恒温水浴锅;紫外可见分光光度计(精度 0.0001);电热恒温干燥箱;分析天平。

1.3 试剂和材料

除非另有说明,本方法所用试剂均为分析纯,水为 GB/T 6682 规定的一级水。

1.3.1 试剂 亚铁氰化钾;乙酸锌;冰乙酸;硼酸钠;盐酸;对氨基苯磺酸;盐酸萘乙二胺。

1.3.2 试剂配制

1.3.2.1 亚铁氰化钾溶液(106g/L) 称取 106.0g 亚铁氰化钾,用水溶解,并稀释至 1000ml。

1.3.2.2 乙酸锌溶液(220g/L) 称取 220.0g 乙酸锌,先加 30ml 冰乙酸溶解,用水稀释至 1000ml。

1.3.2.3 饱和硼砂溶液(50g/L) 称取 5.0g 硼酸钠,溶于 100ml 热水中,冷却后备用。

1.3.2.4 盐酸(20%) 量取 20ml 盐酸,用水稀释至 100ml。

1.3.2.5 对氨基苯磺酸溶液(4g/L) 称取 0.4g 对氨基苯磺酸,溶于 100ml 20% 盐酸中,混匀,置棕色瓶中,避光冷藏保存。

1.3.2.6 盐酸萘乙二胺溶液(2g/L) 称取 0.2g 盐酸萘乙二胺,溶于 100ml 水中,混匀,置棕色瓶中,避光冷藏保存。

1.3.3 标准品 亚硝酸钠($NaNO_2$,CAS 号:7632-00-0)基准试剂,或采用具有标准物质证书的亚硝酸盐标准溶液。

1.3.4 标准溶液配制

1.3.4.1 亚硝酸钠标准储备液(200 μg/ml,以亚硝酸钠计) 准确称取 0.1000g 于 110~120℃ 干燥恒重的亚硝酸钠,加水溶解,移入 500ml 容量瓶中,加水稀释至刻度,混匀。或采用具有标准物质证书的亚硝酸盐标准溶液稀释至 200 μg/ml。

1.3.4.2 亚硝酸钠标准使用液(5.0 μg/ml) 临用前,吸取 2.50ml 亚硝酸钠标准溶液,置于 100ml 容量瓶中,加水稀释至刻度。

1.4 分析步骤

1.4.1 样品制备

1.4.1.1 颗粒较小的粉状食品 将样品装入能够容纳2倍样品体积的带盖容器中，通过反复摇晃和颠倒容器使样品充分混匀直到使试样均一化。

1.4.1.2 颗粒较大的固体食品 用四分法取适量或取全部，用组织捣碎机制成均匀的样品。

1.4.1.3 液态食品 通过搅拌或反复摇晃和颠倒容器使试样充分混匀。

1.4.2 样品处理

1.4.2.1 婴幼儿配方乳粉 称取样品10g（精确至0.001g），置于150ml具塞锥形瓶中，加12.5ml 150g/L饱和硼砂溶液，加入70℃左右的水约150ml，混匀，超声15分钟，于沸水浴中加热15分钟，取出置冷水浴中冷却，放置至室温。定量转移上述提取液至200ml容量瓶中，加入5ml 106g/L亚铁氰化钾溶液，摇匀，再加5ml 220g/L乙酸锌溶液，以沉淀蛋白质。加水至刻度，摇匀，放置30分钟，除去上层脂肪，上清液用滤纸过滤，弃去初滤液30ml，滤液备用。

1.4.2.2 婴幼儿米粉等高淀粉样品 称取5g（精确至0.001g）样品，置于250ml具塞锥形瓶中，加入约0.2g淀粉酶，混合均匀后，加入80ml 60℃的水，置65℃±5℃水浴中2小时，每隔10分钟摇晃1次。为检验淀粉是否水解完全可加入2滴0.1mol/L碘溶液，如无蓝色出现说明水解完全，否则将锥形瓶重新置于水浴中，直至无蓝色产生。加12.5ml 50g/L饱和硼砂溶液，于沸水浴中加热15分钟，取出置冷水浴中冷却，并放置至室温。定量转移上述提取液至200ml容量瓶中，加入5ml 106g/L亚铁氰化钾溶液，摇匀，再加5ml 220g/L乙酸锌溶液，以沉淀蛋白质。加水至刻度，摇匀，放置30分钟，上清液用滤纸过滤，弃去初滤液30ml，滤液备用。

1.4.2.3 其他样品 称取5g（精确至0.001g）样品置于250ml具塞锥形瓶中，加12.5ml 50g/L饱和硼砂溶液，加入70℃左右的水约150ml，混匀，超声15分钟，于沸水浴中加热15分钟，取出置冷水浴中冷却，并放置至室温。定量转移上述提取液至200ml容量瓶中，加入5ml 106g/L亚铁氰化钾溶液，摇匀，再加入5ml 220g/L乙酸锌溶液，以沉淀蛋白质。加水至刻度，摇匀，放置30分钟，除去上层脂肪，上清液用滤纸过滤，弃去初滤液30ml，滤液备用。

1.4.2.4 同时同法制备空白溶液。

1.4.3 样品比色 吸取40.00ml上述滤液于50ml带塞比色管中，另吸取0.00ml、0.20ml、0.40ml、0.60ml、0.80ml、1.00ml、1.50ml、2.00ml、2.50ml亚硝酸钠标准使用液（相当于0.0μg、1.0μg、2.0μg、3.0μg、4.0μg、5.0μg、7.5μg、10.0μg、12.5μg亚硝酸钠），分别置于50ml带塞比色管中。于标准管和试样管中分别加入2ml 4g/L对氨基苯磺酸溶液，混匀，静置3分钟后各加入1ml 2g/L盐酸萘乙二胺溶液，加水至刻度，混匀，静置15分钟，用1cm比色杯，以零管调节零点，于波长538nm处测吸光度，绘制标准曲线比较。

1.5 计算

亚硝酸盐（以亚硝酸钠计）的含量按下式计算。

$$X = \frac{c_2 \times V_2 \times 1000}{m \times V_1 \times 1000}$$

式中：X为试样中亚硝酸钠的含量（mg/kg）；m_2为样液中亚硝酸钠的质量（μg）；1000为转换系数；m_1为样品的称样量（g）；V_1为测定用样品滤液体积（ml）；V_2为样品定容体积（ml）。

结果保留两位有效数字。

1.6　精密度

在重复性条件下获得的两次独立测定结果的绝对差值不得超过算术平均值的10%。

1.7　注意事项

1.7.1 配制盐酸溶液的操作应在通风橱中进行。

1.7.2 盐酸萘乙二胺溶液放置过程中如果溶液颜色变为褐色,应重新配制。

1.7.3 样品沉淀蛋白操作时,对于高蛋白样品,沉淀剂要加倍,否则蛋白质沉淀不完全,滤液不澄清,影响显色反应。

1.7.4 显色反应时,加入对氨基苯磺酸溶液后一定要摇匀,静置3分钟,保证重氮化反应完全。切记两种显色剂的加入顺序不能错,一定是先加入对氨基苯磺酸溶液重氮化反应,再加入盐酸萘乙二胺溶液显色反应。显色反应15分钟后比色。

起草人：王　鑫（四川省食品药品检验检测院）

吴珍珍（山东省食品药品检验研究院）

复核人：余晓琴（四川省食品药品检验检测院）

王　健（山东省食品药品检验研究院）

2　饮用天然矿泉水中亚硝酸盐测定

2.1　简述

参考GB 8538-2016《食品安全国家标准　饮用天然矿泉水检验方法》41 亚硝酸盐制定本规程。

本规程适用于饮用天然矿泉水中亚硝酸盐的测定。

采用重氮偶合光谱法。在pH=1.7以下,水中亚硝酸盐与对氨基苯磺酰胺重氮化,再与盐酸N-(1-萘)-乙烯二胺产生偶合反应,生成紫红色的偶氮染料,比色定量。

本规程定量限为3.3 μg/L。

2.2　试剂和材料

除非另有说明,本方法所用试剂均为分析纯,水为GB/T 6682规定的三级水。

2.2.1 氢氧化铝悬浮液　称取125g硫酸铝钾或硫酸铝铵,溶于1000ml水中,加热至60℃,缓缓加入55ml氨水,使氢氧化铝沉淀完全。充分搅拌后静置,弃去上清液,用水反复洗涤沉淀,至倾出上清夜中不含氯离子(用硝酸银溶液试验)为止。然后加入300ml水成悬浮液,使用前振摇均匀。

2.2.2 对氨基苯磺酰胺溶液(10g/L)　称取5g对氨基苯磺酰胺,溶于350ml盐酸溶液(1+6)中,用水稀释至500ml。此溶液可稳定数月。

2.2.3 盐酸N-(1-萘)-乙烯二胺溶液(1.0g/L)　称取0.5g盐酸N-(1-萘)-乙烯二胺溶于500ml水中,储存于棕色瓶中,在冰箱内保存可稳定数周。如变成深棕色则应重配。

2.2.4 标准品 亚硝酸钠（$NaNO_2$，CAS 号：632–00–0）：基准试剂，或采用具有标准物质证书的亚硝酸盐标准溶液。

2.2.5 标准溶液的制备

2.2.5.1 亚硝酸盐标准储备液（ρ（NO_2^-）=165 $\mu g/ml$） 称取0.2475g在玻璃干燥器内放置24小时的亚硝酸钠，溶于水中，并定容至1000ml。每升中加2ml三氯甲烷保存。或采用具有标准物质证书的亚硝酸盐标准溶液。

2.2.5.2 亚硝酸盐标准工作溶液［ρ（NO_2^-）=0.33 $\mu g/ml$］ 吸取10.00ml亚硝酸盐标准储备溶液于容量瓶中，用水定容至500ml，再从中吸取10.00ml，用水定容至100ml。

2.3 仪器和设备

分光光度计。具塞比色管：50ml。

2.4 分析步骤

若水样浑浊或色度较深，可先取100ml，加入2ml氢氧化铝悬浮液，搅拌后静置数分钟。先将水样或处理后的水样用酸或碱调至近中性。吸取50.0ml置于比色管中。另取50ml比色管8支，分别加入亚硝酸盐标准工作溶液0ml、0.50ml、1.00ml、2.50ml、5.00ml、7.50ml、10.00ml和12.50ml，用水稀释至50ml。

向水样及标准系列管中分别加入1ml对氨基苯磺酰胺溶液，摇匀后放置2~8分钟加入1.0ml盐酸N–（1–萘）–乙烯二胺溶液，立即混匀。

于波长540nm处，用1cm比色皿，以水作参比，在10分钟~2小时内，测定吸光度。如亚硝酸盐浓度低于13 $\mu g/L$时，改用3cm比色皿。绘制校准曲线，从曲线上查出水样中亚硝酸盐的含量。

2.5 计算

试样中亚硝酸盐含量按下式计算。

$$\rho = \frac{m}{V}$$

式中：ρ为水样中亚硝酸盐（NO_2^-）的含量（mg/L）；m为从校准曲线上查得的试样管中亚硝酸盐的质量（μg）；V为水样体积（ml）。

2.6 精密度

在重复性条件下，获得的两次独立测定结果的绝对差值不得超过算术平均值的10%。

2.7 注意事项

2.7.1 如果水样是浑浊的或色度较深时，一定要加入氢氧化铝悬浮液，搅拌、静置至样液澄清后再进行下一步操作。

2.7.2 显色剂加入是先加对氨基苯磺酰胺溶液，摇匀溶液并放置2~8分钟后再加入盐酸N–（1–萘）–乙烯二胺溶液。

2.7.3 显色剂加完以后，要控制要上机比色时间，不能将溶液放置时间过久，有必要提前将仪器开机预热。

起草人：王 鑫 王小平（四川省食品药品检验检测院）

复核人：余晓琴（四川省食品药品检验检测院）

第六章
食品中非法添加的检测

第一节　豆芽中 4- 氯苯氧乙酸残留量的检测

1　简述

参考 SN/T 3725-2013《出口食品中对氯苯氧乙酸残留量的测定》制定本规程。

本规程适用于豆芽中 4- 氯苯氧乙酸残留量的测定。

方法的主要原理为样品中 4- 氯苯氧乙酸用乙酸乙酯提取，经阴离子交换固相萃取柱净化后，用高效液相色谱–质谱/质谱测定，外标法定量。

本方法测定低限为 0.01mg/kg。

2　试剂与材料

除另有规定外，本方法中所用试剂均为分析纯，水为符合 GB/T 6682 规定的一级水。

2.1　试剂

乙腈（色谱纯）；甲醇（色谱纯）；甲酸（色谱纯）；氯化钠；氢氧化钠；正己烷；乙酸乙酯；乙酸铵；氨水（25 %）。

2.2　试剂配制

2.2.1 0.02mol/L 氢氧化钠溶液　称取 0.8g 氢氧化钠，用水溶解并稀释至 1000ml。

2.2.2 2% 氨水溶液　量取 8ml 25% 的氨水于 100ml 容量瓶，加水至 100ml，混匀。

2.2.3 2% 甲酸水溶液　量取 2ml 甲酸于 100ml 容量瓶，加水至 100ml，混匀。

2.2.4 30% 甲醇的水溶液（含 2% 甲酸）　量取 30ml 甲醇和 2ml 甲酸，于 100ml 容量瓶，加水至 100ml，混匀。

2.2.5 2% 甲酸甲醇溶液　量取 2ml 甲酸于 100ml 容量瓶，加甲醇至 100ml，混匀。

2.2.6 0.1% 甲酸水溶液　量取 1ml 甲酸于 1000ml 容量瓶，加水至 1000ml，混匀。

2.3　标准溶液的配制

2.3.1 标准品　4- 氯苯氧乙酸标准品（纯度 ≥ 98%）。

2.3.2 4- 氯苯氧乙酸标准储备溶液（1.0mg/ml）　准确称取 10mg（精确至 0.01mg）4- 氯苯氧乙酸标准品于 10ml 容量瓶中，用甲醇溶解并定容至刻度，-18℃保存。

2.3.3 4- 氯苯氧乙酸中间溶液（10 μg/ml）　准确移取 1.0ml 4- 氯苯氧乙酸标准储备溶液

第三篇　食品中化学成分检测

于100ml容量瓶中，甲醇溶解并定容至刻度，–18℃保存。

2.3.4 4–氯苯氧乙酸标准工作溶液 准确移取0.25ml、0.5ml、1.0ml、2.0ml和5.0ml 4–氯苯氧乙酸中间溶液于10ml容量瓶中，用空白样品基质溶液配制成浓度为0.25μg/ml、0.5μg/ml、1.0μg/ml、2.0μg/ml、5.0μg/ml的标准工作溶液，现用现配。

3 仪器与设备

液相色谱色谱–串联质谱仪（需配有电喷雾离子源，其中质谱仪为三重四极杆串联质谱）；分析天平（感量分别为0.01g和0.01mg）；离心机（转速不低于8000r/min）；粉碎机；旋涡混合器；振荡器；固相萃取装置；氮吹仪；阴离子交换固相萃取柱（60mg，3ml）或相当者（使用前用3ml甲醇和3ml水活化，保持柱体湿润）；有机相滤膜（0.22μm）。

4 分析步骤

4.1 试样制备

取代表性样品约500g，取可食部分，切碎或经粉碎机粉碎，混匀，用四分法分成两份作为试样，装入洁净容器，密封并标明标记，于–18℃以下避光冷冻存放。在制样的操作过程中，应防止样品受到污染或发生残留物含量的变化。

4.2 提取

称取5g（精确到0.01g）均匀试样，置于100ml离心管中，加入15ml 0.02mol/L NaOH溶液，再加20ml正己烷，2g氯化钠，振摇5分钟，将离心管于离心机4000r/min离心5分钟，去除上层正己烷。将下层样品加甲酸调节使其pH为2.5，加入20ml乙酸乙酯振荡30分钟，将离心管于离心机4000r/min离心5分钟，取上层有机溶液置50ml氮吹管中，残渣再加入20ml乙酸乙酯，重复提取一次，取上层有机溶液合并至同一50ml氮吹管中，摇匀，于45℃氮气浓缩仪吹干，用3ml 2%甲酸水溶液溶解，待净化。

4.3 净化

将待净化液通过已预处理的固相萃取小柱，通过速度为1ml/min，然后依次用3ml 2%氨水、3ml 30%甲醇的水溶液（含2%甲酸）、3ml甲醇淋洗，最后用3ml 2%甲酸甲醇溶液洗脱。将洗脱液于45℃下氮气吹干，精密加入1ml初始流动相溶解残渣，过0.22μm滤膜，作为供试品溶液进行测定。

4.4 仪器参考条件

4.4.1 液相色谱条件 色谱柱为C18柱，100mm×2.1mm（内径），粒径1.7μm或相当者。流速设置为0.3ml/min。进样量为5μl。柱温设置40℃。流动相为乙腈+0.1%甲酸水溶液（45+55）。

4.4.2 质谱条件 质谱调谐参数应优化至最佳条件，参考质谱条件如下。离子源为电喷雾离子源（ESI）。离子源温度设置为150℃。锥孔气流量为150l/h。脱溶剂气温度设置为450℃。脱溶剂气流量为850L/h。扫描模式为多反应监测（MRM）扫描。4–氯苯氧乙酸定性离子、定量离子及碰撞能参数见表3–6–1。

表3-6-1　4-氯苯氧乙酸定性离子、定量离子及碰撞能参数

化合物名称	母离子（m/z）	子离子（m/z）	采集时间（ms）	CE（V）	DP（V）	EP（V）	CXP（V）
4-氯苯氧乙酸	185	127*	200	-20	-26	-8	-5
		91	200	-40	-26	-8	-4
	187	129	200	-20	-26	-8	-5

注：*为定量离子。

4.5　空白实验

除不加试样外，均按上述步骤进行操作。

5　计算

5.1　定性分析

在相同试验条件下测定试样溶液，若试样溶液中检出色谱峰的保留时间与标准溶液中目标物色谱峰的保留时间一致（变化范围在 ±2.5% 之内），且试样溶液的质谱离子对相对丰度与浓度相当标准溶液的质谱离子对相对丰度相比较，相对偏差不超过表3-6-2规定的范围，则可判定样品中存在4-氯苯氧乙酸。

表3-6-2　定性时相对离子丰度的最大允许偏差

相对离子丰度 /%	> 50	20 ~50	10 ~20	≤ 10
允许的相对偏差 /%	±20	±25	±30	±50

5.2　定量分析

将4-氯苯氧乙酸标准工作溶液注入液相色谱-串联质谱仪测定，得到4-氯苯氧乙酸的峰面积。以标准工作溶液浓度为横坐标，以4-氯苯氧乙酸定量离子的峰面积为纵坐标，绘制标准工作曲线。将供试品溶液按仪器参考条件进行测定，得到相应的试样溶液的色谱峰面积。根据校正曲线计算得到供试品溶液中4-氯苯氧乙酸的浓度值。

5.4　计算

试样中4-氯苯氧乙酸的含量按下式计算。

$$X = \frac{c \times V}{m}$$

式中：X为试样中4-氯苯氧乙酸的含量（mg/kg）；c为由校正曲线计算得到试样溶液中4-氯苯氧乙酸的浓度值（μg/ml）；V为定容体积（ml）；m为试样称取量（g）。

6　精密度

试样每次测定应不少于2份，计算结果以重复性条件下获得的两次独立测定结果的算术平均值表示。

7 注意事项

7.1 4-氯苯氧乙酸标准品若是盐的形式（如钾盐，钠盐等）或水合形式，计算时需要进行折算。

7.2乙腈、甲醇、正己烷、乙酸乙酯等有毒有机试剂，使用时需做好防护措施，若皮肤接触需脱去污染的衣着，用肥皂水和清水彻底冲洗皮肤。废液应妥善处理，不得污染环境。

7.3氢氧化钠为强碱具有强烈腐蚀性，甲酸具有刺激性，使用时需做好防护措施。

起草人：陶　滔（四川省食品药品检验检测院）

卢兰香（山东省食品药品检验研究院）

复核人：丁　一（山东省食品药品检验研究院）

王　颖（四川省食品药品检验检测院）

第二节　豆芽中6-苄基腺嘌呤的检测

1 高效液相色谱法

1.1 简述

参考GB/T 23381-2009《食品中6-苄基腺嘌呤的测定》制定本规程。

本规程适用于豆芽中6-苄基腺嘌呤的测定。

方法的主要原理为试样经甲醇提取、浓缩并净化后，用高效液相色谱检测，外标法定量。本方法定量限为0.02mg/kg。

1.2 试剂与材料

本标准所用试剂除特别注明外，均为色谱纯试剂，实验用水应符合GB/T 6682规定的一级水要求。

1.2.1试剂　甲醇；乙酸铵；冰乙酸。

1.2.2试剂配制　乙酸铵溶液（0.02mol/L）：称取1.54g乙酸铵，用适量水溶解，加入1.0ml冰乙酸，加水定容至1000ml。

1.2.3标准溶液的配制

1.2.3.1标准品　6-苄基腺嘌呤标准品（纯度≥99.0%）

1.2.3.2 6-苄基腺嘌呤标准储备液　准确称取6-苄基腺嘌呤标准品0.0100g于100ml的容量瓶中，用甲醇溶解并定容至刻度。此溶液1.0ml相当于0.10mg 6-苄基腺嘌呤。

1.2.3.3 6-苄基腺嘌呤标准工作液　依需要配制适当浓度的标准工作溶液，临用新制。

1.3 仪器与设备

组织捣碎机；离心机（转速不低于4000r/min）；超声波清洗仪；旋转蒸发仪；高效液相色谱仪（配有紫外检测器或二极管阵列检测器）；固相萃取装置；电子天平（感量0.1mg）；微孔滤膜（0.45μm，有机相）；C18固相萃取柱（6ml，500mg）或相当者，使用前依次用5ml甲醇、

10ml水活化。

1.4 分析步骤

1.4.1 样品提取 称取经组织捣碎机捣碎的样品约10g（精确到0.01g）置于50ml离心管中，加入20ml甲醇，超声提取15分钟，以转速不低于4000r/min离心10分钟，上清液转入50ml梨形瓶中，残渣再次用20ml甲醇超声提取15分钟，离心，合并上清液于同一梨形瓶中，用旋转蒸发仪（不超过60℃）浓缩至近干，去除甲醇，残液待净化。

1.4.2 样品净化 经上述残液以2ml/min流速通过预先活化的固相萃取柱，用少量水（约2ml）洗涤梨形瓶，洗液过固相萃取柱，再用5ml水淋洗固相萃取柱，然后用4ml甲醇洗脱，收集洗脱液于5ml容量瓶中，甲醇定容至刻度，摇匀后经0.45μm滤膜过滤，作为供试品溶液。

1.4.3 测定

1.4.3.1 色谱条件 色谱柱（C18柱，250mm×4.6mm，粒径5μm，或性能相当者）；检测波长（267nm）；流速（1.0ml/min）；柱温（30℃）；进样量（10μl）；流动相（甲醇：0.02mol/L乙酸铵溶液=1：1）。

1.4.3.2 标准工作曲线制作 将标准工作溶液按上述仪器参考条件注入高效液相色谱仪进行测定，以标准工作溶液的浓度为横坐标，以峰面积为纵坐标绘制标准工作曲线。

1.4.3.3 样品测定 将供试品溶液按上述仪器参考条件注入高效液相色谱仪进行测定，根据标准工作曲线按外标法以峰面积计算得到试样中的浓度值。

1.5 计算

试样中6-苄基腺嘌呤的含量按下式计算。

$$X = \frac{C \times V \times f}{m} \times 1000$$

式中：X为试样中6-苄基腺嘌呤的含量（mg/kg）；C为供试品溶液中6-苄基腺嘌呤的浓度值（μg/ml）；V为定容体积（ml）；m为试样称样量（g）；f为稀释倍数。计算结果以重复性条件下获得的两次独立测定结果的算术平均值表示，结果保留2位有效数字。

1.6 精密度

在重复条件获得的两次独立测定结果的绝对差值不得超过算术平均值的10%。

1.7 注意事项

1.7.1 流动相中的所有试剂必须采用色谱纯，且采用高纯水溶解后需进行0.22μm滤膜抽滤，否则长期的杂质积累会污染管路和检测器，增加噪声。

1.7.2 乙酸铵溶液不宜长期放置，否则滋生细菌腐败后会对仪器和色谱柱造成严重损害，应现用现配。

起草人：陶　滔（四川省食品药品检验检测院）

复核人：王　颖（四川省食品药品检验检测院）

第三篇 食品中化学成分检测

2 液相色谱－串联质谱法

2.1 简述

参考BJS 201703《豆芽中植物生长调节剂的测定》制定本规程。

本规程适用于豆芽中6–苄基腺嘌呤的测定。

方法原理为试样经含1%甲酸的乙腈溶液匀浆提取，脱水，离心后，上清液经分散固相萃取净化，用高效液相色谱–串联质谱测定，外标法定量。本方法的前处理采用分散固相萃取净化法（QuEChERS），此方法分析速度快、溶剂使用量少、污染小、价格低廉、操作简便。

当称样量为10g时，本方法6–苄基腺嘌呤的检出限为5μg/kg；定量限为10μg/kg。

2.2 试剂与材料

除另有规定外，本方法中所用试剂均为分析纯，水为符合GB/T 6682规定的一级水。

2.2.1 试剂 甲醇（色谱纯）；乙腈（色谱纯）；甲酸（色谱纯）；乙酸铵（色谱纯）；无水硫酸镁；无水乙酸钠。十八烷基键合硅胶吸附剂（C18）：粒径范围为40~60μm。

2.2.2 试剂配制

2.2.2.1 含1%甲酸的乙腈溶液 量取10ml甲酸置于1000ml容量瓶中，加乙腈定容，混匀。

2.2.2.2 5mmol/L乙酸铵溶液（含0.1%甲酸） 称取0.3854g乙酸铵，用水溶解并稀释至1000ml，加入1ml甲酸，混匀。

2.2.3 标准溶液的配制

2.2.3.1 标准品 6–苄基腺嘌呤（纯度大于90%）。

2.2.3.2 标准储备液（1mg/ml） 精密称取6–苄基腺嘌呤标准品10mg（精确至0.01mg），置于10ml容量瓶中，用甲醇溶解并稀释至刻度，摇匀，制成浓度为1mg/ml标准贮备液，–20℃保存。

2.2.3.3 标准中间液A（10μg/ml） 精密量取6–苄基腺嘌呤标准储备液（1mg/ml）1ml，置于100ml容量瓶中，用甲醇稀释至刻度，摇匀，制成浓度为10μg/ml的标准中间液A。

2.2.3.4 标准中间液B（1μg/ml） 精密量取混合标准中间液A（10μg/ml）1ml，置于10ml容量瓶中，用甲醇稀释至刻度，摇匀，制成浓度为1μg/ml的标准中间液B。

2.2.3.5 空白基质提取液 称取空白试样10g（精确至0.01g），按照本节步骤2.4.2和2.4.3处理后，作为空白基质提取液。

2.2.3.6 基质标准工作溶液 分别精密量取标准中间液B（1μg/ml）0μl、10μl、20μl和40μl，及标准中间液A（10μg/ml）10μl、15μl和20μl，用空白基质提取液定容至1.0ml，作为基质标准工作溶液S0、S1~S6。浓度依次为0ng/ml、10ng/ml、20ng/ml、40ng/ml、100ng/ml、150ng/ml和200ng/ml，或依需要配制适当浓度的基质标准工作溶液。临用新制。

2.3 仪器与设备

高效液相色谱–质谱/质谱仪（配有电喷雾离子源，ESI）；分析天平（感量0.01g和0.01mg）；均质器；离心机（转速≥10000r/min）；涡旋振荡器；固相萃取装置；氮吹仪；具塞离心管（15ml，50ml）；QuEChERS离心管（内含300mg无水硫酸镁和100mg C18）；微孔滤膜（孔径为0.22μm有机相型微孔滤膜）。

2.4　分析步骤

2.4.1 试样制备　将豆芽切碎后用组织粉碎机充分粉碎混匀，均分成两份，作为试样和留样，分别装入洁净容器中，密封并标记，于 -18℃保存。

2.4.2 提取　准确称取 10g 试样（精确至 0.01g）置于 50ml 具塞离心管中，加入 20ml 含 1% 甲酸的乙腈溶液，高速匀浆 2 分钟，再加入 4g 无水硫酸镁和 1g 无水乙酸钠，立即涡旋混合 1 分钟，以 10000r/min 离心 5 分钟使乙腈和水相分层。

2.4.3 净化　精密量取上层乙腈溶液 4ml 置于 QuEChERS 离心管中，涡旋混合 2 分钟，以 14000r/min 离心 5 分钟，移取全部上清液于氮吹管中，于 45℃水浴中氮吹至近干，精密加入 1ml 甲醇，涡旋混匀 1 分钟，以 14000r/min 离心 5 分钟，上清液经 0.22μm 有机相滤膜过滤后，作为供试品溶液。

2.4.4 仪器参考条件

2.4.4.1 液相色谱条件　色谱柱（C18柱，100mm × 3.0mm，粒径 2.7μm，或性能相当者）；流速（300μl/min）；柱温（35℃）；进样量（5μl）。流动相：A 为 5mmol/L 乙酸铵溶液（含 0.1% 甲酸），B 为甲醇。梯度洗脱程序见表3-6-3。

表3-6-3　梯度洗脱参数

时间（min）	流动相 A（%）	流动相 B（%）
0.00	95	5
3.00	95	5
3.10	90	10
19.00	20	80
21.00	20	80
21.10	95	5
24.00	95	5

2.4.4.2 质谱条件　离子源：电喷雾离子源（ESI源）。检测方式：多反应监测（MRM）。扫描方式：负离子模式扫描。电喷雾电压（IS）：-5500V（ESI-）。气帘气（CUR）：20L/min。雾化器（GS1）：45L/min。辅助气压力（GS2）：35L/min。离子源温度（TEM）：500℃。6-苄基腺嘌呤定性、定量离子对和质谱分析参数见表3-6-4。

表3-6-4　负离子模式下6-苄基腺嘌呤定性、定量离子对和质谱分析参数

分析物	离子对（m/z）	去簇电压（V）	碰撞能量（eV）	入口电压（V）	出口电压（V）
6-苄基腺嘌呤	224.2/133.0*	-77	-31	-4	-6
	224.2/106.0	-80	-46	-9	-18
	224.2/117.0	-76	-47	-9	-18

注：* 为定量离子对。

2.4.5 标准工作曲线制作　将基质标准工作溶液按上述仪器参考条件进行测定。以基质标准工作溶液的浓度为横坐标，以峰面积为纵坐标绘制标准工作曲线。

2.4.6 空白实验 除不加试样外，均按上述步骤进行操作。

2.5 计算

若供试品溶液检出与基质标准工作溶液一致的6-苄基腺嘌呤，根据标准工作曲线按外标法以峰面积计算得到其含量。试样中6-苄基腺嘌呤的含量按下式计算。

$$X=\frac{C\times V\times f}{m}$$

式中：X为试样中6-苄基腺嘌呤的含量（μg/kg）；C为供试品溶液中6-苄基腺嘌呤的浓度值（ng/ml）；V为定容体积（ml）；m为试样称样量（g）；f为稀释倍数。计算结果以重复性条件下获得的两次独立测定结果的算术平均值表示，结果保留3位有效数字。

2.6 精密度

2.6.1在相同试验条件下测定供试品溶液和基质标准工作溶液，记录供试品溶液和基质标准工作溶液中6-苄基腺嘌呤的色谱保留时间，以相对于最强离子丰度的百分比作为定性离子的相对离子丰度。若供试品溶液中检出与基质标准溶液中保留时间一致的色谱峰，且其定性离子与浓度相当的标准溶液中相应的定性离子的相对丰度相比，偏差不超过表3-6-5规定的范围，则可以确定试样中检出6-苄基腺嘌呤。

表3-6-5 定性时相对离子丰度的最大允许偏差

相对离子丰度 /%	> 50	> 20~50	> 10~20	≤ 10
允许的相对偏差 /%	± 20	± 25	± 30	± 50

2.6.2精密度要求，在重复条件获得的两次独立测定结果的绝对差值不得超过算术平均值的20 %。

2.7 注意事项

2.7.1乙腈和甲醇为有毒有机试剂，使用时需做好防护措施，若皮肤接触需脱去污染的衣着，用肥皂水和清水彻底冲洗皮肤。废液应妥善处理，不得污染环境。

2.7.2甲酸具有刺激性，使用时需做好防护措施。

2.7.3除按规定做好称量等实验记录外，必须做好仪器使用记录、标液稀释记录及相关可供溯源的记录。

起草人：陶　滔（四川省食品药品检验检测院）

郑　红（山东省食品药品检验研究院）

复核人：王　颖　闵宇航（四川省食品药品检验检测院）

第三节　食品中富马酸二甲酯的检测

1 简述

参考NY/T 1723-2009《食品中富马酸二甲酯的测定》制定本规程。

本规程适用于方便食品、糕点、月饼等食品中富马酸二甲酯的测定。

方法原理为用氨水甲醇溶液提取样品中的富马酸二甲酯，定容过滤后，滤液中的富马酸二甲酯经高效液相色谱柱分离，以紫外检测器于220nm处检测，外标法定量。

本方法检出限为0.05mg/kg。

2　试剂与材料

除非另有规定，以下试剂均使用分析纯。实验室用水符合GB/T 6682规定的一级水要求。

2.1　试剂

甲醇（色谱纯）；氨水（25%）；盐酸（36%）；乙酸（36%）；乙酸钠；溴化四丁基铵。

2.2　试剂配制

2.2.1 氨水甲醇溶液（1+20）　甲醇和氨水以体积比20∶1混合。

2.2.2 盐酸溶液（1+1）　盐酸和水等体积混合。

2.2.3 乙酸溶液（1+1）　乙酸和水等体积混合。

2.2.4 缓冲溶液　准确称取2.46g乙酸钠和2.60g溴化四丁基铵，用适量水溶解，乙酸溶液调节pH至6.0，定容至1000ml。

2.3　标准溶液的配制

2.3.1 标准品　富马酸二甲酯标准物质：质量分数≥97.0%。

2.3.2 标准储备液（1.00mg/ml）　精确称取富马酸二甲酯标准物质0.1000g，用甲醇充分溶解，并稀释定容至100ml，摇匀，贮存于0~4℃冰箱中。该溶液每毫升含富马酸二甲酯标准物质1.00mg，有效期90天。

2.3.3 标准中间溶液（100μg/ml）　准确移取10.0ml富马酸二甲酯标准储备溶液于100ml容量瓶中，用甲醇定容至刻度并摇匀，贮存于0~4℃冰箱中。

2.3.4 标准工作溶液　准确移取0.02ml、0.05ml、0.10ml、0.20ml、0.50ml、1.00ml富马酸二甲酯标准中间溶液于10ml容量瓶中，用甲醇稀释制成浓度为0.20μg/ml、0.50μg/ml、1.00μg/ml、2.00μg/ml、5.00μg/ml、10.00μg/ml的标准工作溶液。

3　仪器与设备

分析天平（感量0.0001g和感量0.01g）；高效液相色谱仪（配有紫外检测器）；超声波水浴；pH计；定量滤纸（中速，直径约15cm）；滤膜（0.22μm有机相滤膜）。

4　分析步骤

4.1　试样制备

含水样品匀浆、干样品粉碎后，称取试样2g，精确至0.0001g，置于50ml离心管中。

4.2　提取和净化

加入10ml氨水甲醇溶液至已称好试样的离心管中，涡旋混合后，超声15分钟，冷却至室温。用盐酸溶液调节pH至6.0，以10000r/min离心5分钟，转移上清液至25ml容量瓶中，用10ml水分次淋洗残渣，并用水定容，混匀。经0.22μm有机相滤膜过滤后，滤液作为供试品溶液。

4.3 液相色谱分析

4.3.1 参考色谱条件 色谱柱：C18，5μm，250mm×4.6mm（内径），或性能相当者。流动相：甲醇＋缓冲溶液（55+45，体积比）。流速：1.0ml/min。检测波长：220nm。柱温：25℃。进样体积：10μl。

4.3.2 测定 准确吸取标准工作液和供试品溶液，分别进样，得到标准工作液和供试品溶液中富马酸二甲酯的峰面积，外标法定量。同时做空白实验。

5 计算

试样中富马酸二甲酯的含量按下式计算。

$$X = \frac{c \times V}{m}$$

式中：X为试样中富马酸二甲酯的含量（mg/kg）；c为由标准曲线得到供试品溶液中富马酸二甲酯的浓度值（μg/ml）；V为试样定容体积（ml）；m为试样的称样量（g）。计算结果以平行测定的算术平均值表示，结果保留3位有效数字。

6 精密度

在重复性条件下获得的2次独立测定结果的绝对差值不大于这2个测定值的算术平均值的10%。在再现性条件下获得的2次独立测定结果的绝对差值不大于这2个测定值的算术平均值的15%。

7 注意事项

7.1 pH计在进行操作前，应首先检查电极的完好性并进行pH校准。选择的校准的标准液与要测定的溶液的pH有关，使待测溶液的pH能落在校正的pH范围内。使用后需将电极用水清洗干净并保存于饱和氯化钾溶液中。

7.2 在流动相配制时，采用色谱纯试剂和超纯水。流动相配制后采用0.22μm滤膜抽滤，否则长期的杂质积累会污染管路和检测器，增加仪器噪声，超声去除溶解的气体，气体残留会造成泵压不稳。

7.3 流动相溶液需现配现用，放置时间过长孳生细菌腐败后会对仪器和色谱柱造成严重损害。根据实验室具体情况，流动相配制可以适当调整，可以采用甲醇/乙酸铵缓冲液作为流动相。

7.4 流动相采用了缓冲盐，检测完成要及时冲洗色谱柱，减少对色谱柱的伤害。冲洗时先用高比例超纯水冲洗，然后再过渡到甲醇，否则含盐流动相遇到有机相会产生结晶而堵塞色谱柱和管路。

7.5 当有杂质峰干扰目标物时，可通过改变流动相、更换色谱柱等方法，尽量将色谱峰做到基线分离。

7.6当供试品溶液中出现与标准物质保留时间一致的色谱峰时，建议采用DAD检测器或二极管阵列检测器通过光谱图辅助定性，或者采用调整流动相、更换色谱柱、样品加标等方法进一步确认。

7.7供试品溶液中富马酸二甲酯的响应值应在线性范围内。

起草人：窦明理（四川省食品药品检验检测院）

赵慧男（山东省食品药品检验研究院）

复核人：王　颖（四川省食品药品检验检测院）

丁　一（山东省食品药品检验研究院）

第四节　小麦粉中过氧化苯甲酰的检测

1　简述

参考GB/T 22325-2008《小麦粉中过氧化苯甲酰的测定》制定本规程。

本规程适用于小麦粉中过氧化苯甲酰含量的测定。

方法原理为采用甲醇提取样品中过氧化苯甲酰，用碘化钾作为还原剂将其还原为苯甲酸，高效液相色谱分离，在230nm下检测。

本方法最低检出限为0.5mg/kg。

2　试剂与材料

本标准所用试剂除特别注明外，均为分析纯试剂，实验用水应符合GB/T 6682规定的一级水要求。

2.1　试剂

甲醇（色谱纯）；乙酸铵（色谱纯）；碘化钾溶液（质量浓度为50%的水溶液）。

2.2　试剂配制

乙酸铵缓冲溶液（0.02mol/L）：称取乙酸铵1.54g用水溶解并稀释至1 L，混匀后用0.45μm的滤膜过滤后使用。

2.3　标准溶液的配制

2.3.1 标准品　苯甲酸（纯度≥99.9%，国家标准物质）。

2.3.2 苯甲酸标准贮备溶液（1mg/ml）　称取0.1g（精确至0.0001g）苯甲酸，用甲醇稀释至100ml。

3　仪器与设备

高效液相色谱仪（配有紫外检测器）；天平（感量0.0001g）；旋涡混合器；溶剂过滤器。

第三篇　食品中化学成分检测

4 分析步骤

4.1 样品制备

称取样品5g（准确至0.1mg）于50ml具塞比色管中，加10ml甲醇，在旋涡混合器上混匀1分钟，静置5分钟，加50%碘化钾水溶液5ml，在旋涡混合器上混匀1分钟，放置10分钟，加水定容，混匀，静置，吸取上层清液通过0.45μm滤膜，作为供试品溶液。

4.2 标准曲线的配制

准确移取苯甲酸标准贮备液0ml、0.625ml、1.25ml、2.50ml、5.00ml、10.00ml分别置于25ml容量瓶中，分别加甲醇至刻度稀释制成浓度分别为0μg/ml、25.0μg/ml、50.0μg/ml、100.0μg/ml、200.0μg/ml、400.0μg/ml的苯甲酸标准系列溶液。

分别称取6份5g（精确至0.1mg）不含苯甲酸和过氧化苯甲酰的小麦粉于6支50ml具塞比色管中，分别准确加入苯甲酸标准系列溶液10.00ml，其余操作同本节4.1中"在旋涡混合器上混匀1分钟"以下叙述，制成基质标准系列溶液的最终浓度分别为：0μg/ml、5.0μg/ml、10.0μg/ml、20.0μg/ml、40.0μg/ml、80.0μg/ml，依次注入液相色谱仪，以苯甲酸峰面积为纵坐标，以苯甲酸浓度为横坐标，绘制标准曲线。

4.3 测定

4.3.1 仪器参考条件 色谱柱：4.6mm×250mm，C18反相柱（5μm）。检测波长：230nm。流动相：甲醇：乙酸铵缓冲液（0.02mol/L）为10：90（体积分数）。流速：1.0ml/min。进样量：10μl。

4.3.2 试样溶液的测定 将供试品溶液按上述仪器参考条件注入液相色谱仪测定，根据苯甲酸的峰面积从工作曲线上查取对应的苯甲酸浓度值，并计算样品中过氧化苯甲酰的含量。

5 计算

试样中过氧化苯甲酰的含量按下式计算。

$$X = \frac{c \times V \times 1000}{m \times 1000 \times 1000} \times 0.992$$

式中：X为样品中过氧化苯甲酰的含量（g/kg）；c为工作曲线上查出的试样测定液中相当于苯甲酸的浓度值（μg/ml）；V为试样提取液的体积（ml）；m为样品称样量（g）；0.992为苯甲酸换算成过氧化苯甲酰的换算系数；结果保留2位有效数字。

6 精密度

6.1 重复性

在重复性条件下获得的两次独立测定结果的绝对差值不得超过重复性限（r），本法的重复性限按下列公式计算。

小麦粉中过氧化苯甲酰的含量在0.00~0.20mg/kg范围：r=4.7964+0.0594M。

式中：M为两次测定值的平均值（mg/kg）；如果差值超过重复性限，应舍弃试验结果并重新完成两次单个试验的测定。

6.2 再现性

在再现性条件下获得的两次独立测定结果的绝对差值不得超过再现性限（R），本法的再现性限按下列公式计算。

小麦粉中过氧化苯甲酰的含量在0.00~0.20mg/kg范围：$R=6.6802+0.0330M$。

式中：M为两次测定值的平均值（mg/kg）。

7 注意事项

7.1 流动相中的所有试剂必须采用色谱纯，且采用超纯水溶解后需进行0.22μm滤膜抽滤，否则长期的杂质积累会污染管路和检测器，增加噪声。

7.2 乙酸铵溶液不宜长期放置，否则滋生细菌腐败后会对仪器和色谱柱造成严重损害，应现用现配。

7.3 除按规定做好称量等实验记录外，必须做好仪器使用记录、标液稀释记录及相关可供溯源的记录。

起草人：陶　滔（四川省食品药品检验检测院）

复核人：王　颖（四川省食品药品检验检测院）

第五节　食品中甲醛次硫酸氢钠的检测

1 简述

参考GB/T 21126-2007《小麦粉与大米粉及其制品中甲醛次硫酸氢钠含量的测定》制定本规程。

本规程适用于小麦粉、大米粉及其制品中残留甲醛及甲醛次硫酸氢钠含量的测定。

方法主要原理为在酸性溶液中，样品中残留的甲醛次硫酸氢钠分解释放出的甲醛被水提取，提取后的甲醛与2，4-二硝基苯肼发生加成反应，生成黄色的2，4-二硝基苯腙，用正己烷萃取后，经高效液相色谱仪分离，与标准甲醛衍生物的保留时间对照定性，用标准曲线法定量。

方法检出限为0.08mg/kg。

2 试药与试剂

除非另有说明，均为分析纯，配溶液所用水为经高锰酸钾处理后的重蒸水。

2.1 试剂

乙腈（色谱纯）；正己烷（色谱纯）；磷酸氢二钠；盐酸（37％）；氯化钠；2，4-二硝基苯肼。

2.2 试剂配制

2.2.1 盐酸-氯化钠溶液 称取20g氯化钠于1000ml容量瓶中，用少量水溶解，加60ml盐酸，加水定容至刻度，摇匀。

2.2.2 磷酸氢二钠溶液　称取 18g $Na_2HPO_4 \cdot 12H_2O$，加水溶解并定容至 100ml。

2.2.3 2，4- 二硝基苯肼纯化　称取约 20g 2，4- 二硝基苯肼于烧杯中，加入 167ml 乙腈和 500ml 水，搅拌至完全溶解，放置过夜。用定性滤纸过滤结晶，分别用水和乙醇反复洗涤 5~6 次后置于干燥器中备用。

2.2.4 衍生剂　称取纯化处理的 2，4- 二硝基苯肼 200mg，用乙腈溶解并定容至 100ml。

2.3 标准品

2.3.1 标准品　甲醛标准溶液。

2.3.2 标准溶液的制备

2.3.2.1 甲醛标准贮备液　将甲醛标准溶液用水稀释为 40 μg/ml 的标准储备液。4℃保存，有效期为 1 个月。

2.3.2.2 甲醛标准工作液　精密吸取一定量的甲醛标准贮备液配制成浓度约为 2.0 μg/ml 的标准工作液。此标准工作液必须使用当天配制。

3　仪器与设备

分析天平（感量为0.1mg和1mg）；具塞三角瓶；高效液相色谱仪（带紫外–可见波长检测器）；恒温水浴锅；高速组织捣碎机；离心机（≥10000r/min）；振荡机。

4　分析步骤

4.1　样品前处理

精确称取小麦粉、大米粉样品约5g于150ml具塞三角瓶中，精密加入50ml盐酸–氯化钠溶液，置于振荡机上振荡提取40分钟。对于小麦粉或大米粉制品，称取20g于组织捣碎机中，精密加入200ml盐酸–氯化钠溶液，2000r/min捣碎5分钟，转入250ml具塞三角瓶中，置于振荡机上振荡提取40分钟。将提取液倒入50ml离心管中，于10000r/min离心15分钟，上清液备用。

4.2　标准工作曲线制备

分别量取0.00ml、0.25ml、0.50ml、1.00ml、2.00ml、4.00ml甲醛标准工作液于25ml比色管中（相当于0.0μg、0.5μg、1.0μg、2.0μg、4.0μg、8.0μg甲醛），分别加入2ml盐酸–氯化钠溶液、1ml磷酸氢二钠溶液、0.5ml衍生剂，然后补加水至10ml，盖上塞子，摇匀。置于50℃水浴中加热40分钟后，取出用流水冷却至室温。准确加入5.0ml正己烷，将比色管横置，水平方向轻轻振摇3~5次后，将比色管倾斜放置，增加正己烷与水溶液的接触面积。在一个小时内，每隔5分钟轻轻振摇3~5次，然后再静置30分钟，作为标准品溶液进样。以所取甲醛标准使用液中甲醛的质量（μg）为横坐标，甲醛衍生物苯腙的峰面积为纵坐标，绘制标准工作曲线。

4.3　样品测定

取2.0ml样品处理所得上清液于25ml比色管中，加入1ml磷酸氢二钠溶液、0.5ml衍生剂，补加水至10ml，盖上塞子，摇匀。以下按4.2自"置于50℃水浴中加热40分钟后"起依法操作，并与标准曲线比较峰面积定量。

4.4 仪器参考条件

色谱柱：C18柱，5μm，250mm×4.6mm或相当者。流动相：乙腈+水（70+30，体积比）。流速：0.8ml/min。柱温：30℃。进样量：10μl。检测波长：355nm。

5 计算

$$X=\frac{m_1 \times V}{m \times 2}$$

式中：m_1为供试品溶液中甲醛的测得质量（μg）；V为样品所加提取液体积（ml）；2为测定用样品提取液体积（ml）；m为称取试样的称样量（g）；计算结果以重复性条件下获得的两次独立测定结果的算术平均值表示；结果保留至小数点后1位。

6 测定结果的判定

6.1 在重复性条件下获得的两次独立测定结果的绝对差值不得超过算术平均值的15%。

6.2 小麦粉与大米粉及其制品中甲醛含量计算结果不超过10μg/g时，报告结果为未检出。

7 注意事项

7.1 振摇时不宜剧烈，以免发生乳化。如果出现乳化现象，滴加1~2滴无水乙醇。

7.2 甲醛对人体皮肤有刺激作用，有致癌、致突变等毒性，也会污染环境，所以在使用甲醛时应注意人身安全，并妥善处理废弃的标准品溶液。

7.3 甲醛在环境及各样品中可能存在本底值，在结果判定时应注意扣除环境本底或样品的本底值。

7.4 甲醛标准品可选用商品化的甲醛标准溶液，也可参考GB/T 2912.1-2009将37%甲醛溶液用水稀释制成1.5mg/ml的甲醛原液，采用亚硫酸钠法标定后使用。

起草人：何成军（四川省食品药品检验检测院）
复核人：闵宇航 王 颖（四川省食品药品检验检测院）

第三篇 食品中化学成分检测

第六节 食品中罗丹明 B 的检测

1 简述

参考SN/T 2430-2010《进出口食品中罗丹明B的检测方法》制定本规程。

本规程适用于辣椒油、辣椒粉中罗丹明B的测定。

方法原理为试样用乙酸乙酯-环己烷提取，经凝胶色谱净化系统净化，用液相色谱-荧光检测器或液相色谱-质谱/质谱仪测定和确证，外标峰面积法定量。

本方法的测定低限均为0.005mg/kg。

2 试剂和材料

除特殊注明外，所有试剂均为分析纯，水为纯化水。

2.1 试剂

甲醇（色谱级）；甲酸（色谱级）；乙酸乙酯；环己烷。

2.2 试剂配制

2.2.1 乙酸乙酯–环己烷（1:1，体积比）溶液 将乙酸乙酯和环己烷等体积混合。

2.2.2 0.2%甲酸 取2.0ml甲酸，用水定容至1000ml。

2.3 标准溶液的配制

2.3.1 标准品 罗丹明B，分子式$C_{28}H_{31}ClN_2O_3$，CAS号：81-88-9，纯度≥99.0%。

2.3.2 罗丹明B标准储备液 准确称取适量罗丹明B标准品，用甲醇配制成浓度为100μg/ml的标准储备液。此溶液在0~4℃避光保存。

2.3.3 空白样品提取液 除不加试样外，按与试样相同的步骤操作。

2.3.4 标准工作溶液 根据需要用空白样品提取液将标准储备液稀释成5.0ng/ml、10.0ng/ml、20.0ng/ml、50.0ng/ml、100.0ng/ml的标准工作溶液。置于0~4℃避光保存。

3 仪器与设备

液相色谱仪（配荧光检测器）；高效液相色谱–质谱/质谱仪（配电喷雾离子源）；电子天平（感量为0.1mg和0.01g）；凝胶色谱净化系统；组织捣碎机；超声波清洗机；涡旋振荡器；旋转蒸发仪；离心机（≥5000r/min）。

4 分析步骤

4.1 试样制备

4.1.1 香辛料等固体样品 取有代表性样约500g，用组织捣碎机捣碎，装入洁净容器作为试样，密封并做好标识，于–18℃下保存。

4.1.2 辣椒油等液体样品 取有代表性样品约500g，搅拌均匀后装入洁净容器内密封并做好标识，于0~4℃下保存。

4.2 试样保存

制样操作过程中应防止样品受到污染或发生残留物含量的变化。

4.3 测定步骤

4.3.1 提取

4.3.1.1 一般样品 称取2.0g样品（精确至0.01g）于50ml离心管中，准确加入25ml乙酸乙酯–环己烷（1:1）溶液，于涡旋混匀器上混合提取2分钟，再超声提取15分钟后，于4000r/min离心5分钟，上清液过0.22μm微孔滤膜后作待净化液。

4.3.1.2 高油脂样品 称取2.0g样品（精确至0.01g）于25ml容量瓶中，加入20ml乙酸乙酯-环己烷（1∶1）溶液，超声提取15分钟后，用乙酸乙酯-环己烷（1∶1）溶液定容，提取溶液过0.22μm微孔滤膜后作待净化液。

4.3.2 净化　精密吸取10ml待净化液于凝胶色谱净化系统样品管中，用于凝胶色谱净化系统进行净化，收集洗脱液，于40℃下旋转蒸发至干。残渣用1.0ml甲醇溶解后，过0.22μm微孔滤膜，作为供试品溶液供高效液相色谱荧光测定，或用1.0ml 40%甲醇水定容，过0.22μm微孔滤膜，作为供试品溶液供HPLC-MS/MS测定或确证。

凝胶色谱净化系统参考条件如下。凝胶柱规格400mm×25mm（内径）。色谱柱填料Bio-Beads S-X3（38~75μm）。流动相：乙酸乙酯-环己烷（1∶1，体积比）。流速：5ml/min。收集时间：9~19分钟。

4.3.3 测定

4.3.3.1 液相色谱荧光检测条件　色谱柱：C18柱，150mm×2.1mm（内径），5μm，或相当者。流动相：甲醇-水，梯度洗脱程序见表3-6-6。流速：0.8ml/min。柱温：35℃。进样量：10μl。激发波长（E_x）550nm，发射波长（E_m）580nm。

表3-6-6　梯度洗脱参数

时间（min）	甲醇（%）	水（%）
0	40	60
4	40	60
6	70	30
9	70	30
9.1	40	60

4.3.3.2 液相色谱-质谱/质谱条件　色谱柱：C18柱，100mm×2.1mm（内径），1.7μm，或相当者。流动相：甲醇+0.2%甲酸，梯度洗脱程序见表3-6-7。流速：0.20ml/min。柱温：35℃。进样量：5μl。离子源：电喷雾离子源。扫描方式：正离子。检测方式：多反应监测（MRM）。细管电压：1.0kV。离子源温度：110℃。脱溶剂气温度：400℃。锥孔气流量（氮气）：45L/h；脱溶剂气流量（氮气）：600L/h。碰撞气流速（氩气）：0.22ml/min。碰撞室压力（氩气）：$5.86e^{-3}$（mbar）。定性离子对、定量离子对、锥孔电压、碰撞能量、驻留时间见表3-6-8。

表3-6-7　梯度洗脱参数

时间（min）	甲醇（%）	0.2%甲酸（%）
0.00	30	70
1.00	30	70
3.00	90	10
5.00	90	10
6.00	30	70

表3-6-8　待测物定性离子对、定量离子对、锥孔电压、碰撞能量、驻留时间

化合物	母离子（m/z）	子离子（m/z）	锥孔电压（V）	碰撞能量(eV)	驻留时间（s）
罗丹明B	443	399[a]	60.0	46	0.20
		355	60.0	50	0.20

注：[a]离子为定量离子，对于不同的质谱仪器，仪器参数可能存在差异，测定前应将质谱参数优化到最佳。

4.3.3.3 **液相色谱测定**　按照液相色谱－荧光检测条件对标准工作溶液及供试品溶液进样测定，供试品溶液中的待测物含量应在标准曲线范围之内，如果含量超出标准曲线范围，应进行适当稀释后测定。

4.3.3.4 **液相色谱－质谱/质谱测定和确证**　按照液相色谱－质谱/质谱条件测定供试品溶液和标准工作溶液，外标标准曲线法测定样液中的罗丹明B含量。供试品溶液中待测物含量应在标准曲线范围之内，如果含量超出标准曲线范围，应用空白样品提取液进行适当稀释。在相同试验条件下，供试品溶液与标准工作液中待测物质的质量色谱峰相对保留时间在2.5%以内，并且在扣除背景后的样品质量色谱图中，所选择的离子对均出现，同时与标准品的相对丰度允许偏差不超过表3-6-9规定的范围，则可判断样品中存在对应的被测物。

表3-6-9　使用液相色谱－质谱/质谱定性时相对离子丰度最大允许误差

相对离子丰度 /%	> 50	> 20 至 50	> 10 至 20	≤ 10
最大允许误差 /%	± 20	± 25	± 30	± 50

4.3.4 空白试验　除不加试样外，均按上述步骤进行操作。

5　计算

用数据处理软件中的外标法，或绘制标准曲线，按照下式计算试样中罗丹明B的含量。

$$X = \frac{(C - C_0) \times f}{m \times 1000}$$

式中：X为试样中罗丹明B的含量（mg/kg）；C为由标准曲线得到的样液中罗丹明B的浓度值（ng/ml）；C_0为由标准曲线得到的空白试验中罗丹明B的浓度值（ng/ml）；f为稀释倍数；m为试样称样量（g）。

6　精密度

在重复性条件下获得的两次独立测定结果的绝对差值不得超过算术平均值的15%。

7　注意事项

7.1 称取罗丹明B标准品时，应避免产生粉尘，对人体产生危害；罗丹明B标准储备溶液要于棕色玻璃瓶中保存。

7.2 在洗脱液氮吹过程中，要严格控制氮气吹扫流量，避免样品溶液溅出；在旋转蒸发的过程中，要防止旋转温度过高，引起样品溶液爆沸，甚至溅出，造成样品溶液交叉污染。

7.3 在进样分析前，应充分平衡色谱柱。

7.4因离子源最容易受到污染，因此，需要对进样的浓度严格控制，避免样品或标准使用液的浓度过大，否则就会升高背景，在较大程度上降低灵敏度。

7.5进样完成后使用异丙醇（色谱级）和无尘纸对离子源进行擦拭清洁，避免对质谱响应灵敏度造成干扰。

7.6定期对液相色谱–质谱联用仪进行调谐，校准质量轴，一般宜6个月校准一次，以使仪器达到最佳的使用状态。

起草人：王　明（四川省食品药品检验检测院）
复核人：王　颖（四川省食品药品检验检测院）

第七节　食品中三聚氰胺的检测

1　高效液相色谱法

1.1　简述

参考GB/T 22388–2008《原料乳及乳制品中三聚氰胺的检测方法》第一法制定本规程。

本规程适用于乳制品及含乳制品中三聚氰胺的测定。

方法原理为试样用三氯乙酸溶液–乙腈提取，经阳离子交换固相萃取柱净化后，用高效液相色谱测定，外标法定量。

本方法的定量限为2mg/kg。

1.2　试剂与材料

除非另有说明，所有试剂均为分析纯，水为GB/T 6682规定的一级水。

1.2.1 试剂　甲醇（色谱纯）；乙腈（色谱纯）；氨水（含量为25%~28%）；三氯乙酸；柠檬酸；辛烷磺酸钠（色谱纯）。

1.2.2 试剂配制

1.2.2.1甲醇水溶液　准确量取50ml甲醇和50ml水，混匀后备用。

1.2.2.2三氯乙酸溶液（1%）　准确称取10g三氯乙酸于1 L容量瓶中，用水溶解并定容至刻度，混匀后备用。

1.2.2.3氨化甲醇溶液（5%）　准确量取5ml氨水和95ml甲醇，混匀后备用。

1.2.2.4离子对试剂缓冲液　准确称取2.10g柠檬酸和2.16g辛烷磺酸钠，加入约980ml水溶解，调节pH至3.0后，定容至1 L备用。

1.2.3 标准溶液的配制

1.2.3.1三聚氰胺标准品　CAS号：108–78–01，纯度大于99.0%。

1.2.3.2三聚氰胺标准储备液　准确称取100mg（精确到0.1mg）三聚氰胺标准品于100ml容量瓶中，用甲醇水溶液溶解并定容至刻度，配制成浓度为1mg/ml的标准储备液，于4℃避光保存。

1.3 仪器与设备

高效液相色谱仪（配有紫外检测器或二极管阵列检测器）；分析天平（感量为0.0001g和0.01g）；离心机（≥4000r/min）；超声波水浴；固相萃取装置；氮气吹干仪；涡旋混合器；阳离子交换固相萃取柱（混合型阳离子交换固相萃取柱，基质为苯磺酸化的聚苯乙烯–二乙烯基苯高聚物，60mg，3ml，或相当者，使用前依次用3ml甲醇、5ml水活化）；海砂（化学纯，粒度0.65~0.85mm，二氧化硅含量为99%）。

1.4 分析步骤

1.4.1 提取

1.4.1.1 液态奶、奶粉、酸奶、冰淇淋和奶糖等　称取2g（精确至0.01g）试样于50ml具塞塑料离心管中，加入15ml三氯乙酸溶液和5ml乙腈，超声提取10分钟，再振荡提取10分钟后，以不低于4000r/min离心10分钟。上清液经三氯乙酸溶液润湿的滤纸过滤至25ml的容量瓶中，用三氯乙酸溶液定容，精密吸取5ml滤液，加入5ml水混匀后做待净化液。

1.4.1.2 奶酪、奶油和巧克力等　称取2g（精确至0.01g）试样于研钵中，加入适量海砂（试样质量的4~6倍）研磨成干粉状，转移至50ml具塞塑料离心管中，用15ml三氯乙酸溶液分数次清洗研钵，清洗液转入离心管中，再往离心管中加入5ml乙腈，超声提取10分钟，再振荡提取10分钟后，以不低于4000r/min离心10分钟。上清液经三氯乙酸溶液润湿的滤纸过滤至25ml的容量瓶中，用三氯乙酸溶液定容，精密吸取5ml滤液，加入5ml水混匀后做待净化液。

1.4.2 净化

将待净化液通过已预处理的固相萃取小柱，通过速度不超过1ml/min，依次用3ml水和3ml甲醇洗涤，抽至近干后，用6ml氨化甲醇溶液洗脱，洗脱液于50℃下用氮气吹干，精密加入1ml初始流动相，涡旋1分钟，过微孔滤膜后，作为供试品溶液。

1.4.3 高效液相色谱测定

1.4.3.1 液相色谱参考条件　色谱柱为C8柱，250mm×4.6mm（内径），5μm，或相当者；C18柱，250mm×4.6mm（i.d.），5μm，或相当者。流动相：C_8柱，离子对试剂缓冲液–乙腈（85+15，体积比），混匀；C_{18}柱，离子对试剂缓冲液–乙腈（90+10，体积比），混匀。流速：1.0ml/min。柱温：40℃。波长：240nm。进样量：20μl。

1.4.3.2 标准曲线的绘制　用流动相将三聚氰胺标准储备液逐级稀释得到的浓度为0.8μg/ml、2μg/ml、20μg/ml、40μg/ml、80μg/ml的标准工作液，浓度由低到高进样检测，以峰面积–浓度作图，得到标准曲线回归方程。

1.4.3.3 定量测定　供试品溶液中三聚氰胺的响应值应在标准曲线线性范围内，超过线性范围则应稀释后再进样分析。

1.4.4 空白实验

除不称取样品外，均按上述测定条件和步骤进行空白实验。

1.5 计算

试样中化合物含量按下式计算。

$$X = \frac{c \times V}{m} \times f$$

式中：X为试样中三聚氰胺的含量（mg/kg）；c为标准溶液中三聚氰胺的浓度值（μg/ml）；V为样液最终定容体积（ml）；m为试样的称样量（g）；f为稀释倍数。

1.6　精密度

1.6.1 在添加浓度2~10mg/kg浓度范围内，方法回收率在80%~110%之间，相对标准偏差小于10%。

1.6.2 在重复性条件下获得的两次独立测定结果的绝对差值不得超过算术平均值的10%。

1.7　注意事项

1.7.1 在使用甲醇、氨水、乙腈等试剂时，应在通风装置中进行，需带防护手套和防护面具，避免直接接触皮肤。废液应妥善处理，不得对环境造成污染。

1.7.2 若样品中脂肪含量较高，可以用三氯乙酸溶液饱和的正己烷液-液分配除脂后再用SPE柱净化。

1.7.3 固相萃取柱使用前要活化，净化时的流速不宜过快，否则易影响回收率，整个固相萃取过程流速不超过1ml/min。

1.7.4 氮气吹干时气流速度不宜过大，防止液体迸溅造成损失和交叉污染。氮吹前可对氮气吹嘴进行擦拭，防止由于上一批次实验操作失误造成迸溅的液滴回滴引起交叉污染。

1.7.5 氮气吹干后要及时用初始流动相溶解，并上机检测。

1.7.6 在流动相配制时，采用色谱纯试剂和超纯水。流动相配制后采用0.22μm滤膜抽滤，否则长期的杂质积累会污染管路和检测器，增加仪器噪声，超声去除溶解的气体，气体残留会造成泵压不稳。

1.7.7 流动相溶液需现配现用，放置时间过长孳生细菌腐败后会对仪器和色谱柱造成严重损害。

1.7.8 根据实验室具体情况，流动相可以适当调整，也可采用庚烷磺酸钠代替辛烷磺酸钠。

1.7.9 流动相采用了离子对试剂缓冲液，检测完成要及时冲洗色谱柱，减少对色谱柱的伤害。冲洗时先用高比例高纯水冲洗，然后再过渡到甲醇，否则含盐流动相遇到有机相会产生结晶而堵塞色谱柱和管路。

1.7.10 由于液相色谱-质谱/质谱法的定量限远低于液相色谱法，根据待检样品的目标含量和标准限量值选择适当的检测方法。

1.7.11 当有杂质峰干扰目标物时，可通过改变流动相、更换色谱柱等方法，尽量将色谱峰做到基线分离。

1.7.12 当供试品溶液出现与标准物质保留时间一致的色谱峰时，建议采用DAD检测器或二极管阵列检测器通过光谱图辅助定性，或者采用调整流动相、更换色谱柱、样品加标等方法进一步确认。

2　液相色谱 – 质谱 / 质谱法

2.1　简述

参考GB/T 22388-2008《原料乳及乳制品中三聚氰胺的检测方法》第二法制定本规程。
本规程适用于乳制品及含乳制品中三聚氰胺的测定。

第三篇　食品中化学成分检测

方法原理为试样用三氯乙酸溶液提取，经阳离子交换固相萃取柱净化后，用液相色谱-质谱/质谱法测定和确证，外标法定量。

本方法的定量限为0.01mg/kg。

2.2 试剂与材料

除非另有说明，所有试剂均为分析纯，水为GB/T 6682规定的一级水。

2.2.1 试剂 甲醇（色谱纯）；乙腈（色谱纯）；氨水（含量为25%~28%）；三氯乙酸；乙酸；乙酸铵。

2.2.2 试剂配制

2.2.2.1 甲醇水溶液 准确量取50ml甲醇和50ml水，混匀后备用。

2.2.2.2 三氯乙酸溶液（1%） 准确称取10g三氯乙酸于1L容量瓶中，用水溶解并定容至刻度，混匀后备用。

2.2.2.3 氨化甲醇溶液（5%） 准确量取5ml氨水和95ml甲醇，混匀后备用。

2.2.2.4 乙酸铵溶液（10mmol/L） 准确称取0.772g乙酸铵于1L容量瓶中，用水溶解并定容至刻度，混匀后备用。

2.2.3 标准溶液的配制

2.2.3.1 三聚氰胺标准品 CAS号：108-78-01，纯度大于99.0%。

2.2.3.2 三聚氰胺标准储备液 准确称取100mg（精确到0.1mg）三聚氰胺标准品于100ml容量瓶中，用甲醇水溶液溶解并定容至刻度，配制成浓度为1mg/ml的标准储备液，于4℃避光保存。

2.3 仪器与设备

液相色谱-质谱/质谱仪（LC-MS/MS，配有电喷雾离子源）；分析天平（感量为0.0001g和0.01g）；离心机（≥4000r/min）；超声波水浴；固相萃取装置；氮气吹干仪；涡旋混合器；阳离子交换固相萃取柱（混合型阳离子交换固相萃取柱，基质为苯磺酸化的聚苯乙烯-二乙烯基苯高聚物，60mg，3ml，或相当者，使用前依次用3ml甲醇、5ml水活化）；海砂（化学纯，粒度0.65~0.85mm，二氧化硅含量为99%）。

2.4 分析步骤

2.4.1 提取

2.4.1.1 液态奶、奶粉、酸奶、冰淇淋和奶糖等 称取2g（精确至0.01g）试样于50ml具塞塑料离心管中，加入15ml三氯乙酸溶液和5ml乙腈，超声提取10分钟，再振荡提取10分钟后，以不低于4000r/min离心10分钟。上清液经三氯乙酸溶液润湿的滤纸过滤至25ml的容量瓶中，用三氯乙酸溶液定容，精密吸取5ml滤液，加入5ml水混匀后做待净化液。

2.4.1.2 奶酪、奶油和巧克力等 称取2g（精确至0.01g）试样于研钵中，加入适量海砂（试样质量的4~6倍）研磨成干粉状，转移至50ml具塞塑料离心管中，用15ml三氯乙酸溶液分数次清洗研钵，清洗液转入离心管中，再往离心管中加入5ml乙腈，超声提取10分钟，再振荡提取10分钟后，以不低于4000r/min离心10分钟。上清液经三氯乙酸溶液润湿的滤纸过滤过滤至25ml的容量瓶中，用三氯乙酸溶液定容，精密吸取5ml滤液，加入5ml水混匀后做待净化液。

2.4.2 净化 将待净化液通过已预处理的固相萃取小柱，通过速度为1ml/min，依次用3ml水和3ml甲醇洗涤，抽至近干后，用6ml氨化甲醇溶液洗脱，洗脱液于50℃下用氮气吹干，精密加入1ml初始流动相，涡旋1分钟，过微孔滤膜后，作为供试品溶液。

2.4.3 液相色谱–质谱/质谱测定

2.4.3.1 液相色谱参考条件　色谱柱为强阳离子交换与反相C18混合填料，混合比例1：4），150mm×2.0mm（内径），5μm，或相当者。流动相：等体积的乙酸铵溶液和乙腈充分混合，用乙酸调节至pH=3.0后备用。进样量：10μl。柱温：40℃。流速：0.2ml/min。

2.4.3.2 质谱参考条件　电离方式：电喷雾电离，正离子。离子喷雾电压：4kV。雾化气：氮气，40 psi。干燥气：氮气，流速10L/min，温度350℃。碰撞气：氮气。分辨率：Q1（单位）Q3（单位）。扫描模式：多反应监测（MRM），母离子m/z 127，定量子离子m/z 85，定性子离子m/z 68。停留时间：0.3秒。裂解电压：100 V。碰撞能量：m/z 127＞85为20 V，m/z 127＞58为35 V。

2.4.3.3 标准曲线的绘制　取空白样品按照上述提取和净化处理。用所得的样品基质溶液将三聚氰胺标准储备液逐级稀释得到的浓度为0.01μg/ml、0.05μg/ml、0.1μg/ml、0.2μg/ml、0.5μg/ml的标准工作液，浓度由低到高进样检测，以定量子离子峰面积–浓度作图，得到标准曲线方程。

2.4.3.4 定量测定　供试品溶液中三聚氰胺的响应值应在标准曲线线性范围内，超过线性范围则应稀释后再进样分析。

2.4.3.5 定性判定　按照上述条件测定供试品溶液和标准工作溶液，如果供试品溶液中的色谱峰保留时间与标准工作溶液一致（变化范围在±2.5%之内）；供试品溶液中目标化合物的两个子离子的相对丰度与浓度相当标准溶液的相对丰度一致，相对丰度偏差不超过表3–6–10的规定，则可判断样品中存在三聚氰胺。

表3–6–10　定性离子相对丰度的最大允许偏差

相对离子丰度/%	＞50	＞20~50	＞10~20	≤10
允许的相对偏差/%	±20	±25	±30	±50

2.4.4 空白实验　除不称取样品外，均按上述测定条件和步骤进行空白实验。

2.5　计算

试样中化合物含量按下式计算。

$$X=\frac{c\times V}{m}\times f$$

式中：X为试样中三聚氰胺的含量（mg/kg）；c为供试品溶液中三聚氰胺的浓度值（μg/ml）；V为样液最终定容体积（ml）；m为试样的称样量（g）；f为稀释倍数。

2.6　精密度

2.6.1 在添加浓度0.01~0.5mg/kg浓度范围内，回收率在80%~110%之间，相对标准偏差小于10%。

2.6.2 在重复性条件下获得的两次独立测定结果的绝对差值不得超过算术平均值的15%。

2.7　注意事项

2.7.1 若样品中脂肪含量较高，可以用三氯乙酸溶液饱和的正己烷液–液分配除脂后再用

SPE柱净化。

2.7.2固相萃取柱使用前要活化，净化时的流速不宜过快，否则易影响回收率，整个固相萃取过程流速不超过1ml/min。

2.7.3氮气吹干时气流速度不宜过大，防止液体迸溅造成损失和交叉污染。氮吹前可对氮气吹嘴进行擦拭，防止由于上一批次实验操作失误造成迸溅的液滴回滴引起交叉污染。

2.7.4氮气吹干后要及时溶解定容，并上机检测。

2.7.5在流动相配制时，采用色谱纯试剂和超纯水。流动相配制后采用0.22μm滤膜抽滤，否则长期的杂质积累会污染管路和检测器，增加仪器噪声，超声去除溶解的气体，气体残留会造成泵压不稳。

2.7.6流动相溶液需现配现用，放置时间过长孳生细菌腐败后会对仪器和色谱柱造成严重损害。

2.7.7定期使用异丙醇（色谱纯）和无尘纸对离子源进行擦拭清洁，进行该操作时，戴上干净的一次性手套。擦拭过程中，务必小心处理喷雾毛细管，以免出现对离子源的损害。

2.7.8在液相色谱法检测时用的是离子对试剂缓冲液作为流动相，而在液相色谱质谱法检测中，用的是乙酸铵缓冲液作为流动相，切勿将离子对试剂缓冲液作为液相色谱质谱中的流动相，否则会对质谱造成伤害。

2.7.9由于液相色谱–质谱/质谱法的定量限远低于液相色谱法，根据待检样品的目标含量和标准限量值选择适当的检测方法。

2.7.10当有杂质峰干扰目标物时，可通过改变流动相、更换色谱柱等方法，尽量将色谱峰做到基线分离。

起草人：窦明理（四川省食品药品检验检测院）
张艳侠（山东省食品药品检验研究院）
复核人：王　颖（四川省食品药品检验检测院）
公丕学（山东省食品药品检验研究院）

第八节　食品中苏丹红的检测

1　简述

参考GB/T 19681–2005《食品中苏丹红染料的检测方法》制定本操作规程。

本操作规程适用于食品中偶氮染料苏丹红Ⅰ、苏丹红Ⅱ、苏丹红Ⅲ、苏丹红Ⅳ的检测。

方法原理为样品经溶剂提取、固相萃取净化后，用反相高效液相色谱—紫外可见光检测器进行色谱分析，采用外标法定量。

苏丹红Ⅰ、苏丹红Ⅱ、苏丹红Ⅲ、苏丹红Ⅳ最低检出限均为10μg/kg。

2　试剂与材料

除非另有说明，所有试剂均为分析纯，水为GB/T 6682规定的一级水。

2.1　试剂

乙腈（色谱纯）；丙酮（色谱纯、分析纯）；甲酸；乙醚；正己烷；无水硫酸钠。

2.2　试剂配制

5%丙酮的正己烷液：吸取50ml丙酮用正己烷定容至1 L。

2.3　标准溶液的配制

2.3.1 苏丹红Ⅰ、苏丹红Ⅱ、苏丹红Ⅲ、苏丹红Ⅳ标准品：纯度≥95%。

2.3.2 分别称取苏丹红Ⅰ、苏丹红Ⅱ、苏丹红Ⅲ及苏丹红Ⅳ标准品各10.0mg（按实际含量折算），用乙醚溶解后用正己烷定容至250ml。

3　仪器与设备

高效液相色谱仪（配有紫外可见光检测器）；分析天平（感量 0.1mg）；旋转蒸发仪；均质机；离心机；层析柱管（内径1cm×高5cm的注射器管）；层析用氧化铝（中性100~200目，105℃干燥2小时，于干燥器中冷至室温，每100g中加入2ml水降活，混匀后密封，放置12小时后使用）；氧化铝层析柱（在层析柱管底部塞入一薄层脱脂棉，干法装入处理过的氧化铝至3cm高，轻敲实后加一薄层脱脂棉，用10ml正己烷预淋洗，洗净柱中杂质后，备用）。

4　分析步骤

将液体、浆状样品混合均匀，固体样品需磨细。

4.1　样品处理

4.1.1 红辣椒粉等粉状样品 称取 1~5g（准确至0.001g）样品于三角瓶中，加入 10~30ml 正己烷，超声5分钟，过滤，滤液收集至旋蒸瓶中，再用10ml正己烷洗涤残渣数次，至洗出液无色，合并正己烷液于同一旋蒸瓶中，用旋转蒸发仪浓缩至5ml以下，慢慢加入氧化铝层析柱中，再用正己烷少量多次淋洗旋蒸瓶，一并注入层析柱。待样液完全流出后，视样品中含油类杂质的多少用 10~30ml 正己烷洗柱，直至流出液无色，弃去全部正己烷淋洗液，用含 5% 丙酮的正己烷液 60ml 洗脱，收集洗脱液于旋蒸瓶中、旋转蒸发浓缩至近干，精密加入 5ml 丙酮，经 0.22μm 有机滤膜过滤后，作为供试品溶液。

4.1.2 红辣椒油、火锅料、奶油等油状样品 称取 0.5~2g（准确至0.001g）样品于小烧杯中，加入适量正己烷溶解（约 1~10ml），难溶解的样品可于正己烷中加温溶解。将提取液慢慢加入氧化铝层析柱中，待样液完全流出后，视样品中含油类杂质的多少用 10~30ml 正己烷洗柱，直至流出液无色，弃去全部正己烷淋洗液，用含 5% 丙酮的正己烷液 60ml 洗脱，收集洗脱液于旋蒸瓶中、旋转蒸发浓缩至近干，精密加入 5ml 丙酮，经0.22μm 有机滤膜过滤后，作为供试品溶液。

4.1.3 辣椒酱、番茄沙司等含水量较大的样品 称取 10~20g（准确至0.01g）样品于离心管中，加 10~20ml 水将其分散成糊状，含增稠剂的样品多加水，加入30ml 正己烷∶丙酮=3∶1，匀浆5分钟，3000r/min 离心10分钟，吸出正己烷层至三角瓶中，下层再加入20ml×2 次正己烷匀浆，离心，合并3次正己烷，样品提取液。经过装有 5g 无水硫酸钠的漏斗过滤至旋蒸瓶中，旋转蒸发仪上蒸干并保持5分钟，用5ml 正己烷溶解残渣后，慢慢加入氧化铝层析柱中，再用正己烷少量多次淋洗旋蒸瓶，一并注入层析柱。待样液完全流出后，视样品中含油类杂质的多少用 10~30ml 正己烷洗柱，直至流出液无色，弃去全部正己烷淋洗液，用含 5% 丙酮的正己烷液 60ml 洗脱，收集洗脱液于旋蒸瓶中，旋转蒸发浓缩至近干，精密加入 5ml 丙酮，经 0.22μm 有机滤膜过滤后，作为供试品溶液。

4.1.4 香肠、肉制品、糕点等样品 称取粉碎样品 10~20g（准确至 0.01g）于三角瓶中，加入 60ml 正己烷充分匀浆 5 分钟，过滤至三角瓶中，再以 20ml×2 次正己烷匀浆，过滤。合并 3 次滤液，经过装有 5g 无水硫酸钠的漏斗过滤至旋蒸瓶中，于旋转蒸发仪上蒸至 5ml 以下，慢慢加入氧化铝层析柱中，再用正己烷少量多次淋洗浓缩瓶，一并注入层析柱。待样液完全流出后，视样品中含油类杂质的多少用 10~30ml 正己烷洗柱，直至流出液无色，弃去全部正己烷淋洗液，用含 5% 丙酮的正己烷液 60ml 洗脱，收集、浓缩后，用丙酮转移并定容至 5ml，经 0.22μm 有机滤膜过滤后待测。

4.2 液相色谱分析

4.2.1 仪器条件 色谱柱：Zorbax SB-C18 3.5μm，4.6mm×150mm（或相当型号色谱柱）。流动相：溶剂 A（0.1% 甲酸的水溶液：乙腈 = 85：15），溶剂 B（0.1% 甲酸的乙腈溶液：丙酮 =80：20）。流动相梯度条件见表 3-6-11。流速：1ml/min。柱温：30℃。进样量：10μl。检测波长：苏丹红Ⅰ 478nm，苏丹红Ⅱ、苏丹红Ⅲ、苏丹红Ⅳ 520nm。

表 3-6-11 梯度洗脱参数

时间（min）	A%	B%
0	25	75
10.0	25	75
25.0	0	100
32.0	0	100
35.0	25	75
40.0	25	75

4.2.2 标准曲线 吸取标准储备液 0ml、0.1ml、0.2ml、0.4ml、0.8ml、1.6ml，用正己烷定容至 25ml，此标准系列浓度为 0μg/ml、0.16μg/ml、0.32μg/ml、0.64μg/ml、1.28μg/ml、2.56μg/ml，绘制标准曲线。

5 计算

试样中化合物含量按下式计算。

$$X = \frac{c \times V}{m}$$

式中：X 为样品中苏丹红含量（mg/kg）；c 为由标准曲线得出的供试品中苏丹红的浓度值（μg/ml）；V 为样液定容体积（ml）；m 为样品的称样量（g）。

6 精密度

在重复性条件下获得的两次独立测定结果的绝对差值不得超过算术平均值的10%。

7　注意事项

7.1 在使用乙腈、丙酮、正己烷、乙醚等试剂时，应在通风装置中进行，需带防护手套和防护面具，避免直接接触皮肤。废液应妥善处理，不得对环境造成污染。

7.2 氧化铝层析柱可以实验人员自己填充也可以直接购买商品化柱子。自己填充柱时应注意不同厂家和不同批号氧化铝的活度有差异，须根据具体购置的氧化铝产品略作调整，活度的调整采用标准溶液过柱，将 $1\mu g/ml$ 的苏丹红的混合标准溶液 1ml 加到柱中，用 5% 丙酮正己烷溶液 60ml 完全洗脱为准，4种苏丹红在层析柱上的流出顺序为苏丹红Ⅱ、苏丹红Ⅳ、苏丹红Ⅰ、苏丹红Ⅲ，可根据每种苏丹红的回收率作出判断。苏丹红Ⅱ、苏丹红Ⅳ的回收率较低表明氧化铝活性偏低，苏丹红Ⅲ的回收率偏低时表明活性偏高。

7.3 净化时，为保证层析效果，在柱中保持正己烷液面为 2mm 左右时上样，在全程的层析过程中不应使柱干涸。控制氧化铝表层吸附的色素带宽宜小于 0.5cm，待样液完全流出后，视样品中含油类杂质的多少用 10~30ml 正己烷洗柱，直至流出液无色，弃去全部正己烷淋洗液。净化时的流速不宜过快，否则会影响回收率。

7.4 旋转蒸发浓缩时，避免液体瀑沸喷溅造成损失。

7.5 在流动相配制时，采用色谱纯试剂和超纯水。流动相配制后采用 $0.22\mu m$ 滤膜抽滤，否则长期的杂质积累会污染管路和检测器，增加仪器噪声，超声去除溶解的气体，气体残留会造成压力不稳。

7.6 流动相溶液需现配现用，放置时间过长孳生细菌腐败后会对仪器和色谱柱造成严重损害。根据实验室具体情况，流动相配制可以适当调整，可以采用乙腈/超纯水作为流动相。

7.7 检测结束后需要及时对色谱柱和管路进行冲洗。

7.8 当有杂质峰干扰目标物时，可通过改变流动相、更换色谱柱等方法将杂质峰分开。

7.9 当目标峰与标准物质峰保留时间一致时，建议采用 DAD 检测器或二极管阵列检测器通过光谱图辅助定性，或者采用调整流动相、更换色谱柱、样品加标等方法进一步确认。

起草人：窦明理（四川省食品药品检验检测院）
李　倩（山西省食品药品检验所）
卢兰香（山东省食品药品检验研究院）
复核人：王　颖（四川省食品药品检验检测院）
陈　煜（山西省食品药品检验所）
公丕学（山东省食品药品检验研究院）

第三篇　食品中化学成分检测

第九节　食品中酸性橙Ⅱ的检测

1　简述

参考 SN/T 3536-2013《出口食品中酸性橙Ⅱ号的检测方法》制定本操作规程。

本规程适用于卤肉类食品中酸性橙Ⅱ的测定。

样品经乙醇－氨溶液提取，用氨基阴离子交换固相萃取柱净化，反相高效液相色谱法分析，外标法定量。

方法测定低限为 0.1mg/kg。

2 试剂和材料

除非另有说明，所有试剂均为分析纯，水为 GB/T 6682 规定的一级水。

2.1 试剂

甲醇（色谱纯）；甲酸；氨水（25%）；乙醇；乙酸铵（色谱纯）。

2.2 试剂配制

2.2.1 2% 甲酸水溶液 取 2ml 甲酸，用水定容至 100ml。

2.2.2 10% 氨水甲醇溶液 取 10ml 氨水，用甲醇定容至 100ml。

2.2.3 乙醇－氨溶液 取 20ml 氨水，加入 70ml 乙醇，用水定容至 100ml，摇匀后备用。

2.2.4 0.02mol/L 乙酸铵溶液 准确称取 1.54g 乙酸铵，加水至 1000ml，溶解，经 0.45μm 滤膜过滤。

2.3 标准溶液的配制

2.3.1 酸性橙Ⅱ标准品 纯度 ≥ 95%。

2.3.2 酸性橙Ⅱ标准储备液 准确称取酸性橙Ⅱ标准品 10.0mg，用水定容至 100ml，配成 100μg/ml 的标准储备液。

2.3.3 酸性橙Ⅱ标准工作液 分别吸取适量标准储备液依次稀释成浓度为 0.1μg/ml、0.2μg/ml、0.5μg/ml、1.0μg/ml、10.0μg/ml 的标准工作液，于 4℃下贮存。

2.4 材料

氨基阴离子交换固相萃取柱：500mg，3ml，或相当者。使用前依次用 3ml 甲醇、3ml 2% 甲酸水溶液活化。

3 仪器与设备

高效液相色谱仪（配有二极管阵列检测器）；电子天平（感量为 0.1mg 和 0.01g）；离心机（≥ 5000r/min）；涡旋振荡器；超声仪。

4 分析步骤

4.1 试样制备

4.1.1 提取 准确称取已粉碎样品 2g（精确至 0.01g）置 50ml 离心管中，加乙醇－氨水溶液 20ml，超声波提取 30 分钟，再振荡提取 10 分钟后，以不低于 5000r/min 的转速离心 10 分钟，上清液置氮吹管中，残渣再重复提取一次，合并上清液，氮吹浓缩至约 10ml，待净化。

4.1.2 净化 将待净化液通过已预处理的固相萃取小柱，通过速度为 1ml/min，再依次用 3ml 甲醇水溶液、3ml 甲醇溶液淋洗，最后用 6ml 氨水甲醇溶液洗脱，收集洗脱液于氮吹管中，氮吹至近干，精密加入 2ml 水定容，涡旋混合，过 0.45μm 滤膜后，作为供试品溶液。

4.2　测定

4.2.1 液相色谱参考条件　色谱柱：C18 柱；柱长 250mm；内径 4.6mm；粒径 5.0μm 或相当色谱柱。流动相：甲醇：乙酸铵（0.02mol/L）=65 ∶ 35。流速：1.0ml/min。波长：484nm。进样量：10μl。柱温：室温。

4.2.2 液相色谱测定　准确吸取标准工作液及供试品溶液，在上述色谱条件下分别进样，得到标准工作液和供试品溶液中酸性橙Ⅱ的峰面积，外标法定量，同时做空白。

4.2.3 平行试验　按照以上步骤对同一试样进行平行试验测定。

4.2.4 空白试验　除不加试样外，均按上述测定步骤进行。

5　计算

按下式计算样品中酸性橙Ⅱ的含量，计算结果需扣除空白值。

$$X=\frac{A_S \times C_{std} \times V \times f}{A_{std} \times m}$$

式中：X 为样品中酸性橙Ⅱ的含量（mg/kg）；A_S 为试样溶液中酸性橙Ⅱ的峰面积；C_{std} 为标准工作溶液中酸性橙Ⅱ浓度值（μg/ml）；V 为供试品溶液最终定容体积（ml）；f 为稀释倍数；A_{std} 为标准工作溶液中酸性橙Ⅱ的峰面积；m 为试样的称样量（g）。

6　精密度

在重复性条件下获得的两次独立测定结果的绝对差值不得超过算术平均值的10%。

7　注意事项

7.1 在样品溶液转移到固相萃取柱以及洗脱过程中，要严格控制流速在规定的范围内，避免溶液流速过慢或加压使其成股流出，影响样品的净化效果，进而影响试验的准确性。

7.2 在洗脱液氮吹过程中，需要严格控制氮气吹扫流量，避免样品溶液溅出。

7.3 流动相用水要现用现取，所使用到的溶剂必须经滤膜过滤，以除去杂质微粒，要注意分清有机相滤膜和水相滤膜；使用前要超声脱气处理，防止气泡进入管路造成干扰；脱气后的流动相应待其恢复至室温后使用。

7.4 在进样分析前，应充分平衡色谱柱。

7.5 使用缓冲溶液或含盐流动相时，应用15~20倍柱体积的不含缓冲溶液或含盐流动相的同种水–有机溶剂流动相冲洗色谱柱，后换成高比例有机溶剂保存色谱柱，以避免盐沉淀结晶析出，损害色谱柱的使用寿命。

起草人：王　明（四川省食品药品检验检测院）

复核人：王　颖（四川省食品药品检验检测院）

第十节 食品中溴酸盐的检测

1 简述

参考GB/T 20188-2006《小麦粉中溴酸盐的测定》制定本操作规程。

本规程适用于小麦粉中溴酸盐的测定。

用纯水提取样品中溴酸根离子（BrO_3^-），经Ag/H柱除去样品提取液中干扰氯离子（Cl^-）、超滤法除去样品提取液中水溶性大分子，采用离子交换色谱–电导检测器测定，外标法定量。

方法检出限为0.5mg/kg（以BrO_3^-计）。

2 试剂和材料

除另有说明外，所用试剂为分析纯，所用超纯水质量为18.2mΩ*cm。

2.1 试剂

硫酸溶液C（H_2SO_4）=50g/L；硝酸银溶液C（$AgNO_3$）=50g/L；氯化钠溶液C（NaCl）=0.5%（质量分数）；石油醚（分析纯）。

2.2 强酸型阳离子交换树脂（H型）

732#强酸型阳离子交换树脂（总交换容量≥4.5mmol/g）用水浸泡，用5倍体积去离子水洗涤3次、用1倍体积甲醇洗涤、再用5~10倍体积超纯水分数次洗涤，至清洗水无色澄清后，尽量倾出清洗水，加入2倍体积的硫酸溶液（2.1），用玻璃棒搅拌1小时，使树脂转为H型，先用去离子水洗至接近中性，然后用高纯水洗，至清洗水的pH约为6，将树脂转入广口瓶中覆盖高纯水备用。

2.3 强酸型阳离子交换树脂（Ag型）

取一定量处理好的H型阳离子交换树脂，加入2倍体积的硝酸银溶液，用玻璃棒搅拌1小时，使树脂转成Ag型，先用5倍体积去离子水分数次洗涤，然后用5~10倍体积的超纯水分数次洗涤树脂，用0.5%氯化钠溶液检验清洗水，直至不出现白色浑浊为止，将树脂转入广口瓶中覆盖超纯水备用。

2.4 BrO_3^-标准储备溶液（1000μg/ml）

准确称取$KBrO_3$基准试剂（相对分子质量167.00，含量≥99.9%）0.1310g，用超纯水溶解并定容至100ml，配成含BrO_3^- 1000μg/ml标准储备液，置于棕色瓶中4℃下保存，可稳定2个月。

2.5 BrO_3^-标准稀释液（100μg/ml）

吸取BrO_3^-标准储备液10.0ml，用高纯水定容至100ml，BrO_3^-浓度为100μg/ml。

2.6 BrO_3^-标准工作曲线溶液

分别取BrO_3^-标准稀释液0ml、0.5ml、1.0ml、1.5ml、2.0ml、2.5ml、3.0ml，用超纯水定容至50ml，该标准工作曲线浓度为：0μg/ml、1.0μg/ml、2.0μg/ml、3.0μg/ml、4.0μg/ml、5.0μg/ml、

6.0μg/ml。若采用200μl大体积进样时，标准工作曲线溶液需进行适当稀释。

3 仪器与设备

3.1 仪器

离子色谱仪（配电导检测器）；超声波清洗器；振荡器；离心机［4000r/min（50ml离心管）；10000r/min（1.5ml离心管）］；0.2μm水性样品过滤器；超滤器（截留相对分子质量10000，样品杯容量0.5ml，进样量为200μl时使用容量为4ml样品杯。

3.2 离子色谱测定

3.2.1 梯度色谱条件

3.2.1.1 色谱柱　DIONEX lonPac AS19 4mm×250mm（带IonPac AG19 4mm×50mm保护柱）。

3.2.1.2 流动相　DIONEX EG50自动淋洗液发生器，OH⁻型。

3.2.1.3 抑制器　DIONEX ASRS 4mm阴离子抑制器；外加水抑制模式，抑制电流100mA。

3.2.1.4 检测器　电导检测器，检测池温度：30℃。

3.2.1.5 进样量　根据样液中BrO_3^-含量选择进样20~200μl。

3.2.1.6 淋洗液OH⁻浓度　见表3-6-12。

表3-6-12　淋洗液OH⁻浓度表

时间（min）	流速（ml/min）	OH⁻浓度（mmol/L）	梯度曲线（curve）
0	1	5	5
15	1	5	5
25	1	30	5
30	1	40	5
42	1	40	5
46	1	5	5
48	1	5	5

注1：可采用其他型号同等性能的OH⁻型阴离子交换分析柱，OH⁻淋洗液也可手工配制（使用高纯的质量浓度为50%的浓氢氧化钠溶液，配制成含OH⁻为100mmol/L的淋洗液），按表3-6-12梯度略作调整，使BrO_3^-和Cl⁻的分离度在3以上。

注2：方法中所列仪器及配置仅供参考，同等性能仪器及配置均可使用。

3.2.2 等度色谱条件

3.2.2.1 色谱柱　shodex IC SI-52 4E 4mm×250mm（带shodex IC SI-90G 4mm×50mm保护柱）。

3.2.2.2 流动相　3.6mmol/L Na_2CO_3，流速：0.7ml/ min。

3.2.2.3 抑制器　自动再生抑制器（具有去除CO_2功能）。

3.2.2.4 检测器　电导检测器，检测池温度：室温。

3.2.2.5 进样量　根据样液中BrO_3^-含量选择进样20~200μl。

4 分析步骤

4.1 提取

4.1.1 小麦粉 准确称取 10g（精确至 0.1g）小麦粉于 250ml 具塞三角瓶中，加入 100ml 超纯水，迅速摇匀后置振荡器上振荡 20 分钟（或在间歇搅拌下于超声波中提取 20 分钟），静置，转移 20ml 上层液于 50ml 离心管中，3000r/min 离心 20 分钟，上清液备用。

4.1.2 含油脂较多的试样 准确称取 10g（精确至 0.1g）于 100ml 烧杯中，加入 30ml×3 次石油醚洗去油脂，倾去石油醚，样品经室温干燥后，加入 100ml 超纯水，迅速摇匀后置振荡器上振荡 20 分钟（或在间歇搅拌下于超声波中提取 20 分钟），静置，转移 20ml 上层液于 50ml 离心管中，3000r/min 离心 20 分钟，上清液备用。

4.1.3 包子粉、面包粉等小麦粉品质改良剂 根据 BrO_3^- 含量的不同准确称取 0.2~1g（精确至 0.001g），用超纯水溶解并定容至 50ml，经 0.2μm 的水性样品滤膜过滤后直接进行色谱测定。

4.2 净化

4.2.1 Ag/H 柱去除样品提取液中的 Cl^- 将 H 型树脂慢慢倒入关闭了出水口的层析柱中，用玻璃棒搅动树脂赶出气泡，并使树脂均匀地自然沉降，装入 2ml 树脂后（约 3cm 高），再慢慢装入 2ml Ag 型树脂，不要冲击已沉降的 H 型树脂，尽量保持两层树脂界面清晰，待 Ag 型树脂完全沉降后，打开出水口，控制流速为 2ml/min，加 10ml 高纯水冲洗，待柱中的水自然流尽后，立即将准备好的样品溶液沿柱内壁加入，不要冲击树脂表面，弃去前 5ml 流出液，收集其后 2ml 流出液进行下一步净化。若使用商品化的（OnGuard Ⅱ Ag/H）脱 Cl^- 柱时，按产品说明书操作。对含 Cl^- 量在 1g/kg 以下的小麦粉，也可省略此条操作。

4.2.2 超滤法去除样品提取液中的水溶性大分子 将上述收集液经 0.2μm 的水性样品滤膜过滤后注入超滤器样品杯中，于 10000r/min 下离心 30 分钟进行超滤，超滤液可直接作为供试品溶液进行色谱分析。按上述条件进行空白小麦粉实验。

4.3 测定

调整柱分离条件并观察柱清洗情况，保证 BrO_3^- 和 Cl^- 的分离度达到要求，注入空白小麦粉提取液，确认在 BrO_3^- 出峰处没有小麦粉本底干扰峰时，才可进行校准曲线和供试品溶液的测定，使用外标法定量。

5 计算

按下式计算样品中 BrO_3^- 的含量（c）：

$$c = \frac{V \times Y}{m}$$

式中：c 为试样中 BrO_3^- 的含量（mg/kg）；Y 为由标准曲线得到样品溶液中 BrO_3^- 的浓度值（μg/ml）；V 为供试品溶液定容体积（ml）；m 为样品称样量（g）。

计算结果保留 2 位有效数字。

若结果以 $KBrO_3$ 计时，乘以系数 1.31。

6　精密度

在重复性条件下获得的两次独立测定结果的绝对差值不得超过算术平均值的10%。

7　注意事项

7.1 本实验中尽量选择泡过碱液的玻璃容量瓶,所有使用的器皿及进样瓶均需要用2mol/L氢氧化钾和水分别浸泡4小时,然后用水冲洗3~5次,晾干备用。进样瓶尽可能采用塑料材质的进样瓶,方便清洗,避免污染。

7.2 离子色谱仪在使用前一定要用去离子水对抑制器进行活化,放置半小时后方可使用。

7.3 色谱柱先用高浓度的淋洗液冲洗,使残留物流出,再换至低浓度淋洗液冲洗,最后再更换至梯度起始浓度冲洗至平衡,当离子色谱仪电导率冲洗至2μs以下时方可进样。

7.4 方法中所列仪器及配置仅供参考,同等性能仪器及配置均可使用。也可采用其他型号同等性能的CO_3^{2-}型阴离子交换分析柱,使BrO_3^-和Cl^-的分离度在1.5以上。

7.5 强酸型阳离子交换树脂可采用商品化的H型阳离子交换树脂柱OnGuard Ⅱ H柱(1.0ml)和Ag型阳离子交换树脂柱OnGuard Ⅱ Ag柱(1.0ml),或同等性能的其他柱子。商品柱使用前需活化,活化方式为通过10ml去离子水,然后关闭出水口静置30分钟后使用。

7.6 在BrO_3^-出峰处可能出现干扰峰,当疑似阳性时,需要更换色谱柱或用其他方式再次确认。

起草人:黄泽玮　金丽鑫(四川省食品药品检验检测院)

复核人:王　颖(四川省食品药品检验检测院)

第十一节　食品中罂粟碱、吗啡、那可丁、可待因和蒂巴因的检测

1　简述

参考DB31/2010-2012《火锅食品中罂粟碱、吗啡、那可丁、可待因和蒂巴因的测定》制定本规程。

本规程适用于火锅食品中罂粟碱、吗啡、那可丁、可待因和蒂巴因的测定。

样品用水或盐酸溶液分散均匀、乙腈提取后,经盐析分层,乙腈提取液用键合硅固相萃取吸附剂净化,离心,液相色谱-串联质谱仪检测,罂粟碱、那可丁和蒂巴因采用外标法定量,吗啡和可待因采用内标法定量。

本方法罂粟碱、吗啡、那可丁、可待因和蒂巴因的检出限分别为8μg/kg、40μg/kg、8μg/kg、40μg/kg、8μg/kg。定量限分别为25μg/kg、125μg/kg、25μg/kg、125μg/kg、25μg/kg。

2　试剂和材料

除非另有规定,本方法所用试剂均为分析纯,水为GB/T 6682规定的一级水。

2.1 试剂

甲醇（色谱纯）；乙腈（色谱纯）；甲酸（色谱纯）；盐酸；甲酸铵；氢氧化钠；无水硫酸镁（研磨后在500℃马弗炉内烘5小时，200℃时取出装瓶，贮于干燥器中，冷却后备用）；无水醋酸钠；乙二胺–N–丙基硅烷（PSA）填料（粒度40~70μm）；C18填料（粒度40~50μm）。

2.2 试剂配制

2.2.1 盐酸溶液（0.1mol/L） 量取盐酸9ml，加水至1 L，摇匀备用。

2.2.2 甲酸铵溶液（10mmol/L） 准确称取1.26g甲酸铵溶解于适量水中，定容至2 L，混匀后备用。

2.2.3 甲酸甲醇溶液（0.5%） 量取甲酸1ml，置于200ml容量瓶中，用甲醇稀释并定容至刻度，摇匀备用。

2.2.4 氢氧化钠溶液（1mol/L） 准确称取40g氢氧化钠溶解于适量水中，定容至1 L，混匀后备用。

2.2.5 甲酸乙腈溶液（0.1%） 量取甲酸1ml，加乙腈稀释至1 L，摇匀，过滤。

2.2.6 甲酸甲酸铵溶液（0.1%） 量取甲酸1ml，加甲酸铵溶液稀释至1 L，摇匀，过滤。

2.3 标准溶液的配制

2.3.1 盐酸罂粟碱、吗啡、那可丁、磷酸可待因和蒂巴因标准品：纯度不少于98%；内标物质：吗啡–D_3，可待因–D_3。

2.3.2 标准储备液（1.0mg/ml） 准确称取盐酸罂粟碱、那可丁、蒂巴因、吗啡和磷酸可待因标准品适量，用甲酸甲醇溶液配制成罂粟碱、那可丁、蒂巴因、吗啡和可待因的浓度均为1.0mg/ml的溶液，作为标准储备液。4℃避光保存，有效期三个月。

2.3.3 混合标准品溶液 准确吸取浓度为1.0mg/ml的罂粟碱、那可丁、蒂巴因储备液各1.0ml和浓度为1.0mg/ml的吗啡、可待因储备溶液各5ml于20ml容量瓶中，用乙腈定容至刻度，摇匀，即得含罂粟碱、那可丁、蒂巴因浓度为50μg/ml和吗啡、可待因浓度为250μg/ml的混合标准品溶液。4℃避光保存，有效期三个月。

2.3.4 同位素内标工作溶液（5.0μg/ml） 分别准确吸取内标物质适量，用甲醇配制成吗啡–D_3，可待因–D_3的浓度均为5.0μg/ml的溶液。4℃避光保存，有效期三个月。

2.3.5 标准工作溶液的配制 分别准确吸取上述混合标准品溶液和同位素内标工作溶液适量，用乙腈稀释成罂粟碱、那可丁、蒂巴因浓度为1.0ng/ml、2.0ng/ml、5.0ng/ml、10.0ng/ml、20.0ng/ml、50.0ng/ml，吗啡、可待因浓度为5.0ng/ml、10.0ng/ml、25.0ng/ml、50.0ng/ml、100ng/ml、250ng/ml的系列标准工作溶液，内标溶液浓度均为50.0ng/ml。临用新配。

3 仪器与设备

液相色谱–串联质谱仪，带电喷雾离子源（ESI）；分析天平（感量为0.00001g和0.01g）；离心机（≥10000r/min）；超声波清洗器；涡旋混合器；0.22μm有机系滤膜；pH试纸（pH范围1~14）。

4 分析步骤

4.1 提取

4.1.1 火锅酱料、汤料、调味油 称取 2g 试样（精确至 0.01g）于 50ml 离心管中，加入 150μl 同位素内标工作液，再加入 5ml 水，振摇使分散均匀（酱类样品必要时可加 10ml 水），精密加入 15ml 乙腈，涡旋振荡 1 分钟，加入 6g 无水硫酸镁和 1.5g 无水醋酸钠的混合粉末（或以相当的市售商品代替），迅速振摇，涡旋振荡 1 分钟，以 4000r/min 离心 5 分钟，取上清液待净化。

4.1.2 固体类调味粉 称取 2g 试样（精确至 0.01g）于 50ml 离心管中，加入 150μl 同位素内标工作液，再加入 5ml 盐酸溶液，超声处理 30 分钟，用氢氧化钠溶液调节 pH 至中性，精密加入 15ml 乙腈，涡旋振荡 1 分钟，加入 6g 无水硫酸镁和 1.5g 无水醋酸钠的混合粉末（或以相当的市售商品代替），迅速振摇，涡旋振荡 1 分钟，以 4000r/min 离心 5 分钟，取上清液待净化。

4.2 净化

称取 50mg（±5mg）PSA，100mg（±5mg）无水硫酸镁，100mg（±5mg）C18 粉末置于 2ml 离心管中（或以相当的市售商品代替），移取 1.5ml 上清液至此离心管中，涡旋混合 1 分钟，以 10000r/min 离心 2 分钟，移取上清液，0.22μm 滤膜过滤，作为供试品溶液。

4.3 测定

4.3.1 参考液相色谱条件 色谱柱：BEH HILIC（粒径 1.7μm，2.1mm×100mm），或相当者。进样量：5μl。柱温：40℃。流速：0.3ml/min。流动相：A 相，含 0.1% 甲酸的乙腈；B 相，含 0.1% 甲酸的 10mmol/L 甲酸铵溶液，按表 3-6-13 进行梯度洗脱。

表 3-6-13 梯度洗脱参数

时间（min）	A 相（%）	B 相（%）
0.00	90	10
0.30	90	10
1.00	80	20
2.50	80	20
3.00	90	10
6.00	90	10

4.3.2 参考质谱条件 离子化方式：电喷雾电离。扫描方式：正离子扫描。检测方式：多反应监测（MRM）。雾化气、气帘气、辅助气、碰撞气均为高纯氮气；使用前应调节各参数使质谱灵敏度达到检测要求，参考条件见表 3-6-14。

表3-6-14　七种化合物的定性离子对、定量离子对、去簇电压和碰撞气能量

组分名称	定性离子对（m/z）	定量离子对（m/z）	去簇电压（V）	碰撞气能量（eV）
罂粟碱	340.4/202.2	340.4/202.2	92	38
	340.4/171.1			49
吗啡	286.0/181.3	286.0/181.3	97	50
	286.0/165.3			50
那可丁	414.4/220.5	414.4/220.5	95	30
	414.4/353.3			34
可待因	300.4/215.2	300.4/215.2	90	34
	300.4/165.4			55
蒂巴因	312.3/58.3	312.3/58.3	52	38
	312.3/249.1			22
吗啡–D_3	289.4/185.2	289.4/195.2	95	40
	289.4/165.2			53
可待因–D_3	303.5/215.3	303.5/215.3	80	35
	303.5/165.2			60

4.2.3 定性测定　在相同实验条件下测定标准溶液和供试品溶液，如果供试品溶液中检出的色谱峰的保留时间与标准溶液中的某种组分色谱峰的保留时间一致，供试品溶液的定性离子相对丰度比与浓度相当标准溶液的定性离子相对丰度比进行比较时，相对偏差不超过表 3-6-15 规定的范围，则可判定样品中存在该组分。

表3-6-15　定性确定时相对离子丰度的最大允许偏差

相对离子丰度	> 50%	20%~50%	10%~20%	< 10%
允许的相对偏差	± 20%	± 25%	± 30%	± 50%

4.2.4 空白试验　除不称取样品外，按 4.1、4.2 步骤操作测定。

5　计算

样品中罂粟碱、吗啡、那可丁、可待因和蒂巴因的含量按下式计算。

$$X = \frac{C \times V}{m}$$

式中：X为试样中各待测物的含量（μg/kg）；C为从标准曲线中读出的供试品溶液中各待测物的浓度值（ng/ml）；V为样液的提取体积（ml）；m为试样的称样量（g）；计算结果保留 3 位有效数字。

6　精密度

在重复性条件下获得的两次独立测定结果的绝对差值不得超过算术平均值的20％。

7　注意事项

7.1供试品溶液如不能及时测定，应放置在冰箱中冷藏待测。

7.2乙腈为有毒有机试剂，使用时需带防护手套和防护面具，并避免接触皮肤，若皮肤接触需脱去污染的衣着，用肥皂水和清水彻底冲洗皮肤。废液应妥善处理，不得污染环境。

7.3甲酸能引起皮肤、黏膜的刺激症状。接触后可引起结膜炎、眼睑水肿、鼻炎、支气管炎，使用时需带防护手套和防护面具。并避免接触皮肤。

起草人：何成军（四川省食品药品检验检测院）
复核人：王　颖（四川省食品药品检验检测院）

第十二节　保健食品中甲苯磺丁脲等13种化学物质的检测

1　简述

参考《国家食品药品监督管理局药品检验补充检验方法和检验项目批准件2009029、2011008、2013001》制定本规程。

本规程适用于降糖类中成药及调节血糖类保健食品中非法添加甲苯磺丁脲、格列本脲、格列齐特、格列吡嗪、格列喹酮、格列美脲、马来酸罗格列酮、瑞格列奈、盐酸吡格列酮、盐酸二甲双胍、盐酸苯乙双胍、盐酸丁二胍和格列波脲等13种化学药品的筛查和确证。

样品经甲醇超声提取，过滤，采用液质联用仪测定。

2　试剂和材料

除非另有说明，均为分析纯，实验用水为纯化水。

2.1　试剂

三氯甲烷；甲醇（色谱纯）；乙酸铵（色谱纯），无水硫酸钠。

2.2　试剂配制

乙酸铵溶液（10mmol/L）：称取0.78g乙酸铵，用水溶解后稀释至1000ml，混匀。

2.3　标准溶液的配制

2.3.1　标准储备溶液　称取甲苯磺丁脲、格列本脲、格列齐特、格列吡嗪、格列喹酮、格列美脲、马来酸罗格列酮、瑞格列奈、盐酸吡格列酮、盐酸二甲双胍、盐酸苯乙双胍、盐酸丁二胍和格列波脲标准品适量，用甲醇溶解并稀释成约400μg/ml的标准储备溶液，置10℃以下保存。

2.3.2　混合标准中间溶液（20μg/ml）　取标准储备溶液适量，用甲醇稀释制成约20μg/ml的混合标准中间溶液。

2.3.2　混合标准工作液（4μg/ml）　准确移取上述混合标准中间溶液2.00ml至10ml容量瓶中，甲醇定容得混合标准工作液。

3 仪器与设备

液相色谱–串联质谱仪（带电喷雾离子源）；超声水浴箱；天平（感量0.01mg和1mg）；微孔滤头（带0.22μm微孔滤膜）；离心机（≥10000r/min）；旋转蒸发仪。

4 分析步骤

4.1 供试品溶液的制备

4.1.1 供试品溶液A 液体直接精密量取一次服用量，固体制剂取相当于一次口服剂量的胶囊剂内容物（囊壳备用）、片剂或颗粒剂，研细，置50ml离心管中。加三氯甲烷20ml，超声处理10分钟，8000r/min离心5分钟。分取三氯甲烷置另一离心管中，滤渣挥干三氯甲烷备用。精密吸取另一离心管中的三氯甲烷5ml置旋蒸瓶中，旋转蒸发溶剂至干，残渣精密加入甲醇5ml使溶解，微孔滤膜（0.22μm）过滤，滤液作为供试品溶液A供甲苯磺丁脲、格列本脲、格列齐特、格列吡嗪、格列喹酮、格列美脲、马来酸罗格列酮、瑞格列奈、盐酸吡格列酮和格列波脲的测定。

4.1.2 供试品溶液B 液体制剂直接精密量取一次服用量，固体制剂取相当于一次口服剂量的胶囊剂内容物（囊壳备用）、片剂或颗粒剂，研细，置50ml容量瓶中，加50%甲醇溶液40ml，超声处理15分钟，放冷至室温，用50%甲醇溶液稀释至刻度，摇匀，微孔滤膜（0.22μm）过滤，滤液作为供试品溶液B供盐酸丁二胍的测定。

4.1.3 供试品溶液C 向供试品溶液A制备中的残渣（如有）精密加入甲醇20ml，超声处理10分钟，微孔滤膜（0.22μm）过滤，滤液作为供试品溶液C供盐酸二甲双胍、盐酸苯乙双胍的测定。

4.1.4 供试品溶液D 取备用囊壳0.5g置50ml离心管中，加水20ml，50~60℃水浴加热使囊壳溶化，趁热精密加入三氯甲烷20ml提取，提取液通过加有少量无水硫酸钠的滤纸脱水过滤，精密吸取5ml过滤后的三氯甲烷，水浴蒸干，残渣精密加入甲醇5ml使溶解，微孔滤膜（0.22μm）过滤，滤液作为供试品溶液D供甲苯磺丁脲、格列本脲、格列齐特、格列吡嗪、格列喹酮、格列美脲、马来酸罗格列酮、瑞格列奈、盐酸吡格列酮和格列波脲的测定。

4.2 仪器参考条件

4.2.1 液相色谱参考条件 色谱柱为C18柱（柱长150mm，柱内径2.1mm；填料粒径3μm），或相当者。以甲醇为流动相A，乙酸铵溶液（10mmol/L）为流动相B，梯度洗脱程序详见表3-6-16。检测波长：235nm。流速：0.3ml/min。柱温：30℃。进样体积：5μl。

表3-6-16 梯度洗脱参数

时间（min）	流动相A（%）	流动相B（%）	流速（ml/min）
0	40	60	0.3
2	40	60	0.3
5	60	40	0.3
10	60	40	0.3
15	40	60	0.3
20	40	60	0.3

4.2.2 质谱参考条件　采用正离子扫描模式进行一级全扫，二级全扫。毛细管电压：4000 V。离子源温度：350℃。鞘气流速：12L/min。辅助气流速：7L/min。扫描范围50~1000m/z。化合物参考参数详见表3-6-17。

表3-6-17　化合物参考参数

序号	化合物名称	分子式	母离子（m/z）	二级碎片（m/z）
1	盐酸二甲双胍	$C_4H_{12}ClN_5$	130	113，85，60
2	盐酸丁二胍	$C_6H_{16}ClN_5$	158	141，116，99，85，60
3	盐酸苯乙双胍	$C_{10}H_{16}ClN_5$	206	189，164，105，60
4	甲苯磺丁脲	$C_{12}H_{18}N_2O_3S$	271	155，74
5	格列吡嗪	$C_{21}H_{27}N_5O_4S$	446	347，321，304，100
6	格列齐特	$C_{15}H_{21}N_3O_3S$	324	168，153，127，110
7	格列波脲	$C_{18}H_{26}N_2O_4S$	367	349，196，170，152
8	马来酸罗格列酮	$C_{22}H_{23}N_3O_7S$	358	135，107，93
9	格列本脲	$C_{23}H_{28}ClN_3O_5S$	495	369，304，169
10	盐酸吡格列酮	$C_{19}H_{21}ClN_2O_3S$	357	287，134，119
11	格列美脲	$C_{24}H_{34}N_4O_5S$	491	352，167，126
12	瑞格列奈	$C_{27}H_{36}N_2O_4$	453	292，230，162
13	格列喹酮	$C_{27}H_{33}N_3O_6S$	528	403，386

4.3　测定

将供试品溶液A、B、C、D及标准工作溶液分别注入液质联用仪，记录液相色谱图和一、二级质谱图。

5　计算

试样中化合物含量按下式计算。

$$X=\frac{i_1 \times C \times f}{i_2 \times m \times 1000}$$

式中：X为试样中化合物的含量（mg/g）；C为标准工作液的测定浓度值（μg/ml）；f为供试品溶液的稀释倍数；i_1为供试品溶液中化合物的峰面积；i_2为标准工作溶液中化合物的峰面积；m为试样的称样量（g）；1000为换算系数。

除按规定做好称量等实验记录外，必须做好仪器使用记录、标液稀释记录及相关可供溯源的记录。

6　精密度

6.1 在重复性条件下获得的两次独立测定结果的绝对差值不得超过算术平均值的20%。

6.2 供试品溶液色谱图中，应不得出现与混合标准工作液中各被测化合物保留时间相同的色谱峰，若出现相应的色谱峰，则相应的一级质谱及二级质谱均不得与标准溶液一致，若均一致则判定为检出该化合物。

7 注意事项

7.1样品检测时，需先利用液相色谱法或其他方法进行初筛，避免因为被测化合物浓度过大导致质谱检测器污染，其中双胍类化学成分极性大，尤其是二甲双胍，在普通C18色谱柱上保留不佳，出峰快，容易受到溶剂峰和其他共流出物的干扰，可通过选用极性化合物专用分析柱、调节pH控制目标物的离子化、采用离子对试剂等方式增强极性化合物的保留能力。

7.2由于样品前处理过程相对简单，对于基质较复杂的样品，应适当增加前处理步骤，降低基质干扰和污染。

7.3如需测定添加成分的含量，样品前处理应注意提取溶剂量应保证一定的固液比，建议不低于20倍。

7.4含量测定建议采用标准曲线法，样品稀释倍数根据样品含量和标准曲线范围可做调整。

7.5建议采用随行全试剂空白，避免实验室污染造成假阳性的情况，同时在进样序列设置时定期插入空白溶剂，监控进样系统是否存在残留污染。

起草人：王　颖（四川省食品药品检验检测院）
王莉佳（山西省食品药品检验所）
复核人：闵宇航（四川省食品药品检验检测院）
陈　煜（山西省食品药品检验所）

第十三节　保健食品中西布曲明等6种化学物质的检测

1 简述

参考《国家食品药品监督管理局药品检验补充检验方法和检验项目批准件2006004、2012005、食药监办许〔2010〕114》制定本规程。

本规程适用于减肥类中成药和保健食品中非法添加西布曲明、N-单去甲基西布曲明、N，N-双去甲基西布曲明、酚酞、麻黄碱和芬氟拉明等6种化学药品的筛查和确证。

样品经甲醇超声提取，过滤，采用液质联用仪测定。

2 试剂和材料

除非另有说明，均为色谱纯，实验用水为纯化水。

2.1 试剂

甲醇；乙腈；乙酸铵；乙酸。

2.2 试剂配制

2.2.1 乙酸铵溶液（20mmol/L）　称取1.56g乙酸铵，用水溶解后稀释至1000ml，混匀。

2.2.2 乙酸铵溶液（pH=4）　将乙酸铵溶液（20mmol/L）用乙酸调节 pH 至 4.0。

2.3　标准溶液的配制

2.3.1 标准储备溶液　称取西布曲明、N- 单去甲基西布曲明、N，N- 双去甲基西布曲明、酚酞、麻黄碱和芬氟拉明标准品适量，加甲醇制成约 1mg/ml 的标准储备溶液。

2.3.2 混合标准中间溶液（100μg/ml）　取标准储备溶液适量，用甲醇稀释制成约 100μg/ml 的混合标准中间溶液。

2.3.3 混合标准工作液（20μg/ml）　准确吸取上述混合标准中间溶液 2.00ml，用甲醇定容至 10ml，制成约 20μg/ml 的混合标准工作液。

3　仪器与设备

液相色谱 - 串联质谱仪（带电喷雾离子源）；超声水浴箱；天平（感量 0.01mg 和 1mg）；微孔滤头（带 0.22μm 微孔滤膜）。

4　分析步骤

4.1　供试品溶液的制备

4.1.1 胶囊剂　取本品内容物研细，称取细粉适量（约相当于一次用量），置 50ml 容量瓶中，加甲醇适量，超声 15 分钟，放冷至室温，加甲醇稀释至刻度，摇匀，滤过，即得供试品溶液。

4.1.2 其他固体制剂，如片剂、丸剂或茶　取本品研细，称取细粉适量（约相当于一次用量），置 50ml 容量瓶中，加甲醇适量，超声 15 分钟，放冷至室温，加甲醇稀释至刻度，摇匀，滤过，即得供试品溶液。

4.1.3 液体制剂　取本品 1 次服用量，置 50ml 容量瓶中，加甲醇适量，超声 15 分钟，放冷至室温，加甲醇稀释至刻度，摇匀，滤过，即得供试品溶液。

4.2　仪器参考条件

4.2.1 液相色谱参考条件　色谱柱为 C18 柱（柱长 150mm，柱内径 2.1mm；填料粒径 1.7μm），或相当者。以甲醇为流动相 A，乙酸铵溶液（pH=4）为流动相 B，梯度洗脱程序详见表 3-6-18。检测波长：265nm（麻黄碱、芬氟拉明），225nm（西布曲明、N- 单去甲基西布曲明、N，N- 双去甲基西布曲明、酚酞）。柱温：35℃。进样体积：5μl。

表 3-6-18　梯度洗脱参数

时间（min）	流动相 A （%）	流动相 B（%）	流速（ml/min）
0	20	80	0.3
2	20	80	0.3
8	60	40	0.3
8.5	75	25	0.3
12	75	25	0.3
13	20	80	0.3
15	20	80	0.3

第三篇　食品中化学成分检测

4.2.2 质谱参考条件 采用正离子扫描模式进行一级全扫，二级全扫。毛细管电压：4000 V。离子源温度：350℃。气体流速：12L/min。鞘气流速：7L/min。扫描范围 50~600m/z。化合物参考参数详见表 3-6-19。

表3-6-19 化合物参考参数

序号	化合物名称	分子式	母离子（m/z）	碎片离子（m/z）
1	西布曲明	$C_{17}H_{26}ClN$	280	179，139，125，89
2	N-单去甲基西布曲明	$C_{16}H_{24}ClN$	266	153，139，125
3	N，N-双去甲基西布曲明	$C_{15}H_{22}ClN$	252	153，139，125
4	酚酞	$C_{20}H_{14}O_4$	319	297，225，104
5	麻黄碱	$C_{10}H_{15}NO$	166	148，132
6	芬氟拉明	$C_{12}H_{16}F_3N$	232	187，159，109，83

4.3 测定

将供试品溶液及标准工作溶液分别注入液质联用仪，记录液相色谱图和一、二级质谱图。

5 计算

试样中化合物含量按下式计算。

$$X = \frac{i_1 \times C \times V}{i_2 \times m \times 1000}$$

式中：X为试样中化合物的含量（mg/g）；C为标准工作液的测定浓度值（μg/ml）；V为供试品溶液的定容体积（ml）；i_1为供试品溶液中化合物的峰面积；i_2为标准工作溶液中化合物的峰面积；m为试样的称样量（g）；1000为换算系数。

除按规定做好称量等实验记录外，必须做好仪器使用记录、标液稀释记录及相关可供溯源的记录。

6 精密度

6.1在重复性条件下获得的两次独立测定结果的绝对差值不得超过算术平均值的20％。

6.2供试品溶液色谱图中，应不得出现与混合标准工作液中各被测化合物保留时间相同的色谱峰，若出现相应的色谱峰，则相应的一级质谱及二级质谱均不得与标准溶液一致，若均一致则判定为检出该化合物。

7 注意事项

7.1样品检测时，需先利用液相色谱法或其他方法进行初筛，避免因为被测化合物浓度过大导致质谱检测器污染。

7.2由于样品前处理过程简单，对于含咖啡或茶等基质较复杂的样品，基质成分可能对电喷雾离子化效率有一定干扰，建议在报告检出限水平采用加标试验验证，必要时采用适当方式降低基质干扰，如优化前处理步骤、调整流动相比例等。

7.3 如需测定添加成分的含量，样品前处理应注意提取溶剂量应保证一定的固液比，建议不低于20倍。

7.4 含量测定建议采用标准曲线法，样品稀释倍数根据样品含量和标准曲线范围可做调整，含量测定结果表达以碱基计。

7.5 建议采用随行全试剂空白，避免实验室污染造成假阳性的情况，同时在进样序列设置时定期插入空白溶剂，监控进样系统是否存在残留污染。

起草人：王　颖（四川省食品药品检验检测院）

王莉佳（山西省食品药品检验所）

复核人：黄　瑛（四川省食品药品检验检测院）

陈　煜（山西省食品药品检验所）

第十四节　保健食品中阿替洛尔等 12 种化学物质的检测

1　简述

参考《国家食品药品监督管理局药品检验补充检验方法和检验项目批准件2009032、2014008》制定本规程。

本规程适用于降压类中成药和保健食品中非法添加阿替洛尔、盐酸可乐定、氢氯噻嗪、卡托普利、哌唑嗪、利血平、硝苯地平、氨氯地平、尼群地平、尼莫地平、尼索地平、非洛地平等12种化学药品的筛查和确证。样品经甲醇超声提取，过滤，液相色谱质谱联用仪定性定量测定。

2　试剂和材料

除非另有说明，均为色谱纯，实验用水为纯化水。

2.1　试剂

乙腈；甲醇；甲酸。

2.2　标准溶液的配制

2.2.1 阿替洛尔、盐酸可乐定、氢氯噻嗪、卡托普利、哌唑嗪、利血平、硝苯地平、氨氯地平、尼群地平、尼莫地平、尼索地平、非洛地平，经国家认证并授予标准物质证书的标准物质。

2.2.2 标准储备液（1mg/ml）　精密称取上述标准物质适量置容量瓶中，甲醇溶解并稀释至刻度。

2.2.3 标准中间液（50μg/ml）　精密吸取上述标准储备液（1mg/ml）各5ml于100ml容量瓶中，用甲醇定容至刻度。

2.3.4 系列标准工作液：把标准中间液（50μg/ml）用初始流动相稀释得到1μg/ml、5μg/ml、

10 μg/ml、50 μg/ml 的校准曲线溶液，临用现配。

3 仪器与设备

液相色谱质谱联用仪（带DAD检测器）；超声仪；涡旋混匀器；天平（感量0.1mg和1mg）。

4 分析步骤

4.1 供试品的制备

若供试品为固体，取供试品（片剂，取数片，研细；胶囊剂，取数粒，倾取内容物，研细），取供试品0.5g，置50ml量瓶中，加甲醇适量，超声提取15分钟，放至室温，加甲醇至刻度，摇匀。滤过，作为供试品溶液。

若供试品为液体，取供试品（摇匀）10ml，精密度称定，置50ml量瓶中，加甲醇适量，超声提取15分钟，放至室温，加甲醇至刻度，摇匀。滤过，作为供试品溶液。

4.2 仪器参考条件

4.2.1 液相色谱参考条件 色谱柱 C18柱，柱长150mm，内径4.6mm，粒径5μm，或性能相当者。流动相 A，0.05%甲酸水；B，乙腈。梯度洗脱程序详见表3-6-20。柱温 35℃。紫外检测波长：220nm（检测阿替洛尔、盐酸可乐定、氢氯噻嗪、卡托普利、哌唑嗪、利血平、硝苯地平）；235nm（检测硝苯地平、氨氯地平、尼群地平、尼莫地平、尼康地平、非洛地平）。进样体积：20μl。

表3-6-20 梯度洗脱参数

时间（min）	流动相 A （%）	流动相 B（%）	流速（ml/min）
0	90	10	1
5	90	10	1
25	30	70	1
30	30	70	1
35	10	90	1

4.2.2 质谱参考条件

4.2.2.1 扫描方式 一级全扫，二级全扫。

4.2.2.2 扫描模式 正负离子分段扫描模式；离子源：ESI。气流速：8L/min。雾化器压力：20 psi；毛细管电压：4000 V；最优碎裂电压：115 V。正负离子分段扫描信息详见表3-6-21。

表3-6-21 正负离子分段扫描信息

时间（min）	超始质量数	终止质量数	采集模式
0~5	50	650	正模式
6~8	50	650	负模式
8~14	50	650	正模式
14~35	50	650	正模式

4.2.2.3 目标化合物的一级质谱分子离子峰信息，详见表3-6-22。

表3-6-22　各组分准分子离子峰信息

化学成分	一级质谱分子离子峰	采集模式
阿替洛尔	267	ESI（+）
盐酸可乐定	267	ESI（+）
氢氯噻嗪	296	ESI（-）
卡托普利	218	ESI（+）
哌唑嗪	384	ESI（+）
利血平	609	ESI（+）
硝苯地平	347	ESI（+）
氨氯地平	568	ESI（+）
尼群地平	361	ESI（+）
尼莫地平	419	ESI（+）
尼索地平	389	ESI（+）
非洛地平	385	ESI（+）

4.3　试样溶液的测定

将标准品及供试品溶液分别注入仪器进行测定，记录液相色谱图及一级质谱图，需要二级质谱确认时，记录二级质谱图。

5　计算

试样中化合物含量按下式计算。

$$X = \frac{c \times V}{m \times 1000}$$

式中：X为试样中化合物的含量（mg/g）；c为由标准曲线得到的样品供试溶液浓度值（μg/ml）；V为供试品的定容体积（ml）；m为试样称样量（g）；1000为换算系数。

6　精密度

6.1 在重复性条件下获得的两次独立测定结果的绝对差值不得超过算术平均值的20％。

6.2 采用比较供试品与标准溶液的紫外色谱图、一级质谱图和二级质谱图的方法进行定性分析，确定供试品中添加的化学成分。

7　注意事项

7.1 进行仪器分析时，进质谱检测器前需进行分流处理，避免因为被测化合物浓度过大而导致质谱检测器被污染的情况。

7.2 建议做全试剂空白，避免实验室污染造成假阳性的情况。

第三篇　食品中化学成分检测

7.3编辑进样序列时，建议中间插入空白溶剂，以监控采集系统是否有残留情况。

7.4不同基质分别做加标回收实验，避免因为基质干扰造成假阴性的情况。

7.5基质加标水平应稳定在实验室常用的检出限水平。

7.6结果判定时，要结合质谱采集数据进行，仅以液相紫外色谱图进行判定，会造成错判和漏判的情况。

7.7系列标准溶液需用初始流动相稀释。由于阿替洛尔的极性较大，若用纯甲醇稀释，会造成其色谱峰呈双峰。

7.8硝苯地平光稳定性较差，操作中应注意尽量避光。

起草人：闵宇航（四川省食品药品检验检测院）
　　　　王莉佳（山西省食品药品检验所）
复核人：王　颖（四川省食品药品检验检测院）
　　　　陈　煜（山西省食品药品检验所）

第十五节　保健食品中氯氮䓬等 21 种化学物质的检测

1　简述

参考《国家食品药品监督管理局药品检验补充检验方法和检验项目批准件2012004、2009024、2013002》制定本规程。

本规程适用于改善睡眠类保健食品中非法添加氯氮䓬、马来酸咪达唑仑、硝西泮、艾司唑仑、奥沙西泮、阿普唑仑、劳拉西泮、氯硝西泮、三唑仑、地西泮、巴比妥、苯巴比妥、司可巴比妥、异戊巴比妥、氯美扎酮、佐匹克隆、氯苯那敏、扎来普隆、文拉法辛、青藤碱、罗通定等21种化合物的筛查和确证。

样品经甲醇超声提取，过滤，液相色谱–质谱联用仪定性定量测定。

2　试剂和材料

除非另有说明，均为色谱纯，实验用水为纯化水。

2.1　试剂

乙腈；甲醇；乙酸铵；乙酸。

2.2　标准溶液的配制

2.2.1氯氮䓬、马来酸咪达唑仑、硝西泮、艾司唑仑、奥沙西泮、阿普唑仑、劳拉西泮、氯硝西泮、三唑仑、地西泮、巴比妥、苯巴比妥、司可巴比妥、异戊巴比妥、氯美扎酮、佐匹克隆、氯苯那敏、扎来普隆、文拉法辛、青藤碱、罗通定，经国家认证并授予标准物质证书的标准物质。

2.2.2 标准储备液（1mg/ml）　精密称取上述标准物质适量置容量瓶中，甲醇溶解并稀释至刻度。

2.2.3 混合标准工作液　分别准确移取上述标准储备液适量，用甲醇分别稀释成表3-6-23所列浓度的溶液作为标准工作溶液。

表3-6-23　标准工作溶液中各组分的浓度

组分名称	浓度（μg/ml）
氯氮䓬、马来酸咪达唑仑、硝西泮、艾司唑仑、奥沙西泮、阿普唑仑、劳拉西泮、氯硝西泮、三唑仑、地西泮	1.0
巴比妥、苯巴比妥、异戊巴比妥、司可巴比妥	5
氯硝西泮	0.5
文拉法辛、青藤碱、罗通定、扎来普隆、佐匹克隆、氯苯那敏	5

3　仪器与设备

液相色谱质谱联用仪（带DAD检测器）；超声仪；涡旋混匀器；天平（感量0.01mg和1mg）。

4　分析步骤

4.1　供试品的制备

取供试品（片剂，取数片，研细；胶囊剂，取数粒，倾取内容物，研细），分别称取一次口服剂量（液体制剂如口服液，量取一次口服剂量），精密称定，置50ml容量瓶中，加甲醇适量，超声提取20分钟，放至室温，加甲醇至刻度，摇匀。滤过，作为供试品溶液。

4.2　仪器参考条件

4.2.1 第一组　巴比妥、苯巴比妥、氯美扎酮、氯硝西泮、异戊巴比妥、司可巴比妥。

4.2.1.1 液相色谱参考条件　色谱柱：C18柱，柱长100mm，内径3mm，粒径1.9μm，或性能相当者。流动相：A，水；B：甲醇。梯度洗脱程序详见表3-6-24。柱温：40℃。紫外检测波长：230nm。进样体积：5μl。

表3-6-24　第一组梯度洗脱参数

时间（min）	流动相 A（%）	流动相 B（%）	流速（ml/min）
0	70	30	0.3
6	60	40	0.3
9	60	40	0.3
10	35	65	0.3
16	35	65	0.3
17	70	30	0.3

4.2.1.2 质谱参考条件　扫描方式：一级全扫，二级全扫。扫描模式：负离子模式。离子源：ESI。气流速：8L/min。雾化器压力：20 psi。毛细管电压：4000 V。最优碎裂电压：115 V。

扫面范围：$100\sim400 m/z$。

4.2.1.2.3目标化合物的一级质谱分子离子峰信息，详见表3-6-25。

表3-6-25 第一组各组分准分子离子峰信息

化学成分	一级质谱分子离子峰
巴比妥	183
苯巴比妥	231
氯美扎酮	272
异戊巴比妥	225
氯硝西泮	314
司可巴比妥	237

4.2.2 第二组 氯氮䓬、马来酸咪达唑仑、硝西泮、艾司唑仑、奥沙西泮、劳拉西泮、阿普唑仑、三唑仑、地西泮、佐匹克隆、氯苯那敏、扎来普隆、罗通定、青藤碱、文拉法辛。

4.2.2.1液相色谱参考条件 色谱柱：C18柱，柱长100mm，内径3mm，粒径$1.9\mu m$，或性能相当者。流动相：A，0.02mol/L乙酸铵（含0.1%乙酸）；B，乙腈。梯度洗脱程序详见表3-6-26。柱温：40℃。紫外检测波长：230nm。进样体积：$5\mu l$。

表3-6-26 第二组梯度洗脱参数

时间（min）	流动相A（%）	流动相B（%）	流速（ml/min）
0	80	20	0.3
6	70	30	0.3
20	57	43	0.3
23	30	70	0.3
25	10	90	0.3
30	10	90	0.3

4.2.2.2质谱参考条件 扫描方式：一级全扫，二级全扫。扫描模式：正离子模式。离子源：ESI。气流速：8L/min。雾化器压力：20 psi。毛细管电压：4000 V。最优碎裂电压：115 V。扫面范围：$100\sim400 m/z$。

目标化合物的一级质谱分子离子峰信息，详见表3-6-27。

表3-6-27 第二组各组分准分子离子峰信息

化学成分	一级质谱分子离子峰
青藤碱	330
佐匹克隆	389
文拉法辛	278
氯苯那敏	275

续表

化学成分	一级质谱分子离子峰
罗通定	356
扎来普隆	306
硝西泮	282
艾司唑仑	295
劳拉西泮	322
氯氮䓬	300
阿普唑仑	309
三唑仑	344
马来酸咪达唑仑	442
地西泮	285
奥沙西泮	287

4.3　试样溶液的测定

将标准品及供试品溶液分别注入仪器进行测定，记录液相色谱图及一级质谱图，需要二级质谱确认时，记录二级质谱图。

5　计算

试样中化合物含量按下式计算。

$$X=\frac{i_1 \times C \times V}{i_2 \times m \times 1000}$$

式中：X为试样中化合物的含量（mg/g）；C为标准工作液的测定浓度值（μg/ml）；V为供试品的定容体积；i_1为供试品溶液中化合物的峰面积；i_2为标准工作溶液中化合物的峰面积；m为试样的称样量（g）；1000为换算系数。

6　精密度

6.1在重复性条件下获得的两次独立测定结果的绝对差值不得超过算术平均值的20％。

6.2采用比较供试品与标准溶液的紫外色谱图、一级质谱图和二级质谱图的方法进行定性分析，确定供试品中添加的化学成分。

7　注意事项

7.1进行仪器分析时，进质谱检测器前需进行分流处理，避免因为被测化合物浓度过大而导致质谱检测器被污染的情况。

7.2建议做全试剂空白，避免实验室污染造成假阳性的情况。

7.3编辑进样序列时，建议中间插入空白溶剂，以监控采集系统是否有残留情况。

第三篇　食品中化学成分检测

7.4 不同基质分别做加标回收实验，避免因为基质干扰造成假阴性的情况。

7.5 基质加标水平应稳定在实验室常用的检出限水平。

7.6 结果判定时，要结合质谱采集数据进行，仅以液相紫外色谱图进行判定，会造成错判和漏判的情况。

7.7 佐匹克隆、青藤碱对照品不稳定，建议储备液-20℃条件下保存。

7.8 若需定量处理，建议将供试品中的化合物浓度稀释至与标准工作液同一水平，再进行定量测定操作，减小误差。

起草人：闵宇航（四川省食品药品检验检测院）

郑　红（山东省食品药品检验研究院）

复核人：王　颖（四川省食品药品检验检测院）

宿书芳（山东省食品药品检验研究院）

第十六节　保健食品中那红地那非等 11 种化学物质的检测

1　简述

参考《国家食品药品监督管理局药品检验补充检验方法和检验项目批准件2009030》制定本规程。

本规程适用于抗疲劳、免疫调节类保健食品中非法添加那红地那非、红地那非、伐地那非、羟基豪莫西地那非、西地那非、豪莫西地那非、氨基他达拉非、他达拉非、硫代艾地那非、伪伐地那非、那莫西地那非等11种化合物的筛查和确证。

样品经乙腈超声提取，过滤，液相色谱质谱联用仪定性定量测定。

2　试剂和材料

除非另有说明，均为色谱纯，实验用水为纯化水。

2.1　试剂

乙腈；甲醇；乙酸铵；乙酸。

2.2　标准溶液的配制

2.2.1那红地那非、红地那非、伐地那非、羟基豪莫西地那非、西地那非、豪莫西地那非、氨基他达拉非、他达拉非、硫代艾地那非、伪伐地那非、那莫西地那非，经国家认证并授予标准物质证书的标准物质。

2.2.2 标准储备液（1mg/ml）　精密称取上述标准物质适量置容量瓶中，乙腈溶解并稀释至刻度。

2.2.3 混合标准中间液（50 μg/ml）　精密吸取上述对照品的标准储备液（1mg/ml）各5ml于100ml容量瓶中，用乙腈稀释至刻度，混匀。

2.2.4 混合标准工作液（5μg/ml） 吸取 1ml 混合标准中间液（50μg/ml）于 10ml 容量瓶中，乙腈稀释至刻度，混匀。

3 仪器与设备

液相色谱质谱联用仪（带 DAD 检测器）；超声仪；涡旋混匀器；天平（感量 0.1mg 和 1mg）。

4 分析步骤

4.1 供试品的制备

若供试品为固体制剂，精密称取一次服用量，研细后转移至 50ml 容量瓶中，加乙腈约40ml，超声处理 15 分钟，冷却至室温，用乙腈稀释至刻度，摇匀，滤过即得供试品溶液；若供试品为液体制剂，精密量取一次服用量，精密称定，置 50ml 容量瓶中，加乙腈适量，涡旋振摇3 分钟，用乙腈稀释至刻度，摇匀，滤过即得供试品溶液。

4.2 仪器参考条件

4.2.1 液相色谱参考条件 色谱柱：C18 柱，柱长 150mm，内径 2.1mm，粒径 1.7μm，或性能相当者。流动相：A，0.02mol/L 乙酸铵（含 0.1% 乙酸）；B，甲醇；C，乙腈。梯度洗脱程序详见表 3-6-28。柱温：30℃。紫外检测波长：254nm。进样体积：10μl。

表 3-6-28 梯度洗脱参数

时间（min）	流动相 A（%）	流动相 B（%）	流动相 C（%）	流速（ml/min）
0	75	10	15	0.2
5	60	25	15	0.2
10	30	55	15	0.2
15	30	55	15	0.2
20	75	10	15	0.2
25	75	10	15	0.2

4.2.2 质谱参考条件 扫描方式：一级全扫，二级全扫。扫描模式：正离子模式。离子源：ESI。气流速：8L/min。雾化器压力：20 psi。毛细管电压：4000 V。最优碎裂电压：115 V。扫描范围：50~600 m/z。

11 个目标化合物的一级质谱分子离子峰及二级质谱碎片离子信息，详见表 3-6-29。

表 3-6-29 各组分准分子离子和碎片离子信息

化学成分	一级质谱分子离子峰	二级质谱主要碎片离子
西地那非	475	377, 311, 283, 100, 58
豪莫西地那非	489	377, 311, 283, 113, 99, 72, 58
羟基豪莫西地那非	505	487, 377, 311, 283, 99
那莫西地那非	460	377, 329, 311, 299, 283, 256, 84

化学成分	一级质谱分子离子峰	二级质谱主要碎片离子
硫代艾地那非	505	448，393，327，299，113，99
红地那非	467	420，396，341，325，297，127，111
那红地那非	453	406，353，325，297，113，97，71
伐地那非	489	377，312，299，284，151
伪伐地那非	460	432，377，312，299，284，151
他达拉非	390	302，268，262，240，197，169，135
氨基他达拉非	391	269，262，250，197，169，149，135

4.3 试样溶液的测定

将标准品及供试品溶液分别注入仪器进行测定，记录液相色谱图及一级质谱图，需要二级质谱确认时，记录二级质谱图。

5 计算

试样中化合物含量按下式计算。

$$X=\frac{i_1 \times C \times V}{i_2 \times m \times 1000}$$

式中：X 为试样中化合物的含量（mg/g）；C 为标准工作液的测定浓度值（μg/ml）；V 为供试品溶液的定容体积（ml）；i_1 为供试品溶液中化合物的峰面积；i_2 为标准工作溶液中化合物的峰面积；m 为试样的称样量（g）；1000 为换算系数。

6 精密度

6.1 在重复性条件下获得的两次独立测定结果的绝对差值不得超过算术平均值的20%。

6.2 采用比较供试品与标准溶液的紫外色谱图、一级质谱图和二级质谱图的方法进行定性分析，确定供试品中添加的化学成分。

6.3 在没有对照品情况下，若供试品质谱图中出现表3-6-29中相应的准分子离子峰及三个及以上二级质谱特征碎片离子时，判定为检出该化学组分。

7 注意事项

7.1 进行仪器分析时，进质谱检测器前需进行分流处理，避免因为被测化合物浓度过大而导致质谱检测器被污染的情况。

7.2 建议做全试剂空白，避免实验室污染造成假阳性的情况。

7.3 编辑进样序列时，建议中间插入空白溶剂，以监控采集系统是否有残留情况。

7.4 不同基质分别做加标回收实验，避免因为基质干扰造成假阴性的情况。

7.5 基质加标水平应稳定在实验室常用的检出限水平。

　　7.6结果判定时，要结合质谱采集数据进行，仅以液相紫外色谱图进行判定，会造成错判和漏判的情况。

　　7.7若需定量处理，建议将供试品中的化合物浓度稀释至与标准工作液同一水平，再进行定量测定操作。

起草人：闵宇航（四川省食品药品检验检测院）

王莉佳（山西省食品药品检验所）

复核人：王　颖（四川省食品药品检验检测院）

陈　煜（山西省食品药品检验所）

第七章
食品中农药残留的检测

第一节　食品中甲拌磷等 58 种农药残留的检测

1　简述

参考 GB 23200.8–2016《食品安全国家标准　水果和蔬菜中500种农药及相关化学品残留量的测定　气相色谱–质谱法》制定本规程。

试样用乙腈匀浆提取，盐析离心后，取上清液，经固相萃取柱净化，用乙腈–甲苯溶液（3+1）洗脱农药及相关化学品，溶剂交换后用气相色谱–质谱仪检测。

本方法适用于蔬菜、水果、鲜食用菌、茶叶及其制品、香辛料调味品、生干坚果与籽类食品中58种农药残留量的测定。

本方法测定的农药种类及定量限见表3–7–1。

2　试剂和材料

除另有规定外，所用试剂均为色谱纯，实验用水为GB/T 6682中规定的一级水。

2.1　试剂

乙腈；甲苯；丙酮；环己烷；正己烷；氯化钠（优级纯）；无水硫酸钠（分析纯，用前在 650℃灼烧4小时，贮于干燥器中，冷却后备用）；有机相微孔过滤膜（13mm × 0.22μm）；Envi–18柱（12ml，2g或相当者）；Envi–Carb柱（6ml，0.5g或相当者）；Sep–Pak NH$_2$柱（3ml，0.5g或相当者）。

2.2　试剂配制

乙腈–甲苯（3+1）：取300ml乙腈，加入100ml甲苯，摇匀备用。

2.3　农药标准物质

纯度≥95%，见表3–7–1。

2.4　标准溶液的配制

2.4.1 标准储备液的配制　分别称取 10mg（精确至 0.1mg）各种农药标准物质分别于10ml容量瓶中，参见表 3–7–1选择合适的溶剂溶解标准物质，制成1000μg/ml 的单个农药标准储备溶液，标准溶液避光4℃保存，保存期为一年。

2.4.2 混合标准溶液　根据每种农药在仪器上的响应灵敏度，确定其在混合标准溶液中的浓度。混合标准溶液浓度参见表3-7-1。移取适量的单个农药标准储备溶液于100ml容量瓶中，用甲苯定容至刻度，形成混合标准溶液。混合标准溶液避光4℃保存，保存期为一个月。

表3-7-1 58种农药混合标准溶液参数表

序号	中文名称	英文名称	定量限（mg/kg）	溶剂	混合标准溶液浓度（μg/ml）
内标	环氧七氯	Heptachlor-epoxide		甲苯	
1	甲拌磷	Phorate	0.0126	甲苯	2.5
2	甲霜灵	Metalaxyl	0.0376	甲苯	7.5
3	毒死蜱	Chlorpyrifos（-ethyl）	0.0126	甲苯	2.5
4	倍硫磷	Fenthion	0.0126	甲苯	2.5
5	马拉硫磷	Malathion	0.0500	甲苯	10
6	二甲戊灵	Pendimethalin	0.0500	甲苯	10
7	腐霉利	Procymidone	0.0126	甲苯	2.5
8	杀扑磷	Methidathion	0.0250	甲苯	5
9	腈菌唑	Myclobutanil	0.0126	甲苯	2.5
10	戊唑醇	Tebuconazole	0.0376	甲苯	7.5
11	氯氰菊酯	Cypermethrin	0.0376	甲苯	7.5
12	氰戊菊酯	Fenvalerate	0.0500	甲苯	10
13	甲基毒死蜱	Chlorpyrifos-methyl	0.0126	甲苯	2.5
14	丙溴磷	Profenofos	0.0750	甲苯	15
15	溴螨酯	Bromopropylate	0.0250	甲苯	5
16	伏杀硫磷	Phosalone	0.0250	甲苯	5
17	敌敌畏	Dichlorvos	0.0750	甲醇	15
18	嘧霉胺	Pyrimethanil	0.0126	甲苯	2.5
19	三唑醇	Triadimenol	0.0376	甲苯	7.5
20	醚菌酯	Kresoxim-methyl	0.0126	甲苯	2.5
21	苯醚甲环唑	Difenonazole	0.0750	甲苯	15
22	甲拌磷砜	Phorate sulfone	0.0126	甲苯	2.5
23	噻螨酮	Hexythiazox	0.1000	甲苯	20
24	倍硫磷亚砜	Fenthion sulfoxide	0.0500	甲苯	10
25	倍硫磷砜	Fenthion sulfone	0.0500	甲苯	10
26	腈苯唑	Fenbuconazole	0.0250	甲苯 + 丙酮（8+2）	5
27	苯酰菌胺	Zoxamide	0.0250	甲苯 + 丙酮（8+2）	5
28	虫螨腈	Chlorfenapyr	0.1000	甲苯	20

续表

序号	中文名称	英文名称	定量限（mg/kg）	溶剂	混合标准溶液浓度（μg/ml）
29	吡唑醚菌酯	Pyraclostrobin	0.3000	甲苯	60
30	联苯肼酯	Bifenazate	0.1000	甲苯	20
31	噻嗪酮	Buprofezin	0.0250	甲苯	5
32	丙环唑	Propiconazole	0.0376	甲苯	7.5
33	p，p'-滴滴滴	4，4'-DDD	0.0126	甲苯	2.5
34	p，p'-滴滴伊	4，4'-DDE	0.0126	甲苯	2.5
35	o，p'-滴滴涕	2，4'-DDT	0.0250	甲苯	5
36	p，p'-滴滴涕	4，4'-DDT	0.0250	甲苯	5
37	氟啶脲	Chlorfluazuron	0.0376	甲苯	7.5
38	氟哇唑	Flusilazole	0.0376	甲苯	7.5
39	氟环唑	Epoxiconazole	0.1000	甲苯	20
40	氟氯氰菊酯	Cyfluthrin	0.1500	甲苯	30
41	己唑醇	Hexaconazole	0.0750	甲苯	15
42	甲苯氟磺胺	Tolylfluanide	0.3000	甲苯	60
43	抗蚜威	Pirimicarb	0.0250	甲苯	5
44	联苯三唑醇	Bitertanol	0.0376	甲苯	7.5
45	β-六六六	beta-HCH	0.0126	甲苯	2.5
46	δ-六六六	Delta-HCH	0.0250	甲苯	5
47	α-六六六	Alpha-HCH	0.0126	甲苯	2.5
48	林丹	Gamma-HCH	0.0250	甲苯	5
49	螺螨酯	Spirodiclofen	0.1000	甲苯	20
50	氯苯嘧啶醇	Fenarimol	0.0250	甲苯	5
51	嘧菌环胺	Cyprodinil	0.0126	甲苯	2.5
52	噻虫嗪	Thiamethoxam	0.0500	甲苯	10
53	杀螟硫磷	Fenitrothion	0.0250	甲苯	5
54	肟菌酯	Trifloxystrobin	0.0500	甲苯	10
55	戊菌唑	Penconazole	0.0376	甲苯	7.5
56	乙螨唑	Etoxazole	0.0750	环己烷	15
57	抑霉唑	Imazalil	0.0500	甲苯	10
58	莠灭净	Ametryn	0.0376	甲苯	7.5

2.4.3 内标溶液 准确称取 3.5mg 环氧七氯于 100ml 容量瓶中，用甲苯定容至刻度。贮于 4℃ 冰箱内，避光保存，有效期 1 个月。

2.4.4 基质标准工作溶液 将 40μl 内标溶液和一定体积的混合标准溶液分别加到 1.0ml 的

样品空白基质提取液中,混匀,配成基质混合标准工作溶液。基质混合标准工作溶液应现用现配。

3　仪器和设备

气相色谱-质谱仪(配有电子轰击源);分析天平(感量0.01g和0.0001g);均质器(转速不低于20000r/min);氮吹仪;离心机;梨形瓶(250ml);移液管(0.5ml、1.00ml)。

4　分析步骤

4.1　试样制备和保存

4.1.1 试样制备　蔬菜、水果、鲜食用菌样品取样部位按GB 2763附录A执行,将样品制成匀浆,制备好的试样均分成两份,装入洁净的盛样容器内,密封并标明标记。茶叶及其制品、香辛料调味品、生干坚果与籽类食品样品取样部位按GB 2763附录A执行,经粉碎机粉碎,混匀,制备好的试样均分成两份,装入洁净的盛样容器内,密封并标明标记。

4.1.2 试样保存　蔬菜、水果、鲜食用菌试样于-18℃冷冻保存;茶叶及其他样品试样于0~4℃保存。

4.2　提取

称取试样(蔬菜、水果、鲜食用菌20g,茶叶及其制品、香辛料调味品、生干坚果与籽类食品10g;精确至0.01g)置于100ml聚四氟乙烯离心管中,加入40ml乙腈,用均质器在15000r/min均质提取1分钟,加入5g氯化钠,均质提取1分钟,将离心管放入离心机,在4000r/min离心5分钟,取上清液20ml待净化。

4.3　净化

用10ml乙腈预洗Envi-18柱,然后将Envi-18柱放入固定架上,下接梨形瓶,移入上述20ml上清液进行净化,并用15ml乙腈洗涤Envi-18柱,将收集的溶液于40℃水浴中旋转浓缩至约1ml,备用。

在Envi-Carb柱中加入约2cm高无水硫酸钠,将该柱连接在Sep-PakNH$_2$柱顶部,用4ml乙腈-甲苯(3+1)溶液预洗串联柱,下接另一梨形瓶,放入固定架上。将上述样品浓缩液转移至串联柱中,用3×2ml乙腈-甲苯(3+1)溶液洗涤第一个梨形瓶,并将洗涤液移入柱中,在串联柱上加上50ml贮液器,再用25ml乙腈-甲苯(3+1)溶液洗涤串联柱,收集上述所有流出物于梨形瓶中,并在40℃旋转浓缩至约0.5ml。加入5ml正己烷至此梨形瓶中,继续于40℃旋转浓缩至约0.5ml,再加入5ml正己烷,旋转浓缩至近干,准确移取1.00ml正己烷于梨形瓶中,精密加入40μl内标溶液,混匀,过0.22μm孔径的滤膜,滤液用于气相色谱-质谱测定。

4.4　测定

4.4.1 色谱参考条件　色谱柱:DB-1701(30m×0.25mm×0.25μm),或相当者。载气:氦气(纯度≥99.999%),1.0ml/min,恒定流量。程序升温:40℃保持1分钟,然后以30℃/min程序升温至130℃,再以5℃/min升温至250℃,再以10℃/min升温至300℃,保持5分钟。进样口温度:290℃。进样量:1μl。进样方式:不分流。电子轰击源:70eV。离子源温度:230℃。GC-MS接口温度:280℃。溶剂延迟:5.0分钟。选择离子监测:每种化合物分别选择一个定量离子，2~3个定性离子。每种化合物的定量离子、定性离子及定量离子与定性离子的丰度比值，参见表3-7-2。

表3-7-2　58种农药和内标化合物的定量离子、定性离子及定量离子与定性离子的比值

序号	中文名称	英文名称	定量离子	定性离子1	定性离子2	定性离子3
内标	环氧七氯	Heptachlor-epoxide	353（100）	355（79）	351（52）	
1	甲拌磷	Phorate	260（100）	121（160）	231（56）	153（3）
2	甲霜灵	Metalaxyl	206（100）	249（53）	234（38）	
3	毒死蜱	Chlorpyrifos（-ethyl）	314（100）	258（57）	286（42）	
4	倍硫磷	Fenthion	278（100）	169（16）	153（9）	
5	马拉硫磷	Malathion	173（100）	158（36）	143（15）	
6	二甲戊灵	Pendimethalin	252（100）	220（22）	162（12）	
7	腐霉利	Procymidone	283（100）	285（70）	255（15）	
8	杀扑磷	Methidathion	145（100）	157（2）	302（4）	
9	腈菌唑	Myclobutanil	179（100）	288（14）	150（45）	
10	戊唑醇	Tebuconazole	250（100）	163（55）	252（36）	
11	氯氰菊酯	Cypermethrin	181（100）	152（23）	180（16）	
12	氰戊菊酯	Fenvalerate	167（100）	225（53）	419（37）	181（41）
13	甲基毒死蜱	Chlorpyrifos-methyl	286（100）	288（70）	197（5）	
14	丙溴磷	Profenofos	339（100）	374（39）	297（37）	
15	溴螨酯	Bromopropylate	341（100）	183（34）	339（49）	
16	伏杀硫磷	Phosalone	182（100）	367（30）	154（20）	
17	敌敌畏	Dichlorvos	109（100）	185（34）	220（7）	
18	嘧霉胺	Pyrimethanil	198（100）	199（45）	200（5）	
19	三唑醇	Triadimenol	112（100）	168（81）	130（15）	
20	醚菌酯	Kresoxim-methyl	116（100）	206（25）	131（66）	
21	苯醚甲环唑	Difenonazole	323（100）	325（66）	265（83）	
22	甲拌磷砜	Phorate sulfone	199（100）	171（30）	215（11）	
23	噻螨酮	Hexythiazox	227（100）	156（158）	184（93）	
24	倍硫磷亚砜	Fenthion sulfoxide	278（100）	279（290）	294（145）	
25	倍硫磷砜	Fenthion sulfone	310（100）	136（25）	231（10）	
26	腈苯唑	Fenbuconazole	129（100）	198（51）	125（31）	
27	苯酰菌胺	Zoxamide	187（100）	242（68）	299（9）	
28	虫螨腈	Chlorfenapyr	247（100）	328（47）	408（42）	

序号	中文名称	英文名称	定量离子	定性离子1	定性离子2	定性离子3
29	吡唑醚菌酯	Pyraclostrobin	132（100）	325（14）	283（21）	
30	联苯肼酯	Bifenazate	300（100）	258（99）	199（100）	
31	噻嗪酮	Buprofezin	105（100）	172（54）	305（24）	
32	丙环唑	Propiconazole	259（100）	173（97）	261（65）	
33	p，p′-滴滴滴	4,4′-DDD	235（100）	237（64）	199（12）	165（46）
34	p，p′-滴滴伊	4,4′-DDE	318（100）	316（80）	246（139）	248（70）
35	o，p′-滴滴涕	2,4′-DDT	235（100）	237（63）	165（37）	199（14）
36	p，p′-滴滴涕	4,4′-DDT	235（100）	237（65）	246（7）	165（34）
37	氟啶脲	Chlorfluazuron	321（100）	323（71）	356（8）	
38	氟哇唑	Flusilazole	233（100）	206（33）	315（9）	
39	氟环唑	Epoxiconazole	192（100）	183（24）	138（35）	
40	氟氯氰菊酯	Cyfluthrin	206（100）	199（63）	226（72）	
41	己唑醇	Hexaconazole	214（100）	231（62）	256（26）	
42	甲苯氟磺胺	Tolylfluanide	238（100）	240（71）	137（210）	
43	抗蚜威	Pirimicarb	166（100）	238（23）	138（8）	
44	联苯三唑醇	Bitertanol	170（100）	112（8）	141（6）	
45	β-六六六	beta-HCH	219（100）	217（78）	181（94）	254（12）
46	δ-六六六	Delta-HCH	219（100）	217（80）	181（99）	254（10）
47	α-六六六	Alpha-HCH	219（100）	183（98）	221（47）	254（6）
48	林丹	Gamma-HCH	183（100）	219（93）	254（13）	221（40）
49	螺螨酯	Spirodiclofen	312（100）	259（48）	277（28）	
50	氯苯嘧啶醇	Fenarimol	139（100）	219（70）	330（42）	
51	嘧菌环胺	Cyprodinil	224（100）	225（62）	210（9）	
52	噻虫嗪	Thiamethoxam	182（100）	212（92）	247（124）	
53	杀螟硫磷	Fenitrothion	277（100）	260（52）	247（60）	
54	肟菌酯	Trifloxystrobin	116（100）	131（40）	222（30）	
55	戊菌唑	Penconazole	248（100）	250（33）	161（50）	
56	乙螨唑	Etoxazole	300（100）	330（69）	359（65）	
57	抑霉唑	Imazalil	215（100）	173（66）	296（5）	
58	莠灭净	Ametryn	227（100）	212（53）	185（17）	

4.4.2 定性测定　进行样品测定时，如果检出的色谱峰的保留时间与标准样品相一致，并

且在扣除背景后的样品质谱图中，所选择的离子均出现，而且所选择的离子丰度比与标准样品的离子丰度比相一致（相对丰度 > 50%，允许 ±10% 偏差；相对丰度 > 20% ~50%，允许 ±15% 偏差；相对丰度 > 10% ~20%，允许 ±20% 偏差；相对丰度 ≤ 10%，允许 ±50% 偏差），则可判断样品中存在相关农药或相关化学品。如果不能确证，应重新进样，以扫描方式（有足够灵敏度）或采用增加其他确证离子的方式或用其他灵敏度更高的分析仪器来确证。

4.4.3 定量测定 本方法采用内标法单离子定量测定。内标物为环氧七氯。为减少基质的影响，定量用标准溶液应采用基质混合标准工作溶液。标准溶液的浓度应与待测化合物的浓度相近。

4.4.4 平行试验 按以上步骤对同一试样进行平行测定。

4.4.5 空白试验 除不称取试样外，均按上述提取及以后的步骤进行测定。

5 计算

试样中各农药残留量按下式计算。

$$X = \frac{(C-C_0) \times V_1 \times V_3 \times 1000}{m \times V_2 \times 1000}$$

式中：X 为试样中被测物残留量（mg/kg）；C 为测试液中被测物的浓度（μg/ml）；C_0 为空白试液中被测物的浓度（μg/ml）；V_1 为样液提取体积（ml）；V_2 为样液转移体积（ml）；V_3 为样液最终定容体积（ml）；m 为称取试样的质量（g）；1000 为换算系数；计算结果保留2位有效数字。

6 精密度

在同一实验室和不同实验室相同条件下获得的两次独立测定结果的绝对差值与其算术平均值的比值（百分率），应符合表3-7-3要求。

表3-7-3 同一实验室和不同实验室相同条件下精密度要求

被测组分含量 mg/kg	实验室内—精密度 %	实验室间—精密度 %
≤ 0.001	36	54
> 0.001 ≤ 0.01	32	46
> 0.01 ≤ 0.1	22	34
> 0.1 ≤ 1	18	25
> 1	14	19

7 注意事项

1.7.1 环氧七氯分为外环氧七氯B（CAS号：124-57-3）和内环氧七氯A（CAS号：28044-83-9），用作内标的为外环氧七氯B（CAS号：124-57-3）。

1.7.2 旋蒸不宜过干，近干即可。

1.7.3 净化时，在淋洗净化柱及上样过程中，净化柱中要保持湿润，液面不能干，如果柱子表面干了再倒入溶液，农药会吸附在柱子上，回收率降低，另外注意控制流速。

1.7.4 由于净化柱的生产厂商不同、批号不同，其净化效率及回收率会有差异，在使用之前须对同批次的净化柱进行回收率测试。

1.7.5 前处理过程应在通风橱内进行，并佩戴防护口罩及手套。

起草人：张红霞（山东省食品药品检验研究院）

钟慈平（四川省食品药品检验检测院）

阎安婷（山西省食品药品检验所）

复核人：田其燕（山东省食品药品检验研究院）

刘　美（四川省食品药品检验检测院）

陈　煜（山西省食品药品检验所）

第二节　食品中马拉硫磷等 7 种农药残留的检测

1　简述

参考 GB 23200.9–2016《食品安全国家标准　粮谷中475种农药及相关化学品残留量的测定　气相色谱–质谱法》制定本规程。

试样于加速溶剂萃取仪中用乙腈提取，提取液经固相萃取柱净化后，用乙腈–甲苯溶液（3+1）洗脱农药及相关化学品，用气相色谱–质谱仪检测。

本方法适用于大米、谷物加工品（限糙米）、豆类、马铃薯中的马拉硫磷、丁草胺、氟酰胺、苯醚甲环唑、甲拌磷、烯草酮、噻呋酰胺残留量的测定。

马拉硫磷、丁草胺、氟酰胺、苯醚甲环唑、甲拌磷、烯草酮、噻呋酰胺的定量限分别为0.1000mg/kg、0.0500mg/kg、0.0250mg/kg、0.1500mg/kg、0.0250mg/kg、0.2000mg/kg、0.2000mg/kg。

2　试剂和材料

除非另有说明，所用试剂均为色谱纯，实验用水为 GB/T 6682 中规定的一级水。

2.1 试剂

乙腈；硅藻土（优级纯）；甲苯；丙酮；二氯甲烷；无水硫酸钠（分析纯）；氯化钠（分析纯）；Envi–18柱（12ml，2g或相当者）；Envi–Carb柱（6ml，0.5g或相当者）；Sep–Pak NH$_2$柱（3ml，0.5g或相当者）；农药及相关化学品标准物质（纯度≥95%）。

2.2　试剂配制

乙腈–甲苯（3+1）：取300ml乙腈，加入100ml甲苯，摇匀备用。

2.3　标准溶液的配制

2.3.1 标准储备液的配制　准确称取 10mg（精确至 0.1mg）各农药标准品于 10ml 容量瓶中，用丙酮溶解并定容至刻度，分别配成浓度为 1000μg/ml 的标准储备液，贮于 0℃的冰箱内，有效期 6 个月。

2.3.2 标准溶液的配制 准确移取各标准储备液 1ml 于 100ml 容量瓶中，用丙酮定容，配成浓度为 10μg/ml 的标准溶液。贮于 4℃冰箱内，避光保存，有效期 1 个月。

2.3.3 内标溶液 准确称取 3.5mg 环氧七氯于 100ml 容量瓶中，用丙酮定容至刻度。贮于 4℃冰箱内，避光保存，有效期 1 个月。

2.3.4 基质标准工作溶液 将 40μl 内标溶液和一定体积的标准溶液分别加到样品空白基质提取液中，定容至 1.00ml，配成浓度分别为 0.1、0.2、0.5、1.0、2.0μg/ml 的基质标准工作溶液。基质标准工作溶液应现用现配。

3 仪器和设备

气相色谱–质谱仪（配有电子轰击源）；分析天平（感量 0.01g 和 0.0001g）；加速溶剂萃取仪；氮吹仪；梨形瓶（250ml）；移液管（0.5ml、1.00ml）。

4 分析步骤

4.1 试样制备和保存

4.1.1 试样制备 粮谷、谷物加工品样品经粉碎机粉碎，样品全部过 425μm 的标准网筛，混匀，制备好的试样均分成两份，装入洁净的盛样容器内，密封并标明标记。豆类样品经粉碎机粉碎，并使其全部通过孔径为 2.0mm 的样品筛。混合均匀后均分成两份，装入洁净容器内，密封并标识。马铃薯样品取样部位按 GB 2763 附录 A 执行，将样品制成匀浆，制备好的试样均分成两份，装入洁净的盛样容器内，密封并标明标记。

4.1.2 试样保存 粮谷及谷物加工品试样于常温下保存，豆类试样于 –4℃保存，马铃薯试样于 –18℃冷冻保存。

4.2 提取

称取 10g 试样（精确至 0.01g）与 10g 硅藻土混合，移入加速溶剂萃取仪的 34ml 萃取池中，在 10.34mPa 压力、80℃条件下，加热 5 分钟，用乙腈静态萃取 3 分钟，循环 2 次，然后用池体积 20.4ml 的乙腈冲洗萃取池，并用氮气吹扫 100 秒。萃取完毕后，将萃取液混匀，对含油量较小的样品取萃取液体积的二分之一（相当于 5g 试样量），对含油量较大的样品取萃取液体积的四分之一（相当于 2.5g 试样量），待净化。

4.3 净化

用 10ml 乙腈预洗 Envi–18 柱，然后将 Envi–18 柱放入固定架上，下接梨形瓶，将上述萃取液转移至柱中进行净化，并用 15ml 乙腈洗涤 Envi–18 柱，收集萃取液及洗涤液，于 40℃旋转蒸发浓缩至约 1ml，备用。

在 Envi–Carb 柱中加入约 2cm 高无水硫酸钠，将该柱连接在 Sep-PakNH₂柱顶部，用 4ml 乙腈–甲苯（3+1）溶液预洗串联柱，下接另一梨形瓶，放入固定架上。将上述样品浓缩液转移至串联柱中，用 3×2ml 乙腈–甲苯（3+1）溶液洗涤第一个梨形瓶，并将洗涤液移入柱中，在串联柱上加上 50ml 贮液器，再用 25ml 乙腈–甲苯（3+1）溶液洗涤串联柱，收集上述所有流出物于梨形瓶中，并在 40℃旋转浓缩至约 0.5ml。加入 5ml 正己烷至此梨形瓶中，继续于 40℃旋转浓缩至约 0.5ml，再加入 5ml 正己烷，旋转浓缩至近干，准确移取 1.00ml 正己烷于梨形瓶中，精密加入40μl内标溶液，混匀，过0.22μm孔径的滤膜，滤液用于气相色谱–质谱测定。

4.4 测定

4.4.1 色谱参考条件 色谱柱：DB–1701石英毛细管柱，30m×0.25mm（内径），0.25μm（膜厚），或相当者。载气：氦气（纯度≥99.999%），1.2ml/min，恒定流量。柱温：40℃保持1分钟，以30℃/min程序升温至130℃，然后以5℃/min升温至250℃，再以10℃/min升温至300℃，保持5分钟。进样口温度：290℃。进样量：1μl。进样方式：不分流，1.5分钟后打开分流阀和隔垫吹扫阀。电子轰击源：70eV。离子源温度：230℃。GC–MS接口温度：280℃。溶剂延迟：5.0分钟。选择离子监测：每种化合物分别选择一个定量离子，2~3个定性离子。每种化合物的定量离子、定性离子及定量离子与定性离子的丰度比值，参见表3-7-4。

表3-7-4 每种化合物的定量离子、定性离子及定量离子与定性离子的丰度比值

序号	中文名称	定量离子	定性离子1	定性离子2
1	马拉硫磷	173（100）	158（36）	143（15）
2	丁草胺	176（100）	160（75）	188（49）
3	氟酰胺	173（100）	143（25）	323（14）
4	苯醚甲环唑	323（100）	325（66）	265（83）
5	甲拌磷	260（100）	121（160）	231（56）
6	烯草酮	164（100）	205（50）	267（15）
7	噻呋酰胺	449（100）	447（97）	194（308）

4.4.2 定性测定 进行样品测定时，如果检出的色谱峰的保留时间与标准样品相一致，并且在扣除背景后的样品质谱图中，所选择的离子均出现，而且所选择的离子丰度比与标准样品的离子丰度比相一致（相对丰度>50%，允许±10%偏差；相对丰度>20%~50%，允许±15%偏差；相对丰度>10%~20%，允许±20%偏差；相对丰度≤10%，允许±50%偏差），则可判断样品中存在相关农药或相关化学品。如果不能确证，应重新进样，以扫描方式（有足够灵敏度）或采用增加其他确证离子的方式或用其他灵敏度更高的分析仪器来确证。

4.4.3 定量测定 本方法采用内标法单离子定量测定。内标物为环氧七氯。为减少基质的影响，定量用标准溶液应采用空白样液配制基质混合标准工作溶液。标准工作溶液的浓度应与待测化合物的浓度相近。

4.4.4 平行试验 按以上步骤对同一试样进行平行试验测定。

4.4.5 空白试验 除不加试样外，均按上述提取及以后的步骤进行操作。

5 计算

试样中各农药残留量按下式计算。

$$X = \frac{(C-C_0) \times V_1 \times V_3 \times 1000}{m \times V_2 \times 1000}$$

式中：X为试样中被测农药残留量（mg/kg）；C为测试液中被测物的浓度（μg/ml）；V_1为样液提取体积（ml）；V_2为样液转移体积（ml）；V_3为样液最终定容体积（ml）；m为试样溶液所代

表试样的质量（g）；1000为换算系数；计算结果保留2位有效数字。

6 精密度

6.1 在同一实验室相同条件下获得的两次独立测定结果的绝对差值与其算术平均值的比值（百分率），应符合表3-7-5的要求。

表3-7-5 同一实验室精密度要求

被测组分含量 mg/kg	精密度 %
≤ 0.001	36
> 0.001 ≤ 0.01	32
> 0.01 ≤ 0.1	22
> 0.1 ≤ 1	18
> 1	14

6.2 在不同实验室相同条件下获得的两次独立测定结果的绝对差值与其算术平均值的比值（百分率），应符合表3-7-6的要求。

表3-7-6 不同实验室精密度要求

被测组分含量 mg/kg	精密度 %
≤ 0.001	54
> 0.001 ≤ 0.01	46
> 0.01 ≤ 0.1	34
> 0.1 ≤ 1	25
> 1	19

7 注意事项

7.1 环氧七氯分为外环氧七氯B（CAS号：124-57-3）和内环氧七氯A（CAS号：28044-83-9），用作内标的为外环氧七氯B（CAS号：124-57-3）。

7.2 旋蒸不宜过久，近干即可。

7.3 净化时，在淋洗净化柱及上样过程中，净化柱中要保持湿润，液面不能干，如果柱子表面干了再倒入溶液，农药会吸附在柱子上，回收率降低，另外注意控制流速。

7.4 由于净化柱的生产厂商不同、批号不同，其净化效率及回收率会有差异，在使用之前须对同批次的净化柱进行回收率测试。

7.5 前处理过程应在通风橱内进行，并佩戴防护口罩及手套。

起草人：李　洁（山东省食品药品检验检测院）

罗　玥（四川省食品药品检验检测院）

复核人：鞠　香（山东省食品药品检验检测院）

岳清洪（四川省食品药品检验检测院）

第三节　茶叶中吡蚜酮等 5 种农药残留的检测

1　简述

参考 GB 23200.13-2016《食品安全国家标准　茶叶中448种农药及相关化学品残留量的测定 液相色谱-质谱法》制定本规程。

试样用乙腈匀浆提取，经固相萃取柱净化，用乙腈-甲苯溶液（3+1）洗脱，用液相色谱-串联质谱仪检测，外标法定量。

本方法适用于绿茶、红茶、普洱茶、乌龙茶中吡蚜酮、克百威、灭线磷、氧乐果、茚虫威残留量的定性鉴别和定量测定，其他茶叶可参照执行。

本方法的定量限：吡蚜酮为 $34.28\,\mu g/kg$，克百威为 $13.06\,\mu g/kg$，灭线磷为 $2.76\,\mu g/kg$，氧乐果为 $9.66\,\mu g/kg$，茚虫威为 $7.54\,\mu g/kg$。

2　试剂和材料

除另有规定外，所用试剂均为分析纯，实验用水为 GB/T 6682 中规定的一级水。

2.1　试剂

乙腈（色谱纯）；甲苯（优级纯）；甲醇（色谱纯）；甲酸（色谱纯）；无水硫酸钠；吡蚜酮、克百威、灭线磷、氧乐果、茚虫威标准物质（纯度≥95%）；微孔过滤膜（尼龙，$0.22\,\mu m$）；Cleanert TPT 固相萃取柱（10ml，2.0g，或相当者）。

2.2　试剂配制

2.2.1 0.1% 甲酸溶液　取 1000ml 水，加入 1ml 甲酸，摇匀备用。

2.2.2 乙腈-甲苯溶液（3+1）　取 300ml 乙腈，加入 100ml 甲苯，摇匀备用。

2.2.3 乙腈+水溶液（3+2）　取 300ml 乙腈，加入 200ml 水，摇匀备用。

2.3　标准溶液的配制

2.3.1 标准储备溶液　分别称取 5~10mg（精确至 0.1mg）标准物质分别于 10ml 容量瓶中，用甲醇溶解并定容至刻度，制成标准储备液，避光 4℃保存，保存期为一年。

2.3.2 混合标准溶液　依据混合标准溶液浓度（吡蚜酮 13.72mg/L、克百威 5.24mg/L、灭线磷 1.12mg/L、氧乐果 3.88mg/L、茚虫威 3.00mg/L）及其标准储备溶液的浓度，移取适量的吡蚜酮、克百威、灭线磷、氧乐果、茚虫威标准储备溶液于 100ml 容量瓶中，用甲醇定容至刻度。混合标准溶液避光 4℃保存，保存期为一个月。

2.3.3 基质混合标准工作溶液　分别移取 $5\mu l$、$10\mu l$、$20\mu l$、$50\mu l$、$100\mu l$ 混合标准溶液，用样品空白溶液稀释至 1ml，配成不同浓度的基质混合标准工作溶液，用于做标准工作曲线。基质混合标准工作溶液应现用现配。

3　仪器和设备

液相色谱-串联质谱仪（配有电喷雾离子源）；分析天平（感量 0.1mg 和 0.01g）；鸡心瓶

（200ml）；移液器（50μl、250μl和1ml）；样品瓶（2ml）；具塞离心管（50ml）；氮气吹干仪；低速离心机（不低于5000r/min）；旋转蒸发仪；高速组织捣碎机。

4 分析步骤

4.1 试样制备与保存

将茶叶样品放入粉碎机中粉碎，样品全部过425μm的标准网筛。混匀，制备好的试样均分成两份，装入洁净的盛样容器内，密封并标明标记。将试样于−18℃冷冻保存。

4.2 提取

称取10g试样（精确至0.01g）于50ml具塞离心管中，加入30ml乙腈，在高速组织捣碎机上以15000r/min匀浆提取1分钟，4200r/min离心5分钟，上清液移入鸡心瓶中。残渣加30ml乙腈，匀浆1分钟，4200r/min离心5分钟，上清液并入鸡心瓶中，残渣再加20ml乙腈，重复提取一次，上清液并入鸡心瓶中，45℃水浴，旋转浓缩至近干，氮吹至干，加入5ml乙腈溶解残余物，制成试样提取液，取其中1ml待净化。

4.3 净化

在Cleanet-TPT柱中加入约2cm高无水硫酸钠，并将柱子放入下接鸡心瓶的固定架上。加样前先用5ml乙腈−甲苯溶液预洗柱，当液面到达硫酸钠的顶部时，迅速将试样提取液转移至净化柱上，并更换新鸡心瓶接收。用25ml乙腈−甲苯溶液洗脱目标物，合并于鸡心瓶中，并在45℃水浴中旋转浓缩至约0.5ml，于35℃下氮气吹干，1ml乙腈−水溶液溶解残渣，经0.22μm微孔滤膜过滤后，供液相色谱−串联质谱测定。

4.4 测定

4.4.1 仪器参考条件 色谱柱：ZORBAX SB-C18（3.5μm，100mm×2.1mm）。流速：0.4ml/min。流动相：乙腈+0.1%甲酸水（梯度洗脱条件见表3-7-7）。柱温：40℃。进样量：10μl。电离源模式：电喷雾离子化。电离源极性：正模式。雾化气：氮气。雾化气压力：0.28mPa。离子喷雾电压：4000V。干燥气温度：350℃。干燥气流速：10L/min。监测离子对、碰撞气能量和源内碎裂电压见表3-7-8。

表3-7-7 梯度洗脱条件

步骤	时间/min	0.1%甲酸水/%	乙腈/%
0	0.00	99.0	1.0
1	3.00	70.0	30.0
2	6.00	60.0	40.0
3	9.00	60.0	40.0
4	15.00	40.0	60.0
5	19.00	1.0	99.0
6	23.00	1.0	99.0
7	23.01	99.0	1.0

表3-7-8 目标物监测离子对、碰撞气能量和源内碎裂电压

序号	化合物	离子对（m/z）	定量离子对（m/z）	源内碎裂电压 /V	碰撞气能量 /V
1	吡蚜酮	218.1/105.1	218.1/105.1	100	20
		218.1/78.0			40
2	克百威	222.3/165.1	222.3/165.1	120	5
		222.3/123.1			20
3	灭线磷	243.1/173.0	243.1/173.0	120	10
		243.1/215.0			10
4	氧乐果	214.1/125.0	214.1/125.0	80	20
		214.1/183.0			5
5	茚虫威	528.0/150.0	528.0/150.0	120	20
		528.0/218.0			20

4.4.2 定性测定 在相同实验条件下进行样品测定时，如果检出的色谱峰的保留时间与标准样品相一致，并且在扣除背景后的样品质谱图中，所选择的离子均出现，而且所选择的离子丰度比与标准样品的离子丰度比相一致（相对丰度 > 50%，允许 ±20% 偏差；相对丰度 > 20% 至 50%，允许 ±25% 偏差；相对丰度 > 10% 至 20%，允许 ±30% 偏差；相对丰度 ≤ 10%，允许 ±50% 偏差），则可判断样品中存在该农药。

4.4.3 定量测定 本方法采用外标－校准曲线法定量测定。为减少基质对定量测定的影响，定量用标准溶液应采用基质混合标准工作溶液绘制标准曲线，并且保证所测样品中目标物的响应值均在仪器的线性范围内。

5 计算

试样中待测物的含量按下式计算。

$$X_i = \frac{c_i \times V \times n}{m} \times \frac{1000}{1000}$$

式中：X_i 为试样被测组分的残留量（mg/kg）；c_i 为从标准曲线上得到的被测组分溶液浓度（μg/ml）；V 为样品溶液定容体积（ml）；m 为称取的样品质量（g）；n 为稀释倍数；1000 为换算系数；计算结果应扣除空白值，保留2位有效数字。

6 精密度

在同一实验室相同条件下获得的两次独立测定结果的绝对差值与其算术平均值的比值（百分率），应符合表3-7-9的要求。

表3-7-9 同一实验室精密度要求

被测组分含 /mg/kg	精密度 /%
≤ 0.001	36
> 0.001 ≤ 0.01	32
> 0.01 ≤ 0.1	22
> 0.1 ≤ 1	18
> 1	14

在不同实验室相同条件下获得的两次独立测定结果的绝对差值与其算术平均值的比值（百分率），应符合表3-7-10的要求。

表3-7-10 不同实验室精密度要求

被测组分含 /mg/kg	精密度 /%
≤ 0.001	54
> 0.001 ≤ 0.01	46
> 0.01 ≤ 0.1	34
> 0.1 ≤ 1	25
> 1	19

7 注意事项

7.1 实验过程中要做好质控措施，如加标回收、试剂空白等。加标水平应涵盖检出限和限量，以确保实验的准确性。

7.2 旋转蒸发时要求近干，然后在氮气流下吹干。如果蒸干可能会导致某些化合物的含量降低。

7.3 Cleanert-TPT固相萃取柱是一款专门用于茶叶残留检测的固相萃取柱，使用时严格按照方法说明进行操作。

7.4 在抽样和制样的操作过程中，必须防止样品受到污染或发生残留物含量的变化。

7.5 所测定的部分化合物具有高毒性，测定过程中应做好防护措施。

7.6 乙腈、甲醇和甲苯为有毒有机试剂，使用时需带防护手套和防护面具，并避免接触皮肤，若皮肤接触需脱去污染的衣着，用肥皂水和清水彻底冲洗皮肤。废液应妥善处理，不得污染环境。

7.7 无水硫酸钠在使用前应在650℃灼烧4小时，贮于干燥器中，冷却后备用。

起草人：魏莉莉（山东省食品药品检验研究院）

复核人：薛　霞（山东省食品药品检验研究院）

第四节　蔬菜、水果中阿维菌素残留量的检测

1　简述

参考 GB 23200.20–2016《食品安全国家标准　食品中阿维菌素残留量的测定 液相色谱–质普/质谱法》制定本规程。

样品用乙腈提取，用中性氧化铝固相萃取柱净化，高效液相色谱–质谱/质谱测定，外标法定量。

本规程规定了食品中阿维菌素残留量的高效液相色谱–质谱/质谱检测方法。本规程适用于蔬菜、水果中阿维菌素的测定。

本规程阿维菌素的定量限为 0.005mg/kg。

2　试剂和材料

除另有规定外，所用试剂均为分析纯，实验用水为 GB/T 6682 中规定的一级水。

2.1　试剂

乙腈（色谱纯）；无水硫酸钠（使用前 650℃灼烧 4 小时，在干燥器中冷却至室温，贮于密封瓶中备用）；阿维菌素标准物质（Abamectin，$C_{48}H_{72}O_{14}$，CAS号：71754–41–2，阿维菌素 B1a 含量大于 87%，以下阿维菌素含量均以阿维菌素 B1a 计）；中性氧化铝固相萃取柱（1000mg，3ml）；有机滤膜（0.45μm）。

2.2　试剂配制

2.2.1　乙酸水溶液（0.1%）　取 1ml 乙酸，以水定容至 1000ml。

2.2.2　乙腈水溶液（1+6）　取 100ml 乙腈，加入 600ml 水，摇匀备用。

2.3　标准溶液的配制

2.3.1　阿维菌素标准储备液　称取适量（精确至 0.0001g）阿维菌素标准物质，以乙腈溶解配制浓度为 100μg/ml 的标准储备液，保存于 –18℃冰箱内。

2.3.2　阿维菌素标准中间液　准确移取阿维菌素标准储备液，以乙腈稀释配制成含 1μg/ml 浓度的标准中间液。保存于 4℃冰箱内。

2.3.3　阿维菌素标准工作液　根据需要准确移取适量阿维菌素标准中间液，以乙腈稀释并定容至适当浓度的标准工作液。保存于 4℃冰箱内。

3　仪器和设备

高效液相色谱–质谱/质谱仪（配有大气压化学电离源，APCI 源）；分析天平（感量 0.01g 和 0.0001g）；均质器；离心机（3000r/min 以上）；涡旋振荡器；固相萃取装置；旋转蒸发器；氮吹仪。

4　分析步骤

4.1　试样预处理

取样品约 500g，用捣碎机捣碎，装入洁净容器作为试样，密封并做好标识。

第三篇　食品中化学成分检测

4.2 试样保存

试样于0~4℃保存。在制样的操作过程中，应防止样品受到污染或发生残留物含量的变化。

4.3 提取

准确称取5g（精确至0.01g）均匀试样，加入5g无水硫酸钠和15ml乙腈，以10000r/min均质2分钟，3000r/min离心5分钟，上清液经无水硫酸钠过滤并转入浓缩瓶中。用10ml乙腈再提取一次，合并提取液。将提取液于40℃水浴下浓缩至2~3ml，制成样品提取液。

4.4 净化

用3ml乙腈对中性氧化铝柱进行预淋洗。将4.3中得到的提取液转入中性氧化铝柱，用5ml乙腈分两次洗涤浓缩瓶并将洗涤液转入中性氧化铝柱中，调整流速在1.5ml/min左右，用2ml乙腈淋洗小柱，收集全部流出液。将流出液在50℃下吹干，用1.00ml乙腈溶解残渣，滤膜过滤，供液相色谱–质谱/质谱测定。

4.5 测定

4.5.1 仪器参考条件 色谱柱：C18柱，150mm×2.1mm（内径），粒度5μm。流动相：乙腈+乙酸水溶液（0.1%）=70+30。流速：0.3ml/min。柱温：40℃。进样量：20 L。离子源：大气压化学电离源（APCI源），负离子监测模式。喷雾压力：60 psi。干燥气体流量：5L/min。干燥气体温度：350℃。大气压化学电离源蒸发温度：400℃。电晕电流：10000 nA。毛细管电压：3500 V。监测离子对（m/z）：定性离子对（872/565，872/854），定量离子对（872/565）。

4.5.2 色谱测定与确证 根据试样中阿维菌素的含量情况，选择浓度相近的标准工作液进行色谱分析，以峰面积按外标法定量。如果检测的质量色谱峰保留时间与标准工作液一致；定性离子对的相对丰度与相当浓度的标准工作液的相对丰度一致，相对丰度偏差不超过表3-7-11的规定，则可判断样品中存在相应的被测物。

表3-7-11 定性时相对离子丰度最大容许误差

相对丰度（基峰）	> 50%	> 20%~50%	> 10%~20%	≤ 10%
允许的相对偏差	± 20%	± 25%	± 30%	± 50%

5 计算

试样中阿维菌素含量按下式计算。

$$X=\frac{A \times c \times V}{A_s \times m}$$

式中：X为试样中阿维菌素残留量（mg/kg）；A为样液中阿维菌素的峰面积；V为样品最终定容体积（ml）；A_s为阿维菌素标准工作液的峰面积；C为阿维菌素标准工作液的浓度（μg/ml）；m为最终样液代表的试样质量（g）。计算结果须扣除空白值，测定结果用平行测定的算术平均值表示，保留2位有效数字。

6 精密度

在同一实验室相同条件下获得的两次独立测定结果的绝对差值与其算术平均值的比值（百分率），应符合表3-7-12的要求。

表3-7-12 同一实验室精密度要求

被测组分含量 mg/kg	精密度 %
≤ 0.001	36
> 0.001 ≤ 0.01	32
> 0.01 ≤ 0.1	22
> 0.1 ≤ 1	18
> 1	14

在不同实验室相同条件下获得的两次独立测定结果的绝对差值与其算术平均值的比值（百分率），应符合表3-7-13的要求。

表3-7-13 不同实验室精密度要求

被测组分含量 mg/kg	精密度 %
≤ 0.001	54
> 0.001 ≤ 0.01	46
> 0.01 ≤ 0.1	34
> 0.1 ≤ 1	25
> 1	19

7 注意事项

7.1 乙腈为有毒有机试剂，避免接触皮肤，若皮肤接触需脱去污染的衣着，用肥皂水和清水彻底冲洗皮肤。

7.2 天平和组织捣碎机使用前需保持干燥清洁，使用后需清理干净。取样要均匀、防止污染，取样量要按照检测限和卫生指标综合考虑。处理样品时，注意防止交叉污染。

7.3 流动相用水要现用现取，所使用到的溶剂必须经滤膜过滤，以除去杂质微粒，要注意分清有机相滤膜和水相滤膜。

7.4 仪器开机前，需检查仪器状态，管路有无泄漏；冷却水压力；进样器附近是否清洁；洗针液体积；在进样分析前，应充分平衡色谱柱。

起草人：郑　红（山东省食品药品检验研究院）

复核人：付　舟（山东省食品药品检验研究院）

第五节 豆类中丙炔氟草胺残留量的检测

1 简述

参考GB 23200.31-2016《食品安全国家标准 食品中丙炔氟草胺残留量的测定 气相色谱-质谱法》制定本规程。

试样经乙腈或乙酸乙酯提取，氨基固相萃取柱净化，洗脱液浓缩后定容，采用气相色谱-质谱选择离子监测模式进行测定，外标法定量。

本方法适用于豆类中丙炔氟草胺残留量的测定。

本方法的定量限为0.01mg/kg。

2 试剂和材料

除另有规定外，所有试剂均为分析纯，实验用水为符合GB/T 6682中规定的一级水。

2.1 试剂

乙腈（色谱纯）；甲苯（色谱纯）；乙酸乙酯（色谱纯）；正己烷（色谱纯）；无水硫酸钠（650℃灼烧4小时，贮于密封容器中备用）；氨基固相萃取柱（3ml，0.5g或相当者）；丙炔氟草胺标准品（纯度＞99%）。

2.2 试剂配制

2.2.1 乙腈饱和正己烷 取少量乙腈加入正己烷中，剧烈振摇，并继续加入乙腈至出现明显分层，静置备用。

2.2.2 乙腈-甲苯（3+1） 取300ml乙腈，加入100ml甲苯，摇匀备用。

2.3 标准溶液的配制

2.3.1 丙炔氟草胺标准储备液 准确称取适量的丙炔氟草胺标准品，用乙腈配制成浓度为100μg/ml的标准储备液，此溶液保存在棕色容量瓶中，在0~4℃条件下保存。

2.3.2 基质标准工作溶液 将适量的丙炔氟草胺标准储备液，用空白基质提取液配成适当浓度的基质标准工作溶液。基质标准工作溶液应现用现配。

3 仪器和设备

气相色谱-质谱仪（配有电子轰击源）；天平（感量0.01g和0.0001g）；旋转蒸发器（带水浴，可控温）；固相萃取装置；氮吹浓缩仪；漩涡混合器；离心机；高速组织捣碎机；浓缩瓶（250ml）；离心管（15ml、50ml）；微量注射器（10μl）。

4 分析步骤

4.1 试样制备与保存

取代表性样品500g，粉碎并使其全部通过孔径为2.0mm的样品筛。混合均匀后的试样均分成两份，装入洁净容器内，密封并标识；在-4℃避光保存。

4.2　提取

称取5g试样（精确到0.01g）于50ml离心管中，用15ml乙腈提取，充分振荡3分钟，于4000r/min离心3分钟，将提取液移入另一离心管中，分别用15ml、10ml乙腈重复上述操作一次，合并提取液到离心管中，加入5ml乙腈饱和正己烷，振荡2分钟，于4000r/min离心3分钟后，弃去正己烷层。将乙腈层转移至250ml浓缩瓶中，在45℃水浴中减压浓缩至近干，加入2ml乙腈-甲苯（3+1）溶解残渣，制成提取液，待净化。

4.3　净化

用5ml乙腈-甲苯（3+1）预淋洗氨基固相萃取柱，将提取液全部倾入萃取柱中，再用12ml乙腈-甲苯（3+1）分次注入萃取柱中进行洗脱，收集洗脱液。于45℃水浴中用氮气吹去溶剂，用甲苯溶解并定容至1.0ml，供气相色谱-质谱测定。

4.4　气相色谱质谱参考条件

色谱柱：DB-5MS石英毛细管柱，30m×0.25mm×0.25μm，或相当者。载气：氦气，纯度大于等于99.995%；恒流模式，流速1.0ml/min。色谱柱程序升温条件：60℃（2分钟）15℃/min 300℃（10分钟）。进样口温度：320℃。进样方式：无分流进样，1分钟后打开分流阀。进样量：2μl。离子源温度：230℃。传输线温度：300℃。电离方式：EI。电离能量：70eV。选择监测离子（m/z）：259，287，325，354。

4.5　定性测定

在上述色谱条件下，丙炔氟草胺的保留时间约为19.9分钟，待测样品中化合物色谱峰的保留时间与标准溶液相比变化范围应在±0.25分钟之内。在扣除背景后的样品质谱图中，选择监测离子的丰度比与丙炔氟草胺标准样品相关离子的相对丰度应一致，相似度在允差之内，见表3-7-14。

表3-7-14　丙炔氟草胺定性离子相对丰度比和最大允许偏差

化合物定性离子（m/z）	相对丰度比（%）	允许的相对偏差（%）
354.00	100	/
325.00	10	±50
287.00	33	±25
259.00	18	±30

4.6　定量测定

本方法采用外标法定量，定量离子为m/z 354；为减少基质对定量的影响，需用空白样液来配制所使用的基质标准工作溶液，根据样液中丙炔氟草胺出峰情况，选定响应值相近的基质标准工作溶液进行定量，标准工作液和样液等体积参插进样测定，标准工作溶液和样液中丙炔氟草胺的响应值均应在仪器检测的线性范围内。

4.7　空白实验

除不加试样外，均按上述提取及以后的步骤进行操作。

5　计算

用色谱工作站或按下式计算试样中丙炔氟草胺的含量，计算结果须扣除空白值。

$$X=\frac{A \times c \times V}{A_S \times m}$$

式中：X为试样中丙炔氟草胺含量（mg/kg）；A为试样中丙炔氟草胺峰面积；A_S为基质标准溶液中丙炔氟草胺峰面积；c为基质标准溶液浓度（mg/L）；V为样品溶液最终定容体积（ml）；m为样品称样量（g）；计算结果须扣除空白值，测定结果用平行测定的算术平均值表示，保留2位有效数字。

6　精密度

6.1在同一实验室相同条件下获得的两次独立测定结果的绝对差值与其算术平均值的比值（百分率），应符合表3-7-15的要求。

6.2在不同实验室相同条件下获得的两次独立测定结果的绝对差值与其算术平均值的比值（百分率），应符合表3-7-16的要求。

表3-7-15　同一实验室精密度要求

被测组分含量 mg/kg	精密度 %
≤ 0.001	36
> 0.001 ≤ 0.01	32
> 0.01 ≤ 0.1	22
> 0.1 ≤ 1	18
> 1	14

表3-7-16　不同实验室精密度要求

被测组分含量 mg/kg	精密度 %
≤ 0.001	54
> 0.001 ≤ 0.01	46
> 0.01 ≤ 0.1	34
> 0.1 ≤ 1	25
> 1	19

7　注意事项

7.1在样品溶液转移至氨基固相萃取柱净化以及洗脱过程中，要严格控制流速在规定的范围内，避免溶液流速过慢或加压使其成股流出，影响样品的净化效果，进而影响试验的准确性。

7.2在洗脱液氮吹过程中，需要严格控制氮气吹扫流量，避免样品溶液溅出；在旋转蒸发的过程中，要防止旋转温度过高，引起样品溶液爆沸，甚至溅出，造成样品溶液交叉污染。

起草人：陈克云（山东省食品药品检验研究院）

复核人：李 洁（山东省食品药品检验研究院）

第六节 食品中氟啶胺、氟酰脲、联苯肼酯残留量的检测

1 简述

参考GB 23200.34–2016《食品安全国家标准 食品中涕灭砜威、吡唑醚菌酯、嘧菌酯等65种农药残留量的测定 液相色谱–质谱/质谱法》制定本规程。

试样加水浸泡后用丙酮震荡提取，提取液经液液分配和固相萃取净化后，采用液相色谱–质谱/质谱检测，外标法定量。

本规程适用于蔬菜、生干坚果中氟啶胺、氟酰脲、联苯肼酯的测定。

本规程当称样量10g时，氟啶胺的定量限为0.005mg/kg，氟酰脲的定量限为0.005mg/kg，联苯肼酯的定量限为0.02mg/kg。

2 试剂和材料

除另有规定外，所用试剂均为分析纯，实验用水为GB/T 6682中规定的一级水。

2.1 试剂

甲醇（色谱级）；乙腈（色谱级）；丙酮（色谱级）；二氯甲烷（色谱级）；甲苯（色谱级）；甲酸（色谱级）；醋酸铵；氯化钠；无水硫酸钠（650℃灼烧4小时，置于干燥器中冷却备用）；助滤剂（celite 545或相当者）；标准物质（纯度≥95%）；石墨化非多孔碳/酰胺丙基甲硅烷基化硅胶为填料固相萃取柱（Envi–Carb/LC–NH$_2$，500mg / 500mg，6ml，或相当者）；微孔滤膜（0.22μm，有机相）。

2.2 试剂配制

2.2.1 15% 氯化钠水溶液 准确称取 15g 氯化钠溶于 100ml 水中。

2.2.2 0.1% 甲酸水溶液（含 0.5mmol/L 醋酸铵） 准确量取 1ml 甲酸和称取 0.0386g 醋酸铵于 1 L 容量瓶中，用水定容至 1 L。

2.2.3 SPE 溶液 90ml 乙腈中加入 30ml 甲苯，混匀备用。

2.3 标准溶液的配制

2.3.1 标准储备溶液 准确称取适量标准品（精确至 0.0001g），用甲醇溶解，配制成浓度为 100μg/ml 的标准储备溶液，–18℃冷冻避光保存。

2.3.2 中间标准溶液 准确移取 1ml 标准储备溶液于 10ml 容量瓶中，用甲醇定容至刻度，配制成浓度为 10μg/ml 的中间标准溶液，4℃冷藏避光保存。

2.3.3 混合标准工作溶液 根据需要用甲醇把中间标准溶液稀释成适合浓度的混合标准工

第三篇 食品中化学成分检测

作溶液，现用现配。

3 仪器和设备

液相色谱–质谱/质谱仪（配备电喷雾离子源，ESI源）；分析天平（感量0.01g和0.0001g）；粉碎机；样品筛（20目）；振荡器；减压浓缩仪；涡旋混匀器。

4 分析步骤

4.1 试样预处理

从原始样品取出有代表性样品约500g，取样部位按GB 2763附录A执行，用粉碎机粉碎并使其全部通过20目的样品筛，混合均匀，均分成两份，分别装入洁净容器作为试样，密封，并标明标记。

4.2 试样保存

将试样置于4℃冷藏避光保存。在制样的操作过程中，应防止样品受到污染或发生残留物含量的变化。

4.3 提取

称取约10g试样（精确至0.01g）于300ml锥形瓶中。加入10ml水，静置30分钟后，再加入40ml丙酮，震荡提取30分钟。将试样及提取液转移至抽滤漏斗上（已加入适量助滤剂），减压抽滤，收集滤液于100ml梨形瓶中。再用5ml丙酮洗涤锥形瓶及试样残渣，再重复两次，合并滤液，并于40℃减压浓缩至约10ml。将溶液转移至125ml分液漏斗中，依次加入30ml氯化钠水溶液和30ml二氯甲烷，振荡10分钟后，静置20分钟，取二氯甲烷层。再加入30ml二氯甲烷于分液漏斗中，液液分配后合并二氯甲烷层。二氯甲烷溶液经无水硫酸钠脱水后，在40℃下减压浓缩至近干，氮气吹干后，用2ml SPE溶液溶解，待净化。

4.4 净化

固相萃取柱用10ml SPE溶液预淋洗后，转入样品提取液，收集流出液。再用30ml SPE溶液洗涤固相萃取柱，合并流出液。整个固相萃取净化过程控制流速不超过2ml/min。流出液于40℃下减压浓缩至近干，氮气吹干。残留物先用0.4ml乙腈溶解再用0.1%甲酸水溶液定容至1ml，涡旋混匀后，过0.22μm微孔滤膜，供仪器检测。

4.5 混合基质标准溶液的制备

称取5份约10g空白试样（精确至0.01g）于300ml锥形瓶中，按照标准曲线最终定容浓度分别加入中间标准溶液或混合标准工作溶液，余下操作同4.3和4.4。

4.6 仪器参考条件

色谱柱：CAPCELL PAK C18，2.0mm×150mm（id），5μm，或相当者。流动相：A为乙腈，B为0.1%甲酸水溶液。梯度洗脱条件见表3-7-17和表3-7-18。流速：0.2ml/min。柱温：40℃。进样量：10μl。质谱条件为电离模式，ESI。毛细管电压3.0kV（ESI+），2.8kV（ESI-）。去溶剂温度：350℃。源温度：120℃。锥孔气流：100L/h（氮气）。去溶剂气流：600L/h（氮气）。碰撞气压：2.4X10^{-6}Pa（氩气）。多反应监测条件参见表3-7-19。其中氮气和氩气纯度均大于等于99.999%。

表3-7-17　ESI+模式液相色谱洗脱条件

时间 / 分钟	A/%	B/%
0~2	10	90
2~10	10~55	90~45
10~30	55~90	45~10
30~30.1	90~10	10~90
30.1~35	10	90

表3-7-18　ESI-模式液相色谱洗脱条件

时间 / 分钟	A/%	B/%
0~4	10~90	90~10
4~6	90	10
6~6.1	90~10	10~90
6.1~10	10	90

表3-7-19　多反应监测条件

化合物名称	电离方式 ESI	母离子 m/z	子离子 m/z	驻留时间 /s	锥孔电压 /V	碰撞能量 /eV
氟啶胺	−	463	415.7*	0.1	30	18
			397.8	0.1	30	20
氟酰脲	−	491.1	471.1*	0.1	30	14
			304.9	0.1	30	14
联苯肼酯	+	301	197.9*	0.1	18	8
			169.9	0.1	18	20

注：*为定量离子

4.7　色谱测定与确证

根据样液中农药的含量情况，选定峰面积相近的混合基质标准溶液，对混合基质标准溶液和样液等体积参插进样，测定混合基质标准溶液和样液中农药的响应值均应在仪器检测的线性范围内。在相同实验条件下样品中待测物质的质量色谱保留时间与混合基质标准溶液相同并且在扣除背景后的样品质量色谱中所选离子均出现经过对比所选择离子的丰度比与混合基质标准溶液对应离子的丰度比其值在允许范围内（允许范围见表3-7-20）则可判定样品中存在对应的待测物。

表3-7-20　使用液相色谱-质谱/质谱定性时相对离子丰度最大容许误差

相对丰度（基峰）	> 50%	> 20% 至 50%	> 10% 至 20%	≤ 10%
允许的相对偏差	± 20%	± 25%	± 30%	± 50%

5 计算

按照外标标准曲线法定量。按下式计算试样中各农药的含量。

$$X_i = \frac{A \times c \times V}{A_S \times m \times 1000}$$

式中：X_i为试样中残留药物含量（mg/kg）；A为样液中药物的峰面积；A_S为基质标准溶液中药物的峰面积；c为基质标准溶液中药物的浓度（ng/ml）；V为样液最终定容体积（ml）；m为最终样液所代表的试样质量（g）；计算结果须扣除空白值，测定结果用平行测定的算术平均值表示，保留2位有效数字。

6 精密度

在同一实验室相同条件下获得的两次独立测定结果的绝对差值与其算术平均值的比值（百分率），应符合表3-7-21的要求。

表3-7-21　同一实验室精密度要求

被测组分含量 mg/kg	精密度 %
≤ 0.001	36
> 0.001 ≤ 0.01	32
> 0.01 ≤ 0.1	22
> 0.1 ≤ 1	18
> 1	14

在不同实验室相同条件下获得的两次独立测定结果的绝对差值与其算术平均值的比值（百分率），应符合表3-7-22的要求。

表3-7-22　不同实验室精密度要求

被测组分含量 mg/kg	精密度 %
≤ 0.001	54
> 0.001 ≤ 0.01	46
> 0.01 ≤ 0.1	34
> 0.1 ≤ 1	25
> 1	19

7 注意事项

7.1 乙腈、丙酮、二氯甲烷、甲苯为有毒有机试剂，避免接触皮肤，若皮肤接触需脱去污染的衣着，用肥皂水和清水彻底冲洗皮肤。

7.2 天平和组织捣碎机使用前需保持干燥清洁，使用后需清理干净。取样要均匀、防止污染，取样量要按照检测限和卫生指标综合考虑。处理样品时，注意防止交叉污染。

7.3 流动相用水要现用现取，所使用到的溶剂必须经滤膜过滤，以除去杂质微粒，要注意分清有机相滤膜和水相滤膜。

7.4仪器开机前，需检查仪器状态，管路有无泄漏；冷却水压力；进样器附近是否清洁；洗针液体积；在进样分析前，应充分平衡色谱柱。

起草人：郑　红（山东省食品药品检验研究院）

复核人：付　舟（山东省食品药品检验研究院）

第七节　黄瓜中呋虫胺残留量的检测

1　简述

参考GB 23200.37-2016《食品安全国家标准　食品中烯啶虫胺、呋虫胺等20种农药残留量的测定　液相色谱-质谱/质谱法》制定本规程。

样品中呋虫胺用乙腈水溶液提取，先用正己烷液液分配，再用石墨碳和N-丙基乙二胺固相萃取柱（PSA）净化，用液相色谱-质谱/质谱仪检测和确证，外标法定量。

本方法适用于黄瓜中呋虫胺农药残留的测定。

本规程呋虫胺的方法定量限为5μg/kg。

2　试剂和材料

除另有规定外，所用试剂均为分析纯，实验用水为GB/T 6682中规定的一级水。

2.1　试剂

甲醇（色谱纯）；乙腈（色谱纯）；甲苯；氯化钠；七水硫酸镁，石墨碳/N-丙基乙二胺（PSA）固相萃取柱（6ml，500mg，或相当者）。

2.2　试剂配制

乙腈-甲苯溶液（3+1，V+V）：取300ml乙腈，加入100ml甲苯，摇匀备用。

2.3　标准溶液配制

2.3.1　呋虫胺标准储备溶液（100μg/ml）　准确称取10mg（精确至0.1mg）呋虫胺标准品于100ml容量瓶中，用丙酮溶解并定容至刻度，在0~4℃条件下贮存，每12个月配制一次。

2.3.2　呋虫胺中间溶液（10μg/ml）　准确移取1.0ml呋虫胺标准储备溶液于10ml容量瓶中，用丙酮溶解并定容至刻度，0~4℃条件下贮存，每6个月配制一次。

2.3.3　呋虫胺标准工作溶液　准确移取0.1ml、0.5ml、1.0ml、5.0ml、10.0ml呋虫胺中间溶液于100ml容量瓶中，用空白样品基质溶液配制成浓度为10.0ng/ml、50.0ng/ml、100.0ng/ml、500.0ng/ml、1000ng/ml的标准工作溶液。

3　仪器和设备

液相色谱色谱-串联质谱仪（需配有电喷雾离子源，其中质谱仪为三重四极杆串联质谱）；

第三篇　食品中化学成分检测

旋转蒸发仪；固相萃取装置；氮吹仪；离心机（转速不低于8000r/min）；超声波清洗器；旋涡混合器；粉碎机；天平（感量0.01g和0.1mg）。

4 分析步骤

4.1 试样预处理

黄瓜取样部位按GB 2763附录A执行，将样品切碎混匀均一化制成匀浆，制备好的试样均分成两份，装入洁净的盛样容器内，密封并标明标记，于−18℃以下避光冷冻存放。

4.2 试样前处理

4.2.1 提取 称取试样20g（精确至0.01g）于150ml具塞磨口三角烧瓶中，加入80ml乙腈，振荡30分钟，取上清液30ml置于50ml塑料离心管中，加3g硫酸镁、2g氯化钠和10ml正己烷，振荡5分钟，以3000r/min离心5分钟，准确移取中间层（乙腈层）10ml，作为提取液供净化。

4.2.2 净化 石墨碳/乙二胺基丙基固相萃取柱用10ml乙腈甲苯溶液预淋洗，移取的10ml提取液上样至固相萃取柱，收集流出液。用30ml乙腈甲苯溶液洗脱，收集洗脱液，合并收集溶液，于40℃水浴减压浓缩至干，精密加入1ml甲醇溶解残渣，过膜，供液相色谱−质谱/质谱仪测定和确证。

4.3 测定

4.3.1 液相色谱条件 通过优化色谱柱，流动相及柱温等色谱条件使呋虫胺保留适中，无干扰，参考色谱条件如下。色谱柱为ACQUITY UPLC BEH C_{18}，100mm×2.1mm（内径），粒径5μm或相当者。流速设置0.3ml/min；进样量为10μl；柱温设置40℃。流动相分别为A组分为乙腈，B组分为0.1%甲酸水溶液，梯度洗脱程序见表3−7−23。

表3−7−23 梯度洗脱程序

时间/min	A/%	B/%
0	15	85
2	30	70
5	40	60
10	95	5
14	95	5
14.1	15	85
19	15	85

4.3.2 质谱条件 质谱调谐参数应优化至最佳条件，参考质谱条件如下离子源为电喷雾离子源（ESI+）；离子源温度设置670℃；锥孔气流量为150L/h；脱溶剂气温度设置450℃；脱溶剂气流量为850L/h；扫描模式为多反应监测（MRM）扫描。呋虫胺定性离子、定量离子及碰撞能参数见表3−7−24。

表3-7-24　呋虫胺定性离子、定量离子及碰撞能参数

化合物名称	母离子	子离子	驻留时间 /ms	碰撞能 /ev	锥孔电压 /V
呋虫胺	203	129*	100	17	10
		87	100	22	8

注：*为定量离子

4.3.3 定性分析　在相同试验条件下测定试样溶液，若试样溶液中检出色谱峰的保留时间与标准溶液中目标物色谱峰的保留时间一致（变化范围在 ±2.5% 之内），且试样溶液的质谱离子对相对丰度与浓度相当标准溶液的质谱离子对相对丰度相比较，相对偏差不超过表 3-7-25 规定的范围，则可判定样品中存在呋虫胺。

表3-7-25　定性时相对离子丰度的最大允许偏差

相对离子丰度 /%	> 50	20 ~50	10 ~20	≤ 10
允许的相对偏差 /%	± 20	± 25	± 30	± 50

4.3.4 定量分析　将呋虫胺标准工作溶液注入液相色谱 – 串联质谱仪测定，得到呋虫胺的峰面积。以标准工作溶液浓度为横坐标，以呋虫胺定量离子的峰面积为纵坐标，绘制标准工作曲线。将试样溶液按仪器参考条件进行测定，得到相应的试样溶液的色谱峰面积。根据校正曲线得到试样溶液呋虫胺的浓度。

4.4　空白试验

除不加试样外，均按上述提取及以后的步骤进行操作。

5　计算

试样中呋虫胺的含量，按下式计算。

$$X = \frac{(C - C_0) \times V \times f}{m \times 1000}$$

式中：X 为试样中呋虫胺的含量（mg/kg）；C 为测定样液中呋虫胺的浓度（ng/ml）；C_0 为空白试样测定样液中呋虫胺的测定浓度（ng/ml）；V 为试样定容体积（ml）；m 为试样质量（g）；f 为稀释倍数；保留2位有效数字。

6　精密度

6.1在同一实验室相同条件下获得的两次独立测定结果的绝对差值不得超过算术平均值的10%。

6.2试样每次测定应不少于2份，计算结果以同一实验室相同条件下获得的两次独立测定结果的算术平均值表示。

7　注意事项

7.1乙腈、甲醇、正己烷为有毒有机试剂，使用时需带防护手套和防护面具，并避免接触

第三篇　食品中化学成分检测

皮肤，若皮肤接触需脱去污染的衣着，用肥皂水和清水彻底冲洗皮肤。废液应妥善处理，不得污染环境。

7.2 天平使用前需校准，保持干燥，使用后需清理干净。

7.3 流动相用水要现用现取，所使用到的溶剂必须经滤膜过滤，以除去杂质微粒，要注意分清有机相滤膜和水相滤膜。

7.4 仪器开机前，需检查仪器状态，管路有无泄漏；冷却水压力；进样器附近是否清洁；洗针液体积；在进样分析前，应充分平衡色谱柱。

7.5 因离子源最容易受到污染，因此，需要对进样的浓度严格控制，避免样品或标准使用液的浓度过大，否则就会升高背景，在较大程度上降低灵敏度。

7.6 液相色谱–质谱联用仪需定期进行调谐，校准质量轴，一般宜6个月校准一次，以使仪器达到最佳的使用状态。

起草人：卢兰香（山东省食品药品检验研究院）

复核人：孙珊珊（山东省食品药品检验研究院）

第八节　蔬菜、水果、茶叶中苯醚甲环唑残留量的检测

1　简述

参考GB 23200.49–2016《食品安全国家标准　食品中苯醚甲环唑残留量的测定 气相色谱–质谱法》制定本规程。

试样中的苯醚甲环唑用乙酸乙酯提取，经串联活性炭和中性氧化铝双柱法或弗罗里硅土单柱法固相萃取净化后由气相色谱–质谱联用仪测定与确证，外标法定量。

本方法适用于蔬菜、水果、茶叶中苯醚甲环唑的测定。

本方法的定量限为0.005mg/kg。

2　试剂和材料

除非另有说明，所用试剂均为色谱纯，实验用水为GB/T 6682中规定的一级水。

2.1　试剂

乙酸乙酯；正己烷；丙酮；无水硫酸钠（分析纯，650℃灼烧4小时，贮于密闭容器中）；苯醚甲环唑标准物质（纯度≥99.5%）；活性炭固相萃取柱（250mg，3ml或相当者）；中性氧化铝固相萃取柱（N–Al$_2$O$_3$，250mg，3ml或相当者）。

2.2　试剂配制正己烷+丙酮（3+2）

取300ml正己烷，加入200ml丙酮，摇匀备用。

2.3　标准溶液的配制

2.3.1 标准储备液（1000μg/ml）　准确称取10.0mg苯醚甲环唑标准品于10ml容量瓶中，用乙酸乙酯溶解并定容至刻度，配成浓度为1000μg/ml的标准储备液，贮于4℃的冰箱内，有

效期 6 个月。

2.3.2 标准中间液（10µg/ml）　准确移取 1.00ml 标准储备液于 100ml 容量瓶中，用乙酸乙酯定容，该溶液浓度为 10µg/ml。0~4℃避光保存，有效期 1 个月。

2.3.3 标准工作液　根据需要，吸取一定量标准中间液，用正己烷逐级稀释成适当浓度的标准工作液，临用前配制。

3　仪器和设备

气相色谱-质谱仪（配有负化学离子源）；分析天平（感量 0.01g 和 0.0001g）；固相萃取装置；组织捣碎机；离心机（转速不低于 4000r/min）；振荡器（可调频率，可定时）；旋转蒸发器（带水浴，可控温）；氮吹仪（可控温）；具塞锥形瓶（250ml）；梨形瓶（150ml）；移液管（1.00ml）；有机滤膜（0.22µm）。

4　分析步骤

4.1　试样制备和保存

4.1.1 试样制备　蔬菜、水果取代表性样品 500g，将其切碎后，依次用捣碎机将样品加工成浆状。混匀，均分成两份作为试样，分装入洁净的容器内，密闭并标明标记。茶叶取代表性样品 500g，用粉碎机粉碎并通过 2.0mm 圆孔筛。混匀，分装入洁净的容器内，密闭并标明标记。

4.1.1 试样保存　蔬菜、水果试样于 -18℃以下避光保存，茶叶试样于 4℃保存。

4.2　提取

对于含水量较低的试样（茶叶），准确称取 5g 均匀试样（精确至 0.01g）。对于含水量较高的试样（蔬菜、水果等），准确称取 10g 均匀试样（精确至 0.01g）。将称取的试样置于 250ml 的具塞锥形瓶中，依次加入 50ml 乙酸乙酯、15g 无水硫酸钠，放置于振荡器中振荡 40 分钟，过滤于 150ml 梨形瓶中。再加入 20ml 乙酸乙酯重复提取一次，合并提取液，于 40℃下减压浓缩至近干。用 3ml 正己烷溶解，制成提取液，待净化。

4.3　净化

将活性炭小柱与中性氧化铝小柱串联，依次用 5ml 丙酮、5ml 正己烷活化，将正己烷提取溶液过柱，再用 3ml 正己烷清洗梨形瓶并过柱，保持液滴流速约为 2ml/min，去掉滤液，抽干后，用 5ml 正己烷+丙酮（3+2）混合溶剂进行洗脱，收集洗脱液于 10ml 小试管中，于 40℃水浴中氮吹至近干，用 1.00ml 移液管准确移取 1.00ml 正己烷，涡旋溶解残渣，并经 0.22µm 有机相滤膜过滤，供气相色谱-质谱测定和确证。

4.4　测定

4.4.1 色谱参考条件　色谱柱：DB-17ms 石英毛细管柱，30m×0.25mm（内径），0.25µm（膜厚），或相当者。载气：氦气（纯度≥99.999%），1.0ml/min，恒定流量。柱温：初始温度 200℃，以 10℃/min 程序升温至 300℃，保持 10 分钟。进样口温度：300℃。进样量：1µl。进样方式：不分流，1.5 分钟后打开分流阀。电离方式：负化学电离（NCI）。电离能量：216.5eV。离子源温度：150℃。GC-MS 接口温度：280℃。四级杆温度：150℃。反应气：甲烷，

纯度 ≥ 99.99%。测定方式：选择离子监测方式。选择监测离子（m/z）：定量 348，定性 310、350、405。溶剂延迟：5.0 分钟。

4.4.2 定性测定 苯醚甲环唑标准溶液及样品溶液按照上述气相色谱质谱测定条件进行测定，如果样液与标准工作溶液的选择离子色谱图，在相同保留时间有色谱峰出现，并且在扣除背景后的样品质谱图中，所有选择离子均出现，且所选择的离子丰度与标准品的离子丰度比在允许误差范围内（表3-7-26），则可以判断样品中存在苯醚甲环唑。

表3-7-26 定性确证时相对离子丰度的最大允许偏差

相对丰度（基峰）	> 50%	> 20%~50%	> 10%~20%	≤ 10%
允许的相对偏差	± 20%	± 25%	± 30%	± 50%

4.4.3 定量测定 采用外标法定量测定。根据样液中被测组分苯醚甲环唑的含量，选定相应浓度的标准工作溶液。标准工作溶液和样液中苯醚甲环唑的响应值均应在仪器检测线性范围内。对标准工作溶液和待测样液等体积参插进样测定。

4.4.4 空白试验 除不加试样外，均按上述提取及以后步骤进行操作。

5 计算

试样中苯醚甲环唑含量按下式计算。

$$X = \frac{(C - C_0) \times V \times 1000}{m \times 1000}$$

式中：X为试样中苯醚甲环唑残留含量（mg/kg）；C为试样溶液中苯醚甲环唑的浓度（μg/ml）；C_0为空白溶液中苯醚甲环唑的浓度（μg/ml）；V为样液最终定容体积（ml）；m为最终样液所代表的试样量（g）；1000为换算系数；计算结果保留2位有效数字。

6 精密度

6.1 同一实验室相同条件下获得的两次独立测定结果的绝对差值与其算术平均值的比值（百分率），应符合表3-7-27的要求。

表3-7-27 同一实验室精密度要求

被测组分含量 mg/kg	精密度 %
≤ 0.001	36
> 0.001 ≤ 0.01	32
> 0.01 ≤ 0.1	22
> 0.1 ≤ 1	18
> 1	14

6.2 在不同实验室相同条件下获得的两次独立测定结果的绝对差值与其算术平均值的比值（百分率），应符合表3-7-28的要求。

表3-7-28　不同实验室精密度要求

被测组分含量 mg/kg	精密度 %
≤ 0.001	54
> 0.001 ≤ 0.01	46
> 0.01 ≤ 0.1	34
> 0.1 ≤ 1	25
> 1	19

7　注意事项

7.1 在抽样和制样的操作过程中，必须防止样品受到污染或发生残留物含量的变化。

7.2 旋蒸不宜过久，近干即可。

7.3 净化时，在淋洗净化柱及上样过程中，净化柱中要保持湿润，液面不能干，如果柱子表面干了再倒入溶液，农药会吸附在柱子上，回收率降低，另外注意控制流速。

7.4 净化时加入GCB的量根据样品中色素的含量来加入，对于茶叶和含色素较高的蔬菜、水果，需要多加GCB。

7.5 由于净化柱的生产厂商不同、批号不同，其净化效率及回收率会有差异，在使用之前须对同批次的净化柱进行回收率测试。

起草人：李　洁（山东省食品药品检验研究院）

复核人：陈克云（山东省食品药品检验研究院）

第三篇　食品中化学成分检测

第九节　蔬菜中啶氧菌酯残留量的检测

1　简述

参考GB 23200.54-2016《食品安全国家标准　食品中甲氧基丙烯酸酯类杀菌剂残留量的测定 气相色谱-质谱法》制定本规程。

试样用有机溶剂超声提取，凝胶渗透色谱（GPC）系统净化，洗脱液浓缩并定容后，气相色谱质谱仪测定，外标法定量。

本方法适用于蔬菜中啶氧菌酯的测定。

本方法的定量限为0.010mg/kg。

2　试剂和材料

除非另有说明，所有试剂均为色谱纯，实验用水为GB/T 6682规定的一级水。

2.1　试剂

甲苯；环己烷；乙酸乙酯；乙腈；甲醇；三氯甲烷；氯化钠（分析纯）；无水硫酸钠（分析

纯，650℃灼烧4小时，贮于密闭容器中）；啶氧菌酯标准物质。

2.2 试剂配制

环己烷–乙酸乙酯（1+1）：用量筒量取100ml环己烷，加入100ml乙酸乙酯，摇匀备用。

2.3 标准溶液的配制

2.3.1 标准储备液（1000μg/ml） 准确称取10.0mg啶氧菌酯标准品于10ml棕色容量瓶中，用甲苯溶解并定容至刻度，配成浓度为1000μg/ml的标准储备液，避光保存于–18℃冰箱中，有效期12个月。

2.3.2 标准中间液（10μg/ml） 准确移取1.00ml标准储备液于100ml棕色容量瓶中，用环己烷–乙酸乙酯（1+1）定容，该溶液浓度为10μg/ml。0~4℃避光保存，有效期1个月。

2.3.3 标准工作液 吸取一定量标准中间液，用环己烷–乙酸乙酯（1+1）逐级稀释至0.05、0.1、0.2、0.5、1.0μg/ml，使用前配制。

3 仪器和设备

气相色谱–质谱仪（配有电子轰击离子源EI）；凝胶色谱净化系统（GPC）；分析天平（感量0.01g和0.0001g）；旋转蒸发器（带水浴可控温）；离心机（转速不低于4000r/min）；均质器（最大转速20000r/min）；氮吹仪（可控温）；漩涡混合器；超声波清洗器；聚四氟乙烯离心管（50ml）；鸡心瓶（100ml）；漏斗；移液管（1.00ml）。

4 分析步骤

4.1 试样制备和保存

4.1.1 试样制备 蔬菜样品取样部位按GB 2763附录A执行，取有代表性样品500g，将其切碎后，用粉碎机加工成浆状，混匀，装入洁净的容器内，密闭，标明标记。

4.1.2 试样保存 将试样于–18℃以下避光保存。

4.2 提取

称取约15g试样（精确至0.01g），于50ml离心管中，加入5g氯化钠，涡旋混匀1分钟，加入30ml环己烷–乙酸乙酯（1+1），再涡旋混匀1分钟，超声提取10分钟，以4000r/min的转速离心10分钟。取上清液过填装有5g无水硫酸钠的漏斗，分取20ml滤液（相当于10g样品）至鸡心瓶中，40℃旋转浓缩至近干。

4.3 净化

用4ml环己烷–乙酸乙酯（1+1）溶解鸡心瓶中残留物，转移至GPC进样瓶中，供GPC净化用（GPC条件见本节4.4.1）。将洗脱液收集到鸡心瓶中，在40℃旋转浓缩至近干，或者在线收集浓缩。准确移取1.00ml环己烷–乙酸乙酯（1+1）溶解残留物，转移至GC进样瓶中，供GC-MS检测。

4.4 测定

4.4.1 GPC条件 采用bio beads（S–X3）凝胶净化柱，流动相为环己烷–乙酸乙酯（1+1），流速4ml/min，检测波长为254nm。进样体积为2ml。在第15~20分钟时间段内收集洗脱液或根据淋洗曲线确定收集时间段。

4.4.2 色谱参考条件　色谱柱：石英毛细管柱，HP-5MS，30m×0.25mm（内径），0.25μm（膜厚），或相当者。载气：氦气（纯度≥99.999%），1ml/min，恒定流量。柱温：160℃保持1分钟，以15℃/min升至280℃，保持4分钟，再以10℃/min升至300℃，保持10分钟。进样口温度：280℃。进样量：1μl。进样方式：不分流，1分钟后打开分流阀。电离方式：EI。离子源温度：230℃。色谱–质谱接口温度：280℃。四极杆温度：150℃。测定方式：选择离子监测方式。选择监测离子（*m/z*）：定量335.1，定性303.1、173.1、145.1。溶剂延迟：5.0分钟。

4.4.3 定性测定　啶氧菌酯标准溶液及样品溶液按照上述气相色谱质谱测定条件进行测定，如果样液与标准工作溶液的选择离子色谱图中，在相同保留时间有色谱峰出现，并且在扣除背景后的样品质谱图中，所有选择离子均出现，且所选择的离子丰度与标准品的离子丰度比在允许误差范围内（表3-7-29），则可以判断样品中存在啶氧菌酯。

表3-7-29　定性确证时相对离子丰度的最大允许偏差

相对丰度（基峰）	> 50%	> 20%~50%	> 10%~20%	≤ 10%
允许的相对偏差	±20%	±25%	±30%	±50%

4.4.4 定量测定　采用外标法定量测定。根据样液中被测组分啶氧菌酯的含量，选定相应浓度的标准工作溶液。标准工作溶液和样液中啶氧菌酯的响应值均应在仪器检测线性范围内。对标准工作溶液和待测样液等体积参插进样测定。在上述色谱条件下，啶氧菌酯保留时间约为7.99分钟。

4.4.5 空白试验　除不加试样外，均按上述提取及以后的步骤进行。

5　计算

试样中啶氧菌酯含量按下式计算。

$$X = \frac{(C - C_0) \times V_1 \times V_3 \times 1000}{m \times V_2 \times 1000}$$

式中：X为试样中啶氧菌酯残留量（mg/kg）；C为测试液中啶氧菌酯的浓度（μg/ml）；C_0为空白溶液中啶氧菌酯的浓度（μg/ml）；V_1为样液提取体积（ml）；V_2为样液转移体积（ml）；V_3为样液最终定容体积（ml）；m为所称取试样的质量（g）；1000为换算系数；计算结果保留2位有效数字。

6　精密度

在同一实验室相同条件和不同实验室相同条件下获得的两次独立测定结果的绝对差值与其算术平均值的比值（百分率），应符合表3-7-30要求。

表3-7-30　同一实验室和不同实验室相同条件下精密度要求

被测组分含量 mg/kg	实验室内 – 精密度 %	实验室间 – 精密度 %
≤ 0.001	36	54
> 0.001 ≤ 0.01	32	46

续表

被测组分含量 mg/kg	实验室内 – 精密度 %	实验室间 – 精密度 %
> 0.01 ≤ 0.1	22	34
> 0.1 ≤ 1	18	25
> 1	14	19

7　注意事项

7.1 在抽样和制样的操作过程中，必须防止样品受到污染或发生残留物含量的变化。

7.2 旋转蒸发时要求近干，不能蒸干。

7.3 注意定期更换气相色谱进样口隔垫及衬管，维护进样针，以确保数据结果的稳定

7.4 色谱条件可根据实验室条件进行调整，程序升温和载气流量在保证各组分完全分离的条件下，可适当调整，使分析过程尽量短。

起草人：王艳丽（山东省食品药品检验研究院）

复核人：张红霞（山东省食品药品检验研究院）

第十节　蜂产品中氟胺氰菊酯残留量的检测

1　简述

参考 GB 23200.95–2016《食品安全国家标准　蜂产品中氟胺氰菊酯残留量的检测方法》制定本规程。

试样碱化后用正己烷–丙酮提取，提取液经蒸干后用乙腈和正己烷进行液液分配法净化，使被测物进入乙腈层。乙腈提取液再经蒸干，用正己烷溶解残渣，溶液供气相色谱法测定，外标法定量。

本方法适用于蜂产品中氟胺氰菊酯残留量的检测。

本方法的定量限为 0.02mg/kg。

2　试剂和材料

除另有规定外，所有试剂均为色谱纯，实验用水为 GB/T 6682 中规定的一级水。

2.1　试剂

丙酮；氢氧化钠水溶液（2mol/L）；正己烷；乙腈；氟胺氰菊酯标准品（纯度 ≥ 97%）。

2.2　溶液配制

2.2.1 乙腈饱和的正己烷　取 400ml 正己烷，加入 100ml 乙腈，充分摇匀，取上层备用。

2.2.2 正己烷饱和的乙腈　取 400ml 乙腈，加入 100ml 正己烷，充分摇匀，取下层备用。

2.3　标准溶液配制

2.3.1 标准储备液的配制　准确称取 10.0mg 氟胺氰菊酯标准品于 10ml 容量瓶中，用正己

烷溶解并定容至刻度，配成浓度为 1000 μg/ml 的标准储备液，贮于 0℃的冰箱内，有效期 6 个月。

2.3.2 标准工作液的配制　准确移取 0.1ml 氟胺氰菊酯标准储备液于 10ml 容量瓶中，配成浓度为 10 μg/ml 的溶液，并用正己烷逐级稀释成浓度为 0.05、0.1、0.2、0.5、1.0、2.0 μg/ml 的标准工作液。贮于 4℃冰箱内，有效期 3 周。

3　仪器和设备

气相色谱仪（配有电子俘获检测器 ECD）；分析天平（感量 0.01g 和 0.0001g）；旋转蒸发器（带水浴，可控温）；振荡器（频率可调节，可定时，用于分液漏斗振荡提取）；具塞锥形瓶（125ml）；分液漏斗（50ml）；梨形瓶（250ml）；分液漏斗（250ml）；移液管（5.00ml）。

4　分析步骤

4.1　试样制备和保存

4.1.1 试样制备　称样前将样品充分摇匀，如果样品中有结晶析出，先将样品置于 35℃水浴中温热，待结晶全部融化后，再充分摇匀，制成试样。

4.1.2 试样保存　将试样于室温下保存。

4.2　试样前处理

4.2.1 提取　称样约 20g 试样（精确至 0.1g），置于一 125ml 具塞锥形瓶中，加入 20ml 氢氧化钠溶液（2mol/L），振荡使试样溶解。将试样液全部转移至一 150ml 分液漏斗中，依次加入 20ml 正己烷和 10ml 丙酮，振荡提取 5 分钟，静置分层。取上层正己烷层于一 250ml 梨形瓶中，下层溶液中再依次加入 20ml 正己烷和 10ml 丙酮，重复上述操作一次，合并正己烷层于上述梨形瓶中，于 40℃旋转蒸发至近干。

4.2.2 净化　在梨形瓶中依次加入 30ml 乙腈饱和的正己烷及 30ml 正己烷饱和的乙腈，振荡至残渣溶解。将溶液移入 150ml 分液漏斗中，剧烈振荡提取 5 分钟，静置分层，取下层乙腈层于另一 250ml 分液漏斗中。在剩余正己烷层中加入 30ml 正己烷饱和的乙腈，剧烈振荡提取 5 分钟，合并下层乙腈层于上述 250ml 分液漏斗中，在剩余正己烷层中再加入 30ml 正己烷饱和的乙腈，重复上述操作一次，合并乙腈层。于盛有乙腈层的 250ml 分液漏斗中加入 50ml 乙腈饱和的正己烷，剧烈振荡 5 分钟，静置分层。取下层乙腈层于一 250ml 的梨形瓶中，在 40℃旋转蒸发至近干。用移液管准确移取 5.00ml 正己烷于梨形瓶中溶解残渣并振荡混匀，溶液供气相色谱法测定。

4.3　测定

4.3.1 色谱参考条件　石英毛细管色谱柱（HP-5，30m × 0.25mm × 0.25 μm）。载气：氮气（纯度 ≥ 99.99%），1ml/min，恒定流量。柱温：50℃保持 1 分钟，5℃ /min 升至 280℃，保持 15 分钟。进样口温度：250℃。检测器温度：300℃。进样量：1 μl。进样方式：不分流。气体流量：隔垫吹扫流量 3ml/min，尾吹流量（N_2）30ml/min。

4.3.2 色谱测定　在上述色谱条件下将氟胺氰菊酯标准溶液及试样测定液分别注入气相色谱仪，以保留时间定性，色谱峰峰面积定量。根据样液中被测组分氟胺氰菊酯的含量，选定相应浓度的标准工作溶液。标准工作溶液和样液中氟胺氰菊酯响应值均应在仪器检测线性范围内。对标准工作溶液和样液等体积进样测定。

4.3.3 白试验　除不加试样外，均按上述提取及以后的步骤进行。

5 计算

试样中氟胺氰菊酯残留含量按下式计算。

$$X = \frac{(C - C_0) \times A \times V \times 1000}{m \times A_s \times 1000}$$

式中：X 为试样中氟胺氰菊酯残留含量（mg/kg）；A 为样液中氟胺氰菊酯的峰面积；A_s 为标准工作溶液中氟胺氰菊酯的峰面积；C 为标准工作溶液中氟胺氰菊酯的浓度（μg/ml）；C_0 为空白溶液中氟胺氰菊酯的浓度（μg/ml）；V 为样液最终定容体积（ml）；m 为最终样液所代表的试样量（g）；1000 为换算系数。计算结果需扣除空白值，测定结果用平行测定的算术平均值表示，保留 2 位有效数字。

6 注意事项

6.1 在抽样和制样的操作过程中，必须防止样品受到污染或发生残留物含量的变化。

6.2 转蒸发时要求近干，不能蒸干。

起草人：李　霞（山东省食品药品检验研究院）
复核人：李芳芳（山东省食品药品检验研究院）

第十一节　食品中氟虫腈及其代谢物残留量的检测

1 简述

参考 GB 23200.115–2018《食品安全国家标准　鸡蛋中氟虫腈及其代谢物残留量的测定 液相色谱–质谱联用法》制定本规程。

试样用乙腈提取，提取液经分散固相萃取净化，液相色谱–质谱联用仪检测，外标法定量。本方法适用于鸡蛋中氟虫腈及其代谢物残留量的测定。

本方法氟虫腈、氟甲腈、氟虫腈砜和氟虫腈亚砜的定量限均为 0.005mg/kg。

2 试剂和材料

除另有规定外，所用试剂均为色谱纯，实验用水为 GB/T 6682 中规定的一级水。

2.1 试剂

乙腈；甲酸；甲醇；乙酸铵；无水硫酸镁（分析纯）；氯化钠（分析纯）；无水硫酸钠（分析纯）；氟虫腈、氟甲腈、氟虫腈砜和氟虫腈亚砜标准物质（纯度≥95%）；乙二胺–N–丙基硅烷化硅胶（PSA，40~60μm）；十八烷基硅烷键合硅胶（C18，40~60μm）；微孔滤膜（有机相，0.22μm）。

2.2 试剂配制

2.2.1 甲酸溶液（0.1%） 取 1ml 甲酸用水稀释至 1000ml，摇匀。

2.2.2 乙酸铵 – 甲酸溶液（5mmol/L） 称取 0.3854g 乙酸铵，用 0.1% 甲酸溶液溶解并稀释至 1000ml，摇匀。

2.3 标准溶液的配制

2.3.1 标准储备溶液（100mg/L）　分别准确称取氟虫腈、氟甲腈、氟虫腈砜和氟虫腈亚砜标准物质各 10mg（精确至 0.1mg），用乙腈溶解并稀释至 100ml，摇匀，制成质量浓度为 100mg/L 标准储备溶液，-18℃避光保存，有效期 1 年。

2.3.2 标准中间液（1mg/L）　分别准确吸取氟虫腈、氟甲腈、氟虫腈砜和氟虫腈亚砜标准储备溶液（2.3.1）各 1ml，用乙腈稀释至 100ml，摇匀，制成 1mg/L 的混合标准中间溶液，避光 0~4℃保存，有效期 1 个月。

3　仪器和设备

液相色谱-三重四极杆质谱联用仪（配 ESI 源）；分析天平（感量 0.1mg 和 0.01g）；离心机（转速不低于 5000r/min）；涡旋振荡器；振荡器；组织匀浆机。

4　分析步骤

4.1 试样预处理

取 16 枚新鲜鸡蛋（约 1kg），洗净去壳后用组织匀浆机充分搅拌均匀，放入聚乙烯瓶中。将试样按照测试和备用分别存放，于-20~-16℃条件下保存。

4.2 试样前处理

4.2.1 提取　准确称取 5g 试样（精确至 0.01g）于 50ml 离心管中，加入 20ml 乙腈，涡旋混匀 1 分钟，振荡提取 5 分钟，加入 2g 氯化钠和 6g 无水硫酸钠，涡旋 1 分钟，以 5000r/min 离心 5 分钟，上清液待净化。

4.2.2 净化　准确吸取 1ml 上清液于 2ml 聚丙烯离心管中，加入 50mg PSA 粉末、50mg C_{18} 粉末和 150mg 无水硫酸镁，涡旋混合 30 秒，以 5000r/min 离心 5 分钟，上清液过 0.22μm 滤膜，待测定。

4.3 仪器参考条件

色谱柱（C18，2.1mm×100mm，2.7μm）。柱温：35℃。流动相：乙酸铵-甲酸溶液和甲醇；流速 0.4ml/min。进样量：2μl。流动相及梯度洗脱见表 3-7-31。扫描模式：负离子扫描（ESI⁻）。毛细管电压：3500V。离子源温度：250℃。干燥气流量：7L/min。雾化气压力：35psi。鞘气温度：325℃。鞘气流量：11L/min。喷嘴电压：400V。检测方式：多反应监测（MRM），监测条件见表 3-7-32。

表3-7-31　流动相及梯度洗脱条件

时间，min	乙酸铵-甲酸溶液，%	甲醇，%
0	40	60
3	30	70
3.5	2	98
4.5	2	98
6	40	60

表3-7-32　多反应监测（MRM）条件

序号	中文名称	保留时间，min	定量离子对，m/z	碰撞能量，v	定性离子对，m/z	碰撞能量，v
1	氟虫腈	3.69	434.9-329.8	15	434.9-249.8	30
2	氟甲腈	3.43	386.9-350.8	10	386.9-281.8	35
3	氟虫腈砜	4.11	450.9-281.8	10	450.9-243.8	66
4	氟虫腈亚砜	3.91	418.9-382.8	30	418.9-261.8	30

4.4　标准曲线制作

准确吸取一定量的混合标准中间溶液，用空白基质提取液逐级稀释成质量浓度为 0.001mg/L、0.002mg/L、0.004mg/L、0.01mg/L 和 0.02mg/L 的基质混合标准工作溶液，供液相色谱-质谱联用仪测定。以农药定量离子峰面积为纵坐标、农药基质标准溶液质量浓度为横坐标，绘制标准曲线。

4.5　定性与定量

在相同实验条件下进行样品测定时，如果检出的色谱峰的保留时间与标准样品相一致，并且在扣除背景后的样品质谱图中，目标化合物的质谱定量和定性离子均出现，而且同一检测批次，对同一化合物，样品中目标化合物的定性离子和定量离子的相对丰度比与质量浓度相当的基质标准溶液相比，其允许偏差不超过表3-7-33规定的范围，则可判断样品中存在目标农药。

表3-7-33　定性测定时相对离子丰度的最大允许偏差

相对离子丰度	> 50%	20%~50%	10%~20%	≤ 10%
允许相对偏差	± 20%	± 25%	± 30%	± 50%

4.6　试样溶液的测定

将基质混合标准工作溶液和试样溶液依次注入液相色谱-质谱联用仪中，根据保留时间和定性离子定性，定量离子峰面积定量。待测样液中农药的响应值应在仪器检测的定量测定线性范围之内，超过线性范围时应根据测定浓度进行适当倍数稀释后再进行分析。

4.7　平行实验

按以上步骤对同一试样进行平行测定。

4.8　空白试验

除不加试样外，均按上述提取及以后步骤进行操作。

5　计算

试样中各农药的含量按下式计算。

$$X = \frac{C \times V \times F \times 1000}{m \times 1000}$$

式中：X 为试样中各农药的含量（mg/kg）；C 为试样中被测农药的测定浓度（μg/ml）；V 为

试样定容体积（ml）；m为试样质量（g）；F为稀释倍数；计算结果以同一实验室相同条件下获得的2次独立测定结果的算术平均值表示，保留2位有效数字。含量超过1mg/kg时，保留3位有效数字。

6　精密度

在同一实验室相同条件下，获得的两次独立测定结果的绝对差值不得超过重复性限（r）及再现性限（R）（表3-7-34）。

表3-7-34　重复性限（r）及再现性限（R）

中文名称	重复性限（r）			再现性限（R）		
	0.005mg/kg	0.02mg/kg	0.5mg/kg	0.005mg/kg	0.02mg/kg	0.5mg/kg
氟虫腈	0.00050	0.0036	0.044	0.00091	0.0092	0.089
氟甲腈	0.00059	0.0025	0.024	0.00063	0.011	0.083
氟虫腈砜	0.00042	0.0041	0.031	0.00056	0.0071	0.10
氟虫腈亚砜	0.00060	0.0027	0.0080	0.00102	0.012	0.054

7　注意事项

7.1 本实验采用空白基质混合标准曲线，外标法定量。

7.2 尽可能使用有证标准物质作为质量控制样品，标准物质的测定值应在标准物质证书给定的范围内，也可采用加标试验进行质量控制。每批样品至少分析1个质量控制样品。

7.3 在采样和制备过程中，应注意不使试样污染。

起草人：宿书芳（山东省食品药品检验研究院）

复核人：魏莉莉（山东省食品药品检验研究院）

第十二节　食品中氟硅唑等58种农药残留的检测

1　简述

参考GB/T 20769-2008《水果和蔬菜中450种农药及相关化学品残留量的测定　液相色谱-串联质谱法》制定本规程。

本方法的前处理净化手段为Sep-Pak Vac氨基固相萃取柱法。氨基固相萃取柱键合相在非极性有机溶剂中具有弱阴离子交换保留作用，具有正相和阴离子交换双重保留作用。固相萃取柱使用前需经过活化过程。

本方法适用于茶叶及其制品、水果及其制品、蔬菜、生干坚果、生干籽类中虫酰肼等58种农药残留的测定。

本方法中虫酰肼等58种农药种类及检出限见表3-7-35。

表3-7-35　虫酰肼等58种农药的检出限

化合物名称	检出限（μg/kg）	化合物名称	检出限（μg/kg）
虫酰肼	6.95	甲霜灵	0.13
氯唑磷	0.04	精甲霜灵	0.38
辛硫磷	20.70	腈苯唑	0.41
噻菌灵	0.12	哒螨灵	3.04
多菌灵	0.12	甲氨基阿维菌素苯甲酸盐	0.08
戊唑醇	0.56	氟吡甲禾灵和高效氟吡甲禾灵（精氟吡甲禾灵）	0.66
啶酰菌胺	1.19	乐果	1.90
烯酰吗啉	0.09	啶虫脒	0.36
腈菌唑	0.25	吡虫啉	5.50
嘧霉胺	0.17	氟硅唑	0.15
硫线磷	0.29	丙环唑	0.44
杀螟硫磷	6.70	多杀霉素（多杀菌素）	0.14
肟菌酯	0.05	粉唑醇	2.15
霜霉威和霜霉威盐酸盐	0.02	氟环唑	1.01
四螨嗪	0.19	联苯三唑醇	8.35
乙霉威	0.50	螺螨酯	2.48
联苯井酯	5.70	氯苯嘧啶醇	0.15
噻虫胺	15.75	嘧菌环胺（嘧菌磺胺）	0.18
噻虫啉	0.09	噻虫嗪	8.25
内吸磷	1.69	噻嗪酮	0.22
吡唑醚菌酯（百克敏）	0.13	三唑酮	1.97
噻螨酮	5.90	杀螟丹	520.00
马拉硫磷	1.41	戊菌唑	0.50
炔苯酰草胺（拿草特）	3.85	烯唑醇	0.34
二嗪磷	0.18	抑霉唑	0.50
敌百虫	0.28	唑虫酰胺	0.02
甲萘威	2.58	唑螨酯	0.34
苯酰菌胺	1.12	啶氧菌酯	2.11
噁唑菌酮	11.32	醚菌酯（亚胺菌）	25.15

2　试剂和材料

除非另有说明，所有试剂均为色谱纯，实验用水为GB/T 6682中规定的一级水。

2.1　试剂

乙腈；正己烷；异辛烷；甲苯；丙酮；二氯甲烷；甲醇，无水硫酸钠（分析纯）、氯化钠（优级纯）。

2.2　试剂配制

2.2.1　乙腈甲苯溶液（3+1）　量取300ml乙腈，加入100ml甲苯中。

2.2.2　腈水（3+2）　量取300ml乙腈，加入200ml水中。

2.2.3　甲酸溶液（0.05%）　准确移取0.05ml甲酸加入到100ml水中。

2.2.4　乙酸铵溶液（5mmol/L）　称取0.375g乙酸铵加水稀释至1L

2.3　标准溶液的配制

2.3.1　农药准储备溶液（1.0mg/ml）　准确称取10mg（精确至0.01mg）农药标准品于10ml容量瓶中，用甲醇溶解并定容至刻度，0~4℃避光保存，保存期1年。

2.3.2　农药标准中间溶液（10μg/ml）　分别准确吸取标准储备液（1.2.3.1）0.1ml于10ml容量瓶中，用甲醇稀释并定容至刻度，配制成浓度为10μg/ml的混合标准中间溶液。该溶液于-18℃保存。

2.3.3　农药基质混合标准工作溶液　移取一定体积的农药标准中间溶液，用空白基质溶液配成不同浓度的基质混合标准工作溶液，临用现配，保存条件0~4℃。

3　仪器和设备

液相色谱-串联质谱仪；离心机；高速组织捣碎机；旋转蒸发仪；氮吹仪；天平（感量0.1mg和0.01g）。

4　分析步骤

4.1　试样制备与保存

蔬菜、水果样品取样部位按GB 2763附录A执行，将样品切碎混匀均一化制成匀浆，制备好的试样均分成两份，装入洁净的盛样容器内，密封并标明标记，试样于-18℃冷冻保存。茶叶及其制品、生干坚果与籽类食品样品取样部位按GB 2763附录A执行，经粉碎机粉碎，混匀，制备好的试样均分成两份，装入洁净的盛样容器内，密封并标明标记，试样于0~4℃保存。

4.2　提取

称取试样20g（精确至0.01g）于80ml离心管中，加入40ml乙腈，用高速组织捣碎机于15000r/min，匀浆1分钟，加入5g氯化钠，再匀浆提取1分钟，在4000r/min，离心5分钟，取上清液20ml，在40℃水浴中旋转浓缩至约1ml，溶液待净化。

4.3　净化

在Sep-Pak Vac柱中加入约2cm高无水硫酸钠，并放入接鸡心瓶的固定架上。上样前先用

4ml乙腈+甲苯预洗柱，当液面达到硫酸钠的顶部时，迅速将样品浓缩液转移至净化柱上，并更换鸡心瓶接收。再用2ml乙腈+甲苯洗涤样液瓶3次，并将洗涤液移入柱中。在柱上加50ml储液器，用25ml乙腈+甲苯洗脱，合并鸡心瓶中，在40℃水浴中旋转浓缩至约0.5ml。将浓缩液于氮吹仪上吹干，迅速加入1ml乙腈+水，混匀，过0.22μm滤膜，立即用液相色谱-串联质谱仪测定。

4.4 液相色谱-质谱条件

通过优化色谱柱，流动相及柱温等色谱条件使目标物保留适中，无干扰，参考色谱条件：色谱柱为ACQUITY UPLC BEH C18，100mm×2.1mm（内径），粒径5μm或相当者。流速设置0.3ml/min。进样量为10μl。柱温设置40℃。流动相分别为：A组分为0.01mol/L乙酸铵溶液（含0.1%甲酸），B组分为乙腈。梯度洗脱程序见表3-7-36。

表3-7-36　梯度洗脱程序

时间／分钟	A/%	B/%
0	95	5
1.0	95	5
6.0	80	20
7.0	50	50
8.5	0	100
10.0	0	100
10.1	95	5
12.0	95	5

质谱条件：质谱调谐参数应优化至最佳条件，参考质谱条件：离子源为电喷雾离子源（ESI+）；离子源温度设置150℃；锥孔气流量为150L/h；脱溶剂气温度设置450℃；脱溶剂气流量为850L/h；扫描模式为多反应监测（MRM）扫描，目标物碎片信息见表3-7-37。

表3-7-37　定性离子、定量离子及碰撞能参数

化合物名称	母离子	子离子	驻留时间/ms	碰撞能/ev	锥孔电压/V
虫酰肼	353.3	133.1	100	18	30
		297.2	100	13	30
氯唑磷	314.1	162.1	100	20	30
		120.0	100	15	30
辛硫磷	299.0	97.0	100	35	30
		129.0	100	18	30
噻菌灵	202.1	175.1	100	20	30
		131.1	100	15	30
多菌灵	192.1	160.1	100	20	30
		132.1	100	15	30

续表

化合物名称	母离子	子离子	驻留时间 /ms	碰撞能 /ev	锥孔电压 /V
戊唑醇	308.2	70.0	100	40	30
		125.0	100	35	30
啶酰菌胺	343.2	307.2	100	15	30
		140.1	100	25	30
烯酰吗啉	388.1	301.1	100	20	30
		165.1	100	35	30
腈菌唑	289.1	70.0	100	35	30
		125.0	100	15	30
嘧霉胺	200.2	107.0	100	34	41
		168.1	100	40	41
硫线磷	271.1	159.1	100	14	27
		97.0	100	36	27
杀螟硫磷	278.1	125.0	100	30	45
		143.0	100	30	45
肟菌酯	409.3	206.2	100	18	35
		186.1	100	25	35
霜霉威和霜霉威盐酸盐	189.2	102.1	100	24	22
		144.2	100	17	22
四螨嗪	303.0	138.0	100	24	48
		156.0	100	23	48
乙霉威	268.1	152.1	100	29	17
		180.2	100	22	17
联苯井酯	301.2	198.1	100	14	25
		170.1	100	28	25
噻虫胺	250.2	132.0	100	26	35
		169.1	100	19	35
噻虫啉	253.1	126.0	100	27	52
		186.1	100	18	52
内吸磷	259.1	89.0	100	26	14
		61.0	100	30	14
吡唑醚菌酯（百克敏）	388.0	194.0	100	19	34
		163.0	100	29	34

第三篇 食品中化学成分检测

续表

化合物名称	母离子	子离子	驻留时间 /ms	碰撞能 /ev	锥孔电压 /V
噻螨酮	353.1	228.1	100	21	50
		168.1	100	35	50
马拉硫磷	331.0	127.1	100	18	30
		99.0	100	35	30
炔苯酰草胺（拿草特）	256.1	190.1	100	20	40
		173.0	100	28	40
二嗪磷	305.1	169.1	100	30	31
		153.2	100	29	31
敌百虫	257.0	109.0	100	25	28
		127.1	100	23	28
甲萘威	202.1	145.1	100	15	20
		127.1	100	40	20
苯酰菌胺（苯酰草胺）	336.2	187.1	100	32	55
		204.1	100	23	55
噁唑菌酮	373.1	282.0	100	−28	−43
		329.1	100	−24	−43
甲霜灵	280.1	220.2	100	19	35
		192.2	100	25	35
精甲霜灵	280.1	220.0	100	18	40
		192.1	100	24	40
腈苯唑	337.1	125.0	100	45	36
		70.0	100	43	36
哒螨灵	365.1	309.1	100	16	65
		147.1	100	34	65
甲氨基阿维菌素苯甲酸盐	886.2	158.2	100	50	80
		126.1	100	62	80
氟吡甲禾灵和高效氟吡甲禾灵	376.0	316.0	100	24	45
		288.0	100	35	45
乐果	230.0	199.0	100	11	16
		125.0	100	28	16
啶虫脒	223.2	126.0	100	30	28
		90.0	100	48	28

化合物名称	母离子	子离子	驻留时间 /ms	碰撞能 /ev	锥孔电压 /V
吡虫啉	256.1	175.1	100	26	25
		209.1	100	24	25
氟硅唑	316.1	247.1	100	23	31
		165.1	100	40	31
丙环唑	342.1	159.1	100	38	52
		205.1	100	20	52
多杀霉素	732.4	142.2	100	45	48
		98.1	100	96	48
粉唑醇	302.1	123.0	100	41	33
		109.0	100	49	33
氟环唑	330.1	121.1	100	32	32
		141.1	100	25	32
联苯三唑醇	338.2	269.2	100	12	38
		99.1	100	21	38
螺螨酯	411.1	71.0	100	29	48
		313.1	100	17	48
氯苯嘧啶醇	331.0	268.1	100	30	43
		259.1	100	31	43
嘧菌环胺（嘧菌磺胺）	226.2	93.0	100	52	56
		118.0	100	46	56
噻虫嗪	292.1	211.2	100	16	26
		181.1	100	28	26
噻嗪酮	306.2	116.1	100	21	18
		106.1	100	41	18
三唑酮	294.2	197.1	100	20	29
		225.2	100	17	29
杀螟丹	238.0	117.0	100	30	30
		210.1	100	25	30
戊菌唑	284.1	159.0	100	38	35
		70.0	100	37	35
烯唑醇	326.1	70.0	100	50	34
		159.0	100	45	34

化合物名称	母离子	子离子	驻留时间 /ms	碰撞能 /ev	锥孔电压 /V
抑霉唑	297.0	159.0	100	36	45
		255.0	100	25	45
唑虫酰胺	384.1	197.1	100	37	72
		145.1	100	37	72
啶氧菌酯	368.2	145.1	100	44	41
		205.2	100	46	41
唑螨酯	422.2	366.2	100	23	33
		214.2	100	38	33
醚菌酯（亚胺菌）	314.1	235.1	100	20	15
		222.2	100	18	15

4.4 标准曲线制作

移取一定体积的农药标准中间溶液，用空白基质溶液配成不同浓度的基质混合标准工作溶液，标准系列可根据需要设置，但是最高浓度和最低浓度的差不应超过20倍。当样品中农残的含量过高时，可根据样品中目标物的浓度适当提高标准曲线的浓度或对样品进行稀释，以保证测定目标物浓度在曲线的范围内。

设定好仪器最佳条件，从低浓度到高浓度依次进标准溶液。以定量离子响应强度为纵坐标，目标物浓度为横坐标绘制标准曲线，得到回归方程。

4.5 试样溶液的测定

在标准曲线测定相同条件下，将样品溶液分别引入仪器进行测定。根据回归方程计算出样品中目标物的浓度。

4.6 定性分析

在相同试验条件下进行样品测定时，若试样溶液中检出色谱峰的保留时间与标准溶液中目标物色谱峰的保留时间一致（变化范围在 ±2.5% 之内），并且在扣除背景后的样品质谱图中，所选择的离子均出现，而且所选择的离子丰度比与标准样品的离子丰度比相一致，根据表3-7-38所允许的最大偏差则可判断样品中存在目标物。

表 3-7-38 定性时相对离子丰度的最大允许偏差

相对离子丰度 /%	> 50	20~50	10~20	≤ 10
允许的相对偏差 /%	± 20	± 25	± 30	± 50

5 计算

试样中被测组分含量按下式计算。

$$X = \frac{(C - C_0) \times V \times F \times 1000}{m \times 1000}$$

式中：X 为试样中被测组分的含量（mg/kg）；C 从标准工作曲线得到的试样溶液中的被测组分的浓度浓度（μg/ml）；C_0 为试样空白值测定浓度（μg/ml）；V 为定容体积（ml）；m 为试样质量（g）；F 为稀释倍数；1000 为换算系数；计算结果保留 2 位有效数字。

6　精密度

本方法精密度数据按照 GB/T 6379.1 和 GB/T 6379.2 的规定确定的，获得重复性和再现性的值是以 95% 的可信度来计算。

7　注意事项

7.1 乙腈，甲醇和甲苯为有毒有机试剂，使用时需带防护手套和防护面具，并避免接触皮肤，若皮肤接触需脱去污染的衣着，用肥皂水和清水彻底冲洗皮肤。废液应妥善处理，不得污染环境。

7.2 尽可能使用有证标准物质作为质量控制样品，也可采用加标试验进行质量控制。标准物质的测定值应在标准物质证书给定的范围内。

7.3 加标回收实验称取 2 份平行样品，计算加标回收率。

7.4 甲酸具有刺激性，使用时需带防护手套和防护面具，并避免接触皮肤。

7.5 高速组织捣碎机捣碎样品后需清洗，使用前后需保持干燥清洁。

7.6 天平使用前需校准，保持干燥，使用后需清理干净。

起草人：公丕学（山东省食品药品检验研究院）

王　明（四川省食品药品检验检测院）

阎安婷（山西省食品药品检验所）

复核人：郑　红（山东省食品药品检验研究院）

闵宇航（四川省食品药品检验检测院）

陈　煜（山西省食品药品检验所）

第三篇　食品中化学成分检测

第十三节　食品中丁草胺等 8 种农药残留的检测

1　简述

参考 GB/T 20770-2008《粮谷中 486 种农药及相关化学品残留量的测定　液相色谱–串联质谱法》制定本规程。

本方法的前处理净化手段为凝胶渗透色谱净化法。凝胶色谱技术是以多孔凝胶为固定相，利用凝胶孔的空间尺寸效应，使不同大小的分子按照分子量由大到小的洗脱顺序，达到分离的高效液相色谱技术。此外，因凝胶色谱填料惰性微球表面对有机物吸附小，所以柱污染小，凝胶色谱净化技术是有机前处理常用的净化方法之一。

本方法适用于粮食谷物、水果、蔬菜及生干坚果基质中丁草胺、多菌灵、甲胺磷、氯吡脲、氯嘧磺隆、噻虫嗪、氧乐果、烯草酮农药残留检测。

本方法丁草胺、甲胺磷、氯嘧磺隆、噻虫嗪、烯草酮、多菌灵、氧乐果和氯吡脲的检出限见表3-7-39。

表3-7-39　丁草胺等8种农药的检出限

化合物名称	丁草胺	甲胺磷	氯嘧磺隆	噻虫嗪	烯草酮	多菌灵	氧乐果	氯吡脲
检出限（μg/kg）	10.03	2.47	15.20	16.50	1.04	0.23	4.83	5.70

2　试剂和材料

除非另有说明，所用试剂均为色谱纯，实验用水为GB/T 6682中规定的一级水。

2.1　试剂

正己烷；环己烷；乙酸乙酯；乙腈；丙酮；甲苯；甲醇；异辛烷；无水硫酸钠（分析纯）。

2.2　试剂配制

2.2.1 甲酸溶液（0.1%）　准确移取0.1ml甲酸至100ml水中。

2.2.2 乙酸铵溶液（5mmol/L）　称取0.375g乙酸铵加水稀释至1 L。

2.2.3 乙酸乙酯+环己烷（1+1）　量取乙酸乙酯100ml与环己烷100ml，混合。

2.2.4 乙腈+甲苯（3+1）　量取乙腈90ml与甲苯30ml，混合。

2.2.5 乙腈+水（3+2）　量取乙腈90ml与水60ml，混合。

2.3　标准溶液的配制

2.3.1 农药标准溶液（1.0mg/ml）　准确称取10mg（精确至0.01mg）农药标准品于10ml容量瓶中，用甲醇溶解并定容至刻度，0~4℃避光保存，保存期1年。

2.3.2 农药标准中间溶液（100μg/ml）　准确移取1ml储备液到10ml容量瓶中，用甲醇定容至刻度，0~4℃避光保存，保存期3个月。

2.3.3 农药基质混合标准工作溶液　移取一定体积农药标准中间溶液，用空白基质溶液配成不同浓度的基质混合标准工作溶液，临用现配。

3　仪器和设备

液相色谱色谱-串联质谱仪，配有电喷雾离子源（ESI）；凝胶渗透色谱仪；离心机（转速不低于4000r/min）；均质器；旋转蒸发仪；梨形瓶（150ml和250ml）；移液器（1ml）。

4　分析步骤

4.1　试样预处理

水果、蔬菜取可食部分切碎，混匀，密封，作为试样，标明标记，于0~4℃冷藏存放。豆类，生干坚果基质样品经粉碎机粉碎，过20目筛，混匀，密封，作为试样，标明标记，常温保存。

4.2　提取

称取试样10g（精确至0.01g），放入盛有15g无水硫酸钠的具塞离心管，加入35ml乙腈，均质提取1分钟，5000r/min离心5分钟，上清液通过装有无水硫酸钠的筒形漏斗，收集于梨形瓶中，残渣再用30ml乙腈提取一次，合并提取液，将提取液用旋转蒸发器于40℃水浴蒸发浓缩至约0.5ml，加入5ml乙酸乙酯+环己烷（1+1）进行溶剂交换，重复两次，最后使试样体积约为5ml，待净化。

4.2 净化

将上述提取液转移至10ml容量瓶中，用5ml乙酸乙酯+正己烷（1+1）分两次洗涤梨形瓶，并转移至上述10ml容量瓶中，定容至刻度，摇匀。将样液过0.45μ。微孔滤膜入10ml试管中，供凝胶渗透色谱仪净化，收集22~40分钟的馏分于200ml梨形瓶中，并在40℃水浴旋转蒸发至0.5ml。将浓缩液置于氮吹仪上吹干，迅速加入1ml的乙腈水（3+2）溶解残渣，混匀，经0.22μm滤膜过滤，供液相色谱串联质谱法测定。

4.3 仪器参考条件

凝胶渗透色谱净化条件如下。净化柱：400mm×25mm（内径），内装BIO-Beads S-X3填料。检测波长：254nm。流动相：乙酸乙酯+环己烷（1+1）。流速：5ml/min。进样量：5ml。开始收集时间：22分钟。结束收集时间：40分钟。

液相色谱条件：通过优化色谱柱，流动相及柱温等色谱条件使目标物保留适中，无干扰，参考色谱条件如下。色谱柱为ACQUITY UPLCBEH C18，100mm×2.1mm（内径），粒径5μm或相当者。流速设置0.3ml/min。进样量为10μl；柱温设置40℃。流动相分别为A组分为0.01mol/L乙酸铵溶液（含0.1%甲酸），B组分为乙腈，梯度洗脱程序见表3-7-40。

表3-7-40 梯度洗脱程序

时间/分钟	A/%	B/%
0	95	5
1.0	95	5
6.0	80	20
7.0	50	50
8.5	0	100
10.0	0	100
10.1	95	5
12.0	95	5

质谱条件：质谱调谐参数应优化至最佳条件，参考质谱条件如下。离子源为电喷雾离子源（ESI+）；离子源温度设置150℃；锥孔气流量为150L/h；脱溶剂气温度设置450℃；脱溶剂气流量为850L/h；扫描模式为多反应监测（MRM）扫描，目标物离子信息及碰撞能参数见表3-7-41。

表3-7-41　定性离子、定量离子及碰撞能参数

化合物名称	母离子	子离子	驻留时间，ms	锥孔电压	碰撞能，ev
氧乐果	214.1	125.0	80	30	10
		183.0	80	30	10
多菌灵	192.1	160.1	50	20	15
		132.1	50	20	20
噻虫嗪	292.1	211.2	80	30	10
		181.1	80	30	20
烯草酮	360.1	164.1	50	30	20
		268.0	50	30	10
氯嘧磺隆	415.0	186.1	50	30	10
		213.1	50	30	10
甲胺磷	142.1	94.0	50	35	15
		125	50	35	10
丁草胺	312.2	238.1	50	35	25
		162	50	35	25
氯吡脲	246.1	91.1	50	25	20
		127.0	50	25	10

4.4　空白实验

除不加试样外，均按上述提取及以后的步骤进行操作。

4.5　平行试验

按以上步骤对同一试样进行平行试验。

4.6　定性分析

在相同试验条件下进行样品测定时，若试样溶液中检出色谱峰的保留时间与基质标准溶液中目标物色谱峰的保留时间一致（变化范围在 ± 2.5% 之内），并且在扣除背景后的样品质谱图中，所选择的离子均出现，而且所选择的离子丰度比与基质标准样品的离子丰度比相一致，根据表3-7-42所允许的最大偏差则可判断样品中存在目标物。

表3-7-42　定性时相对离子丰度的最大允许偏差

相对离子丰度 /%	> 50	20 ~50	10 ~20	≤ 10
允许的相对偏差 /%	± 20	± 25	± 30	± 50

4.7　定量测定

本标准中液相色谱–串联质谱采用外标–标准曲线法定量测定。为减少基质对定量测定的影响，定量用标准溶液应采用基质混合标准工作溶液绘制标准曲线，并且保证所测样品中目标

物响应值均在仪器的线性范围内。

5 计算

液相色谱–串联质谱测定采用标准曲线法定量，标准曲线法定量结果按下式计算。

$$X=\frac{(C-C_0)\times V\times 1000\times F}{m\times 1000}$$

式中：X为试样中目标物的含量（mg/kg）；C为试样中目标物测定浓度（μg/ml）；C_0为空白测定浓度（μg/ml）；V为定容体积（ml）；m为试样质量（g）；F为稀释倍数；1000为换算系数；计算结果保留2位有效数字。

6 精密度

在同一实验室（重复性）和不同实验室（再现性）相同条件下测定，其精密度要求见表3-7-43。

表 3-7-43 重复性和再现性

名称	含量/（μg/kg）	重复性 r	再现性 R	含量/（μg/kg）	重复性 r	再现性 R
多菌灵	0.20	0.03	0.03	1.00	0.16	0.50
氧乐果	9.65	1.36	5.73	38.60	11.09	16.18
氯吡脲	11.40	1.59	3.40	45.60	7.02	55.26
噻虫嗪	33.0	1.48	4.51	66.0	8.03	15.77
烯草酮	4.00	0.45	0.81	20.00	2.08	6.07
氯嘧磺隆	4.00	1.46	1.45	20.00	4.61	4.92
甲胺磷	4.00	1.38	1.50	20.00	3.94	5.02

7 注意事项

7.1 乙腈，甲醇和甲苯为有毒有机试剂，使用时需带防护手套和防护面具，并避免接触皮肤，若皮肤接触需脱去污染的衣着，用肥皂水和清水彻底冲洗皮肤。废液应妥善处理，不得污染环境。

7.2 甲酸具有刺激性，使用时需带防护手套和防护面具，并避免接触皮肤。

7.3 高速组织捣碎机捣碎样品后需清洗，使用需保持干燥清洁。

7.4 天平使用前需校准，保持干燥，使用后需清理干净。

起草人：公丕学（山东省食品药品检验研究院）
复核人：刘艳明（山东省食品药品检验研究院）

第三篇 食品中化学成分检测

第十四节　茶叶中哒螨灵等 17 种农药残留的检测

1　简述

参考GB/T 23204-2008《茶叶中519种农药及相关化学品残留量的测定　气相色谱-质谱法》制定本规程。

试样用乙腈均质提取，固相萃取柱净化，用乙腈-甲苯洗脱农药及相关化学品，气相色谱-质谱仪检测，内标法定量。

本方法适用于茶叶中哒螨灵、滴滴涕、甲拌磷、六六六、氯氰菊酯和高效氯氰菊酯、氯唑磷、灭线磷、氰戊菊酯和S-氰戊菊酯、杀螟硫磷和水胺硫磷等17种农药及相关化学品残留量的定性鉴别和定量测定。

本方法中各农药及相关化学品的种类及检出限见表3-7-44。

表3-7-44　各农药及相关化学品的检出限

序号	名称	检出限（mg/kg）
1	氰戊菊酯和 S- 氰戊菊酯	0.0200
2	哒螨灵	0.0050
3	p，p'-滴滴滴	0.0050
4	p，p'-滴滴伊	0.0050
5	o，p'-滴滴涕	0.0100
6	p，p'-滴滴涕	0.0100
7	甲拌磷	0.0050
8	甲拌磷砜	0.0050
9	β-六六六	0.0050
10	δ-六六六	0.0100
11	α-六六六	0.0050
12	林丹	0.0100
13	氯氰菊酯和高效氯氰菊酯	0.0150
14	氯唑磷	0.0100
15	灭线磷	0.0150
16	杀螟硫磷	0.0100
17	水胺硫磷	0.0100

2　试剂和材料

除非另有说明，所用试剂均为色谱纯，实验用水为GB/T 6682中规定的一级水。

2.1　试剂

乙腈；甲苯；丙酮；二氯甲烷；正己烷；甲醇；无水硫酸钠（分析纯，650℃灼烧4小时，贮于干燥器中，冷却后备用）；乙腈–甲苯（3+1，体积比）；微孔过滤膜（尼龙，13mm × 0.22μm）；固相萃取柱（Cleanert TPT，10ml，2.0g或相当者）。

2.2　标准溶液的配制

2.2.1 内标溶液　准确称取3.5mg环氧七氯于100ml容量瓶中，用甲苯定容至刻度。

2.2.2 标准储备液　准确称取5~10mg（精确至0.1mg）农药及相关化学品各标准物分别于10ml容量瓶中，用甲苯定容至刻度，制成标准储备液，标准储备溶液避光0~4℃保存，可使用一个月。

2.2.3 基质混合标准工作溶液　将40μl内标溶液和一定体积的标准储备液分别加到1.0ml的样品空白基质提取液种，混匀，配成基质混合标准工作液。基质混合标准工作溶液应现用现配。

3　仪器和设备

气相色谱质谱仪（配有电子轰击源EI）；分析天平（感量0.1mg和0.01g）；均质器（转速不低于20000r/min）；旋转蒸发器；鸡心瓶（200ml）；移液器（1ml）；离心机（转速不低于4200r/min）。

4　分析步骤

4.1　试样预处理

4.1.1 在采样和制备过程中，应注意不使试样污染。

4.1.2 茶叶样品经粉碎机粉碎，过20目筛，混匀，密封，作为试样，标明标记。

4.2　测定步骤

4.2.1 提取　称取5g试样（精确至0.01g），于80ml离心管中，加入15ml乙腈，15000r/min均质提取1分钟，4200r/min离心5分钟，取上清液于200ml鸡心瓶中。残渣用15ml乙腈重复提取一次，合并二次提取液，40℃水浴旋转蒸发至1ml左右，待净化。

4.2.2 净化　在Cleanert TPT固相萃取柱中加入约2cm高无水硫酸钠，用10ml乙腈–甲苯预洗Cleanert TPT固相萃取柱，弃去流出液。下接鸡心瓶，放入固定架上。将上述样品提取液转移至Cleanert TPT固相萃取柱中，用2ml乙腈–甲苯洗涤样液瓶，重复三次，并将洗涤液移入柱中，在柱上加上50ml贮液器，再用25ml乙腈–甲苯洗涤小柱，收集上述所有流出液于鸡心瓶中，40℃水浴中旋转浓缩至约0.5ml。加入5ml正己烷进行溶剂交换，重复两次，最后使样液体积约为1ml，加入40μl内标溶液，混匀，用于气相色谱–质谱仪测定。

4.2.3 仪器参考条件　色谱柱：DB-1701石英毛细管柱，30m × 0.25mm（内径）× 0.25μm或者相当者。色谱柱温度：40℃保持1分钟，然后以30℃/min程序升温至130℃，再以5℃/min升温至250℃，再以10℃/mn升温至300℃，保持5分钟。载气：氮气，纯度99.999%。流速1.2ml/min。进样口温度：290℃。进样量：1μl。进样方式：无分流进样，1.5分钟后打开阀。电子轰击源：70ev。离子源温度：230℃。GC-MS接口温度：280℃。溶剂延迟：5.50分钟。选择离子监测：每种化合物分别选择一个定量离子，2~3 个定性离子。每组所有需要检测离子按照出峰顺序，分时段分别检测。每种化合物的定量离子、定性离子及定量离子与定性离子丰度的比值，参见表 3-7-45。

表3-7-45　化合物的定量离子、定性离子及定量离子与定性离子丰度的比值

序号	名称	定量离子	定性离子1	定性离子2	定性离子3
1	环氧七氯	353（100）	355（79）	351（52）	
2	氰戊菊酯和 S- 氰戊菊酯	167（100）	225（53）	419（37）	181（41）
3	哒螨灵	147（100）	117（11）	364（7）	
4	p，p'- 滴滴滴	235（100）	237（64）	199（12）	165（46）
5	p，p'- 滴滴伊	318（100）	316（80）	246（139）	248（70）
6	o，p'- 滴滴涕	235（100）	237（63）	165（37）	199（14）
7	p，p'- 滴滴涕	235（100）	237（65）	246（7）	165（34）
8	甲拌磷	260（100）	121（160）	231（56）	183（23）
9	甲拌磷砜	199（100）	171（30）	215（11）	
10	β - 六六六	219（100）	217（78）	181（94）	254（12）
11	δ - 六六六	219（100）	217（80）	181（99）	254（10）
12	α - 六六六	219（100）	183（98）	221（47）	254（6）
13	林丹	183（100）	219（93）	254（13）	221（40）
14	氯氰菊酯和高效氯氰菊酯	181（100）	152（23）	180（16）	
15	氯唑磷	161（100）	257（53）	285（39）	313（15）
16	灭线磷	158（100）	200（40）	242（23）	168（15）
17	杀螟硫磷	277（100）	260（52）	247（60）	
18	水胺硫磷	136（100）	230（26）	289（22）	

4.2.4 定性测定　进行样品测定时，如果检出的色谱峰的保留时间与标准样品相一致，并且在扣除背景后的样品质谱图中，所选择的离子均出现，而且所选择的离子丰度比与标准样品的离子丰度比相一致（相对丰度＞ 50%，允许 ±10% 偏差；相对丰度在 20%~50% 之间，允许 ±15% 偏差，相对丰度在 10%~20% 之间允许 ±20% 偏差；相对丰度 ≤ 10%，允许 ±50% 偏差），则可判断样品中存在这种农药或相关化学品。如果不能确证，应重新进样，以扫描方式（有足够灵敏度）或采用增加其他确证离子的方式或用其他灵敏度更高的分析仪器来确证。

4.2.5 定量测定　本方法采用内标法单离子定量测定。内标物为环氧七氯。为减少基质的影响，定量用标准应采用基质混合标准工作溶液。标准溶液的浓度应与待测化合物的浓度相近。

4.2.6 平行试验　按以上步骤对同一试样进行平行试验测定。

4.2.7 空白试验　除不称取试样外，均按上述提取及以后的步骤进行操作。

5　计算

气相色谱–质谱仪测定结果可由计算机按内标法自动计算，也可按下式计算。

$$X_i = C_s \times \frac{A}{A_s} \times \frac{C_i}{C_{si}} \times \frac{A_{si}}{A_i} \times \frac{V}{m} \times \frac{1000}{1000}$$

式中：X_i为试样中被测物残留量（mg/kg）；C_s为基质标准工作溶液中被测物的浓度（μg/ml）；A为试样中被测物的色谱峰面积；A_s为基质标准工作液中被测物的色谱峰面积；C_i为试样中内标物浓度（μg/ml）；C_{si}为基质标准工作溶液中内标物的浓度（μg/ml）；A_{si}为基质标准工作液中内标物的色谱峰面积；V为样液最终定容体积（ml）；m为试样溶液所代表试样的质量（g）。计算结果应扣除空白值。

6　精密度

本方法精密度数据是按照GB/T 6379.1和GB/T 6379.2的规定确定的，获得重复性和再现性的值以95%的可信度来计算。

7　注意事项

7.1 环氧七氯分为外环氧七氯B（CAS号：124-57-3）和内环氧七氯A（CAS号：28044-83-9），用作内标的为外环氧七氯B（CAS号：124-57-3）。

7.2 本实验中所用试剂必须按照方法要求的纯度，以防带入杂质，影响结果分析。

7.3 用基质标定量，要现配现用。

7.4 加标回收实验根据GB/T 27404中的要求进行相应水平的加标回收实验。

7.5 保证仪器状态在正常条件下进行。

7.6 整个实验过程应在通风橱内进行，并佩戴防护口罩及手套。

起草人：鞠　香（山东省食品药品检验研究院）

复核人：李　洁（山东省食品药品检验研究院）

第三篇　食品中化学成分检测

第十五节　茶叶中甲氰菊酯等4种农药残留的检测

1　简述

参考GB/T 23376-2009《茶叶中农药多残留测定 气相色谱/质谱法》制定本规程。

茶叶试样中甲氰菊酯、氯氟氰菊酯和高效氯氟氰菊酯、乙酰甲胺磷、噻嗪酮等农药经加速溶剂萃取仪（ASE）用乙腈+二氯甲烷（1+1体积比）提取，提取液经溶剂置换后用凝胶渗透色谱（GPC）净化、浓缩后，用气相色谱–质谱仪进行检测，选择离子和色谱保留时间定性，外标法定量。

本方法规定了茶叶中甲氰菊酯、氯氟氰菊酯和高效氯氟氰菊酯、乙酰甲胺磷、噻嗪酮残留量的气相色谱–质谱测定方法。

本方法中，甲氰菊酯、氯氟氰菊酯和高效氯氟氰菊酯、噻嗪酮的检出限为0.01mg/kg，乙酰甲胺磷的检出限为0.02mg/kg。

2 试剂和材料

除非另有说明，所用试剂均为色谱纯，实验用水为GB/T 6682中规定的一级水。

2.1 试剂

环己烷；乙酸乙酯；正己烷；有机相微孔滤膜（孔径0.45μm）；四种农药标准品的浓度均为100μg/ml。

2.2 标准溶液的配制

2.2.1 农药混合标准储备溶液 根据每种农药在仪器上的响应灵敏度，确定其在混合标准储备液中的浓度，移取适量100μg/ml单种农药标准样品于10ml容量瓶中，用正己烷定容，配制农药混合标准储备溶液（避光4℃保存，可使用一个月）。

2.2.2 基质混合标准工作溶液 移取一定体积的混合标准储备溶液，用经净化后的样品空白基质提取液作溶剂，配制成不同浓度的基质混合标准工作溶液，用于作标准工作曲线。基质混合标准工作溶液应现配现用。

3 仪器和设备

气相色谱–质谱仪（配有电子轰击电离源，EI）；加速溶剂萃取仪（ASE）；凝胶渗透色谱仪（GPC）；旋转蒸发器；氮气吹干仪；高速离心机；分析天平（感量0.01g）；粉碎机；移液器（100μl、1ml）。

4 分析步骤

4.1 提取

称取磨碎的均匀茶叶试样5g（精确至0.01g），加适量水润湿，移入加速溶剂萃取仪的34ml萃取池中，用乙腈+二氯甲烷（1+1，体积比）作为提取溶剂，在10.34mPa（1500 psi）压力、100℃条件下，加热5分钟，静态萃取5分钟，循环1次。然后用池体积60%的用乙腈+二氯甲烷（1+1，体积比）冲洗萃取池，并用氮气吹扫100秒，萃取完毕，将萃取液转移到100ml鸡心瓶中，于40℃水浴中减压旋转蒸发近干，然后用适量乙酸乙酯+环己烷（1+1，体积比）溶解残余物后转移至10ml离心管中，再用乙酸乙酯+环己烷（1+1，体积比）定容至10ml。将此10ml溶液高速离心（10000r/min，5分钟）后过0.45μm滤膜，制成提取液，待凝胶色谱净化。

4.2 净化

取上述提取液5ml按照凝胶色谱条件［净化柱：填料50g Bio-beads-X3，柱径25mm。柱床高32cm。流动相：环己烷+乙酸乙酯（1+1，体积比）。流速：5ml/min。排除时间：1080秒。收集时间：600秒。］净化，将净化液置于氮气吹干仪上（<40℃）吹至近干，用正己烷定容至0.5ml，用GC/MS测定。

4.3 测定

4.3.1 仪器参考条件色谱柱 DB-1701ms（30m×0.25mm×0.25μm）石英毛细管柱或柱效

相当的色谱柱。色谱柱升温程序：60℃保持1分钟，然后以30℃/min升温至160℃，再以5℃/min升温至295℃，保持10分钟。载气：氮气，纯度99.999%。恒流模式，流速1.2ml/min。进样口温度：250℃。进样量：1μl。进样方式：无分流进样，1分钟后打开分流阀。离子源：EI源，70ev。离子源温度：230℃。接口温度：280℃。测定方式：选择离子监测（SIM）。每种目标化合物分别选择1个定量离子，2~3个定性离子。每组所有需要检测的离子按照保留时间的先后顺序，分时段分别检测。每种化合物的保留时间、定量离子、定性离子及定量离子与定性离子的丰度比值参见表3-7-46。

表3-7-46 化合物的定量离子、定性离子及定量离子与定性离子丰度的比值

序号	名称	定量离子	定性离子1	定性离子2	定性离子3
1	甲氰菊酯	181（100）	209（25）	265（36）	349（13）
2	氯氟氰菊酯和高效氯氟氰菊酯	181（100）	197（70）	208（43）	141（27）
3	乙酰甲胺磷	94（100）	95（50）	136（200）	142（22）
4	噻嗪酮	105（100）	172（54）	249（16）	305（24）

4.3.2 定性测定 进行样品测定时，如果检出的色谱峰的保留时间与标准样品相一致，并且在扣除背景后的样品质谱图中所选择的离子均出现，且所选择的离子丰度比与标准样品的离子丰度比相一致，则可判断样品中存在这种农药化合物。本标准定性测定时相对离子丰度的最大允许偏差见表3-7-47。

表3-7-47 定性测定时相对离子丰度的最大允许偏差

相对离子丰度 /%	> 50	> 20~50	> 10~20	≤ 10
最大允许偏差 /%	± 10	± 15	± 20	± 50

4.3.3 定量测定 本方法采用外标校准曲线法单离子定量测定。为了减少基质对定量离子的影响，需用空白样液来制备所使用的一系列基质标准工作溶液，用基质标准工作溶液分别进样来绘制标准曲线，浓度为50~1000μg/L，并且保证所测样品中农药的响应值均在仪器的线性范围内。

4.4 空白试验

除不称取样品外，均按上述提取及以后的步骤进行操作。

5 计算

试样中每种农药残留按下式计算。

$$X = \frac{c \times V \times 1000}{m \times 1000}$$

式中：X为试样中被测物残留量（mg/kg）；C为从标准曲线上得到的被测组分溶液浓度（μg/ml）；V为样品定容体积（ml）；m为试样的质量（g）；1000为换算系数。

6 精密度

本方法精密度数据是按照GB/T 6379.1、GB/T 6379.2的规定确定的。在不同实验室相同条件下获得的两次独立的测试结果的绝对差值不大于这两个测定值的算术平均值的15%，以大于这两个测定值的算术平均值的15%情况不超过5%为前提。

7 注意事项

7.1 本实验中所用试剂必须按照方法要求的纯度，以防带入杂质，影响结果分析。

7.2 用基质标定量，要现配现用。

7.3 加标回收实验根据GB/T 27404-2008中的要求进行相应水平的加标回收实验。

7.4 保证仪器状态在正常条件下进行。

7.5 整个实验过程应在通风橱内进行，并佩戴防护口罩及手套。

起草人：鞠　香（山东省食品药品检验研究院）

复核人：李　洁（山东省食品药品检验研究院）

第十六节　食品中吡虫啉残留量的检测

1 简述

参考GB/T 23379-2009《水果、蔬菜及茶叶中吡虫啉残留的测定 高效液相色谱法》制定本规程。

吡虫啉农药残留通过乙腈提取，盐析，浓缩液经固相萃取净化，乙腈洗脱，高效液相色谱270nm检测。

本规程适用于水果、水果干制品（干枸杞）、蔬菜及茶叶中吡虫啉的测定。

本规程水果及水果干制品检出限为0.02mg/kg，蔬菜和茶叶检出限为0.05mg/kg。

2 试剂和材料

除另有规定外，所用试剂均为分析纯，实验用水为GB/T 6682中规定的一级水。

2.1 试剂

乙腈（色谱纯）；氢氧化钠；氯化钠；固相萃取柱（ENVI-18柱，3ml，0.5g或相当者）；有机滤膜（0.45μm）；吡虫啉农药标准物质（纯度大于99%）。

2.2 试剂配制

2.2.1 25% 乙腈　乙腈与水按1:3体积比混合。

2.2.2 净化过程所用溶液A（20mmol/L 氢氧化钠，氯化钠饱和溶液）　称取0.8g氢氧化钠于100ml烧杯中，加入少量水充分溶解后，再加入氯化钠使其饱和，然后倒入1000ml容量瓶中，再用饱和氯化钠水溶液定容至刻度。

2.2.3 净化过程所用溶液B（20mmol/L 氢氧化钠溶液）　称取0.8g氢氧化钠于100ml烧杯中，加入少量水充分溶解后，倒入1000ml容量瓶中定容至刻度。

2.3　标准溶液的配制

2.3.1 标准储备溶液（1.00mg/ml）　称取 10mg 左右（精确至 0.10mg）标准品于 10ml 容量瓶中，加乙腈超声溶解，配制 1.00mg/ml 左右的标准储备液，−18℃冰箱保存。

2.3.2 混合标准溶液　使用时根据检测需要稀释成不同浓度的标准使用液，4℃冰箱保存。混合标准溶液避光 4℃保存，可使用两个月。

3　仪器和设备

高效液相色谱仪（配紫外检测器或二极管阵列检测器）；固体样品粉碎机（转速不低于 4000r/min）；组织捣碎机（转速不低于 15000r/min）；分析天平（感量 0.1mg 和 0.01g）；离心机（转速不低于 4000r/min）；超声波清洗仪；旋转蒸发仪；梨形浓缩瓶；固相萃取装置；移液器（量程 10ml 和 1ml）。

4　分析步骤

4.1　试样处理

4.1.1 水果、水果干制品（干枸杞）、蔬菜样品提取　按 GB 2763 附录 A 取可食部分切碎，混匀，称取 10g（精确到 0.01g）左右样品于 100ml 离心管中，加入 20ml 乙腈，用组织捣碎机在 15000r/min，匀浆提取 1 分钟，加入 5g 氯化钠，再匀浆提取 1 分钟，将离心管放入离心机，3000r/min 离心 5 分钟，上清液 10ml 转入 50ml 梨形瓶中，38℃旋转蒸发仪浓缩至近干，加 25% 乙腈 2ml 入梨形瓶中超声 30 秒充分溶解，待净化。

4.1.2 茶叶样品提取　茶叶样品用固体样品粉碎机粉碎，称取 5.0g 左右加入 50ml 乙腈，震荡提取 1 小时，滤纸过滤，滤液 40ml 入 100ml 具塞量筒中，加入配置好的 A 溶液 40ml，剧烈震荡 1 分钟，分层，取出乙腈层 20ml，加入 50ml 梨形瓶中，38℃旋转蒸发仪浓缩至近干，加入 25% 乙腈 2ml 入梨形瓶中超声 30 秒充分溶解，待净化。

4.1.3 加样前先用 5ml 乙腈预淋洗 ENVI−18 柱，然后用 5ml 25% 乙腈平衡柱，再从上述梨形瓶中移取 1ml 溶解好的果蔬或茶叶样品提取液转移至净化柱上，先用 B 溶液 20mmol/L 氢氧化钠溶液 10ml 洗柱，弃去，再用 10ml 水洗柱，弃去，抽干，最后用 1ml 乙腈缓慢洗脱保留在柱上的吡虫啉农药，收集洗脱液定容至 1ml，0.45 μm 有机滤膜过滤，待测。

4.2　仪器参考条件

色谱柱：C18，250mm × 4.6mm，5 μm 或相当型号色谱柱。柱温：室温。检测波长：270nm。流速：1.0ml/min。进样体积：5 μl。流动相条件见表 3−7−48。

表 3−7−48　流动相条件

时间 / 分钟	0.1% 磷酸水溶液 /%	乙腈 /%
0	85	15
5	80	20
35	75	25
36	0	100
46	85	15

5 计算

按照外标标准曲线法定量。试样中吡虫啉含量按下式计算。

$$X=\frac{A_1 \times V_1 \times C \times V_3}{A_2 \times V_2 \times m}$$

式中：X为试样中农药含量（mg/kg）；A_1为试样中组分的峰面积；V_1为试样提取的总体积（ml）；V_3为净化后定容体积（ml）；C为标准品质量浓度（mg/L）；A_2为标准品组分的峰面积；V_2为净化用提取液的总体积（ml）；m为试样质量（g）；计算结果保留3位有效数字。

6 精密度

在同一实验室相同条件下获得的两次独立测定结果的绝对差值不得超过算术平均值的15%。

7 注意事项

7.1 整个实验过程应在通风橱内进行，并佩戴防护口罩及手套。废液应妥善处理，不得污染环境。

7.2 乙腈为有毒有机试剂，避免接触皮肤，若皮肤接触需脱去污染的衣着，用肥皂水和清水彻底冲洗皮肤。

7.3 天平和组织捣碎机使用前需保持干燥清洁，使用后需清理干净。取样要均匀、防止污染，取样量要按照检测限和卫生指标综合考虑。处理样品时，注意防止交叉污染。

7.4 流动相用水要现用现取，所使用到的溶剂必须经滤膜过滤，以除去杂质微粒，要注意分清有机相滤膜和水相滤膜。

7.5 仪器开机前，需检查仪器状态，管路有无泄漏；冷却水压力；进样器附近是否清洁；洗针液体积；在进样分析前，应充分平衡色谱柱。

起草人：郑　红（山东省食品药品检验研究院）
复核人：付　舟（山东省食品药品检验研究院）

第十七节　豆芽中6-苄基腺嘌呤的检测

1 简述

参考GB/T 23381-2009《食品中6-苄基腺嘌呤的测定 高效液相色谱法》制定本规程。

试样经甲醇提取、浓缩并净化后，用高效液相色谱检测，外标法定量。

本规程适用于豆芽中6-苄基腺嘌呤的测定。

本规程方法定量限为0.02mg/kg。

2　试剂和材料

除另有规定外，所用试剂均为分析纯，实验用水为 GB/T 6682 中规定的一级水。

2.1　试剂

甲醇（色谱纯）；冰乙酸；乙酸铵；C18 固相萃取柱（6ml，500mg，或相当，使用前用 5ml 甲醇，10ml 水活化）；微孔滤膜（0.45μm，有机相）；6-苄基腺嘌呤标准品（纯度≥99.0%）。

2.2　试剂配制

2.2.1　乙酸铵溶液（0.02mol/L）　称取 1.54g 乙酸铵，用适量水溶解，加入 1.0ml 冰乙酸，加水定容至 1000ml。

2.3　标准溶液的配制

2.3.1　6-苄基腺嘌呤标准储备液（0.10mg/ml）　称取 10mg（精确至 0.0001g）6-苄基腺嘌呤标准物质，以甲醇溶解并定容至 100ml。

2.3.2　6-苄基腺嘌呤标准中间液（1μg/ml）　移取 1.00ml 6-苄基腺嘌呤标准储备液（0.10mg/ml）于 100ml 容量瓶中，用甲醇定容至 100ml，混匀。

3　仪器和设备

组织捣碎机；离心机；超声波清洗仪；旋转蒸发仪；高效液相色谱仪（配有紫外或二极管阵列检测器）；固相萃取装置；电子天平（感量 0.1mg）。

4　分析步骤

4.1　试样处理

4.1.1　提取　称取经组织捣碎的试样约 10g（精确到 0.01g）于 50ml 离心管中，加入 20ml 甲醇，超声提取 15 分钟，以转速不低于 4000r/min 离心 10 分钟，上清液转入 50ml 梨形瓶中，样品再次用 20ml 甲醇超声提取 15 分钟，离心合并上清液，用旋转蒸发仪（不超过 60℃）浓缩至近干，去除甲醇，残液待净化。

4.1.2　净化　将 4.1.1 残液以 2ml/min 流速通过预先活化的固相萃取柱（1.2.1），用少量水（约 2ml）洗涤梨形瓶，洗液过固相萃取柱，再用 5ml 水洗涤固相萃取柱，去除杂质后用甲醇洗脱并定容至 5.0ml，混匀后经 0.45μm 滤膜过滤，作为待测液供 HPLC 分析。

4.2　仪器参考条件

色谱柱：C18，250mm×4.6mm，5μm 或相当型号色谱柱。柱温：30℃。检测波长：267nm。流动相：甲醇：0.02mol/L 乙酸铵溶液（1.2.2.1）=1∶1。流速：1.0ml/min。进样体积：10.0μl。

5　计算

试样中 6-苄基腺嘌呤含量按下式计算。

$$X = \frac{A_2 \times C \times V}{A_1 \times m} \times 1000$$

式中：X为试样中6-苄基腺嘌呤含量（mg/kg）；C为6-苄基腺嘌呤的测定浓度（mg/ml）；A_2为样品峰面积；V为试样体积（ml）；m为试样质量（g）；A_1为标样峰面积；计算结果保留2位有效数字。

6　精密度

在同一实验室相同条件下获得的两次独立测定结果的绝对差值不得超过算术平均值的10%。

7　注意事项

7.1 整个实验过程应在通风橱内进行，并佩戴防护口罩及手套。废液应妥善处理，不得污染环境。

7.2 甲醇为有毒有机试剂，冰乙酸具有刺激性，避免接触皮肤，若皮肤接触需脱去污染的衣着，用肥皂水和清水彻底冲洗皮肤。

7.3 天平和组织捣碎机使用前需保持干燥清洁，使用后需清理干净。取样要均匀、防止污染，取样量要按照检测限和卫生指标综合考虑。处理样品时，注意防止交叉污染。

7.4 流动相用水要现用现取，所使用到的溶剂必须经滤膜过滤，以除去杂质微粒，要注意分清有机相滤膜和水相滤膜。

7.5 仪器开机前，需检查仪器状态，管路有无泄漏；冷却水压力；进样器附近是否清洁；洗针液体积；在进样分析前，应充分平衡色谱柱。

起草人：郑　红（山东省食品药品检验研究院）
陶　滔（四川省食品药品检验检测院）
复核人：付　舟（山东省食品药品检验研究院）
闵宇航（四川省食品药品检验检测院）

第十八节　食品中滴滴涕等7种农药残留的检测

1　简述

参考GB/T 5009.19-2008《食品中有机氯农药多组分残留量的测定》制定本规程。

试样中有机氯农药组分经有机溶剂提取、凝胶色谱层析净化，用毛细管柱气相色谱分离电子捕获检测器检测，以保留时间定性，外标法定量。

本方法适用于茶叶、蔬菜、水果中滴滴涕、滴滴涕总量、狄氏剂、硫丹、六六六、六六六总量、五氯硝基苯残留量的测定。

2　试剂和材料

除另有规定外，所有试剂均为分析纯，水为符合GB/T 6682中规定的一级水。

2.1　试剂

丙酮；石油醚；乙酸乙酯；环己烷；正己烷；氯化钠；无水硫酸钠；聚苯乙烯凝胶（200~400目）。

2.2　农药标准品

α-六六六、β-六六六、γ-六六六、δ-六六六、p，p'-滴滴伊、p，p'-滴滴滴、o，p'-滴滴涕、p，p'-滴滴涕、狄氏剂、α-硫丹、β-硫丹、硫丹硫酸盐、五氯硝基苯，纯度均应不低于98%。

2.3　标准溶液的配制

分别准确称取或量取上述农药标准品适量，用少量苯溶解，再用正己烷稀释成一定浓度的标准储备溶液。量取适量标准储备溶液，用正己烷稀释为系列混合标准溶液。

3　仪器和设备

气相色谱仪（配有电子捕获检测器）；天平（感量0.01g和0.0001g）；凝胶净化柱（长30cm，内径2.3~2.5cm）；具活塞玻璃层析柱（柱底垫少许玻璃棉，用洗脱剂1+1的乙酸乙酯-环己烷浸泡的凝胶，以湿法装入柱中，柱床高约26cm，凝胶始终保持在洗脱剂中）；全自动凝胶色谱系统（带有254 nm波长紫外检测器，供选择使用）；旋转蒸发器（带水浴，可控温）；组织匀浆器；振荡器；氮气浓缩器。

4　分析步骤

4.1　试样制备

将茶叶样品放入粉碎机中粉碎，样品全部过425 μm的标准网筛；蔬菜、水果样品用组织匀浆机匀浆。

4.2　提取

称取试样匀浆20g，加水5ml（视其水分含量加水，使总水量约20ml），加丙酮40ml，振荡30分钟，加氯化钠6g，摇匀。加石油醚30ml，再振荡30分钟。静置分层后，将有机相全部转移至100ml具塞三角瓶中经无水硫酸钠干燥，并量取35ml于旋转蒸发瓶中，浓缩至约1ml，加入2ml乙酸乙酯-环己烷（1+1）溶液再浓缩，如此重复3次，浓缩至约1ml，供凝胶色谱层析净化使用，或将浓缩液转移至全自动凝胶渗透色谱系统配套的进样试管中，用乙酸乙酯-环己烷（1+1）溶液洗涤旋转蒸发瓶数次，将洗涤液合并至试管中，定容至10ml。

4.3　净化

选择手动或全自动净化方法的任何一种进行。

4.3.1 手动凝胶色谱柱净化　将试样浓缩液经凝胶柱以乙酸乙酯-环己烷（1+1）溶液洗

脱，弃去 0~35ml 流分，收集 35~70ml 流分。将其旋转蒸发浓缩至约 1ml，再经凝胶柱净化收集35~70ml 流分，蒸发浓缩，用氮气吹除溶剂，用正己烷定容至 1ml，留待 GC 分析。

4.3.2 全自动凝胶渗透色谱系统净化　试样由 5ml 试样环注入凝胶渗透色谱（GPC）柱，泵流速 5.0ml/min，以乙酸乙酯 – 环己烷（1+1）溶液洗脱，弃去 0~7.5 分钟流分，收集 7.5~15分钟流分，15~20 分钟冲洗 GPC 柱。将收集的流分旋转蒸发浓缩至约 1ml，用氮气吹至近干，用正己烷定容至 1ml，留待 GC 分析。

4.4　气相色谱–质谱参考条件

色谱柱：DM–5 石英弹性毛细管柱，长 30m，内径 0.32mm、膜厚 0.25μm，或等效柱。程序升温 90℃保持 1 分钟，以 40℃/min 升至 170℃再以 2.3℃/min 升至 230℃保持 17 分钟最后以40℃/min 升至 280℃并保持 5 分钟。进样口温度：280℃，不分流进样，进样量 1μl。检测器：电子捕获检测器（ECD），温度 300℃。载气流速：氮气流速 1ml/min；尾吹 25ml/min。柱前压：0.5mPa。

4.5　色谱分析

分别吸取 1μl 混合标准液及试样净化液注入气相色谱仪中，记录色谱图，以保留时间定性，以试样液和标准液的峰高或峰面积比较定量。

5　计算

试样中各农药的含量按下式进行计算。

$$X=\frac{m_1 \times V_1 \times f \times 1000}{m \times V_2 \times 1000}$$

式中：X 为试样中各农药的含量（mg/kg）；m_1 为被测样液中各农药的含量（ng）；V_1 为样液进样体积（μl）；f 为稀释因子；m 为试样质量（g）；V_2 为样液最后定容体积（ml）；计算结果保留 2 位有效数字。

6　精密度

在同一实验室相同条件下获得的两次独立测定结果的绝对差值不得超过算术平均值的20%。

7　注意事项

7.1 对于一些茶叶、蔬菜、水果类食品，其基质本身会对检测结果造成干扰，此时应进行基质空白试验来对实验结果进行校正。

7.2 在洗脱液氮吹过程中，需要严格控制氮气吹扫流量，避免样品溶液溅出；在旋转蒸发的过程中，要防止旋转温度过高，引起样品溶液爆沸，甚至溅出，造成样品溶液交叉污染。

起草人：陈克云（山东省食品药品检验研究院）

复核人：李　霞（山东省食品药品检验研究院）

第十九节 食品中敌敌畏等 5 种农药残留的检测

1 简述

参考 GB/T 5009.20-2003《食品中有机磷农药残留量的测定》制定本规程。

试样中有机磷农药经提取、分离净化后在富氢焰上燃烧，HPO 碎片的形式放射出波长526nm 的特征光，这特征光通过滤光片选择后，由光电倍增管接收，转换成电信号，经微电流放大器放大后被记录下来。试样的峰面积或峰高与标准品的峰面积或峰高进行比较定量。

本方法适用于粮食、蔬菜、水果、豆类中敌敌畏、甲拌磷、马拉硫磷、杀螟硫磷、水胺硫磷的测定。

本规程方法检出限为 0.01~0.03mg/kg。

2 试剂和材料

除另有规定外，所用试剂均为分析纯，实验用水为 GB/T 6682 中规定的一级水。

2.1 试剂

中性氧化铝；二氯甲烷（色谱纯）；丙酮（色谱纯）；无水硫酸钠（650℃干燥 4 小时，置于密闭容器中备用）；活性炭；敌敌畏、甲拌磷、马拉硫磷、杀螟硫磷、水胺硫磷标准品。

2.2 标准溶液的配制

2.2.1 农药标准储备液 准确称取适量农药标准品，用苯（或三氯甲烷）先配制储备液，放在 0~4℃冰箱中保存。

2.2.2 农药标准使用液 临用时用二氯甲烷稀释储备液为使用液，使其浓度为 2 μg/ml。

3 仪器和设备

气相色谱仪（FPD）；天平（感量 0.01g 和 0.1mg）；电动振荡器；恒温水浴；旋转蒸发仪。

4 分析步骤

4.1 试样提取与净化

4.1.1 蔬菜和水果 将样品切碎混匀。称取 10.00g 混匀的试样，置于 250ml 具塞锥形瓶中，加 30~100g 无水硫酸钠（根据供试品含水量）脱水，剧烈振摇后如有固体硫酸钠存在，说明所加无水硫酸钠已够。加 0.2~0.8g 活性炭（根据供试品色素含量）脱色。加 70ml 二氯甲烷，在振荡器上振摇 0.5 小时，经滤纸过滤。量取 35ml 滤液，在通风柜中室温下自然挥发至近干，用二氯甲烷少量多次研洗入 10ml（或 5ml）具塞刻度试管中，并定容至 2.0ml，备用。

4.1.2 粮食、豆类、茶叶制品及香辛料 将样品磨碎过 20 目筛、混匀。称取 10.00g 置于具塞锥形瓶中，加入 0.5g 中性氧化铝、0.2g 活性炭及 20ml 二氯甲烷，振摇 0.5 小时，过滤，滤液直接进样。如农药残留散低，则加 30ml 二氯甲烷，振摇过滤，量取 15ml 滤液浓缩，并定容至 2ml 进样。

4.2 仪器参考条件

色谱柱：DB-1701石英毛细管柱，30m×0.25mm×0.25μm。恒流载气1ml/min。程序升温：70℃保持2分钟，25℃/min升至150℃，保持2分钟，3℃/min升至200℃，保持2分钟，10℃/min升至280℃，保持10分钟。进样口温度250℃。检测器温度300℃。进样量：1μl。不分流进样。垫吹扫流量3ml/min，尾吹流量30ml/min。

4.3 测定

本方法采用外标法定量，将配制好的标准溶液1μl注入气相色谱仪中，可测得不同浓度有机磷标准溶液的峰面积，分别绘制有机磷标准曲线。同时取试样溶液1μl注入气相色谱仪中，测得的峰面积从标准曲线图中查出相应的含量。

4.4 空白试验

除不加试样外，均按上述提取及以后的步骤进行操作。

5 计算

试样中有机磷农药的含量按下式计算。

$$X = \frac{C \times V \times R}{m \times 1000}$$

式中：X为试样中有机磷农药的含量（mg/kg）；C为试样测定的浓度（μg/L）；V为定容体积（ml）；R为稀释倍数；m为样品称样量（g）；1000为换算系数。计算结果需扣除空白值，测定结果用平行测定的算术平均值表示，保留2位有效数字。

6 精密度

在同一实验室相同条件下获得的两次独立测定结果的绝对差值不得超过算术平均值的10%。

7 注意事项

7.1 在抽样和制样的操作过程中，必须防止样品受到污染或发生残留物含量的变化。

7.2 加标回收实验每20批供试品至少需添加1~2组样品加标，以确保实验的准确性。加标水平至少应涵盖0.02、0.10、0.5mg/kg，回收率应满足GB/T 27404的要求。

7.3 整个实验过程应在通风橱内进行，并佩戴防护口罩及手套。

7.4 注意定期更换气相色谱进样口隔垫及衬管，维护进样针，以确保数据结果的稳定。

7.5 色谱条件可根据实验室条件进行调整，程序升温和载气流量在保证各组分完全分离的条件下，可适当调整，使分析过程尽量短。

起草人：沈祥震（山东省食品药品检验研究院）
罗　玥（四川省食品药品检验检测院）
复核人：申中兰（山东省食品药品检验研究院）
岳清洪（四川省食品药品检验检测院）

第二十节　食品中氰戊菊酯和 S- 氰戊菊酯、溴氰菊酯残留量的检测

1　简述

参考 GB/T 5009.110-2003《植物性食品中氯氰菊酯、氰戊菊酯和溴氰菊酯残留量的测定》制定本规程。

试样中的氰戊菊酯和溴氰菊酯经石油醚提取、中性氧化铝柱净化、浓缩后经气相色谱电子捕获检测器（ECD）检测，保留时间定性，外标法定量。

本方法适用于小麦粉中氰戊菊酯和S-氰戊菊酯、溴氰菊酯残留量的测定。

本方法检出限：氰戊菊酯为 $3.1\,\mu g/kg$、溴氰菊酯为 $0.88\,\mu g/kg$。

2　试剂和材料

除另有规定外，所用试剂均为色谱纯，实验用水为 GB/T 6682 中规定的一级水。

2.1　试剂

石油醚（30~60℃沸程）；丙酮；正己烷；乙酸乙酯；中性氧化铝净化柱（500mg/3ml）；有机相微孔过滤膜（13mm×0.22μm）；具塞离心管（50ml 和 15ml）；氰戊菊酯标准品（纯度 ≥94.4%）；溴氰菊酯标准品（纯度 ≥97.5%）。

2.2　试剂配制

石油醚–乙酸乙酯混合溶液（9+1）：量取 900ml 石油醚，100ml 乙酸乙酯，混匀。

2.3　标准溶液的配制

2.3.1　单一农药标准储备液的配制　分别准确称取 10.0mg 氰戊菊酯和溴氰菊酯的标准品于 10ml 容量瓶中，用丙酮溶解并定容至刻度，配成浓度为 1000μg/ml 的单一农药标准储备液，贮于 0℃的冰箱内，有效期 6 个月。

2.3.2　标准中间液的配制　准确移取 100μl 的单一农药储备液注入同一 10ml 的容量瓶中，用丙酮稀释至刻度，配成浓度为 10μg/ml 的标准中间液，贮于 4℃冰箱内，有效期 3 周。

2.3.3　标准工作液的配制　吸取一定量标准中间液，用丙酮逐级稀释成浓度为 0.05、0.1、0.2、0.5、1.0μg/ml 的标准工作液，临用前配制。

3　仪器和设备

气相色谱仪（配有电子俘获检测器）；高速组织捣碎机；分析天平（感量0.1mg和0.01g）；调速振荡器；高速冷冻离心机；固相萃取仪；氮吹仪（可控温）；涡旋式混合器。

4　分析步骤

4.1　试样制备和保存

4.1.1　试样制备　将样品按四分法缩分出约 1kg，全部磨碎并通过 20 目筛，混匀后均分成两份，分别装入洁净容器内作为试样，密封并标明标记。

4.1.2　试样保存　将试样于 –5℃以下避光保存。

4.2 提取

称取10g（精确至0.01g）粉碎的样品于50ml具塞离心管中，加入20ml石油醚，振摇提取30分钟，8000r/min离心5分钟后备用。

4.3 净化

中性氧化铝柱（500mg/3ml）接固相萃取仪，用6ml石油醚活化后，弃去石油醚，加入2ml上清液，控制流速为3ml/min，用10ml石油醚：乙酸乙酯（9：1）混合液洗脱，用15ml离心管收集洗脱液，氮吹至近干，用移液管准确移取1.00ml正己烷溶解残渣并振荡摇匀，过有机微孔滤膜，溶液供气相色谱仪测定。

4.4 测定

4.4.1 色谱参考条件　色谱柱：HP-5（30m×0.25mm×0.25μm），或相当者。程序升温：40℃保持1分钟，以30℃/min升至130℃，再以5℃/min升至250℃保持1分钟，再以10℃/min升至280℃保持10分钟。进样口温度：230℃。分流比：10：1。柱流速：1ml/min。检测器（ECD）温度：320℃。进样量：1.0μl。

4.4.2 色谱测定　在上述色谱条件下将氰戊菊酯和溴氰菊酯的标准溶液及试样测定液分别注入气相色谱仪，以保留时间定性，色谱峰峰面积定量。根据样液中被测组分的含量，选定相应浓度的标准工作溶液。标准工作溶液和样液中目标物响应值均应在仪器检测线性范围内。

5　计算

试样中被测农药残留量按下式计算。

$$X=\frac{C \times V \times V_1 \times 1000}{m \times V_2 \times 1000}$$

式中：X为试样中被测农药残留量（mg/kg）；C为试样中被测农药的测定浓度（μg/ml）；V为最终定容体积（ml）；V_1为提取溶剂总体积（ml）；V_2为移取用于检测的提取溶液的体积（ml）；m为试样质量（g）；1000为换算系数。

6　精密度

在同一实验室相同条件下获得的两次独立测定结果的绝对差值不得超过算术平均值的10%。

7　注意事项

7.1 氰戊菊酯结果为异构体之和。

7.2 氮吹不宜过久，不能吹干，近干即可。

7.3 整个实验过程应在通风橱内进行，并佩戴防护口罩及手套。

7.4 中性氧化铝柱中的溶剂到达吸附剂表面前加入样品溶液，柱子不能流干，注意控制流速。

7.5 由于净化柱的生产厂商不同、批号不同，其净化效率及回收率会有差异，在使用之前须对同批次的净化柱进行回收率测试。

7.6 注意定期更换气相色谱进样口隔垫及衬管，维护进样针，以确保数据结果的稳定。

7.7 质控措施：加标回收每20批供试品至少需添加1~2组样品加标，以确保实验的准确性。加标回收率应满足GB/T 27404的要求。

起草人：李芳芳（山东省食品药品检验研究院）

罗　玥（四川省食品药品检验检测院）

复核人：田其燕（山东省食品药品检验研究院）

岳清洪（四川省食品药品检验检测院）

第二十一节　大豆及谷物中氟磺胺草醚残留量的检测

1　简述

参考GB/T 5009.130-2003《大豆及谷物中氟磺胺草醚残留量的测定》制定本规程。

试样中氟磺胺草醚在酸性条件下用有机溶剂提取，经液-液分配及硅镁吸附柱净化除去干扰物质后，以高效液相色谱-紫外检测器测定，根据色谱峰的保留时间定性，外标法定量。

本方法适用于大豆及谷物中氟磺胺草醚的测定。

本方法的检出限为0.02mg/kg。

2　试剂和材料

除另有规定外，所用试剂均为分析纯，实验用水为GB/T 6682中规定的一级水。

2.1　试剂

甲醇（色谱纯）；乙醚（重蒸馏）；三氯甲烷；盐酸；丙酮（重蒸馏）；氢氧化钠；三水乙酸钠；磷酸（优级纯）；硫酸钠；氟磺胺草醚标准物质（纯度≥98%）；微孔过滤膜（有机相，0.45μm）；硅镁吸附剂净化柱（500mg，6ml，或相当者，使用前用5ml三氯甲烷活化）。

2.2　试剂配制

2.2.1　83ml/L 盐酸溶液　吸取8.3ml浓盐酸，加水稀释至100ml，摇匀备用。

2.2.2　4.0g/L 氢氧化钠溶液　称取0.4g氢氧化钠，溶于水中，稀释至100ml。

2.2.3　20g/L 硫酸钠溶液　称取20g硫酸钠，溶于水中，稀释至1000ml，用氢氧化钠溶液（2.2.2）调pH=11。

2.2.4　丙酮溶液　取980ml丙酮，加20ml盐酸。

2.2.5　甲醇+三氯甲烷（3+7）　取300ml甲醇与700ml三氯甲烷混合，摇匀。

2.2.6　流动相（甲醇+0.01mol/L 乙酸钠=60+40，pH 3.2）　称取0.544g三水乙酸钠溶于400ml水中，加600ml甲醇，混匀，用磷酸调pH=3.2，经0.45μm滤膜过滤，超声波脱气。

2.3　标准溶液的配制

2.3.1　标准储备溶液　称取10mg（精确至0.1mg）氟磺胺甲醚标准物质于10ml容量瓶中，

用甲醇溶解并定容至刻度。于 –18℃避光保存。

2.3.2 标准使用液 吸取 5.0ml 氟磺胺甲醚标准储备溶液于 50ml 容量瓶中，加甲醇定容至刻度。标准使用液避光 4℃保存，保存期为一周。

3 仪器和设备

高效液相色谱仪（带紫外检测器）；振荡器；分析天平（感量 0.1mg 和 1mg）；鸡心瓶（200ml）；分液漏斗（250ml）；三角瓶（250ml）；过滤器具（玻璃砂芯漏斗和抽滤瓶）；样品瓶（2ml）；具塞离心管（50ml）；氮气吹干仪；固相萃取装置；旋转蒸发仪；旋涡混合器。

4 分析步骤

4.1 试样预处理

将样品粉粹过 20 目筛，混匀。制备好的试样均分成两份，装入洁净的样品盒内，密封并标明标记。

4.2 前处理

4.2.1 提取 称取 20g 试样（精确至 0.001g）于三角瓶中，加入 100ml 丙酮溶液，于振荡器上振摇 15 分钟，静置分层，取上层溶液用过滤器具过滤，得到滤液。

4.2.2 净化 量取 60ml 滤液于分液漏斗中，加入 100ml 硫酸钠溶液，用氢氧化钠溶液调节 pH 在 10~11，加入 50ml 乙醚振摇，静止分层，弃去上层乙醚。下层溶液用盐酸溶液调 pH 在 1~2，加入 50ml 乙醚振摇，静止分层，收集乙醚层，下层溶液再用 50ml 乙醚振摇一次，合并乙醚，静置 15 分钟，排尽水层，于 45℃水浴中旋转浓缩至近干。用 6ml 三氯甲烷分三次溶解残渣，合并移入活化好的固相萃取柱中，用 10ml 三氯甲烷淋洗固相萃取柱，弃去淋洗液，用 20ml 甲醇 + 三氯甲烷洗脱，收集洗脱液于 50ml 离心管中，45℃氮吹至近干，加入 1ml 甲醇复溶，涡旋超声后，经微孔滤膜过滤，供液相色谱分析。

4.3 仪器参考条件

色谱柱：Symmetry C18（5μm，250mm×4.6mm）。流速：1.0ml/min。流动相：甲醇 +0.01mol/L 乙酸钠=60+40（pH 3.2）。柱温：35℃。进样量：10μl。测定波长：290 nm。

4.4 标准曲线制作

分别吸取 0.50，1.0，2.0，4.0，8.0ml 氟磺胺草醚标准使用液于 5 支 100.0ml 容量瓶中，加甲醇稀释至刻度，此标准系列的氟磺胺草醚浓度分别为 0.50，1.0，2.0，4.0，8.0μg/ml。此溶液临用现配。取各浓度标准 10μl 进样，以氟磺胺草醚的浓度为横坐标，峰面积为纵坐标绘制标准曲线。

4.5 试样溶液的测定

取 10μl 试样溶液注入液相色谱仪，记录色谱峰的保留时间和峰高，用保留时间定性，根据峰面积，从标准曲线上查出氟磺胺草醚的浓度。

5　计算

试样中氟磺胺草醚的含量按下式计算。

$$X = \frac{c \times V \times n}{m} \times \frac{1000}{1000}$$

式中：X为试样中氟磺胺草醚的含量（mg/kg）；c为从标准曲线上得到的氟磺胺草醚的浓度（µg/ml）；V为净化液定容体积（ml）；m为称取的样品质量（g）；n为稀释倍数；1000为换算系数；计算结果保留2位有效数字。

6　精密度

在同一实验室相同条件下获得的两次独立测定结果的绝对差值不得超过算数平均值的10%。

7　注意事项

7.1 实验过程中要做好质控措施，如加标回收、试剂空白等。加标水平应涵盖检出限和限量，以确保实验的准确性。

7.2 旋转蒸发时要求近干，然后在氮气流下吹干。如果蒸干可能会导致目标物的含量降低。

7.3 严格控制各步骤所需的pH，pH会影响目标物的提取效率。

7.4 在抽样和制样的操作过程中，必须防止样品受到污染或发生残留物含量的变化。

7.5 氟磺胺草醚是一种低度的农药，测定过程中应做好防护措施。

7.6 丙酮、乙醚和三氯甲烷为易制毒有机试剂，使用时需带防护手套和防护面具，并避免接触皮肤，废液应妥善处理，不得污染环境。

7.7 盐酸、氢氧化钠具有刺激性，使用时需带防护手套和防护面具，并避免接触皮肤。

7.8 pH计在进行操作前，应首先检查电极的完好性并进行pH校准。

起草人：魏莉莉（山东省食品药品检验研究院）

复核人：宿书芳（山东省食品药品检验研究院）

第二十二节　蔬菜中双甲脒残留量的检测

1　简述

参考GB/T 5009.143-2003《蔬菜、水果、食用油中双甲脒残留量的测定》制定本规程。

试样中双甲脒（及代谢物）水解成2，4-二甲基苯胺，正己烷提取，经酸，碱反复液-液分配净化后，用七氟丁酸酐将2，4-二甲基苯胺衍生成2，4-二甲苯七氟丁酰胺，用配有电子捕获检测器的气相色谱仪测定，外标法定量。

本方法适用于蔬菜中双甲脒（及其残留物）的测定。

第三篇　食品中化学成分检测

当样品称样量为2g，定容体积为5ml时，本规程方法检出限为0.02mg/kg。

2 试剂和材料

除另有规定外，所用试剂均为分析纯，实验用水为GB/T 6682中规定的一级水。

2.1 试剂

七氟丁酸酐；正己烷（色谱纯）；无水硫酸钠（650℃干燥4小时，置于密闭容器中备用）；双甲脒、2，4-二甲基苯胺标准品。

2.2 试剂配制

2.2.1 氢氧化钠水溶液（10mol/L） 称取40g氢氧化钠溶解于100ml水中，混匀备用。

2.2.2 氢氧化钠水溶液（1mol/L） 称取4g氢氧化钠溶解于100ml水中，混匀备用。

2.2.3 盐酸水溶液（0.1mol/L） 移取质量分数为37%的浓盐酸溶液10ml加入1100ml水中，混匀备用。

2.2.4 盐酸水溶液（2mol/L） 移取质量分数为37%的浓盐酸溶液40ml加入200ml水中，混匀备用。

2.2.5 饱和碳酸氢钠溶液 称取100g碳酸氢钠于1 L水中，溶解混匀，上清液备用。

2.3 标准溶液的配制

2.3.1 双甲脒标准储备液的配制 准确称取10.0mg双甲脒标准品于10ml容量瓶中，用正己烷溶解并定容至刻度，配成浓度为1000μg/ml的标准储备液，贮于0℃的冰箱内，有效期6个月。

2.3.2 2，4-二甲基苯胺标准储备液的配制 准确称取10.0mg 2，4-二甲基苯胺标准品于10ml容量瓶中，用正己烷溶解并定容至刻度，配成浓度为1000μg/ml的标准储备液，贮于0℃的冰箱内，有效期6个月。

2.3.3 2，4-二甲基苯胺标准工作液的配制 准确移取1.00ml 2，4-二甲基苯胺标准储备液于100ml容量瓶中，配成浓度为10μg/ml的溶液，并用正己烷逐级稀释成浓度为0.05、0.1、0.2、0.5、1.0、2.0μg/ml的标准工作液。贮于4℃冰箱内，有效期3周。

3 仪器和设备

气相色谱仪（μ-ECD）；天平（感量0.001g和0.0001g）；组织捣碎机；恒温水浴；涡旋混匀器。

4 分析步骤

4.1 试样预处理

4.1.1 在采样和制备过程中，应注意不使试样污染。

4.1.2 将1kg样品经组织捣碎机充分捣碎混匀，于0~4℃冰箱中保存备用。

4.2 试样水解

称取2g试样（精确至0.001g），置于150ml具塞锥形瓶中，加入5ml盐酸溶液（2.0mol/L）于混匀器上混匀，接好回流装置于120℃回流2小时，冷却至室温。

4.3　试样提取

将锥形瓶内的混合物转移至50ml离心管中，并用蒸馏水分三次冲洗锥形瓶，每次1ml，冲洗液并入离心管中，混匀后加入3ml氢氧化钠溶液（10mol/L），混匀并冷却后，加入3ml正己烷，涡旋提取2分钟，于8000r/min离心2分钟，将正己烷相转移至另一50ml离心管中，再用正己烷提取水相2次，每次3ml，合并正己烷相于50ml离心管中，待净化。

4.4　试样净化

用盐酸溶液（0.1mol/L）提取上述正己烷3次，每次1ml，每次涡旋时间不少于2分钟，涡旋后置于8000r/min离心2分钟，将酸相移入另一50ml离心试管中，再用正己烷洗涤酸相3次，每次3ml，涡旋后置于8000r/min离心2分钟，弃去正己烷层。加入1ml氢氧化钠溶液（1.0mol/L），混匀，分别用2ml、2ml和1ml正己烷提取水相3次，涡旋后置于8000r/min离心2分钟，将正己烷层转移10ml具塞比色管中，用正己烷定容5ml。

4.5　试样衍生化

于上述正己烷溶液中加入10μl七氟丁酸酐，盖塞混匀后，于50℃的恒温水浴中反应1小时。冷却至室温，加入3ml饱和碳酸氢钠溶液，涡旋混匀1分钟，静置分层后取有机相经无水硫酸钠干燥待测定。

4.6　仪器参考条件

色谱柱：HP-5石英毛细管柱，30m×0.25mm×0.25μm。恒流载气1ml/min。程序升温：50℃保持1分钟，5℃/min升至150℃，保持5分钟，30℃/min升至280℃，保持5分钟。进样口温度250℃；检测器温度300℃。进样量：1μl；不分流进样。垫吹扫流量3ml/min，尾吹流量30ml/min。

4.7　色谱测定

取2，4-二甲基苯胺标准工作溶液5ml按4.5方法进行衍生化，在上述色谱条件下将2，4-二甲苯胺标准溶液及试样测定液分别注入气相色谱仪，以保留时间定性，色谱峰峰面积定量。根据样液中被测组分2，4-二基甲苯胺的含量，选定相应浓度的标准工作溶液。标准工作溶液和样液中双甲脒响应值均应在仪器检测线性范围内。对标准工作溶液和样液等体积进样测定。

4.8　空白试验

除不加试样外，均按上述提取及以后的步骤进行操作。

5　计算

试样中双甲脒残留含量按下式计算。

$$X = \frac{C \times A \times V \times 1.21 \times 1000}{A_S \times m \times 100}$$

式中：X为试样中双甲脒残留含量（mg/kg）；A为样液中2，4-二甲苯七氟丁酰胺的峰面积；A_S为标准工作溶液中2，4-二甲苯七氟丁酰胺的峰面积；C为标准工作溶液中2，4-二甲苯胺的浓度（μg/ml）；V为样液最终定容体积（ml）；m为最终样液所代表的试样量（g）；1.21为2，4-二甲基苯胺计算成双甲脒的校正系数。计算结果需扣除空白值，测定结果用平行测定的算术平均值表示，保留3位有效数字。

6 精密度

在同一实验室相同条件下获得的两次独立测定结果的绝对差值不得超过算术平均值的4%。

7 注意事项

7.1 本实验中阳性加标回收所添加的对照品应为双甲脒，标准曲线所用对照品应为2，4-二甲苯胺。

7.2 在抽样和制样的操作过程中，必须防止样品受到污染或发生残留物含量的变化。

7.3 加标回收实验每20批供试品至少需添加1~2组样品加标，以确保实验的准确性。加标水平至少应涵盖0.02、0.10、0.5mg/kg，回收率应满足GB/T 27404的要求。

7.4 整个实验过程应在通风橱内进行，并佩戴防护口罩及手套。

7.5 注意定期更换气相色谱进样口隔垫及衬管，维护进样针，以确保数据结果的稳定。

7.6 色谱条件可根据实验室条件进行调整，程序升温和载气流量在保证各组分完全分离的条件下，可适当调整，使分析过程尽量短。

起草人：沈祥震（山东省食品药品检验研究院）

复核人：申中兰（山东省食品药品检验研究院）

第二十三节 水果、蔬菜中甲基异柳磷残留量的检测

1 简述

参考GB/T 5009.144-2003《植物性食品中甲基异柳磷残留量的测定》制定本规程。

试样经提取、净化后用气相色谱火焰光度检测器检测。通过试样的峰高（面积）与标准品的峰高（面积）比较计算试样相当的含量。

本方法适应于水果、蔬菜中甲基异柳磷的测定。

当样品称样量为5.00g，定容体积为1.00ml时，本方法检出限为0.004mg/kg。

2 试剂和材料

除另有规定外，所用试剂均为分析纯，水为符合GB/T 6682中规定的一级水。

2.1 试剂

乙酸乙酯（色谱纯）；丙酮（色谱纯）；无水硫酸钠；活性炭；弗罗里硅土。

2.2 试剂配制

2.2.1 活性炭 层析用20~40目，称取20g活性炭，用3mol/L盐酸溶液浸泡过夜，抽滤后，用水洗至无氯离子，在120℃烘干备用。

2.2.2 弗罗里硅土 620℃灼烧4小时后备用，用前140℃烘2小时，冷却后加5%的水减活。

2.2.3 净化柱 改良酸式滴定管，由下至上依次加入少量脱脂棉、1g无水硫酸钠、0.7g活性炭和4g弗罗里硅土的混合物、1g无水硫酸钠。

2.3 标准溶液的配制

2.3.1 标准储备液 准确称取10.0mg甲基异柳磷标准品（纯度≥97%）于10ml容量瓶中，用丙酮溶解并定容至刻度，该溶液浓度1000μg/ml。保存于−18℃冰箱中，保存期6个月。

2.3.2 标准中间液 准确移取1.00ml标准储备液于100ml容量瓶中，用丙酮定容，该溶液浓度为10μg/ml。0~4℃避光保存，有效期1个月。

2.3.3 标准工作液 吸取一定量标准中间液，用丙酮逐级稀释成浓度为0.05、0.1、0.2、0.5、1.0、2.0μg/ml的标准工作液，临用前配制。

3 仪器和设备

气相色谱仪（具有FPD火焰光度检测器）；电动振荡器（可调频率，可定时）；组织捣碎机；离心机（可调速、可控温）；具塞三角瓶（150ml、250ml）；超声水浴箱；电子天平（感量为0.1mg和0.01g）。

4 分析步骤

4.1 试样预处理

4.1.1 取水果、蔬菜样品，去掉非可食部分后经组织捣碎机捣碎，制成匀浆。

4.1.2 将试样于−18℃冷冻保存。

4.2 分析步骤

4.2.1 提取 称取5g试样（精确至0.001g），置于研钵中，加入30~100g无水硫酸钠研磨脱水，转移至250ml三角瓶中，加入60ml乙酸乙酯（以泡过试样为准），振荡提取30分钟，静置后，取上清液30ml于50ml离心管中，用氮气吹至近干，待净化。

4.2.2 净化 将浓缩后试样溶液，转移至柱上净化，用30ml乙酸乙酯淋洗，收集淋洗液于另一50ml离心管中，用氮气吹至近干，准确移取1.0ml丙酮涡旋或超声溶解，供气相色谱仪测定。

4.3 色谱参考条件

色谱柱：HP-5石英毛细管柱，30m×0.32mm（内径），0.25μm（膜厚），或相当者。载气：氮气（纯度≥99.99%），1.0ml/min，恒定流量。柱温：40℃保持1分钟，10℃/min升至180℃，5℃/min升至280℃，保持2分钟。进样口温度：250℃。检测器温度：300℃。进样量：1μl。进样方式：不分流。气体流量：隔垫吹扫流量3ml/min，氮气流量30ml/min，氢气流量70ml/min，空气流量100ml/min。

5 计算

试样中甲基异柳磷的含量按下式计算。

$$X= \frac{C \times V_3 \times V_1 \times 1000}{m \times V_2 \times 1000}$$

式中：X为试样中被测物残留量（mg/kg）；C为测试液中被测物的浓度（μg/ml）；V_1为样液提取体积，单位ml；V_2为样液转移体积，单位ml；V_3为样液最终定容体积（ml）；m为试样溶液所代表试样的质量（g）。测定结果用平行测定的算术平均值表示，保留2位有效数字。

6 精密度

在同一实验室相同条件下获得的两次独立测定结果的绝对差值不得超过算术平均值的10%。

7 注意事项

7.1 在抽样和制样的操作过程中，必须防止样品受到污染或发生残留物含量的变化。

7.2 质控措施：加标回收。每20批供试品至少需添加1~2组样品加标，以确保实验的准确性。加标水平：0.004、0.02、0.04、1.0mg/kg，回收率应满足GB/T 27404的要求。

7.3 整个实验过程应在通风橱内进行，并佩戴防护口罩及手套。

7.4 注意定期更换气相色谱进样口隔垫及衬管，维护进样针，以确保数据结果的稳定。

7.5 色谱条件可根据实验室条件进行调整，程序升温和载气流量在保证各组分完全分离的条件下，可适当调整，使分析过程尽量短。

起草人：申中兰（山东省食品药品检验研究院）

复核人：沈祥震（山东省食品药品检验研究院）

第二十四节 食品中对硫磷等6种农药残留的检测

1 简述

参考GB/T 5009.145-2003《植物性食品中有机磷和氨基甲酸酯类农药多种残留的测定》制定本规程。

试样中有机磷农药用有机溶剂提取，再经液液分配、微型柱净化等步骤除去干扰物质，用气相色谱仪氮磷检测器（NPD）检测，根据色谱峰的保留时间定性，外标法定量。

本方法适用于代用茶、蔬菜、粮食、水果中对硫磷、甲基嘧啶磷、甲萘威、乐果、马拉硫磷、乙酰甲胺磷的农药残留量分析。

本方法检出限：对硫磷为8μg/kg、甲基嘧啶磷为8μg/kg、甲萘威为4μg/kg、乐果为2μg/kg、马拉硫磷为6μg/kg、乙酰甲胺磷为2μg/kg。

2 试剂和材料

除另有规定外，所有试剂均为分析纯，实验用水为GB/T 6682中规定的一级水。

2.1　试剂

丙酮（色谱纯）；二氯甲烷（色谱纯）；乙酸乙酯（色谱纯）；甲醇（色谱纯）；正己烷（色谱纯）；磷酸；氯化钠；无水硫酸钠；氯化铵；硅胶（60~80目130℃烘2小时，以5%水失活）；助滤剂（celite545）；农药及相关化学品标准物质（纯度≥98%）。

2.2　试剂配制

2.2.1　凝结液　5g氯化铵+10ml磷酸+100ml水，用前稀释5倍。

2.2.2　正己烷+二氯甲烷（9+1）　取900ml正己烷，加入100ml二氯甲烷，摇匀备用。

2.2.3　正己烷+丙酮（7+3）　取700ml正己烷，加入300ml丙酮，摇匀备用。

2.2.4　丙酮+乙酸乙酯（1+1）　取100ml正己烷，加入100ml丙酮，摇匀备用。

2.2.5　丙酮+甲醇（1+1）　取100ml丙酮，加入100ml甲醇，摇匀备用。

2.3　标准溶液的配制

2.3.1　标准储备液的配制　准确称取10.0mg农药及相关化学品于10ml容量瓶中，用丙酮溶解并定容至刻度，配成浓度为1000μg/ml的标准储备液，贮于0℃的冰箱内，有效期6个月。

2.3.2　标准中间液的配制　准确移取1.00ml农药及相关化学品标准储备液于100ml容量瓶中，用丙酮稀释定容，配成浓度为10μg/ml的标准工作液。贮于4℃冰箱内，有效期3周。

2.3.3　标准工作液的配制　吸取一定量标准中间液，用丙酮逐级稀释成浓度为0.05、0.1、0.2、0.5、1.0、2.0μg/ml的标准工作液，临用前配制。

3　仪器和设备

气相色谱仪（配有氮磷检测器）；分析天平（感量0.1mg和0.01g）；旋转蒸发器（带水浴，可控温）；超声波清洗器（可定时）；离心机（转速不低于4000r/min）；组织捣碎机；梨形瓶（250ml）；分液漏斗（250ml）；移液管（1.00ml、10.00ml）；聚四氟乙烯离心管（50ml）。

4　分析步骤

4.1　试样预处理

称取代用茶和粮食样品以粉碎机粉碎，过20目筛制成代用茶和粮食试样。蔬菜、水果擦去表层泥水，取可食部分匀浆制成分析试样。

4.2　试样保存

将试样于−18℃下保存。

4.3　提取

称取约10g试样（精确至0.01g），置于50ml聚四氟乙烯离心管中，加入与试样含水量之和为10g的水和20ml丙酮，涡旋提取2分钟，置于超声波清洗器中，超声提取15分钟。在5000r/min离心转速下离心使试样沉降，用移液管吸出上清液10ml至分液漏斗中。

4.4　净化

在分液漏斗中依次加入40ml凝结液和1g助滤剂celite545，轻摇后放置5分钟，经两层滤纸的布氏漏斗抽滤，并用少量凝结液洗涤分液漏斗和布氏漏斗。将滤液转移至分液漏斗中，加入3g氯化钠，依次用50、50、30ml二氯甲烷提取，合并三次二氯甲烷提取液，经无水硫酸钠漏斗过滤至梨形瓶中，在35℃水浴的旋转蒸发仪上浓缩至约0.5ml，用氮气吹至近干。取下梨形瓶，加入2ml正己烷。以少许棉花塞住5ml医用注射器出口，1g硅胶以正己烷湿法装柱，敲实，将梨形瓶中液体倒入，再以2ml正己烷+二氯甲烷（9+1）洗涤梨形瓶，倒入柱中。依次以4ml正己烷+丙酮（7+3），4ml乙酸乙酯，8ml丙酮+乙酸乙酯（1+1），4ml丙酮+甲醇（1+1）洗柱，收集全部滤液于另一250ml梨形瓶中，于45℃水浴旋转蒸发浓缩近干，用移液管准确移取1.00ml正己烷溶解残渣并摇匀，取上清液上机。

4.5 测定

4.5.1 色谱参考条件　色谱柱：石英毛细管柱，HP-5，30m×0.25mm（内径），0.25μm（膜厚），或相当者。载气：氮气（纯度≥99.99%），1.0ml/min，恒定流量。柱温：40℃保持1分钟，20℃/min升至180℃，保持0分钟，再以5℃/min升至240℃保持0分钟，再以30℃/min升至280℃，保持4分钟。进样口温度：250℃。检测器温度：300℃。进样量：1μl。进样方式：不分流。气体流量：隔垫吹扫流量3ml/min，尾吹流量（N₂）50ml/min，氢气流量30ml/min，空气流量300ml/min。

4.5.2 色谱测定　在上述色谱条件下将对硫磷标准溶液及试样测定液分别注入气相色谱仪，以保留时间定性，色谱峰峰面积定量。根据样液中被测组分对硫磷的含量，选定相应浓度的标准工作溶液。标准工作溶液和样液中对硫磷响应值均应在仪器检测线性范围内。对标准工作溶液和样液等体积进样测定。

4.5.3 空白试验　除不加试样外，均按上述提取及以后的步骤进行操作。

5　计算

试样中对硫磷残留含量按下式计算。

$$X = \frac{C \times V_3 \times V_1 \times 1000}{m \times V_2 \times 1000}$$

式中：X为试样中被测物残留量（mg/kg）；C为测试液中被测物的浓度（μg/ml）；V_1为样液提取体积（ml）；V_2为样液转移体积（ml）；V_3为样液最终定容体积（ml）；m为试样溶液所代表试样的质量（g）。

6　注意事项

6.1 在抽样和制样的操作过程中，必须防止样品受到污染或发生残留物含量的变化。

6.2 旋转蒸发时要求近干，不能蒸干。

6.3 质控措施：加标回收。每20批供试品至少需添加1~2组样品加标，以确保实验的准确性。

起草人：李　玲（山东省食品药品检验研究院）

罗　玥（四川省食品药品检验检测院）

复核人：陈克云（山东省食品药品检验研究院）

岳清洪（四川省食品药品检验检测院）

第二十五节　茶叶中三氯杀螨醇残留量的检测

1　简述

参考GB/T 5009.176-2003《茶叶、水果、食用植物油中三氯杀螨醇残留量的测定》制定本规程。

试样中的三氯杀螨醇经石油醚提取，其提取液与标准系列同时用浓硫酸净化后，用配有电子捕获检测器的气相色谱仪测定，根据色谱峰的保留时间定性，外标法定量。

本方法适用于茶叶中三氯杀螨醇残留量的测定。

当样品称样量为5.0g，定容体积为10ml时，本方法最低检测浓度为1.6×10^{-2}mg/kg，测定下限为9.6×10^{-2}mg/kg。

2　试剂和材料

除另有规定外，所用试剂均为优级纯，实验用水为GB/T 6682中规定的一级水。

2.1　试剂

苯（色谱纯）；石油醚（沸程30~60℃）；硫酸；无水硫酸钠；三氯杀螨醇标准品（纯度≥99%）。

2.2　试剂配制硫酸钠溶液（20g/L）

称取20.0g硫酸钠，纯水溶解并定容至1000ml，混匀备用。

2.3　标准溶液的配制

2.3.1 标准储备液（1000μg/ml）　准确称取10.0mg三氯杀螨醇标准品于10ml容量瓶中，用苯溶解并定容至刻度，配成浓度为1000μg/ml的标准储备液，贮于0℃的冰箱内，有效期6个月。

2.3.2 标准中间液（10μg/ml）　准确移取1.00ml三氯杀螨醇标准储备液于100ml容量瓶中，用苯稀释定容，配成浓度为10μg/ml的标准中间液。贮于4℃冰箱内，有效期3周。

2.3.3 标准工作液的配制　吸取一定量标准中间液，用石油醚逐级稀释成浓度为0.05、0.10、0.20、0.50、1.00μg/ml的标准工作液。

3　仪器和设备

气相色谱仪（配有电子俘获检测器）；分析天平（感量0.01g和0.0001g）；氮吹仪（可控温）；具塞锥形瓶（125ml）；超声波清洗器；离心机（4000r/min）。

4　分析步骤

4.1　试样制备和保存

4.1.1 试样制备　取具有代表性茶叶样品100g，用粉碎机粉碎，混匀，装入洁净的容器内，密闭，标明标记。

4.1.2 试样保存　将试样于常温密闭、避光保存。

4.2　提取

称取约5g试样（精确至0.01g）于125ml具塞锥形瓶中，加20ml石油醚，于超声波清洗器中振荡30分钟，过滤至50ml具有刻度的比色管中，用15ml石油醚分3次洗涤残渣，洗液并入50ml比色管中，氮吹，浓缩至近干，最后用石油醚定容至10.00ml。

4.3　净化

移取试样提取液5.00ml于10ml比色管中，加0.5ml浓硫酸，盖上比色管盖。振摇数次后放气，然后振摇2分钟，于1600r/min离心15分钟，上清液供气相色谱仪测定。

4.4　标准曲线绘制

分别移取5.00ml的各标准系列，加入0.5ml浓硫酸，盖上试管塞。振摇数次后放气，然后振摇2分钟，于1600r/min离心15分钟，溶液供气相色谱测定。

4.5　测定

4.5.1 色谱参考条件　色谱柱：HP-5石英毛细管柱（30m×0.25mm×0.25μm），或相当者。载气：氮气（纯度≥99.99%），1.0ml/min，恒定流量。柱温：初始温度50℃，保持1分钟，以10℃/min升至240℃，保持4分钟，再以2℃/min升温至280℃，保持15分钟；进样口温度：280℃。检测器温度：300℃。进样量：1μl。进样方式：不分流。气体流量：隔垫吹扫流量3ml/min，尾吹流量（N₂）30ml/min。

4.5.2 色谱测定　在上述色谱条件下将三氯杀螨醇标准溶液及试样测定液分别注入气相色谱仪，以保留时间定性，色谱峰峰面积定量。根据样液中被测组分三氯杀螨醇的含量，选定相应浓度的标准工作溶液。标准工作溶液和样液中三氯杀螨醇响应值均应在仪器检测线性范围内。

5　计算

试样中三氯杀螨醇含量按下式计算。

$$X = \frac{C \times V \times V_1 \times 1000}{m \times V_2 \times 1000}$$

式中：X为试样中三氯杀螨醇残留含量（mg/kg）；C为试样溶液中三氯杀螨醇的浓度（μg/ml）；V为样液最终定容体积（ml）；V_1为提取溶剂总体积（ml）；V_2为移取用于检测的提取溶液的体积（ml）；m为最终样液所代表的试样量（g）；1000为换算系数。

6　精密度

在同一实验室相同条件下获得的两次独立测定结果的绝对差值不得超过算术平均值的10%。

7　注意事项

7.1在抽样和制样的操作过程中，必须防止样品受到污染或发生残留物含量的变化。

7.2 茶叶为粉末样品会吸水，提取时应充分混匀。

7.3 质控措施：加标回收。每20批供试品至少需添加1~2组样品加标，以确保实验的准确性。回收率应满足GB/T 27404的要求。

7.4 整个实验过程应在通风橱内进行，并佩戴防护口罩及手套。

7.5 氮吹时要求近干，不能吹干。

起草人：李芳芳（山东省食品药品检验研究院）
复核人：王艳丽（山东省食品药品检验研究院）

第二十六节　小麦粉中敌草快残留量的检测

1　简述

参考GB/T 5009.221-2008《粮谷中敌草快残留量的测定》制定本规程。

根据敌草快的溶解性及稳定性，用95%乙醇提取敌草快，与硼氢化钠反应后，用三氯甲烷萃取，除去三氯甲烷，以正己烷定容，气相色谱-质谱检测器测定，外标法定量，采用选择离子检测进行确证和定量。

本方法适用于小麦粉中敌草快残留量的测定。

本方法检出限为0.005mg/kg。

2　试剂和材料

除另有规定外，所用试剂均为分析纯，实验用水为GB/T 6682中规定的一级水。

2.1　试剂

正己烷（色谱纯）；三氯甲烷（色谱纯）；硼氢化钠；盐酸；氢氧化钠；无水硫酸钠（经650℃灼烧4小时后置于干燥器中备用）；95%乙醇；敌草快二溴盐标准品（纯度≥99%，CAS为6385-62-2）。

2.2　试剂配制

2.2.1 盐酸溶液（2mol/L）　取100ml盐酸，加入500ml水，摇匀，配制成2mol/L盐酸溶液。

2.2.2 氢氧化钠溶液（5mol/L）　称取20g氢氧化钠于100ml容量瓶中，用超纯水溶解并定容至刻度，配制成5mol/L氢氧化钠溶液。

2.3　标准溶液的配制

准确称取1mg（精确至0.1mg）敌草快二溴盐标准品于10ml容量瓶中，以1ml水溶解后用95%乙醇配制成浓度为100μg/ml的标准储备液，根据需要再配成适用浓度的标准工作溶液，保存于4℃冰箱中，可使用90天。

3　仪器和设备

气相色谱-质谱仪（配有电子轰击源）；分析天平（感量0.01g和0.0001g）；高速分散均质

机；旋转蒸发仪；平底烧瓶（100ml）；梨形瓶（50ml）；分液漏斗（125ml）；涡旋式混合器；移液管（2.00ml）。

4 分析步骤

4.1 提取净化

称取试样5g（精确至0.01g）于100ml平底烧瓶中，加入30ml 95%乙醇，均质3分钟。加入50mg硼氢化钠，振荡40分钟后加入4ml盐酸（2mol/L）溶液，以5ml 95%乙醇冲洗烧瓶并抽滤两次。合并滤液于35℃水浴旋转蒸发除去乙醇，残留水层移入125ml分液漏斗，再以2×5ml水冲洗烧瓶，洗液并入分液漏斗，用每次30ml三氯甲烷多次萃取至三氯甲烷层无色并弃去三氯甲烷层，水层加入2ml氢氧化钠溶液（5mol/L），以20ml三氯甲烷萃取后将三氯甲烷层放入已预先加入3滴2mol/L盐酸的50ml梨形瓶中，小心摇匀后于旋转蒸发器上蒸除三氯甲烷。再以20ml三氯甲烷萃取并将三氯甲烷层放入上述已预先加入3滴2mol/L盐酸的50ml梨形瓶中，小心摇匀后于旋转蒸发器上蒸除三氯甲烷。再以2ml水仔细冲洗烧瓶内壁，准确加入2ml正己烷和3滴氢氧化钠溶液（5mol/L），振荡提取1分钟，静置分层后，取正己烷层加入适量无水硫酸钠，供GC-MS测定。标准溶液的制备过程与以上步骤相同（无须均质）。

4.2 测定

4.2.1 色谱参考条件 色谱柱：HP-5MS（30m×0.25mm×0.25μm），或与其相当的色谱柱。载气：氦气（纯度≥99.999%），1.0ml/min，恒定流量。柱温：60℃保持2分钟，以20℃/min升至230℃保持3分钟。进样口温度：250℃。进样量：1.0μl。进样方式：不分流进样。离子源温度：230℃。电离（EI）电压：70eV。色谱-质谱接口温度：280℃。溶剂延迟时间：6分钟。选择性离子监测（SIM）m/z：108、135、189、190。

4.2.2 气相色谱-质谱测定及阳性结果确证 根据样液中被测物含量情况，选择浓度相近标准溶液，标准工作溶液和待测样液中敌草快的响应值均应在仪器检测的线性范围内。对标准工作溶液与样液等体积进样测定。在上述气相色谱-质谱条件下，敌草快保留时间约为6.8分钟。如果样液与标准工作溶液的选择离子色谱图中，在相同保留时间有色谱峰出现，则根据选择离子（m/z）108、135、189、190（丰度比约为100:33:23:55）对其确证。

4.2.3 平行试验 按以上步骤对同一试样进行平行试验测定。

4.2.4 空白试验 除不加试样外，均按上述提取净化及以后的步骤进行测定。

5 计算

试样中敌草快残留量按下式计算。

$$X = \frac{C \times V \times 1000}{m \times 1000}$$

式中：X为试样中敌草快残留量（mg/kg）；C为测试液中敌草快的浓度（μg/ml）；V为定容体积（ml）；m为称取试样的质量（g）；1000为换算系数；计算结果保留到小数点后两位。

6 精密度

在同一实验室相同条件下获得的两次独立测定结果的绝对差值不得超过算术平均值的10%。

7　注意事项

7.1 注意硼氢化钠试剂的有效性，出现结块吸潮现象不可使用。

7.2 前处理过程应在通风橱内进行，并佩戴防护口罩及手套。

起草人：张红霞（山东省食品药品检验研究院）
罗　玥（四川省食品药品检验检测院）
复核人：刘艳明（山东省食品药品检验研究院）
岳清洪（四川省食品药品检验检测院）

第二十七节　食品中虫螨腈等9种农药残留的检测

1　简述

参考NY/T 1379-2007《蔬菜中334种农药多残留的测定 气相色谱质谱法和液相色谱质谱法》制定本规程。

试样经乙腈匀浆提取，提取液经盐析，石墨碳黑、丙氨基固相小柱净化后，用气相色谱-质谱仪测定，内标法定量。

本方法适用于蔬菜、水果中虫螨腈、二甲戊灵、抗蚜威、嘧菌环胺、三环唑、霜霉威和霜霉威盐酸盐、溴螨酯、氧乐果、氟虫腈的测定。

本方法的检出限为0.007~0.02mg/kg，具体见表3-7-49。

表3-7-49　每种化合物的定量离子、定性离子、检出限及混合标准溶液浓度

序号	中文名称	定量离子	定性离子	检出限 mg/kg	混合标准溶液浓度 μg/ml
1	虫螨腈	247	328、408	0.007	0.25
2	二甲戊灵	252	220、162	0.007	0.25
3	抗蚜威	166	238、138	0.007	0.25
4	嘧菌环胺	224	225、210	0.007	0.25
5	三环唑	189	162、161	0.02	1.0
6	霜霉威和霜霉威盐酸盐	58	129、188	0.007	0.25
7	溴螨酯	341	183、339	0.007	0.25
8	氧乐果	156	110、126	0.01	0.5
9	氟虫腈	367	369、351	0.01	0.25

2　试剂和材料

除非另有说明，所有试剂均为色谱纯，实验用水为GB/T 6682规定的一级水。

第三篇　食品中化学成分检测

2.1 试剂

丙酮；乙腈；甲苯；无水硫酸镁（分析纯，500℃灼烧4小时，置于干燥器中冷却，备用）；虫螨腈（纯度≥95%）；二甲戊灵（纯度≥95%）；抗蚜威（纯度≥95%）；嘧菌环胺（纯度≥95%）；三环唑（纯度≥95%）；霜霉威和霜霉威盐酸盐（纯度≥95%）；溴螨酯（纯度≥95%）；氧乐果（纯度≥95%）；氟虫腈（纯度≥95%）；氘代毒死蜱（纯度≥95%）；石墨碳黑固相萃取柱（6ml，500mg）；丙氨基固相萃取柱（6ml，500mg）。

2.2 试剂配制

乙腈+甲苯（3+1）：取300ml乙腈，加入100ml甲苯，混匀备用。

2.3 标准溶液的配制

2.3.1 标准储备液（1000 μg/ml） 分别准确称取10.0mg各种农药标准物质分别于10ml容量瓶中，用丙酮溶解并定容至刻度，配成浓度为1000 μg/ml的单个农药标准储备液，保存于−18℃冰箱中，保存期6个月。

2.3.2 内标添加溶液（5 μg/ml） 吸取0.50ml标准储备液，移入100ml容量瓶中，用丙酮定容，该溶液浓度为5 μg/ml。

2.3.3 混合标准工作溶液 根据各农药在质谱中的响应值，移取适量的单个农药标准储备液分别注入同一容量瓶中，用丙酮稀释至刻度，配制成混合标准储备液。使用前用丙酮稀释成所需的标准工作液，其间加入一定量的内标添加溶液。混合标准工作溶液浓度和内标浓度见表3-7-49。

3 仪器和设备

气相色谱–质谱仪（配有电子轰击离子源EI，带冷阱的程序升温PTV进样口）；分析天平（感量0.01g和0.0001g）；旋转蒸发器（带水浴可控温）；离心机（转速不低于4000r/min）；均质器（最大转速20000r/min）；氮吹仪（可控温）；固相萃取装置（带真空泵）；聚四氟乙烯离心管（100ml）；鸡心瓶（100ml）；移液管（0.5、1.00、2.00、5.00、10.00ml）。

4 分析步骤

4.1 试样制备和保存

4.1.1 试样制备 水果、蔬菜样品取样部位按GB 2763附录A执行，取有代表性样品500g，将其切碎后，用粉碎机加工成浆状，混匀，装入洁净的容器内，密闭，标明标记。

4.1.2 试样保存 将试样于−18℃以下避光保存。

4.2 提取

称取约15g试样（精确至0.01g）于100ml离心管中，准确加入30ml乙腈，用均质器高速匀浆提取2分钟，再加入7.5g无水硫酸镁，再匀浆1分钟，4000r/min离心10分钟。取上清液10ml至鸡心瓶中，于旋转蒸发仪上40℃旋转浓缩，当浓缩至约1ml时，加入10ml乙腈，使提取液中少量水分与乙腈形成共沸物除去，最后使试液体积约为1ml，待净化。

4.3 净化

将石墨碳黑固相萃取柱和丙氨基固相萃取柱自上而下串联，先用5ml乙腈+甲苯（3+1）预淋洗，当溶剂液面达到吸附层表面时，立即加入4.2的浓缩试液，并同时用另一鸡心瓶接收。鸡心瓶用10ml乙腈+甲苯（3+1）分3次淋洗，并将淋洗液转移至固相萃取柱中，用25ml乙腈+甲苯（3+1）洗脱农药，洗脱液合并于鸡心瓶中，于旋转蒸发仪上40℃旋转浓缩至近干。用丙酮定量转移并定容至2.5ml，精密加入125μl 5μg/ml的内标添加溶液，用于气相色谱质谱测定。

4.4　测定

4.4.1 色谱参考条件　色谱柱：石英毛细管柱，HP-5MS，30m×0.25mm（内径），0.25μm（膜厚），或相当者。载气：氦气（纯度≥99.999%），1ml/min，恒定流量。柱温：初始温度70℃保持5分钟，以25℃/min升至150℃，再以3℃/min升至200℃，再以8℃/min升至280℃保持10分钟。进样方式：溶剂排空模式。进样程序：初始温度5℃，保持2.5分钟，以720℃/min升至280℃，保持2分钟，再以720℃/min升至450℃，保持5分钟。溶剂排空流量：50.0ml/min。溶剂排空压力：0.0 psi。进样口压力：20.0 psi（恒压模式）。进样量：20μl。冷却气：液体CO_2。电离方式：EI。离子源温度：230℃。四极杆温度：150℃。色谱–质谱接口温度：280℃。溶剂延迟：5.0分钟。选择离子监测：每种化合物分别选择一个定量离子，2~3个定性离子。每种化合物的定量离子、定性离子参见表3-7-49。

4.4.2 定性测定　标准溶液及样品溶液按照上述气相色谱质谱测定条件进行测定，如果样液与标准工作溶液的选择离子色谱图中，在相同保留时间有色谱峰出现，并且在扣除背景后的样品质谱图中，所有选择离子均出现，且所选择的离子丰度与标准品的离子丰度比在允许误差范围内（表3-7-50），则可以判断样品中存在目标物。

表3-7-50　定性确证时相对离子丰度的最大允许偏差

相对丰度（基峰）	> 50%	> 20%~50%	> 10%~20%	≤ 10% 度
允许的相对偏差	± 20%	± 25%	± 30%	± 50%

4.4.3 定量测定　采用内标法定量测定。根据样液中被测组分的含量，选定相应浓度的标准工作溶液。标准工作溶液和样液中被测组分的响应值均应在仪器检测线性范围内。对标准工作溶液和待测样液等体积参插进样测定。

5　计算

试样中目标物含量按下式计算。

$$X = \frac{C \times V_3 \times V_1 \times 1000}{i_2 \times m \times 1000}$$

式中：X为试样中被测物残留量（mg/kg）；C为测试液中被测物的浓度（μg/ml）；V_1为样液提取体积（ml）；V_2为样液转移体积（ml）；V_3为样液最终定容体积（ml）；m为所称取试样的质量（g）；1000为换算系数；计算结果保留两位有效数字，样品中被测物含量超过1mg/kg时，保留三位有效数字。

6　精密度

在同一实验室相同条件下获得的两次独立测定结果的绝对差值不得超过算术平均值的

20%。

7 注意事项

7.1 在抽样和制样的操作过程中，必须防止样品受到污染或发生残留物含量的变化。

7.2 旋转蒸发时要求近干，不能蒸干。

7.3 石墨碳黑固相萃取柱中的溶剂到达吸附剂表面前加入样品溶液，柱子不能流干，注意控制流速。

7.4 由于净化柱的生产厂商不同、批号不同，其净化效率及回收率会有差异，在使用之前须对同批次的净化柱进行回收率测试。

7.5 注意定期更换气相色谱进样口隔垫及衬管，维护进样针，以确保数据结果的稳定

7.6 色谱条件可根据实验室条件进行调整，程序升温和载气流量在保证各组分完全分离的条件下，可适当调整，使分析过程尽量短。

起草人：王艳丽（山东省食品药品检验研究院）
复核人：张红霞（山东省食品药品检验研究院）

第二十八节　食品中多菌灵等 5 种农药残留的检测

1 简述

参考 NY/T 1453-2007《蔬菜及水果中多菌灵等16种农药残留测定 液相色谱–质谱–质谱联用法》制定本规程。

本方法中试样用乙酸乙酯匀浆提取，提取液经过滤浓缩，硅胶柱净化后复溶，采用配有电喷雾离子源液质联用仪检测，外标法定量。

本方法同时适用于水果、蔬菜中多菌灵、氟苯脲、嘧菌酯、噻菌灵、杀线威的测定。

本规程方法检出限分别为多菌灵 0.02mg/kg、氟苯脲 0.02mg/kg、嘧菌酯 0.01mg/kg、噻菌灵 0.05mg/kg、杀线威 0.10mg/kg。

2 试剂和材料

除另有规定外，本方法中所用试剂均为色谱纯，实验用水为 GB/T 6682 规定的一级水。

2.1 试剂

丙酮；乙腈；乙酸乙酯；正己烷；甲酸；甲醇；乙酸铵（分析纯）；固相萃取柱（硅胶填料，500mg，6ml）；农药标准品（纯度 ≥ 95%）；有机滤膜（0.22μm）。

2.2 试剂配制

2.2.1 丙酮 + 正己烷溶液（10+90，V+V） 量取丙酮 10ml 与正己烷 90ml，混合。

2.2.2 甲醇 + 丙酮溶液（50+50，V+V） 量取丙酮 50ml 与正己烷 50ml，混合。

2.2.3 10mmol/L 乙酸铵溶液（含 0.1% 甲酸） 称取 0.385g 乙酸铵，移取 0.5ml 甲酸于 500ml 容量瓶中，用水定容。

2.2.4 饱和无水硫酸钠溶液。

2.3 标准溶液配制

2.3.1 农药准储备溶液（1.0mg/ml） 分别准确称取 10mg（精确至 0.1mg）多菌灵、氟苯脲、密菌酯、噻菌灵、杀线威标准品分别于 10ml 容量瓶中，用乙腈溶解并定容至刻度，4℃可保存期 6 个月。

2.3.2 农药标准中间溶液（10μg/ml） 分别准确吸取单个农药的标准储备液 1ml 于 100ml 容量瓶中，用乙腈稀释并定容至刻度，配制成浓度为 10μg/ml 的混合标准中间溶液。该溶液于 −18℃保存。

2.3.3 农药基质混合标准工作溶液 移取一定体积的农药标准中间溶液，用空白基质溶液配成不同浓度的基质混合标准工作溶液，临用现配。

3 仪器和设备

液相色谱色谱–串联质谱仪（配有电喷雾离子源（ESI），质谱仪为三重四极杆串联质谱）；高速匀浆机（最大转速 24000r/min）；分析天平（感量 0.01g 和 0.01mg）；离心机（转速不低于 4000r/min）；氮吹仪；旋转蒸发仪。

4 分析步骤

4.1 试样制备

取大于 1000g 水果样品，取可食部分，用干净纱布轻轻擦去表面附着物，采用对角线分割法，取对角部分，将其切碎，充分混匀放入食品加工器粉碎，制成待测样，放入样品瓶中并置于 −20℃存放。

4.2 提取

称取试样 20g（精确至 0.01g），放入 150ml 烧杯中，加入 60ml 乙酸乙酯，用匀浆机 15000r/min 匀浆提取 2 分钟，用滤纸过滤，收集滤液于 100ml 具塞量筒中，用 40ml 乙酸乙酯分三次淋洗残渣，并收集淋洗液于同一具塞量筒中。室温静置 10 分钟，使乙酸乙酯和水相分层。如果出现乳化现象，可以加入饱和无水硫酸钠溶液。准确吸取 50.00ml 乙酸乙酯溶液于 40℃旋转蒸发仪浓缩至近干，再用氮吹仪吹干后，加入 2ml 丙酮+正己烷溶液溶解，待净化。

4.3 净化

硅胶固相萃取柱分别用 10ml 丙酮，5ml 正己烷预处理，加入待净化溶液，再加入 5ml 丙酮+正己烷溶液，弃去流出液。用 20ml 甲醇+丙酮溶液分 4 次加入洗脱，收集洗脱液。将洗脱液于 40℃旋转蒸发仪浓缩至 2ml，用氮吹仪吹干后，加入 2ml 甲醇溶解并转移至 2ml 容量瓶中，用甲醇定容至刻度，经微孔滤膜过滤，供液相色谱–串联质谱法测定。

4.4 仪器参考条件

4.4.1 液相色谱条件 通过优化色谱柱，流动相及柱温等色谱条件使目标物保留适中，无干扰，参考色谱条件如下。色谱柱为 ACQUITY UPLC BEH C18，100mm×2.1mm，粒径 5μm 或相当者。流速为 0.3ml/min。进样量为 10μl。柱温设置 40℃。流动相分别为 A 组分为 0.01mol/L 乙酸铵溶液（含 0.1% 甲酸），B 组分为乙腈。梯度洗脱条件见表 3-7-51。

表3-7-51　液相色谱流动相梯度洗脱条件

时间 /min	A/%	B/%
0	95	5
1.0	95	5
6.0	80	20
7.0	50	50
8.5	0	100
10.0	0	100
10.1	95	5
12.0	95	5

4.4.2 质谱条件　质谱调谐参数应优化至最佳条件，参考质谱条件如下，离子源为电喷雾离子源（ESI⁺）；离子源温度设置 150℃；锥孔气流量为 150L/h；脱溶剂气温度设置 450℃；脱溶剂气流量为 850L/h；扫描模式为多反应监测（MRM）扫描；多菌灵、氟苯脲、嘧菌酯、噻菌灵、杀线威的检测离子见表 3-7-52。

表3-7-52　多菌灵、氟苯脲、嘧菌酯、噻菌灵、杀线威的检测离子

化合物名称	母离子	定性离子	定量离子
多菌灵	192	160.02/105	160.02
氟苯脲	378.8	338/156.7	338
嘧菌酯	372	344.18/172.09	344.18
噻菌灵	202	143.52/101.66	143.52
杀线威	237	220.60/101.9	220.60

4.5　定性分析

在相同试验条件下进行样品测定时，若试样溶液中检出色谱峰的保留时间与基质标准溶液中目标物色谱峰的保留时间一致（变化范围在 ±2.5% 之内），并且在扣除背景后的样品质谱图中，所选择的离子均出现，而且所选择的离子丰度比与标准样品的离子丰度比相一致，根据表 3-7-53 所允许的最大偏差则可判断样品中存在目标物。

表3-7-53　定性时相对离子丰度的最大允许偏差

相对离子丰度 /%	> 50	20 ~50	10 ~20	≤ 10
允许的相对偏差 /%	± 20	± 25	± 30	± 50

4.6　定量测定

将基质标准溶液注入液相色谱-串联质谱仪测定，得到待测物质的峰面积。以基质标准溶液浓度为横坐标，以目标物的定量离子的峰面积为纵坐标，绘制标准工作曲线。将试样溶液按

仪器参考条件进行测定，得到相应的试样溶液的色谱峰面积。根据校正曲线得到试样溶液待测物质的浓度。

4.7　空白实验

除不加试样外，均按上述提取及以后的步骤进行操作。

5　计算

试样中待测组分的含量结果按下式计算。

$$X = \frac{(C - C_0) \times V}{m}$$

式中：X 为试样中被测组分的含量（mg/kg）；C 为从标准工作曲线得到的试样溶液中的被测组分的质量浓度（mg/L）；C_0 为空白实验中的被测组分的质量浓度（mg/L）；V 为定容体积（ml）；m 为称取试样的质量（g）；计算结果精确到小数点后两位。

6　精密度

在同一实验室相同条件下获得的两次独立测试结果的绝对差值不大于20%，以大于这两个测定值的算术平均值的20%不超过5%为前提。

7　注意事项

7.1 前处理过程应在通风橱内进行，并佩戴防护口罩及手套。废液应妥善处理，不得污染环境。

7.2 乙腈，甲醇和甲苯为有毒有机试剂，甲酸具有刺激性，避免接触皮肤，若皮肤接触需脱去污染的衣着，用肥皂水和清水彻底冲洗皮肤。

7.3 天平和高速匀浆机使用前需保持干燥清洁，使用后需清理干净。取样要均匀、防止污染，取样量要按照检测限和卫生指标综合考虑。处理样品时，注意防止交叉污染。

7.4 流动相用水要现用现取，所使用到的溶剂必须经滤膜过滤，以除去杂质微粒，要注意分清有机相滤膜和水相滤膜。

7.5 仪器开机前，需检查仪器状态，管路有无泄漏；冷却水压力；进样器附近是否清洁；洗针液体积；在进样分析前，应充分平衡色谱柱。

7.6 液相色谱－质谱联用仪需定期进行调谐，校准质量轴，一般宜6个月校准一次，以使仪器达到最佳的使用状态。

7.7 因离子源最容易受到污染，因此，需要对进样的浓度严格控制，避免样品或标准使用液的浓度过大，否则就会升高背景，在较大程度上降低灵敏度。

起草人：孙珊珊（山东省食品药品检验研究院）

复核人：卢兰香（山东省食品药品检验研究院）

第三篇　食品中化学成分检测

第二十九节　蔬菜、水果中咪鲜胺残留量的检测

1　简述

参考NY/T 1456-2007《水果中咪鲜胺残留量的测定 气相色谱法》制定本规程。

样品用丙酮提取，在210~240℃条件下用吡啶盐酸盐将咪鲜胺及其代谢产物全部水解为2，4，6-三氯苯酚，经液-液分配净化，气相色谱法（ECD）测定2，4，6-三氯苯酚的含量，再换算成咪鲜胺的残留量。

本方法适用于蔬菜、水果中咪鲜胺残留量的测定。

本方法的检出限为0.005mg/kg。

2　试剂和材料

除另有规定外，所用试剂均为分析纯，实验用水为GB/T 6682中规定的至少三级的水。

2.1　试剂

丙酮；二氯甲烷；石油醚；吡啶盐酸盐（潮解的不宜使用）；无水硫酸钠；盐酸；硫酸；助滤剂545。

2.2　标准溶液的配制

2.2.1 咪鲜胺标准储备液的配制　称取10mg咪鲜胺标准品（纯度≥99.0%），用丙酮溶解并定容至100ml，配制成质量浓度为100mg/L的标准储备液，贮于4℃的冰箱内，有效期2周。

2.2.2 咪鲜胺标准工作液的配制　准确移取1ml咪鲜胺标准储备液于10ml容量瓶中，配成浓度为10μg/ml的溶液，并用丙酮逐级稀释成浓度为0.05、0.1、0.2、0.5、1.0、2.0μg/ml的标准工作液。贮于4℃冰箱内，现用现配。

3　仪器和设备

气相色谱仪（配有电子捕获检测器）；天平（感量0.1mg和0.01g）；组织捣碎机；旋转蒸发器（带水浴，可控温）；超声波清洗器。

4　分析步骤

4.1　试样制备

取有代表性样品500g，将其可食用部分切碎后，用粉碎机加工成浆状。混匀，装入洁净的容器内，密闭，并置于-20℃条件下保存。

4.2　提取

称取待测试样约40g（精确到0.01g），置于锥形瓶中，分别加入5ml盐酸，80ml丙酮浸泡过夜（12~16小时）后，振荡提取60分钟。提取液经装有助滤剂545的布氏漏斗抽滤，滤液再用40ml丙酮分次淋洗残渣，合并滤液于500ml分液漏斗中，用二氯甲烷萃取2次（每次40ml），收

集有机相，合并之，经装有无水硫酸钠的漏斗干燥并用二氯甲烷洗涤，收集于250ml磨口圆底烧瓶中，用旋转蒸发仪浓缩至近干。

4.3　水解

在上述磨口圆底烧瓶中加入5g吡啶盐酸盐和少许沸石，将磨口圆底烧瓶与冷凝管连接，磨口圆底烧瓶置于210~240℃沙浴中水解1小时，冷却后，用10ml蒸馏水冲洗冷凝管，取出磨口圆底烧瓶，拧紧塞子，振摇使吡啶盐酸盐溶解，并转入500ml分液漏斗中，并用50ml蒸馏水分次冲洗圆底烧瓶转入分液漏斗中，用石油醚萃取2次（每次50ml），弃去水相，合并有机相。

4.4　净化

向有机相加入5ml硫酸，振摇1分钟，静止分层后，弃去硫酸，重复3次，然后用蒸馏水洗涤有机相中残余硫酸，每次加50ml，反复3~4次洗至中性，收集有机相，经无水硫酸钠干燥后用石油醚洗涤浓缩至近干，并用正己烷定容至2ml，待上机测定。

4.5　气相色谱参考条件

色谱柱DB-17或与DB-17极性相近的弹性石英毛细管柱，30m×0.32mm×0.25μm。载气：氮气（纯度≥99.99%），2.5ml/min，恒定流量。柱温：70℃，40℃/min升至245℃，保持2分钟。进样口温度：240℃。检测器温度：300℃。进样量：1μl。进样方式：不分流。气体流量：隔垫吹扫流量3ml/min，尾吹流量（N_2）30ml/min。

4.6　色谱测定

准确吸取净化定容后的1μl待测液和1μl咪鲜胺标准工作液，分别注入带有电子捕获检测器（ECD）的气相色谱仪中，并采用4.5气相色谱参考条件进行测定。在以上条件下咪鲜胺水解物的保留时间为5.2分钟左右。

5　计算

试样中咪鲜胺的含量按下式计算。

$$X = \frac{c \times V \times 1000}{m \times 1000}$$

式中：X为试样中咪鲜胺残留量（mg/kg）；C为测试液中咪鲜胺的浓度（μg/ml）；V为样液定容体积（ml）；m为称取试样的质量（g）。计算结果需扣除空白值，测定结果用平行测定的算术平均值表示，保留3位有效数字。

6　精密度

在同一实验室，由同一操作者使用相同的设备，按相同的测试方法，并在短时间内对同一被测对象相互独立进行测试获得的两次独立测试结果的绝对差值不得超过算术平均值的15%，以大于这两个测定值算术平均值的15%的情况不超过5%为前提。

7　注意事项

7.1 吡啶盐酸盐要用本底较低的产品。

第三篇　食品中化学成分检测

7.2加入浓硫酸净化的过程，有可能剧烈放热，注意放气，保证安全。

起草人：陈克云（山东省食品药品检验研究院）

复核人：李　玲（山东省食品药品检验研究院）

第三十节　大白菜中克螨特残留量的检测

1　简述

参考NY/T 1652-2008《蔬菜、水果中克螨特残留量的测定　气相色谱法》制定本规程。

试样中的克螨特经乙腈提取后，用氯化钠盐析分出水相，再用正己烷定容，最后用配有火焰光度（硫片）检测器的气相色谱仪测定，根据色谱峰的保留时间定性，外标法定量。

本方法适用于大白菜中克螨特残留量的测定。

本方法的检出限为0.08mg/kg。

2　试剂和材料

除非另有说明，在分析中至少使用分析纯试剂，实验用水为GB/T 6682中规定的一级水。

2.1　试剂

氯化钠；乙腈；正己烷；克螨特标准品（纯度≥95%）。

2.2　试剂配制

碳酸氢钠溶液（1mol/L）：称取8.4g碳酸氢钠，用水溶解后转移至100ml容量瓶中，并用水定容至刻度，摇匀备用。

2.3　标准溶液的配制

2.3.1 标准储备液的配制　准确称取10.0mg克螨特标准品于10ml容量瓶中，用正己烷溶解并定容至刻度，配成浓度为1000μg/ml的标准储备液，贮于-16~-20℃的冰柜内，有效期6个月。

2.3.2 标准中间液的配制　准确移取1.00ml克螨特标准储备液于100ml容量瓶中，用正己烷稀释定容，配成浓度为10μg/ml的标准中间液。贮于4℃冰箱内，有效期3周。

2.3.3 标准工作液的配制　吸取一定量标准中间液，用正己烷逐级稀释成浓度为0.05、0.1、0.2、0.5、1.0μg/ml的标准工作液，临用前配制。

3　仪器和设备

气相色谱仪（配有火焰光度检测器，硫滤光片）；分析天平（感量0.01g和0.01mg）；组织捣碎机；旋转蒸发仪；氮吹仪（可控温）；烧杯（500ml）；移液管10.00ml。

4 分析步骤

4.1 试样制备和保存

4.1.1 试样制备　取样品可食部分，用干净纱布擦去样本表面的附着物，将其切碎，充分混匀，用四分法取样或直接放入组织捣碎机中捣碎成匀浆。

4.1.2 试样保存　将试样于 −16~−20℃条件下保存。

4.2 提取

称取匀浆试样20g（精确至0.01g）于一500ml烧杯中，然后加入50ml乙腈，以10000r/min均质1分钟，滤液经铺有滤纸的布氏漏斗抽滤至装有7~10g氯化钠的具塞比色管中，塞紧塞子，剧烈震荡1分钟，在室温下静止1小时，使得乙腈相和水相充分分层，若有乳化现象，加少量蒸馏水振摇后继续分层。用移液管准确吸取10ml乙腈提取液至50ml圆底烧瓶中，在水浴温度45℃的旋转蒸发仪上浓缩至近干，再经氮气吹干后用4.00ml正己烷溶解残渣。必要时需进行稀释，使得试样中克螨特含量在标准曲线的线性范围内。

4.3 测定

4.3.1 色谱参考条件　色谱柱：HP-5 石英毛细管柱，30m×0.25mm（内径），0.25μm（膜厚），或相当者。载气：氮气（纯度≥99.99%），2.0ml/min，恒定流量。柱温：初始温度70℃，保持1分钟，以40℃/min升至240℃，保持8分钟。进样口温度：220℃。检测器温度：250℃。进样量：1μl。进样方式：不分流。气体流量：氢气80ml/min，空气90ml/min。

4.3.2 色谱测定　在上述色谱条件下将克螨特标准溶液及试样测定液分别注入气相色谱仪，以保留时间定性，色谱峰面积定量。根据样液中被测组分炔螨特的含量，选定相应浓度的标准工作溶液。标准工作溶液和样液中炔螨特响应值均应在仪器检测线性范围内。

4.3.3 空白试验　除不加试样外，均按上述提取及以后的步骤进行操作。

5 计算

试样中炔螨特含量按下式计算。

$$X = \frac{(C-C_0) \times V \times 1000}{m \times 1000}$$

式中：X 为试样中炔螨特残留含量（mg/kg）；C 为试样溶液中炔螨特的浓度（μg/ml）；C_0 为空白溶液中炔螨特的浓度（μg/ml）；V 为样液最终定容体积（ml）；m 为称取试样的质量（g）；1000为换算系数。

6 精密度

在再现性条件下获得的两次独立测试结果的绝对差值不大于这两个测定值的算术平均值的10%，以大于这两个测定值的算数平均值的10%情况不超过5%为前提。

第三篇　食品中化学成分检测

7 注意事项

7.1 在抽样和制样的操作过程中，必须防止样品受到污染或发生残留物含量的变化。

7.2 旋转蒸发时要求近干，不能蒸干。

7.3 火焰光度检测器为硫滤光片时，峰面积和浓度呈二次线性关系，作标准曲线时注意。

起草人：李　洁（山东省食品药品检验研究院）

复核人：鞠　香（山东省食品药品检验研究院）

第三十一节　食品中噻菌灵等3种农药残留的检测

1 简述

参考NY/T 1680–2009《蔬菜水果中多菌灵等4种苯并咪唑类农药残留量的测定 高效液相色谱法》制定本规程。

试样中噻菌灵、甲基硫菌灵、多菌灵3种苯并咪唑类农药杀菌剂，用乙腈提取，硫酸镁盐析、净化后，经反相离子对色谱分离，用二极管阵列检测器检测，根据保留时间定性，外标法定量。

本方法适用于蔬菜、水果、豆类、生干籽类中噻菌灵、甲基硫菌灵、多菌灵农药残留的测定。

本规程中噻菌灵的方法检出限为0.05mg/kg，甲基硫菌灵的检出限为0.09mg/kg，多菌灵的检出限为0.07mg/kg。

2 试剂和材料

除另有规定外，所用试剂均为分析纯，实验用水为GB/T 6682中规定的一级水。

2.1 试剂

甲醇（色谱纯）；乙腈（色谱纯）；丙酮；三乙胺；磷酸；N–丙基乙二胺（PSA，40μm，60Å）；癸烷磺酸钠（纯度≥98%）；无水硫酸钠140℃±2℃烘烤4小时，在干燥器内冷却至室温，贮存于密封瓶中备用）。

2.2 试剂配制

离子对试剂：吸取7.0ml磷酸于200ml水中，加入1.0g癸烷磺酸钠，溶解，再加入10.0ml三乙胺，稀释至1000ml。

2.3 标准溶液的配制

2.3.1 标准储备溶液（0.1mg/ml） 分别准确称取10mg（精确至0.01mg）噻菌灵、甲基硫菌灵、多菌灵标准品于100ml容量瓶中，用丙酮溶解并定容至刻度，–18℃避光保存，保存期1年。

2.3.2 混合标准工作溶液 准确移取0.05ml、0.10ml、0.20ml、0.5ml、1.00ml 噻菌灵、甲基

硫菌灵、多菌灵标准储备溶液于 10ml 容量瓶中，在 30~40℃下用氮气缓缓吹干。用 4.0ml 甲醇溶解，再用离子对试剂定容至 10.0ml，配制成浓度为 0.5 μg/ml、1.0 μg/ml、2.0 μg/ml、5.0 μg/ml、10.0 μg/ml 的标准工作溶液，0~4℃避光保存 1 个月。

3　仪器和设备

高效液相色谱仪（配紫外检测器或二极管阵列检测器）；高速匀浆机（＞6000r/min）；离心机（转速不低于 8000r/min）；超声波清洗器；旋涡混合器；粉碎机；天平（感量 0.01g 和 0.1mg）。

4　分析步骤

4.1　试样预处理

取不少于 1000g 样品，去除其中杂物，取可食部分，用干净纱布轻轻擦去样品表面的附着物，将样品缩分至 250g，粉碎后密封，制成试样备用，剩余试样于 -18℃以下避光冷冻存放。

4.2　样品前处理

4.2.1 提取　称取 25g 试样（精确到 0.01g）于 100ml 具塞离心管中，加入 25.0ml 乙腈，高速匀浆 2 分钟，加入 15g 无水硫酸镁，盖上盖子，剧烈振摇 1 分钟，静置 30 分钟，2500r/min 离心 5 分钟，使乙腈和水相分层。

4.2.2 净化　移取 1.0ml 上层乙腈溶液于 2ml 离心管中，加入 200mg 无水硫酸镁和 50mg PSA，2500r/min 离心 5 分钟。准确吸取 0.5ml 乙腈溶液，然后加入离子对试剂 0.5ml，振荡后过 0.22 μm 滤膜，立即用高效液相色谱仪测定。

4.3　仪器参考条件

色谱柱：C18，5 μm，4.6 × 250mm、流速：0.8ml/min、流动相：甲醇+离子对试剂（40+60）、检测波长：噻菌灵 300 nm、甲基硫菌灵 265 nm、多菌灵 275 nm、柱温：35℃、进样量：10 μl。

4.4　定性与定量

方法根据色谱峰的保留时间和光谱图定性，外标法定量。将噻菌灵、甲基硫菌灵、多菌灵混合标准工作液注入高效液相色谱仪中，得到相应的峰面积，以峰面积为纵坐标，以标准系列工作液浓度为横坐标绘制标准曲线。在相同色谱条件下，将制备的试样溶液分别进样，根据标准曲线计算出试样溶液中噻菌灵、甲基硫菌灵、多菌灵的浓度。

5　计算

试样中噻菌灵、甲基硫菌灵、多菌灵的农药残留量，按下式计算。

$$X = \frac{C \times V \times f}{m}$$

式中：X 为试样中噻菌灵、甲基硫菌灵、多菌灵的含量（mg/kg）；C 测定样液中噻菌灵、甲基硫菌灵、多菌灵的浓度（μg/ml）；V 为试样定容体积（ml）；m 为称取试样的质量（g）；f 为稀释倍数。

6 精密度

6.1 在同一实验室相同条件下获得的两次独立测定结果的绝对差值不得超过算术平均值的10%。

6.2 试样每次测定应不少于2份，计算结果以同一实验室相同条件下获得的两次独立测定结果的算术平均值表示。

7 注意事项

7.1 噻菌灵、甲基硫菌灵、多菌灵属于低毒性杀菌剂，实验过程需带防护手套和防护面具。

7.2 乙腈、甲醇和丙酮为有毒有机试剂，使用时避免接触皮肤，若皮肤接触需脱去污染的衣着，用肥皂水和清水彻底冲洗皮肤。

7.3 在采样和制备过程中，应注意不使试样污染

7.4 均质样品后需清洗均质器刀头，使用前需保持干燥清洁。

7.5 天平使用前需校准，保持干燥，使用后需清理干净。

7.6 实验废液应妥善处理，不得污染环境。

7.7 流动相用水要现用现取，所使用到的溶剂必须经滤膜过滤，以除去杂质微粒，要注意分清有机相滤膜和水相滤膜。

7.8 仪器开机前，需检查仪器状态，管路有无泄漏；冷却水压力；进样器附近是否清洁；洗针液体积；在进样分析前，应充分平衡色谱柱。

起草人：卢兰香（山东省食品药品检验研究院）

复核人：薛　霞（山东省食品药品检验研究院）

第三十二节　食品中除虫脲、氟虫脲农药残留的检测

1 简述

参考NY/T 1720–2009《水果、蔬菜中杀铃脲等七种苯甲酰脲类农药残留量的测定 高效液相色谱法》制定本规程。

试样中苯甲酰脲类农药经乙腈提取，弗罗里硅土柱净化，使用带紫外检测器的高效液相色谱仪在波长260 nm处进行检测，根据色谱峰的保留时间定性，外标法定量。

本方法适用于蔬菜、水果和茶叶中除虫脲、氟虫脲农药残留的测定。

本规程除虫脲、氟虫脲的方法检出限均为0.05mg/kg。

2 试剂和材料

除另有规定外，所用试剂均为分析纯，实验用水为GB/T 6682中规定的一级水。

2.1 试剂

甲醇（色谱纯）；乙腈（色谱纯）；丙酮；正己烷；氯化钠；无水硫酸钠（650℃灼烧4小时，

冷却后置干燥器内备用）；罗里硅土（60~100目，650℃灼烧4小时，在干燥器内置冷，加5%水脱活，备用。）

2.2　试剂配制

2.2.1　淋洗液　量取90ml正己烷，加入10ml丙酮。

2.2.2　洗脱液　量取85ml正己烷，加入15ml丙酮。

2.3　标准溶液的配制

2.3.1　标准储备液　称取10mg（精确到0.1mg）各种农药标准品（纯度>95%）分别于10ml容量瓶中，用甲醇定容至刻度配成约1000mg/L的标准贮备液，−18℃保存，可使用一年。

2.3.2　混合标准溶液　分别吸取250μl单个农药标准储备液于10ml容量瓶中，用甲醇定容至刻度配成25mg/L的混合标准溶液，−18℃保存，可使用一年。

2.3.3　标准工作溶液　用乙腈+水（1+1）将除虫脲、氟虫脲的农药混合标准溶液稀释成所需浓度的标准工作液。

3　仪器和设备

高效液相色谱仪（配紫外检测器或二极管阵列检测器）；高速匀浆机（>6000r/min）；旋转蒸发仪；层析柱（内径1.5cm、长25cm玻璃层析柱）；超声波清洗器；布氏漏斗；天平（感量0.01g和0.1mg）。

4　分析步骤

4.1　试样预处理

蔬菜、水果样品按GB 2763附录A，取可食部分，经缩分后，将其切碎，充分混匀放入组织捣碎机捣碎制成匀浆，置于样品盒中，于−20~−16℃条件下保存，备用。茶叶样品取样部位按GB 2763附录A执行，经粉碎机粉碎，混匀，制备好的试样均分成两份，装入洁净的盛样容器内，密封并明确标识，于0~4℃保存。

4.2　样品前处理

4.2.1　提取　称取25g试样（精确到0.01g）放入100ml匀浆杯中，加入50ml乙腈，高速匀浆2分钟，布氏漏斗抽滤，滤液收集到装有5~7g氯化钠的100ml具塞量筒中，盖上塞子，剧烈振荡1分钟，在室温下静置30分钟，使乙腈相和水相充分分层。

4.2.2　净化　从具塞量筒中吸取20ml乙腈溶液，放入150ml平底烧瓶中，在40℃下减压浓缩至近干，氮气吹干后加入5ml淋洗液，待净化。置少许脱脂棉于层析柱下端，加入1cm左右的无水硫酸钠、5.0g弗罗里硅土，轻轻敲实，再加入1cm元无水硫酸钠，制成净化柱。用20ml正己烷预淋，当溶剂液面降至上层无水硫酸钠时，移入待净化样品液，用15ml淋洗液多次超声清洗平底烧瓶，转移入柱，弃去淋洗液，最后用洗脱液50ml洗脱，收集洗脱至平底烧瓶中，在40℃水浴下浓缩至1~2ml，氮气吹干，用乙腈+水（1+1）混合溶液少量多次溶解转移入5ml刻度试管，定容至刻度，混匀，过0.22μm滤膜，待测定。

4.3　仪器参考条件

色谱柱为C18，5μm，4.6mm×250mm。流速为0.8ml/min（梯度洗脱条件见表3-7-54）。波长为270nm。柱温为35℃。进样量为20μl。

表3-7-54　梯度洗脱条件

时间 /min	乙腈 /%	水 /%
0	45	55
20	100	0
24	100	0
25	45	55
34	45	55

4.4　定性与定量方法

根据色谱峰的保留时间和色谱图定性，外标法定量。将除虫脲、氟虫脲混合标准工作液注入高效液相色谱仪中，得到相应的峰面积，以峰面积为纵坐标，以标准系列工作液浓度为横坐标绘制标准曲线。在相同色谱条件下，将制备的试样溶液分别进样，根据标准曲线计算出试样溶液中除虫脲、氟虫脲的浓度。

4.5　空白试验

除不加试样外，均按上述提取及以后的步骤进行操作。

5　计算

试样中除虫脲或氟虫脲的农药残留量，按下式计算。

$$X = \frac{(C - C_0) \times V \times f}{m}$$

式中：X为试样中除虫脲或氟虫脲的含量（mg/kg）；C为测定样液中除虫脲或氟虫脲的测定浓度（μg/ml）；C_0为空白试样测定样液中除虫脲或氟虫脲的测定浓度（μg/ml）；V为试样定容体积（ml）；m为称取试样的质量（g）；f为稀释倍数；计算结果保留两位有效数字，含量超过10mg/kg时保留3位有效数字。

6　精密度

6.1 在同一实验室相同条件下获得的两次独立测定结果的绝对差值不得超过算术平均值的10%。

6.2 试样每次测定应不少于2份，计算结果以同一实验室相同条件下获得的两次独立测定结果的算术平均值表示。

7　注意事项

7.1 除虫脲、氟虫脲属于低毒性苯甲酰脲类农药，实验过程需带防护手套和防护面具。

7.2 乙腈、甲醇和丙酮为有毒有机试剂，使用时避免接触皮肤，若皮肤接触需脱去污染的衣着，用肥皂水和清水彻底冲洗皮肤。

7.3 在采样和制备过程中，应注意不使试样污染

7.4 均质样品后需清洗均质器刀头，使用前需保持干燥清洁。

7.5 天平使用前需校准，保持干燥，使用后需清理干净。

7.6 实验废液应妥善处理，不得污染环境。

起草人：卢兰香（山东省食品药品检验研究院）
复核人：孙珊珊（山东省食品药品检验研究院）

第三十三节　蔬菜中灭蝇胺残留量的检测

1　简述

参考 NY/T 1725-2009《蔬菜中灭蝇胺残留量的测定　高效液相色谱法》制定本规程。

样品中灭蝇胺经乙酸铵–乙腈混合溶液提取、强阳离子交换萃取柱净化后，用高效液相色谱仪进行分离，用紫外检测器检测。根据标准物质色谱峰的保留时间定性，外标法定量。

本方法适用于蔬菜中灭蝇胺残留量的测定。

本方法的检出限为 0.02mg/kg。

2　试剂和材料

除另有规定外，所用试剂均为分析纯，实验用水为 GB/T 6682 中规定的一级水。

2.1　试剂

乙腈（色谱纯）；甲醇（色谱纯）；乙酸铵；氨水；盐酸；灭蝇胺标准品（纯度大于等于95%）；微孔过滤膜（有机相）；强阳离子交换柱（500mg，6ml，或相当者，使用前用5ml甲醇和5ml水活化）。

2.2　试剂配制

2.2.1 0.05mol/L 乙酸铵溶液　称取 7.70g 乙酸铵，用水溶解并稀释至 2 L。

2.2.2 乙酸铵–乙腈溶液（1+4）　量取 200ml 乙酸铵溶液（2.2.1）至 1 L 容量瓶中，用乙腈定容至刻度。

2.2.3 0.1mol/L 盐酸溶液　吸取 8.5ml 盐酸，用水稀释至 1 L。

2.2.4 氨水–甲醇溶液（5+95）　吸取 5ml 氨水至 100ml 容量瓶中，用甲醇定容至刻度。

2.2.5 乙腈+水（97+3）　吸取 3ml 水至 100ml 容量瓶中，用乙腈定容至刻度。

2.3　标准溶液的配制

2.3.1 标准储备溶液　准确称取 10mg（精确至 0.1mg）灭蝇胺标准品于 10ml 容量瓶中，用乙腈溶解并定容至刻度，得到质量浓度约为 1mg/ml 的灭蝇胺标准储备液。-18℃避光保存。

2.3.2 标准中间液　准确移取 1.0ml 灭蝇胺标准储备溶液（2.3.1）于 100ml 容量瓶中，用乙腈溶解并定容至刻度，得到质量浓度约为 10μg/ml 的灭蝇胺标准中间液。-18℃避光保存。

2.3.3 标准工作液　准确移取 0.1、0.2、0.5、2、5、10ml 标准中间液（2.3.2）于 50ml 容量瓶中，用乙腈溶解并定容至刻度，得到质量浓度分别为 0.02、0.04、0.10、0.40、1.00、2.00μg/ml 的灭蝇胺标准工作液。现用现配。

3 仪器和设备

高效液相色谱仪（带紫外检测器）；分析天平（感量0.1mg和0.01g）；食品加工器；均质器（6000~36000r/min）；具塞比色管（100ml）；具塞离心管（100ml）；氮气吹干仪；固相萃取装置；旋转蒸发仪；旋涡混合器；高速离心机（转速不低于8000r/min）。

4 分析步骤

4.1 试样预处理

取蔬菜样品可食部分，用干净纱布轻轻擦去样本表面的附着物，采用对角线分割法，取对角部分，将其切碎，充分混匀，用四分法取样或直接放入食品加工器中加工成匀浆，装入洁净容器中，密封，并明确标示，于–18℃以下避光冷冻存放。称取试样时，应先解冻再混匀。

4.2 样品前处理

4.2.1提取称取试样20g（精确至0.01g）于100ml离心管中，加入50ml乙酸铵–乙腈溶液（2.2.2），高速均质2分钟。8000r/min离心5分钟，上清液转移至100ml具塞比色管中，残渣再用30ml乙酸铵–乙腈溶液（2.2.2）重复提取一次，离心后上清液并入上述100ml具塞比色管中，并用乙酸铵–乙腈溶液（2.2.2）定容。盖上塞子，将滤液混合均匀。用移液管准确吸取10ml提取液至150ml圆底烧瓶中，在旋转蒸发仪上（水浴温度40℃）浓缩至只含水的溶液（冷凝装置无液滴滴下），加入盐酸溶液（2.2.3）约2ml，待净化。

4.2.2 净化 将待净化液加入已活化过的固相萃取小柱中，要求待净化液以1ml/min的速度通过固相萃取柱，用3ml盐酸溶液（2.2.3）将圆底烧瓶中的残渣洗入SCX柱中，并重复一次。然后依次用5ml水、5ml甲醇淋洗小柱，弃去所有流出液单将小柱抽干，用15ml氨水–甲醇溶液（2.2.4）分3次洗脱SCX柱，收集全部洗脱液。将洗脱液于45℃下氮气吹干，用2ml乙腈–水（2.2.5）复溶，过0.22μm滤膜，待测。

4.3 仪器参考条件

色谱柱：NH_2柱（5μm，250mm×4.6mm）。流速：1.0ml/min。流动相：乙腈+水=97+3。柱温：35℃。进样量：10μl。测定波长：215nm。

4.4 标准曲线制作

将浓度分别为0.02、0.04、0.10、0.40、1.00、2.00μg/ml的灭蝇胺标准工作液注入液相色谱仪，以灭蝇胺的浓度为横坐标，峰面积为纵坐标绘制标准曲线。

4.5 试样溶液的测定

取10μl试样溶液注入液相色谱仪，记录色谱峰的保留时间和峰面积，用保留时间定性，根据峰面积，从标准曲线上查出灭蝇胺的浓度。

5 计算

试样中灭蝇胺的含量按下式计算。

$$X = \frac{c \times V \times n}{m} \times \frac{1000}{1000}$$

式中：X为试样中灭蝇胺的含量（mg/kg）；c为从标准曲线上得到的灭蝇胺的浓度（μg/ml）；V为净化液定容体积（ml）；m为称取试样的质量（g）；n为稀释倍数；1000为换算系数；计算结果保留两位有效数字。

6　精密度

在同一实验室相同条件下获得的两次独立测定结果的绝对差值不大于算数平均值的15%。在再现性条件下获得的两次独立测定结果的绝对差值不大于算数平均值的30%。

7　注意事项

7.1 实验过程中要做好质控措施，如加标回收、试剂空白等。加标水平应涵盖检出限和限量，以确保实验的准确性。

7.2 离子交换柱对上样、淋洗、洗脱溶液的pH有严格要求，pH过高或过低都会影响测定结果的准确性。

7.3 在抽样和制样的操作过程中，必须防止样品受到污染或发生残留物含量的变化。

7.4 灭蝇胺是一种低毒的农药，测定过程中应做好防护措施。

7.5 乙腈和甲醇为有毒有机试剂，使用时需带防护手套和防护面具，并避免接触皮肤，若皮肤接触需脱去污染的衣着，用肥皂水和清水彻底冲洗皮肤。废液应妥善处理，不得污染环境。

7.6 氨水、盐酸具有刺激性，使用时需带防护手套和防护面具，并避免接触皮肤。

7.7 天平使用前需校准，保持干燥，使用后需清理干净。

起草人：魏莉莉（山东省食品药品检验研究院）

复核人：宿书芳（山东省食品药品检验研究院）

第三十四节　食品中10种氨基甲酸酯类农药残留的检测

1　简述

参考NY/T 761-2008《蔬菜和水果中有机磷、有机氯、拟除虫菊酯和氨基甲酸酯类农药多残留的测定》制定本规程。

氨基甲酸酯类农药是在有机磷酸酯之后发展起来的合成农药，主要包括：涕灭威砜、涕灭威亚砜、灭多威、3-羟基克百威、涕灭威、克百威、甲萘威、异丙威、速灭威、仲丁威等。方法的主要原理为试样中的氨基甲酸酯类农药及其代谢物用乙腈提取，提取液经过滤、浓缩后，采用固相萃取技术分离净化，淋洗液经浓缩后，使用带荧光检测器和柱后衍生系统的高效液相色谱进行检测，保留时间定性，外标法定量。

本方法适用于用于蔬菜、水果、茶叶、代用茶、含茶制品、水果干制品（干枸杞）、辣椒（香辛料类）、辣椒粉中上述10种农药及其代谢物残留量的检测。

本方法中农残种类及检出限见表3-7-55。

第三篇　食品中化学成分检测

表3-7-55　　10种氨基甲酸酯类农药的检出限

序号	中文名	英文名	检出限 mg/kg
1	涕灭威亚砜	aldicarbsulfoxide	0.02
2	涕灭威砜	aldicarbsulfone	0.02
3	灭多威	methomyl	0.01
4	3-羟基克百威	3-hydroxycarbofuran	0.01
5	涕灭威	aldicarb	0.009
6	速灭威	metolcarb	0.01
7	克百威	carbofuran	0.01
8	甲萘威	carbaryl	0.008
9	异丙威	isoprocarb	0.01
10	仲丁威	fenobucarb	0.01

2　试剂和材料

除非另有说明，所用试剂均为优级纯，实验用水为GB/T 6682规定的一级水。

2.1　试剂

乙腈；甲醇；二氯甲烷；氯化钠；邻苯二甲醛；氢氧化钠；β-巯基乙醇；四硼酸钠（硼砂）；固相萃取柱（氨基）；有机滤膜（0.22μm）。

2.2　试剂配制

2.2.1 甲醇+二氯甲烷（1+99，体积比）　量取1ml甲醇与99ml二氯甲烷混合。

2.2.2 邻苯二甲醛衍生液　称取7.2g四硼酸钠和100mg邻苯二甲醛，加水定容至950ml，抽滤后加入22μl β-巯基乙醇，混匀。

2.2.3 氢氧化钠水解液（0.05mol/L）　称取1g氢氧化钠，水溶解定容至500ml。

2.3　标准溶液的配制

2.3.1 农药标准储备溶液（1mg/ml）　购买经国家认证并授予标准物质证书的农药标准溶液物质，-20℃保存。

2.3.2 农药标准中间液（10μg/ml）　分别准确吸取单个农药标准储备液1ml于100ml容量瓶中，用甲醇稀释并定容至刻度，配制成浓度为10μg/ml的混合标准中间溶液。该溶液于-18℃保存。

2.3.3 混合标准工作溶液　准确移取1.0ml、0.5ml、0.2ml、0.1ml、0.05ml混合中间溶液于10ml容量瓶中，用甲醇稀释，分别配成1000ng/ml、500ng/ml、200ng/ml、100ng/ml、50ng/ml的标准工作液。临用前配制。

3　仪器和设备

高效液相色谱仪（配有柱后衍生系统，荧光检测器）；高速匀浆机（最大转速24000r/min）；分析天平（感量0.01g和0.01mg）；离心机（转速不低于4000r/min）；氮吹仪；超声波水浴振荡器；涡旋混合器，组织捣碎机；固相萃取装置。

4 分析步骤

4.1 试样制备

取代表性样品，用组织捣碎机充分粉碎，装入洁净容器中，密封，并明确标示，按照样品存放要求储存待测。

4.2 提取

称取试样10g（精确至0.01g）于50ml离心管中，加入5g氯化钠和20ml乙腈，充分漩涡，超声20分钟。以8000r/min转速离心5分钟，取上清液5ml于另一15ml离心管中，氮吹至近干，2ml甲醇+二氯甲烷（1+99）复溶，溶液待净化。

4.3 净化

将氨基固相萃取柱固定于固相萃取装置后，4ml甲醇+二氯甲烷（1+99）活化，上样开始接液，全部上样后，2ml甲醇+二氯甲烷（1+99）洗管两次，收集所有洗脱液，氮吹至近干，1ml甲醇复溶，过有机膜，上机测定。

4.4 仪器参考条件

通过优化色谱柱，流动相及柱温等色谱条件使目标物保留适中，无干扰，参考色谱条件如下。仪器为岛津LC-20AD。色谱柱为shim-packFC-ODS（75mm×4.6mm，粒径5μm或相当者）。进样量为10μl。柱温设置40℃。水解反应器温度100℃。检测波长：激发波长330nm，发射波长465nm。流动相分别为A组分为超纯水，B组分为甲醇，C组分为0.05mol/L NaOH，D组分为OPA衍生液，C、D液流速为0.3ml/min，梯度洗脱条件见表3-7-56。

表3-7-56 液相色谱流动相梯度洗脱条件

时间 /min	A/%	B/%	流速 ml/min
0	85	15	0.5
2.0	75	25	0.5
8.0	75	25	0.5
9.0	60	40	0.8
10.0	55	45	0.8
19.0	20	80	0.8
25.0	20	80	0.8
30.0	85	15	0.5

4.5 定性分析

在相同试验条件下测定试样溶液，若试样溶液中检出色谱峰的保留时间与标准溶液中目标物色谱峰的保留时间一致，则可判定样品中存在氨基甲酸酯类农药。

4.6 定量测定

将氨基甲酸酯类农药标准工作溶液注入高效液相色谱测定，分别得到氨基甲酸酯类农药的峰面积。分别以标准工作溶液浓度为横坐标，峰面积为纵坐标，绘制标准工作曲线。将试样溶液按仪器参考条件进行测定，得到相应的试样溶液的色谱峰面积。根据校正曲线分别得到试样溶液中各类氨基甲酸酯类农药的浓度。

第三篇 食品中化学成分检测

5 计算

试样中待测组分的含量结果按下式计算。

$$X = \frac{C \times V \times f}{m}$$

式中：X为试样中被测组分的含量（mg/kg）；C为从标准工作曲线得到的试样溶液中的被测组分的质量浓度（mg/L）；V为定容体积（ml）；f为稀释倍数；m为称取试样的质量（g）；计算结果保留2位有效数字，当结果大于1mg/kg时保留3位有效数字。

6 精密度

本规程的精密度是按照 GB/T 6379.2的规定确定的，获得重复和再现性的值以95%的可信度来计算。

7 注意事项

7.1 前处理过程应在通风橱内进行，并佩戴防护口罩及手套。废液应妥善处理，不得污染环境。

7.2 乙腈，甲醇和二氯甲烷等均为有毒有机试剂，具有刺激性，避免接触皮肤，若皮肤接触需脱去污染的衣着，用肥皂水和清水彻底冲洗皮肤。

7.3 天平和高速匀浆机使用前需保持干燥清洁，使用后需清理干净。取样要均匀、防止污染，取样量要按照检测限和卫生指标综合考虑。处理样品时，注意防止交叉污染。

7.4 流动相用水要现用现取，所使用到的溶剂必须经滤膜过滤，以除去杂质微粒，要注意分清有机相滤膜和水相滤膜。

7.5 仪器开机前，需检查仪器状态，管路有无泄漏；冷却水压力；进样器附近是否清洁；洗针液体积；在进样分析前，应充分平衡色谱柱。

起草人：付　冉（山东省食品药品检验研究院）

阎安婷（山西省食品药品检验所）

复核人：卢兰香（山东省食品药品检验研究院）

李　倩（山西省食品药品检验所）

第三十五节　食品中 23 种有机磷类农药残留的检测

1 简述

参考NY/T 761-2008《蔬菜和水果中有机磷、有机氯、拟除虫菊酯和氨基甲酸酯类农药多残留的测定》制定本规程。

试样中有机磷类农药经乙腈提取，提取溶液经过滤、浓缩后，注入气相色谱仪，农药组分经毛细管色谱柱分离，用火焰光度检测器（FPD磷滤光片）检测。保留时间定性，外标法定量。

本方法适用于蔬菜、水果、茶叶及其制品、水果制品、豆类、辣椒（香辛料类）和辣椒粉中23种有机磷类农药残留量的检测。

本方法中23种农残种类及检出限见表3-7-57。

2　试剂和材料

除非另有说明，所用试剂均为分析纯，实验用水为GB/T 6682中规定的至少二级的水。

2.1　试剂

丙酮（色谱纯）；乙腈（色谱纯）；氯化钠（140℃灼烧4小时，置于干燥器中冷却，备用）；聚四氟乙烯离心管（15ml）；有机滤膜（0.22 μm）。

2.2　农药标准品

见表3-7-57。

表3-7-57　有机磷农药标准品、检出限

序号	中文名称	英文名称	纯度	检出限 mg/kg
1	敌敌畏	dichlorvos	≥96%	0.01
2	乙酰甲胺磷	acephate	≥96%	0.03
3	乐果	dimethoate	≥96%	0.02
4	甲基对硫磷	parathion-methyl	≥96%	0.02
5	毒死蜱	chlorpyrifos	≥96%	0.02
6	倍硫磷	fenthion	≥96%	0.02
7	三唑磷	triazophos	≥96%	0.01
8	敌百虫	trichlorfon	≥96%	0.06
9	灭线磷	ethoprophos	≥96%	0.02
10	氧乐果	omethoate	≥96%	0.02
11	二嗪磷	diazinon	≥96%	0.02
12	甲基毒死蜱	chlorpyrifos-methyl	≥96%	0.03
13	杀螟硫磷	fenitrothion	≥96%	0.02
14	丙溴磷	profenofos	≥96%	0.04
15	甲胺磷	methamidophos	≥96%	0.01
16	久效磷	monocrotophos	≥96%	0.03
17	杀扑磷	methidathion	≥96%	0.03
18	甲基硫环磷	phosfolan-methyl	≥96%	0.03
19	伏杀硫磷	phosalone	≥96%	0.05
20	马拉硫磷	malathion	≥96%	0.03
21	水胺硫磷	isocarbophos	≥96%	0.03
22	硫环磷	phosfolan	≥96%	0.03
23	亚胺硫磷	phosmet	≥96%	0.06

第三篇　食品中化学成分检测

2.3 标准溶液配制

2.3.1 标准储备液的配制 分别准确称取 10.0mg 各种农药标准品分别于 10ml 容量瓶中，用丙酮溶解并定容至刻度，配成浓度为 1000μg/ml 的单一农药标准储备液，贮存于 –18℃以下冰箱中，有效期 6 个月。

2.3.2 标准混合工作液的配制 根据各农药在仪器上的响应值，移取适量的单个农药标准储备液注入同一容量瓶中，用丙酮稀释至刻度。使用前用丙酮稀释成所需浓度的标准工作液。贮存于 4℃冰箱内，有效期 3 周。

3 仪器和设备

气相色谱仪（配有火焰光度检测器，FPD磷滤光片）；分析天平（感量0.01g和0.0001g）；均质机；水浴锅（可控温）；氮吹仪（可控温）；旋涡混合器；具塞量筒（100ml）；烧杯（150ml）；移液管（10.00ml）。

4 分析步骤

4.1 试样制备和保存

4.1.1 试样制备 取可食部分，经缩分后，将其切碎，用粉碎机粉碎，制成待测样。

4.1.2 试样保存 试样于 –20~–16℃条件下保存。

4.2 提取

4.2.1 蔬菜、水果 称取25g经粉碎的试样（精确至0.01g）于150ml烧杯中，加入50.0ml乙腈，均质机均质2分钟后用滤纸过滤，滤液收集到装有 5~7g 氯化钠的 100ml 具塞量筒中，收集滤液 40~50ml，盖上塞子，剧烈震荡 1 分钟，在室温下静置 30 分钟，使乙腈相和水相分层。

4.2.2 茶叶及其制品、辣椒（香辛料类）和辣椒粉 称取2g经粉碎的试样（精确至0.01g）于 150ml 烧杯中，加入 10ml 水浸泡 20 分钟，加入 50.0ml 乙腈，均质机均质 2 分钟后用滤纸过滤，滤液收集到装有 5~7g 氯化钠的 100ml 具塞量筒中，收集滤液 40~50ml，盖上塞子，剧烈震荡 1 分钟，在室温下静置 30 分钟，使乙腈相和水相分层。

4.3 净化

从具塞量筒中移取10.00ml乙腈溶液至15ml刻度离心管中，于40℃水浴氮吹浓缩至近干，用丙酮定容至5.00ml，在旋涡混合器上混匀，经0.22μm滤膜过滤后，供色谱测定。

4.4 测定

4.4.1 色谱参考条件 色谱柱：50% 聚苯基甲基硅氧烷（DB–17 或 HP–50+）柱，30m×0.53mm（内径），1.0μm（膜厚），或相当者。载气：氮气（纯度≥99.999%），1.0ml/min，恒定流量。柱温：150℃保持 2 分钟，8℃/min升至250℃，保持12分钟。进样口温度：220℃。检测器温度：250℃。进样量：1μl。进样方式：不分流。气体流量：隔垫吹扫流量3ml/min，氢气流速75ml/min，空气流速100ml/min。

4.4.2 色谱测定 在上述色谱条件下将农药混合标准工作溶液及试样测定液分别注入气相色谱仪，以保留时间定性，以色谱峰峰面积定量。

4.4.3 空白试验　除不加试样外，均按上述提取及以后的步骤进行操作。

5　计算

试样中被测农药残留量，按下式计算。

$$X = \frac{C \times A \times V \times V_1 \times 1000}{A_S \times m \times V_2 \times 1000}$$

式中：X 为试样中被测农药残留量（mg/kg）；A 为样液中被测农药的峰面积；A_S 为标准工作溶液中被测农药的峰面积；C 为标准工作溶液中农药的浓度（μg/ml）；V 为样液最终定容体积（ml）；V_1 为提取溶剂总体积（ml）；V_2 为移取用于检测的提取溶液的体积（ml）m 为称取试样的质量（g）。计算结果需扣除空白值，测定结果用平行测定的算术平均值表示，计算结果保留2位有效数字，当结果大于1mg/kg时保留3位有效数字。

6　注意事项

6.1 在抽样和制样的操作过程中，必须防止样品受到污染或发生残留物含量的变化。

6.2 为减少样品对色谱柱的污染，应经常更换进样垫与衬管，防止进样垫屑与衬管里的污染物进入色谱柱，还要对色谱柱进行定期老化处理，清除色谱柱里的残留，老化后要将色谱柱柱头切去5~10cm，以确保色谱柱干净。

6.3 氮吹浓缩时要求近干，不能吹干。

6.4 在有干扰无法进行准确定性的情况下，可更换另一极性的色谱柱进行确认。

起草人：田其燕（山东省食品药品检验研究院）

阎安婷（山西省食品药品检验所）

复核人：王艳丽（山东省食品药品检验研究院）

李　倩（山西省食品药品检验所）

第三十六节　食品中狄氏剂等21种农药残留的检测

1　简述

参考NY/T 761-2008《蔬菜和水果中有机磷、有机氯、拟除虫菊酯和氨基甲酸酯类农药多残留的测定》制定本规程。

试样中有机氯类、拟除虫菊酯类农药经乙腈提取，提取溶液经过滤、浓缩后，采用固相萃取柱分离、净化，淋洗液经浓缩后，注入气相色谱仪，农药组分经毛细管色谱柱分离，用电子捕获检测器（ECD）检测。保留时间定性，外标法定量。

本方法适用于蔬菜、水果、茶叶及其制品中21种有机氯类、拟除虫菊酯类农药残留量的检测。

本方法中农残种类及检出限见表3-7-58。

2 试剂和材料

除非另有说明，所用试剂均为分析纯，实验用水为GB/T 6682中规定的至少二级的水。

2.1 试剂

丙酮（色谱纯）；乙腈（色谱纯）；正己烷（色谱纯）；氯化钠（140℃灼烧4小时，置于干燥器中冷却，备用）；聚四氟乙烯离心管（15ml）；固相萃取柱（弗罗里矽柱，容积6ml，填充物1000mg）。

2.2 试剂配制

丙酮+正己烷（10+90）：取10ml丙酮，加入90ml正己烷，摇匀备用。

2.3 农药标准品

见表3-7-58。

表3-7-58 有机氯及拟除虫菊酯类农药标准品、检出限

序号	中文名称	英文名称	纯度	检出限 mg/kg
1	α-六六六	α-BHC	≥96%	0.0001
2	β-六六六	β-BHC	≥96%	0.0004
3	γ-六六六	γ-BHC	≥96%	0.0002
4	δ-六六六	δ-BHC	≥96%	0.0001
5	联苯菊酯	bifenthrin	≥96%	0.0006
6	氯菊酯	permethrin	≥96%	0.001
7	氯氟氰菊酯	cyhalothrin	≥96%	0.0005
8	氟氰戊菊酯	flucythrinate	≥96%	0.001
9	百菌清	chlorothalonil	≥96%	0.0003
10	腐霉利	procymidone	≥96%	0.002
11	狄氏剂	dieldrin	≥96%	0.0004
12	氯氰菊酯	cypermethrin	≥96%	0.003
13	氰戊菊酯	fenvalerate	≥96%	0.002
14	氟胺氰菊酯	tau-fluvalinate	≥96%	0.002
15	氟氯氰菊酯	cyfluthrin	≥96%	0.002
16	甲氰菊酯	fenpropathrin	≥96%	0.002
17	溴氰菊酯	deltamethrin	≥96%	0.001
18	p, p'-DDE	p, p'-DDE	≥96%	0.0001
19	p, p'-DDT	p, p'-DDT	≥96%	0.0009
20	p, p'-DDD	p, p'-DDD	≥96%	0.0003
21	o, p'-DDT	o, p'-DDT	≥96%	0.001

2.4 标准溶液配制

2.4.1 标准储备液的配制 分别准确称取 10.0mg 各农药标准品分别于 10ml 容量瓶中，用正己烷溶解并定容至刻度，配成浓度为 1000μg/ml 的单一农药标准储备液，贮于 –18℃以下冰箱中，有效期 6 个月。

2.4.2 标准混合工作液的配制 根据各农药在仪器上的响应值，移取适量的单个农药储备液注入同一容量瓶中，用正己烷稀释至刻度。使用前用正己烷稀释成所需浓度的标准工作液。贮存于 4℃冰箱内，有效期 3 周。

3 仪器和设备

气相色谱仪（配有电子捕获检测器）；分析天平（感量 0.01g 和 0.0001g）；均质机；水浴锅（可控温）；氮吹仪（可控温）；旋涡混合器；具塞量筒（100ml）；移液管（10.00ml）。

4 分析步骤

4.1 试样制备和保存

4.1.1 试样制备 取可食部分，经缩分后，将其切碎，用粉碎机粉碎，制成待测样。

4.1.2 试样保存 试样于 –20~–16℃条件下保存。

4.2 提取

4.2.1 蔬菜、水果 称取 25g 经粉碎的试样（精确至 0.01g）于 150ml 烧杯中，加入 50.0ml 乙腈，均质机均质 2 分钟后用滤纸过滤，滤液收集到装有 5~7g 氯化钠的 100ml 具塞量筒中，收集滤液 40~50ml，盖上塞子，剧烈震荡 1 分钟，在室温下静置 30 分钟，使乙腈相和水相分层。

4.2.2 茶叶及其制品 称取 2g 经粉碎的试样（精确至 0.01g）于 150ml 烧杯中，加入 10ml 水浸泡 20 分钟，加入 50.0ml 乙腈，均质机均质 2 分钟后用滤纸过滤，滤液收集到装有 5~7g 氯化钠的 100ml 具塞量筒中，收集滤液 40~50ml，盖上塞子，剧烈震荡 1 分钟，在室温下静置 30 分钟，使乙腈相和水相分层。

4.3 净化

从具塞量筒中移取 10.00ml 乙腈溶液至 15ml 刻度离心管中，于 40℃水浴氮吹蒸发至近干，加入 2.0ml 正己烷，在旋涡混合器上混匀，待净化。

将弗罗里矽柱依次用 5.0ml 丙酮+正己烷（10+90）、5.0ml 正己烷预淋洗，当液面到达柱吸附层表面时，立即倒入上述待净化溶液，用 15ml 刻度离心管接收脱液，用 5.0ml 丙酮+正己烷（10+90）洗脱弗罗里矽柱，并重复一次。将盛有洗脱液的离心管于 40℃水浴氮吹浓缩至小于 5ml，用正己烷定容至 5.0ml，在旋涡混合器上混匀，待测。

4.4 测定

4.4.1 色谱参考条件 色谱柱：100% 聚甲基硅氧烷（DB–1 或 HP–1）柱，30m × 0.25mm（内径），0.25μm（膜厚），或相当者。载气：氮气（纯度 ≥ 99.999%），1ml/min，恒定流量。柱温：150℃保持 2 分钟，6℃/min 升至 270℃，保持 8 分钟。进样口温度：200℃。检测器温度：320℃。进样量：1μl。进样方式：分流，分流比 10：1。气体流量：隔垫吹扫流量 3ml/min，尾吹流量（N_2）60ml/min。

4.4.2 色谱测定 在上述色谱条件下将农药混合标准工作溶液及试样测定液分别注入气相色谱仪，以保留时间定性，以色谱峰峰面积定量。

4.4.3 空白试验 除不加试样外，均按上述提取及以后的步骤进行操作。

5 计算

试样中被测农药残留量，按下式计算。

$$X = \frac{C \times A \times V \times V_1 \times 1000}{A_S \times m \times V_2 \times 1000}$$

式中：X为试样中被测农药残留量（mg/kg）；A为样液中被测农药的峰面积；A_S为标准工作溶液中被测农药的峰面积；C为标准工作溶液中农药的浓度（μg/ml）；V为样液最终定容体积（ml）；V_1为提取溶剂总体积（ml）；V_2为移取用于检测的提取溶液的体积（ml）；m为称取试样的质量（g）。计算结果需扣除空白值，测定结果用平行测定的算术平均值表示，计算结果保留2位有效数字，当结果大于1mg/kg时保留3位有效数字。

6 注意事项

6.1 在抽样和制样的操作过程中，必须防止样品受到污染或发生残留物含量的变化。

6.2 为减少样品对色谱柱的污染，应经常更换进样垫与衬管，防止进样垫屑与衬管里的污染物进入色谱柱，还要对色谱柱进行定期老化处理，清除色谱柱里的残留，老化后要将色谱柱柱头切去5~10cm，以确保色谱柱干净。

6.3 氮吹浓缩时要求近干，不能吹干。第二次氮吹时，要求氮吹至体积小于5ml，最好小于1ml，此时溶液中丙酮量会减少，检测时不会对ECD检测器有损害，但防止吹干，否则会造成回收率偏低。

6.4 净化淋洗弗罗里矽柱时，液面不能干，当溶剂液面到达柱吸附层表面时，立即倒入待净化溶液，如果柱子表面干了再倒入溶液，农药会吸附在柱子上，回收率降低。

6.5 在有干扰无法进行准确定性的情况下，可更换另一极性的色谱柱进行确认。

起草人：田其燕（山东省食品药品检验研究院）

李　倩（山西省食品药品检验所）

复核人：王艳丽（山东省食品药品检验研究院）

陈　煜（山西省食品药品检验所）

第三十七节　蔬菜中嗪氨灵残留量的检测

1 简述

参考SN/T 0695-2018《出口植物源食品中嗪氨灵残留量的测定》制定本规程。

试样中的嗪氨灵残留用丙酮-水提取，然后用二氯甲烷进行液-液分配。二氯甲烷提取液经脱水、蒸干后，残渣用正己烷溶解，正己烷溶液经中性氧化铝–活性炭柱净化，用乙酸乙酯–正己烷洗脱。洗脱液经蒸干后制成甲醇–乙酸乙酯溶液并定容，用配有电子捕获检测器的气相色谱仪测定，外标法定量。

本方法适用于蔬菜中嗪氨灵残留量的测定。

本方法的定量限为 0.02mg/kg。

2 试剂和材料

除非另有说明，所用试剂均为色谱纯，实验用水为 GB/T 6682 中规定的一级水。

2.1 试剂

甲醇；二氯甲烷；正己烷；丙酮；乙酸乙酯；无水硫酸钠（分析纯）；活性炭；中性氧化铝；嗪氨灵标准品（纯度 ≥ 98%）。

2.2 试剂配制

2.2.1 氯化钠饱和溶液 400ml 水中加入过量的氯化钠。

2.2.2 乙酸乙酯 – 正己烷（10+90） 取 90ml 正己烷，加入 10ml 乙酸乙酯，摇匀备用。

2.2.3 乙酸乙酯 – 正己烷（50+50） 取 50ml 正己烷，加入 50ml 乙酸乙酯，摇匀备用。

2.2.4 甲醇 – 乙酸乙酯（50+50） 取 50ml 甲醇，加入 50ml 乙酸乙酯，摇匀备用。

2.3 标准溶液的配制

2.3.1 标准储备液的配制 准确称取 10.0mg 嗪氨灵标准品于 10ml 容量瓶中，用甲醇 – 乙酸乙酯（50+50）溶解并定容至刻度，配成浓度为 1000μg/ml 的标准储备液，贮于 0℃的冰箱内，有效期 6 个月。

2.3.2 标准中间液的配制 准确移取 1.00ml 嗪氨灵标准储备液于 100ml 容量瓶中，用甲醇 – 乙酸乙酯（50+50）稀释定容，配成浓度为 10μg/ml 的标准中间液。贮于4℃冰箱内，有效期 3 周。

2.3.3 标准工作液的配制 吸取一定量标准中间液，用甲醇 – 乙酸乙酯（50+50）逐级稀释成浓度为 0.05、0.1、0.2、0.5、1.0μg/ml 的标准工作液，临用前配制。

3 仪器和设备

气相色谱仪（配有电子俘获检测器）；分析天平（感量0.01g和0.0001g）；旋转蒸发器（带水浴，可控温）；恒温水浴振荡器（频率可调节，可定时）；氮吹仪（可控温）；具塞锥形瓶（250ml）；分液漏斗（250ml）；梨形瓶（100ml、250ml）；移液管（1.00ml、5.00ml）。

4 分析步骤

4.1 试样制备和保存

4.1.1 试样制备 蔬菜样品取样部位按 GB 2763 附录 A 执行，将样品切碎混匀一化制成匀浆，制备好的试样均分成两份，装入洁净的盛样容器内，密封并标明标记。

4.1.2 试样保存 将试样于 –18℃以下避光保存。

4.2 提取

称取约20g试样（精确至0.1g）于250ml具塞锥形瓶中，依次加入10ml水、100ml丙酮，于振荡器上振荡30分钟。静置5分钟，过滤于250ml梨形瓶中。残渣再用50ml丙酮提取一次，合并两次滤液，于40℃旋转蒸发至约10ml。

将上述浓缩液转移入250ml分液漏斗中。依次加入10ml饱和氯化钠水溶液、60ml水和40ml二氯甲烷，剧烈振荡2分钟，静置分层。移下层有机相于250ml梨形瓶中。再分别用40ml二氯甲烷提取水相二次。合并有机相于上述梨形瓶中，于40℃旋转蒸发浓缩近干，用氮气吹干，用移液管准确移取10ml正己烷溶解残渣并振荡摇匀。

4.3 净化

用25ml正己烷淋洗净化柱，待正己烷液面下降至柱填料表面时，准确移取5ml上述正己烷提取液，转移到柱中。用20ml乙酸乙酯-正己烷（10+90）溶液淋洗，弃去流出液。然后用60ml乙酸乙酯-正己烷（50+50）溶液洗脱（流速1.5ml/min），收集流出液于100ml梨形瓶中。于40℃旋转蒸发浓缩近干，最后用氮气吹干。用移液管准确移取1.0ml甲醇-乙酸乙酯（50+50）溶解残渣并振荡摇匀，溶液供气相色谱测定。

4.4 测定

4.4.1 色谱参考条件　色谱柱：HP-5石英毛细管柱，30m×0.32mm（内径），0.25μm（膜厚），或相当者。载气：氮气（纯度≥99.999%），1.7ml/min，恒定流量。柱温：初始温度80℃，保持3分钟，以20℃/min升至200℃，保持1分钟，再以20℃/min升温至250℃，保持5分钟。进样口温度：245℃。检测器温度：300℃。进样量：1μl。进样方式：不分流。气体流量：隔垫吹扫流量3ml/min，尾吹流量（N_2）30ml/min。

4.4.2 色谱测定　在上述色谱条件下将嗪氨灵标准溶液及试样测定液分别注入气相色谱仪，以保留时间定性，色谱峰峰面积定量。根据样液中被测组分嗪氨灵的含量，选定相应浓度的标准工作溶液。标准工作溶液和样液中嗪氨灵响应值均应在仪器检测线性范围内。

4.4.3 空白试验　除不加试样外，均按上述提取及以后的步骤进行操作。

5　计算

试样中嗪氨灵含量按下式计算。

$$X=\frac{(C-C_0)\times V\times 1000}{m\times 1000}$$

式中：X为试样中嗪氨灵残留含量（mg/kg）；C为试样溶液中嗪氨灵的浓度（μg/ml）；C_0为空白溶液中嗪氨灵的浓度（μg/ml）；V为样液最终定容体积（ml）；m为称取试样的质量（g）；1000为换算系数。

6　注意事项

6.1 在抽样和制样的操作过程中，必须防止样品受到污染或发生残留物含量的变化。
6.2 旋转蒸发时要求近干，不能蒸干。

6.3淋洗净化柱时，液面不能干，当溶剂液面到达柱吸附层表面时，立即倒入待净化溶液，如果柱子表面干了再倒入溶液，农药会吸附在柱子上，回收率降低。

起草人：李　洁（山东省食品药品检验研究院）

复核人：鞠　香（山东省食品药品检验研究院）

第三十八节　食品中灭多威、抗蚜威、杀线威残留量的检测

1　简述

参考SN/T 0134-2010《进出口食品中杀线威等12种氨基甲酸酯类农药残留量的检测方法 液相色谱–质谱/质谱法》制定本规程。

本方法试样用乙腈提取，乙腈饱和的正己烷液液分配，经活性炭和氟罗里硅土固相柱净化后，液相色谱串联质谱法检测和确证，外标法定量。

本方法同时适用于蔬菜、水果和豆类中灭多威、抗蚜威、杀线威的测定。

本方法灭多威、抗蚜威、杀线威的检出限均0.01mg/kg。

2　试剂和材料

除另有规定外，本方法中所用试剂均为色谱纯，水为符合GB/T 6682规定的一级水。

2.1　试剂

丙酮；乙腈；甲醇；二氯甲烷；正己烷；乙酸铵；活性炭固相萃取柱；氟罗里硅土固相萃取柱；有机滤膜（0.22μm）。

2.2　试剂配制

2.2.1　丙酮＋正己烷溶液（30+70）　量取丙酮30ml与正己烷70ml，混合。

2.2.2　乙腈饱和的正己烷　取20ml乙腈加入200ml正己烷中，剧烈振摇，静置分层。

2.2.3　10mmol/L乙酸铵溶液（含0.1%甲酸）　称取0.385g乙酸铵，移取0.5ml甲酸于500ml容量瓶中，用水定容。

2.3　标准溶液配制

2.3.1　农药标准储备溶液（1.0mg/ml）　分别准确称取10mg（精确至0.1mg）各农药标准品分别于10ml容量瓶中，用甲醇溶解并定容至刻度，–18℃避光保存。

2.3.2　农药标准中间溶液（10μg/ml）　分别准确吸取单个农药标准储备液1ml于100ml容量瓶中，用甲醇稀释并定容至刻度，配制成浓度为10μg/ml的混合标准中间溶液。该溶液于–18℃保存。

2.3.3　农药基质混合标准工作溶液　移取一定体积的农药标准中间溶液，用空白基质溶液配成不同浓度的基质混合标准工作溶液，临用现配。

第三篇　食品中化学成分检测

3 仪器和设备

液相色谱色谱－串联质谱仪（配有电喷雾离子源（ESI），质谱仪为三重四极杆串联质谱）；高速匀浆机（最大转速24000r/min）；组织捣碎机；分析天平（感量0.01g和0.01mg）；离心机（转速不低于4000r/min）；氮吹仪；旋转蒸发仪。

4 分析步骤

4.1 试样制备

蔬菜水果样品取代表性样品可食部分切碎，混匀，密封，作为试样，标明标记，于0~4℃冷藏存放。豆类样品经粉碎机粉碎，过20目筛，混匀，密封，作为试样，标明标记，常温保存。

4.2 提取

称取试样5g（精确至0.01g），加入20ml乙腈，均质提取1分钟，于4000r/min离心3分钟。将上清液倒入50ml离心管中，残渣再用10ml乙腈重复提取1次，合并上清液于50ml离心管中，加入10ml正己烷，涡旋混合，弃去正己烷。将乙腈层转入250ml浓缩瓶中，于40℃水浴中浓缩至近干，加2ml丙酮－正己烷（3+7）溶解，待净化。

4.3 净化

将活性炭固相萃取柱与氟罗里硅土固相萃取柱串联，使用前用20ml丙酮＋正己烷（3+7）淋洗。将上述提取液上柱，用2ml丙酮＋正己烷（3+7）淋洗浓缩瓶，淋洗液一并注入净化柱。用20ml丙酮＋正己烷（3+7）洗脱。收集全部洗脱液于250ml浓缩瓶中，于40℃水浴中浓缩至近干。用甲醇溶解，并定容至2.0ml，过0.22μm滤膜，供液相色谱串联质谱法测定。

4.4 仪器参考条件

4.4.1 液相色谱条件 通过优化色谱柱，流动相及柱温等色谱条件使目标物保留适中，无干扰，参考色谱条件如下。色谱柱为 ACQUITY UPLC BEH C18（100mm×2.1mm，粒径5μm或相当者）。流速为0.3ml/min。进样量10μl。柱温设置40℃。流动相分别为A组分为0.01mol/L乙酸铵溶液（含0.1%甲酸），B组分为乙腈，梯度洗脱条件见表3-7-59。

表3-7-59 液相色谱流动相梯度洗脱条件

时间 /min	A/%	B/%
0	95	5
1.0	95	5
6.0	80	20
7.0	50	50
8.5	0	100
10.0	0	100
10.1	95	5
12.0	95	5

4.4.2 质谱条件　质谱调谐参数应优化至最佳条件，参考质谱条件如下，离子源为电喷雾离子源（ESI$^+$）；离子源温度设置150℃；锥孔气流量为150L/h；脱溶剂气温度设置450℃；脱溶剂气流量为850 L/h；扫描模式为多反应监测（MRM）扫描；杀线威、抗蚜威、灭多威的检测离子见表3-7-60。

表3-7-60　杀线威、抗蚜威、灭多威的检测离子

化合物名称	母离子	定性离子	定量离子
杀线威	242.1	72.3/121.3	72.3
抗蚜威	238.7	72.2/182.2	72.2
灭多威	163.0	88.1/106	88.1

4.5　定性分析

在相同试验条件下进行样品测定时，若试样溶液中检出色谱峰的保留时间与基质标准溶液中目标物色谱峰的保留时间一致（变化范围在 ±2.5% 之内），并且在扣除背景后的样品质谱图中，所选择的离子均出现，而且所选择的离子丰度比与标准样品的离子丰度比相一致，根据表3-7-61所允许的最大偏差则可判断样品中存在目标物。

表3-7-61　定性时相对离子丰度的最大允许偏差

相对离子丰度 /%	>50	20~50	10~20	≤10
允许的相对偏差 /%	±20	±25	±30	±50

4.6　定量测定

将基质标准溶液注入液相色谱-串联质谱仪测定，得到待测物质的峰面积。以基质标准溶液浓度为横坐标，以目标物的定量离子的峰面积为纵坐标，绘制标准工作曲线。将试样溶液按仪器参考条件进行测定，得到相应的试样溶液的色谱峰面积。根据校正曲线得到试样溶液待测物质的浓度。

4.7　空白实验

除不加试样外，均按上述提取及以后的步骤进行操作。

5　计算

试样中待测组分的含量结果按下式计算。

$$X = \frac{(C-C_0) \times V}{m}$$

式中：X为试样中被测组分的含量（mg/kg）；C为从标准工作曲线得到的试样溶液中的被测组分的质量浓度（mg/L）；C_0为空白实验中的被测组分的质量浓度（mg/L）；V为定容体积（ml）；m为称取试样的质量（g）。

6　注意事项

6.1 前处理过程应在通风橱内进行，并佩戴防护口罩及手套。废液应妥善处理，不得污染

环境。

6.2 乙腈，甲醇和二氯甲烷为有毒有机试剂，甲酸具有刺激性，避免接触皮肤，若皮肤接触需脱去污染的衣着，用肥皂水和清水彻底冲洗皮肤。

6.3 天平和高速匀浆机使用前需保持干燥清洁，使用后需清理干净。取样要均匀、防止污染，取样量要按照检测限和卫生指标综合考虑。处理样品时，注意防止交叉污染。

6.4 流动相用水要现用现取，所使用到的溶剂必须经滤膜过滤，以除去杂质微粒，要注意分清有机相滤膜和水相滤膜。

6.5 仪器开机前，需检查仪器状态，管路有无泄漏；冷却水压力；进样器附近是否清洁；洗针液体积；在进样分析前，应充分平衡色谱柱。

6.6 质谱检测器在使用前及使用后，需用异丙醇（色谱级）和无尘纸对离子源进行擦拭清洁，避免对质谱响应灵敏度造成干扰。擦拭过程中，务必小心处理喷雾毛细管，以免出现对离子源的损害。

6.7 液相色谱–质谱联用仪需定期进行调谐，校准质量轴，一般宜6个月校准一次，以使仪器达到最佳的使用状态。

6.8 因离子源最容易受到污染，因此，需要对进样的浓度严格控制，避免样品或标准使用液的浓度过大，否则就会升高背景，在较大程度上降低灵敏度。

起草人：付　冉（山东省食品药品检验研究院）
复核人：卢兰香（山东省食品药品检验研究院）

第三十九节　食品中草甘膦残留量的检测

1　简述

参考SN/T 1923–2007《进出口食品中草甘膦残留量的检测方法　液相色谱–质谱/质谱法》制定本规程。

试样用水提取，提取液经阳离子交换柱净化，与9–芴基甲基三氯甲烷衍生化反应后，用液相色谱–质谱/质谱测定，内标法定量。

本方法适用于茶叶中草甘膦残留量的测定。

本方法茶叶的测定低限为0.10mg/kg，水果的测定低限为0.05mg/kg。

2　试剂和材料

除非另有说明，所用试剂均为分析纯，实验用水为GB/T 6682中规定的一级水。

2.1　试剂

乙腈（色谱纯）；丙酮（色谱纯）；甲醇（色谱纯）；二氯甲烷（色谱纯）；盐酸；氢氧化钾；磷酸二氢钾；硼酸钠；甲酸；无水乙酸铵；9–芴基甲基三氯甲烷（FMOC–Cl，纯度不低于99.0%，低于5℃保存）；草甘膦标准物质（CAS号：1071–83–6，纯度不低于98.0%）；氨甲基膦酸标准物质（CAS号：1066-51-9，纯度不低于98.0%），同位素内标1，2-C^{13}N^{15}草甘膦（浓度为100μg/ml）；CAX阳离子交换柱（AG 50W-X8，200~400目，H$^+$，0.8×4cm）；水相滤膜（0.45μm）。

2.2　试剂配制

2.2.1 流动相 A　含 0.1% 甲酸的乙腈溶液：取 1ml 甲酸用乙腈稀释至 1000ml，摇匀。

2.2.2 流动相 B　含 0.1% 甲酸的乙酸铵溶液（2mmol/L）：称取 0.154g 无水乙酸铵溶解于适量水中，加入 1ml 甲酸，用水定容至 1000ml，摇匀。

2.2.3 20% 氢氧化钾溶液　称取 20g 氢氧化钾溶于适量水，并用水稀释至 100ml。

2.2.4 3mol/L 盐酸溶液　量取 270ml 盐酸，加适量水并稀释至 1000ml，摇匀。

2.2.5 0.3mol/L 盐酸溶液　量取 100ml 3mol/L 盐酸溶液（2.2.4），加适量水并稀释至 1000ml，摇匀。

2.2.6 酸度调节剂　称取 16g 磷酸二氢钾溶于 160ml 水中，加入 13.4ml 盐酸和 40ml 甲醇，混匀。

2.2.7 洗脱液　分别量取 160ml 水、2.7ml 盐酸和 40ml 甲醇，混匀。

2.2.8 硼酸盐缓冲溶液（体积分数 5%，pH=9）　称取 5g 硼酸钠（Na$_2$B$_4$O$_7$·10H$_2$O），用水溶解并定容至 100ml。

2.2.9 9-芴基甲基三氯甲烷丙酮溶液（1.0g/L）　称取 100mgFMOC-Cl，用丙酮溶解并定容至 100ml。

2.3　标准溶液的配制

2.3.1 标准储备溶液（1.0mg/ml）　分别准确称取草甘膦、氨甲基膦酸标准物质各 50mg（±0.1mg）于聚乙烯塑料瓶中，分别加入一定量的水按下式计算，加 2 滴盐酸，充分振摇，确保其全部溶解，低于 5℃保存，有效期 1 年。

$$m_w = \frac{m_s \times \rho_s \times D_w}{C_s}$$

式中：m_w 为所需加水的质量（g）；m_s 为标准品的称样量（mg）；ρ_s 为标准品纯度（100%=1.00）；D_w 为水的密度（1.00g/ml）；C_s 为标准储备液的浓度（1.0mg/ml）。

2.3.2 草甘膦、氨甲基膦酸混合标准中间溶液　分别移取草甘膦、氨甲基膦酸标准储备溶液，用水分别稀释成 0.1μg/ml、1.0μg/ml、10.0μg/ml 的混合标准溶液，于 5℃以下保存，有效期 6 个月。

2.3.3 同位素内标1，2-C^{13}N^{15}草甘膦工作溶液　移取浓度为 100μg/ml 的 1，2-C^{13}N^{15}草甘膦储备溶液，分别用水稀释成 0.1μg/ml、1.0μg/ml、10.0μg/ml，于 5℃以下保存，有效期 6 个月。

2.3.4 草甘膦、氨甲基膦酸混合标准工作溶液　分别吸取 0.1μg/ml 草甘膦、氨甲基膦酸混合标准中间溶液（2.3.2）1.0ml、0.8ml、0.5ml、0.2ml、0.1ml 于 10ml 容量瓶中，再分别加入 0.1μg/ml 的内标溶液（2.3.3）0.6ml，用水稀释并定容至 10ml，配制浓度依次为 10ng/ml、8ng/ml、5ng/ml、2ng/ml 和 1ng/ml 混合标准工作溶液，内标浓度为 6ng/ml。

3　仪器和设备

液相色谱-三重四极杆质谱联用仪（配ESI源）；分析天平（感量0.1mg和0.01g）；离心机

（转速不低于5000r/min）；涡旋振荡器；旋转蒸发仪；氮气浓缩仪；固相萃取装置。

4 分析步骤

4.1 试样预处理

4.1.1 茶叶 取代表性样品约200g，粉碎，通过孔径为2.0mm的筛，装入洁净的容器内，密封并做好标记，于0~4℃条件下保存。

4.1.2 水果 取可食部分样品约200g，粉碎，匀浆，装入洁净的容器内，密封并做好标记，于-18℃冷冻保存。

4.2 试样前处理

4.2.1 提取 准确称取10g试样（茶叶试样5g，精确至0.01g）于250ml塑料离心管中，加入10μg/ml同位素内标工作溶液100μl，加100ml水（茶叶浸泡0.5小时）、50ml二氯甲烷，振荡20分钟，于4000r/min离心10分钟。将上层水溶液转移至另一塑料离心瓶中，残渣再加入50ml水重复提取依次，合并上层水溶液，充分混匀后，取出4.5ml至10ml具塞试管中，加0.5ml酸度调节剂（2.2.6），混匀。

4.2.2 净化 CAX小柱经10ml水活化后，加入1.0ml提取液，用0.7ml洗脱液（2.2.7）淋洗两次，再用11ml洗脱液（2.2.7）洗脱并收集，洗脱液于45℃减压旋转蒸发至干，加1ml 5%硼酸盐缓冲溶液（2.2.8）溶解残渣，此时pH约为9，需要时用20%氢氧化钾溶液（2.2.3）和3mol/l盐酸溶液（2.2.4）、0.3mol/l盐酸溶液（2.2.5）调节pH至9。

4.2.3 衍生化 取混合标准工作溶液（2.3.4）各1.0ml加入200μl 5%硼酸缓冲溶液（2.2.8），混匀，此标准系列溶液与净化后样液分别加入200μl 1.0g/L FMOC-Cl丙酮溶液（2.2.9），混匀，室温下进行衍生化反应，放置过夜。将衍生化后溶液通过0.45μm滤膜，供液相色谱-串联质谱测定。

4.3 仪器参考条件

色谱柱（C18，2.1mm×150mm，5μm）。柱温：35℃。流速0.2ml/min。进样量：30μl。流动相及梯度洗脱见表3-7-62。扫描模式：正离子扫描（ESI⁺）。毛细管电压：3500V。离子源温度：250℃。干燥气流量7L/min。雾化气压力50 psi。辅助气压力：50 psi。鞘气温度：325℃。气帘气压力：20 psi。检测方式：多反应监测（MRM），监测条件见表3-7-63。

表3-7-62 流动相及梯度洗脱条件

时间，min	流动相A，%	流动相B，%
0	20	80
5	70	30
8	95	5
12	95	5
13	20	80
20	20	80

表3-7-63 多反应监测（MRM）条件

序号	中文名称	离子对, m/z	去簇电压 （DP），v	碰撞能量 （CE），v	碰撞室出口电压 （CXP），v	碰撞室入口电压 （EP），v
1	草甘膦（PMG）	392.0/88.0*	63	30	16	8
		392.0/214.0	54	15	14	8
2	氨甲基膦酸	334.0/179.1*	60	28	10	6
	（AMPA）	334.0/112.0	48	17	10	11
3	1，2-C^{13}N^{15}草 甘膦	395.0/91.0*	65	29	14	6

注：*定量离子

4.4 标准曲线制作及样品测定

按照确定的液相色谱-串联质谱条件，将混合标准工作溶液注入液相色谱仪，以定量离子峰面积为纵坐标、各标准溶液质量浓度为横坐标，绘制标准曲线，内标法定量。相同仪器条件下测定样品。

4.5 定性与定量

在相同实验条件下，试样中待测物质的保留时间与标准工作溶液中对应的保留时间偏差在±2.5%之内；且试样谱图中各组分定性离子的相对丰度与标准工作溶液中定性离子的相对丰度，其允许偏差不超过表3-7-64规定的范围时，则可确定样品中存在这种农药残留。

表3-7-64 定性确证时相对离子丰度的最大允许偏差

相对离子丰度	> 50%	20%~50%	10%~20%	≤ 10%
允许相对偏差	± 20%	± 25%	± 30%	± 50%

4.6 空白试验

除不称取试样外，均按上述提取及以后的步骤进行操作。

5 计算

试样中各农药的含量按下式计算。

$$X = \frac{C \times C_i \times A \times A_{si} \times V \times F}{C_{si} \times A_i \times A_s \times m \times 1000}$$

式中：X为试样中各待测组分残留量（mg/kg）；C为草甘膦或氨甲基膦酸标准工作溶液的浓度（ng/ml）；C_i为样液中内标物的浓度（ng/ml）；A为样液中草甘膦或氨甲基膦酸的峰面积；A_{si}为标准工作溶液中内标物的峰面积；V为样品溶液最终定容体积（ml）；C_{si}为标准工作溶液中内标物的浓度（ng/ml）；A_i为样液中内标物的峰面积；A_s为标准工作溶液中草甘膦或氨甲基膦酸的峰面积；m为称取试样的质量（g）；F为稀释倍数。

本方法草甘膦的残留量测定结果系指草甘膦和其主要代谢产物氨甲基膦酸残留量之和。

6 注意事项

6.1 草甘膦及氨甲基膦酸混合标准工作溶液，需现用现配。

6.2 cAX阳离子交换柱，在使用过程中不能干涸。

6.3 尽可能使用有证标准物质作为质量控制样品，标准物质的测定值应在标准物质证书给定的范围内，也可采用加标试验进行质量控制。每批样品至少分析1个质量控制样品。

6.4 乙腈、丙酮、甲醇、二氯甲烷为有毒有机试剂，使用时需带防护手套和防护面具，并避免接触皮肤，若皮肤接触需脱去污染的衣着，用肥皂水和清水彻底冲洗皮肤。废液应妥善处理，不得污染环境。

6.5 在样品制备过程中，应防止样品受到污染或发生目标化合物残留量的变化。

起草人：宿书芳（山东省食品药品检验研究院）

复核人：魏莉莉（山东省食品药品检验研究院）

第四十节　食品中乙酰甲胺磷残留量的检测

1 简述

参考SN/T 1950《进出口茶叶中多种有机磷农药残留量的检测方法 气相色谱法》制定本规程。

试样经水浸泡后，用乙酸乙酯和乙酸乙酯+正己烷（1+1，体积比）溶液提取，过活性炭柱净化，用配备火焰光度检测器的气相色谱仪进行测定，外标法定量。

本方法适用于辣椒、花椒、辣椒粉、花椒粉中乙酰甲胺磷农药残留量的测定。

本方法检出限：乙酰甲胺磷为0.02mg/kg。

2 试剂和材料

除另有规定外，所有试剂均为分析纯，实验用水为GB/T 6682中规定的一级水。

2.1 试剂

乙酸乙酯（色谱纯）；正己烷（色谱纯）；丙酮（色谱纯）；无水硫酸钠（650℃灼烧4小时）；活性炭固相萃取柱（3ml活性炭柱）；乙酰甲胺磷标准品（纯度≥98%）。

2.2 试剂配制

乙酸乙酯–正己烷混合溶液（1+1）：分别量取各50ml乙酸乙酯和正己烷，混匀。

2.3 标准溶液的配制

准确称取1mg的乙酰甲胺磷农药标准品于10ml容量瓶中，用丙酮配成100μg/ml的储备液，使用时根据需要用乙酸乙酯稀释成适当浓度的标准工作液。

3　仪器和设备

气相色谱仪（配有火焰光度检测器，磷滤光片 526 nm）；天平（感量 0.001g 和 0.1mg）；高速冷冻离心机；固相萃取仪；氮吹仪（可控温）；涡旋式混合器。

4　分析步骤

4.1　试样制备和保存

4.1.1 试样制备　取有代表性样品 500g，用粉碎机粉碎并通过 2.0mm 圆孔筛，混匀，均分成两份作为试样，分装入洁净的盛样容器内，密封并标明标记。

4.1.2 试样保存　将试样于 0~4℃ 保存，在制样的操作过程中，应防止样品受到污染或发生残留物含量的变化。

4.2　提取

称取 0.5g（精确至 0.001g）试样于 10ml 试管中，加入 1~1.5ml 水，浸泡 10 分钟。加入无水硫酸钠使之饱和后，用 2×2ml 乙酸乙酯提取两次，每次振荡 2 分钟，于 2000r/min 离心 3 分钟，收集上层有机相；残渣再用 2ml 乙酸乙酯 – 正己烷（1 + 1，体积比）提取一次，合并上层有机相，待净化。

4.3　净化

在活性炭固相萃取柱上端装入 1cm 高无水硫酸钠，用乙酸乙酯 4ml 预淋洗小柱，弃去流出液，然后将提取液全部倾入柱中，再分别用 4ml 乙酸乙酯和 2ml 乙酸乙酯 + 正己烷（1 + 1，体积比）洗脱，收集全部流出液 15ml 具塞刻度离心管中，于 40℃ 下用氮气流吹至 0.50ml，供气相色谱分析。

4.4　测定

4.4.1 仪器参考条件　色谱柱：EQUITY–1701 石英毛细管柱（30m×0.53mm×1.0μm），或相当者。程序升温：100℃ 保持 1 分钟，以 10℃/min 升至 160℃ 保持 1 分钟，以 5℃/min 升至 240℃ 保持 8 分钟。不分流进样。载气（氮气，纯度 ≥ 99.99%，流量 5.0ml/min）进样口温度：250℃。检测器温度：250℃。氢气：75ml/min。空气：100ml/min。尾吹气：20ml/min。进样量：2μl。

4.4.2 色谱测定　根据样液中乙酰甲胺磷含量情况，选定与样液浓度相近的标准工作溶液。标准工作溶液和样液中乙酰甲胺磷的响应值均应在仪器检测线性范围内，标准工作溶液和样液等体积穿插进样测定。

4.5　空白试验

除不加试样外，均按提取及以后的步骤进行操作。

5　计算

试样中乙酰甲胺磷残留量按下式计算，计算结果需扣除空白值。

$$X = \frac{A \times C \times V}{A_s \times m}$$

式中：X为样品中乙酰甲胺磷含量（mg/kg）；A为样液中乙酰甲胺磷的峰面积；A_S为标准工作溶液中乙酰甲胺磷的峰面积；C为标准工作溶液中乙酰甲胺磷的浓度（μg/ml）；V为样液最终定容体积（ml）；m为称取的试样质量（g）。

6　注意事项

6.1 氮吹不宜过久，不能吹干，近干即可。

6.2 前处理过程应在通风橱内进行，并佩戴防护口罩及手套。

6.3 由于净化柱的生产厂商不同、批号不同，其净化效率及回收率会有差异，在使用之前须对同批次的净化柱进行回收率测试。

6.4 注意定期更换气相色谱进样口隔垫及衬管，维护进样针，以确保数据结果的稳定。

起草人：李　玲（山东省食品药品检验研究院）

复核人：田其燕（山东省食品药品检验研究院）

第四十一节　蔬菜中联苯菊酯残留量的检测

1　简述

参考SN/T 1969-2007《进出口食品中联苯菊酯残留量的检测方法　气相色谱-质谱法》制定本规程。

样品经正己烷和丙酮的混合溶剂提取，经凝胶渗透色谱柱（脂肪、色素等杂质较多的样品）和弗罗里硅土固相萃取柱净化，气相色谱-质谱检测，外标法定量。

本方法适用于茶叶、蔬菜、水果中联苯菊酯残留量的测定。

本方法检出限为0.025mg/kg。

2　试剂和材料

除另有规定外，所用试剂均为色谱纯，实验用水为GB/T 6682中规定的一级水。

2.1　试剂

乙醚；正己烷；丙酮；环己烷；乙酸乙酯；氯化钠（分析纯，650℃灼烧4小时，在干燥器内冷却至室温，于密封瓶中备用）；联苯菊酯（纯度大于99%）。凝胶净化柱：400mm×25mm（内径），填料为Bio-Beads，S-X3，38~75μm，使用前先做淋洗曲线。弗罗里硅土固相萃取柱：6ml（1g）或相当者，使用前柱内填约10mm高无水硫酸钠层，用5ml正己烷淋洗活化固相萃取柱。

2.2　试剂配制

2.2.1 正己烷＋丙酮（1+1）混合溶液　取500ml正己烷，加入500ml丙酮，摇匀备用。

2.2.2 环己烷＋乙酸乙酯（1+1）　取500ml环己烷，加入500ml乙酸乙酯，摇匀备用。

2.2.3 正己烷＋乙醚（95+5）混合溶液　取950ml环己烷，加入50ml乙酸乙酯，摇匀备用。

2.3　标准溶液的配制

准确称取1mg的联苯菊酯标准物质于10ml容量瓶中，用正己烷配成浓度为100μg/ml的标准储备液，根据需要用正己烷稀释至适当浓度的标准工作液。

注：标准储备液在0~4℃冰箱中保存，有效期为12个月；标准工作液在0~4℃冰箱中保存，有效期为6个月。

3　仪器和设备

气相色谱–质谱联用仪（配有电子轰击EI源）；漩涡混合器；离心机（转速大于5000r/min）；氮吹浓缩仪；旋转蒸发仪；均质器；凝胶渗透色谱仪；多功能食品搅拌机；粉碎机。

4　分析步骤

4.1　试样制备

4.1.1　茶叶　取代表性样品约500g，经粉碎机粉碎并通过2.0mm圆孔筛，混匀，装入洁净容器内，密封，标明标记。

4.1.2　蔬菜、水果　取代表性样品约500g，将其可食部分先切碎，经多功能食品搅拌机充分捣碎均匀，装入洁净容器内，密封，标明标记。

4.2　试样保存

茶叶试样于4℃以下保存；蔬菜、水果类试样于–18℃以下保存。在制样过程中，应防止样品受到污染或发生联苯菊酯残留量的变化。

4.3　提取

4.3.1　茶叶　称取2g（精确至0.01g）试样于50ml离心管中，加入2g氯化钠和6ml水，在漩涡混合器上充分混匀1分钟，浸泡0.5小时，加入10ml正己烷＋丙酮（1+1）混合溶液，以10000r/min均质0.5分钟，并以4000r/min离心3分钟，吸取上层有机相于浓缩瓶中，残渣中加入10ml正己烷＋丙酮（1+1）混合溶液，重复提取一次，合并上层有机相，在45℃水浴中减压浓缩至近干。准确加入10ml环己烷＋乙酸乙酯（1+1）溶解残渣，供凝胶色谱净化。

4.3.2　蔬菜、水果　称取5g（精确至0.01g）试样于50ml离心管中，加入15ml正己烷＋丙酮（1+1）混合溶液，以10000r/min均质0.5分钟，加入4g氯化钠，摇匀，并于4000r/min离心3分钟，吸取上层有机相于浓缩瓶中，残渣中再加入15ml正己烷＋丙酮（1+1）混合溶液，重复提取一次，合并上层有机相，在45℃水浴中减压浓缩至近干，准确加入5ml正己烷，供固相萃取柱净化。

4.4　净化

4.4.1　茶叶　将4.3.1中提取液转移到离心管中，4000r/min离心3分钟，将上清液转移到凝胶渗透色谱仪的样品瓶中，取5.0ml上清液过凝胶净化柱中，流速5ml/min，用环己烷＋乙酸乙酯（1+1）溶剂洗脱，弃去前50ml淋洗液，收集50~70ml的淋洗液，在45℃以下水浴减压浓缩至近干，用5ml正己烷分次溶解残渣，转移入弗罗里硅土固相萃取柱中，用5ml正己烷淋洗，弃去流出液，用5ml正己烷＋乙醚（95+5）混合溶液洗脱。收集洗脱液于10ml玻璃离心管，在 45℃水浴中用氮吹浓缩仪缓缓吹至近干，用正己烷溶解并定容至 1.0ml，供气相色谱 – 质谱检测。

4.4.2 蔬菜、水果 准确移取 1.0ml 4.3.2 中提取液入弗罗里硅土固相萃取柱中，用 5ml 正己烷淋洗，弃去流出液，用 5ml 正己烷 + 乙醚（95+5）混合溶液洗脱。收集洗脱液于 10ml 玻璃离心管，在 45℃水浴中用氮吹浓缩仪缓缓吹至近干，用正己烷溶解并定容至 1.0ml，供气相色谱 – 质谱检测。

4.5 测定

4.5.1 气相色谱 – 质谱测定条件 色谱柱：DB–5ms 石英毛细管色谱柱（30m×0.25mm×0.25μm），或相当者。进样口温度：270℃。色谱柱温度：70℃保持 1 分钟，20℃/min 升至 300℃，保持 10 分钟。载气：氦气（纯度 ≥ 99.999%），1.0ml/min。进样方式：不分流进样，1 分钟后开阀。进样量：2.0μl。电子轰击离子源（EI）。电离能量：70eV。检测方式：选择离子检测方式。选择离子及相对丰度，见表 3–7–65。

表 3–7–65　选择离子及相对丰度

选择离子（m/z）	181（定量）	165	166	182
相对丰度 /%	100	25	26	15

4.6 定量

根据样液中联苯菊酯含量的情况，选定峰面积相近的标准工作液。标准工作液和样液中联苯菊酯响应值应在仪器检测的线性范围内。

4.7 确证

对标准溶液及样液均按（4.5.1）规定的条件进行检测，如果样液与标准溶液在相同的保留时间有峰出现，则对其进行质谱确证，在扣除背景后的样品谱图中，所选择离子全部出现，同时所选择的离子的离子丰度比与标准品相关离子的相对丰度一致，波动范围在表 3–7–66 的最大容许偏差之内，可判定样品中存在联苯菊酯。被确证的样品可判定为联苯菊酯阳性检测。

表 3–7–66　质谱相对离子丰度最大容许偏差

相对风度（基峰）/%	EI-GC-MS（相对）/%
> 50	±10
> 20~50	±15
> 10~20	±20
≤ 10	±50

4.8 空白试验

除不加试样外，均按上述提取及以后的步骤操作。

5 计算

用色谱数据处理软件或按下列公式计算试样中联苯菊酯的残留量。

$$X = \frac{A \times c \times A}{As \times m}$$

式中：X 为试样中联苯菊酯残留量（mg/kg）；A 为样液联苯菊酯的峰面积；As 为标准工作溶液联苯菊酯的峰面积；c 为标准工作溶液中联苯菊酯的浓度（μg/ml）；V 为样液最终定容体积（ml）；于10ml容量瓶中（g）。

6　注意事项

6.1 在抽样和制样的操作过程中，必须防止样品受到污染或发生残留物含量的变化。

6.2 旋转蒸发和氮吹时要求近干，不能蒸干和吹干。

起草人：李　霞（山东省食品药品检验研究院）

复核人：李芳芳（山东省食品药品检验研究院）

第四十二节　蔬菜中氟虫腈残留量的检测

1　简述

参考SN/T 1982-2007《进出口食品中氟虫腈残留量检测方法 气相色谱-质谱法》制定本规程。

试样经乙腈提取，以正己烷液液分配和初级次级胺（PSA）固相萃取柱净化，用气相色谱-负化学源质谱法测定，外标法定量。

本方法适用于蔬菜中氟虫腈的测定。

本方法的检出限为0.002mg/kg。

2　试剂和材料

除非另有说明，所有试剂均为色谱纯，实验用水为GB/T 6682规定的一级水。

2.1　试剂

丙酮；乙腈；正己烷；氯化钠（分析纯，650℃灼烧4小时，置于干燥器中冷却，备用）；氟虫腈标准物质（CAS号：120067-37-3；纯度≥96.5%）；丙基乙二胺键合硅胶固相萃取柱（Primary Secondary amine，PSA，500mg，3ml或相当者）。

2.2　试剂配制

丙酮+正己烷（3+7）：取300ml丙酮，加入700ml正己烷，摇匀备用。

2.3　标准溶液的配制

2.3.1 标准储备液（1000μg/ml）　准确称取10.0mg氟虫腈标准品于10ml容量瓶中，用丙酮溶解并定容至刻度，配成浓度为1000μg/ml的标准储备液，保存于-18℃冰箱中，保存期6个月。

2.3.2 标准中间液（10μg/ml）　准确移取1.00ml标准储备液于100ml容量瓶中，用丙酮定容，该溶液浓度为 10μg/ml。–18℃避光保存，有效期 1 个月。

2.3.3 标准工作液 吸取一定量标准中间液，用丙酮 + 正己烷（3+7）逐级稀释成浓度为 0.05、0.1、0.2、0.5、1.0、2.0μg/ml 的标准工作液，临用前配制。

3 仪器和设备

气相色谱–质谱仪（配有负化学离子源）；分析天平（感量 0.01g 和 0.0001g）；旋转蒸发器（带水浴可控温）；离心机（转速不低于 4000r/min）；均质器（最大转速 20000r/min）；氮吹仪（可控温）；固相萃取装置（带真空泵）；聚四氟乙烯离心管（15ml、50ml、100ml）；鸡心瓶（100ml）；移液管（1.00、2.00、5.00、10.00ml）。

4 分析步骤

4.1 试样制备和保存

4.1.1 试样制备 蔬菜样品取样部位按 GB 2763 附录 A 执行，取有代表性样品 500g，将其切碎后，用粉碎机加工成浆状。混匀，装入洁净的容器内，密闭，标明标记。

4.1.2 试样保存 将试样于 –18℃冷冻保存。

4.2 提取

称取约 10g 试样（精确至 0.1g），于 100ml 具塞离心管中，加入 10ml 水，准确加入 40ml 乙腈，用均质器高速匀浆提取 2 分钟，再加入 5g 氯化钠，剧烈振荡 10 分钟，4000r/min 离心 10 分钟。

4.3 净化

4.3.1 液 – 液分配净化 取上层提取液 20ml 转移至 50ml 具塞离心管中，加入 10ml 正己烷，振摇 3 分钟，静置分层，弃去上层正己烷相，再用 10ml 正己烷重复操作一次，弃去正己烷相，下层乙腈相收集于 100ml 鸡心瓶中，于 40℃旋转蒸发至近干。加入 1.0ml 丙酮 + 正己烷（3+7）充分涡旋溶解残渣。

4.3.2 固相萃取（SPE）净化 使用前用 5ml 丙酮 + 正己烷（3+7）预淋洗 PSA 柱。将样液转移入固相萃取柱中，用 10ml 丙酮 + 正己烷（3+7）进行洗脱，控制流速小于 2ml/min。收集全部洗脱液于 15ml 离心管中，于 40℃氮吹浓缩至近干。加入 1.0ml 丙酮 + 正己烷（3+7）涡旋或超声溶解，供气相色谱 – 质谱仪测定。

4.4 测定

4.4.1 色谱参考条件 色谱柱：石英毛细管柱，HP–5MS，30m × 0.25mm（内径），0.25μm（膜厚），或相当者。载气：氦气（纯度≥99.999%），1ml/min，恒定流量。柱温：初始温度 70℃，以 30℃/min 升至 200℃，保持 10 分钟，再以 50℃/min 升至 270℃，保持 4 分钟。进样口温度：250℃。进样量：1μl。进样方式：不分流，1 分钟后打开分流阀。电离方式：负化学电离（NCI）。离子源温度：150℃。色谱 – 质谱接口温度：280℃。四极杆温度：150℃。反应气：甲烷（纯度≥99.99%）。测定方式：选择离子监测方式。选择监测离子（m/z）：定量 366，定性 333、368、400。溶剂延迟：5.0 分钟。

4.4.2 定性测定 氟虫腈标准溶液及样品溶液按照上述气相色谱质谱测定条件进行测定，如果样液与标准工作溶液的选择离子色谱图中，在相同保留时间有色谱峰出现，并且在扣除背景后的样品质谱图中，所选择离子均出现，且所选择的离子丰度与标准品的离子丰度比在允许误差范围内（表3-7-67），则可以判断样品中存在氟虫腈。

表3-7-67　定性确证时相对离子丰度的最大允许偏差

相对丰度（基峰）	> 50%	> 20%~50%	> 10%~20%	≤ 10%
允许的相对偏差	± 20%	± 25%	± 30%	± 50%

4.4.3 定量测定　采用外标法定量测定。根据样液中被测组分氟虫腈的含量，选定相应浓度的标准工作溶液。标准工作溶液和样液中氟虫腈的响应值均应在仪器检测线性范围内。对标准工作溶液和待测样液等体积参插进样测定。在上述色谱条件下，氟虫腈保留时间约为11.1分钟。

5　计算

试样中氟虫腈的含量按下式计算。

$$X = \frac{C \times V_3 \times V_1 \times 1000}{m \times V_2 \times 1000}$$

式中：X 为试样中被测物残留量（mg/kg）；C 为测试液中被测物的浓度（μg/ml）；V_1 为样液提取体积（ml）；V_2 为样液转移体积（ml）；V_3 为样液最终定容体积（ml）；m 为所称取试样的质量（g）；1000为换算系数；计算结果保留3位有效数字。

6　注意事项

6.1 在抽样和制样的操作过程中，必须防止样品受到污染或发生残留物含量的变化。

6.2 旋转蒸发及氮吹时要求近干，不能蒸干。

6.3 由于净化柱的生产厂商不同、批号不同，其净化效率及回收率会有差异，在使用之前须对同批次的净化柱进行回收率测试。

6.4 注意定期更换气相色谱进样口隔垫及衬管，维护进样针，以确保数据结果的稳定。

6.5 色谱条件可根据实验室条件进行调整，程序升温和载气流量在保证各组分完全分离的条件下，可适当调整，使分析过程尽量短。

起草人：王艳丽（山东省食品药品检验研究院）

复核人：张红霞（山东省食品药品检验研究院）

第四十三节　蔬菜中醚菊酯残留量的检测

1　简述

参考SN/T 2151-2008《进出口食品中生物苄呋菊酯、氟丙菊酯、联苯菊酯等28种农药残留量的检测方法 气相色谱–质谱法》制定本规程。

试样用乙腈–水提取，再经乙酸铵进行盐析，分取乙腈后，分别用C18固相萃取柱、多孔性硅藻土柱、ENVI–Carb/LC–NH$_2$固相萃取柱及氟罗里硅土固相萃取柱净化，洗脱液浓缩溶解定容后，供气相色谱–质谱仪检测和确证，外标法定量。

本方法适应于蔬菜中醚菊酯的测定。

本方法测定低限为0.010mg/kg。

2 试剂和材料

除另有规定外，所用试剂均为分析纯，水为二次蒸馏水。

2.1 试剂

乙腈；甲醇；丙酮；甲苯；正己烷；乙酸铵；乙酸乙酯；无水硫酸钠；C18固相萃取柱（1000mg，6ml）；多孔性硅藻土柱（MERCK Extrelut NT$_3$，15ml，或相当者）；ENVI–Carb/LC–NH$_2$固相萃取柱（ENVI–Carb/LC–NH$_2$，500mg/500mg，6ml，或相当者）；氟罗里硅土固相萃取柱（Forisil，1000mg，6ml）。

2.2 试剂配制

2.2.1 乙腈–水（4+1，体积比） 量取80ml乙腈和20ml水，混匀。

2.2.2 乙腈–甲苯（3+1，体积比） 量取60ml乙腈和20ml甲苯，混匀。

2.2.3 乙酸乙酯–正己烷（3+7，体积比） 量取30ml乙酸乙酯和70ml正己烷，混匀。

2.3 标准溶液的配制

2.3.1 标准储备液 准确称取10.0mg醚菊酯标准品（纯度≥98%）于10ml容量瓶中，用正己烷溶解并定容至刻度，该溶液浓度1000μg/ml。保存于–18℃冰箱中，保存期6个月。

2.3.2 标准中间液 准确移取1.00ml标准储备液于10ml容量瓶中，用正己烷定容，该溶液浓度为100μg/ml。0~4℃避光保存，有效期1个月。

2.3.3 标准工作液 根据需要用不含醚菊酯的空白样品溶液稀释标准中间液，配制成适用浓度的标准工作液，该溶液现用现配。

3 仪器和设备

气相色谱–质谱仪（配有EI电子轰击源）；电动振荡器（可调频率，可定时）；组织捣碎机；离心机（可调速、可控温）；旋转蒸发器；浓缩瓶；具塞三角瓶（250ml）；聚四氟乙烯离心管（50ml）；电子天平（感量0.1mg和0.01g）。

4 分析步骤

4.1 试样预处理

4.1.1 试样制备 取蔬菜样品500g，去掉非可食部分后经组织捣碎机捣碎，制成匀浆。

4.1.2 试样保存 将试样于–18℃冷冻保存。

4.2 试样前处理

4.2.1 提取 称取试样25g（精确至0.01g）于250ml具塞锥形瓶中，加入80ml乙腈－水（4+1）混合溶液，振荡提取30分钟，过滤，残渣再用20ml乙腈－水（4+1）混合溶液分2次洗涤，合并滤液并定容至100ml。取滤液50ml于50ml离心管中，加入3g乙酸铵，振摇1分钟，于4000r/min离心3分钟，弃去下层水相，剩余溶液过无水硫酸钠柱，于40℃水浴中浓缩至近干。用2.0ml正己烷溶解，待净化。

4.2.2 净化 C18固相萃取柱净化：将4.2.1所得样品浓缩溶液倾入预先用15ml乙腈预淋洗的C18固相萃取柱中，用5ml乙腈进行洗脱。收集洗脱液于50ml浓缩瓶中，于40℃水浴中浓缩至近干。用1.0ml甲醇溶解，待用。

多孔性硅藻土柱净化：将C18固相萃取柱净化所得样品洗脱溶液1.0ml加入多孔性硅藻土柱中，室温放置5分钟，用30ml乙酸乙酯－正己烷（3+7）混合溶液进行洗脱。收集洗脱溶液于50ml浓缩瓶中，于40℃水浴中浓缩至近干，用5.0ml乙腈－甲苯（3+1）混合溶液溶解，待用。

ENVI-Carb/LC-NH$_2$固相萃取柱净化：将多孔性硅藻土柱净化所得样品洗脱溶液5.0ml倾入用10ml乙腈－甲苯（3+1）混合溶液预淋洗的固相萃取柱中，用15ml乙腈－甲苯（3+1）混合溶液进行洗脱。收集洗脱液于50ml浓缩瓶中，于40℃水浴中浓缩至近干。用5.0ml正己烷溶解，待用。

氟罗里硅土固相萃取柱净化：将ENVI-Carb/LC-NH$_2$固相萃取柱净化所得样品洗脱液2ml倾入用10ml乙酸乙酯－正己烷（3+7）混合溶液预淋洗的固相萃取柱中，用15ml乙酸乙酯－正己烷（3+7）混合溶液进行洗脱，收集洗脱液于50ml浓缩瓶中，在40℃水浴中浓缩至近干。用丙酮溶解并定容至1.0ml，供气相色谱－质谱仪测定和确证。

4.3 测定

4.3.1 色谱参考条件 色谱柱：HP-5石英毛细管柱，30m×0.25mm（内径），0.25μm（膜厚），或相当者。载气：氮气（纯度≥99.99%），1.0ml/min，恒定流量。柱温：50℃保持2分钟，20℃/min升至180℃，5℃/min升至300℃，保持5分钟。进样口温度：260℃。色谱－质谱接口温度：280℃。电离方式：EI。电离能量：70eV。选择监测离子（m/z）：163（定量碎片），135，183，376。溶剂延迟时间：8.8分钟。进样量：1μl。进样方式：不分流进样，1分钟后分流。

4.3.2 气相色谱－质谱检测及确认 根据样液中被测物含量情况，选定浓度相近的标准工作溶液，标准工作溶液和待测样液中醚菊酯农药的响应值均应在仪器检测的线性范围内。标准工作溶液与样液等体积参插进样测定。

标准溶液及样液均按上述条件进行测定，如果样液中与标准溶液相同的保留时间有峰出现，则对其进行确证。经确证分析被测物质量色谱峰保留时间与标准物质相一致，并且在扣除背景后的样品谱图中，所选择的离子均出现；同时所选择离子的丰度比与标准样物质相关离子的相对丰度一致，相似度在允许偏差之内（表3-7-68），被确证的样品可判定为阳性检出。

表3-7-68 定性确证时相对离子丰度的最大允许偏差

相对离子丰度 / %	> 50%	> 20%~50%	> 10%~20%	≤ 10%
允许的相对偏差 / %	± 10%	± 15%	± 20%	± 50%

4.4 空白试验

除不加试样外，均按上述提取及以后的步骤进行操作。

5 计算

试样中醚菊酯的含量按下式计算。

$$X = \frac{C \times V_3 \times V_1 \times 1000}{m \times V_2 \times 1000}$$

式中：X为试样中被测物残留量（mg/kg）；C为测试液中被测物的浓度（μg/ml）；V_1为样液提取体积（ml）；V_2为样液转移体积（ml）；V_3为样液最终定容体积（ml）；m为所称取试样的质量（g）。测定结果用平行测定的算术平均值表示。

6 注意事项

6.1 在抽样和制样的操作过程中，必须防止样品受到污染或发生残留物含量的变化。

6.2 整个前处理过程应在通风橱内进行，并佩戴防护口罩及手套。

6.3 注意定期更换气相色谱进样口隔垫及衬管，维护进样针，以确保数据结果的稳定。

6.4 色谱条件可根据实验室条件进行调整，程序升温和载气流量在保证各组分完全分离的条件下，可适当调整，使分析过程尽量短。

起草人：申中兰（山东省食品药品检验研究院）

复核人：沈祥震（山东省食品药品检验研究院）

第四十四节　豆芽中4-氯苯氧乙酸钠残留量的检测

1 简述

参考SN/T 3725-2013《出口食品中对氯苯氧乙酸残留量的测定》制定本规程。

样品中4-氯苯氧乙酸用乙酸乙酯提取，经阴离子交换固相萃取柱净化后，用高效液相色谱-质谱/质谱测定，外标法定量。

本方法适用于豆芽（茎类蔬菜）中4-氯苯氧乙酸农药残留的测定。

本规程中噻菌灵的方法测定低限为0.01mg/kg。

2 试剂和材料

除另有规定外，所用试剂均为分析纯，实验用水为GB/T 6682中规定的一级水。

2.1 试剂

甲醇（色谱纯）；乙腈（色谱纯）；甲酸（色谱纯）；氯化钠；氢氧化钠；正己烷；乙酸乙酯；乙酸铵；氨水（25%），OASIS MAX阴离子交换固相萃取柱（60mg，3ml）或相当者。

2.2 试剂配制

2.2.1 0.02mol/L 氢氧化钠溶液 称取 0.8g 氢氧化钠，用水溶解并稀释至 1000ml。

2.2.2 2% 氨水溶液 量取 8ml 25% 的氨水于 100ml 容量瓶，加水至 100ml，混匀。

2.2.3 2% 甲酸水溶液 量取 2ml 甲酸于 100ml 容量瓶，加水至 100ml，混匀。

2.2.4 30% 甲醇的水溶液（含 2% 甲酸） 量取 30ml 甲醇和 2ml 甲酸，于 100ml 容量瓶，加水至 100ml，混匀。

2.2.5 2% 甲酸甲醇溶液 量取 2ml 甲酸于 100ml 容量瓶，加水至 100ml，混匀。

2.2.6 0.1% 甲酸水溶液 量取 1ml 甲酸于 1000ml 容量瓶，加水至 1000ml，混匀。

2.3 标准溶液的配制

2.3.1 4- 氯苯氧乙酸标准储备溶液（1.0mg/ml） 准确称取 10mg（精确至 0.01mg）4- 氯苯氧乙酸标准品于 10ml 容量瓶中，用甲醇溶解并定容至刻度，-18℃保存。

2.3.2 4- 氯苯氧乙酸中间溶液（10μg/ml） 准确移取 1.0ml 4- 氯苯氧乙酸标准储备溶液于 10ml 容量瓶中，甲醇溶解并定容至刻度，-18℃保存。

2.3.3 4- 氯苯氧乙酸标准工作溶液 准确移取 0.25ml、0.5ml、1.0ml、2.0ml、5.0ml 4- 氯苯氧乙酸中间溶液于 10ml 容量瓶中，用空白样品溶液配制成浓度为 0.25μg/ml、0.5μg/ml、1.0μg/ml、2.0μg/ml、5.0μg/ml 的标准工作溶液，现用现配。

3 仪器和设备

液相色谱色谱 – 串联质谱仪（需配有电喷雾离子源，其中质谱仪为三重四极杆串联质谱）；振荡器；固相萃取装置；氮吹仪；离心机（转速不低于 8000r/min）；超声波清洗器；旋涡混合器；粉碎机；天平（感量 0.01g 和 0.1mg）。

4 分析步骤

4.1 试样预处理

取代表性样品约 500g，取可食部分，切碎或经粉碎机粉碎，混匀，用四分法分成两份作为试样，装入洁净容器，密封并标明标记，用组织捣碎机充分捣碎，装入洁净容器中，密封，并明确标示，于 -18℃以下避光冷冻存放。

4.2 样品前处理

4.2.1 提取 称取 5g（精确到 0.01g）均匀试样，于 100ml 离心管中，加入 15ml 0.02mol/L NaOH 溶液，再加 20ml 正己烷，2g 氯化钠，振摇 5 分钟，离心，去除上层正己烷。将下层样品加甲酸调节使其 pH 为 2.5，加入 20ml 乙酸乙酯振荡 30 分钟，将离心管于离心机 8000r/min 离心 5 分钟，取上层有机溶液，残渣加入 20ml 乙酸乙酯，重复提取一次，合并上层有机溶液，于 45℃氮气浓缩仪吹干，用 3ml 2% 甲酸水溶液溶解，待净化。

4.2.2 净化 固相萃取小柱使用前用 3ml 甲醇和 3ml 水活化，保持柱体湿润，将净化液以 1ml/min 的速度通过固相萃取柱，然后依次用 3ml 2% 氨水、30% 甲醇的水溶液（含 2% 甲酸）、3ml 甲醇淋洗，最后用 3ml 2% 甲酸甲醇溶液洗脱。将洗脱液于 45℃下氮气吹干，用 1ml 流动相溶解残渣，过 0.22μm 滤膜，立即用液相色谱 – 串联质谱仪测定。

4.3 仪器参考条件

4.3.1 液相色谱条件 通过优化色谱柱，流动相及柱温等色谱条件使 4- 氯苯氧乙酸保留适中，无干扰，参考色谱条件：色谱柱为 ACQUITY UPLC BEH C18，100mm × 2.1mm（内径），粒径 1.7μm 或相当者。流速设置 0.3ml/min。进样量为 10μl。柱温设置 40℃。流动相为乙腈 +0.1% 甲酸水溶液（45+55，V+V）。

4.3.2 质谱条件 质谱调谐参数应优化至最佳条件，参考质谱条件：离子源为电喷雾离子源（ESI⁻）；离子源温度设置 150℃；锥孔气流量为 150L/h；脱溶剂气温度设置 450℃；脱溶剂气流量为 850L/h；扫描模式为多反应监测（MRM）扫描。4- 氯苯氧乙酸定性离子、定量离子及碰撞能参数见表 3-7-69。

表3-7-69　氯苯氧乙酸定性离子、定量离子及碰撞能参数

化合物名称	母离子	子离子	采集时间（ms）	CE（v）	DP（V）	EP（V）	CXP（V）
4- 氯苯氧乙酸	185	127*	200	−20	−26	−8	−5
		91	200	−40	−26	−8	−4
	187	129	200	−20	−26	−8	−5

注：*为定量离子

4.4 空白试验

除不加试样外，均按上述提取及以后的步骤进行操作。

4.5 定性分析

在相同试验条件下测定试样溶液，若试样溶液中检出色谱峰的保留时间与标准溶液中目标物色谱峰的保留时间一致（变化范围在 ±2.5% 之内），且试样溶液的质谱离子对相对丰度与浓度相当标准溶液的质谱离子对相对丰度相比较，相对偏差不超过表 3-7-70 规定的范围，则可判定样品中存在 4- 氯苯氧乙酸。

表3-7-70　定性时相对离子丰度的最大允许偏差

相对离子丰度 /%	> 50	20 ~50	10 ~20	≤ 10
允许的相对偏差 /%	± 20	± 25	± 30	± 50

4.6 定量分析

将 4-氯苯氧乙酸标准工作溶液注入液相色谱 - 串联质谱仪测定，得到 4- 氯苯氧乙酸的峰面积。以标准工作溶液浓度为横坐标，以 4- 氯苯氧乙酸定量离子的峰面积为纵坐标，绘制标准工作曲线。将试样溶液按仪器参考条件进行测定，得到相应的试样溶液的色谱峰面积。根据校正曲线得到试样溶液 4- 氯苯氧乙酸的浓度。

5 计算

试样中 4-氯苯氧乙酸的含量，按下式计算。

$$X = \frac{(C-C_0) \times V \times f}{m}$$

式中：X为试样中4-氯苯氧乙酸的含量（mg/kg）；C测定样液中4-氯苯氧乙酸的浓度（μg/ml）；C_0为空白试样测定样液中4-氯苯氧乙酸的测定浓度（μg/ml）；V为试样定容体积（ml）；m为所称取试样的质量（g）；f为稀释倍数。

6 精密度

6.1 在相同条件下获得的两次独立测定结果的绝对差值不得超过算术平均值的10%。

6.2 试样每次测定应不少于2份，计算结果以相同条件下获得的两次独立测定结果的算术平均值表示。

7 注意事项

7.1 4-氯苯氧乙酸钠以4-氯苯氧乙酸计。

7.2 4-氯苯氧乙酸标准品若是盐的形式（如钾盐，钠盐等）或水合形式，计算时需要进行折算。

7.3 乙腈，甲醇和正己烷等为有毒有机试剂，甲酸具有刺激性，避免接触皮肤，若皮肤接触需脱去污染的衣着，用肥皂水和清水彻底冲洗皮肤。

7.4 固相萃取柱使用过程中要保持柱体湿润。

7.5 天平和高速匀浆机使用前需保持干燥清洁，使用后需清理干净。取样要均匀、防止污染，取样量要按照检测限和卫生指标综合考虑。处理样品时，注意防止交叉污染。

7.6 流动相用水要现用现取，所使用到的溶剂必须经滤膜过滤，以除去杂质微粒，要注意分清有机相滤膜和水相滤膜。

7.7 仪器开机前，需检查仪器状态，管路有无泄漏；冷却水压力；进样器附近是否清洁；洗针液体积；在进样分析前，应充分平衡色谱柱。

7.8 液相色谱-质谱联用仪需定期进行调谐，校准质量轴，一般宜6个月校准一次，以使仪器达到最佳的使用状态。

7.9 因离子源最容易受到污染，因此，需要对进样的浓度严格控制，避免样品或标准使用液的浓度过大，否则就会升高背景，在较大程度上降低灵敏度。

起草人：卢兰香（山东省食品药品检验研究院）

复核人：薛 霞（山东省食品药品检验研究院）

第四十五节 茶叶中特丁硫磷残留量的检测

1 简述

参考SN/T 3768-2014《出口粮谷中多种有机磷农药残留量测定方法 气相色谱-质谱法》制定本规程。

试样中残留的特丁硫磷农药用水-丙酮均质提取，经二氯甲烷液-液分配，以凝胶色谱柱净化，再经石墨化碳黑和弗罗里硅土固相萃取柱净化，洗脱液浓缩并溶解定容后，供气相色

第三篇 食品中化学成分检测

谱-质谱检测，外标法定量。

本方法适用于茶叶中特丁硫磷残留量的测定。

本方法检出限为0.005mg/kg。

2 试剂和材料

除非另有说明，所用试剂均为分析纯，实验用水为GB/T 6682规定的一级水。

2.1 试剂

正己烷（残留级）；环己烷（残留级）；丙酮（残留级）；乙酸乙酯（残留级）；二氯甲烷（残留级）；氯化钠；无水硫酸钠（650℃灼烧4小时，贮于密封容器中备用）；特丁硫磷标准品（纯度大于或等于98%）；石墨化碳黑固相萃取柱（ENVI-Carb，250mg，6ml，或相当者）；弗罗里硅土固相萃取柱（Florisil，500mg，6ml，或相当者，使用前用6ml乙酸乙酯-正己烷预淋洗）；有机微孔滤膜（0.45μm）。

2.2 试剂配制

2.2.1 乙酸乙酯-正己烷（1+4，体积比） 量取100ml乙酸乙酯和400ml正己烷，混匀。

2.2.2 环己烷-乙酸乙酯（1+1，体积比） 量取100ml环己烷和100ml乙酸乙酯，混匀。

2.2.3 氯化钠溶液（20g/L） 称取氯化钠20g，用水溶解，转移至1000ml容量瓶中，并定容，摇匀。

2.3 标准溶液配制

2.3.1 特丁硫磷标准储备溶液的配制 准确称取10.0mg特丁硫磷农药标准品于10ml容量瓶中，用丙酮溶解并定容至刻度，配成浓度为1000μg/ml的标准储备液，贮存于0~4℃冰箱中，有效期6个月。

2.3.2 特丁硫磷标准工作溶液的配制 根据需要将标准储备溶液用乙酸乙酯稀释成适合浓度的标准工作溶液。贮存于0~4℃冰箱内，有效期3周。

3 仪器和设备

气相色谱-质谱仪（配有EI源）；分析天平（感量0.01g和0.0001g）；凝胶色谱仪（配有单元泵和馏分收集器）；均质机；旋转蒸发仪；离心机（4000r/min以上）；具塞锥形瓶（250ml）；分液漏斗（250ml）；浓缩瓶（250ml）。

4 分析步骤

4.1 试样制备和保存

4.1.1 试样制备 取茶叶样品，用粉碎机粉碎，混匀，装入洁净容器，密封，标明标记。

4.1.2 试样保存 试样于0~4℃条件下保存。

4.2 提取

称取5g经粉碎的试样（精确至0.01g）于250ml具塞锥形瓶中，加入20ml水，混摇后放置1小时。然后加入100ml丙酮，高速均质提取3分钟，将提取液抽滤于250ml浓缩瓶中。残渣再用50ml丙酮重复提取一次，合并滤液，于35℃水浴中旋转浓缩至约20ml，待液-液分配净化。

4.3　净化

4.3.1 液－液分配净化　将浓缩提取液（4.2）转移至 250ml 分液漏斗中，加入 150ml 氯化钠水溶液和 50ml 二氯甲烷，振摇 3 分钟，静置分层，收集二氯甲烷相。水相再用 2×50ml 二氯甲烷重复提取两次，合并二氯甲烷相。经无水硫酸钠脱水，收集于 250ml 浓缩瓶中，于 35℃水浴中旋转浓缩至近干，加入 10ml 环己烷－乙酸乙酯（1+1）溶解残渣，并用 0.45μm 滤膜过滤，待凝胶色谱净化。

4.3.2 凝胶色谱净化　凝胶净化柱：Bio Beads S-X3，700mm×25mm（内径），或相当者。流动相：乙酸乙酯－环己烷（1+1，体积比）。流速：4.7ml/min。样品定量环：10ml。预淋洗时间：10 分钟。凝胶色谱平衡时间：5 分钟。收集时间：28~35 分钟。

将待净化液（4.3.1）按上述条件进行凝胶色谱净化，收集组分于 35℃下浓缩至近干，并用 2ml 乙酸乙酯－正己烷（1+4）溶解残渣，待固相萃取净化。

4.3.3 固相萃取净化　将 4.3.2 全部净化液转入串联的石墨化碳黑和弗罗里硅土固相萃取柱中（石墨化碳黑固相萃取柱在上，弗罗里硅土固相萃取柱在下），并用 3ml 乙酸乙酯－正己烷（1+4）分 3 次洗涤浓缩瓶，将洗涤液转入串联的石墨化碳黑和弗罗里硅土固相萃取柱中，再用 15ml 乙酸乙酯－正己烷（1+4）洗脱，收集洗脱液至浓缩瓶中，于 35℃水浴中旋转蒸发至约 2ml，用 8ml 乙酸乙酯转移至 10ml 试管中，在室温下，氮吹近干，用乙酸乙酯溶解并定容至 0.5ml，供气相色谱－质谱测定和确证。

4.4　测定

4.4.1 仪器参考条件　色谱柱：DB-5MS 石英毛细管柱，30m×0.25mm（内径），膜厚 0.25μm，或相当者。色谱柱温度：50℃保持 1 分钟，以 30℃/min 升至 180℃，保持 1 分钟，再以 5℃/min 升至 270℃，保持 15 分钟。进样口温度：250℃。色谱－质谱接口温度：250℃。载气：氦气，纯度大于或等于 99.999%，流速 1.0ml/min。进样量：1μl。进样方式：不分流进样，1.2 分钟后开阀。电离方式：EI。选择监测离子（m/z）：231（100）、186（14）、203（10）、288（11）。溶剂延迟：5 分钟。

4.4.2 气相色谱－质谱测定及确证　根据样液中被测物含量情况，选定浓度相近的标准工作液，对标准工作液与样液等体积穿插进样，标准工作溶液和待测样液中特丁硫磷的响应值均应在仪器检测的线性范围内。如果样液与标准工作液的色谱图中，在相同保留时间有色谱峰出现，则根据选择离子的丰度比进行确证，定性确证相对离子丰度的最大允许偏差见表 3-7-71。外标法定量。

表 3-7-71　定性确证相对离子丰度的最大允许偏差

相对离子丰度 /%	> 50	> 20~50	> 10~20	≤ 10
允许的相对偏差 /%	± 20	± 25	± 30	± 50

4.4.3 空白试验　除不加试样外，均按上述提取及以后的步骤进行。

5　计算

试样中特丁硫磷残留量，按下式计算。

$$X = \frac{C \times A \times V \times 1000}{A_s \times m \times 100}$$

式中：X 为试样中被测农药残留量（mg/kg）；A 为样液中被测农药的峰面积；A_s 为标准工作溶液中被测农药的峰面积；C 为标准工作溶液中被测农药的浓度（μg/ml）；V 为样液最终定容体积（ml）；m 为所称取试样的质量（g）。计算结果需扣除空白值，测定结果用平行测定的算术平均值表示，计算结果保留3位有效数字。

6 注意事项

6.1 在抽样和制样的操作过程中，必须防止样品受到污染或发生残留物含量的变化。

6.2 为减少样品对色谱柱的污染，应经常更换进样垫与衬管，防止进样垫屑与衬管里的污染物进入色谱柱，还要对色谱柱进行定期老化处理，清除色谱柱里的残留，老化后要将色谱柱柱头切去5~10cm，以确保色谱柱干净。

6.3 氮吹浓缩时要求近干，不能吹干。

起草人：田其燕（山东省食品药品检验研究院）

复核人：李　霞（山东省食品药品检验研究院）

第四十六节　蜂蜜中双甲脒残留量的检测

1 简述

参考农业部781号公告–8–2006《蜂蜜中双甲脒残留量的测定 气相色谱–质谱法》制定本规程。

将样品用pH=11.0的氢氧化钠水溶液溶解，样品中残留的双甲脒（及代谢物2,4–二甲基苯胺）用正己烷提取，离心后，取上层有机相，旋蒸浓缩后用气相色谱–质谱联用仪分析，外标法定量。

本方法适用于蜂蜜中双甲脒（及其残留量）的测定。

当样品称样量为2g，定容体积为5ml时，本方法检出限为20μg/kg。

2 试剂和材料

除另有规定外，所用试剂均为分析纯，实验用水为GB/T 6682中规定的一级水。

2.1 试剂

乙腈（色谱纯）；正己烷（色谱纯）；氢氧化钠；双甲脒、2,4–二甲基苯胺标准品。

2.2 试剂配制

2.2.1 0.1mol/L 氢氧化钠水溶液 称取氢氧化钠4.0g，用水溶解，并稀释至1000ml，摇匀即得。

2.2.2 氢氧化钠水溶液（pH=11.0） 取一定量的水在 pH 仪上用 0.1mo/L 氢氧化钠水溶液调节 pH=11.0。

2.3 标准溶液的配制

2.3.1 双甲脒标准储备溶液 准确称取 10mg 双甲脒标准品于 100ml 容量瓶中，用乙腈溶解后定容，其浓度为 0.1mg/ml 的储备液，于 4~8℃冰箱中保存，有效期为 3 个月。

2.3.2 2，4- 二甲基苯胺标准储备溶液 准确称取 10mg 2，4- 二甲基苯胺标准品，用乙腈溶解后定容，其浓度为 0.1mg/ml 的储备液，于 4~8℃冰箱中保存，有效期为 3 个月。

2.3.3 双甲脒和 2，4- 二甲基苯胺混合标准工作溶液 准确量取 1ml 双甲脒和 2，4- 二甲基苯胺的标准储备液至 100ml 容量瓶中，用正己烷稀释并定容，此混合标准溶液浓度为 1μg/ml，于 4~8℃冰箱中保存，有效期为 1 周。

3 仪器和设备

气相色谱–质谱仪；涡旋混合器；离心机；超声波清洗器；pH 仪；天平（感量 0.1mg 和 0.01g）。

4 分析步骤

4.1 试样预处理

4.1.1 在采样和制备过程中，应注意不使试样污染。

4.1.2 取适量无结晶的空白或供试样品，搅拌均匀。对于结晶的样品，在密闭的情况下，放置于不超过 60℃的水浴中溶解，称样前冷却至室温，搅拌均匀。

4.2 试样提取

称取 2 ± 0.05g 试样于 50ml 离心管中，加 pH=11.0 的水溶液 6ml，涡旋混合，待试样完全溶解后，加正己烷 20ml，涡旋 5 分钟，超声波提取 15 分钟，在 8000r/min 下离心 5 分钟，取出正己烷层，再加入 20ml 正己烷重复提取一次，超声波提取，离心分离，合并正己烷层，于 25℃旋转蒸发至近干，精密加入 5.0ml 正己烷复溶，样液用滤膜过滤，供气质联用仪分析。

4.3 仪器参考条件

HP–5MS：30m × 0.25mm × 0.25μm 石英毛细管色谱柱；纯度＞99.999%，恒流氦气作载气。程序升温：柱起始温度 60℃保持 2 分钟，以 10℃/min 升至 150℃，再以 20℃/min 升到 280℃并保持 6 分钟。载气流速 1.0ml/min。进样量 1μl。不分流进样。进样口温度 280℃。接口温度 280℃。离子源温度 280℃。四极杆温度：300℃。隔垫吹扫流量 3ml/min。尾吹流量 30ml/min。离子检测模式：监测双甲脒离子 121（定量离子），293，162，132；监测 2，4- 二甲基苯胺离子 121（定量离子），120，106，77。

4.4 标准曲线制作

将 1μg/ml 的双甲脒和 2，4- 二甲基苯胺混合标准工作溶液用正己烷逐级稀释成浓度为 2.0、4.0、20.0、100.0、200.0、400.0ng/ml 的系列混合标准工作溶液，供气质联用仪分析。

4.5 气相色谱/质谱定性

进行样品测定时，如果检出的色谱峰的保留时间与标准样品一致，并且在扣除背景后的样品质谱图中，所选择的离子均出现，且所选择的离子丰度与标准品的离子丰度比在允许误差范围内，则可以判断样品中存在双甲脒或2，4-二甲基苯胺。如果不能确证，应重新进样，以扫描方式（有足够的灵敏度）或采用增加其他确证离子的方式或用其他灵敏度更高的分析仪器来确证。

4.6 气相色谱/质谱定量

标准工作液及试样液中的双甲脒和2，4-二甲基苯胺响应值均应在仪器检测的线性范围之内。

4.7 空白试验

除不加试样外，按照试样提取及之后的步骤进行操作。

5 计算

按下式计算试样中双甲脒的残留量。

$$X = \frac{C_1 \times A_1 \times V}{A_2 \times m}$$

式中：X为试样中双甲脒的残留量（μg/kg）；c为双甲脒标准工作溶液的浓度（ng/ml）；A_1为试样测定液中双甲脒的峰面积；A_2为标准工作溶液中双甲脒的峰面积；V为试样溶液定容体积（ml）；m为所称取试样的质量（g）；计算结果保留2位有效数字。

按下式计算试样中2，4-二甲基苯胺的残留量（μg/kg）。

$$X = \frac{C_1 \times A_3 \times V_1}{A_4 \times m_1}$$

式中：X_1为试样中2，4-二甲基苯胺的残留量（μg/kg）；C_1为2，4-二甲基苯胺标准工作溶液的浓度（ng/ml）；A_3为试样测定液中2，4-二甲基苯胺的峰面积；A_4为标准工作溶液中2，4-二甲基苯胺的峰面积；V_1为试样溶液定容体积（ml）；m_1为所称取试样的质量（g）；计算结果保留2位有效数字。

按下式计算试样中的双甲脒的总残留量（μg/kg）。

$$S = X + 1.21X_1$$

式中：S为试样中双甲脒的总残留量（μg/kg）；X为试样中双甲脒的残留量（μg/kg）；X_1为试样中2，4-二甲基苯胺的残留量（μg/kg）；1.21为双甲脒和2，4-二甲基苯胺之间的转换系数；计算结果保留2位有效数字。

6 精密度

本方法的批内变异系数CV不得超过算术平均值的10%，批间变异系数CV不得超过算术平均值的20%。

7 注意事项

7.1蜂蜜样品较为黏稠，加水后应充分涡旋混匀，从而增加样品溶液的流动性，以保证目标物的提取效率。

7.2 前处理过程应在通风橱内进行，并佩戴防护口罩及手套。

7.3 注意定期更换气相色谱进样口隔垫及衬管，维护进样针，以确保数据结果的稳定。

7.4 色谱条件可根据实验室条件进行调整，程序升温和载气流量在保证各组分完全分离的条件下，可适当调整，使分析过程尽量短。

起草人：沈祥震（山东省食品药品检验研究院）

复核人：申中兰（山东省食品药品检验研究院）

第三篇 食品中化学成分检测

第八章
食品中兽药残留的检测

第一节　水产品中磺胺类药物残留的检测

1　简述

参考《农业部1025号公号-23-2008动物源食品中磺胺类药物残留检测液相色谱-串联质谱法》制定本规程。

本规程适用于水产品中磺胺类药物残留的液相色谱-串联质谱法测定。

试样中磺胺类药物经乙酸乙酯提取、液液分配和固相萃取净化后，用液相色谱串联质谱法测定，外标法定量。

当称样量为5g时，本方法的测定低限为0.5 μg/kg。

2　试剂和材料

除另有规定外，本方法中所用试剂均为分析纯，水为符合GB/T 6682规定的一级水。

2.1　试剂

乙腈：色谱纯；甲醇：色谱纯；乙酸乙酯：色谱纯；甲酸：色谱纯；氨水；盐酸；氮气（纯度≥99.9%）。

2.2　试剂配制

2.2.1 盐酸溶液（0.1mol/L）　量取8.3ml浓盐酸，用水溶解并稀释至1000ml。

2.2.2 淋洗液　量取25ml甲醇、20ml乙腈与55ml水混合。

2.2.3 洗脱液　量取10ml甲醇、10ml乙腈、5ml氨水与75ml水混合。

2.3　标准品

磺胺嘧啶；磺胺二甲嘧啶；磺胺甲基嘧啶；磺胺甲噁唑；磺胺间二甲氧嘧啶；磺胺邻二甲氧嘧啶；磺胺间甲氧嘧啶；磺胺氯哒嗪；磺胺喹噁啉。标准品纯度大于等于99%。

2.4　标准溶液配制

2.4.1 磺胺标准储备溶液（0.1mg/ml）　准确称取10mg（精确至0.01mg）磺胺类药物标准品于100ml容量瓶中，用甲醇溶解并定容至刻度，-20℃避光保存，保存期3个月。

2.4.2 磺胺混合中间溶液（1μg/ml）　准确移取1.0ml磺胺类药物各标准储备溶液于100ml容量瓶中，用甲醇稀释并定容至刻度，4℃避光保存，保存期1个月。

2.4.3 磺胺混合标准工作溶液　准确移取 0.02ml、0.05ml、0.1ml、0.5ml、1.0ml、5.0ml 磺胺混合中间溶液于 10ml 容量瓶中，用甲醇稀释配制成浓度为 2.0ng/ml、5.0ng/ml、10.0ng/ml、50.0ng/ml、100.0ng/ml、500.0ng/ml 的标准工作溶液，4℃避光保存，保存期 1 周。

2.5　材料

MCX 固相萃取柱（150mg，6ml。用 3ml 甲醇和 3ml 0.1mol/L 盐酸溶液淋洗小柱进行预处理）；0.22μm 滤膜（有机滤膜）。

3　仪器和设备

液相色谱-串联质谱仪（LC-MS/MS），需配有电喷雾离子源，其中质谱仪为三重四极杆串联质谱；分析天平，感量分别为 0.01g 和 0.01mg；离心机，转速不低于 4000r/min；均质器；旋涡混合器；旋转蒸发仪；固相萃取装置；氮吹仪；组织捣碎机。

4　分析步骤

4.1　试样制备

取代表性样品，用组织捣碎机充分捣碎，装入洁净容器中，密封，并明确标示，于 -18℃以下避光冷冻存放。

4.2　提取

称取试样 5g（精确至 0.01g）于 50ml 离心管中，加入 15ml 乙酸乙酯涡旋 2 分钟，5000r/min 离心 10 分钟，上清液转移至 100ml 鸡心瓶中，残渣加入 15ml 乙酸乙酯，重复提取一次，合并乙酸乙酯层。

在提取液中加入 5ml 0.1mol/L 盐酸溶液，45℃下旋蒸出乙酸乙酯，将残留的盐酸层转移至 15ml 离心管中，分 2 次用 2ml 0.1mol/L 盐酸溶液洗涤鸡心瓶，洗涤液转移至同一离心管中。随后，鸡心瓶再用 5ml 正己烷洗涤，并将正己烷转入离心管中，振摇 20 次，3500r/min 离心 5 分钟，弃去正己烷层，再用 3ml 正己烷重复一次，取下层液作为待净化液备用。

4.3　净化

将待净化液加入已预处理的固相萃取小柱，要求待净化液以 1ml/min 的速度通过固相萃取柱，用 2ml 0.1mol/L 盐酸溶液淋洗小柱，再用 2ml 淋洗液淋洗，最后用 2ml 洗脱液洗脱，收集洗脱液。将洗脱液于 45℃下氮气吹干，用初始流动相溶解残渣定容至 1ml，过 0.22μm 滤膜，供液相色谱-串联质谱仪测定。

4.4　仪器参考条件

4.4.1 液相色谱条件　通过优化色谱柱，流动相及柱温等色谱条件使磺胺类药物保留适中，无干扰。参考色谱条件如下。色谱柱：BEH C18 柱，100mm×2.1mm（内径），粒径 5μm。流速：0.3ml/min。进样量：5μl。柱温：40℃。流动相分别为 A 组分为 0.1% 甲酸水溶液，B 组分为 0.1% 甲酸乙腈，梯度洗脱程序见表 3-8-1。

表 3-8-1 梯度洗脱程序

时间（min）	A（%）	B（%）
0.0	90	10
4.0	50	50
6.0	0	100
8.0	0	100
8.1	90	10
10.0	90	10

4.4.2 质谱条件

质谱调谐参数应优化至最佳条件，参考质谱条件：离子源为电喷雾离子源（ESI⁺）。喷雾电压：5.0kV。脱溶剂气温度：550℃。雾化气（GS1）：50psi。辅助雾化气（GS2）：50 psi。气帘气：40psi。碰撞气：8 psi。EP：10。CXP：17。扫描模式为多反应监测（MRM）扫描。定性离子、定量离子及碰撞能参数见表3-8-2。

表 3-8-2 定性离子、定量离子及碰撞能参数

化合物名称	母离子	碰撞能（ev）	去簇电压（V）
磺胺嘧啶	251.2/156.1*	23	68
	251.2/108.0	40	68
磺胺二甲嘧啶	279.2/186.1*	27	80
	279.2/156.1	27	80
磺胺甲基嘧啶	265.2/156.1*	25	90
	265.2/172.1	25	90
磺胺甲噁唑	254.2/156.1*	24	70
	254.2/108.1	37	70
磺胺间二甲氧嘧啶	311.3/156.1*	28	80
	311.3/108.1	28	80
磺胺邻二甲氧嘧啶	311.3/108.1*	28	80
	311.3/156.1	28	80
磺胺间甲氧嘧啶	281.2/156*	26	80
	281.2/108.1	38	80
磺胺氯哒嗪	285.1/156.1*	22	80
	285.1/108.1	34	80
磺胺喹噁啉	301.1/155.8*	27	80
	301.1/108.1	23	80

注：*为定量离子对。

4.5 定性测定

在相同试验条件下测定试样溶液，若试样溶液中检出色谱峰的保留时间与标准溶液中目标物色谱峰的保留时间一致（变化范围在 ±2.5% 之内），且试样溶液的质谱离子对相对丰度与浓度相当标准溶液的质谱离子对相对丰度相比较，相对偏差不超过表3-8-3规定的范围，则可判定样品中存在磺胺类药物。

表3-8-3 定性时相对离子丰度的最大允许偏差

相对离子丰度（%）	> 50	≥ 20 ~50	≥ 10 ~20	≤ 10
允许的相对偏差（%）	±20	±25	±30	±50

4.6 定量测定

将磺胺混合标准工作溶液注入液相色谱–串联质谱仪测定，得到磺胺类药物的峰面积。以标准工作溶液浓度为横坐标，以磺胺类药物定量离子的峰面积为纵坐标，绘制标准工作曲线。将试样溶液按仪器参考条件进行测定，得到相应的试样溶液的色谱峰面积。根据校正曲线得到试样溶液磺胺类药物的浓度。

4.7 空白实验

除不加试样外，均按上述步骤进行操作。

5 计算

试样中磺胺药物的含量，按下式计算。

$$X = \frac{C \times V \times f}{m}$$

式中：X 为试样中磺胺类药物的含量（μg/kg）；C 为由校正曲线到测定样液中磺胺类药物的浓度（ng/ml）；V 为定容体积（ml）；m 为试样称样量（g）；f 为稀释倍数。

6 精密度

6.1 试样每次测定应不少于2份，计算结果以重复性条件下获得的两次独立测定结果的算术平均值表示。

6.2 精密度要求，在重复性条件获得的两次独立测定结果的绝对差值不得超过算术平均值的15%。

7 注意事项

7.1 磺胺类药物存在同分异构体，定性时需用单个标准溶液确定。

7.2 乙腈和甲醇为有毒有机试剂，使用时需带防护手套和防护面具，并避免接触皮肤，若皮肤接触需脱去污染的衣着，用肥皂水和清水彻底冲洗皮肤。废液应妥善处理，不得污染环境。

第三篇 食品中化学成分检测

7.3 甲酸具有刺激性，使用时需带防护手套和防护面具，并避免接触皮肤。

起草人：张艳侠（山东省食品药品检验研究院）

复核人：王继双（中国食品药品检定研究院）

公丕学（山东省食品药品检验研究院）

第二节　鲜活水产品中孔雀石绿残留量的检测

1　简述

参考 GB/T 19857–2005《水产品中孔雀石绿和结晶紫残留量的测定》及相关文献[5-6]制定本规程。

本规程适用于鲜活水产品中孔雀石绿及其代谢物隐色孔雀石绿残留量的液相色谱-串联质谱法的测定。

试样中的孔雀石绿用乙腈提取后，经中性氧化铝净化后用液相色谱-串联质谱法测定，内标法定量。

当称样量为 5g 时，本方法孔雀石绿残留量的定量限为 0.5μg/kg。

2　试剂和材料

除另有规定外，本方法中所用试剂均为分析纯，水为重蒸水。

2.1　试剂

乙腈：色谱纯；甲醇：色谱纯；无水乙酸铵；冰乙酸；甲酸。

2.2　试剂配制

2.2.1 乙酸铵缓冲溶液（5mmol/L）　称取 0.385g 无水乙酸铵溶解于 1000ml 水中，冰乙酸调 pH 到 4.5，过 0.22μm 滤膜。

2.2.2 甲酸溶液（0.1%）　量取 0.1ml 甲酸溶液用水定容至 100ml。

2.3　标准品

孔雀石绿草酸盐；隐色孔雀石绿；氘代孔雀石绿；氘代隐色孔雀石绿。标准品纯度大于 98%。

2.4　标准溶液配制

2.4.1 标准储备溶液（100μg/ml）　分别准确称取孔雀石绿、隐色孔雀石绿、氘代孔雀石绿和氘代隐色孔雀石绿标准品各 10mg 于 100ml 容量瓶，用乙腈溶解并定容至刻度，分别配制成 100μg/ml 的标准储备液。

2.4.2 混合标准储备溶液（1μg/ml）　分别准确吸取 1.00ml 孔雀石绿、隐色孔雀石绿的标准储备溶液至 100ml 容量瓶中，用乙腈稀释至刻度，–18℃避光保存。

2.4.3 混合标准中间溶液（100ng/ml）　准确移取 10ml 混合标准储备溶液，以乙腈稀释至

100ml，配制成含孔雀石绿、隐色孔雀石绿均为100ng/ml的标准中间液。-18℃避光保存。

2.4.4 混合内标标准溶液（100ng/ml） 分别准确吸取0.1ml 氘代孔雀石绿、氘代隐色孔雀石绿标准储备溶液至100ml容量瓶中，用乙腈稀释至刻度，-18℃避光保存。

2.4.5 混合标准工作溶液 分别吸取混合标准中间溶液0.05ml、0.1ml、0.5ml、2.0ml、5.0ml于10ml容量瓶中，加入混合内标标准溶液0.2ml，用乙腈 + 5mmol/L乙酸铵溶液（1+1）稀释并定容至刻度。配制浓度依次为0.5ng/ml、1.0ng/ml、5ng/ml、20ng/ml、50ng/ml的混合标准工作液，其中内标浓度为2ng/ml。

2.5 材料

中性氧化铝柱，1g/3ml，使用前用5ml乙腈活化。有机滤膜，0.22μm。

3 仪器和设备

高效液相色谱-质谱/质谱仪，配有电喷雾离子源；分析天平，感量0.01g和0.0001g；均质器；离心机，转速3000r/min以上；涡旋振荡器；固相萃取装置；氮吹仪超声仪。

4 分析步骤

4.1 试样制备

取样品约500g，用捣碎机捣碎，装入洁净容器作为试样，密封并做好标识于-18℃冷冻保存。

4.2 提取

称取5g（精确至0.01g）已捣碎样品于50ml离心管中，加入200μl混合内标标准溶液，加入11ml乙腈，超声波振荡提取2分钟，8000r/min匀浆提取30秒，4000r/mirn离心5分钟，上清液转移至25ml比色管中；另取一50ml离心管加入11ml乙腈，洗涤匀浆刀头10秒，洗涤液移入前一离心管中，用玻璃棒捣碎离心管中的沉淀，涡旋振荡器上振荡30秒，超声波振荡5分钟，4000r/min离心5分钟，上清液合并至25ml比色管中，用乙腈定容至刻度，摇匀备用。

4.3 净化

移取5.00ml样品溶液于已活化的中性氧化铝柱上，接收流出液于15ml离心管中，4ml乙腈洗涤中性氧化铝柱，收集全部流出液。将流出液在45℃下氮吹干，用1.00ml乙腈溶解残渣，超声波振荡5分钟，加入1.00ml 5mmol/L乙酸铵，超声1分钟，经0.22μm滤膜过滤，供液相色谱-质谱/质谱测定。

4.4 仪器参考条件

4.4.1 液相色谱条件 通过优化色谱柱，流动相及柱温等色谱条件使孔雀石绿，隐色孔雀石绿及其氘代内标保留适中，无干扰。参考色谱条件：色谱柱：BEH C18柱，100mm×2.1mm（内径），粒径1.7μm或相当者。流速：0.3ml/min。进样量：5μl。柱温：40℃。流动相为A组分为0.1%甲酸，B组分为乙腈，梯度洗脱程序见表3-8-4。

表 3-8-4　梯度洗脱程序

时间（min）	A（%）	B（%）
0	95	5
1.0	95	5
6.0	80	20
7.0	50	50
8.5	0	100
10.0	0	100
10.1	95	5
12.0	95	5

4.4.2 质谱条件　质谱调谐参数应优化至最佳条件。参考质谱条件如下。离子源为电喷雾离子源（ESI⁺）；离子源温度设置 150℃；锥孔气流量为 150L/h；脱溶剂气温度设置 450℃；脱溶剂气流量为 850L/h；扫描模式为多反应监测（MRM）扫描。孔雀石绿，隐色孔雀石绿及内标定性离子、定量离子及碰撞能参数见表 3-8-5。

表 3-8-5　孔雀石绿、隐色孔雀石绿及内标定性离子、定量离子及碰撞能参数

化合物名称	母离子	子离子	驻留时间（ms）	碰撞能（ev）	锥孔电压（V）
孔雀石绿	329	313*	100	13	30
		208	100	18	30
隐色孔雀石绿	331	316*	100	13	30
		239	100	20	30
氘代孔雀石绿	334	318*	100	13	30
氘代隐色孔雀石绿	337	322*	100	15	30

注：*为定量离子。

4.5　定性分析

在相同试验条件下测定试样溶液，若试样溶液中检出色谱峰的保留时间与标准溶液中目标物色谱峰的保留时间一致（变化范围在 ±2.5% 之内），且试样溶液的质谱离子对相对丰度与浓度相当标准溶液的质谱离子对相对丰度相比较，相对偏差不超过表 3-8-6 规定的范围，则可判定样品中存在目标物。

表 3-8-6　定性时相对离子丰度的最大允许偏差

相对离子丰度（%）	>50	≥20~50	≥10~20	≤10
允许的相对偏差（%）	±20	±25	±30	±50

4.6　定量分析

将标准系列溶液由低到高浓度进样检测，以孔雀石绿、隐色孔雀石绿与其氘代内标色谱峰的峰面积比值-浓度作图，得到标准曲线回归方程，将试样溶液按仪器参考条件进行测定，

得到相应的试样溶液的色谱峰面积。根据校正曲线得到试样溶液孔雀石绿、隐色孔雀石绿的浓度。

4.7　空白实验

除不加试样外，均按上述步骤进行操作。

5　计算

试样中孔雀石绿或隐色孔雀石绿的含量，按下式计算。

$$X = \frac{C \times V \times f}{m}$$

式中：X 为试样中孔雀石绿或隐色孔雀石绿的含量（μg/kg）；C 为由校正曲线到测定样液中孔雀石绿或隐色孔雀石绿的浓度（ng/ml）；V 为定容体积（ml）；m 为试样称样量（g）；f 为稀释倍数；本方法孔雀石绿的残留量测定结果系指孔雀石绿和它的代谢物隐色孔雀石绿残留量之和，以孔雀石绿表示。

6　精密度

6.1 试样每次测定应不少于2份，计算结果以重复性条件下获得的两次独立测定结果的算术平均值表示。

6.2 精密度要求，在重复性条件获得的两次独立测定结果的绝对差值不得超过算术平均值的15 %。

7　注意事项

7.1 乙腈和甲醇为有毒有机试剂，使用时需带防护手套和防护面具，并避免接触皮肤，若皮肤接触需脱去污染的衣着，用肥皂水和清水彻底冲洗皮肤。废液应妥善处理，不得污染环境。

7.2 甲酸具有刺激性，使用时需带防护手套和防护面具，并避免接触皮肤。

7.3 天平使用前需校准，保持干燥，使用后需清理干净。

7.4 中性氧化铝柱在使用时，一定要注意防潮，以免吸水导致活性改变影响目标物的净化效果。

7.5 孔雀石绿、隐色孔雀石绿与其氘代内标需避光保存，整个实验过程需避光操作。

7.6 配制标准曲线时，从高浓度到低浓度依次配制，防止低浓度标液因暴露时间过长而检测不到，影响定量的准确性，同时加标时操作尽量快。

7.7 不能使用油性记号笔标识离心管等，容易造成污染，影响检测的准确性，可以使用铅笔标识。

起草人：郑　红（山东省食品药品检验研究院）

复核人：王继双（中国食品药品检定研究院）

宿书芳（山东省食品药品检验研究院）

第三篇　食品中化学成分检测

第三节　水产品中地西泮残留量的检测

1　简述

参考SN/T 3235–2012《出口动物源食品中多类禁用药物残留量检测方法 液相色谱–质谱/质谱法》及相关文献制定本规程。

本规程适用于水产品中地西泮残留量的液相色谱–质谱/质谱法测定。

试样经氨化乙腈和酸化乙腈提取后，QuEChERS净化，采用液相色谱–质谱/质谱检测，外标法定量。

本规程地西泮的测定低限为0.5 μg/kg。

2　试剂和材料

除另有规定外，本方法中所用试剂均为分析纯，水为符合GB/T 6682规定的一级水。

2.1　试剂

甲醇：色谱纯。乙腈：色谱纯。冰乙酸：色谱纯。氨水：色谱纯（25%）。乙酸铵：色谱纯。甲酸：色谱纯。无水硫酸钠：500℃灼烧4小时，置于干燥器中冷却备用。无水硫酸镁：500℃灼烧4小时，置于干燥器中冷却备用。

2.2　试剂配制

2.2.1 乙酸铵缓冲溶液　称取7.7g乙酸铵于480ml水中，用冰乙酸调节pH至5.2，用水定容至500ml。

2.2.2 1% 氨水－乙腈溶液　准确吸取40ml氨水至1000ml容量瓶中，用乙腈定容至刻度，摇匀。

2.2.3 1% 乙酸－乙腈溶液　准确吸取10ml冰乙酸至1000ml容量瓶中，用乙腈定容至刻度，摇匀。

2.2.4 10% 乙腈－水溶液　准确吸取10ml乙腈，加入90ml水，摇匀。

2.2.5 QuEChERS 吸附剂　准确称取100mg PSA、40mg C_{18}和600mg无水硫酸镁，储存于25ml具塞离心管中，旋紧管盖，置于干燥箱内备用。

2.3　标准品

地西泮标准品，标准品纯度大于等于99%。

2.4　标准溶液配制

2.4.1 标准储备溶液（100 μg/ml）　准确称取标准品10mg（精确至0.0001g）于100ml容量瓶中，用甲醇溶解，配制成浓度为100 μg/ml的标准储备溶液，–18℃冷冻避光保存。

2.4.2 标准中间溶液（1 μg/ml）　准确移取1ml标准储备溶液于100ml容量瓶中，用甲醇定容至刻度，配制成浓度为1 μg/ml的标准中间溶液，4℃冷藏避光保存。

2.4.3 空白基质溶液　选取不含待测物的样品，按照4.2和4.3处理，得到空白基质溶液。

2.4.4 基质标准溶液　分别精密量取标准中间液（1μg/ml）用空白基质溶液配制成0.5ng/ml，1ng/ml，2ng/ml，5ng/ml，10ng/ml，20ng/ml或依需要配制成适当浓度，作为基质混合标准工作溶液。临用新制。

2.5　材料

微孔滤膜：0.22μm，有机相。N-丙基乙二胺吸附剂（PSA）：40~60μm粒径范围，10 nm平均孔径。十八烷基键合硅胶吸附剂（C18-封端）：40~60μm粒径范围，6nm平均孔径。石墨化碳黑吸附剂（GCB）：40~60μm粒径范围，6 nm平均孔径。

3　仪器和设备

液相色谱-质谱/质谱仪，需配备电喷雾离子源；分析天平，感量0.01g和0.0001g；粉碎机；振荡器；旋转蒸发仪；涡旋混匀器。

4　分析步骤

4.1　试样制备

取一定量具有代表性的样品，用捣碎机捣碎，装入洁净容器作为试样，密封并做好标识，-18℃避光保存。

4.2　提取

准确称取2g（精确至0.01g）试样置于50ml具塞离心管中，加入8ml乙酸铵缓冲溶液，高速涡旋混匀30秒，室温静置30分钟，加入15ml含1%氨水-乙腈溶液，加入5g无水硫酸钠，涡旋混合1分钟，于4℃下9500r/min离心5分钟，收集上清液至另一50ml离心管中，剩余残渣再加入15ml含1%乙酸-乙腈溶液，置于水平振荡器，室温振荡提取10分钟，于4℃、9500r/min离心5分钟，收集上清液，合并两次有机相，待净化。

4.3　净化

一次性全部将QuEChERS吸附剂加入提取液中，立即涡旋混合1分钟，4℃ 9500r/min离心5分钟，吸取所有有机相，于42℃旋蒸近干，加入2ml 10%乙腈-水溶解残渣，涡旋混合1分钟，过0.22μm微孔滤膜，供液相色谱-串联质谱仪测定。

4.4　仪器参考条件

4.4.1 液相色谱条件　色谱柱为BEH C18柱，100mm×2.1mm（内径），粒径1.7μm或相当者；流速设置0.3ml/min；进样量为5μl；柱温设置40℃。流动相分别为A组分为0.1%甲酸水溶液，B组分为乙腈，梯度洗脱参数见表3-8-7。

表3-8-7　梯度洗脱参数

时间（min）	A（%）	B（%）
0	95	5
1.0	95	5
6.0	80	20

续表

时间（min）	A（%）	B（%）
7.0	50	50
8.5	0	100
10.0	0	100
10.1	95	5
12.0	95	5

4.4.2 质谱条件 离子源为电喷雾离子源（ESI），正离子电离模式。电喷雾电压（IS）：4500 V。气帘气（CUR）：20 psi。雾化器（GS1）：45 psi。辅助气压力（GS2）：35 psi。离子源温度（TEM）：500℃。扫描模式为多反应监测（MRM）扫描。地西泮定性离子、定量离子及碰撞能参数见表3-8-8。

表3-8-8 地西泮定性离子、定量离子及碰撞能参数

化合物名称	母离子	子离子	碰撞能（ev）	去簇电压（V）	碰撞室出口电压（V）
地西泮	285	193*	29	50	10
		154	40	50	10

注：*定量离子。

4.5 空白实验

除不加试样外，均按上述步骤进行操作。

4.6 定性分析

在相同试验条件下测定试样溶液，若试样溶液中检出色谱峰的保留时间与基质标准溶液中目标物色谱峰的保留时间一致（变化范围在 ± 2.5% 之内），且试样溶液的质谱离子对相对丰度与浓度相当基质标准溶液的质谱离子对相对丰度相比较，相对偏差不超过表3-8-9规定的范围，则可判定样品中存在目标物。

表 3-8-9 定性时相对离子丰度的最大允许偏差

相对离子丰度（%）	> 50	≥ 20 ~50	≥ 10 ~20	≤ 10
允许的相对偏差（%）	± 20	± 25	± 30	± 50

4.7 定量分析

将基质标准溶液注入液相色谱－串联质谱仪测定，得到地西泮的峰面积。以基质标准溶液浓度为横坐标，以地西泮的定量离子的峰面积为纵坐标，绘制标准工作曲线。将试样溶液按仪器参考条件进行测定，得到相应的试样溶液的色谱峰面积。根据校正曲线得到试样溶液地西泮的浓度。

5 计算

试样中地西泮的的含量按下式计算。

$$X= \frac{C \times V \times f}{m}$$

式中：X为试样中地西泮的含量（μg/kg）；C为由校正曲线到测定样液中地西泮的浓度（ng/ml）；V为定容体积（ml）；m为试样称样量（g）；f为稀释倍数。

6　精密度

6.1试样每次测定应不少于2份，计算结果以重复性条件下获得的两次独立测定结果的算术平均值表示。

6.2在重复性条件获得的两次独立测定结果的绝对差值不得超过算术平均值的15％。

7　注意事项

7.1乙腈和甲醇，为有毒有机试剂，使用时需带防护手套和防护面具，并避免接触皮肤，若皮肤接触需脱去污染的衣着，用肥皂水和清水彻底冲洗皮肤。废液应妥善处理，不得污染环境。

7.2甲酸具有刺激性，使用时需带防护手套和防护面具，并避免接触皮肤。

7.3旋蒸过程中，易起泡沫样品可以加入4ml饱和氯化钠溶液。

起草人：公丕学（山东省食品药品检验研究院）
复核人：吴　迪（中国食品药品检定研究院）
张艳侠（山东省食品药品检验研究院）

第四节　食品中恩诺沙星、环丙沙星、诺氟沙星、培氟沙星、氧氟沙星、洛美沙星残留量的检测

1　畜禽肉、鲜蛋中恩诺沙星、环丙沙星、诺氟沙星、培氟沙星、氧氟沙星、洛美沙星残留量的检测

1.1　简述

参考GB/T 21312-2007《动物源性产品中14种喹诺酮类残留检测方法 液相色谱–质谱/质谱法》及相关文献制定本规程。

本规程适用于畜禽肉、鲜蛋中恩诺沙星、环丙沙星、氧氟沙星、诺氟沙星、培氟沙星和洛美沙星的测定。同时适用于畜禽肉、鲜蛋中依诺沙星、沙拉沙星、吡哌酸、萘啶酸、奥索利酸、氟甲喹、西诺沙星、单诺沙星等其他喹诺酮类物质的测定。

样品中残留的喹诺酮类物质用EDTA-Mcllvaine缓冲液（pH 4.0）提取，经过滤和离心后，上清液经HLB固相萃取柱净化，液相色谱–串联质谱仪测定，外标法定量。

当称样量为5g时，恩诺沙星、洛美沙星、氧氟沙星的定量限为3μg/kg，环丙沙星的定量限为8μg/kg，诺氟沙星、培氟沙星的定量限为6μg/kg。

1.2 试剂和材料

除另有规定外，本方法中所用试剂均为分析纯，水为符合GB/T 6682规定的一级水。

1.2.1 试剂 乙腈（色谱纯）；甲酸（色谱纯）；甲醇（色谱纯）；柠檬酸；磷酸氢二钠；乙二胺四乙酸二钠；氢氧化钠；浓盐酸（质量分数 36%~38%）。

1.2.2 试剂配制

1.2.2.1磷酸氢二钠溶液（0.2mol/L） 称取71.63g磷酸氢二钠，用水溶解，定容至1000ml。

1.2.2.2柠檬酸溶液（0.1mol/L） 称取21.01g柠檬酸，用水溶解，定容至1000ml。

1.2.2.3 McIlvaine缓冲溶液 将1000ml 0.1mol/L柠檬酸溶液与625ml 0.2mol/L磷酸氢二钠溶液混合，用盐酸或氢氧化钠调节pH至4.0 ± 0.05。

1.2.2.4 EDTA– McIlvaine缓冲溶液（0.1mol/L） 称取60.5g乙二胺四乙酸二钠放入1625ml McIlvaine缓冲溶液中，振摇使其溶解。

1.2.2.5甲醇–水溶液（5+95，体积比） 95ml水中加入5ml甲醇，混匀。

1.2.2.6 0.1%甲酸水溶液 移取0.1ml甲酸用水稀释至100ml，混匀。

1.2.3 标准品 恩诺沙星、环丙沙星、氧氟沙星、诺氟沙星、培氟沙星、洛美沙星，以上标准品纯度≥ 99%。

1.2.4 标准溶液配制

1.2.4.1 6种喹诺酮类标准储备溶液（1.0mg/ml） 分别准确称取10mg（精确至0.01mg）的喹诺酮标准品于10ml容量瓶中，用甲醇溶解并定容至刻度，混匀。–18℃避光保存，保存期为3个月。

1.2.4.2 6种喹诺酮类混合标准中间溶液（10 µg/ml） 分别移取0.1ml喹诺酮类标准储备溶液于同一10ml容量瓶中，用甲醇定容至刻度，混匀。–18℃避光保存，保存期为1个月。

1.2.4.3 6种喹诺酮类混合标准工作液（1.0 µg/ml） 准确移取1.0ml混合标准中间液于10ml容量瓶中，用甲醇定容至刻度，混匀。临用前配制。

1.2.5 材料 0.22 µm有机相滤膜；具塞离心管（50ml 和15ml）；HLB 固相萃取柱（200mg，6ml）或其他等效柱（使用前用6ml甲醇、6ml水活化）。

1.3 仪器和设备

液相色谱–串联质谱仪（配有电喷雾离子源）；分析天平（感量分别为0.01g和0.01mg）；冷冻离心机；旋涡混合器；pH计；氮吹仪；组织匀浆机；移液器（50 µl，250 µl，1ml）；固相萃取仪；超声仪。

1.4 分析步骤

1.4.1 试样制备和保存 取代表性样品，用组织匀浆机充分混匀，装入洁净容器中，密封，并明确标示，于 –18℃以下避光冷冻存放。

1.4.2 提取 称取试样5g（精确至0.01g）于50ml离心管中，加入20ml 0.1mol/L EDTA–McIlvaine缓冲溶液溶解，旋涡混合1min，超声提取10分钟，8000r/min离心15分钟（温度低于5℃），取上清液待净化。

1.4.3 净化 将上清液转移至已活化过的HLB固相萃取柱上，以小于3ml/min的速度过柱，弃去滤液，用2ml 5%甲醇水溶液淋洗，弃去淋洗液，将小柱抽干，再用6ml甲醇洗脱并收集先脱液。洗脱液用氮气浓缩仪于45℃水浴中吹至近干。准确加入1.0ml初始流动相溶解残渣。过0.22μm滤膜,供液相色谱-串联质谱仪测定。

1.4.4 基质加标标准工作曲线的制备 称取六份均质后的畜禽肉或鲜蛋阴性样品5g(精确至0.01g),置于50ml离心管中,分别加入10μl、25μl、50μl、100μl、250μl和500μl混合标准使用液(1.2.4.3),涡旋混匀,制成6种喹诺酮类物质含量分别为2.0μg/kg、5.0μg/kg、10.0μg/kg、20.0μg/kg、50.0μg/kg和100.0μg/kg的基质标准溶液。以下按1.4.2和1.4.3的步骤操作完成提取和净化。

1.4.5 测定

1.4.5.1仪器参考条件 色谱柱:BEH C18柱,1.7μm,75mm×2.1mm或相当者。进样量:5μl。流速:0.3ml/min。柱温:40℃。流动相:A,0.1%甲酸水溶液;B,乙腈。梯度洗脱条件见表3-8-10。

表3-8-10 梯度洗脱条件

时间(min)	A(%)	B(%)
0	90	10
0.5	90	10
5.0	60	40
7.0	5	95
9.0	5	95
9.1	90	10
11.0	90	10

质谱离子源:电喷雾离子源(ESI源)。扫描方式:正离子扫描。检测方式:多反应监测(MRM)。电喷雾电压:5500 V。雾化器压力:50 psi。气帘气压力:20 psi。辅助气流速:50 psi。离子源温度:550℃。碰撞室出口电压:10 V。定性离子对、定量离子对、碰撞气能量,见表3-8-11。

表3-8-11 分析物定性离子对、定量离子对、碰撞气能量

化合物名称	母离子	子离子	驻留时间(ms)	碰撞气能量(eV)
恩诺沙星	360.3	342.3	50	35
		316.4*	50	30
环丙沙星	332.2	314.3*	50	33
		288.3	50	30
氧氟沙星	362.2	318.2*	50	30
		261.2	50	40
诺氟沙星	320.3	276.3	50	25
		302.3*	50	33

续表

化合物名称	母离子	子离子	驻留时间（ms）	碰撞气能量（eV）
培氟沙星	334.3	233.2	50	38
		290.3*	50	30
洛美沙星	352.3	265.2*	50	36
		308.3	50	25

注：*为定量离子对。当采用不同质谱仪器时，仪器参数可能存在差异，测定前应将质谱参数优化到最佳。

1.4.5.2 定性分析 在相同试验条件下测定试样溶液，若试样溶液中检出色谱峰的保留时间与标准溶液中目标物色谱峰的保留时间一致（变化范围在 ±2.5% 之内），且试样溶液的质谱离子对相对丰度与浓度相当标准溶液的质谱离子对相对丰度相比较，相对偏差不超过表3-8-12规定的范围，则可判定样品中存在对应的待测物。

表3-8-12 定性时相对离子丰度的最大允许偏差

相对离子丰度（%）	> 50	≥ 20~50	≥ 10~20	≤ 10
允许的相对偏差（%）	±20	±25	±30	±50

1.4.5.3 定量分析 将基质标准工作溶液注入液相色谱–串联质谱仪测定，得到待测物的峰面积。以标准工作溶液浓度为横坐标，以峰面积为纵坐标，绘制标准工作曲线。将试样溶液按仪器参考条件进行测定，得到相应的试样溶液的色谱峰面积。根据校正曲线得到试样溶液中待测物的浓度。

1.4.5.4 平行试验 按以上步骤对同一试样进行平行测定。

1.4.5.5 空白实验 除不加试样外，均按上述步骤进行操作。

1.5 计算

试样中每种喹诺酮类残留量按下式计算。

$$X = \frac{C \times V \times f}{m}$$

式中：X 为试样中待测物的含量（μg/kg）；C 为从校正工作曲线中得到的测定样液中各待测组分的浓度（ng/ml）；V 为定容体积（ml）；m 为试样称样量（g）；f 为稀释倍数；

1.6 精密度

试样每次测定应不少于2份，计算结果以重复性条件下获得的两次独立测定结果的算术平均值表示。在重复性条件获得的两次独立测定结果的绝对差值不得超过算术平均值的20%。

1.7 注意事项

1.7.1 乙腈、甲醇和正己烷为有毒有机试剂，使用时需带防护手套和防护面具，并避免接触皮肤，若皮肤接触需脱去污染的衣着，用肥皂水和清水彻底冲洗皮肤。废液应妥善处理，不得污染环境。

1.7.2 pH计在进行操作前，应首先检查电极的完好性并进行pH校准。在进行操作前，应首先检查电极的完好性并进行pH校准。选择的校准的标准液与要测定的溶液的pH有关，使待测

第三篇 食品中化学成分检测

溶液的pH能落在校正的pH范围内。使用后需将电极用水清洗干净并保存于饱和氯化钾溶液中。

1.7.3基质加标标准工作曲线制备时应选取与待测样品相似或相近的阴性畜禽肉或鲜蛋样品。

1.7.4提取液上固相萃取柱净化之前一定要先经过冷冻离心，且离心后上清液要快速转移出来，否则容易造成固相萃取柱的堵塞，必要时提取液可先经滤纸过滤后在上固相萃取柱净化。提取液经HLB固相萃取柱净化时，应注意保持适当流速，以免影响结果测定的准确性。

1.7.5由于净化柱的生产厂商不同、批号不同，其净化效率及回收率会有差异，在使用之前须对同批次的净化柱进行回收率测试。

起草人：李　莉（中国食品药品检验研究院）
尹丽丽（山东省食品药品检验研究院）
复核人：李　硕（中国食品药品检验研究院）
魏莉莉（山东省食品药品检验研究院）

2　水产品中恩诺沙星、环丙沙星、诺氟沙星、培氟沙星、氧氟沙星、洛美沙星残留量的检测

2.1　简述

参考相关文献制定本规程。

本规程适用于水产品中恩诺沙星、环丙沙星、氧氟沙星、诺氟沙星、培氟沙星和洛美沙星的测定。同时适用于水产品中依诺沙星、沙拉沙星、吡哌酸、萘啶酸、奥索利酸、氟甲喹、西诺沙星、单诺沙星等其他喹诺酮类物质的测定。

样品中残留的喹诺酮类物质用甲酸-乙腈提取，提取液用正己烷净化，浓缩后采用液相色谱-串联质谱仪测定，外标法定量。

当称样量为5g时，恩诺沙星、环丙沙星、氧氟沙星、诺氟沙星、培氟沙星、洛美沙星的定量限为1.0μg/kg。

2.2　试剂和材料

除另有规定外，本方法中所用试剂均为色谱纯，水为符合GB/T 6682规定的一级水。

2.2.1试剂　乙腈；甲酸；正己烷；甲醇。

2.2.2试剂配制

2.2.2.1乙腈饱和正己烷　量取400ml正己烷于500ml分液漏斗中，加入100ml乙腈后，剧烈振摇，待分配平衡后，弃去乙腈层即得。

2.2.2.2甲酸水溶液（0.1%）　移取0.1ml甲酸用水稀释至100ml，混匀。

2.2.2.3甲酸-乙腈溶液（2+98，体积比）　98ml乙腈中加入2ml甲酸，混匀。

2.2.3标准品　恩诺沙星；环丙沙星；氧氟沙星；诺氟沙星；培氟沙星；洛美沙星，以上标准品纯度≥99%。

2.2.4标准溶液配制

2.2.4.1 6种喹诺酮类标准储备溶液（1.0mg/ml）：分别准确称取10mg（精确至0.01mg）的

第三篇　食品中化学成分检测

喹诺酮标准品于10ml容量瓶中，用甲醇溶解并定容至刻度，混匀。-18℃避光保存，保存期为3个月。

2.2.4.2 6种喹诺酮类混合标准中间溶液（10μg/ml） 分别移取0.1ml喹诺酮类标准储备溶液于同一10ml容量瓶中，用甲醇定容至刻度，混匀。-18℃避光保存，保存期为1个月。

2.2.4.3 6种喹诺酮类混合标准工作液（1.0μg/ml） 准确移取1.0ml混合标准中间液于10ml容量瓶中，用甲醇定容至刻度，混匀。临用前配制。

2.2.4.4 6种喹诺酮类混合基质标准工作液 分别移取50.0μl、100μl、200μl、500μl、1.00ml、5.00ml混合标准中间液，用样品空白提取液定容至10ml，配成浓度为5.0ng/ml、10.0ng/ml、20.0ng/ml、50.0ng/ml、100ng/ml、500ng/ml的系列基质标准工作液。

2.2.5 材料 0.22μm有机系滤膜；50ml具塞离心管；分液漏斗（500ml和125ml）；100ml棕色鸡心瓶。

2.3 仪器和设备

液相色谱-串联质谱仪（配有电喷雾离子源）；分析天平（感量分别为0.01g和0.01mg）；离心机；均质器；旋涡混合器；旋转蒸发仪；氮吹仪；组织捣碎机；移液器（50μl，250μl，1ml）。

2.4 分析步骤

2.4.1 试样制备和保存 取代表性样品，用组织匀浆机充分混匀，装入洁净容器中，密封，并明确标示，于-18℃以下避光冷冻存放。

2.4.2 提取 称取试样5g（精确至0.01g）于50ml离心管中，加入20ml甲酸-乙腈溶液，均质1分钟，4000r/min离心5分钟，上清液转移至另一50ml离心管中，残渣加入20ml甲酸-乙腈溶液重复提取一次，合并两次上清液。

2.4.3 净化 将上清液转移至125ml分液漏斗中，加入25ml乙腈饱和的正己烷，振摇2分钟，静止分层后，将下层溶液转移至鸡心瓶中，于40℃水浴中旋转蒸发至近干，用氮气流吹干。准确加入1.0ml初始流动相溶解残渣，涡旋混匀后，过0.22μm有机滤膜，供液相色谱-串联质谱仪测定。用阴性样品，按上述步骤制备空白样品提取液。

2.4.4 测定

2.4.4.1 仪器参考条件 色谱柱：BEH C18柱，1.7μm，75mm×2.1mm或相当者。进样量：5μl。流速：0.3ml/min。柱温：40℃。流动相：A，0.1%甲酸水溶液，B，乙腈。梯度洗脱条件见表3-8-13。

表3-8-13 梯度洗脱条件

时间（min）	A（%）	B（%）
0	90	10
0.5	90	10
5.0	60	40
7.0	5	95
9.0	5	95
9.1	90	10
11.0	90	10

质谱离子源：电喷雾离子源（ESI源）。扫描方式：正离子扫描。检测方式：多反应监测（MRM）。电喷雾电压：5500 V。雾化器压力：50 psi。气帘气压力：20 psi。辅助气流速：50 psi。离子源温度：550℃。碰撞室电压：10 V。定性离子对、定量离子对、碰撞气能量和去簇电压，见表3-8-14。

表3-8-14　分析物定性离子对、定量离子对、碰撞气能量、去簇电压

化合物名称	母离子	子离子	驻留时间（ms）	碰撞气能量（eV）	去簇电压（V）
恩诺沙星	360.1	245.2	50	40	90
		316.2*	50	30	90
环丙沙星	332.1	314.2*	50	33	90
		231.0	50	53	90
氧氟沙星	362.2	318.2*	50	30	90
		261.2	50	40	90
诺氟沙星	320.2	233.2	50	36	90
		302.1*	50	33	90
培氟沙星	334.2	316.2*	50	35	90
		290.2	50	30	90
洛美沙星	352.0	265.0*	50	36	90
		334.0	50	30	90

注：*为定量离子对。当采用不同质谱仪器时，仪器参数可能存在差异，测定前应将质谱参数优化到最佳。

2.4.4.2 定性分析　在相同试验条件下测定试样溶液，若试样溶液中检出色谱峰的保留时间与标准溶液中目标物色谱峰的保留时间一致（变化范围在 ± 2.5% 之内），且试样溶液的质谱离子对相对丰度与浓度相当标准溶液的质谱离子对相对丰度相比较，相对偏差不超过表3-8-15规定的范围，则可判定样品中存在对应的待测物。

表3-8-15　定性时相对离子丰度的最大允许偏差

相对离子丰度（%）	> 50	≥ 20 ~50	> 10 ~20	≤ 10
允许的相对偏差（%）	± 20	± 25	± 30	± 50

2.4.4.3 定量分析　将基质标准工作溶液注入液相色谱-串联质谱仪测定，得到待测物的峰面积。以标准工作溶液浓度为横坐标，以峰面积为纵坐标，绘制标准工作曲线。将试样溶液按仪器参考条件进行测定，得到相应的试样溶液的色谱峰面积。根据校正曲线得到试样溶液中待测物的浓度。

2.4.4.4 平行试验　按以上步骤对同一试样进行平行测定。

2.4.4.5 空白实验　除不加试样外，均按上述步骤进行操作。

2.5　计算

试样中每种喹诺酮类残留量按下式计算。

$$X = \frac{C \times V \times f}{m}$$

第三篇　食品中化学成分检测

式中：*X*为试样中待测物的含量（μg/kg）；*C*为从校正工作曲线中得到的测定样液中各待测组分的浓度（ng/ml）；*V*为定容体积（ml）；*m*为试样称样量（g）；*f*为稀释倍数。

2.6 精密度

试样每次测定应不少于2份，计算结果以重复性条件下获得的两次独立测定结果的算术平均值表示。在重复性条件获得的两次独立测定结果的绝对差值不得超过算术平均值的20%。

2.7 注意事项

2.7.1乙腈、甲醇和正己烷为有毒有机试剂，使用时需带防护手套和防护面具，并避免接触皮肤，若皮肤接触需脱去污染的衣着，用肥皂水和清水彻底冲洗皮肤。废液应妥善处理，不得污染环境。

2.7.2甲酸具有刺激性和腐蚀性，使用时需带防护手套和防护面具，并避免接触皮肤。

2.7.3天平使用前需校准，保持干燥，使用后需清理干净。

2.7.4样品加入甲酸−乙腈溶液提取时容易成团，为了提高提取效率，需要对样品进行均质。均质样品后需清洗均质器刀头，使用前需保持干燥清洁。

2.7.5基质加标标准工作曲线制备时应选取与待测样品相似或相近的阴性水产品样品。

起草人：李　硕（中国食品药品检验研究院）

魏莉莉（山东省食品药品检验研究院）

复核人：李　莉（中国食品药品检验研究院）

尹丽丽（山东省食品药品检验研究院）

第五节　猪肉中氯丙嗪残留量的检测

1 简述

参考GB/T 20763-2006《猪肾和肌肉组织中乙酰丙嗪、氯丙嗪、氟哌啶醇、丙酰二甲氨基丙吩噻嗪、甲苯噻嗪、阿扎哌隆、阿扎哌醇、咔唑心安残留量的测定》制定本规程。

本规程适用于猪肝、猪肾和肌肉组织中乙酰丙嗪、氯丙嗪、氟哌啶醇、丙酰二甲氨基丙吩噻嗪、甲苯噻嗪、阿扎哌隆、阿扎哌醇、咔唑心安残留量的液相色谱−串联质谱法测定

试样中的氯丙嗪用碱性叔丁基甲醚提取，通过向提取液中加入磷酸盐缓冲溶液（pH=3），调节提取液的pH，使目标物反萃取到磷酸盐缓冲溶液中，再将提取液的pH调制碱性，用叔丁基甲醚二次萃取，浓缩、定容后，用液相色谱−串联质谱仪检测和确证，外标法定量。本方法的前处理净化原理为液液萃取。通过不断调节提取剂与被提取溶液的pH，实现萃取与反萃取，进而达到目标物与杂质的分离净化。

当称样量为2g时，氯丙嗪的检出限为0.5μg/kg。

2 试剂和材料

除另有规定外，本方法中所用试剂均为分析纯，水为符合GB/T 6682规定的一级水。

2.1　试剂

乙腈（色谱纯）；甲醇（色谱纯）；无水乙醇（色谱纯）；盐酸（优级纯）；叔丁基甲醚；氢氧化钠；磷酸二氢钾；甲酸；甲酸铵。

2.2　试剂配制

2.2.1　氢氧化钠溶液（5mol/L）　称取 50.0g 氢氧化钠用水溶解，定容至 250ml。

2.2.2　磷酸二氢钾溶液（1mol/L，pH=3）　称取 68.045g 磷酸二氢钾于 1000ml 烧杯，用水溶解后，用盐酸调 pH 3.0，将此溶液转移至 500ml 容量瓶，用水定容至刻度。

2.2.3　甲酸铵缓冲溶液（0.1mol/L，PH=4）　称取 6.306g 甲酸铵于 1000ml 烧杯，用水溶解后，用甲酸调 pH 4.0，将此溶液转移至 1000ml 容量瓶，用水定容至刻度。

2.2.4　甲酸铵缓冲溶液（0.01mol/L，pH=4）　取甲酸铵缓冲液（2.2.3）100ml 用水稀释并定容至 1000ml。

2.3　标准品

氯丙嗪：纯度≥99%。

2.4　标准溶液配制

2.4.1　氯丙嗪标准储备溶液（1.0mg/ml）　准确称取 10mg（精确至 0.01mg）氯丙嗪标准品于 10ml 容量瓶中，用无水乙醇溶解并定容至刻度。2~4℃避光保存，有效期 12 个月。

2.4.2　氯丙嗪中间溶液（10μg/ml）　准确移取 0.1ml 氯丙嗪标准储备溶液（2.4.1）于 10ml 容量瓶中，用无水乙醇溶解并定容至刻度，2~4℃避光保存，有效期 12 个月。

2.4.3　氯丙嗪标准工作溶液　准确移取氯丙嗪中间溶液，用空白样品基质溶液依次稀释，配制浓度依次为 1.0ng/ml、5.0ng/ml、20ng/ml、50ng/ml、100ng/ml 标准工作溶液，临用现配。

2.5　材料

0.22μm 滤膜，有机系。

3　仪器和设备

液相色谱色谱–串联质谱仪（LC–MS/MS），需配有电喷雾离子源。分析天平，感量分别为 0.1g 和 0.1mg。离心机，转速不低于 8000r/min。组织捣碎机；旋涡混合器；振荡器；超声仪；水浴锅；氮吹仪。酸度计：精度 ±0.02。

4　分析步骤

4.1　试样制备与保存

猪肾去除脂肪和其他非肾脏组织，猪肉要去皮和骨头。用组织捣碎机将其捣碎，并粉碎均匀。取 0.5kg 作为试样，装入洁净容器中，密封，并明确标示，于 –18℃以下冷冻存放。

4.2　提取

称取已粉碎试样 2g（精确到 0.01g），置于 50ml 具塞离心管中，加入 200μl 乙腈，涡旋混合，再加入 400μl 5mol/L 氢氧化钠溶液，充分涡旋混匀后，于 80±5℃水浴中放置 1 小时。在此期间，每隔20分钟要对每个测定样品进行涡旋混合，以保证样品充分被提取。1小时后，将样品溶液取出并冷却至室温。加入12ml叔丁基甲醚，于振荡器上高速振荡15分钟，8000r/min离心10分钟。吸取上清液于15ml玻璃离心管中，待净化。

4.3 净化

在上述15ml离心管中加入1mol/L pH=3的磷酸二氢钾溶液3ml，振荡10分钟，8000r/min离心10分钟，吸取上层叔丁基甲醚层，弃掉。在磷酸盐溶液中加入2ml叔丁基甲醚，振荡5分钟，8000r/min离心10分钟，吸取上层叔丁基甲醚层，弃掉。然后再在磷酸盐缓冲溶液中加入2ml叔丁基甲醚重复上述步骤，加入1ml 5mol/L氢氧化钠溶液，摇匀后加入10ml叔丁基甲醚，振荡15分钟，8000r/min离心5分钟。取全部叔丁基甲醚层于另一干净的10ml离心管中，于40℃氮吹至干。准确加入1ml初始流动相溶液，超声10分钟，溶液以0.22μm有机滤膜过滤，供液相色谱-串联质谱仪测定。

4.4 仪器参考条件

4.4.1 液相谱条件 通过优化色谱柱，流动相及柱温等色谱条件使氯丙嗪保留适中，无干扰，参考色谱条件如下。色谱柱为C18柱，100mm×2.1mm（内径），粒径1.7μm或相当者。流速设置0.3ml/min。进样量为5μl。柱温设置40℃。流动相分别为A组分为0.01mol/L甲酸铵溶液，pH=4，B组分为乙腈，梯度洗脱程序见表3-8-16。

表3-8-16　梯度洗脱参数

时间（min）	A（%）	B（%）
0	95	5
6.0	80	20
7.0	50	50
8.5	0	100
10.0	0	100
10.1	95	5
12.0	95	5

4.4.2 质谱条件 质谱调谐参数应优化至最佳条件，参考质谱条件如下。离子源为电喷雾离子源，正离子扫描模式（ESI+）。电喷雾电压：4.5kV。脱溶剂气温度设置550℃。脱溶剂气压力为30 psi。辅助雾化气30 psi。气帘气35 psi。扫描模式为多反应监测（MRM）扫描。

表3-8-17　氯丙嗪定性离子、定量离子及碰撞能参数

化合物名称	母离子	子离子	驻留时间（ms）	碰撞能（ev）	去簇电压（V）
氯丙嗪	319.3	86.2	50	22	120
		58.2	50	20	120

4.5 定性分析

在相同试验条件下测定试样溶液，若试样溶液中检出色谱峰的保留时间与标准溶液中目标物色谱峰的保留时间一致（变化范围在±2.5%之内），且试样溶液的质谱离子对相对丰度与浓

度相当空白基质标准溶液的质谱离子对相对丰度相比较，相对偏差不超过表3-8-18规定的范围，则可判定样品中存在氯丙嗪。

表 3-8-18　定性时相对离子丰度的最大允许偏差

相对离子丰度（%）	> 50	≥ 20 ~50	≥ 10 ~20	≤ 10
允许的相对偏差（%）	± 20	± 25	± 30	± 50

4.6　定量分析

将氯丙嗪基质标准工作溶液注入液相色谱-串联质谱仪测定，得到氯丙嗪的峰面积。以基质标准工作溶液浓度为横坐标，以氯丙嗪定量离子的峰面积为纵坐标，绘制标准工作曲线。将试样溶液按仪器参考条件进行测定，得到相应的试样溶液的色谱峰面积。根据校正曲线得到试样溶液氯丙嗪的浓度。

4.7　空白实验

除不加试样外，均按上述步骤进行操作。

5　计算

试样中氯丙嗪的含量按下式计算。

$$X = \frac{C \times V \times f}{m}$$

式中：X为试样中氯丙嗪的含量（μg/kg）；C为由校正曲线到测定样液中氯丙嗪的浓度（ng/ml）；V为定容体积（ml）；m为试样称样量（g）；f为稀释倍数。计算结果需扣除空白值，测定结果用平行测定的算术平均值表示，保留2位有效数字。

6　精密度

精密度要求，在重复性条件获得的两次独立测定结果的绝对差值不得超过算术平均值的15%。

7　注意事项

7.1 乙腈、甲醇、叔丁基甲醚为有毒有机试剂，使用时需带防护手套和防护面具，并避免接触皮肤，若皮肤接触需脱去污染的衣着，用肥皂水和清水彻底冲洗皮肤。废液应妥善处理，不得污染环境。

7.2 甲酸具有刺激性，使用时需带防护手套和防护面具，并避免接触皮肤。

7.3 氯丙嗪标准品如果是盐酸盐形式，使用时应注意乘以折算系数0.897。

起草人：宿书芳（山东省食品药品检验研究院）
复核人：乔亚森（中国食品药品检定研究院）
程　志（山东省食品药品检验研究院）

第六节　动物源性食品中头孢氨苄残留量的检测

1　简述

参考SN/T 1988-2007《进出口动物源食品中头孢氨苄、头孢匹林和头孢唑啉残留量检测方法》及相关文献制定本规程。

本规程适用于进出口动物源食品中头孢氨苄、头孢匹林和头孢唑啉残留量的液相色谱-质谱/质谱法测定。

样品中头孢氨苄用乙腈-水溶液提取，提取液经浓缩后，用缓冲溶液溶解，经Oasis HLB固相萃取柱净化，洗脱液经氮气吹干，最后用液相色谱串联质谱法测定，外标法定量。

当称样量为5g时，头孢氨苄的测定低限为2 μg/kg。

2　试剂和材料

除另有规定外，本方法中所用试剂均为分析纯，水为符合GB/T 6682规定的一级水。

2.1　试剂

乙腈：色谱纯。甲醇：色谱纯。甲酸：色谱纯。氯化钠；氢氧化钠；磷酸氢二钾；磷酸二氢钾；乙酸铵。氮气：纯度≥99.9％。

2.2　试剂配制

2.2.1 0.1mol/L 氢氧化钠溶液　称取 4g 氢氧化钠，用水溶解并稀释至 1000ml。

2.2.2 0.05mol/L 磷酸盐缓冲溶液（pH=8.5）　称取 8.7g 磷酸氢二钾，用水溶解并稀释至1000ml，调 pH 至 8.5±0.1。

2.2.3 0.025mol/L 磷酸盐缓冲溶液（pH=7.0）　称取 3.4g 磷酸二氢钾，用水溶解并稀释至1000ml，用氢氧化钠调 pH 至 7.0±0.1。

2.2.4 0.01mol/L 乙酸铵缓冲溶液（pH=4.5）　称取 0.77g 乙酸铵，用水溶解并稀释至1000ml，用甲酸调 pH 至 4.5±0.1。

2.2.5 乙腈 + 水（15+2，体积比）　量取 150ml 乙腈与 20ml 水混合。

2.2.6 腈 + 水（30+70，体积比）　量取 300ml 乙腈与 700ml 水混合。

2.3　标准品

头孢氨苄，纯度大于等于95％。

2.4　标准溶液配制

2.4.1 头孢氨苄标准储备溶液（1.0mg/ml）　准确称取 10mg（精确至 0.01mg）头孢氨苄标准品于 10ml 容量瓶中，用乙腈水（2.2.6）溶解并定容至刻度，-18℃避光保存，保存期 5 天。

2.4.2 头孢氨苄中间溶液（10 μg/ml）　准确移取 1.0ml 头孢氨苄标准储备溶液（2.4.1）于100ml 容量瓶中，用乙腈水（2.2.6）溶解并定容至刻度，-4℃避光保存，保存期 5 天。

2.4.3 头孢氨苄标准工作液　分别移取头孢氨苄中间溶液（2.4.2），用样品空白提取液配制成浓度分别为 10.0ng/ml、50.0ng/ml、100.0ng/ml、500.0ng/ml、1000ng/ml 的标准工作溶液。现用现配。

2.5　材料

Oasis HLB 固相萃取柱，500mg，6ml 或相当者，使用前用甲醇和水预处理，先用 5ml 甲醇淋洗小柱，再用 5ml 水淋洗小柱；0.22μm 滤膜，水系滤膜。

3　仪器和设备

液相色谱色谱-串联质谱仪（LC-MS/MS），需配有电喷雾离子源，其中质谱仪为三重四极杆串联质谱。分析天平，感量分别为 0.01g 和 0.01mg。离心机，转速不低于 4000r/min。均质器；旋涡混合器。pH 计：精度 0.01。旋转蒸发仪；固相萃取装置；氮吹仪；组织捣碎机。

4　分析步骤

4.1　试样制备

取代表性样品，用组织捣碎机充分捣碎，装入洁净容器中，密封，并明确标示，于 -18℃以下避光冷冻存放。

4.2　提取

称取试样 5g（精确至 0.01g）于 50ml 离心管中，加入 15ml 乙腈水溶液，均质 30 秒，4000r/min 离心 5 分钟，上清液转移至另一 50ml 离心管中，残渣加入 10ml 乙腈水溶液，重复提取两次，用乙腈水溶液定容至 40ml，准确移取 20ml 于 100ml 鸡心瓶中。于旋转蒸发仪上蒸干乙腈，立即向鸡心瓶中加入 25ml 磷酸盐缓冲溶液（2.2.2）涡旋混匀 1 分钟，用氢氧化钠溶液（2.2.1）调 pH 至 8.5，溶液待净化。

4.3　净化

将待净化液加入已预处理的固相萃取小柱，要求待净化液以 1ml/min 的速度通过固相萃取柱，先用 2ml 磷酸盐缓冲溶液（2.2.2）淋洗小柱 2 次，再用 1ml 超纯水淋洗，最后用 3ml 乙腈洗脱（速度控制在 1ml/min）。将洗脱液于 45℃下氮气吹干，用磷酸盐缓冲溶液（2.2.3）定容至 1ml，过 0.22μm 滤膜，立即用液相色谱-串联质谱仪测定。

4.4　仪器参考条件

4.4.1　液相色谱条件　通过优化色谱柱，流动相及柱温等色谱条件使头孢氨苄保留适中，无干扰，参考色谱条件如下。色谱柱为 BEH C18 柱，100mm×2.1mm（内径），粒径 5μm 或相当者。流速设置 0.3ml/min；进样量为 10μl。柱温设置 40℃。流动相 A 组分为 0.01mol/L 乙酸铵溶液（甲酸调 pH 至 4.5），B 组分为乙腈，梯度洗脱程序见表 3-8-19。

表 3-8-19　梯度洗脱参数

时间（min）	A（%）	B（%）
0	95	5
1.0	95	5

时间（min）	A（%）	B（%）
6.0	80	20
7.0	50	50
8.5	0	100
10.0	0	100
10.1	95	5
12.0	95	5

4.4.2 质谱条件 质谱调谐参数应优化至最佳条件，参考质谱条件如下。离子源为电喷雾离子源（ESI^+）；离子源温度设置150℃；锥孔气流量为150L/h；脱溶剂气温度设置450℃；脱溶剂气流量为850L/h；扫描模式为多反应监测（MRM）扫描。

表 3-8-20　头孢氨苄定性离子、定量离子及碰撞能参数

化合物名称	母离子	子离子	驻留时间（ms）	碰撞能（ev）	锥孔电压（V）
头孢氨苄	348.2	158.1*	100	13	30
		174.0	100	18	30

注：*表示定量离子。

4.5　定性分析

在相同试验条件下测定试样溶液，若试样溶液中检出色谱峰的保留时间与标准溶液中目标物色谱峰的保留时间一致（变化范围在±2.5%之内），且试样溶液的质谱离子对相对丰度与浓度相当标准溶液的质谱离子对相对丰度相比较，相对偏差不超过表3-8-21规定的范围，则可判定样品中存在头孢氨苄。

表 3-8-21　定性时相对离子丰度的最大允许偏差

相对离子丰度（%）	＞50	≥20~50	≥10~20	≤10
允许的相对偏差（%）	±20	±25	±30	±50

4.6　定量分析

将头孢氨苄标准工作溶液注入液相色谱-串联质谱仪测定，得到头孢氨苄的峰面积。以标准工作溶液浓度为横坐标，以头孢氨苄定量离子的峰面积为纵坐标，绘制标准工作曲线。将试样溶液按仪器参考条件进行测定，得到相应的试样溶液的色谱峰面积。根据校正曲线得到试样溶液头孢氨苄的浓度。

4.7　空白实验

除不加试样外，均按上述步骤进行操作。

5　计算

试样中头孢氨苄的含量按下式计算。

$$X= \frac{C \times V \times f}{m}$$

式中：X为试样中头孢氨苄的含量（μg/kg）；C为由校正曲线到测定样液中头孢氨苄的浓度（ng/ml）；V为定容体积（ml）；m为试样称样量（g）；f为稀释倍数。

6 精密度

6.1 试样每次测定应不少于2份，计算结果以重复性条件下获得的两次独立测定结果的算术平均值表示。

6.2 精密度要求，在重复性条件获得的两次独立测定结果的绝对差值不得超过算术平均值的15%。

7 注意事项

7.1 头孢氨苄标准品若是盐的形式（如钾盐，钠盐等）或水合形式，计算时需要进行折算。

7.2 乙腈和甲醇为有毒有机试剂，使用时需带防护手套和防护面具，并避免接触皮肤，若皮肤接触需脱去污染的衣着，用肥皂水和清水彻底冲洗皮肤。废液应妥善处理，不得污染环境。

7.3 氢氧化钠为强碱具有强烈腐蚀性，使用时需带防护手套和防护面具。并避免接触皮肤。

7.4 甲酸具有刺激性，使用时需带防护手套和防护面具，并避免接触皮肤。

7.5 均质样品后需清洗均质器刀头，使用前需保持干燥清洁。

7.6 天平使用前需校准，保持干燥，使用后需清理干净。

7.7 pH计在进行操作前，应首先检查电极的完好性并进行pH校准。选择的校准的标准液与要测定的溶液的pH有关，使待测溶液的pH能落在校正的pH范围内。使用后需将电极用水清洗干净并保存于饱和氯化钾溶液中。

起草人：尹丽丽（山东省食品药品检验研究院）

复核人：魏莉莉（山东省食品药品检验研究院）

乔亚森（中国食品药品检定研究院）

第七节 鸡肉、鸡肝中替米考星残留量的检测

1 简述

参考SN/T 1777.2-2007《动物源食品中大环内酯类抗生素残留测定方法 第2部分：高效液相色谱串联质谱法》及相关文献制定本规程。

本规程适用于鸡肉、鸡肝中替米考星的液相色谱–串联质谱法测定。同时适用于动物源性食品中螺旋霉素、竹桃霉素、泰乐菌素、红霉素、罗红霉素、交沙霉素等大环内酯类抗生素的

测定。

样品中替米考星用乙腈提取，正己烷脱脂，C18固相萃取柱净化，用液相色谱串联质谱法测定，外标法定量。

当称样量为5g时，替米考星的测定低限为20μg/kg。

2 试剂和材料

除另有规定外，本方法中所用试剂均为分析纯，水为符合GB/T 6682规定的一级水。

2.1 试剂

乙腈：色谱纯。甲醇：色谱纯。甲酸：色谱纯。正己烷：色谱纯。氯化钠；氢氧化钠；磷酸二氢钠；无水硫酸钠；氮气（纯度≥99.9%）。

2.2 试剂配制

2.2.1 氢氧化钠溶液（0.1mol/L） 称取4g氢氧化钠，用水溶解并稀释至1000ml。

2.2.2 磷酸盐缓冲溶液 称取13.8g磷酸二氢钠，加950ml水溶解，用0.1mol/L氢氧化钠调PH至8.0，用水定容至1000ml。

2.2.3 甲醇＋水（2+8，体积比） 量取200ml甲醇与800ml水混合。

2.2.4 乙腈饱和正己烷 取100ml正己烷，加入20ml乙腈，充分混合均匀后，将下层乙腈层弃去。

2.3 标准品

替米考星，标准品纯度≥95%。

2.4 标准溶液配制

2.4.1 替米考星标准储备溶液（1.0mg/ml） 准确称取10mg（精确至0.01mg）替米考星标准品于10ml容量瓶中，用甲醇溶解并定容至刻度，4℃避光保存，有效期3个月。

2.4.2 替米考星中间溶液（1μg/ml） 准确移取0.1ml替米考星标准储备溶液于100ml容量瓶中，用甲醇溶解并定容至刻度，临用前配制。

2.4.3 替米考星标准工作溶液 准确移取0.01ml、0.05ml、0.1ml、0.5ml、1ml替米考星中间溶液于10ml容量瓶中，用空白样品基质溶液配制成浓度为1.0ng/ml、5.0ng/ml、10.0ng/ml、50.0ng/ml、100.0ng/ml的标准工作溶液。

2.5 材料

C18固相萃取柱（500mg，6ml）；有机滤膜（0.22μm）。

3 仪器和设备

液相色谱色谱–串联质谱仪，配有电喷雾离子源。分析天平：感量分别为0.01g和0.01mg。离心机：转速不低于4000r/min。均质器；旋涡混合器；pH计：精度0.01。固相萃取装置；氮吹仪；组织捣碎机。

4 分析步骤

4.1 试样制备

取代表性样品，用组织捣碎机充分捣碎，装入洁净容器中，密封，并明确标示，于-18℃以下冷冻存放。

4.2 提取

称取试样5g（精确至0.01g）于50ml离心管中，加入25ml乙腈，均质30秒，4000r/min离心5分钟，将上层乙腈提取液转移至另一50ml离心管中，残渣加入20ml乙腈，重复提取，合并乙腈提取液并定容至50ml，待净化。

4.3 净化

准确移取20ml乙腈提取液于50ml离心管中。加入20ml乙腈饱和正己烷溶液，于旋涡混合器上充分混匀，4000r/min离心5分钟，弃去上层正己烷溶液，再加入20ml乙腈饱和正己烷溶液，重复上述操作后，合并乙腈提取液，并用无水硫酸钠除去水分，将提取液于50℃以下氮气吹干，用15ml磷酸盐缓冲溶液溶解。将处理液加入已预处理的固相萃取小柱，控制流出液的速度不高于1ml/min，依次用5ml水、5ml甲醇淋洗，负压抽干，用6ml甲醇洗脱，收集洗脱液于15ml离心管中，用水定容至10ml，过0.22μm有机滤膜，上机。

4.4 仪器参考条件

4.4.1 液相色谱条件 通过优化色谱柱，流动相及柱温等色谱条件使替米考星保留适中，无干扰，参考色谱条件如下。色谱柱为C18柱，150mm×4.6mm（i.d.），5μm。流速：0.3ml/min。进样量为5μl。柱温：40℃。流动相A组分为乙腈，B组分为0.1%甲酸水，梯度洗脱程序见表3-8-22。

表3-8-22 梯度洗脱程序

时间（min）	A（%）	B（%）
0	20	80
2	20	80
7.5	80	20
7.6	95	5
8.7	95	5
8.8	20	80
14	20	80

4.4.2 质谱条件 质谱调谐参数应优化至最佳条件，参考质谱条件如下。离子源为电喷雾离子源（ESI+）。CAD流量：8。脱溶剂气温度：450℃。GAS1流量：55。GAS2流量：55。CURTAIN GAS流量：20。喷雾电压：5500。DP电压：45V。定性离子、定量离子、碰撞气能

量参数，见表3-8-23。

表 3-8-23　替米考星定性离子、定量离子及碰撞能参数

化合物名称	母离子	子离子	驻留时间（ms）	碰撞能（ev）
替米考星	869.7	174.3*	50	24
		156.6	50	24

注：*为定量离子。

4.5　定性分析

在相同试验条件下测定试样溶液，若试样溶液中检出色谱峰的保留时间与标准溶液中目标物色谱峰的保留时间一致（变化范围在 ±2.5％ 之内），且试样溶液的质谱离子对相对丰度与浓度相当标准溶液的质谱离子对相对丰度相比较，相对偏差不超过表3-8-24规定的范围，则可判定样品中存在替米考星。

表 3-8-24　定性时相对离子丰度的最大允许偏差

相对离子丰度（％）	> 50	20~50	10~20	≤ 10
允许的相对偏差（％）	± 20	± 25	± 30	± 50

4.6　定量分析

将替米考星标准工作溶液按浓度由低到高依次注入液相色谱－串联质谱仪，测定得到替米考星的峰面积。以标准工作溶液浓度为横坐标，以替米考星定量离子的峰面积为纵坐标，绘制标准工作曲线。将试样溶液按仪器参考条件进行测定，得到相应的试样溶液的色谱峰面积。根据校正曲线得到试样溶液替米考星的浓度。

4.7　空白实验

除不加试样外，均按上述步骤进行操作。

5　计算

试样中替米考星的含量按下式计算。

$$X = \frac{C \times V \times f}{m}$$

式中：X为试样中替米考星的含量（µg/kg）；C为由校正曲线到测定液中替米考星的浓度（ng/ml）；V为定容体积（ml）；m为试样称样量（g）；f为稀释倍数。

6　精密度

6.1试样每次测定应不少于2份，计算结果以重复性条件下获得的两次独立测定结果的算术平均值表示。

6.2精密度要求，在重复性条件获得的两次独立测定结果的绝对差值不得超过算术平均值的15％。

7　注意事项

7.1　替米考星标准品若是盐的形式（如钾盐，钠盐等）或水合形式，计算时需要进行折算。

7.2　乙腈、甲醇、正己烷为有毒有机试剂，使用时需带防护手套和防护面具，并避免接触皮肤，若皮肤接触需脱去污染的衣着，用肥皂水和清水彻底冲洗皮肤。废液应妥善处理，不得污染环境。

7.3　氢氧化钠为强碱具有强烈腐蚀性，使用时需带防护手套和防护面具。并避免接触皮肤。

7.4　甲酸具有刺激性，使用时需带防护手套和防护面具，并避免接触皮肤。

7.5　均质样品后需清洗均质器刀头，使用前需保持干燥清洁。

7.6　无水硫酸钠650℃灼烧4小时，在干燥器内冷却至室温，于密封瓶中备用。

7.7　pH计在进行操作前，应首先检查电极的完好性并进行pH校准。在进行操作前，应首先检查电极的完好性并进行pH校准。选择的校准的标准液与要测定的溶液的pH有关，使待测溶液的pH能落在校正的pH范围内。使用后需将电极用水清洗干净并保存于饱和氯化钾溶液中。

起草人：魏莉莉（山东省食品药品检验研究院）

复核人：侯俐南（中国食品药品检定研究院）

尹丽丽（山东省食品药品检验研究院）

第八节　畜禽肉中林可霉素、替米考星残留量的检测

1　简述

参考GB/T 20762-2006《畜禽肉中林可霉素、竹桃霉素、红霉素、替米考星、泰乐菌素、克林霉素、螺旋霉素、吉它霉素、交沙霉素残留量的测定　液相色谱-串联质谱法》及相关文献制定本规程。

本规程适用于牛肉、猪肉、羊肉和鸡肉中林可霉素和替米考星残留量的液相色谱-串联质谱法测定。

样品中残留的目标物用乙腈提取，提取液用正己烷除脂后浓缩，再用磷酸盐溶液溶解，经HLB固相萃取柱净化，洗脱液浓缩定容后，用液相色谱-串联质谱法测定，外标法定量。

当称样量为5g时，林可霉素和替米考星的检出限为$1.0\mu g/kg$。

2　试剂和材料

除另有规定外，本方法中所用试剂均为分析纯，水为符合GB/T 6682规定的一级水。

2.1　试剂

乙腈：色谱纯。甲醇：色谱纯。甲酸铵：色谱纯。正己烷：色谱纯。磷酸氢二钠；氢氧化钠；氯化钠。

2.2　试剂配制

2.2.1　2%氯化钠溶液　称取10.0g氯化钠，用水溶解并稀释至500ml。

2.2.2 磷酸盐缓冲溶液（0.1mol/L） 称取 6.0g 磷酸氢二钠，加入 450ml 水溶解，用氢氧化钠饱和溶液调节 pH 至 8.0，用水定容至 500ml。

2.2.3 甲醇 + 水（2+3，体积比） 400ml 甲醇与 600ml 水混合。

2.2.4 甲酸铵溶液（0.01mol/L） 准确称取 0.63g 甲酸铵，用水溶解并定容至 1000ml。

2.3 标准品

林可霉素；替米考星。标准品纯度 ≥ 95%。

2.4 标准溶液配制

2.4.1 林可霉素标准储备溶液（1.0mg/ml） 准确称取 10mg（精确至 0.01mg）林可霉素标准品于 10ml 容量瓶中，用甲醇溶解并定容至刻度，混匀。–18℃避光保存。

2.4.2 替米考星标准储备溶液（1.0mg/ml） 准确称取 10mg（精确至 0.01mg）替米考星标准品于 10ml 容量瓶中，用甲醇溶解并定容至刻度，混匀。–18℃避光保存。

2.4.3 混合标准中间液（10μg/ml） 分别移取 0.1ml 林可霉素标准储备溶液和 0.1ml 替米考星标准储备溶液于 10ml 容量瓶中，用甲醇定容至刻度，混匀。4℃保存，保存期 7 天。

2.4.4 混合标准工作液（1.0μg/ml） 准确移取 1.0ml 混合标准中间液于 10ml 容量瓶中，用甲醇定容至刻度，混匀。临用前配制。

2.4.5 基质标准工作液 分别移取 1.0μl、2.0μl、5.0μl、10.0μl、50.0μl 混合标准工作液，用样品空白提取液定容至 1.0ml，配成 1.0ng/ml、2.0ng/ml、5.0ng/ml、10.0ng/ml、50.0ng/ml 浓度系列基质标准工作液。现用现配。

2.5 材料

HLB固相萃取柱（500mg，6ml）；有机系滤膜（0.22μm）；具塞离心管（50ml、15ml）。

3 仪器和设备

液相色谱–串联质谱仪，配有电喷雾离子源。分析天平：感量分别为 0.01g 和 0.01mg。离心机：转速不低于 5000r/min。旋涡混合器。氮气浓缩仪。pH 计：精度 0.01。固相萃取装置；组织捣碎机；均质器；超声仪。

4 分析步骤

4.1 试样制备

取代表性样品，用组织捣碎机充分捣碎，装入洁净容器中，密封，并明确标示，于 –18℃保存。

4.2 提取

称取 5g（精确至 0.01g）试样于 50ml 具塞离心管中，加入 15.0ml 乙腈，均质 30 秒。以 5000r/min 离心 5 分钟，上清液转移至另一 50ml 离心管中，加入 2.0g 氯化钠和 10.0ml 正己烷，于涡旋混合器上剧烈振荡 3 分钟。以 5000r/min 离心 10 分钟，吸取中间乙腈层 12.0ml 于 15ml 离心管中，用氮气浓缩仪于 55℃水浴中吹至近干。向残渣中加入 7ml 磷酸盐缓冲溶液涡旋混匀 1 分钟，超声 5

第三篇　食品中化学成分检测

分钟，溶液待净化。

4.3　净化

将待净化液以小于1.0ml/min的速度通过活化过的HLB固相萃取柱。样液全部流出后，再用10ml水和5ml甲醇+水溶液淋洗小柱，弃去全部流出液，抽干固相萃取柱，用10ml甲醇洗脱。洗脱液用氮气浓缩仪于55℃水浴中吹至近干。准确加入1.0ml初始流动相溶解残渣。过0.22μm滤膜，供液相色谱–串联质谱仪测定。用阴性样品，按上述步骤制备空白样品提取液。

4.4　仪器参考条件

4.4.1 液相色谱条件　色谱柱：BEH C18柱，75mm×2.1mm（i.d.），1.7μm。进样量：10μl。流速：0.3ml/min。柱温：40℃。流动相：A，0.01mol/L甲酸铵溶液；B，乙腈。梯度洗脱条件见表3-8-25。

表3-8-25　梯度洗脱条件

时间（min）	A（%）	B（%）
0	95	5
0.5	95	5
1.0	80	20
5.0	10	90
7.0	10	90
7.1	95	5
10.0	95	5

4.4.2 质谱条件　质谱调谐参数应优化至最佳条件，参考质谱条件如下。离子源为电喷雾离子源（ESI源）。扫描方式：正离子扫描。检测方式：多反应监测（MRM）。电喷雾电压：5500 V。雾化器压力：50 psi。气帘气压力：20 psi。辅助气流速：50 psi。离子源温度：550℃。碰撞室出口电压：10 V。定性离子对、定量离子对、碰撞气能量和去簇电压，见表3-8-26。

表3-8-26　分析物定性离子对、定量离子对、碰撞气能量、去簇电压

化合物名称	母离子	子离子	驻留时间（ms）	碰撞气能量（eV）	去簇电压（V）
林可霉素	407.2	126.1*	50	38	50
		359.2	50	26	50
替米考星	869.5	174.2*	50	60	90
		132.1	50	70	90

注：*为定量离子对。当采用不同质谱仪器时，仪器参数可能存在差异，测定前应将质谱参数优化到最佳。

4.5　定性分析

在相同试验条件下测定试样溶液，若试样溶液中检出色谱峰的保留时间与标准溶液中目标物色谱峰的保留时间一致（变化范围在±2.5%之内），且试样溶液的质谱离子对相对丰度与浓

度相当标准溶液的质谱离子对相对丰度相比较，相对偏差不超过表3-8-27规定的范围，则可判定样品中存在对应的待测物。

表3-8-27　定性时相对离子丰度的最大允许偏差

相对离子丰度（%）	> 50	20~50	10~20	≤ 10
允许的相对偏差（%）	± 20	± 25	± 30	± 50

4.6　定量分析

将基质标准工作溶液注入液相色谱-串联质谱仪测定，得到待测物的峰面积。以标准工作溶液浓度为横坐标，以峰面积为纵坐标，绘制标准工作曲线。将试样溶液按仪器参考条件进行测定，得到相应的试样溶液的色谱峰面积。根据校正曲线得到试样溶液中待测物的浓度。

4.7　空白实验

除不加试样外，均按上述步骤进行操作。

5　计算

试样中待测物的含量按下式计算。

$$X = \frac{C \times V \times f}{m}$$

式中：X为试样中待测物的含量（μg/kg）；C为从校正工作曲线中读出的测定样液中各待测组分的浓度（ng/ml）；V为定容体积（ml）；m为试样称样量（g）；f为稀释倍数。

6　精密度

6.1试样每次测定应不少于2份，计算结果以重复性条件下获得的两次独立测定结果的算术平均值表示。

6.2精密度要求，在重复性条件获得的两次独立测定结果的绝对差值不得超过算术平均值的20%。

7　注意事项

7.1乙腈、甲醇和正己烷为有毒有机试剂，使用时需带防护手套和防护面具，并避免接触皮肤，若皮肤接触需脱去污染的衣着，用肥皂水和清水彻底冲洗皮肤。废液应妥善处理，不得污染环境。

7.2氢氧化钠为强碱具有强烈腐蚀性，使用时需带防护手套和防护面具。

7.3样品加入乙腈提取时容易成团，为了提高提取效率，增加均质步骤。均质样品后需清洗均质器刀头，使用前需保持干燥清洁。

7.4天平使用前需校准，保持干燥，使用后需清理干净。

7.5 pH计在进行操作前，应首先检查电极的完好性并进行pH校准。在进行操作前，应首先检查电极的完好性并进行pH校准。选择的校准的标准液与要测定的溶液的pH有关，使待测溶液的pH能落在校正的pH范围内。使用后需将电极用水清洗干净并保存于饱和氯化钾溶液中。

起草人：魏莉莉（山东省食品药品检验研究院）
复核人：侯俐南（中国食品药品检定研究院）
尹丽丽（山东省食品药品检验研究院）

第九节　动物组织中庆大霉素残留量的检测

1　简述

参考相关文献制定本规程。

本方法适用于动物组织中壮观霉素、潮霉素B、链霉素、双氢链霉素、丁胺卡那霉素、卡那霉素、安普霉素、妥布霉素、庆大霉素和新霉素的测定。

试样中氨基糖苷类药物残留，采用磷酸盐缓冲液提取，经过C18柱固相萃取柱净化，浓缩后，使用七氟丁酸作为离子对试剂，高效液相色谱–质谱/质谱测定，外标法定量。

方法检出限为20μg/kg。

2　试剂和材料

除另有规定外，本方法中所用试剂均为分析纯，水为符合GB/T 6682规定的一级水。

2.1　试剂

甲醇：色谱纯。甲酸：色谱纯。冰乙酸：色谱纯。七氟丁酸：色谱纯。浓盐酸：质量分数36%~38%。氢氧化钠；三氯乙酸；磷酸二氢钾；乙二胺四乙酸二钠。

2.2　试剂配制

2.2.1 100mmol/L 七氟丁酸水溶液　准确量取6.5ml七氟丁酸，用水稀释至500ml。

2.2.2 20mmol/L 七氟丁酸水溶液　准确量取100mmol/L七氟丁酸溶液（2.2.1）50ml，用水稀释至250ml。

2.2.3 0.01mol/L磷酸盐缓冲液(含0.4mmol/L EDTA和2% 三氯乙酸溶液)　准确称取1.36g磷酸二氢钾，用980ml水溶解，用1mol/L盐酸（2.2.6）调pH至4.0，分别加入0.15g乙二胺四乙酸二钠和20g三氯乙酸，溶解混匀并定容至1000ml。

2.2.4 0.1%甲酸水溶液　准确吸取1.0ml甲酸于1000ml的容量瓶中，用水稀释至刻度，混匀。

2.2.5 20mmol/L 七氟丁酸乙腈溶液　准确量取1.3ml七氟丁酸，用乙腈稀释至500ml。

2.2.6 1mol/L 盐酸溶液　准确量取42ml浓盐酸，用水定容至500ml。

2.3　标准品

庆大霉素，标准品纯度大于等于95%。

2.4　标准溶液配制

2.4.1 标准储备溶液（1.0mg/ml）　准确称取10mg（精确至0.01mg）庆大霉素标准品（2.3）

于 10ml 容量瓶中，用水溶解并定容至刻度，摇匀。4℃避光保存，保存期 6 个月。

2.4.2 标准中间溶液（10μg/ml） 准确移取 1.00ml 庆大霉素标准储备溶液（2.4.1）于 100ml 容量瓶中，用水溶解并定容至刻度，4℃避光保存，保存期 1 个月。

2.4.3 标准工作溶液 准确移取 50.0μl、100μl、200μl、500μl、1000μl 庆大霉素中间溶液（2.4.2），用样品空白提取液定容至 10ml，配制成浓度为 50ng/ml、100ng/ml、250ng/ml、500ng/ml、1000ng/ml 的标准工作溶液。现用现配。

2.5 材料

Sep-pak C18 固相萃取小柱：500mg/3ml 或相当者，使用前用 3ml 甲醇，3ml 七氟丁酸水溶液（2.2.2）活化；0.22μm 滤膜，水系滤膜。

3 仪器和设备

液相色谱–串联质谱仪（LC-MS/MS），需配有电喷雾离子源。分析天平，感量分别为 0.01g 和 0.01mg。离心机，转速不低于 8000r/min。旋涡混合器。pH 计，精度 0.01。旋转蒸发仪；固相萃取装置；氮吹仪；组织捣碎机；超声仪。

4 分析步骤

4.1 试样制备

取代表性样品，用组织捣碎机充分捣碎，装入洁净容器中，密封，并明确标示，于 -18℃ 以下避光冷冻存放。

4.2 提取

称取试样 5g（精确至 0.01g）于 50ml 离心管中，加入 10ml 磷酸盐缓冲液（2.2.3），涡旋混合 1 分钟，超声提取 15 分钟，8000r/min 离心 10 分钟，上清液转移至另一 50ml 离心管中。残渣中再加入 10ml 磷酸盐缓冲液（2.2.3）重复提取一次，合并两次的上清液，调 pH 为 3.5 ± 0.2，加入 2.0ml 七氟丁酸溶液（2.2.1）涡旋混匀，待净化。

4.3 净化

将待净化液加入到已活化过的 C18 固相萃取小柱上，要求待净化液以小于 1ml/min 的速度通过固相萃取柱，先用 3ml 七氟丁酸水溶液（2.2.2）淋洗，再用 3ml 水淋洗，弃去淋洗液，抽干。用 5ml 乙腈–七氟丁酸溶液（2.2.2）（80+20，体积比）洗脱。将洗脱液于 40℃下氮气吹干，用七氟丁酸水溶液（2.2.2）定容至 1.0ml，过 0.22μm 滤膜，供液相色谱–串联质谱仪测定。用阴性样品，按上述步骤制备空白样品提取液。

4.4 仪器参考条件

4.4.1 液相色谱条件 色谱柱：BEH C18 柱，1.7μm，100mm×2.1mm 或相当者。进样量：10μl。流速：0.3ml/min。柱温：40℃。流动相：A，20mmol/L 七氟丁酸水溶液（2.2.2）；B，20mmol/L 七氟丁酸乙腈溶液（2.2.5）。梯度洗脱条件见表 3-8-28。

表3-8-28　梯度洗脱条件

时间（min）	A（%）	B（%）
0	95	5
0.5	95	5
1.0	80	20
7.0	10	90
9.0	10	90
9.1	95	5
12.0	95	5

4.4.2 质谱条件　离子源：电喷雾离子源（ESI 源）。扫描方式：正离子扫描。检测方式：多反应监测（MRM）。电喷雾电压：5500 V。雾化器压力：50 psi。气帘气压力：20 psi。辅助气流速：50 psi。离子源温度：550℃。碰撞室出口电压：10 V。定性离子对、定量离子对、碰撞气能量和去簇电压，见表3-8-29。

表3-8-29　分析物定性离子对、定量离子对、碰撞气能量、去簇电压

化合物名称	母离子	子离子	驻留时间（ms）	碰撞气能量（eV）	去簇电压（V）
庆大霉素	478.2	160.0	50	35	70
		157.1*	50	35	70

注：*为定量离子。

4.5　定性分析

在相同试验条件下测定试样溶液，若试样溶液中检出色谱峰的保留时间与标准溶液中目标物色谱峰的保留时间一致（变化范围在 ±2.5% 之内），且试样溶液的质谱离子对相对丰度与浓度相当标准溶液的质谱离子对相对丰度相比较，相对偏差不超过表3-8-30规定的范围，则可判定样品中存在庆大霉素。

表3-8-30　定性时相对离子丰度的最大允许偏差

相对离子丰度（%）	> 50	20 ~50	10 ~20	≤ 10
允许的相对偏差（%）	± 20	± 25	± 30	± 50

4.6　定量分析

将庆大霉素标准工作溶液注入液相色谱-串联质谱仪测定，得到庆大霉素的峰面积。以标准工作溶液浓度为横坐标，以峰面积为纵坐标，绘制标准工作曲线。将试样溶液按仪器参考条件进行测定，得到相应的试样溶液的色谱峰面积。根据校正曲线得到试样溶液中庆大霉素的浓度。

4.7　空白实验

除不加试样外，均按上述步骤进行操作。

5 计算

试样中目标物的含量按下式计算。

$$X=\frac{C \times V \times f}{m}$$

式中：X 为试样中庆大霉素的含量（μg/kg）；C 为由校正曲线到测定样液中庆大霉素的浓度值（ng/ml）；V 为定容体积（ml）；m 为试样称样量（g）；f 为稀释倍数；计算结果需将空白值扣除。

6 精密度

6.1 试样每次测定应不少于2份，计算结果以重复性条件下获得的两次独立测定结果的算术平均值表示。

6.2 精密度要求，在重复性条件获得的两次独立测定结果的绝对差值不得超过算术平均值的20%。

7 注意事项

7.1 甲醇为有毒有机试剂，使用时需带防护手套和防护面具，并避免接触皮肤，若皮肤接触需脱去污染的衣着，用肥皂水和清水彻底冲洗皮肤。废液应妥善处理，不得污染环境。

7.2 氢氧化钠为强碱、浓盐酸为强酸，具有强烈腐蚀性，使用时需带防护手套和防护面具，并避免接触皮肤。

7.3 七氟丁酸离子对试剂虽然可以增加庆大霉素在C18柱上的保留，但是对质谱有一定的损伤，尤其是对后续负离子模式检测的化合物有很强的抑制作用，建议用完之后找专业人员及时清洗，或采用文献报道的亲水作用色谱进行分离。

7.4 天平使用前需校准，保持干燥，使用后需清理干净。

7.5 pH计在进行操作前，应首先检查电极的完好性并进行pH校准。在进行操作前，应首先检查电极的完好性并进行pH校准。选择的校准的标准液与要测定的溶液的pH有关，使待测溶液的pH能落在校正的pH范围内。使用后需将电极用水清洗干净并保存于饱和氯化钾溶液中。

起草人：魏莉莉（山东省食品药品检验研究院）

复核人：李　彬（中国食品药品检定研究院）

尹丽丽（山东省食品药品检验研究院）

第十节　水产品中硝基咪唑及代谢物的检测

1 简述

参考 SN/T 1928-2007《进出口动物源性食品中硝基咪唑残留量检测方法》和相关参考文献制定本规程。

本规程适用于进出口动物中硝基咪唑残留量的液相色谱–质谱/质谱法测定。

试样中残留的硝基咪唑及其代谢物用甲醇–丙酮均质或超声波提取，经乙酸乙酯液–液分配，以凝胶色谱柱净化，再经固相萃取柱净化，液相色谱–串联质谱测定和确证，外标法定量。

甲硝唑的测定低限为 0.0005mg/kg；地美硝唑、洛硝哒唑、羟基甲硝唑和羟甲基甲硝咪唑的测定低限为 0.001mg/kg。

2   试剂和材料

除另有规定外，本方法中所用试剂均为分析纯，水为符合GB/T 6682规定的一级水。

2.1   试剂

甲醇：色谱纯。丙酮：色谱纯。乙酸乙酯：色谱纯。环己烷：色谱纯。甲酸：色谱纯。无水硫酸钠：经650℃灼烧4小时，贮于密封容器中备用。硅藻土：80~120目。

2.2   试剂配制

2.2.1 甲醇–丙酮（3+1，体积比）   量取 300ml 甲醇与 100ml 丙酮混合。

2.2.2 乙酸乙酯–环己烷（1+1，体积比）   量取 100ml 乙酸乙酯与 100ml 环己烷混合。

2.2.3 饱和氯化钠水溶液   称取 35.2g NaCl 加入到 100ml 水中。

2.3   标准品

硝基咪唑及其代谢物标准品：甲硝唑（MNZ）；地美硝唑（DMZ）；洛硝哒唑（RNZ）；羟基甲硝唑（MNZOH）；羟甲基甲硝咪唑（HMMNI），纯度均大于等于98%。

2.4   标准溶液配制

2.4.1 硝基咪唑及其代谢物标准储备溶液(0.1mg/ml)   分别准确称取 10mg(精确至 0.01mg)硝基咪唑类残留量标准品于100ml 容量瓶中，用甲醇溶解并定容至刻度，4℃避光保存，保存期 12 个月。

2.4.2 硝基咪唑及其代谢物混合中间溶液（0.1 μg/ml）   分别移取 0.1ml 硝基咪唑类残留量标准储备溶液于100ml 容量瓶中，用甲醇溶解并定容至刻度，4℃避光保存，保存期 3 个月。

2.4.3 硝基咪唑及其代谢物混合标准工作溶液   准确移取 0.04ml、0.1ml、0.5ml、1.0ml、5.0ml 中间溶液于10ml 容量瓶中，用空白样品基质溶液配制成浓度为 0.4ng/ml、1ng/ml、5ng/ml、10ng/ml、50ng/ml 的标准工作溶液。

2.5   材料

C18固相萃取柱：1.0g/6ml，使用前用 5ml 甲醇预洗；0.22 μm 有机滤膜。

3   仪器和设备

液相色谱色谱–串联质谱仪，配有电喷雾离子源。分析天平，感量分别为 0.01g 和 0.01mg。凝胶色谱仪：配有馏份收集浓缩器。离心机，转速不低于4000r/min。均质器；旋涡混合器；旋转蒸发仪；固相萃取装置；氮吹仪；组织捣碎机；超声波清洗器。

4 分析步骤

4.1 试样制备

取代表性样品，用组织捣碎机充分捣碎，装入洁净容器中，密封，并明确标示，肌肉组织、器脏组织类、水产品类试样于-18℃以下避光冷冻存放。

4.2 提取

4.2.1准确称取4g样品（精确至0.01g）于50ml离心管中，加入10g硅藻土与样品充分混匀，再加入5ml饱和氯化钠水溶液和15ml甲醇-丙酮，涡旋混匀后，均质提取3分钟，于8000r/min条件下离心5分钟，将上层提取液转入250ml鸡心瓶中，残渣再用50ml甲醇-丙酮重复提取两次，合并提取液。

4.2.2将4.2.1合并后的提取液于40℃水浴中旋转浓缩至只剩水相，转移至250ml分液漏斗中，加入50ml饱和氯化钠溶液和25ml乙酸乙酯，充分混匀3分钟后静置分层，收集乙酸乙酯相于鸡心瓶中。剩余水相用40ml乙酸乙酯分两次重复提取，合并乙酸乙酯相。鸡心瓶中加入2g无水硫酸钠脱水，于40℃水浴中浓缩至近干，加入5ml乙酸乙酯-环己烷溶解残渣，过0.22μm有机滤膜，待净化。

4.3 净化

4.3.1 凝胶色谱（GPC）净化

4.3.1.1凝胶色谱净化条件　净化柱：700mm×25mm，Bio Beads S-X3或性能相当者。流动相：乙酸乙酯-环己烷（1+1）。流速：4.7ml/min。样品定量环：5.0ml。预淋洗体积：50ml。洗脱体积：210ml。收集体积：90~150ml。

4.3.1.2凝胶色谱净化步骤　将4.2.2.待净化液按4.3.1.1规定的条件进行净化，合并收集液于250ml鸡心瓶中，于40℃水浴中旋转浓缩至近干，加入5ml甲醇溶解残渣，待净化。

4.3.2 固相萃取（SPE）净化　将4.3.1.2溶解液加入到已活化的C18固相萃取柱中，以1ml/min速度收集流出液，再用10ml甲醇进行洗脱，继续收集流出液15ml离心管中，于40℃水浴中氮气吹干。用甲醇溶解并定容至1.0ml，经0.22μm滤膜过滤后，供液相色谱质谱/质谱测定和确证。

4.4 仪器参考条件

4.4.1 液相色谱条件　通过优化色谱柱，流动相及柱温等色谱条件使硝基咪唑类残留量保留适中，无干扰，参考色谱条件如下。色谱柱：C18柱，150mm×2.1mm，3.5μm，或性能相当者。流速：0.3ml/min。进样量为5μl。柱温设置40℃。流动相A组分为甲醇，B组分为0.1%甲酸水，梯度洗脱程序见表3-8-31。

表3-8-31　梯度洗脱程序

时间（min）	A（%）	B（%）
0	13	87
8	13	87

续表

时间（min）	A（%）	B（%）
8.1	40	60
13.5	100	0
19	100	0
19.1	13	87
25	13	87

4.4.2 质谱条件 质谱调谐参数应优化至最佳条件，参考质谱条件如下，离子源为电喷雾离子源（ESI⁺）；离子源温度设置150℃；锥孔气流量为150L/h；脱溶剂气温度设置450℃；脱溶剂气流量为850L/h；扫描模式为多反应监测（MRM）扫描。

表3-8-32 硝基咪唑类残留量定性离子、定量离子及碰撞能参数

化合物名称	母离子	子离子	驻留时间（ms）	碰撞能（ev）	锥孔电压（V）
甲硝唑	172.0	81.7*	50	20	80
（MNZ）		127.8	50	34	80
地美硝唑	142.0	95.9*	50	20	65
（DMZ）		80.7	50	34	65
洛硝哒唑	201.1	54.8*	50	20	70
（RNZ）		139.7	50	34	70
羟基甲硝唑	187.7	123.3*	50	20	60
（MNZOH）		126.2	50	34	60
羟甲基甲硝咪唑	157.8	140.2*	50	20	75
（HMMNI）		55.1	50	34	75

注：*为定量离子。

4.5 定性分析

将试样溶液按仪器参考条件进行测定，若试样溶液中检出色谱峰的保留时间与标准溶液中目标物色谱峰的保留时间一致（变化范围在±2.5%之内），且试样溶液的质谱离子对相对丰度与浓度相当标准溶液的质谱离子对相对丰度相比较，相对偏差不超过表3-8-33规定的范围，则可判定样品中存在硝基咪唑类残留量。

表3-8-33 定性时相对离子丰度的最大允许偏差

相对离子丰度（%）	>50	20~50	10~20	≤10
允许的相对偏差（%）	±20	±25	±30	±50

4.6 定量分析

将混合硝基咪唑标准工作溶液注入液相色谱-串联质谱仪测定，得到各类硝基咪唑的峰面积。以标准工作溶液浓度为横坐标，以硝基咪唑定量离子的峰面积为纵坐标，绘制标准工作曲线。将试样溶液按仪器参考条件进行测定，得到相应的试样溶液的色谱峰面积。根据校正曲线

得到试样溶液5种硝基咪唑的浓度。

4.7 空白实验

除不加试样外，均按上述步骤进行操作。

5 计算

试样中硝基咪唑及其代谢物的含量按下式计算。

$$X = \frac{C \times V \times f}{m}$$

式中：X为试样中硝基咪唑及其代谢物的含量（μg/kg）；C为由校正曲线到测定液中硝基咪唑及其代谢物的浓度（ng/ml）；V为定容体积（ml）；m为试样称样量（g）；f为稀释倍数。

6 精密度

6.1 试样每次测定应不少于2份，计算结果以重复性条件下获得的两次独立测定结果的算术平均值表示。

6.2 精密度要求，在重复性条件获得的两次独立测定结果的绝对差值不得超过算术平均值的15%。

7 注意事项

7.1 硝基咪唑标准品若是盐的形式（如钾盐，钠盐等）或水合形式，计算时需要进行折算。

7.2 甲醇、丙酮、乙酸乙酯、环己烷为有毒有机试剂，使用时需带防护手套和防护面具，并避免接触皮肤，若皮肤接触需脱去污染的衣着，用肥皂水和清水彻底冲洗皮肤。废液应妥善处理，不得污染环境。

7.3 甲酸具有刺激性，使用时需带防护手套和防护面具，并避免接触皮肤。

7.4 均质样品后需清洗均质器刀头，使用前需保持干燥清洁。

7.5 旋蒸过程中，易起泡沫样品可以加入4ml饱和氯化钠溶液。

7.6 天平使用前需校准，保持干燥，使用后需清理干净。

起草人：尹丽丽（山东省食品药品检验研究院）

复核人：魏莉莉（山东省食品药品检验研究院）

程　琳（中国食品药品检定研究院）

第十一节　食品中氯霉素、氟甲砜霉素和甲砜霉素残留量的检测

1 蜂蜜中氯霉素残留量的测定

1.1 简述

参考 GB/T 18932.19–2003《蜂蜜中氯霉素残留量的测定方法》和相关参考文献制定本

规程。

本规程适用于蜂蜜中氯霉素含量的液相色谱串联质谱法测定。

试样用乙酸乙酯提取，提取液浓缩后再用水溶解，HLB固相萃取柱净化，液相色谱−串联质谱仪测定，外标法定量。

氯霉素的检出限为0.10μg/kg。

1.2　试剂和材料

除另有规定外，本方法中所用试剂均为分析纯，水为符合GB/T 6682规定的一级水。

1.2.1 试剂　乙腈：色谱纯。甲醇：色谱纯。乙酸乙酯：色谱纯。氮气：纯度≥99.9%。

1.2.2 试剂配制

1.2.2.1乙腈水（1+7）　量取100ml乙腈与700ml水混合。

1.2.2.2乙腈+水（2+8）　量取200ml乙腈与800ml水混合。

1.2.3 标准品　氯霉素标准品，纯度大于等于95%。

1.2.4 标准溶液配制

1.2.4.1氯霉素标准储备溶液（0.1mg/ml）　准确称取10mg（精确至0.01mg）氯霉素标准品于100ml容量瓶中，用甲醇溶解并定容至刻度，4℃冷藏保存，有效期2个月。

1.2.4.2氯霉素中间溶液（1μg/ml）　准确移取0.1ml氯霉素标准储备溶液于10ml容量瓶中，用甲醇溶解并定容至刻度，可使用一周。

1.2.4.3氯霉素中间溶液（100ng/ml）　准确移取0.1ml氯霉素标准储备溶液于100ml容量瓶中，用甲醇溶解并定容至刻度，临用前配制。

1.2.4.4氯霉素标准工作溶液　准确移取50μl、100μl、500μl、1000μl、5000μl氯霉素中间溶液用空白样品基质溶液定容至10ml，配制成浓度为0.5ng/ml、1.0ng/ml、5.0ng/ml、10.0ng/ml、50.0ng/ml的基质标准工作溶液。

1.2.5 材料　HLB固相萃取柱：60mg，3cc或性能相当者。使用前分别用5ml甲醇、3ml水活化。塑料离心管：50ml，15ml。有机滤膜：0.22μm。

1.3　仪器和设备

液相色谱色谱−串联质谱仪（配有电喷雾离子源）；分析天平（感量分别为0.01g和0.01mg）；离心机（转速不低于4000r/min）；均质器；旋涡混合器；pH计（精度0.01）；固相萃取装置；氮吹仪；组织捣碎机。

1.4　分析步骤

1.4.1 试样制备　对无结晶的实验室样品，将其搅拌均匀。对有结晶的样品，在密闭情况下，置于不超过60℃的水浴中温热，振荡，待样品全部融化后搅匀，冷却至室温。制备好的试样置于样品瓶中密封，并明确标示，于常温下保存。

1.4.2 提取　称取5g试样于50ml塑料离心管中，加入5ml水，使试样完全溶解，准确加入15ml乙酸乙酯，充分混合后，离心（5000r/min，3分钟），取上清液12ml于15ml离心管中，在55℃条件下氮气吹干，加入5ml水溶解残渣，待净化。

1.4.3 净化　将1.4.2的待净化液上样至已活化的HLB固相萃取小柱，待液面流至柱床时，用10ml水、5ml乙腈水（1+7）依次淋洗固相萃取小柱，减压抽干10分钟，用5ml乙酸乙酯洗脱。收集洗脱液于15ml离心管中，于50℃条件下氮气吹干。准确加入1ml乙腈水（2+8）复溶，过0.22μm有机滤膜，待上机测定。

1.4.4 仪器参考条件

1.4.4.1 液相色谱条件　通过优化色谱柱、流动相及柱温等色谱条件使氯霉素保留适中，无干扰，参考色谱条件：色谱柱为BEH C18柱，150mm×2.1mm（内径），粒径1.7μm或相当者。流速：0.3ml/min。进样量为5μl。柱温：40℃。流动相A组分为乙腈，B组分为水，梯度洗脱程序见表3-8-34。

表3-8-34　梯度洗脱程序

时间（min）	A（%）	B（%）
0	20	80
2	20	80
7.5	80	20
7.6	95	5
8.7	95	5
8.8	20	80
14	20	80

1.4.4.2 质谱条件　质谱调谐参数应优化至最佳条件，参考质谱条件：离子源为电喷雾离子源（ESI⁻）。CAD流量：8 psi。脱溶剂气温度：450℃。GAS1流量：55 psi。GAS2流量：55 psi。气帘气流量：20 psi。喷雾电压：5500 V。DP电压：45 V。定性离子对、定量离子对和碰撞能见表3-8-35。

表3-8-35　氯霉素定性离子、定量离子及碰撞能参数

化合物名称	母离子	子离子	驻留时间（ms）	碰撞能（ev）
氯霉素	321	152*	50	24
		176	50	21

注：*为定量离子。

1.4.5 定性分析　在相同试验条件下测定试样溶液，若试样溶液中检出色谱峰的保留时间与标准溶液中目标物色谱峰的保留时间一致（变化范围在±2.5%之内），且试样溶液的质谱离子对相对丰度与浓度相当标准溶液的质谱离子对相对丰度相比较，相对偏差不超过表3-8-36规定的范围，则可判定样品中存在氯霉素。

表3-8-36　定性时相对离子丰度的最大允许偏差

相对离子丰度（%）	＞50	20~50	10~20	≤10
允许的相对偏差（%）	±20	±25	±30	±50

1.4.6 定量分析　将氯霉素标准工作溶液按浓度由低到高依次注入液相色谱-串联质谱仪，测定得到氯霉素的峰面积。以标准工作溶液浓度为横坐标，以氯霉素定量离子的峰面积为纵坐标，绘制标准工作曲线。将试样溶液按仪器参考条件进行测定，得到相应的试样溶液的色谱峰

面积。根据校正曲线得到试样溶液氯霉素的浓度。

1.4.7 空白实验　除不加试样外，均按上述步骤进行操作。

1.5　计算

试样中氯霉素的含量按下式计算。

$$X = \frac{C \times V \times f}{m}$$

式中：X为试样中氯霉素的含量（μg/kg）；C为测定液中氯霉素的浓度（ng/ml）；V为定容体积（ml）；m为试样称样量（g）；f为稀释倍数。

1.6　精密度

1.6.1 试样每次测定应不少于2份，计算结果以重复性条件下获得的两次独立测定结果的算术平均值表示。

1.6.2 精密度要求，在重复性条件获得的两次独立测定结果的绝对差值不得超过算术平均值的15%。

1.7　注意事项

1.7.1 氯霉素标准品若是盐的形式（如钾盐、钠盐等）或水合形式，计算时需要进行折算。

1.7.2 乙腈、甲醇为有毒有机试剂，使用时需带防护手套和防护面具，并避免接触皮肤，若皮肤接触需脱去污染的衣着，用肥皂水和清水彻底冲洗皮肤。废液应妥善处理，不得污染环境。

1.7.3 天平使用前需校准，保持干燥，使用后需清理干净。

起草人：孙珊珊（山东省食品药品检验研究院）
复核人：张艳侠（山东省食品药品检验研究院）
程　琳（中国食品药品检定研究院）

2　动物源性食品和鱼、虾、蟹等水产品中氯霉素、甲砜霉素和氟甲砜霉素残留量的检测

2.1　简述

参考GB/T 22338《动物源性食品中氯霉素类药物残留量测定》和GB/T 18932.19《蜂蜜中氯霉素残留量的测定方法　液相色谱–串联质谱法》及相关文献制定本规程。

本方法适用于畜肉、禽肉、畜副产品及禽副产品和鱼、虾、蟹等水产品中氯霉素、甲砜霉素和氟甲砜霉素残留量的液相色谱–串联质谱法测定。

试样中的氯霉素、甲砜霉素和氟甲砜霉素用乙腈提取，经LC–Si固相萃取柱净化，液相色谱–串联质谱法测定，外标法定量。

测定低限为0.1 μg/kg。

2.2　试剂和材料

除另有规定外，本方法中所用试剂均为分析纯，水为符合GB/T 6682规定的一级水。

2.2.1 试剂　甲醇：色谱纯。乙腈：色谱纯。丙酮：色谱纯。正己烷：色谱纯。

2.2.2 试剂配制

2.2.2.1 丙酮–正己烷（1+9）　100ml丙酮与900ml正己烷混合。

2.2.2.2 丙酮–正己烷（6+4）　600ml丙酮与400ml正己烷混合。

2.2.2.3 乙腈饱和正己烷　取100ml正己烷，加入20ml乙腈，充分混合均匀后，将下层乙腈层取出。

2.2.3 标准品　氯霉素、甲砜霉素、氟甲砜霉素，纯度均大于等于98%。

2.2.4 标准溶液配制

2.2.4.1 氯霉素类药物标准储备溶液（1.0mg/ml）　分别准确称取10mg（精确至0.01mg）氯霉素类药物标准品于10ml容量瓶中，用乙腈溶解并定容至刻度，4℃避光保存，保存期6个月。

2.2.4.2 氯霉素类药物混合中间溶液（0.1μg/ml）　分别移取0.1ml氯霉素类标准储备溶液于1000ml容量瓶中，用乙腈溶解并定容至刻度，4℃避光保存，保存期3个月。

2.2.4.3 氯霉素类混合标准工作溶液　准确移取0.05ml、0.1ml、0.5ml、1.0ml、5.0ml中间溶液于10ml容量瓶中，用初始流动相配制成浓度为0.5ng/ml、1ng/ml、5ng/ml、10ng/ml、50ng/ml的标准工作溶液。

2.2.5 材料　LC–Si固相萃取柱（200mg，3ml）：使用前用5ml丙酮–正己烷（2.2.2.1）预洗；0.22μm水相滤膜。

2.3　仪器和设备

液相色谱–串联质谱仪（LC–MS/MS），需配有电喷雾离子源，其中质谱仪为三重四极杆串联质谱。分析天平，感量分别为0.01g和0.01mg。离心机，转速不低于4000r/min。旋涡混合器；旋转蒸发仪；固相萃取装置；氮吹仪；组织捣碎机；超声波发生器。

2.4　分析步骤

2.4.1 试样制备　取代表性样品，用组织捣碎机充分捣碎，装入洁净容器中，密封，并明确标示，于–20℃以下冷冻存放。

2.4.2 提取　准确称取5g样品（精确至0.01g）于50ml离心管中，加入30ml乙腈，涡旋混匀后，超声10分钟后于6000r/min条件下离心5分钟，将上层提取液转入250ml分液漏斗中，加入15ml乙腈饱和正己烷，振荡5分钟后静置分层，取出乙腈层于100ml鸡心瓶中，残渣再用30ml乙腈重复提取一次，合并提取液于鸡心瓶中。40℃水浴中旋转蒸发至干，用5ml丙酮–正己烷（2.2.2.1）溶解。

2.4.3 净化　将2.4.2溶解液加入到已活化的硅胶固相萃取柱中，弃去流出液，用5ml丙酮–正己烷（2.2.2.2）洗脱，于40℃水浴中氮气吹干。用水溶解并定容至1.0ml，经0.22μm滤膜过滤后，供液相色谱质谱/质谱仪测定和确证。

2.4.4 仪器参考条件

2.4.4.1 液相色谱条件　通过优化色谱柱、流动相及柱温等色谱条件使氯霉素类残留量保留适中，无干扰，参考色谱条件如下。色谱柱：SB–Cl8柱，150mm×2.1mm，3.5μm，或性能相当者。流速：0.3ml/min。进样量5μl。柱温设置40℃。流动相A组分为水，B组分为乙腈，梯度洗脱程序见表3–8–37。

表 3-8-37　梯度洗脱程序

时间（min）	A（%）	B（%）
0	80	20
3	45	55
5	0	100
7	80	20
10	80	20

2.4.4.2 质谱条件　质谱调谐参数应优化至最佳条件，参考质谱条件如下。离子源为电喷雾离子源（ESI⁻）。CAD流量：8 psi。脱溶剂气温度：450℃。GAS1流量：55 psi。GAS2流量：55 psi。CURTAIN GAS流量：20 psi。Ionspray vontage：5500 V。DP电压：45 V。定性离子、定量离子及碰撞能参数见表3-8-38。

表 3-8-38　氯霉素、甲砜霉素、氟甲砜霉素定性离子、定量离子及碰撞能参数

化合物名称	母离子	子离子	驻留时间（ms）	碰撞能（ev）
氯霉素	320.9	151.9*	50	-15
		256.9	50	-20
甲砜霉素	353.9	289.9*	50	-25
		184.9	50	-12
氟甲砜霉素	356.0	336.0*	50	-27
		184.9	50	-16

注：*为定量离子。

2.4.5 定性分析　在相同试验条件下测定试样溶液，若试样溶液中检出色谱峰的保留时间与标准溶液中目标物色谱峰的保留时间一致（变化范围在 ±2.5% 之内），且试样溶液的质谱离子对相对丰度与浓度相当标准溶液的质谱离子对相对丰度相比较，相对偏差不超过表3-8-39规定的范围，则可判定样品中存在氯霉素类药物残留量。

表 3-8-39　定性时相对离子丰度的最大允许偏差

相对离子丰度（%）	> 50	20~50	10~20	≤ 10
允许的相对偏差（%）	± 20	± 25	± 30	± 50

2.4.6 定量分析　将混合氯霉素类标准工作溶液注入液相色谱 - 串联质谱仪测定，得到3种氯霉素类药物的峰面积。以标准工作溶液浓度为横坐标，以氯霉素类药物定量离子的峰面积为纵坐标，绘制标准工作曲线。将试样溶液按仪器参考条件进行测定，得到相应的试样溶液的色谱峰面积。根据校正曲线得到试样溶液3种氯霉素类药物的浓度。

2.4.7 空白实验　除不加试样外，均按上述步骤进行操作。

2.5　计算

试样中氯霉素、甲砜霉素、氟甲砜霉素的含量按下式计算。

$$X = \frac{C \times V \times f}{m}$$

第三篇　食品中化学成分检测

式中：X为试样中氯霉素、甲砜霉素、氟甲砜霉素的含量（μg/kg）；C为由校正曲线到测定液中氯霉素、甲砜霉素、氟甲砜霉素的浓度（ng/ml）；V为定容体积（ml）；m为试样称样量（g）；f为稀释倍数。

2.6 精密度

2.6.1 试样每次测定应不少于2份，计算结果以重复性条件下获得的两次独立测定结果的算术平均值表示。

2.6.2 精密度要求，在重复性条件获得的两次独立测定结果的绝对差值不得超过算术平均值的15%。

2.7 注意事项

2.7.1 氯霉素类药物标准品若是盐的形式（如钾盐、钠盐等）或水合形式，计算时需要进行折算。

2.7.2 甲醇、丙酮、正己烷为有毒有机试剂，使用时需带防护手套和防护面具，并避免接触皮肤，若皮肤接触需脱去污染的衣着，用肥皂水和清水彻底冲洗皮肤。废液应妥善处理，不得污染环境。

2.7.3 天平使用前需校准，保持干燥，使用后需清理干净。

起草人：王莉佳　陈　煜（山西省食品药品检验所）
复核人：苗贝贝（中国食品药品检定研究院）
王　明　闵宇航（四川省食品药品检验检测院）

3　肉制品中氯霉素、甲砜霉素和氟甲砜霉素的检测

3.1 简述

参考GB/T 22338《动物源性食品中氯霉素类药物残留量测定》的液质方法制定本规程。

本规程适用于肉制品中氯霉素、甲砜霉素和氟甲砜霉素的液相色谱质谱/质谱测定。

针对不同动物源性食品中氯霉素、甲砜霉素和氟甲砜霉素残留，分别采用乙腈、乙酸乙酯乙醚或乙酸乙酯提取，提取液用固相萃取柱进行净化，液相色谱质谱/质谱仪测定，氯霉素采用内标法定量，甲砜霉素和氟甲砜霉素采用外标法定量。

氯霉素、甲砜霉素和氟甲砜霉素的测定低限为均为0.1 μg/kg。

3.2 试剂和材料

除非另有说明，在分析中仅使用确认为分析纯的试剂和二次去离子水或相当纯度的水；

3.2.1 试剂　甲醇：色谱级。乙腈：色谱级。丙酮：色谱级。正丙醇：色谱级。正己烷：色谱级。乙酸乙酯：色谱级。乙醚；乙酸铵；乙酸钠。

3.2.2 试剂配制

3.2.2.1 乙腈饱和正己烷　取200ml正己烷于250ml分液漏斗中，加入少量乙腈，剧烈振摇，静置分层后，弃去下层乙腈层即得。

3.2.2.2丙酮正己烷（1+9） 丙酮正己烷按体积比1∶9混匀；丙酮正己烷（6+4）：丙酮正己烷按体积比6∶4混匀。

3.2.2.3乙酸乙酯乙醚（75+25） 75ml乙酸乙酯与25ml乙醚溶液混匀。

3.2.2.4乙酸钠缓冲液（0.1mol/L） 称取乙酸钠13.6g于1000ml容量瓶中，加入980ml水溶解并混匀，用乙酸调pH到5.0，定容至刻度混匀。

3.2.2.5乙酸铵溶液（10mmol/L） 称取乙酸铵0.77g于1000ml容量瓶中，用水定容至刻度。

3.2.3 标准品 氯霉素、甲砜霉素和氟甲砜霉素标准物质：纯度≥99.0%；氯霉素氘代内标（氯霉素–D_5）物质：纯度≥99.9%。

3.2.4 标准溶液配制

3.2.4.1标准储备溶液 分别准确称取适量的氯霉素、甲砜霉素和氟甲砜霉素标准物质（精确到0.1mg），用乙腈配成500μg/ml的标准储备溶液（4℃避光保存可使用6个月）。

3.2.4.2氯霉素、甲砜霉素和氟甲砜霉素标准中间溶液 分别准确移取适量的氯霉素、甲砜霉素和氟甲砜霉素标准储备溶液，用乙腈稀释成50μg/ml的氯霉素、甲砜霉素和氟甲砜霉素标准中间溶液（4℃避光保存可使用3个月）。

3.2.4.3氯霉素、甲砜霉素和氟甲砜霉素混合标准工作溶液 分别准确移取适量的氯霉素、甲砜霉素和氟甲砜霉素标准中间溶液，用流动相稀释成合适的混合标准工作溶液（现用现配）。

3.2.4.4氯霉素氘代内标（氯霉素–D_5）储备溶液 准确称取适量的氯霉素–D_5标准物质（精确到0.1mg），用乙腈配成100μg/ml的标准储备溶液（4℃避光保存可使用12个月）

3.2.4.5氯霉素氘代内标（氯霉素–D_5）中间溶液 准确移取适量的氯霉素–D_5储备溶液，用乙腈配成1μg/ml内标中间溶液（4℃避光保存可使用6个月）。

3.2.4.6氯霉素氘代内标（氯霉素–D_5）工作溶液 准确移取适量的氯霉素–D_5中间溶液，用乙腈配成0.1μg/ml内标工作溶液（4℃避光保存可使用2周）。

3.2.5 材料 LC-Si固相萃取柱或相当者：200mg，3ml。EN固相萃取柱或相当者：200mg，3ml。一次性注射式滤器配有0.45μm微孔滤膜。

3.3 **仪器与设备**

液相色谱/质谱联用仪：配有电喷雾离子源。电子天平：感量为0.1mg和0.01g。离心机；涡旋振荡器；旋转蒸发仪；组织捣碎机。分液漏斗：200ml。离心管：50ml。固相萃取装置。心形瓶：100ml，棕色。

3.4 **分析步骤**

3.4.1 提取 称取试样5g（精确至0.01g），置于50ml离心管中，加入100μl氯霉素氘代内标（氯霉素–D_5）工作溶液和30ml乙腈，匀浆，离心5分钟。将上清液移入250ml分液漏斗中加15ml乙腈饱和的正己烷，振荡5分钟，静置分层，转移乙腈层至100ml棕色心形瓶中。残渣中再加入30ml乙腈，振摇3分钟，离心5分钟，取上清液转移至同一分液漏斗，振荡5分钟，静置分层，转移乙腈层至同一棕色心形瓶中。向心形瓶中加入5ml正丙醇，于40℃水浴中旋转蒸发近干，用氮气吹干，加5ml丙酮–正己烷（1+9）溶解残渣。

3.4.2 净化 用5ml丙酮正己烷（1+9）淋洗LC-Si硅胶小柱，弃去淋洗液将残渣溶解溶液转移到固相萃取小柱上，弃去流出液，用5ml丙酮正己烷（6+4）洗脱，收集洗脱液于心形瓶中，40℃水浴中旋转蒸发至近干，氮气吹于，用1ml水定容，定容液过0.45μm滤膜至进样瓶，待测定。

3.4.3 液相色谱－质谱／质谱测定

3.4.3.1 液相色谱条件　色谱柱：SB-C18柱，5μm，2.1mm×150mm，或与之相当者。流动相：水－乙腈－10mmol/L乙酸铵溶液，梯度洗脱程序参见表3-8-40。流速：0.6ml/min。进样量：20μl。柱温：40℃。

表3-8-40　梯度洗脱程序

时间（min）	水（%）	乙腈（%）	10mmol/L乙酸铵溶液（%）
0.00	70	25	5
2.00	25	70	5
3.00	25	70	5
8.00	70	25	5

3.4.3.2 质谱／质谱条件　液相色谱质谱／质谱测定参考条件如下。离子源、电喷雾离子源。扫描方式：负离子扫描。检测方式：多重反应监测（MRM）。电喷雾电压：−4500 V。雾化气压力：0.276mPa。气帘气压力：0.172mPa。辅助气流速：0.206mPa。离子源温度：550℃。定性离子对、定量离子对、碰撞气能量和去簇电压，见表3-8-41。

表3-8-41　氯霉素、甲砜霉素和氟甲砜霉素的定性离子对、定量离子对、碰撞气能量和去簇电压

药物名称	定性离子对（m/z）	定量离子对（m/z）	碰撞气能量（eV）	去簇电压（V）
氯霉素	320.9/151.9	320.9/151.9	−25	−72
	320.9/256.9		−16	−73
甲砜霉素	353.9/289.9	353.9/289.9	−18	−75
	353.9/184.9		−28	−75
氟甲砜霉素	356.0/336.0	356.0/336.0	−15	−67
	356.0/184.9		−27	−67
氯霉素-D5	326.1/157.0	326.1/157.0	−25	−60
	326.1/262.0		−17	−60

3.4.3.3 定性测定　按照上述条件测定样品和建立标准工作曲线，如果样品中化合物质量色谱峰的保留时间与标准溶液的保留时间相比在允许偏差±2.5%之内；待测化合物定性离子对的重构离子色谱峰的信噪比大于或等于3（S/N≥3），定量离子对的重构离子色谱峰的信噪比大于或等于10（S/N≥10）；定性离子对的相对丰度与浓度相当的标准溶液相比，相对丰度偏差不超过表3-8-42的规定则可判断样品中存在相应的目标化合物。

表3-8-42 氯霉素定性时相对离子丰度的最大允许偏差

相对离子丰度（%）	> 50	> 20~50	> 10~20	≤ 10
允许的相对偏差（%）	± 20	± 25	± 30	± 50

3.4.3.4定量测定 氯霉素使用内标法定量；甲砜霉素和氟甲砜霉素使用外标法定量。

3.5 计算

用数据处理软件绘制标准曲线，按照下式计算试样中氯霉素、甲砜霉素和氟甲砜霉素的含量。

$$X = \frac{(C - C_0) \times V \times R}{m}$$

式中：X为试样中待测组分残留量（μg/kg）；C为由标准曲线得到的样液中氯霉素、甲砜霉素和氟甲砜霉素的浓度（ng/ml）；C_0为由标准曲线得到的空白试验中氯霉素、甲砜霉素和氟甲砜霉素的浓度（ng/ml）；V为样液最终定容体积（ml）；R为稀释因子；m为最终样液所代表的试样称样量（g）。

3.6 精密度

试样每次测定应不少于2份，计算结果以重复性条件下获得的两次独立测定结果的算术平均值表示。在重复性条件获得的两次独立测定结果的绝对差值不得超过算术平均值的15%。

3.7 注意事项

3.7.1操作人员必须经过专门培训，严格遵守操作规程。操作人员需佩戴自吸式过滤口罩，化学安全防护眼镜以及橡胶手套。

3.7.2在样品溶液转移至LC-Si硅胶小柱、EN固相萃取柱净化以及洗脱过程中，要严格控制流速在规定的范围内，避免溶液流速过慢或加压使其成股流出，影响样品的净化效果，进而影响试验的准确性。

3.7.3在洗脱液氮吹过程中，需要严格控制氮气吹扫流量，避免样品溶液溅出；在旋转蒸发的过程中，要防止旋转温度过高，引起样品溶液暴沸，甚至溅出，造成样品溶液交叉污染。

3.7.4尽可能使用有证标准物质作为质量控制样品，也可采用加标试验进行质量控制。应尽量选择与被测样品基质相同或相似的标准物质进行测定，标准物质的测定值应在标准物质证书给定的范围内。每批样品至少分析一个质量控制样品。

3.7.5流动相用水要现用现取，所使用到的溶剂必须经滤膜过滤，以除去杂质微粒，要注意分清有机相滤膜和水相滤膜；使用前要超声脱气处理，防止气泡进入管路造成干扰；脱气后的流动相应待其恢复至室温后使用。

3.7.6常用的液相色谱-质谱联用仪使用的溶剂一般为高质量的甲醇、乙腈、水和添加剂，如甲酸、乙酸、甲酸铵和乙酸铵等。

3.7.7在进样分析前，应充分平衡色谱柱。

3.7.8使用缓冲溶液或含盐流动相时，应用15~20倍柱体积的不含缓冲溶液或不含盐流动相的同种水-有机溶剂流动相冲洗色谱柱，后换成高比例有机溶剂保存色谱柱，以避免盐沉淀结晶析出，损害色谱柱的使用寿命。

3.7.9 因离子源最容易受到污染，因此，需要对进样的浓度严格控制，避免样品或标准使用液的浓度过大，否则就会升高背景，在较大程度上降低灵敏度。

3.7.10 务必于进样完成后使用异丙醇（色谱级）和无尘纸对离子源进行擦拭清洁，避免对质谱响应灵敏度造成干扰。

3.7.11 定期对液相色谱－质谱联用仪进行调谐，校准质量轴，一般宜6个月校准一次，以使仪器达到最佳的使用状态。

起草人：王　明　闵宇航（四川省食品药品检验检测院）
复核人：尹丽丽　魏莉莉（山东省食品药品检验研究院）
苗贝贝（中国食品药品检定研究院）

4　水产品、畜禽产品和畜禽副产品中氯霉素、氟甲砜霉素和甲砜霉素的检测

4.1　简述

参考GB/T 22338–2008《动物源性食品中氯霉素类药物残留量测定》气质方法制定本规程。

本规程适用于水产品、畜禽产品和畜禽副产品中氯霉素、氟甲砜霉素和甲砜霉素的气相色谱－质谱测定

样品用乙酸乙酯提取，4%氯化钠溶液和正己烷液－液分配净化，再经弗罗里硅土（Florisil）柱净化后，以甲苯为反应介质，用N，O双（三甲基硅基）三氟乙酰胺－三甲基氯硅烷（BSTFA + TMCS，99+1）于70℃硅烷化，用气相色谱/负化学电离源质谱测定，内标工作曲线法定量。

测定低限：氯霉素0.1μg/kg，氟甲砜霉素和甲砜霉素0.5μg/kg。

4.2　试剂和材料

除非另有说明，在分析中仅使用确认为分析纯的试剂和二次去离子水或相当纯度的水。

4.2.1 试剂　甲醇：色谱纯。甲苯：农残级。正己烷：农残级。乙酸乙酯；乙醚；氯化钠。

4.2.2 试剂配置　氯化钠溶液（4%）：称取适量氯化钠用水配置成4%的氯化钠溶液，常温保存，可使用1周。

4.2.3 标准品　氯霉素（CAP）、氟甲砜霉素（FF）、甲砜霉素（TAP）标准物质：纯度＞99%；间硝基氯霉素（m–CAP）标准物质：纯度＞99%。

4.2.4 标准溶液的配制

4.2.4.1 氯霉素类标准储备溶液　准确称取适量氯霉素、氟甲砜霉素和甲砜霉素标准物质（精确到0.1mg），以甲醇配制成浓度为1100μg/ml的标准储备溶液；

4.2.4.2 间硝基氯霉素内标工作溶液　准确称取适量间硝基氯霉素标准物质（精确到0.1mg），用甲醇配制成10ng/ml的标准工作溶液；

4.2.4.3 氯霉素类基质标准工作溶液　选择不含氯霉素类的样品六份，分别添加1ml内标工作溶液，用这六份提取液分别配成氯霉素、氟甲砜霉素和甲砜霉素浓度为0.1ng/ml、0.2ng/ml、1ng/ml、2ng/ml、4ng/ml、8ng/ml的溶液，按本方法提取（4.4.1）、净化（4.4.2），制成样品提取液，用氮气缓慢吹干，硅烷化（4.4.3）后，制成标准工作溶液。

4.2.5 衍生化试剂　N，O双（三甲基硅基）三氟乙酰胺 – 三甲基氯硅烷（BSTFA+TMCS，

99+1）。

4.2.6 固相萃取柱　弗罗里硅土柱（6.0ml，11.0g）。

4.3　仪器和设备

气相色谱/质谱联用仪：配有化学电离源（CI）。组织捣碎机；固相萃取装置；振荡器；旋转蒸发仪；涡旋混合器；离心机；恒温箱。

4.4　分析步骤

4.4.1 提取　称取10g（精确到0.01g）粉碎的组织样品于50ml具塞离心管中，加入1.0ml内标溶液和30ml乙酸乙酯，振荡3分钟，于4000r/min离心2分钟，上层清液转移至圆底烧瓶中，残渣用30ml乙酸乙酯再提取一次，合并提取液，35℃旋转蒸发至1~2ml，待净化。

4.4.2 净化

4.4.2.1 液-液萃取　提取液浓缩物加1ml甲醇溶解，用20ml氯化钠溶液和20ml正己烷液-液萃取，弃去正己烷层，水相用40ml乙酸乙酯分两次萃取，合并乙酸乙酯相于心形瓶中，旋转蒸发至近干，用氮气缓慢吹干。

4.4.2.2 弗罗里硅土柱净化　弗罗里硅土柱依次用5ml甲醇、5ml甲醇-乙醚（3+7）溶液和5ml乙醚淋洗备用。将残渣用5.0ml乙醚溶解上样，用5.0ml乙醚淋洗Florisil柱，5.0ml甲醇-乙醚溶液（3+7）洗脱，洗脱液用氮气缓慢吹干，待硅烷化。

4.4.3 硅烷化　净化后的试样用0.2ml甲苯溶解，加入0.1ml硅烷化试剂混合，于70℃衍生化60分钟。氮气缓慢吹干，用1.0ml正己烷定容，待测定。

4.4.4 测定

4.4.4.1 气相色谱-质谱条件　色谱柱：DB-5MS毛细管柱，30m×0.25mm（内径）×0.25μm，或与之相当者。色谱柱温度：50℃保持1分钟，25℃/min升至280℃，保持5分钟。进样口温度：250℃。进样方式：不分流进样，不分流时间0.75分钟。载气：高纯氮气，纯度≥99.999%。流速：1.0ml/min。进样量：1.0μl。接口温度：280℃。离子源：化学电离源负离子模式NCI。扫描方式：选择离子监测。离子源温度：150℃。四级杆温度：106℃。选择监测离子参见表3-8-43。反应气：甲烷，纯度≥99.999%。

表3-8-43　监测离子

药物名称	监测离子（m/z）	定量离子（m/z）	相对离子丰度比（%）	允许相对误差（%）
间硝基氯霉素	466	466	100	
	468		66	±20%
	470		16	±30%
	432		2	±50%
氯霉素	466	466	100	
	468		71	±20%
	376		32	±25%
	378		19	±30%

第三篇　食品中化学成分检测

续表

药物名称	监测离子（m/z）	定量离子（m/z）	相对离子丰度比（%）	允许相对误差（%）
氟甲砜霉素	339	339	100	
	341		75	±20%
	429		89	±20%
	431		84	±20%
甲砜霉素	409	409	100	
	411		93	±20%
	499		92	±20%
	501		93	±20%

4.4.4.2 定性测定　进行试样测定时，如果检出色谱峰的保留时间与标准物质相一致，并且在扣除背景后的样品质谱图中，所选择的离子均出现，而且所选择离子的相对离子丰度比与标准物质一致，相对丰度允许偏差不超过表3-8-43规定的范围，则可判断样品中存在对应的三种氯霉素。如果不能确证，应重新进样，以扫描方式（有足够灵敏度）或采用增加其他确证离子的方式来确证。

4.4.4.3 内标工作曲线　用配制的基质标准工作溶液按4.4.4.1的气相色谱－质谱条件分别进样，以标准溶液浓度为横坐标，待测组分与内标物的峰面积之比为纵坐标绘制内标工作曲线。

4.4.4.4 定量　以m/z 466（m-CAP和CAP）、339（FF）和409（TAP）为定量离子，样品溶液中氯霉素类衍生物的响应值均应在仪器测定的线性范围内。在上述色谱条件下，m-CAP、CAP、FF、TAP标准物质衍生物参考保留时间约为11.4分钟、11.8分钟、12.6分钟、13.6分钟。

4.4.4.5 平行实验　按以上步骤，对同一试样进行平行试验测定。

4.4.4.6 空白实验　除不加试样外，均按上述测定步骤进行。

4.5　计算

结果按下式计算。

$$X = \frac{c \times V \times 100}{m}$$

式中：X为试样中被测组分残留量（μg/kg）；c为从内标标准工作曲线上得到的被测组分浓度（ng/ml）；V为试样溶液定容体积（ml）；m为试样的称样量（g）。

4.6　精密度

试样每次测定应不少于2份，计算结果以重复性条件下获得的两次独立测定结果的算术平均值表示，在重复性条件获得的两次独立测定结果的绝对差值不得超过算术平均值的20%。

起草人：王　明　闵宇航（四川省食品药品检验检测院）
复核人：尹丽丽　魏莉莉（山东省食品药品检验研究院）
苗贝贝（中国食品药品检定研究院）

第十二节　猪肉中克伦特罗等4种β-受体激动剂残留量的检测

1　简述

参考GB/T22286-2008《动物源性食品中多种β-受体激动剂残留量的测定　液相色谱串联质谱法》及相关文献制定本规程。

本规程适用于猪肉中克伦特罗、沙丁胺醇、莱克多巴胺、特布他林残留量的液相色谱-串联质谱法测定。

试样中的残留物经酶解，用高氯酸调pH，沉淀蛋白后离心，上清液用阳离子交换柱净化，以保留时间定性，峰高或峰面积定量。

方法检出限为0.5μg/kg。

2　试剂和材料

除另有规定外，本方法中所用试剂均为分析纯，水为符合GB/T 6682规定的一级水。

2.1　试剂

高氯酸：优级纯（70%~72%）。甲醇：色谱纯。氨水：优级纯（浓度25%~28%）。甲酸：色谱纯。氢氧化钠；乙酸；乙酸钠；氯化钠；β-葡糖醛酸苷肽酶/芳基磺酸酯酶溶液（β-glucuronidase/arylsulfatase）。

2.2　试剂配制

2.2.1乙酸钠缓冲溶液（0.2mol/L）　称取13.6g NaAc·3H$_2$O溶解于500ml水中，用适量乙酸调节pH至5.2。

2.2.2氨水-甲醇溶液（5/95）　量取5ml氨水与95ml甲醇混合。

2.2.3甲酸水溶液（0.2%）　量取200μl甲酸与100ml水混合。

2.2.4高氯酸（0.2mol/L）　量取16.67ml高氯酸于900ml水，水定容至1000ml。

2.3　标准品

盐酸克伦特罗；沙丁胺醇；莱克多巴胺；特布他林；沙丁胺醇-D3；克伦特罗-D9。标准品纯度大于等于98%。

2.4　标准溶液配制

2.4.1标准储备溶液（1.0mg/ml）　准确称取标准品10mg（精确至0.1mg）于10ml容量瓶中，用甲醇溶解并定容至刻度，得浓度为1.0mg/ml内标储备液，于-18℃避光保存，保存有效期12个月。

2.4.2内标储备液（1.0mg/ml）　准确称取标准品10mg（精确至0.1mg）于10ml容量瓶中，用甲醇溶解并定容至刻度，得浓度为1.0mg/ml内标储备液，于-18℃避光保存，保存有效期12个月。

2.5　材料

定性滤纸：使用前用0.2mol/L高氯酸润湿。微孔滤膜：有机相，孔径0.22μm。具塞塑料离心管（50ml、15ml）。

2.5MCX固相萃取柱（60mg，3ml）或其他等效柱：使用前依次用3ml（氨水/甲醇=5/95），3ml甲醇，3ml水，3ml高氯酸（0.2mol/L）活化。

3 仪器和设备

液相色谱色谱–串联质谱仪（LC–MS/MS），需配有电喷雾离子源，其中质谱仪为三重四极杆串联质谱。分析天平，感量分别为0.01g和0.01mg。离心机，转速不低于4000r/min。水平振荡器；旋涡混合器；pH计，精度0.01；超声波发生器；真空过柱装置。

4 操作方法

4.1 试样制备

取代表性样品，用组织捣碎机充分捣碎，装入洁净容器中，密封，并明确标示，于–18℃以下避光冷冻存放。

4.2 提取

称取10g（精确至0.01g）于50ml离心管中，加入15ml的乙酸钠缓冲液，漩涡混匀，再加入β–葡萄糖醛酸苷肽酶溶液100μl，于水浴振荡器中37℃振荡酶解过夜。取出酶解液冷却后，用纯高氯酸（约1ml）调pH 1.0，超声提取15分钟，再转移至振荡器中80℃振荡30分钟，冷却后配平，7000r/min冷冻离心10分钟。取出上清液于另一50ml离心管中。残渣用10ml 0.2mol/L高氯酸再次提取，漩涡充分分散残渣，超声10分钟，冷却后配平，离心，合并上清液，充分摇匀。过滤纸，滤纸先用0.2mol/L高氯酸润湿，收集滤液10ml，作为待净化液。

4.3 净化

将得净化液 过已活化的MCX柱，依次用1ml 甲醇、1ml 2%甲醇水溶液淋洗，顶干，最后用7ml 氨水–甲醇（5+95）洗脱。洗脱液40℃水浴氮气吹至近干后，精密加入1ml甲醇–0.1%甲酸水（5+95），旋涡混合，超声溶解残注，过0.22μm有机滤膜，作为供试品溶液进行测定。

4.4 仪器参考条件

4.4.1 液相色谱条件 通过优化色谱柱、流动相及柱温等色谱条件使目标物保留适中，无干扰，参考色谱条件如下。色谱柱：BEH C18柱，2.1mm×50mm（i.d.），1.7μm。流动相：甲醇和0.2%的甲酸–水溶液，梯度洗脱程序如表3-8-44。进样量：5μl。柱温：40℃。

表3-8-44 分离4种β-受体激动剂的液相梯度洗脱程序

时间（min）	流速（ml/min）	甲醇（%）	0.2%的甲酸–水溶液（%）	梯度曲线
/	0.35	5.0	95.0	/
3.0	0.35	20.0	80.0	6
4.0	0.35	50.0	50.0	6
7.0	0.35	73.0	27.0	6
5.5	0.35	100.0	0.0	6

时间（min）	流速（ml/min）	甲醇（%）	0.2%的甲酸–水溶液（%）	梯度曲线
9.5	0.35	100.0	0.0	6
13	0.35	5.0	95.0	1

4.4.2 质谱条件　质谱调谐参数应优化至最佳条件，参考质谱条件如下。离子源为电喷雾离子源（ESI⁺）；离子源温度设置150℃；锥孔气流量为150L/h；脱溶剂气温度设置450℃；脱溶剂气流量为850L/h；扫描模式为多反应监测（MRM）扫描。

表3-8-45　4种β–受体激动剂的质谱参数

化合物名称	母离子	子离子	驻留时间（ms）	碰撞能（ev）	去簇电压（DP）
沙丁胺醇	240.2	148.1	50	18	68
		222.3	50	12	68
克伦特罗	277.1	203.1	50	15	80
		132.0	50	9	80
		168.0	50	12	80
莱克多巴胺	302.3	107.0	50	25	90
		164.0	50	15	90
特布他林	225.9	151.7	25	15	80
		169.8	25	12	80
克伦特罗–D9	286.0	204.0	50	15	80
沙丁胺醇–D3	243.0	151.0	50	18	68

4.5　定性分析

在相同试验条件下测定试样溶液，若试样溶液中检出色谱峰的保留时间与标准溶液中目标物色谱峰的保留时间一致（变化范围在±2.5%之内），且试样溶液的质谱离子对相对丰度与浓度相当标准溶液的质谱离子对相对丰度相比较，相对偏差不超过表3-8-46规定的范围，则可判定样品中存在目标物。

表3-8-46　定性时相对离子丰度的最大允许偏差

相对离子丰度（%）	＞50	20~50	10~20	≤10
允许的相对偏差（%）	±20	±25	±30	±50

4.6　定量分析

将目标物标准工作溶液注入液相色谱–串联质谱仪测定，得到目标物的峰面积。以标准工作溶液浓度为横坐标，以目标物定量离子的峰面积为纵坐标，绘制标准工作曲线。将试样溶液按仪器参考条件进行测定，得到相应的试样溶液的色谱峰面积。根据校正曲线得到试样溶液目标物的浓度。样品测定时选择相同基质加标样品定性、定量。用样品加标定量样品中各组分含量，沙丁胺醇–D3作为沙丁胺醇、莱克多巴胺的内标物质和克伦特罗–D9作为克伦特罗、特布

第三篇　食品中化学成分检测

他林的内标物质。

4.7 空白实验

除不加试样外，均按上述步骤进行操作。

5 计算

试样中目标物的含量按下式计算。

$$X = \frac{C \times V \times R}{m \times Rs}$$

式中：X为试样中分析物的含量（μg/kg）；C为混合基质标准溶液中分析物的浓度（ng/ml）；V为定容体积（ml）；m为试样称样量（g）；R为样液中分析物与内标物峰面积比值；Rs为混合基质标准溶液中分析物与内标物峰面积比值。

计算结果需将空白值扣除。

6 精密度

6.1 试样每次测定应不少于2份，计算结果以重复性条件下获得的两次独立测定结果的算术平均值表示。

6.2 精密度要求，在重复性条件获得的两次独立测定结果的绝对差值不得超过算术平均值的30%。

7 注意事项

7.1 目标物标准品若是盐的形式（如钾盐，钠盐等）或水合形式，计算时需要进行折算。

7.2 乙腈和甲醇为有毒有机试剂，使用时需带防护手套和防护面具，并避免接触皮肤，若皮肤接触需脱去污染的衣着，用肥皂水和清水彻底冲洗皮肤。废液应妥善处理，不得污染环境。

7.3 氢氧化钠为强碱，具有强烈腐蚀性，使用时需带防护手套和防护面具，并避免接触皮肤。

7.4 甲酸具有刺激性，使用时需带防护手套和防护面具，并避免接触皮肤。

7.5 均质样品后需清洗均质器刀头，使用前需保持干燥清洁。

7.6 旋蒸过程中，易起泡沫样品可以加入4ml饱和氯化钠溶液。

7.7 天平使用前需校准，保持干燥，使用后需清理干净。

7.8 pH计在进行操作前，应首先检查电极的完好性并进行pH校准。选择的校准的标准液与要测定的溶液的pH有关，使待测溶液的pH能落在校正的pH范围内。使用后需将电极用水清洗干净并保存于饱和氯化钾溶液中。

起草人：公丕学（山东省食品药品检验研究院）

复核人：刘慧锦（中国食品药品检定研究院）

张艳侠（山东省食品药品检验研究院）

第十三节　鸡肉中尼卡巴嗪残留标志物残留量的检测

1　简述

参考GB 29690-2013《动物性食品中尼卡巴嗪残留标志物残留量的测定 液相色谱—串联质谱法》制定本规程。

本规程适用于鸡肉及鸡蛋中尼卡巴嗪残留标志物4，4′-二硝基均二苯脲残留量的液相色谱—串联质谱法测定。

试样中4，4′-二硝基均二苯脲用乙腈提取，正己烷除脂，75%甲醇水溶液萃取，液相色谱串联质谱法测定，内标法定量。

当称样量为2g时，4，4′-二硝基均二苯脲的测定低限为0.5μg/kg，定量限为1μg/kg。

2　试剂和材料

除另有规定外，本方法中所用试剂均为分析纯，水为符合GB/T 6682规定的一级水。

2.1　试剂

乙腈：色谱纯。甲醇：色谱纯。无水硫酸钠；正己烷；乙酸铵；二甲基甲酰胺。

2.2　试剂配制

2.2.1　乙酸铵溶液（0.1mol/L）　称取乙酸铵1.9g，用水溶解并稀释至250ml。

2.2.2　甲醇水溶液（75%）　量取甲醇75ml、用水溶解并稀释至100ml。

2.2.3　75%甲醇水溶液饱和正己烷　量取75%甲醇水溶液100ml于250ml分液漏斗，加正己烷100ml，摇匀，静置分层，取上清液。

2.3　标准品

4，4′-二硝基均二苯脲；4，4′-二硝基均二苯脲-D8。

2.4　标准溶液配制

2.4.1　4，4′-二硝基均二苯脲标准储备溶液（1.0mg/ml）　准确称取10mg（精确至0.01mg）4，4′-二硝基均二苯脲标准品于10ml容量瓶中，用二甲基甲酰胺溶解并定容至刻度，2~8℃避光保存，有效期3个月。

2.4.2　4，4′-二硝基均二苯脲中间溶液（10μg/ml）　准确移取1.0ml 4，4′-二硝基均二苯脲标准储备溶液于100ml容量瓶中，用甲醇溶解并定容至刻度，2~8℃避光保存，有效期1个月。

2.4.3　4，4′-二硝基均二苯脲-D$_8$标准储备溶液　准确称取10mg（精确至0.01mg）4，4′-二硝基均二苯脲-D$_8$标准品于10ml容量瓶中，用二甲基甲酰胺溶解并定容至刻度，2~8℃避光保存，有效期3个月。

2.4.4　4，4′-二硝基均二苯脲-D$_8$中间溶液（10μg/ml）　准确移取1.0ml 4，4′-二硝基均二苯脲-D$_8$标准储备溶液于100ml容量瓶中，用甲醇溶解并定容至刻度，2~8℃避光保存，有效期1个月。

第三篇　食品中化学成分检测

2.4.5 4，4′–二硝基均二苯脲–D$_8$工作溶液（100ng/ml） 准确移取0.1ml 4，4′–二硝基均二苯脲–D$_8$中间溶液于10ml 容量瓶中，用甲醇溶解并定容至刻度，2~8℃避光保存，临用现配。

2.4.6 混合标准工作溶液 分别移取一定体积的10μg/ml 4，4′–二硝基均二苯脲中间溶液，加入一定体积的4，4′–二硝基均二苯脲–D$_8$工作溶液，用甲醇溶解，配置4，4′–二硝基均二苯脲浓度依次为2、10、20、50、200和500ng/ml 标准工作溶液。各溶液中4，4′–二硝基均二苯脲–D$_8$的浓度均为10ng/ml。

2.5 滤膜

0.22μm滤膜，有机系滤膜。

3 仪器和设备

液相色谱–串联质谱仪（LC–MS/MS），配有电喷雾离子源。分析天平，感量分别为0.01g和0.01mg。离心机，转速不低于5000r/min。均质器；旋涡混合器；氮吹仪；组织捣碎机。

4 分析步骤

4.1 试样制备

取代表性样品，用组织捣碎机充分捣碎，装入洁净容器中，密封，并明确标示，于–20℃以下避光冷冻保存。

4.2 提取

称取试样2g（精确至0.01g）于50ml 离心管中，添加100ng/ml 4，4′–二硝基均二苯脲–D$_8$标准溶液100μl，加入无水硫酸钠2g，再加入8ml 乙腈，涡旋混匀，超声5分钟，于5000r/min 离心10分钟，取上清液于10ml 离心管中，于40℃氮气吹干，加入75%甲醇水饱和正己烷1ml，涡旋10秒，再加入75%甲醇水溶液1.0ml，涡旋混合后，于40℃水浴中静置5分钟，2000r/min 离心5分钟，取下层清液，经0.22μm滤膜过滤，供液相色谱–串联质谱测定。

4.3 仪器参考条件

4.3.1 液相色谱条件 通过优化色谱柱、流动相及柱温等色谱条件使4，4′–二硝基均二苯脲保留适中，无干扰，参考色谱条件如下。色谱柱为BEH C18柱，100mm×2.1mm（内径），粒径5μm或相当者。流速设置0.3ml/min；进样量为5μl；柱温设置40℃。流动相分别为，A组分0.01mol/L乙酸铵溶液，B组分甲醇，梯度洗脱程序见表3-8-47。

表3-8-47 梯度洗脱程序

时间（min）	A（%）	B（%）
0	80	20
5.0	30	70
7.0	30	70
8.0	80	20
10.0	80	20

4.3.2 质谱条件 质谱调谐参数应优化至最佳条件，参考质谱条件如下。离子源为电喷雾离子源，负离子模式（ESI⁻）。喷嘴电压：2.5kV。离子源温度设置 350℃。脱溶剂气温度设置 250℃。鞘气压力为 45psi。辅助雾化气：10psi。吹扫气：1psi。扫描模式为多反应监测（MRM）扫描。定性离子、定量离子及碰撞能参数见表 3-8-48。

表 3-8-48 4，4′-二硝基均二苯脲及其内标物定性离子、定量离子及碰撞能参数

化合物名称	母离子	子离子	驻留时间（ms）	碰撞能（ev）	透镜电压（V）
4，4′-二硝基均二苯脲	301	137*	100	30	58
		107	100	25	58
4，4′-二硝基均二苯脲-D8	309	141	100	30	58

注：*定量离子。

4.4 定性分析

在相同试验条件下测定试样溶液，若试样溶液中检出色谱峰的保留时间与空白加标溶液中目标物色谱峰的保留时间一致（变化范围在 ±2.5% 之内），且试样溶液的质谱离子对相对丰度与浓度相当空白加标溶液的质谱离子对相对丰度相比较，相对偏差不超过表 3-8-49 规定的范围，则可判定样品中存在 4，4′-二硝基均二苯脲。

表 3-8-49 定性时相对离子丰度的最大允许偏差

相对离子丰度（%）	> 50	20 ~50	10 ~20	≤ 10
允许的相对偏差（%）	± 20	± 25	± 30	± 50

4.5 定量分析

按照 4.3 仪器条件测定样品和混合标准工作溶液，以 4，4′-二硝基均二苯脲及 4，4′-二硝基均二苯脲-D8 的峰面积比为纵坐标，标准工作溶液浓度为横坐标，绘制标准工作曲线。根据校正曲线得到试样溶液 4，4′-二硝基均二苯脲的浓度。

4.6 空白实验

除不加试样外，均按上述步骤进行操作。

5 计算

试样中 4，4′-二硝基均二苯脲的含量按下式计算。

$$X=\frac{C \times V \times f}{m}$$

式中：X 为试样中 4，4′-二硝基均二苯脲的含量（μg/kg）；C 为由校正曲线到测定样液中 4，4′-二硝基均二苯脲的浓度（ng/ml）；V 为定容体积（ml）；m 为试样称样量（g）；f 为稀释倍数。

6 精密度

6.1 试样每次测定应不少于 2 份，计算结果以重复性条件下获得的两次独立测定结果的算术平均值表示。

6.2精密度要求，在重复性条件获得的两次独立测定结果的绝对差值不得超过算术平均值的20％。

7 注意事项

7.1乙腈和甲醇为有毒有机试剂，使用时需带防护手套和防护面具，并避免接触皮肤，若皮肤接触需脱去污染的衣着，用肥皂水和清水彻底冲洗皮肤。废液应妥善处理，不得污染环境。

7.2均质样品后需清洗均质器刀头，使用前需保持干燥清洁。

7.3天平使用前需校准，保持干燥，使用后需清理干净。

起草人：宿书芳（山东省食品药品检验研究院）

复核人：刘慧锦（中国食品药品检定研究院）

程　志（山东省食品药品检验研究院）

第十四节　动物源性食品中金霉素、土霉素、四环素、强力霉素残留量的检测

1 简述

参考GB/T 21317-2007《动物源性食品中四环素类兽药残留量检测方法 液相色谱-质谱/质谱法与高效液相色谱法》制定本规程。

本规程适用于动物源性食品中四环素、土霉素、金霉素、强力霉素4种四环素类药物残留量的液相色谱串联质谱测定。

试样中用0.1mol/L Na$_2$EDTA-Mcllvaine缓冲溶液提取后，经固相萃取柱净化，洗脱液经氮气吹干，最后用液相色谱-串联质谱法测定，外标法定量。

当称样量为2g时，检出限为50.0 μg/kg。

2 试剂和材料

除另有规定外，本方法中所用试剂均为分析纯，水为符合GB/T 6682规定的一级水。

2.1 试剂

乙腈；甲醇；乙酸乙酯；乙二胺四乙酸二钠；柠檬酸；磷酸氢二钠；氮气（N$_2$）：纯度≥99.9%。

2.2 试剂配制

2.2.1 柠檬酸溶液（0.1mol/L）　称取21.01g柠檬酸，用水溶解并稀释至1000ml。

2.2.2 磷酸氢二钠溶液（0.2mol/L）　称取28.41g磷酸氢二钠，用水溶解并稀释至1000ml。

2.2.3 mcllvaine缓冲溶液　量取1000ml 0.1mol/L柠檬酸溶液与625ml 0.2mol/L磷酸氢二钠溶液混匀备用，用氢氧化钠或盐酸调pH至4.0±0.05。

2.2.4 Na₂EDTA–Mcllvaine 缓冲溶液（0.1mol/L）　称取 60.5g 乙二胺四乙酸二钠加入 1625ml Mcllvaine 缓冲溶液中，溶解摇匀。

2.2.5 甲醇 – 水（1/19，V/V）　量取 5ml 甲醇与 95ml 水混匀备用。

2.2.6 甲醇 – 乙酸乙酯（1/9，V/V）　量取 10ml 甲醇与 90ml 酸乙酯混匀备用。

2.3　标准品

四环素；土霉素；金霉素；强力霉素标准品，纯度均大于等于 95%。

2.4　标准溶液配制

2.4.1 四环素标准储备溶液（1mg/ml）　准确称取 10mg（精确至 0.01mg）四环素标准品于 10ml 容量瓶中，用甲醇溶解并定容至刻度，–20℃避光保存，保存期 12 个月。

2.4.2 四环素中间溶液（10μg/ml）　准确移取 1.0ml 四环素标准储备溶液于 100ml 容量瓶中，用甲醇溶解并定容至刻度，–4℃避光保存，保存期 1 个月。

2.4.3 四环素标准工作溶液　准确移取 0.05ml、0.1ml、0.2ml、0.5ml、1.0ml 四环素中间溶液于 10ml 容量瓶中，用初始流动相配制成浓度为 50.0ng/ml、100ng/ml、200ng/ml、500ng/ml、1000ng/ml 的标准工作溶液。4℃避光保存，保存期一周。

2.5　萃取柱

HLB 固相萃取柱，60mg，3ml 或相当者。使用前用甲醇和水预处理，先用 5ml 甲醇淋洗小柱，再用 5ml 水淋洗小柱。

2.6　滤膜

0.22μm 滤膜，有机系滤膜。

3　仪器和设备

液相色谱 – 串联质谱仪（LC-MS/MS），需配有电喷雾离子源，其中质谱仪为三重四极杆串联质谱；分析天平，感量分别为 0.01g 和 0.01mg；离心机，转速不低于 4000r/min；组织捣碎机；旋涡混合器；旋转蒸发仪；固相萃取装置；氮吹仪。

4　分析步骤

4.1　试样制备

取代表性样品，用组织捣碎机充分捣碎，装入洁净容器中，密封，并明确标示，于 –18℃以下避光冷冻存放。

4.2　提取

称取试样 5g（精确至 0.01g）于 50ml 离心管中，加入 20ml 0.1mol/L Na₂EDTA–Mcllvaine 缓冲溶液冰水浴超声提取，10 分钟，8000r/min 离心 10 分钟，上清液转移 50ml 比色管中，随后分别加入 20ml 和 10ml 0.1mol/L Na₂EDTA–Mcllvaine 缓冲溶液重复提取两次，合并三次提取液，定容至 50ml，用滤纸过滤，作为待净化液。

4.3　净化

准确吸取 10ml 待净化液加入已预处理的固相萃取小柱，要求待净化液以 1ml/min 的速度通过固相萃取柱，依次用5ml水和5ml甲醇－水淋洗小柱，用真空泵抽干小柱，用5ml甲醇－乙酸乙酯（2.2.6）洗脱（速度控制在1ml/min）。将洗脱液于45℃下氮气吹干，精密加入用1ml 初始流动相溶解残渣，过0.22μm滤膜，用液相色谱－串联质谱仪测定。

4.4 仪器参考条件

4.4.1 液相色谱条件 通过优化色谱柱、流动相及柱温等色谱条件使四环素保留适中，无干扰，参考色谱条件如下。色谱柱为 BEH C18柱， 100mm×2.1mm（内径），粒径5μm或相当者。流速设置0.3ml/min；进样量为5μl；柱温设置40℃。流动相分别为 A 组分为0.1% 甲酸－水，B 组分为乙腈，梯度洗脱程序见表3-8-50。

表3-8-50 梯度洗脱程序

时间（min）	A（%）	B（%）
0	80	20
1.0	80	20
3.0	50	50
5.0	25	75
5.1	5	95
7.0	5	95
7.1	80	20
10.0	80	20

4.4.2 质谱条件 质谱调谐参数应优化至最佳条件，参考质谱条件如下。离子源为电喷雾离子源（ESI$^+$）。喷雾电压：5.0kV。脱溶剂气温度：550℃。雾化气（GS 1）：50 psi。辅助雾化气（GS 2）：50 psi。气帘气：40 psi。碰撞气：8 psi。EP：10。CXP：17。扫描模式为多反应监测（MRM）扫描。定性离子、定量离子及碰撞能参数见表3-8-51。

表3-8-51 四环素定性离子、定量离子及碰撞能参数

化合物名称	离子对	碰撞能（ev）	去簇电压（V）
强力霉素	445.2/154.1*	28	90
	445.2/428.2	18	90
四环素	445.2/410.0*	19	90
	445.2/427.2	13	90
土霉素	461.1/443.1*	19	60
	461.1/426.2	13	60
金霉素	479.1/444.2*	21	80
	479.1/462.2	18	80

注：*为定量离子对。

4.5 定性分析

在相同试验条件下测定试样溶液，若试样溶液中检出色谱峰的保留时间与标准溶液中目标物色谱峰的保留时间一致（变化范围在±2.5%之内），且试样溶液的质谱离子对相对丰度与浓度相当标准溶液的质谱离子对相对丰度相比较，相对偏差不超过表3-8-52规定的范围，则可

判定样品中存在四环素。

表 3-8-52 定性时相对离子丰度的最大允许偏差

相对离子丰度（%）	> 50	20 ~ 50	10 ~ 20	≤ 10
允许的相对偏差（%）	± 20	± 25	± 30	± 50

4.6 定量分析

将四环素标准工作溶液注入液相色谱-串联质谱仪测定，得到四环素的峰面积。以标准工作溶液浓度为横坐标，以四环素定量离子的峰面积为纵坐标，绘制标准工作曲线。将试样溶液按仪器参考条件进行测定，得到相应的试样溶液的色谱峰面积。根据校正曲线得到试样溶液四环素的浓度。

4.7 空白实验

除不加试样外，均按上述步骤进行操作。

5 计算

试样中四环素的含量按下式计算。

$$X = \frac{C \times V \times f}{m}$$

式中：X 为试样中四环素的含量（μg/kg）；C 为由校正曲线到测定样液中四环素的浓度（ng/ml）；V 为定容体积（ml）；m 为试样称样量（g）；f 为稀释倍数。计算结果保留 3 位有效数字。

6 精密度

6.1 试样每次测定应不少于 2 份，计算结果以重复性条件下获得的两次独立测定结果的算术平均值表示。

6.2 精密度要求，在重复性条件获得的两次独立测定结果的绝对差值不得超过算术平均值的 15 %。

7 注意事项

7.1 四环素类化合物对热不稳定，提取时需要冰水浴超声，离心温度低于 15℃。

7.2 乙腈和甲醇为有毒有机试剂，使用时需带防护手套和防护面具，并避免接触皮肤，若皮肤接触需脱去污染的衣着，用肥皂水和清水彻底冲洗皮肤。废液应妥善处理，不得污染环境。

7.3 氮吹温度应低于 40℃。

7.4 天平使用前需校准，保持干燥，使用后需清理干净。

起草人：张艳侠　宿书芳（山东省食品药品检验研究院）

复核人：李　娜（中国食品药品检定研究院）

公丕学　郑　红（山东省食品药品检验研究院）

第十五节　食品中阿莫西林残留量的检测

1　畜禽肉中阿莫西林残留量的测定

1.1　简述

参考相关文献制定本规程。

本方法同时适用于畜禽肉中萘夫西林、哌拉西林、苯唑西林、氯唑西林、双氯西林、氨苄西林、青霉素G、青霉素V等青霉素族抗生素残留量的液相色谱串联质谱法测定。

试样中的阿莫西林用乙腈−水溶液提取，提取液经浓缩后，用缓冲溶液溶解，经固相萃取柱净化，洗脱液经氮气吹干，最后用液相色谱串联质谱法测定，外标法定量。

当称样量为3g时，阿莫西林的检出限为2.0μg/kg。

1.2　试剂和材料

除另有规定外，本方法中所用试剂均为分析纯，水为符合GB/T 6682规定的一级水。

1.2.1 试剂　腈：色谱纯。甲醇：色谱纯。甲酸：色谱纯。氯化钠；氢氧化钠；磷酸氢二钾；磷酸二氢钾；乙酸铵。氮气：纯度≥99.9%。

1.2.2 试剂配制

1.2.2.1 0.1mol/L氢氧化钠溶液　称取4g氢氧化钠，用水溶解并稀释至1000ml。

1.2.2.2 0.05mol/L磷酸盐缓冲溶液（pH=8.5）　称取8.7g磷酸氢二钾，用水溶解并稀释至1000ml，用磷酸二氢钾调pH至8.5±0.1。

1.2.2.3 0.025mol/L磷酸盐缓冲溶液（pH=7.0）　称取3.4g磷酸二氢钾，用水溶解并稀释至1000ml，用氢氧化钠调pH至7.0±0.1。

1.2.2.4 0.01mol/L乙酸铵缓冲溶液（pH=4.5）　称取0.77g乙酸铵，用水溶解并稀释至1000ml，用甲酸调pH至4.5±0.1。

1.2.2.5 乙腈+水（15+2，体积比）　量取150ml乙腈与20ml水混合。

1.2.2.6 乙腈+水（30+70，体积比）　量取300ml乙腈与700ml水混合。

1.2.3 标准品　阿莫西林标准品，纯度大于等于95%。

1.2.4 标准溶液配制

1.2.4.1 阿莫西林标准储备溶液（1.0mg/ml）　准确称取10mg（精确至0.01mg）阿莫西林标准品于10ml容量瓶中，用乙腈水（1.2.2.6）溶解并定容至刻度，−18℃避光保存，保存期5天。

1.2.4.2 阿莫西林中间溶液（10μg/ml）　准确移取1.0ml阿莫西林标准储备溶液于100ml容量瓶中，用乙腈水（1.2.2.6）溶解并定容至刻度，−4℃避光保存，保存期5天。

1.2.4.3 阿莫西林标准工作溶液　准确移取0.1ml、0.5ml、1.0ml、5.0ml、10.0ml阿莫西林中间溶液于100ml容量瓶中，用空白样品基质溶液配制成浓度为10.0ng/ml、50.0ng/ml、100.0ng/ml、500.0ng/ml、1000ng/ml的标准工作溶液。

1.2.5 材料

HLB固相萃取柱，500mg，6ml或相当者。使用前先用1ml甲醇淋洗小柱，再用1ml水淋洗小柱；0.22μm滤膜，水系滤膜。

1.3 仪器和设备

液相色谱-串联质谱仪（LC-MS/MS），需配有电喷雾离子源；分析天平，感量分别为0.01g和0.01mg；离心机，转速不低于4000r/min；均质器；旋涡混合器；pH计，精度0.01；旋转蒸发仪；固相萃取装置；氮吹仪；组织捣碎机

1.4 分析步骤

1.4.1 试样制备 取代表性样品，用组织捣碎机充分捣碎，装入洁净容器中，密封，并明确标示，于-18℃以下避光冷冻存放。

1.4.2 提取 称取试样3g（精确至0.01g）于50ml离心管中，加入15ml乙腈水溶液（1.2.2.5），均质30秒，4000r/min离心5分钟，上清液转移至另一50ml离心管中，残渣加入10ml乙腈水溶液（1.2.2.5），重复提取两次，用乙腈水溶液（1.2.2.5）定容至40ml，准确移取20ml于100ml鸡心瓶中。于旋转蒸发仪上蒸干乙腈，立即向鸡心瓶中加入25ml磷酸盐缓冲溶液（1.2.2.2）涡旋混匀1分钟，用氢氧化钠调pH至8.5，溶液待净化。

1.4.3 净化 将待净化液加入已预处理的固相萃取小柱，要求待净化液以1ml/min的速度通过固相萃取柱，先用2ml磷酸盐缓冲溶液（1.2.2.2）淋洗小柱2次，再用1ml超纯水淋洗，最后用3ml乙腈洗脱（速度控制在1ml/min）。将洗脱液于45℃下氮气吹干，用磷酸盐缓冲溶液（1.2.2.3）定容至1ml，过0.22μm滤膜，立即用液相色谱-串联质谱仪测定。

1.4.4 仪器参考条件

1.4.4.1 液相色谱条件 通过优化色谱柱、流动相及柱温等色谱条件使阿莫西林保留适中，无干扰，参考色谱条件如下。色谱柱为BEH C18柱，100mm×2.1mm（内径），粒径5μm或相当者。流速设置0.3ml/min；进样量为10μl；柱温设置40℃。流动相分别为A组分为0.01mol/L乙酸铵溶液（甲酸调pH至4.5），B组分为乙腈，梯度洗脱程序见表3-8-53。

表3-8-53 梯度洗脱程序

时间（min）	A（%）	B（%）
0	95	5
1.0	95	5
6.0	80	20
7.0	50	50
8.5	0	100
10.0	0	100
10.1	95	5
12.0	95	5

1.4.4.2 质谱条件 质谱调谐参数应优化至最佳条件，参考质谱条件如下。离子源为电喷雾离子源（ESI+）；离子源温度设置150℃；锥孔气流量为150L/h；脱溶剂气温度设置450℃；脱溶剂气流量为850L/h；扫描模式为多反应监测（MRM）扫描。

表 3-8-54　阿莫西林定性离子、定量离子及碰撞能参数

化合物名称	母离子	子离子	驻留时间（ms）	碰撞能（ev）	锥孔电压（V）
阿莫西林	366	349*	100	13	30
		208	100	18	30

注：*为定量离子。

1.4.5 定性分析　在相同试验条件下测定试样溶液，若试样溶液中检出色谱峰的保留时间与标准溶液中目标物色谱峰的保留时间一致（变化范围在 ±2.5% 之内），且试样溶液的质谱离子对相对丰度与浓度相当标准溶液的质谱离子对相对丰度相比较，相对偏差不超过表 3-8-55 规定的范围，则可判定样品中存在阿莫西林。

表 3-8-55　定性时相对离子丰度的最大允许偏差

相对离子丰度（%）	> 50	20 ~50	10 ~20	≤ 10
允许的相对偏差（%）	± 20	± 25	± 30	± 50

1.4.6 定量分析　将阿莫西林标准工作溶液注入液相色谱 – 串联质谱仪测定，得到阿莫西林的峰面积。以标准工作溶液浓度为横坐标，以阿莫西林定量离子的峰面积为纵坐标，绘制标准工作曲线。将试样溶液按仪器参考条件进行测定，得到相应的试样溶液的色谱峰面积。根据校正曲线得到试样溶液阿莫西林的浓度。

1.4.7 空白实验　除不加试样外，均按上述步骤进行操作。

1.5　计算

试样中阿莫西林的含量按下式计算。

$$X = \frac{C \times V \times f}{m}$$

式中：X 为试样中阿莫西林的含量（μg/kg）；C 为由校正曲线到测定样液中阿莫西林的浓度（ng/ml）；V 为定容体积（ml）；m 为试样称样量（g）；f 为稀释倍数。

1.6　精密度

1.6.1 试样每次测定应不少于 2 份，计算结果以重复性条件下获得的两次独立测定结果的算术平均值表示。

1.6.2 精密度要求，在重复性条件获得的两次独立测定结果的绝对差值不得超过算术平均值的 15 %。

1.7　注意事项

1.7.1 阿莫西林标准品若是盐的形式（如钾盐，钠盐等）或水合形式，计算时需要进行折算。

1.7.2 乙腈和甲醇为有毒有机试剂，使用时需带防护手套和防护面具，并避免接触皮肤，若皮肤接触需脱去污染的衣着，用肥皂水和清水彻底冲洗皮肤。废液应妥善处理，不得污染环境。

1.7.3 氢氧化钠为强碱，具有强烈腐蚀性，使用时需带防护手套和防护面具，并避免接触

皮肤。

1.7.4 甲酸具有刺激性，使用时需带防护手套和防护面具，并避免接触皮肤。

1.7.5 均质样品后需清洗均质器刀头，使用前需保持干燥清洁。

1.7.6 旋蒸过程中，易起泡沫样品可以加入4ml饱和氯化钠溶液。

1.7.7 天平使用前需校准，保持干燥，使用后需清理干净。

1.7.8 pH计在进行操作前，应首先检查电极的完好性并进行pH校准。选择的校准标准液与要测定的溶液的pH有关，使待测溶液的pH能落在校正的pH范围内。使用后需将电极用水清洗干净并保存于饱和氯化钾溶液中。

设有"定位"，"温度补偿"和"电极斜率"调节，需要用两种标准缓冲液进行校准。一般先以pH 6.86进行"定位"校准，然后根据测试溶液的酸碱情况，选用pH 4.00（酸性）或pH 9.18缓冲溶液进行"斜率"校正。具体操作步骤如下。

1.7.8.1 电极洗净并甩干，浸入pH 6.86标准溶液中，仪器温度补偿旋钮置于溶液温度处。待示值稳定后，调节定位旋钮使仪器示值为标准溶液的pH。

1.7.8.2 取出电极洗净甩干，浸入第二种标准溶液中。待示值稳定后，调节仪器斜率旋钮，使仪器示值为第二种标准溶液的pH。

1.7.8.3 取出电极洗净并甩干，再浸入pH 6.86缓冲溶液中。如果误差超过0.02 pH，则重复上两步骤，直至在二种标准溶液中不需要调节旋钮都能显示正确pH。

1.7.8.4 取出电极并甩干，将pH温度补偿旋钮调节至样品溶液温度，将电极浸入样品溶液，晃动后静止放置，显示稳定后读数。

起草人：宿书芳（山东省食品药品检验研究院）

复核人：张伟清（中国食品药品检定研究院）

程　志（山东省食品药品检验研究院）

2　动物源性食品中阿莫西林残留量的测定

2.1　简述

参考GB/T 21315–2007《动物源性食品中青霉素族抗生素残留量检测方法　液相色谱–质谱/质谱法》制定本规程。

本规程同时适用于动物源性食品中氨苄青霉素、邻氯青霉素、双氯青霉素、乙氧萘胺青霉素、苯唑青霉素、苄青霉素、苯氧甲基青霉素、苯咪青霉素、甲氧苯青霉素和苯氧乙基青霉素等10种青霉素族抗生素残留的液相色谱–质谱/质谱法测定。

试样中阿莫西林用乙腈–水溶液提取，提取液经浓缩后，用缓冲溶液溶解，经固相萃取柱净化，洗脱液经氮气吹干，最后用液相色谱串联质谱法测定，外标法定量。

当称样量为5g时，阿莫西林的检出限为5 μg/kg。

2.2　试剂和材料

除另有规定外，本方法中所用试剂均为分析纯，水为符合GB/T 6682规定的一级水。

2.2.1 试剂 乙腈：色谱纯。甲醇：色谱纯。甲酸：色谱纯。氯化钠；氢氧化钠；磷酸氢二钾；磷酸二氢钾；乙酸铵；氮气（纯度≥99.9%）。

2.2.2 试剂配制

2.2.2.1 0.1mol/L氢氧化钠溶液　称取4g氢氧化钠，用水溶解并稀释至1000ml。

2.2.2.2 0.05mol/L磷酸盐缓冲溶液（pH=8.5）　称取8.7g磷酸氢二钾，用水溶解并稀释至1000ml，用磷酸二氢钾调pH至8.5±0.1。

2.2.2.3 0.025mol/L磷酸盐缓冲溶液（pH=7.0）　称取3.4g磷酸二氢钾，用水溶解并稀释至1000ml，用氢氧化钠调pH至7.0±0.1。

2.2.2.4 0.01mol/L乙酸铵缓冲溶液（pH=4.5）　称取0.77g乙酸铵，用水溶解并稀释至1000ml，用甲酸调pH至4.5±0.1。

2.2.2.5 乙腈＋水（15+2，体积比）　量取150ml乙腈与20ml水混合。

2.2.2.6 乙腈＋水（30+70，体积比）　量取300ml乙腈与700ml水混合。

2.2.3 标准品　阿莫西林标准品，纯度大于等于95%。

2.2.4 标准溶液配制

2.2.4.1 阿莫西林标准储备溶液（1.0mg/ml）　准确称取10mg（精确至0.01mg）阿莫西林标准品于10ml容量瓶中，用乙腈水（2.2.2.6）溶解并定容至刻度，-18℃避光保存，保存期5天。

2.2.4.2 阿莫西林中间溶液（10μg/ml）　准确移取1.0ml阿莫西林标准储备溶液于100ml容量瓶中，用乙腈水（2.2.2.6）溶解并定容至刻度，4℃避光保存，保存期5天。

2.2.4.3 阿莫西林标准工作溶液　准确移取0.1ml、0.5ml、1.0ml、5.0ml、10.0ml阿莫西林中间溶液于100ml容量瓶中，用空白样品基质溶液配制成浓度为10.0ng/ml、50.0ng/ml、100.0ng/ml、500.0ng/ml、1000ng/ml的标准工作溶液。

2.2.5 材料　HLB固相萃取柱，500mg，6ml或相当者。使用前用甲醇和水预处理，先用1ml甲醇淋洗小柱，再用1ml水淋洗小柱；0.22μm滤膜，水系滤膜。

2.3 仪器和设备

液相色谱-串联质谱仪（LC-MS/MS），需配有电喷雾离子源，其中质谱仪为三重四极杆串联质谱；分析天平，感量分别为0.01g和0.01mg；离心机，转速不低于4000r/min；均质器；旋涡混合器；pH计，精度0.01；旋转蒸发仪；固相萃取装置；氮吹仪；组织捣碎机。

2.4 分析步骤

2.4.1 试样制备　取代表性样品，用组织捣碎机充分捣碎，装入洁净容器中，密封，并明确标示，于-18℃以下避光冷冻存放。

2.4.2 提取　称取试样5g（精确至0.01g）于50ml离心管中，加入15ml乙腈水溶液（2.2.2.5），均质30秒，4000r/min离心5分钟，上清液转移至另一50ml离心管中，残渣加入10ml乙腈水溶液（2.2.2.5），重复提取两次，用乙腈水溶液（2.2.2.5）定容至40ml，准确移取20ml于100ml鸡心瓶中。于旋转蒸发仪上蒸干乙腈，立即向鸡心瓶中加入25ml磷酸盐缓冲溶液（2.2.2.2）涡旋混匀1分钟，用氢氧化钠调pH至8.5，溶液待净化。

2.4.3 净化　将待净化液加入已预处理的固相萃取小柱，要求待净化液以1ml/min的速度通过固相萃取柱，先用2ml磷酸盐缓冲溶液（2.2.2.2）淋洗小柱2次，再用1ml超纯水淋洗，最后用 3ml 乙腈洗脱（速度控制在 1ml/min）。将洗脱液于 45℃下氮气吹干，用磷酸盐缓冲溶液（2.2.2.3）定容至 1ml，过 0.22μm 滤膜，立即用液相色谱 – 串联质谱仪测定。

2.4.4 仪器参考条件

2.4.4.1 液相色谱条件　通过优化色谱柱、流动相及柱温等色谱条件使阿莫西林保留适中，无干扰，参考色谱条件如下。色谱柱为 BEH C18 柱，100mm×2.1mm（内径），粒径 5μm 或相当者。流速设置 0.3ml/min；进样量为 10μl；柱温设置 40℃。流动相分别为 A 组分为 0.01mol/L 乙酸铵溶液（甲酸调 pH 至 4.5），B 组分为乙腈，梯度洗脱程序见表 3-8-56。

表 3-8-56　梯度洗脱程序

时间（min）	A（%）	B（%）
0	95	5
1.0	95	5
6.0	80	20
7.0	50	50
8.5	0	100
10.0	0	100
10.1	95	5
12.0	95	5

2.4.4.2 质谱条件　质谱调谐参数应优化至最佳条件，参考质谱条件如下。离子源为电喷雾离子源（ESI⁺）；离子源温度设置 150℃；锥孔气流量为 150L/h；脱溶剂气温度设置 450℃；脱溶剂气流量为 850L/h；扫描模式为多反应监测（MRM）扫描。定性离子、定量离子及碰撞能参数见表 3-8-57。

表 3-8-57　阿莫西林定性离子、定量离子及碰撞能参数

化合物名称	母离子	子离子	驻留时间（ms）	碰撞能（ev）	锥孔电压（V）
阿莫西林	366	349*	100	13	30
		208	100	18	30

注：*为定量离子。

2.4.5 定性分析　在相同试验条件下测定试样溶液，若试样溶液中检出色谱峰的保留时间与标准溶液中目标物色谱峰的保留时间一致（变化范围在 ±2.5% 之内），且试样溶液的质谱离子对相对丰度与浓度相当标准溶液的质谱离子对相对丰度相比较，相对偏差不超过表 3-8-58 规定的范围，则可判定样品中存在阿莫西林。

表 3-8-58　定性时相对离子丰度的最大允许偏差

相对离子丰度（%）	> 50	20~50	10~20	≤ 10
允许的相对偏差（%）	±20	±25	±30	±50

2.4.6 定量分析　将阿莫西林标准工作溶液注入液相色谱 – 串联质谱仪测定，得到阿莫西林的峰面积。以标准工作溶液浓度为横坐标，以阿莫西林定量离子的峰面积为纵坐标，绘制标

准工作曲线。将试样溶液按仪器参考条件进行测定，得到相应的试样溶液的色谱峰面积。根据校正曲线得到试样溶液阿莫西林的浓度。

2.4.7 空白实验 除不加试样外，均按上述步骤进行操作。

2.5 计算

试样中阿莫西林的含量按下式计算。

$$X = \frac{C \times V \times f}{m}$$

式中：X为试样中阿莫西林的含量（μg/kg）；C为由校正曲线到测定样液中阿莫西林的浓度（ng/ml）；V为定容体积（ml）；m为试样称样量（g）；f为稀释倍数。

2.6 精密度

2.6.1 试样每次测定应不少于2份，计算结果以重复性条件下获得的两次独立测定结果的算术平均值表示。

2.6.2 精密度要求，在重复性条件获得的两次独立测定结果的绝对差值不得超过算术平均值的15％。

2.7 注意事项

2.7.1 阿莫西林标准品若是盐的形式（如钾盐，钠盐等）或水合形式，计算时需要进行折算。

2.7.2 乙腈和甲醇为有毒有机试剂，使用时需带防护手套和防护面具，并避免接触皮肤，若皮肤接触需脱去污染的衣着，用肥皂水和清水彻底冲洗皮肤。废液应妥善处理，不得污染环境。

2.7.3 氢氧化钠为强碱具有强烈腐蚀性，使用时需带防护手套和防护面具。并避免接触皮肤。

2.7.4 甲酸具有刺激性，使用时需带防护手套和防护面具，并避免接触皮肤。

2.7.5 均质样品后需清洗均质器刀头，使用前需保持干燥清洁。

2.7.6 旋蒸过程中，易起泡沫样品可以加入4ml饱和氯化钠溶液。

2.7.7 天平使用前需校准，保持干燥，使用后需清理干净。

2.7.8 pH计在进行操作前，应首先检查电极的完好性并进行pH校准。选择的校准的标准液与要测定的溶液的pH有关，使待测溶液的pH能落在校正的pH范围内。使用后需将电极用水清洗干净并保存于饱和氯化钾溶液中。

设有"定位"，"温度补偿"和"电极斜率"调节，需要用两种标准缓冲液进行校准。一般先以pH 6.86进行"定位"校准，然后根据测试溶液的酸碱情况，选用pH 4.00（酸性）或pH 9.18缓冲溶液进行"斜率"校正。具体操作步骤如下。

2.7.8.1 电极洗净并甩干，浸入pH 6.86标准溶液中，仪器温度补偿旋钮置于溶液温度处。待示值稳定后，调节定位旋钮使仪器示值为标准溶液的pH。

2.7.8.2 取出电极洗净甩干，浸入第二种标准溶液中。待示值稳定后，调节仪器斜率旋钮，使仪器示值为第二种标准溶液的pH。

2.7.8.3取出电极洗净并甩干，再浸入pH 6.86缓冲溶液中。如果误差超过0.02 pH，则重复上两步骤，直至在二种标准溶液中不需要调节旋钮都能显示正确pH。

2.7.8.4取出电极并甩干，将pH温度补偿旋钮调节至样品溶液温度，将电极浸入样品溶液，晃动后静止放置，显示稳定后读数。

起草人：张艳侠（山东省食品药品检验研究院）

复核人：张伟清（中国食品药品检定研究院）

公丕学（山东省食品药品检验研究院）

第十六节　食品中地塞米松残留量的检测

1　动物源性食品中地塞米松残留量的测定

1.1　简述

参考农业部1031号公告−2−2008《动物源性食品中糖皮质激素类万物多残留检测　液相色谱−串联质谱法》制定本规程。

本规程同时适用于动物源性食品中泼尼松龙、泼尼松、地塞米松、倍他米松、氟氢可的松、甲基泼尼松、倍氯米松、氢化可的松等单个或多个糖皮质激素残留的测定。

试样用碱水解，乙酸乙酯提取，经固相萃取柱净化，洗脱液经氮气吹干，最后用液相色谱串联质谱法测定，外标法定量。

肌肉中地塞米松的定量限为$0.5\ \mu g/kg$，肝脏中定量限为$1\ \mu g/kg$。

1.2　试剂和材料

除另有规定外，本方法中所用试剂均为分析纯，水为符合GB/T 6682规定的一级水。

1.2.1 试剂　乙腈：色谱纯。乙酸乙酯：色谱纯。正己烷：色谱纯。丙酮；氢氧化钠。氮气：纯度≥99.9%。

1.2.2 试剂配制

1.2.2.1 0.1mol/L氢氧化钠溶液　称取4g氢氧化钠，用水溶解并稀释至1000ml。

1.2.2.2 20%乙腈水　量取200ml乙腈与800ml水混匀备用。

1.2.2.3 正己烷−丙酮溶液（6/4，V/V）　量取60ml正己烷与40ml丙酮混匀备用。

1.2.3 标准品　地塞米松，纯度≥95%。

1.2.4 标准溶液配制

1.2.4.1 地塞米松标准储备溶液（100μg/ml）　准确称取10mg（精确至0.01mg）地塞米松标准品于100ml容量瓶中，用甲醇溶解并定容至刻度，−20℃避光保存，保存期3个月。

1.2.4.2 地塞米松中间溶液（100ng/ml）　准确移取1.0ml地塞米松标准储备溶液于1000ml容量瓶中，用20%乙腈水（1.2.2.2）溶解并定容至刻度，−4℃避光保存，保存期1个月。

1.2.4.3 地塞米松标准工作溶液　准确移取0.02ml、0.05ml、0.2ml、0.5ml、2.0ml、5.0ml

地塞米松中间溶液于10ml容量瓶中，用空白样品基质溶液配制成浓度为0.2ng/ml、0.5ng/ml、2ng/ml、5ng/ml、20.0ng/ml、50ng/ml的标准工作溶液。

1.2.5 材料 Silica固相萃取柱，500mg，6ml或相当者，使用前用6ml正己烷预处理；0.22μm滤膜，水系滤膜。

1.3 仪器和设备

液相色谱-串联质谱仪（LC-MS/MS），需配有电喷雾离子源，其中质谱仪为三重四极杆串联质谱；分析天平，感量分别为0.01g和0.01mg；离心机，转速不低于4000r/min；组织捣碎机；旋涡混合器；旋转蒸发仪；固相萃取装置；氮吹仪。

1.4 分析步骤

1.4.1 试样制备 取代表性样品，用组织捣碎机充分捣碎，装入洁净容器中，密封，并明确标示，于−18℃以下避光冷冻存放。

1.4.2 提取 称取试样2g（精确至0.01g）于50ml离心管中，加入15ml乙酸乙酯，涡旋2分钟，超声提取10分钟，8000r/min离心10分钟，上清液转移至100ml鸡心瓶中，残渣加入0.1mol/L氢氧化钠溶液10ml混匀，加入20ml乙酸乙酯，重复提取一次，合并乙酸乙酯层，40℃下旋蒸近干，加1ml乙酸乙酯和5ml正己烷溶解残渣，待净化。

1.4.3 净化 将待净化液加入已预处理的固相萃取小柱，要求待净化液以1ml/min的速度通过固相萃取柱，先用6ml正己烷淋洗小柱，用真空泵抽干小柱，用正己烷-丙酮（6+4）（1.2.2.3）洗脱（速度控制在1ml/min）。将洗脱液于45℃下氮气吹干，用1ml 20%乙腈水溶解残渣，10000r/min离心10分钟，取上清液过0.22μm滤膜，用液相色谱-串联质谱仪测定。

1.4.4 仪器参考条件

1.4.4.1 液相色谱条件 通过优化色谱柱、流动相及柱温等色谱条件使地塞米松保留适中，无干扰，参考色谱条件如下。色谱柱为BEH C18柱，100mm×2.1mm（内径），粒径5μm或相当者。流速设置0.3ml/min；进样量为5μl；柱温设置40℃。流动相分别为A组分为水，B组分为乙腈，梯度洗脱程序见表3-8-59。

表3-8-59 梯度洗脱程序

时间（min）	A（%）	B（%）
0	95	5
3.0	80	20
4.0	50	50
6.0	0	100
8.0	0	100
8.1	95	5
10.0	95	5

1.4.4.2质谱条件　质谱调谐参数应优化至最佳条件，参考质谱条件如下。离子源为电喷雾离子源（ESI⁻）。喷雾电压：−5.0kV。脱溶剂气温度：550℃。雾化气（GS 1）：50 psi。辅助雾化气（GS 2）：50 psi。气帘气：40 psi。碰撞气：8 psi。EP：−10。CXP：−17。扫描模式为多反应监测（MRM）扫描。定性离子、定量离子及碰撞能参数见表3-8-60。

表3-8-60　地塞米松定性离子、定量离子及碰撞能参数

化合物名称	母离子	子离子	碰撞能 /ev	去簇电压 DP
地塞米松	437.0	361.0	−13	−70
		391.5	−18	−70

1.4.5 定性分析　在相同试验条件下测定试样溶液，若试样溶液中检出色谱峰的保留时间与标准溶液中目标物色谱峰的保留时间一致（变化范围在 ±2.5% 之内），且试样溶液的质谱离子对相对丰度与浓度相当标准溶液的质谱离子对相对丰度相比较，相对偏差不超过表 3-8-61规定的范围，则可判定样品中存在地塞米松。

表3-8-61　定性时相对离子丰度的最大允许偏差

相对离子丰度（%）	> 50	20 ~50	10 ~20	≤ 10
允许的相对偏差（%）	± 20	± 25	± 30	± 50

1.4.6 定量分析　将地塞米松标准工作溶液注入液相色谱 – 串联质谱仪测定，得到地塞米松的峰面积。以标准工作溶液浓度为横坐标，以地塞米松定量离子的峰面积为纵坐标，绘制标准工作曲线。将试样溶液按仪器参考条件进行测定，得到相应的试样溶液的色谱峰面积。根据校正曲线得到试样溶液地塞米松的浓度。

1.4.7 空白实验　除不加试样外，均按上述步骤进行操作。

1.5　计算

试样中地塞米松的含量按下式计算。

$$X=\frac{C \times V \times f}{m}$$

式中：X为试样中地塞米松的含量（μg/kg）；C为由校正曲线测得样液中地塞米松的浓度（ng/ml）；V为定容体积（ml）；m为试样称样量（g）；f为稀释倍数。

1.6　精密度

1.6.1试样每次测定应不少于2份，计算结果以重复性条件下获得的两次独立测定结果的算术平均值表示。

1.6.2精密度要求，在重复性条件获得的两次独立测定结果的绝对差值不得超过算术平均值的15 %。

1.7　注意事项

1.7.1 Silica固相萃取柱为硅胶基质的，使用过程中尽量不使柱床干涸。

1.7.2乙腈和乙酸乙酯为有毒有机试剂，使用时需带防护手套和防护面具，并避免接触皮肤，若皮肤接触需脱去污染的衣着，用肥皂水和清水彻底冲洗皮肤。废液应妥善处理，不得污染环境。

1.7.3 氢氧化钠为强碱，具有强烈腐蚀性，使用时需带防护手套和防护面具，并避免接触皮肤。

1.7.4 旋蒸过程中，因乙酸乙酯沸点较低，应控制旋蒸速度和压力，防止暴沸。

1.7.5 天平使用前需校准，保持干燥，使用后需清理干净。

起草人：宿书芳（山东省食品药品检验研究院）
复核人：张伟清（中国食品药品检定研究院）
程　志（山东省食品药品检验研究院）

2　牛奶和奶粉中地塞米松残留量的测定

2.1　简述

参考农业部1031号公告–2–2008和《GB/T 22978–2008牛奶和奶粉中地塞米松残留量的测定》制定本规程。

本规程适用于牛奶和奶粉中地塞米松含量的高效液相色谱–质谱法测定。

牛奶和奶粉试样用乙腈提取试样，C18固相萃取柱净化，液相色谱–串联质谱仪测定，外标法定量。

方法对牛奶检出限为0.2μg/kg，对奶粉检出限为1.0μg/kg。

2.2　试剂和材料

2.2.1 试剂　甲醇：色谱纯。乙腈：色谱纯。甲酸：色谱纯。

2.2.2 标准品　地塞米松标准品：纯度≥99.0%，或经国家认证并授予标准物质证书的标准物质。

2.2.3 标准溶液配制

2.2.3.1 地塞米松标准储备液（1mg/ml）　准确称取地塞米松对照品10mg（精确至0.01mg）于10ml容量瓶中，用甲醇定容至刻度。避光保存在0~4℃的冰箱中。

2.2.3.2 地塞米松标准中间液（1μg/ml）　准确吸取地塞米松标准储备液（1mg/ml）0.01ml于10ml容量瓶中，用甲醇定容至刻度。避光保存在0~4℃的冰箱中。

2.2.3.3 地塞米松标准使用液（100ng/ml）　准确吸取地塞米松标准中间液（1μg/ml）1ml于10ml容量瓶中，用甲醇定容至刻度。避光保存在0~4℃的冰箱中。

2.2.3.4 地塞米松基质系列标准工作液　把地塞米松标准使用液（100ng/ml）用空白基质溶液稀释得到1.0ng/ml、5.0ng/ml、10.0ng/ml、20.0ng/ml、40.0ng/ml的校准曲线溶液，临用现配。

2.2.4 材料　C18固相萃取柱：500mg，6ml。

2.3　仪器和设备

液相色谱–串联质谱仪。分析天平：感量为0.01mg和1mg。离心机：转速≥4000r/min。涡旋振荡器；真空泵；旋转蒸发器或氮气吹干装置；固相萃取装置。

2.4 分析步骤

2.4.1 试样制备 牛奶取均匀样品约 250g 装入洁净容器作为试样，密封置 0~4℃保存。

奶粉取均匀样品约 250g 装入洁净容器作为试样，密封保存。

2.4.2 提取 牛奶样品称取试样约 10g（精确至 0.001g），置 50ml 离心管中，加入乙腈 20ml，涡旋 1 分钟，8000r/min 离心 5 分钟，转移出上清液至氮吹管中。45℃氮吹浓缩至体积小于 5ml。

奶粉样品称取 2g 试样（精确至 0.001g），置 50ml 离心管中，加入 10ml 的水溶解，以后提取操作同牛奶样品。

2.4.3 净化 将提取液转移至 C_{18} 固相萃取柱（使用前用 5ml 乙腈和 5ml 水依次活化），待上清液全部通过固相萃取柱，弃去流出液，将固相萃取柱减压抽干，最后用 5ml 乙腈进行洗脱，收集洗脱液，45℃氮吹至近干，精密加入 1ml 乙腈：0.1% 甲酸溶液（1：1，V/V）溶解，涡旋 1 分钟，经微孔滤膜（0.22μm）滤过，作为供试品溶液。

2.4.4 仪器参考条件

2.4.4.1 液相色谱条件 色谱柱：C18，柱长 50mm，内径 2.1mm，粒径 1.7μm，或性能相当者。流动相：甲醇+0.1% 甲酸水=40+60。流速：0.3ml/min。柱温：30℃。进样量：2μl。

2.4.4.2 质谱条件 质谱调谐参数应优化至最佳条件，参考质谱条件如下。离子源为电喷雾离子源（ESI）；离子源温度设置 200℃；干燥气流速为 10ml/min；扫描模式为正离子多反应监测（MRM）扫描。

表3-8-62　地塞米松质谱采集离子对

母离子（m/z）	碎片离子（m/z）	Q1 Pre Bias	CE	
393	373.2	30	9	定量离子
	355.1	30	13	定性离子

2.5 计算

2.5.1 定性分析 在相同试验条件下进行样品测定时，如果检出的色谱峰的保留时间与标准样品相一致，并且在扣除背景后的样品质谱图中，所选择的离子均出现，而且所选择的离子丰度比与标准样品相一致。

表3-8-63　定性确认相对离子丰度最大偏差

相对离子丰度（%）	> 50	20~50	10~20	≤ 10
允许的相对偏差（%）	± 20	± 25	± 30	± 50

2.5.2 定量分析 试样中地塞米松的含量按下式计算。

$$X = \frac{C \times V}{m} \times \frac{1000}{1000}$$

式中：X 为试样中地塞米松的含量（μg/kg）；C 为由标准曲线得到的供试液浓度值（ng/ml）；V 为定容体积（ml）；m 为试样称样量（g）；1000 为由 ng/g 换算成 μg/kg 的换算因子。

2.6 精密度

2.6.1 试样每次测定应不少于 2 份，计算结果以重复性条件下获得的两次独立测定结果的算术平均值表示。

2.6.2精密度要求，在重复性条件获得的两次独立测定结果的绝对差值不得超过算术平均值的20%。

2.7 注意事项

2.7.1 净化步骤，上柱液体流出后应将固相萃取柱抽干，再加入乙腈进行洗脱。

2.7.2 质谱检测器在使用前及使用后，需用异丙醇：水（1：1）溶液进行擦拭清洗。

2.7.3 在样品制备过程中，建议做随行空白实验，监测整个处理过程是否被污染。

2.7.4 在进样序列中，每10次进样，应穿插1个空白溶剂进样，监测仪器系统是否被污染。

起草人：闵宇航　何成军（四川省食品药品检验检测院）
复核人：张会亮（中国食品药品检定研究院）
张艳侠　公丕学（山东省食品药品检验研究院）

第十七节　食品中硝基呋喃类代谢物残留量的检测

1　动物源性食品中硝基呋喃类代谢物残留量的检测

1.1　简述

参考GB/T 21311–2007《动物源性食品中硝基呋喃类药物代谢物残留量检测方法　高效液相色谱/串联质谱法》制定本规程。

本规程适用于动物源食品中硝基呋喃类代谢物3–氨基–2–噁唑酮（AOZ）、5–吗啉甲基–3–氨基–2–噁唑烷基酮（AMOZ）、1–氨基–乙内酰脲（AHD）和氨基脲（SEM）残留量的液相色谱–串联质谱法测定。

试样中的硝基呋喃代谢物经盐酸水解，邻硝基苯甲醛过夜衍生，调pH7.4后，用乙酸乙酯提取，正己烷净化，经液相色谱–串联质谱定性定量测定，采用同位素内标法定量。

本规程测定低限为0.5μg/kg。

1.2　试剂和材料

除另有规定外，本方法中所用试剂均为分析纯，水为符合GB/T 6682规定的一级水。

1.2.1试剂　乙腈：色谱纯。甲醇：色谱纯。乙酸乙酯：色谱纯。正己烷：色谱纯。氢氧化钠；浓盐酸。甲酸：色谱纯。邻硝基苯甲醛；三水磷酸钾；乙酸铵。

1.2.2试剂配制

1.2.2.1 0.2mol/L盐酸溶液　准确量取17ml浓盐酸，用水定容至1000ml。

1.2.2.2 2.0mol/L氢氧化钠溶液　准确称取80g氢氧化钠，用水溶解并定容至1000ml。

1.2.2.3 0.1mol/L邻硝基苯甲醛溶液　称取1.5g邻硝基苯甲醛，用甲醇溶解并定容至100ml。

1.2.2.4 0.3mol/L磷酸钾溶液　准确称取79.893g三水磷酸钾，用水溶解并定容至1000ml。

1.2.2.5 乙腈饱和正己烷　量取80ml正己烷与100ml分液漏斗中，加入20ml乙腈后，剧烈振摇，待分配平衡后，弃去乙腈层即得。

1.2.2.6 0.1%甲酸水溶液（含0.0005mol/L乙酸铵）　量取1ml甲酸和称取0.0386g乙酸铵与1000ml容量瓶中，用水定容。

1.2.2.7甲醇水（1+1）　取100ml甲醇加入100ml水混匀后备用。

1.2.3 标准品　AOZ；AMOZ；AHD；SEM；D_4–AOZ；D_5–AMOZ；^{13}C–AHD；^{13}C^{15}N–SEM。标准品纯度大于等于99%。

1.2.4 标准溶液配制

1.2.4.1内标储备液（100μg/ml）　分别准确称取10mg（精确至0.01mg）内标标准品于100ml容量瓶中，用乙腈溶解并定容至刻度，–18℃冷冻避光保存，保存期3个月。

1.2.4.2混合内标标准溶液100ng/ml　准确移取0.1ml标准储备溶液于100ml容量瓶中，用乙腈定容至刻度，4℃避光保存，保存期1个月。

1.2.4.3标准储备溶液（100μg/ml）　准确称取10mg（精确至0.01mg）标准品于100ml容量瓶中，用乙腈溶解并定容至刻度，–18℃冷冻避光保存，保存期3个月。

1.2.4.4混合中间标准溶液（100ng/ml）　准确移取0.1ml标准储备溶液于100ml容量瓶中，用乙腈定容至刻度，4℃避光保存，保存期1个月。

1.2.4.5混合标准工作溶液　准确移取0.1ml、0.5ml、1ml、2ml、5.0ml混合中间溶液（2.4.4）和混合内标标准溶液于10ml容量瓶中，用空白样品基质溶液配制成浓度为1.0ng/ml、5.0ng/ml、10.0ng/ml、20.0ng/ml、50.0ng/ml的标准工作溶液。

1.3　仪器与设备

液相色谱–串联质谱仪（配电喷雾离子源），质谱仪为三重四极杆串联质谱；分析天平（感量为0.01g和0.01mg）；离心机；均质器；组织捣碎机；pH计（精度0.01）；振荡器；恒温箱；氮吹仪；离心机；漩涡混合器；容量瓶（1 L，100ml，10ml）；具塞塑料离心管（50ml）；移液枪（5ml，1ml，100μl）。

1.4　分析步骤

1.4.1 试样制备　取代表性样品500g，用组织捣碎机充分捣碎，装入洁净容器中，密封，并明确标示，于–18℃以下避光冷冻存放。

1.4.2 样品处理

1.4.2.1水解和衍生化　蛋：称取2g试样（精确至0.01g）于50ml离心管中，加入20ml 0.2mol/L盐酸，用均质器以10000r/min均质1分钟后，再依次加入混合内标标准溶液100μl，邻硝基苯甲醛溶液100μl，涡旋混合30 s后，再振荡30分钟，置37℃恒温箱中过夜（16小时）反应。

水产品及其他：称取2g试样（精确至0.01g）于50ml离心管中，加入10ml甲醇水溶液（1.2.2.7），振荡10分钟后，以4000r/min离心5分钟，弃去液体。残留物中加入10ml 0.2mol/L盐酸（1.2.2.1），用均质器以8000r/min均质1分钟后，再依次加入混合内标标准溶液（1.2.4.2）100μl，邻硝基苯甲醛溶液（1.2.1.8）100μl，涡旋混合30秒后，再振荡30分钟，置37℃恒温箱中过夜（16小时）反应。

1.4.2.2提取和净化　取出样品，冷却至室温，加入1ml 0.3mol/L磷酸钾（1.2.2.4）溶液，用2.0mol/L氢氧化钠（1.2.2.2）调pH到7.4后，再加入20ml乙酸乙酯（1.2.1.3），振荡提取10分钟后，8000r/min离心10分钟，收集乙酸乙酯层。残留物用20ml乙酸乙酯再提取一次，合并乙酸乙酯层。在40℃条件下氮气吹干，残渣用1ml 0.1%甲酸水溶液（1.2.2.6）溶解，再用3ml乙腈饱和正己烷（1.2.2.5）分两次液液萃取，去除脂肪。下层过有机微孔滤膜后，用液相色谱-串联质谱仪测定。

1.4.3 仪器参考条件

1.4.3.1 液相色谱条件　色谱柱：BEH C18柱，2.1mm×75mm，1.7μm。流速：0.35ml/min。柱温：40℃。进样体积：3μl。流动相A组分为乙腈，B组分为0.01mol/L乙酸铵溶液（甲酸调pH至4.5），梯度洗脱程序见表3-8-64。

表3-8-64　梯度洗脱参数

时间（min）	A（%）	B（%）
0	20	80
2.0	20	80
6.0	95	5
8.0	95	5
8.1	20	80

1.4.3.2 质谱条件　离子源：ESI⁺。离子源温度：150℃。锥孔气流量：150L/h。脱溶剂气温度：300℃。脱溶剂气流量：550L/h。锥孔电压：35 V。目标物定性离子，定量离子及碰撞能参数见表3-8-65所示。

表3-8-65　定性离子、定量离子及碰撞能参数

化合物名称	母离子	子离子	驻留时间（ms）	碰撞能（ev）
AMOZ	335	291	50	23
		262	50	17
AHD	249	134	50	27
		104	50	17
SEM	209	166	50	14
		192	50	16
13C15N-SEM	212	168	50	16
13C-AHD	252	134.1	50	17
D5-AMOZ	340	296	50	23
AOZ	236	104	32	20
		134	32	10
D4-AOZ	240.0	134.0	32	10

1.4.4 定性分析

在相同试验条件下测定试样溶液，若试样溶液中检出色谱峰的保留时间与标准溶液中目标物色谱峰的保留时间一致（变化范围在 ±2.5% 之内），且试样溶液的质谱离子对相对丰度与浓度相当标准溶液的质谱离子对相对丰度相比较，相对偏差不超过表3-8-66规定的范围，则可判定样品中存在对应目标物。

表 3-8-66 定性时相对离子丰度的最大允许偏差

相对离子丰度（%）	> 50	20 ~50	10 ~20	≤10
允许的相对偏差（%）	± 20	± 25	± 30	± 50

1.4.5 量分析 将目标物标准工作溶液注入液相色谱－串联质谱仪测定，得到目标物的峰面积。以标准工作溶液浓度与内标浓度比值为横坐标，以定量离子的峰面积与内标峰面积比值为纵坐标，绘制标准工作曲线。将试样溶液按仪器参考条件进行测定，得到相应的试样溶液的色谱峰面积。根据内标校正曲线得到试样溶液的浓度。

1.4.6 空白实验 除不加试样外，均按上述步骤进行操作。

1.5 计算

试样中硝基呋喃代谢物的含量按下式计算。

$$X = \frac{C \times V \times R}{m \times R_s}$$

式中：X 为试样中分析物的含量（μg/kg）；C 为混合基质标准溶液中分析物的浓度（ng/ml）；V 为定容体积（ml）；m 为试样称样量（g）；R 为样液中分析物与内标物峰面积比值；R_s 为混合基质标准溶液中分析物与内标物峰面积比值。

计算结果需将空白值扣除。

1.6 精密度

1.6.1 试样每次测定应不少于2份，计算结果以重复性条件下获得的两次独立测定结果的算术平均值表示。

1.6.2 精密度要求，在重复性条件获得的两次独立测定结果的绝对差值不得超过算术平均值的15％。

1.7 注意事项

1.7.1 乙腈和甲醇为有毒有机试剂，使用时需带防护手套和防护面具，并避免接触皮肤，若皮肤接触需脱去污染的衣着，用肥皂水和清水彻底冲洗皮肤。废液应妥善处理，不得污染环境。

1.7.2 氢氧化钠为强碱，具有强烈腐蚀性，使用时需带防护手套和防护面具，并避免接触皮肤。

1.7.3 甲酸具有刺激性，使用时需带防护手套和防护面具，并避免接触皮肤。

1.7.4 均质样品后需清洗均质器刀头，使用前需保持干燥清洁。

1.7.5 天平使用前需校准，保持干燥，使用后需清理干净。

1.7.6 pH计在进行操作前，应首先检查电极的完好性并进行pH校准。选择的校准的标准液与要测定的溶液的pH有关，使待测溶液的pH能落在校正的pH范围内。使用后需将电极用水清

第三篇 食品中化学成分检测

洗干净并保存于饱和氯化钾溶液中。

起草人：尹丽丽　公丕学（山东省食品药品检验研究院）
复核人：王　聪（中国食品药品检定研究院）
魏莉莉　张艳侠（山东省食品药品检验研究院）

2　淡水蟹中四种硝基呋喃代谢物残留量的检测

2.1　简述

参考相关文献制定本规程。

本规程适用于淡水蟹中硝基呋喃类代谢物3–氨基–2–噁唑酮（AOZ）、5–吗啉甲基–3–氨基–2–噁唑烷基酮（AMOZ）、1–氨基–乙内酰脲（AHD）和氨基脲（SEM）残留量的液相色谱–串联质谱法测定。

试样中的硝基呋喃代谢物经盐酸水解，邻硝基苯甲醛过夜衍生，调pH7.4后，用乙酸乙酯提取，正己烷净化，经液相色谱–串联质谱定性定量测定，采用同位素内标法定量。

本规程的检测限为0.25μg/kg，定量限为0.5μg/kg。

2.2　试剂和材料

除另有规定外，本方法中所用试剂均为色谱纯，水为符合GB/T 6682规定的一级水。

2.2.1 试剂　乙腈；甲醇；乙酸乙酯；正己烷；甲酸。氢氧化钠：分析纯。浓盐酸：分析纯。邻硝基苯甲醛：纯度＞99.0%。磷酸氢二钾：分析纯。乙酸铵：分析纯。二甲亚砜：分析纯。

2.2.2 试剂配制

2.2.2.1 1mol/L盐酸溶液　准确量取9ml浓盐酸，用水定容至100ml。

2.2.2.2 1.0mol/L氢氧化钠溶液　取氢氧化钠饱和溶液5.6ml，用水稀释至100ml。

2.2.2.3 50mmol/L邻硝基苯甲醛溶液　称取37.8mg邻硝基苯甲醛，用二甲亚砜溶解并定容至5.0ml。

2.2.2.4 0.1mol/L磷酸氢二钾溶液　准确称取2.28g磷酸氢二钾，用水溶解并定容至100ml。

2.2.3 标准品　AOZ；AMOZ；AHD；SEM；D_4–AOZ；D_5–AMOZ；^{13}C–AHD；$^{13}C^{15}N$–SEM，标准品纯度大于等于99%。

2.2.4 标准溶液配制

2.2.4.1 标准储备溶液（1.0mg/ml）　准确称取10mg（精确至0.01mg）标准品于10ml容量瓶中，用乙腈溶解并定容至刻度，–18℃冷冻避光保存，保存期3个月。

2.2.4.2 混合中间标准溶液（10μg/ml）　准确移取1.0ml标准储备溶液于100ml容量瓶中，用乙腈定容至刻度，4℃避光保存，保存期1个月。

2.2.4.3 内标储备液（1.0mg/ml）　准确称取10mg（精确至0.01mg）各内标标准品于10ml容量瓶中，用乙腈溶解并定容至刻度，–18℃冷冻避光保存，保存期3个月。

2.2.4.4 中间内标标准溶液（1.0μg/ml）　准确移取1.0ml内标储备液于100ml容量瓶中，用乙腈定容至刻度，4℃避光保存，保存期1个月。

2.2.4.5标准曲线制备　精密量取2.5ng/ml、5ng/ml、10ng/ml、20ng/ml、50ng/ml、100ng/ml AOZ、AMOZ、AHD和SEM混合标准工作溶液100μl到不同离心管中。按试样处理过程，制备0.5ng/ml、1ng/ml、2ng/ml、4ng/ml、10ng/ml和20ng/ml标准溶液，供高效液相色谱串联质谱测定。

2.3　仪器与设备

液相色谱–串联质谱仪（配电喷雾离子源），质谱仪为三重四极杆串联质谱；分析天平（感量为0.01g和0.01mg）；离心机；均质器；组织捣碎机；精密pH试纸（6.4~8.0）；振荡器；恒温箱；氮吹仪；离心机；漩涡混合器；具塞塑料离心管（50ml）；移液枪（5ml，1ml，100μl）。

2.4　分析步骤

2.4.1　试样制备

2.4.1.1试料的制备取绞碎后的供试样品，作为供试试料。

取绞碎后的空白样品，作为空白试料。

取绞碎后的空白样品，经洗涤后添加标准工作溶液，作为空白添加试料。

2.4.1.2洗涤取10000r/min匀浆1分钟的试料2g置离心管，加水1ml和冰浴甲醇8ml，涡旋中速振荡5分钟，2000r/min离心10分钟，弃上清液，分别按上述洗涤过程冰浴甲醇8ml洗涤一次，冰浴乙醇洗涤2次，每次8ml，冰浴乙醚洗涤2次，每次8ml。

2.4.2　样品处理

2.4.2.1衍生化　洗涤后试料加100μl 50ng/ml内标混合标准溶液，再加水4ml，1mol/L盐酸0.5ml和50mmol/L邻硝基苯甲醛150μl，涡旋混匀。置37℃恒温箱中过夜（16小时）反应。

2.4.2.2提取　衍生物加0.1mol/L磷酸二氢钾5ml，用1mol/L氢氧化钠溶液调pH至7.2~7.4。加乙酸乙酯5ml，中速振荡5分钟，2000r/min离心15分钟，吸取上清液。乙酸乙酯5ml重复提取一次。合并上清液于50℃氮吹干。20%甲醇0.5ml溶解残余物，经滤膜过滤后作为试样溶液，供高效液相色谱–串联质谱法测定。

2.4.3　仪器参考条件

2.4.3.1液相色谱条件　色谱柱：BEH C18柱，2.1mm×5mm，1.7μm。流速：0.35ml/min。柱温：40℃。进样体积：3μl。流动相A组分为乙腈，B组分为0.01mol/L乙酸铵溶液（甲酸调pH至4.5），梯度洗脱程序见表3-8-67。

表3-8-67　梯度洗脱程序

时间（min）	A（%）	B（%）
0	20	80
2.0	20	80
6.0	95	5
8.0	95	5
8.1	20	80

2.4.3.2质谱条件　离子源：ESI⁺。离子源温度：150℃。锥孔气流量：150L/h。脱溶剂气温度：300℃。脱溶剂气流量：550L/h。锥孔电压：35 V。目标物定性离子，定量离子及碰撞能参数见表3-8-68所示。

表3-8-68 定性离子、定量离子及碰撞能参数

化合物名称	母离子	子离子	驻留时间（ms）	碰撞能（ev）
AMOZ	335	291	50	23
		262	50	17
AHD	249	134	50	27
		104	50	17
SEM	209	166	50	14
		192	50	16
$^{13}C^{15}N$-SEM	212	168	50	16
^{13}C-AHD	252	134.1	50	17
D_5-AMOZ	340	296	50	23
AOZ	236	104	32	20
		134	32	10
D_4-AOZ	240.0	134.0	32	10

2.4.4 定性分析 在相同试验条件下测定试样溶液，若试样溶液中检出色谱峰的保留时间与标准溶液中目标物色谱峰的保留时间一致（变化范围在 ±2.5% 之内），且试样溶液的质谱离子对相对丰度与浓度相当标准溶液的质谱离子对相对丰度相比较，相对偏差不超过表3-8-69规定的范围，则可判定样品中存在对应目标物。

表3-8-69 定性时相对离子丰度的最大允许偏差

相对离子丰度（%）	> 50	20~50	10~20	≤ 10
允许的相对偏差（%）	± 20	± 25	± 30	± 50

2.4.5 定量分析 将目标物标准工作溶液注入液相色谱-串联质谱仪测定，得到目标物的峰面积。以标准工作溶液浓度与内标浓度比值为横坐标，以定量离子的峰面积与内标峰面积比值为纵坐标，绘制标准工作曲线。将试样溶液按仪器参考条件进行测定，得到相应的试样溶液的色谱峰面积。根据内标校正曲线得到试样溶液的浓度。

2.4.6 空白实验 除不加试样外，均按上述步骤进行操作。

2.5 计算

试样中硝基呋喃代谢物的含量按下式计算。

$$X = \frac{C \times V \times R}{m \times R_s}$$

式中：X为试样中分析物的含量（μg/kg）；C为混合基质标准溶液中分析物的浓度（ng/ml）；V为定容体积（ml）；m为试样称样量（g）；R为样液中分析物与内标物峰面积比值；R_s为混合基质标准溶液中分析物与内标物峰面积比值。计算结果需将空白值扣除，测定结果用平行测定的算术平均值标示，保留3位有效数字。

2.6 精密度

2.6.1 试样每次测定应不少于2份，计算结果以重复性条件下获得的两次独立测定结果的算术平均值表示。

2.6.2 精密度要求，本方法的批内相对标准偏差≤30%，批间相对标准偏差≤30%。

2.6.3 本方法在0.2~2μg/kg添加浓度的回收率为60%~120%。

2.7 注意事项

2.7.1 乙腈和甲醇为有毒有机试剂，使用时需带防护手套和防护面具，并避免接触皮肤，若皮肤接触需脱去污染的衣着，用肥皂水和清水彻底冲洗皮肤。废液应妥善处理，不得污染环境。

2.7.2 氢氧化钠为强碱，具有强烈腐蚀性，使用时需带防护手套和防护面具，并避免接触皮肤。

2.7.3 甲酸具有刺激性，使用时需带防护手套和防护面具，并避免接触皮肤。

2.7.4 均质样品后需清洗均质器刀头，使用前需保持干燥清洁。

2.7.5 旋蒸过程中，易起泡沫样品可以加入4ml饱和氯化钠溶液。

2.7.6 天平使用前需校准，保持干燥，使用后需清理干净。

2.7.7 全程实验需避光。

起草人：公丕学（山东省食品药品检验研究院）
复核人：王　聪（中国食品药品检定研究院）
张艳侠（山东省食品药品检验研究院）

第十八节　水产品中喹乙醇代谢物残留量的检测

1 简述

参考农业部1077号公告-5-2008《水产品中喹乙醇代谢物残留量的测定-高效液相色谱法》制定本规程。

本规程适用于水产品中喹乙醇代谢物残留量的高效液相色谱法测定。

本规程的前处理净化原理为液液萃取。通过不断调节提取剂与被提取溶液的pH，实现萃取与反萃取，进而达到目标物与杂质的分离净化。萃取液浓缩至干后，残渣用流动相溶解，反相色谱柱分离，紫外检测器检测，外标法定量。

当称样量为5g时，本规程中喹乙醇代谢物3-甲基喹噁啉-2-羧酸的测定低限为4μg/kg。

2 试剂和材料

除另有规定外，所用试剂均为色谱纯，实验用水为GB/T 6682中规定的一级水。

2.1 试剂

甲醇；乙酸乙酯；甲酸。盐酸：分析纯。氢氧化钠：分析纯。磷酸氢二钠：分析纯。磷酸二氢钠：分析纯。

2.2 溶剂配制

2.2.1 1.0mol/L 氢氧化钠溶液 称取 4g 氢氧化钠，用水溶解并稀释至 100ml。

2.2.2 0.1mol/L 磷酸盐缓冲溶液（pH=8.0） 称取 12.0g 磷酸二氢钠和 14.2g 磷酸氢二钠，用 500ml 水溶解，用 1mol/L 氢氧化钠调节 pH 至 8.0，加水定容至 1000ml。

2.2.3 1.0% 甲酸水溶液 量取 10ml 甲酸并加水定容至 1000ml。

2.3 标准品

3- 甲基喹噁啉 -2- 羧酸，纯度大于等于 98%。

2.3.1 3- 甲基喹噁啉 -2- 羧酸标准储备溶液（0.1mg/ml） 准确称取 10mg（精确至 0.01mg）3- 甲基喹噁啉 -2- 羧酸标准品于 100ml 容量瓶中，用甲醇溶解并定容至刻度，4℃避光保存，保存期 3 个月。

2.3.2 3- 甲基喹噁啉 -2- 羧酸标准工作溶液 准确移取 0.005ml、0.02ml、0.05ml、0.10ml、0.25ml、0.50ml 3- 甲基喹噁啉 -2- 羧酸标准溶液于 100ml 容量瓶中，用流动相配制成浓度为 5.0ng/ml、20.0ng/ml、50.0ng/ml、100.0ng/ml、250.0ng/ml、500ng/ml 的标准工作溶液。

3 仪器与设备

液相色谱色谱仪（配二极管阵列检测器或紫外检测器）；分析天平（感量 0.01g 和 0.01mg）；离心机；均质器；组织捣碎机；旋涡混合器；氮吹仪；pH 计（精度 0.01）。

4 分析步骤

4.1 试样制备

取代表性样品，用组织捣碎机充分捣碎，装入洁净容器中，密封，并明确标示，于 -18℃以下避光冷冻存放。

4.2 提取

称取试样 5g（精确至 0.01g）于 50ml 离心管中，加入 15ml 乙酸乙酯，匀浆 5 分钟，4000r/min 离心 5 分钟，上清液转移至另一 150ml 分液漏斗中，残渣再次用 15ml 乙酸乙酯重复提取一次，合并提取液。

往样品残渣中加入 0.1mol/L 磷酸盐缓冲液 10ml，涡旋混匀，振荡 30 秒，8000r/min 离心 10 分钟，取上清液合并到分液漏斗中。充分振摇 30 秒，静置分层，收集下层溶液至 25ml 具塞离心管中。于离心管中加入 200μl 盐酸，再加入乙酸乙酯 6ml，振荡 30 秒，8000r/min 离心 10 分钟，取上层溶液于玻璃试管中。再用 6ml 乙酸乙酯重复提取一次，合并上层溶液。提取液于 55℃氮气吹干，用 1ml 流动相溶解残渣，经 0.45μm 微孔滤膜过滤，待上机测定。

4.3 仪器参考条件

通过优化色谱柱、流动相及柱温等色谱条件使目标物保留适中，无干扰，参考色谱条件如下。色谱柱为 Xbridge C18 柱，150mm×4.6mm（内径），粒径 3.5μm 或相当者。流速设置 0.8ml/min。进样量为 50μl。柱温设置 40℃。流动相分别为 A 组分为 0.1% 甲酸水溶液，B 组分为甲醇，两者比例为60+40，等度洗脱。

4.4 空白实验

除不加试样外，均按上述步骤进行操作。

4.5 标准工作曲线的制作

将2.4.2配置的标准工作溶液，按浓度由低到高依次注入液相色谱仪，以标准工作溶液浓度为横坐标，以3-甲基喹噁啉-2-羧酸峰面积为纵坐标，绘制标准工作曲线。

4.6 定量分析

将样品处理液注入液相色谱仪，按上述色谱条件进行分析，记录峰面积。响应值应在仪器检测的线性范围内。根据目标物的保留时间定性，外标法定量。

5 计算

试样中3-甲基喹噁啉-2-羧酸的含量按下式计算，计算结果需扣除空白值。结果保留3位有效数字。

$$X=\frac{C \times V \times f}{m}$$

式中：X为试样中3-甲基喹噁啉-2-羧酸的含量（μg/kg）；C为由校正曲线到测定样液中3-甲基喹噁啉-2-羧酸的浓度（ng/ml）；V为定容体积（ml）；m为试样称样量（g）；f为稀释倍数。

6 精密度

6.1 试样每次测定应不少于2份，计算结果以重复性条件下获得的两次独立测定结果的算术平均值表示。

6.2 精密度要求，在重复性条件获得的两次独立测定结果的绝对差值不得超过算术平均值的15%。

7 注意事项

7.1 乙腈和甲醇为有毒有机试剂，使用时需带防护手套和防护面具，并避免接触皮肤，若皮肤接触需脱去污染的衣着，用肥皂水和清水彻底冲洗皮肤。废液应妥善处理，不得污染环境。

7.2 氢氧化钠为强碱，具有强烈腐蚀性，使用时需带防护手套和防护面具，并避免接触皮肤。

7.3 甲酸具有刺激性，使用时需带防护手套和防护面具，并避免接触皮肤。

7.4 均质样品后需清洗均质器刀头，使用前需保持干燥清洁。

7.5 天平使用前需校准，保持干燥，使用后需清理干净。

7.6 pH计在进行操作前，应首先检查电极的完好性并进行pH校准。选择的校准的标准液与要测定的溶液的pH有关，使待测溶液的pH能落在校正的pH范围内。使用后需将电极用水清洗干净并保存于饱和氯化钾溶液中。

设有"定位"，"温度补偿"和"电极斜率"调节，需要用两种标准缓冲液进行校准。一

第三篇　食品中化学成分检测

般先以pH 6.86进行"定位"校准，然后根据测试溶液的酸碱情况，选用pH 4.00（酸性）或pH 9.18缓冲溶液进行"斜率"校正。

具体操作步骤如下。

7.6.1电极洗净并甩干，浸入pH 6.86标准溶液中，仪器温度补偿旋钮置于溶液温度处。待示值稳定后，调节定位旋钮使仪器示值为标准溶液的pH。

7.6.2取出电极洗净甩干，浸入第二种标准溶液中。待示值稳定后，调节仪器斜率旋钮，使仪器示值为第二种标准溶液的pH。

7.6.3取出电极洗净并甩干，再浸入pH 6.86缓冲溶液中。如果误差超过pH 0.02，则重复上两步骤，直至在二种标准溶液中不需要调节旋钮都能显示正确pH。

7.6.4取出电极并甩干，将pH温度补偿旋钮调节至样品溶液温度，将电极浸入样品溶液，晃动后静止放置，显示稳定后读数。

起草人：宿书芳（山东省食品药品检验研究院）

复核人：王　聪（中国食品药品检定研究院）

郑　红（山东省食品药品检验研究院）

第九章
其　　他

第一节　食品中氨基酸态氮的检测

1　简述

参考 GB 5009.235-2016《食品安全国家标准　食品中氨基酸态氮的测定》制定本规程。

本规程适用于以粮食和其副产品豆饼、麸皮等为原料酿造或配制的酱油，以粮食为原料酿造的酱类，以黄豆、小麦粉为原料酿造的豆酱类食品中氨基酸态氮的检测。

利用氨基酸的两性作用，加入甲醛以固定试样中氨基的碱性，使羧基显示出酸性，用氢氧化钠标准溶液滴定后定量，用pH计测定终点。

2　试剂和材料

2.1　试剂

除非另有说明，所用试剂均为分析纯，水为GB/T 6682规定的三级水。

甲醛（36%~38%，不含有聚合物，没有沉淀且溶液不分层）；氢氧化钠。

2.2　溶液配制

氢氧化钠标准滴定溶液：$c(NaOH)=0.050mol/L$，购买经国家认证并授予标准物质证书的标准滴定溶液或按照GB/T 601《化学试剂　标准滴定液的制备》的规定配制、标定及储藏。

3　仪器和设备

pH计（附磁力搅拌器）；滴定管（10ml，分度值不低于0.05ml）；分析天平（感量0.1mg）；或选用全自动电位滴定仪。

4　分析步骤

4.1　酱油试样

4.1.1 试样处理　称量5.0g（或量取5.0ml）试样于50ml的烧杯中，用水分数次洗入100ml容量瓶中，加水至刻度。混匀后，吸取试样稀释液20.0ml置于200ml烧杯中，加60ml水，开动磁力搅拌器，用氢氧化钠标准滴定溶液[$c(NaOH)=0.050mol/L$]滴定至pH计指示pH为8.2，记下消耗氢氧化钠标准滴定溶液的毫升数，可计算总酸含量。加入10.0ml甲醛溶液，混匀。再用氢氧化钠标准滴定溶液继续滴定至 pH 为 9.2，记下消耗氢氧化钠标准滴定溶液的毫升数。

4.1.2 空白试验　不加试样，其余操作同试样处理。

4.2　酱及黄豆酱试样

4.2.1 试样制备　将酱或黄豆酱试样搅拌均匀后，放入研钵中，在 10 分钟内迅速研磨至无肉眼可见颗粒，装入磨口瓶中备用。

4.2.2 试样处理　准确称量搅拌均匀的试样 5.0g，用 50ml 蒸馏水（80℃左右）分数次洗入 100ml 烧杯中，冷却后，转入 100ml 容量瓶中，用少量水分多次洗涤烧杯，洗液并入容量瓶中，并加水至刻度，混匀后过滤。吸取过滤后的试样稀释液 10.0ml 置于 200ml 烧杯中，加 60ml 水，开动磁力搅拌器，用氢氧化钠标准滴定溶液［c（NaOH）=0.050mol/L］滴定至 pH 计指示值为 8.2，记下消耗氢氧化钠标准滴定溶液的毫升数，可计算总酸含量。加入 10.0ml 甲醛溶液，混匀。再用氢氧化钠标准滴定溶液继续滴定至 pH 为 9.2，记下消耗氢氧化钠标准滴定溶液的毫升数。

4.2.3 空白试验　不加试样，其余操作同试样处理。

5　计算

试样中氨基酸态氮的含量按下列公式计算。

$$X=\frac{(v_1-v_2)\times c\times 0.014}{m(v)\times v_3/v_4}\times 100$$

式中：X_1 为试样中氨基酸态氮的含量值（g/100 或 g/100ml）；v_1 为测定用试样稀释液加入甲醛后消耗氢氧化钠标准滴定溶液的体积（ml）；v_2 为空白试验加入甲醛后消耗氢氧化钠标准滴定溶液的体积（ml）；c 为氢氧化钠标准滴定溶液的浓度值（mol/L）；0.014 为与 1.00ml 氢氧化钠标准滴定溶液［c（NaOH）=1.000mol/L］相当的氮的质量（g）；m 为试样的称样量（g），v 为试样的称量体积（ml）；v_3 为试样稀释液的取用量（ml）；v_4 为试样稀释液的定容体积（ml）；100 为单位换算系数。

计算结果保留 2 位有效数字。

6　精密度

在相同条件下获得的两次独立测定结果的绝对差值不得超过算术平均值的 10%。

7　注意事项

7.1 整个试验过程需在通风橱内进行，需要做好防护措施。

7.2 选用全自动电位滴定仪时，装置中储备滴定液部分应避光保存。

起草人：辛鹏飞（山西省食品药品检验所）

伍雯雯（四川省食品药品检验检测院）

复核人：王媛媛（山西省食品药品检验所）

唐　静（四川省食品药品检验检测院）

第二节　食品中铵盐的检测

1　简述

参考 GB 5009.234–2016《食品安全国家标准　食品中铵盐的测定》制定本规程。

本规程适用于酱油中铵盐的检测。

试样在碱性溶液中经加热蒸馏，使氨游离出来，被硼酸溶液吸收，然后用盐酸标准溶液滴定计算含量。

本规程中，方法检出限 0.0030g/ml。

2　试剂和材料

2.1　试剂

除非另有说明，所用试剂均为分析纯，水为 GB/T 6682 规定的一级水。

氧化镁；硼酸；甲基红；溴甲酚绿；乙醇。

2.2　溶液配制

2.2.1 硼酸溶液（20g/L）　称取 20.0g 硼酸，加水溶解，稀释至 1000ml。

2.2.2 盐酸标准滴定液　c（HCl）=0.100mol/L，购买经国家认证并授予标准物质证书的标准滴定溶液或按照 GB/T 601《化学试剂　标准滴定液的制备》的规定配制、标定及储藏。

2.2.3 混合指示液　甲基红 – 乙醇溶液（2g/L）1 份与溴甲酚绿 – 乙醇溶液（2g/L）5 份混匀，临用新配。

3　仪器和设备

滴定管。

4　分析步骤

4.1　试样处理

准确量取试样 2ml，置于 500ml 蒸馏瓶中，加 150ml 蒸馏水及 1g 氧化镁，连接好蒸馏装置，并使冷凝管下端连接弯管伸入接收瓶液面下，接收瓶内盛有 10ml 硼酸溶液（20g/L）及 2 滴混合指示剂，加热蒸馏，溶液沸腾 30 分钟，用少量水冲洗弯管，以盐酸标准滴定液（0.100mol/L）滴定至终点，记下消耗盐酸标准滴定溶液的毫升数。

4.2　空白试验

不加试样，其余操作同试样处理。

5　计算

试样中铵盐的含量按下列公式计算。

$$X=\frac{(v_1-v_2)\times c\times 0.017}{v_3}\times 100$$

式中：X 为试样中铵盐的含量值（g/100ml）；v_1 为测定用试样消耗盐酸标准滴定液的体积（ml）；v_2 为测定用空白试验消耗盐酸标准滴定液的体积（ml）；c 为盐酸标准滴定液的实际浓度值（mol/L）；0.017 为与1.00ml盐酸标准滴定液［c（HCl）］=0.100mol/L相当的铵盐（以氨计）的质量（g）；v_3 为试样的量取体积（ml）；100为换算系数。

计算结果保留2位有效数字。

6　精密度

在相同条件下获得的两次独立测定结果的绝对差值不得超过算术平均值的10%。

7　注意事项

7.1　部分试样在蒸馏过程中产生较多气泡，流入接收瓶中，建议更换大规格的蒸馏瓶。

7.2　安装蒸馏定氮装置，应平稳牢固，各连接部分不漏气，水蒸气应均匀充足，蒸馏过程中不得停止加热，否则会有倒吸现象。

起草人：辛鹏飞（山西省食品药品检验所）

伍雯雯（四川省食品药品检验检测院）

复核人：王媛媛（山西省食品药品检验所）

唐　静（四川省食品药品检验检测院）

第三节　食品中丙二醛的检测

1　简述

参考GB 5009.181-2016《食品安全国家标准　食品中丙二醛的测定》制定本规程。

本规程适用于食用油、油脂及其制品中丙二醛的检测。

试样先用酸液提取，再将提取液与硫代巴比妥酸（TBA）作用生成有色化合物，采用高效液相色谱–二极管阵列检测器测定，外标法定量。

本规程中，方法检出限为0.03mg/kg，定量限为0.10mg/kg。

2　试剂和材料

2.1　试剂

除非另有说明，所用试剂均为分析纯，水为GB/T 6682规定的一级水。

甲醇（色谱纯）；三氯乙酸；乙二胺四乙酸二钠（$C_{10}H_{14}N_2Na_2O_8\cdot 2H_2O$）；硫代巴比妥酸（TBA）。

2.2　溶液配制

2.2.1 乙酸铵溶液（0.01mol/L）　称取0.77g乙酸铵，加水溶解，定容至1000ml，经0.45μm

滤膜过滤。

3.2.2 三氯乙酸混合液　准确称取 37.50g（精确至 0.01g）三氯乙酸及 0.50g（精确至 0.01g）乙二胺四乙酸二钠，用水溶解，稀释至 500ml。

3.2.3 硫代巴比妥酸（TBA）水溶液　准确称取 0.288g（精确至 0.001g）硫代巴比妥酸溶于水中，并稀释至 100ml（如不易溶解，可加热超声至全部溶解，冷却后定容至 100ml），相当于 0.02mol/L。

2.3　标准品

1，1，3，3-四乙氧基丙烷（又名丙二醛乙缩醛，$C_{11}H_{24}O_4$，CAS号：122-31-6）。

2.4　标准溶液配制

2.4.1 丙二醛标准储备液（100μg/ml）　准确称取 0.315g（精确至 0.001g）1，1，3，3-四乙氧基丙烷至 1000ml 容量瓶中，用水溶解后稀释至 1000ml，置于冰箱 4℃储存。有效期 3 个月。

2.4.2 丙二醛标准使用溶液（1.00μg/ml）　准确量取丙二醛标准储备液 1.0ml，用三氯乙酸混合液稀释至 100ml，置于冰箱 4℃储存。有效期 2 周。

2.4.3 丙二醛标准系列溶液　准确量取丙二醛标准使用溶液 0.10ml、0.50ml、1.0ml、1.5ml、2.5ml 于 10ml 容量瓶中，加入三氯乙酸混合液定容至刻度，该标准溶液系列浓度为 0.01μg/ml、0.05μg/ml、0.10μg/ml、0.15μg/ml、0.25μg/ml，现配现用。

3　仪器和设备

高效液相色谱（配有二极管阵列检测器）；天平（感量为 0.0001g、0.01g）；恒温振荡器；恒温水浴锅；锥形瓶；0.45μm 水相针孔式微孔滤膜。

4　分析步骤

4.1　试样制备

4.1.1 提取　称取均匀的试样 5g（精确至 0.01g），置入 100ml 具塞锥形瓶中，准确加入 50ml 三氯乙酸混合液，摇匀，加塞密封，置于恒温振荡器上 50℃振摇 30 分钟（调整适当速度，避免将液体外溢），取出，冷却至室温，用双层定量慢速滤纸过滤，弃去初滤液，续滤液备用。

4.1.2 衍生化　准确量取上述滤液和丙二醛标准系列溶液各 5ml 分别置于 25ml 具塞比色管内，加入 5ml 硫代巴比妥酸（TBA）水溶液，加塞，混匀，置于 90℃水浴内反应 30 分钟，取出，冷却至室温，取适量上层清液过滤膜上机分析。

4.2　液相色谱参考条件

色谱柱：C18柱，柱长 150mm，内径 4.6mm，粒径 5μm，或性能相当者。流动相：0.01mol/L乙酸铵：甲醇=70：30（体积比）。柱温：30℃。流速：1.0ml/min。进样量：10μl。检测波长：532nm。

4.3　测定

分别吸取标准系列工作液和待测试样的衍生溶液注入高效液相色谱仪中，测定相应的峰面积，以标准工作溶液的浓度为横坐标，以峰面积响应值为纵坐标，绘制标准曲线。根据标准曲线计算得到待测液中丙二醛的浓度。

第三篇　食品中化学成分检测

5 计算

试样中丙二醛的含量按下列公式计算。

$$X = \frac{c \times V \times 1000}{m \times 1000}$$

式中：X为试样中丙二醛的含量值（mg/kg）；c为从标准系列曲线中计算得到的试样溶液中丙二醛的浓度值（μg/ml）；V为试样溶液定容体积（ml）；m为试样的称样量（g）；1000为单位换算系数。

计算结果保留2位有效数字。

6 精密度

在相同条件下获得的两次独立测定结果的绝对差值不得超过算术平均值的10%。

7 注意事项

7.1 衍生温度影响较大，标准系列溶液和试样溶液需要同时衍生。

7.2 准确记录标准品的相关信息、称取体积，稀释倍数，标准系列溶液的配制方式，以及试样称取量，定容体积，取用量。

起草人：辛鹏飞（山西省食品药品检验所）

成长玉（四川省食品药品检验检测院）

复核人：王媛媛（山西省食品药品检验所）

黄丽娟（四川省食品药品检验检测院）

第四节 鸡精调味料中呈味核苷酸二钠的检测

1 简述

参考SB/T 10371-2003《中华人民共和国商业行业标准 鸡精调味料》制定本规程。

本规程适用于鸡精调味料中呈味核苷酸二钠的检测。

试样中的呈味核苷酸二钠在波长250 nm处有最大吸收，测定其吸光度，根据各自的摩尔吸光系数计算得出试样的含量。

2 试剂和材料

2.1 试剂

除非另有说明，所用试剂均为分析纯，水为GB/T 6682规定的一级水。

盐酸。

2.2　溶液配制

2.2.1 盐酸溶液（1.0mol/L） 按照 GB/T 601《化学试剂　标准滴定液的制备》的规定配制。

2.2.2 盐酸溶液（0.01mol/L） 准确量取 1.0mol/L 的盐酸溶液 1ml 于 100ml 容量瓶中，用水定容至刻度。

3　仪器和设备

紫外分光光度计。

4　分析步骤

4.1　试样制备

准确称取均匀的试样 2~4g，用少量盐酸溶液（0.01mol/L）溶解，定容于 100ml 的容量瓶中（相当于稀释 100 倍），混匀，过滤，弃去初滤液，量取滤液 5.00ml 于 100ml 的容量瓶（相当于稀释 2000 倍），用盐酸溶液（0.01mol/L）定容，混匀，此溶液即为待测溶液。

4.2　测定

将待测溶液注入 10mm 的石英比色皿中，以 0.01mol/L 的盐酸溶液作空白，在波长 250 nm 下测定其的吸光度。

5　计算

试样中呈味核苷酸二钠的含量按下列公式计算。

$$X = \frac{A \times 530 \times 2000}{m \times 11950 \times 1000} \times 100$$

式中：X 为试样中呈味核苷酸二钠（含 7.25 分子结晶水）的含量值（g/100g）；A 为试样在波长 250m 处的吸光度；530 为含 7.25 分子结晶水呈味核苷酸二钠的平均分子量；2000 为试样的稀释倍数；m 为试样的称样量（g）；11950 为呈味核苷酸二钠的平均摩尔吸光系数。

计算结果保留 3 位有效数字。

6　精密度

在相同条件下获得的两次独立测定结果的绝对差值不得超过算术平均值的 4%。

7　注意事项

7.1 整个试验过程需在通风橱内进行，需要做好防护措施。

7.2 在测定时，注意比色皿里不能有气泡，比色皿外壁需擦干。

起草人：辛鹏飞（山西省食品药品检验所）
伍雯雯（四川省食品药品检验检测院）
复核人：王媛媛（山西省食品药品检验所）
黄　萍（四川省食品药品检验检测院）

第三篇　食品中化学成分检测

第五节　食品中二氧化钛的检测

1　电感耦合等离子体－原子发射光谱法（ICP–AES 法）

1.1　简述

参考 GB 5009.246–2016《食品安全国家标准 食品中二氧化钛的测定》制定本规程。

本规程适用于粮食加工品中二氧化钛的测定。

试样经酸消解后，用电感耦合等离子体－原子发射光谱仪进行分析，采用标准曲线外标法定量。

以称样量 0.5g，定容至 50ml 计算，检出限（LOD）为 0.3mg/kg，定量限（LOQ）为 1.0mg/kg。

1.2　试剂和材料

除非另有说明，所用试剂均为分析纯，水为 GB/T 6682 规定的二级水。

1.2.1 试剂　高氯酸（优级纯）；硫酸（优级纯）；硝酸（优级纯）；硫酸铵。

1.2.2 溶液配制

1.2.2.1 硫酸溶液（5+95）　量取 50ml 硫酸，缓慢加入 950ml 水中，混匀。

1.2.2.2 混合酸［高氯酸+硝酸（1+9）］　量取 100ml 高氯酸，缓慢加入 900ml 硝酸中，混匀。

1.2.3 标准物质

1.2.3.1 二氧化钛　基准试剂或光谱纯；或使用经国家认证并授予标准物质证书的钛标准溶液。

1.2.3.2 质量控制样品　选择与被测试样基质相同或相似的有证的标准物质作为质量控制样品。

1.2.4 标准溶液配制

1.2.4.1 钛标准储备液（1000 μg/ml）　称取 0.167g 二氧化钛，加 5g 硫酸铵，加 10ml 硫酸，加热溶解，冷却，移入 100ml 容量瓶中，稀释至刻度，混匀。或使用经国家认证并授予标准物质证书的钛标准溶液。

1.2.4.2 钛标准使用液（10.0 μg/ml）　吸取 1.00ml 钛标准储备液于 100ml 容量瓶中，用硫酸溶液（5+95）稀释至刻度。

1.2.4.3 钛标准系列工作液　吸取 0.000ml、0.500ml、2.00ml、5.00ml、10.0ml、20.0ml 钛标准使用液，分别置于 100ml 容量瓶中，用硫酸溶液（5+95）稀释至刻度，配成浓度分别为 0.000 μg/ml、0.0500 μg/ml、0.200 μg/ml、0.500 μg/ml、1.00 μg/ml、2.00 μg/ml 的钛标准系列工作液。

1.3　仪器和设备

电感耦合等离子体－原子发射光谱仪；微波消解仪；分析天平（感量为 0.1mg）；组织捣碎机。

1.4　分析步骤

1.4.1 试样制备　取有代表性可食用部分，组织捣碎机粉碎混匀后装入洁净容器内密封并做好标识。

1.4.2 试样处理

1.4.2.1 湿法消解　称取试样约5g（精确至0.001g）于锥形瓶或高型烧杯中，放入数粒玻璃珠，加入15~20ml混合酸，盖上表面皿，在电炉上缓慢消解至溶液澄清，在消解过程中若出现碳化后的黑色，在盖着表面皿的情况下小心滴加硝酸，直至溶液澄清为止。继续加热至溶液剩余约2~3ml，冷却，加入1g硫酸铵和5ml硫酸，煮沸至澄清，继续煮至白烟被赶尽，取下冷却，转移至100ml容量瓶中，用水稀释至刻度，混匀，备用。

1.4.2.2 微波消解　称取试样0.2~0.5g（精确到0.0001g）于微波消解罐中，加2.5ml硝酸和2.5ml硫酸，设置合适的微波消解条件进行消解，消解结束后，消解罐自然冷却至室温，将消解液转移至50ml容量瓶中，用水少量多次洗涤消解罐，洗液合并于容量瓶中，用水定容至刻度，混匀。消解液应为澄清溶液，如消解后有沉淀无法消解，应重新用湿法消解进行处理。

注：温控式微波消解工作条件可参考：用20~25分钟由室温升到190℃，保持25分钟。

1.4.3 空白试验　除不加试样外，按1.4.2.1或1.4.2.2进行空白试验。

1.4.4 质控试验　称取与试样相当量的质量控制样品，同法操作制成质量控制样品溶液。

1.4.4 标准曲线的绘制　将仪器调至最佳工作条件（表3-9-1），测定钛标准系列工作液的发射光强度。以钛浓度为横坐标，发射光强度为纵坐标绘制标准曲线。

表3-9-1　ICP-AES法仪器参考条件

参数名称	参数
钛分析谱线波长	336.122nm、334.941nm、337.280nm 均可
频率	40.6MHz
射频功率	1350W
等离子气流量	15L/min
雾化器压力	0.2MPa
辅助气流量	0.5L/min
提升速率	1.0ml/min
提升时间	30s
观测高度（水平方向）	15mm
积分时间	30s
测量次数	2次

1.4.5 测定　在与测定标准溶液相同的实验条件下，测定待测溶液的发射光强度。由标准曲线计算得到待测溶液中钛的浓度。若试样溶液中钛浓度过高，可适当稀释。

1.5 计算

试样中二氧化钛的含量按下式计算。

$$X=\frac{(c_1-c_0)\times V\times f\times 1000}{m\times 1000}\times 1.6681$$

式中：X为试样中二氧化钛的含量值（mg/kg）；c_1为由标准曲线得到的试样溶液中钛的浓度

值（$\mu g/ml$）；c_0为由标准曲线得到的空白溶液中钛的浓度值（$\mu g/ml$）；V为试样溶液的定容体积值（ml）；f为试样溶液的稀释倍数；m为称样量（g）；1.6681为1g的钛相当于1.6681g二氧化钛。

计算结果保留2位有效数字。

1.6 精密度

在相同条件下获得的两次独立测定结果的绝对差值不得超过算术平均值的10%。

1.7 注意事项

1.7.1 本实验中尽量选择塑料容器。所有使用的器皿及聚四氟乙烯消解内罐均需要以硝酸溶液（1+4）浸泡24小时以上，使用前用纯水反复冲洗干净。

1.7.2 由于二氧化钛不易消解，消解完后需观察溶液澄清程度，若有沉淀需重新消解。

1.7.3 测定前，等离子体需预热稳定，至少15分钟。

1.7.4 测定时进样管不宜插入样品瓶底部，避免造成进样管和进样系统堵塞。

1.7.5 注意保持样品溶液与标准溶液的酸度一致。

1.7.6 关注空白试验，了解试剂情况及整个体系情况，防止空白试验结果过高导致结果误判。

2 二安替比林甲烷比色法

2.1 简述

参考GB 5009.246–2016《食品安全国家标准 食品中二氧化钛的测定》制定本规程。

本规程适用于粮食加工品中二氧化钛的测定。

试样经酸消解后，在强酸介质中钛与二安替比林甲烷形成黄色络合物，于紫外分光光度计420nm波长处测量其吸光度，采用标准曲线法定量。加入抗坏血酸消除三价铁的干扰。

以称样量0.5g，定容至50ml计算，检出限（LOD）为1.5mg/kg，定量限（LOQ）为5.0mg/kg。

2.2 试剂和材料

除非另有说明，所用试剂均为分析纯，水为GB/T6682规定的三级水。

2.2.1 试剂 高氯酸（优级纯）；硫酸（优级纯）；硝酸（优级纯）；盐酸（优级纯）；硫酸铵；抗坏血酸；二安替比林甲烷。

2.2.2 溶液配制

2.2.2.1 混合酸［高氯酸+硝酸（1+9）］ 量取100ml高氯酸，缓慢加入900ml硝酸中，混匀。

2.2.2.2 盐酸溶液（1+1） 量取100ml盐酸，缓慢加入100ml水中，混匀。

2.2.2.3 盐酸溶液（1+23） 量取10ml盐酸，缓慢加入230ml水中，混匀。

2.2.2.4 硫酸溶液（2+98） 量取20ml硫酸，缓慢加入980ml水中，混匀。

2.2.2.5 抗坏血酸溶液（2%） 称取2g抗坏血酸，用水溶解并稀释至100ml，临用现配。

2.2.2.6 二安替比林甲烷溶液（5%） 称取5g二安替比林甲烷，用盐酸溶液（1+23）溶解并稀释至100ml。

2.2.3 标准物质 二氧化钛：基准试剂或光谱纯；或使用经国家认证并授予标准物质证书的标准溶液。

质量控制样品：选择与被测试样基质相同或相似的有证的标准物质作为质量控制样品。

2.2.4 标准溶液配制

2.2.4.1 钛标准储备液（1000 μg/ml） 称取0.167g二氧化钛，加5g硫酸铵，加10ml硫酸，加热溶解，冷却，移入100ml容量瓶中，稀释至刻度，混匀。或使用经国家认证并授予标准物质证书的标准溶液。

2.2.4.2 钛标准使用液（10.0 μg/ml） 吸取1.00ml钛标储备液于100ml容量瓶中，用硫酸溶液（2+98）稀释至刻度。

2.3 仪器和设备

紫外分光光度计；微波消解仪；分析天平（感量为1mg）；组织捣碎机。

2.4 分析步骤

2.4.1 试样制备 取有代表性可食用部分，用组织捣碎机粉碎混匀后装入洁净容器内密封并做好标识。

2.4.2 试样处理 称取试样约5g（精确至0.001g）于锥形瓶或高型烧杯中，放入数粒玻璃珠，加入15~20ml混合酸，盖上表面皿，在电炉上缓慢消解至溶液澄清，继续加热至溶液剩余约2~3ml，冷却，加入1g硫酸铵和5ml硫酸，煮沸至澄清。在消解过程中若出现碳化后的黑色，在盖着表面皿的情况下小心滴加浓硝酸，直至溶液澄清为止。继续煮至白烟被赶尽，取下冷却，转移至100ml容量瓶中，用水稀释至刻度，混匀，备用。

2.4.3 空白试验 除不加试样外，按2.4.2进行空白试验。

2.4.4 质控试验 称取与试样相当量的质量控制样品，同法操作制成质量控制样品溶液。

2.4.5 显色 移取适量定容后的溶液于50ml容量瓶中，加入5ml抗坏血酸溶液，摇匀，再依次加入14ml盐酸溶液（1+1），6ml二安替比林甲烷溶液，用水稀释至刻度，摇匀，放置40分钟，待测。

注：溶液移取体积根据试样中钛元素的含量而定。

2.4.6 标准系列工作液的制备 吸取0.000ml、0.500ml、1.00ml、2.50ml、5.00ml、10.0ml钛标准使用液，分别置于50ml容量瓶，加入5ml抗坏血酸溶液，摇匀，再依次加入14ml盐酸溶液（1+1）、6ml二安替比林甲烷溶液，用水稀释至刻度，摇匀，放置40分钟，此标准系列工作液中钛的浓度依次为0.000 μg/ml、0.100 μg/ml、0.200 μg/ml、0.500 μg/ml、1.00 μg/ml、2.00 μg/ml，待测。

2.4.7 标准曲线的绘制 以显色后的标准空白溶液为参比，用1cm比色皿，于420nm波长处，用紫外分光光度计测定显色后的标准系列工作液的吸光度。以标准系列工作液的浓度为横坐标，相应的吸光度为纵坐标，绘制标准曲线。

2.4.8 测定 在与测定标准溶液相同的实验条件下，测定显色后的待测溶液的吸光度。由标准曲线计算得试样溶液中钛的浓度。

2.5 计算

试样中二氧化钛的含量按下式计算。

$$X=\frac{(c_1-c_0) \times V_1 \times 50 \times 1000}{m \times V_2 \times 1000} \times 1.6681$$

式中：X为试样中二氧化钛的含量值（mg/kg）；c为由标准曲线得到的显色后试样溶液中钛

的浓度值（μg/ml）；c_0为由标准曲线得到的显色后空白溶液中钛的浓度值（μg/ml）；V_1为试样消解后初次定容的体积值（ml）；50为显色后试样溶液的定容体积值（ml）；m为称样量（g）；V_2为显色时移取试样溶液的体积值（ml）；1.6681为1g的钛相当于1.6681g二氧化钛。

计算结果保留2位有效数字。

2.6 精密度

在相同条件下获得的两次独立测定结果的绝对差值不得超过算术平均值的10%。

2.7 注意事项

2.7.1 本实验中尽量选择塑料容器。所有使用的器皿均需要以硝酸溶液（1+4）浸泡24小时以上，使用前用纯水反复冲洗干净。

2.7.2 关注空白试验了解试剂情况及整个体系情况，防止本底值导致结果误判。

2.7.3 抗坏血酸溶液需临用现配，暂时存放时需避光；显色剂二安替比林甲烷溶液需临用现配，且在加入后需严格按照标准要求时间放置，保证所测样品响应的正常。

2.7.4 紫外分光度计使用前预热15分钟，充分预热后再调节光路。

起草人：马　鑫（山西省食品药品检验所）

金丽鑫　黄泽玮（四川省食品药品检验检测院）

复核人：王媛媛（山西省食品药品检验所）

谭亚男　刘忠莹（四川省食品药品检验检测院）

第六节　碳酸饮料中二氧化碳气容量的检测

1 减压器法（常规检验法）

1.1 简述

参考GB/T 10792-2008《碳酸饮料（汽水）》制定本规程。

本规程适用于碳酸饮料中二氧化碳气容量的检测。

1.2 仪器和设备

检压器。

1.3 分析步骤

将碳酸饮料样品瓶（罐）用检压器上的针头刺穿瓶盖（或罐盖），旋开放气阀排气，待压力表指针回零后，立即关闭放气阀，将样品瓶（或罐）往复剧烈振摇约40秒，待压力稳定后，记下兆帕数（取小数后两位）。旋开放气阀，随即打开瓶盖（或罐盖），用温度计测量容器内液体的温度。

1.4 计算

根据测得的压力和温度，查碳酸气吸收系数表（见GB/T 10792-2008《碳酸饮料（汽水）》），即得二氧化碳气容量的容积倍数。

2 碳酸饮料中二氧化碳的测定方法（蒸馏滴定法）（仲裁法）

2.1 简述

参考GB/T 10792-2008《碳酸饮料（汽水）》制定本规程。

本规程适用于碳酸饮料中二氧化碳的测定。

试样经强碱、强酸处理后加热蒸馏，逸出的二氧化碳用氢氧化钠吸收生成碳酸盐。用氯化钡沉淀碳酸盐，再用盐酸滴定剩余的氢氧化钠，根据盐酸的消耗量，计算样品中二氧化碳的含量。

2.2 试剂和材料

磷酸二氢钠；氯化钡；酚酞；百里香酚酞；氢氧化钠；过氧化氢。

2.2.1 不含二氧化碳的水（应当天制备） 将水煮沸，煮去原体积的1/5~1/4，迅速冷却。

2.2.2 酸性磷酸盐溶液 称取100g磷酸二氢钠，溶于水中，加25ml磷酸转移至500ml容量瓶中，用水稀释至刻度。

2.2.3 氯化钡溶液 称取60g氯化钡，溶于1000ml水中，以酚酞–百里香酚酞为指示液，用氢氧化钠标准滴定溶液和盐酸标准滴定溶液中和至中性。

2.2.4 10%过氧化氢溶液（临用时制备） 取10ml过氧化氢，加20ml水。

2.2.5 酚酞–百里香酚酞指示液 将1g酚酞与0.5g百里香酚酞溶于100ml乙醇中。

2.2.6 50%氢氧化钠溶液 称取500g氢氧化钠，溶解于500ml水中，贮存于塑料瓶中，静置15天。

2.2.7 氢氧化钠标准滴定溶液 c（NaOH）=0.25mol/L。

2.2.8 盐酸标准滴定溶液 c（HCl）=0.25mol/L。

2.3 仪器和设备

二氧化碳蒸馏吸收装置；台式真空泵或抽气管（伽氏）；真空表（量程1~100kPa）；冰箱或冰–盐水浴；分析天平（感量0.0001g）。

2.4 分析步骤

2.4.1 试液的制备 将未开盖的汽水放入0℃以下冰–盐水浴（或冰箱的冷冻室）中，浸泡1~2小时，待瓶内汽水接近冰冻时（勿振摇）打开瓶盖，迅速加入50%氢氧化钠溶液的上层清液（每100ml汽水加2.0~2.5ml），立即用橡皮塞塞住，将瓶底向上，缓慢振摇数分钟后放至室温，待测定。

2.4.2 试液的蒸馏–吸收 取15.00~25.00ml上述制备好的试液（二氧化碳含量在0.06~0.15g）于500ml具支圆底烧瓶中，加入3ml 10%过氧化氢溶液和几粒多孔瓷片，连接吸收管，将分液漏斗紧密接到烧瓶上，不得漏气，预先在第一及第二支吸收管中，分别准确加入20ml 0.25mol/L人氢氧化钠标准滴定溶液，并将两支吸收管浸泡在盛水的烧杯中，在蒸馏吸收过程中，温度控制在25℃以下，在第三支吸收管中准确加入10ml 0.25mol/L人氢氧化钠标准滴定溶液及10ml氯化钡溶液，将三支吸收管串联。第三支吸收管一端连接真空泵，使整个装置密封，打开连接真空泵的两门，缓慢增加真空度，控制在14~20kPa（100~150mmHg），直至无气泡通过吸收管，继续抽气，使其保持真空状态，将35ml酸性磷酸盐溶液加入分液漏斗中，打开活塞，使酸性磷酸盐溶液缓慢滴入烧瓶中（约30ml），关闭活塞，摇动烧瓶，使样品与酸液充分混合，用调压器控制电炉温度，缓慢加热，使二氧化碳逐渐逸出，控制吸收管中有断断续续气泡上升，待第一支吸收管中约增加2~3ml馏出液。吸收管上部手感温热时，即表明烧瓶内的二氧化碳已全部逸出，并被吸收管内氢氧化钠所吸收，此时关闭第三支吸收管与真空泵之间的连接阀，关闭电炉，慢慢打开分液漏斗的活塞，通入空气，使压力平衡，将三支吸收管中的溶液合并洗入500ml锥形瓶中，并用少量水多次洗涤吸收管，洗液并入锥形瓶中，加入50ml氯化钡溶液，充分振摇，放置片刻。

2.4.3 滴定 在上述锥形瓶中，加入3滴酚酞 – 百里香酚酞指示液，用盐酸标准滴定溶液滴定至溶液为无色。记录消耗盐酸标准滴定溶液的毫升数。

2.5 计算

2.5.1 试样中二氧化碳含量 按下式计算。

$$X_1 = (c_1 + 50 - c_2 \times V_3) \times 0.022 \times \frac{100}{V_4} \times \frac{100 + V_5}{100}$$

式中：X_1为样品中二氧化碳含量值（%）；c_1为氢氧化钠标准滴定溶液的浓度值（mol/L）；50为加入三支吸收管中0.25mol/L氢氧化钠标准滴定溶液的体积（ml）；c_2为盐酸标准滴定溶液的浓度值（mol/L）；V_3为滴定时消耗0.25mol/L盐酸标准滴定溶液的体积（ml）；0.022为与1.00ml氢氧化钠标准滴定溶液［c（NaOH）=1.000mol/L相当的以克表示的二氧化碳的质量；V_4为蒸馏时取试液的体积（ml）；V_5为每100ml汽水中加入50%氢氧化钠溶液的上层清液的体积（ml）。

2.5.2 本方法与减压器法测定值之间的换算关系 按下式计算。

$$X_2 = \frac{1.9768 \times K}{1000} \times 100$$

式中：X_2为样品中二氧化碳含量值（%）；1.9768为在标准状况下二氧化碳的密度（g/L）；K为在某一个温度下用减压器法测得的二氧化碳气容量（倍）。

2.6 精密度

在相同条件下，获得的两次独立测定结果的绝对差值不得超过算术平均值的5.0%。

2.7 注意事项

整个实验过程需在通风橱内进行，需要做好防护措施。

起草人：马　鑫（山西省食品药品检验所）

伍雯雯（四川省食品药品检验检测院）

复核人：王媛媛（山西省食品药品检验所）

唐　静（四川省食品药品检验检测院）

第七节 乳和乳制品中非脂乳固体的检测

1 简述

参考GB 5413.39-2010《食品安全国家标准 乳和乳制品中非脂乳固体的测定》制定本规程。

本规程适用于乳和乳制品中非脂乳固体的检测。

先分别测定出乳和乳制品中的总固体含量、脂肪含量、蔗糖含量（如添加了蔗糖等非乳成分含量，也应扣除），再用总固体减去脂肪和蔗糖等非乳成分含量，即为非脂乳固体。

2 仪器和设备

分析天平（感量为0.0001g）；鼓风干燥箱；恒温水浴锅；平底皿盒（高20~25mm，直径50~70mm的带盖不锈钢或铝皿盒，或玻璃称量皿）；短玻璃棒。

3 试剂和材料

石英砂或海砂：可通过500μm孔径的筛子，不能通过180μm孔径的筛子，并通过下列适用性测试。将约20g的海砂同短玻棒一起放于一皿盒中，然后敞盖在100℃±2℃的干燥箱中至少烘2小时。把皿盒盖盖好后放入干燥器中冷却至室温后称量，准确至0.1mg。用5ml水将海砂润湿，用短玻棒混合海砂和水，将其再次放入干燥箱中干燥4小时。把皿盒盖盖好后放入干燥器中冷却至室温后称量，精确至0.1mg，两次称量的差不应超过0.5mg。如果两次称量的质量差超过了0.5mg，则需对海砂进行下面的处理后，才能使用。

海砂处理方法：将海砂在体积分数为25%的盐酸溶液中浸泡3天，经常搅拌。尽可能地倾出上清液，用水洗涤海砂，直到中性。在160℃条件下加热海砂4小时。然后重复进行适用性测试。

4 分析步骤

4.1 总固体的测定

在平底皿盒中加入20g石英砂或海砂，在100℃±2℃的干燥箱中干燥2小时，于干燥器冷却0.5小时，称量，并反复干燥至恒重。称取5.0g（精确至0.0001g）试样于恒重的皿内，置水浴上蒸干，擦去皿外的水渍，于100℃±2℃干燥箱中干燥3小时，取出放入干燥器中冷却0.5小时，称量，再于100℃±2℃干燥箱中干燥1小时，取出冷却后称量，至前后两次质量相差不超过1.0mg。

4.2 脂肪的测定

按照GB 5009.6-2016《食品安全国家标准 食品中脂肪的测定》中规定的方法测定。

4.3 蔗糖的测定

按照GB 5413.5-2010《食品安全国家标准 婴幼儿食品中和乳品中乳糖、蔗糖的测定》中规定的方法测定。

5　计算

5.1　总固体的计算

按下式计算。

$$X=\frac{(m_1-m_2)}{m}\times 100$$

式中：X为试样中总固体的含量值（g/100g）；m_1为皿盒、海砂加试样干燥后质量值（g）；m_2为皿盒、海砂的质量值（g）；m为试样的质量值（g）。

5.2　非脂乳固体的计算

按下式计算。

$$X_{NFT}=X-X_1-X_2$$

式中：X_{NFT}为试样中非脂乳固体的含量值（g/100g）；X为试样中总固体的含量值（g/100g）；X_1为试样中脂肪的含量值（g/100g）；X_2为试样中蔗糖的含量值（g/100g）。

结果保留3位有效数字。

6　精密度

在相同条件下获得的两次独立测定结果的绝对差值不得超过算术平均值的5%。

7　注意事项

7.1 选择玻璃皿（或不锈钢、铝皿）时，须选择直径为5~7cm的。

7.2 如果配料表中没有蔗糖，其非脂乳固体含量只需用总固体含量减去脂肪含量；如果配料表中有蔗糖，需要按照乳制品中蔗糖的测定操作规程的方法测定蔗糖含量，其非脂乳固体含量需用总固体含量减去脂肪含量及蔗糖的含量。

起草人：马　鑫（山西省食品药品检验所）
　　　　周　佳（四川省食品药品检验检测院）
复核人：王媛媛（山西省食品药品检验所）
　　　　周海燕（四川省食品药品检验检测院）

第八节　特殊医学用途配方食品中氟的检测

1　简述

参考GB/T 5009.18-2003《食品中氟的测定》第三法氟离子选择电极法制定本规程。

本规程适用于特殊医学用途配方食品中氟的检测。

氟离子选择电极的氟化镧单晶膜对氟离子产生选择性的对数响应，氟电极和饱和甘汞电极在被测试液中，电位差可随溶液中氟离子活度的变化而改变，电位变化规律符合能斯特（Nernst）方程式，见下式。

$$E=E^0-\frac{2.303RT}{F}\lg C_{F^-}$$

E 与 $\lg C_{F^-}$ 成线性关系。2.303 RT/F 为该直线的斜率（25℃时为59.16）。

与氟离子形成络合物的铁、铝等离子干扰测定，其他常见离子无影响。测量溶液的酸度 pH 为 5~6，用总离子强度缓冲剂，消除干扰离子及酸度的影响。

2 试剂和材料

除另有规定外，所有试剂均为分析纯，水为符合 GB/T 6682 中规定的二级水，试剂贮于聚乙烯塑料瓶中。

2.1 试剂

冰乙酸；乙酸钠（$CH_3COONa \cdot 3H_2O$）；柠檬酸钠（$Na_3C_6H_5O_7 \cdot 2H_2O$）；高氯酸；盐酸。

2.2 溶液配制

2.2.1 乙酸溶液（1mol/L） 取 60.06g 冰乙酸溶于 1000ml 水中。

2.2.2 乙酸钠溶液（3mol/L） 称取 204g 乙酸钠（$CH_3COONa \cdot 3H_2O$），溶于 300ml 水中，加乙酸（1mol/L）调节 pH 至 7.0，加水稀释至 500ml。

2.2.3 柠檬酸钠溶液（0.75mol/L） 称取 110g 柠檬酸钠（$Na_3COH_5O_7 \cdot 2H_2O$）溶于 300ml 水中，加 14ml 高氯酸，再加水稀释至 500ml。

2.2.4 总离子强度缓冲剂 乙酸钠溶液（3mol/L）与柠檬酸钠溶液（0.75mol/L）等量混合，临用时现配制。

2.2.5 盐酸溶液（1+11） 取 10ml 盐酸，加水稀释至 120ml。

2.3 氟标准品

1.0mg/ml，购买有标准物质证书的氟标准溶液氟标准使用液：吸取 1.00ml 氟标准溶液置于 100ml 容量瓶中，加水稀释至刻度。再吸取 10.00ml 上述稀释后氟标准溶液置于 100ml 容量瓶中，加水稀释至刻度。此溶液每毫升相当于 1.0μg 氟。

3 仪器和设备

天平（感量0.01g）；酸度计（精确到0.1mV）；氟电极；甘汞电极；磁力搅拌器、聚乙烯或聚四氟乙烯包裹的搅拌子；聚乙烯容量瓶（50ml，500ml）；聚乙烯量筒（25ml，100ml）；聚乙烯烧杯（25ml，500ml）；聚乙烯刻度吸量管（10ml，25ml）；塑料漏斗及对应规格的定性快速滤纸。

4 分析步骤

4.1 试样处理

称取 1.00g 试样，置于 50ml 容量瓶中，加 10ml 盐酸溶液，密闭浸泡提取 1 小时（不时轻轻摇动），应尽量避免试样粘于瓶壁上。提取后加25ml总离子强度缓冲剂，加水至刻度，混匀，用定性快速滤纸过滤，弃去初滤液5ml后，收集剩余滤液备用。

空白试验：除不加试样外，其余操作同试样处理。

4.2 标准系列溶液的配制

移取0ml、1.0ml、2.0ml、5.0ml、10.0ml氟标准使用液（相当0μg、1.0μg、2.0μg、5.0μg、10.0μg的氟），分别置于50ml容量瓶中，于各容量瓶中分别加入25ml总离子强度缓冲剂，10ml盐酸溶液，加水至刻度，混匀，备用。

4.3 测定

将氟电极和甘汞电极与测量仪器的负端与正端相联接。电极插入盛有水的25ml塑料烧杯中，杯中放1个搅拌子，在磁力搅拌器上搅拌，读取平衡时的电位值，更换塑料烧杯中的水，直到电位值相对平衡后，即可进行试样溶液与标准系列溶液的电位测定。

以电极电位为纵坐标，氟离子浓度为横坐标，绘制对数标准曲线，由标准曲线计算得出试样中氟离子浓度。

5 计算

试样中氟的含量按下式进行计算。

$$X = \frac{A \times V \times 1000}{m \times 1000}$$

式中：X为试样中氟的含量值（mg/kg）；A为测定用样液中氟的浓度值（μg/ml）；V为试样溶液总体积（ml）；m为称样量（g）；1000为单位换算系数。

计算结果保留2位有效数字。

6 精密度

在相同条件下获得的两次独立测定结果的绝对差值不得超过算术平均值的20%。

7 注意事项

7.1 电极使用前应用水洗净，测量标准溶液时，浓度应由稀至浓，每次测定前用该被测试液清洗电极、烧杯及搅拌子。

7.2 不得用手触摸电极的敏感膜，如果电极膜表面被有机物等沾污，必须先清洗干净后才能使用。

7.3 测定标准系列溶液后，应将电极清洗至原空白电位值，然后再测定试样液的电位。

7.4 测定过程中，更换溶液时，测量键应断开，以免损坏离子计。测定过程中，搅拌溶液的速度应恒定。

7.5 电极用后应用水充分冲洗干净，并用滤纸吸去水分，放在空气中，或者放在稀的氟化物标准溶液中。如果短时间不再使用，应洗净，吸去水分，套上保护电极敏感部位的保护帽。

7.6 通常用水清洗电极的电极电位至360mV以上平衡时，才可以进行测定。

起草人：马 鑫（山西省食品药品检验所）
张海红（山东省食品药品检验研究院）
复核人：王媛媛（山西省食品药品检验所）
王文特（山东省食品药品检验研究院）

第九节 天然矿泉水中氟化物的检测

1 简述

参考GB 8538–2016《食品安全国家标准饮用天然矿泉水检验方法》36.4 离子色谱法制定本规程。

本规程适用于饮用天然矿泉水中氟化物的检测。

水样注入仪器后，在淋洗液的携带下流经阴离子分离柱。由于水样中各种阴离子对分离柱中阴离子交换树脂的亲和力不同，移动速度亦不同，从而使彼此得以分离。随后流经阴离子抑制器，淋洗液被转变成水或碳酸，使背景电导降低。最后通过电导检测器，输出F^-的电导信号值（峰高或峰面积）。通过与标准比较，可做定性和定量分析。

若进样100μl时，则F^-定量限为0.01mg/L。

2 试剂和材料

除非另有说明，本方法所用试剂均为优级纯，水为GB/T 6682规定的一级水。

2.1 试剂

氢氧化钾（或氢氧化钠）。

2.2 溶液的配制

2.2.1 淋洗液 由淋洗液自动电解发生器（或其他能自动电解产生淋洗液的设备）在线产生或自行配制氢氧化钾（或氢氧化钠）淋洗液。

2.2.2 再生液 根据抑制器类型选择合适的再生液。

2.3 标准品

氟化钠（NaF），或使用经国家认证并授予标准物质证书的标准溶液。

2.4 标准溶液的配制

2.4.1 氟化物标准储备溶液[ρ（F^-）=1.000mg/ml] 称取2.210g在干燥器中干燥过的氟化钠（NaF），溶于少量淋洗使用液中，移入1000ml容量瓶，用淋洗使用液定容。储于聚乙烯瓶中，冰箱内保存。或使用经国家认证并授予标准物质证书的标准溶液。

2.4.2 标准使用溶液 吸取已放置至室温的氟化物标准储备溶液2.00ml于1000ml容量瓶中，

用淋洗液定容。此溶液氟化物的浓度为 2.00ml/L。

2.4.3 标准系列溶液的配制 分别吸取标准使用溶液 0ml、2.50ml、5.00ml、10.0ml、25.0ml、50.0ml 于 6 个 100ml 容量瓶中，用淋洗使用液定容，摇匀。所配制标准系列离子质量浓度见表 3-9-2。以下操作步骤同"试样测定"。

表3-9-2 标准系列F⁻质量浓度

离子	ρ (F⁻)（mg/L）					
F⁻	0.00	0.050	0.100	0.200	0.500	1.00

3 仪器和设备

离子色谱仪；阴离子分离柱；阴离子保护柱；阴离子抑制器；电导检测器。

4 分析步骤

4.1 试样预处理

试样经 0.22 μm 滤膜过滤，待测。

4.2 测定

4.2.1 色谱参考条件 柱温：30℃。淋洗液流量：1.0ml/min。进样量：100 μl。电导检测器灵敏度，根据待测离子含量设定。

4.2.2 标准曲线的绘制 以浓度为横坐标，峰高（或峰面积）为纵坐标，绘制 F⁻ 的标准曲线，由标准曲线计算得出试样中氟离子浓度。

5 计算

水样中 F⁻ 含量按下式计算：

$$\rho\ (F^-) = \frac{\rho_0}{0.9}$$

式中：ρ (F⁻) 为水样中 F⁻ 的浓度值（mg/L）；ρ_0 为由标准曲线计算得出试样中氟离子浓度值（mg/L）；0.9 为稀释水的校正系数。

6 精密度

在相同条件下，获得的两次独立测定结果的绝对差值不得超过算术平均值的10%。

7 注意事项

7.1 仪器使用过程中用到的超纯水要现取现用。

7.2 水样经 0.22 μm 滤膜过滤仍不能满足测定要求，需经滤过柱过滤。

7.3 进样小瓶需采用聚四氟乙烯材质。

7.4 氢氧根淋洗系统为保证压力恒定建议在淋洗液瓶中通入高纯氮。

7.5 碳酸根淋洗液上机前需做脱气处理。碳酸根淋洗系统是盐溶液，为避免管路长菌和堵塞，建议每次使用后取下色谱柱，密封管路，用超纯水冲洗完全。

7.6 仪器长时间不用，建议取下色谱柱密封保存，超纯水冲洗管路，密封保存。

起草人：马　鑫（山西省食品药品检验所）
夏玉吉（四川省食品药品检验检测院）
复核人：王媛媛（山西省食品药品检验所）
黄　萍（四川省食品药品检验检测院）

第十节　乳制品（除无水奶油）中水分和干物质含量的检测

1　简述

参考 GB 5009.3-2016《食品安全国家标准　食品中水分的测定》制定本规程。

利用食品中水分的物理性质，在 101.3kPa（一个大气压），温度 101~105℃下采用挥发方法测定样品中干燥减失的重量，包括吸湿水、部分结晶水和该条件下能挥发的物质，再通过干燥前后的称量数值计算出水分和干物质含量。

2　仪器和设备

扁形铝制或玻璃制称量瓶；电热恒温干燥箱；干燥器；天平（感量为 0.1mg）。

3　试剂与材料

除非另有说明，所用试剂均为分析纯，水为 GB/T 6682 规定的三级水。

3.1　试剂

氢氧化钠；盐酸；海砂。

3.2　溶液配制

3.2.1 盐酸溶液（6mol/L）　量取 50ml 盐酸，加水稀释至 100ml。

3.2.2 氢氧化钠溶液（6mol/L）　称取 24g 氢氧化钠，加水溶解并稀释至 100ml。

3.2.3 海砂　取用水洗去泥土的海砂、河沙、石英砂或类似物，先用盐酸溶液（6mol/L）煮沸 30 分钟，用水洗至中性，再用氢氧化钠溶液（6mol/L）煮沸 30 分钟，用水洗至中性，经 105℃干燥备用。

4　分析步骤

4.1　固体试样

取洁净铝制或玻璃制的扁形称量瓶，置于 101~105℃干燥箱中，瓶盖斜支于瓶边，加热 1

第三篇　食品中化学成分检测

小时，取出盖好，置干燥器内冷却30分钟，称量，并重复干燥至前后两次质量差不超过2mg，即为恒重。将混合均匀的试样迅速磨细至颗粒小于2mm，不易研磨的样品应尽可能切碎，称取2~10g试样（精确至0.0001g），放入此称量瓶中，试样厚度不超过5mm，如为疏松试样，厚度不超过10mm，加盖，精密称量后，置于101~105℃干燥箱中，瓶盖斜支于瓶边，干燥2~4小时后，盖好取出，放入干燥器内冷却30分钟后称量。然后再放入101~105℃干燥箱中干燥1小时左右，取出，放入干燥器内冷却30分钟后再称量。并重复以上操作至前后两次质量差不超过2mg，即为恒重。

4.2 半固体试样

取洁净的称量瓶，内加10g海砂（实验过程中可根据需要适当增加海砂的质量）及一根小玻棒，置于101~105℃干燥箱中，干燥1小时后取出，放入干燥器内冷却30分钟后称量，并重复干燥至恒重。然后称取5~10g试样（精确至0.0001g），置于称量瓶中，用小玻棒搅匀放在沸水浴上蒸干，并随时搅拌，擦去瓶底的水滴，置于101~105℃干燥箱中干燥4小时后盖好取出，放入干燥器内冷却30分钟后称量。然后再放入101~105℃干燥箱中干燥1小时左右，取出，放入干燥器内冷却30分钟后再称量。并重复以上操作至前后两次质量差不超过2mg，即为恒重。

5 计算

5.1 水分的含量

按下式计算。

$$X_1 = \frac{m_1 - m_2}{m_1 - m_3} \times 100$$

式中：X_1 为试样中水分的含量值（g/100g）；m_1 为称量瓶（加海砂、玻棒）和试样的质量值的总和（g）；m_2 为称量瓶（加海砂、玻棒）和试样干燥后的质量值的总和（g）；m_3 为称量瓶（加海砂、玻棒）的质量值（g）；100为单位换算系数。

5.2 干物质含量

按下式计算。

$$X_2 = 100 - X_1$$

式中：X_2 为试样中干物质的含量值（g/100g）；X_1 为试样中水分的含量值（g/100g）。

水分含量 ≥ 1g/100g时，计算结果保留三位有效数字；水分含量 < 1g/100g，计算结果保留2位有效数字。

6 精密度

相同条件下获得的两次独立测定结果的绝对差值不得超过算术平均值的10%。

7 注意事项

7.1 根据样品的蓬松程度选择称量瓶，样品铺平后其厚度不宜超过皿高的三分之一。

7.2 在进行水分测定时，称量瓶可以先用适宜的方法编码标记，称量瓶与瓶盖的编码一致。

7.3 称量瓶放入烘箱的位置，取出冷却、称重的顺序，最好先后一致。

7.4 干燥剂（硅胶、五氧化二磷或无水氯化钙）应保持在有效状态，硅胶呈蓝色；五氧化二磷呈粉末状（如表面呈结皮现象应除去结皮物）；无水氯化钙应呈块状。

7.5 在检测粘稠态样品（炼乳）时，所使用的海砂应先干燥至恒重，再加入试样准确称量，搅拌混匀后干燥至恒重。

7.6 干燥过程中需要防止异物落入称量瓶。

起草人：李　越（山西省食品药品检验所）

周　佳（四川省食品药品检验检测院）

复核人：王媛媛（山西省食品药品检验所）

周海燕（四川省食品药品检验检测院）

第十一节　鸡精调味料中谷氨酸钠的检测

1　简述

参考SB/T 10371-2003《鸡精调味料》制定本规程。

利用氨基酸的两性作用，加入甲醛以固定氨基的碱性，使羧基显示出酸性，用氢氧化钠标准溶液滴定后定量，以酸度计测定终点。

2　仪器和设备

酸度计；磁力搅拌器；碱式滴定管（25ml）。

3　试剂和材料

3.1　甲醛（36%）

应不含有聚合物。

3.2　氢氧化钠标准滴定溶液

c（NaOH）=0.050mol/L，按GB/T 601-2016《化学试剂标准滴定溶液的制备》配制与标定或购买经国家认证并授予标准物质证书的氢氧化钠标准溶液。

4　分析步骤

4.1 取整袋样品，入研钵，研钵均匀，四分法取样，准确称取均匀样品3~4g（精确至0.0001g），用适量水溶解，移入100ml容量瓶中，加水至刻度，得到样品溶液。混匀后吸取10.00ml样品溶液，置于200ml的烧杯中，加60ml水，开动磁力搅拌器（适当速度，切勿飞溅），用氢氧化钠标准滴定溶液（0.05mol/L或0.1mol/L）滴定至酸度计指示pH 8.2。

第三篇　食品中化学成分检测

4.2 加入10.0ml甲醛溶液，混匀。再用氢氧化钠标准滴定溶液（0.05mol/L或0.1mol/L）滴定至酸度计指示pH 9.6，记下加入甲醛溶液后消耗氢氧化钠标准滴定溶液（0.05mol/L）的毫升数。

4.3 空白试验：取70ml水，先用氢氧化钠标准滴定溶液（0.05mol/L或0.1mol/L）调节至pH为8.2，再加入10.0ml甲醛溶液，用氢氧化钠标准滴定溶液（0.05mol/L或0.1mol/L）滴定至pH 9.6。

5 计算

样品中谷氨酸钠的含量按下式计算。

$$X_1 = \frac{(V_1 - V_0) \times c_1 \times 0.187}{M \times (V_2/100)} \times 100$$

式中：X_1 为样品中中谷氨酸钠（含1分子结晶水）的含量值（g/100g）；V_1 为测定用样品稀释液加入甲醛后消耗氢氧化钠标准溶液的体积（ml）；V_0 为试剂空白试验加入甲醛后消耗氢氧化钠标准溶液的体积（ml）；c_1 为氢氧化钠标准溶液的准确浓度值（mol/L）；0.187 为与1.00ml氢氧化钠标准滴定液 [c（NaOH）=1.000mol/L] 相当的1分子结晶水谷氨酸钠的质量（g）；M 为样品的质量（g）；V_2 为样品溶液取用量（ml）。

计算结果保留3位有效数字。

6 精密度

相同条件下获得的两次独立测定结果的绝对差值不得超过算术平均值的1%。

7 注意事项

7.1 本实验中使用到甲醛试剂，故应在通风良好的通风橱内进行。

7.2 如果标准滴定液消耗量偏大，调整氢氧化钠标准滴定液浓度为0.1mol/L。

7.3 取样时需要注意样品的均匀性，因谷氨酸钠和氯化钠晶型结构不一样，样品极易不均匀，测量时需要整袋混匀，研磨均匀，四分法取样，避免结果不平行。

7.4 甲醛不应放置时间过长，否则会有聚合物产生，甲醛浓度会影响到测定结果。测定试样时加入甲醛溶液后也应立即滴定，否则会有聚合物产生。

起草人：李　越（山西省食品药品检验所）
　　　　王　鑫　陆　阳（四川省食品药品检验检测院）
复核人：王媛媛（山西省食品药品检验所）
　　　　谭亚男　刘忠莹　周　佳（四川省食品药品检验检测院）

第十二节　食品中过氧化值的检测

1 简述

参考GB 5009.227–2016《食品安全国家标准　食品中过氧化值的测定》制定本规程。

本规程适用于肉制品、水产制品中过氧化值的检测。

制备的油脂试样在三氯甲烷和冰乙酸中溶解，其中的过氧化物与碘化钾反应生成碘，用硫代硫酸钠标准溶液滴定析出的碘。用过氧化物相当于碘的质量分数表示过氧化值的量。

2　仪器和设备

碘量瓶（250ml）；滴定管（10ml，最小刻度为0.05ml）；滴定管（25ml或50ml，最小刻度为0.1ml）；天平（感量为1mg、0.01mg）；电热恒温干燥箱；旋转蒸发仪。

注：本方法中使用的所有器皿不得含有还原性或氧化性物质。磨砂玻璃表面不得涂油。

3　试剂和材料

除非另有说明，所用试剂均为分析纯，水为GB/T 6682规定的三级水。

3.1　试剂

冰乙酸；三氯甲烷；碘化钾；硫代硫酸钠（$Na_2S_2O_3 \cdot 5H_2O$）；石油醚（沸程为30~60℃）；无水硫酸钠；可溶性淀粉；重铬酸钾（$K_2Cr_2O_7$，工作基准试剂）。

3.2　溶液配制

3.2.1 三氯甲烷－冰乙酸混合液（体积比40+60）　量取40ml三氯甲烷，加60ml冰乙酸，混匀。

3.2.2 碘化钾饱和溶液　称取20g碘化钾，加入10ml新煮沸冷却的水，摇匀后贮于棕色瓶中，存放于避光处备用。要确保溶液中有饱和碘化钾结晶存在。使用前检查：在30ml三氯甲烷－冰乙酸混合液中添加1.00ml碘化钾饱和溶液和2滴1%淀粉指示剂，若出现蓝色，并需用1滴以上的0.01mol/L硫代硫酸钠溶液才能消除，此碘化钾溶液不能使用，应重新配制。

3.2.3 1%淀粉指示剂　称取0.5g可溶性淀粉，加少量水调成糊状。边搅拌边倒入50ml沸水，再煮沸搅匀后，放冷备用。临用前配制。

3.2.4 石油醚的处理　取100ml石油醚于蒸馏瓶中，在低于40℃的水浴中，用旋转蒸发仪减压蒸干。用30ml三氯甲烷－冰乙酸混合液分次洗涤蒸馏瓶，合并洗涤液于250ml碘量瓶中。准确加入1.00ml饱和碘化钾溶液，塞紧瓶盖，并轻轻振摇0.5分钟，在暗处放置3分钟，加1.0ml淀粉指示剂后混匀，若无蓝色出现，此石油醚用于试样制备；如加1.0ml淀粉指示剂混匀后有蓝色出现，则需更换试剂。

3.3　标准溶液配制

3.3.1 0.1mol/L 硫代硫酸钠标准溶液　称取26g硫代硫酸钠（$Na_2S_2O_3 \cdot 5H_2O$），加0.2g无水碳酸钠，溶于1000ml水中，缓缓煮沸10分钟，冷却。放置两周后过滤、标定。

3.3.2 0.01mol/L 硫代硫酸钠标准溶液　由3.3.1以新煮沸冷却的水稀释而成。临用前配制。

3.3.3 0.002mol/L硫代硫酸钠标准溶液　由3.3.1以新煮沸冷却的水稀释而成。临用前配制。

4　分析步骤

4.1　试样制备

取有代表性样品的可食部分，将其破碎并充分混匀后置于广口瓶中，加入2~3倍样品体积的石油醚（3.2.4），摇匀，充分混合后静置浸提12小时以上，经装有无水硫酸钠的漏斗过滤，取滤液，在低于40℃的水浴中，用旋转蒸发仪减压蒸干石油醚，残留物即为待测试样。

4.2 测定

试样测定过程应避免阳光直射。

称4.1中制备的试样2~3g（精确至0.001g），置于250ml碘量瓶中，加入30ml三氯甲烷-冰乙酸混合液，轻轻振摇使试样完全溶解。准确加1.00ml饱和碘化钾溶液，塞紧瓶盖，并轻轻振摇0.5分钟，在暗处放置3分钟。取出加100ml水，摇匀后立即用硫代硫酸钠标准溶液（过氧化值估计值在0.15g/100g及以下时，用0.002mol/L标准溶液；过氧化值估计值大于0.15g/100g时，用0.01mol/L标准溶液）滴定析出的碘，滴定至淡黄色时，加1ml淀粉指示剂，继续滴定并强烈振摇至溶液蓝色消失为终点。同时，除不加样品外，同4.1及4.2操作方法进行空白试验。空白试验所消耗0.01mol/L硫代硫酸钠溶液体积V_0不得超过0.1ml。

5 计算

5.1 用过氧化物相当于碘的质量分数表示过氧化值时

按下式计算。

$$X_1 = \frac{(V_1-V_0) \times c \times 0.1269}{m} \times 100$$

式中：X_1为过氧化值（g/100g）；V_1为试样消耗的硫代硫酸钠标准溶液体积（ml）；V_0为空白试验消耗的硫代硫酸钠标准溶液体积（ml）；c为硫代硫酸钠标准溶液的浓度值（mol/L）；0.1269为与1.00ml硫代硫酸钠标准滴定溶液［c（$Na_2S_2O_3$）=1.000mol/L］相当的碘的质量；m为试样质量（g）；100为单位换算系数。

5.2 用1kg样品中活性氧的毫摩尔数表示过氧化值时

按下式计算。

$$X_1 = \frac{(V_1-V_0) \times c}{m \times 2} \times 1000$$

式中：X_2为过氧化值（mmol/kg）；V为试样消耗的硫代硫酸钠标准溶液体积（ml）；V_0为空白试验消耗的硫代硫酸钠标准溶液体积（ml）；c为硫代硫酸钠标准溶液的浓度值（mol/L）；m为试样质量（g）；1000为单位换算系数。

计算结果保留2位有效数字。

6 精密度

在相同条件下获得的两次独立测定结果的绝对差值不得超过算术平均值的10%。

7 注意事项

7.1碘化钾饱和溶液：在暗处保存，使用前注意检查，若溶液呈淡黄色，有游离碘析出时，需重新配制。

7.2淀粉指示剂应在临近终点时加入，即在硫代硫酸钠标准溶液滴定碘至浅黄色再加入淀粉，否则碘和淀粉吸附太牢，终点时颜色不易褪去，致使终点出现迟，引起误差。

7.3对于固态油样，可微热溶解，并适当多加三氯甲烷–冰乙酸混合液。试样取用量较大时，在加三氯甲烷–冰乙酸混合液后有时会出现互不相溶的两层，此时可适当增加用量。

起草人：李　越（山西省食品药品检验所）

黄丽娟（四川省食品药品检验检测院）

高牡丹（山东省食品药品检验研究院）

复核人：王媛媛（山西省食品药品检验所）

成长玉（四川省食品药品检验检测院）

厉玉婷（山东省食品药品检验研究院）

第十三节　饮用水中耗氧量的检测

1　简述

参考GB 8538–2016《食品安全国家标准　饮用天然矿泉水检验方法》制定本规程。

本规程适用于瓶（桶）装饮用水中耗氧量的检测。酸性高锰酸钾滴定法适用水中氯化物质量浓度低于300mg/L（以Cl^-计）的瓶（桶）装饮用水中耗氧量的检测。碱性高锰酸钾滴定法适用于中氯化物质量浓度高于300mg/L（以Cl^-计）的瓶（桶）装饮用水中耗氧量的检测。

酸性高锰酸钾滴定法是高锰酸钾在酸性溶液中将还原性物质氧化，过量的高锰酸钾用草酸还原。将高锰酸钾消耗量以氧（O_2）表示。

碱性高锰酸钾滴定法是高锰酸钾在碱性溶液中将还原性物质氧化，酸化后过量高锰酸钾用草酸钠溶液滴定。将高锰酸钾消耗量以氧（O_2）表示。

当采用100ml水样时，两种滴定法定量限均为0.05mg/L，最高可测定耗氧量均为5.0mg/L（以O_2计）。

2　仪器和设备

恒温水浴锅；锥形瓶（250ml）；滴定管；分度吸量管；量筒。

3　试剂和材料

除非另有说明，所用试剂均为分析纯，水为GB/T 6682规定的三级水。

3.1　试剂

高锰酸钾；草酸钠；硫酸；氢氧化钠。

第三篇　食品中化学成分检测

3.2 溶液配制

3.2.1 高锰酸钾溶液［c（1/5KMnO₄）=0.1mol/L］ 配制：称取 3.3g 高锰酸钾（KMnO₄），溶于少量水中，并定容至 1000ml。煮沸 15 分钟，静置 2 周。然后用玻璃砂芯漏斗过滤至棕色瓶中，置暗处保存。

标定：吸取 25.00ml 草酸钠标准工作溶液（3.2.5）于 250ml 锥形瓶中，加入 75ml 新煮沸放冷的水及 2.5ml 硫酸（ρ_{20}=1.84g/ml）。迅速自滴定管中加入约 24ml 高锰酸钾溶液，待褪色后，加热至 65℃，再继续滴定呈微红色并保持 30 秒不褪。当滴定终了时，溶液温度不低于 55℃。记录高锰酸钾溶液用量。

高锰酸钾溶液浓度按下式计算。

$$c（1/5KMnO_4）=\frac{0.1000 \times 25.00}{V}$$

式中：c（1/5KMnO₄）高锰酸钾溶液的浓度（mol/L）；V 为高锰酸钾溶液的用量（ml）。

3.2.2 高锰酸钾标准溶液［c（1/5KMnO₄）=0.01mol/L］ 将高锰酸钾溶液准确稀释 10 倍。

3.2.3 硫酸溶液（1+3） 将 1 体积硫酸（ρ_{20}=1.84g/ml）在水浴冷却下缓缓加到 3 体积水中，煮沸，滴加高锰酸钾溶液至溶液保持微红色。

3.2.4 草酸钠标准储备溶液［c（1/2Na₂C₂O₄）=0.1mol/L］ 称取 6.701g 草酸钠（Na₂C₂O₄），溶于少量水中，并于 1000ml 容量瓶中用水定容。置暗处保存。

3.2.5 草酸钠标准工作溶液［c（1/2Na₂C₂O₄）=0.01mol/L］ 将草酸钠标准储备溶液用水准确稀释 10 倍。

3.2.6 氢氧化钠溶液（500g/L） 称取 50g 氢氧化钠（NaOH），溶于水中，稀释至 100ml。

4 分析步骤

4.1 酸性高锰酸钾滴定法

4.1.1 锥形瓶的预处理 向 250ml 锥形瓶内加入 1ml 硫酸溶液及少量高锰酸钾标准溶液。煮沸数分钟，取下锥形瓶用草酸钠标准工作溶液滴定至微红色，将溶液弃去。

4.1.2 吸取 100.0ml 充分混匀的水样（若水样中有机物含量较高，可取适量水样以水稀释至 100ml），置于上述处理过的锥形瓶中。加入 5ml 硫酸溶液。加入 10.00ml 高锰酸钾标准溶液。

4.1.3 将锥形瓶放入沸腾的水浴中，准确放置 30 分钟，如加热过程中红色明显减褪，应将水样稀释重做。

4.1.4 取下锥形瓶，趁热加入 10.00ml 草酸钠标准工作溶液，充分振摇，使红色褪尽。

4.1.5 于白色背景上，自滴定管滴入高锰酸钾标准溶液，至溶液呈微红色即为终点。记录用量 V_1（ml）。

4.1.6 向滴定至终点的水样中，趁热（70~80℃）加入 10.00ml 草酸钠标准工作溶液。立即用高锰酸钾标准溶液滴定至微红色，记录用量 V_2（ml）。如高锰酸钾标准溶液物质的量浓度为准确的 0.0100mol/L 滴定时用量应为 10.00ml，否则可按下式求校正系数（K）。

$$K = \frac{10}{V_2}$$

4.1.7 如水样用水稀释，则另取100ml水，同上述步骤滴定，记录高锰酸钾标准溶液消耗量 V_0（ml）。

4.2 碱性高锰酸钾滴定法

吸取100.0ml水样于250ml处理过的锥形瓶内，处理方法见上述酸性高锰酸钾滴定法中"锥形瓶的预处理"，加入0.5ml氢氧化钠溶液及10.00ml高锰酸钾标准溶液，于沸水浴中准确加热30分钟。取下锥形瓶，趁热加入5ml硫酸溶液及10.00ml草酸钠标准工作溶液，振摇均匀至红色褪尽。由滴定管滴加高锰酸钾标准溶液至微红色，即为终点。记录用量 V_1（ml）。

按 $K = \dfrac{10}{V_2}$ 计算高锰酸钾标准溶液的校正系数。

如水样需水稀释后测定，则另取100ml水，同上述步骤滴定，记录高锰酸钾标准溶液消耗量 V_0（ml），计算100ml水的耗氧量。

5 计算

按下式计算试样耗氧量。

$$\rho\left(O_2\right) = \frac{\left[\left(10 + V_1\right) \times K - 10\right] \times c \times 8 \times 1000}{100}$$

如水样用水稀释，则水样的耗氧量计算：

$$\rho\left(O_2\right) = \frac{\left\{\left[\left(10 + V_1\right) \times K - 10\right] - \left[\left(10 + V_0\right) \times K - 10\right] R\right\} \times c \times 8 \times 1000}{V_3}$$

式中：R 为稀释水样时，水在100ml体积内所占的比例值。V_1 为水样消耗高锰酸钾标准溶液体积（ml）；K 为高锰酸钾标准溶液的校正系数；V_0 为100ml水消耗高锰酸钾标准溶液体积（ml）；ρ 为耗氧量的质量浓度（以 O_2 计）（mg/L）；c 为高锰酸钾标准溶液的浓度（mol/L）；V_3 为水样体积（ml）；8为与1.00ml高锰酸钾标准溶液 $\left[c\left(1/5KMnO_4\right) = 1.000mol/L\right]$ 相当的以毫克表示的氧质量。

计算结果保留至小数点后一位。

6 精密度

在相同条件下获得的两次独立测定结果的绝对差值不得超过算术平均值的10%。

7 注意事项

7.1 浓硫酸有腐蚀性，硫酸溶液（1+3）配制时要注意防护，配制硫酸溶液时要大量放热，防止烫伤。

7.2 碱性高锰酸钾法需要用到的氢氧化钠溶液（500g/L）配制时要大量放热，防止烫伤，该氢氧化钠溶液具有腐蚀性，配制和使用时要注意防护。

7.3 分析测定时试样是从沸水浴中取出，并立即进行后续实验操作，要注意防护，防止烫伤。

7.4 滴定速度的控制：开始时慢，需一滴一滴地加入，当第一滴颜色褪了以后再加第二滴，至高锰酸钾的颜色迅速褪掉成自身催化剂后，再逐滴地快速加入。如果速度太快，可影响反应速度，太慢会使水样的温度偏低，最后都会影响结果的准确度。

7.5 滴定终点的判断，试样溶液由无色变成微红色，且微红色保持30秒不褪色，即为终点。

7.6 计算高锰酸钾标准溶液的校正系数，操作中滴定至终点的水样要维持在70~80℃，所以前面对该水样的分析测定要准确快速完成。

7.7 测定时如水样消耗的高锰酸钾标准溶液超过了加入量的一半，是由于高锰酸钾标准溶液的浓度过低，影响了氧化能力，使测定结果偏低。遇此情况，应取少量试样稀释后重做。

起草人：李　越（山西省食品药品检验所）

夏玉吉（四川省食品药品检验检测院）

复核人：王媛媛（山西省食品药品检验所）

黄　萍（四川省食品药品检验检测院）

第十四节　蜂王浆中灰分的检测

1　简述

参考 GB 9697-2008《蜂王浆》制定本规程。

本规程适用于蜂王浆中灰分的测定。

蜂王浆经灼烧后所残留的无机物质称为灰分。灰分数值用灼烧、称重后计算得出。

2　试剂和材料

浓硫酸：分析纯（95%~98%）。

3　仪器和设备

分析天平（感量0.0001g）；石英或瓷坩埚；干燥器（内置硅胶干燥剂）；马弗炉。

4　分析步骤

4.1 将坩埚置于马弗炉中，在700~800℃下灼烧至恒重并准确称量。

4.2 称取试样约1.5g（精确至0.0001g），置于已灼烧恒重的坩埚中，先小火加热使样品充分炭化至无烟，冷却至室温后加浓硫酸0.5~1ml，浸润样品，低温加热除尽硫酸蒸汽后，将样品放置700~800℃的马弗炉中灼烧至无炭粒即灰化完全。待温度降至200℃以下后取出，放入干燥器中冷却至室温、称量。重复灼烧至前后两次称量相差不超过0.3g为恒量。

5　计算

灰分含量按下式计算。

$$X = \frac{m_2 - m_1}{m_3 - m_1} \times 100$$

式中：X为蜂王浆中灰分含量（％）；m_1为坩埚的质量（g）；m_2为坩埚和灰分的质量值的总和（g）；m_3为坩埚和试样的质量值的总和（g）；100为单位换算系数。

试样中灰分含量≥10g/100g时，保留三位有效数字；试样中灰分含量＜10g/100g时，保留两位有效数字。

6　精密度

在相同条件下获得的两次平行试验相对偏差不得超过2.0%。

7　注意事项

7.1 称量样品前充分混匀试样，试样均匀平铺；炭化过程中，坩埚盖斜盖在（留有缝隙）坩埚上小火加热；置于马弗炉灼烧过程中，坩埚盖斜靠在坩埚一侧。

7.2 干燥器中的变色硅胶保证颜色为蓝色，如果蓝色变浅或变为红色，应取出放在瓷盘中，置于干燥箱中于110℃下烘干至变为蓝色，取出直接放入干燥器内。

7.3 试样灼烧结束后，待温度降至200℃左右时应在马弗炉内把坩埚盖盖好后再取出放入干燥器中。

7.4 试样在干燥器中冷却至室温后尽快称量，不宜在干燥器中长时间放置。

起草人：方亚莉（山西省食品药品检验所）

程月红（山东省食品药品检验研究院）

复核人：王媛媛（山西省食品药品检验所）

鲍连艳（山东省食品药品检验研究院）

第十五节　食品中挥发性盐基氮的检测

1　简述

参考GB 5009.228-2016《食品安全国家标准　食品中挥发性盐基氮的测定》第一法半微量定氮法制定本规程。

本规程适用于畜禽肉、水产品及水产制品中挥发性盐基氮的检测。

挥发性盐基氮是动物性食品由于酶和细菌的作用，在腐败过程中使蛋白质分解而产生氨以及胺类等碱性含氮物质。该物质具有挥发性，在碱性溶液中蒸出，利用硼酸溶液吸收后，用标准酸溶液滴定计算挥发性盐基氮含量。

当称样量为20.0g时，检出限为0.18mg/100g；当称样量为10.0g时，检出限为0.35mg/100g。

2 试剂和材料

本方法所用试剂均为分析纯，水为GB/T 6682规定的三级水。

2.1 试剂

氧化镁；硼酸；盐酸或硫酸；甲基红指示剂；溴甲酚绿指示剂（$C_{21}H_{14}Br_4O_5S$）或亚甲基蓝指示剂（$C_{16}H_{18}ClN_3S \cdot 3H_2O$）；95%乙醇；消泡硅油。

2.2 溶液配制

2.2.1 氧化镁混悬液（10g/L） 称取10g氧化镁，加1000ml水，振摇成混悬液。

2.2.2 硼酸溶液（20g/L） 称取20g硼酸，加水溶解后并稀释至1000ml。

2.2.3 盐酸标准滴定溶液（0.1000mol/L）或硫酸标准滴定溶液（0.1000mol/L） 按照GB/T 601制备。

2.2.4 盐酸标准滴定溶液（0.0100mol/L）或硫酸标准滴定溶液（0.0100mol/L） 临用配制。

2.2.5 甲基红乙醇溶液（1g/L） 称取0.1g甲基红，溶于95%乙醇，溶解后用95%乙醇稀释至100ml。

2.2.6 亚甲基蓝乙醇溶液（1g/L） 称取0.1g亚甲基蓝，溶于95%乙醇，溶解后用95%乙醇稀释至100ml。

2.2.7 溴甲酚绿乙醇溶液（1g/L） 称取0.1g溴甲酚绿，溶于95%乙醇，溶解后用95%乙醇稀释至100ml。

2.2.8 混合指示液 1份甲基红乙醇溶液与5份溴甲酚绿乙醇溶液临用时混合，也可用2份甲基红乙醇溶液与1份亚甲基蓝乙醇溶液，临用时混合。

3 仪器和设备

电子分析天平（感量为1mg）；具塞锥形瓶；智能一体化蒸馏仪；吸量管；聚四氟乙烯滴定管。

4 分析步骤

4.1 蒸馏仪清洗

实验开始前，将蒸馏水加入蒸馏瓶内，塞上瓶塞，依次放到加热炉上，蒸馏瓶的瓶口与冷凝瓶密封连通，打开电源，设定实验所需要的程序，进行空蒸，清洗。

4.2 试样处理

水产品去除外壳、皮、头部、内脏、骨刺，取可食部分，粉碎搅匀。

畜禽肉取肌肉部分，粉碎搅匀。

水产制品直接粉碎搅匀。

准确称取试样20g（水产干制品准确称取试样10g），精确至0.001g，置于250ml具塞锥形瓶中，准确加入100.0ml水，盖塞不时振摇，试样在样液中分散均匀，浸渍30分钟后过滤。

4.3 测定

向接收瓶内加入10ml硼酸溶液，5滴混合指示液，并使冷凝管下端的引流管插入液面以下，准确吸取10.00ml滤液加入蒸馏瓶内，向瓶内加入150ml水，混匀后连接到冷凝装置，再向蒸馏瓶内加入5ml氧化镁混悬液，立即塞好玻璃塞，开始蒸馏。待溶液煮沸后再蒸馏5分钟，移动接收瓶使液面离开引流管下端，再蒸馏1分钟。然后用少量水冲洗引流管下端外部，取下蒸馏液接收瓶，盖好塞子。

以盐酸或硫酸标准滴定溶液（0.0100mol/L）直接滴定馏出液至终点。使用甲基红乙醇–溴甲酚绿乙醇溶液混合指示液，终点颜色至紫红色。使用甲基红乙醇–亚甲基蓝乙醇溶液混合指示液，终点颜色至蓝紫色。

空白试验：除了不加试样外其余同供试品同步操作。

5 计算

试样中挥发性盐基氮的含量按下式计算。

$$X = \frac{(V_1 - V_2) \times c \times 14}{m \times (V/V_0)} \times 100$$

式中：X为试样中挥发性盐基氮的含量值（mg/100g）；V_1为试液消耗盐酸或硫酸标准滴定溶液的体积（ml）；V_2为试剂空白消耗盐酸或硫酸标准滴定溶液的体积（ml）；c为盐酸或硫酸标准滴定溶液的浓度（mol/L）；14为滴定1.0ml盐酸 [$c(HCl) = 1.000$mol/L] 或硫酸 [$c(1/2H_2SO_4)$ $= 1.000$mol/L] 标准滴定溶液相当的氮的质量（g/mol）；m为称样量（g）；V为准确吸取的滤液体积（ml）；V_0为样液总体积（ml）；100为单位换算系数。

结果保留3位有效数字。

6 精密度

在相同条件下获得的两次独立测定结果的绝对差值不得超过算数平均值的10%。

7 注意事项

7.1 样品粉碎均匀后，应立即试验，若不及时使用，则需要冷冻保存。

7.2 硼酸溶液可以根据实验情况适当增加用量，以保证引流管底端处于接收瓶液面以下。

7.3 在蒸馏瓶中加入氧化镁溶液后应立即盖塞，以防损失；盖塞后可加水密封，以保证整个装置的密闭性。

7.4 整个蒸馏过程，加热炉应一直处于加热状态，防止出现倒吸现象。

7.5 滤液应及时使用，不能及时使用的滤液置冰箱内0~4℃冷藏备用。

7.6 若蒸馏过程中出现泡沫较多情况时，可滴加5滴消泡硅油。

起草人：方亚莉（山西省食品药品检验所）

毕会芳（山东省食品药品检验研究院）

复核人：王媛媛（山西省食品药品检验所）

刘 睿（山东省食品药品检验研究院）

第三篇 食品中化学成分检测

第十六节　瓶（桶）装饮用水中浑浊度的检测

1　简述

参考GB/T 5750.4-2006《生活饮用水标准检验方法　感官性状和物理指标》制定本规程。本规程适用于瓶（桶）装饮用水中浑浊度的检测。

浑浊度是反映饮用水的物理性状的一项指标。在相同条件下用福尔马肼标准混悬液散射光的强度和水样散射光的强度进行比较。散射光的强度越大，表示浑浊度越高。

该方法浑浊度最低检测浑浊度为0.5散射浊度单位（NTU）。

2　试剂和材料

除非另有说明，本方法所用试剂均为分析纯，水为GB/T 6682规定的三级水，纯水经0.22μm膜滤过滤。

2.1　试剂

硫酸肼$[(NH_2)_2 \cdot H_2SO_4]$；环六亚甲基四胺$[(CH_2)_6N_4]$。

2.2　溶液配制

2.2.1 硫酸肼溶液（10g/L）　称取1.000g硫酸肼$[(NH_2)_2 \cdot H_2SO_4]$加水溶解，并定容至100ml容量瓶中。

2.2.2 环六亚甲基四胺溶液（100g/L）　称取10.00g环六亚甲基四胺$[(CH_2)_6N_4]$加水溶解，并定容至100ml容量瓶中。

2.2.3 福尔马肼标准混悬液　分别吸取5.00ml硫酸肼溶液，5.00ml环六亚甲基四胺溶液于100ml容量瓶内，混匀，在25℃±3℃放置24小时后，加入纯水至刻度，混匀。此标准混悬液浑浊度为400NTU。本标准溶液可使用一个月。或使用经国家认证并授予标准物质证书的标准溶液。

2.2.4 福尔马肼标准工作液　将福尔马肼标准混悬液用纯水稀释10倍。稀释后浑浊度为40NTU，使用时再根据需要适当稀释。

3　仪器和设备

散射式浑浊度仪。

4　分析步骤

按仪器使用说明书进行操作，浑浊度超过40NTU时，可用水稀释后测定。

5　计算

根据仪器测定时所显示的浑浊度读数乘以稀释倍数计算出结果。

6 精密度

在重复性条件下获得的两次独立测定结果的绝对差值不得超过算数平均值的10%。

7 注意事项

7.1 硫酸肼溶液具有致癌毒性，配制和使用该溶液要特别注意，避免吸入、摄入、皮肤接触。

7.2 实验室配制的福尔马肼标准混悬液不稳定，仅能使用一个月，建议购买经国家认证并授予标准物质证书的福尔马肼标准溶液，目前此类标准溶液可稳定存放、使用一年。

起草人：方亚莉（山西省食品药品检验所）

夏玉吉（四川省食品药品检验检测院）

复核人：王媛媛（山西省食品药品检验所）

黄　萍（四川省食品药品检验检测院）

第十七节　食用油中极性组分的检测

1 简述

参考GB 5009.202-2016《食品安全国家标准　食用油中极性组分（PC）的测定》制定本规程。

本规程适用于食用油、油脂及其制品中极性组分的检测。

通过柱层析技术的分离，试样溶液被分为非极性组分和极性组分两部分，其中非极性组分首先被洗脱并蒸干溶剂后称重，扣除非极性组分的剩余部分即为极性组分。

2 试剂和材料

除非另有说明，本方法所用试剂均为分析纯，水为GB/T 6682规定的一级水。

2.1 试剂

2.1.1 柱层析吸附剂　硅胶60，SiO_2，粒径为0.063~0.200mm的无定形硅胶；平均孔径6 nm；孔体积0.74~0.84ml/g；比表面积480~540m^2/g；pH 6.5~7.5，水分含量4.4%~5.4%。

2.1.2 海砂　化学纯。

2.2 溶液配制

非极性组分洗脱液：870ml的石油醚中加入130ml的乙醚，充分混匀，用时现配。因其挥发性，操作需在通风橱内。

第三篇 食品中化学成分检测

3 仪器和设备

3.1 玻璃层析柱

内径21mm，长450mm，下部有聚四氟乙烯活塞阀门，活塞阀门上部的层析柱内部具有一层砂芯筛板，且该层砂芯筛板能有效阻止吸附剂下漏出层析柱，且当竖直加入20ml的石油醚后，将活塞阀门开至最大，所有石油醚在2.5分钟内流尽。

3.2 250ml圆底烧瓶或平底烧瓶

带标准磨口。

4 分析步骤

4.1 试样制备

试样的样品应为液态、澄清、无沉淀并充分混匀。若样品液态、澄清、无沉淀并充分混匀从4.2开始操作。如果样品不澄清、有沉淀，则应做以下操作。

4.1.1 除杂质，将油脂置于50℃的恒温干燥箱内，将油脂的温度加热至50℃并充分振摇以熔化可能的油脂结晶。若此时油脂样品变为澄清、无沉淀，则可作为试样，否则应将油脂置于50℃的恒温干燥箱内，用滤纸过滤不溶性的杂质，取过滤后的澄清液体油脂作为试样，为防止油脂氧化，过滤过程应尽快完成。对于凝固点高于50℃或含有凝固点高于50℃油脂成分的样品，则应将油脂置于比其凝固点高10℃左右的恒温干燥箱内，将油脂加热并充分振摇以熔化可能的油脂结晶。若还需过滤，则将油脂置于比其凝固点高10℃左右的恒温干燥箱内，用滤纸过滤不溶性的杂质，取过滤后的澄清液体油脂作为试样，为防止油脂氧化，过滤过程应尽快完成。

4.1.2 干燥脱水，若油脂中含有水分，则通过4.1.1的处理后仍旧无法达到澄清，应进行干燥脱水。对于室温下为液态、无明显结晶或凝固现象的油脂，以及经过4.1.1的处理并冷却至室温后为液态、无明显结晶或凝固现象的油脂，可按每10g油脂加入1~2g无水硫酸钠的比例加入无水硫酸钠，并充分搅拌混合吸附脱水，然后用滤纸过滤，取过滤后的澄清液体油脂作为试样。对于室温下有结晶或凝固现象的油脂，以及经过4.1.1的处理并冷却至室温后有明显结晶或凝固现象的油脂，可将油脂样品用适量的石油醚完全溶解后再用无水硫酸钠吸附脱水，然后滤纸过滤收集滤液，将滤液置于水浴温度不高于45℃的旋转蒸发仪内，负压条件下，将其中的溶剂旋转蒸干，取残留的澄清液体油脂作为试样。

4.2 装柱

4.2.1 用一个烧杯，准确称取25g硅胶60，再倒入80ml的非极性洗脱液，通过搅拌使硅胶悬浮于非极性洗脱液内。然后立即通过一个漏斗将此硅胶悬浮液倒入已垂直放置的玻璃层析柱内，最后用适量非极性洗脱液洗涤此烧杯，以使硅胶全部转移入玻璃层析柱。

4.2.2 打开玻璃层析柱下端的活塞阀门，放出层析柱内的洗脱液，直到层析柱内洗脱液的液面比沉降的硅胶的顶端高100mm，关闭活塞阀门，其间轻敲层析柱使硅胶沉降面水平。再通过漏斗向玻璃层析柱内加入4g海砂，再次打开玻璃层析柱下端的活塞阀门，放出层析柱内的洗

第三篇 食品中化学成分检测

脱液，直到洗脱液的液面低于海砂沉降层顶部10mm以内。弃去所有在层析柱装柱过程中所流出的洗脱液。

4.3 柱层析分离制备

4.3.1 用一个50ml的玻璃烧杯准确称取2.5g（精确至0.001g）制备好的油脂样品。向称量的样品中加入20ml的非极性洗脱液，并微微加热使样品完全溶解。然后冷却至室温，并用非极性洗脱液定容至50ml。

4.3.2 取一个干净的250ml烧瓶，先在103℃±2℃的恒温干燥箱中烘1小时，再取出置于干燥器内冷却至室温，然后称重（精确至0.001g）。再将此250ml烧瓶放置于装填的玻璃层析柱正下方，正对着洗脱液的流出口，以收集洗脱液。

4.3.3 用一个移液管准确移取20ml的样品溶液入装填的玻璃层析柱内，其间应避免样品溶液扰乱层析柱顶部海砂层。打开玻璃层析柱下端的活塞阀门，放出层析柱内的洗脱液，直到层析柱内洗脱液的液面下降至海砂层的顶部。其间收集流出的洗脱液于下方250ml烧瓶（其中含有非极性组分）。

4.3.4 分2~3次向玻璃层析柱内加入总共200ml的非极性洗脱液，以继续洗脱非极性组分，收集全部洗脱液于同一个250ml烧瓶，其间调节玻璃层析柱下端的活塞阀门，使这200ml的洗脱液在80~90分钟的时间内全部通过玻璃层析柱。洗脱结束后，用一个滴管吸取非极性洗脱液冲洗玻璃层析柱下端的溶剂出口处所黏附的物质，冲洗液也合并入同一个250ml烧瓶。

4.3.5 将装有非极性组分洗脱液的250ml圆底烧瓶置于水浴温度为60℃的旋转蒸发仪内，常压条件下，将其中的溶剂大部分蒸发，然后再在负压条件下，将剩余少量溶剂旋转蒸发至近干，取出该烧瓶并擦干烧瓶外壁的水。然后将此250ml圆底烧瓶放入40℃的真空恒温干燥箱，在0.1mPa的负压条件下，烘20~30分钟，结束后放入玻璃干燥器内冷却至室温，其残留物即为非极性组分，然后称重。

5 计算

按下式计算。

$$X = 100\% - \frac{m_1 - m_0}{m} \times 100\%$$

式中：X为油脂样品的极性组分含量（%）；m_0为空白250ml烧瓶的质量（g）；m_1为蒸干溶剂后，250ml烧瓶和非极性组分的质量值的总和（g）；m为上样检测的油脂样品的质量（g），即20ml的样品溶液所代表的油脂样品的质量，若按照本法操作，则为油脂样品称样量的2/5（g）。

计算结果保留至小数点后1位。

6 精密度

当极性组分含量≤20%时，在相同条件下获得的两次独立测定结果的绝对差值不得超过算术平均值的15%；当极性组分含量＞20%时，在相同条件下获得的两次独立测定结果的绝对差值不得超过算术平均值的10%。

7 注意事项

7.1 装柱时为了防止柱内起气泡，当实验室温度低25℃时，采用常用层析柱，当实验室温度高于25℃时，采用带有循环水套的层析柱。先在柱的底部放少许玻璃棉后，再把30ml 洗脱液加入柱中，如有气泡用玻璃棒搅拌赶掉气泡。

7.2 柱层析用硅胶使用前先于160℃烘箱中干燥24小时后取出，置干燥器中冷却至室温，然后称取152g硅胶和8g水，放入500ml带有玻璃塞的磨口锥形瓶中，机械振摇1小时，密封备用。

7.3 极性组分通常使用柱层析法，但该法使用大量挥发性有毒有害试剂，整个试验操作做好防护并在通风橱内进行。

起草人：方亚莉（山西省食品药品检验所）

黄丽娟（四川省食品药品检验检测院）

复核人：王媛媛（山西省食品药品检验所）

成长玉（四川省食品药品检验检测院）

第十八节 啤酒中甲醛的检测

1 简述

参考GB/T 5009.49–2008《发酵酒及其配制酒卫生标准的分析方法》制定本规程。

本规程适用于啤酒中甲醛的检测。

甲醛在过量乙酸铵的存在下，与乙酰丙酮和氨离子生成黄色的2，6-二甲基–3，5-二乙酰基–1，4-二氢吡啶化合物，在波长415 nm处测定吸光度，标准曲线定量。

2 试剂和材料

2.1 试剂

乙酰丙酮；乙酸铵；乙酸；硫代硫酸钠（$Na_2S_2O_3 \cdot 5H_2O$基准物质）；碘；淀粉；硫酸；氢氧化钠；磷酸。

2.2 溶液配制

2.2.1 乙酰丙酮溶液　称取新蒸馏乙酰丙酮 0.4g 和乙酸铵 25g、乙酸 3ml 溶于水中，定容至 200ml 备用，用时配制。

2.2.2 硫代硫酸钠标准溶液（0.1000mol/L）　见 GB/T 5009.1–2003 的第 B.15 章。

2.2.3 碘标准溶液（0.1mol/L）　见 GB/T 5009.1–2003 的第 B.13 章。

2.2.4 淀粉指示剂（5g/L）　称取 0.5g 可溶性淀粉，加入 5ml 水，搅匀后缓缓倾入 100ml 沸水中，随加随搅拌，煮沸 2 分钟，放冷，备用。此指示剂应临用现配。

2.2.5 硫酸溶液（1mol/L） 量取 30ml 硫酸，缓缓注入适量水中，冷却至室温后用水稀释至 1000ml，摇匀。

2.2.6 氢氧化钠溶液（1mol/L） 吸取 56ml 澄清的氢氧化钠饱和溶液，加适量新煮沸过的冷水至 1000ml，摇匀。

2.2.7 磷酸溶液（200g/L） 称取 20g 磷酸，加水稀释至 100ml，混匀。

2.3 标准品

甲醛：36%~38%。

2.3.1 甲醛标准溶液的配制 吸取 36%~38% 甲醛溶液 7.0ml，加入 1mol/L 硫酸 0.5ml，用水稀释至 250ml，为标准储备溶液。

2.3.2 甲醛标准溶液的标定 吸取上述标准储备溶液 10.0ml 于 100ml 容量瓶中，加水稀释定容。再吸 10.0ml 稀释溶液于 250ml 碘量瓶中，加水 90ml、0.1mol/L 碘溶液 20ml 和 1mol/L 氢氧化钠 15ml，摇匀，放置 15 分钟。再加入 1mol/L 硫酸溶液 20ml 酸化，用 0.1000mol/L 硫代硫酸钠标准溶液滴定至淡黄色，然后加 5g/L 淀粉指示剂 1ml，继续滴定至蓝色褪去即为终点。

甲醛标准溶液的浓度按下式计算。

$$X=（V_1-V_2）\times c_1 \times 15$$

式中：X 为甲醛标准溶液的浓度（mg/ml）；V_1 为空白试验所消耗的硫代硫酸钠标准溶液的体积（ml）；V_2 为滴定甲醛溶液所消耗的硫代硫酸钠标准溶液的体积（ml）；c_1 为硫代硫酸钠标准溶液的浓度（mol/L）；15 为与 1.000mol/L 硫代硫酸钠标准溶液 1.0ml 相当的甲醛的质量（mg）。

用上述已标定甲醛浓度的溶液，用水配制成含甲醛 1μg/ml 的甲醛标准使用液。

3 仪器和设备

分光光度计；水蒸气蒸馏装置；蒸馏瓶。

4 分析步骤

4.1 试样处理

吸取已除去二氧化碳的啤酒 25ml 移入 500ml 蒸馏瓶中，加 200g/L 磷酸溶液 20ml 于蒸馏瓶，接水蒸气蒸馏装置中蒸馏，收集馏出液于 100ml 容量瓶中（约 100ml）冷却后加水稀释至刻度。

4.2 测定

精密吸取 1μg/ml 的甲醛标准溶液各 0.00ml、0.50ml、1.00ml、2.00ml、3.00ml、4.00ml、8.00ml 至 25ml 比色管中，加水至 10ml。

吸取样品馏出液 10ml 移入 25ml 比色管中。标准系列和样品的比色管中，各加入乙酰丙酮溶液 2ml，摇匀后在沸水浴中加热 10 分钟，取出冷却，于分光光度计波长 415nm 处测定吸光度，绘制标准曲线。由标准曲线计算试样的含量。

空白试验：除不加试样外，其余同供试品同步操作。

5 计算

试样中甲醛的含量按下式计算。

$$X = \frac{m}{V}$$

式中：X为试样中甲醛的含量（mg/L）；m为从标准曲线上查出的相当的甲醛的质量（μg）；V为测定样液中相当的试样体积（ml）。

计算结果保留2位有效数字。

6 精密度

在相同条件下获得的两次独立测定结果的绝对差值不得超过算术平均值的10%。

起草人：方亚莉（山西省食品药品检验所）
复核人：王媛媛（山西省食品药品检验所）

第十九节 界限指标

1 饮用天然矿泉水中锂的检测

1.1 火焰原子发射光谱法

1.1.1 简述 参考 GB 8538–2016《食品安全国家标准 饮用天然矿泉水检验方法》25.1 火焰原子发射光谱法制定本规程。

利用锂在火焰中极易被激发，当被激发的原子返回基态时，以光量子的形式辐射出所吸收的能量，于670.8 nm处测量其发射强度，其发射强度与锂含量成正比，可在其他条件不变的情况下，根据测得的发射强度与标准系列比较进行定量。

本方法定量限为0.01mg/L。

1.1.2 试剂和材料 除非另有说明，本方法所用试剂均为分析纯，水为 GB/T 6682 规定的二级水。

1.1.2.1试剂 硫酸钠、硫酸钾、碳酸铵。

1.1.2.2溶液配制 硫酸盐–碳酸铵溶液：溶解5g硫酸钠，13g硫酸钾和12g碳酸铵于100ml水中。

1.1.2.3标准物质

1.1.2.3.1标准品 无水氯化锂，或经国家认证并授予标准物质证书的一定浓度的锂标准溶液。

1.1.2.3.2质量控制样品 选择有证的水质标准样品作为质量控制样品。

1.1.2.4标准溶液的配制

1.1.2.4.1锂标准储备溶液［ρ（Li⁺）=1.00mg/ml］ 称取1.2516g已在105℃烘干的无水氯化锂，溶于水中，并用水定容至200ml，摇匀。

1.1.2.4.2锂标准中间溶液［ρ（Li⁺）=0.05mg/ml］ 准确吸取10.00ml锂标准储备溶液，

用水定容至200ml，摇匀。

1.1.2.4.3锂标准工作溶液 ［ρ（Li⁺）=0.005mg/ml］ 准确吸取10.00ml锂标准中间溶液，用水定容至100ml，摇匀。

1.1.3 仪器和设备 火焰光度计或具备发射测定方式的原子吸收光谱仪；空气压缩机或空气钢瓶气；乙炔钢瓶气；比色管（50ml）。

1.1.4 分析步骤

1.1.4.1试样测定 取水样50.0ml，加5ml硫酸盐–碳酸铵溶液，充分摇匀。待沉淀完全下沉后，过滤除去沉淀或取上层清液喷入火焰测量其发射强度（水样中钙、锶、钡含量低时，可能无沉淀生成）。

1.1.4.2空白试验 不加试样，与试样溶液制备过程相同操作，进行空白试验。

1.1.4.3质控试验 量取与试样相当体积的质量控制样品，同法操作制成质控样品溶液。

1.1.4.4标准曲线绘制 取一系列50ml比色管，准确加入锂标准工作溶液0ml、0.1ml、0.5ml、1.0ml、10.0ml，用水稀释至50ml，配成含锂0mg/L、0.01mg/L、0.05mg/L、0.10mg/L、1.00mg/L的标准系列浓度。加5ml硫酸盐–碳酸铵溶液，充分摇匀。待沉淀完全下沉后，过滤除去沉淀或取上层清液喷入火焰，测量标准系列浓度的发射强度。以浓度为横坐标，发射强度为纵坐标，绘制标准曲线。

1.1.5 计算 按下列公式计算试样中锂含量。

$$\rho（Li）=\rho_1 \times D$$

式中：ρ（Li）为水样中锂的质量浓度值（mg/L）；ρ_1为由标准曲线计算出试样中锂的质量浓度值（mg/L）；D为水样稀释倍数。

质控样品中锂含量的计算与试样中锂含量的计算方法相同。

1.1.6 精密度 在相同条件下，获得的两次独立测定结果的绝对差值不得超过算术平均值的10%。

1.1.7 注意事项

1.1.7.1本试验中尽量选择塑料容器。所有使用的器皿均需要以硝酸溶液（1+4）浸泡24小时以上，用纯水冲洗干净。

1.1.7.2点火前，进样管不能插到液面下，待火焰稳定后再吸喷液体。样品溶液杂质过多时应过滤；吸喷液体时，进样管不能插到带固体颗粒的样品或未消化好的样品中，以免堵塞进样管。

1.1.7.3点火后，观察燃烧头火焰颜色，正常乙炔火焰颜色为均匀淡蓝色，若为其他颜色，可用2%硝酸冲洗，直至火焰颜色变为淡蓝色。

1.1.7.4测试完成后，用超纯水清洗进样管和燃烧头。

1.1.7.5关火时一定要最先关乙炔，待火焰自然熄灭后再关机，以消除安全隐患。

1.2 火焰原子吸收光谱法

1.2.1 简述 参考GB 8538–2016《食品安全国家标准 饮用天然矿泉水检验方法 25.2 火焰原子吸收光谱法》制定本规程。

基于基态原子能吸收来自锂空心阴极灯发出的共振线，且其吸收强度与试样中锂的含量成正比。可在其他条件不变的情况下，根据测得的吸收强度，与标准系列比较进行定量。使用空气–乙炔火焰，在波长670.8 nm处，测定其吸收强度。

本方法定量限为0.05mg/L。

1.2.2 试剂和材料　除非另有说明，本方法所用试剂均为分析纯，水为GB/T 6682规定的二级水。

1.2.2.1试剂　氯化钾（KCl）（优级纯）、氯化钠（NaCl）（优级纯）。

1.2.2.2溶液配制

1.2.2.2.1氯化钾溶液　称取47.67g氯化钾，用水溶解并稀释至1000ml，每毫升含25mg钾。

1.2.2.2.2氯化钠溶液　称取63.55g氯化钠，用水溶解并稀释至1000ml，每毫升含25mg钠。

1.2.2.3标准物质

1.2.2.3.1标准品　无水氯化锂，或经国家认证并授予标准物质证书的一定浓度的锂标准溶液。

1.2.2.3.2质量控制样品　选择有证的水质标准样品作为质量控制样品。

1.2.2.4标准溶液的配制

1.2.2.4.1锂标准储备溶液［ρ（Li^+）=1.00mg/ml］　称取1.2516g已在105℃烘干的无水氯化锂，溶于水中，并用水定容至200ml，摇匀。

1.2.2.4.2锂标准中间溶液［ρ（Li^+）=0.05mg/ml］　准确吸取10.00ml锂标准储备溶液，用水定容至200ml，摇匀。

1.2.2.4.3锂标准工作溶液［ρ（Li^+）=0.005mg/ml］　准确吸取10.00ml锂标准中间溶液，用水定容至100ml，摇匀。

1.2.3 仪器和设备　原子吸收光谱仪（配有锂空心阴极灯）；空气压缩机或空气钢瓶气；乙炔钢瓶气。

1.2.4 分析步骤

1.2.4.1试样测定　将仪器调最佳工作状态，首先测定钾、钠离子含量。取水样5.00ml于10ml容量瓶中，补加氯化钾溶液和氯化钠溶液使样液中钾、钠含量均达到2500mg/L，再用水定容至刻度，摇匀。按常规操作步骤测定锂的吸光度。

1.2.4.2空白试验　不加试样，与试样溶液制备过程相同操作，进行空白试验。

1.2.4.3质控试验　量取与试样相当体积的质量控制样品，同法操作制成质控样品溶液。

1.2.4.4标准曲线绘制　准确加入锂标准工作溶液0ml、0.5ml、1.0ml、2.0ml、5.0ml，添加氯化钾溶液和氯化钠溶液各5ml，用水定容至50ml，配制成每升含锂0mg、0.05mg、0.10mg、0.20mg、0.50mg且含钾、钠各2500mg的标准系列溶液。同1.2.4.1步骤操作，测定标准系列溶液的吸光度。以浓度为横坐标，吸光度为纵坐标绘制标准曲线。

1.2.5 计算　按下式计算试样中锂含量计算。

$$\rho（Li）=\rho_1 \times D$$

式中：ρ（Li）为水样中锂的质量浓度（mg/L）；ρ_1为由标准曲线计算出试样中锂的质量浓度（mg/L）；D为水样稀释倍数。

质控样品中锂含量的计算与试样中锂含量的计算方法相同。

1.2.6 精密度　在相同条件下，获得的两次独立测定结果的绝对差值不得超过算术平均值的10%。

1.2.7 注意事项

1.2.7.1本试验中尽量选择塑料容器。所有使用的器皿均需要以硝酸溶液（1+4）浸泡24小时以上，最后用纯水冲洗干净。

1.2.7.2点火前进样管不能插到液面下，待火焰稳定后再吸喷液体。吸喷液体时，进样管不能插到带固体颗粒的样品或未消化好的样品中，以免堵塞进样管。

1.2.7.3点火后，观察燃烧头火焰颜色，若为其他颜色，可用2%硝酸冲洗，直至火焰颜色变为淡蓝色。

1.2.7.4测定前，空心阴极灯需预热至少15分钟。合理选择空心阴极灯工作电流、光谱带宽、原子化条件等仪器参数。装在仪器上的空心阴极灯窗口应定期用脱脂棉不蘸任何有机物擦拭，以防积尘损耗光能量。

1.2.7.5测试完成后，用超纯水清洗进样管和燃烧头。

1.2.7.6测试完成后，关火时一定要最先关乙炔，待火焰自然熄灭后再关机，以消除安全隐患。

1.3　电感耦合等离子体发射光谱法

1.3.1 简述　参考 GB 8538-2016《国家食品安全标准　饮用天然矿泉水检验方法》11.1 电感耦合等离子体发射光谱法制定本规程电感耦合等离子体原子发射光谱法（ICP 法）是以等离子体为激发光源的原子发射光谱分析方法，可进行多元素的同时测定，本法适用于从痕量到常量的元素分析。原理是利用 ICP 源等离子体产生的高温，使试样完全分解形成激发态的原子和离子，由于激发态的原子和离子不稳定，外层电子会从激发态向低的能级跃迁，因此发射出特征的谱线，通过光栅等分光后，利用检测器检测670.78 nm波长的强度，光的强度与锂浓度成正比。

本方法定量限为 $1 \mu g/L$。

1.3.2 试剂和材料　除非另有说明，本方法使用的试剂均为分析纯，水位 GB/T 6682 规定的一级水。

1.3.2.1试剂　硝酸（优级纯）。

1.3.2.2溶液配制　硝酸溶液（2+98）：量取20ml硝酸，加入到980ml水中，混匀。

1.3.2.3标准物质

1.3.2.3.1标准品　经国家认证并授予标准物质证书的一定浓度的锂标准溶液。

1.3.2.3.2质量控制样品　选择有证的水质标准样品作为质量控制样品。

1.3.2.4标准溶液的配制

1.3.2.4.1锂标准储备溶液　经国家认证并授予标准物质证书的一定浓度的锂标准溶液。

1.3.2.4.2锂标准工作溶液　由锂标准储备溶液稀释到浓度为10mg/L。

1.3.3 仪器和设备　电感耦合等离子体发射光谱仪（具有轴向或者双向观测功能的仪器）；超纯水制备仪。

1.3.4 分析步骤

1.3.4.1试样测定　使仪器达到最佳工作状态，直接进样。

1.3.4.2质控试验　量取与试样相当体积的质量控制样品，同法操作制成质控样品溶液。

1.3.4.3标准曲线绘制　准确加入锂标准工作溶液，用硝酸溶液稀释配制0mg/L、0.1mg/L、0.5mg/L、1.0mg/L、1.5mg/L、2.0mg/L、5.0mg/L标准系列溶液。以浓度为横坐标，发射光强度为纵坐标绘制标准曲线。

1.3.5 计算 按下式计算试样中锂含量计算。

$$\rho\,(\text{Li})=\frac{C\times V}{M}$$

式中：$\rho\,(\text{Li})$ 为水样中锂的含量值（mg/kg）；C 为由标准曲线计算出试样溶液中锂浓度值（mg/L）；V 为样品稀释体积（ml）；M 为取样量（g）。

质控样品中锂含量的计算与试样中锂含量的计算方法相同。

1.3.6 精密度 在相同条件下，获得的两次独立测定结果的绝对差值不得超过算术平均值的 10%。

1.3.7 注意事项

1.3.7.1 光谱干扰校正 用计算机软件校正光谱干扰或者用一种基于校正干扰系数的方法来校正光谱干扰。在同试样相近的条件下对浓度适当的单一元素储备液进行分析来测定干扰校正系数。每次测定试样时，其结果产生影响的干扰校正系数也要进行测定。从标准储备溶液中计算干扰校正系数（K_{ij}）。

$$K_{ij}=\frac{C_i\,（表）}{C_j\,（实）}$$

式中：C_i（表）为元素 i 的表观浓度（mg/L）；C_j（实）为干扰元素 j 的实际浓度（mg/L）。

1.3.7.2 非光谱干扰校正 如果非光谱干扰校正是必要的，可以采用标准加入法来校正。

1.4 电感耦合等离子体质谱法

1.4.1 简述 参考 GB 8538-2016《国家食品安全标准 饮用天然矿泉水检验方法》11.2 电感耦合等离子体质谱法制定本规程。本法以等离子体为离子源的一种质谱型元素分析方法。主要用于进行多种元素的同时测定，并可与其他色谱分离技术联用，进行元素形态及价态分析，本法灵敏度高，尤其适用痕量重金属元素的测定。电感耦合等离子体质谱法（ICP-MS 法）原理是试样溶液经过雾化由载气送入 ICP 炬焰中，经过蒸发、解离、原子化、电离等过程，转化为带正电荷的正离子，经离子采集系统进入质谱仪，质谱仪根据质荷比进行分离。对于一定的质荷比，质谱积分面积与进入质谱仪中的离子数成正比，即试样的浓度与质谱的峰面积成正比，通过测量质谱的峰面积来计算试样中元素的浓度。

本方法定量限为 0.3μg/L。

1.4.2 试剂和材料 除非另有说明，本方法使用的试剂均为分析纯，水位 GB/T 6682 规定的一级水。

1.4.2.1 试剂 硝酸（优级纯）。

1.4.2.2 溶液配制 硝酸溶液（1+99）：量取 10ml 硝酸，加入到 990ml 水中，混匀。

1.4.2.3 标准物质

1.4.2.3.1 标准品 经国家认证并授予标准物质证书的一定浓度的锂标准溶液。

1.4.2.3.2 质量控制样品 选择有证的水质标准样品作为质量控制样品。

1.4.2.3.3 质谱调谐液 推荐选用锂、钇、铈、铊、钴为质谱调谐液，混合溶液浓度为 10ng/ml。

1.4.2.3.4 内标溶液 推荐选用钪，浓度为 10μg/ml。

1.4.2.4 标准溶液的配制

1.4.2.4.1 锂标准储备溶液　购买经国家认证并授予标准物质证书的一定浓度的锂标准溶液。

1.4.2.4.2 锂标准工作溶液　取适量的锂标准储备溶液，稀释至 10.0 µg/ml。

1.4.2.4.3 内标溶液　使用前用硝酸溶液将内标稀释至 1 µg/ml。

1.4.3 仪器与设备　电感耦合等离子体质谱仪；超纯水制备仪。

1.4.4 分析步骤

1.4.4.1 试样测定　测定开机，当仪器真空度达到要求时，用调谐液调整仪器灵敏度、氧化物、双电荷、分辨率等各项指标，当仪器各项指标达到测定要求，引入在线内标，观测内标灵敏度、脉冲与模拟模式的线性拟合，符合要求后，将标准系列溶液引入仪器。进行相关数据处理，绘制标准曲线。相同条件下，将水样引入仪器进行测定。

1.4.4.2 质控试验　量取与试样相当体积的质量控制样品，同法操作制成质控样品溶液。

1.4.4.3 标准曲线绘制　准确加入锂标准工作溶液，用硝酸溶液稀释成 0 µg/ml、0.05 µg/ml、0.10 µg/ml、0.50 µg/ml、1.0 µg/ml、5.0 µg/ml 的标准系列溶液。以浓度为横坐标，锂元素与内标元素峰面积比值为纵坐标绘制标准曲线，计算回归方程。

1.4.5 计算　按下式计算试样中锂含量。

$$\rho\,(\,\mathrm{Li}\,) = \frac{C \times 1000}{1000}$$

式中：$\rho\,(\,\mathrm{Li}\,)$ 为水样中锂含量值（mg/L）；C 为由标准曲线计算出试样中锂的浓度值（µg/L）；1000 均为单位系数换算。

质控样品中锂含量的计算与试样中锂含量的计算方法相同。

1.4.6 精密度　在相同条件下，获得的两次独立测定结果的绝对差值不得超过算术平均值的 10%。

1.4.7 注意事项　标准系列现用现配。

起草人：王　祺（山西省食品药品检验所）

黄泽玮　金丽鑫（四川省食品药品检验检测院）

复核人：张　烨（山西省食品药品检验所）

谭亚男　刘忠莹（四川省食品药品检验检测院）

2　饮用天然矿泉水中锶的检测

参考 GB 8538–2016《食品安全国家标准　饮用天然矿泉水检验方法 24.1 EDTA–火焰原子吸收光谱法》制定本规程。

2.1　EDTA–火焰原子吸收光谱法

2.1.1 简述　水样中的锶离子在富燃空气–乙炔火焰中被原子化后，其基态原子吸收来自锶空心阴极灯的共振线（460.7 nm），其吸收强度与锶含量成正比。

本方法定量限为 0.1 mg/L。

2.1.2 试剂和材料　除非另有说明，本方法所用试剂均为分析纯，水为 GB/T 6682 规定的二级水。

2.2.2.1 试剂　硝酸、乙二胺四乙酸二钠、氢氧化钠。

2.2.2.2 溶液配制

2.2.2.2.1 硝酸溶液（0.15%）　吸取 1.5ml 硝酸（ρ_{20}=1.42g/ml），用水稀释至 1000ml。

2.2.2.2.2 乙二胺四乙酸二钠溶液（EDTA）（74.4g/L）　称取 37.2g 乙二胺四乙酸二钠和 4.0g 氢氧化钠，溶于水，稀释至 500ml。

2.2.2.3 标准物质

2.2.2.3.1 标准品　硝酸锶或经国家认证并授予标准物质证书的一定浓度的锶标准溶液。

2.2.2.3.2 质量控制样品　选择有证的水质标准样品作为质量控制样品。

2.2.2.4 标准溶液的配制

2.2.2.4.1 锶标准储备溶液（1.00mg/ml）　称取 1.208g 硝酸锶，溶于硝酸溶液中，并用硝酸溶液定容至 500ml，混匀。

2.2.2.4.2 锶标准工作溶液（10.0μg/ml）　准确吸取 1.00ml 锶标准储备溶液，用硝酸溶液定容至 100ml，混匀。

2.1.3 仪器和设备　原子吸收光谱仪（配有锶空心阴极灯）；空气压缩机或空气钢瓶气；乙炔钢瓶气；具塞比色管（10ml）。

2.1.4 分析步骤

2.1.4.1 试样预处理　在每升待测水样中加入 1.5ml 硝酸，保存待用。

2.1.4.2 测定　将仪器调至测锶最佳工作状态。吸取加硝酸保存的试样 10.0ml 于具塞比色管中。另准确加入锶标准工作溶液 0ml、0.20ml、0.50ml、1.00ml、1.50ml 和 2.00ml 于一系列具塞比色管中，用硝酸溶液定容至 10ml。得到锶含量分别为 0μg、2.0μg、5.0μg、10.0μg、15.0μg 和 20.0μg 的标准系列溶液。向标准系列管和试样中各加 2.0ml 乙二胺四乙酸二钠溶液，混匀。依次将标准系列溶液和试样吸入原子吸收光谱仪火焰中，测定其吸光度。以质量为横坐标，吸光度为纵坐标绘制标准曲线。

2.1.4.3 空白试验　不加试样，与试样溶液制备过程相同操作，进行空白试验。

2.1.4.4 质控试验　量取与试样相当体积的质量控制样品，同法操作制成质控样品溶液。

2.1.5 计算　按下式计算试样中锶含量。

$$\rho\,(\text{Sr}) = \frac{m}{V}$$

式中：$\rho(\text{Sr})$ 为水样中锶的浓度值（mg/L）；m 为由标准曲线计算出的试样中锶的质量（μg）；V 为溶液体积（ml）。

质控样品中锶含量的计算与试样中锶含量的计算方法相同。

2.1.6 精密度　在相同条件下，获得的两次独立测定结果的绝对差值不得超过算术平均值的 10%。

2.1.7 注意事项

2.1.7.1 硫酸、磷酸、高氯酸都会抑制锶的吸光度，因此溶液一般采用硝酸或低浓度的盐酸。

2.1.7.2 EDTA溶液的作用在于可竞争性抑制锶与磷酸盐、硅酸盐的结合。

2.1.7.3 锶的性质活泼，在空气–乙炔火焰中极易电离，单纯锶标准液配制标准曲线时，浓度范围窄，相关线性不佳。浓度越低，电离率越大，可在制作标准曲线溶液时，加入0.2%钾溶液，抑制锶的电离。

2.2 高浓度镧–火焰原子吸收光谱法

2.2.1 简述 参考《GB 8538–2016 食品安全国家标准 饮用天然矿泉水检验方法》24.2 高浓度镧–火焰原子吸收光谱法制定本规程。水样中的锶离子在富燃空气–乙炔火焰中被原子化后，其基态原子吸收锶空心阴极灯发出的共振线（460.7 nm），其吸收强度与锶含量成正比。

本法定量限为0.01mg/L。

2.2.2 试剂和材料 除非另有说明，本方法所用试剂均为分析纯，水为GB/T 6682 规定的二级水。

2.2.2.1试剂 盐酸、硝酸、氯化钾、氯化钠、氧化镧。

2.2.2.2溶液配制 盐酸（ρ 20=1.19g/ml）。硝酸（ρ 20=1.42g/ml）。氯化钾溶液（38g/L）。氯化钠溶液（50g/L）。氧化镧溶液：称取29g氧化镧于500ml烧杯中，加少量水湿润，在不断搅拌下缓缓加入250ml盐酸，溶解后用水稀释至500ml。此液每毫升含50毫克镧。

2.2.2.3标准物质

2.2.2.3.1标准品 硝酸锶或购买经国家认证并授予标准物质证书的一定浓度的锶标准溶液。

2.2.2.3.2质量控制样品 选择有证的水质标准样品作为质量控制样品。

2.2.2.4标准溶液的配制

2.2.2.4.1锶标准储备溶液（1.00mg/ml） 称取2.415g经105℃干燥的硝酸锶，溶于200ml水中，加2ml硝酸，用水定容至1000ml。

2.2.2.4.2锶标准工作溶液（10.0μg/ml） 吸取1.00ml锶标准储备溶液，用水定容至100ml。

2.2.3 仪器与设备 原子吸收光谱仪；空气压缩机或空气钢瓶气；乙炔钢瓶气；具塞比色管。

2.2.4 分析步骤

2.2.4.1试样预处理 在每升待测水样中加入1.5ml硝酸，保存待用。

2.2.4.2测定 将仪器调至最佳工作状态。吸取加硝酸保存的试样10.0ml于具塞比色管中，另准确加入锶标准工作溶液0ml、0.10ml、0.20ml、0.50ml、1.00ml、2.00ml和5.00ml于7支比色管中，加水至10ml。得到分别含锶0μg、1.0μg、2.0μg、5.0μg、10.0μg、20.0μg、50.0μg标准系列溶液。向试样和标准系列管中各加0.4ml氯化钾溶液、0.4ml氯化钠溶液和0.5ml氯化镧溶液，混匀。依次将试样和标准系列溶液喷入火焰，测定其吸光度。以质量为横坐标，吸光度为纵坐标绘制标准曲线。

2.4.4.3空白试验 不加试样，与试样溶液制备过程相同操作，进行空白试验。

2.4.4.4质控试验 量取与试样相当体积的质量控制样品，同法操作制成质控样品溶液。

2.2.5 计算 按下式计算试样中锶含量。

$$\rho \ (\mathrm{Sr}) = \frac{m}{V}$$

式中：ρ（Sr）为水样中锶的浓度值（mg/L）；m为由标准曲线计算出的试样中锶的质量值

（μg）；V为取样体积（ml）。

质控样品中锶含量的计算与试样中锶含量的计算方法相同。

2.2.6 精密度 在相同条件下，获得的两次独立测定结果的绝对差值不得超过算术平均值的10%。

2.2.7 注意事项 氧化镧溶液的作用在于可竞争性抑制锶与磷酸盐、硅酸盐的结合。

2.3 火焰原子发射光谱法

2.3.1 简述 同前参考《GB 8538-2016 国家食品安全标准 饮用天然矿泉水检验方法》24.3 火焰原子发射光谱法制定本规程。利用锶在火焰中易被激发，当被激发的原子返回基态时，以光量子的形式辐射出所吸收的能量，于460.7 nm处测量其发射强度，其发射强度与锶含量成正比，可在其他条件不变的情况下，根据测得的发射强度与标准系列比较进行定量。

本方法定量限为5 μg/L。

2.3.2 试剂和材料 除非另有说明，本方法所用试剂均为分析纯，水为GB/T 6682规定的二级水。

2.3.2.1 试剂 氯化钾、氯化钠、高纯氧化镧、硝酸。

2.3.2.2 溶液配制

2.3.2.2.1 氯化钾溶液 称取47.67g氯化钾（优级纯），用水定容并稀释至1000ml，每毫升含25mg钾。

2.3.2.2.2 氯化钠溶液 称取63.55g氯化钠（优级纯），用水溶解并稀释至1000ml，每毫升含25mg钠。

2.3.2.2.3 镧盐溶液 称取2.98g高纯氧化镧（La_2O_3），用硝酸溶液（1+1）溶解后，用蒸馏水稀释至100ml，每毫升含25mg镧。

2.3.2.3 标准物质

2.3.2.3.1 标准品 硝酸锶（光谱纯）或购买经国家认证并授予标准物质证书的一定浓度的锶标准溶液。

2.3.2.3.2 质量控制样品 选择有证的水质标准样品作为质量控制样品。

2.3.2.4 标准溶液的配制

2.3.2.4.1 锶标准储备溶液（1.0mg/ml） 称取0.4831g硝酸锶（光谱纯），溶于少量硝酸溶液（0.2mol/L），在200ml容量瓶中用蒸馏水定容。

2.3.2.4.2 锶标准工作溶液（5.0 μg/ml） 准确吸取0.50ml锶标准储备溶液，用水定容至100ml。

2.3.3 仪器与设备 火焰原子吸收光谱仪或具发射方式的原子吸收光谱仪。测量条件波长：460.7 nm。狭缝：0.2 nm。燃烧器高度：7.5mm。火焰性质：中性火焰。

2.3.4 分析步骤

2.3.4.1 试样测定 将仪调至最佳工作状态。吸取20.0ml试样溶液于25ml容量瓶中，根据试样中钾、钠含量，补加氯化钾溶液和氯化钠溶液，使试样中分别含有钾300mg/L和钠1000mg/L。加入1ml镧盐溶液，用蒸馏水稀释至刻度，充分摇匀。在波长460.7 nm处测量发射强度。

2.4.4.2 空白试验 不加试样，与试样溶液制备过程相同操作，进行空白试验。

2.4.4.3 质控试验 量取与试样相当体积的质量控制样品，同法操作制成质控样品溶液。

2.4.4.4 标准曲线绘制 准确加入锶标准工作溶液0ml、0.05ml、0.1ml、1.00ml、2.00ml

和20.00ml于一系列25ml容量瓶中。加0.3ml氯化钾溶液，1ml氯化钠溶液，1ml镧盐溶液，用蒸馏水稀至刻度，与试样同时测量其发射强度。以浓度为横坐标，发射强度为纵坐标绘制标准曲线。

2.3.5 计算　按下式计算试样中锶含量。

$$\rho（Sr）=\rho_1 \times D$$

式中：$\rho（Sr）$为水样中锶的浓度（mg/L）；ρ_1为由标准曲线计算出试样中锶的质量浓度值（mg/L）；D为稀释倍数。

质控样品中锶含量的计算与试样中锶含量的计算方法相同。

2.3.6 精密度　在相同条件下，获得的两次独立测定结果的绝对差值不得超过算术平均值的10%。

2.3.7 注意事项　锶的性质活泼，在火焰中极易电离，单纯锶标准工作溶液配制标准曲线时，浓度范围窄，相关线性不佳。浓度越低，电离率越大，加入钾、钠溶液，可抑制锶的电离。

起草人：王　祺（山西省食品药品检验所）
　　　　　谭亚男（四川省食品药品检验检测院）
复核人：张　烨（山西省食品药品检验所）
　　　　　陆　阳（四川省食品药品检验检测院）

3　饮用天然矿泉水中锌的检测

参考GB 8538-2016《食品安全国家标准　饮用天然矿泉水检验方法》制定本规程。

3.1　火焰原子吸收光谱法

方法内容详见本篇第一章第十四节"饮用天然矿泉水锌的检测"。

3.2　催化示波极谱法

方法内容详见本篇第一章第十四节"饮用天然矿泉水锌的检测"。

起草人：王　祺（山西省食品药品检验所）
　　　　　王小平（四川省食品药品检验检测院）
复核人：张　烨（山西省食品药品检验所）
　　　　　黄泽玮（四川省食品药品检验检测院）

4　饮用天然矿泉水中碘化物的检测

4.1　简述

参考GB 8538-2016《食品安全国家标准　饮用天然矿泉水检验方法》38.4高浓度碘化物比色法制定本规程。

向酸化的水样中加入过量溴水，碘化物被氧化为碘酸盐。用甲酸钠除去过量的溴，剩余的

第三篇　食品中化学成分检测

甲酸钠在酸性溶液中加热成为甲酸挥发逸失，冷却后加入碘化钾析出碘。加入淀粉生成蓝紫色复合物，比色定量。

本方法定量限为0.05mg/L（以I⁻计）。

4.2 试剂和材料

除非另有说明，本方法所用试剂均为分析纯，水为GB/T 6682规定的三级水。

4.2.2.1试剂 磷酸、溴、碘化钾、甲酸钠、可溶性淀粉、碘化钾（优级纯）。

4.2.2.2溶液配制

4.2.2.2.1饱和溴水 吸取约2ml溴，加入水100ml，摇匀，保存于冰箱中。

4.2.2.2.2碘化钾溶液（10g/L） 临用时配制。

4.2.2.2.3甲酸钠溶液（200g/L）。

4.2.2.2.4淀粉溶液（0.5g/L） 称取0.05g可溶性淀粉，加入少量水润湿。倒入煮沸的水中，并稀释至100ml。冷却备用。临用时配制。

4.2.2.3标准溶液的配制

4.2.2.3.1碘化物标准储备溶液 $[\rho(I⁻)=100\mu g/ml]$ 称取0.1308g经硅胶干燥器干燥24小时的碘化钾（优级纯），溶于水中，并定容至1000ml。

4.2.2.3.2碘化物标准工作溶液 $[\rho(I⁻)=1\mu g/ml]$ 临用前将碘化物标准储备溶液用水稀释而成。

4.3 仪器和设备

分光光度计；具塞比色管（25ml）。

4.4 分析步骤

4.4.1 吸取10.0ml水样于25ml具塞比色管中。另取25ml具塞比色管8支，分别精密加入碘化物标准工作溶液0ml、0.5ml、1.0ml、2.0ml、4.0ml、6.0ml、8.0ml和10.0ml，并用水稀释至10ml刻度。

4.4.2 于各管中分别加入3滴磷酸，再滴加饱和溴水至呈淡黄色稳定不变，置于沸水浴中加热2分钟至不褪色为止。向各管滴加甲酸钠溶液2~3滴，放入原沸水浴中2分钟，取出冷却。

4.4.3 向各管加1.0ml碘化钾溶液，混匀，于暗处放置15分钟后，各加10ml淀粉溶液。15分钟后加水至25ml刻度，混匀，于波长570 nm处，用2cm比色皿，以水为参比，测定吸光度。绘制标准曲线，由标准曲线计算出碘化物的质量。

4.5 计算

按下式计算试样中碘化物（I⁻）含量。

$$\rho(I⁻)=\frac{m}{V}$$

式中：$\rho(I⁻)$为水样中碘化物（I⁻）的浓度值（mg/L）；为由标准曲线计算出试样中碘化物的质量值（μg）；V为取样体积（ml）。

4.6 精密度

在相同条件下，获得的两次独立测定结果的绝对差值不得超过算术平均值的10%。

4.7　注意事项

碘化钾溶液、淀粉溶液现用现配。

起草人：王　祺（山西省食品药品检验所）
　　　　唐　静（四川省食品药品检验检测院）
复核人：张　烨（山西省食品药品检验所）
　　　　伍雯雯（四川省食品药品检验检测院）

5　饮用天然矿泉水中偏硅酸的检测

5.1　简述

参考GB 8538–2016《食品安全国家标准　饮用天然矿泉水检验方法》35.1硅钼黄光谱法制定本规程。

在酸性溶液中，可溶性硅酸与钼酸铵反应，生成可溶性的黄色硅钼杂多酸 $[H_4Si(Mo_3O_{10})_4]$，在一定浓度范围内，其吸光度与可溶性硅酸含量成正比。

本方法定量限为1mg/L。

5.2　试剂和材料

除非另有说明，本方法所用试剂均为分析纯；水为GB/T 6682规定的三级水。所配试剂须储存于聚乙烯瓶中。

5.2.2.1试剂　盐酸、氢氧化钠、钼酸铵、草酸、对硝基酚、高纯二氧化硅。

5.2.2.2溶液配制

5.2.2.2.1盐酸溶液（1+1），体积比。

5.2.2.2.2氢氧化钠溶液（8g/L）　称取0.8g氢氧化钠溶于水中；稀释至100ml。

5.2.2.2.3钼酸铵溶液（100g/L）　称取10g钼酸铵 $[(NH_4)_6Mo_7O_{24}\cdot4H_2O]$ 溶于水中；稀释至100ml。必要时可过滤。

5.2.2.2.4草酸溶液（70g/L）　称取7g草酸 $(H_2C_2O_4\cdot2H_2O)$ 溶于水中，稀释至100ml。

5.2.2.2.5对硝基酚指示剂（1g/L）　称取0.10g对硝基酚溶于水中，稀释至100ml。

5.2.2.3标准溶液的配制

5.2.2.3.1偏硅酸标准储备溶液 $[\rho(H_2SiO_3)=100mg/ml]$ 　称取0.1539g已在200℃干燥至恒重的高纯二氧化硅于铂坩埚中；加0.6g碳酸钠与之混匀，在上面再覆盖一层碳酸钠（1~2g），在960℃熔融30分钟，冷却后用水溶解。将溶液转入200ml容量瓶中，用水定容。

5.2.2.3.2偏硅酸标准工作溶液 $[\rho(H_2SiO_3)=100\mu g/ml]$ 　吸取50.0ml偏硅酸标准储备溶液于500ml容量瓶中，用水定容至刻度。

5.3　仪器和设备

分光光度计；比色管（50ml）。

5.4　分析步骤

5.4.1取50.0ml水样于50ml比色管中（若水样为酸性，可少取水样，加3滴对硝基酚指示剂，滴加氢氧化钠溶液至恰显黄色，用水稀释至50ml），加1.0ml盐酸溶液和2.0ml钼酸铵溶液，充分摇匀，放置15分钟（放置时间与温度有关，温度低于20℃时放置30分钟，温度在30~35℃时放置10分钟，温度高于35℃时放置5分钟）。加入2.0ml草酸溶液，充分摇匀。放置2分钟后，在波长420~430 nm处，用2cm比色皿，测量吸光度（15分钟内完成）。

空白试验：只加试剂，不加样品，其余步骤同上，作参比。

5.4.2准确加入偏硅酸标准工作溶液0ml、0.50ml、1.00ml、2.00ml、4.00ml、6.00ml、8.00ml和10.00ml于一系列50ml比色管中，用水稀释至50ml，以下操作同上面样品测定的步骤。以比色管中偏硅酸质量（μg）为横坐标，吸光度为纵坐标，绘制标准曲线。

5.5　计算

按下式计算试样中偏硅酸含量。

$$\rho\left(H_2SiO_3\right) = \frac{m}{V}$$

式中：$\rho\left(H_2SiO_3\right)$为水样中偏硅酸的浓度值（mg/L）；$m$为由标准曲线计算出的比色管中偏硅酸的质量值（μg）；V为取样体积（ml）。

5.6　精密度

在相同条件下，获得的两次独立测定结果的绝对差值不得超过算术平均值的10%。

5.7　注意事项

5.7.1钼酸铵溶液放置久了会有沉淀析出，可以通过过滤的方式去除。但是在下次使用时间过长的情况下，最好重新配制。

5.7.2若无磷酸盐干扰，在此步骤中也可不加草酸溶液，直接测量吸光度。

起草人：王　祺（山西省食品药品检验所）

唐　静（四川省食品药品检验检测院）

复核人：张　烨（山西省食品药品检验所）

伍雯雯（四川省食品药品检验检测院）

6　饮用天然矿泉水中硒的检测

方法内容详见本篇第一章 第十二节"食品中硒的检测"。

7　饮用天然的矿泉水的中游离二氧化碳的检测

7.1　简述

参考GB 8538-2016《食品安全国家标准 饮用天然矿泉水检验方法》39二氧化碳制定了本规程。

水中游离二氧化碳能定量地与氢氧化钠反应生成碳酸氢盐，溶液的pH约为8.3，故选用酚酞作指示剂，以氢氧化钠标准溶液滴至微红色，即为终点。由氢氧化钠标准溶液的消耗量，即可计算出水样中游离二氧化碳的含量。

7.2　试剂和材料

除非另有说明，所用试剂均为分析纯，水为GB/T 6682规定的三级水及无二氧化碳水。

7.2.1　试剂　盐酸、酒石酸钾钠（$KNaC_4H_4O_6$）、氢氧化钠、酚酞指示剂、95%乙醇。

7.2.2　溶液的配制

7.2.2.1　无二氧化碳水　将水煮沸15分钟，然后在不与大气二氧化碳接触的条件下冷却至室温。此水pH应大于6.0，否则应延长煮沸时间，临用现配。

7.2.2.2　盐酸溶液（0.1mol/L）　吸取0.84ml盐酸，用水稀释至100ml。

7.2.2.3　酒石酸钾钠溶液（500g/L）　称取50g酒石酸钾钠溶于水中，稀释至100ml，加4滴酚酞指示剂，用盐酸溶液（0.1mol/L）滴定至红色刚好消失。

7.2.2.4　氢氧化钠标准溶液（0.05mol/L）　配制、标定与储藏均按GB/T 601《化学试剂标准滴定溶液的制备》规定。或购买有证书的氢氧化钠标准滴定液。

7.2.2.5　酚酞指示剂（5g/L）　称取0.25g酚酞，用95%乙醇溶解并稀释至50ml。

7.3　仪器和设备

滴定管；移液管；锥形瓶。

7.4　分析步骤

7.4.1　用移液管以虹吸法吸取50.00ml试样，将移液管插入到250ml锥形瓶的底部，缓缓放出试样。加4滴酚酞指示剂，用氢氧化钠标准溶液滴定至粉红色不褪（若在滴定中发现水样浑浊，可另取水样于滴定前加入1ml酒石酸钾钠溶液以消除干扰）。

7.4.2　对于游离二氧化碳含量较高的碳酸泉水，在按照上述实验步骤测定的基础上，应按下述方法重测：准确吸取比上述实验步骤中消耗量略少的氢氧化钠标准溶液于250ml锥形瓶中，然后用移液管以虹吸法取50.00ml水样，沿内壁缓缓放入锥形瓶内，加4滴酚酞指示剂，用氢氧化钠标准溶液滴定至粉红色不褪。滴定消耗氢氧化钠标准溶液的量应包括滴定前的加入量。

空白试验：取50ml水无二氧化碳水于250ml锥形瓶中，加4滴酚酞指示剂，用氢氧化钠标准溶液滴定至粉红色。

7.5　计算

按下式计算试样中二氧化碳含量。

$$\rho\left(CO_2\right) = \frac{c\left(NaOH\right) \times 44 \times V_1}{V} \times 1000$$

式中：$\rho\left(CO_2\right)$为水样中游离二氧化碳的浓度值（mg/L）；$c\left(NaOH\right)$为氢氧化钠标准溶液的浓度值（mol/L）；V_1为滴定消耗氢氧化钠标准溶液的体积（ml）；V为取样体积（ml）；44为二氧化碳（CO_2）的摩尔质量（g/mol）；1000为单位换算系数。

7.6　精密度

在相同条件下获得的两次独立测定结果的绝对差值不得超过算术平均值的10%。

7.7　注意事项

7.7.1　试验中需配制200g/L氢氧化钠溶液，配制过程中会大量放热，注意防护，防止烫伤。

配制好的氢氧化钠溶液应转移至聚乙烯瓶中保存。

7.7.2氢氧化钠滴定液属于强碱，易与空气中的二氧化碳发生反应；水样与空气接触时也会有二氧化碳的吸收。在滴定过程中，为避免上述两种反应带来的实验误差，取样后应立即滴定。

7.7.3滴定终点的判断，试样溶液由无色变成微红色，且微红色保持30秒不褪色，即为终点。

起草人：黄　萍（四川省食品药品检验检测院）

王莉佳（山西省食品药品检验所）

复核人：夏玉吉（四川省食品药品检验检测院）

张　烨（山西省食品药品检验所）

8　饮用天然矿泉水中溶解性总固体的检测

8.1　简述

参考GB 8538-2016《食品安全国家标准　饮用天然矿泉水检验方法》7 溶解性总固体42.碳酸盐和碳酸氢盐制定了本规程。

溶解性总固体是水中溶解的无机矿物成分的总量。水样经0.45 μm滤膜过滤除去悬浮物，取一定体积滤液蒸干，在105℃干燥至恒重，可测得蒸发残渣含量，将溶解性固体含量加上碳酸氢盐含量的一半（碳酸氢盐在干燥时分解失去二氧化碳而转化为碳酸盐）即为溶解性总固体。

用盐酸标准溶液滴定水样时，若以酚酞作指示剂，滴定溶液红色消失，pH为8.4，消耗的酸量仅相当于碳酸盐含量的一半，当再向溶液中加入甲基橙指示剂，继续滴定到由黄色突变为橙红色，pH为4.4，这时所滴定的是由碳酸盐所转变的碳酸氢盐和水样中原有的碳酸氢盐的总和，根据酚酞和甲基橙指示的两次终点时所消耗的盐酸标准溶液的体积，即可碳酸氢盐的质量浓度。

本法测定范围20~2000mg/ml。

8.2　试剂和材料

除非另有说明，所用试剂均为分析纯，水为GB/T 6682规定的三级水。

8.2.1试剂　碳酸钠、酚酞、甲基橙、盐酸。

8.2.2溶液的配制

8.2.2.1酚酞指示剂（5g/L）　称取0.5g酚酞，溶于100ml 95%乙醇中。

8.2.2.2甲基橙溶液（0.5g/L）　称取0.05g甲基橙，溶于100ml水中。

8.2.3滴定液　盐酸标准溶液（0.05mol/L）：配制、标定与储藏均按GB/T 601《化学试剂标准滴定溶液的制备》规定。或购买有证书的盐酸标准滴定液。

8.3　仪器和设备

蒸发皿；烘箱（控温精度±1℃）；水浴槽；干燥器；分析天平（感量0.1mg）；滴定管；移液管；锥形瓶。

8.4 分析步骤

8.4.1 将洗净的蒸发皿放入烘箱内于105℃干燥1小时，然后取出放干燥器内冷却至室温，称重。重复干燥、冷却、称重，直至恒重（连续两次的称量差值小于0.0005g）。

吸取适量（使测得可溶性固体为2.5~200mg）清澈水样（含有悬浮物的水样应经0.45μm滤膜过滤）于已恒重的蒸发皿中，水浴蒸干。

将蒸发皿放入烘箱内，于105℃干燥1小时，然后取出放干燥器内冷却至室温，称量。重复干燥、冷却、称量，直至恒重（连续两次的称量差值小于0.0005g）。

8.4.2 另取50ml水样于150ml锥形瓶中，加入4滴酚酞指示剂，如出现红色，则用盐酸标准溶液滴定到溶液红色刚刚消失，记录消耗盐酸标准溶液的毫升数（V_1）。在此无色溶液中，再加入4滴甲基橙指示剂，以盐酸标准溶液滴定到溶液由黄色突变为橙红色，记录此时盐酸标准溶液的消耗毫升数（V_2）。

8.5 计算

8.5.1 水样中碳酸氢盐浓度 按下式计算。

$$\rho(HCO_3^-) = \frac{(V_1 - V_2) \times c(HCl) \times 61.017}{V} \times 1000$$

式中：$\rho(HCO_3^-)$为碳酸氢盐的浓度值（mg/L）；$c(HCl)$为盐酸标准溶液浓度（mol/L）；V为取样体积（ml）；1000为单位换算系数；61.017为与1.00ml盐酸标准溶液（1.000mol/L）相当的以克表示的HCO_3^-的质量。

8.5.2 水样中溶解性总固体 按下式计算。

$$\rho = \frac{(m_2 - m_1) \times 1000}{V} \times 1000 + \frac{1}{2}\rho(HCO_3^-)$$

式中：ρ为水样中的溶解性总固体的含量值（mg/L）；m_2为蒸发皿和溶解性固体质量的总和（mg）；m_1为蒸发皿质量（mg）；1000为单位换算系数；V为取样体积（ml）；$\rho(HCO_3^-)$为碳酸氢盐的含量值（mg/L）。

8.6 精密度

相同条件下获得的两次独立测定结果的绝对差值不超过算术平均值的15%。

8.7 注意事项

8.7.1 除按规定做好称量等实验记录外，必须记录盐酸标准溶液的浓度及有效期。

8.7..2 记录所用滴定管的编号、及量值溯源，试样消耗盐酸标准溶液的体积。

起草人：夏玉吉（四川省食品药品检验检测院）
王莉佳（山西省食品药品检验所）
复核人：黄　萍（四川省食品药品检验检测院）
张　烨（山西省食品药品检验所）

第二十节 饮料中咖啡因的检测

1 简述

参考 GB 5009.139-2014《食品安全国家标准 饮料中咖啡因的测定》制定本规程。

本规程适用于可乐型饮料，咖啡、茶叶及其固体和液体饮料制品中咖啡因含量的测定。

可乐型饮料脱气后，用水提取、氧化镁净化；不含乳的咖啡及茶叶液体饮料制品用水提取、氧化镁净化；含乳的咖啡及茶叶液体饮料制品经三氯乙酸溶液沉降蛋白；咖啡、茶叶及其固体饮料制品用水提取、氧化镁净化；然后经 C18 色谱柱分离，用紫外检测器检测，外标法定量。

线性范围为 220 µg/ml~439 µg/ml。检出限：以 3 倍基线噪音信号确定检出限 0.7ng；可乐、不含乳的咖啡及茶叶液体饮料制品检出限为 0.07mg/kg，定量限为 0.2mg/kg；以含乳咖啡及茶叶液体饮料制品取样量 1g，检出限为 0.7mg/kg，定量限为 2.0mg/L。以咖啡、茶叶及其固体饮料制品取样量 1g，检出限为 18mg/kg，定量限为 54mg/kg。

2 试剂和材料

除非另有说明，所用试剂均为分析纯，水为 GB/T 6682 规定的一级水。

2.1 试剂

氧化镁；三氯乙酸；甲醇（色谱法）。

2.2 溶液配制

三氯乙酸溶液（10g/L）：称取 1g 三氯乙酸于 100ml 容量瓶中，用水定容至刻度。

2.3 标准溶液配制

2.3.1 标准品 咖啡因标准品（纯度 ≥ 99%）。

2.3.2 咖啡因标准储备液（2.0mg/ml） 准确称取咖啡因标准品 20mg（精确至 0.1mg）于 10ml 容量瓶中，用甲醇溶解定容。放置于 4℃冰箱，有效期为 6 个月。

2.3.3 咖啡因标准中间液（200 µg/ml） 准确吸取 5.0ml 咖啡因标准储备液于 50ml 容量瓶中，用水定容。放置于 4℃冰箱，有效期为一个月。

2.3.4 咖啡因标准系列溶液 分别吸取咖啡因标准中间液 0.5ml、1.0ml、2.0ml、5.0ml、10.0ml 至 10ml 容量瓶中，用水定容。该标准系列浓度分别为 10.0 µg/ml、20.0 µg/ml、40.0 µg/ml、100 µg/ml、200 µg/ml。临用现配。

3 仪器和设备

高效液相色谱仪（带紫外检测器或二极管阵列检测器）；天平（感量为 0.1mg）；水浴锅；超声波清洗器；0.45 µm 微孔水相滤膜。

4　分析步骤

4.1　试样制备

4.1.1　可乐型饮料

4.1.1.1脱气　样品用超声波清洗器在40℃下超声5分钟。

4.1.1.2净化　称取5g（精确至0.001g）样品，加水定容至5ml，摇匀，加入0.5g氧化镁，振摇，静置，取上清液经0.45μm微孔滤膜过滤，备用。

4.1.2不含乳的咖啡及茶叶液体制品　称取5g（精确至0.001g）样品，加水定容至5ml，摇匀，加入0.5g氧化镁，振摇，静置，取上清液经0.45μm微孔滤膜过滤，备用。

4.1.3含乳的咖啡及茶叶液体制品　称取1g（精确至0.001g）样品，加入三氯乙酸溶液定容至10ml，摇匀，静置，沉降蛋白，取上清液经0.45μm微孔滤膜过滤，备用。

4.1.4咖啡、茶叶及其固体制品　样品粉碎并低于30目后充分滤匀，称取1g（精确至0.001g）样品于250ml锥形瓶中，加入约200ml水，沸水浴30分钟，不时振摇，取出流水冷却1分钟，加入5g氧化镁，振摇，再放入沸水浴20分钟，取出锥形瓶，冷却至室温，转移至250ml容量瓶中，加水定容至刻度，摇匀，静置，取上清液经0.45μm微孔滤膜过滤，备用。

4.2　仪器参考条件

色谱柱：C18柱（粒径5μm，柱长150mm×直径3.9mm）或同等性能的色谱柱。流动相：甲醇+水=24+76。流速：1.0ml/min。检测波长：272nm。柱温：25℃。进样量：10μl。

4.3　标准曲线的绘制

将标准系列工作液分别注入液相色谱仪中，测定相应的峰面积，以标准工作液的浓度为横坐标，以峰面积为纵坐标，绘制标准曲线。

4.4　试样溶液的测定

将待测液注入液相色谱仪中，由标准曲线计算得待测液中咖啡因的浓度。

5　计算

试样中咖啡因含量按下式计算。

$$X = \frac{c \times V \times 1000}{m \times 1000}$$

式中：X为试样中咖啡因的含量值（mg/kg）；c为试样溶液中咖啡因的浓度（μg/ml）；V为被测试样定容体积（ml）；m为称样量（g）；1000为单位换算系数。

结果保留3位有效数字。

6　精密度

可乐型饮料：在相同条件下获得的两次独立测定结果的绝对差值不得超过算术平均值的5%；咖啡、茶叶及其固体液体饮料制品：在相同条件下获得的两次独立测定结果的绝对差值不得超过算术平均值的10%。

第三篇　食品中化学成分检测

7 注意事项

7.1 氧化镁的作用是净化，其用量可根据基质的情况做适当调整。

7.2 三氯乙酸的作用是沉淀蛋白，其用量根据基质蛋白含量和蛋白沉淀效果做适当调整。

7.3 对于含量不在标准曲线范围内的样品，适当调整定容体积，使其含量在标准曲线范围内。

7.4 我国把咖啡因列为"精神药品"管制，在使用及处理咖啡因标准品时应做好相应记录。

起草人：何成军（四川省食品药品检验检测院）

王莉佳（山西省食品药品检验所）

复核人：闵宇航（四川省食品药品检验检测院）

张　烨（山西省食品药品检验所）

第二十一节　食品中氰化物的检测

1 分光光度法

1.1 简述

参考 GB 5009.36–2016《食品安全国家标准　食品中氰化物的测定》第一法分光光度法及 GB 8538–2016《食品安全国家标准　饮用天然矿泉水检验方法》45.1 异烟酸　吡唑啉酮光谱法制定了本规程。

本规程适用于蒸馏酒及其配制酒、木薯粉、包装饮用水、矿泉水中氰化物的检测。

木薯粉、包装饮用水和矿泉水中的氰化物在酸性条件下蒸馏出的氢氰酸用氢氧化钠溶液吸收，在 pH=7.0 条件下，馏出液用氯胺 T 将氰化物转变为氯化氰，再与异烟酸–吡唑啉酮作用，生成蓝色染料，与标准系列比较定量。

蒸馏酒及其配制酒在碱性条件下加热除去高沸点有机物，然后在 pH=7.0 条件下，用氯胺 T 将氰化物转变为氯化氰，再与异烟酸–吡唑啉酮作用，生成蓝色染料，与标准系列比较定量。

本规程酒的检出限为 0.004mg/L，定量限为 0.015mg/L；木薯粉的检出限为 0.015mg/kg，定量限为 0.045mg/kg；水的检出限为 0.002mg/L，定量限为 0.006mg/L。

1.2 试剂和材料

除非另有说明，所用试剂均为分析纯，水为 GB/T 6682 规定的三级水。

1.2.1 试剂　甲基橙；酚酞；酒石酸；氢氧化钠；磷酸二氢钾；磷酸氢二钠；乙酸；异烟酸（$C_6H_5O_2N$）；吡唑啉酮（$C_{10}H_{10}N_2O$）；氯胺 T（$C_7H_7SO_2NClNa \cdot 3H_2O$）；无水乙醇；乙酸锌。

1.2.2 溶液配制

1.2.2.1 甲基橙指示剂（0.5g/L）　称取 50mg 甲基橙，溶于水中，并稀释至 100ml。

1.2.2.2 氢氧化钠溶液（20g/L）　称取 2g 氢氧化钠，溶于水中，并稀释至 100ml。

1.2.2.3氢氧化钠溶液（10g/L） 称取1g氢氧化钠，溶于水中，并稀释至100ml。

1.2.2.4乙酸锌溶液（100g/L） 称取10g乙酸锌，溶于水中，并稀释至100ml。

1.2.2.5氢氧化钠溶液（2g/L） 量取10ml氢氧化钠溶液（20g/L），用水稀释至100ml。

1.2.2.6氢氧化钠溶液（1g/L） 量取5ml氢氧化钠溶液（20g/L），用水稀释至100ml。

1.2.2.7乙酸溶液（1+24） 将乙酸和水按1∶24的体积比混匀。

1.2.2.8酚酞-乙醇指示液（10g/L） 称取1g酚酞试剂，用无水乙醇溶解，并定容至100ml。

1.2.2.9磷酸盐缓冲溶液（0.5mol/L，pH=7.0） 称取34.0g无水磷酸二氢钾和35.5g无水磷酸氢二钠，溶于水并稀释至1000ml。

1.2.2.10异烟酸-吡唑啉酮溶液 称取1.5g异烟酸溶于24ml氢氧化钠溶液（20g/L）中，加水至100ml，另称取0.25g吡唑啉酮，溶于20ml无水乙醇中，合并上述两种溶液，摇匀。临用现配。

1.2.2.11氯胺T溶液（10g/L） 称取1g氯胺T溶于水中，并稀释至100ml。临用现配。

1.2.3 标准品

1.2.3.1水中氰成分分析标准物质［50μg/ml，标准物质编号为GBW（E）080115］。

1.2.3.2氰离子标准中间液（1μg/ml）：取2ml水中氰成分分析标准物质，用氢氧化钠溶液（20g/L）定容至100ml。

1.3 仪器和设备

可见分光光度计；pH计；分析天平（感量为0.001g）；具塞比色管；恒温水浴锅；电加热板；500ml水蒸气蒸馏装置。

1.4 分析步骤

1.4.1 木薯粉

1.4.1.1称取20g（精确到0.001g）试样于500ml水蒸气蒸馏装置中，加水约200ml，塞严瓶口，在室温下磁力搅拌2小时。然后加入20ml乙酸锌溶液和2.0g酒石酸，迅速连接好蒸馏装置，将冷凝管下端插入盛有10ml氢氧化钠溶液（20g/L）的100ml锥形瓶①的液面下。进行水蒸气蒸馏，收集蒸馏液接近100ml时，取下锥形瓶①；同时将冷凝管下端插入盛有10ml氢氧化钠溶液（20g/L）的100ml锥形瓶②的液面下，重复蒸馏至收集蒸馏液约80ml时，停止加热，继续收集蒸馏液近100ml，取下锥形瓶②；取下蒸馏瓶并将其内容物充分搅拌、混匀，再将冷凝管下端插入盛有10ml氢氧化钠溶液（20g/L）的100ml锥形瓶③的液面下，进行水蒸气蒸馏，至锥形瓶③收集蒸馏液约50ml，取下锥形瓶③。将上述锥形瓶①、②和③收集的蒸馏液完全转移至250ml（V_1）容量瓶中，用水定容至刻度。量取10ml溶液（V_2）置于25ml比色管中，作为试样溶液。

1.4.1.2标准系列溶液 分别量取0.0ml、0.3ml、0.6ml、0.9ml、1.2ml、1.5ml氰离子标准中间液置于25ml比色管中，加水至10ml。

1.4.1.3试样溶液及标准系列溶液中各加1ml氢氧化钠溶液（10g/L）和1滴酚酞指示剂，用乙酸溶液缓慢调至红色褪去，然后加5ml磷酸盐缓冲溶液，在37℃恒温水浴锅中保温10分钟，再分别加入0.25ml氯胺T溶液，加塞振荡混合均匀，放置5分钟。然后分别加入5ml异烟酸-吡唑酮溶液，加水至25ml，混匀。在37℃恒温水浴锅中放置40分钟，待测。

1.4.1.4测定　用2cm比色杯，以零管调节零点，将标准系列工作液、待测液分别注入可见分光光度计中，于波长638 nm处测吸光度。

标准曲线的绘制：以标准工作液中氰化物质量为横坐标，以吸光度为纵坐标，绘制标准曲线。由标准曲线计算得出待测液中氰化物质量。

1.4.2 蒸馏酒及其配制酒

1.4.2.1吸取1.0ml试样于50ml烧杯中，加入5ml氢氧化钠溶液（2g/L），放置10分钟，然后放于120℃电加热板上加热至溶液剩余约1ml，取下放至室温，用氢氧化钠溶液（2g/L）转移至10ml具塞比色管中，最后加氢氧化钠溶液（2g/L）至5ml。

1.4.2.2若酒样浑浊或有色，取25.0ml试样于250ml蒸馏瓶中，加入100ml水，滴加数滴甲基橙指示剂，将冷凝管下端插入盛有10ml氢氧化钠溶液（2g/L）比色管的液面下，再加1~2g酒石酸，迅速连接蒸馏装置进行水蒸气蒸馏，收集蒸馏液约50ml，然后用水定容至50ml，混合均匀。取2.0ml馏出液按1.4.2.1操作。

1.4.2.3分别量取0ml、0.4ml、0.8ml、1.2ml、1.6ml、2.0ml氰离子标准中间液于10ml具塞比色管中，加氢氧化钠溶液（2g/L）至5ml。

1.4.2.4于试样及标准管中分别加入2滴酚酞指示剂，然后加入乙酸溶液调至红色褪去，再用氢氧化钠溶液（2g/L）调至近红色，然后加2ml磷酸盐缓冲溶液（如果室温低于20℃即放入25~30℃水浴中10分钟），再加入0.2ml氯胺T溶液，摇匀放置3分钟，加入2ml异烟酸–吡唑啉酮溶液，加水稀释至刻度，加塞振荡混合均匀，在37℃恒温水浴锅中放置40分钟，待测。

1.4.2.5测定　取出用1cm比色杯以空白管调节零点，将标准系列工作液、待测液分别注入可见分光光度计中，于波长638 nm处测吸光度。

标准曲线的绘制：以标准工作液中氰化物质量为横坐标，以吸光度为纵坐标，绘制标准曲线。由标准曲线计算得出待测液中氰化物质量。

1.4.3 饮用水、矿泉水、饮料

1.4.3.1量取250ml试样置于500ml水蒸气蒸馏装置中，加入1~2滴甲基橙指示剂，再加入5ml乙酸锌溶液，加入1~2g酒石酸，溶液由橙黄色变成了橙红，迅速连接好蒸馏装置，将冷凝管下端插入盛有10ml氢氧化钠溶液（20g/L）的50ml具塞比色管的液面下。通过调节温度将蒸馏速度控制在2~3ml/min，收集蒸馏液约50ml，然后用水定容至50ml，混合均匀。取10.0ml馏出液置于25ml具塞比色管中。

1.4.3.2另取25ml具塞比色管，分别加入氰离子标准中间液0ml，0.10ml，0.20ml，0.40ml，0.60ml，0.80ml，1.00ml，1.50ml和2.00ml，加氢氧化钠溶液（1g/L）至10.0ml。

1.4.3.3于试样和标准管中各加5.0ml磷酸盐缓冲液。置于37℃恒温水浴中，再加入0.25ml氯胺T溶液，加塞混合，放置5分钟，然后加入5.0ml异烟酸–吡唑酮溶液，加水至25ml，混匀，在37℃恒温水浴锅中放置40分钟，待测。

1.4.3.4测定　用3cm比色杯，以纯水做参比，将标准系列工作液、待测液分别注入可见分光光度计中，于波长638 nm处测吸光度。

标准曲线的绘制：以标准工作液中氰化物质量为横坐标，以吸光度为纵坐标，绘制标准曲线。由标准曲线计算得出待测液中氰化物质量。

1.5　计算

1.5.1 木薯粉结果计算　试样中氰化物（以 CN^- 计）的含量按下式计算。

$$X= \frac{A \times V \times 1000}{m \times V_2/V_1 \times 100}$$

式中：X为试样中氰化物含量值（mg/kg）；A为由标准曲线计算所得试样溶液氰化物质量（μg）；1000为单位换算系数；m为称样量（g）；V_2为测定用蒸馏液体积（ml）；V_1为试样蒸馏液总体积（ml）。

计算结果保留3位有效数字。

1.5.2 蒸馏酒及其配制酒结果计算

按1.4.2.1操作时试样中氰化物（以CN⁻计）的含量按下式计算。

$$X= \frac{A \times 1000}{V \times 100}$$

式中：X为试样中氰化物含量值（mg/L）；A为由标准曲线计算所得试样溶液氰化物的质量值（μg）；1000为单位换算系数；V为试样体积（ml）。

按1.4.2.2操作时试样中氰化物（以CN⁻计）的含量按下式计算。

$$X= \frac{A \times 50 \times 1000}{V \times 2 \times 1000}$$

式中：X为试样中氰化物含量值（mg/L）；A为测定用由标准曲线计算所得试样溶液氰化物的质量值（μg）；50，2为换算系数；1000为单位换算系数；V为试样体积（ml）。

计算结果保留2位有效数字。

1.5.3 包装饮用水、矿泉水、饮料结果计算　　试样中氰化物（以CN⁻计）的含量按下式计算。

$$X= \frac{A \times V_1}{V \times V_2}$$

式中：X为水样中氰化物含量值（mg/L）；A为由校准曲线计算得样品管中氰化物的质量（μg）；V_1为馏出液总体积（ml）；V为水样体积（ml）；V_2为测定用馏出液体积（ml）。

计算结果保留2位有效数字。

注：氰化物含量超过20μg时，可取试样适量，加水至250ml。

1.6　精密度

相同条件下获得的两次独立测定结果的绝对差值不超过算术平均值的10%。

1.7　注意事项

1.7.1氰化物属于剧毒物，在操作氰化物及其溶液时，要特别小心。避免沾污皮肤和眼睛。

1.7.2整个实验过程应在通风橱内进行，并注意防护。

1.7.3操作人员暴露部位（如手臂、手等部位）如有伤口，必须至少4层纱布包扎后方可以操作。

1.7.4所有氰化物废液未经解毒处理，不可以直接倒入下水道！应集中收集返回专业部门。

1.7.5饮用水及矿泉水中氰化物在酸性条件下蒸馏出的是氢氰酸，此为剧毒物质。为避免氢氰酸的泄露，试验前应先检查整个蒸馏系统的密闭性；加入酒石酸后应立即将蒸馏瓶连接至整个蒸馏装置；接收管务必插入盛10ml氢氧化钠溶液（20g/L）的50ml具塞比色管的液面下。

1.7.6可在蒸馏瓶中加入几颗玻珠，并控制蒸馏速度在2~3ml/min之间，防止暴沸并保证反应完全。为防止倒吸及馏出液超出刻度线，在馏出液接近50ml时，即可取下接收管，用蒸馏水定容至刻度，混合均匀。

1.7.7氯胺T是白色结晶状的粉末，暴露于空气中，极不稳定。在受潮或者光解后呈淡黄色并析出活性氯，失效后对测试结果影响较大，因此平时应在低温、干燥且避光的条件下保存，需临用现配。

1.7.8异烟酸属于微溶物，在冷水中难以溶解，但可以溶于碱性溶液，也可以溶于热水。因此配制此溶液时应先将异烟酸溶于24ml的氢氧化钠溶液（20g/L），超声2分钟后，再加水稀释至100ml。若溶解效果仍不好，基于异烟酸对加热和氧化剂的稳定性，可考虑将溶液进行加热，通过升温令异烟酸彻底溶解后停止加热，自然放凉后，再用蒸馏水定容至100ml。

1.7.9 吡唑啉酮

1.7.9.1吡唑啉酮为无色的晶形粉末，但市售的通常为淡黄色，它的纯度对测试结果有一定的影响，不仅会带来测量误差，也会降低方法灵敏度。因此，可以使用三氯甲烷对吡唑啉酮进行萃取，使用此方法所得空白值较低，并且稳定性较好。

1.7.9.2市售吡唑啉酮有两种试剂 1-苯基-3-甲基-5-吡唑酮及1-苯基-3-甲基-4-苯甲酰-5-吡唑酮。这两种试剂结构很相似，但是因为1-苯基-3-甲基-4-苯甲酰-5-吡唑酮吡唑环上并没有活性的亚甲基，因此无法与戊烯二醛发生缩合反应，导致无法显色，不能使用。测定氰化物时应购买前者，即1-苯基-3-甲基-5-吡唑酮。

1.7.10磷酸盐缓冲溶液的pH对测试结果有重大的影响。缓冲的溶液pH只有在7.0左右才能获得最佳的吸光度，但是按照国标方法称取34.0g无水磷酸二氢钾和35.5g无水磷酸氢二钠溶于水稀释至1000ml，得到的缓冲溶液pH往往低于7，配制时需加碱用pH计调节至7.0左右再行使用。配制完毕后的磷酸盐缓冲液可放入冰箱保存，但冰箱中保存的磷酸盐缓冲溶液容易析晶，因此用前须充分摇匀，必要时可以使用水浴加热，并定时监测其pH。

2 气相色谱法

2.1 简述

参考GB 5009.36-2016《食品安全国家标准 食品中氰化物的测定》第二法气相色谱法及GB 8538-2016《食品安全国家标准 饮用天然矿泉水检验方法》制定了本规程。

本规程适用于蒸馏酒及其配制酒、粮食、木薯、包装饮用水、矿泉水中氰化物的检测。

在密闭容器和一定温度下，食品中的氰化物在酸性条件下用氯胺T将其衍生为氯化氰，氯化氰在气相和液相中达到平衡，将气相部分导入气相色谱法进行分离，电子捕获检测器检测，以外标法定量。

本规程酒的检出限为0.02mg/L，定量限为0.05mg/L；粮食的检出限为0.03mg/kg，定量限为0.10mg/kg；包装饮用水和矿泉水的检出限为0.001mg/L，定量限为0.002mg/L。

2.2 试剂和材料

除非另有说明，所用试剂均为分析纯，水为GB/T 6682规定的二级水。

2.2.1 试剂 氯胺T（$C_7H_7ClNNaO_2S \cdot 3H_2O$），保存在干燥器中；磷酸；氢氧化钠。

2.2.2 溶液的配制

2.2.2.1 氯胺T溶液（10g/L）　称取0.1g氯胺T，用水溶解定容至10ml（临用现配，当配制氯胺T溶液浑浊时，需更换新的氯胺T）。

2.2.2.2 磷酸溶液（1+5）　量取10ml浓磷酸，加入到50ml水中，混合均匀。

2.2.2.3 氢氧化钠溶液（0.1%）　称取1.0g氢氧化钠，用水溶解定容至1L。

2.2.3 标准溶液配制

2.2.3.1 水中氰成分分析标准物质［50μg/ml，标准物质编号为GBW（E）080115］。

2.2.3.2 氰离子（以CN⁻计）标准中间溶液：准确移取2.00ml的水中氰成分分析标准物质于10ml的容量瓶，用氢氧化钠溶液定容，此溶液浓度为10mg/L，在0~4℃冰箱中保存，可使用3个月。

2.3　仪器和设备

气相色谱仪（配有电子捕获检测器：ECD，顶空进样器）；涡旋振荡器；分析天平（感量为0.0001g）；离心机；超声波清洗器。

2.4　分析步骤

2.4.1 试样制备
取固体试样约500g，用样品粉碎装置将其制成粉末，装入洁净容器，密封，于0~4℃条件下保存。

取液体试样约500ml，充分混匀，装入洁净容器中，密封，于0~4℃条件下保存。

2.4.2 仪器参考条件

2.4.2.1 顶空分析条件　顶空平衡温度：50℃。取样针温度：55℃。传输线温度：100℃。顶空加热时间：30分钟。进样时间：0.03分钟。加压时间：1分钟。载气：25.5psi。

2.4.2.2 气相色谱参考条件　色谱柱：WAX毛细管柱，30m×0.25mm（内径）×0.25μm（膜厚），或性能相当者。色谱柱温度：40℃保持5分钟，以50℃/min速率升至200℃保持2分钟。载气：氮气，纯度≥99.999%。进样口温度：200℃。检测器温度：260℃。分流比：5∶1。柱流速：2.0ml/min。

2.4.3 标准系列工作溶液的制备
氰离子（以CN⁻计）标准系列溶液：移取适量氰离子（以CN⁻计）标准中间溶液用水稀释配制成浓度为0mg/L、0.001mg/L、0.002mg/L、0.010mg/L、0.050mg/L、0.100mg/L的标准系列溶液。

分别准确移取10.0ml的标准系列溶液于6个顶空瓶中，加入0.2ml磷酸溶液，涡旋混合，然后加入0.2ml氯胺T溶液，立即加盖密封，涡旋混合，得标准系列工作溶液，待测。

2.4.4 试样溶液的测定

2.4.4.1 蒸馏酒及其配制酒　准确移取0.2ml试样于顶空瓶中，加入蒸馏水9.8ml，加入0.2ml磷酸溶液，涡旋混合，然后加入0.2ml氯胺T溶液，立即加盖密封，涡旋混合，待测。

2.4.4.2 粮食　准确称取试样1g（精确至0.0001g），用蒸馏水定容至100ml，超声提取20分钟，4000r/min离心5分钟，然后准确移取10ml上清液于顶空瓶中，加入0.2ml磷酸溶液，涡旋混合，然后加入0.2ml氯胺T溶液，立即加盖密封，涡旋混合，待测。

2.4.4.3 包装饮用水、矿泉水、饮料　准确移取10ml试样于顶空瓶中，加入0.2ml磷酸溶液，涡旋混合，然后加入 0.2ml 氯胺 T 溶液，立即加盖密封，涡旋混合，待测。

2.4.5 空白试验　除不加试样外，其余操作同 2.4.4，在加入 0.2ml 磷酸溶液，涡旋混合后，通入氮气在 50℃水浴中吹扫 15 分钟，然后加入 0.2ml 氯胺 T 溶液，立即加盖密封，涡旋混合，待测。

2.4.6 气相色谱检测

2.4.6.1 标准曲线的绘制　将标准系列工作液分别注入气相色谱仪中，采用外标法定量，测定相应的峰面积，以标准工作液的浓度为横坐标，以峰面积为纵坐标，绘制标准曲线。

2.4.6.2 测定　将待测液注入气相色谱仪中，由标准曲线计算得到待测液中氰化物的浓度。

试样溶液中氰化物衍生物的响应值应在标准线性范围内，若超出范围，在加磷酸溶液前用水稀释至范围内。

2.5　计算

2.5.1 蒸馏酒及其配制酒、包装饮用水和矿泉水、饮料中氰化物（以 CN^- 计）含量按下式计算。

$$X = \frac{\rho \times \rho_0}{V} \times 10$$

式中：X 为试样中氰化物的含量值（以 CN^- 计，mg/L）；ρ 为由标准曲线计算得到的试样溶液液中氰化物的浓度值（mg/L）；ρ_0 为由标准曲线得到的空白试验中氰化物的浓度值（mg/L）；V 为取样体积（ml）；10 为加酸衍生前顶空瓶中溶液体积（ml）。

计算结果保留 3 位有效数字。

2.5.2 粮食、木薯粉中氰化物（以 CN^- 计）含量　按下式计算。

$$X = \frac{\rho \times \rho_0 \times V \times 1000}{m \times 1000}$$

式中：X 为试样中氰化物的含量值（mg/L）；ρ 为由标准曲线计算得到的样液中氰化物的浓度值（mg/L）；ρ_0 为由标准曲线计算得到的空白实验中氰化物的浓度值（mg/L）；V 为试样定容体积（ml）；1000 为单位换算系数；m 为称样量（g）。

计算结果保留 3 位有效数字。

2.6　精密度及重复性

相同条件下获得的两次独立测定结果的绝对差值不超过算术平均值的15%。

2.7　注意事项

2.7.1 氯胺 T 性质不稳定，在受潮或者光解后呈淡黄色并析出活性氯，失效后对测试结果影响较大，因此平时应在低温、干燥且避光的条件下保存，临用现配。

2.7.2 水中氰化物在酸性环境中与氯胺 T 反应生成氯化氰，氯化氰在常温常压下为气态（氯化氰的沸点为14℃），因此在加入氯胺 T 后，应立即盖紧瓶塞，再涡旋混匀，以防止氯化氰挥发，减小实验误差。

2.7.3 制备空白样品时，应注意氮吹气流量，防止样品飞溅。

2.7.4 样品制备过程中，应注意防护，并在通风橱中进行。

起草人：黄　萍（四川省食品药品检验检测院）

王莉佳（山西省食品药品检验所）

孙嵛林（山东省食品药品检验研究院）

复核人：夏玉吉（四川省食品药品检验检测院）

张　烨（山西省食品药品检验所）

胡明燕（山东省食品药品检验研究院）

第二十二节　食品中溶剂残留量的检测

1　简述

参考 GB 5009.262-2016《食品安全国家标准　食品中溶剂残留量的测定》制定本规程。

本规程适用于食用植物油、食品加工粕类中溶剂残留量的测定。

样品中存在的溶剂残留在密闭容器中会扩散到气相中，经过一定的时间后可达到气相/液相间浓度的动态平衡，用顶空气相色谱法检测上层气相中溶剂残留的含量，即可计算出待测样品中溶剂残留的实际含量。

检出限和定量限：植物油检出限为 2mg/kg，定量限为 10mg/kg；粕类检出限为 2mg/kg，定量限为 10mg/kg。

2　试剂和材料

2.1　试剂

除非另有说明，所用试剂均为分析纯，水为 GB/T 6682 规定的一级水。

N，N-二甲基乙酰胺 [$CH_3C(O)N(CH_3)_2$]（纯度 ≥ 99%）；正庚烷（C_7H_{16}），纯度 ≥ 99%。

2.2　溶剂的配制

正庚烷标准工作液：在 10ml 容量瓶中准确加入 1ml 正庚烷后，再迅速加入 N，N-二甲基乙酰胺，并定容至刻度。

2.3　标准品

溶剂残留标准品："六号溶剂"溶液，浓度为 10mg/ml，溶剂为 N，N-二甲基乙酰胺，或经国家认证并授予标准物质证书的其他溶剂残留检测用标准物质。

2.4　基休植物油

和被检测样品同一种属，经过脱臭脱色等精炼工序得到的精制植物油或在室温下经超声波脱气的植物油，基体植物油溶剂残留量应低于检出限。

第三篇　食品中化学成分检测

基体粕：和被检测样品同一种属，经深加工或实验室加热后完全除去溶剂残留的食品加工粕，基体粕溶剂残留量应低于检出限。

2.5 标准溶液配制

2.5.1 植物油 称量 5.0g（精确到 0.01g）基体植物油 6 份于 20ml 顶空进样瓶中。向每份基体植物油中迅速加入 5μl 正庚烷标准工作液作为内标溶液（即内标含量 68mg/kg），用手轻微摇匀后，再用微量注射器迅速加入 0μl、5μl、10μl、25μl、50μl、100μl 的六号溶剂标准品，密封后，得到浓度分别为 0mg/kg、10mg/kg、20mg/kg、50mg/kg、100mg/kg、200mg/kg 的基体植物油标准系列溶液。

2.5.2 粕类 称量 3.0g（精确到 0.01g）基体粕 6 份于 20ml 顶空进样瓶中。再向每个顶空进样瓶中精密加入 400μl 水，最后用微量注射器迅速加入 0μl、3μl、9μl、15μl、30μl、150μl 的六号溶剂标准品，密封后，得到浓度分别为 0mg/kg、10mg/kg、30mg/kg、50mg/kg、100mg/kg、500mg/kg 的基体粕标准溶液。

3 仪器和设备

气相色谱仪（带氢火焰离子化检测器 FID）；分析天平（感量为 0.01g）；超声波振荡器；鼓风烘箱；恒温振荡器。

4 分析步骤

4.1 试样制备

4.1.1 植物油样品制备 称取植物油样品 5g（精确至 0.01g）于 20ml 顶空进样瓶中，向植物油样品中迅速加入 5μl 正庚烷标准工作液作为内标，用手轻微摇匀后密封。保持顶空进样瓶直立，待分析。

4.1.2 粕类样品制备 称量 3g（精确至 0.01g）粕类样品于 20ml 顶空进样瓶中，再向其中精密加入 400μl 去离子水后密封，保持顶空进样瓶直立，待分析。

4.2 仪器参考条件

4.2.1 顶空进样参考条件 平衡时间：30 分钟。平衡温度：60℃。平衡时振荡器转速：250r/min。进样体积：500μl。

4.2.2 气相色谱参考条件 色谱柱：含 5% 苯基的甲基聚硅氧烷的毛细管柱，柱长 30m，内径 0.25mm，膜厚 0.25μm，或相当者。柱温度程序：50℃保持 3 分钟，1℃/min 升温至 55℃保持 3 分钟，30℃/min 升温至 200℃保持 3 分钟。进样口温度：250℃。检测器温度：300℃。进样模式：分流模式，分流比 100∶1。载气氮气流速：1ml/min。氢气流速：25ml/min。空气流速：300ml/min。

4.3 标准曲线的绘制

4.3.1 对于植物油，本法采用内标法定量。将配制好的标准系列溶液上机分析后，以标准系列溶液与内标物浓度比为横坐标，标准系列溶液总峰面积与内标物峰面积比为纵坐标绘制标准曲线。

4.3.2对于粕类,本方法采用外标定量法,将配制好的标准系列溶液上机分析后,以标准系列溶液浓度为横坐标,标准系列溶液总峰面积为纵坐标绘制标准曲线。

4.4 测定

将制备好的试样溶液上机分析后,测得其峰面积,根据相应标准曲线,计算出试样中溶剂残留的含量。

5 计算

试样中溶剂残留的含量按下式计算。

$$X=\rho$$

式中:X为试样中溶剂残留的含量值(mg/kg);ρ由标准曲线得到的试样中溶剂残留的含量(mg/kg)。计算结果保留3位有效数字。

6 精密度

在相同条件下获得的两次独立测定结果的绝对差值不得超过算术平均值的10%。

7 注意事项

在标准物质配制和样品制备过程中任何样品均不能接触到密封垫,如果有接触,需重新制备。

起草人:阎安婷(山西省食品药品检验所)

岳清洪(四川省食品药品检验检测院)

复核人:张 烨(山西省食品药品检验所)

罗 玥(四川省食品药品检验检测院)

第二十三节 炼乳中乳固体的检测

1 简述

参考GB 13102-2010《食品安全国家标准 炼乳》、GB 5413.5-2010《食品安全国家标准 婴幼儿食品和乳品中乳糖、蔗糖的测定》、GB 5009.3-2016《食品安全国家标准 食品中水分的测定》制定本规程。

本规程适用于炼乳中乳固体的检测,不适用于调制炼乳中乳固体的检测。

炼乳减去水分、蔗糖含量,即为乳固体。

2 分析步骤

2.1水分参照乳制品中水分的测定操作规程。

第三篇 食品中化学成分检测

2.2蔗糖参照乳制品中蔗糖的测定操作规程。

3 计算

试样中乳固体的含量的测定按下式计算。

$$X=100\%-X_1-X_2$$

式中：X为试样中乳固体的含量值（％）；X_1为试样中水分的含量值（％）；X_2为试样中蔗糖的含量值（％）。结果保留3位有效数字。

4 精密度

在相同条件下获得的两次独立测定结果的绝对差值不得超过算术平均值的5％。

起草人：阎安婷（山西省食品药品检验所）

周　佳（四川省食品药品检验检测院）

复核人：张　烨　周海燕（山西省食品药品检验所）

第二十四节 食品中三甲胺氮的检测

参考GB 5009.179-2016《食品安全国家标准　食品中三甲胺的测定》制定本规程。
本规程适用于水产动物及其制品和肉与肉制品中三甲胺的检测。

1 顶空气相色谱－质谱联用法

1.1 简述

试样经5％三氯乙酸溶液提取，提取液置于密封的顶空瓶中，在碱液作用下三甲胺盐酸盐转化为三甲胺，在40℃经过40分钟的平衡，三甲胺在气液两相中达到动态的平衡，吸取顶空瓶内气体注入气相色谱－质谱联用仪进行检测，以保留时间（RT）、辅助定性离子（m/z 59和m/z 42）和定量离子（m/z 58）进行定性，以外标法进行定量。

当称样量为10g、定容体积为50ml、顶空进样体积为100μl时，方法的检出限为1.5mg/kg，定量限为5.0mg/kg。

1.2 试剂和材料

1.2.1 试剂　氢氧化钠；三氯乙酸。

1.2.2 溶液的配制

1.2.2.1 50％氢氧化钠溶液　称取100g氢氧化钠，溶于20~30℃的100ml水中。

1.2.2.2 5％三氯乙酸溶液　称取25g三氯乙酸溶于水中，定容至500ml。

1.2.3 标准品　三甲胺盐酸盐（CAS号：593-81-7），分子式：（CH_3）$_3$NHCl，在4℃条件下干燥保存。

1.2.4 标准溶液配制

1.2.4.1 三甲胺标准储备液（100μg/ml）　称取三甲胺盐酸盐标准品0.0162g，用5％三氯乙酸溶液溶解并定容至100ml，在4℃条件下保存。

1.2.4.2 三甲胺标准系列使用溶液　吸取一定体积的三甲胺标准储备液用5%三氯乙酸溶液逐级稀释成浓度分别为1.0μg/ml、2.0μg/ml、5.0μg/ml、10.0μg/ml、20.0μg/ml、40.0μg/ml的三甲胺标准系列使用溶液。

1.3 仪器与设备

气相色谱-质谱联用仪（配有电子轰击电离源EI）；天平（感量分别为0.1mg和1mg）；恒温水浴锅；均质机；绞肉机；低速离心机。

1.4 分析步骤

1.4.1 试样制备

1.4.1.1 试样预处理　对于畜禽肉及其肉制品，去除脂肪和皮；对于鱼和虾等动物水产及其制品，除去鳞或去皮，所有样品取肌肉100g，用绞肉机绞碎或用刀切细混匀。制备好的成样若不立即测定，应密封在聚乙烯塑料袋中并于-18℃冷冻保存，测定前于室温下放置解冻即可。

1.4.1.2 试样提取　称取约10g（精确至0.001g）制备好的样品于50ml的塑料离心管中，加入20ml 5%三氯乙酸溶液，用均质机均质1分钟，以4000r/min离心5分钟，在玻璃漏斗加上少许脱脂棉，将上清液滤入50ml容量瓶，残留物再分别用15ml和10ml 5%三氯乙酸溶液重复上述提取过程两次，后两次滤液均滤入上述50ml容量瓶中，合并三次滤液，并用5%三氯乙酸溶液定容至刻度。

1.4.1.3 试样提取液顶空处理　准确吸取试样提取液2.0ml于20ml顶空瓶中，压盖密封，用医用塑料注射器准确注入5.0ml 50%氢氧化钠溶液，备用。

1.4.1.4 标准系列溶液顶空处理　分别取标准系列使用液2.0ml至20ml顶空瓶中，压盖密封，用医用塑料注射器分别准确注入5.0ml 50%氢氧化钠溶液，备用。

1.4.2 仪器参考条件

1.4.2.1 色谱条件　石英毛细管色谱柱：30m（长）×0.25mm（内径）×0.25μm（膜厚），固定相为聚乙二醇，或其他等效的色谱柱。载气：高纯氦气。流量1.0ml/min；进样口温度220℃。分流比：10∶1。升温程序：40℃保持3分钟，以30℃/min速率升至220℃，保持1分钟。进样量：100μl。

1.4.2.2 质谱条件　离子源：电子轰击电离源（EI源）。温度：220℃。离子化能量：70 eV。传输线温度：230℃。溶剂延迟：1.5分钟。扫描方式：选择离子扫描（SIM）。

1.4.3 测定

1.4.3.1 顶空进样　将制备好的试样溶液在40℃平衡40分钟。在1.4.2色谱质谱条件下，注入GC-MS中进行测定。

1.4.3.2 定性测定　以选择离子方式采集数据，以试样溶液中三甲胺的保留时间（RT）、辅助定性离子（m/z 59和m/z 42）、定量离子（m/z 58）以及辅助定性离子与定量离子的峰度比（Q）与标准溶液的进行比较定性。试样溶液中三甲胺的辅助定性离子和定量离子峰度比（$Q_{样品}$）与标准溶液中三甲胺的辅助定性离子和定量离子峰度比（$Q_{标准}$）的相对偏差控制在±15%以内。

1.4.3.3 定量测定　采用外标法定量。以标准系列溶液中三甲胺的峰面积为纵坐标，以标准系列溶液中三甲胺的浓度为横坐标，绘制标准曲线，由标准曲线计算试样溶液中三甲胺的浓度。

1.5 计算

1.5.1 试样中的三甲胺的含量　计算见下式。

$$X_1 = \frac{C \times V}{m}$$

式中：X_1为试样中三甲胺含量值（mg/kg）；C为从标准曲线计算得到的三甲胺浓度值（mg/ml）；V为试样溶液定容体积（ml）；m为称样量（g）。

1.5.2 试样中三甲胺氮的含量　计算见下式。

$$X_2 = \frac{X_1 \times 14.01}{59.11}$$

式中：X_2为试样中三甲胺氮的含量值（mg/kg）；X_1为试样中三甲胺含量值（mg/kg）；14.01为氮的相对原子质量；59.11为三甲胺的相对分子质量。

计算结果保留3位有效数字。

1.6 精密度

在相同条件下获得的两次独立测定结果的绝对差值不得超过算术平均值的10%。

2 顶空气相色谱法

2.1 简述

试样经5%三氯乙酸溶液提取，提取液置于密封的顶空瓶中，在碱液作用下三甲胺盐酸盐转化为三甲胺，在40℃经过40分钟的平衡，三甲胺在气液两相中达到动态的平衡，吸取顶空瓶内气体注入气相色谱–氢火焰离子化检测器（FID）进行检测，以保留时间（RT）进行定性，以外标法进行定量。

当称样量为10g、定容体积为50ml、顶空进样体积为250μl时，检出限为1.5mg/kg，定量限为5mg/kg。

2.2 试剂和材料

2.2.1 试剂　氢氧化钠；三氯乙酸。

2.2.2 溶液的配制

2.2.2.1 50%氢氧化钠溶液　称取100g氢氧化钠，溶于20~30℃的100ml水中。

2.2.2.2 5%三氯乙酸溶液　称取25g三氯乙酸溶于水中，并定容至500ml。

2.2.3 标准品　三甲胺盐酸盐（CAS号：593-81-7），分子式：$(CH_3)_3NHCl$，在4℃条件下干燥保存。

2.2.4 标准溶液配制

2.2.4.1 三甲胺标准储备液（100μg/ml）　称取三甲胺盐酸盐标准品0.0162g，用5%三氯乙酸溶液溶解并定容至100ml，在4℃条件下保存。

2.2.4.2 三甲胺标准系列使用溶液　吸取一定体积的三甲胺标准储备液用5%三氯乙酸溶液逐级稀释成浓度分别为1.0μg/ml、2.0μg/ml、5.0μg/ml、10.0μg/ml、20.0μg/ml、40.0μg/ml的三甲胺标准系列使用溶液。

2.3　仪器与设备

气相色谱仪（配有氢火焰离子化检测器FID）；天平（感量分别为0.1mg和1mg）；恒温水浴锅；均质机；绞肉机；低速离心机。

2.4　分析步骤

2.4.1 试样制备

2.4.1.1试样预处理　对于畜禽肉及其肉制品，去除脂肪和皮；对于鱼和虾等水产及其制品，动物除去鳞或去皮，所有样品取肌肉100g，用绞肉机绞碎或用刀切细混匀。制备好的成样若不立即测定，应密封在聚乙烯塑料袋中并于−18℃冷冻保存，测定前于室温下放置解冻即可。

2.4.1.2试样提取　称取约10g（精确至0.001g）制备好的样品于50ml的塑料离心管中，加入20ml 5%三氯乙酸溶液，用均质机均质1分钟，以4000r/min离心5分钟，在玻璃漏斗加上少许脱脂棉，将上清液滤入50ml容量瓶，残留物再分别用15ml和10ml 5%三氯乙酸溶液重复上述提取过程两次，再将两次得到的滤液滤入以上50ml容量瓶中，合并三次提取液，最后用5%三氯乙酸溶液定容至刻度。

2.4.1.3试样提取液顶空处理　准确吸取试样提取液2.0ml于20ml顶空瓶中，压盖密封，用医用塑料注射器准确注入5.0ml 50%氢氧化钠溶液，备用。

2.4.1.4标准系列溶液顶空处理　分别取三甲胺标准系列使用液2.0ml至20ml顶空瓶中，压盖密封，用医用塑料注射器分别准确注入5.0ml 50%氢氧化钠溶液，备用。

2.4.2 仪器参考条件

色谱条件如下。石英毛细管色谱柱：30m（长）×0.25mm（内径）×0.25μm（膜厚），固定相为聚乙二醇，或其他等效的色谱柱。载气：高纯氮气。流量：2.5ml/min。进样口温度：220℃。分流比：2∶1。升温程序：40℃保持3分钟，以30℃/min速率升至220℃，保持1分钟。检测器温度：220℃。尾吹气（氮气）流量：35ml/min。氢气流量：40ml/min。空气流量：400ml/min。进样量：250μl。

2.4.3 测定

2.4.3.1顶空进样　将制备好的试样提取液在40℃平衡40分钟。在上述色谱条件下，注入GC-FID中进行测定。

2.4.3.2 定性定量　根据标准色谱图中三甲胺的保留时间进行定性分析。采用外标法进行定量分析，以标准系溶液峰面积为纵坐标，以标准系列溶液浓度为横坐标，绘制标准曲线，用标准曲线计算待测样品中三甲胺的浓度。

2.5　计算

2.5.1 试样中的三甲胺的含量　计算见下式。

$$X_1 = \frac{C \times V}{m}$$

式中：X_1为试样中三甲胺含量值（mg/kg）；C为从标准曲线得到的三甲胺浓度（mg/ml）；V为试样溶液定容体积（ml）；m为称样量（g）。

2.5.2 试样中三甲胺氮的含量 按下式计算。

$$X_2 = \frac{X_1 \times 14.01}{59.11}$$

式中：X_2 为试样中三甲胺氮的含量值（mg/kg）；X_1 为试样中三甲胺含量值（mg/kg）；14.01 为氮的相对原子质量；59.11 为三甲胺的相对分子质量。

计算结果保留 3 位有效数字。

2.6 精密度

在相同条件下获得的两次独立测定结果的绝对差值不得超过算术平均值的 10%。

起草人：阎安婷（山西省食品药品检验所）

钟慈平（四川省食品药品检验检测院）

复核人：张 烨（山西省食品药品检验所）

刘 美（四川省食品药品检验检测院）

第二十五节 饮用水中三氯甲烷、四氯化碳的检测

1 简述

参考 GB/T 5750.8-2006《生活饮用水标准检验方法 有机物指标》制定本规程。

本规程适用于生活饮用水及其水源水中三氯甲烷、四氯化碳的检测。

被测水样置于密封的顶空瓶中在一定的温度下经一定时间的平衡，水中的三氯甲烷、四氯化碳逸至上部空间，并在气液两相中达到动态的平衡，此时，三氯甲烷、四氯化碳在气相中的浓度与它在液相中的浓度成正比。通过对气相中三氯甲烷、四氯化碳浓度的检测，可计算出水样中三氯甲烷、四氯化碳的浓度。

最低检测浓度分别为：三氯甲烷 0.2 μg/L，四氯化碳 0.1 μg/L。

2 试剂和材料

2.1 试剂

抗坏血酸；甲醇（色谱纯）；纯水（无待测组分）。

2.2 标准品

色谱标准物：三氯甲烷，四氯化碳，均为色谱纯。

2.3 标准溶液配制

2.3.1 标准储备液的制备

2.3.1.1 三氯甲烷标准储备液（8.00mg/ml） 准确称取 0.8000g 三氯甲烷，放入装有少许甲醇的 100ml 容量瓶中定容至刻度。

2.3.1.2四氯化碳标准储备液（4.00mg/ml）　准确称取0.4000g四氯化碳，放入装有少许甲醇的100ml容量瓶中，定容至刻度。

2.3.2 混合标准使用液的制备　于200ml容量瓶中加入约100ml甲醇，再分别加入1.0ml的三氯甲烷、四氯化碳的各单标储备液，然后加入甲醇定容至刻度，混合标准使用液中各组分浓度分别为40.0μg/ml、20.0μg/ml。

2.3.3 混合标准工作液的制备　取1.0ml混合液标准使用液于100ml容量瓶中，纯水定容。混合标准工作液中三氯甲烷、四氯化碳的浓度分别为0.40μg/ml、0.20μg/ml。

3　仪器与设备

电子捕获检测器（ECD）；恒温水浴箱；顶空瓶（容积150ml，带有100ml刻度线，配带有聚四氟乙烯硅橡胶垫和塑料螺旋帽密封垫密封，使用前在120℃烘烤2小时）。

4　分析步骤

4.1　试样制备

4.1.1 试样的采集　采样时先加0.3~0.5g抗坏血酸于顶空瓶内，取水样至满瓶，密封低温保存，采集后24小时内完成测定。

4.1.2 试样的处理　在空气中不含有三氯甲烷、四氯化碳气体的实验室，将水样倒出至100ml刻度处，放在40℃恒温水浴中平衡1小时。

4.2　仪器参考条件

汽化室温度：200℃。柱温：60℃。检测器温度：200℃。载气流量：2ml。分流比：10∶1。尾吹气流量：60ml/min。

4.3　标准曲线的绘制

取6个200ml容量瓶依次加入混合标准工作液0、0.10、0.50、1.00、2.00和5.00ml并用纯水稀释至刻度，混匀，配制后三氯甲烷的浓度为0、0.20、1.0、2.0、4.0、10μg/L；四氯化碳的质量浓度为0、0.10、0.50、1.0、2.0、5.0μg/L。再倒入6个顶空瓶至100ml刻度处。加盖密封，于40℃恒温水浴中平衡1小时，注入色谱仪。以峰高或峰面积为纵坐标，浓度为横坐标绘制标准曲线。

4.4　测定

4.4.1抽取顶空瓶内液上空间气体，可平行测定三次。

4.4.2每次分析样品时用新标准使用溶液绘制标准曲线或用相应因子进行计算。

4.4.3进样方式　直接进样。

4.4.4进样量　30μl。

4.4.5用干净的微量注射器抽取顶空瓶内液上空间相，反复几次得到均匀气样，将30μl气样快速注入色谱仪中。

5 计算

由标准曲线计算出试样中三氯甲烷、四氯化碳的浓度值（μg/L）。

计算结果保留3位有效数字。

6 精密度

在相同条件下获得的两次独立测定结果的绝对差值不得超过算术平均值的10%。

7 注意事项

7.1 实验室常会用到三氯甲烷、四氯化碳作为提取溶剂，清洗顶空瓶时应避免混合清洗。

7.2 取样的环境应当避免空气中有目标成分的污染。

7.3 操作中注意盛装样品的顶空瓶的烘烤时间和温度，确保顶空瓶不含有目标成分。

7.4 样品待测组分易挥发需低温保存，尽快测定。

起草人：阎安婷（山西省食品药品检验所）

岳清洪（四川省食品药品检验检测院）

复核人：张　烨（山西省食品药品检验所）

罗　玥（四川省食品药品检验检测院）

第二十六节　食品中水分的检测

参考GB 5009.3-2016《食品安全国家标准　食品中水分的测定》制定本规程。

1 直接干燥法

1.1 简述

本规程适用于蔬菜、谷物及其制品、水产品、豆制品、乳制品、肉制品、卤菜制品、粮食（水分含量低于18%）、油料（水分含量低于13%）、淀粉及茶叶类等食品中水分的检测，不适用于水分含量小于0.5g/100g的样品。

利用食品中水分的物理性质，在101.3kPa（一个大气压），温度101~105℃下采用挥发方法测定样品中干燥减失的重量，包括吸湿水、部分结晶水和该条件下能挥发的物质，再通过干燥前后的称量数值计算出水分的含量。

1.2 试剂和材料

除非另有说明，本方法所用试剂均为分析纯，水为GB/T 6682规定的三级水。

1.2.1 试剂　氢氧化钠；盐酸；海砂。

1.2.2 溶液的配制

1.2.2.1 盐酸溶液（6mol/L）　量取50ml盐酸，加水稀释至100ml。

1.2.2.2氢氧化钠溶液（6mol/L）　称取24g氢氧化钠，加水溶解并稀释至100ml。

1.2.2.3海砂　取用水洗去泥土的海砂、河沙、石英砂或类似物，先用盐酸溶液（6mol/L）煮沸30分钟，用水洗至中性，再用氢氧化钠溶液（6mol/L）煮沸30分钟，用水洗至中性，经105℃干燥备用。

1.3　仪器和设备

扁形铝制或玻璃制称量瓶；电热恒温干燥箱；干燥器；天平（感量为0.1mg）。

1.4　分析步骤

1.4.1 固体试样　取洁净铝制或玻璃制的扁形称量瓶，置于101~105℃干燥箱中，瓶盖斜支于瓶边，加热1小时，取出盖好，置干燥器内冷却30分钟，称量，并重复干燥至前后两次质量差不超过2mg，即为恒重。

将混合均匀的试样迅速磨细至颗粒小于2mm，不易研磨的样品应尽可能切碎，称取2~10g试样（精确至0.0001g），放入此称量瓶中，试样厚度不超过5mm，如为疏松试样，厚度不超过10mm，加盖，精密称量后，置于101~105℃干燥箱中，瓶盖斜支于瓶边，干燥2~4小时后，盖好取出，放入干燥器内冷却30分钟后称量。然后再放入101~105℃干燥箱中干燥1小时左右，取出，放入干燥器内冷却30分钟后再称量。并重复以上操作至前后两次质量差不超过2mg，即为恒重。

1.4.2 半固体试样　取洁净的称量瓶，内加10g海砂（实验过程中可根据需要适当增加海砂的质量）及一根小玻棒，置于101~105℃干燥箱中，干燥1小时后取出，放入干燥器内冷却30分钟后称量，并重复干燥至恒重。

然后称取5~10g试样（精确至0.0001g），置于称量瓶中，用小玻棒搅匀放在沸水浴上蒸干，并随时搅拌，擦去瓶底的水滴，置于101~105℃干燥箱中干燥4小时后盖好取出，放入干燥器内冷却30分钟后称量。然后再放入101~105℃干燥箱中干燥1小时左右，取出，放入干燥器内冷却30分钟后再称量。并重复以上操作至前后两次质量差不超过2mg，即为恒重。

1.5　计算

水分的含量按下式计算。

$$X_1 = \frac{m_1 - m_2}{m_1 - m_3} \times 100$$

式中：X_1为试样中水分的含量值（g/100g）；m_1为称量瓶（加海砂、玻棒）和试样的质量值的总和（g）；m_2为称量瓶（加海砂、玻棒）和试样干燥后的质量值的总和（g）；m_3为称量瓶（加海砂、玻棒）的质量值（g）；100为单位换算系数。

水分含量≥1g/100g时，计算结果保留3位有效数字；水分含量<1g/100g，计算结果保留2位有效数字。

1.6　精密度

相同条件下获得的两次独立测定结果的绝对差值不得超过算术平均值的10%。

1.7　注意事项

1.7.1根据样品的膨松程度选择称量瓶，样品铺平后其厚度不宜超过皿高的三分之一。

1.7.2 在进行水分测定时，因此称量瓶可以先用适宜的方法编码标记，称量瓶与瓶盖的编码一致。

1.7.3 称量瓶放入烘箱的位置，取出冷却、称重的顺序，最好先后一致。

1.7.4 干燥剂（变色硅胶、五氧化二磷或无水氯化钙）应保持在有效状态，变色硅胶呈蓝色；五氧化二磷呈粉末状（如表面呈结皮现象应除去结皮物）；无水氯化钙应呈块状。

1.7.5 粘稠态样品（炼乳）在直接加热干燥时，其表面易结壳焦化，使内部水分蒸发受阻，因此测定前加入海砂，增大水分的蒸发面积。所使用的海砂应先干燥至恒重，再加入试样准确称量，搅拌混匀后干燥至恒重。

1.7.6 干燥过程中需要防止异物落入称量瓶。

2 减压干燥法

2.1 简述

本方法适用于高温易分解的样品及水分较多的样品（如糖、味精等食品）中水分的测定，不适用于添加了其他原料的糖果（如奶糖、软糖等食品）中水分的检测，不适用于水分含量小于 0.5g/100g 的样品（糖和味精除外）。

在 40~53kPa 压力和 60℃±5℃ 温度下，采用减压烘干法去除试样中的水分，通过烘干前后称量数值计算水分含量。

2.2 仪器和设备

分析天平（感量 0.1mg）；扁形铝制或玻璃制称量瓶；干燥器；真空干燥箱。

2.3 分析步骤

2.3.1 试样制备 试样粉碎混匀后密封备用，粉末和结晶试样直接称取。

2.3.2 称量瓶预处理 取扁形铝制或玻璃制称量瓶置于真空干燥箱中，将真空干燥箱连接真空泵，抽出真空干燥箱内空气，并同时加热，当达到设定温度和压力（60℃±5℃温度和 40~53kPa 压力），保持干燥 4 小时，打开活塞，使空气经干燥装置缓缓进入真空干燥箱内，待压力恢复常压时打开，取出称量瓶，转入干燥器中，冷却到室温后称重，重复以上操作至前后两次质量差不超过 2mg，即为恒重，以最小称量值为恒重结果。

2.3.3 测定 称取 2~10g（精确至 0.1mg）试样于已恒重的称量瓶中，放入真空干燥箱内，同 2.3.2 操作，在温度 60℃±5℃ 和压力 40~53kPa 下干燥 4 小时，冷却至室温后称量，重复以上操作至前后两次质量差不超过 2mg，即为恒重，以最小称量值为恒重结果。

2.4 计算

试样中水分含量按下式计算。

$$X_1 = \frac{m_1 - m_2}{m_1 - m_3} \times 100$$

式中：X_1 为试样中水分的含量值（g/100g）；m_1 为称量瓶（加海砂、玻棒）和试样的质量值的总和（g）；m_2 为称量瓶（加海砂、玻棒）和试样干燥后的质量值的总和（g）；m_3 为称量瓶（加海砂、玻棒）的质量值（g）；100 为单位换算系数。

水分含量≥1g/100g时，计算结果保留3位有效数字；水分含量<1g/100g，计算结果保留2位有效数字。

2.5 精密度

相同条件下获得的两次独立测定结果的绝对差值不得超过算术平均值的10%。

2.6 注意事项

2.6.1 称量样品前充分混匀试样，试样尽量均匀平铺，干燥过程中，瓶盖斜靠在称量瓶一侧。

2.6.2 干燥器中的变色硅胶保证颜色为蓝色，如果蓝色变浅或变为红色，应取出放在瓷盘中，置于干燥箱中于110℃下烘干至变为蓝色，再重复使用。

2.6.3 试样干燥结束后，应在干燥箱内把瓶盖盖好后再取出放入干燥器中。

2.6.4 试样在干燥器中冷却至室温后尽快称量，不宜在干燥器中长时间放置。

3 卡尔·费休法

3.1 简述

本方法适用于食品中含微量水分的检测，不适用于含有氧化剂、还原剂、碱性氧化物、氢氧化物、碳酸盐、硼酸等食品中水分的检测，适用于水分含量大于1.0×10^{-3}g/100g的样品。

根据碘能与水和二氧化硫发生化学反应，在有吡啶和甲醇共存时，1mol 碘只与1mol 水作用，卡尔·费休水分测定法又分为库仑法和容量法。其中容量法测定的碘是作为滴定剂加入的，滴定中碘的浓度是已知的，根据消耗滴定剂的体积，计算消耗碘的量，从而计算出被测物质水的含量。

本方法测定样品中游离水和结合水的总量。

3.2 试剂和材料

卡尔·费休试剂；无水甲醇（优级纯）。

3.3 仪器和设备

卡尔·费休水分测定仪；天平（感量为0.1mg）。

3.4 分析步骤

3.4.1 向注入卡尔·费休水分测定仪甲醇瓶中注入无水甲醇，检查滴定系统的密封性。

3.4.2 打开卡尔·费休水分测定仪，仪器自检，根据仪器设定相应的参数。

3.4.3 清洗滴定管，自动抽排1~2次，排除管路中的气泡及清洗管路。

3.4.4 漂移量测定 在滴定杯中加入与测定样品一致的溶剂，并滴定至终点，放置不少于10分钟后再滴定至终点，两次滴定之间的单位时间内的体积变化即为漂移量（D）。只有漂移量在5~50 μm/min范围内才能进行样品测定。

3.4.5 卡尔·费休试剂的标定 在反应瓶中加一定体积（浸没铂电极）的甲醇，加入10mg水（精确至0.0001g），滴定至终点并记录卡尔·费休试剂的用量（V）。卡尔·费休试剂标定时应取3份以上，3次连续标定结果应在±1%以内，以平均值计算卡尔·费休试剂的滴定度。卡尔·费休试剂的滴定度按下式计算：

第三篇 食品中化学成分检测

$$T= \frac{m}{V}$$

式中：T为卡尔·费休试剂的滴定度（mg/ml）；m为水的质量（mg）；V为滴定水消耗的卡尔·费休试剂的用量（ml）。

3.4.6 测定 向反应瓶中加一定体积的甲醇或卡尔·费休测定仪中规定的溶剂浸没铂电极，称取样品适量（精确至 0.0001g），迅速将样加入到溶剂中，仪器上输入加入的重量，用卡尔·费休试剂滴定至终点。对于滴定时，平衡时间较长且引起漂移的试样，需要扣除其漂移量。

3.4.7滴定完毕后，将卡尔·费休试剂移入储存瓶中密闭保存，滴定装置用甲醇洗涤，以防滴管头及磨口和活塞处析出结晶堵塞。

3.5 计算

固体试样中水分的含量按下式计算。

$$X= \frac{(V_1-D \times t) \times T}{m} \times 100$$

液体试样中水分的含量按下式计算。

$$X= \frac{(V_1-D \times t) \times T}{V_2 \rho} \times 100$$

式中：X为试样中水分的含量值（g/100g）；V_1为滴定样品时卡尔·费休试剂体积（ml）；D为漂移量（ml/min）；t为滴定时所消耗的时间（min）；T为卡尔·费休试剂的滴定度（g/ml）；m为样品称样量（g）；V_2为液体样品的体积（ml）；ρ为液体样品的密度（g/ml）；100为单位换算系数。

水分含量≥1g/100g时，计算结果保留3位有效数字；水分含量＜1g/100g时，计算结果保留2位有效数字。

3.6 精密度

在相同条件下获得的两次独立测定结果的绝对差值不得超过算术平均值的10%。

3.7 注意事项

3.7.1由于卡尔·费休试剂吸水性极强，在配制、标定及滴定中所用仪器均应洁净干燥。

3.7.2滴定过程中，光照、空气中的氧以及样品和试剂的氧化性和还原性物质均会影响滴定反应，会引起误差，应尽量避免。

起草人：阎安婷（山西省食品药品检验所）

程月红（山东省食品药品检验研究院）

复核人：张　烨（山西省食品药品检验所）

鲍连艳（山东省食品药品检验研究院）

第二十七节　食品中酸度的检测

参考GB 5009.239-2016《食品安全国家标准　食品酸度的测定》、GB 9697-2008《蜂王浆》制定本规程。

1　酚酞指示剂法

1.1　简述

本规程适用于生乳及乳制品酸度的检测。

试样经过处理后，以酚酞作为指示剂，用0.1000mol/L氢氧化钠标准溶液滴定至中性，消耗氢氧化钠溶液的体积数，经计算确定试样的酸度。

1.2　试剂与材料

除非另有说明，本规程所用试剂均为分析纯，水为GB/T 6682规定的三级水。

1.2.1 试剂　氢氧化钠；七水硫酸钴；酚酞；95% 乙醇；无水乙醇；乙醚；氮气（纯度为98%）。

1.2.2 溶液的配制

1.2.2.1 氢氧化钠滴定液（0.1000mol/L）配制、标定与储藏均应按GB/T 601《化学试剂标准滴定溶液的制备》规定。或购买有证书的氢氧化钠标准滴定液。

1.2.2.2 硫酸钴溶液　将3g七水硫酸钴溶解于水中，并定容至100ml。

1.2.2.3 酚酞指示剂　称取0.5g酚酞溶于75ml体积分数为95%的乙醇中，并加入20ml水，然后滴加氢氧化钠滴定液至微粉色，再加入水定容至100ml。

1.2.2.4 中性乙醇-乙醚混合液　取等体积的乙醇、乙醚混合后加3滴酚酞指示液，以氢氧化钠滴定液滴至微红色。

1.2.2.5 水　将水煮沸15分钟，逐出二氧化碳，冷却，密闭。

1.3　仪器和设备

分析天平（感量0.001g）；碱式滴定管；水浴锅；锥形瓶；振荡器。

1.4　分析步骤

1.4.1 参比溶液的制备　向一只装有等体积溶液约20℃水的锥形瓶中精确加入2.0ml硫酸钴溶液，轻轻转动，使之混合，得到标准参比溶液。如果要测定多个相似的产品，则此参比溶液可用于整个测定过程，但时间不得超过2小时。

1.4.2 测定

1.4.2.1 乳粉样品的测定

1.4.2.1.1 滴定　称取试样4g（精确到0.001g），于250ml锥形瓶中。用量筒量取96ml约20℃的水，使样品复溶，搅拌，然后静置20分钟。精确加入2.0ml酚酞指示液，轻轻转动，使之混合。用碱式滴定管向该锥形瓶中滴加氢氧化钠滴定液液，边滴加边转动烧瓶，直到颜色与参比溶液的颜色相似，且5秒内不消退，整个滴定过程应在45秒内完成。滴定过程中，向锥形瓶中吹氮气，防止溶液吸收空气中的二氧化碳。

1.4.2.1.2水分的测定　参照本篇第九章第二十六节"食品中水分的检测"。

1.4.2.1.3空白试验　不称取试样用96ml水按上述步骤做空白试验，空白所消耗的氢氧化钠滴定液体积应不大于0.05ml，否则应重新制备和使用符合要求的蒸馏水。

1.4.2.2巴氏杀菌乳、灭菌乳、生乳、发酵乳样品的测定

1.4.2.2.1滴定　称取 已混匀的试样10g（精确到0.001g），置于150ml锥形瓶中，加20ml新煮沸冷却至室温的水，混匀，精确加入2.0ml酚酞指示液，轻轻转动，使之混合。用碱式滴定管向该锥形瓶中滴加氢氧化钠滴定液液，边滴加边转动烧瓶，直到颜色与参比溶液的颜色相似，且5秒内不消退，整个滴定过程应在45秒内完成。滴定过程中，向锥形瓶中吹氮气，防止溶液吸收空气中的二氧化碳。

1.4.2.2.2空白实验　不称取试样用20ml水按上述步骤做空白实验，空白所消耗的氢氧化钠滴定液体积应不大于0.05ml，否则应重新制备和使用符合要求的蒸馏水。

1.4.2.3奶油样品的测定：

1.4.2.3.1滴定　称取已混匀的试样10g（精确到0.001g），置于250ml锥形瓶中，加30ml中性乙醇-乙醚混合液，混匀，精确加入2.0ml酚酞指示液，轻轻转动，使之混合。用碱式滴定管向该锥形瓶中滴加氢氧化钠滴定液液，边滴加边转动烧瓶，直到颜色与参比溶液的颜色相似，且5秒内不消退，整个滴定过程应在45秒内完成。滴定过程中，向锥形瓶中吹氮气，防止溶液吸收空气中的二氧化碳。

1.4.2.3.2空白试验　不称取试样用30ml中性乙醇-乙醚混合液按上述步骤做空白实验，空白所消耗的氢氧化钠滴定液体积应不大于0.05ml，否则应重新制备和使用符合要求的中性乙醇-乙醚混合液。

1.4.2.4炼乳样品的测定：

1.4.2.4.1滴定　称取试样10g（精确到0.001g），置于250ml锥形瓶中，加60ml新煮沸冷却至室温的水，混匀，精确加入2.0ml酚酞指示液，轻轻转动，使之混合。用碱式滴定管向该锥形瓶中滴加氢氧化钠滴定液液，边滴加边转动烧瓶，直到颜色与参比溶液的颜色相似，且5秒内不消退，整个滴定过程应在45秒内完成。滴定过程中，向锥形瓶中吹氮气，防止溶液吸收空气中的二氧化碳。

1.4.2.4.2空白试验　不称取试样用60ml水按上述步骤做空白实验，空白所消耗的氢氧化钠滴定液体积应不大于0.05ml，否则应重新制备和使用符合要求的蒸馏水。

1.4.2.5干酪素样品的测定：

1.4.2.5.1滴定　称取经研磨混匀的试样5g（精确到0.001g），置于锥形瓶中，加50ml新煮沸冷却至室温的水，于室温下（18~20℃）放置4~5小时，或在水浴锅中加热到45℃并在此温度下保持30分钟，转移至100ml量瓶中，水定容至刻度，混匀后，通过干燥的滤纸过滤。吸取滤液50ml于锥形瓶中，精确加入2.0ml酚酞指示液，轻轻转动，使之混合。用碱式滴定管向该锥形瓶中滴加氢氧化钠滴定液液，边滴加边转动烧瓶，直到颜色与参比溶液的颜色相似，且5秒内不消退，整个滴定过程应在45秒内完成。滴定过程中，向锥形瓶中吹氮气，防止溶液吸收空气中的二氧化碳。

1.4.2.5.2空白试验　不称取试样用50ml水按上述步骤做空白实验，空白所消耗的氢氧化钠滴定液体积应不大于0.05ml，否则应重新制备和使用符合要求的蒸馏水。

参照表3-9-3不同类别样液的制备方式。

表3-9-3　不同类别样液的制备方式

样品类型	称样量（g）	溶剂	溶剂使用量（ml）	滴定方式
乳粉	4	水	96	溶解后直接滴定
巴氏杀菌乳、灭菌乳、生乳、发酵乳	10	水	20	溶解后直接滴定
奶油	10	中性乙醇－乙醚混合液	30	溶解后直接滴定
炼乳	10	水	60	溶解后直接滴定
干酪素	5	水	100	加入50ml水，45℃水浴加热30分钟溶解，用水定容至100ml，取滤液50ml进行滴定

注：溶剂用水均为新煮沸放置室温的无二氧化碳蒸馏水。

1.5　计算

1.5.1 乳粉中的酸度计算　按下式计算。

$$X=\frac{c\times(V_1-V_0)\times12}{m\times(1-\omega)\times0.1}$$

式中：X为试样的酸度值（°T），以100g干物质为12%的复原乳所消耗的0.1mol/L氢氧化钠滴定液毫升数（ml/100g）；c为氢氧化钠滴定液的浓度值（mol/L）；V_1为滴定时所消耗氢氧化钠滴定液的体积（ml）；V_0为空白实验所消耗氢氧化钠滴定液的体积（ml）；12为12g乳粉相当100ml复原乳（脱脂乳粉应为9，脱脂乳清粉应为7）；m为称样量（g）；ω为试样中水分的质量分数（g/100g）；$1-\omega$为试样中乳粉的质量分数（g/100g）；0.1为酸度理论定义氢氧化钠的摩尔浓度（mol/L）。计算结果保留3位有效数字。

1.5.2 巴氏杀菌乳、灭菌乳、生乳、发酵乳、奶油和炼乳试样中的酸度　按下式计算。

$$X=\frac{c\times(V_2-V_0)\times100}{m\times0.1}$$

式中：X为试样的酸度值（°T），以100g样品所消耗的0.1mol/L氢氧化钠滴定液毫升数计（ml/100g）；c为氢氧化钠滴定液的摩尔浓度（mol/L）；V_2为滴定时所消耗氢氧化钠滴定液的体积（ml）；V_0为空白实验所消耗氢氧化钠滴定液的体积（ml）；100为换算系数；m为称样量（g）；0.1为酸度理论定义氢氧化钠的摩尔浓度（mol/L）。计算结果保留3位有效数字。

1.5.3 干酪素的酸度　按下式计算。

$$X=\frac{c\times(V_3-V_0)\times100\times2}{m\times0.1}$$

式中：X为试样的酸度值（°T），以100g样品所消耗的0.1mol/L氢氧化钠滴定液的毫升数计（ml/100g）；c为氢氧化钠滴定液的摩尔浓度（mol/L）；V_3为滴定时所消耗氢氧化钠滴定液的体积（ml）；V_0为空白实验所消耗氢氧化钠滴定液的体积（ml）；100为换算系数；2为试样的稀释倍数；m为称样量（g）；0.1为酸度理论定义氢氧化钠的摩尔浓度（mol/L）。计算结果保留3位有效数字。

1.6 精密度

在相同条件下获得的两次独立测定结果的绝对差值不得超过算术平均值的10%。

1.7 注意事项

1.7.1 滴定供试液时需要将环境温度控制在20℃左右。

1.7.2 样品开封后须立即测定。

1.7.3 固体样品将样品全部移入大于两倍体积的洁净干燥容器中（带密封盖），立即盖紧容器，反复旋转振荡，使样品混合均匀后再称量；液体样品开封前反复上下转动，混匀后开封称样。

1.7.4 有些样品本身颜色偏黄，可能会影响对终点的判断时，使用pH计法。

1.7.5 除发酵乳外，其他类别试样滴定时均用10ml的碱式滴定管，应选择分度值较精密者（建议选用分度值为0.05ml者）。滴定发酵乳时，使用25ml的碱式滴定管或将发酵乳取样量降低一倍，即称样量降低至约5.0g。

2. pH计法

2.1 简述

本规程适用于乳粉和蜂王浆酸度的检测，

中和试样溶液至pH为8.30所消耗的0.1000mol/L氢氧化钠滴定液的体积，经计算确定其酸度。

2.2 试剂与材料

2.2.1 试剂 氢氧化钠；无水乙醇；乙醚；酚酞；氮气（纯度≥98%）。

2.2.2 溶液的配制

2.2.2.1 氢氧化钠滴定液（0.1000mol/L）配制、标定与储藏均应按GB/T 601《化学试剂标准滴定溶液的制备》规定。

2.2.2.2 水 将水煮沸15分钟，逐出二氧化碳，冷却，密闭。

2.3 仪器和设备

分析天平（感量为0.001g和感量为0.01g）；pH计；磁力搅拌器；恒温水浴锅。

2.4 分析步骤

2.4.1 试样处理

2.4.1.1 蜂王浆样品的制备 试样室温解冻至融化，用玻璃棒充分搅拌均匀，称取1g试样（精确到0.001g），置于100ml烧杯中，加入新煮沸并冷却至室温的水75ml。

2.4.1.2 乳粉样品的制备 称取4g试样（精确到0.001g），置于250ml锥形瓶中。用量筒量取96ml约20℃的水，使样品复溶，搅拌，然后静置20分钟。

2.4.2 测定

2.4.2.1 蜂王浆样品的测定　于试样烧杯中加入磁力转子，放置到磁力搅拌器上，将 pH 计电极放入试样烧杯中，在搅拌的状态下，用氢氧化钠标准溶液滴定，直到 pH 稳定在 8.30 ± 0.01 处 4~5 秒。

2.4.2.2 乳粉样品的测定　用滴定管向锥形瓶中滴加氢氧化钠滴定液，直到 pH 稳定在 8.30 ± 0.01 处 4~5 秒。滴定过程中，始终用磁力搅拌器进行搅拌，同时向锥形瓶中吹氮气，防止溶液吸收空气中的二氧化碳。整个滴定过程应在 1 分钟内完成。

2.4.2.3 空白试验　用等体积的蒸馏水做空白实验，所消耗的氢氧化钠滴定液体积不大于 0.05ml，否则应重新制备和使用符合要求的蒸馏水。

2.4.2.4 水分的测定　参照本篇第九章第二十六节"食品中水分的检测"。

2.5　计算

2.5.1 蜂王浆的酸度计算　按下式计算。

$$X = \frac{c \times (V_4 - V_0)}{m \times 0.1} \times 100$$

式中：X 为试样酸度（°T），以 100g 样品所消耗的 0.1mol/L 氢氧化钠毫升数计（ml/100g）；c 为氢氧化钠标准溶液的摩尔浓度（mol/L）；V_4 为滴定时所消耗氢氧化钠标准溶液的体积（ml）；V_0 为空白实验所消耗氢氧化钠滴定液的体积（ml）；0.1 为 0.1mol/L 氢氧化钠的摩尔浓度；m 为称样量（g）；100 为换算系数。计算结果保留 2 位有效数字。

2.5.2 乳粉的酸度计算　按下式计算。

$$X = \frac{c \times (V_5 - V_0) \times 12}{m \times (1 - \omega) \times 0.1}$$

式中：X 为试样的酸度（°T）；c 为氢氧化钠滴定液的浓度（mol/L）；V_5 为滴定时所消耗氢氧化钠滴定液的体积（ml）；V_0 为空白实验所消耗氢氧化钠滴定液的体积（ml）；12 为 12g 乳粉相当 100ml 复原乳（脱脂乳粉应为 9，脱脂乳清粉应为 7）；m 为称样量（g）；ω 为试样中水分的质量分数（g/100g）；$1 - \omega$ 为试样中乳粉质量分数（g/100g）；0.1 为酸度理论定义氢氧化钠的摩尔浓度（mol/L）。计算结果保留 3 位有效数字。

2.6　精密度

2.6.1 蜂王浆　在相同条件下获得的两次独立测定结果的绝对差值不得超过算数平均值的 5%

2.6.2 乳粉　在相同条件下获得两次独立测定结果的绝对差值不得超过算术平均值的 10%。

2.7　注意事项

2.7.1 样品开封后须立即测定。

2.7.2 固体样品将样品全部移入大于两倍体积的洁净干燥容器中（带密封盖），立即盖紧容器，反复旋转振荡，使样品混合均匀后再称量；液体样品开封前反复上下转动，混匀后开封称样。

2.7.3 配制标准缓冲液所使用的水，应是新煮沸放冷除去二氧化碳的蒸馏水或纯化水（pH 5.5~7.0），并应尽快使用，以免二氧化碳重新溶入，造成误差。

2.7.4 标准缓冲液最好临用现配，配制后，应装入玻璃瓶或聚乙烯瓶中（pH 9.18的磷酸盐标准缓冲液，应装入聚乙烯瓶中），严密盖紧，放入冰箱中冷藏（2~8℃），一般可使用2~3个月，如发现有混浊、发霉或沉淀等现象，不能继续使用。如果有条件，可以准备多个聚乙烯小瓶，将配制的标准缓冲液由大瓶装入小瓶内，缓冲液在使用前，需要放至室温，等温度平衡后使用，使用后不再倒回大瓶中，以免污染。其中pH 9.18的标准缓冲液由于会吸收空气中的二氧化碳，其pH比较容易变化，储存时间会略短一些。

2.7.5 pH计读数开关、玻璃电极的导线插头与电机架应保持干燥，潮湿会导致漏电。

2.7.6 每次更换标准缓冲液与供试液之前，均应用水或该溶液充分淋洗电极数次，然后用滤纸吸干，再将电极浸入该溶液，轻摇供试液，待仪器稳定后，进行读数。

2.7.7 温度对电极电位影响较大，注意操作环境温度。

2.7.8 测定时于烧杯中加入磁力搅拌转子，边搅拌边滴定并注意pH计显示值的变化。

起草人：马增辉（山西省食品药品检验所）

周　佳（四川省食品药品检验检测院）

田洪芸（山东省食品药品检验研究院）

复核人：张　烨（山西省食品药品检验所）

周海燕（四川省食品药品检验检测院）

王文特（山东省食品药品检验研究院）

第二十八节　食品中酸价的检测

参考GB 5009.229-2016《食品安全国家标准　食品中酸价的测定》制定本规程。

1　冷溶剂指示剂滴定法

1.1　简述

本方法适用于常温下能够被冷溶剂完全溶解成澄清溶液的食用油脂样品，适用范围包括食用植物油（辣椒油除外）、食用动物油、食用氢化油、起酥油、人造奶油、植脂奶油、植物油料。

用有机溶剂将油脂试样溶解成样品溶液，再用氢氧化钾或氢氧化钠标准滴定溶液中和滴定样品溶液中的游离脂肪酸，以指示剂相应的颜色变化来判定滴定终点，最后通过滴定终点消耗的标准滴定溶液的体积计算油脂试样的酸价。

1.2　试剂和材料

1.2.1 试剂　异丙醇；乙醚；甲基叔丁基醚；95%乙醇；酚酞；百里香酚酞；碱性蓝6B；无水乙醚；石油醚（30~60℃沸程）；无水硫酸钠（在105~110℃条件下充分烘干，然后装入密闭容器冷却并保存）。

1.2.2 试剂配制

1.2.2.1氢氧化钾或氢氧化钠标准滴定水溶液　浓度为0.1mol/L或0.5mol/L，按照GB/T 601标准要求配制和标定，也可购买市售有证书的标准滴定液。

1.2.2.2乙醚-异丙醇混合液　乙醚+异丙醇=1+1，500ml的乙醚与500ml的异丙醇充分互溶混合，用时现配。

1.2.2.3酚酞指示剂　称取1g的酚酞，加入100ml的95%乙醇并搅拌至完全溶解。

1.2.2.4百里香酚酞指示剂　称取2g的百里香酚酞，加入100ml的95%乙醇并搅拌至完全溶解。

1.2.2.5碱性蓝6B指示剂　称取2g的碱性蓝6B，加入100ml 的95%乙醇并搅拌至完全溶解。

1.3　仪器和设备

10ml微量滴定管；天平（感量0.001g）；旋转蒸发仪；恒温水浴锅；恒温干燥箱；索氏脂肪提取装置；植物油料粉碎机或研磨机；离心机（≥8000r/min）。

1.4　分析步骤

1.4.1 试样制备

1.4.1.1食用油脂试样的制备　若食用油脂样品常温下呈液态，且为澄清液体，则充分混匀后直接取样，否则按照本节附录A的要求进行除杂和脱水干燥处理；若食用油脂样品常温下为固态，则按照本节附录B制备；若样品为经乳化加工的食用油脂，则按照本节附录C制备。

1.4.1.2植物油料试样的制备　先用粉碎机或研磨机把植物油料粉碎成均匀的细颗粒，脆性较高的植物油料（如大豆、葵花籽、棉籽、油菜籽等）应粉碎至粒径为0.8~3mm甚至更小的细颗粒，而脆性较低的植物油料（如椰干、棕榈仁等）应粉碎至粒径不大于6mm的颗粒。其间若发热明显，应按照本节附录D中D.3进行粉碎。取粉碎的植物油料细颗粒装入索氏脂肪提取装置中，再加入适量的提取溶剂（无水乙醚或石油醚），加热并回流提取4小时。最后收集并合并所有的提取液于一个烧瓶中，置于水浴温度不高于45℃的旋转蒸发仪内，0.08~0.1MPa负压条件下，将其中的溶剂彻底旋转蒸干，取残留的液体油脂作为试样进行酸价测定。若残留的液态油脂浑浊、乳化、分层或有沉淀，应按照本节附录A的要求进行除杂和脱水干燥的处理。

1.4.2 试样称量　根据制备试样的颜色和估计的酸价，按照表3-9-4规定称量试样。

表3-9-4　试样称样表

估计的酸价（mg/g）	试样的最小称样量（g）	使用滴定液的浓度（mol/L）	试样称重的精确度（g）
0~1	20	0.1	0.05
1~4	10	0.1	0.02
4~15	2.5	0.1	0.01
15~75	0.5~3.0	0.1 或 0.5	0.001
> 75	0.2~1.0	0.5	0.001

试样称样量和滴定液浓度应使滴定液用量在0.2~10ml之间（扣除空白后）。若检测后，发

现样品的实际称样量与该样品酸价所对应的称样量不符，应按照表3-9-4要求，调整称样量后重新检测。

1.4.3 测定 取250ml的锥形瓶，按照1.4.2的要求用天平称取制备的油脂试样，加入乙醚-异丙醇混合液50~100ml和3~4滴的酚酞指示剂，充分振摇溶解试样。再用装有标准滴定溶液的刻度滴定管对试样溶液进行滴定，当试样溶液初现微红色，15秒内无明显褪色时，为滴定的终点。立刻停止滴定，记录下此次滴定所消耗的标准滴定溶液的毫升数。

对于深色泽的油脂样品，可用百里香酚酞指示剂或碱性蓝6B指示剂取代酚酞指示剂，当使用百里香酚酞指示剂时，滴定终点为颜色变为蓝色，当使用碱性蓝6B指示剂时，滴定终点为由蓝色变红色。米糠油（稻米油）的冷溶剂指示剂法测定酸价只能用碱性蓝6B指示剂。

1.4.4 空白试验 取250ml的锥形瓶，准确加入与1.4.3中试样测定时相同体积、相同种类的有机溶剂混合液和相应的指示剂，振摇混匀。然后再用装有标准滴定溶液的刻度滴定管进行滴定，当溶液初现微红色，且15秒内无明显褪色时，为滴定的终点。立刻停止滴定，记录此滴定所消耗的标准滴定溶液的毫升数，此数值为V_0。

对于冷溶剂指示剂滴定法，也可于配制好的乙醚-异丙醇混合液中滴加数滴指示剂，然后用标准滴定溶液滴定试样溶解液至相应的颜色变化且15秒内无明显褪色后停止滴定，表明试样溶解液的酸性正好被中和。然后以这种酸性被中和的试样溶解液溶解油脂试样，再用同样的方法继续滴定试样溶液至相应的颜色变化且15秒内无明显褪色后停止滴定，记录此滴定所消耗的标准滴定溶液的毫升数（V），如此无需再进行空白试验，即$V_0=0$。

1.5 计算

酸价（又称酸值）按照如下公式进行计算。

$$X_{AV}=\frac{(V-V_0)\times c\times 56.1}{m}$$

式中：X_{AV}为酸价（mg/g）；V为试样测定所消耗的标准滴定溶液的体积（ml）；V_0为相应的空白测定所消耗的标准滴定溶液的体积（ml）；c为标准滴定溶液的摩尔浓度（mol/L）；56.1为氢氧化钾的摩尔质量（g/mol）；m为油脂样品的称样量（g）。

酸价≤1mg/g，计算结果保留2位小数；1mg/g＜酸价≤100mg/g，计算结果保留1位小数；酸价＞100mg/g，计算结果保留至整数位。

1.6 精密度

当酸价＜1mg/g时，在相同条件下获得的两次独立测定结果的绝对差值不得超过算术平均值15%；当酸价≥1mg/g时，在相同条件下获得的两次独立测定结果的绝对差值不得超过算术平均值12%。

1.7 注意事项

1.7.1 测定酸价的样品需要避免阳光直射，并低温保存，开封后尽快测定。

1.7.2 酸价滴定过程中产生的高级脂肪酸钾盐会溶于水中形成沉淀，造成样品溶液乳化浑浊，影响滴定终点的判断，因此要减少滴定体系中的水相，应使用干燥的锥形瓶。

1.7.3 配制滴定溶液的蒸馏水应在使用前煮沸，并迅速冷却，以除去其中的二氧化碳。

1.7.4浓度较高的碱标准溶液若长期保存最好用塑料瓶装，如装在玻璃瓶中，要用橡皮塞紧，不能用玻璃磨口塞。

1.7.5实验过程会使用大量有机溶剂，应在通风橱中进行，做好防护措施。

2　冷溶剂自动电位滴定法

2.1　简述

本方法适用于常温下能够被冷溶剂完全溶解成澄清溶液的食用油脂样品和含油食品中提取的油脂样品，适用范围包括食用植物油（包括辣椒油）、食用动物油、食用氢化油、起酥油、人造奶油、植脂奶油、植物油料、油炸小食品、膨化食品、烘炒食品、坚果食品、糕点、面包、饼干、油炸方便面、坚果与籽类的酱、物性水产干制品、腌腊肉制品、添加食用油的辣椒酱。

从食品样品中提取出油脂（纯油脂试样可直接取样）作为试样，用有机溶剂将油脂试样溶解成样品溶液，再用氢氧化钾或氢氧化钠标准滴定溶液中和滴定样品溶液中的游离脂肪酸，同时测定滴定过程中样品溶液pH的变化并绘制相应的pH-滴定体积实时变化曲线及其一阶微分曲线，以游离脂肪酸发生中和反应所引起的"pH突跃"为依据判定滴定终点，最后通过滴定终点消耗的标准溶液的体积计算油脂试样的酸价。

2.2　试剂和材料

2.2.1液氮（N_2），纯度＞99.99%；乙醚；异丙醇；氢氧化钾；氢氧化钠。

2.2.2乙醚-异丙醇混合液：乙醚+异丙醇=1+1，500ml的乙醚与500ml的异丙醇充分互溶混合，用时现配。

2.2.3氢氧化钾或氢氧化钠标准滴定水溶液，浓度为0.1mol/L或0.5mol/L，按照GB/T 601标准要求配制和标定，也可购买市售有证书的标准滴定液。

2.3　仪器和设备

自动电位滴定仪：具备自动pH电极校正功能、动态滴定模式功能；由微机控制，能实时自动绘制和记录滴定时的pH-滴定体积实时变化曲线及相应的一阶微分曲线；滴定精度应达0.01ml/滴，电信号测量精度达到0.1mV；配备20ml的滴定液加液管；滴定管的出口处配备防扩散头；非水相酸碱滴定专用复合pH电极（采用Ag/AgCl内参比电极，具有移动套管式隔膜和电磁屏蔽功能）。内参比液为2mol/L氯化锂乙醇溶液；磁力搅拌器，配备聚四氟乙烯磁力搅拌子；食品粉碎机；全不锈钢组织捣碎机，配备1~2 L的全不锈钢组织捣碎杯，转速至少达10000r/min；瓷研钵；圆孔筛（孔径为2.5mm）；中速定性滤纸。

2.4　分析步骤

2.4.1　试样制备

2.4.1.1食用油脂试样的制备　若食用油脂样品常温下呈液态，且为澄清液体，则充分混匀后直接取样，否则按照本节附录A的要求进行除杂和脱水干燥处理；若食用油脂样品常温下为固态，则按照本节附录B制备；若样品为经乳化加工的食用油脂，则按照本节附录C制备。

2.4.1.2植物油料试样的制备　先用粉碎机或研磨机把植物油料粉碎成均匀的细颗粒，脆性较高的植物油料（如大豆、葵花籽、棉籽、油菜籽等）应粉碎至粒径为0.8~3mm甚至更小的细颗粒，而脆性较低的植物油料（如椰干、棕榈仁等）应粉碎至粒径不大于6mm的颗粒。其间若发热明显，应按照本节附录D中D.3进行粉碎。取粉碎的植物油料细颗粒装入索氏脂肪提取装置中，再加入适量的提取溶剂（无水乙醚或石油醚），加热并回流提取4小时。最后收集并合并所有的提取液于一个烧瓶中，置于水浴温度不高于45℃的旋转蒸发仪内，0.08~0.1MPa负压条件下，将其中的溶剂彻底旋转蒸干，取残留的液体油脂作为试样进行酸价测定。若残留的液态油脂浑浊、乳化、分层或有沉淀，应按照附录A的要求进行除杂和脱水干燥的处理。

2.4.1.3 含油食品试样的制备

2.4.1.3.1 样品不同部分的分离和去除　对于含有馅料和涂层的食品（如饼干等），先应将馅料和涂层与食品的其他可食用部分分离，分别进行油脂试样的制备。若馅料和涂层仅由食用油脂组成，则按照2.4.1.1进行试样的制备，其他种类的馅料、涂层和食品的其他含油可食用部分按照2.4.1.3.2和2.4.1.3.3的要求进行试样的制备，且样品中不含油的部分（如水果、果浆、糖类等）和不可食用的部分（如壳、骨头等）应去除。若含有少量的涂层或馅料，只要其不影响对样品的粉碎和有机溶剂对油脂的提取，可以不做分离处理，一同与食品进行粉碎和油脂提取。

2.4.1.3.2 样品的粉碎　根据样品的硬度的大小，选择本节附录D中适应的方法进行粉碎。一般对于硬度较小的样品（如油炸食品、膨化食品、面包、糕点等）按照D.1的要求粉碎；对于松软或有一定流动性的样品（如馅料、花生酱、芝麻酱等）按照D.2的要求粉碎；对于硬度较大的样品（如腌腊肉制品、动物性水产干制品等）按照D.3的要求粉碎；对于含有调味油包的预包装食品（如油炸方便面等）按照D.4的要求粉碎。

2.4.1.3.3 油脂试样的提取、净化和合并　取粉碎的样品，加入3~5倍试样体积的石油醚，并用磁力搅拌器充分搅拌30~60分钟，使样品充分分散于石油醚中，然后在常温下静置浸оз 12小时以上。再用滤纸过滤，收集并合并滤液于一个烧瓶内，置于水浴温度不高于45℃的旋转蒸发仪内，0.08~0.1MPa负压条件下，将其中的石油醚彻底旋转蒸干，取残留的液体油脂作为试样进行酸价测定。

若残留的液态油脂浑浊、乳化、分层或有沉淀，应按照本节附录A的要求进行除杂和脱水干燥的处理。

对于经过2.4.1.3.1的分离而分别提取获得的食品不同部分的油脂试样，最后按照原始单个单位食品或包装的组成比例，将从食品不同部分提取的油脂试样合并为该食品样品酸价检测的油脂试样。

2.4.2 试样称量　按1.4.2的要求，对2.4.1中制备的油脂试样进行称量。

2.4.3 测定　取200ml的烧杯，按照2.4.2的要求用天平称取的制备的油脂试样。准确加入乙醚–异丙醇混合液50~100ml，再加入1颗干净的聚四氟乙烯磁力搅拌子，将此烧杯放在磁力搅拌器上，以适当的转速搅拌至少20秒，使油脂试样完全溶解并形成样品溶液，维持搅拌状态。然后，将已连接在自动电位滴定仪上的电极和滴定管插入样品溶液中，注意应将电极的玻璃泡和滴定管的防扩散头完全浸没在样品溶液的液面以下，但又不可与烧杯壁、烧杯底和旋转的搅拌子触碰，同时打开电极上部的密封塞。启动自动电位滴定仪，用标准滴定溶液进行滴定，测定时自动电位滴定仪的参数条件如下。滴定速度：启动动态滴定模式控制最小加液体积：0.01~0.06ml/滴（空白试验0.01~0.03ml/滴）；最大加液体积：0.1~0.5ml（空白试验：

0.01~0.03ml）。信号漂移：20~30mV。

2.4.4 空白试验　另取一个200ml的烧杯，准确加入与2.4.3中试样测定时相同体积乙醚–异丙醇混合液，然后按照2.4.3中相关的自动电位滴定仪参数进行测定。获得空白测定的消耗标准滴定溶液的毫升数为 V_0。

2.5　计算

酸价（又称酸值）的计算见下式。

$$X_{AV} = \frac{(V - V_0) \times c \times 56.1}{m}$$

式中：X_{AV}为酸价（mg/g）；V为试样测定所消耗的标准滴定溶液的体积（ml）；V_0为相应的空白测定所消耗的标准滴定溶液的体积（ml）；c为标准滴定溶液的摩尔浓度（mol/L）；56.1为氢氧化钾的摩尔质量（g/mol）；m为油脂样品的称样量（g）。

酸价 ≤ 1mg/g，计算结果保留2位小数；1mg/g < 酸价 ≤ 100mg/g，计算结果保留1位小数；酸价 > 100mg/g，计算结果保留至整数位。

2.6　精密度

当酸价 < 1mg/g时，在相同条件下获得的两次独立测定结果的绝对差值不得超过算术平均值15%；当酸价 ≥ 1mg/g时，在相同条件下获得的两次独立测定结果的绝对差值不得超过算术平均值12%。

2.7　注意事项

2.7.1 测定酸价的样品需要避免阳光直射，并低温保存，开封后尽快测定。

2.7.2 每个样品滴定结束后，电极和滴定管应用溶剂冲洗干净，再用适量的蒸馏水冲洗后方可进行下一个样品的测定；搅拌子先后用溶剂和蒸馏水清洗干净并用纸巾拭干后方可重复使用。

2.7.3 食品基质较为复杂，自动电位滴定法在测定完样品后，应特别注意电极的及时清洗和定期维护，以确保分析结果准确，分析数据可靠。

2.7.4 测定过程中选择合适的搅拌速度，使得样品既能均匀分散于溶剂中，又不会产生气泡影响电极的响应。

2.7.5 终点判定方法：若在整个自动电位滴定测定过程中，发生多次不同pH范围"pH突跃"的油脂试样（如米糠油等），则以"突跃"起点的pH最符合或接近于pH 7.5~9.5范围的"pH突跃"作为滴定终点；若产生"直接突跃"型pH–滴定体积实时变化曲线，则直接以其对应的一阶微分曲线的顶点为滴定终点；若在一个"pH突跃"上产生多个一阶微分峰，则以最高峰作为滴定终点。

3　热乙醇指示剂滴定法

3.1　简述

本方法适用于常温下不能被冷溶剂完全溶解成澄清溶液的食用油脂样品，适用范围包括食用植物油、食用动物油、食用氢化油、起酥油、人造奶油、植脂奶油。

将固体油脂试样同乙醇一起加热至70℃以上（但不超过乙醇的沸点），使固体油脂试样熔化为液态，同时通过振摇形成油脂试样的热乙醇悬浊液，使油脂试样中的游离脂肪酸溶解于热乙醇，再趁热用氢氧化钾或氢氧化钠标准滴定溶液中和滴定热乙醇悬浊液中的游离脂肪酸，以指示剂相应的颜色变化来判定滴定终点，然后通过滴定终点消耗的标准溶液的体积计算样品油脂的酸价。

3.2 试剂和材料

3.2.1 试剂　异丙醇、乙醚、甲基叔丁基醚、95%乙醇、酚酞、百里香酚酞、碱性蓝6B、无水乙醚、石油醚（30~60℃沸程）、无水硫酸钠（在105~110℃条件下充分烘干，然后装入密闭容器冷却并保存）。

3.2.2 试剂配制

3.2.2.1氢氧化钾或氢氧化钠标准滴定水溶液　浓度为0.1mol/L或0.5mol/L，按照GB/T601标准要求配制和标定，也可购买市售有证书的标准滴定液。

3.2.2.2乙醚–异丙醇混合液　乙醚+异丙醇=1+1，500ml的乙醚与500ml的异丙醇充分互溶混合，用时现配。

3.2.2.3酚酞指示剂　称取1g的酚酞，加入100ml的95%乙醇并搅拌至完全溶解。

3.2.2.4百里香酚酞指示剂　称取2g的百里香酚酞，加入100ml的95%乙醇并搅拌至完全溶解。

3.2.2.5碱性蓝6B指示剂　称取2g的碱性蓝6B，加入100ml的95%乙醇并搅拌至完全溶解。

3.3 仪器和设备

天平（感量0.001g）；旋转蒸发仪；恒温水浴锅；恒温干燥箱；索氏脂肪提取装置；植物油料粉碎机或研磨机；离心机（≥8000r/min）。

3.4 分析步骤

3.4.1 试样制备　按照本节附录B或本节附录C的要求进行。

3.4.2 试样称量　按1.4.2的要求，对3.4.1中制备的油脂试样进行称量。

试样称样量和滴定液浓度应使滴定液用量在0.2~10ml之间（扣除空白后）。若检测后，发现样品的实际称样量与该样品酸价所对应的应有称样量不符，应按照表3–9–6要求，调整称样量后重新检测。

3.4.3 试样测定　取250ml的锥形烧瓶，按照3.4.2的要求用天平称取制备的油脂试样。另取一个250ml的锥形烧瓶，加入50~100ml的95%乙醇，再加入0.5~1ml的酚酞指示剂。然后，将此锥形烧瓶放入90~100℃的水浴中加热直到乙醇微沸。取出该锥形烧瓶，趁乙醇的温度还维持在70℃以上时，立即用装有标准滴定溶液的刻度滴定管对乙醇进行滴定。当乙醇初现微红色，且15秒内无明显褪色时，立刻停止滴定，乙醇的酸性被中和。将此中和乙醇溶液趁热立即倒入装有试样的锥形烧瓶中，然后放入90~100℃的水浴中加热直到乙醇微沸，其间剧烈振摇锥形烧瓶形成悬浊液。最后取出该锥形烧瓶，趁热，立即用装有标准滴定溶液的刻度滴定管对试样的热乙醇悬浊液进行滴定，当试样溶液初现微红色，且15秒内无明显褪色时，为滴定的终点，立刻停止滴定，记录下此滴定所消耗的标准滴定溶液的毫升数，此数值为 V。

对于深色泽的油脂样品，可适当加大乙醇和指示剂的用量，可用百里香酚酞指示剂或碱性蓝6B指示剂取代酚酞指示剂，当使用百里香酚酞指示剂时，滴定终点为颜色变为蓝色，当使用碱性蓝6B指示剂时，滴定终点为由蓝色变红色。

热乙醇指示剂滴定法无需进行空白试验，即 $V_0 = 0$。

3.5 计算

酸价（又称酸值）的计算如下式。

$$X_{AV} = \frac{(V - V_0) \times c \times 56.1}{m}$$

式中：X_{AV} 为酸价（mg/g）；V 为试样测定所消耗的标准滴定溶液的体积（ml）；V_0 为相应的空白测定所消耗的标准滴定溶液的体积（ml）；c 为标准滴定溶液的摩尔浓度（mol/L）；56.1 为氢氧化钾的摩尔质量（g/mol）；m 为油脂样品的称样量（g）。

酸价 ≤ 1mg/g，计算结果保留2位小数；1mg/g < 酸价 ≤ 100mg/g，计算结果保留1位小数；酸价 > 100mg/g，计算结果保留至整数位。

3.6 精密度

当酸价 < 1mg/g时，在相同条件下获得的两次独立测定结果的绝对差值不得超过算术平均值15%；当酸价 ≥ 1mg/g时，在相同条件下获得的两次独立测定结果的绝对差值不得超过算术平均值12%。

3.7 注意事项

3.7.1 测定酸价的样品需要避免阳光直射，并低温保存，开封后尽快测定。

3.7.2 实验过程中应严格控制温度，包括固体油脂试样熔化为液态的温度以及测定时温度，且应避免烫伤。

3.7.3 鉴于测定过程在较高温度条件下进行，可先进行预实验，预估所需消耗滴定液的体积，以便于后续的准确测定。

附录 A 油脂试样的除杂和干燥脱水

A.1 除杂

作为试样的样品应为液态、澄清、无沉淀并充分混匀。如果样品不澄清、有沉淀，则应将油脂置于50℃的水浴或恒温干燥箱内，将油脂的温度加热至50℃并充分振摇以熔化可能的油脂结晶。若此时油脂样品变为澄清、无沉淀，则可作为试样，否则应将油脂置于50℃的恒温干燥箱内，用滤纸过滤不溶性的杂质，取过滤后的澄清液体油脂作为试样，过滤过程应尽快完成。若油脂样品中的杂质含量较高，且颗粒细小难以过滤干净，可先将油脂样品用离心机以8000~10000r/min的转速离心10~20分钟，沉淀杂质。

对于凝固点高于50℃或含有凝固点高于50℃油脂成分的样品，则应将油脂置于比其凝固点高10℃左右的水浴或恒温干燥箱内，将油脂加热并充分振摇以熔化可能的油脂结晶。若还需过滤，则将油脂置于比其凝固点高10℃左右的恒温干燥箱内，用滤纸过滤不溶性的杂质，取过滤后的澄清液体油脂作为试样，过滤过程应尽快完成。

A.2　干燥脱水

若油脂中含有水分，则通过A.1的处理后仍旧无法达到澄清，应进行干燥脱水。对于无结晶或凝固现象的油脂，以及经过A.1的处理并冷却至室温后无结晶或凝固现象的油脂，可按每10g油脂加入1~2g的比例加入无水硫酸钠，并充分搅拌混合吸附脱水，然后用滤纸过滤，取过滤后的澄清液体油脂作为试样。

若油脂样品中的水分含量较高，可先将油脂样品用离心机以8000~10000r/min的转速离心10~20分钟，分层后，取上层的油脂样品再用无水硫酸钠吸附脱水。

对于室温下有结晶或凝固现象的油脂，以及经过A.1的处理并冷却至室温后有明显结晶或凝固现象的油脂，可将油脂样品用适量的石油醚，于40~55℃水浴内完全溶解后，加入适量无水硫酸钠，在维持加热条件下充分搅拌混合吸附脱水并静置沉淀硫酸钠使溶液澄清，然后收集上清液，将上清液置于水浴温度不高于45℃的旋转蒸发仪内，0.08~0.1mPa负压条件下，将其中的石油醚彻底旋转蒸干，取残留的液体油脂作为试样。若残留油脂有浑浊显现，将油脂样品按照A.1中相关要求再进行一次过滤除杂，便可获得澄清油脂样品。

对于由于凝固点过高而无法溶解于石油醚的油脂样品，则将油脂置于比其凝固点高10℃左右的水浴或恒温干燥箱内，将油脂加热并充分振摇以熔化可能的油脂结晶或凝固物，然后加入适量的无水硫酸钠，在同样的温度环境下，充分搅拌混合吸附脱水并静置沉淀硫酸钠，然后仍在相同的加热条件下过滤上层的液态油脂样品，获得澄清的油脂样品，过滤过程应尽快完成。

附录 B　固态油脂试样的处理

称取固态油脂样品适量，置于比其熔点高10℃左右的水浴或恒温干燥箱内，加热完全熔化固态油脂试样，若熔化后的油脂试样完全澄清，则可混匀后直接取样。若熔化后的油脂样品浑浊或有沉淀，则应按附录A的相关要求再进行除杂和脱水处理。

附录 C　乳化类油脂试样的处理

称取的乳化油脂样品（含油量满足取样的要求），加入试样体积5~10倍的石油醚，然后搅拌直至样品完全溶解于石油醚中（若油脂样品凝固点过高，可置于40~55℃水浴内搅拌至完全溶解），然后充分静置并分层后，取上层有机相提取液，置于水浴温度不高于45℃的旋转蒸发仪内，0.08~0.1mPa负压条件下，将其中的石油醚彻底旋转蒸干，取残留的液体油脂作为试样。若残留的油脂浑浊、乳化、分层或有沉淀，则应按照附录A的要求进行除杂和脱水干燥的处理。

对于难于溶解的油脂可采用石油醚+甲基叔丁基醚（1+3）为浸提液，配制如下：250ml的石油醚与750ml的甲基叔丁基醚充分互溶混合。

若油脂样品能完全溶解于石油醚等溶剂中，成为澄清的溶液或者只是成为悬浮液而不分层，则直接加入适量的无水硫酸钠，在同样的温度条件下，充分搅拌混合吸附脱水并静置沉淀硫酸钠，然后取上层清液置于水浴温度不高于45℃的旋转蒸发仪内，0.08~0.1mPa负压条件下，将其中的石油醚彻底旋转蒸干，取残留的液体油脂作为试样。若残留的油脂浑浊、乳化、分层或有沉淀，则应按照附录A的要求进行除杂和脱水干燥的处理。

附录 D 样品的粉碎

D.1 普通粉碎

先将样品切割或分割成小片或小块，再将其放入食品粉碎机中粉碎成粉末，并通过圆孔筛（若粉碎后样品粉末无法完全通过圆孔筛，可用研钵进一步研磨研细再过筛）。取筛下物进行油脂的提取。

D.2 普通捣碎

先将样品切割或分割成小片或小块，再将其放入研钵中，然后不断研磨，使样品充分的捣碎、捣烂和混合。也可使用食品捣碎机将样品捣碎、捣烂和混合。对于花生酱、芝麻酱、辣椒酱等流动性样品，直接搅拌并充分混合即可。

D.3 冷冻粉碎

先将样品剪切成小块、小片或小粒，然后放入研钵中，加入适量的液氮，趁冷冻状态进行初步的捣烂并充分混匀。然后，趁未解冻，将捣烂的样品倒入组织捣碎机的不锈钢捣碎杯中，此时可再向捣碎杯中加入少量的液氮，然后以10000~15000r/min的转速进行冷冻粉碎，将样品粉碎至大部分粒径不大于4mm的颗粒。

D.4 含有调味油包的预包装食品的粉碎

先按照D.1~D.3相应的粉碎技术，将预包装食品中含油的、非调味油包的食用部分粉碎，然后依据预包装食品原始最小包装单位中的比例，将调味油包中的油脂同粉碎的含油食用部分一起充分混合。

起草人：马增辉（山西省食品药品检验所）

成长玉（四川省食品药品检验检测院）

高牡丹（山东省食品药品检验研究院）

复核人：张　烨（山西省食品药品检验所）

黄丽娟（四川省食品药品检验检测院）

厉玉婷（山东省食品药品检验研究院）

第二十九节　食醋中游离矿酸的检测

参考标准GB 5009.233-2016《食品安全国家标准　食醋中游离矿酸的测定》制定本规程。

1 简述

游离矿酸（硫酸、硝酸、盐酸等）存在时，氢离子浓度增大，可改变指示剂颜色。

检出限为5mg/L。

2 试剂和材料

2.1 试剂

百里草酚蓝；甲基紫；氢氧化钠；乙醇。

2.2 溶液配制

氢氧化钠溶液（4g/L）：取氢氧化钠2g溶解于水中，加水至500ml。

2.3 试纸的制备

2.3.1 百里草酚蓝试纸　取0.10g百里草酚蓝，溶于50ml乙醇中，再加6ml氢氧化钠溶液（4g/L），加水至100ml。将此液浸透滤纸后晾干，贮存备用。

2.3.2 甲基紫试纸　称取0.10g甲基紫，溶于100ml水中，将滤纸浸于此液中，取出晾干，贮存备用。

3 仪器和设备

试纸；毛细管或玻璃棒。

4 分析步骤

4.1 试样溶液的测定

用毛细管或玻璃棒沾少许试样，分别点在百里草酚蓝和甲基紫试纸上，观察其变化情况。

4.2 结果判定

若百里草酚蓝试纸变为紫色斑点或紫色环（中心淡紫色），表示有游离矿酸存在。不同浓度的乙酸、冰乙酸在百里草酚蓝试纸上呈现橘黄色环、中心淡黄色或无色。若甲基紫试纸变为蓝绿色，表示有游离矿酸存在。

5 检测结果的判断

百里草酚蓝试纸和甲基紫试纸结果均判定为阳性时，该样品判定含有游离矿酸。

6 注意事项

6.1 试纸法在使用过程中的关键控制步骤为试纸显色时间，在滴加适量样品后15分钟对试纸显示进行观察可以在一定程度上避免结果判定出现假阳性。

6.2 被检样品滴加量过大，也会对检测结果造成影响，提高假阳性率。

6.3 阳性对照实验：用阴性醋加盐酸、硫酸观察反应时间，10分钟后颜色变化最明显，阴性醋在试纸上无色，掺有盐酸、硫酸的为紫色斑点或紫色环。

6.4 天然食品中含有柠檬酸、苹果酸、发酵的乙酸，假如食醋中这些物质浓度高时，可能会产生干扰，应注意。

6.5 如果样品颜色深时，可加少量活性炭脱色后过滤再作测定。

起草人：马增辉（山西省食品药品检验所）
成长玉（四川省食品药品检验检测院）
复核人：张　烨（山西省食品药品检验所）
黄丽娟（四川省食品药品检验检测院）

第三十节　食品中游离棉酚的检测

参考标准GB/T 5009.37-2003《食用植物油卫生标准的分析方法》、GB 5009.148-2014《食品安全国家标准　植物性食品中游离棉酚的测定》制定本规程。

1　紫外分光光度法

1.1　简述

本方法适用于棉籽油中游离棉酚的检测。

试样中游离棉酚经用丙酮提取后，在378 nm处测定吸光度，标准曲线法定量。

1.2　试剂和材料

1.2.1 试剂　丙酮。

1.2.2 溶液配制　70% 丙酮：将350ml丙酮加水稀释至500ml。

1.2.3 标准品　棉酚（$C_{32}H_{34}O_{10}$）标准品。

1.2.4 标准溶液配制

1.2.4.1 棉酚标准溶液（1.0mg/ml）　准确称取0.1000g棉酚标准品，置于100ml容量瓶中，加70%丙酮溶解并稀释至刻度。

1.2.4.2 棉酚标准使用液（50.0μg/ml）　吸取棉酚标准溶液5.0ml，置于100ml容量瓶中，加70%丙酮稀释至刻度。

1.2.4.3 棉酚标准系列溶液　吸取0ml、0.10ml、0.20ml、0.40ml、0.80ml、1.6ml、2.4ml棉酚标准使用液，分别置于10ml具塞试管中，加入70%丙酮至10ml，混匀（相当于0μg、5μg、10μg、20μg、40μg、80μg、120μg棉酚），静置10分钟。

1.3　仪器和设备

紫外分光光度计。

1.4　分析步骤

1.4.1 称取1.00g精制棉油或0.20g粗棉油，置于100ml具塞锥形瓶中，加入20.0ml 70%丙酮，并加入玻璃珠3~5粒，在电动振荡器上振荡30分钟，然后在冰箱中放置过夜。取此提取液之上清液，过滤。滤液供测定用。取试样滤液及标准系列溶液于1cm石英比色杯中，以70%丙酮调节零点于378 nm波长处测吸光度。

1.4.2 标准曲线的绘制 取标准系列溶液于 1cm 石英比色杯中，378nm 波长处测吸光度。以吸光度为纵坐标，以棉酚的质量为横坐标绘制标准曲线。

1.5 计算

试样中游离棉酚的含量按下式进行计算。

$$X = \frac{m_1}{m_2 \times 1000 \times 1000} \times 100 \times 2$$

式中：X 为试样中游离棉酚的含量值（g/100g）；m_1 为测定用样液中游离棉酚的质量（μg）；m_2 为称样量（g）；计算结果保留 3 位有效数字。

1.6 精密度

在相同条件下获得的两次独立测定结果的绝对差值不得超过算术平均值的10%。

1.7 注意事项

1.7.1 紫外分光光度法简单易行，但往往因样品处理不当、其他成分干扰使结果不够理想，结果偏高。分光光度法的测定原理是利用苯胺与芳烃环上的醛基反应而显色，所有的芳香醛物质都可与苯胺发生这种反应。因此，这些方法的测定值是样品提取液中的所有物质在一定波长下吸光度的总和，对棉酚不具有专一性，因而使结果偏高。

1.7.2 由于紫外分光光度法易受干扰，所以准确性较差。

1.7.3 棉酚色谱纯试剂有棉酚和乙酸棉酚两种，在称取游离棉酚标准品的时候，要注意其标示名称及标示含量，棉酚的量以纯游离棉酚计。标准使用溶液在冰箱中放置稳定时间不超过15天。

2 苯胺法

2.1 简述

本方法适用于棉籽油中游离棉酚的检测。

试样中游离棉酚经提取后，在乙醇溶液中与苯胺形成黄色化合物，在445 nm波长处测定吸光度，标准曲线法定量。

2.2 试剂和材料

2.2.1 试剂 丙酮；95% 乙醇；苯胺（应为无色或淡黄，若色深则重蒸馏）。

2.2.2 溶液配制 70% 丙酮：将 350ml 丙酮加水稀释至 500ml。

2.2.3 标准品 棉酚（$C_{32}H_{34}O_{10}$）标准品。

2.2.4 标准品溶液配制

2.2.4.1 棉酚标准溶液　准确称取 0.1000g 棉酚标准品，置于 100ml 容量瓶中，加 70% 丙酮溶解并稀释至刻度。此溶液每毫升相当于 1.0mg 棉酚。

2.2.4.2 棉酚标准使用液　吸取棉酚标准溶液 5.0ml，置于 100ml 容量瓶中，加 70% 丙酮稀释至刻度。此溶液每毫升相当于 50.0 μg 棉酚。

2.2.4.3 棉酚标准系列溶液　吸取 0ml、0.10ml、0.20ml、0.40ml、0.80ml、1.00ml 棉酚

标准使用液，分别置于10ml具塞试管中，加入70%丙酮至10ml，混匀（相当于0μg、5.0μg、10.0μg、20.0μg、40.0μg、50.0μg棉酚），静置10分钟。

2.3 仪器和设备

紫外分光光度计。

2.4 分析步骤

2.4.1 称取约1.00g试样，置于150ml具塞锥形瓶中，加入20.0ml 70%丙酮，并加入玻璃珠3~5粒，剧烈振摇1小时，在冰箱中过夜，过滤，滤液备用。

2.4.2 在两支25ml具塞比色管中，各加入2.0ml滤液（2.4.1），以甲管为试样管，乙管为对照管。试样管甲管加入3ml苯胺，在80℃水浴中加热15分钟，取出冷至室温，加入乙醇至25ml；对照管乙管加乙醇至25ml。两组溶液在加乙醇后均放置15分钟，用1cm比色杯，在波长445nm处，测定两组的吸光度，以试样管甲管与乙管的吸光度之差从标准曲线计算棉酚含量。

2.4.3 标准曲线绘制 吸取棉酚标准系列溶液各两份，分别置于甲、乙两组25ml具塞比色管中，各管均加入70%丙酮至2ml，甲组管加入3ml苯胺，在80℃水浴中加热15分钟，取出冷至室温，加入乙醇至25ml，乙组管加乙醇至25ml，两组溶液在加乙醇后均放置15分钟，用1cm比色杯，在波长445nm处，测定两组的吸光度。以甲组标准的零管为试剂空白，以乙组的零管为溶剂空白，以两组对应的吸光度之差为纵坐标，以相对应标准系列溶液质量绘制标准曲线。

2.5 计算

试样中游离棉酚的含量按下式进行计算。

$$X=\frac{m_1}{m_2 \times 1000 \times 1000 \times 2/20} \times 100$$

式中：X为试样中游离棉酚的含量（g/100g）；m_1为测定用样液中游离棉酚的质量（μg）；m_2为称样量（g）。计算结果保留3位有效数字。

2.6 精密度

在相同条件下获得的两次独立测定结果的绝对差值不得超过算术平均值的10%。

2.7 注意事项

2.7.1 苯胺在空气中尤其在光照下，易氧化而颜色逐渐变深，此时应蒸馏纯化。使用刚纯化过的苯胺，试剂误差小。

2.7.2 苯胺法中提取样品时间偏少会造成游离棉酚溶解不完全，结果偏低。

2.7.3 采用苯胺法测样时，每份样品均需设置一个参比，可以有效地排除不同加入量的试剂对测定吸光度的影响。

2.7.4 苯胺试剂有一定毒性，操作时应佩戴防护面罩在通风橱内操作。

2.7.5 棉酚色谱纯试剂有棉酚和乙酸棉酚两种，在称取游离棉酚标准品的时候，要注意其标示名称及标示含量，棉酚的量以纯游离棉酚计。标准使用溶液在冰箱中放置稳定时间不超过15天。

第三篇 食品中化学成分检测

3 高效液相色谱法

3.1 简述

本方法适用于植物油或以棉籽饼为原料的其他液体食品中游离棉酚的检测。

植物油中游离棉酚经无水乙醇提取，利用高效液相色谱法检测，色谱峰保留时间定性，外标法定量。以棉籽饼为原料的水溶性液体样品中的游离棉酚经无水乙醚提取，浓缩至干，再加入乙醇溶解，利用高效液相色谱法检测，色谱峰保留时间定性，外标法定量。

植物油体样品取样1.0g时，检出限为2.5mg/kg，定量限为7.5mg/kg。以棉籽饼为原料的水溶性液体样品取样10g时，检出限为0.25mg/kg，定量限为0.75mg/kg。

3.2 试剂和材料

除非另有说明，本方法所用试剂均为分析纯，水为GB/T 6682规定的一级水。

3.2.1 试剂 磷酸；无水乙醇；丙酮；氮气；甲醇。

3.2.2 标准品 棉酚（$C_{32}H_{34}O_{10}$）标准品。

3.2.3 溶液配制

3.2.3.1磷酸溶液 取300ml水，加6.0ml磷酸，混匀，经0.45 μm滤膜过滤。

3.2.3.2棉酚标准储备液（1.0mg/ml） 准确称取0.1g（精确到0.0001g）棉酚纯品，用丙酮溶解，并定容至100.00ml。

3.2.3.3棉酚中间标准溶液（50 μg/ml） 取1mg/ml棉酚储备液5.0ml于100ml容量瓶中，用无水乙醇定容至刻度。

3.2.3.4棉酚标准系列溶液 准确吸取1.00ml、2.00ml、4.00ml、6.00ml、8.00ml棉酚标准溶液于10ml容量瓶中，用无水乙醇稀释至刻度，相当于5 μg/ml、10 μg/ml、20 μg/ml、30 μg/m、40 μg/ml的标准系列溶液。

3.3 仪器和设备

高效液相色谱仪（带紫外检测器或者二极管阵列检测器）；电子天平（感量为0.1mg和0.01g）；氮吹仪；离心机；0.45 μm微孔滤膜。

3.4 分析步骤

3.4.1 试样制备

3.4.1.1植物油 称取试样1g（精确至0.01g）于离心试管中，加入5ml无水乙醇，剧烈振摇2分钟，静置分层（或冰箱过夜），取上清液滤纸过滤，离心，上清液过0.45 μm滤膜，即为试样溶液。

3.4.1.2以棉籽饼为原料的水溶性液体样品 称取样品10g（精确至0.01g）于离心试管中，加入10ml无水乙醚，振摇2分钟，静置5分钟，取上层乙醚层5ml，用氮气吹干，用1.0ml无水乙醇溶解，混匀，过0.45 μm滤膜，即为试样溶液。

3.4.2 色谱测定

3.4.2.1参考色谱条件 色谱柱：C18柱，250mm×4.6mm，5 μm，或具同等性能的色谱柱。流动相：甲醇：磷酸溶液85：15。流速：1.0ml/min。柱温：40℃。测定波长：235nm。进样体积：10 μl。

3.4.2.2标准曲线的绘制　将棉酚标准系列溶液注入高效液相色谱仪中，记录峰高或峰面积。以峰高或者峰面积为纵坐标，以棉酚标准工作液浓度为横坐标绘制标准曲线。

3.4.2.3测定　将试样溶液注入高效色谱仪中，记录峰高或者峰面积，根据标准曲线计算待测液中棉酚的浓度。

3.5　计算

植物油试样中游离棉酚含量计算见下式。

$$X = \frac{5 \times c}{m}$$

式中：X为试样中棉酚的含量值（mg/kg）；m为称样量（g）；c为试样溶液中棉酚的浓度值（μg/ml）；5为所用无水乙醇的体积（ml）。计算结果保留2位有效数字。

以棉籽饼为原料的水溶性液体试样中游离棉酚含量计算见下式。

$$X = \frac{2 \times c}{m}$$

式中：X为试样中棉酚的含量值（mg/kg）；m为称样量（g）；c为测定试样液中棉酚的浓度值（μg/ml）；2为折合所用无水乙醇的体积（ml）。计算结果保留2位有效数字。

3.6　精密度

在相同条件下获得的两次独立测定结果的绝对差值不得超过算术平均值的10％。

3.7　注意事项

3.7.1称取棉酚标准品时，应避免产生粉尘，对人体产生危害。

3.7.2操作人员必须经过专门培训，严格遵守操作规程。操作人员做好防护措施。

起草人：马增辉（山西省食品药品检验所）

黄丽娟（四川省食品药品检验检测院）

复核人：张　烨（山西省食品药品检验所）

成长玉（四川省食品药品检验检测院）

第三十一节　生活饮用水中余氯（游离氯）的检测

参考GB/T 5750.11-2006《生活饮用水标准检验方法　消毒剂指标》制定本规程。

1　简述

本规程适用于生活饮用水及其水源水中游离余氯的检测。

在pH小于2的酸性溶液中，余氯与3，3′，5，5′-四甲基联苯胺反应，生成黄色的醌式化合物，用目视比色法定量。

最低检测质量浓度为0.005mg/L余氯。

2 试剂和材料

2.1 试剂

盐酸；氯化钾；3，3′，5，5′–四甲基联苯胺；重铬酸钾；铬酸钾。

2.2 溶液配制

2.2.1 盐酸溶液　100ml 盐酸 +400ml 水（1+4）。

2.2.2 氯化钾–盐酸缓冲溶液（pH=2.2）　称取 3.7g 经 100~110℃干燥至恒重的氯化钾，用纯水溶解，再加 0.56ml 盐酸，并用纯水稀释至 1000ml。

2.2.3 3，3′，5，5′–四甲基联苯胺溶液（0.3g/L）　称取 3，3′，5，5′–四甲基联苯胺0.03g，用100ml盐酸溶液[c（HCl）=0.1mol/L]分批加入并搅拌使溶解（必要时可加温助溶），混匀，此溶液应无色透明、储存于棕色瓶中，在常温下可保存 6 个月。

2.2.4 重铬酸钾–铬酸钾溶液　称取 0.1550g 经 120℃干燥至恒重的重铬酸钾及 0.4650g 经120℃干燥至恒重的铬酸钾，溶解于氯化钾–盐酸缓冲溶液中，并稀释至1000ml。此溶液生成的颜色相当于 1mg/L 余氯与四甲基联苯胺生成的颜色。

2.2.5 N–EDTA溶液（20g/L）。

3 仪器和设备

具塞比色管（50ml）。

4 分析步骤

4.1余氯标准系列比色溶液（0.005~1.0mg/L）的配制。按表3–9–5所列用量分别吸取重铬酸钾–铬酸钾溶液注入50ml具塞比色管中，用氯化钾–盐酸缓冲溶液稀释至50ml刻度，在冷暗处保存可使用6个月。

表3–9–5　重铬酸钾–铬酸钾溶液取用量

余氯（mg/L）	重铬酸钾–铬酸钾溶液（ml）	余氯（mg/L）	重铬酸钾–铬酸钾溶液（ml）
0.005	0.25	0.40	20.0
0.01	0.50	0.50	25.0
0.03	1.50	0.60	30.0
0.05	2.50	0.70	35.0
0.10	5.0	0.80	40.0
0.20	10.0	0.90	45.0
0.30	15.0	1	50.0

注：若水样余氯大于1mg/L时，可将重铬酸钾–铬酸钾溶液的浓度提高10倍，配成相当于10mg/L余氯的标准色，配制成1.0~10mg/L的余氯标准系列比色溶液。

4.2于50ml具塞比色管中，先加入2.5ml四甲基联苯胺溶液，加入澄清水样至50ml刻度，混合后立即比色，所得结果为游离余氯；放置10分钟，比色所得结果为总余氯，总余氯减去游离余氯即为化合余氯。

供测试的样品每次测定应不少于2份。

5　注意事项

5.1 试验过程应注意试样的酸度，pH大于7的试样可先用盐酸溶液调节pH至4再行测定。

5.2 试样中铁离子大于0.12mg/L时，可在每50ml试样中加1~2滴N-EDTA溶液，以消除干扰。

5.3 试样中超过0.12mg/L的铁和0.05mg/L的亚硝酸盐对本法有干扰。

起草人：马增辉（山西省食品药品检验所）

伍雯雯（四川省食品药品检验检测院）

复核人：张　烨（山西省食品药品检验所）

唐　静（四川省食品药品检验检测院）

第三十二节　食醋中总酸的检测

1　简述

参考GB/T 5009.41-2003《食醋卫生标准的分析方法》制定本规程。

本规程适用于食醋中总酸的检测。

食醋中主要成分是乙酸，含有少量其他有机酸，用氢氧化钠标准溶液滴定，以酸度计测定pH 8.2终点，结果以乙酸表示。

2　试剂和材料

氢氧化钠标准滴定溶液［c（NaOH）=0.050mol/L］：配制、标定与储藏均应按GB/T 601-2016《化学试剂　标准滴定溶液的制备》规定。或购买有证书的氢氧化钠标准滴定液。

3　仪器和设备

酸度计；磁力搅拌器；25ml微量滴定管。

4　分析步骤

吸取10.0ml试样置于100ml容量瓶中，加水至刻度，混匀。吸取20.0ml上述试液，置于200ml烧杯中，加60ml水，开动磁力搅拌器，用氢氧化钠标准溶液［c（NaOH）=0.050mol/L］滴定至pH为8.2。

空白试验：直接吸取80ml水后，开动磁力搅拌器后同上述操作。

5 计算

试样中总酸的含量（以乙酸计）按下式进行计算。

$$X= \frac{(V_1 - V_2) \times C \times 0.060}{V \times 10/100} \times 100$$

式中：X为试样中总酸的含量值（以乙酸计）（g/100ml）；V_1为测定用试样稀释液消耗氢氧化钠标准滴定液的体积（ml）；V_2为试剂空白消耗氢氧化钠标准滴定溶液的体积（ml）；c为氢氧化钠标准滴定溶液的浓度（mol/L）；0.060为与1.00ml氢氧化钠标准溶液［c（NaOH）1.000mol/L］相当的乙酸的质量（g）；V为试样测试体积（ml）。计算结果保留3位有效数字。

6 精密度

在相同条件下获得的两次独立测定结果的绝对差值不得超过算术平均值的10%。

7 注意事项

7.1 滴定食用白醋时，可选用酚酞为指示剂，实验滴定结果是强碱弱酸盐，酚酞变色范围在pH在8.2~10之间。在滴定终点时，溶液显弱碱性，会使溶液中的CO_2不断转化为H_2CO_3，中和一定的碱度，使溶液pH降低，粉红色消失，但这个过程较慢，所以粉红色保持30秒，即为终点。

7.2 样品测定前要除去其中的二氧化碳。

7.3 一般要求滴定时消耗0.050mol/L氢氧化钠标准溶液不得少于10ml，最好在10~15ml。

起草人：张　烨（山西省食品药品检验所）

黄丽娟（四川省食品药品检验检测院）

复核人：马增辉（山西省食品药品检验所）

成长玉（四川省食品药品检验检测院）

第三十三节　食品中组胺的检测

1 液相色谱法

1.1 简述

参考GB 5009.208-2016《食品安全国家标准　食品中生物胺的测定》制定本规程。

组胺是鱼体中游离组氨酸在组氨酸脱羧酶催化下，发生脱羧反应而形成的一种胺类。鱼体内含有较多的组氨酸，当鱼体不新鲜或者发生腐败时，污染鱼体的细菌如组胺无色杆菌，就会产生脱羧酶，使组氨酸脱羧生成组胺。组胺作为身体内的一种化学传导物质，可以影响许多细胞的反应，包括过敏，炎性反应，胃酸分泌等，也可以影响脑部神经传导。

水产品中组胺的测定方法有高效液相色谱法、薄层层析法、生物学法、分光光度法等。本方法为高效液相色谱测定水产制品中的组胺含量。方法的主要原理为试样用5%三氯乙酸提取，正己烷去除脂肪，三氯甲烷–正丁醇（1+1）液液萃取净化后，丹磺酰氯衍生，以1，7–二氨基庚烷为内标，C18色谱柱分离，高效液相色谱–紫外检测器检测，内标法定量。

本规程适用于水产品（鱼类及其制品、虾类及其制品）、酒类（葡萄酒、啤酒、黄酒等）、调味品（醋和酱油）、肉类中组胺的测定。

检出限为20mg/kg，定量限为50mg/kg。

1.2 试剂和材料

1.2.1 试剂 除另有规定外，所用试剂均为分析纯，水为符合GB/T 6682规定的一级水。

乙腈（色谱纯）；丙酮（色谱纯）；乙醚（重蒸）；正己烷（色谱纯）；正丁醇；三氯甲烷；氯化钠；三氯乙酸；乙酸铵（色谱纯）；碳酸氢钠；氢氧化钠；盐酸；浓氨水；丹磺酰氯（Dansylchloride，$C_{12}H_{12}ClNO_2S$，CAS号：605–65–2）。

1.2.2 溶液配制

1.2.2.1 丹磺酰氯衍生剂溶液 准确称取丹磺酰氯适量，以丙酮为溶剂配制浓度为10mg/ml的衍生剂使用液，置4℃冰箱避光储存。

1.2.2.2 5%三氯乙酸溶液 准确称取25g三氯乙酸于250ml烧杯中，用适量水完全溶解后转移至500ml容量瓶中，定容至刻度。

1.2.2.3 1mol/L氢氧化钠溶液 称取4g氢氧化钠，加入100ml水完全溶解。

1.2.2.4 5mol/L氢氧化钠溶液 称取20g氢氧化钠，加入100ml水完全溶解。

1.2.2.5 1mol/L盐酸溶液 准确量取8.6ml盐酸于100ml容量瓶中，用水定容至刻度。

1.2.2.6 0.1mol/L盐酸溶液 准确量取1mol/L盐酸溶液10ml于100ml容量瓶中，用水定容至刻度。

1.2.2.7 饱和碳酸氢钠溶液 称取15g碳酸氢钠，加入100ml水溶解，取上清液即为饱和溶液。

1.2.2.8 正丁醇/三氯甲烷（1+1）混合溶液 分别量取相同体积的正丁醇和三氯甲烷混合均匀即可。

1.2.2.9 0.02mol/L乙酸铵溶液 称取1.54g乙酸铵溶解于水中，转移至1 L容量瓶中，用水定容至刻度。

1.2.3 标准品

1.2.3.1 组胺盐酸盐（Histamine dihydrochloride，$C_5H_9N_3 \cdot 2HCl$，CAS号：56–92–8）。

1.2.3.2 1，7–二氨基庚烷（1，7–Diaminoheptane，$C_7H_{18}N_2$，CAS号：646–19–5）内标标准品。

1.2.4 标准溶液配制

1.2.4.1 组胺标准储备液（1.0mg/ml） 准确称取16.6mg组胺盐酸盐标准品，用0.1mol/L盐酸溶液溶解并定容至10ml容量瓶中，定容至刻度，摇匀。配制成浓度为1.0mg/ml的标准储备液，将溶液转移至棕色玻璃容器中，–20℃保存。保存期为6个月。

1.2.4.2 组胺标准中间液（100μg/ml）　准确吸取标准储备溶液1.0ml于10ml容量瓶中，加0.1mol/L盐酸溶液稀释至刻度，摇匀。配制成浓度为100μg/ml的标准中间液，转移至棕色玻璃容器中保存，保存期为3个月。

1.2.4.3 组胺标准系列工作液　准确移取0.10ml、0.25ml、0.50ml、1.0ml、1.50ml、2.50ml、5.0ml组胺标准中间液于10ml容量瓶中，用0.1mol/L盐酸溶液稀释至刻度，混匀，使浓度分别为1.0μg/ml、2.5μg/ml、5.0μg/ml、10.0μg/ml、15.0μg/ml、25.0μg/ml、50.0μg/ml，临用现配。

1.2.4.4 内标标准储备液（10mg/ml）　准确称取内标标准品100mg（精确至0.1mg）置于10ml容量瓶中，用0.1mol/L盐酸溶液溶解后稀释至刻度，混匀，配制成浓度为10mg/ml的内标标准储备溶液，置−20℃冰箱储存。保存期为6个月。

1.2.4.5 内标标准中间液（1.0mg/ml）　吸取1.0ml内标标准储备溶液于10ml容量瓶中，用0.1mol/L盐酸稀释至刻度，混匀，配制成浓度为1.0mg/ml的内标中间液，存期为3个月。

1.2.4.6 内标标准使用液（100μg/ml）　吸取1.0ml内标标准中间液于10ml容量瓶中，用0.1mol/L盐酸稀释至刻度，混匀，配制成浓度为100μg/ml的内标标准使用溶液，临用现配。

1.2.5 材料

1.2.5.1 有机滤膜，孔径0.22μm。

1.2.5.2 具塞离心管，规格50ml。

1.3 仪器和设备

高效液相色谱仪（需配有紫外检测器或二极管阵列检测器）；电子天平（感量分别为0.01g和0.01mg）；离心机；pH计；涡旋混合器；旋转蒸发仪；恒温水浴振荡器；组织匀质仪。

1.4 分析步骤

1.4.1 试样制备　取样品的可食部分约500g，充分粉碎均匀，均分成两份装入洁净容器中，密封，于−20℃保存。

1.4.2 提取　准确称取已经粉碎后的试样10g（精确至0.01g），置于50ml具塞离心管中，加入500μl内标使用液与样品充分混匀，加入20ml 5%三氯乙酸溶液振荡提取30分钟，7000r/min离心10分钟，转移上清液至50ml容量瓶中，残渣用20ml 5%三氯乙酸溶液再提取一次，合并上清液，用5%三氯乙酸稀释至刻度，待净化。

1.4.3 净化

1.4.3.1 除脂　移取上述试样提取液10ml于25ml具塞试管中，加入0.5g氯化钠涡旋振荡至氯化钠完全溶解后加入10ml正己烷，涡旋振荡5分钟，静置分层后弃去上层有机相，下层试样溶液加入10ml正己烷再除脂一次。

1.4.3.2 萃取　移取5ml上述除脂肪后的试样溶液于10ml具塞离心管中，用5mol/L氢氧化钠溶液调节pH至12.0左右。加入5ml的正丁醇/三氯甲烷混合溶液，涡旋振荡5分钟，5000r/min离心5分钟，转移上层有机相于另一个10ml具塞离心管中，下层样液再萃取一次，合并萃取液，用正丁醇/三氯甲烷稀释至刻度。取5ml萃取液加入200μl盐酸，混匀后40℃水浴下氮气吹干，加入1ml盐酸涡旋振荡，使残留物完全溶解，待衍生。

1.4.4 衍生

1.4.4.1 试样的衍生　在上述待衍生的试样溶液中依次加入1ml饱和碳酸氢钠溶液、100μl氢氧化钠溶液（1.2.2.3）、1ml衍生试剂，涡旋混匀1分钟后置于60℃恒温水浴中衍生20分钟，取出，分加入100μl浓氨水，振荡混匀，60℃恒温反应15分钟。取出，冷却至室温，加入1ml水，涡旋混合1分钟，40℃水浴下氮吹除去丙酮，加入0.5g氯化钠涡旋振荡至氯化钠完全溶解后加入5ml乙醚，涡旋振荡2分钟，静置分层后，吸出上层有机相（乙醚层），再萃取一次，合并乙醚萃取液，40℃水浴下氮气吹干。加入1ml乙腈涡旋振荡使残留物完全溶解，过膜，待上机。

1.4.4.2 标准系列溶液的衍生　分别移取1ml组胺标准系列工作溶液，置于10ml具塞试管中，依次加入250μl内标使用液，以下操作同试样的衍生步骤。

1.4.5 仪器参考条件　液相色谱条件如下。

色谱柱：C18，5μm，4.6×250mm或相当者。检测波长为254nm。流速设置0.8ml/min。进样量为10μl。柱温设置35℃。流动相：A组分为乙腈，B组分为20mmol/L乙酸铵溶液，梯度洗脱程序见表3-9-6。

表3-9-6　梯度洗脱程序

时间（分钟）	A（%）	B（%）
0	55	45
7	65	35
14	70	30
20	70	30
27	90	10
30	100	0
35	100	0
36	55	45
42	55	45

1.4.6 定量与定性　根据色谱峰的保留时间和光谱图定性，内标法定量。将组胺标准系列工作液的衍生液分别注入高效液相色谱仪，测得目标化合物的峰面积，以标准系列工作液的浓度为横坐标，以目标化合物的峰面积与内标的峰面积的比值为纵坐标，绘制标准曲线。在相同色谱条件下，将制备的试样溶液进样，根据标准曲线计算得到待测液中组胺的浓度。

1.5　计算

试样中组胺的含量计算见下式。

$$X = \frac{C \times V \times n}{m}$$

式中：X为试样中组胺的含量值（mg/kg）；C为由标准曲线上计算得到样液中组胺的浓度值（μg/ml）；V为定容体积（ml）；m为称样量（g）；n为稀释倍数。计算结果保留3位有效数字。

1.6 精密度

相同条件下获得的两次独立测定结果的绝对差值不得超过算术平均值的10%。

1.7 注意事项

1.7.1 标准溶液的配制浓度以生物胺单体计算，称取标准品时应对其中的盐酸盐进行折算。标准溶液配制好后均需转移至密闭棕色容器中，避光贮存。

1.7.2 本方法不适用于活体海水鱼。

1.7.3 除脂过程中乳化严重时，可适量增加氯化钠使用量，离心后，要弃去全部正己烷层。

1.7.4 可同步进行空白试验，在试验过程中不加被测样品，其余操作步骤均与测定样品相同，以排除衍生试剂峰干扰。

1.7.5 本规程中使用了强酸碱溶液，以及多种有毒有机试剂，应做好防护措施，并避免接触皮肤，若皮肤接触需脱去污染的衣着，用肥皂水和清水彻底冲洗皮肤。废液应妥善处理，不得污染环境。

1.7.6 天平使用前需校准，保持干燥，使用后需清理干净。

2 分光光度法

2.1 简述

本规程适用于水产品（鱼类及其制品、虾类及其制品）中组胺的测定。

以三氯乙酸为提取溶液，振摇提取，经正戊醇萃取净化，组胺与偶氮试剂发生显色反应后，分光光度计检测，外标法定量。

定量限：50mg/kg。

2.2 试剂和材料

除非另有说明，所用试剂均为分析纯，水为GB/T 6682规定的一级水。

2.2.1 试剂 磷酸组胺；正戊醇；三氯乙酸；碳酸钠；氢氧化钠；盐酸；对硝基苯胺；亚硝酸钠。

2.2.2 溶液配制

2.2.2.1 组胺标准储备液 在100℃（±5℃）下将磷酸组胺标准品干燥2小时后，称取0.2767g（精确至0.001g）于50ml烧杯中，用适量水完全溶解后转移至100ml容量瓶中，定容至刻度。此溶液每毫升相当于1.0mg组胺。置-20℃冰箱储存。保存期为6个月。

2.2.2.2 磷酸组胺标准使用液 吸取1.0ml组胺标准溶液于50ml容量瓶中，用水定容至刻度。此溶液每毫升相当于20.0μg组胺。临用现配。

2.2.2.3 100g/L三氯乙酸溶液 称取50g三氯乙酸于250ml烧杯中，用适量水完全溶解后转移至500ml容量瓶中，定容至刻度。保存期为6个月。

2.2.2.4 50g/L碳酸钠溶液 称取5g碳酸钠于100ml烧杯中，用适量水完全溶解后转移至100ml容量瓶中，定容至刻度。保存期为6个月。

2.2.2.5 250g/L氢氧化钠溶液 称取25g氢氧化钠于100ml烧杯中，用适量水完全溶解后转移至100ml容量瓶中，定容至刻度。保存期为3个月。

2.2.2.6 盐酸溶液（1+11） 吸取5ml盐酸于100ml烧杯中，加水55ml混匀。保存期为6个月。

2.2.2.7 偶氮试剂

甲液（对硝基苯胺）：称取0.5g对硝基苯胺，加5ml盐酸溶液溶解后，再加水稀释至200ml，置冰箱中，临用现配。

乙液（亚硝酸钠溶液）：称取0.5g亚硝酸钠，加入100ml水溶解混匀，临用现配。

吸取5ml甲液、40ml乙液混合即为偶氮试剂，临用现配。

2.3 仪器和设备

分光光度计；比色管（10ml）；组织捣碎机。

2.4 分析步骤

2.4.1 取水产品的可食部分约500g代表性样品，用组织捣碎机充分捣碎，均分成两份分别装入洁净容器中，密封，并标明标记，−20℃保存。

2.4.2 试样的分析

2.4.2.1 试样提取 准确称取试样10g（精确至0.01g），置于100ml具塞锥形瓶中，加入20ml 10%三氯乙酸溶液浸泡2~3小时，振荡2分钟混匀，滤纸过滤，准确吸取2.0ml滤液于分液漏斗中，逐滴加入氢氧化钠溶液调节pH在10~12之间，加入3ml正戊醇振摇提取5分钟，静置分层，将正戊醇提取液（上层）转移至10ml刻度试管中。正戊醇提取三次，合并提取液，并用正戊醇稀释至刻度。吸取2.0ml正戊醇提取液于分液漏斗中，加入3ml盐酸溶液振摇提取，静置分层，将盐酸提取液（下层）转移至10ml刻度试管中。提取三次，合并提取液，并用盐酸溶液稀释至刻度。

2.4.2.2 测定 分别吸取0ml、0.20ml、0.40ml、0.60ml、0.80ml、1.0ml组胺标准使用液（相当于0μg、4.0μg、8.0μg、12μg、16μg、20μg组胺）及2.0ml试样提取液于10ml比色管中，加水至1ml，再加入1ml盐酸溶液，混匀。加入3ml碳酸钠溶液，3ml偶氮试剂。加水至刻度，混匀，放置10分钟将"0"管溶液转移至1cm比色皿，分光光度计波长调至480 nm，调节吸光度为0后，依次测试系列标准溶液及试样溶液吸光度，以吸光度A为纵轴，组胺的质量为横轴绘制标准曲线。

2.5 计算

试样中组胺的含量按如下公式计算。

$$X = \frac{m_1 V_1 \times 10 \times 10}{m_2 \times 2 \times 2 \times 2} \times \frac{100}{1000}$$

式中：X为试样中组胺的含量值（mg/100g）；m_1为试样中组胺的吸光度值对应的组胺质量（μg）；V_1为加入三氯乙酸溶液的体积（ml）；10：第一个是正戊醇提取液的体积（ml）；第二个是盐酸提取液的体积（ml）；m_2为取样量（g）；2：第一个是三氯乙酸提取液的体积（ml）；第二

个是正戊醇提取液的体积（ml）；第三个是盐酸提取液的体积（ml）；100为单位换算系数；1000为单位换算系数。

计算结果保留小数点后一位。

2.6 精密度

在相同条件下获得的两次独立测定结果的绝对差值不得超过算术平均值的10%。

2.7 注意事项

2.7.1 整个实验过程需在通风橱内进行，需要做好防护措施。

2.7.2 在测定时，注意比色皿里不能有气泡，比色皿外壁需要擦干。

起草人：张　烨（山西省食品药品检验所）

伍雯雯　闵宇航（四川省食品药品检验检测院）

复核人：马增辉（山西省食品药品检验所）

唐　静　何成军（四川省食品药品检验检测院）

第三十四节　赤砂糖、红糖中不溶于水杂质的检测

1　简述

参考QB/T 2343.2-2013《赤砂糖试验方法》制定本规程。

用坩埚式玻璃过滤器将试样减压抽滤，并用水进行减压过滤洗涤滤渣，然后干燥至恒重，根据干燥前后的质量计算出不溶于水杂质的含量。

2　试剂和材料

除另有规定外，所有试剂均为分析纯，水为符合GB/T 6682中规定的三级水。

2.1　试剂

浓盐酸；95%乙醇；α-萘酚；浓硫酸（95%~98%）。

2.2　溶液配制

2.2.1 稀盐酸溶液（2%，V/V）　取2ml浓盐酸用水稀释至100ml。

2.2.2 α-萘酚乙醇溶液（10g/L）　称取1.00g α-萘酚，用95%乙醇溶解定容至100ml，用棕色瓶贮存。

3　仪器和设备

分析天平（感量0.0001g、感量0.01g）；坩埚式玻璃过滤器：孔径80μm（G2，30ml）；干燥器（内置硅胶干燥剂）；电热干燥箱；玻璃丝（需用稀盐酸溶液洗涤并用水冲洗干净）；烧杯（1000ml）；温度计；真空抽滤泵。

4　分析步骤

4.1　坩埚式玻璃过滤器预处理

过滤器上铺一层5mm厚玻璃丝，置于电热干燥箱中（温度125~130℃）干燥4小时，取出转入干燥器中，冷却到室温后称重，重复以上操作至前后两次质量差不超过2mg，即为恒重，以最小称量值为恒重结果。

4.2　测定

称量试样250.00g（精确至0.01g），置于1000ml烧杯中，加入37~40℃的水搅拌至完全溶解，倾入准备好的带玻璃丝的过滤器中真空抽滤并用水洗涤滤渣至滤液中检测不到糖分为止。

糖分的检测采用Molish反应法：取洗涤后滤液1ml于试管，加入两滴α－萘酚乙醇溶液，摇匀。倾斜试管，沿管壁小心加入1ml浓硫酸，切勿摇动，小心竖直后观察两层液面交界处的颜色变化，若形成紫环则有糖的存在。

用水洗涤至滤液无糖分后，将带玻璃丝的过滤器和滤渣置于125~130℃电热干燥箱内干燥2小时，取出置于干燥器内冷却至室温后首次称量；再继续烘干30分钟后取出置于干燥器内冷却至室温后称量；重复此操作直至相继两次称量之差不超过0.001g即为恒重，以最小称量值为恒重结果。

5　计算

试样中所含不溶于水杂质按下式计算。

$$X = \frac{m_1 - m_2}{m} \times 10^6$$

式中：X为不溶于水杂质含量值（mg/kg）；m_1为过滤器和玻璃丝的质量（g）；m_2为过滤器和玻璃丝连同滤渣的质量（g）；m为称样量（g）；10^6为单位换算系数。结果保留3位有效数字。

6　精密度

在相同条件下获得的两次独立测定结果的绝对差值不应超过算术平均值的15%。

7　注意事项

7.1 干燥器中的变色硅胶保证颜色为蓝色，如果蓝色变浅或变为红色，应取出放在瓷盘中，置于干燥箱中于110℃下烘干至变为蓝色，取出直接放入干燥器内。

7.2 试样在干燥器中冷却至室温后尽快称量。

起草人：王媛媛（山西省食品药品检验所）
范　丽（山东省食品药品检验研究院）
复核人：陈　煜（山西省食品药品检验所）
王文特（山东省食品药品检验研究院）

第三十五节 绵白糖中电导灰分的检测

1 简述

参考QB/T 5012-2016《绵白糖试验方法》制定本规程。

电导率反映离子化水溶性盐类的浓度。测定已知糖液的电导率，然后应用转换系数可算出电导灰分。本规程所用糖液的浓度为31.7g/100ml。

2 试剂和材料

除非另有说明，所用试剂均为分析纯，水为GB/T 6682规定的二级水。

2.1 试剂

氯化钾；购买有标准溶液证书的84μS/cm电导率校正液。

2.2 溶液配制

2.2.1 氯化钾溶液（0.01mol/L） 将氯化钾加热至500℃，脱水30分钟，冷却，称取0.745g，溶解于1000ml容量瓶中，并加水至标线。

2..2.2 氯化钾溶液（0.0025mol/L） 吸取0.01mol/L氯化钾溶液50ml于200ml容量瓶内，加水稀释至标线。此溶液在20℃时的电导率为328μS/cm。

3 仪器和设备

电导率仪（频率：低周，约140Hz；测量范围0~300μS/cm，温度精度±0.1℃）；天平（感量0.01g）；恒温水浴锅（精度0.1℃）。

4 分析步骤

4.1 试样处理

称取绵白糖31.7±0.1g于烧杯中，加水溶解并移入100ml容量瓶中，用水多次冲洗烧杯及玻璃棒，洗液一并移入容量瓶中，加水至刻度，摇匀，即为试样溶液。

4.2 测定

测定前，先打开电导率仪预热30分钟，用20℃的0.0025mol/L氯化钾溶液或84μS/cm电导率校正液进行校正。然后用试样溶液冲洗测定电导率用的电导电极及小烧杯2~3次，弃去洗液。将试样溶液倒入小烧杯，用电导率仪测定试样溶液电导率，记录读数及读数时的试样溶液温度。

5 计算

5.1 试样的电导灰分

按下式进行计算。

$$X = 6 \times 10^{-4} \times (C_1 - 0.35C_2)$$

式中：X为电导灰分值（g/100g）；C_1为试样溶液在20.0℃时的电导率（μS/cm）；C_2为溶解试样用水在20.0℃时的电导率（μS/cm）。

计算结果保留2位有效数字。

5.2 温度校正

测定电导率的标准温度为20.0℃，若不在20.0℃，则按下式校正，但测量温度一般不要超过（20.0±5.0）℃。至于溶解试样用水电导率的温度校正，因影响甚微可忽略不计。

$$C_{20.0℃}=\frac{C_t}{1+0.0026（t-20）}$$

式中$C_{20.0℃}$为在20.0℃时试样溶液的电导率（μS/cm）；C_t为温度为t℃时试样溶液的电导率（μS/cm）；t为测定电导率时试样溶液的温度（℃）。

6 精密度

在相同条件下获得的两次独立测定结果的差值不得超过算术平均值的10%。

7 注意事项

7.1 有些糖类溶解较慢，可置于小烧杯中，加50ml水，5分钟搅拌1次，直至溶解，再转入100ml容量瓶中并定容至刻度。

7.2 预先将试样溶液置于20℃恒温水浴锅中保温30分钟再进行测量。

7.3 电极常数（由电导率仪厂家给出）校正：根据公式K=S/G，电极常数K可以通过测量电极在一定浓度的氯化钾溶液中的电导G来求得，此时氯化钾溶液的电导率S是已知的。由于测量溶液的浓度和温度不同，以及测量仪器的精度和频率也不同，电极常数K有时会出现较大的误差，使用一段时间后，电极常数也可能会有变化，因此，新购的电导电极，以及使用一段时间后的电导电极，电极常数应重新测量标定，电极常数测量时应注意以下几点：①测量时应采用配套使用的电导率仪，不要采用其他型号的电导率仪；②测量电极常数的氯化钾溶液的温度和浓度尽量接近实际被测溶液的温度和浓度。

起草人：王媛媛（山西省食品药品检验所）
张海红（山东省食品药品检验研究院）
复核人：陈　煜（山西省食品药品检验所）
王文特（山东省食品药品检验研究院）

第三十六节　绵白糖中干燥失重的检测

1 简述

参考QB/T 5012-2016《绵白糖试验方法》制定本规程。

在温度70~75℃和真空度-0.067MPa下，采用减压干燥法去除试样中的水分，根据干燥前后试样称量数值计算出绵白糖的干燥失重。

2 仪器和设备

天平（感量0.0001g）；扁形铝制或玻璃制称量皿（带磨口塞）；干燥器（内置硅胶干燥剂）真空干燥箱；计时器。

3 分析步骤

3.1 称量皿的准备

取扁形铝制或玻璃制称量皿置于真空干燥箱中，将真空干燥箱连接真空泵，抽真空至真空度-0.067mPa，并同时加热至温度70~75℃，并在此真空度和温度下保持干燥。4小时后，使空气经干燥装置缓缓进入真空干燥箱内，待压力恢复常压时打开，取出称量皿，立即转入干燥器中，冷却到室温后称重。重复以上操作至前后两次质量差不超过2mg，即为恒重，以最小称量值为恒重结果。

3.2 测定

精密称量9.5~10.5g试样（精确至0.0001g），置于已恒重的扁形铝制或玻璃制称量皿中，放入真空干燥箱中，将真空干燥箱连接真空泵，抽真空至真空度-0.067MPa，并同时加热至温度70~75℃，并在此真空度和温度下保持干燥。1小时后，使空气经干燥装置缓缓进入真空干燥箱内，待压力恢复常压时打开，盖盖后将称量皿取出置于干燥器内冷却至室温后称量。

4 计算

试样干燥失重按下式计算。

$$X = \frac{W_2 - W_3}{W_2 - W_1} \times 100$$

式中：X为干燥失重（g/100g）；W_2为称量皿和干燥前样品的总质量（g）；W_3为称量皿和干燥后样品的总质量（g）；W_1为称量皿的质量（g）；100为换算系数。

5 精密度

在相同条件下获得的两次独立测定结果的差值不应超过算术平均值的15%。

6 注意事项

6.1 称量试样前充分混匀试样，试样均匀平铺，称量皿盖斜靠在称量皿一侧。

6.2 干燥器中的变色硅胶保证颜色为蓝色，如果蓝色变浅或变为红色，应取出放在瓷盘中，置于干燥箱中于110℃下烘干至变为蓝色，取出直接放入干燥器内。

6.3 试样干燥结束后，应在干燥箱内把盖盖好后再取出放入干燥器中。

6.4 试样在干燥器中冷却至室温后尽快称量。

起草人：王媛媛（山西省食品药品检验所）
范　丽（山东省食品药品检验研究院）
复核人：陈　煜（山西省食品药品检验所）
王文特（山东省食品药品检验研究院）

第三十七节　食品中杂质度的检测

1　简述

参考 GB 5413.30−2016《食品安全国家标准　乳和乳制品杂质度的测定》制定本规程。
本规程适用于液体乳、用水复原的乳粉类样品的检测。

试样经杂质度过滤板过滤，根据残留于杂质度过滤板上直观可见非白色杂质与杂质度参考标准板比对确定试样的杂质度。

2　试剂和材料

除另有说明，所用试剂均为分析纯，试验用水为 GB/T 6682 规定的三级水。

2.1　试剂

无水乙醇；甲醛；角豆胶（生化试剂）；蔗糖；阿拉伯胶（生化试剂）；牛粪和焦粉（分别收集牛粪和焦粉，粉碎后 100℃ ± 1℃ 恒温干燥箱中烘干）。

2.2　溶液配制

2.2.1 40% 甲醛溶液　量取 40ml 甲醛到 100ml 容量瓶中，用水定容至 100ml，过滤备用。

2.2.2 角豆胶溶液　称取 0.75 ± 0.01g 角豆胶至 250ml 烧杯中，加 2ml 无水乙醇润湿，再加 50ml 水，充分混合。缓慢加热排除气泡后，煮沸，使角豆胶充分溶解后，冷却。加 2ml 已过滤的 40% 甲醛溶液，混匀后转入 100ml 容量瓶，用水定容。

2.2.3 蔗糖溶液　称取 750 ± 0.1g 蔗糖于 1000ml 烧杯中，加水 750ml 充分溶解，过滤备用。

2.2.4 0.75% 阿拉伯胶溶液　称取 1.875g 阿拉伯胶于 100ml 烧杯中，加入 20ml 水并加热溶解后，冷却。用水转移至 250ml 容量瓶并定容，过滤。

2.2.5 50% 蔗糖溶液　称取 1000g 蔗糖于 1000ml 烧杯中，加入 500ml 水溶解，用水转移至 2000ml 容量瓶并定容，过滤。

3　仪器和设备

天平（感量分别为 0.1g 和 0.1mg）；标准筛；干燥器（含有效干燥剂）；恒温干燥箱（精度为 ± 1℃）；过滤设备［杂质度过滤机或抽滤瓶，可采用正压或负压的方式实现快速过滤（每升水的过滤时间为 10~15 秒）。安放杂质度过滤板后的有效过滤直径为 28.6 ± 0.1mm］；杂质度过滤板（直径 32mm、质量 135 ± 15mg、厚度 0.8~1.0mm 的白色棉质板）；杂质度参考标准板。

4　分析步骤

4.1　杂质度过滤板的检验

4.1.1 杂质　用地面灰土经过恒温干燥箱（100℃ ±1℃）烘干，用标准筛收集颗粒大小为 75~106μm 的灰土成分，然后烘干至恒重。

4.1.2 杂质溶液制备　称取 2.00 ± 0.001g 杂质加入 250ml 烧杯中，用 5ml 无水乙醇润湿。加入 46ml 角豆胶溶液，再加 40ml 蔗糖溶液，充分混合后，转入 100ml 容量瓶加蔗糖溶液定容，充分混匀。移取 10ml（相当于 200mg 杂质）于 1000ml 容量瓶中，用水定容，充分混匀。

4.1.3 将杂质度过滤板放入 100℃ ± 1℃ 恒温干燥箱中烘干至恒重，记录重量 N_1。

4.1.4 将杂质度过滤板放置在过滤设备上，准确移取 60ml（相当于 12mg 杂质）经过充分混匀的杂质溶液，过滤，用水洗净移液器，洗液一并过滤，用 200ml 40℃ ± 2℃的水分多次清洗过滤板，滤干后取下杂质度过滤板，在 100℃ ± 1℃ 恒温干燥箱中烘干至恒重，记录重量 N_2。

4.1.5 评价

$M = N_2 - N_1$，M 应 ≥ 10mg。并且用锋利的刀片将杂质度过滤板上表层切下，查看余下部分不应出现杂质。

每千片检验 10 片，不足 1000 片按 1000 片计。

4.2　杂质度参考标准板的制作

4.2.1 牛粪

A：用标准筛收集颗粒大小为 0.150~0.200mm 的牛粪，备用。

B：用标准筛收集颗粒大小为 0.125~0.150mm 的牛粪，备用。

C：用标准筛收集颗粒大小为 0.106~0.125mm 的牛粪，备用。

4.2.2 焦粉

D：用标准筛收集颗粒大小为 0.300~0.450mm 的焦粉，备用。

E：用标准筛收集颗粒大小为 0.200~0.300mm 的焦粉，备用。

F：用标准筛收集颗粒大小为 0.150~0.200mm 的焦粉，备用。

4.2.3 液体乳参考标准杂质板制作步骤

4.2.3.1 液体乳杂质参考标准液的配制　分别准确称取牛粪 A、B、C 各 500.0mg 于 3 个 100ml 烧杯中。加水 2ml，加阿拉伯胶溶液 23ml，充分混匀后，用蔗糖溶液转入 500ml 容量瓶并定容，充分混匀直到杂质均匀分布，得到浓度为 1.0mg/ml 的牛粪杂质参考标准液 a_0、b_0、c_0。

分别吸取牛粪杂质参考标准液 a_0、b_0、c_0 各 100ml 于 500ml 容量瓶中，用蔗糖溶液稀释并定容，得浓度为 0.2mg/ml 的牛粪杂质参考标准中间液 a_1、b_1、c_1。

分别吸取牛粪杂质参考标准中间液 a_1、b_1、c_1 各 10ml 于 100ml 容量瓶中，用蔗糖溶液稀释并定容，得浓度为 0.02mg/ml 的牛粪杂质参考标准工作液 a_2、b_2、c_2。

4.2.3.2 液体乳参考标准杂质板的制作　量取 100ml 蔗糖溶液，在已放置好杂质度过滤板的过滤设备上过滤，用 100ml 40℃ ± 2℃的水分多次清洗过滤板，晾干，此杂质板为液体乳中杂质相对含量 0mg/kg 的杂质度参考标准板 A_1。

第三篇　食品中化学成分检测

准确吸取6.25ml牛粪杂质参考标准工作液c_2于100ml 容量瓶中，用蔗糖溶液稀释并定容，混匀后并在已放置好杂质度过滤板的过滤设备上过滤，用水洗净容量瓶，洗液一并过滤。再用100ml 40℃±2℃的水分多次清洗过滤板，晾干，此杂质板为液体乳中杂质相对含量 2mg/8L 的杂质度参考标准板A_2。

准确吸取12.5ml牛粪杂质参考标准工作液 b_2于100ml 容量瓶中，用蔗糖溶液稀释并定容，混匀后并在已放置好杂质度过滤板的过滤设备上过滤，用水洗净容量瓶，洗液一并过滤。再用100ml 40℃±2℃的水分多次清洗过滤板，晾干，此杂质板为液体乳中杂质相对含量 4mg/8L 的杂质度参考标准板 A_3。

准确吸取18.75ml牛粪杂质参考标准工作液a_2于100ml 容量瓶中，用蔗糖溶液稀释并定容，混匀后并在已放置好杂质度过滤板的过滤设备上过滤，用水洗净容量瓶，洗液一并过滤。再用100ml 40℃±2℃的水分多次清洗过滤板，晾干，此杂质板为液体乳中杂质相对含量 6mg/8L 的杂质度参考标准板 A_4。

以500ml液体乳为取样量，按表3-9-7液体乳杂质度参考标准板比对表中制得的液体乳杂质度参考标准板见图3-9-1。

表3-9-7 液体乳杂质度参考标准板比对表

参考标准板号	A_1	A_2	A_3	A_4
杂质液浓度（mg/ml）	0	0.02	0.02	0.02
取杂质液体积（ml）	0	6.25	12.5	18.75
杂质绝对含量（mg/500ml）	0	0.125	0.250	0.375
杂质相对含量（mg/8L）	0	2	4	6

标准版号	A_1	A_2	A_3	A_4
标准样板				

图3-9-1 液体乳杂质度参考标准板

4.2.4 乳粉杂质度参考标准板制作步骤

4.2.4.1乳粉杂质参考标准液的配制　分别准确称取500.0mg焦粉 D、E、F于3个100ml烧杯中。加水2ml，加阿拉伯胶溶液23ml，充分混匀后，用蔗糖溶液转入500ml容量瓶中并定容，充分混匀直到杂质均匀分布，得到浓度为1.0mg/ml的焦粉杂质参考标准液d_0、e_0、f_0。

分别吸取焦粉杂质参考标准液d_0、e_0、f_0各100ml于500ml容量瓶中，用蔗糖溶液稀释并定容，得到浓度为0.2mg/ml的焦粉杂质参考标准工作液 d_1、e_1、f_1。

4.2.4.2乳粉参考标准杂质板的制作　准确吸取2.5ml焦粉杂质参考标准工作液f1于100ml

容量瓶中，用蔗糖溶液稀释并定容，混匀后并在已放置好杂质度过滤板的过滤设备上过滤，用水洗净容量瓶，洗液一并过滤。再用100ml 40℃±2℃的水分多次清洗过滤板，晾干，此杂质板为乳粉中杂质相对含量8mg/kg的杂质度参考标准板B_1。

准确吸取3.75ml焦粉杂质参考标准工作液e_1于100ml容量瓶中，用蔗糖溶液稀释并定容，混匀后并在已放置好杂质度过滤板的过滤设备上过滤，用水洗净容量瓶，洗液一并过滤。再用100ml 40℃±2℃的水分多次清洗过滤板，晾干，此杂质板为乳粉中杂质相对含量12mg/kg的杂质度参考标准板B_2。

准确吸取5ml焦粉杂质参考标准工作液d_1于100ml容量瓶中，用蔗糖溶液稀释并定容，混匀后并在已放置好杂质度过滤板的过滤设备上过滤，用水洗净容量瓶，洗液一并过滤。再用100ml 40℃±2℃的水分多次清洗过滤板，晾干，此杂质板为乳粉中杂质相对含量16mg/kg的杂质度参考标准板B_3。

准确吸取3.75ml焦粉杂质参考标准工作液d_1和2.5ml焦粉杂质参考标准工作液e_1于100ml容量瓶中，用蔗糖溶液稀释并定容，混匀后并在已放置好杂质度过滤板的过滤设备上过滤，用水洗净容量瓶，洗液一并过滤。再用100ml 40℃±2℃的水分多次清洗过滤板，晾干，此杂质板为乳粉中杂质相对含量20mg/kg的杂质度参考标准板B_4。

以62.5g乳粉为取样量，按表3-9-8乳粉杂质度参考标准板比对表中制得的乳粉杂质度参考标准板见图3-9-2。

表3-9-8 乳粉杂质度参考标准板比对表

参考标准板号	B_1	B_2	B_3	B_4
杂质液浓度（mg/ml）	0.2	0.2	0.2	0.2
取杂质液体积（ml）	2.5	3.75	5.0	6.25
杂质绝对含量（mg/62.5g）	0.500	0.750	1.000	1.250
杂质相对含量（mg/kg）	8	12	16	20

标准版号	B_1	B_2	B_3	B_4
标准样板				

图3-9-2 乳粉杂质度参考标准板

4.3 测定

4.3.1 试样溶液的制备

4.3.1.1 液体乳样品充分混匀后，用量筒量取500ml，立即测定。

4.3.1.2 准确称取62.5±0.1g乳粉样品于1000ml烧杯中，加入500ml 40℃±2℃的水，充分搅拌溶解后，立即测定。

4.3.2 试样溶液的测定

将杂质度过滤板放置在过滤设备上，将制备的试样溶液倒入过滤设备的漏斗中，但不得溢出漏斗，过滤。用水多次洗净烧杯，并将洗液转入漏斗过滤。分次用洗瓶洗净漏斗过滤，滤干后取出杂质度过滤板，与杂质度标准板比对即得样品杂质度。

5　计算

过滤后的杂质度过滤板与杂质度参考标准板比对得出的结果，即为该试样的杂质度。当杂质度过滤板上的杂质量介于两个级别之间时，应判定为杂质量较多的级别。如出现纤维等外来异物，判定杂质度超过最大值。

6　精密度

按本规程所述方法对同一试样做两次测定，其结果应一致。

起草人：王媛媛（山西省食品药品检验所）

泮秋立（山东省食品药品检验研究院）

复核人：陈　煜（山西省食品药品检验所）

刘　睿（山东省食品药品检验研究院）

第三篇　食品中化学成分检测

第三十八节　食品中色值的检测

1　简述

参考GB/T 35887–2018《白砂糖试验方法》、QB/T 5012–2016《绵白糖试验方法》制定本规程。

本规程适用于白砂糖、精幼砂糖、绵白糖、冰糖中色值的检测。

以pH为 7.00 ± 0.02 的缓冲溶液溶解试样，经滤膜过滤后，分别测得溶液的折光锤度和吸光度，计算得到吸光系数，将吸光系数的数值乘以1000，即为国际糖品统一分析委员会（ICUMSA）色值，结果定为ICUMSA单位（IU）。

2　试剂和材料

2.1　试剂

除另有规定外，所有试剂均为分析纯，水为符合GB/T 6682中规定的三级水。

浓盐酸；三乙醇胺 $[(HOCH_2CH_2)_3N]$；硫酸；重铬酸钾。

2.2　溶液配制

2.2.1 盐酸溶液（0.1mol/L）　用刻度移液管取 8.4ml 浓盐酸于预先盛有 200ml 水的 1000ml

容量瓶中，然后稀释至刻度。

2.2.2 三乙醇胺 – 盐酸缓冲溶液 称取 14.92g 三乙醇胺，用水溶解并定容于 1000ml 容量瓶中，然后移入 2000ml 烧杯内，加入 0.1mol/L 盐酸溶液 800ml，搅拌均匀，用 0.1mol/L 盐酸调 pH 至 7.00 ± 0.02。此溶液贮于棕色玻璃瓶中。

2.2.3 稀硫酸溶液 用量筒量取 500ml 水倒入 500ml 烧杯中，用刻度移液管吸取浓硫酸 1.4ml 加入烧杯中，搅拌均匀。

2.2.4 重铬酸钾溶液（含铬量 30 μg/ml） 称取重铬酸钾 42mg，置于 100ml 烧杯中，用稀硫酸溶液溶解，全部转移至 500ml 容量瓶中，用稀硫酸溶液稀释至刻度，摇匀。

2.3 材料

2.3.1 滤膜过滤器 滤膜应当厚薄均匀，膜面上分布着对称、均匀、穿透性强的微孔，孔径为 0.45 μm，孔隙度达 80%，孔道呈线性状而互不干扰，滤膜与直径 150mm 糖品过滤器配套使用。

2.3.2 量筒 500ml。

2.3.3 刻度移液管 2ml，10ml。

2.3.4 容量瓶 500ml，1000ml。

2.3.5 烧杯 100ml，250ml，500ml，2000ml。

3 仪器和设备

分光光度计；比色皿；阿贝折射仪；pH 计；真空抽滤泵；天平（感量为 0.01g）。

4 分析步骤

称取试样 100.0g（精确至 0.01g）于 250ml 烧杯中，加入三乙醇胺–盐酸缓冲溶液 135ml，搅拌至完全溶解，倒入已预先铺好 0.45 μm 孔径微孔膜的过滤器中，真空抽滤，弃去最初的 50ml 滤液，收集不少于 50ml 滤液。

收集的滤液用阿贝折射仪测定折光锤度，同时测定温度。

将分光光度计波长设定为 420 nm，用经过滤膜过滤器过滤的三乙醇胺–盐酸缓冲溶液调零，测定收集的滤液吸光度。

5 计算

试样中的色值的计算见下式。

$$Cv = \frac{A}{b \times c} \times 1000$$

式中：C_V 为色值（IU）；A 为在 420nm 波长测得收集的滤液吸光度；b 为比色皿厚度（cm）；c 为样液浓度 ［ 由校正到 20℃的折光锤度（查表 3-9-9）乘以系数 0.9862，然后查表 3-9-10 求得 ］（g/ml）。

计算结果保留整数。

表3-9-9 糖液折光锤度温度校正图（标准温度20℃）

温度	锤 度														
℃	0	5	10	15	20	25	30	35	40	45	50	55	60	65	70
温度低于20℃时应减之数															
10	0.50	0.54	0.58	0.61	0.64	0.66	0.68	0.70	0.72	0.73	0.74	0.75	0.76	0.78	0.79
11	0.46	0.49	0.53	0.55	0.58	0.60	0.62	0.64	0.65	0.66	0.67	0.68	0.69	0.70	0.71
12	0.42	0.45	0.48	0.50	0.52	0.54	0.56	0.57	0.58	0.59	0.60	0.61	0.61	0.63	0.63
13	0.37	0.40	0.42	0.44	0.46	0.48	0.49	0.50	0.51	0.52	0.53	0.54	0.54	0.55	0.55
14	0.33	0.35	0.37	0.39	0.40	0.41	0.42	0.43	0.44	0.45	0.45	0.46	0.46	0.47	0.48
15	0.27	0.29	0.31	0.33	0.34	0.34	0.35	0.36	0.37	0.37	0.38	0.39	0.39	0.40	0.40
16	0.22	0.24	0.25	0.26	0.27	0.28	0.28	0.29	0.30	0.30	0.30	0.31	0.31	0.32	0.32
17	0.17	0.18	0.19	0.20	0.21	0.21	0.21	0.22	0.22	0.23	0.23	0.23	0.23	0.24	0.24
18	0.12	0.13	0.13	0.14	0.14	0.14	0.14	0.15	0.15	0.15	0.15	0.16	0.16	0.16	0.16
19	0.06	0.06	0.06	0.07	0.07	0.07	0.07	0.08	0.08	0.08	0.08	0.08	0.08	0.08	0.08
温度高于20℃时应加之数															
21	0.06	0.07	0.07	0.07	0.07	0.08	0.08	0.08	0.08	0.08	0.08	0.08	0.08	0.08	0.08
22	0.13	0.13	0.14	0.14	0.15	0.15	0.15	0.15	0.15	0.16	0.16	0.16	0.16	0.16	0.16
23	0.19	0.20	0.21	0.22	0.22	0.23	0.23	0.23	0.23	0.24	0.24	0.24	0.24	0.24	0.24
24	0.26	0.27	0.28	0.29	0.30	0.30	0.31	0.31	0.31	0.31	0.31	0.32	0.32	0.32	0.32
25	0.33	0.35	0.36	0.37	0.38	0.38	0.39	0.40	0.40	0.40	0.40	0.40	0.40	0.40	0.40
26	0.40	0.42	0.43	0.44	0.45	0.46	0.47	0.48	0.48	0.48	0.48	0.48	0.48	0.48	0.48
27	0.48	0.50	0.52	0.53	0.54	0.55	0.55	0.56	0.56	0.56	0.56	0.56	0.56	0.56	0.56
28	0.56	0.57	0.60	0.61	0.62	0.63	0.63	0.64	0.64	0.64	0.64	0.64	0.64	0.64	0.64
29	0.64	0.66	0.68	0.69	0.71	0.72	0.72	0.73	0.73	0.73	0.73	0.73	0.73	0.73	0.73
30	0.72	0.74	0.77	0.78	0.79	0.80	0.80	0.81	0.81	0.81	0.81	0.81	0.81	0.81	0.81

表3-9-10 蔗糖溶液折光锤度与每毫升含蔗糖克数（在空气中）对照表

折光度 （°Bx）	浓度 （g/ml）	折光锤度 （°Bx）	浓度 （g/ml）	折光锤度 （°Bx）	浓度 （g/ml）	折光锤度 （°Bx）	浓度 （g/ml）
40.0	0.4702	41.3	0.4882	42.6	0.5065	43.9	0.5249
40.1	0.4715	41.4	0.4896	42.7	0.5079	44.0	0.5263
40.2	0.4729	41.5	0.4910	42.8	0.5093	44.1	0.5278
40.3	0.4743	41.6	0.4924	42.9	0.5107	44.2	0.5292
40.4	0.4757	41.7	0.4938	43.0	0.5121	44.3	0.5306
40.5	0.4771	41.8	0.4952	43.1	0.5135	44.4	0.5321
40.6	0.4785	41.9	0.4966	43.2	0.5150	44.5	0.5335

续表

折光度 (°Bx)	浓度 (g/ml)	折光锤度 (°Bx)	浓度 (g/ml)	折光锤度 (°Bx)	浓度 (g/ml)	折光锤度 (°Bx)	浓度 (g/ml)
40.7	0.4799	42.0	0.4980	43.3	0.5164	44.6	0.5349
40.8	0.4812	42.1	0.4994	43.4	0.5178	44.7	0.5364
40.9	0.4826	42.2	0.5008	43.5	0.5192	44.8	0.5378
41.0	0.4840	42.3	0.5022	43.6	0.5206	44.9	0.5392
41.1	0.4854	42.4	0.5036	43.7	0.5221		
41.2	0.4868	42.5	0.5051	43.8	0.5235		

6 精密度

相同条件下获得的两次独立测定结果的差值不得超过算数平均值的4%。

7 注意事项

7.1 由于缓冲溶液的pH对色值影响很大，因此配制缓冲溶液时，pH计一定要进行校正，且读数稳定后方可使用。

7.2 缓冲溶液的pH对试样色值的检测结果影响很大，所以放置的缓冲溶液在下一次使用前要用pH计测定其pH为7.00±0.02时可以使用，否则应重新配制，不可再重新调节至7.00±0.02后继续使用。

7.3 微孔滤膜使用前，应用水浸泡2小时以上，使膜体充分润湿，使用时应检查滤膜有无黑点杂质和破损气孔。

7.4 抽滤糖液时，真空度太小抽滤不完全，影响测定结果，真空度太大容易损坏滤膜，无法除去一些悬浮物及大分子物质，导致滤液的吸光度变大，所以真空度控制在50~55KPa。

7.5 由于过滤过程中易产生气溶胶乳，溶液中有细小的气泡，肉眼甚至无法看清，这些气泡分散在溶液中，对吸光值产生一定的影响，应在过滤后放置15~20分钟后再进行测定。

7.6 比色皿　厚度应选择使仪器透光度读数在20%~80%之间，配套使用的同一光径比色皿间的透光度之差不大于0.2%（在440 nm波长下，将进行配套的同一规格比色皿分别注入含铬量30 μg/ml的重铬酸钾溶液，将其中一只比色皿的透射比调至100%，测量其他各比色皿的透射比，凡透射比之差不大于0.2%，即可配套使用）。

7.7 阿贝折射仪　折射率测量范围：1.300~1.700。折射率最小分度值：0.0005。蔗糖质量分数锤度（0~95）°Bx；最小分度值0.2°Bx。

起草人：张　烨（山西省食品药品检验所）
吴鸿敏（山东省食品药品检验研究院）
复核人：陈　煜（山西省食品药品检验所）
王文特（山东省食品药品检验研究院）

第三十九节　食品中脲酶的检测

1　简述

参考 GB 5413.31–2013《食品安全国家标准　婴幼儿食品和乳品中脲酶的测定》制定本规程。

本规程适用于婴幼儿配方食品、特殊医学用途婴儿配方食品、特殊医学用途配方食品、婴幼儿谷类辅助食品、辅食营养补充品中脲酶的检测。

试样中的脲酶在适当酸碱度和温度条件下，催化尿素转化成碳酸铵。碳酸铵在碱性条件下生成氢氧化铵，与纳氏试剂中的碘化钾汞复盐作用生成棕色的碘化双汞铵。

该规程为定性法，检出限为 0.7 U。

2　试剂和材料

2.1　试剂

除非另有说明，所用试剂均为分析纯，水为 GB/T 6682 规定的三级水。

尿素；钨酸钠；酒石酸钾钠；硫酸；磷酸氢二钠；磷酸二氢钾；碘化汞；碘化钾；氢氧化钠。

2.2　溶液配制

2.2.1　尿素（H_2NCONH_2）溶液（10g/L）　称取尿素 5g，溶解于 500ml 水中。保存于棕色试剂瓶中，冰箱中冷藏，有效期为 1 个月。

2.2.2　钨酸钠（$Na_2WO_4 \cdot 2H_2O$）溶液（100g/L）　称取钨酸钠 50g，溶解于 500ml 水中。

2.2.3　酒石酸钾钠溶液（$C_4H_4O_6KNa \cdot 4H_2O$）（20g/L）　称取酒石酸钾钠 10g，溶解于 500ml 水中。

2.2.4　硫酸溶液（50ml/L）　吸取硫酸 25ml，溶解于 500ml 水中。

2.2.5　磷酸氢二钠（Na_2HPO_4）溶液　称取无水磷酸氢二钠 9.47g，溶于 1000ml 水中。

2.2.6　磷酸二氢钾（KH_2PO_4）溶液　称取磷酸二氢钾 9.07g，溶于 1000ml 水中。

2.2.7　中性缓冲溶液　取磷酸氢二钠溶液 611ml，磷酸二氢钾溶液 389ml，两种溶液混合均匀。

2.2.8　碘化汞－碘化钾混合溶液　称取红色碘化汞 55g，碘化钾 41.25g，溶于 250ml 水中。

2.2.9　纳氏试剂　称取氢氧化钠 144g 溶于 500ml 水中，充分溶解并冷却后，再缓慢地移入 1000ml 的容量瓶中，加入碘化汞－碘化钾混合溶液 250ml，加水稀释至刻度，摇匀，转入试剂瓶内，静置后，用上清液。此试剂需棕色瓶保存，冰箱中冷藏，有效期为 1 个月。

3　仪器和设备

天平（感量为 0.01g）；量筒；容量瓶；具塞比色管；移液枪及配套枪头；漩涡振荡器；烧杯；恒温水浴锅；秒表；漏斗及对应规格的定性快速滤纸。

4 分析步骤

4.1 取甲、乙两支比色管，各称入0.10g试样，加入1ml水，放置漩涡振荡器中振摇0.5分钟，使样品混匀。

4.2 分别向甲、乙比色管中加入1ml中性缓冲溶液，摇匀。向甲管（样品管）加1ml尿素溶液，摇匀，向乙管（空白对照管）加1ml水，摇匀。

4.3 将甲、乙比色管同时置于40℃±1℃水浴中保温20分钟。从水浴中取出两管后，各加入4ml水，摇匀，再加入1ml钨酸钠溶液，摇匀，最后加入1ml硫酸溶液，摇匀，用定性快速滤纸过滤，收集滤液备用。

4.4 取上述滤液2ml，分别吸取到两支25ml具塞的比色管中。用量筒各加入15ml水，1ml酒石酸钾钠溶液和2ml纳氏试剂，最后用水定容至25ml，摇匀。静置5分钟观察结果。

5 分析结果的表述

分析结果按表3-9-11进行判断。

表3-9-11 结果的判断

脲酶定性	显示情况
强阳性	砖红色混浊或澄清液
次强阳性	橘红色澄清液
阳性	深金黄色或黄色澄清液
弱阳性	淡黄色或微黄色澄清液
阴性	样品管与空白对照管同色或更淡

6 注意事项

观察结果要准确计时5分钟，过早还未彻底显色，过久试剂易变浑浊。

起草人：张　烨（山西省食品药品检验所）
提靖靓（山东省食品药品检验研究院）
复核人：陈　煜（山西省食品药品检验所）
王文特（山东省食品药品检验研究院）

中国食品药品检验检测技术系列丛书

中国药品检验标准操作规范　2019年版

药品检验仪器操作规程及使用指南

生物制品检验技术操作规范

药用辅料和药品包装材料检验技术

医疗器械安全通用要求检验操作规范

体外诊断试剂检验技术

食品检验操作技术规范（理化检验）

食品检验操作技术规范（微生物检验）

实验动物检验技术

全球化妆品技术法规比对*

化妆品安全技术规范*

---

* 已在其他出版社出版。